Rolf-Günther Nolden, Peter Körner, Holger Pesch, Ernst Bizer

Management im Industriebetrieb
Band 2

Wirtschafts- und Sozialprozesse

9. Auflage

ERSTER ABSCHNITT
Ausbildung und ausgewählte rechtliche Grundlagen

ZWEITER ABSCHNITT
Unternehmen in Volks- und Weltwirtschaft

DRITTER ABSCHNITT
Strategien, Projekte, Wirtschaftssteuerung

Bestellnummer 05177

■ Bildungsverlag EINS
westermann

Informationen zu diesem Buch

Aus Gründen der besseren Lesbarkeit wird bei geschlechtsspezifischen Bezeichnungen in der Regel nur die männliche Form gewählt.

Die Reihe **Management im Industriebetrieb** besteht aus Band 1 *Geschäftsprozesse*, Band 2 *Wirtschafts- und Sozialprozesse* und Band 3 *Steuerung und Kontrolle*. Der vorliegende Band 2 deckt folgende Lernfelder ab:

LF 1 (In Ausbildung und Beruf orientieren),
LF 9 (Das Unternehmen im gesamt- und weltwirtschaftlichen Zusammenhang einordnen),
LF 12 (Unternehmensstrategien, -projekte umsetzen).

Wir legen größten Wert auf eine verständliche und übersichtliche Darstellung des Lernstoffs. Der umfangreiche Aufgabenteil umfasst viele fallorientierte Arbeitsaufträge. Da die Abschlussprüfung in Wirtschafts- und Sozialkunde nur aus programmierten Aufgaben besteht, finden Sie nach jedem Hauptabschnitt solche Aufgaben sowie am Ende des Buches zwei vollständige Prüfungsklausuren.

Zwei Hinweise sind uns wichtig:

- Die Begriffe der volkswirtschaftlichen Gesamtrechnung bleiben in vielen Lehrbüchern schlecht verständlich. Deshalb entwickeln wir sie sukzessive anhand von Kreislaufmodellen mit Sektorenkonten. Dieses Vorgehen stellt hohe Anforderungen, hat aber zwei Vorteile: Es veranschaulicht die vom Lehrplan geforderte „Einordnung der Unternehmen im gesamtwirtschaftlichen Zusammenhang" und es gestattet die Ex-ante-Betrachtung. Diese zeigt Störungen, auf die die staatliche Wirtschaftspolitik reagieren muss. **Anhand von PowerPoint-Präsentationen in BuchPlusWeb können Sie die Entwicklung der Kreislaufmodelle anschaulich nachvollziehen.**

- Der Bildungsplan verlangt die Behandlung des Projektmanagements. Zugleich betont er die Bedeutung von Unternehmensstrategien (u. a. der Standortwahl) im Zeichen der Globalisierung. Deshalb verbinden wir das Projektmanagement mit der detaillierten Planung und Durchführung eines Projekts *Standortwahl*. Dabei berücksichtigen wir Erkenntnisse, die vorher bei der Behandlung von Standortfaktoren und Standortpolitik gewonnen wurden. Zwei Übungsprojekte zu aktuellen Problemen (betriebliche Altersversorgung; Schaffung von Minijobs) mit Projektaufträgen geben die Gelegenheit, die selbstständige Projektarbeit mit Projektteams zu üben.

 Wie bei Band 1 halten wir eine Vielzahl von **BuchPlusWeb-Materialien** für Sie bereit. **Laden Sie deshalb vor der Arbeit mit dem Buch den gesamten Inhalt von BuchPlusWeb auf Ihren Computer.** Die Dateinamen der Materialien sind unter den jeweiligen BuchPlusWeb-Icons angegeben. Sie sind nach den Buchseiten geordnet und deshalb ohne Schwierigkeiten aufrufbar. Wenn Sie das digitale Schulbuch besitzen, genügt für den Aufruf ein Mausklick auf das Icon.

BuchPlusWeb enthält außerdem Arbeitsblätter zu ausgewählten Themen des Buches sowie einen Ordner mit der Darstellung wichtiger Arbeitsmethoden.

Wir wünschen Ihnen eine erfolgreiche Arbeit mit diesem Buch und seinen Materialien.

Autoren und Verlag

service@bv-1.de
www.bildungsverlag1.de

Bildungsverlag EINS GmbH
Ettore-Bugatti-Straße 6-14, 51149 Köln

ISBN 978-3-427-**05177**-0

westermann GRUPPE

© Copyright 2018: Bildungsverlag EINS GmbH, Köln
Das Werk und seine Teile sind urheberrechtlich geschützt. Jede Nutzung in anderen als den gesetzlich zugelassenen Fällen bedarf der vorherigen schriftlichen Einwilligung des Verlages.
Hinweis zu § 52a UrhG: Weder das Werk noch seine Teile dürfen ohne eine solche Einwilligung eingescannt und in ein Netzwerk eingestellt werden. Dies gilt auch für Intranets von Schulen und sonstigen Bildungseinrichtungen.

Inhaltsverzeichnis

ERSTER ABSCHNITT
Ausbildung und ausgewählte rechtliche Grundlagen
Rahmenlehrplan: LERNFELD 1
In Ausbildung und Beruf orientieren

1	Notwendigkeit von Ausbildung	7
2	Ausbildungsverhältnis	7
2.1	Duale Ausbildung	7
2.2	Lernort Berufsschule	8
2.3	Lernort Betrieb	9
2.4	Ausbildungsordnung	10
2.5	Zuständige Stellen	11
2.6	Berufsausbildungsvertrag	11
2.7	Beendigung des Ausbildungsverhältnisses	13
3	Mitbestimmung	16
3.1	Innerbetriebliche Mitbestimmung	16
3.1.1	Betriebsrat	16
3.1.2	Wirtschaftsausschuss	17
3.1.3	Allgemeine Aufgaben des Betriebsrats	17
3.1.4	Betriebsvereinbarungen	17
3.1.5	Betriebsrat als Mitbestimmungsorgan	18
3.1.6	Jugend- und Auszubildendenvertretung (JAV)	19
3.1.7	Sprecherausschüsse der leitenden Angestellten	20
3.1.8	Gesamtbetriebsrat, Konzernbetriebsrat, Europäischer Betriebsrat	20
3.2	Mitbestimmung im Aufsichtsrat	21
4	Arbeitsschutz	25
4.1	Technischer Arbeitsschutz	25
4.2	Sozialer Arbeitsschutz	27
4.2.1	Jugendarbeitsschutz	28
4.2.2	Mutterschutz	29
4.2.3	Elterngeld und Elternzeit	30
4.2.4	Schwerbehindertenschutz	31
5	Arbeitsgerichte	32
6	Rechtliche Grundlagen	34
6.1	Rechtsnormen und Rechtsordnung	34
6.2	Organe der Rechtsprechung	36
6.3	Rechtssubjekte	37
6.3.1	Natürliche Personen	37
6.3.2	Juristische Personen	39
6.4	Rechtsobjekte	41
6.4.1	Sachen und Rechte	41
6.4.2	Eigentum und Besitz	41
6.5	Rechtsgeschäfte	43
6.5.1	Die Begriffe Willenserklärung und Rechtsgeschäft	43
6.5.2	Einseitige und mehrseitige Rechtsgeschäfte	44
6.5.3	Bürgerliche Rechtsgeschäfte und Handelsgeschäfte	45
6.5.4	Form der Willenserklärungen	46
6.5.5	Nichtigkeit von Rechtsgeschäften	47
6.5.6	Anfechtbarkeit von Willenserklärungen	47
6.6.1	Abschluss eines Vertrags	48
6.6.2	Kaufvertrag	49
6.6.3	Dienstvertrag	49
6.6.4	Werkvertrag	50
6.6.5	Werklieferungsvertrag	51
6.6.6	Leihvertrag	51
6.6.7	Mietvertrag	51
6.6.8	Pachtvertrag	52
6.6.9	Kreditvertrag	52
6.7	Verbraucherschutz	53
6.7.1	Grundsätze für alle Arten von Verbraucherverträgen	54
6.7.2	Schutz gegen Allgemeine Geschäftsbedingungen (AGB)	54
6.7.3	Preisangaben	56
6.7.4	Teilzahlungsgeschäfte und Ratenlieferungsverträge	56
6.7.5	Außerhalb von Geschäftsräumen geschlossene Verträge und Fernabsatzverträge	56
6.7.6	Widerrufsrecht	57
6.7.7	Produkthaftung	58
6.7.8	Kundendatenschutz	60
7	Unternehmensgründung, Kaufleute, Rechtsformen	63
7.1	Geschäftsidee und Unternehmensgründung	63
7.2	Bedeutung der passenden Rechtsform	65
7.3	Einzelunternehmen	66
7.3.1	Merkmale, Vor- und Nachteile	66
7.3.2	Gewerbe und Kaufmann	68
7.3.3	Kleingewerbetreibende, Kannkaufleute	69
7.4	Gründe für die Bildung von Gesellschaftsunternehmen	70
7.5	Arten und Grundmerkmale von Gesellschaftsunternehmen	71
7.6	Kaufmannseigenschaft der Gesellschaftsunternehmen	72
7.7	Gesellschaftsvertrag	73
7.8	Firma der Kaufleute	74
7.9	Handelsregister	76
7.9.1	Begriff des Registers; Eintragungen	76
7.9.2	Elektronisches Unternehmensregister	79
7.9.3	Bedeutung der Handelsregistereintragungen	79
7.10	Personengesellschaften	81
7.10.1	Gesellschaft bürgerlichen Rechts (GbR)	81
7.10.2	Offene Handelsgesellschaft (OHG)	83
7.10.3	Kommanditgesellschaft (KG)	86
7.10.4	Stille Gesellschaft	87
7.11	Kapitalgesellschaften (Kapitalvereine)	89
7.11.1	Aktiengesellschaft (AG)	89
7.11.2	Gesellschaft mit beschränkter Haftung (GmbH)	93
7.11.3	Kommanditgesellschaft auf Aktien	97
7.12	GmbH & Co. KG	98

Für Ihre Prüfung
Programmierte Wiederholungsaufgaben ... 101

ZWEITER ABSCHNITT
Unternehmen in Volks- und Weltwirtschaft
Rahmenlehrplan: LERNFELD 9
Das Unternehmen im gesamt- und weltwirtschaftlichen Zusammenhang einordnen

1	Bedürfnisse – die Basis für Absatz	117
2	Güter – Mittel für Konsum und Produktion	119
3	Volkswirtschaftliche Arbeitsteilung	122
4	**Volkswirtschaftliche Produktionsfaktoren**	124
4.1	Arbeit, Boden, Kapital und volkswirtschaftliche Kapazität	124
4.2	Produktionsfaktor Arbeit	125
4.3	Produktionsfaktor Boden	127
4.3.1	Anbauboden	127
4.3.2	Abbauboden	127
4.3.3	Standortboden	128
4.4	Produktionsfaktor Kapital	129
4.4.1	Volkswirtschaftlicher Kapitalbegriff	129
4.4.2	Kapitalbildung	130
4.4.3	Arten des Sparens	131
4.4.4	Arten der Investition	131
5	**Wirtschaften und ökologische Grenzen**	134
5.1	Wirtschaftssektoren	134
5.1.1	Private Haushalte	134
5.1.2	Unternehmen	135
5.1.3	Staat	135
5.1.4	Ausland	135
5.2	Markt	136
5.3	Wirtschaften – Ökonomisches Prinzip	136
5.4	Kombination der Produktionsfaktoren	139
5.4.1	Produktionsertrag und Kosten	139
5.4.2	Kombination limitationaler Produktionsfaktoren	139
5.4.3	Kombination substitutionaler Produktionsfaktoren	140
5.5	Ökologisches Prinzip	141
6	**Unternehmen im Kreislauf der Wirtschaft**	144
6.1	Kreislaufmodell der geschlossenen Volkswirtschaft ohne Staat	144
6.1.1	Stationäre Volkswirtschaft	144
6.1.2	Evolutionäre[1] Volkswirtschaft	146
6.1.3	Ex-ante-Betrachtung mit ungeplanten Größen	150
6.2	Kreislaufmodell der offenen Volkswirtschaft ohne Staat	152
6.2.1	Ex-post-Betrachtung	152
6.2.2	Ex-ante-Betrachtung mit ungeplanten Größen	154
6.3	Kreislaufmodell der offenen Wirtschaft mit Staat	155
6.3.1	Ex-post-Betrachtung	155
6.3.2	Ex-ante-Betrachtung mit ungeplanten Größen	159
6.4	Volkswirtschaftliche Gesamtrechnung (VGR)	160
6.4.1	Aufgabe der Volkswirtschaftlichen Gesamtrechnung	160
6.4.2	Europäisches System Volkswirtschaftlicher Gesamtrechnungen	161
6.4.3	Inlandsprodukt und Nationaleinkommen – Maßstäbe für den Wohlstand?	164
7	**Ordnungsrahmen der Wirtschaft**	169
7.1	Die Wirtschaftsordnung im Unternehmensumfeld	169
7.2	Idealtypische Wirtschaftsordnungen	170
7.2.1	Ordnungselemente	170
7.2.2	Freie Marktwirtschaft	171
7.2.3	Zentralverwaltungswirtschaft	174
7.2.4	Kritik an den idealtypischen Wirtschaftsordnungen	176
7.3	Markt und Preisbildung in der Marktwirtschaft	179
7.3.1	Märkte	179
7.3.2	Bestimmungsgrößen der Haushaltsnachfrage	181
7.3.3	Nachfrageelastizität	182
7.3.4	Verschiebung der Nachfragekurve	183
7.3.5	Bestimmungsgrößen des Angebots	183
7.3.6	Preisbildung bei vollständiger Konkurrenz	185
7.3.7	Preisbildung im Angebotsmonopol	189
7.3.8	Preisbildung im Polypol auf unvollkommenem Markt	191
7.3.9	Preisbildung im Oligopol	192
7.4	Soziale Marktwirtschaft	195
7.4.1	Ziele der sozialen Marktwirtschaft	195
7.4.2	Elemente der sozialen Marktwirtschaft	196
8	**Soziale Rahmenbedingungen**	197
8.1	Einkommens- und Sozialpolitik	197
8.1.1	Primäre Einkommensverteilung	198
8.1.2	Sekundäre Einkommensverteilung	198
8.1.3	Weitere Bereiche der Sozialpolitik	199
8.2	Vermögenspolitik	199
8.2.1	Geld- und Produktivvermögen	199
8.2.2	Ansätze der Vermögenspolitik	200
8.3	Soziale Sicherung	202
8.3.1	Zweige und Träger der Sozialversicherung	202
8.3.2	Grundlegende Merkmale	203
8.3.3	Unfallversicherung	204
8.3.4	Rentenversicherung	206
8.3.5	Krankenversicherung	209
8.3.6	Pflegeversicherung	211
8.3.7	Arbeitslosenversicherung und Bundesagentur für Arbeit	212
8.3.8	Finanzierungsprobleme	214
8.3.9	Meldung von Sozialdaten	215
8.3.10	Sozialgerichte	215
9	**Steuerliche Rahmenbedingungen**	217
9.1	Steuerarten	217
9.2	Steuergrundsätze und Steuergerechtigkeit	219
9.3	Einkommensteuer	221
9.3.1	Berechnungsschema für das zu versteuernde Einkommen	221
9.3.2	Ermittlung des Gesamtbetrags der Einkünfte	222
9.3.3	Ermittlung des Einkommens	224
9.3.4	Ermittlung des zu versteuernden Einkommens	228
9.3.5	Ermittlung der Steuerbeträge	229

9.3.6	Erhebungsverfahren der Einkommensteuer	231
9.4	Körperschaftsteuer	237
9.5	Umsatzsteuer	237
9.6	Gewerbesteuer	238
10	**Rahmenbedingungen der Tarifautonomie**	**239**
10.1	Tarifverträge	239
10.2	Arten von Tarifverträgen	240
10.3	Tarifverhandlungen	242
10.4	Streik	242
10.5	Aussperrung	244
11	**Ordnungs- und wettbewerbspolitische Rahmenbedingungen**	**245**
11.1	Aufgaben und Ziele der Ordnungspolitik	245
11.2	Ziele von Unternehmenszusammenschlüssen	246
11.3	Formen von Unternehmenszusammenschlüssen	247
11.3.1	Formen der Kooperation	247
11.3.2	Formen der Konzentration	249
11.4	Wettbewerbspolitische Maßnahmen	251
11.4.1	Kartellverbot	251
11.4.2	Verbot des Missbrauchs von Marktmacht	252
11.4.3	Zusammenschlusskontrolle	253
11.4.4	Weitere wettbewerbsrechtliche Maßnahmen	254
12	**Strukturpolitische Rahmenbedingungen**	**258**
12.1	Wandel der Wirtschaftsstruktur	258
12.1.1	Strukturelemente der Wirtschaft	258
12.1.2	Sektorale Wirtschaftsstruktur	259
12.1.3	Regionale Wirtschaftsstruktur	260
12.2	Strukturpolitik	262
12.2.1	Ziele der Strukturpolitik	262
12.2.2	Instrumente der Strukturpolitik	262
12.2.3	Sektorale Strukturpolitik	264
12.2.4	Regionale Strukturpolitik	265
12.3	Träger der Strukturpolitik	266
12.3.1	Strukturpolitik der Europäischen Union	266
12.3.2	Nationale Strukturpolitik am Beispiel Deutschland	268
13	**Standortwahl des Industriebetriebes**	**270**
13.1	Strategische Bedeutung der Standortwahl	270
13.2	Standortfaktoren	271
13.2.1	Standortfaktoren – Grundlage optimaler Standortwahl	271
13.2.2	Harte Standortfaktoren	272
13.2.3	Weiche unternehmensbezogene Standortfaktoren	276
13.2.4	Weiche personenbezogene Standortfaktoren	278
13.3	Standortalternativen	279
13.3.1	Internationale Standortwahl	279
13.3.2	Nationale Standortwahl	280
13.3.3	Lokale Standortwahl	281
13.4	Standortpolitik	281

Für Ihre Prüfung
Programmierte Wiederholungsaufgaben 283

DRITTER ABSCHNITT
Strategien, Projekte, Wirtschaftssteuerung
Rahmenlehrplan: LERNFELD 12
Unternehmensstrategien, Projekte umsetzen

1	**Gesamtwirtschaftliche Prozesse**	**301**
1.1	Gleichgewicht und Ungleichgewicht	301
1.2	Konjunkturprozesse	302
1.2.1	Konjunktur, Trend, Saisonschwankungen	302
1.2.2	Beschreibung der Konkunjunkturphasen	304
1.2.3	Konjunkturindikatoren	304
1.2.4	Konjunkturbeeinflussende Institutionen	308
1.3	Negative Auswirkungen von Konjunkturschwankungen	309
1.3.1	Unter- und Überbeschäftigung	309
1.3.2	Stabilitätsprobleme von Geldwert und Preisniveau	313
2	**Europäische und weltweite Märkte**	**321**
2.1	Freihandel und Protektionismus	322
2.1.1	Freihandel	322
2.1.2	Protektionismus	322
2.1.3	Konvertibilität und Wechselkurs	323
2.1.4	Zahlungsbilanz	325
2.1.5	Liberalisierung des Welthandels	327
2.2	Internationaler Währungsfonds (IWF)	327
2.2.1	Bretton-Woods-System	327
2.2.2	Sonderziehungsrechte	329
2.2.3	Finanzhilfen des IWF	329
2.3	Welthandelsorganisation (WTO)	331
2.4	Freihandelszonen	332
2.5	Europäische Union (EU)	332
2.5.1	Entwicklung der EU	332
2.5.2	Erste Stufe: Zollunion	333
2.5.3	Zweite Stufe: Wirtschaftsunion (gemeinsamer Markt)	333
2.5.4	Dritte Stufe: Europäische Währungsunion	333
2.6	Globalisierung der Wirtschaft	338
2.6.1	Kennzeichnung des aktuellen Globalisierungsprozesses	338
2.6.2	Auswirkungen der Globalisierung	341
3	**Unternehmensstrategien im globalisierten Umfeld**	**345**
3.1	Begriff und Kennzeichen	345
3.2	Entwicklung von Strategien	347
3.3	Arten von Strategien	348
4	**Projektmanagement**	**350**
4.1	Wesen eines Projektes	350
4.2	Projektarten	351
4.3	Aufgaben des Projektmanagements	352
4.4	Stellung des Projektmanagements	353
4.4.1	Reine Projektorganisation	353
4.4.2	Matrix-Projektorganisation	353
4.4.3	Stab-Projektorganisation	354
4.5	Projektphasen	355
4.5.1	Vorstudie	355
4.5.2	Projektdefinition	356
4.5.3	Projektplanung	360
4.5.4	Projektdurchführung und -steuerung	364
4.5.5	Projektabschluss	369
4.5.6	Projektdokumentation	371

Übungsprojekt 1:

Einführung einer betrieblichen Altersversorgung

5	**Wirtschaftssteuerung durch Prozesspolitik**	377
5.1	Ziele der Prozesspolitik	377
5.1.1	Stabilitätsgesetz	377
5.1.2	Stabilität des Preisniveaus	378
5.1.3	Hoher Beschäftigungsstand	378
5.1.4	Außenwirtschaftliches Gleichgewicht	379
5.1.5	Angemessenes Wirtschaftswachstum	380
5.1.6	Zielharmonien und Zielkonflikte	381
5.2	Geldpolitik	383
5.2.1	Europäisches System der Zentralbanken	383
5.2.2	Aufgaben und Ziele von EZB und Zentralbanken	384
5.2.3	Grundlegende Ansätze der Geldpolitik	385
5.2.4	Geldmengenarten	387
5.2.5	Grundlegende Strategien der Geldpolitik	387
5.2.6	Strategie der EZB	389
5.2.7	Geldpolitische Instrumente der EZB	390
5.3	Fiskalpolitik	399
5.3.1	Fiskalpolitik als Teil der Finanzpolitik	399
5.3.2	Parallelpolitik (prozyklische Fiskalpolitik)	400
5.3.3	Antizyklische Fiskalpolitik – Nachfragesteuerung	400
5.3.4	Geldmengen- und Angebotssteuerung ...	404
5.3.5	Stabilitätspakt der EU	406
5.4	Finanz- und Wirtschaftskrisen	409
5.4.1	Weltfinanzkrise und Weltwirtschaftskrise 2008	409
5.4.2	Schuldenkrise der Europäischen Währungsunion	411
5.5	Arbeitsmarktsteuerung	414
5.5.1	Arbeitsmarktzahlen	414
5.5.2	Leitlinien der europäischen Beschäftigungspolitik	417
5.5.3	Aufgabe von Regierung und Bundesagentur für Arbeit	417
5.5.4	Forderungen an die Regierungspolitik	418
5.5.5	Vorschläge der Hartz-Kommission zur Arbeitsmarktreform	421
5.5.6	Minijobs	422
5.5.7	Gründungszuschuss und Einstiegsgeld ...	423
5.5.8	Jobcenter	423
5.5.9	Aktive und passive Arbeitsmarktsteuerungsmittel der Bundesagentur für Arbeit	424

Übungsprojekt 2:
Schaffung von Minijobs 427

5.6	Wachstumspolitik	430
5.6.1	Wachstumsvoraussetzungen	430
5.6.2	Bildungspolitik	430
5.6.3	Subventionspolitik	430
5.6.4	Vermögenspolitik	430
5.6.5	Innovations- und Wettbewerbspolitik	431
5.6.6	Strukturpolitik	431
5.6.7	Globalsteuerung	431
5.7	Grenzen des Wachstums	432
5.7.1	Probleme des Wirtschaftswachstums	432
5.7.2	Ökologische Wachstumstheorie	432

Für Ihre Prüfung 437
Programmierte Wiederholungsaufgaben 437

Abschlussprüfung 1 449
Wirtschafts- und Sozialkunde 449

Abschlussprüfung 2 458
Wirtschafts- und Sozialkunde 458

Verzeichnis der verwendeten Abkürzungen 466

Sachwortverzeichnis 470

Bildquellenverzeichnis 479

1 Notwendigkeit von Ausbildung

ERSTER ABSCHNITT

Rahmenlehrplan: LERNFELD 1
In Ausbildung und Beruf orientieren

Ausbildung und ausgewählte rechtliche Grundlagen

1 Notwendigkeit von Ausbildung

Jeder siebte junge Mensch im Alter zwischen 19 und 30 Jahren hat keine Ausbildung und befindet sich weder in einer Lehre oder in einem anderen Bildungsgang. Eine Auswertung des Essener Bildungsforschers Klemm ergab, dass in den letzten Jahren rund 1,7 Millionen Menschen dieser Altersgruppe keine berufliche Qualifizierung hatten. Mit 14,5 % liegt damit der Anteil der Ungelernten in dieser Altersgruppe weitaus höher, als dies bislang in offiziellen Statistiken geschätzt worden war. Knapp drei Viertel von ihnen hatten lediglich einen Hauptschulabschluss oder gar keinen Abschluss. Frauen sind stärker betroffen als Männer. Bei ihnen liegt der Anteil der Ungelernten bei 17 %, in den vergleichbaren Geburtsjahrgängen der Männer „nur" bei 12 %.

Jugendliche ohne Ausbildung haben offensichtlich schlechte Berufsaussichten!

- Unsere Industriegesellschaft ändert sich rasch, in den Betrieben setzen sich überall neue Techniken durch.
- Zukunftssichere Arbeitsplätze stellen hohe Anforderungen an die Qualifikation.
- Die Zahl der Arbeitsplätze mit geringen Anforderungen nimmt ab.
- Die neuen Techniken verlangen fast durchweg den Umgang mit Computern.
- Fachübergreifende Qualifikationen werden immer wichtiger. Die herkömmlichen Grenzen zwischen den Ausbildungsberufen werden verwischt.

Fachkompetenz	**Qualifiziert sein heißt: Problemgerecht handeln können!**	**Methodenkompetenz**
fachliches Wissen und Können	**Notwendig ist: Handlungskompetenz**	Fähigkeit, geeignete Methoden (Verfahren, Vorgehensweisen) zur Lösung von Sachproblemen einzusetzen
soziale Kompetenz	*Gewusst, wie!*	**personale Kompetenz**
Fähigkeit, in vielfältiger Form mit anderen zusammenzuarbeiten (u. a. Teamfähigkeit)		Fähigkeit, Anforderungen, Einschränkungen und Chancen zu erfassen; sich zu motivieren, zu lernen und sich weiterzuentwickeln

Nur die Bereitschaft zu lebenslangem Lernen wird in der Zukunft zu dieser vielfachen Kompetenz führen. Nur sie verschafft dem Beschäftigten einen sicheren Arbeitsplatz und dem Unternehmen (Unternehmung) einen attraktiven Mitarbeiter. Damit wird auch die berufliche Erstausbildung für die Unternehmen und die Beschäftigten immer wichtiger.

2 Ausbildungsverhältnis

2.1 Duale Ausbildung

Die Berufsausbildung für den Ausbildungsberuf Industriekaufmann/-frau wird in Deutschland an zwei Lernorten durchgeführt: Ausbildungsbetrieb und Berufsschule. Man bezeichnet sie deshalb als duale (zweigleisige) Ausbildung.

Lernorte der beruflichen Ausbildung		
Ausbildungsbetrieb		**Berufsschule**
• Berufsausbildungsvertrag • Ausbildungsordnungen • Berufsbildungsgesetz	Grundlagen der Ausbildung	• Schulpflicht • Lehrpläne • Schulgesetze der Länder
• Heranführung der Jugendlichen an die Arbeit • Eingliederung in das soziale System des Betriebes; Vermittlung von praktischen Kenntnissen und Fähigkeiten • Einübung beruflicher Fertigkeiten	Aufgaben	• Vermittlung von theoretischen Fachkenntnissen und von Berufswissen • Erweiterung und Vertiefung der Allgemeinbildung • Erziehung zum kritischen und verantwortungsbewussten demokratischen Bürger
Kaufmannsgehilfenprüfung vor der Industrie- und Handelskammer	Abschluss	Abschlusszeugnis der Berufsschule

2.2 Lernort Berufsschule

Berufsschulpflichtig sind in Deutschland alle Jugendlichen nach dem Ende der allgemeinen Schulpflicht bzw. nach dem 10. Vollzeitpflichtschuljahr. Die Schulgesetze der einzelnen Bundesländer enthalten die gesetzlichen Grundlagen.

> **Beispiel:** Nordrhein-Westfalen
> Die Berufsschulpflicht dauert so lange, wie ein Berufsausbildungsverhältnis besteht, das vor Vollendung des 21. Lebensjahres begonnen wurde. Bei einem Ausbildungsbeginn nach dem 21. Lebensjahr ist der/die Auszubildende zum Berufsschulbesuch berechtigt.
> Jugendliche ohne Berufsausbildungsverhältnis besuchen die Berufsschule bis zum Ablauf des Schuljahres, in dem sie das 18. Lebensjahr vollenden.

Der Unterricht wird als Teilzeitunterricht (ganzjährig an einem oder zwei Tagen pro Woche) oder als Blockunterricht (mehrere zusammenhängende Unterrichtswochen in jedem Schuljahr) erteilt. Er gliedert sich in den berufsübergreifenden Bereich (Deutsch, Politik, Sport, ggf. Religion) und den berufsbezogenen Bereich. Gegenstand des berufsbezogenen Bereichs sind beim Ausbildungsberuf Industriekaufmann/-frau die Prozesse in Unternehmen und Wirtschaft.

Die Berufsschule unterrichtet Industriekaufleute im berufsbezogenen Bereich nach dem entsprechenden **Rahmenlehrplan** (Beschluss der Kultusministerkonferenz von 2002). Dieser ist mit der Ausbildungsordnung des Bundes abgestimmt. Die Länder übernehmen den Rahmenlehrplan unmittelbar oder setzen ihn in eigene Lehrpläne um. Der Rahmenlehrplan ist wie folgt aufgebaut:

- **Lernfelder** beschreiben komplexe thematische Lerneinheiten, die an den beruflichen Aufgabenstellungen und Handlungsabläufen für den Ausbildungsberuf orientiert sind.
- **Zeitrichtwerte** geben die Zahl der Unterrichtsstunden an, mit denen die Lernziele erreicht werden sollen.
- **Zielformulierungen** geben an, welche Ergebnisse der Lernende im jeweiligen Lernfeld erreichen soll.
- **Lerninhalte** geben vor, was im berufsbezogenen Unterricht zu vermitteln ist.

M 8

Den vollständigen Rahmenlehrplan finden Sie als Zusatzmaterial unter BuchPlusWeb.

Übersicht über die Lernfelder für den Ausbildungsberuf Industriekauffrau/Industriekaufmann

Nr.	Lernfelder	Zeitrichtwerte		
		1. Jahr	2. Jahr	3. Jahr
1	In Ausbildung und Beruf orientieren	40		
2	Marktorientierte Geschäftsprozesse eines Industriebetriebs erfassen	60		
3	Werteströme und Werte erfassen und dokumentieren	60		
4	Wertschöpfungsprozesse analysieren und beurteilen	80		
5	Leistungserstellungsprozesse planen, steuern und kontrollieren	80		
6	Beschaffungsprozesse planen, steuern und kontrollieren		80	
7	Personalwirtschaftliche Aufgaben wahrnehmen		80	
8	Jahresabschluss analysieren und bewerten		80	
9	Das Unternehmen in den gesamt- und weltwirtschaftlichen Zusammenhang einordnen		40	
10	Absatzprozesse planen, steuern und kontrollieren			160
11	Investitions- und Finanzprozesse planen			80
12	Unternehmensstrategien, -projekte umsetzen			80
	Summe (insgesamt 880 Std.)	320	280	280

2.3 Lernort Betrieb

Wer für seinen Betrieb Auszubildende einstellt (Ausbildender), kann die Ausbildung selbst übernehmen oder Ausbilder bestellen. Das Berufsbildungsgesetz (BBiG) sagt hierzu:

Merke: Ausbildender, Ausbilder und Ausbildungsstätte müssen zur Ausbildung geeignet sein.

> **§ 28 BBiG (Die persönliche und fachliche Eignung)**   www.gesetze-im-internet.de/bbig_2005/
> (1) Auszubildende darf nur einstellen, wer persönlich geeignet ist. Auszubildende darf nur ausbilden, wer persönlich und fachlich geeignet ist.
> (2) Wer fachlich nicht geeignet ist oder wer nicht selbst ausbildet, darf Auszubildende nur dann einstellen, wenn er persönlich und fachlich geeignete Ausbilder oder Ausbilderinnen bestellt, die die Ausbildungsinhalte in der Ausbildungsstätte unmittelbar, verantwortlich und in wesentlichem Umfang vermitteln.
>
> **§ 27 BBiG (Die Eignung der Ausbildungsstätte)**
> (1) Auszubildende dürfen nur eingestellt und ausgebildet werden, wenn
> 1. die Ausbildungsstätte nach Art und Einrichtung für die Berufsausbildung geeignet ist,
> 2. die Zahl der Auszubildenden in einem angemessenen Verhältnis zur Zahl der Ausbildungsplätze oder zur Zahl der beschäftigten Fachkräfte steht, es sei denn, dass andernfalls die Berufsausbildung nicht gefährdet wird.
>
> (2) Eine Ausbildungsstätte, in der die erforderlichen Kenntnisse und Fähigkeiten nicht in vollem Umfang vermittelt werden können, gilt als geeignet, wenn diese durch Ausbildungsmaßnahmen außerhalb der Ausbildungsstätte vermittelt werden.

- **Persönlich nicht geeignet** ist insbesondere, wer Kinder und Jugendliche nicht beschäftigen darf oder wiederholt oder schwer gegen das Berufsbildungsgesetz oder gegen die aufgrund dieses Gesetzes erlassenen Bestimmungen verstoßen hat (§ 29 BBiG).
- **Fachlich nicht geeignet** ist, wer die erforderlichen beruflichen und berufs- und arbeitspädagogischen Fertigkeiten, Kenntnisse und Fähigkeiten nicht besitzt (§ 30 Abs. 1 BBiG).

Fehlen die Eignungsvoraussetzungen, so lehnt die zuständige Stelle (für Industriekaufleute die Industrie- und Handelskammer) die Eintragung des Berufsausbildungsvertrags in das Verzeichnis der Berufsausbildungsverhältnisse ab (§ 35 Abs. 2 BBiG).

Die Ausbildung kann zu einem Teil (bis zu einem Viertel der Ausbildungsdauer) auch im Ausland durchgeführt werden.

2.4 Ausbildungsordnung

Das Berufsbildungsgesetz ist die Grundlage für die berufliche Bildung.

> **§ 1 BBiG (Ziele und Begriffe der Berufsbildung)**
> (1) Berufsbildung im Sinne dieses Gesetzes sind die Berufsausbildungsvorbereitung, die Berufsausbildung, die berufliche Fortbildung und die berufliche Umschulung.
> (3) Die Berufsausbildung hat die für die Ausübung einer qualifizierten beruflichen Tätigkeit in einer sich wandelnden Arbeitswelt notwendigen beruflichen Fertigkeiten, Kenntnisse und Fähigkeiten (berufliche Handlungsfähigkeit) in einem geordneten Ausbildungsgang zu vermitteln. Sie hat ferner den Erwerb der erforderlichen Berufserfahrungen zu ermöglichen.

Grundlage für eine geordnete Berufsausbildung sind die vom zuständigen Bundesminister (z. B. für Wirtschaft) in Übereinstimmung mit dem Bundesminister für Bildung und Forschung anerkannten Ausbildungsberufe und die dafür erlassenen Ausbildungsordnungen. Jugendliche unter 18 Jahre dürfen nur in einem anerkannten Ausbildungsberuf ausgebildet werden. Ausnahme: Vorbereitung auf weiterführende Bildungsgänge (§ 4 BBiG).

In anerkannten Ausbildungsberufen darf nur nach den dazu erlassenen Ausbildungsordnungen ausgebildet werden (§ 4 Abs. 2 BBiG). Nach § 5 Abs. 1 BBiG enthalten sie mindestens:

- **Bezeichnung des Ausbildungsberufes**
- **Ausbildungsdauer**
- **Ausbildungsberufsbild:** Fertigkeiten, Kenntnisse und Fähigkeiten, die vermittelt werden sollen
- **Ausbildungsrahmenplan:** Sachliche und zeitliche Gliederung der Vermittlung der Fertigkeiten, Kenntnisse und Fähigkeiten
- **Prüfungsanforderungen**

Der Ausbildende muss dem Auszubildenden die Ausbildungsordnung vor Beginn der Ausbildung kostenlos aushändigen.

Gegenstand der Berufsausbildung für den staatlich anerkannten Ausbildungsberuf Industriekaufmann sind mindestens die folgenden Kenntnisse und Fertigkeiten:

Kenntnisse und Fertigkeiten gemäß Ausbildungsberufsbild	
1. Der Ausbildungsbetrieb 1.1 Stellung, Rechtsform und Struktur 1.2 Berufsbildung 1.3 Sicherheit und Gesundheitsschutz 1.4 Umweltschutz **2. Geschäftsprozesse und Märkte** 2.1 Märkte, Kunden, Produkte und Dienstleistungen 2.2 Geschäftsprozesse und organisatorische Strukturen	**3. Information, Kommunikation, Arbeitsorganisation** 3.1 Informationsbeschaffung und -verarbeitung 3.2 Informations- und Kommunikationssysteme 3.3 Planung und Organisation 3.4 Teamarbeit, Kommunikation und Präsentation 3.5 Anwendung einer Fremdsprache (bei Fachaufgaben) **4. Integrative Unternehmensprozesse** 4.1 Logistik 4.2 Qualität und Innovation 4.3 Finanzierung 4.4 Controlling

5. **Märkte und Absatz**
   5.1 Auftragsanbahnung und -vorbereitung
   5.2 Auftragsbearbeitung und Service
   5.3 Auftragsnachbearbeitung
6. **Beschaffung und Bevorratung**
   6.1 Bedarfsermittlung und Disposition
   6.2 Bestelldurchführung
   6.3 Vorratshaltung und Beständeverwaltung
7. **Personal**
   7.1 Rahmenbedingungen, Personalplanung
   7.2 Personaldienstleistungen
   7.3 Personalentwicklung
8. **Leistungserstellung**
   8.1 Produkte und Dienstleistungen
   8.2 Prozessunterstützung
9. **Leistungsabrechnung**
   9.1 Buchhaltungsvorgänge
   9.2 Kosten- und Leistungsrechnung
   9.3 Erfolgsrechnung und Abschluss
10. **Fachaufgaben im Einsatzgebiet**
    10.1 Einsatzgebietsspezifische Lösungen
    10.2 Koordination einsatzgebietsspezifischer Aufgaben und Prozesse

Diesen Katalog berücksichtige ich als Ausbildender natürlich in den Ausbildungsplänen der Auszubildenden.

2.5 Zuständige Stellen

Für alle Ausbildungsberufe gibt es zuständige Stellen, die die Berufsausbildung überwachen. Dies sind die Kammern (z. B. Handwerkskammern, Industrie- und Handelskammern).

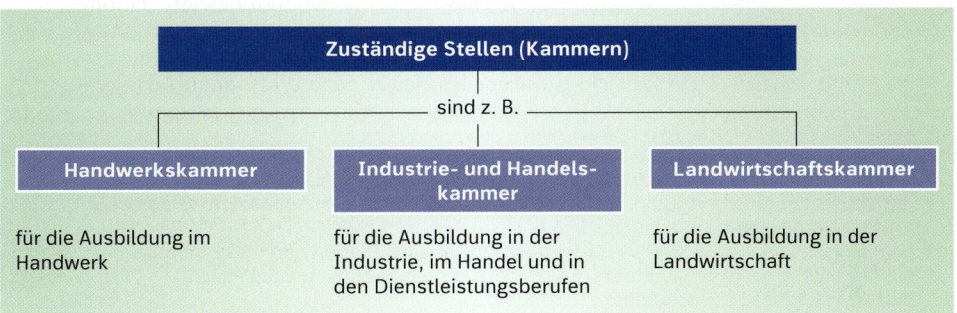

Das Berufsbildungsgesetz weist den Kammern einen umfangreichen Katalog von Aufgaben zu:
- Führung eines Verzeichnisses aller Berufsausbildungsverhältnisse,
- Überwachung der Eignung von Ausbildungsstätten,
- Regelung und Überwachung der Berufsausbildung, Beratung der Betriebe und Auszubildenden,
- Bildung von Prüfungsausschüssen, Durchführung der Prüfung,
- berufliche Fortbildung und Umschulung.

Übrigens: Mit Fragen und Beschwerden können Sie sich an den Ausbildungsberater der Kammer wenden.

2.6 Berufsausbildungsvertrag

Eine Berufsausbildung kann nur begonnen werden, wenn ein *Berufsausbildungsvertrag* **M 11** geschlossen wurde (§ 10 BBiG). Dies kann formlos geschehen, jedoch hat der Ausbildende zum Schutz des/der Auszubildenden unverzüglich nach Vertragsabschluss, spätestens aber vor dem Ausbildungsbeginn, den wesentlichen Inhalt des Vertrags schriftlich niederzulegen (§ 11 BBiG). Die elektronische Form ist ausgeschlossen. Jeder Partei ist eine Vertragsniederschrift auszuhändigen.

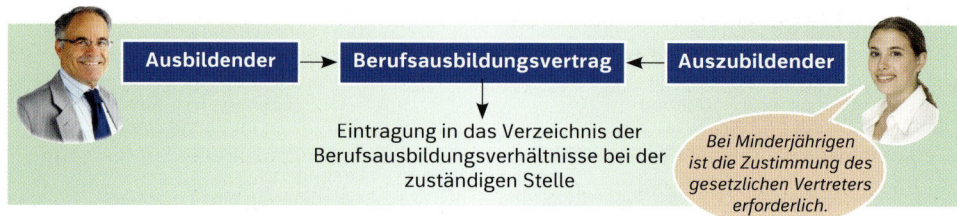

Nach § 11 BBiG muss die **Niederschrift des Ausbildungsvertrages** Folgendes enthalten:
- Art, sachliche und zeitliche Gliederung, Ziel der Ausbildung,
- Beginn und Dauer der Berufsausbildung,
- Ausbildungsmaßnahmen außerhalb der Ausbildungsstätte,
- Dauer der regelmäßigen täglichen Ausbildungszeit,
- Dauer der Probezeit,
- Zahlung und Höhe der Vergütung,
- Dauer des Urlaubs,
- Voraussetzungen für eine Kündigung,
- einen allgemeinen Hinweis auf die Tarifverträge, Betriebs- und Dienstvereinbarungen, die auf das Berufsbildungsverhältnis anzuwenden sind.

Pflichten der Ausbildenden (§§ 14, 15, 17 BBiG)

- dafür sorgen, dass die dem Ziel entsprechenden Kenntnisse und Fertigkeiten vermittelt werden
- planmäßig, zeitgemäß und sachlich gegliedert ausbilden
- selbst ausbilden oder einen geeigneten Ausbilder benennen
- kostenlos Ausbildungsmittel bereitstellen
- zum Besuch der Berufsschule anhalten und freistellen
- charakterlich fördern und sittlich und körperlich nicht gefährden
- nur Verrichtungen übertragen, die dem Ausbildungszweck dienen und den körperlichen Kräften angemessen sind
- zum Führen von schriftlichen Ausbildungsnachweisen anhalten und diese durchsehen
- die Eintragung des Ausbildungsvertrages bei der Kammer unverzüglich nach Vertragsabschluss beantragen
- die Auszubildenden zu Zwischen- und Abschlussprüfungen anmelden und dafür freistellen
- Überstunden besonders vergüten oder durch Freizeit ausgleichen

Pflichten der Auszubildenden (§ 13 BBiG)

- im Rahmen der Berufsausbildung übertragene Verrichtungen sorgfältig ausführen
- am Berufsschulunterricht, an Prüfungen und an Ausbildungsmaßnahmen außerhalb der Ausbildungsstätte teilnehmen
- Weisungen im Rahmen der Berufsausbildung befolgen
- die Betriebsordnung beachten
- Werkzeuge, Einrichtungen pfleglich behandeln und nur für übertragene Arbeiten verwenden
- über Betriebs- und Geschäftsgeheimnisse Stillschweigen bewahren

Die Pflichten sind im Anhang eines jeden Berufsausbildungsvertrages aufgeführt.

Die Auszubildenden müssen auch
- ordnungsgemäß Ausbildungsnachweise führen und vorlegen,
- von Fehlzeiten begründet und unverzüglich Nachricht geben; bei Krankheit und Unfall eine ärztliche Bescheinigung vorlegen.

Die **Ausbildungsdauer** wird durch die jeweilige Ausbildungsordnung vorgeschrieben. Sie beträgt für den Ausbildungsberuf Industriekaufmann/-frau drei Jahre. Die Berufsausbildung beginnt mit einer Probezeit von mindestens einem Monat und höchstens vier Monaten (§ 20 BBiG).

Auf gemeinsamen Antrag des/der Auszubildenden und des Ausbildenden hat die Kammer die Ausbildungszeit zu kürzen, wenn das Erreichen des Ausbildungsziels in der gekürzten Zeit zu erwarten ist.

2.7 Beendigung des Ausbildungsverhältnisses

Während der Probezeit (1–4 Monate) kann jede Partei den Ausbildungsvertrag ohne Angabe von Gründen kündigen. **Nach der Probezeit** ist nur eine schriftliche Kündigung möglich
- durch die Auszubildenden, wenn sie die Berufsausbildung aufgeben oder sich für eine andere Berufstätigkeit ausbilden lassen wollen (Kündigungsfrist: 4 Wochen);
- fristlos aus wichtigem Grund.

> **Beispiele** für eine Kündigung aus wichtigem Grund:
> - Diebstahl
> - Beleidigung
> - mutwillige Zerstörung
> - Tätlichkeiten
> - unentschuldigtes Fernbleiben von Betrieb und Berufsschule (nach erfolgter Abmahnung)

Ohne Kündigung endet das Ausbildungsverhältnis mit dem Ablauf der Ausbildungszeit; bei vorherigem Bestehen der Abschlussprüfung endet es mit Bekanntgabe des Prüfungsergebnisses (§ 21 Abs. 1 und 2 BBiG).

Prüfungsverfahren für den Ausbildungsberuf Industriekaufmann/-frau

Zwischenprüfung

Die Zwischenprüfung soll den Ausbildungsstand ermitteln.
- **Termin:** in der Mitte des zweiten Ausbildungsjahres
- **Inhalt:** die vermittelten Fertigkeiten und Kenntnisse des ersten Ausbildungsjahres sowie der Lernstoff der Berufsschule; Prüfungsbereiche: Beschaffung und Bevorratung, Produkte und Dienstleistungen, Kosten- und Leistungsrechnung
- **Dauer:** höchstens 90 Minuten

Zulassung zur Abschlussprüfung

Zur Berufsabschlussprüfung (§ 43 BBiG) ist zuzulassen, wer
- die Ausbildungszeit spätestens zwei Monate nach dem Prüfungstermin hinter sich gebracht hat,
- an der vorgeschriebenen Zwischenprüfung teilgenommen hat,
- die vorgeschriebenen schriftlichen Ausbildungsnachweise geführt hat.

Inhalte der Abschlussprüfung

Vier Prüfungsbereiche:
- Schriftliche Prüfung in den Bereichen *Geschäftsprozesse, Kaufmännische Steuerung und Kontrolle* sowie *Wirtschafts- und Sozialkunde*,
- Präsentation und Fachgespräche im Prüfungsbereich *Einsatzgebiet*.

Bestehensregelung

Bei der Ermittlung des Gesamtergebnisses haben die einzelnen Prüfungsbereiche folgendes Gewicht:

1. Geschäftsprozesse	40 %
2. Kaufmännische Steuerung und Kontrolle	20 %
3. Wirtschafts- und Sozialkunde	10 %
4. Einsatzgebiet	30 %

Die Abschlussprüfung ist bestanden, wenn im Gesamtergebnis, im Prüfungsbereich *Geschäftsprozesse* und in mindestens einem der beiden schriftlichen Prüfungsbereiche *Kaufmännische Steuerung und Kontrolle* und *Wirtschafts- und Sozialkunde* sowie im Prüfungsbereich *Einsatzgebiet* jeweils mindestens ausreichende Leistungen erbracht wurden. Werden die Prüfungsleistungen in einem Prüfungsbereich mit „ungenügend" bewertet, so ist die Prüfung nicht bestanden.

Komplizierte Regelung? Verinnerlichen Sie sie im eigenen Interesse trotzdem gut.

Wer's nicht ganz geschafft hat, kann sich übrigens noch mit einer Ergänzungsprüfung retten.

Ergänzungsprüfung

Sind in der schriftlichen Prüfung die Prüfungsleistungen in bis zu zwei Prüfungsbereichen mit „mangelhaft" und die übrigen Prüfungsleistungen mit mindestens „ausreichend" bewertet worden, so kann der Prüfling in einem mit „mangelhaft" bewerteten Prüfungsbereich die schriftliche Prüfung durch eine mündliche Prüfung von etwa 15 Minuten ergänzen. Der Prüfungsbereich ist vom Prüfling zu bestimmen. Bei der Ermittlung des Ergebnisses für diesen Prüfungsbereich sind die Ergebnisse der schriftlichen Arbeit und der mündlichen Ergänzungsprüfung im Verhältnis 2 : 1 zu gewichten.

Die Abschlussprüfung kann bei Nichtbestehen zweimal wiederholt werden. Das Ausbildungsverhältnis verlängert sich auf Verlangen der Auszubildenden jeweils bis zur nächstmöglichen Wiederholungsprüfung, höchstens um ein Jahr (§ 21 Abs. 3 BBiG).

Um jede Unsicherheit über eine Weiterbeschäftigung der Auszubildenden nach dem Abschluss der Berufsausbildung auszuschließen, werden die Vertragsparteien in einem angemessenen zeitlichen Abstand vor dem Abschluss gegenseitig erklären, ob nach der Beendigung ein Arbeitsverhältnis begründet werden soll oder nicht. Eine Vereinbarung, die die Auszubildenden verpflichtet, in einem Arbeitsverhältnis weiterzuarbeiten, darf aber erst innerhalb der letzten sechs Monate des Berufsausbildungsverhältnisses erfolgen (§ 12 Abs. 1 BBiG).

Wird der/die Auszubildende nach dem Abschluss der Berufsausbildung ohne besondere Vereinbarung weiterbeschäftigt, so wird hierdurch ein Arbeitsverhältnis auf unbestimmte Zeit begründet (§ 24 BBiG).

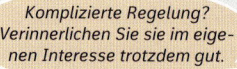

M 14

Der Ausbildende stellt den Auszubildenden bei Beendigung des Berufsausbildungsverhältnisses ein schriftliches *Ausbildungszeugnis* aus. Es muss Angaben enthalten über Art, Dauer und Ziel der Berufsausbildung sowie über die erworbenen Fertigkeiten, Kenntnisse und Fähigkeiten der Auszubildenden, auf Verlangen der Auszubildenden auch Angaben über Verhalten und Leistung (§ 16 BBiG).

Arbeitsaufträge

1. **Sie haben eine kaufmännische Ausbildung begonnen.**
   a) Erläutern Sie die kaufmännischen Ausbildungsberufe:
      - Industriekaufmann/Industriekauffrau,
      - Bürokaufmann/Bürokauffrau,
      - Fachkraft für Abfallwirtschaft,
      - Sport- und Fitnesskaufmann/-kauffrau,
      - Investmentfondskaufmann/-kauffrau,
      - Werbekaufmann/-kauffrau,
      - Verlagskaufmann/-kauffrau,
      - Informatikkaufmann/-kauffrau,
      - Kaufmann/Kauffrau für Bürokommunikation,
      - Veranstaltungskaufmann/-kauffrau,
      - Mediengestalter/-in,
      - Kaufmann/Kauffrau für audiovisuelle Medien.
   b) Erläutern Sie Ihre Gründe für die Wahl des Ausbildungsberufs Industriekaufmann/-kauffrau.
   c) Erläutern Sie, wie der Bewerbungs- und Einstellungsprozess bei Ihnen abgelaufen ist.
   d) Gehört der Ausbildungsberuf Industriekaufmann/Industriekauffrau zu den anerkannten Ausbildungsberufen? Nennen Sie die rechtliche Grundlage.
   e) Welches Gesetz enthält die grundlegenden Vorschriften über Ihre Berufsausbildung?
   f) Darf eine Berufsausbildung ausschließlich in anerkannten Ausbildungsberufen erfolgen?
   g) Laden Sie aus dem Internet einen Ausbildungsvertrag herunter und füllen Sie ihn unter Verwendung Ihrer persönlichen Daten aus.
   h) Nennen Sie die zuständige Stelle für Ihren Ausbildungsberuf.
   i) Nennen Sie zuständigen Stellen für andere Ausbildungsberufe.
   j) Bei welchen Gelegenheiten treten Sie anlässlich Ihrer Berufsausbildung mit der zuständigen Stelle in Kontakt?

2 Ausbildungsverhältnis **15**

    k) Erläutern Sie die unterschiedlichen Inhalte von Ausbildungsordnung, Ausbildungsrahmenplan und Ausbildungsplan.
    l) Wie können Sie während Ihrer Ausbildung feststellen, ob Sie vorschriftsmäßig ausgebildet werden?
    m) Anerkannte Ausbildungsberufe dürfen nicht mit Weiterbildungsberufen verwechselt werden. Erläutern Sie die Unterschiede.
    n) Nennen Sie typische Weiterbildungsberufe für Industriekaufleute.
    Ziehen Sie zur Lösung der Aufgaben geeignete Quellen heran. Benutzen Sie unter anderem auch das Internet.

2. **Klaus Peters ist 19 Jahre alt, er hat die allgemeine Hochschulreife. Ulrich Hoch ist 21 Jahre alt. Er hat die Fachoberschulreife. Beide werden am 1. August des laufenden Jahres eine Berufsausbildung beginnen.**
    a) Sind die beiden Auszubildenden berufsschulpflichtig? b) Wann endet ggf. die Berufsschulpflicht?

3. **Die Bundesrepublik Deutschland wird im Ausland vielfach um das System der dualen Ausbildung beneidet.**
    a) Nennen Sie Vorteile der dualen Ausbildung gegenüber einer rein schulischen Ausbildung.
    b) Führen Sie andererseits Nachteile des dualen Ausbildungssystems auf.

4. **Ausbilden darf nur, wer persönlich und fachlich geeignet ist.**
    a) Erkundigen Sie sich bei Ihrem Ausbilder/Ihrer Ausbilderin, wie der Nachweis der betreffenden Kenntnisse zu erbringen ist, und berichten Sie schriftlich darüber.
    b) Warum verlangt der Gesetzgeber auch den Nachweis berufs- und arbeitspädagogischer Kenntnisse?

5. **Im Berufsausbildungsvertrag sind die Rechte und Pflichten der Vertragspartner aufgeführt.**
    a) Erläutern Sie die Pflichten des Ausbildenden und berichten Sie darüber, wie Ihr Ausbildungsbetrieb vorgeht, um diese Verpflichtungen zu erfüllen.
    b) Erläutern Sie andererseits Ihre eigenen Pflichten und führen Sie Beispiele an.

6. **Der Ausbildungsvertrag kann unter bestimmten Umständen gekündigt werden.**
    a) Welche Kündigungsmöglichkeiten bestehen für die Vertragspartner?
    b) Was ist unter wichtigen Kündigungsgründen zu verstehen?
    c) Der Deutsche Industrie- und Handelskammertag (DIHK, Zentralorgan der IHKs) rät dazu, die vorgeschriebene Probezeit als „Bedenkzeit" zu nutzen. Was ist damit gemeint?

7. **Laut § 17 BBiG muss der Ausbildende dem Auszubildenden eine angemessene Vergütung gewähren.**
    Informieren Sie sich anhand Ihrer Vertragsniederschrift und machen Sie Angaben über
    • die Höhe der Vergütung im Zeitablauf der Ausbildung,
    • die Vergütung von Überstunden,
    • den Zeitpunkt der Zahlung,
    • die Fortzahlung der Vergütung bei Krankheit.

8. **Im Ausbildungsvertrag ist die Pflicht zur Führung und zur Kontrolle eines Ausbildungsnachweises verankert.**
    Welche Bedeutung hat der Ausbildungsnachweis und welche Sachverhalte sind einzutragen?

9. **Der Auszubildende Werner Klein erscheint am Montag nicht im Betrieb. Als der Ausbilder ihn am Dienstag nach dem Grund für seine Abwesenheit fragt, antwortet er, er sei am Wochenende „versumpft".**
    a) Welche Maßnahmen kann der Ausbildende ergreifen?
    b) Kann der Ausbildende die gleichen Maßnahmen ergreifen, wenn Klein an einem heißen Sommertag nicht zum Berufsschulunterricht, sondern ins Schwimmbad geht?

10. **Liegen in den folgenden Fällen Verstöße gegen die Bestimmungen des Berufsbildungsgesetzes vor?**
    a) Der Auszubildende Hans Schmeinck wird von seinem Ausbilder aufgefordert, zum Arbeitsende die benutzten Akten abzulegen und den Arbeitsplatz aufzuräumen.
    b) Edith Oder wird in einer Großwäscherei zur Bürokauffrau ausgebildet. Wegen Ausfalls mehrerer Arbeitskräfte (Krankheit, Urlaub) muss sie 4 Wochen lang einen Bügelautomaten bedienen.
    c) Ingrid Prüll wird in einem Industrieunternehmen ausgebildet. Im Verkauf erlangt sie Kenntnisse über die Kalkulation der Produkte. Ihrem Freund, Einkäufer bei einem Kunden des Unternehmens, teilt sie verschiedene Verrechnungspreise und Zuschlagsprozentsätze mit.
    d) Erich Bartel stellt 2 Monate vor der Berufsabschlussprüfung fest, dass er noch nichts in seinen Ausbildungsnachweis eingetragen hat. Er erstellt rasch einige Aufsätze über Fachthemen, die in der Berufsschule behandelt wurden, und trägt sie ein. Als er das Heft seinem Ausbilder vorlegt, weigert dieser sich, es abzuzeichnen.
    e) Der Ausbildende Peters ist mit der Leistung des Auszubildenden Kramer zufrieden. Auch Kramer arbeitet gern bei Peters. Ein Jahr vor der Berufsabschlussprüfung legt Peters ihm deshalb einen unbefristeten Arbeitsvertrag vor.
    f) Klaus Katze hat die Berufsabschlussprüfung mehr schlecht als recht bestanden. Am nächsten Tag erscheint er zum Arbeitsantritt in seinem Betrieb. Dort wird ihm eröffnet, er werde nicht in ein Beschäftigungsverhältnis übernommen, und man händigt ihm ein Zeugnis aus, in dem ihm ausreichende Leistungen in der Ausbildung bescheinigt werden.

3 Mitbestimmung

3.1 Innerbetriebliche Mitbestimmung

„Mitbestimmung" bezeichnet die Beteiligung der Arbeitnehmer an betrieblichen Entscheidungen. Die Forderung nach Mitbestimmung beruht auf der Erkenntnis, dass zur Erstellung der betrieblichen Leistungen zwei wesentliche Einsatzfaktoren gleichermaßen notwendig sind: der Kapitaleinsatz der Arbeitgeber und die Arbeitskraft der Arbeitnehmer.

Arbeitnehmer sind unselbstständig Beschäftigte (Arbeiter, Angestellte und Auszubildende), die dem Arbeitgeber gegenüber weisungsgebunden und von ihm wirtschaftlich abhängig sind.

Die Unterscheidung zwischen Angestellten und Arbeitern kann für Tarifverträge und für die Entlohnung (Lohn, Gehalt) Bedeutung haben.

> **Angestellte** leisten vorwiegend geistige Arbeit. Sie verrichten kaufmännische Tätigkeiten und Bürotätigkeiten (soweit nicht nur Botengänge, Reinigung, Aufräumen) sowie gehobene (Meister) und höhere (Ingenieur) technische Tätigkeiten. Sie erhalten ein festes Gehalt.
>
> **Arbeiter** sind alle Nicht-Angestellten; sie leisten vorwiegend körperliche Arbeit. Sie erhalten Arbeitslohn.
>
> Die Grenzen verlaufen heute fließend. Körperliche Arbeit spielt wegen der zunehmenden Technisierung eine immer geringere Rolle. Immer mehr Tarifverträge benutzen deshalb nur noch das Wort „Beschäftigte".
>
> **Auszubildende** sind Arbeitnehmer, die für die Ausbildung in einem staatlich anerkannten Ausbildungsberuf eingestellt werden. Je nach Art der Tätigkeit sind sie den Angestellten oder Arbeitern zuzurechnen.

3.1.1 Betriebsrat

Das Betriebsverfassungsgesetz (BetrVG; www.gesetze-im-internet.de/betrvg/) will durch eine Erweiterung der Arbeitnehmerrechte einen gerechten Interessenausgleich und eine vertrauensvolle Zusammenarbeit zwischen Arbeitgebern und Arbeitnehmern bewirken. Zu diesem Zweck sollen (nicht: müssen) Betriebsräte gewählt werden.

> **Betriebsverfassung** heißt die Gesamtheit der Vorschriften, die die Beziehungen des Arbeitgebers zu den Arbeitnehmern und deren Vertretungen (insbesondere dem Betriebsrat) regeln und nicht unmittelbar das Arbeitsverhältnis betreffen.

Die Wahlen finden alle vier Jahre zwischen dem 1. März und dem 31. Mai statt.

Voraussetzungen:

- mindestens 5 wahlberechtigte Arbeitnehmer (Mindestalter 18 Jahre; keine leitenden Angestellten und arbeitgeberähnlichen Personen wie Geschäftsführer und Vorstand; wahlberechtigt sind auch Leiharbeitnehmer, die länger als drei Monate im Betrieb eingesetzt werden.)
- mindestens 3 wählbare Arbeitnehmer (Wahlberechtigte mit mindestens 6 Monaten Betriebszugehörigkeit)

Anzahl der Betriebsratsmitglieder			
Wahlberechtigte	Mitglieder	Wahlberechtigte	Mitglieder
5 – 20	1 (Betriebsobmann)	2 001 – 2 500	19
21 – 50	3	2 501 – 3 000	21
51 – 100	5	3 001 – 3 500	23
101 – 200	7	3 501 – 4 000	25
201 – 400	9	4 001 – 4 500	27
401 – 700	11	4 501 – 5 000	29
701 – 1 000	13	5 001 – 6 000	31
1 001 – 1 500	15	6 001 – 7 000	33
1 501 – 2 000	17	7 001 – 9 000	35

Bei mehr als 9 000 Arbeitnehmern kommen je angefangene 3 000 Arbeitnehmer 2 Betriebsratsmitglieder hinzu. Ab 9 Mitgliedern bildet der Betriebsrat einen **Betriebsausschuss**. Dieser führt die laufenden Geschäfte des Betriebsrats. Er kann 3 bis 12 Mitglieder haben.

Ab 200 Arbeitnehmern ist mindestens ein Betriebsratsmitglied von der Arbeit freizustellen; bei mehr Arbeitnehmern steigen die Freistellungen gemäß § 38 BetrVG. Der Betriebsrat tagt in nicht-öffentlicher Sitzung während der Arbeitszeit. Er muss einmal im Kalendervierteljahr eine **Betriebsversammlung** einberufen und einen Tätigkeitsbericht erstatten. Der Arbeitgeber ist einzuladen und hat Rederecht.

Betriebsratssitzung

3.1.2 Wirtschaftsausschuss

Ab 100 Beschäftigten bestimmt der Betriebsrat einen Wirtschaftsausschuss. Er setzt sich aus mindestens drei und höchstens sieben sachverständigen Personen zusammen, von denen mindestens eine Betriebsratsmitglied sein muss. Der Ausschuss berät gemäß § 106 BetrVG wirtschaftliche Angelegenheiten mit dem Unternehmer (z. B. Finanzlage, Investitionsprogramm, Rationalisierungen, Arbeitsmethoden, Stilllegungen, Zusammenschlüsse usw.) und unterrichtet den Betriebsrat. Der Unternehmer hat zusammen mit dem Wirtschaftsausschuss der Belegschaft mindestens einmal im Vierteljahr einen wirtschaftlichen Lagebericht zu geben.

3.1.3 Allgemeine Aufgaben des Betriebsrats

Der Betriebsrat hat folgende allgemeine Aufgaben:
- Überwachung der Einhaltung von Betriebsvereinbarungen, Tarifverträgen und Gesetzen;
- Beantragung von Maßnahmen im Interesse von Betrieb und Arbeitnehmern bei der Geschäftsleitung;
- Annahme, Beratung, Vertretung von Anregungen der Arbeitnehmer und der Jugend- und Auszubildendenvertretung;
- Förderung schutzbedürftiger Gruppen (Menschen mit Behinderungen, Ausländer, Jugendliche, ältere Arbeitnehmer); Bekämpfung von Rassismus und Fremdenfeindlichkeit;
- Förderung der Gleichstellung von Frauen und Männern;
- Förderung der Sicherung der Beschäftigung;
- Förderung von Arbeits- und Umweltschutzmaßnahmen.

In vielen – insbesondere kleineren – Betrieben wird kein Betriebsrat gewählt. Bedenken Sie: Dann gibt's auch weder Interessenvertretung noch Mitbestimmung!

3.1.4 Betriebsvereinbarungen

Betriebsvereinbarungen **sind Verträge zwischen Arbeitgeber und Betriebsrat.**

Betriebsvereinbarungen regeln Fragen der Arbeitsbedingungen (z. B. Urlaubsplan, Beginn und Ende der Arbeitszeit, Betriebsordnung), der Mitbestimmung, der Verhütung von Arbeitsunfällen und Gesundheitsschädigungen, der Errichtung von Sozialeinrichtungen und der Förderung der Vermögensbildung. Hat ein Tarifvertrag die Fragen schon geregelt, so können sie allerdings nicht Gegenstand von Betriebsvereinbarungen werden, es sei denn, der Tarifvertrag lässt den Abschluss ergänzender Betriebsvereinbarungen ausdrücklich zu (§ 77 Abs. 3 BetrVG). Betriebsvereinbarungen gelten unmittelbar und zwingend. Sie sind mit einer Frist von 3 Monaten kündbar.

Häufige Betriebsvereinbarungen
- Alkoholverbot
- Maßnahmen bei Alkoholmissbrauch
- Anpassung der Beschäftigung an die Auftragslage
- Arbeitsunfähigkeitsnachweis
- Ausbildung
- Arbeitsordnung
- berufliche Weiterbildung
- betriebsbedingtes Ausscheiden
- gleitende Arbeitszeit
- ständige Einigungsstelle
- Einführung von Zeiterfassungsgeräten

3.1.5 Betriebsrat als Mitbestimmungsorgan

Als Mitbestimmungsorgan hat der Betriebsrat abgestufte Rechte.

Mitbestimmungs- und Mitwirkungsrechte des Betriebsrats (BetrVG)		
Mitentscheidungsrecht	**Widerspruchsrecht**	**Informations- und Beratungsrecht**
Soziale Angelegenheiten (§ 87): – Betriebsordnung – Lage der Arbeitszeit und der Pausen – vorübergehende Verkürzung oder Verlängerung der Arbeitszeit – Urlaubsplan – Unfallverhütung – betriebliche Berufsbildung – betriebliche Sozialeinrichtungen – Zeit, Ort, Art der Entgeltzahlung – Einführung von technischen Einrichtungen zur Verhaltens- und Leistungsüberwachung – Entlohnungsgrundsätze und -methoden – Akkord- und Prämiensätze – Vorschlagswesen – Grundsätze über Durchführung von Gruppenarbeit **Richtlinien über die personelle Auswahl bei Einstellungen, Versetzungen, Umgruppierungen, Kündigungen** (§ 95) **Sozialplan bei Betriebsänderung und Insolvenzverfahren** (§ 112) **Maßnahmen der betrieblichen Berufsbildung** (§ 98)	**Personelle Einzelmaßnahmen** (§ 99): – Einstellungen – Ein- und Umgruppierungen – Versetzungen **Kündigungen** (§ 102)	**Planung der Arbeitsplätze** (§ 90): – Neu-, Um-, Erweiterungsbauten – technische Anlagen – Arbeitsverfahren **Personalplanung** (§ 92) **Förderung der Berufsbildung** (§§ 96, 97) **Wirtschaftliche Angelegenheiten**[1] (§ 106): – z. B. wirtschaftliche und finanzielle Lage – Produktions- und Absatzlage – Investitions- und Produktionsprogramm – neue Arbeitsmethoden – Stilllegung von Betriebsteilen, Zusammenschluss von Betrieben, Änderung der Betriebsorganisation oder des Betriebszwecks – Rationalisierungsvorhaben **Betriebsänderungen** (§ 111)
Eine Entscheidung kommt nur mit Zustimmung des Betriebsrats zustande.	Der Betriebsrat kann aus schwerwiegenden Gründen Entscheidungen der Geschäftsleitung nicht zustimmen (§ 99) bzw. widersprechen (§ 102). Dies macht die Entscheidungen unwirksam.	Die Geschäftsleitung muss den Betriebsrat über anstehende Entscheidungen unterrichten[2] und sich mit ihm beraten. Ein Widerspruch ist jedoch wirkungslos.

Erfolgt in den Fragen von § 87 BetrVG zwischen Betriebsrat und Arbeitgeber keine Einigung über eine Maßnahme, so ist bei Bedarf eine **Einigungsstelle** zu bilden. Arbeitgeber und Betriebsrat bestellen hierzu eine gleiche Anzahl von Beisitzern und einigen sich auf einen neutralen Vorsitzenden. Betriebsvereinbarungen können eine ständige Einigungsstelle vorsehen (§ 76 BetrVG).

In einer Reihe von Fällen ersetzt der Spruch der Einigungsstelle die fehlende Einigung zwischen Arbeitgeber und Betriebsrat. Hierzu gehören z. B. die sozialen Angelegenheiten nach § 87 BetrVG. Unterwirft sich eine Partei nicht dem Spruch der Einigungsstelle, kann sie das Arbeitsgericht anrufen.

---

[1] Wenn ein Wirtschaftsausschuss besteht, erfolgt die Beratung in den Fällen des § 106 mit diesem. Der Wirtschaftsausschuss unterrichtet den Betriebsrat (vgl. S. 17).
[2] Dies muss so rechtzeitig erfolgen, dass die Vorschläge des Betriebsrats berücksichtigt werden können.

> Die Stellung der Betriebsräte ist zu ihrem eigenen sozialen Schutz und zur wirksamen Interessenvertretung wesentlich stärker als die der übrigen Arbeitnehmer:
> - Betriebsratmitglieder sind bis ein Jahr nach Beendigung ihrer Tätigkeit nur außerordentlich kündbar, wenn der Betriebsrat oder das Arbeitsgericht zustimmen.
> - Während der Interessenvertretung läuft das Arbeitsentgelt weiter.
> - Jedes Betriebsratmitglied hat das Recht auf drei Wochen bezahlten Bildungsurlaub.
> - Die Kosten des Betriebsrates trägt der Arbeitgeber.

3.1.6 Jugend- und Auszubildendenvertretung (JAV)

Damit Jugendliche und Auszubildende im Betrieb ihre Interessen und Rechte geltend machen können, sieht das Betriebsverfassungsgesetz die Bildung von Jugend- und Auszubildendenvertretungen vor.

Voraussetzungen sind:
- Der Betrieb muss mindestens 5 Arbeitnehmer unter 18 Jahren oder Auszubildende unter 25 Jahren beschäftigen (§ 60 BetrVG).
- Es muss ein Betriebrat existieren. Nur über diesen wird die JAV tätig.

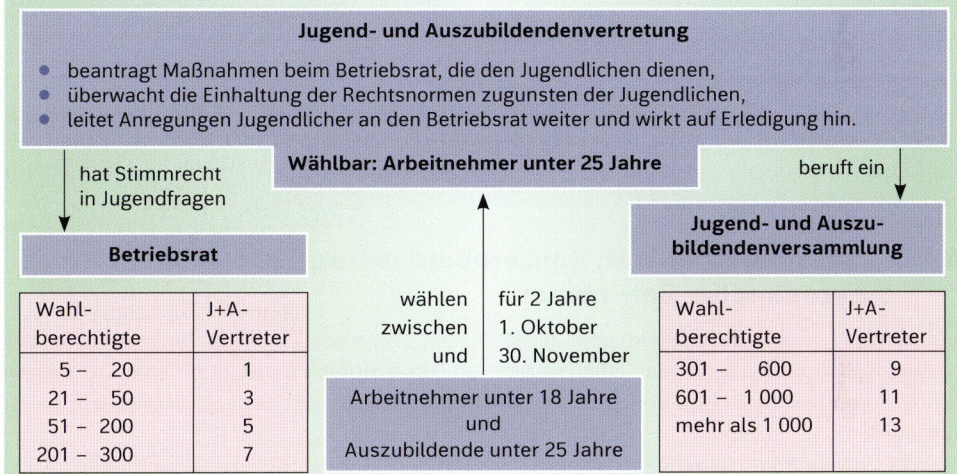

Die JAV kann zu allen Betriebsratssitzungen einen Vertreter entsenden.

An Tagesordnungspunkten, die besonders jugendliche Arbeitnehmer betreffen, kann die gesamte JAV teilnehmen.

Wenn Betriebsratsbeschlüsse überwiegend jugendliche Arbeitnehmer betreffen, haben die JAV-Vertreter Stimmrecht. Wenn sie meinen, dass durch einen Beschluss wichtige Interessen der Jugendlichen beeinträchtigt werden, ist auf ihren Antrag der Beschluss für eine Woche auszusetzen, damit eine Verständigung gesucht werden kann.

Die JAV kann vor oder nach jeder Betriebsversammlung im Einvernehmen mit dem Betriebsrat **Jugend- und Auszubildendenversammlungen** einberufen. In Betrieben mit mehr als 50 Jugendlichen/Auszubildenden kann sie **Sprechstunden** während der Arbeitszeit abhalten, auf denen ihre Tätigkeitsberichte und sozialpolitische Themen diskutiert werden können.

Mitglieder der JAV können nur aus wichtigem Grund gekündigt werden, und zwar bis zu einem Jahr nach Ablauf ihres Mandats. Die Kündigung bedarf der Zustimmung des Betriebsrats.

3.1.7 Sprecherausschüsse der leitenden Angestellten

Leitende Angestellte sind arbeitsrechtlich Arbeitnehmer, jedoch gelten Sondervorschriften für sie. So gilt das Arbeitszeitgesetz nicht für Prokuristen, Gesamtbevollmächtigte und Angestellte, die Vorgesetzte von mindestens 20 Arbeitnehmern sind. Das Kündigungsschutzgesetz gilt nicht für Geschäftsführer, Betriebsleiter und ähnliche leitende Personen, soweit sie selbstständig Arbeitnehmer einstellen und entlassen können. Für alle Genannten gelten auch nicht die Mitbestimmungsregelungen des Betriebsverfassungsgesetzes.

In Betrieben mit mindestens 10 leitenden Angestellten können Sprecherausschüsse gewählt werden, wenn sich die Mehrheit der leitenden Angestellten dafür ausspricht (Sprecherausschussgesetz (SprAuG; www.gesetze-im-internet.de/spraug/).

Nach § 5 BetrVG ist leitender Angestellter,
- wer selbstständig Arbeitnehmer einstellen oder entlassen darf,
- wer Generalvollmacht oder Prokura hat,
- wer für den Bestand und die Entwicklung des Unternehmens/Betriebs Entscheidungen „im Wesentlichen frei von Weisungen trifft oder maßgeblich beeinflusst".

Im Zweifel ist auch leitender Angestellter,
- wer schon bei der letzten Betriebsratswahl als solcher galt oder aber
- wer einer Leitungsebene angehört, auf der überwiegend leitende Angestellte vertreten sind, oder
- wer ein für leitende Angestellte übliches Gehalt bezieht (im Zweifel mehr als das Dreifache des Durchschnittsverdienstes der Rentenversicherten).

Die Mitwirkung des Sprecherausschusses erfolgt durch Unterrichtung und Beratung über personelle und wirtschaftliche Angelegenheiten. Der Ausschuss kann die Arbeit der Betriebsräte nicht blockieren und Vereinbarungen zwischen Arbeitgeber und Betriebsrat nicht gerichtlich zu Fall bringen.

3.1.8 Gesamtbetriebsrat, Konzernbetriebsrat, Europäischer Betriebsrat

Bei getrennten und selbstständigen Betriebsteilen (Werken) kann ein Betriebsrat je Betriebsteil gebildet werden. Dann ist zusätzlich ein **Gesamtbetriebsrat** zu errichten. Für einen Konzern kann auf Beschluss der einzelnen Gesamtbetriebsräte ein **Konzernbetriebsrat** gebildet werden.

Ist das Unternehmen in mindestens zwei Ländern der EU tätig und hat es mindestens 1 000 Beschäftigte und in jedem Land mindestens 150 Beschäftigte, so ist nach dem Gesetz über Europäische Betriebsräte (EBRG; www.gesetze-im-internet.de/ebrg/) ein **Europäischer Betriebsrat** zu bilden.

Merkmale	Gesamtbetriebsrat (§§ 47–53 BetrVG)	Konzernbetriebsrat (§§ 54–59 BetrVG)	Europäischer Betriebsrat (EBRG)
Einrichtung	Die Bildung eines Gesamtbetriebsrates ist zwingend vorgeschrieben.	Bestehen mehrere Gesamtbetriebsräte, so kann ein Konzernbetriebsrat gebildet werden.	Die Bildung eines Europäischen Betriebsrates ist zwingend vorgeschrieben.
Mitglieder	Jeder Betriebsrat mit bis zu drei Mitgliedern entsendet eines seiner Mitglieder, jeder Betriebsrat mit mehr als drei Mitgliedern zwei.	Jeder Gesamtbetriebsrat entsendet zwei seiner Mitglieder.	Die Mitglieder werden vom Gesamtbetriebsrat für die im Inland Beschäftigten und vom Konzernbetriebsrat für die EU-weit Beschäftigten bestellt.

3 Mitbestimmung

Merkmale	Gesamtbetriebsrat (§§ 47–53 BetrVG)	Konzernbetriebsrat (§§ 54–59 BetrVG)	Europäischer Betriebsrat (EBRG)
Aufgaben	Der Gesamtbetriebsrat ist den einzelnen Betriebsräten nicht übergeordnet. Der Gesamtbetriebsrat ist zuständig für die Behandlung von Angelegenheiten des Gesamtunternehmens oder mehrerer Betriebe. Der Betriebsrat kann den Gesamtbetriebsrat auch beauftragen, eine Angelegenheit aus seinem Bereich für ihn zu behandeln. Mindestens einmal im Jahr hat der Gesamtbetriebsrat eine Betriebsräteversammlung einzuberufen. In dieser Versammlung berichten Gesamtbetriebsrat und Unternehmer.	Der Konzernbetriebsrat ist den Gesamtbetriebsräten nicht übergeordnet. Er ist zuständig für die Behandlung von Angelegenheiten, die den Konzern oder mehrere Konzernunternehmen betreffen und nicht durch die Gesamtbetriebsräte innerhalb ihrer Unternehmen geregelt werden können. Der Konzernbetriebsrat ist auch für Unternehmen zuständig, die keinen Gesamtbetriebsrat gebildet haben sowie für Betriebe der Konzernunternehmen ohne Betriebsrat.	Der Europäische Betriebsrat soll zur Stärkung des Rechts auf grenzüberschreitende Unterrichtung und Anhörung der Arbeitnehmer tätig werden. Die grenzüberschreitende Unterrichtung und Anhörung erstreckt sich auf alle in einem Mitgliedstaat liegenden Betriebe. Ansprechpartner ist die zentrale Leitung des gemeinschaftsweit tätigen Unternehmens oder das herrschende Unternehmen.

Die Regelungen für den Europäischen Betriebsrat gelten auch für Unternehmen, die ihren Hauptsitz außerhalb der EU haben, aber in der EU tätig sind. Die Europäischen Betriebsräte befassen sich u. a. mit Abkommen über Restrukturierung, Arbeits- und Gesundheitsschutz, Weiterbildung, Mobilität und fundamentale Arbeitnehmerrechte.

3.2 Mitbestimmung im Aufsichtsrat

Von der innerbetrieblichen Mitbestimmung durch den Betriebsrat ist die Mitbestimmung der Arbeitnehmer im Aufsichtsrat von Kapitalgesellschaften (AG, KGaA, GmbH) und Genossenschaften mit mehr als 500 Arbeitnehmern zu unterscheiden. Der Aufsichtsrat ist ein Organ zur Kontrolle des Vorstands/der Geschäftsführung. Ein Urteil des Bundesverfassungsgerichts vom 1. März 1979 begründet die Mitbestimmung im Aufsichtsrat wie folgt:

Einzelheiten zum Aufsichtsrat finden Sie auf S. 90 und 94.

Sie „hat die Aufgabe, die mit der Unterordnung der Arbeitnehmer unter fremde Leitungs- und Organisationsgewalt in größeren Unternehmen verbundene Fremdbestimmung durch die institutionelle Beteiligung an den unternehmerischen Entscheidungen zu mildern und die ökonomische Legitimation der Unternehmensleitung durch eine soziale zu ergänzen". (BVerfGE 50, 290)

Die Wahl von Arbeitnehmervertretern in den Aufsichtsrat überträgt das Demokratieprinzip auf Unternehmen. Die Arbeitnehmervertreter können die wirtschaftliche Macht auf der Ebene der Unternehmensleitung kontrollieren und ihre Interessen (langfristige Sicherung der Beschäftigung, Beteiligung am wirtschaftlichen Erfolg des Unternehmens) fördern.

Zusammensetzung des Aufsichtsrates		
Zahl der Mitglieder	Vertreter der Gesellschafter	Arbeitnehmervertreter
Drittelbeteiligungsgesetz (DrittelbG; www.gesetze-im-internet.de/drittelbg/) (betrifft Kapitalgesellschaften mit mehr als 500 und bis zu 2 000 Arbeitnehmern)		
eine durch drei teilbare Zahl	2/3 der Mitglieder	1/3 der Mitglieder (mindestens 2 Arbeitnehmer)
Mitbestimmungsgesetz (MitbestG; www.gesetze-im-internet.de/mitbestg/) (betrifft Kapitalgesellschaften mit mehr als 2 000 Arbeitnehmern)		
Der Aufsichtsratsvorsitzende ist Vertreter der Gesellschafter. Bei Abstimmungen hat er bei Stimmengleichheit im 1. Wahlgang ein doppeltes Stimmrecht im 2. Wahlgang.		
bis 10 000 Arbeitnehmer		
12	6	6 (1 leitender Angestellter, 3 Arbeitnehmer, 2 unternehmensunabhängige Gewerkschaftsvertreter)
bis 20 000 Arbeitnehmer		
16	8	8 (1 leitender Angestellter, 5 Arbeitnehmer, 2 unternehmensunabhängige Gewerkschaftsvertreter)
über 20 000 Arbeitnehmer		
20	10	10 (1 leitender Angestellter, 6 Arbeitnehmer, 3 unternehmensunabhängige Gewerkschaftsvertreter)
Montanmitbestimmungsgesetz (MontanMitbestG; www.gesetze-im-internet.de/montanmitbestg/BJNR003470951.html) (betrifft Kapitalgesellschaften des Bergbaus und der Eisen- und Stahlerzeugung mit mehr als 1 000 Arbeitnehmern)		
11	4 Vertreter der Gesellschafter und ein weiteres Mitglied	4 Arbeitnehmervertreter und ein weiteres Mitglied
	Hinzuwahl eines weiteren „neutralen" Mitgliedes durch die übrigen Aufsichtsratsmitglieder.	
	Die weiteren Mitglieder dürfen keine Repräsentanten einer Gewerkschaft oder einer Vereinigung der Arbeitgeber sein.	

Der Aufsichtsrat bestellt gemäß Mitbestimmungs- und Montan-Mitbestimmungsgesetz – nicht in Kommanditgesellschaften auf Aktien – einen sog. **Arbeitsdirektor** als gleichberechtigtes Mitglied des Vorstands/der Geschäftsführung (§ 33 MitbestG, § 13 Montan-MitbestG). Sein Geschäftsbereich ist nicht gesetzlich festgelegt; in der Praxis ist er jedoch durchweg für Personal- und Sozialangelegenheiten zuständig. In Unternehmen mit Montan-Mitbestimmung darf der Arbeitsdirektor nicht gegen die Stimmen der Arbeitnehmervertreter berufen und abberufen werden. Dies stärkt die Arbeitnehmerrechte erheblich.

3 Mitbestimmung

Arbeitsaufträge

1. **Die folgende Grafik gibt die innerbetrieblichen Mitbestimmungsorgane wieder.**
   a) Beschreiben Sie mit eigenen Worten die Aufgaben dieser Organe.
   b) Welche dieser Organe können mit folgenden Problemen befasst werden?
      (1) Ein jugendlicher Auszubildender wird nicht nach der Ausbildungsordnung ausgebildet.
      (2) Ein Arbeitnehmer ist seiner Meinung nach in die falsche Lohngruppe eingestuft.
      (3) Die Unternehmensleitung will durch Rationalisierung 60 Arbeitsplätze einsparen.
      (4) Die gleitende Arbeitszeit soll eingeführt werden.

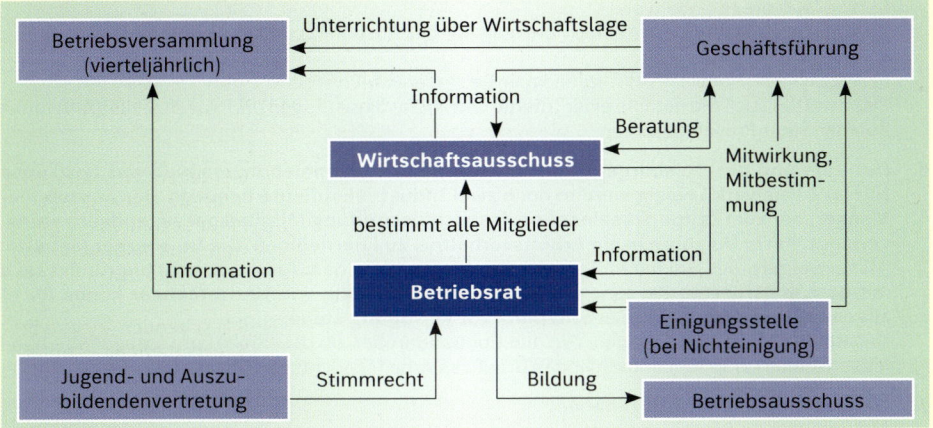

2. **Bei der Technoflex GmbH, einem Industrieunternehmen mit 789 Beschäftigten, läuft die Amtszeit des Betriebsrates im kommenden Jahr ab.**
   a) Wie lange dauerte die Amtszeit des Betriebsrates?
   b) Für welchen Termin können die Betriebsratswahlen angesetzt werden?
   c) Wie viele Betriebsratsmitglieder sind zu wählen?
   d) Sind die folgenden Arbeitnehmer wahlberechtigt?
      (1) der 35-jährige Prokurist Jannings, 12 Jahre beschäftigt
      (2) der 28-jährige ausländische Arbeitnehmer Ahmet Ataer, 10 Monate beschäftigt
      (3) die 17-jährige Auszubildende Anja Pick, 13 Monate beschäftigt
      (4) der 24-jährige Auszubildende Werner Grunwald, 1 Monat beschäftigt
      (5) die 40-jährige Angestellte Anne Netzer, 20 Jahre beschäftigt
      (6) der 30-jährige Hilfsarbeiter Udo Besen, 4 Jahre beschäftigt
   e) Welche der genannten Personen sind wählbar?
   f) Das Betriebsratsmitglied Eberhard Warnke will nicht mehr kandidieren. Da Warnke bisher die Interessen der Belegschaft gegenüber der Geschäftsführung sehr engagiert vertreten hat, befürchtet er für den Fall seines Ausscheidens seine Kündigung. Ist diese Furcht gerechtfertigt?
   g) Für die Betriebsratswahl bei Technoflex kommen mehrere Wahlverfahren infrage. Suchen Sie hierzu Informationen im Internet und erläutern Sie folgende Wahlverfahren:
      - das normale Wahlverfahren,
      - das vereinfachte Wahlverfahren,
      - die Listenwahl.
      - das einstufige Wahlverfahren,
      - das mehrstufige Wahlverfahren,

3. **Der Betriebsrat hat abgestufte Mitbestimmungsrechte.**
   Untersuchen Sie, in welchem Umfang der Betriebsrat in folgenden Fällen zu beteiligen ist.
   a) Die Geschäftsführung will die gleitende Arbeitszeit einführen.
   b) Die Geschäftsführung will einen Werkstattmeister einstellen.
   c) Die Geschäftsführung will die Fertigung auf flexible Fertigungssysteme umstellen.
   d) Die Geschäftsführung will eine außerordentliche Kündigung aussprechen.
   e) Die Geschäftsführung will den Urlaubsplan für das kommende Jahr beschließen.

4. **Geschäftsführung und Betriebsrat können sich nicht über die Einführung der gleitenden Arbeitszeit einigen.**
   a) Auf welche Weise kann trotzdem die notwendige Entscheidung erzielt werden?
   b) Es wird schließlich doch ein Kompromiss gefunden und in einer Betriebsvereinbarung festgehalten. Wie sind die Beschäftigten von dieser Vereinbarung betroffen?

5. Paul Manger, Auszubildender (Industriekaufmann) bei der Duisburger Metalltuche AG, interessiert sich für die Arbeit des Betriebsrates. Da im Betrieb bisher noch keine Jugend- und Auszubildendenvertretung (JAV) existiert, möchte er eine gründen. Dazu beantwortet der Betriebsratsvorsitzende ihm anhand des Betriebsverfassungsgesetzes folgende Fragen.
   a) An welche Bedingungen ist die Gründung einer JAV geknüpft?
   b) Wie viele Mitglieder hat die JAV, wenn das Unternehmen 70 wahlberechtigte Auszubildende und 8 jugendliche Arbeitnehmer hat?
   c) Wie alt muss ein wählbarer JAV-Kandidat sein?
   d) Welche Aufgaben hat eine JAV?
   e) Welche Formen der Zusammenarbeit zwischen Betriebsrat und JAV gibt es?
   f) Wie läuft die JAV-Wahl ab?
   g) Muss ein Mitglied der JAV nach Beendigung der Ausbildung in ein Arbeitsverhältnis übernommen werden?
   h) Was ist eine Konzern-JAV? Wann kann sie eingerichtet werden?
   Beantworten auch Sie mithilfe einer Internetrecherche diese Fragen und tragen Sie die Antworten im Rahmen einer Präsentation vor.

6. Der Vorstand der Duisburger Metalltuche AG hat Personalabbaumaßnahmen beschlossen. Nur im Zweigwerk Leipzig werden noch zwei Industriekaufleute benötigt. Der Auszubildende Manger, der zum Zeitpunkt seiner Berufsabschlussprüfung Mitglied der Jugendvertretung ist, verlangt, ihn in Duisburg in ein Arbeitsverhältnis zu übernehmen. Die Duisburger Metalltuche AG verweigert dies. Im nachfolgenden Rechtsstreit vor dem Arbeitsgericht begründet sie dies mit dem angeführten Personalabbau. Die Beschäftigung von Herrn Manger könne ihr nicht zugemutet werden, da kein Arbeitsplatz zur Verfügung stehe.
   Debattieren Sie in zwei Gruppen (Pro und Contra) darüber, ob die Firma Herrn Manger übernehmen muss. (Anmerkung: Ihr Lehrer hält das Urteil des Arbeitsgerichts für Sie bereit.)

7. „Mitbestimmung auf allen Ebenen!"
   a) Untersuchen Sie, ob in Deutschland eine Mitbestimmung auf folgenden Ebenen existiert: Arbeitsplatzebene, Betriebsebene, Unternehmensebene.
   b) Durch welche Organe wird die Mitbestimmung auf der jeweiligen Ebene wahrgenommen?
   c) Welche Rechtsformen des Unternehmens werden nicht von der Mitbestimmung auf der Unternehmensebene erfasst?
   d) Begründen Sie diese Aussparung.

8. Die Gewerkschaften haben stets eine sog. paritätische (gleichberechtigte) Mitbestimmung angestrebt.
   a) Wie kann die Forderung nach paritätischer Mitbestimmung begründet werden?
   b) Ist diese Mitbestimmung in einem der Mitbestimmungsmodelle verwirklicht?
   c) Geben Sie mit wenigen Worten an, wie sich die drei gesetzlich verankerten Mitbestimmungsmodelle unterscheiden.

9. Mitbestimmung aus Arbeitnehmersicht?
   a) Erläutern Sie, wie der Karikaturist sich die Einstellung der Arbeitnehmer zu den geltenden Mitbestimmungsregelungen vorstellt.
   b) Zeichnet die Karikatur ein treffendes Bild von der Mitbestimmung in Deutschland?
   Begründen Sie Ihre Antwort.

„Was willst du denn? Ich lasse dich doch schon dauernd!"
© Jupp Wolter (Künstler), Haus der Geschichte, Bonn

4 Arbeitsschutz

4.1 Technischer Arbeitsschutz

Arbeit erfordert die Benutzung von Betriebsmitteln und den Umgang mit Werkstoffen. Damit entstehen zwangsläufig Risiken für Leben und Gesundheit des Arbeitnehmers. Diese sind in den vergangenen Jahrzehnten kontinuierlich vermindert worden. Der technische Arbeitsschutz hilft, auch die Restgefahren zu reduzieren. Er bezieht sich vor allem auf

- Lärm- und Vibrationsschutz,
- Schutz vor Gefahrstoffen[1],
- Betriebssicherheit,
- Produktsicherheit.

Der technische Arbeitsschutz ist in zahlreichen Rechtsvorschriften geregelt (siehe Infokasten):

- Das **Arbeitsschutzgesetz (ArbSchG;** www.gesetze-im-internet.de/arbschg/) als grundlegende Rechtsvorschrift dient dazu, die Sicherheit und den Gesundheitsschutz der Arbeitnehmer zu gewährleisten. Verletzt der Arbeitgeber seine Schutzpflichten, darf der Arbeitnehmer u. U. die Arbeitsleistung verweigern bzw. Schadensersatz fordern (§ 276, § 823 Abs. 2 BGB). Der Staat kann mit Strafen eingreifen und ggf. sogar den Betrieb schließen.

Wichtige Rechtsvorschriften zum technischen Arbeitsschutz

- Arbeitsschutzgesetz
- Arbeitssicherheitsgesetz
- Arbeitsstättenverordnung
- Baustellenverordnung
- Bildschirmarbeitsverordnung
- Biostoffverordnung
- Gefahrstoffverordnung
- Produktsicherheitsgesetz
- Chemikaliengesetz
- Atomgesetz

ArbSchG

§ 3 (Grundpflichten des Arbeitgebers)
(1) Der Arbeitgeber ist verpflichtet, die erforderlichen Maßnahmen des Arbeitschutzes unter Berücksichtigung der Umstände zu treffen, die Sicherheit und Gesundheit der Beschäftigten bei der Arbeit beeinflussen. Er hat die Maßnahmen auf ihre Wirksamkeit zu überprüfen und erforderlichenfalls sich ändernden Gegebenheiten anzupassen. Dabei hat er eine Verbesserung von Sicherheit und Gesundheitsschutz der Beschäftigten anzustreben.

§ 4 (Allgemeine Grundsätze)
Der Arbeitgeber hat bei Maßnahmen des Arbeitsschutzes von folgenden allgemeinen Grundsätzen auszugehen:
1. Die Arbeit ist so zu gestalten, dass eine Gefährdung für Leben und Gesundheit möglichst vermieden und die verbleibende Gefährdung möglichst gering gehalten wird;
2. Gefahren sind an ihrer Quelle zu bekämpfen;
3. bei den Maßnahmen sind der Stand von Technik, Arbeitsmedizin und Hygiene sowie sonstige gesicherte arbeitswissenschaftliche Erkenntnisse zu berücksichtigen;
4. Maßnahmen sind mit dem Ziel zu planen, Technik, Arbeitsorganisation, sonstige Arbeitsbedingungen, soziale Beziehungen und Einfluss der Umwelt auf den Arbeitsplatz sachgerecht zu verknüpfen;
5. individuelle Schutzmaßnahmen sind nachrangig zu anderen Maßnahmen;
6. spezielle Gefahren für besonders schutzbedürftige Beschäftigtengruppen sind zu berücksichtigen;
7. den Beschäftigten sind geeignete Anweisungen zu erteilen;
8. mittelbar oder unmittelbar geschlechtsspezifisch wirkende Regelungen sind nur zulässig, wenn dies aus biologischen Gründen zwingend geboten ist.

---

[1] Vgl. Band 1, Geschäftsprozesse, Sachwort „Gefahrstoffe"

Weitere wichtige Rechtsvorschriften sind:

- **Produktsicherheitsgesetz (ProdSG;** www.gesetze-im-internet.de/prodsg/)
  Technische Arbeitsmittel (z. B. Maschinen, Geräte, Werkzeuge) dürfen nur in den Verkehr gebracht werden, wenn sie den Bestimmungen der Sicherheitstechnik und den Unfallverhütungsvorschriften entsprechen.

> Vorschriften über Gefahrstoffe werden im Band „Geschäftsprozesse" behandelt.

- **Arbeitsstättenverordnung (ArbStättV;** www.gesetze-im-internet.de/arbst_ttv_2004/BJNR217910004.html)
  Sie regelt einheitlich die Anforderungen an Arbeitsstätten im Interesse von Arbeits- und Betriebsschutz. Im Einzelnen geregelt sind u. a. Belüftung, Beheizung, Beleuchtung, Schutz gegen Dämpfe und Lärm, Raumabmessungen, Nichtraucherschutz, Anforderungen an Sanitärräume.

- **Arbeitssicherheitsgesetz (ASiG;** www.gesetze-im-internet.de/asig/)
  Das Gesetz verpflichtet die Betriebe, Betriebsärzte und Sicherheitsfachkräfte einzustellen, wenn dies nach Art und Umfang des Betriebs zur Gewährleistung der Arbeitssicherheit erforderlich ist.

> Für viele Betriebe ist die Anstellung eines eigenen Betriebsarztes nicht möglich. Private Firmen organisieren deshalb einen überbetrieblichen Dienst.

Betriebe mit mehr als 20 Beschäftigten müssen einen **Sicherheitsbeauftragten** stellen. Er hat den Unternehmer bei der Durchführung des Unfallschutzes zu unterstützen und sich laufend von der ordnungsgemäßen Benutzung der vorgeschriebenen Schutzvorrichtungen zu überzeugen (§ 22 SGB VII).

Der Betriebsrat hat die Aufgabe, Maßnahmen des Arbeitsschutzes zu fördern (§ 80 BetrVG). Er muss sich dafür einsetzen, dass die Vorschriften über Arbeitsschutz, Unfallverhütung und Umweltschutz durchgeführt werden. Der Arbeitgeber muss ihn bei allen entsprechenden Besichtigungen, Fragen und Unfalluntersuchungen hinzuziehen (§ 89 BetrVG). Arbeitgeber und Betriebsrat sind also bei allen Fragen des Arbeitsschutzes und der Unfallverhütung zu gemeinsamem Handeln verpflichtet.

Für den Arbeitsschutz zuständige Stellen

Gewerbeaufsichtsbehörden der Länder, z. B. Gewerbeaufsichtsamt

Diese Behörden überwachen die Einhaltung der Schutzbestimmungen. Sie sind für die Beseitigung von Missständen zuständig und nehmen Betriebsbesichtigungen vor, begutachten die Einrichtungen und nehmen bei Arbeitsunfällen und Anzeigen Stellung.

Technischer Überwachungsvereine (TÜV)

Die Technischen Überwachungsvereine überprüfen Kraftfahrzeuge und technische Anlagen regelmäßig auf Betriebssicherheit.

Berufsgenossenschaften

Die Berufsgenossenschaften sind die Träger der Unfallversicherung. Sie betreiben darüber hinaus Unfallverhütung durch Herausgabe von Unfallverhütungsvorschriften und durch Unfallforschung. Die Unfallverhütungsvorschriften sind verbindliche Rechtsnormen und stellen Mindestanforderungen an die Arbeitssicherheit. Sie sind im Betrieb an geeigneter Stelle auszuhängen.

Bundesanstalt für Arbeitsschutz und Arbeitsmedizin (BAuA)

Die BAuA hat u. a. folgende Aufgaben: Unterstützung des zuständigen Bundesministeriums in allen Fragen des Arbeitsschutzes, Beobachtungen und Analysen der Verhältnisse in den Betrieben, Entwicklung von Problemlösungen, Information der Öffentlichkeit. Sie betreibt entsprechende Forschung.

4 Arbeitsschutz

Arbeitsaufträge

1. Für das Oberziel „Arbeitssicherheit schaffen" lassen sich folgende Unterziele formulieren:
   (1) Gefahren sollen rechtzeitig aufgedeckt werden.
   (2) Die erkannte Gefahr ist zu beseitigen.
   (3) Der Mensch selbst ist zu schützen.
   (4) Es sind Regeln zur Beachtung der Sicherheit aufzustellen.

   a) Erarbeiten Sie in Gruppenarbeit einen Katalog von Mitteln/Maßnahmen zur Erreichung dieser Ziele.
   b) Welches Verhalten ist von Mitarbeitern, Führungspersonal, Betriebsrat und Behörden zu fordern, um maximale Arbeitssicherheit zu gewährleisten?
   c) Erstellen Sie eine Präsentation des Arbeitsschutzmanagements Ihres Ausbildungsbetriebs.

2. Mehrere Stellen sind in Bund und Ländern für Fragen des Arbeitsschutzes zuständig.
   a) Um welche Stellen handelt es sich?
   b) Informieren Sie sich über die Aufgaben dieser Stellen und berichten Sie darüber.

3. Der Mechatroniker Rudolf Schaber ist bei der Arbeit schwer gestürzt. Dabei hat er sich unter anderem die Schlagader am Arm verletzt.
   a) Durch welche Maßnahmen können Sie ihm bis zum Eintreffen des Arztes helfen?
   b) Es stellt sich heraus, dass Herr Schaber außerdem einen Wirbelsäulenschaden erlitten hat. Er wird seinen Beruf nicht mehr ausüben können. Deshalb soll er zum Industriekaufmann umgeschult werden. Wer trägt die Kosten der Umschulung?
   c) Aufgrund des Unfalls will der Betrieb nun einen Sicherheitsbeauftragten bestellen.
      - Informieren Sie sich über die gesetzliche Grundlage für eine solche Bestellung.
      - Welche Aufgaben hat der Sicherheitsbeauftragte?

4. Im Anhang der Arbeitsstättenverordnung werden Anforderungen an Bildschirmarbeitsplätze gestellt.
   Beschreiben Sie wichtige Anforderungen an einen Bildschirmarbeitsplatz. Informieren Sie sich dazu im Internet.

4.2 Sozialer Arbeitsschutz

Der unselbstständige, wirtschaftlich abhängige Arbeitnehmer bedarf auch in sozialer Hinsicht eines besonderen Schutzes. Die wichtigsten Bestimmungen betreffen
- den Kündigungsschutz[1],
- den Arbeitszeitschutz[2],
- den Jugendarbeitsschutz,
- Mutterschutz und Elternförderung,
- den Schwerbehindertenschutz und
- den Diskriminierungsschutz[3].

Kündigungs-, Arbeitszeit- und Diskriminierungsschutz werden im Band „Geschäftsprozesse" behandelt.

---

[1] Vgl. Band 1, Geschäftsprozesse, Sachwort „Kündigungsschutz".
[2] Vgl. Band 1, Geschäftsprozesse, Sachwort „Arbeitszeitschutz".
[3] Vgl. Band 1, Geschäftsprozesse, Sachwort „Diskriminierungsschutz".

4.2.1 Jugendarbeitsschutz

Jugendliche besitzen nur eine begrenzte Leistungsfähigkeit, weil ihre körperliche und geistig-seelische Entwicklung noch nicht abgeschlossen ist. Deshalb schützt das Jugendarbeitsschutzgesetz alle, die noch keine 18 Jahre alt sind und einer Beschäftigung als Arbeitnehmer (auch als Auszubildende) nachgehen (siehe www.gesetze-im-internet.de/jarbschg/).

Das Mindestalter für eine Beschäftigung beträgt 15 Jahre. Wer nicht mehr der Vollzeitschulpflicht unterliegt, aber noch nicht 15 Jahre alt ist, darf nur 7 Stunden am Tag und 35 Stunden in der Woche oder in der Berufsausbildung beschäftigt werden.

Die Einhaltung des Gesetzes wird je nach Bundesland vom Gewerbeaufsichtsamt bzw. den jeweils zuständigen Behörden für Arbeitsschutz überwacht.

M 28   Sehen Sie sich auch das Video *Jugendarbeitsschutz* an.

Das Gesetz ist im Betrieb auszuhängen/auszulegen.

Jugendarbeitsschutzgesetz (JArbSchG; www.gesetze-im-internet.de/jarbschg/)

Arbeitszeit (§ 8, § 15)
- Täglich höchstens 8 Stunden an 5 Tagen pro Woche.
- Ausnahme: 8,5 Stunden täglich, wenn an anderen Tagen der Wochen ein Ausgleich erfolgt. Tarifverträge können weitere Ausnahmen festlegen.

Berufsschule (§ 9)
- Der Arbeitgeber muss Jugendliche zur Teilnahme am Berufsschulunterricht freistellen.
- Beschäftigungsverbot:
  - vor einem vor 09:00 Uhr beginnenden Unterricht. Dies gilt für alle Berufsschulpflichtigen, auch wenn sie älter als 18 Jahre sind;
  - nach einem Berufsschultag in der Woche mit mehr als 5 Unterrichtsstunden. Dies gilt nicht für einen zweiten Unterrichtstag;
  - in Berufsschulwochen mit planmäßigem Blockunterricht von mindestens 25 Stunden an mindestens 5 Tagen.
- Der Berufsschulbesuch wird auf die Ausbildungs- bzw. Arbeitszeit angerechnet und vergütet.

Prüfungen; außerbetriebliche Ausbildungsmaßnahmen (§ 10)
- Der Arbeitgeber hat den Jugendlichen für die Teilnahme an Prüfungen sowie für die Teilnahme an außerbetrieblichen Lehrgängen und Maßnahmen freizustellen.
- Jugendliche sind an dem Tag unmittelbar vor der schriftlichen Abschlussprüfung freizustellen.

Ruhepausen (§ 11)
- Bei 4,5 – 6 Arbeitsstunden mindestens 30 Minuten.
- Bei mehr als 6 Arbeitsstunden mindestens 60 Minuten.
- Mindestdauer einer Pause: 15 Minuten; erste Pause nach spätestens 4,5 Stunden

Schichtzeit (§ 12)
- Die Schichtzeit darf bei Jugendlichen 10 Stunden nicht überschreiten (Ausnahmen: Bergbau 8 Stunden; Gaststättengewerbe, Landwirtschaft, Tierhaltung, Bau- und Montagestellen 11 Stunden)

Freizeit (§ 13)
- Mindestens 12 Stunden täglich.

Nachtruhe (§ 14)
- Beschäftigungsverbot von 20:00 bis 06:00 Uhr. (Ausnahmen: Gaststättengewerbe, Landwirtschaft, Bäckereien und Konditoreien)

Samstage (§ 16), Sonntage (§ 17), Feiertage (§ 18)
- Beschäftigungsverbot an Samstagen, Sonn- und Feiertagen, aber zahlreiche Ausnahmen.
- 2 Samstage im Monat sollen, 2 Sonntage müssen beschäftigungsfrei bleiben.

Urlaub (§ 19)
- Jugendliche unter 16 Jahren erhalten 30 Werktage Urlaub.
- Jugendliche unter 17 Jahren erhalten 27 Werktage Urlaub.
- Jugendliche unter 18 Jahren erhalten 25 Werktage Urlaub.

Maßgeblich ist das Alter zu Beginn des Kalenderjahres.

Beschäftigungsverbote (§ 22)
- Jugendliche dürfen nicht beschäftigt werden:
  - mit Arbeiten, die ihre Leistungsfähigkeit übersteigen (z. B. Akkord- oder Fließbandarbeit),
  - mit gefährlichen Arbeiten.

Ärztliche Untersuchung (§ 32)
- Untersuchungspflicht: Erstuntersuchung innerhalb von 14 Monaten vor Beginn der Beschäftigung; Nachuntersuchung in den letzten drei Monaten des ersten Beschäftigungsjahrs. Recht auf Untersuchung nach Ablauf jedes weiteren Jahres.

4.2.2 Mutterschutz

Laut Art. 6 Abs. 4 GG hat jede Mutter Anspruch auf Schutz und Fürsorge der Gemeinschaft. Deshalb formuliert das Mutterschutzgesetz (MuSchG) für berufstätige Frauen, Auszubildende und weitere Gruppen Schutzvorschriften. Diese sind zwingendes Recht und können nicht durch Einzelvertrag oder Tarifvertrag abgeändert werden. Andernfalls könnten Arbeitgeber Frauen leicht veranlassen, auf den Mutterschutz zu verzichten.

Schwangerschaft und voraussichtlicher Entbindungstag sind dem Arbeitgeber mitzuteilen, sobald sie bekannt sind (§ 15 MuSchG).

Auch das Mutterschutzgesetz ist im Betrieb auszuhängen.

M 29

Siehe auch die Präsentation *Mutterschutz*.

Mutterschutzgesetz (MuSchG; www.gesetze-im-internet.de/muschg/)

Zeitliche Beschäftigungsverbote (§§ 3 bis 8)
- **Mutterschutzfristen:** 1. Arbeitsverbot für die letzten 6 Wochen vor der Entbindung. Ausnahme: Die Frau erklärt sich ausdrücklich zur Arbeitsleistung bereit (Widerruf jederzeit möglich!). 2. Arbeitsverbot für 8 Wochen (bei Früh- und Mehrlingsgeburten 12 Wochen) nach der Entbindung. Bei behindertem Kind kann die Frau Verlängerung auf 12 Wochen beantragen. Bei vorzeitiger Niederkunft bestehen die Mutterschutzfristen trotzdem für insgesamt 14 Wochen.
- **Mehrarbeit:** Höchstarbeitszeit 8 1/2 Stunden täglich oder 90 Stunden in der Doppelwoche. Unter 18 Jahre: 8 Stunden/80 Stunden. **Ruhezeit** nach der täglichen Arbeit mindestens 11 Stunden.
- **Nachtarbeit:** Arbeitsverbot zwischen 20:00 Uhr und 06:00 Uhr. Arbeit zwischen 20:00 Uhr und 22:00 Uhr möglich, wenn die Frau zustimmt und eine ärztliche Unbedenklichkeitsbescheinigung vorliegt.
- **Beschäftigung an Sonn- und Feiertagen:** Arbeitsverbot. Arbeit erlaubt, wenn die Frau sie anbietet, nicht allein im Dienst ist und wöchentlich ein Ersatzruhetag gewährt wird.
- **Arztbesuche, Stillzeit:** Der Arbeitgeber muss die Frau dafür freistellen.
- **Heimarbeit:** Nur werktags für höchstens 8 Stunden; stillende Mütter: 7 Stunden.

Gestaltung der Arbeitsbedingungen (§§ 9, 10, 13)
Alle nach dem aktuellen Erkenntnisstand erforderlichen Maßnahmen für den Gesundheitsschutz von schwangerer/stillender Frau und Kind sind zu treffen, Gefährdungen zu vermeiden/auszuschließen, Arbeitsunterbrechungen, Hinlegen, Hinsetzen, Ausruhen zu ermöglichen. Der Arbeitgeber muss beurteilen, ob keine Schutzmaßnahmen erforderlich oder die Arbeitsbedingungen umzugestalten sind oder ob Weiterarbeit am Arbeitsplatz nicht möglich ist, und entsprechend entscheiden. Soweit verantwortbar, soll die Fortsetzung der Arbeit ermöglicht werden.

Unzulässige Tätigkeiten und Arbeitsbedingungen (§§ 11, 12, 16)
- Beschäftigungsverbot, wenn nach ärztlichem Zeugnis Leben oder Gesundheit von Mutter und Kind bei Fortdauer der Arbeit gefährdet sind.
- Beschäftigungsverbot, wenn Schwangere Gefahr- und Biostoffen gemäß § 11, Strahlungen, Erschütterungen, Vibrationen, Hitze, Kälte, Nässe, Überdruck ausgesetzt sind, Lasten heben müssen (regelmäßig über 5 kg, gelegentlich über 10 kg), Zwangshaltungen einnehmen müssen und wenn erhöhte Unfallgefahr besteht. Dies gilt zum Teil auch für stillende Mütter.
- Beschäftigungsverbot für Akkord- und Fließarbeit, getaktete Arbeit mit gefährdendem Tempo.

> **Kündigungsverbot (§ 17)**
> während der Schwangerschaft bis vier Monate nach der Entbindung; für vier Monate nach einer Fehlgeburt nach der 12. Schwangerschaftswoche.
>
> **Mutterschaftsleistungen (§§ 18 bis 21)**
> - **Mutterschutzlohn:** Entgeltfortzahlung bei Beschäftigungsverbot außerhalb der Mutterschutzfristen in Höhe des Durchschnitts der letzten drei Monate vor der Schwangerschaft.
> - **Mutterschaftsgeld:** Krankenkassenleistung für die Schutzfrist (bis zu 13,00 EUR pro Kalendertag).
> - **Arbeitgeberzuschuss:** Aufstockung des Mutterschaftsgelds bis zum durchschnittlichen Nettoarbeitsentgelt der letzten drei Monate. (Arbeitgeber zahlt monatlich – je nach Krankenkasse des Arbeitnehmers – eine Umlage von 0,24 % bis 0,49 % vom Bruttoentgelt jedes Arbeitnehmers an die Krankenkasse. Dafür wird ihm bei Schwangerschaften der Aufstockungsbetrag erstattet.)
> - **Ärztliche Betreuung** vor und nach Geburt, Hebammenhilfe, häusliche Pflege, Haushaltshilfen.
>
> **Erholungsurlaub (§ 24)**
> Urlaubsanspruch für Ausfallzeiten wegen Beschäftigungsverboten. Urlaubskürzungen nicht zulässig.

4.2.3 Elterngeld und Elternzeit

Das Bundeselterngeld- und Elternzeitgesetz (BEEG) will es Eltern erleichtern, für eine begrenzte Zeit auf Berufstätigkeit zu verzichten, um sich der Kindererziehung zu widmen.

> **Bundeselterngeld- und Elternzeitgesetz (BEEG; www.gesetze-im-internet.de/beeg/)**
>
> **Elterngeld**
> Setzt ein Elternteil nach Geburt eines Kindes zur Kinderbetreuung beruflich aus, erhält er auf schriftlichen Antrag ein staatliches **Basiselterngeld zusätzlich zum Kindergeld**. (Aber: kein Elterngeld, wenn sein zu versteuerndes Jahreseinkommen über 250 000,00 EUR lag.)
>
> **Höhe des Basiselterngelds:** 67 % des durchschnittlichen Nettoeinkommens in den 12 Monaten vor dem Monat der Niederkunft. Unter 1 000,00 EUR netto: Anstieg für je 2,00 EUR Minderverdienst um 0,1 Prozentpunkte bis auf 100 %. Über 1 200,00 EUR netto: Absenkung für je 2,00 EUR Mehrverdienst um 0,1 Prozentpunkte bis auf 65 %. Höchstbetrag: 1 800,00 EUR. Nichterwerbstätige: 300,00 EUR.
>
> **Bezugsdauer:** 14 Monate, wenn der andere Elternteil die Kinderbetreuung mindestens 2 Monate übernimmt; ebenso bei Alleinerziehenden. Andernfalls 12 Monate.
>
> **ElterngeldPlus:** Bei Teilzeitarbeit beider Eltern ist wahlweise Verdopplung auf 24 Monate möglich (ElterngeldPlus) oder auf 28 Monate (Partnerschaftsbonus), wenn die Teilzeitarbeit mindestens 4 Monate lang 25 bis 30 Wochenstunden beträgt. Die Zahlung beträgt in diesen Fällen maximal die Hälfte des Elterngeldes ohne Teilzeiteinkommen.
>
> Elterngeld ist steuer- und sozialversicherungsbeitragsfrei. Es erhöht jedoch den Steuersatz für zusätzliche andere Einkünfte (sog. Progressionsvorbehalt).
>
> > **Beispiel: Jahresbeiträge**
> > Andere Einkünfte 20 000,00 EUR; Steuer = 588,00 EUR = 2,9 %; Elterngeld 21 600,00 EUR; 20 000,00 EUR + 21 600,00 EUR = 41 600,00 EUR; fiktive Steuer = 5 788,00 = 13,9 %. Tatsächliche Steuer = 13,9 % von 20 000,00 EUR = 2 780,00 EUR. Steuermehrbetrag = 2 192,00 EUR.
>
> **Elternzeit**
> Die berufstätige **Mutter oder der Vater** kann maximal bis zum vollendeten 3. Lebensjahr des Kindes **Elternzeit** nehmen (sich von der Arbeit freistellen lassen). Mit Zustimmung des Arbeitgebers sind davon bis zu 12 Monate auf die Zeit bis zum vollendeten 8. Lebensjahr übertragbar.
>
> Stattdessen können **beide Elternteile** unter folgenden Voraussetzungen in **Teilzeit** arbeiten (mindestens 15, höchstens 30 Wochenstunden):
>
> - Das Arbeitsverhältnis besteht mindestens 6 Monate;
> - Der Betrieb beschäftigt mindestens 15 Arbeitnehmer (ohne Auszubildende).
>
> Der Arbeitgeber darf Teilzeitanträge nur ausnahmsweise „aus dringenden Gründen" ablehnen.
> Für den Arbeitnehmer besteht ab Beantragung der Elternzeit bis zu deren Ende Kündigungsschutz.

4.2.4 Schwerbehindertenschutz

Das 9. Sozialgesetzbuch (SGB IX; www.gesetze-im-internet.de/sgb_9/) enthält Vorschriften, die Menschen mit Schwerbehinderung arbeitsrechtlich schützen und ihre Eingliederung in das Erwerbsleben fördern sollen.

Schwerbehindert ist, wer infolge eines nicht nur vorübergehenden körperlichen, geistigen oder seelischen Zustands einen Grad der Behinderung von mindestens 50 % aufweist.

Diesen Menschen sollen auf Antrag Personen gleichgestellt werden, deren Erwerbsfähigkeit nicht nur vorübergehend mindestens 30 % gemindert ist, und die deshalb in der Arbeitssuche behindert sind (§ 2 SGB IX).

Jeder Arbeitgeber muss bei mehr als 20 Arbeitsplätzen wenigstens 5 % davon mit Schwerbehinderten besetzen. Für jeden nicht besetzten Platz muss er monatlich 125,00 EUR (< 5 %), 220,00 EUR (< 3 %), 320,00 EUR (< 2 %) Ausgleichsabgabe zahlen.

Weitere besondere Ansprüche von Menschen mit Schwerbehinderung:
- Zusatzurlaub: 5 Arbeitstage pro Jahr,
- Kündigung nur mit Zustimmung des Integrationsamtes möglich,
- unter bestimmten Voraussetzungen unentgeltliche Beförderung im öffentlichen Personennahverkehr (ÖPNV).

Für die Umsetzung sind die Integrationsämter und die Bundesagentur für Arbeit zuständig.

Arbeitsaufträge

1. **Bei der Schmöller Electronics GmbH treten folgende Fälle auf:**
   a) **Eine schwangere Arbeitnehmerin wird auf eigenen Wunsch bis zwei Wochen vor dem berechneten Entbindungstermin beschäftigt.**
   b) **Eine Mitarbeiterin im sechsten Schwangerschaftsmonat wurde bisher acht Stunden täglich stehend in der Betriebscafeteria beschäftigt. Die Arbeitszeit soll auf fünf Stunden verkürzt werden.**
   c) **Der Betriebsleiter fordert seine Sekretärin schriftlich auf, zwei Wochen nach der Niederkunft wieder zur Arbeit zu erscheinen.**
   d) **Eine Mitarbeiterin in der Versandabteilung befindet sich im ersten Schwangerschaftsmonat. Sie muss regelmäßig Packstücke bis zu 12 kg Gewicht vom Packtisch in einen Container heben.**
   e) **Eine Produktionshelferin will trotz Schwangerschaft weiterhin im Akkord arbeiten.**

   Beurteilen Sie in jedem Fall die rechtliche Zulässigkeit. Zitieren Sie jeweils die entsprechende Vorschrift des Mutterschutzgesetzes.

2. **Peter Harbert ist 17 Jahre, Erika Köhnen 19 Jahre, Franz Schuman 24 Jahre alt. Alle sind Auszubildende im 2. Ausbildungsjahr (Ausbildungsberuf Industriekaufmann/-kauffrau).**

   Beurteilen Sie, ob die folgenden Aussagen hinsichtlich des Jugendarbeitsschutzgesetzes richtig sind.
   a) Peter Harbert muss 25 Arbeitstage Urlaub erhalten.
   b) Erika Köhnen unterliegt nicht mehr den Bestimmungen des Jugendarbeitsschutzgesetzes.
   c) Franz Schumann hat dienstags 6 Stunden Berufsschulunterricht. Er ist an diesem Tag von der Arbeit freizustellen.
   d) Erika Köhnen darf, wenn der gültige Tarifvertrag dies zulässt, auch samstags beschäftigt werden.
   e) Peter Harbert soll heute bis 21:00 Uhr arbeiten. Im Ausnahmefall ist dies erlaubt.
   f) Für Erika Köhnen beginnt der Berufsschulunterricht donnerstags um 09:30 Uhr. Der Weg von der Ausbildungsstätte zur Schule beträgt etwa 15 Minuten. Der Ausbildende kann verlangen, dass Erika Köhnen bis 09:10 Uhr im Betrieb arbeitet.
   g) Die einzige Pause im Ausbildungsbetrieb ist die Mittagspause von 45 Minuten Dauer. Diese Zeitspanne ist für alle drei Auszubildenden ausreichend.
   h) Die drei Auszubildenden haben ein Jahr später, an einem Montag, ihre schriftliche Berufsabschlussprüfung. Sie sind am vorausgehenden Freitag von der Arbeit freizustellen.
   i) Peter Harbert hat an einem Mittwoch seine mündliche Abschlussprüfung. Er ist am Dienstag und Mittwoch von der Arbeit freizustellen.

3. Die 16-jährige Gabriele besucht mittwochs von 09:00 bis 15:00 Uhr die Berufsschule. Wegen Personalmangels muss sie anschließend bis 19:00 Uhr in den Betrieb.
   Beurteilen Sie diesen Fall.
4. Frau Schneider hat ihre Stelle seit 2 Monaten inne. Sie teilt ihrem Arbeitgeber mit, dass der Arzt soeben bei ihr eine Schwangerschaft festgestellt habe. Darauf erhält sie wegen „Täuschung des Arbeitgebers bei der Einstellung" die fristlose Kündigung.
   Nehmen Sie Stellung.

5 Arbeitsgerichte

Das Arbeitsgericht ist die zuständige Stelle für alle Streitigkeiten aus

- dem Arbeitsvertrag,
- den Bestimmungen des Betriebsverfassungsgesetzes,
- Tarifverträgen,
- den Bestimmungen der Mitbestimmungsgesetze,
- Betriebsvereinbarungen.

Senat des Bundesarbeitsgerichts

Die Klage muss schriftlich oder mündlich beim Arbeitsgericht am Sitz des Beklagten erhoben werden; wenn eine Leistung eingeklagt wird, ist es das Gericht am Erfüllungsort. Das ist der Ort, an dem die Leistung erfolgen muss. Vor Beginn des Prozesses findet eine **Güteverhandlung** vor dem vorsitzenden Richter statt (§ 54 ArbGG). Hier sollen die Parteien zu einer Einigung (Klagerücknahme, Klageanerkennung, Vergleich) ohne Urteil gebracht werden, um Gerichtskosten und unnötige Arbeit zu sparen.

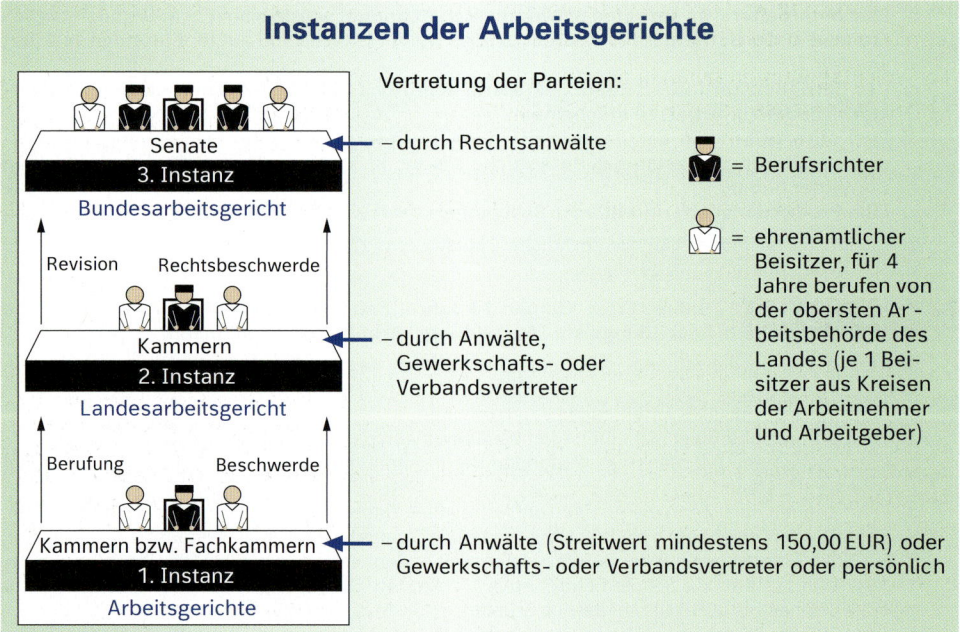

In bürgerlichen Rechtsstreitigkeiten entscheidet das Arbeitsgericht nach mündlicher Verhandlung durch **Urteil** (oder die Parteien schließen einen Vergleich), in Angelegenheiten aus dem Betriebsverfassungsgesetz und Mitbestimmungsgesetz durch **Beschluss**.

5 Arbeitsgerichte

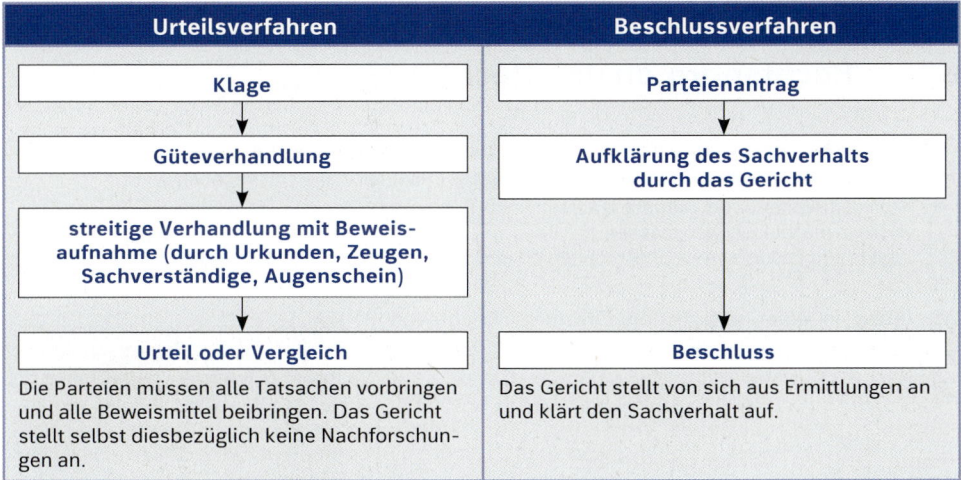

Gegen Urteile des Arbeitsgerichts ist die Berufung möglich, sofern sie im Urteil zugelassen worden ist oder der Streitwert 600,00 EUR übersteigt. Gegen Beschlüsse kann gleichfalls beim **Landesarbeitsgericht** Beschwerde eingelegt werden.

Höchste Instanz ist das **Bundesarbeitsgericht** in Erfurt. Die Senate entscheiden über die Revision gegen Urteile sowie über die Rechtsbeschwerde gegen Beschlüsse des Landesarbeitsgerichts. In bestimmten Fällen ist eine Sprungrevision bzw. Sprungsrechtsbeschwerde vom Arbeitsgericht direkt zum Bundesarbeitsgericht möglich. Voraussetzung: Die Revision ist von der Vorinstanz zugelassen worden. Die Zulassung soll erfolgen, wenn die Rechtssache grundsätzliche Bedeutung hat.

Bei der **Berufung** wird der gesamte Streitfall erneut geprüft. Bei der **Revision** wird lediglich geprüft, ob die untere Instanz die Rechtsvorschriften richtig angewandt hat.

Die Gerichtsgebühren fallen in der ersten Instanz in gleicher Höhe wie im Zivilprozess an. Bei einem Kündigungsverfahren ist der Streitwert nach oben auf 3 Monatsverdienste begrenzt. Jede Partei (auch der Gewinner) trägt ihre Anwaltskosten selbst. In der 2. und 3. Instanz allerdings hat der Verlierer sämtliche Kosten zu tragen.

In der 1. Instanz kann man sich die Anwaltsgebühren sparen!

Arbeitsaufträge

Frau Manfels ist von ihrem Arbeitgeber, der Schlömer OHG in Düsseldorf, gekündigt worden. Sie ist der Ansicht, dass bei der Kündigung soziale Gesichtspunkte nicht berücksichtigt wurden, und hat den Betriebsrat angerufen. Obwohl dieser der Kündigung widersprochen hat, hat der Arbeitgeber die Kündigung aufrecht erhalten. Daraufhin hat Frau Manfels Klage auf Weiterbeschäftigung eingereicht. Sie ist der Ansicht, dass sie in ihrem Alter (53 Jahre) kaum eine neue Stelle finden wird. Frau Manfels verdient monatlich 1 900,00 EUR brutto.

a) Welches Gericht ist sachlich und örtlich für die Klage zuständig?
b) Welche Maßnahme ergreift das Gericht zuerst?
c) Nachdem die Parteien nicht zu einem Kompromiss bewegt werden konnten, kommt es zur Gerichtsverhandlung. Der Streitwert wird vom Gericht auf 3 Monatsgehälter festgesetzt.
  - Wer kann die Interessen von Frau Manfels, wer die Interessen der Schlömer OHG wahrnehmen?
  - Mit wie viel Personen ist das Gericht besetzt, und welche Eigenschaft haben diese Personen?
  - Wer trägt im vorliegenden Fall die Beweislast?
  - Die Schlömer OHG wird zur Weiterbeschäftigung verurteilt. Wofür entstehen ihr Kosten?
d) Was kann die Schlömer OHG gegen das für sie negative Urteil unternehmen?

6 Rechtliche Grundlagen

6.1 Rechtsnormen und Rechtsordnung

- Bei Juwelier Reiche wurde eingebrochen. Nach zwei Wochen wird ein Tatverdächtiger gefasst. Der Staatsanwalt erhebt Anklage: Durch Gerichtsurteil und Bestrafung soll Recht ergehen.
- Nach der Reparatur bei Auto Boss versagen die Bremsen an Herrn Kolbs Wagen von neuem. Kolb verlangt kostenlose Nachbesserung, Boss will nur gegen erneute Bezahlung reparieren. Kolb lässt in einer anderen Werkstatt reparieren und verklagt Boss auf Kostenerstattung.

Wir leben in einer staatlichen Ordnung. Rechtsvorschriften regeln unser Leben.

Rechtsvorschriften (Rechtsnormen) sind Anforderungen, die ein äußeres Verhalten (Tun, Unterlassen, Dulden) vorschreiben. Der Staat kann ggf. die Einhaltung erzwingen.

Normen sind Verhaltensregeln. Sie sollen dafür sorgen, dass man sich entsprechend herrschenden Wertvorstellungen verhält. (Wertvorstellungen zeigen an, was für gut oder schlecht gehalten wird.)

Rechtsnormen	
Gewohnheitsrecht	**Gesetztes Recht**
entsteht durch langdauernde Gewohnheit, wenn Menschen die Überzeugung haben, ihr Tun sei rechtens. Es bildet sich heutzutage vor allem durch: - **Gerichtsbrauch** (Rechtsprechung, die sich allgemein durchsetzt) - **Verkehrssitte** (tatsächliche Übung im Verkehr zwischen Vertragspartnern, ggf. örtlich verschieden) - **Handelsbrauch** (Gewohnheiten unter Kaufleuten)	entsteht durch ausdrückliche staatliche Festsetzung (heutzutage in schriftlicher Form) Wichtige Normen des gesetzten Rechts sind: - **Gesetze** (von der Volksvertretung erlassene Regelungen, die für alle in gleicher Weise gelten) - **Rechtsverordnungen** (allgemein verbindliche Anordnungen der Regierung aufgrund einer Ermächtigung im Gesetz; dienen der detaillierten Ausgestaltung des Gesetzes und dürfen weder die Ermächtigung überschreiten noch dem Gesetz widersprechen) - **Satzungen** (allgemein verbindliche Vorschriften von Selbstverwaltungskörperschaften wie Gemeinden, Kreisen, Universitäten zur Regelung ihrer eigenen Angelegenheiten)[1]

M 34

Die Gesamtheit der rechtlichen Regelungen ist die *Rechtsordnung* **– der Jurist sagt: das objektive Recht. Teilbereiche sind: öffentliches Recht und Privatrecht.**

Öffentliches Recht

regelt die Rechtsbeziehungen des Einzelnen zu den Trägern staatlicher Gewalt und das Verhältnis dieser Träger zueinander. Es wird vom **Grundsatz der Über- und Unterordnung** beherrscht:

- Der Staat kann dem Bürger durch Gebote einseitig Pflichten auferlegen und seine Rechte durch Verbote beschränken. Öffentliches Recht ist **„zwingendes Recht"**.
- Verstöße gegen Gebote und Verbote verfolgt der Staat durch seine Gerichte. Gegebenenfalls verhängt er Strafen.

Das öffentliche Recht umfasst v. a.: Staats-, Verwaltungs-, Straf-, Prozess-, Kirchen-, Völker-, Steuer-, Sozial- und Sozialversicherungs-, Wettbewerbsrecht sowie Teile des Arbeitsrechts (Arbeitsschutz- und Mitbestimmungsrecht).

Ich muss z.B. pünktlich meine Steuern zahlen.

---

[1] Auch Vereine, Kapitalgesellschaften und Genossenschaften regeln ihre Angelegenheiten durch Satzungen.

Privatrecht (Zivilrecht)

regelt die Rechtsbeziehungen der Bürger untereinander. Es wird vom **Grundsatz der Gleichordnung** beherrscht:

- Die Beteiligten stehen sich gleichberechtigt gegenüber und können ihre Beziehungen abweichend von den gesetzlichen Regelungen vielfach frei gestalten: Privates Recht ist weitgehend **„nachgiebiges Recht"**. Das Gesetz bestimmt z. B., dass der Käufer die Transportkosten für zugesandte Waren tragen muss. In der Praxis übernimmt der Verkäufer jedoch häufig diese Kosten.

Ich kann z.B. frei die Verkaufsbedingungen für meinen DVD-Player aushandeln.

- Privatrechtliche Verhältnisse zielen nicht auf Strafen ab, sondern auf die Erfüllung von Verträgen, die Unterlassung schädigender Handlungen und Schadensersatz für angerichtete Schäden. Bei der Durchsetzung dieser Ansprüche können die Gerichte in Anspruch genommen werden.

Das Privatrecht umfasst v. a.:

- **Bürgerliches Recht**, d. h. die Vorschriften des Bürgerlichen Gesetzbuchs (*BGB*; www.gesetze-im-internet.de/bgb/). Sie enthalten die grundlegenden Regeln des Privatrechts.   M 35_1
- **Handelsrecht**, d. h. die Vorschriften des Handelsgesetzbuchs (*HGB*; www.gesetze-im-internet.de/hgb/), die die Rechtsbeziehungen der Kaufleute regeln, und des Gesellschafts-, Wechsel-, Scheck- und Wertpapierrechts.   M 35_2
- **Urheberrecht**. Dieses Recht begründet Ansprüche an Geisteswerken.
- **Patentrecht**. Dieses Recht begründet Ansprüche aus Erfindungen.
- **Privatversicherungsrecht**.

Hinweis: Europäisches Gemeinschaftsrecht

Das in Deutschland geltende Recht ist heute weitgehend durch das Gemeinschaftsrecht der Europäischen Union (EU-Verordnungen und EU-Richtlinien) bestimmt. Dieses hat Vorrang vor jedem nationalen Recht.

- **EU-Verordnungen** gelten in den Mitgliedsländern unmittelbar.
- **EU-Richtlinien** sind Mindestvorschriften, die in den Mitgliedsländern durch Gesetzesanpassung in nationales Recht umgesetzt werden müssen. Geschieht dies nicht fristgerecht, müssen die Gerichte ihren Urteilen die EU-Richtlinie zugrunde legen.

Rechtsordnung	
öffentliches Recht	**privates Recht**
• Über-, Unterordnung • zwingendes Recht (Gebote, Verbote, Strafen)	• Gleichordnung • nachgiebiges Recht (freie, individuelle Gestaltung, Vertragserfüllung, Schadensersatz)

Arbeitsaufträge

1. In den beiden folgenden Texten werden Aussagen über bestimmte Rechtsnormen gemacht.
   (1) Das Gewerbesteuergesetz ist ein Bundesgesetz über die Gewerbesteuer, die von Gewerbebetrieben zu zahlen ist. Die Gewerbesteuerdurchführungsverordnung regelt die Einzelheiten der Gewerbesteuererhebung bis hin zum sog. Steuermessbetrag. Dieser stellt sozusagen einen Grundbetrag für die Steuer dar. Die Gemeinden, denen die Steuer zufließt, legen den Hebesatz fest. Dieser gibt an, wie viel Prozent des Steuermessbetrags als Gewerbesteuer erhoben wird (z. B. 400 %).
   (2) In § 346 HGB wird ausdrücklich bestimmt, dass unter Kaufleuten auf die Handelsbräuche Rücksicht zu nehmen ist. So besteht unter Kaufleuten abweichend vom sonstigen Recht in bestimmtem Umfang ein Brauch, wonach Schweigen auf ein erhaltenes Schreiben als Zustimmung zu dem in dem Schreiben Gesagten gilt.
   a) Was versteht man unter Rechtsnormen?
   b) Welche Arten von Rechtsnormen werden in den beiden Texten angesprochen und zu welchen Obergruppen gehören sie?
   c) Welche der Rechtsnormen wurden vom Parlament verabschiedet, welche von der Regierung erlassen?

2. **Die beiden Einführungsbeispiele auf Seite 34 (Einbruch, Reparatur) betreffen einmal das öffentliche Recht, zum andern das Privatrecht.**
   Referieren Sie über wesentliche Merkmale des öffentlichen und des privaten Rechts anhand dieser Beispiele.
3. **Rechtsbedeutsame Vorgänge und Tatbestände sind entweder dem Bereich des öffentlichen Rechts oder dem Bereich des Privatrechts zuzuordnen.**
   Ordnen Sie die folgenden Sachverhalte richtig zu.
   a) Die Bundesrepublik Deutschland schließt mit der Volksrepublik China einen Vertrag über gegenseitigen Kulturaustausch.
   b) (1) Frau Schröder errichtet ein Testament, in dem sie den Hamsterzuchtverein Kleckshausen als Alleinerben einsetzt.
   (2) Frau Schröders Sohn Werner ficht nach dem Tod seiner Mutter das Testament an.
   c) Lebensmittelgroßhändler Mümmel benötigt eine ausgebildete Bürokauffrau. Er schließt einen unbefristeten Arbeitsvertrag mit Elke Geistreich.
   d) Herr Schmalhans erhält vom Finanzamt seinen Einkommensteuerbescheid mit der Aufforderung, eine verbleibende Steuerschuld von 3 500,00 EUR nachzuzahlen.
   e) Ein Tourist wird bei der Einreise beim Kokainschmuggel gefasst und später zu einer Freiheitsstrafe verurteilt.

6.2 Organe der Rechtsprechung

Die Rechtspflege erfolgt durch die Gerichte. Diese legen die Gesetze aus und wenden sie auf den Einzelfall an. Ihnen obliegt vor allem auch die **Rechtsprechung** (z. B. durch Urteile im Fall von Rechtsstreitigkeiten).

Arten von Gerichten und ihre Aufgaben		
Art der Gerichtsbarkeit	zuständig für	zuständige Gerichte
Ebene der Europäischen Union		
europäische Gerichtsbarkeit	Rechtsstreitigkeiten aus Verletzung von EU-Verträgen, EU-Verordnungen oder EU-Richtlinien	Europäischer Gerichtshof Europäisches Gericht (Gericht der ersten Instanz) Gericht des öffentlichen Dienstes
nationale Ebene		
ordentliche Gerichtsbarkeit	**Angelegenheiten der streitigen Gerichtsbarkeit:** alle bürgerlichen Rechtsstreitigkeiten aus vermögensrechtlichen Ansprüchen und alle Strafsachen, **Angelegenheiten der freiwilligen Gerichtsbarkeit:** z. B. Vormundschafts-, Nachlass-, Grundbuch- und Registerangelegenheiten; Familiengerichtsverfahren	Bundesgerichtshof Oberlandesgerichte Landgerichte Amtsgerichte
Arbeitsgerichtsbarkeit	Rechtsstreitigkeiten aus Arbeits- und Tarifverträgen, aus den Bestimmungen des Betriebsverfassungsgesetzes, der Mitbestimmungsgesetze und aus Betriebsvereinbarungen	Bundesarbeitsgericht Landesarbeitsgerichte Arbeitsgerichte

Arten von Gerichten und ihre Aufgaben

Art der Gerichtsbarkeit	zuständig für	zuständige Gerichte
nationale Ebene		
Finanzgerichtsbarkeit	Rechtsstreitigkeiten von Personen mit der Finanzverwaltung wegen Abgaben, Steuern und Zöllen	Bundesfinanzhof Finanzgerichte
Sozialgerichtsbarkeit	Rechtsstreitigkeiten mit den Trägern der Sozialversicherung	Bundessozialgericht Landessozialgerichte Sozialgerichte
Verwaltungsgerichtsbarkeit	Rechtsstreitigkeiten mit den öffentlichen Verwaltungen mit Ausnahme der Finanz- und Sozialverwaltung	Bundesverwaltungsgericht Oberverwaltungsgerichte Verwaltungsgerichte
Verfassungsgerichtsbarkeit	Rechtsstreitigkeiten aus Verletzung von Grundrechten oder des Grundgesetzes oder einer Verfassung eines Bundeslandes	Bundesverfassungsgericht Verfassungsgerichte der Länder

Die sog. **Grundsatzurteile** der obersten Gerichte sind wichtig für die Entwicklung des Rechts. So binden die Entscheidungen des Bundesverfassungsgerichts die jeweiligen Verfassungsorgane wie auch die Rechtsprechung der anderen Gerichte. Die Grundsatzurteile der anderen obersten Gerichte werden – obwohl sie nicht allgemein bindend sind – von den anderen Gerichten als „Richtschnur" für ihre eigene Rechtsprechung betrachtet.

Die nationalen Gerichte können Rechtsstreitigkeiten vor der Entscheidung direkt dem Europäischen Gerichtshof vorlegen, wenn es um die Auslegung des Rechts der Europäischen Union geht oder wenn Zweifel bestehen, ob ein europäischer Gesetzgebungsakt gültig ist.

6.3 Rechtssubjekte

Rechtsvorschriften richten sich an Personen. Personen sind Rechtssubjekte, d. h. Träger von Rechten und Pflichten. Das Recht unterscheidet natürliche und juristische Personen.

6.3.1 Natürliche Personen

Sehen Sie sich auch die Präsentation *Natürliche Personen* an.

Natürliche Personen sind Menschen. Sie sind rechtsfähig und – unter genau bestimmten Umständen – geschäftsfähig.

Rechtsfähigkeit	Geschäftsfähigkeit
ist die Fähigkeit, Träger von Rechten (genau: subjektiven Rechten) und Pflichten zu sein.	ist die Fähigkeit, rechtsgültig seinen Willen zu erklären und Rechtsgeschäfte zu tätigen.

Die Rechts- und Geschäftsfähigkeit von Menschen hängt grundsätzlich von ihrem Alter ab.

Einfluss des Alters auf Rechts- und Geschäftsfähigkeit nach BGB

Vollendung der Geburt

Mit der Vollendung der Geburt sind alle Menschen rechtsfähig (§ 1 BGB).

Beispiel: Rechtsfähigkeit
Ein neugeborenes Kind kann Eigentümer eines Mietshauses sein.

Ich habe ein Haus geerbt, darf mir aber nicht mal selbst einen Lutscher kaufen.

unter 7 Jahren

Menschen unter 7 Jahren sind **geschäftsunfähig** (§ 104 BGB). Die Willenserklärungen von Geschäftsunfähigen sind nichtig.

Beispiel: Geschäftsfähigkeit
Das Kind kann sein Haus nicht verkaufen.

zwischen 7 und 18 Jahren

Menschen zwischen 7 und 18 Jahren sind **beschränkt geschäftsfähig**. Ihre Handlungen sind nur mit Zustimmung des gesetzlichen Vertreters rechtswirksam. Die vorherige Zustimmung heißt Einwilligung, die nachträgliche heißt Genehmigung (§§ 106–108 BGB).

Beispiele: Beschränkte Geschäftsfähigkeit
Ein Zwölfjähriger kauft mit der Erlaubnis seiner Mutter einen DVD-Player.
Ein Sechzehnjähriger kauft ein Mofa. Sein Vater, der davon nichts wusste, erklärt nachträglich sein Einverständnis (ausdrücklich oder durch Schweigen).

Wichtige Ausnahmen!

Rechtsgeschäfte von Personen zwischen 7 und 18 Jahren sind voll wirksam, wenn
- sie mit dem **Taschengeld** erfüllt werden (genauer: mit Mitteln, die ihnen vom gesetzlichen Vertreter oder mit dessen Zustimmung von einem Dritten zur freien Verfügung oder eigens für den betreffenden Zweck überlassen wurden) (§ 110 BGB);
- sie ihnen **nur rechtliche Vorteile** bringen (z. B. Schenkungen ohne Auflagen) (§ 107 BGB).

Minderjährige können auch mit Zustimmung des gesetzlichen Vertreters ein **Arbeits-, Dienst- oder Ausbildungsverhältnis** eingehen. Für alle Rechtsgeschäfte aus einem Arbeits- oder Dienstverhältnis (nicht aus einem Ausbildungsverhältnis) gelten sie als voll geschäftsfähig. Sie können z. B. selbstständig ein Bankkonto einrichten, ja sogar ihr Arbeitsverhältnis kündigen und ein ähnliches eingehen (§ 113 BGB).

Das Gleiche gilt für Rechtsgeschäfte aus dem **selbstständigen Betrieb eines Erwerbsgeschäfts**. Ein solches kann der Minderjährige mit Ermächtigung des gesetzlichen Vertreters und der Genehmigung des Familiengerichts (Abteilung des Amtsgerichts) betreiben (§ 112 BGB). (Ein Vater könnte z. B. wegen Krankheit sein Geschäft auf seinen minderjährigen Sohn übertragen.)

ab 18 Jahren

Menschen ab 18 Jahren sind voll **geschäftsfähig**.

Beispiel: Geschäftsfähigkeit
Ein Achtzehnjähriger nimmt bei einer Bank einen Kredit auf.

Kann ein Volljähriger aufgrund psychischer Krankheit oder körperlicher, geistiger oder seelischer Behinderung seine Angelegenheiten ganz oder teilweise nicht besorgen, kann das Betreuungsgericht (Abteilung des Amtsgerichts) einen **Betreuer** bestellen. Dies hebt die Geschäftsfähigkeit nicht auf. Im Einzelfall kann das Gericht aber die Teilnahme des Betreuten am Rechtsverkehr einschränken (§ 1896 ff. BGB). Dauernd Geisteskranke hingegen sind geschäftsunfähig (§ 104 BGB).

6 Rechtliche Grundlagen

6.3.2 Juristische Personen

Bestimmte rechtliche Gebilde (juristische Personen; §§ 21– 89 BGB) sind ebenfalls **rechts- und geschäftsfähig**. Sie können wie Menschen Eigentum erwerben, klagen und verklagt werden. Die Wahrnehmung der Rechte erfolgt durch ihre **Organe**.

- **Juristische Personen des öffentlichen Rechts** sind z. B. Gemeinden, Kirchen, Rundfunkanstalten und Ortskrankenkassen. Sie erfüllen öffentliche Aufgaben.
- **Juristische Personen des Privatrechts** sind privatrechtliche Stiftungen und Körperschaften des privaten Rechts (rechtsfähige Vereine). Sie verfolgen private Zwecke.

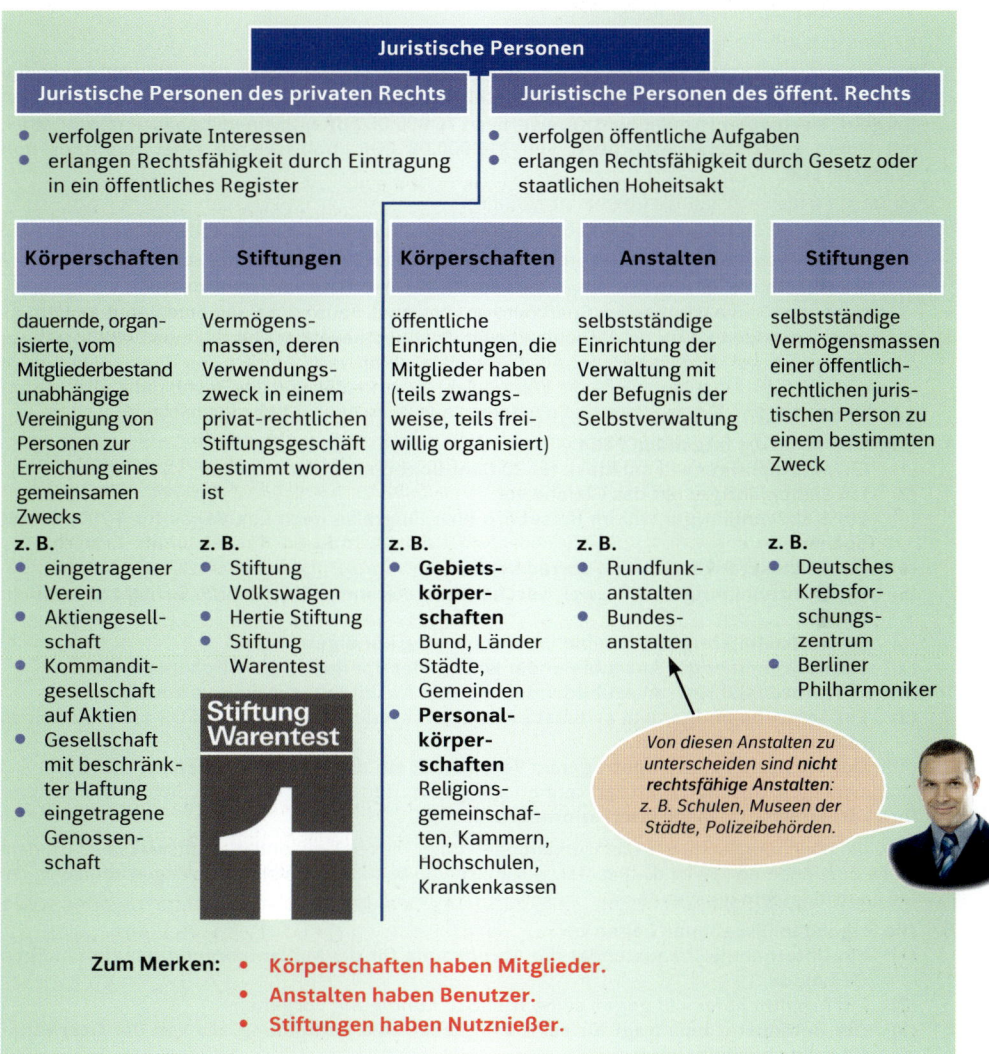

Arbeitsaufträge

1. Am Stammtisch wird über Rechtsfragen philosophiert. Walter Säusel krakeelt, sein Schwager sei eine juristische Person. Er sei nämlich Richter am Landgericht und als solcher – im Gegensatz zu den „normalen" Menschen – rechtsfähig. Er dürfe aber kein Unternehmen gründen, sei also leider – wieder im Gegensatz zu „normalen" Menschen – nicht geschäftsfähig.
   Walters Stammtischbruder Pitt Kluge schüttelt nur noch den Kopf über solchen Unsinn. Dann stellt er die Fehler richtig. Geben Sie seine Argumentation wieder.

2. Gegeben seien die folgenden Personen:
   (1) eine Aktiengesellschaft
   (2) ein ungeborenes Kind
   (3) eine hundertdreijährige Frau
   (4) ein vierjähriger Junge
   (5) ein ins Vereinsregister eingetragener Fußballklub
   (6) ein achtzehnjähriger Auszubildender
   a) Sind diese Personen rechtsfähig?
   b) Sind diese Personen nicht, beschränkt oder voll geschäftsfähig?

3. Bei der Eröffnung des Testaments des verstorbenen Herrn Selig ergibt sich, dass er seine sechsjährige Nichte Klara zur Alleinerbin eingesetzt hat. Das Erbe besteht aus 6 500,00 EUR Bargeld, Wertpapieren mit einem Kurswert von 76 000,00 EUR und einem bebauten Grundstück mit einem geschätzten Marktwert von 310 000,00 EUR, belastet mit einer Hypothek von 60 000,00 EUR.
   a) Ist Klara als Sechsjährige überhaupt erbfähig?
   b) Klara erklärt, dass sie die Erbschaft annehmen will. Ist diese Erklärung rechtswirksam?
   c) Wie muss sich die Annahme der Erbschaft vollziehen, wenn sie rechtswirksam sein soll?
   d) Klaras Eltern als ihre gesetzlichen Vertreter legen mit Einverständnis des Vormundschaftsgerichts das Bargeld auf einem Sparkonto an. Die Zinsen aus dem Sparkonto und den Wertpapieren verwenden sie für den Schuldendienst des Hypothekendarlehens. Einen Zinsüberschuss belassen sie auf dem Sparkonto. Als Klara 15 Jahre alt wird, beträgt das Restdarlehen noch 44 000,00 EUR. Klara beschließt, die Wertpapiere zu verkaufen und das Restdarlehen sofort vollständig zu tilgen. Klaras Eltern sind dagegen. Kann Klara ihren Willen durchsetzen?

4. Gegeben seien die folgenden Fälle:
   (1) Ein Sechsjähriger will am Kiosk für 20 Cent Bonbons kaufen.
   (2) Ein Siebenjähriger hat das Gleiche vor.
   (3) Ein Siebzehnjähriger will im Reisebüro eine Flugreise nach Las Vegas für 4 700,00 EUR buchen.
   (4) Ein Geisteskranker will ein Fahrrad kaufen.
   (5) Ein Dreizehnjähriger will zwei Geschenke annehmen: 800,00 EUR Bargeld und einen Dackel.
   (6) Ein Sechzehnjähriger will seinen Arbeitsvertrag kündigen.
   (7) Ein siebzehnjähriger Auszubildender will bei der Sparkasse ein Girokonto eröffnen.
   (8) Ein siebzehnjähriger Auszubildender will sein Ausbildungsverhältnis kündigen.
   (9) Ein Achtzehnjähriger will selbstständig einen Kredit über 75 000,00 EUR zum Kauf eines Motorboots aufnehmen.
   (10) Der Vorstand eines eingetragenen Vereins will ein Vereinslokal kaufen.
   Die jeweiligen Geschäftspartner kennen die genannten Personen persönlich und sind über ihre Verhältnisse (z. B. ihr Alter) informiert.

   Sind die oben dargestellten Willenserklärungen unter diesen Umständen rechtswirksam? (In dem einen oder anderen Fall ist die Rechtswirksamkeit von bestimmten Voraussetzungen abhängig, die Sie näher erläutern müssen.)

5. Die folgenden Situationen liegen vor:
   (1) Ein Unternehmer beanstandet die Abrechnung für die Müllentsorgung der zuständigen Gemeinde.
   (2) Ein Arbeitnehmer will gegen seine fristlose Kündigung vorgehen.
   (3) Der Betriebsrat beantragt für seine Mitglieder eine Fortbildung, die von der Geschäftsführung abgelehnt wird.
   (4) Ein Unternehmen, dessen Grundstück an das benachbarte Betriebsgrundstück angrenzt, wird erheblich durch Abgase und Lärm beeinträchtigt und fordert eine Unterlassung dieser Emissionen. Der Geschäftsführer des benachbarten Unternehmens will aber keine Abhilfe schaffen.

6 Rechtliche Grundlagen

(5) Ein Unternehmer will seine vierteljährlichen Steuervorauszahlungen senken, da der Betriebsgewinn in diesem Jahr erheblich eingebrochen ist. Das zuständige Finanzamt lehnt eine Kürzung der Vorauszahlungen ab.
(6) Eine Betriebsprüfung der Krankenkasse ergibt, dass die Sozialbeiträge für Aushilfskräfte angeblich nicht korrekt abgeführt worden sind. Die Kasse fordert eine Nachzahlung von 11 428,34 EUR.
(7) Ein Meister wird von einem Mitarbeiter vor Zeugen erheblich beleidigt.
(8) Die Veröffentlichung der Handelsregistereintragung eines Unternehmens ist fehlerhaft. Das zuständige Handelsregister lehnt trotzdem eine Korrektur ab.
(9) Ein Unternehmer unterliegt in einem Rechtsstreit vor dem Amtsgericht. Das Urteil gibt die Möglichkeit einer Berufung.
(10) Die Kündigung eines leitenden Mitarbeiters durch den Vorstand wird vom Arbeitsgericht als fehlerhaft zurückgewiesen.

Welches Gericht kann in diesen Situationen jeweils angerufen werden?

6.4 Rechtsobjekte

6.4.1 Sachen und Rechte

Rechtsobjekte sind die Gegenstände des Rechtsverkehrs. Es handelt sich dabei um Sachen und Rechte.

Sachen und Rechte sind der Rechtsmacht der Rechtssubjekte (Personen) unterworfen. Die Rechte von Personen werden deshalb genauer als *subjektive Rechte* bezeichnet.

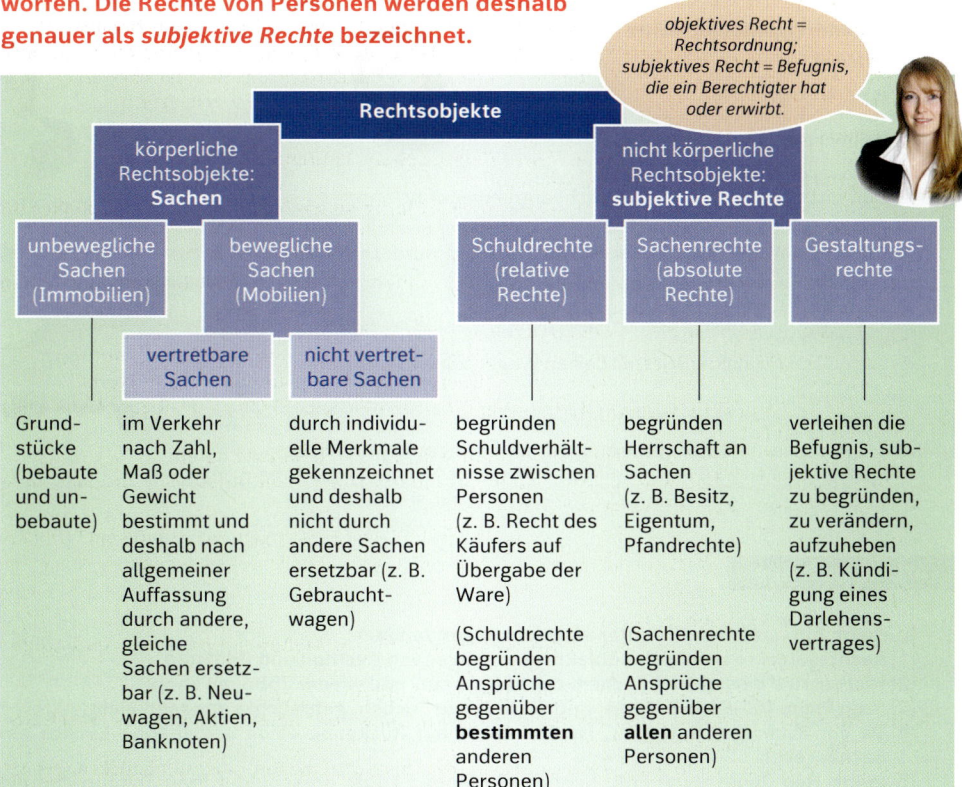

6.4.2 Eigentum und Besitz

Die wichtigsten und in der Praxis am häufigsten vorkommenden Rechte an Sachen sind Eigentum und Besitz.

- *Eigentum* (§ 903 ff. BGB) ist die rechtliche Herrschaft über eine Sache.
- *Besitz* (§ 854 ff. BGB) ist die tatsächliche Herrschaft über eine Sache.

> **Beispiel: Eigentum und Besitz**
> Herr Pratz ist Eigentümer eines Hauses mit Einliegerwohnung. Am 1. Februar 20.. vermietet er die Wohnung an Herrn Lehmann. Eigentümer ist nach wie vor Herr Pratz, Besitzer hingegen ist nun Herr Lehmann: Er hat die tatsächliche Herrschaft über die Wohnung.

Der Eigentümer kann folgende **Besitzverhältnisse** zu seiner Sache haben:

- **Unmittelbarer Besitz:** Der Eigentümer hat die Sache. Er kann seine Herrschaft über die Sache auch durch einen anderen in abhängiger Stellung (z. B. Chauffeur) ausüben. Dieser heißt dann Besitzdiener.
- **Mittelbarer Besitz:** Der Eigentümer hat die Sache verliehen, vermietet, verpachtet usw. (freiwillige Besitzübertragung). Der Mieter usw. ist unmittelbarer Besitzer. Er darf nur im Umfang der Abmachungen mit dem Eigentümer über die Sache verfügen (z. B. eine Wohnung nicht weitervermieten).
- **Nichtbesitz:** Dem Eigentümer ist die Sache abhanden gekommen (Verlust, Diebstahl usw. = unfreiwillige Besitzaufgabe). Der Dieb oder Finder, der die Sache nicht abliefert, ist bösgläubiger Besitzer. Er kann niemals Eigentümer werden, denn der Eigentümer verliert sein Recht nur bei freiwilliger Aufgabe.

Der rechtmäßige Besitzer kann sich gegen jeden mit Gewalt wehren, der ihm den Besitz unberechtigt entziehen will. Dies ist sein **Selbsthilferecht**. Gegen jede Störung oder Verletzung seines Besitzes kann er klagen.

Der Eigentümer kann mit seiner Sache tun, was er will.

Alles, was er will?

Nein, er darf natürlich keine Rechtsvorschriften und keine Rechte anderer verletzen.

> **Beispiele: Eigentümerrechte**
> Herr Meier hat eine Autovermietung.
>
> *Schutz des Eigentums:*
> Er darf seine Autos verkaufen, verleihen, vermieten, verschenken.
>
> *Verletzung der Rechte Dritter:*
> Er darf nicht ohne Erlaubnis das Nachbargrundstück befahren.
>
> *Verletzung der Rechte Dritter (Recht des Mieters auf Besitz):*
> Er darf einen Wagen, der für eine Woche vermietet wurde, nicht nach zwei Tagen zurückholen.
>
> *Verstoß gegen gesetzliche Bestimmungen:*
> Er darf seine Autos nicht unversichert vermieten.
>
> *Recht auf Besitz:*
> Er kann nach Ablauf der Mietzeit seinen Wagen zurückverlangen.
>
> *Selbsthilferecht:*
> Er kann sich gegen einen Dieb mit Gewalt wehren.

Die Eigentums- und Besitzübertragung an beweglichen und unbeweglichen Sachen wird in Band 1 „Geschäftsprozesse", Seite 305 f., behandelt.

Arbeitsaufträge

1. In einem Aufsatz lesen Sie unter anderem folgende Sätze:
   (1) Rechtssubjekte und Rechtsobjekte sind Träger von Rechten und Pflichten.
   (2) Häuser sind bewegliche Sachen, da man sie auf- und wieder abbauen kann.
   (3) Nagelneue 100-Euro-Scheine sind vertretbare Sachen, gebrauchte dagegen nicht.
   (4) Da ein Buch eine Sache ist, ist das Recht auf Rückgabe eines verliehenen Buches ein Sachenrecht.
   (5) Wenn Herr Jansen von Frau Schöne ein Moped kauft, so schuldet Frau Schöne ihm die Übergabe, durch die er Besitzer des Fahrzeugs wird. Das Besitzrecht ist folglich ein Schuldrecht.

   Nehmen Sie Stellung zum Inhalt dieser Sätze und korrigieren Sie die Fehler.

6 Rechtliche Grundlagen

2. Herr Decker nimmt bei der Bank einen Kredit auf und übergibt zur Sicherheit ein wertvolles Schmuckstück als Pfand, welches die Bank im Fall ausbleibender Zinszahlung und Tilgung versteigern lassen kann.
Handelt es sich um ein Schuldrecht oder ein Sachenrecht
a) bei dem Pfandrecht der Bank an dem Schmuckstück,
b) bei der Darlehens- und Zinsforderung der Bank?

3. Ein Rundfunk- und Fernsehgroßhändler überlässt einem Kaufinteressenten am 1. Aug. für eine Woche ein Fernsehgerät zum Ausprobieren. Als er es am 8. Aug. wieder abholen will, teilt ihm der Wohnungsnachbar mit, der Mann sei für 6 Monate ins Ausland verreist. Beim Gespräch erfährt der Großhändler, dass sein „Kunde" das Gerät am 4. Aug. an den Nachbarn verkauft hat, der glaubte, es gehöre ihm. Nun will der Nachbar es nicht herausgeben.
a) Wer ist am 2. Aug. Eigentümer, wer Besitzer des Gerätes?
b) Wer ist am 5. Aug. Eigentümer und Besitzer?
c) Muss der Nachbar das Gerät herausgeben?

4. Gegeben sind die folgenden Tatbestände:
(1) Herr Schöne hat ein Haus geerbt, das er seit zwei Jahren bewohnt.
(2) Herr Schöne vermietet sein Haus an Familie Bender.
(3) Frau Fies findet eine Geldbörse mit 600,00 EUR und dem Ausweis von Frau Bölle. Zunächst legt sie die Börse zu Haus in die Schublade. Nach einer Woche stellt sie fest, dass sie knapp bei Kasse ist, und verbraucht das Geld.
(4) Herr Herborn lässt seine Ferienwohnung durch die Agentur Zaster verwalten.
Kennzeichnen Sie die aufgeführten Personen durch die Begriffe unmittelbarer Besitzer, mittelbarer Besitzer, Nichtbesitzer, bösgläubiger Besitzer, Besitzdiener.

5. Frau Weber trägt eine Uhr am Handgelenk. Frau Tücke sieht sie und behauptet, sie gehöre ihr. Wer muss im Prozessfall den Nachweis über das Eigentumsrecht führen?

6.5 Rechtsgeschäfte

6.5.1 Die Begriffe Willenserklärung und Rechtsgeschäft

Bello, ich habe dich als meinen Alleinerben eingesetzt.

Ist diese Willenserklärung wohl rechtswirksam?

Geschäftsfähige Personen nehmen durch Willenserklärungen am Rechtsleben teil. Durch Willenserklärungen entstehen Rechtsgeschäfte.

Rechtsgeschäfte sind dadurch gekennzeichnet, dass durch die Willenserklärungen ein bestimmter Erfolg, eine verbindliche Rechtswirkung, erzielt werden soll.

Beispiel: Rechtsgeschäft

Ein Fall ...
Fabrikant Krüger will seinem Prokuristen Sause einen Geschäftswagen stellen. Den kauft er bei Autohändler Schröder zur Lieferung binnen 10 Tagen. Inzwischen verunglückt Sause tödlich. Krüger will nun den Wagen nicht mehr. Er behauptet, er habe sich beim Vertragsabschluss geirrt. Schröder erkennt dies nicht an und verklagt ihn auf Abnahme und Zahlung.

... und seine Beurteilung
Schröder und Krüger haben beide rechtsverbindliche Willenserklärungen abgegeben: Es soll ein Wagen geliefert und der Kaufpreis gezahlt werden. Somit ist ein Rechtsgeschäft zustande gekommen. Folglich treten die Rechtssubjekte Schröder und Krüger in verbindliche Rechtsbeziehungen zueinander und zu dem betroffenen Rechtsobjekt. Krüger kann nicht die Abnahme ablehnen, weil sein ursprünglicher Beweggrund entfällt. Andererseits hat er das Recht darauf, dass Schröder ihm das Eigentum und den Besitz am Wagen vereinbarungsgemäß verschafft.

Willenserklärungen können empfangsbedürftig oder nicht empfangsbedürftig sein.

Empfangsbedürftig sind Willenserklärungen, die an andere Personen gerichtet sind.

Beispiel: Empfangsbedürftigkeit
- Ein Testament gilt auch dann, wenn die eingesetzten Erben keine Kenntnis davon haben. Ein Testament ist folglich eine nicht empfangsbedürftige Willenserklärung.
- Eine Kündigung gilt erst dann, wenn sie dem Empfänger zugegangen ist. Eine Kündigung ist folglich eine empfangsbedürftige Willenserklärung.

6.5.2 Einseitige und mehrseitige Rechtsgeschäfte

Man unterscheidet **einseitige** und **mehrseitige Rechtsgeschäfte**.

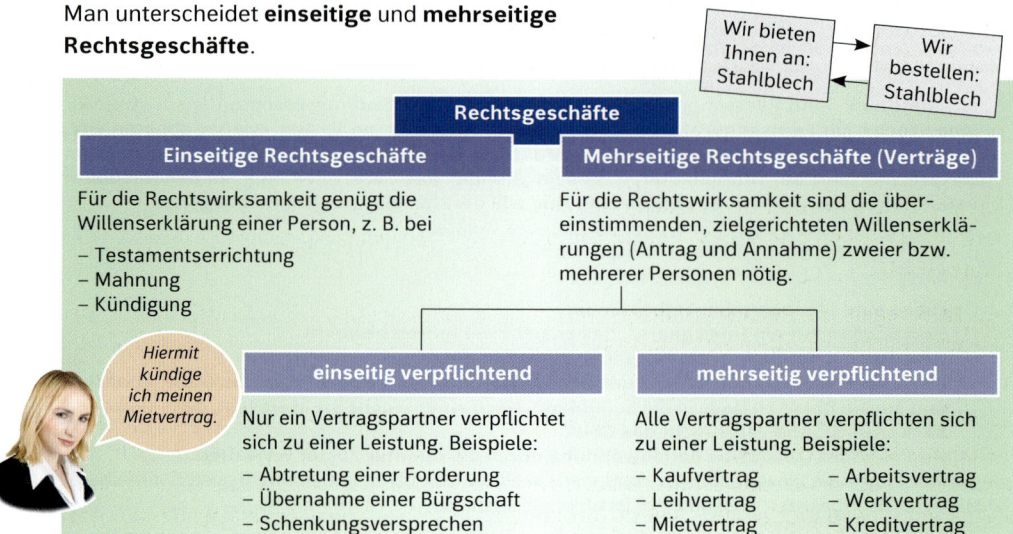

Was Verträge angeht, herrscht weitgehend Vertragsfreiheit:

- **Die Parteien können den *Inhalt der Verträge frei bestimmen*, ohne an die gesetzlichen Vertragstypen gebunden zu sein.**
- **Jedermann kann *frei darüber entscheiden*, ob er einen ihm angebotenen Vertrag abschließen will oder nicht.**

Um Missverständnisse und Streitigkeiten zu vermeiden, legen die Vertragspartner den Vertragsinhalt oft bis ins Einzelne fest.

Wer einen gültigen Vertrag geschlossen hat, ist verpflichtet, Leistungen genau entsprechend den getroffenen Vereinbarungen zu erbringen. Verträge sind deshalb Rechtsgeschäfte, die als **Verpflichtungsgeschäfte** bezeichnet werden. Durch sie entstehen **Schuldverhältnisse**. Diese werden im BGB, 2. Buch: *Schuldrecht* behandelt.

Die Vertragserfüllung ist nach deutschem Recht ein eigenes Rechtsgeschäft: das **Erfüllungsgeschäft**. Bei Verträgen über Sachen geht es z. B. darum, die Eigentums- und Besitzrechte an den Sachen zu verändern. Eigentum und Besitz sind sog. Sachenrechte. Sie werden im BGB, 3. Buch: *Sachenrecht* behandelt. Der Übergang von Eigentum und Besitz im Rahmen des Erfüllungsgeschäftes ist jedoch Gegenstand von BGB Buch 2, Abschnitt 4: *Erlöschen der Schuldverhältnisse*.

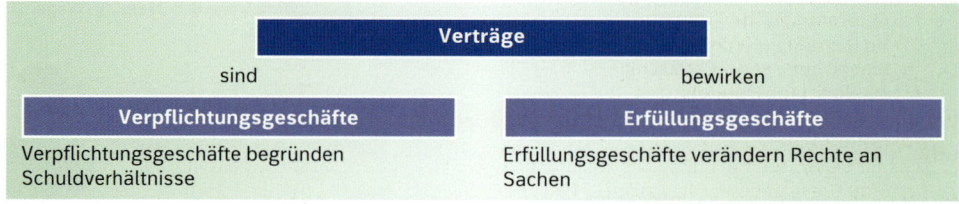

> **Beispiel: Verpflichtungs- und Erfüllungsgeschäft**
> Herr Krelle beauftragt Maler Pinsel, sein Porträt zu malen. Es kommt zu einem sog. Werkvertrag (Verpflichtungsgeschäft): Pinsel verpflichtet sich zur Lieferung des Bildes, Krelle zur Abnahme und Bezahlung. Nach Fertigstellung sind sich beide einig, dass Krelle Eigentümer und Besitzer des Bildes werden soll. Deshalb übergibt Pinsel es ihm und Krelle zahlt (Erfüllungsgeschäft).

6 Rechtliche Grundlagen

6.5.3 Bürgerliche Rechtsgeschäfte und Handelsgeschäfte

Die Rechtsgeschäfte von Nichtkaufleuten sind bürgerliche Rechtsgeschäfte. Für sie gelten die Vorschriften des BGB. Alle Geschäfte eines Kaufmanns[1], die er für sein Gewerbe tätigt, sind Handelsgeschäfte (§ 343 HGB). Für sie gelten vorrangig die Vorschriften des HGB (Spezialrecht für Kaufleute), wenn der Sachverhalt dort geregelt ist.

Merke: Spezielles Recht geht allgemeinem Recht immer vor.

Nur wenn sich aus den Umständen oder einer Erklärung des Kaufmanns eindeutig ergibt, dass er ein Geschäft für seinen Privathaushalt tätigt, gilt es als bürgerliches Rechtsgeschäft (§ 344 HGB).

Das HGB regelt die Rechtsverhältnisse teilweise anders als das BGB. Es trägt damit der Tatsache Rechnung, dass der Handelsverkehr eine größere Flexibilität als der bürgerliche Rechtsverkehr erfordert, dass man vom Kaufmann aber auch höhere Sorgfalt erwarten darf.

Zweiseitige Handelsgeschäfte sind Rechtsgeschäfte zwischen Kaufleuten, **einseitige Handelsgeschäfte** solche zwischen Kaufmann und Nichtkaufmann. Bei einseitigen Handelsgeschäften gelten für beide Seiten die Vorschriften des HGB, wenn im HGB nicht ausdrücklich Ausnahmen bestimmt sind (§ 345 HGB) oder das BGB nicht zwingende Vorschriften enthält. Wichtige Beispiele für zwingende Vorschriften: Rücktritt, Widerruf, Rückgaberecht bei Verbraucherverträgen (§§ 346 ff. BGB), „Haustür-", Fernabsatz-, Teilzahlungsgeschäfte (§§ 312b, 312c, 507 BGB).

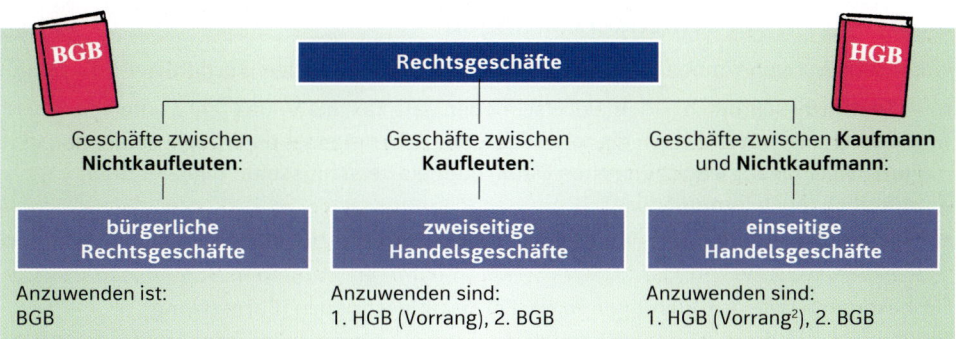

Arbeitsaufträge

1. Gegeben sind die folgenden Begriffe:
   (1) einseitiges Rechtsgeschäft mit empfangsbedürftiger Willenserklärung
   (2) einseitiges Rechtsgeschäft mit nicht empfangsbedürftiger Willenserklärung
   (3) mehrseitiges Rechtsgeschäft, einseitig verpflichtend
   (4) mehrseitiges Rechtsgeschäft, mehrseitig verpflichtend
   (5) bürgerliches Rechtsgeschäft
   (6) einseitiges Handelsgeschäft
   (7) zweiseitiges Handelsgeschäft
   (8) Verpflichtungsgeschäft
   (9) Erfüllungsgeschäft
   Geben Sie an, welche dieser Begriffe auf die folgenden Rechtsgeschäfte zutreffen.
   a) Frau Umsicht setzt ihr Testament auf.
   b) Herr Pfeiffer legt Einspruch gegen seinen Einkommensteuerbescheid ein.
   c) Der Verkäufer übergibt dem Käufer eines Lkw Fahrzeugbrief, Fahrzeugschein, Fahrzeug und Schlüssel.

---

[1] vgl. S. 68 ff.
[2] Ausnahme: zwingende BGB-Vorschriften

d) Spediteur Sause schließt mit der Handel GmbH einen Mietvertrag über die Anmietung einer Lagerhalle.
e) Ein Großhändler kauft fünf Büroschränke, davon vier beim Kaufhaus und einen gebrauchten bei seiner Ehefrau.
f) Die genannte Ehefrau verkauft ihren privaten Pkw an einen Angestellten ihres Mannes.
g) Wohnungseigentümer Leenen zahlt seinem ehemaligen Mieter Franzen per Banküberweisung die geleistete Mietkaution zurück.
h) Der als Bürokaufmann eingestellte Werner Breit kündigt seinen Arbeitsvertrag.

2. **Für bestimmte Rechtsgeschäfte sind vorrangig die Vorschriften des HGB (vor denen des BGB) anzuwenden.**
Geben Sie an, welche Rechtsvorschriften vorrangig für folgende Geschäfte gelten.
a) Elektrogroßhändler Blitz verkauft Kabel an Elektroeinzelhändler Stromer.
b) Elektroeinzelhändler Stromer verkauft Steckdosen an Hausmann Werker.
c) Da in Fall (b) Herr Werker nicht in der vereinbarten Frist zahlt, schickt Herr Stromer ihm eine Mahnung und berechnet darin Zinsen für die Verspätung (Verzugszinsen).
d) Hausmann Werker verkauft seinen Pkw an Gebrauchtwagenhändler Rostig.
e) Gebrauchtwagenhändler Rostig kauft bei einem Stadtbummel bei Elektroeinzelhändler Stromer eine Lampe für sein Wohnzimmer.
f) Elektroeinzelhändler Stromer verkauft seinen Privatwagen an Herrn Schlupp.

3. Herr Rose begibt sich in den Supermarkt BESTKA, nimmt aus dem Regal eine Flasche Moselwein und geht zur Kasse. Er legt den Preis in Höhe von 3,40 EUR abgezählt hin. Die Kassiererin tippt den Preis ein, nimmt das Geld, übergibt den Kassenbon und schiebt die Flasche in die Warenablage der Kasse. Herr Rose nimmt die Flasche und verlässt das Geschäft.
Verträge stellen Verpflichtungsgeschäfte dar. Sie führen zu Erfüllungsgeschäften. Untersuchen Sie, wo hier diese beiden Arten von Rechtsgeschäften zu finden sind.

6.5.4 Form der Willenserklärungen

Willenserklärungen können in beliebiger Form abgegeben werden (Formfreiheit):

- **in Textform:** schriftlich (i. d. R. unterschrieben), als Fax, als E-Mail (ggf. „unterschrieben" mit einer sog. qualifizierten digitalen Signatur, d. h. mit einer durch eine mathematische Funktion eindeutig verschlüsselten Datei) oder als verschlüsselter digitaler Brief,
- **mündlich** (auch fernmündlich),
- **stillschweigend**, d. h. durch schlüssiges (konkludentes) Handeln (z. B.: Lieferant sendet bestellte Ware zu).

Für bestimmte Willenserklärungen ist die Form vorgeschrieben (**Formzwang**):

Vorgeschriebene Formen für Willenserklärungen
Schriftform mit handschriftlicher Unterschrift
z. B. Bürgschaftserklärungen von Nichtkaufleuten; Mietverträge über Wohnungen oder Grundstücke mit einer Dauer von über 1 Jahr; Abzahlungsgeschäfte; Verbraucherkredite; Schuldversprechen und -anerkenntnisse; Forderungsabtretungen. (Digitale Signatur nicht durchgehend zulässig, z. B. nicht für Bürgschaftserklärungen.)
Öffentliche Beglaubigung
Die Echtheit der Unterschrift (nicht die Richtigkeit des Inhalts) unter einem Schriftstück wird von einem Notar beglaubigt, z. B. bei Anmeldungen und Anträgen zu öffentlichen Verzeichnissen (Handels-, Genossenschaftsregister, Grundbuch). Im Rechtsverkehr mit öffentlichen Registern erfolgen öffentliche Beglaubigungen nur in elektronischer Form.
Öffentliche Beurkundung
Der Notar errichtet selbst eine Urkunde und bestätigt Inhalt und Unterschriften, z. B. bei Grundstückskaufverträgen, Schenkungsversprechen, Veräußerung von Erbschaften oder Erbteilen, Verträgen von Eheleuten über die Regelung ihrer vermögensrechtlichen Verhältnisse.

6.5.5 Nichtigkeit von Rechtsgeschäften

Ein nichtiges Rechtsgeschäft ist von Anfang an unwirksam.

Nichtigkeitsgründe
• **Nichteinhalten der gesetzlich vorgeschriebenen Form** (§ 125 BGB) • **Verstoß gegen ein gesetzliches Verbot** (§ 134 BGB), z. B. Rauschgifthandel, Schwarzarbeit • **Verstoß gegen die guten Sitten** (§ 138 BGB), z. B. Wucherzinsen; Ausnutzen von Notlagen, Unerfahrenheit, Leichtsinn • **Abgabe einer Willenserklärung** 　– durch **Geschäftsunfähige** (§ 104 BGB), 　– bei **Bewusstlosigkeit** (§ 105 BGB), 　– zum **Scherz oder Schein** (§§ 117, 118 BGB).

Sie müssen das Moped zurücknehmen. Mein Sohn ist erst sechzehn.

Zustimmungspflichtige Rechtsgeschäfte von beschränkt Geschäftsfähigen sind schwebend unwirksam, können aber durch die nachträgliche Genehmigung des gesetzlichen Vertreters wirksam werden.

6.5.6 Anfechtbarkeit von Willenserklärungen

Willenserklärungen können angefochten werden, wenn sie nicht dem Willen des Abgebers entsprechen. Sie sind gültig, werden aber **durch die Anfechtung rückwirkend unwirksam** (§ 142 BGB).

Anfechtungsgründe
Arglistige Täuschung (§ 123 BGB)
Ein Mechaniker wird z. B. aufgrund gefälschter Zeugnisse eingestellt.
Widerrechtliche Drohung (§ 123 BGB)
Ein Angestellter droht z. B. seinem Chef mit einer Anzeige wegen gesetzeswidriger Chemikalienbeseitigung, wenn sein Gehalt nicht erhöht wird.
Anfechtungsfrist: 1 Jahr seit Kenntnis der Täuschung bzw. Aufhören der Zwangslage, längstens 10 Jahre (§ 124 BGB)
Hat der Getäuschte oder Bedrohte einen Schaden erlitten, so ist der Partner schadensersatzpflichtig (§ 823 BGB).
Irrtum
• **in der Erklärung** (§ 119 BGB): Man schreibt z. B. irrtümlich 12,00 EUR statt 120,00 EUR ins Angebot. • **in der Übermittlung** (§ 120 BGB): Das Fax nennt z. B einen anderen als den eingegebenen Preis. • **in wesentlichen Eigenschaften der Person oder Sache** (§ 119 BGB): Der neu eingestellte, angeblich gut ausgebildete Kfz-Mechatroniker ist seiner Aufgabe nicht im Geringsten gewachsen.
Anfechtungsfrist: unverzüglich (ohne schuldhafte Verzögerung) nach Entdeckung des Irrtums, längstens 10 Jahre (§ 121 BGB)
Wenn der Partner den Anfechtungsgrund nicht kennt oder kennen muss, so muss der Anfechtende ihm den Schaden ersetzen, den er im Vertrauen auf die Gültigkeit des Rechtsgeschäfts erleidet (§ 122 BGB). Das Gleiche gilt für die Nichtigkeit von Scherzgeschäften.

Herr Gilles, Sie haben niemals eine Meisterprüfung abgelegt!!!

Unachtsamkeit, Nachlässigkeit und Irrtümer im Beweggrund bewirken **keine Anfechtbarkeit**.

> **Beispiele: Nicht anfechtbare Willenserklärungen**
> - Der Kunde liest die Allgemeinen Geschäftsbedingungen des Lieferanten auf der Rückseite eines Angebotes nicht genau durch, obwohl im Angebotstext darauf hingewiesen wird.
> - In der Hoffnung auf einen Kursanstieg kauft Herr Huber Aktien. Die Kurse fallen jedoch.
> - Ein Betrieb gibt aufgrund eines Kalkulationsfehlers ein Angebot ab, das die Kosten nicht deckt.

Arbeitsaufträge

1. Gegeben sind die folgenden Rechtsgeschäfte:
   a) Herr Leichtfuß verbürgt sich gegenüber der Haushaltskreditbank für die Bankschulden seiner Tochter.
   b) Frau Sesshaft kauft von Herrn Leichtfuß ein Mietshaus.
   c) Frau Sesshaft einigt sich wegen einer Kreditaufnahme mit ihrer Bank, eine Grundschuld auf das Mietshaus ins Grundbuch einzutragen.
   d) Herr Leichtfuß kauft die gesamte Ernte des Weinguts Klaus Zuckerwasser auf.
   e) Herr Flachkopf kauft beim Möbelgeschäft Holzstich seine Wohnungseinrichtung und vereinbart Zahlung in 48 Monatsraten.

   Geben Sie an, in welcher Form diese Rechtsgeschäfte abgeschlossen werden müssen.

2. Gegeben sind die folgenden Vorgänge:
   (1) Hersteller Hastig hat dem Großhändler Rührig ein Angebot zu 3 300,00 EUR gemacht. Anschließend stellt er fest, dass er sich bei der Preisberechnung zu seinen Ungunsten um 980,00 EUR verkalkuliert hat. Rührig hat inzwischen das Angebot angenommen und sofort die Ware für 4 800,00 EUR weiterverkauft, was für ihn einen Gewinn 1 200,00 EUR bedeutet.
   (2) Franz Blöder hat von einem Hehler 20 000,00 US-Dollar Falschgeld für 2 000,00 EUR „gekauft". Anschließend reklamiert er, weil der Preis ihm doch reichlich überhöht erscheint.
   (3) Der Getränkehändler Weinseel verkauft einem Kunden eine Flasche Bordeaux zum Preis von 13,00 EUR. Da er durch die Frage einer Verkäuferin abgelenkt wird, packt er dem Kunden eine daneben stehende Flasche alten Burgunder zu 26,00 EUR ein. Als der Kunde im Begriff ist, den Laden zu verlassen, bemerkt Weinseel seinen Irrtum.
   (4) Peter Sause sitzt seit drei Stunden mit seinen Freunden Eberhard Durstig und Alex Fusel in der Kneipe. Nach einigen Körnchen und Bierchen ist er allmählich „sternhagelvoll". Seine Zunge wird immer lockerer. Als Freund Eberhard seine goldene Uhr bewundert, die 380,00 EUR gekostet hat, meint er: „Die gebe ich dir für'n Appel un'n Ei." Am nächsten Abend – Sause ist wieder bei Verstand – erscheint Durstig, legt einen Apfel und ein Ei auf den Tisch und will die Uhr abholen. Sause erinnert sich an nichts, aber Fusel bezeugt seine Worte.
   (5) Irma Ladußе kauft von Eddi Windig einen Gebrauchtwagen der Marke Fauweh Paßa für 17 000,00 EUR. Sie hat sich schriftlich bestätigen lassen, dass der Wagen unfallfrei ist. Am nächsten Tag erfährt sie nach dem Volltanken von ihrem Tankwart, dass dieser vor drei Wochen das eingedrückte Heck des Wagens repariert hat.

   a) Welche der genannten Rechtsgeschäfte sind nichtig, welche anfechtbar? Begründen Sie jeweils die Nichtigkeit bzw. Anfechtbarkeit.
   b) Geben Sie bei den anfechtbaren Geschäften an, binnen welcher Frist die Anfechtung erfolgen muss.
   c) Nehmen Sie gegebenenfalls zur Problematik des Schadensersatzes Stellung.

6.6 Überblick über wichtige Vertragsarten

6.6.1 Abschluss eines Vertrags

Bei Dachdecker Schiefer klingelt das Telefon.
„Hier Pech. Der Sturm hat mir zehn Ziegel vom Dach geweht. Bitte bringen Sie mir die wieder an!"
„Okay. Mach ich. Morgen früh um 8:00 Uhr bin ich da."
Wenige Worte – und doch ist hier ein Vertrag zustande gekommen. Er verpflichtet Schiefer zu einer Leistung (Reparatur) und Pech zur Gegenleistung (Zahlung).

Verträge sind mehrseitige – meist zweiseitige – Rechtsgeschäfte. Sie kommen durch inhaltlich übereinstimmende Willenserklärungen zustande: Antrag und Annahme.

M 48   Sehen Sie sich auch die Präsentation *Vertragsabschluss* an.

6 Rechtliche Grundlagen

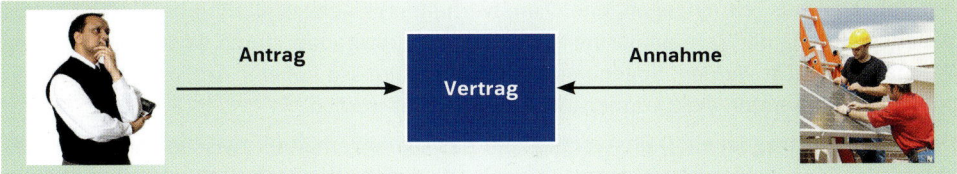

- Ein Antrag muss immer an eine bestimmte Person gerichtet sein.
- Der Vertrag kommt zustande, wenn die Annahme des Antrags ohne irgendwelche Abänderungen erfolgt.
- Unter Anwesenden muss die Annahme sofort, unter Abwesenden in einer angemessenen Frist erfolgen.
- Ist der Vertrag zustande gekommen, sind die Parteien an ihre Willenserklärung gebunden. Sie sind zur Leistung und Gegenleistung verpflichtet. (Ausnahme: Bei der Schenkung gibt es keine Gegenleistung.)
- Grundsätzlich können die Willenserklärungen in beliebiger Form abgegeben werden. Es gibt jedoch Ausnahmen davon (vgl. S. 46).
- Natürlich können nur Geschäftsfähige Verträge schließen.

6.6.2 Kaufvertrag

Gesetzliche Regelung: § 433 ff. BGB

Vertragspartner: Verkäufer und Käufer
Vertragsinhalt: Veräußerung von beweglichen Sachen (Waren), unbeweglichen Sachen (Immobilien) oder Rechten (z. B. Lizenzen) gegen Entgelt. Gegensatz: Schenkung, d. h. unentgeltliche Veräußerung.

Der Kaufvertrag wird eingehend im Band „Geschäftsprozesse" behandelt.

6.6.3 Dienstvertrag

Ich gebe Nachhilfe in Buchführung.

Gesetzliche Regelung: § 611 ff. BGB
Vertragspartner: Dienstherr und Dienstverpflichteter
Vertragsinhalt: Leistung von Diensten jeder Art – einmalig oder dauerhaft – gegen Entgelt. Der Dienstverpflichtete kann Selbstständiger oder Arbeitnehmer sein.

Beispiele: Dienstverträge
- Erteilung von Nachhilfe durch einen Studenten während eines halben Jahres (dauerhaft; Selbstständiger)
- Beauftragung eines Rechtsanwalts mit einer Prozessvertretung (einmalig; Selbstständiger)
- Einstellung eines kaufmännischen Angestellten (dauerhaft; Arbeitnehmer)

Pflichten des Dienstverpflichteten	Pflichten des Dienstherrn
• den Weisungen des Dienstherrn gehorchen; • die Interessen des Dienstherrn wahrnehmen (Bemühungs- und Sorgfaltspflicht, Treue, Verschwiegenheit). Aber: **keine Haftung, wenn der gewünschte Erfolg nicht eintritt**; • mangels anderer Vereinbarung den Dienst persönlich erbringen.	• das vereinbarte Entgelt zahlen (nach geleistetem Dienst!); • nötige Schutzmaßnahmen am Arbeitsplatz treffen; • bei Beendigung des Dienstverhältnisses auf Verlangen ein Zeugnis ausstellen.

ERSTER ABSCHNITT

Auf unbestimmte Zeit eingegangene Dienstverhältnisse können durch übereinstimmende Willenserklärung der Vertragspartner (Aufhebungsvertrag) oder durch einseitige Erklärung (Kündigung) gelöst werden. Sogenannte „Dienstverhältnisse höherer Art" (z. B. mit Rechtsanwalt, Steuerberater, Arzt) können jederzeit beendet werden.

Der **Arbeitsvertrag** ist ein Dienstvertrag, der das Dienstverhältnis zwischen einem Arbeitgeber und einem Arbeitnehmer regelt. (Einzelheiten: siehe Band „Geschäftsprozesse".)

6.6.4 Werkvertrag

Gesetzliche Regelung: § 631 ff. BGB
Vertragspartner: Besteller und Unternehmer
Vertragsinhalt: Herstellung oder Veränderung einer Sache oder ein anderer durch Arbeit oder Dienstleistung herbeizuführender Erfolg. Einen gegebenenfalls benötigten Stoff liefert der Besteller.

Beispiel: Werkverträge
- Eine Heizungsanlage soll repariert werden.
- Ein Transport soll durch einen Frachtführer ausgeführt werden.
- Ein Haus soll gebaut werden.

Pflichten des Unternehmers	Pflichten des Bestellers
• das Werk mit den vereinbarten Eigenschaften mängelfrei und fristgemäß herstellen (im Gegensatz zum Dienstvertrag **Haftung für den vertraglich festgelegten Erfolg**) • dem Besteller Besitz und Eigentum am Werk verschaffen	• ggf. an der Herstellung mitwirken (z. B. Beladen des Lkws) • das Werk abnehmen (sofern dies aufgrund der Beschaffenheit möglich ist) • die vereinbarte Vergütung zahlen

Für den Vertragsinhalt sowie Lieferungs-, Annahme- und Zahlungsverzug gelten im Wesentlichen die gleichen Bestimmungen wie beim Kaufvertrag (siehe Band „Geschäftsprozesse"). Bei mangelhafter Lieferung kann der Besteller (§ 634 BGB):

- Nacherfüllung verlangen (nach Wahl des Unternehmers Mängelbeseitigung oder Neuerstellung) und dafür eine angemessene Nachfrist setzen;
- nach Fristablauf
  - den Mangel selbst beseitigen und Aufwendungsersatz verlangen
  - oder vom Vertrag zurücktreten
  - oder die Vergütung mindern;
- ggf. zusätzlich Schadensersatz verlangen.

Der Besteller verlangt oft vor der Auftragserteilung einen **Kostenvoranschlag** (überschlägige fachmännische Berechnung der voraussichtlich entstehenden Kosten). Er muss ihn nur bei besonderer Vereinbarung vergüten (§ 632 Abs. 3 BGB). Verbindlich ist dieser Kostenvoranschlag für den Anbieter nur, wenn er seine Richtigkeit bestätigt hat (§ 650 Abs. 1 BGB). Ist dies nicht der Fall, kann es bei Auftragsausführung auch zu einer Kostenüberschreitung kommen. Diese darf aber nicht „wesentlich" sein. Was dies konkret bedeutet, hängt vom Einzelfall ab. Als Richtschnur sehen die Gerichte 15 % bis 20 % an.

Droht eine wesentliche Überschreitung, muss der Anbieter den Kunden unverzüglich informieren (§ 650 Abs. 2 BGB). Der Kunde kann dann die Überschreitung genehmigen oder den Vertrag kündigen. Bei einer Kündigung muss er dem Anbieter nur die bis dahin geleistete Arbeit vergüten (§ 650 Abs. 1 und § 645 Abs. 1 BGB). Das Gleiche gilt auch für eine Kündigung aus einem anderen Grund, die bis zur Fertigstellung des Werkes jederzeit möglich ist (§ 649 BGB).

Zeigt der Anbieter die Kostenüberschreitung zu spät an, so verletzt er seine Pflichten. Dies kann zu Schadensersatzansprüchen des Kunden führen (§ 280 Abs. 1 BGB).

6.6.5 Werklieferungsvertrag

Gesetzliche Regelung: § 651 BGB

Der Werklieferungsvertrag ist ein Vertrag, der die Lieferung herzustellender oder zu erzeugender beweglicher Sachen zum Gegenstand hat.

Beispiele: Werklieferungsverträge
- Bestellung eines Porträts beim Maler
- Bestellung eines Bootes bei der Werft

Maßanzug

Für den Werklieferungsvertrag gelten die Bestimmungen über den Kaufvertrag.

Soweit nicht vertretbare Sachen erstellt werden, sind auch einige Bestimmungen über den Werkvertrag anwendbar (Kostenvoranschlag, Mitwirkungspflicht, Kündigungsmöglichkeit, Abnahmepflicht).

6.6.6 Leihvertrag

Gesetzliche Regelung: § 598 ff. BGB
Vertragspartner: Verleiher und Entleiher
Vertragsinhalt: Unentgeltliche Überlassung von Sachen zum vertraglich vereinbarten Gebrauch und zur anschließenden Rückgabe. Der Entleiher darf die Sache ohne Erlaubnis keinem Dritten überlassen.

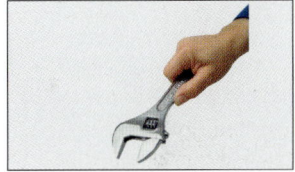

„Bitte heute Abend zurück!"

Wörter wie Auto„verleih", Kostüm„verleih" sind missverständlich. Die Sache wird in diesen Fällen gegen Entgelt überlassen. Es liegt deshalb kein Leihvertrag, sondern ein Mietvertrag vor.

6.6.7 Mietvertrag

Gesetzliche Regelung: § 535 ff. BGB
Vertragspartner: Vermieter und Mieter
Vertragsinhalt: Entgeltliche Überlassung von Sachen zum vertraglich vereinbarten Gebrauch und zur anschließenden Rückgabe. Der Mieter darf die Sache ohne Erlaubnis keinem Dritten überlassen.

„Hier sind Ihre Wohnungsschlüssel"

Ursprünglich stand der Mietvertrag über Wohnraum im Vordergrund. Heute gibt es viele andere Mietgegenstände, z. B. Autos, Ferienwohnungen, Bücher, Bekleidung, Sportartikel.

Pflichten des Vermieters	Pflichten des Mieters
• Überlassung der Sache in vertragsgemäßem Zustand • Erhaltung der Sache in vertragsgemäßem Zustand	• vertragsgemäße Zahlung der Miete • sorgfältige Behandlung der Sache • Benachrichtigung des Vermieters bei Schäden • Duldung von Maßnahmen zur Erhaltung der Sache

Eine für den Betrieb wichtige Sonderform des Mietvertrags ist der Leasingvertrag[1].

6.6.8 Pachtvertrag

Gesetzliche Regelung: § 581 ff. BGB

Vertragspartner: Verpächter und Pächter

Vertragsinhalt: Wie beim Mietvertrag. Aber: Dem Pächter steht während der Pachtzeit neben dem Gebrauch der Sache auch der „Genuss der Früchte" zu.

> **Beispiele: Fruchtgenuss**
> - Der Pächter von landwirtschaftlichem Grund darf die Ernte verwerten.
> - Der Pächter von Baugrund darf bauen und ggf. vermieten.
> - Der Pächter einer Gaststätte darf diese bewirtschaften.

Die rechtlichen Vorschriften für die Miete gelten weitgehend auch für die Pacht.

6.6.9 Kreditvertrag

Gesetzliche Regelung: § 488 ff. BGB

Vertragspartner: Kreditgeber und Kreditnehmer

Vertragsinhalt: Überlassung von Geld mit der Vereinbarung einer Zinszahlung und der Rückerstattung bei Fälligkeit.

Zinslose Kredite sind meist Gefälligkeitskredite.

> **Beispiele: Geldkredit**
> - Die Hendrix GmbH überzieht am Monatsende ihr Bankkonto, um die fälligen Löhne und Gehälter bezahlen zu können. Die Kontoauffüllung erfolgt nach und nach durch eingehende Kundenzahlungen.
> - Das Ehepaar Reichel nimmt bei seiner Bank ein Darlehen zur Finanzierung eines Autokaufs auf. Die Rückzahlung erfolgt in festen Monatsraten.

Neben dem Geldkredit gibt es den Sachkredit (§ 607 ff. BGB). Dabei werden für empfangene Sachgüter gleichartige Güter zurückerstattet.

> **Beispiel: Sachkredit**
> Frau Meier „leiht" sich bei Frau Schulz ein Pfund Butter zum Kuchenbacken. Sie gibt am nächsten Tag ein anderes Pfund Butter zurück.

Hinweis: In Band 1 und 2 von Management im Industriebetrieb werden themenbezogen weitere Vertragsarten angesprochen, die für Unternehmen wichtig sind: Gesellschafts-, Tarif-, Fracht-, Speditions-, Kommissions-, Agentur-, Leasing-, Versicherungsvertrag, Betriebsvereinbarung.

---

[1] vgl. Band 1 „Geschäftsprozesse", Sachwort „Leasing"

6 Rechtliche Grundlagen

Arbeitsaufträge

1. Maler Klecksel macht Frau Schwierig am 06.01. ein schriftliches Angebot: „Streichen Ihres Wohnzimmers mit weißer Dispersionsfarbe. Preis 500,00 EUR." Frau Schwierig antwortet am 29.01.: „Ich nehme ihr Angebot zum Preis von 400,00 EUR an."
   Ist hier ein Vertrag zustande gekommen? Nehmen Sie ausführlich Stellung.

2. Jemand lässt bei einem Maler ein Porträt malen.
   a) Um was für eine Vertragsart handelt es sich?
   b) Welche Pflichten ergeben sich für die Vertragspartner?

3. Jemand gibt beim Schreiner die Herstellung von Zimmertüren in Auftrag. Der Schreiner gibt einen verbindlichen Kostenvoranschlag in Höhe von 1 500,00 EUR ab.
   a) Was für ein Vertrag liegt vor?
   b) Welche Pflichten ergeben sich für die Partner?
   c) Während der Herstellung (die Türen sind noch nicht furniert) ruft der Schreiner an und sagt, er müsse wegen einer Erhöhung der Holzpreise nunmehr 2 000,00 EUR verlangen. Wie verhält sich der Besteller?
   d) Die Türen werden schließlich geliefert. Es stellt sich heraus, dass drei Türen klemmen und zwei weitere erhebliche Schrammen aufweisen. Wie verhält sich der Besteller?

4. Frau Schuh hat von ihrer Tante einen wertvollen Ring geerbt. Leider ist dieser zu klein, und sie lässt ihn daher vom Juwelier auf ihre Fingergröße dehnen.
   a) Welchen Vertrag schließt Frau Schuh mit dem Juwelier ab?
   b) Welche Pflichten haben der Juwelier und Frau Schuh?

5. Herr Müller erhält von Herrn Walter ein Segelboot zur unentgeltlichen Benutzung.
   a) Welcher Vertrag liegt diesem Rechtsgeschäft zugrunde?
   b) Welche Rechte und Pflichten hat Herr Müller?
   c) Welche Rechte und Pflichten hat Herr Walter?

6. Herr Richter erwirbt von Herrn Leidmann die alteingeführte Gaststätte „Zum goldenen Ochsen" und führt diese weiter. Herr Leidmann stellt ihm zusätzlich die benachbarte Wiese zur Verfügung. Auf dieser richtet Herr Richter einen großen Biergarten ein. Herr Leidmann erhält als Entgelt monatlich 2 500,00 EUR.
   a) Welche Verträge schließen Herr Richter und Herr Leidmann ab?
   b) Welche Rechte und Pflichten ergeben sich für die beiden Vertragspartner?

7. Frau Adam erhält von ihrer Bank 5 000,00 EUR zur freien Verwendung, rückzahlbar in monatlichen Raten inklusive Zins. Diesen Betrag verwendet sie, um ihr Auto reparieren zu lassen. Sie hatte einen Verkehrsunfall und die rechte Karosserieseite des Autos muss erneuert werden.
   a) Erklären Sie die einzelnen Verträge, die von Frau Adam in diesem Zusammenhang geschlossen wurden.
   b) Welche Rechte und Pflichten ergeben sich für Frau Adam aus diesen Verträgen?

6.7 Verbraucherschutz

Der Endverbraucher hat eine relativ schwache Stellung gegenüber gewerblichen Anbietern. Deshalb sollen ihn zahlreiche Schutzbestimmungen beim Abschluss von sog. Verbraucherverträgen stärken.

Verbraucher ist jede natürliche Person, die ein Rechtsgeschäft zu Zwecken abschließt, die überwiegend weder ihrer gewerblichen noch ihrer selbstständigen beruflichen Tätigkeit zugerechnet werden können (§ 13 BGB).

Verbraucherverträge sind Verträge von Unternehmern mit Verbrauchern.

6.7.1 Grundsätze für alle Arten von Verbraucherverträgen

- **Informationspflicht** (Art. 246 BGBEG): Der Unternehmer muss den Verbraucher vor dessen Vertragserklärung klar und verständlich informieren. Dies betrifft v. a. die Eigenschaften der Kaufsache, die Identität des Unternehmers, den Gesamtpreis, die Zahlungs- und Lieferungsbedingungen und die gesetzliche Mängelhaftung. Ausnahme: Geschäfte des täglichen Lebens, die bei Vertragsschluss sofort erfüllt werden (Beispiel: Einkauf im Supermarkt).
- **Schutz vor versteckten Zusatzkosten** (§ 312a BGB): Soll der Verbraucher zusätzlich zum Gesamtpreis weitere Zahlungen leisten, so muss dies ausdrücklich vereinbart werden.

> **Beispiele:**
> Bearbeitungsgebühr, Stornoversicherung, Zusatzgebühr für Kreditkartenzahlung, Kosten für eine telefonische Auskunft zum geschlossenen Vertrag

6.7.2 Schutz gegen Allgemeine Geschäftsbedingungen (AGB)

Theoretisch ermöglicht es die Vertragsfreiheit jedermann, zwangfrei die Rechtsgeschäfte zu schließen, die ihm den größten Nutzen bringen. In der Praxis setzt sich jedoch meist die wirtschaftlich stärkere Partei durch. Dazu dienen ihr u. a. die AGB. AGB sind Vertragsbedingungen, die für eine Vielzahl von Verträgen vorformuliert sind und die eine Vertragspartei der anderen einseitig auferlegt. Sie werden wirksam, indem Letztere sich ihnen unterwirft. Theoretisch kann sie sie ablehnen oder auf Änderung dringen, tatsächlich aber hat sie damit kaum Erfolg. Ein Ausweichen auf andere Geschäftspartner ist auch nicht möglich, weil ganze Branchen oft gleich lautende AGB verwenden. Zum Schutz wirtschaftlich schwächerer Vertragspartner schränkt das **BGB** die freie Vertragsgestaltung durch AGB ein.

AGB können nur Vertragsbestandteil werden, wenn ihr Verwender bei Vertragsabschluss ausdrücklich auf sie hinweist. Der Vertragspartner muss von ihnen Kenntnis nehmen können (z. B. Abdruck auf dem Angebot; ausreichend große und deutliche Schrift) und mit ihrer Anwendung einverstanden sein (§ 305 Abs. 2 BGB).

- **Überraschende Klauseln werden nicht Vertragsbestandteil** (§ 305 c Abs. 1 BGB). Überraschende Klauseln sind so ungewöhnlich, dass man nicht damit rechnen muss.
  > **Beispiel:**
  > Gebr. Müller kaufen eine Werkzeugmaschine. Die Hersteller-AGB verpflichten sie für zehn Jahre zur monatlichen Wartung durch den Hersteller.
- **Individuelle Abreden gehen vor AGB** (§ 305 b BGB).
- **Auslegungszweifel gehen zulasten des Verwenders der AGB** (§ 305 c Abs. 2 BGB).
- **Soweit AGB-Bestimmungen nicht Vertragsbestandteil geworden oder unwirksam sind, bleibt der Vertrag wirksam und richtet sich in den betreffenden Punkten nach dem Gesetz** (§ 306 Abs. 1 und 2 BGB). *Dies gilt auch, wenn die Parteien sich widersprechende AGB verwenden.*
- **AGB-Bestimmungen sind unwirksam, wenn sie den Vertragspartner entgegen Treu und Glauben[1] unangemessen benachteiligen (wenn z. B. durch die Einschränkungen der Vertragszweck gefährdet wird oder wesentliche Grundgedanken der gesetzlichen Regelung nicht damit vereinbar sind)** (§ 307 BGB).

---

[1] Ausdruck, der so viel bedeutet wie Ehrlichkeit, Rechtschaffenheit, Fairness.

Für **Verbraucherverträge** enthält das HGB weitere Einschränkungen:

§ 308 BGB enthält Verbote, die unbestimmte Begriffe wie „unangemessen" oder „nicht hinreichend" enthalten. Ihre Unwirksamkeit erfordert im Einzelfall eine richterliche Wertung. Dazu gehören z. B. folgende wichtige Verbote:

Klauselverbote mit Wertungsmöglichkeit (§ 308 BGB)

Der Verwender der AGB darf ...
1. ... sich keine unangemessen lange Zeit zur Vertragsannahme bzw. zur Lieferung vorbehalten.
2. ... sich für die Leistung keine unangemessen lange oder unbestimmte Nachfrist vorbehalten.
3. ... sich kein Rücktrittsrecht ohne sachlich gerechtfertigten und im Vertrag angegebenen Grund vorbehalten.
4. ... die zugesagte Leistung nicht ändern, wenn dies für den Vertragspartner nicht zumutbar ist.
...
6. ... nicht bestimmen, dass eine besonders bedeutsame Erklärung als dem Vertragspartner zugegangen gilt.
7. ... nicht bestimmen, dass er bei Vertragsrücktritt oder Kündigung durch eine Partei eine(n) unangemessen hohe Nutzungsvergütung oder Aufwendungsersatz verlangen kann.
...

§ 309 BGB enthält Verbote „ohne Wertungsmöglichkeit". AGB-Klauseln, die dagegen verstoßen, sind auf jeden Fall unwirksam. Dazu gehören z. B. folgende Verbote:

Klauselverbote ohne Wertungsmöglichkeit (§ 309 BGB)

Der Verwender der AGB darf ...
1. ... sich keine Preiserhöhungen vorbehalten, wenn die Lieferung/Leistung binnen vier Monaten nach Vertragsschluss erfolgen soll.
2. ... das Leistungsverweigerungs- und Zurückbehaltungsrecht des Vertragspartners nicht einschränken, insbesondere nicht von der Anerkennung von Mängeln abhängig machen.
3. ... die Aufrechnung mit unbestrittenen/rechtskräftig festgestellten Forderungen nicht verbieten.
4. ... seine Mahnpflicht und Pflicht zur Nachfristsetzung nicht ausschließen.
5. ... keine pauschalisierten Schadensersatzansprüche festlegen, die den Wert der Leistung übersteigen.
6. ... keine Vertragsstrafe vereinbaren.
7. ... keine Haftung für Schäden aus grob fahrlässiger oder vorsätzlicher Pflichtverletzung ausschließen; für Lebens- und Gesundheitsschäden auch keine Haftung für leichte Fahrlässigkeit.
8a. ... das Rücktrittsrecht des Vertragspartners bei schuldhaften Pflichtverletzungen, die keine Warenmängel sind, nicht einschränken.
8b. ... die gesetzlichen Mangelhaftungsansprüche des Vertragspartners nicht völlig ausschließen. Letzterem steht zumindest ein Recht auf Nacherfüllung zu. Alle damit zusammenhängenden Kosten muss der Verwender der AGB tragen. Er muss in den AGB den Vertragspartner darauf hinweisen, dass ihm bei Nichtgelingen der Nacherfüllung wahlweise das Recht auf Preisminderung oder Vertragsrücktritt zusteht. Entgegenstehende Klauseln sind ungültig.
9. ... für Dauerschuldverhältnisse keine Laufzeit über zwei Jahre, keine stillschweigende Vertragsverlängerung über ein Jahr und keine längere Kündigungsfrist als drei Monate bestimmen.
10. ... nicht bestimmen, dass bei Kauf-, Dienst- oder Werkverträgen ein Dritter für den Verwender in den Vertrag eintritt. Ausnahme: Der Dritte wird namentlich bezeichnet oder der Vertragspartner darf vom Vertrag zurücktreten.
...
12. ... nicht bestimmen, dass der Vertragspartner die Beweislast für Umstände trägt, die im Verantwortungsbereich des Verwenders liegen.
...

6.7.3 Preisangaben

Laut **Preisangabenverordnung** (PAngV) sind Preise gegenüber Verbrauchern einschließlich Umsatzsteuer anzugeben, für Waren auch die Verkaufseinheit (z. B. Stück, Liter, kg) und ggf. der Grundpreis, für Leistungen Verrechnungssätze (z. B. Stundensätze). Außerdem gilt:
- **Waren in Schaufenstern/Schaukästen** sind auszuzeichnen.
- Für **Kredite** ist der effektive Jahreszins anzugeben.
- **Tankstellenpreise** müssen für Kraftfahrer frühzeitig erkennbar sein.
- **Gaststätten** müssen Speise- und Getränkekarten am Eingang aushängen und auf den Tischen auslegen.

Grundpreis = Preis je Mengeneinheit (1 kg, Liter, m, m², m³). Die Angabe ist für Fertigpackungen, offene Packungen und lose Angebote vorgeschrieben.

6.7.4 Teilzahlungsgeschäfte und Ratenlieferungsverträge

Bei **Teilzahlungsgeschäften** (§ 506 Abs. 3 BGB) wird der Preis in mindestens zwei Raten entrichtet. Der Vertrag ist schriftlich zu schließen. Vor dem Vertragsschluss muss der Verbraucher u. a. folgende Informationen erhalten, die Vertragsbestandteil werden:
- Bar- und Teilzahlungspreis (Gesamtbetrag einschließlich aller Kosten),
- Betrag, Zahl und Fälligkeit aller Teilzahlungen,
- den effektiven Jahreszinssatz, den Sollzinssatz, den Verzugszinssatz,
- alle sonstigen Kosten (z. B. für eine abzuschließende Ausfallversicherung).

Beim **Ratenlieferungsvertrag** liefert der Verkäufer
- die Verkaufssache in Teillieferungen gegen Teilzahlungen oder
- regelmäßig gleichartige Sachen (z. B. beim Zeitungsabo) oder
- wiederkehrend Sachen auf Abruf durch den Käufer.

Der Vertrag ist schriftlich zu schließen.

6.7.5 Außerhalb von Geschäftsräumen geschlossene Verträge und Fernabsatzverträge

Bei diesen Verträgen muss der Unternehmer den Verbraucher vor Vertragsabschluss klar und verständlich über Vertragszweck und -einzelheiten (z. B. Identität, Anschrift, Waren, Preis, Konditionen) in Textform informieren (§ 312d BGB). Dies kann z. B. durch Katalog, Prospekt, Website erfolgen.

- Bei **außerhalb von Geschäftsräumen geschlossenen Verträgen** ist der Unternehmer verpflichtet, dem Verbraucher die Vertragsdokumente auf Papier oder – mit Zustimmung des Verbrauchers – auch auf einem anderen dauerhaften Datenträger zur Verfügung zu stellen.
- Bei **Fernabsatzverträgen** müssen die Vertragsdokumente dem Verbraucher spätestens bei der Lieferung der Ware zugegangen sein (bei Dienstleistungen vor Ausführungsbeginn).

Außerhalb von Geschäftsräumen geschlossene Verträge (§ 312b BGB) sind Verträge,
- die bei gleichzeitiger Anwesenheit von Verbraucher und Unternehmer an einem Ort geschlossen werden, der kein Geschäftsraum des Unternehmers ist.
- die zwar in den Geschäftsräumen des Unternehmers geschlossen werden, bei denen der Verbraucher aber außerhalb der Geschäftsräume angesprochen wurde (z. B. am Arbeitsplatz, in der Privatwohnung).
- die auf einem vom Unternehmer organisierten Ausflug geschlossen wurden („Kaffeefahrten").

Fernabsatzverträge (§ 312c BGB) sind Verträge, für deren Abschluss ausschließlich Fernkommunikationsmittel verwendet werden. Diese sind u. a.:
- Katalog,
- Brief, Telefon, Fax, E-Mail,
- über den Mobilfunk versendete Nachrichten,
- Rundfunk und Telemedien (z. B. Internet).

- Für **Verträge im elektronischen Geschäftsverkehr (E-Commerce)** gelten zusätzliche Bestimmungen:
  Der Unternehmer muss über die allgemeinen Informationspflichten hinaus
  - angemessene, wirksame und zugängliche technische Mittel zur Verfügung stellen, mit denen der Kunde Eingabefehler vor Abgabe der Bestellung erkennen und berichtigen kann,
  - den Zugang einer Bestellung unverzüglich auf elektronischem Weg bestätigen,
  - dem Verbraucher die Möglichkeit verschaffen, die AGB bei Vertragsabschluss abzurufen und zu speichern,
  - Lieferbeschränkungen und die Art der akzeptierten Zahlungsmittel angeben,
  - die Bestell-Schaltfläche mit den Wörtern „zahlungspflichtig bestellen" versehen.

> Bei **E-Commerce-Geschäften** bedient sich ein Unternehmer zum Zweck des Vertragsabschlusses ausschließlich der Telemedien.

> *Diese Pflichten sind besonders genau geregelt, um einem möglichen Missbrauch zum Nachteil des Verbrauchers vorzubeugen.*

6.7.6 Widerrufsrecht

Der Verbraucher hat beim Abschluss von Ratenlieferungsverträgen (§ 356c BGB), Teilzahlungsgeschäften (§ 495 Abs. 1 BGB), Fernabsatz- und außerhalb von Geschäftsräumen geschlossenen Verträgen (§ 312g BGB) ein Widerrufsrecht.

Der Widerruf muss fristgerecht durch eine eindeutige Erklärung (z. B. Brief, Fax, E-Mail) erfolgen. Er muss nicht begründet werden. Dann sind die Vertragspartner nicht mehr an ihre Willenserklärungen gebunden (§ 355 BGB). Gegenseitig erbrachte Leistungen sind binnen 14 Tagen nach Eingang des Widerrufs zurückzuerstatten. Der Lieferant kann jedoch die Rückzahlung bis zum Eingang der Ware verweigern (§ 357 BGB).

> **Kein Widerrufsrecht besteht z. B bei Verträgen zur Lieferung**
> - von Waren, die nach Kundenwünschen angefertigt werden oder auf die persönlichen Bedürfnisse zugeschnitten sind oder schnell verderben können oder deren Verfallsdatum schnell überschritten würde,
> - von Ton- oder Videoaufnahmen oder Computersoftware in einer versiegelten Verpackung, wenn die Versiegelung entfernt wurde,
> - von Zeitungen, Zeitschriften oder Illustrierten mit Ausnahme von Abonnement-Verträgen,
> - von Leistungen, für die der Verbraucher den Unternehmer ausdrücklich aufgefordert hat, ihn aufzusuchen (z. B. für Reparaturen).

Der Unternehmer trägt die Gefahr der Rücksendung der Ware, der Verbraucher die Kosten der Rücksendung, wenn der Unternehmer den Verbraucher über diese Pflicht unterrichtet hat (§ 357 BGB).

Der Unternehmer hat den Verbraucher über sein Widerrufsrecht, die Bedingungen, die Fristen und das Verfahren zu informieren und ein Muster-Widerrufsformular beizufügen (Art. 246a § 1 Abs. 2 BGBEG; siehe Infomaterial *Widerrufsbelehrung, -formular*). **Die Widerrufsfrist beginnt mit dem Vertragsabschluss** und beträgt 14 Tage (§ 355 Abs. 2 BGB). Zur Fristwahrung genügt die rechtzeitige Absendung.

M 57

Beim Kauf von Waren im Rahmen von außerhalb von Geschäftsräumen geschlossenen Verträgen und Fernabsatzverträgen beginnt die Widerrufsfrist, **sobald der Verbraucher die Ware erhalten hat** (§ 356 BGB). Wird die Ware in mehreren Teilsendungen geliefert, beginnt die Frist, sobald der Verbraucher die letzte Ware erhalten hat. Handelt es sich um die Lieferung von Waren über einen festgelegten Zeitraum, so beginnt die Widerrufsfrist, sobald der Verbraucher die erste Ware erhalten hat.

Die Widerrufsfrist beginnt jedoch nicht, bevor der Unternehmer den Verbraucher über sein Recht unterrichtet hat. Es erlischt spätestens 12 Monate und 14 Tage nach Vertragsabschluss.

6.7.7 Produkthaftung

Das Produkthaftungsgesetz (ProdHaftG) regelt die Haftung für Folgeschäden an Personen und privat verwendeten Sachen aufgrund der Fehlerhaftigkeit von Produkten. Ein Produkt gilt nach dem Gesetz als fehlerhaft, wenn es nicht die Sicherheit bietet, die unter Berücksichtigung aller Umstände berechtigterweise erwartet werden kann.

> **Beispiel:** Schaden durch fehlerhaftes Produkt
> Herr Mader hat eine Haushaltsleiter aus Leichtmetall gekauft. Bei der Benutzung bricht die Leiter zusammen. Herr Mader bricht sich das Bein und hat aufgrund des Unfalls Kosten und Verdienstausfälle in Höhe von 4 000,00 EUR. Der Farbeimer, der auf der Plattform der Leiter stand, ergießt seinen Inhalt über Schrank und Teppichboden. Der Sachschaden beträgt 9 000,00 EUR. Wer haftet für diese Schäden?

Der Hersteller eines Produktes haftet für die Folgeschäden aus einem Produktfehler, unabhängig davon, ob ein Verschulden vorliegt (Gefährdungshaftung). Sachschäden bis zur Höhe von 500,00 EUR muss der Geschädigte selbst tragen.

Für den Fehler, den Schaden und den ursächlichen Zusammenhang zwischen Fehler und Schaden trägt der Geschädigte die Beweislast.

Eine vertragliche Einschränkung oder ein Ausschluss der Haftung ist nicht möglich. Anstelle des Herstellers haftet auch:
- ein Handelshaus, das unter eigenem Markennamen Produkte vertreibt,
- ein Importeur, der Waren in den Europäischen Wirtschaftsraum (EU, Island, Liechtenstein, Norwegen) einführt.

Ein Schaden ist spätestens binnen 3 Jahren nach seinem Eintritt geltend zu machen (Verjährungsfrist). Der Anspruch auf Schadensersatz erlischt spätestens zehn Jahre, nachdem der Hersteller (Händler, Importeur) das Produkt auf den Markt gebracht hat.

Der Hersteller (Händler, Importeur) tut gut daran, sich durch eine Produkthaftpflicht-Versicherung vor Schadensersatzansprüchen zu schützen.

Arbeitsaufträge

1. **Auszug aus den AGB eines Unternehmens der Elektroindustrie:**

    1. **Angebote**
       Unsere Angebote sind grundsätzlich freibleibend (Preise, Lieferfristen und Liefermöglichkeiten).

    2. **Aufträge**
       Mündliche oder telefonische Vereinbarungen, Absprachen oder Zusagen sowie schriftliche Vereinbarungen mit den Vertretern sind für uns erst nach schriftlicher Bestätigung durch uns rechtsverbindlich. Durch die Erteilung des Auftrages erkennt der Besteller unsere Verkaufsbedingungen an. Einkaufsbedingungen des Bestellers sind auch ohne unseren ausdrücklichen Widerspruch für uns nicht verbindlich, wenn sie im Widerspruch zu unseren Verkaufsbedingungen stehen. Verstöße gegen unsere Lieferbedingungen oder den Vertragsinhalt berechtigen uns, alle Lieferungen sofort einzustellen, auch soweit es sich um von uns bereits bestätigte Bestellungen handelt.

6 Rechtliche Grundlagen

> **3. Preise und Zahlung**
> Unsere Preise verstehen sich ab Werk ausschließlich Verpackung. Sie sind freibleibend, sofern nicht ausdrücklich eine andere Vereinbarung getroffen worden ist. Wir berechnen in der Regel die am Liefertag gültigen Preise.
> Tritt bis zum Liefertag bzw. vor Bezahlung des Rechnungsbetrages eine Erhöhung der Rohstoffpreise oder anderer Kalkulationsgrundlagen ein, so sind wir berechtigt, den sich daraus ergebenden jeweiligen Tagespreis zu errechnen.
>
> **4. Beanstandungen und Gewährleistung**
> Reklamationen irgendwelcher Art erkennen wir nur innerhalb von 7 Tagen nach Erhalt der Ware an.
> Für nachweisbar durch unser Verschulden entstandene Mängel infolge von Material- oder Fertigungsfehlern leisten wir Gewähr für die Dauer von 12 Monaten bei normalem Gebrauch innerhalb des Haushaltes bzw. 6 Monaten bei gewerblichem Einsatz z. B. in Pensionen, Kantinen, Hotels u. Ä.
> Die Garantieleistung erstreckt sich auf eine kostenlose Instandsetzung bzw. nach unserer Wahl auf die Lieferung eines einwandfreien Austausch-Gerätes bei frachtfreier Rückgabe des fehlerhaften Stückes. Darüber hinausgehende Ansprüche können nicht gestellt werden.

    a) Stellen Sie fest, welche Rechte der Verkäufer sich über die gesetzlichen Rechte hinaus einräumt und welche Rechte des Käufers eingeschränkt werden.
    b) Welche Bestimmungen sind nach dem BGB gegenüber Verbrauchern nicht wirksam?

2. **Das BGB setzt der Vertragsgestaltung durch AGB Grenzen.**

    Beurteilen Sie unter diesem Aspekt die Rechte des Kunden in der nebenstehenden Karikatur.

3. **Herr Decker hat beim Autohaus Kunert & Co. KG einen Diesel-Pkw zum Preis von 21 450,00 EUR gekauft. Der Wagen hat 8 Monate Lieferzeit. Bei der Lieferung verlangt der Verkäufer einen Preis von 22 250,00 EUR und verweist auf seine AGB.**

    Beurteilen Sie, ob die Preiserhöhung rechtlich zulässig ist.

4. **Familie Berger kauft eine Stereoanlage. Der Verkäufer im Geschäft verspricht die Lieferung rechtzeitig vor Weihnachten. Andernfalls bestehe keine Pflicht zur Abnahme. Tatsächlich wird nicht vor Weihnachten geliefert. Als Familie Berger jedoch den Kauf rückgängig machen will, weist das Radiogeschäft auf seine AGB hin. Darin steht, dass mündliche Absprachen mit den Verkäufern nicht verbindlich sind.**

    Nehmen Sie zu dem Fall Stellung.

5. **Ein Staubsaugervertreter klingelt bei Oma Wassenberg und führt ihr einen neuartigen Staubsauger vor, der allerdings 400,00 EUR kostet. Die Oma ist begeistert und bestellt. Am nächsten Tag merkt sie, dass die sich bei diesem Preis doch etwas übernommen hat.**

    Welches Recht kann die alte Dame in Anspruch nehmen?

6. **Herr Döser hat einen Fernseher gekauft, zahlbar in 12 Monatsraten à 80,00 EUR. Der Kaufvertrag wurde schriftlich geschlossen. Nach 10 Tagen merkt Herr Döser, dass er sich finanziell übernommen hat. Er liest den Vertragstext durch, um festzustellen, ob er den Vertrag widerrufen kann, findet aber keine diesbezüglichen Angaben.**

    Kann Herr Döser den Vertrag dennoch widerrufen?

7. **Wer Produkte herstellt oder vertreibt, unterliegt Haftungspflichten.**

    Erläutern Sie die wesentlichen Unterschiede zwischen der Gewährleistungspflicht für mangelhafte Waren und der Produkthaftung. Lesen Sie hierzu den Abschnitt „Mangelhafte Lieferung" in Band 1 „Geschäftsprozesse".

8. Der Hemdenhersteller Möller GmbH, Köln, will seinen Vertrieb neu organisieren und u. a. Hemden über das Internet an Verbraucher verkaufen. Beim Aufbau der Website ergeben sich hinsichtlich der Preisauszeichnung folgende Fragen:
   a) Welche Preisangaben soll die Homepage enthalten?
   b) Muss ein Grundpreis genannt werden?

9. Herr Becker hat über E-Commerce eine Bestellung über ein Notebook, einen Drucker, eine Webcam, eine externe Festplatte und einen USB-Stick erteilt. Der Verkäufer hat alle gesetzlich vorgeschriebenen Pflichten rechtzeitig vor Vertragsabschluss erfüllt. Das Notebook wurde schon nach einer Woche geliefert, die Restlieferung steht drei Wochen nach dem Bestelldatum noch aus. Daraufhin widerruft Herr Becker ohne Begründung seine Willenserklärung und tritt vom Vertrag zurück.
   a) Steht Herrn Becker grundsätzlich ein Widerrufsrecht zu?
   b) Wie viele Wochen beträgt die Widerrufsfrist?
   c) Wann beginnt die Widerrufsfrist bei einem Vertrag, wie ihn Herr Becker geschlossen hat, grundsätzlich zu laufen?
   d) Der Verkäufer verklagt Herrn Becker auf Erfüllung des Vertrags. Er behauptet, die Widerrufsfrist sei abgelaufen. Wie wird er seine Ansicht wohl begründen? Wie wird andererseits der Käufer argumentieren? Hat der Verkäufer oder der Käufer recht?

10. Frau Schneider hat sich bei Busunternehmer Reiseschmu zu einer Kaffeefahrt zum Kemnader See angemeldet. Die angekündigten Besichtigungen werden in größter Hast erledigt. Dann steuert der Bus eine Gaststätte an. Dort will ein gewiefter Firmenvertreter auf einer Verkaufsveranstaltung den Kaffeefahrern einen neuartigen Staubsauger, eine „technische Sensation", verkaufen. Frau Schneider fühlt sich regelrecht bedrängt, unterschreibt aber mit Magenschmerzen eine Bestellung. Am nächsten Tag sagt sie zu ihrer Freundin, sie habe einen Fehler gemacht.
    a) Die Freundin kennt sich im Recht aus. Wozu wird sie Frau Schneider raten?
    b) Frau Schneider befolgt den Rat sofort und glaubt, sie sei nun „aus dem Vertrag raus". Aber nach einer Woche erhält sie eine Lieferung mit dem Staubsauger. Sie lehnt die Annahme ab. Daraufhin droht der Verkäufer, sie auf Abnahme, Zahlung und Schadensersatz zu verklagen. Frau Schneider ist verzweifelt. Nehmen Sie zu ihrem Fall Stellung und beurteilen Sie, ob Frau Schneiders Sorgen gerechtfertigt sind.

6.7.8 Kundendatenschutz

Die BETRÜGA GmbH verkaufte ihren gesamten Kundendatenbestand an die AB Zocka Ltd. Diese gelangte so unter anderem an die Kontendaten von 9 000 privaten Kunden. Sie buchte von jedem Konto unerlaubt Beträge zwischen 100,00 EUR und 500,00 EUR ab. Etwa 500 Kontoinhaber kontrollierten ihre Konten nicht und bemerkten den Betrug nicht. Die AB Zocka Ltd. ergaunerte sich 125 000,00 EUR.

Speicherung personenbezogener Daten

Unternehmen gelangen z. B. durch Erhebungen im Rahmen der Marktforschung sowie durch Kontakte mit Kunden und Lieferanten rechtmäßig an personenbezogene Daten. Darunter versteht die Europäische Datenschutz-Grundverordnung alle Informationen, die sich auf eine identifizierte oder identifizierbare natürliche Person beziehen; als identifizierbar gilt eine natürliche Person, die direkt oder indirekt – insbesondere durch Zuordnung zu einer Kennung – identifiziert werden kann. Kennungen sind z. B. Namen, Kennnummern, Standortdaten, Online-Kennungen oder Merkmale, die Ausdruck der physischen, physiologischen, genetischen, psychischen, wirtschaftlichen, kulturellen oder sozialen Identität dieser natürlichen Person sind (Art. 4 Nr. 1 EU-DSGVO).

> **Beispiele: Personenbezogene Daten**
>
> Namen, Alter, Geschlecht, Religion, Titel, Beruf, akademische Grade, Anschrift, Telefonnummern, E-Mail-Adressen, Familienstand, Hobbys, Bankdaten, Aufenthaltsdaten, Reisedaten, Einkaufsdaten, Einkommen, Vermögen.
>
> Als „besondere Kategorien personenbezogener Daten" hebt die EU-DSGVO hervor: Angaben über die rassische und ethnische Herkunft, politische Meinungen, religiöse oder philosophische Überzeugungen, Gewerkschaftszugehörigkeit, Gesundheit oder Sexualität sowie genetische und biometrische Daten (Art. 9 EU-DSGVO).

Die moderne Informationstechnologie macht es möglich, dass solche Daten vielfach automatisch erfasst, gespeichert und anschließend genutzt oder weitergegeben werden.

> **Beispiele: Automatische Datenerfassung und -nutzung**
>
> - Frauke Franken besitzt die Kundenkreditkarte eines Warenhauses. Nachdem sie dort mit der Karte einen CD-Player gekauft hat, wundert sie sich, dass sie plötzlich alle zwei Monate Werbung vom Hersteller dieses Gerätes erhält. Der Grund: Der Kauf wurde automatisch gespeichert. Die Daten wurden an den Hersteller weitergegeben.
> - Peter Panne ist ein Motorrad-Freak und klickt im Internet ständig irgendwelche Seiten über Motorräder an. Er richtet auch ab und zu per E-Mail eine Frage an einen Anbieter. Es dauert nicht lange, bis er täglich Angebote über Motorrad-Zubehör in seinem E-Mail-Postfach findet. Auch hier wurden die Daten automatisch gespeichert und dann für die Angebote genutzt.

Die Unternehmen benutzen die Daten von Kunden und Nachfragern z. B., um Kundenprofile zu erstellen. Werbung, Angebote, Mengen und Preise können dann individuell auf den Kunden, seine Bedürfnisse, Vorlieben, Kaufkraft und Zahlungsfähigkeit ausgerichtet werden. Der Kunde kann persönlich angesprochen werden.

Daten bleiben längst nicht mehr nur im eigenen Unternehmen, sondern werden auch an in- und ausländische Geschäftspartner oder internationale Datenbanken übermittelt. Oft werden Daten legal oder illegal verkauft.

Datenschutzvorschriften

Der Datenschutz soll natürliche Personen vor dem Missbrauch ihrer persönlichen Daten und vor unberechtigtem Zugriff schützen.

Unternehmen dürfen personenbezogene Kundendaten, die zu den „besonderen Kategorien" gehören, nicht verarbeiten (Art. 9 Abs.1 EU-DSGVO). Für die Verarbeitung anderer personenbezogener Daten muss mindestens eine der folgenden Bedingungen erfüllt sein (Art. 6 Abs.1 EU-DSGVO):

- Der Kunde hat eingewilligt, seine Daten für bestimmte Zwecke zu verarbeiten;
- die Verarbeitung ist für die Erfüllung eines Vertrags mit dem Kunden oder für vorvertragliche Maßnahmen auf seine Anfrage hin erforderlich;
- die Verarbeitung ist zur Erfüllung einer rechtlichen Verpflichtung erforderlich;
- die Verarbeitung ist erforderlich, um lebenswichtige Interessen des Kunden oder einer anderen natürlichen Person zu schützen;
- die Verarbeitung ist zur Wahrung der berechtigten Interessen des Unternehmens oder eines Dritten erforderlich.

> Das Grundgesetz garantiert jedermann den Schutz der Menschenwürde (Art. 1 GG) und das Recht auf freie Entfaltung seiner Persönlichkeit (Art. 2 GG). Das Bundesverfassungsgericht hat 1983 ausgeführt, dass diese Bestimmungen auch den Schutz des Einzelnen gegen unbegrenzte Erhebung, Speicherung, Verwendung und Weitergabe seiner personenbezogenen Daten umfassen (BVerfGE 65, 1). Jeder hat das Recht, grundsätzlich selbst über die Preisgabe und Verwendung seiner Daten zu bestimmen (Recht auf informationelle Selbstbestimmung). Der Datenschutz ist für alle EU-Länder in der **Europäischen Datenschutz-Grundverordnung (EU-DSGVO)** geregelt. Öffnungsklauseln lassen weitergehende nationale Regelungen zu. In Deutschland sind diese im **Bundesdatenschutzgesetz (BDSG)** zu finden.

Das Unternehmen muss nachweisen können, dass es die Daten für festgelegte, eindeutige, legitime Zwecke erhebt sowie rechtmäßig, nach Treu und Glauben und für den Kunden nachvollziehbar verarbeitet, dass die Daten auf das notwendige Maß beschränkt, richtig und auf dem neuesten Stand sind, nicht über die erforderliche hinaus Zeit gespeichert werden und ihre Sicherheit gewährleistet ist (Art. 5 EU-DSGVO).

Die Betroffenen sind – mit Ausnahmen – von einer Speicherung und Weitergabe ihrer Daten zu benachrichtigen (Art. 12 EU-DSGVO). Sie haben ein Recht auf i. d. R. unentgeltliche Auskunft sowie auf Berichtigung, Löschung und Sperrung (Art. 15–19 EU-DSGVO), Widerspruch gegen die Verarbeitung (Art. 21, 22 EU-DSGVO), speziell Werbewiderspruch (Art. 21, Abs. 2 und 3 EU-DSGVO).

Ein Beispiel, wie in der Praxis der Datenschutz geradezu pervertiert werden kann.

Ein Handy-Besitzer erhielt laufend Werbe-SMS. Er wollte vom Mobilfunkbetreiber den Absender erfahren und wurde mit dem Hinweis auf Datenschutz abgewiesen. Erst ein BGH-Urteil erzwang die Herausgabe (Az. I ZR 191/04).

Jeder EU-Staat schafft unabhängige Aufsichtsbehörden (Art. 51 EU-DSGVO). In Deutschland bestimmt jede Landesregierung eine **Aufsichtsbehörde**. Diese hat u. a. ein Auskunftsrecht und kann unangemeldet Prüfungen in den Geschäftsräumen vornehmen (§ 40 BDSG).

In Deutschland muss jedes Unternehmen, das personenbezogene Daten mithilfe der EDV verarbeitet und damit in der Regel mehr als neun Arbeitnehmer beschäftigt, einen betrieblichen **Datenschutzbeauftragten (DSB)** bestellen (§ 38 BDSG). Dieser wirkt auf die Einhaltung der Datenschutzvorschriften hin und achtet auf die Wahrung der Rechte der Betroffenen. Er ist unmittelbar der Unternehmensleitung zu unterstellen. Die EU-DSGVO verlangt die Benennung eines DSB nur bei Unternehmen, deren Kerngeschäft die Überwachung und der Umgang mit personenbezogenen Daten ist (Art. 37 EU-DSGVO).

Wird durch eine unzulässige oder unrichtige Erhebung, Verarbeitung oder Nutzung personenbezogener Daten ein Schaden zugefügt, besteht Anspruch auf Schadensersatz (Art. 82 Abs. 1 EU-DSGVO). Außerdem sollen bei Verstößen gegen die Datenschutzvorschriften abschreckende Geldbußen erhoben werden, die bis zu 20 Mio. EUR bzw. 4 % des Weltumsatzes betragen können (je nachdem, welcher Betrag höher ist).

Arbeitsauftrag

Die Eltron GmbH vertreibt Geräte der Unterhaltungselektronik und EDV-Artikel über einen Online-Shop. Für Bestellungen verlangt sie, dass die Kunden sich registrieren. Sie müssen dabei in die nebenstehende Maske ihre Daten eingeben.

a) Welche Daten benötigt die Eltron GmbH für die Bestellungsabwicklung?

b) Aus welchen Gründen könnte sie an den weiteren Daten interessiert sein?

c) • Wer außer der Eltron GmbH könnte noch an den Daten interessiert sein?
   • Warum besteht dieses Interesse?
   • Auf welchem Weg könnte er an die Daten gelangen?

d) Von den Verbraucherzentralen wird immer wieder vor der unnötigen und unbedachten Herausgabe personenbezogener Daten gewarnt. Welche negativen Folgen kann eine solche Herausgabe von Daten haben?

e) Erläutern Sie kurz wichtige Vorschriften, mit denen der Gesetzgeber natürliche Personen vor dem Missbrauch ihrer personenbezogenen Daten schützen will.

f) Sind Sie der Ansicht, dass diese Vorschriften für die Praxis wirksam und ausreichend sind? Begründen Sie Ihre Meinung.

7 Unternehmensgründung, Kaufleute, Rechtsformen

7.1 Geschäftsidee und Unternehmensgründung[1]

Existenzgründerseminar der IHK

An drei Samstagen bietet die IHK ein Seminar für Existenzgründer an: **Von der Geschäftsidee zum eigenen Unternehmen!** Behandelt werden die Themen Businessplan, Finanzierung, Formalitäten, Steuern, Risikoabsicherung, Marketing, Einkauf, Absatz, Personalführung. Die Kosten von 100,00 EUR übernimmt die Kreditanstalt für Wiederaufbau, die Existenzgründungen fördert.

Braucht man so etwas, wenn man ein Unternehmen gründen will?

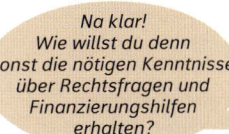 *Na klar! Wie willst du denn sonst die nötigen Kenntnisse über Rechtsfragen und Finanzierungshilfen erhalten?*

Sich selbstständig machen bedeutet, ein Unternehmen zu gründen und Unternehmer zu werden. § 2 Abs. 1 Umsatzsteuergesetz definiert z. B.: „Unternehmer ist, wer eine gewerbliche oder berufliche Tätigkeit selbstständig ausübt."

Eine unerlässliche Voraussetzung jeder Unternehmensgründung ist eine überzeugende Geschäftsidee.

Das ist eine Idee, die Gewinn versprechende Leistungen betrifft. Sie beantwortet sozusagen die Frage: „Womit kann ich mein Geld verdienen?". Es kann sich um neuartige Leistungen handeln; ein Muss ist dies jedoch nicht. Wichtig ist nur, dass ein ausreichender Markt besteht. Auch ein bestehendes Unternehmen muss ständig für die Fortentwicklung der Geschäftsidee und für neue Geschäftsideen aufgeschlossen sein.

Die Umsetzung der Geschäftsidee bietet Chancen. Sie unterliegt aber stets auch Risiken – bis hin zum Scheitern. Deshalb sollte jeder Unternehmensgründer seine Schritte gründlich planen:

• Dazu gehört zunächst, dass der Gründer sich vorab über alle wichtigen **Gründungsvoraussetzungen** informiert (siehe die Checkliste auf S. 64).
  Gründerseminare (z. B. bei der IHK) bieten entsprechende Schulungen.

• In einer **Bestandsanalyse** stellt er die nötigen und die vorhandenen Qualifikationen und Mittel gegenüber und stellt den Fehlbedarf fest.

---

[1] Wenn Sie das Thema Unternehmensgründung interessiert, finden Sie ausführliche Informationen im Internet unter www.existenzgruender.de (hrsg. vom Bundeswirtschaftsministerium). Wenn Sie dort *Gründungswerkstatt* und dann *Online-Training* anklicken, gelangen Sie u. a. zum Lernprogramm *Existenzgründung*.

- In einem **Standortplan**, **Qualifizierungsplan**, **Investitionsplan** und **Finanzierungsplan** hält er fest, wie die fehlenden Mittel beschafft werden sollen.
- Er erstellt einen **Businessplan (Unternehmens-, Geschäftskonzept, Geschäftsplan)**. Dieser beinhaltet alle wichtigen Daten, die zur Vorlage bei Banken, der Agentur für Arbeit und anderen staatlichen Förderstellen benötigt werden. Besonders wichtig ist dabei eine ausführliche Gewinn- und Liquiditätsprognose für die ersten drei Jahre.
- Sind alle Hürden genommen und ist die Finanzierung gesichert, kann die **Anmeldung des Unternehmens** erfolgen.

Checkliste Gründungsvoraussetzungen

Persönliche Voraussetzungen
- Bin ich ein Unternehmertyp: eigenständig, ideenreich, entschlussfreudig, risikobereit, flexibel, fortschrittlich, stressresistent, konfliktstark, organisationsfreudig, verantwortungsbereit, kooperativ?
- Besitze ich
  - Geschäftsfähigkeit,
  - Kompetenz (fachlich, kaufmännisch, Branchenerfahrung, Prüfungen)?

Betriebswirtschaftliche Voraussetzungen
- Habe ich eine zündende Geschäftsidee, die andere überzeugt?
- Welche Stärken und Schwächen hat sie?
- Wie grenzt sie sich von der Konkurrenz ab?
- Welche Chancen bestehen? Wie kann ich sie nutzen?
- Welche Risiken bestehen? Wie kann ich sie begrenzen?
- Benötige ich Partner?
- Soll ich ein neues Unternehmen gründen, ein bestehendes übernehmen oder mich an einem anderen beteiligen?

Sachliche Voraussetzungen
- Welche Anforderungen sind an den Standort zu stellen und wo finde ich einen Standort?
- Kann ich benötigte(s) Personal, Betriebsmittel, Material beschaffen?
- Wie viel Kapital benötige ich und wie kann ich es beschaffen?

Rechtliche Voraussetzungen
- Welche Rechtsform soll gewählt werden?
- Welche Genehmigungen und Auflagen sind zu beachten?
- Welche Anmeldungen sind vorzunehmen?
- Welche Formalitäten sind zu beachten?

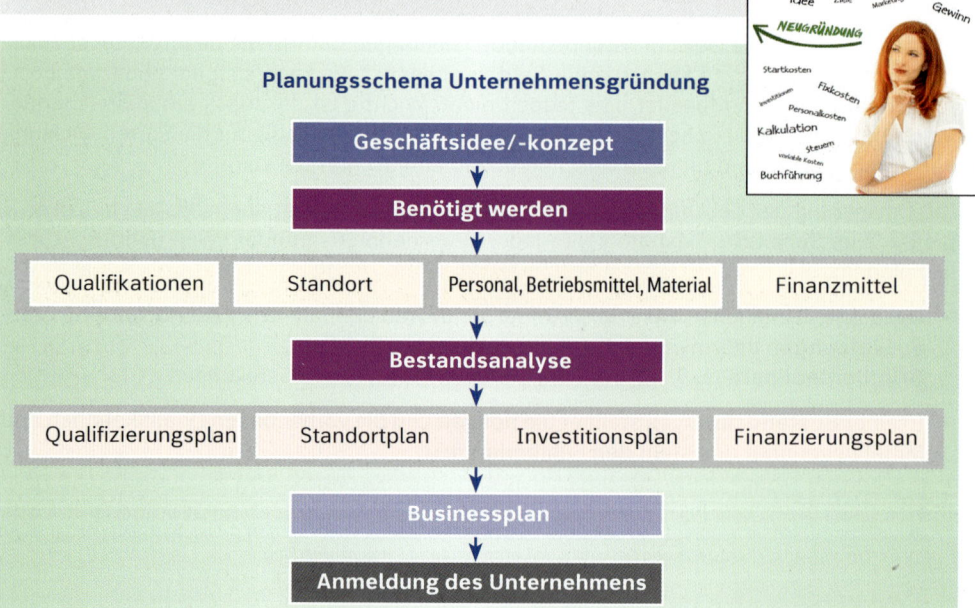

Planungsschema Unternehmensgründung

Geschäftsidee/-konzept
↓
Benötigt werden
↓
Qualifikationen | Standort | Personal, Betriebsmittel, Material | Finanzmittel
↓
Bestandsanalyse
↓
Qualifizierungsplan | Standortplan | Investitionsplan | Finanzierungsplan
↓
Businessplan
↓
Anmeldung des Unternehmens

7 Unternehmensgründung, Kaufleute, Rechtsformen

Ähnliche Prozesse fallen im Leben des Unternehmens immer wieder an, z. B. bei der Eröffnung von Filialen oder Niederlassungen, der Gründung von Tochterunternehmen, der Übernahme eines Unternehmens, bei der Entwicklung neuer Geschäftsideen oder Produkte und bei der Planung größerer Investitionen.

Arbeitsauftrag

Erika Maltmann hat eine Ausbildung zur Industriekauffrau absolviert und nebenbei Kenntnisse über Webentwicklung und Internetprogrammierung erworben. Sie hat den Wunsch, sich selbstständig zu machen, allerdings zunächst in kleinem Rahmen. Für ihr Unternehmen reicht ihr Arbeitszimmer im elterlichen Haus.

Sie weiß: Viele Kleinunternehmen haben Probleme mit ihrer Werbung. Anzeigen in Zeitungen sind für sie zu teuer. Im Internet ließe sich die Werbung effektiver und preiswerter gestalten. Deshalb hat sie folgende Geschäftsidee:

Internetwerbung für Kleinunternehmen: Gestaltung, Durchführung, Kontrolle des Werbeerfolgs.

Details: Entwicklung eines Online-Marketing-Systems für die Kunden in Form eines „Baukastens", aus dem die Kunden auswählen können. Dabei soll wegen der begrenzten Budgets der Kunden auf Kostenkontrolle geachtet werden. Es soll gewährleistet werden, dass der Kunde einen erfolgreichen Internetauftritt mit hoher Resonanz erhält.

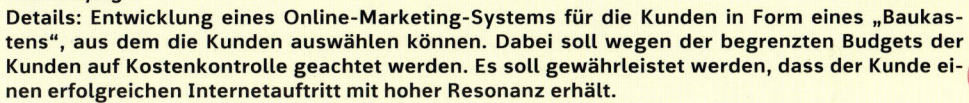

Versetzen Sie sich in die Lage Erika Maltmanns und erledigen Sie folgende Aufgaben:
a) Bearbeiten Sie die *Checkliste Gründungsvoraussetzungen* (siehe S. 64). M 65_1
b) Wenden Sie das Planungsschema Unternehmensgründung (S. 64) auf die Unternehmensgründung von Erika Maltmann an. Benutzen Sie dazu das Formular *Planung einer Existenzgründung*. M 65_2
c) Erläutern Sie Erika Maltmann, warum sie vor Beginn der Geschäftstätigkeit unbedingt ein Existenzgründerseminar besuchen sollte.
d) Der Businessplan ist das Kernelement einer Unternehmensgründung. Erika Maltmann arbeitet hierzu eine *Checkliste Businessplan* ab. Sehen Sie sich diese Liste an. M 65_3
Bilden Sie in Ihrer Lerngruppe neun Teams.
- Jedes Team bearbeitet eines der Themen der Checkliste und formuliert kurz die Inhalte, die Erika Maltmann in ihren Businessplan aufnehmen sollte. Erstellen Sie hierfür selbst ein Formular.
- Präsentieren Sie die Ergebnisse im Plenum.
- Erstellen Sie den Businessplan unter Verwendung Ihrer Ergebnisse. Suchen Sie hierfür Musterbeispiele im Internet.

7.2 Bedeutung der passenden Rechtsform

Die Kettenbau GmbH ist ein Industrieunternehmen. GmbH bedeutet Gesellschaft mit beschränkter Haftung und ist die Rechtsform des Unternehmens. Sie verschafft den Eigentümern einen wesentlichen Vorteil: Sie müssen für die Schulden des Unternehmens nicht mit ihrem privaten Vermögen einstehen. Entsprechendes findet man auch bei der Rechtsform der Aktiengesellschaft (AG), nicht aber bei der Offenen Handelsgesellschaft (OHG) und auch nicht beim Einzelunternehmen.

Es gibt zahlreiche weitere Unterschiede zwischen den Rechtsformen. Jede Rechtsform hat folglich besondere Merkmale, die im Einzelfall zum Vorteil oder zum Nachteil gereichen können. Die Wahl der passenden Rechtsform ist deshalb eine wichtige unternehmerische Entscheidung.

Unternehmen können in unterschiedlichen Rechtsformen betrieben werden.

- **Die Rechtsform ist der gesetzlich beschriebene Rahmen, in dem sich das Unternehmen entfalten darf. Sie ist sozusagen seine rechtliche Verfassung.**
- **Man unterscheidet das Einzelunternehmen und verschiedene Arten von Gesellschaftsunternehmen.**

> **Das Problem der Rechtsformwahl stellt sich vor allem bei**
> - Unternehmensgründung,
> - Unternehmensfortführung (wegen Krankheit, Alter, Tod des Unternehmers),
> - Aufnahme von Familienmitgliedern in das Unternehmen,
> - der Zuführung von Eigenkapital,
> - Unternehmenszusammenschlüssen und -übernahmen.

Das **Einzelunternehmen** wird von einer einzelnen natürlichen Person betrieben.

Gesellschaftsunternehmen entstehen gewöhnlich durch den vertraglichen Zusammenschluss von mindestens zwei natürlichen oder juristischen Personen zur Erreichung eines gemeinsamen Zwecks. Bei Kaufleuten ist dies z. B. der gemeinsame Betrieb eines Handelsgewerbes.

Ausnahmen stellen die sog. „Ein-Mann-GmbH" und die „Ein-Mann-AG" dar. Sie haben die Rechtsform eines Gesellschaftsunternehmens, aber trotzdem nur einen Eigentümer.

Die Rechtsform hat vor allem Einfluss auf	
- die Haftung,	**Haftung** = Pflicht, für Schulden und verursachte Schäden einzustehen. Sie erfolgt – je nach der gewählten Rechtsform – nur mit dem Betriebsvermögen oder mit dem Gesamtvermögen.
- die Handlungsbefugnis,	Die **Handlungsbefugnis** bezieht sich auf – die **Geschäftsführung** (nach innen gerichtet: Sie ist das Recht, in der Unternehmung zu handeln) und – die **Vertretung** (nach **außen** gerichtet: Sie ist das Recht, gegenüber Dritten rechtswirksame Willenserklärungen abzugeben, z. B. Verträge zu schließen).
- die Kapitalbeschaffung,	Einzelunternehmer können ggf. weniger Eigenkapital aufbringen als mehrere Gesellschafter.
- die Verteilung von Gewinn und Verlust,	Bei Gesellschaftsunternehmen werden Gewinne und Verluste auf die Gesellschafter verteilt.
- die Besteuerung,	Einkommensteuer, Körperschaftsteuer und Gewerbesteuer. Die Besteuerung ist je nach Rechtsform unterschiedlich.
- die Prüfungs- und Offenlegungspflicht,	Bei bestimmten Rechtsformen muss der Jahresabschluss unabhängig geprüft und/oder im Handelsregister offengelegt werden.
- die Mitbestimmung der Arbeitnehmer.	Bei bestimmten Rechtsformen entsenden die Arbeitnehmer Vertreter in ein überwachendes Organ (Aufsichtsrat).

Deshalb ist es enorm wichtig, die für die jeweiligen Unternehmensverhältnisse optimale Rechtsform zu wählen.

7.3 Einzelunternehmen

7.3.1 Merkmale, Vor- und Nachteile

Das Einzelunternehmen ist ein Unternehmen im Eigentum einer einzelnen natürlichen Person.

Die meisten deutschen Unternehmen sind Einzelunternehmen. Dabei handelt es sich überwiegend um Kleinbetriebe und mittelständische Betriebe mit weniger als fünf Beschäftigten.

Ich bin entschlussfreudig, risikobereit, anpassungs- und durchsetzungsfähig. Das ist wichtig, denn der Erfolg eines Einzelunternehmens hängt stark von der Persönlichkeit des Unternehmers ab.

7 Unternehmensgründung, Kaufleute, Rechtsformen

Merkmale des Einzelunternehmens

Gründung
- Erfolgt durch Anmeldung des Gewerbes. Besondere Kosten entstehen nicht. ← **Vorteil bei**
- Eine bestimmte Form (z. B. Beurkundung durch einen Notar) ist nicht vorgeschrieben. ← **der Gründung**
- Wenn ein Handelsgewerbe vorliegt, ist der Eigentümer Kaufmann. Eintragung ins Handelsregister ist dann Pflicht.

Eigenkapital
- Ein Mindestkapital ist nicht erforderlich. ← **Vorteil**
- Der Eigentümer bringt das Eigenkapital allein auf. ← **Nachteil** (begrenzte Finanzierung)

Handlungsbefugnis
Der Eigentümer nimmt im Unternehmen alle gewöhnlichen und außergewöhnlichen Geschäfte allein vor. Nach außen gibt er allein rechtswirksam alle Willenserklärungen ab, die das Unternehmen berechtigen oder verpflichten (z. B. Vertragsabschlüsse). ← **Vorteil** (Aber Gefahr: keine Abstimmung)

Gewinn und Verlust
- Dem Eigentümer steht der gesamte Gewinn allein zu. ← **Vorteil**
- Er trägt auch den gesamten Verlust allein. ← **Nachteil**

Haftung für die Schulden des Unternehmens
Der Eigentümer haftet für die Schulden des Unternehmens unbeschränkt, d. h.: Er haftet nicht nur mit dem Betriebsvermögen, sondern auch mit seinem gesamten Privatvermögen. ← **Nachteil**

Besteuerung
- Gewerbesteuer (GewSt.) vom Gewerbeertrag. 24 500,00 EUR sind steuerfrei. ← **Vorteil**
- Der Gewinn ist Einkommen des Eigentümers. Er wird in seiner gesamten Höhe tariflich mit Einkommensteuer (ESt.) belegt. Die Gewerbesteuer wird in Höhe des 3,8-Fachen des Gewerbesteuermessbetrags auf die ESt. angerechnet. ← **Nachteil**

Prüfungs- und Offenlegungspflicht
Nur, wenn zwei der folgenden Merkmale erfüllt sind: Bilanzsumme > 65 Mio. EUR, Umsatzerlöse > 130 Mio. EUR, Zahl der Arbeitnehmer > 5 000 (Publizitätsgesetz). Vorschriften siehe AG (vgl. Seite 92). ← **Vorteil**

Mitbestimmung der Arbeitnehmer
Kein Aufsichtsrat, keine Mitbestimmung ← **Vorteil**

Beispiel: Berechnung der Gewerbesteuer (stark vereinfacht)

Gewinn laut Steuerbilanz		100 077,35 EUR
+ bestimmte Hinzurechnungen (hier nicht berücksichtigt)		0,00 EUR
− bestimmte Kürzungen (hier nicht berücksichtigt)		0,00 EUR
= **Gewerbeertrag (auf volle 100,00 EUR abgerundet)**		100 000,00 EUR
− Freibetrag (nur für Einzelunternehmen und Personengesellschaften)		24 500,00 EUR
= Verbleibender Betrag		75 500,00 EUR
Davon 3,5 % (Steuermesszahl)		2 642,50 EUR (Steuermessbetrag)
Hebesatz z. B. 400 % (wird von der Gemeinde am Sitz des Unternehmens festgesetzt)		
Steuermessbetrag · Hebesatz = 2 642,50 · 400 %		10 570,00 EUR (Gewerbesteuer)

Arbeitsauftrag

Gegeben seien drei Einzelunternehmen. Sie sind mit folgenden Geschäftsbezeichnungen bei den zuständigen Behörden gemeldet:
(1) Brennstoffhandel Angelika Arendt e. K.
(2) Getränkekiosk Schnelle Ecke, Inhaber Angela Conti
(3) Peter Meurers Elektrohandwerk

a) Wer ist jeweils zur Führung der Geschäfte und zur Vertretung des Unternehmens gegenüber Behörden und Geschäftspartnern berechtigt?

Der Brennstoffhandel Angelika Arendt hat Lieferantenverbindlichkeiten von 200 000,00 EUR und Bankverbindlichkeiten von 70 000,00 EUR. Das Betriebsvermögen beträgt 180 000,00 EUR, das Privatvermögen von Frau Arendt 110 000,00 EUR.

b) In welcher Höhe haftet Frau Arendt für die Schulden ihres Gewerbes?

c) Nennen Sie Vor- und Nachteile, die für die drei Einzelunternehmen typisch sind.

Frau Conti ist eigentlich froh, dass sie in ihrem Kiosk alles allein entscheiden kann. Manchmal allerdings kommen ihr doch Bedenken.

d) Welche Bedenken könnten dies sein?

Herr Meurers hat im laufenden Jahr einen steuerlichen Gewinn von 62 374,00 EUR erzielt, der – gerundet – zugleich seinen Gewerbeertrag darstellt. In seiner Einkommensteuererklärung kann er noch Spenden von 500,00 EUR und sog. Vorsorgeaufwendungen von 21 000,00 EUR abziehen.

Zu versteuerndes Einkommen	ESt.
62 374,00 EUR	18 036,00 EUR
62 300,00 EUR	18 005,00 EUR
40 874,00 EUR	9 337,00 EUR

e) Berechnen Sie die Höhe der Gewerbesteuer, wenn die Gemeindesatzung einen Hebesatz von 405 % zugrunde legt.

f) Berechnen Sie die Einkommensteuerschuld unter Zugrundelegung der abgebildeten ESt.-Tabelle.

7.3.2 Gewerbe und Kaufmann

Viele Einzelunternehmer und Gesellschaftsunternehmen üben ein Gewerbe aus.

Gewerbe sind alle selbstständigen Tätigkeiten, die auf Dauer ausgeübt werden und auf Gewinn ausgerichtet sind (§ 15 Abs. 2 EStG).

Wer ein Gewerbe ausüben will, muss voll geschäftsfähig sein.

Die Gewerbeordnung (GewO) enthält die grundlegenden Rechtsvorschriften. Sie findet jedoch keine Anwendung (§ 6 GewO) auf

- Land-, Forstwirtschaft, Fischerei,
- Bergbau (Ausnahme: ausdrückliche Bestimmungen),
- freie Berufe (wissenschaftliche und künstlerische Berufe wie Arzt, Anwalt, Architekt, Schauspieler u. a. m.),
- Unterricht und Kindererziehung gegen Entgelt.

M 68

Die Gewerbeordnung gestattet jedermann den Betrieb eines Gewerbes (**Gewerbefreiheit**, § 1 GewO). Zugleich legt sie Ausnahmen und Beschränkungen fest.

Jedes Gewerbe unterliegt der Gewerbesteuer.

Man unterscheidet Handwerks- und Handelsgewerbe.

Gewerbe: rechtliche Voraussetzungen

§ 14 GewO: Jedes Gewerbe ist bei der zuständigen Behörde (z. B. beim Gewerbeamt) der Gemeinde anzumelden, in der der Betrieb eröffnet wird (zugleich Anmeldung beim Finanzamt), außerdem bei Berufsgenossenschaft, zuständiger Kammer und ggf. Amtsgericht).

Die *Anmeldung* berechtigt noch nicht zum Beginn des Gewerbebetriebes, wenn noch eine Eintragung in die Handwerksrolle oder sonstige Erlaubnis notwendig ist:

- 41 Handwerke sind nach Anlage A zur HwO zulassungspflichtig (z. B. Dachdecker, Elektriker, Zimmerer, Friseur, Fleischer, Schornsteinfeger).
- Eine sonstige Erlaubnis wird z. B. aus Arbeits- und Umweltschutzgründen für den Betrieb bestimmter Anlagen benötigt.
- Bei bestimmten Gewerben werden Sach- und Warenkundeprüfungen vorausgesetzt (z. B. Fleischer, Bäcker, Gastronomie).

7 Unternehmensgründung, Kaufleute, Rechtsformen

- **Handwerksgewerbe:**

  Handwerksgewerbe sind kleine und mittlere Betriebe, die sich mit Reparaturen sowie mit der handwerklichen Be- oder Verarbeitung von Stoffen befassen.

  Handwerksgewerbe unterliegen der Handwerksordnung (HwO). Dort sind z. B. die Bedingungen für die selbstständige Ausübung eines Handwerks festgelegt.

- **Handelsgewerbe:**

  Als Handelsgewerbe gilt jeder Gewerbebetrieb, der nach Art und Umfang einen in kaufmännischer Weise eingerichteten Geschäftsbetrieb erfordert (§ 1 Abs. 2 HGB).

Handwerksgewerbe: Bäcker

Wann genau ein Gewerbe einen in kaufmännischer Weise eingerichteten Geschäftsbetrieb erfordert, lässt sich nicht pauschal beantworten. Anhaltspunkte, die dafür sprechen, sind z. B.:
- die Beschäftigung kaufmännischer Angestellter (wie Verkäufer oder Buchhalter),
- eine vorhandene Lohn- und Gehaltsbuchhaltung,
- eine vorhandene Kontokorrentbuchhaltung (sie erfasst die Ein- und Verkäufe),
- die Notwendigkeit komplizierter Abrechnungen gegenüber Kunden.

Handelsgewerbe: Supermarkt

Auch **größere Handwerksbetriebe** sind deshalb i. d. R. zugleich **Handelsgewerbe**.

Wer ein Handelsgewerbe betreibt, ist Kaufmann (§ 1 Abs. 1 HGB).

Das HGB nennt einen solchen Kaufmann genauer **Istkaufmann**. Seine Kaufmannseigenschaft beginnt mit der Geschäftsaufnahme. Sie hat weitreichende Konsequenzen:

- Der Kaufmann muss sein Unternehmen beim Amtsgericht in das Handelsregister eintragen lassen.
- Für ihn gelten uneingeschränkt die Vorschriften des Handelsgesetzbuchs (HGB).
- Er muss sein Unternehmen unter einer Firma (einem kaufmännischen Namen) führen.
- Er muss eine Buchführung nach den Vorschriften des HGB einrichten und Bilanzen erstellen. Ausnahme: Jahresumsatz ≤ 600 000,00 EUR, Jahresgewinn ≤ 60 000,00 EUR.
- Er kann anderen Personen Prokura erteilen.
- Er kann kaufmännisches Personal nach den Vorschriften des HGB beschäftigen.
- Er kann mit anderen Kaufleuten eine Offene Handelsgesellschaft oder eine Kommanditgesellschaft gründen.

Die Prokura ist eine umfangreiche geschäftliche Vollmacht. Sie ist in §§ 48 ff. HGB geregelt.

7.3.3 Kleingewerbetreibende, Kannkaufleute

Kleingewerbetreibende, die die Kaufmannseigenschaft ablehnen, müssen im Zweifelsfall nachweisen, dass ihr Unternehmen keinen kaufmännischen Geschäftsbetrieb erfordert. Für sie gilt ausschließlich das BGB. Sie können sich jedoch, wenn es ihnen nützlich erscheint, ins Handelsregister eintragen lassen (§ 2 HGB). Dann werden sie Kaufleute mit allen Rechten und Pflichten. Im Streitfall gelten sie nicht mehr als Kleingewerbetreibende (§ 5 HGB). Das HGB nennt sie **Kannkaufleute**. Eine spätere Löschung im Handelsregister ist möglich, wenn das Unternehmen zu diesem Zeitpunkt keinen kaufmännischen Geschäftsbetrieb erfordert.

> **Beispiel: Kann- und Istkaufmann**
> Herr Gerber erstellt in seinem Arbeitszimmer für Unternehmen Programme. Er hat diese Tätigkeit als Gewerbe angemeldet. Personal hat er nicht. Er ist nicht automatisch Kaufmann, **kann** sich aber als Kannkaufmann ins Handelsregister eintragen lassen.
> Das Unternehmen wächst, das Arbeitszimmer wird zu klein. Gerber mietet Räume, stellt zwei Programmierer und eine Sekretärin ein und nimmt Kredite für die Geschäftsausstattung auf. Die Umsätze steigen stark an. Jetzt ist Gerber automatisch Kaufmann (Istkaufmann). Als solcher **muss** er sein Unternehmen ins Handelsregister eintragen lassen.

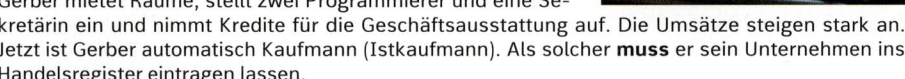

Auch **Land- und Forstwirte** werden **Kannkaufleute**, wenn sie ihren Betrieb oder einen Nebenbetrieb (z. B. ein Sägewerk) ins Handelsregister eintragen lassen. Eine Löschung der Eintragung ist nur für den Nebenbetrieb möglich, wenn er ein Kleingewerbe ist (§ 3 HGB).

Arbeitsauftrag

Gegeben seien fünf Unternehmen. Sie sind mit folgenden Geschäftsbezeichnungen gemeldet:
(1) **Brennstoffhandel Angelika Arendt e. K.**
(2) **Bobby Schneller Landwirtschaft und Milcherzeugung**
(3) **Getränkekiosk Schnelle Ecke, Inhaber Angela Conti**
(4) **Peter Meurers Elektrohandwerk**
(5) **Dr. Gunnar Zimmer, Rechtsanwalt**

a) Welche der Unternehmen sind gewerbliche Unternehmen? Was sind die anderen?
b) Welche der Unternehmen sind Handelsgewerbe?
c) Welche der Geschäftsinhaber sind Kaufleute? Welche können es werden? Geben Sie an, wie.
d) Wann beginnt die Kaufmannseigenschaft in den genannten Fällen?
e) Woran kann man sofort erkennen, dass ein Unternehmen ein Handelsgewerbe ist?
f) Welche Rechte haben Kaufleute, die andere Einzelunternehmer nicht haben? Welche Pflichten haben sie andererseits?
g) Wer ist in allen Fällen zur Führung der Geschäfte und zur Vertretung des Unternehmens gegenüber Behörden und Geschäftspartnern berechtigt?
h) Wie haften die Inhaber für Schulden ihres Unternehmens und für verschuldete Schäden?

7.4 Gründe für die Bildung von Gesellschaftsunternehmen

Die Gründung eines Gesellschaftsunternehmens wird notwendig, wenn das Eigenkapital einer Person für die geplante Betriebsgröße nicht ausreicht oder wenn die unternehmerische Mitarbeit mehrerer Personen erforderlich ist.

> *Ich bin ein Ingenieur und will eine Motorenfabrik gründen. Dafür kann ich allein aber weder genug Eigenkapital aufbringen noch Kredit beschaffen. Auch benötige ich kaufmännisch ausgebildete Partner. Folglich denke ich an die Gründung eines Gesellschaftsunternehmens.*

Häufige Gründe für die Gründung von Gesellschaftsunternehmen oder auch für die Umwandlung von Einzelunternehmen in Gesellschaftsunternehmen sind:
- Notwendigkeit neuer Unternehmensleiter wegen Krankheit, Alter, Tod des Unternehmers;
- Notwendigkeit neuer Fachleute oder Führungskräfte;
- Aufnahme von Familienmitgliedern (Sohn, Tochter);
- Kapitalzuführung durch neue Gesellschafter;
- Vergrößerung der Kreditbasis durch Vergrößerung des haftenden Eigenkapitals;
- Risikoverteilung auf mehrere Gesellschafter;
- Beschränkung der Haftung auf das eingebrachte Kapital (bei GmbH und AG);
- Vergrößerung der Marktmacht durch Zusammenschluss mehrerer Unternehmen.

7.5 Arten und Grundmerkmale von Gesellschaftsunternehmen

Die Gesellschaftsunternehmen nach deutschem Privatrecht sind zwei Gruppen zuzuordnen: den Gesellschaften oder den Vereinen.

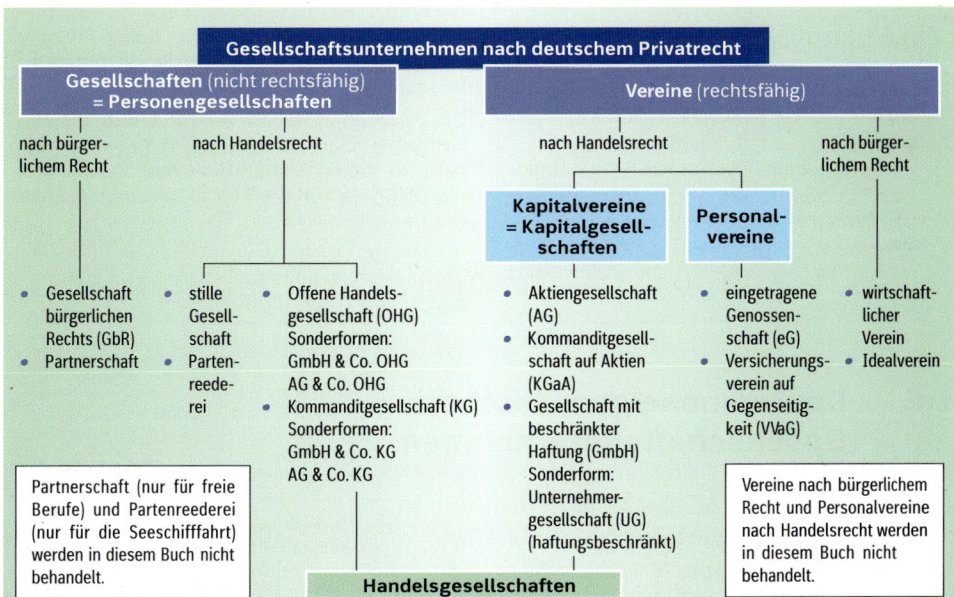

Wichtiger Hinweis:

Laut Urteil des Europäischen Gerichtshofs von 2003 dürfen Unternehmen sich im eigenen Land auch der Rechtsformen anderer EU-Länder bedienen. Daraufhin wurden z. B. viele Unternehmen von Deutschen in Großbritannien als Limited Company gegründet und eingetragen. Ihre Geschäftstätigkeit in Deutschland unterliegt deutschem Recht (z. B. Buchführung, Jahresabschluss). In diesem Buch werden nur Rechtsformen nach deutschem Recht behandelt.

Gesellschaften	Vereine
sind **Zusammenschlüsse mit festen Mitgliedern** (Gesellschaftern). Deshalb endet die Gesellschaft z. B., wenn ein Gesellschafter kündigt oder stirbt. **Grundform: Gesellschaft des bürgerlichen Rechts (GbR)** (§§ 705 – 740 BGB).	sind **Zusammenschlüsse mit wechselnden Mitgliedern**: Mitglieder treten aus und ein, der Verein besteht fort. **Grundformen: Idealverein** (§ 21 BGB), nicht auf wirtschaftliche Zwecke ausgerichtet (z. B. Gesangverein); **wirtschaftlicher Verein** (§ 22 BGB), auf auf wirtschaftliche Zwecke ausgerichtet.
Von der GbR sind alle anderen Gesellschaften abgeleitet. In diesem Buch werden die GbR und die Gesellschaften nach Handelsrecht behandelt: OHG, KG, stille Gesellschaft.	Vom Verein nach BGB sind die handelsrechtlichen Personalvereine und Kapitalvereine abgeleitet. In diesem Buch werden die Kapitalvereine behandelt: AG, KGaA, GmbH, UG.
Die eigentlichen Gesellschaften werden meist als **Personengesellschaften** bezeichnet. Dies geschieht, um sie deutlich von den Kapitalgesellschaften zu unterscheiden.	Die Kapitalvereine werden meist als **Kapitalgesellschaften** bezeichnet. Dies ist sachlich falsch, hat sich aber sprachlich durchgesetzt.
Gesellschaften sind **keine juristischen Personen**. **Deshalb handeln die Gesellschafter für die Gesellschaft.** Allerdings haben nur Gesellschafter, die mit ihrem gesamten Vermögen für die Schulden der Gesellschaft haften (sog. Vollhafter), die Handlungsbefugnis (Geschäftsführungs- und Vertretungsbefugnis) • **Geschäftsführungsbefugnis.** Sie betrifft das Innenverhältnis des Unternehmens: Wer die Geschäfte führt, darf alle Handlungen vornehmen, die der gewöhnliche Betrieb mit sich bringt. • **Vertretungsbefugnis.** Sie betrifft das Außenverhältnis des Unternehmens: Der Befugte darf Dritten gegenüber rechtswirksame Willenserklärungen abgeben, durch die das Unternehmen berechtigt oder verpflichtet wird.	Vereine sind **juristische Personen**, wenn sie in das zuständige Register (Vereins-, Handels-, Genossenschaftsregister) eingetragen sind. **Deshalb handeln alle Vereine durch selbstständige Organe** (Beispiel AG: Vorstand, Aufsichtsrat, Hauptversammlung der Aktionäre). Die Mitglieder des leitenden Organs (AG: Vorstand, GmbH: Geschäftsführer) haben die Geschäftsführungsbefugnis und die Vertretungsbefugnis (siehe links). Die Eigentümer des Unternehmens sind Teilhafter (sie haften nicht mit ihrem Privatvermögen). Sie haben deshalb nur Handlungsbefugnis, wenn sie zum Vorstand/Geschäftsführer bestimmt sind. Ausnahme: Bei der KGaA gibt es Vollhafter. Sie haben deshalb automatisch die Geschäftsführungs- und Vertretungsbefugnis.

7.6 Kaufmannseigenschaft der Gesellschaftsunternehmen

OHG, KG, GmbH, UG, AG und KGaA werden als Handelsgesellschaften bezeichnet. Sie sind kraft Gesetzes Kaufleute (§ 6 Abs. 1 HGB) und ins Handelsregister einzutragen.

§ 6 Abs. 1 HGB: Die in betreff der Kaufleute gegebenen Vorschriften finden auch auf die Handelsgesellschaften Anwendung.

- **Der Betrieb einer OHG und einer KG setzt ein Handelsgewerbe voraus.** Deshalb können z. B. Freiberufler für ihre Tätigkeit keine OHG oder KG gründen. Kleingewerbetreibende hingegen, die sich zusammenschließen, haben ein Wahlrecht: Sie können eine GbR gründen oder ihre Gesellschaft als OHG oder KG ins Handelsregister eintragen lassen. Als OHG/KG ist sie Kannkaufmann.

Für Freiberufler wurde als besondere Gesellschaftsform die Partnerschaftgesellschaft geschaffen.

Bei OHG und KG sind sowohl die Gesellschaft als auch ihre vollhaftenden Gesellschafter (Vollhafter) Kaufleute. Dabei sind die OHG und die KG keine juristischen Personen. Jedoch gibt ihnen das Recht gewisse Eigenschaften einer juristischen Person. So können sie z. B. Eigentum erwerben, Verbindlichkeiten eingehen, klagen und verklagt werden.

- **Der Betrieb einer Kapitalgesellschaft (GmbH, UG, AG, KGaA) setzt kein Handelsgewerbe nach § 1 Abs. 2 HGB voraus (§ 6 Abs. 2 HGB).** So kann z. B. ein Ärztehaus als AG betrieben werden. Kapitalgesellschaften sind sozusagen Kaufleute aufgrund ihrer Rechtsform. Sie heißen deshalb **Formkaufleute**. Ihre Gesellschafter müssen keine Kaufleute sein (z. B. Ärzte).

> § 6 Abs. 2 HGB: Die Rechte und Pflichten eines Vereins, dem das Gesetz ohne Rücksicht auf den Gegenstand des Unternehmens die Eigenschaften eines Kaufmanns beilegt, bleiben unberührt, auch wenn die Voraussetzungen des § 1 Abs. 2 nicht vorliegen.

Kaufleute

Istkaufleute	Kannkaufleute	Formkaufleute
• selbstständige Gewerbetreibende, deren Betrieb nach Art und Umfang einen in kaufmännischer Weise eingerichteten Geschäftsbetrieb erfordert • OHG und KG	• Kleingewerbetreibende bei freiwilliger Eintragung ins Handelsregister • Land- und Forstwirte bei freiwilliger Eintragung ins Handelsregister	Unternehmen in den Rechtsformen AG, KGaA, GmbH, UG Hinweis: Auch die Personalvereine eG und VVaG sind Formkaufleute

7.7 Gesellschaftsvertrag

Bei der Gründung eines Gesellschaftsunternehmens regeln die Gesellschafter ihre Rechte und Pflichten in einem **Gesellschaftsvertrag**. Darin sollten zumindest Abmachungen enthalten sein über

- die Höhe der Kapitalbeteiligung (Einlagen),
- die Verteilung von Gewinn und Verlust,
- die Berechtigung zur Geschäftsführung und zur Vertretung der Gesellschaft,
- die Haftung der Gesellschafter,
- die Dauer der Gesellschaft bzw. die Auflösung und Kündigung.

Der Gesellschaftsvertrag von Kapitalgesellschaften und eG heißt übrigens Satzung.

Soweit die Gesetze nicht zwingende Vorschriften enthalten, sind die Gesellschafter in ihren Vereinbarungen frei. **Zwingende Vorschriften** beziehen sich u. a. auf die **Haftung**, die **Geschäftsführungsbefugnis** und die **Vertretungsbefugnis**.

Arbeitsaufträge

1. **Folgende Vereinigungen sind gegeben:**
   GbR, stille Gesellschaft, OHG, KG, AG, GmbH, KGaA, eG, e. V.

   a) Was bedeuten die Abkürzungen?
   b) Welche dieser Vereinigungen sind juristische Personen?
   c) Welche dieser Vereinigungen haben selbst die Kaufmannseigenschaft?
   d) Welche dieser Vereinigungen unterliegen dem Handelsrecht?
   e) Welche dieser Vereinigungen sind Personengesellschaften?
   f) Welche dieser Vereinigungen sind Kapitalgesellschaften?
   g) Welche dieser Vereinigungen sind Handelsgesellschaften?

h) Welche dieser Vereinigungen sind selbst dann Kaufleute, wenn sie kein Handelsgewerbe betreiben? Wie nennt das HGB diese Kaufleute?
i) Bei welchen Vereinigungen existieren vollhaftende Gesellschafter?
Was bedeutet „volle Haftung"?
j) Erläutern Sie die Haftungsverhältnisse bei den übrigen Vereinigungen.
k) Welche Gesellschafter haben automatisch das Recht, die Geschäfte zu führen und die betreffende Vereinigung nach außen zu vertreten?

2. **Das Amtsgericht in Köln erhält am 13. Mai 20.. folgenden Antrag (Auszug):**

```
Umwandlung
Durch Aufnahme von Herrn Franz Schneider, geb. 17. Sept. 1965, Kaufmann,
Poststr. 8, 51143 Köln, als vollhaftenden Gesellschafter wandeln wir mit
Wirkung vom 15. Mai 20.. das Einzelunternehmen Emil Schneider - bisheriger Inhaber: Emil Schneider, Kaufmann, Immermannstr. 19, 51143 Köln - in
eine Offene Handelsgesellschaft mit der Firma
Emil Schneider & Co. OHG um.
Der Sitz der Gesellschaft bleibt in 51143 Köln, Immermannstr. 19.
Geschäftsgegenstand ist weiterhin die Fertigung von Maschinenschrauben.
Wir beantragen die Eintragung ins Handelsregister.
```

a) Welche Gründe könnten den Inhaber veranlasst haben, sein Einzelunternehmen in ein Gesellschaftsunternehmen umzuwandeln?
b) Welche Vorteile könnte er erzielen, welche Nachteile müsste er gegebenenfalls in Kauf nehmen?
c) Wandelt er sein Unternehmen in eine Personengesellschaft oder in eine Kapitalgesellschaft um?
d) Was bedeutet dies im Hinblick auf die Haftung, die Geschäftsführungsbefugnis und die Vertretungsbefugnis?

7.8 Firma der Kaufleute

Alle Unternehmen mit Kaufmannseigenschaft führen eine Firma. Das ist der Name,
- **unter dem die Kaufleute ihre Geschäfte betreiben,**
- **mit dem sie unterschreiben,**
- **unter dem sie auch vor Gericht klagen und verklagt werden (§ 17 HGB).**

Die Firma darf nicht verwechselt werden mit einem Markennamen oder einer gebräuchlichen Bezeichnung des Unternehmens und sonstigen Geschäftsnamen, die zu Reklamezwecken oder von Kleingewerbetreibenden benutzt werden.

> **Beispiele:**
> | | |
> |---|---|
> | Firma: | Volkswagenwerk AG |
> | gebräuchliche Unternehmensbezeichnung: | VW |
> | Markenname: | NIVEA |
> | Geschäftsname zu Reklamezwecken: | Hotel zur Sonne |
> | Geschäftsname von Kleingewerbetreibenden: | Reudenbachs fahrende Werkstatt |

Die Firma besteht aus dem **Firmenkern** (Hauptbestandteil) und eventuellen **Firmenzusätzen** zur Kennzeichnung von Zweigniederlassungen, zur Offenlegung der Rechtsform und zur Kennzeichnung des Gegenstands des Unternehmens.

Arten der Firma

Personenfirma	Sachfirma	Fantasiefirma
enthält mindestens einen Namen, der auf den oder die Inhaber hinweist	ist dem Gegenstand des Unternehmens entnommen	ist nicht dem Gegenstand des Unternehmens entnommen
Beispiele: Frederic Basten e. K. Adam Opel AG	**Beispiele:** Motoren- und Getriebebau GmbH Metallbau OHG	**Beispiele:** Pepsosprit GmbH Plitschplatsch KG

Das Unternehmen kann sich nach Belieben für eine Personen-, Sach- oder Fantasiefirma oder auch für eine Mischform entscheiden. Die Firma muss jedoch einen Zusatz enthalten, der die Rechtsform erkennen lässt und damit auch die Haftungsverhältnisse gegenüber Dritten darlegt.

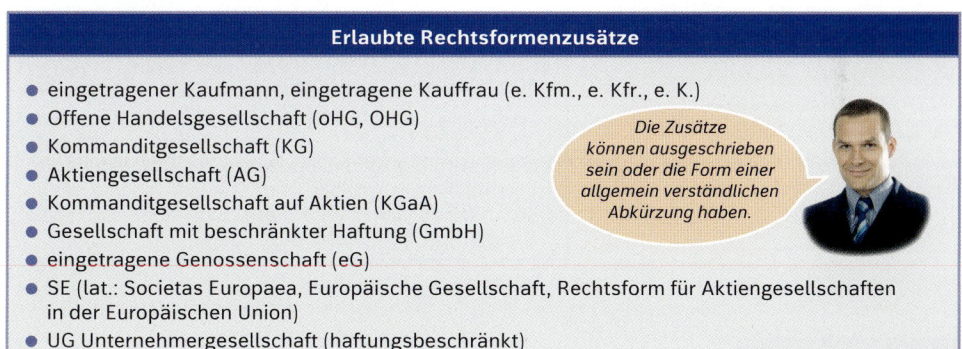

Erlaubte Rechtsformenzusätze

- eingetragener Kaufmann, eingetragene Kauffrau (e. Kfm., e. Kfr., e. K.)
- Offene Handelsgesellschaft (oHG, OHG)
- Kommanditgesellschaft (KG)
- Aktiengesellschaft (AG)
- Kommanditgesellschaft auf Aktien (KGaA)
- Gesellschaft mit beschränkter Haftung (GmbH)
- eingetragene Genossenschaft (eG)
- SE (lat.: Societas Europaea, Europäische Gesellschaft, Rechtsform für Aktiengesellschaften in der Europäischen Union)
- UG Unternehmergesellschaft (haftungsbeschränkt)

Die Zusätze können ausgeschrieben sein oder die Form einer allgemein verständlichen Abkürzung haben.

Außerdem muss die Firma folgenden **Firmengrundsätzen** entsprechen:

Firmengrundsätze: Unterscheidungskraft/Kennzeichnungswirkung | Firmeneinheit | Firmenöffentlichkeit | Firmenwahrheit | Firmenbeständigkeit

Unterscheidungskraft, Kennzeichnungswirkung

Die Firma muss zur Kennzeichnung des Kaufmanns geeignet sein und Unterscheidungskraft besitzen (§ 18 HGB). Jede neue Firma muss sich deshalb von allen an demselben Ort oder derselben Gemeinde bereits eingetragenen Firmen deutlich unterscheiden, ggf. durch einen Firmenzusatz (§ 30 HGB).

Einen umfassenderen Schutz gewährt § 37 HGB: Wer unbefugt eine Firma gebraucht, kann auf Unterlassung in Anspruch genommen werden. Das Registergericht erhebt ein Ordnungsgeld. Ggf. besteht ein Schadensersatzanspruch.

Firmeneinheit

Ein und dasselbe Unternehmen darf nur unter der einen, im Handelsregister eingetragenen Firma geführt werden.

Firmenöffentlichkeit

Der Kaufmann muss seine Firma und den Ort seines Geschäftes ins Handelsregister eintragen lassen (§ 29 HGB).

Firmenwahrheit

- Bei der Gründung des Unternehmens muss eine Personenfirma mit dem bürgerlichen Namen des Inhabers/der Gesellschafter übereinstimmen, eine Sachfirma den tatsächlichen Verhältnissen entsprechen.
- Die angegebenen Gesellschaftsverhältnisse müssen stimmen.
- Die Firma darf keine Angaben enthalten, die über die geschäftlichen Verhältnisse irreführen können, welche für die angesprochenen Verkehrskreise wesentlich sind.

Beispiel:
Wer nur an Endverbraucher verkauft, darf nicht die Angabe „Großhandel" aufnehmen.

Firmenbeständigkeit

Der Erwerber oder Erbe eines Unternehmens kann mit Genehmigung des bisherigen Inhabers den alten Firmennamen fortführen (sogar eine Personenfirma). Mit dieser zulässigen „Firmenunwahrheit" berücksichtigt der Gesetzgeber, dass ein eingeführter Firmenname einen Wert darstellt und einen Kundenstamm verbürgt. Die Zustimmung zur Fortführung der Firma muss deshalb oft mit teurem Geld erkauft werden. Eine Veräußerung lediglich der Firma ohne das Unternehmen ist nicht zulässig. Die alte Firma kann auch mit einem Zusatz fortgeführt werden (z. B. „Peter Franken e. K." oder „Peter Franken Nachf. e. K." oder „Peter Franken, Inh. Erwin Ebert e. K.")

Firmenbeständigkeit geht vor Firmenwahrheit!

Wer ein Unternehmen unter der alten Firma fortführt, haftet Dritten gegenüber für die Geschäftsschulden des bisherigen Inhabers. Ausnahme: Eine abweichende Vereinbarung wird ins Handelsregister eingetragen oder vom Erwerber oder Veräußerer dem Gläubiger mitgeteilt. Das Gleiche gilt für die neuen Gesellschafter, wenn eine Einzelunternehmung in eine OHG oder KG umgewandelt wird (sogar dann, wenn die Firma nicht fortgeführt wird!). Andererseits gehen die Geschäftsforderungen auf den Erwerber über. Der alte Inhaber selbst haftet seinen Gläubigern noch fünf Jahre für seine Schulden (vgl. §§ 25 – 28 HGB).

Arbeitsauftrag

Die drei Kaufleute Gernot Haber, Erich Orloff und Rolf Schöne überlegen, ob sie eine Schraubenfabrik als OHG, KG oder GmbH gründen sollen.
a) Erfinden Sie für jede dieser Rechtsformen verschiedene mögliche Firmennamen.
b) Unterscheiden Sie bei den von Ihnen genannten Firmenbezeichnungen Firmenkern und Firmenzusätze.
c) Erläutern Sie anhand der genannten Firmenbezeichnungen die Grundsätze der Firmenwahrheit, der Firmeneinheit und der Firmenöffentlichkeit.
d) Die drei Herren einigen sich darauf, das Unternehmen unter der Firma Haber OHG zu führen. Bei der Anmeldung zum Handelsregister erfahren sie, dass bereits ein Unternehmen mit der gleichen Firma eingetragen ist.
 – Welche Konsequenzen ergeben sich hieraus?
 – Wie können die Firmengründer die Schwierigkeiten umgehen?

7.9 Handelsregister

7.9.1 Begriff des Registers; Eintragungen

Das örtlich zuständige Amtsgericht führt für seinen Bezirk ein amtliches Verzeichnis aller Kaufleute: das elektronische Handelsregister (§ 8 HGB). Dieses umfasst

- die Abteilung A (Einzelunternehmen, Personengesellschaften),
- die Abteilung B (Kapitalgesellschaften).

Außerdem führt das zuständige Amtsgericht das Genossenschaftsregister für Genossenschaften und das Partnerschaftsregister für Partnerschaften.

Diese Register werden als öffentliche Verzeichnisse elektronisch unter der Domäne www.handelsregister.de geführt und sind dort einsehbar. Dies bedeutet:

- Das Gericht macht Eintragungen und Änderungen in einem elektronischen Informations- und Kommunikationssystem bekannt.
- Die Einsichtnahme in die Register sowie in die dazu eingereichten Dokumente ist jedem zu Informationszwecken gestattet.
- Von den Eintragungen, Änderungen und den eingereichten Dokumenten kann gegen eine Gebühr ein Ausdruck verlangt werden. Auf Antrag werden die Auszüge durch eine qualifizierte elektronische Signatur beglaubigt.

Die folgenden Beispiele zeigen, welche Sachverhalte eingetragen werden.

Beispiel: Auszug aus dem elektronischen Handelsregister Abteilung A

Handelsregister A des Amtsgerichts Vilshofen	Abteilung A Wiedergabe des aktuellen Registerinhalts Abruf vom 23.04.20.. 12:12	Nummer der Firma: HRA 7093
– Ausdruck –	Seite 1 von 1	

1. **Anzahl der bisherigen Eintragungen:**
   1

2. a) **Firma:**
   Förder- und Lagertechnik GmbH & Co. Kommanditgesellschaft

   b) **Sitz, Niederlassung, Zweigniederlassungen:**
   Vilsendorf

3. a) **Allgemeine Vertretungsregelung:**
   –

   b) **Inhaber, persönlich haftende Gesellschafter, Geschäftsführer, Vorstand:**
   Förder- und Lagertechnik Gesellschaft mit beschränkter Haftung, Vilsendorf

4. **Prokura:**
   –

5. a) **Rechtsform; Beginn und Satzung:**
   Kommanditgesellschaft; Beginn 21. Mai 1999

   b) **sonstige Rechtsverhältnisse:**
   –

   c) **Kommanditisten:**
   Jürgen Schuster, * 24.08.1963, Bünde, Einlage: 5 000,00 EUR
   Birgit Schuster, geb. Keßler, * 17.05.1972, Bünde, Einlage: 5 000,00 EUR

6. **Tag der letzten Eintragung:**
   21.05.20..

Unter 5. b) sonstige Rechtsverhältnisse werden auch Insolvenzverfahren und Liquidation (Auflösung des Unternehmens) eingetragen. Eintragungen, die unterstrichen sind, gelten als gelöscht.

Wenn Sie einen solchen Auszug wünschen, müssen Sie sich auf der Website www.handelsregister.de registrieren lassen.

Bis 2007 wurde das Register noch in Papierform geführt. Löschungen waren damals rot unterstrichen.

Beispiel: Auszug aus dem elektronischen Handelsregister Abteilung B

Handelsregister B des Amtsgerichts Vilshofen	Abteilung B Wiedergabe des aktuellen Registerinhalts Abruf vom 23.04.20.. 12:12	Nummer der Firma: **HRB 3174**
– Ausdruck –	Seite 1 von 1	

1. **Anzahl der bisherigen Eintragungen:**
 1

2. a) **Firma:**
 Förder- und Lagertechnik Gesellschaft mit beschränkter Haftung
 b) **Sitz, Niederlassung, Zweigniederlassungen:**
 Vilsendorf
 c) **Gegenstand des Unternehmens:**
 Die Ermittlung, der Erwerb und Verkauf von Fördersystemen aller Art, insbesondere von Aufzügen, Förderbändern und Lagersystemen (Regale) sowie die Montage der vorstehenden Anlagen und Durchführung des Reparaturservice.
 Die Gesellschaft ist berechtigt, Zweigniederlassungen zu errichten, andere Unternehmen gleicher oder ähnlicher Art zu übernehmen, zu vertreten oder sich an solchen Unternehmen zu beteiligen sowie deren Geschäftsführung unter Übernahme der unbeschränkten Haftung zu übernehmen.

3. **Grund- oder Stammkapital:**
 50 000,00 EUR

4. a) **Allgemeine Vertretungsregelung:**
 Ist nur ein Geschäftsführer bestellt, so vertritt dieser die Gesellschaft allein. Sind mehrere Geschäftsführer bestellt, so wird die Gesellschaft durch zwei Geschäftsführer gemeinsam oder durch einen Geschäftsführer gemeinsam mit einem Prokuristen vertreten.
 b) **Vorstand, Leitungsorgan, geschäftsführende Direktoren, persönlich haftende Gesellschafter, Geschäftsführer, Vertretungsberechtigte und besondere Befugnis:**
 Geschäftsführer Jürgen Schuster, * 10.10.1961, Bünde

5. **Prokura:**
 –

6. a) **Rechtsform; Beginn, Satzung oder Gesellschaftsvertrag:**
 Gesellschaft mit beschränkter Haftung; Gesellschaftsvertrag vom 15.01.1999
 b) **sonstige Rechtsverhältnisse:**
 –

7. **Tag der letzten Eintragung:**
 31.01.1999

Anmeldungen zur Eintragung in das Handelsregister sind elektronisch einzureichen.
- Ist für das Dokument die Schriftform vorgeschrieben, genügt die Übermittlung einer elektronischen Aufzeichnung.
- Ist ein notariell beurkundetes Dokument oder eine beglaubigte Abschrift einzureichen, so übermittelt ein Notar das Dokument mit einer elektronisch beglaubigten Signatur.

Das Gericht prüft, ob der Antrag zur Eintragung und die einzutragenden Rechtsverhältnisse rechtlich begründet sind. Es kann Ordnungsstrafen verhängen, um die Anmeldung einer eintragungspflichtigen Tatsache zu erzwingen (z. B. Einreichung des aktuellen Jahresabschlusses). Eintragungspflichtig sind auch alle Änderungen der eingetragenen Tatsachen. Die Unterschriften der zeichnungsberechtigten Personen werden bei Gericht elektronisch hinterlegt.

Die Eintragungen unter www.handelsregister.de werden zugleich im **elektronischen Bundesanzeiger** (www.e-bundesanzeiger.de) und im **elektronischen Unternehmensregister** (www.unternehmensregister.de) bekannt gemacht. Anträge an das zuständige Registergericht auf Erstellung von beglaubigten oder unbeglaubigten Auszügen können nicht nur über das Handelsregister, sondern auch über das Unternehmensregister an das Gericht gestellt werden.

7.9.2 Elektronisches Unternehmensregister

Das Unternehmensregister gibt unter der Domäne www.unternehmensregister.de Auskunft über rechtlich relevante Unternehmensdaten. Auf dieser Plattform werden alle wichtigen veröffentlichungspflichtigen Daten über Unternehmen in Deutschland zentral zusammengeführt. Sie sind für Interessenten ohne Registrierung im Internet zugänglich.

Das Register bietet folgende Informationen:
- Auskünfte über das elektronische Handels-, Genossenschafts- und Partnerschaftsregister mit Informationen über die Registereintragungen sowie über die eingereichten Dokumente (z. B. Jahresabschlüsse),
- Bekanntmachungen der Handels-, Genossenschafts- und Partnerschaftsregister,
- Veröffentlichungen aus dem elektronischen Bundesanzeiger (z. B. Pflichtbekanntmachungen, Termine von Hauptversammlungen),
- unternehmensrelevante Mitteilungen von Kapitalgesellschaften, deren Aktien an einer Wertpapierbörse gehandelt werden,
- Bekanntmachungen der Insolvenzgerichte.

7.9.3 Bedeutung der Handelsregistereintragungen

Das Handelsregister gibt allen am Geschäftsleben Beteiligten (Unternehmen, Kunden, Lieferanten, Kreditgebern u. a.) wichtige Informationen und erzeugt damit eine **gewisse Rechtssicherheit**.

Zu unterscheiden sind Eintragungen mit rechtserzeugender (konstitutiver) und solche mit rechtsbekundender (deklaratorischer) Wirkung.

Handelsregistereintragungen
Rechtserzeugende (konstitutive) Eintragungen
Die eingetragenen Tatsachen werden erst durch die Eintragung (Löschung) selbst wirksam. Vorher hatten sie noch keine Gültigkeit. Dies gilt insbesondere für • die Gültigkeit der Firma, • die Kaufmannseigenschaft der Kann- und Formkaufleute, • die Eintragung von Kleingewerbetreibenden als OHG oder KG.
Rechtsbekundende (deklaratorische) Eintragungen
Die Eintragung (Löschung) bezeugt nur einen Sachverhalt, der auch schon vor der Eintragung (Löschung) rechtsgültig war. Dies gilt insbesondere für • die Kaufmannseigenschaft der Istkaufleute, • die Erteilung und Entziehung der Prokura.

Die Rechtssicherheit, die das Handelsregister verleiht, besteht bezüglich folgender Tatsachen:

- Solange eine eintragungs- oder löschungspflichtige Tatsache nicht eingetragen und bekannt gemacht ist, kann sie von dem eintragungspflichtigen Unternehmer einem Dritten nicht entgegengehalten werden. Ausnahme: Er beweist, dass der Dritte sie kannte. (§ 15 Abs. 1 HGB, sog. **negative Publizität**)
Das Gleiche gilt, wenn eine solche Tatsache unrichtig eingetragen und bekannt gemacht wurde (§ 15 Abs. 3 HGB).

Wichtig: Immer prüfen, ob beantragte Eintragungen richtig erfolgt sind!

- Ist die Tatsache eingetragen und bekannt gemacht worden, so muss ein Dritter sie gegen sich gelten lassen, selbst wenn er sie nicht kennt (§ 15 Abs. 2 HGB; sog. **positive Publizität**).
Eine Ausnahme besteht nur bei Rechtshandlungen, die innerhalb von 15 Tagen nach der Bekanntmachung vorgenommen werden, sofern der Dritte beweist, dass er die Tatsache weder kannte noch kennen musste.

Der Beweis ist praktisch kaum zu führen: Die Gerichte erwarten, dass man die Registereintragungen verfolgt.

Auf die Aussage und das Schweigen des Handelsregisters kann und muss vertraut werden, wenn man guten Glaubens ist, d. h. wenn man den von der Eintragung abweichenden Sachverhalt nicht kennt (sog. beschränkter öffentlicher Glaube des Handelsregisters).

Anders z. B. das Grundbuch: Es genießt vollen öffentlichen Glauben.

Das Unternehmensregister genießt im Gegensatz zum Handelsregister keinen öffentlichen Glauben.

> **Beispiel: Publizität des Handelsregisters**
>
> Kaufmann Pelzer hat eine Geldforderung gegenüber Herrn Schröder. Pelzer übereignet am 15. April sein Geschäft mit allen Bilanzwerten an Herrn Lehmann. Damit tritt er auch seine Forderung an Lehmann ab. Die Übereignung wird am 18. April ins Handelsregister eingetragen.
>
> Fall 1: Schröder zahlt am 17. April an Pelzer, da er von dem Geschäftsübergang nichts weiß. Am 25. April verlangt Lehmann seinerseits Zahlung. Schröder muss nicht zahlen, denn die eintragungpflichtige Tatsache des Geschäftsübergangs war am 17. April nicht eingetragen (Schweigen des Registers).
>
> Fall 2: Wie Fall 1, aber Schröder weiß durch Rundschreiben von dem Geschäftsübergang. Nun kann er bei einer Zahlung an Pelzer nicht mehr auf das Schweigen des Registers vertrauen. Lehmann kann ihm gegenüber auf Zahlung bestehen.
>
> Fall 3: Schröder zahlt in Unkenntnis der Geschäftsübergabe am 20. April an Pelzer. Nun kann Lehmann seinerseits Zahlung verlangen, weil infolge der Handelsregistereintragung die Abtretung der Forderung als bekannt gilt (Aussage des Registers).
>
> Fall 4: Schröder weist seine Bank am 14. April an, am 19. April an Pelzer zu zahlen. Er verreist anschließend für 10 Tage ins Ausland. Lehmann kann nicht seinerseits Zahlung verlangen, denn die Eintragung musste Schröder nicht bekannt sein.

7 Unternehmensgründung, Kaufleute, Rechtsformen

Arbeitsaufträge

1. Die Firma Esser KG ist eine renommierte Werkzeuggroßhandlung in Essen, die auch für verschiedene Werkzeughersteller als Handelsvertreter oder Kommissionär tätig ist. Vor wenigen Tagen ist der Geschäftsführer der Eisenbard GmbH in Bielefeld an sie herangetreten. Die Eisenbard GmbH stellt Präzisionsmessinstrumente her und sucht einen neuen Absatzmittler für das westliche Ruhrgebiet, weil ihr bisheriger Vertreter seinen Vertrag gekündigt hat. Die Esser KG zeigt Interesse. Zunächst ist beiden Unternehmen daran gelegen, sich über den möglichen Geschäftspartner zu informieren.
   a) Ist das Handelsregister/Genossenschaftsregister geeignet, zur Informationsbeschaffung beizutragen?
   b) Wo werden die zuständigen Register geführt?
   c) In welchem Register (und ggf. in welcher Abteilung) befinden sich die gesuchten Eintragungen?
   d) Welche Informationen können die Eisenbard GmbH und die Esser KG finden?
   e) Können beide Unternehmen davon ausgehen, dass die gefundenen Informationen ihre Richtigkeit haben?

2. Vier Tage nach der Eröffnung eines Brennstoffhandels ließ Angelika Arendt ihre Firma ins Handelsregister eintragen. 3 Jahre später ließ sie ihren Angestellten Erwin Schneider als Prokuristen eintragen.
   a) Haben die genannten Eintragungen konstitutive oder deklaratorische Bedeutung?
   b) Erläutern Sie die Begriffe „konstitutiv" und „deklaratorisch".
   c) Nennen Sie andere Eintragungen mit konstitutivem bzw. deklaratorischem Charakter.
   d) Als Herr Schneider nach 6 Jahren aus dem Unternehmen ausscheidet, lässt Frau Arendt die Prokura löschen. Wie kann sie dabei vorgehen?
   e) Ein Geschäftspartner, der sich über die Firma von Frau Arendt erkundigen will, sieht, dass die Prokuraeintragung betreffend Herrn Schneider unterstrichen ist. Was schließt er hieraus?

3. Dem Prokuristen Ferdinand Fiesling wurde am 20. April vom Firmeninhaber Peter Patron die Prokura durch mündliche Erklärung entzogen. Die Löschung im Handelsregister erfolgte auf Antrag von Herrn Patron am 22. April. Am 21. April bestellte Herr Fiesling bei der Firma Egon Reinert e. K. noch schnell für 20 000,00 EUR Seife, die für die eigene Firma völlig nutzlos war, zur sofortigen Lieferung. Der Lkw mit der Seife traf noch am selben Tag ein. Herr Patron, völlig außer sich, lehnte die Annahme ab. Reinert bestand jedoch auf Abnahme, da ein rechtsgültiger Kaufvertrag zustande kommen sei.
   a) Wer ist im Recht, Reinert oder Patron?
   b) Wie beurteilen Sie den Sachverhalt, wenn Fiesling bei seinem Telefonat mit der Verkaufsabteilung von Reinert durchblicken ließ, dass ihm zwar die Prokura entzogen worden sei, dass er jedoch vor der Löschung im Handelsregister noch schnell dieses „wichtige" Geschäft tätigen müsse?

7.10 Personengesellschaften

7.10.1 Gesellschaft bürgerlichen Rechts (GbR)

Hätten Sie gedacht, dass Sie eine GbR bilden, wenn Sie mit zwei Bekannten eine Lottogemeinschaft eingehen?

Und wie verhält es sich in folgenden Fällen?
- Eine Schulklasse vereinbart eine Klassenfahrt nach München.
- Zwei Unternehmen führen gemeinsam ein Brückenbauprojekt durch.
- Vier Lehrer mieten gemeinsam zwei Räume zwecks Hausaufgabenbetreuung an.
- Zwei Kleingewerbebetreibende betreiben gemeinsam einen Kiosk.

Auch auf diese vier Fälle sind die BGB-Vorschriften über die Gesellschaft anzuwenden.

Die GbR ist eine vertragliche Vereinigung von mindestens zwei Gesellschaftern zur Erreichung eines gemeinsamen Zwecks.

Die Gesellschafter können z. B. natürliche oder juristische Personen oder auch Handelsgesellschaften sein (z. B. eine OHG als Gesellschafterin einer GbR).

Handwerker und Kleingewerbebetreibende können für ihre Tätigkeit eine GbR bilden, solange das Unternehmen keinen kaufmännisch eingerichteten Geschäftsbetrieb erfordert. Tritt dieser Fall ein, wird die GbR automatisch in eine OHG umgewandelt und muss ins Handelsregister eingetragen werden.

Kaufleute können für den gemeinsamen Betrieb ihres Handelsgewerbes keine GbR, sondern nur Gesellschaften nach Handelsrecht gründen. Sie gehen aber durchaus mit anderen Unternehmen sog. Gelegenheitsgesellschaften als GbR ein. Üblich sind:

- **Arbeitsgemeinschaften** (z. B. gemeinsame Erstellung eines Bauvorhabens),
- **Interessengemeinschaften** (Kooperation in Teilbereichen, z. B. gemeinsame Forschung und Entwicklung, Werbung, Nutzung von EDV-Anlagen, Öffentlichkeitsarbeit, Durchführung von Marktuntersuchungen, Ausbeutung von Rohstoffvorkommen).

Merkmale der GbR gemäß §§ 705 – 740 BGB

Den Gesetzestext finden Sie unter www.gesetze-im-internet.de/bgb.

Gründung
- Durch Gesellschaftsvertrag; keine bestimmte Form vorgeschrieben. Schriftform vorteilhaft.
- Keine Eintragung ins Handelsregister, keine Firma.
- GbR beginnt bei Geschäftsaufnahme.

Eigenkapital
- Kein Mindestkapital. Einlagenhöhe gemäß Vertrag. Auch Sacheinlagen, Rechtswerte (z. B. Patente) und Dienste möglich; ohne Vereinbarung gleiche Beiträge aller Gesellschafter.
- Einlagen werden gemeinsames Vermögen („Vermögen zur gesamten Hand"). Keine Einzelverfügung mehr über den eigenen Anteil möglich!

Geschäftsführung und Vertretung
Mangels anderer Abmachung sind alle Gesellschafter gemeinsam zur Geschäftsführung und Vertretung berechtigt und verpflichtet. Wer vertraglich ausgeschlossen ist, kann trotzdem beabsichtigten Geschäften widersprechen; sie müssen dann unterbleiben. Er hat auch ein umfassendes Kontrollrecht (z. B. Einsicht in alle Bücher und Unterlagen).

Gewinn- und Verlustverteilung
Erfolgt nach Auflösung der Gesellschaft. Bei dauernder Gesellschaft am Schluss des Geschäftsjahres. Mangels anderer Abmachung gleiche Anteile an Gewinn und Verlust unabhängig von der Höhe der Einlagen.

Haftung für die Schulden der Gesellschaft
Jeder Gesellschafter haftet für die Schulden der Gesellschaft
- **unbeschränkt** (mit seinem gesamten Vermögen),
- **gesamtschuldnerisch** (für die gesamten Schulden der Gesellschaft; also Mithaftung für alle Gesellschafter),
- **unmittelbar** (der Gläubiger kann seine Forderung unmittelbar an ihn richten).

Besteuerung
- Der Gewinnanteil ist Einkommen des Gesellschafters. Ist der Gesellschafter z. B. eine natürliche Person, wird er in seiner gesamten Höhe tariflich mit Einkommensteuer (ESt.) belegt.
- Gewerbesteuer (GewSt.) fällt nicht an.

Pflicht zur Offenlegung und Prüfung des Jahresabschlusses

Nur, wenn zwei der folgenden Merkmale erfüllt sind: Bilanzsumme > 65 Mio. EUR, Umsatzerlöse > 130 Mio. EUR, Zahl der Arbeitnehmer > 5000 (Publizitätsgesetz). Vorschriften siehe AG (siehe S. 92). Diese Merkmale treffen in der Praxis selten zu. (Hinweis: Buchführungs- und Bilanzierungspflicht besteht nur, wenn Jahresumsatz > 600000,00 EUR oder Jahresgewinn > 60000,00 EUR. Darunter: Gewinnermittlung durch Einnahmenüberschussrechnung. Siehe § 141 Abgabenordnung (AO; www.gesetze-im-internet.de/ao_1977/)

Mitbestimmung der Arbeitnehmer

Kein Aufsichtsrat, keine Mitbestimmung

Auflösung der Gesellschaft

- Durch Zeitablauf, Erreichen oder Unmöglichwerden des vereinbarten Zwecks; gerichtliche Entscheidung aus wichtigem Grund (z. B. grobe Pflichtverletzung eines Gesellschafters); Beschluss der Gesellschafter; Tod eines Gesellschafters, Eröffnung des Insolvenzverfahrens oder Kündigung eines Gesellschafters. Kündigung mangels anderer Abmachung jederzeit ohne Frist möglich; aber nicht „zur Unzeit" (Zeitpunkt, an dem die Interessen der Mitgesellschafter verletzt werden).
- Nach Begleichung der Schulden werden die Einlagen zurückerstattet und der Gewinn/Verlust verteilt.

7.10.2 Offene Handelsgesellschaft (OHG)

Gesellschaftsvertrag

zwischen Emil Schuster, Kaufmann, Hermesstr. 16, 40233 Düsseldorf, und Ernst Obermann, Kaufmann, Grabengasse 37, 40213 Düsseldorf.

Es wird vereinbart:

1. Wir errichten unter der Firma
   „Schuster & Obermann – Schraubenfabrikation OHG"
   eine Offene Handelsgesellschaft mit Sitz in Düsseldorf, Stahlstr. 2 – 5.
2. Der Zweck der Gesellschaft ist die Fabrikation von Maschinenschrauben.
3. Die Gesellschaft beginnt am 1. April 20..
4. Herr Schuster bringt eine Einlage von 2865000,00 EUR gemäß beiliegendem Inventarverzeichnis ein.
   Herr Obermann bringt eine Einlage von 754000,00 EUR gemäß beiliegendem Inventarverzeichnis ein. Er leistet außerdem bis zum 1. Juni 20.. eine Bareinlage von 700000,00 EUR auf das Konto 471 112 bei der Stadtsparkasse Düsseldorf.
5. Zur Geschäftsführung und Vertretung sind die Gesellschafter einzeln ermächtigt.
6. Vom Jahresgewinn werden 50% im Verhältnis der zum jeweiligen Zeitpunkt bestehenden Kapitaleinlagen verteilt. Der Rest wird zu gleichen Teilen aufgeteilt. Die gleiche Regelung gilt für einen Verlust.
7. Jeder Gesellschafter darf monatlich einen Betrag von 5000,00 EUR als Vorschuss auf seinen Gewinnanteil entnehmen. Weitere Gewinnentnahmen sind zulässig, wenn die Gesamtentnahme 50% des Gewinnanteils nicht übersteigt.
8. Kündigt ein Gesellschafter, so kann der andere Gesellschafter das Geschäft mit allen Aktiva und Passiva übernehmen. Er muss dem ausscheidenden Gesellschafter den Kapitalanteil auszahlen, der sich aus der Auseinandersetzungsbilanz zum Tag der Auflösung ergibt. Von diesem Betrag sind 20% sofort und anschließend nach jedem weiteren Jahr 20% zuzüglich 5% Zinsen fällig.

Düsseldorf, 15. März 20..

Emil Schuster

(Emil Schuster)

Ernst Obermann

(Ernst Obermann)

Obwohl keine bestimmte Form vorgeschrieben ist, wird der OHG-Vertrag in der Praxis natürlich stets schriftlich geschlossen.

Die OHG ist eine vertragliche Vereinigung von mindestens zwei vollhaftenden Gesellschaftern, um gemeinsam ein Handelsgewerbe unter einer Firma zu betreiben.

Gesellschafter können natürliche oder juristische Personen oder auch Handelsgesellschaften sein (z. B. Kalk GmbH, Pratz & Knack OHG; Kalk GmbH & Co. OHG).

Merkmale der OHG gemäß §§ 105 – 160 HGB

Den Gesetzestext finden Sie unter www.gesetze-im-internet.de/hgb.

Gründung
- Durch Gesellschaftsvertrag; keine bestimmte Form vorgeschrieben. Schriftform vorteilhaft.
- Eintragung ins Handelsregister unter einer Firma (Personen-, Sach-, Fantasiefirma mit dem Zusatz „Offene Handelsgesellschaft" oder „OHG").
- OHG beginnt bei Geschäftsaufnahme; bei Kleingewerbetreibenden mit der Eintragung ins Handelsregister.

Eigenkapital
- Kein Mindestkapital. Einlagenhöhe gemäß Vertrag. Auch Sacheinlagen, Rechtswerte (z. B. Patente) und Dienste möglich; ohne Vereinbarung gleiche Beiträge aller Gesellschafter.
- Einlagen werden gemeinsames Vermögen („Vermögen zur gesamten Hand"). Keine Einzelverfügung mehr über den eigenen Anteil möglich! Aber Buchung auf getrennten Konten.

Geschäftsführung
- **Einzelgeschäftsführungsbefugnis:** Jeder Gesellschafter ist allein zur Geschäftsführung berechtigt (und verpflichtet! Das HGB verlangt Mitarbeit!). Dies gilt aber nur für Handlungen, die der Betrieb gewöhnlich mit sich bringt, und wenn kein anderer geschäftsführender Gesellschafter widerspricht. Außergewöhnliche Geschäfte bedürfen der Zustimmung aller Gesellschafter (die Bestellung von Prokuristen aller geschäftsführenden Gesellschafter).
- Vertraglich können Gesellschafter von der Geschäftsführung ausgeschlossen werden. Sie haben dann aber ein umfassendes Kontrollrecht (z. B. Einsicht in alle Bücher und Unterlagen).
- Vertraglich kann auch vereinbart werden, dass die geschäftsführenden Gesellschafter nur zusammen handeln können (Gesamtgeschäftsführungsbefugnis).

Vertretung
- **Einzelvertretungsbefugis:** unbegrenzt, keine Trennung von gewöhnlichen und außergewöhnlichen Geschäften. Vom einzelnen Gesellschafter geschlossene Verträge binden.
- Andere Regelungen sind möglich (z. B. **Gesamtvertretung** gemeinsam durch alle Gesellschafter oder Ausschluss Einzelner von der Vertretungsmacht), erfordern aber Eintragung ins Handelsregister.

Gewinn- und Verlustverteilung
- Bei ausreichendem Gewinn erhält jeder Gesellschafter zunächst 4 % auf seinen Kapitalanteil. Der Gewinnrest wird nach Köpfen aufgeteilt. Der Gesellschaftsvertrag sieht oft andere Regelungen vor.

Beispiel: Gewinnverteilung (Jahresgewinn = 79 000,00 EUR)

Gesell-schafter	Kapital (EUR)	4 % vom Kapitalanteil (EUR)	Rest nach Köpfen (EUR)	Gewinn-anteil (EUR)
A	100 000,00	4 000,00	21 000,00	25 000,00
B	80 000,00	3 200,00	21 000,00	24 200,00
C	220 000,00	8 800,00	21 000,00	29 800,00
Summe	400 000,00	16 000,00	63 000,00	79 000,00

- Der Gewinnanteil wird dem einzelnen Kapitalkonto gutgeschrieben. Er mehrt die Einlage.
- Jährliche Privatentnahmen sind jederzeit bis zu 4 % des Kapitalanteils möglich (auch bei Verlust). Ein 4 % übersteigender Gewinnanteil kann ebenfalls entnommen werden.
- Ein Jahresverlust wird (anders als der Gewinn) nach Köpfen aufgeteilt. Jedem Kapitalkonto wird sein Verlustanteil belastet. Die Gesellschaftsverträge sehen oft andere Verteilungen vor.

Haftung für die Schulden der Gesellschaft

Jeder Gesellschafter haftet für die Schulden der Gesellschaft
- **unbeschränkt** mit seinem gesamten Vermögen,
- **gesamtschuldnerisch** für die gesamten Schulden der Gesellschaft; also Mithaftung für alle Gesellschafter,
- **unmittelbar** (der Gläubiger kann seine Forderung an die Gesellschaft, aber auch unmittelbar an einen oder mehrere Gesellschafter richten). Betroffene Gesellschafter haben gegenüber den anderen einen Ausgleichsanspruch.
- Wer in eine bestehende OHG eintritt, haftet gegenüber Dritten auch für bestehende Schulden.
- Wer austritt, haftet noch 5 Jahre für die beim Austritt vorhandenen Schulden.

Die Haftungsvorschriften sind zwingend. Sie können nicht vertraglich geändert werden.

Besteuerung

- Der Gewinnanteil ist Einkommen des Gesellschafters. Ist der Gesellschafter z. B. eine natürliche Person, wird er in seiner gesamten Höhe tariflich mit Einkommensteuer (ESt.) belegt.
- Die Gewerbesteuer wird wie auf Seite 67 berechnet und im Verhältnis der Einlagen auf die Kapitalkonten verteilt.

Pflicht zur Offenlegung und Prüfung des Jahresabschlusses

Nur, wenn zwei der folgenden Merkmale erfüllt sind: Bilanzsumme > 65 Mio. EUR, Umsatzerlöse > 130 Mio. EUR, Zahl der Arbeitnehmer > 5 000 (Publizitätsgesetz). Vorschriften siehe AG (vgl. Seite 92).

Mitbestimmung der Arbeitnehmer

Kein Aufsichtsrat, keine Mitbestimmung

Auflösung der Gesellschaft

- durch Zeitablauf; Beschluss der Gesellschafter; gerichtliche Entscheidung aus wichtigem Grund (z. B. grobe Pflichtverletzung eines Gesellschafters); Eröffnung des Insolvenzverfahrens. Das Gesellschaftsvermögen wird in Geld umgesetzt; Schulden werden bezahlt; ein verbleibender Erlös wird im Verhältnis der Kapitalanteile aufgeteilt.
- Tod oder Kündigung eines Gesellschafters lösen die OHG nicht auf. Kündigungsfrist: mangels anderer Abmachung sechs Monate zum Ende des Geschäftsjahres. Der Gesellschafter bzw. seine Erben sind mit den Anteilen abzufinden, die sie bei Auflösung der OHG erhalten würden.

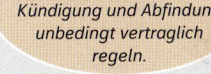

Zur Vermeidung von Streitigkeiten sollte man Kündigung und Abfindung unbedingt vertraglich regeln.

Konkurrenzverbot (Wettbewerbsverbot)

Kein Gesellschafter darf ohne Einwilligung der anderen **in derselben Branche eigene Geschäfte** machen oder sich als persönlich haftender Gesellschafter beteiligen. Tut er es dennoch, haben die Mitgesellschafter ein Schadensersatzrecht gegen ihn. Sie können ihn aus der OHG ausschließen.

Die OHG wurde aus der GbR abgeleitet und weist große Ähnlichkeiten mit ihr auf. Sie berücksichtigt jedoch die Belange gewerblicher Unternehmen besser:

- Einzelgeschäftsführungs- und Einzelvertretungsbefugnis,
- Berücksichtigung der Kapitaleinlage bei der Gewinnverteilung,
- Nichtauflösung der Gesellschaft bei Tod und Kündigung.

Die OHG erfordert den vollen Einsatz der Gesellschafter und ein großes Vertrauen untereinander. Sie ist leicht zu gründen, weil ein Mindestkapital nicht vorgeschrieben ist. Die Vollhaftung der Gesellschafter fördert ihre Kreditwürdigkeit. Sie ist aus diesen Gründen für kleinere und mittlere Unternehmen besonders geeignet.

7.10.3 Kommanditgesellschaft (KG)

> Der alte Einzelunternehmer Franz Weiß hat drei Kinder: Ein Sohn ist Prokurist im Geschäft, ein Sohn ist Arzt mit eigener Praxis, eine Tochter ist Geologin. Weiß möchte das Unternehmen an seine Kinder vererben. Die Umwandlung in eine OHG wäre jedoch ungünstig: Der Mediziner und die Geologin sind geschäftsunkundig und möchten auch nicht mit ihrem ganzen Vermögen für ein Geschäft haften, das sie nicht führen können. Hier bietet sich die Rechtsform der KG an.

Die KG ist wie die OHG eine Gesellschaft, die unter gemeinsamer Firma ein Handelsgewerbe betreibt. Mindestens ein Gesellschafter ist Vollhafter (Komplementär) – wie bei der OHG – und mindestens ein Gesellschafter Teilhafter (Kommanditist). Teilhafter haften für die Schulden der KG nur mit der Haftsumme, einem festen Einlagenbetrag, der ins Handelsregister eingetragen wird.

Gesellschafter können z. B. natürliche oder juristische Personen oder auch Handelsgesellschaften sein (z. B. Mauer GmbH & Klein KG; Mauer GmbH & Co. KG).

Merkmale der KG gemäß §§ 161 – 177a BGB

Den Gesetzestext finden Sie unter www.gesetze-im-internet.de/hgb.

Gründung
Wie die OHG. Die Firma muss den Zusatz „Kommanditgesellschaft" oder „KG" enthalten. Sie darf auch Namen von Teilhaftern enthalten.

Eigenkapital
Wie die OHG. Die Kommanditeinlagen (die Pflichteinlagen der Teilhafter) sind Festbeträge (konstantes Kapital). Im Zweifel entsprechen sie der im Handelsregister eingetragenen Haftsumme. Sie können aber auch davon abweichen. (Jede Änderung der Haftsumme ist ebenfalls einzutragen.)

Geschäftsführung und Vertretung
- **Vollhafter (Komplementäre):** Recht auf Geschäftsführung und Vertretung wie bei der OHG.
- **Teilhafter (Kommanditisten):**
  – Kein Recht auf Geschäftsführung und Vertretung (zwingende Vorschrift!). Keine Pflicht zur Mitarbeit. Teilhafter können aber Prokuristen werden. Entgegen § 52 HGB kann ihnen die Prokura dann nur aus wichtigem Grund entzogen werden.
  – Widerspruchsrecht bei außergewöhnlichen Geschäften und Informationsrecht (am Jahresende Recht auf Abschrift der Bilanz und auf Prüfung der Bücher).

Gewinn- und Verlustverteilung
- Bei ausreichendem Gewinn erhält jeder Gesellschafter zunächst 4 % auf seinen Kapitalanteil. Der Gewinnrest wird „in angemessenem Verhältnis" zwischen Voll- und Teilhaftern verteilt.
- Ein Verlust wird ebenfalls „in angemessenem Verhältnis" verteilt (Teilhafter: nur bis zur Höhe ihrer Einlage).

Um Streitigkeiten zu vermeiden, sollten im Gesellschaftsvertrag genaue Abmachungen erfolgen. Teilhafter haben kein Recht auf Privatentnahmen. Nicht entnommene Gewinne wachsen der Kommanditeinlage auch nicht zu, sondern sind Verbindlichkeiten (Schulden) der KG.

Haftung für die Schulden der Gesellschaft
- **Vollhafter:** Wie bei der OHG.
- **Teilhafter:** auf den Teil der Einlage beschränkt, der im Handelregister als Haftsumme eingetragen ist, gesamtschuldnerisch; unmittelbar nur mit dem Teil der Einlage, der ggf. noch nicht eingezahlt ist.

Besteuerung
Wie bei der OHG.

Pflicht zur Offenlegung und Prüfung des Jahresabschlusses
Wie bei der OHG.

Mitbestimmung der Arbeitnehmer
Kein Aufsichtsrat, keine Mitbestimmung.

Auflösung der Gesellschaft
Wie bei der OHG. Besonderheit: Beim Tod eines Teilhafters treten seine Erben an seine Stelle.

Konkurrenzverbot (Wettbewerbsverbot)
Vollhafter: wie bei der OHG.
Teilhafter: kein Konkurrenzverbot. Aber Treuepflicht: Sie dürfen nichts unternehmen, was die KG direkt schädigt.

Vollhaftern ermöglicht die Aufnahme von Kommanditisten die Finanzierung mit Eigenkapital, ohne dem Geldgeber Einfluss auf die Leitung einzuräumen und ohne den Betrieb mit festen Zinsen zu belasten.

Für den **Kommanditisten** kann es angenehm sein, sich an der Gesellschaft zu beteiligen, ohne Arbeitskraft einzusetzen und voll zu haften. Andererseits ist jedoch das Risiko ziemlich groß. Deshalb sind erhebliche Gewinnerwartungen notwendig, um Kommanditeinlagen zu erhalten.

Die KG eignet sich deshalb ihrer Struktur nach besonders für **Familiengesellschaften**. Ein Vater nimmt z. B. ein Kind als vollberechtigten Partner auf; die übrigen Kinder werden Kommanditisten.

7.10.4 Stille Gesellschaft

Die Firma Friedhelm Bach e. K. braucht dringend eine „Finanzspritze". Zwar laufen die Geschäfte gut, aber gerade deshalb müsste der Geschäftsumfang erweitert werden. Herr Bach könnte einen Kredit oder einen Gesellschafter aufnehmen. Er überlegt:

Nachteile des Kredits:	Vorteile eines Gesellschafters:
• Er kostet Zinsen. • Er haftet nicht. • Er muss zurückgezahlt werden.	• Er nimmt am Verlust teil. • Er haftet. • Er verlangt keine Rückzahlung der Einlage.
Vorteile eines Kredits	**Nachteile eines Gesellschafters:**
• Er bewirkt keine Mitbestimmung anderer Personen. • Die Zinsen sind Aufwendungen und wirken steuermindernd.	• Er will über die Geschäfte der Gesellschaft mitbestimmen. • Er nimmt am unversteuerten Gewinn teil.

Aber Herr Bach findet noch einen anderen Weg, der einen gewissen Kompromiss zwischen den Vor- und Nachteilen darstellt: Sein Freund Dieter Spranger bietet sich als stiller Teilhaber an.

Einzelkaufleute und Handelsgesellschaften können stille Gesellschafter aufnehmen.

Die stille Gesellschaft (§§ 230 – 236 HGB[1]) trägt ihren Namen, weil sie nach außen gar nicht zu erkennen ist. Sie ist sozusagen eine **Innengesellschaft**:

Der Namen des stillen Gesellschafters und seine Einlage werden nicht ins Handelsregister eingetragen; die Firma bleibt unverändert,
- die stille Einlage geht in das Vermögen des Geschäftsinhabers über,
- der stille Gesellschafter hat keine Geschäftsführungs- und Vertretungsbefugnis, kein Widerspruchsrecht, kein Recht auf Privatentnahmen, kein Konkurrenzverbot,
- er kann lediglich die Jahresbilanz anhand der Geschäftsbücher prüfen,
- er haftet für die Schulden der Gesellschaft nur mit seiner Einlage,

---
1 Den Gesetzestext finden Sie unter www.gesetze-im-internet.de/hgb.

- er ist „angemessen" (Gesellschaftsvertrag!) am Gewinn und Verlust zu beteiligen.
- Eine Verlustbeteiligung kann ausgeschlossen werden.
- Im Insolvenzverfahren kann der Teil der Einlage, der den Verlustanteil übersteigt, als Forderung geltend gemacht werden. So wird die Einlage eine Art Darlehen mit Gewinnbeteiligung.
- Die Kündigung erfolgt wie bei der OHG. Der Tod des stillen Gesellschafters löst die Gesellschaft nicht auf; die Einlage wird vererbt.

Die stille Gesellschaft ist keine Handelsgesellschaft, sondern eine „unvollkommene Gesellschaft", weil nur der tätige Teilhaber ein Handelsgewerbe betreibt.

Arbeitsaufträge

1. Der Umsatz des Einzelunternehmers Axel Feist hat sich so vergrößert, dass der Inhaber es für zweckmäßig hält, den Betrieb zu erweitern. Sein technischer Mitarbeiter, Herr Düren, könnte ein geeignetes Grundstück einbringen und einen nennenswerten Barbetrag zur Verfügung stellen. Herr Feist bietet Herrn Düren die Aufnahme als Gesellschafter an. Der Gesellschaftsvertrag sieht unter anderem folgende Bestimmungen vor:

   > I. Herr Feist nimmt Herrn Düren als Gesellschafter in sein Unternehmen auf. Die hierdurch entstandene OHG wird unter der Firmenbezeichnung „Axel Feist" weitergeführt.
   >
   > II. Herr Feist bringt in die OHG seinen Betrieb ein, und zwar so, wie er bis zum 31. Dez. 09 geführt wurde. Der Einbringung wird die berichtigte Bilanz zum 31. Dez. 09 zugrunde gelegt. Das darin ausgewiesene Eigenkapital beträgt 480 000,00 EUR.
   > Herr Düren bringt sein Grundstück Jahnstr. 12 ein. Der Wert wird mit 178 000,00 EUR festgelegt. Außerdem leistet Herr Düren eine Bareinlage von 132 000,00 EUR. Er haftet nicht für die bisherigen Verbindlichkeiten der Firma „Axel Feist".
   >
   > III. Die OHG beginnt am 01. Jan. 10. Sie soll zunächst bis zum 31. Dez. 20 bestehen. Das Gesellschaftsverhältnis verlängert sich anschließend jeweils um 1 Jahr, wenn es nicht von einem der beiden Gesellschafter mit neunmonatiger Frist gekündigt wird.
   >
   > IV. Kündigt ein Gesellschafter, so ist der andere berechtigt, das Unternehmen zu übernehmen und unter der bisherigen Firma weiterzuführen.
   >
   > V. Für die Gewinn- und Verlustverteilung sowie für die Verzinsung der Privatentnahmen und ausstehenden Einlagen gelten die gesetzlichen Bestimmungen.

   a) Ist die vorgesehene Firma der Gesellschaft zulässig?
   b) Welche Form erfordert dieser Gesellschaftsvertrag? Welche Form ist zweckmäßig?
   c) Hat die Eintragung ins Handelsregister hier deklaratorische oder konstitutive Bedeutung?
   d) Herr Düren ist kaufmännisch nicht vorgebildet. Machen Sie ihm den Unterschied zwischen der beschränkten und der unbeschränkten Haftung klar.
   e) Geben Sie weitere Erläuterungen zur Haftung der beiden Gesellschafter.
   f) Kann Herr Düren im Gesellschaftsvertrag die Haftung für die bei seinem Eintritt in die Gesellschaft bestehenden Verbindlichkeiten ausschließen? Nehmen Sie hierzu Stellung.
   g) Das eingebrachte Grundstück geht in das Gesellschaftsvermögen ein. Welche rechtlichen Konsequenzen ergeben sich daraus für Herrn Düren?
   h) Warum soll das Geschäft beim Ausscheiden eines Gesellschafters von dem anderen übernommen werden?
   i) Herr Düren, der von Buchführung nichts versteht, überlässt Herrn Feist die Aufstellung der Bilanz zum Ende des ersten Geschäftsjahrs. Haftet er trotzdem für die Richtigkeit der Bilanz?
   j) Im Jahre 10 werden folgende Privatentnahmen vorgenommen:
   Herr Feist 1 500,00 EUR, Herr Düren 800,00 EUR, jeweils am Monatsende.
   Der Jahresgewinn für das Jahr 10 beträgt laut Gewinn- und Verlustrechnung 105 000,00 EUR. Stellen Sie die Gewinnverteilungstabelle für das Jahr 10 auf.
   k) Welche weiteren Punkte sollten nach Ihrer Ansicht noch im Gesellschaftsvertrag eingehend geregelt werden?

2. Herr Feist und Herr Düren (siehe Arbeitsauftrag 1) nehmen nach Ablauf von zwei Jahren noch einen stillen Gesellschafter in ihre OHG auf. Er bringt 100 000,00 EUR ein.
   a) Welche Gründe könnten dazu führen, dass dieses Kapital nicht über einen Bankkredit beschafft wird?
   b) Ist der stille Gesellschafter am Vermögenszuwachs der Gesellschaft beteiligt?

3. Sieben Jahre nach der Gründung der OHG verstirbt Herr Feist (siehe Arbeitsauftrag 1). Die Gesellschafter hatten im Gesellschaftsvertrag unter anderem festgelegt, dass beim Tode eines Gesellschafters dessen Erben Kommanditisten werden sollen. Bei Herrn Feist sind dies seine Ehefrau und seine beiden Söhne.
   a) Erläutern Sie den Sinn der genannten Bestimmung.
   b) Erläutern Sie, welche Änderungen sich durch den Tod von Herrn Feist ergeben
      - in der Haftung für die Verbindlichkeiten des Unternehmens,
      - im Recht auf Geschäftsführung und Vertretung,
      - bei der Gewinnverteilung.

4. Auf Seite 83 ist der Gesellschaftsvertrag einer OHG abgebildet. Die Gesellschafter nehmen zum 01.01.20.. Gabi Berner als Kommanditistin mit einer Pflichteinlage von 500 000,00 EUR – davon 300 000,00 EUR Haftsumme – auf. Als Gewinnanteil werden 8 % auf die Einlage vereinbart. Für den Fall der Kündigung der Kommanditistin sollen entsprechende Regelungen wie bisher gelten.
   a) Setzen Sie den Gesellschaftsvertrag der KG auf.
   b) Welche Meldungen sind hinsichtlich der KG vorzunehmen?

7.11 Kapitalgesellschaften (Kapitalvereine)

7.11.1 Aktiengesellschaft (AG)

Die AG ist eine Handelsgesellschaft, deren Grundkapital in Aktien zerlegt ist. Sie ist juristische Person und haftet gegenüber Dritten nur mit ihrem Vermögen. Jeder Aktionär haftet also nur in Höhe seiner Aktienbeteiligung.

Wollen Sie Miteigentümer bei Gerber werden? Dann geben Sie Ihrer Bank einen Kaufauftrag über Aktien. Sie wird diese an der Börse für Sie kaufen. Am nächsten Tag gehört Ihnen vielleicht schon ein kleiner Teil von einem großen Unternehmen.

ISIN DE0006541235   Stück 1

Gerber Motorenwerke

Nr. 675934

Der Inhaber dieser Stammaktie ist mit Einem EURO an der Gerber Motorenwerke Aktiengesellschaft, Essen, nach Maßgabe der Satzung als Aktionär beteiligt.

Eine Aktie
Essen, im April 2001
Gerber Motorenwerke Aktiengesellschaft
Der Aufsichtsrat   Der Vorstand
Dr. Peters
                           Fischer
                           Wolf
                           Kontrollunterschrift

Aktie

Allerdings: Diese Stammaktie mit einem Nennwert von 1,00 EUR wird zurzeit zu einem Kurs von 12,40 EUR gehandelt.

M 89

Die AG ist die wichtigste Rechtsform für das **Großunternehmen**. Sie nahm ihren Aufschwung im 19. Jahrhundert, als in der Zeit der großen Industrialisierung wenige Personen das notwendige Kapital für die großen Schifffahrts-, Eisenbahn-, Industrieunternehmen, Versicherungen usw. nicht mehr aufbringen konnten. Man sammelte deshalb über die Banken von vielen (oft zigtausend) Personen Kapital und gab ihnen dafür Anteilsscheine (Aktien, siehe auch Datei *Aktienarten*) an dem zu gründenden Unternehmen. Jeder Aktionär (Aktieneigentümer) ist folglich Miteigentümer seiner AG.

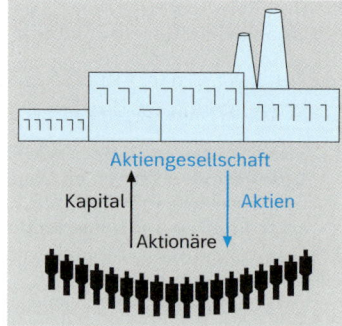

Bei der Gründung der AG ist das **Grundkapital** festzulegen. Dieses ist ein fester Betrag; es ist also konstantes Kapital – wie eine Kommanditeinlage. Es muss mindestens 50 000,00 EUR betragen. Jede Aktie ist ein fester Bruchteil des Grundkapitals. Der Bruchteilswert darf 1,00 EUR nicht unterschreiten. (Bei einem Grundkapital von 50 000,00 EUR können folglich höchstens 50 000 Aktien ausgegeben werden.)

Der Aktionär kann seine Aktien verkaufen. Spezielle Märkte für den Aktienhandel sind die Wertpapierbörsen. Dort bilden sich durch Angebot und Nachfrage Preise (sog. Kurse). Die Aktien von etwa 1 150 der rund 15 400 deutschen AGs sind zum Handel an Börsen zugelassen (börsennotierte AGs). Der Inhaber börsennotierter Aktien kann sich durch Verkauf also jederzeit Liquidität verschaffen.

Hinweis: Aktien sind Wertpapiere. Siehe Übersicht *Wertpapiere* im BuchPlusWeb. Aktien werden heutzutage nicht mehr als Urkunden (siehe Abb. oben) ausgegeben. Sie sind nur noch Eigentumsrechte.

Die AG handelt durch **Organe**:

- **Hauptversammlung (HV):** Versammlung der Aktionäre. Sie wählt die Aktionärsvertreter des Aufsichtsrats nach den Mitbestimmungsregeln (siehe Übersicht „Merkmale der AG"); fasst grundsätzliche Beschlüsse (v. a. Verteilung des Bilanzgewinns, Satzungsänderungen – z. B. Erhöhung und Herabsetzung des Grundkapitals, Auflösung der AG, Bestellung von Prüfern, Entlastung von Vorstand und AR). Die Aktionäre üben ihr Stimmrecht gemäß ihrem Aktienanteil aus (je Aktie eine Stimme).

- **Aufsichtsrat[1] (AR):** Für vier Jahre gewählt. Er bestellt, überwacht und entlässt (nur aus

Wichtige Aktienmehrheiten:
- **75 % = qualifizierte Mehrheit** (erforderlich für Grundlagenbeschlüsse, Satzungsänderungen Auflösung der AG)
- **50 % + 1 Aktie = einfache Mehrheit** (erforderlich für alle anderen Beschlüsse)
- **25 % + 1 Aktie = Sperrminorität** (erforderlich zur Verhinderung von unerwünschten Grundlagenbeschlüssen)

Hauptversammlung

wichtigem Grund!) den Vorstand; beschließt über die Feststellung (Billigung) des Jahresabschlusses; beruft eine außerordentliche HV ein. Zusammensetzung siehe Übersicht „Merkmale der AG".

---

[1] Aufsichtsräte sind nicht angestellt, sondern selbstständig tätig. Eine Person darf höchstens zehn Aufsichtsratsmandate ausüben.

- **Vorstand:** Für fünf Jahre bestellt; Angestellte(r) der AG; mindestens eine Person, bei AGs mit mehr als 3 Mio. EUR Grundkapital mindestens zwei Personen. Er leitet die AG; berichtet an den AR; erstellt den Jahresabschluss; beruft einmal im Jahr die ordentliche HV ein; beantragt das Insolvenzverfahren.

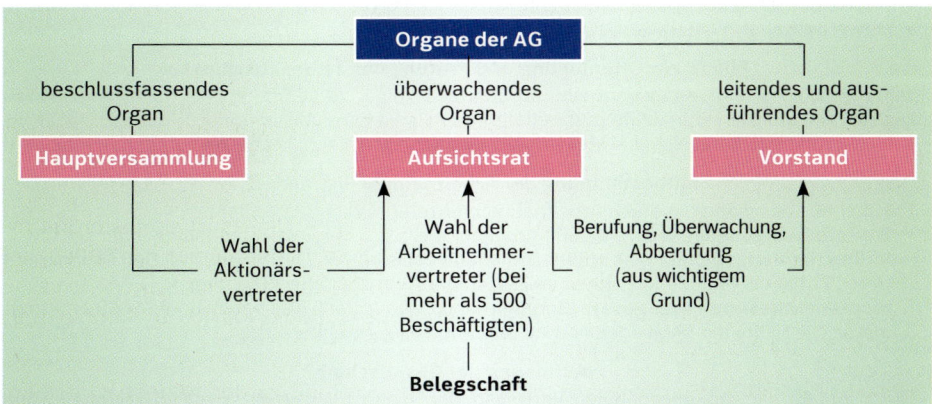

Merkmale der AG gemäß *Aktiengesetz (AktG)*

Den Gesetzestext finden Sie unter www.gesetze-im-internet.de/aktg.

Gründung
1. Aufstellung einer notariell beurkundeten Satzung durch die Gründer (eine oder mehrere Personen). **Firma:** Personen-, Sach- oder Fantasiefirma mit dem Zusatz „Aktiengesellschaft" oder „AG".
2. Die Gründer „übernehmen" alle Aktien (= Verpflichtung zur Einzahlung). Sie bestellen notariell beurkundet den ersten Aufsichtsrat und einen Abschlussprüfer für das erste Geschäftsjahr. Eine Gründungsprüfung ist z. B. bei Sachgründung (Einbringung von Sachwerten als Grundkapital) und Interessenkonflikten nötig. Der Aufsichtsrat bestellt den ersten Vorstand.
3. Alle Gründer, Vorstands- und Aufsichtsratsmitglieder melden die AG zum Handelsregister an. Durch die Eintragung entsteht die AG als juristische Person. Die Eintragung wird bekannt gemacht, die Aktienurkunden werden ausgegeben. Voraussetzung für die Anmeldung: Alle Sacheinlagen müssen voll, die Geldeinlagen zu mindestens 25 % jedes Aktienbruchteils geleistet sein.

Eigenkapital
Das gesamte Eigenkapital setzt sich zusammen aus
- **Grundkapital** (in der Bilanz „gezeichnetes Kapital" genannt; ist konstantes Kapital)
- **Kapitalrücklage** (besteht aus Zuzahlungen; Aktien werden z. B. meist zu einem höheren Betrag als ihrem Bruchteilswert ausgegeben. Die Differenz (Agio) wird Kapitalrücklage.)
- **Gewinnrücklagen** (Teile des Jahresüberschusses, die in das Eigenkapital eingestellt wurden: gesetzliche Rücklage[1] und freie Rücklagen)
- **Jahresüberschuss/-fehlbetrag**
- **Gewinn-/Verlustvortrag** (Gewinnrest/Verlust zur Verrechnung mit dem Ergebnis des Folgejahres)

Geschäftsführung und Vertretung
Vorstand: führt die Geschäfte in eigener Verantwortung (unabhängig von Weisungen der Aktionäre) und vertritt die AG nach außen unbeschränkbar. Wenn die Satzung nichts anderes vorsieht, liegt Gesamtgeschäftsführungsbefugnis vor. Sie kann z. B. durch Satzung oder HV beschränkt werden.

Gewinn- und Verlustverteilung
Bestimmt die Satzung nichts anderes, kann der Vorstand nach Einstellung der gesetzlichen Rücklage bis 50 % vom Rest des Jahresüberschusses in andere Gewinnrücklagen einstellen. Die HV kann weitere Rücklagen bilden. Der Rest wird als Dividende im Verhältnis der Aktienanteile ausgeschüttet. Verluste werden aus den Rücklagen gedeckt. Übersteigt der Verlust das Eigenkapital, liegt Überschuldung vor. Der Vorstand muss Insolvenz anmelden.

---

[1] Gesetzlich vorgeschriebene Mindestrücklage: 5 % des Jahresüberschusses, gemindert um einen Verlustvortrag aus dem Vorjahr, sind so lange einzustellen, bis die gesetzliche Rücklage und die Kapitalrücklage zusammen 10 % des Grundkapitals ausmachen.

Haftung für die Schulden der Gesellschaft
Die Haftung ist auf das Vermögen der AG beschränkt.

Besteuerung
- **Körperschaftsteuer:** 15 % vom Jahresüberschuss (Gewinn)
- **Kapitalertragsteuer** (Art der Einkommensteuer): 25 % vom ausgeschütteten Gewinn (Dividende)
- **Gewerbesteuer:** Vom Gewerbeertrag.

Pflicht zur Offenlegung und Prüfung des Jahresabschlusses
Jahresabschluss und Lagebericht sind im Bundesanzeiger zu veröffentlichen und zum Handelsregister einzureichen. Für kleine und mittelgroße AGs ist die Publizitätspflicht eingeschränkt. Abschlussprüfung fällt an (nicht bei kleinen AGs). Vorschriften hierzu: siehe Text unter der Tabelle.

Mitbestimmung der Arbeitnehmer (vgl. auch S. 22)
Bei über 500 Beschäftigten durch Arbeitnehmervertreter (AV) im Aufsichtsrat.
- **Drittelbeteiligungsgesetz** (bis 2 000 Arbeitnehmer): 1/3 der Aufsichtsratsmitglieder sind AV;
- **Mitbestimmungsgesetz:** Die Hälfte der Mitglieder sind AV. Der Vorsitzende ist Aktionärsvertreter. Er hat bei Stimmengleichheit im 2. Wahlgang ein doppeltes Stimmrecht;
- **Montanmitbestimmungsgesetz** (Bergbau- und Eisen-/Stahl-AGs mit mehr als 1 000 Arbeitnehmern): Die Hälfte der Mitglieder sind AV. Sie sind völlig gleichberechtigt.

Auflösung der Gesellschaft
Durch Ablauf der satzungsmäßigen Vertragsdauer; durch HV-Beschluss mit ¾-Mehrheit; durch Liquidation nach Abschluss eines Insolvenzverfahrens; durch Eröffnung des Insolvenzverfahrens.

Konkurrenzverbot (Wettbewerbsverbot)
Besteht für die Vorstandsmitglieder während ihrer Tätigkeit. Nicht für die Aktionäre.

Vorschriften zur Offenlegung und Prüfung des Jahresabschlusses:

§§ 267 und 267a HGB teilen die Kapitalgesellschaften – und damit die AGs – in Größenklassen ein: in kleinste, kleine, mittelgroße und große Gesellschaften Die Zuordnung zu einer Größenklasse ist maßgeblich für den Umfang des Jahresabschlusses, die Pflicht zur Abschlussprüfung und das Ausmaß der Offenlegung.

Börsennotierte AGs gelten stets als große Gesellschaften (§ 267 Abs. 3 HGB). Ansonsten gilt folgende Zuordnung, wenn in zwei aufeinanderfolgenden Jahren zwei der Merkmale *Bilanzsumme, Umsatzerlöse, Arbeitnehmer* vorliegen.

\multicolumn{5}{c}{Größenklassen von Kapitalgesellschaften und gleichgestellten Gesellschaften (§ 267 HGB[1])}
Merkmale	**Kleinstgesellschaft**	**Kleine Gesellschaft**	**Mittelgroße Ges.**	**Große Gesellschaft**
Bilanzsumme	bis 350 000,00 EUR	bis 6 Mio. EUR	bis 20 Mio. EUR	über 20 Mio. EUR
Umsatzerlöse	bis 700 000,00 EUR	bis 12 Mio. EUR	bis 40 Mio. EUR	über 40 Mio. EUR
Arbeitnehmerzahl	bis 10	bis 50	bis 250	über 250
\multicolumn{5}{c}{Erstellung (§ 264 HGB)}
Umfang	Bilanz, GuV-Rechn. (beide verkürzt)	Bilanz, GuV-Rechn. (bd. verkürzt), Anhang	Bilanz, GuV-Rechnung, Anhang, Lagebericht	
\multicolumn{5}{c}{Prüfung (§ 316 HGB)}
Umfang	Keine Prüfung		Bilanz, GuV-Rechnung, Anhang, Lagebericht	
\multicolumn{5}{c}{Offenlegung (Publizitätspflicht) (§§ 325 ff. HGB)}
Umfang	Bilanz, Anhang (verkürzt)		Bilanz, GuV.-Rechn. (bd. verkürzt), Anhang, Lagebericht	Bilanz, GuV.-Rechn., Anhang, Lagebericht
Form	Einreichung zum elektronischen Bundesanzeiger			
Frist	Unverzüglich nach Vorlage an die Gesellschafter, spätestens 12 Monate nach dem Anschlusstag (kapitalmarktorientierte Gesellschaften: 4 Monate)			

Die eingereichten Daten können unter www.unternehmensregister.de eingesehen werden.

---

[1] www.gesetze-im-internet.de/hgb

Finanzierungsvorteile der Rechtsform:
Die AG ist nach wie vor die typische Rechtsform für Großunternehmen. Die Aktien sind in der Regel klein gestückelt, das Haftungsrisiko des Aktionärs ist beschränkt. Börsennotierte Aktien können jederzeit ge- und verkauft werden. Dies sichert den großen AGs einen großen Anlegerkreis.

Die Hauptversammlung kann bei Kapitalbedarf eine **Erhöhung des Grundkapitals** beschließen. Durch Ausgabe neuer Aktien können dann von interessierten Anlegern Millionen, ja sogar Milliarden Euro eingesammelt werden.

Darüber hinaus können AGs **Anleihen** auflegen und so einfach große Mengen Fremdkapital erhalten. Dies geschieht oft im Umfang von mehreren 100 Mio. EUR.

Kosten der Rechtsform:
Diesen Finanzierungsvorteilen stehen **hohe Kosten** gegenüber: für die Herausgabe der Aktien, für notarielle Beurkundungen, für Gründungs- und Abschlussprüfungen, für Aufsichtsräte, für die Einberufung und Durchführung von Hauptversammlungen, für die Offenlegung des Jahresabschlusses, ggf. für Börsenzulassungen und Erfüllung von Börsenpflichten.

Neben der AG nach deutschem Recht gibt es die **Europäische Aktiengesellschaft** (Societas Europaea, SE) nach EU-Recht. Sie bringt Vorteile für Gesellschaften mit mehreren Standorten in Europa. (Einzelheiten siehe Datei *Europäische Unternehmensformen*.)

M 93

7.11.2 Gesellschaft mit beschränkter Haftung (GmbH)

> Die Bäcker Anita Steiger und Karl Rosenthal und der Kaufmann Matthias Hansen wollen eine Großbäckerei für Vollkorn-Backwaren gründen. Eines der zu lösenden Probleme ist die Wahl der optimalen Rechtsform. Einerseits wollen alle drei die Geschäfte führen. Dies wäre bei der OHG möglich. Andererseits wollen sie aber nicht mit ihrem gesamten Vermögen für die Schulden der Gesellschaft haften. Denn dies könnte im Fall der Zahlungsunfähigkeit ihre gesamte Existenz ruinieren. Sie denken deshalb an die Gründung einer GmbH, obwohl sie wissen, dass die eingeschränkte Haftung bei dieser Rechtsform mit zusätzlichen Kosten und Pflichten erkauft werden muss.

Die GmbH ist eine Handelsgesellschaft, deren Stammkapital in Stammeinlagen zerlegt ist. Sie ist juristische Person und haftet gegenüber Dritten nur mit ihrem Vermögen. Jeder Gesellschafter haftet also nur in Höhe seiner Einlage.

Die GmbH weist neben der beschränkten Haftung Ähnlichkeiten mit der AG auf:

- Die GmbH hat eine **Satzung**.
- Das **Stammkapital** ist konstant (wie Grundkapital); Mindestbetrag 25 000,00 EUR.
- Den Aktien der AG entsprechen **Stammeinlagen** der GmbH-Gesellschafter. Sie bestimmen den Umfang ihres Geschäftsanteils. Sie sind kein fester Bruchteil des Stammkapitals, sondern ihre Höhe kann frei vereinbart werden. Mindestbetrag: 1,00 EUR.
Verbriefung in Urkunden, Veräußerung und Vererbung sind möglich. Veräußerung: durch Abtretung in notariell beurkundeter Form. Zur Erschwerung des Gesellschafterwechsels bindet die Satzung die Abtretung oft an die Genehmigung durch die GmbH.
- Die GmbH hat ähnliche **Organe** wie die AG. Ein Aufsichtsrat ist jedoch nur bei mehr als 500 Beschäftigten vorgeschrieben. Für seine Zusammensetzung gelten dann die Mitbestimmungsgesetze (siehe Seite 92).

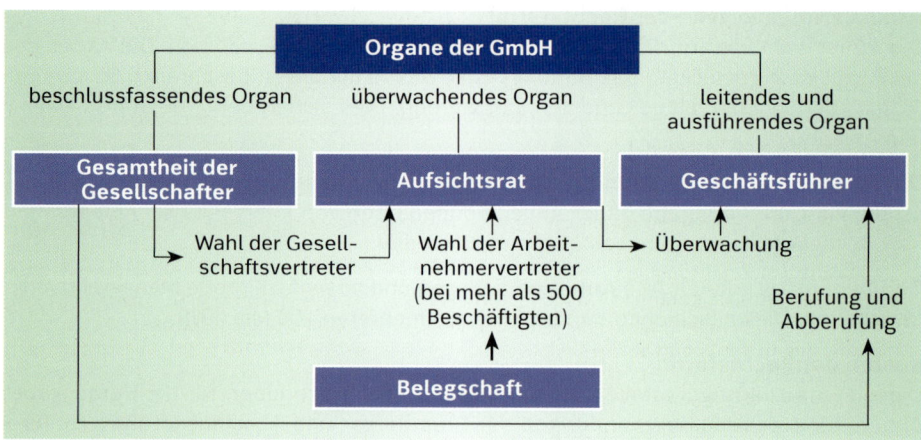

- **Gesamtheit der Gesellschafter:**
  GmbH-Gesellschafter haben eine wesentlich stärkere Stellung als Aktionäre. Sie können selbst ihre Aufgaben in der Satzung festlegen. Unterlassen sie dies, so nennt § 46 GmbHG insbesondere folgende Aufgaben:
  - Feststellung des Jahresabschlusses und Verwendung des Ergebnisses,
  - Teilung sowie Einziehung von Geschäftsanteilen,
  - Bestellung, Entlastung, Abberufung von Geschäftsführern,
  - Maßregeln zur Prüfung und Überwachung der Geschäftsführer,
  - Bestellung von Prokuristen und Generalhandlungsbevollmächtigten,
  - Geltendmachung von Ersatzansprüchen gegen Geschäftsführer/Mitgesellschafter,
  - Vertretung der GmbH in Prozessen gegen die Geschäftsführer.

  Beschlussfassung: in Gesellschafterversammlungen. Jeder Euro eines Geschäftsanteils gewährt eine Stimme.

- **Aufsichtsrat:**
  Für vier Jahre gewählt. Seine Aufgaben können weitgehend in der Satzung festgelegt werden. Ist dies nicht der Fall, so hat er im Wesentlichen folgende Aufgaben:
  - Er kann jederzeit von den Geschäftsführern einen Bericht über die Angelegenheiten der Gesellschaft verlangen.
  - Er kann die Bücher prüfen.
  - Er prüft den Jahresabschluss und Lagebericht.

Der große Vorteil der GmbH: volle Handlungsfreiheit bei beschränkter Haftung.

- **Geschäftsführer:**
  Kleinere GmbHs: Die Gesellschafter bestellen sich i. d. R. selbst zu Geschäftsführern (sog. Personal-GmbH). Sie sind dann zugleich Unternehmer und Angestellte (und beziehen ein Gehalt).
  Größere GmbHs: Sie sind oft „Töchter" anderer Unternehmen. Die Muttergesellschaft setzt dann Nicht-Gesellschafter als Geschäftsführer ein (Kapital-GmbH).
  Bestellung der Geschäftsführer (mindestens eine Person): durch Satzung oder Gesellschafterbeschluss. Abberufung ist jederzeit möglich. Sie leiten die GmbH nach den Weisungen der Gesellschafter, stellen den Jahresabschluss auf und beantragen das Insolvenzverfahren. Sie haften der GmbH als Gesamtschuldner für Schäden aufgrund von Pflichtverletzungen.

Merkmale der GmbH gemäß *GmbH-Gesetz (GmbHG)*

Den Gesetzestext finden Sie unter www.gesetze-im-internet.de/gmbhg.

Gründung

1. Aufstellung einer notariell beurkundeten Satzung durch die Gründer (eine oder mehrere Personen). Firma: Personen-, Sach- oder Fantasiefirma mit dem Zusatz „Gesellschaft mit beschränkter Haftung" oder „GmbH". Hat die GmbH nur einen Gesellschafter, liegt eine Ein-Mann-GmbH vor.
2. Die Gründer übernehmen alle Stammeinlagen; bestellen Geschäftsführer. Keine Gründungsprüfung.
3. Alle Geschäftsführer melden die GmbH zum Handelsregister an. Erst durch die Eintragung entsteht die GmbH als Kaufmann und juristische Person. Eintragung wird bekannt gemacht. Voraussetzung für die Anmeldung: Jede Stammeinlage zu mindestens 25 % eingezahlt (soweit nicht Sacheinlagen vereinbart sind). Gesamtbetrag aller eingebrachten Stammeinlagen: mindestens 12 500,00 EUR.
4. Vereinfachte Gründung möglich, wenn die GmbH höchstens drei Gesellschafter und einen Geschäftsführer hat. Das *Musterprotokoll* in der Anlage zum GmbH-Gesetz ist zu verwenden. Weitere vom Gesetz abweichende Bestimmungen dürfen nicht getroffen werden.

M 95

Eigenkapital

Das gesamte Eigenkapital setzt sich zusammen aus
- **Stammkapital** (in der Bilanz „gezeichnetes Kapital" genannt; ist konstantes Kapital)
- **Kapitalrücklage**
- **Gewinnrücklagen** (keine gesetzliche Rücklage!)
- **Jahresüberschuss/-fehlbetrag**
- **Gewinn-/Verlustvortrag**

Die Satzung kann eine betragsmäßig beschränkte oder unbeschränkte **Nachschusspflicht** (Nachzahlungspflicht) vorsehen. (Vorsicht bei Eintritt in eine bestehende GmbH!) Die Nachschüsse gehen in die Kapitalrücklage ein. Von der unbeschränkten Nachschusspflicht kann ein Gesellschafter sich nur befreien, indem er auf seinen Geschäftsanteil zugunsten der GmbH verzichtet (Abandonrecht). Wie bei der AG kann das gezeichnete Kapital durch **Kapitalerhöhung** geändert werden. Dafür sind von den bisherigen oder neuen Gesellschaftern zusätzliche Stammeinlagen zu leisten.

Geschäftsführung und Vertretung

Die Geschäftsführer führen die Geschäfte; anders als der Vorstand der AG nicht in eigener Verantwortung, sondern im Rahmen von Recht und Satzung nach den Weisungen der Gesellschafter. Wenn die Satzung nichts anderes vorsieht, handelt es sich um Gesamtgeschäftsführungsbefugnis. Es ist zweckmäßig, den Umfang ihrer Aufgaben im Dienstvertrag genau festzulegen.
Die Geschäftsführer vertreten die GmbH nach außen unbeschränkbar. Im Innenverhältnis sind Beschränkungen durch Satzung oder Gesellschafterbeschlüsse möglich.

Gewinn- und Verlustverteilung

Die Gesellschafter können Teile des Jahresüberschusses in die Gewinnrücklagen einstellen. Gewinn- und Verlustrückstellungen werden verrechnet. Der Rest wird im Verhältnis der Geschäftsanteile ausgeschüttet. Verluste werden aus den Rücklagen gedeckt. Übersteigt der Verlust das Eigenkapital, liegt Überschuldung vor. Die Geschäftsführer müssen dann Insolvenz anmelden.

Haftung für die Schulden der Gesellschaft

Die Haftung ist auf das Vermögen der GmbH beschränkt.

Besteuerung

- **Körperschaftsteuer:** 15 % vom Jahresüberschuss (Gewinn)
- **Kapitalertragsteuer** (Art der Einkommensteuer): 25 % vom ausgeschütteten Gewinn
- **Gewerbesteuer:** Vom Gewerbeertrag.

Pflicht zur Offenlegung und Prüfung des Jahresabschlusses

Der Jahresabschluss und ein Lagebericht sind im Bundesanzeiger zu veröffentlichen und zum Handelsregister einzureichen. Für kleine und mittelgroße GmbHs ist die Publizitätspflicht eingeschränkt. Abschlussprüfung fällt an (nicht für kleine GmbHs). Vorschriften wie bei der AG (siehe S. 92).

Mitbestimmung der Arbeitnehmer (AN) (vgl. auch S. 22)

Bei über 500 Beschäftigten durch Arbeitnehmervertreter (AV) im Aufsichtsrat.
- **Drittelbeteiligungsgesetz** (bis 2000 AN): 1/3 der Aufsichtsratsmitglieder sind AV;
- **Mitbestimmungsgesetz** (mehr als 2000 AN): Die Hälfte der Mitglieder sind AV. Der Vorsitzende ist Gesellschaftervertreter. Er hat bei Stimmengleichheit im 2. Wahlgang ein doppeltes Stimmrecht;
- **Montanmitbestimmungsgesetz** (Bergbau- und Eisen-/Stahl-GmbHs mit mehr als 1000 AN): Die Hälfte der Mitglieder sind AV. Sie sind völlig gleichberechtigt.

Auflösung der Gesellschaft

Durch Ablauf der satzungsmäßigen Vertragsdauer; durch Gesellschafterbeschluss mit ¾-Mehrheit; durch Liquidation nach Abschluss eines Insolvenzverfahrens; durch Eröffnung des Insolvenzverfahrens.

Konkurrenzverbot (Wettbewerbsverbot)

- **Geschäftsführer:** Ergibt sich aus der Treuepflicht von Arbeitnehmern.
- **Gesellschafter:** Keine Regelung im GmbHG. Wird in der Regel vertraglich vereinbart.

Man trifft die GmbH häufig als Familien-GmbH oder als Ein-Mann-GmbH an. Aber auch sonst ist sie die häufigste Rechtsform für mittelständische Unternehmen, denn:
- Die Gründung ist mit wenig Kapital möglich.
- Die Haftung ist auf das Gesellschaftsvermögen beschränkt.
- Die Gesellschafter haben sehr weitgehende Handlungsfreiheit.
- Die Gründungs- und Verwaltungskosten sind niedriger als bei der AG.
- Die Gesellschaft endet nicht beim Tod oder Ausscheiden einzelner Gesellschafter.

Man sagt deshalb gern: „Die GmbH ist die AG des kleinen Mannes."

Wer eine GmbH gründet, sollte sich allerdings folgender **Risiken** bewusst sein:
- Die GmbH ist wegen der Haftungsbeschränkung vergleichsweise wenig kreditwürdig.
- Die Banken sichern sich bei Krediten an eine GmbH regelmäßig ab, indem sie mit den Gesellschaftern zusätzlich deren persönliche Haftung vereinbaren.
- In bestimmten Fällen sieht die Rechtsprechung eine **Durchgriffshaftung** auf das Gesamtvermögen des/der Gesellschafter(s) vor:
  - wenn die Gesellschafter die GmbH mit zu wenig Kapital ausstatten (Unterkapitalisierung) oder ihr zu viel Kapital entziehen (z. B. durch hohe Gewinnausschüttung),
  - wenn der Gesellschafter einer Ein-Mann-GmbH als Geschäftsführer Pflichtverletzungen begeht (z. B. eine Insolvenz nicht rechtzeitig anmeldet).

Für die GmbH gelten die gleichen größenklassenabhängigen Prüfungs- und Offenlegungspflichten wie für die AG (siehe Seite 92).

Zur Erleichterung von Existenzgründungen hat der Gesetzgeber 2008 eine Sonderform der GmbH geschaffen: die **haftungsbeschränkte Unternehmergesellschaft** (oft auch „Mini-GmbH") genannt. Sie gestattet Unternehmensgründungen mit kleinsten Kapitalbeträgen unter Ausschluss der persönlichen Haftung.

Unternehmergesellschaft (haftungsbeschränkt) *(§ 5a GmbHG)*

Firma
Die Firma muss die Bezeichnung **Unternehmergesellschaft (haftungsbeschränkt)** oder **UG (haftungsbeschränkt)** führen.

Kapital
Das Stammkapital muss mindestens 1,00 EUR je Gesellschafter betragen.

Gründung
Für die Gründung ist zwingend ein Musterprotokoll aus dem Anhang des GmbH-Gesetzes zu verwenden. Es gibt zwei Gründungsvarianten:
- Gründung einer Einpersonengesellschaft,
- Gründung einer Gesellschaft mit bis zu drei Gesellschaftern mit einem Geschäftsführer.

Der Gesellschaftsvertrag muss notariell beurkundet werden. Die Anmeldung beim Handelsregister erfolgt durch den Notar. Die Eintragung beim Handelsregister erfolgt unverzüglich, auch wenn eine notwendige gewerberechtliche Genehmigung fehlt. Wird sie nicht binnen drei Monaten nachgereicht, ist die Eintragung vom Gericht zu löschen.

Durch die Verwendung des standardisierten Musterprotokolls sind die Gründungskosten erheblich niedriger als bei einer „normalen" GmbH. Die Anmeldung beim Handelsregister darf erst erfolgen, wenn das Stammkapital in voller Höhe eingezahlt ist. Sacheinlagen sind ausgeschlossen. Das *Musterprotokoll* sieht vor, dass die Gründer die Gründungskosten selbst tragen müssen, wenn diese das Kapital der Gesellschaft übersteigen.

Rücklagenbildung
Es ist eine gesetzliche Rücklage zu bilden, in die jährlich ein Viertel des um einen Verlustvortrag aus dem Vorjahr geminderten Jahresüberschusses einzustellen ist. Wenn die Rücklage in Stammkapital umgewandelt wird und dieses den Betrag von 25 000,00 EUR erreicht hat, entfällt die Pflicht zur Bildung weiterer Rücklagen. Der Firmenzusatz „UG haftungsbeschränkt" darf (nicht: muss) dann in „GmbH" geändert werden.

M 97

Die Kosten, die bei der Gründung der UG (haftungsbeschränkt) zu berücksichtigen sind, sind recht niedrig.

Kosten (Nordrhein-Westfalen; andere Bundesländer ähnlich):

Notargebühren:	40,00 EUR
Gewerbeanmeldung:	20,00 EUR
Handelsregisteranmeldung:	101,00 EUR
	161,00 EUR
Firmenkonto:	5,00 EUR – 10,00 EUR monatlich
IHK-Betrag:	120,00 EUR – 240,00 EUR pro Jahr

Wesentliche Nachteile der UG (haftungsbeschränkt) aufgrund des extrem niedrigen Eigenkapitals:
- Die Geschäftspartner verlangen auch bei kleinen Rechnungsbeträgen oft Vorkasse.
- Selbst bei niedrigen Schulden besteht ständig die Gefahr der Überschuldung. (Bei Überschuldung ist das Insolvenzverfahren zu beantragen.)

7.11.3 Kommanditgesellschaft auf Aktien

(§§ 278 – 289 AktG)

Die KGaA ist eine Kombination von Kommanditgesellschaft und Aktiengesellschaft. Mindestens ein *Komplementär* haftet gegenüber Dritten unbeschränkt. Anstelle der Kommanditisten gibt es *Kommanditaktionäre*. Sie sind an dem in Aktien zerlegten Grundkapital beteiligt, ohne persönlich für die Schulden der KGaA zu haften.

Für das Rechtsverhältnis der Komplementäre gelten die HGB-Vorschriften über die KG, im Übrigen die Vorschriften des Aktiengesetzes. Die Komplementäre haben kraft Gesetzes die Geschäftsführungs- und Vertretungsbefugnis. Anders als der Vorstand der AG werden sie nicht vom Aufsichtsrat bestellt und ggf. abberufen.

Die KGaA war früher sehr selten; sie nimmt jedoch allmählich zu. 2010 gab es in Deutschland mindestens 240 KGaAs. Die Rechtsform eignet sich vor allem für Familienunternehmen, die über die Ausgabe von Aktien einen großen Kapitalbedarf decken wollen. Die Familienmitglieder werden Vollhafter und behalten damit den entscheidenden Einfluss. Alternative: Eine GmbH oder AG, deren Gesellschafter/Aktionäre die Familienmitglieder sind, wird Vollhafter. So lässt sich sogar die persönliche Haftung ausschließen.

Die DAX-Unternehmen Henkel, Merck, Fresenius und Fresenius Medical Care sind KGaAs.

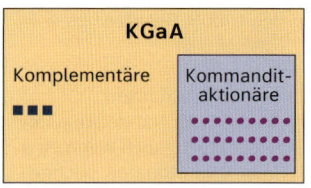
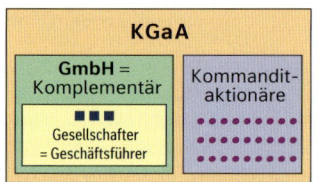
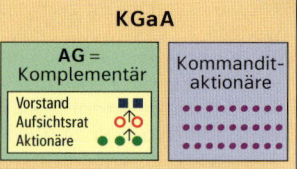

7.12 GmbH & Co. KG

Die Pumpenfabrik Quack GmbH & Co. KG ist eine Kommanditgesellschaft. Ihr Komplementär ist die Quack GmbH. Einziger Gesellschafter und zugleich Geschäftsführer der Quack GmbH ist Hubert Quack. Die rechtliche Konstruktion der GmbH & Co. KG gestattet es ihm, allein die Geschäfte zu führen und die Gesellschaft nach außen zu vertreten, ohne andererseits mit seinem privaten Vermögen für die Schulden der KG haften zu müssen. Hubert Quack ist zugleich Kommanditist. Kommanditisten sind auch seine Brüder Andreas und Hans, die lediglich ihr väterliches Erbteil im Unternehmen angelegt haben, ansonsten jedoch eine Anwaltspraxis betreiben. Sie haben kein Recht auf Geschäftsführung und Vertretung.

Bekanntlich kann auch eine juristische Person, z. B. eine GmbH oder eine AG, voll haftender Gesellschafter der KG sein. Wie das Beispiel zeigt, lassen sich so uneingeschränkte Geschäftsführung und beschränkte Haftung miteinander verbinden. Deshalb wird insbesondere die Rechtsform der GmbH & Co. KG häufig gewählt.

Beispiel: GmbH & Co. KG

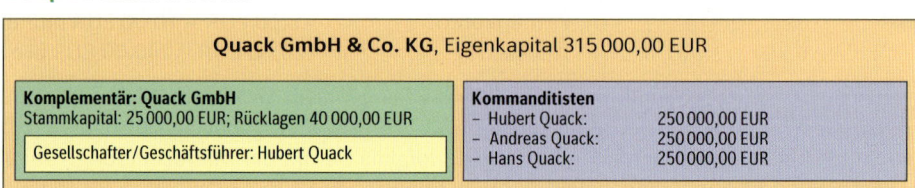

Das Beispiel zeigt eine Konstruktion, die der KGaA mit GmbH-Komplementär entspricht. Während die KGaA jedoch für Großunternehmen geeignet ist, wird die GmbH & Co. KG gern für kleine und mittlere Familienunternehmen gewählt.

Dabei lässt sich die **Arbeitnehmermitbestimmung** im Aufsichtsrat ausschalten: Man hält die Arbeitnehmerzahl der GmbH unter 500; dann ist kein Aufsichtsrat zu bilden.

Einschränkung: Wenn die GmbH & Co. KG mehr als 2000 Arbeitnehmer hat und die Mehrheit der Kommanditanteile zugleich die Mehrheit der GmbH-Anteile besitzt, werden die Arbeitnehmer der GmbH zugerechnet, und es ist ein Aufsichtsrat nach dem Mitbestimmungsgesetz zu bilden.

Hat allerdings die GmbH selbst mehr als 500 Arbeitnehmer, so unterbleibt die Zurechnung, und es ist nur ein Aufsichtsrat nach Betriebsverfassungsgesetz zu bilden.

Die **Prüfungs- und Offenlegungspflichten** für Kapitalgesellschaften (siehe S. 92) gelten auch für die GmbH & Co. KG, wenn die GmbH ihr einziger vollhaftender Gesellschafter ist.

7 Unternehmensgründung, Kaufleute, Rechtsformen

Arbeitsaufträge

1. **Auf Seite 89 finden Sie eine Karikatur zur Umwandlung eines Handwerksbetriebs in eine AG und zu einem beabsichtigten Börsengang.**
   a) Ist die angesprochene Umwandlung grundsätzlich möglich? Erläutern Sie die Voraussetzungen, an die sie geknüpft ist.
   b) Beurteilen Sie, ob die AG im vorliegenden Fall die geeignete Rechtsform ist.
   c) Informieren Sie sich im Internet über den Sachverhalt Börsenzulassung und beurteilen Sie die Chancen für eine solche Zulassung im vorliegenden Fall.

2. **Auf Seite 89 ist auch eine Aktie der Gerber Motorenwerke AG abgebildet. Nehmen wir an, Anita Kreuter habe ihrem Sohn Rainer nach bestandener Berufsabschlussprüfung 100 dieser Aktien geschenkt.**

   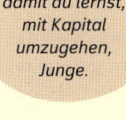
   ... damit du lernst, mit Kapital umzugehen, Junge.

   a) Wie kann R. Kreuter das Eigentum an den Aktien auf eine andere Person übertragen?
   b) Laut dem Text der Aktie handelt es sich um eine Stammaktie. Erläutern Sie diesen Begriff sowie die Rechte, die der Eigentümer der Aktie hat.
   c) Mit welchem Wert ist R. Kreuter insgesamt an der AG beteiligt?
   d) Wie wird die Summe aller Beteiligungswerte bezeichnet? Ist sie das Eigenkapital der AG?
   e) Die Gerber-Aktien sind an mehreren deutschen Börsen zum Handel zugelassen. An jeder Börse bilden sich aus Angebot und Nachfrage täglich Preise (Aktienkurse). In den Internetauftritten von Fachzeitungen und Banken kann man die Kursbildung laufend verfolgen (siehe z. B. www.ing-diba.de unter *Wertpapiere/Börsen+Märkte/Aktienindizes*). Zu welchem Kurs hätte R. Kreuter seine Aktien am 25. März (24. März) verkaufen können?

	25.03.	24.03.	52 Wo hoch	52 Wo tief
FBP Holding*	160,00 G	161,00 G	175,10	157,48
GarantSchuh VA°	70,50 b	71,20 b	74,00	68,45
Gerber*	12,40 b	12,35 b	13,29	12,10
Gesco*	17,55 G	17,50 G	24,08	16,00
Henkel St°	61,50 G	61,76 G	81,30	52,66

   Erläuterungen: * Kurs in EUR f. Nennw. von 1,00 EUR/ ° Kurs in EUR f. nennwertlose Aktie/ b bezahlt. Unlimitierte und zum festgestellten Kurs limitierte Kaufaufträge voll erfüllt./ G Geld. Nur Nachfrage, kein Umsatz

   f) Wie erklären Sie es, dass der Börsenkurs erheblich vom Nennwert der Aktie abweicht?
   g) Die Kroll GmbH hat an Gerber eine Forderung von 10 000,00 EUR. Kann sie diese bei Zahlungsunfähigkeit von Gerber bei R. Kreuter eintreiben?

   Rainer Kreuter findet in seiner Post die folgende Einladung zur Hauptversammlung (Auszug):

Gerber Motorenwerke, Essen

Einladung zur Teilnahme an der Hauptversammlung
Wir laden Sie als Aktionär zu unserer diesjährigen ordentlichen Hauptversammlung ein für
Dienstag, 2. April 20.., 10:00 Uhr
in der Grugahalle, Norbertstr., 45131 Essen.

Tagesordnung
1. Vorlage des Jahresabschlusses und des Lageberichts,
2. Beschlussfassung über die Verwendung des Bilanzgewinns,
3. Entlastung des Aufsichtsrats,
4. Entlastung des Vorstands,
5. Satzungsänderungen,
6. Wahl des Abschlussprüfers für das Geschäftsjahr 20..
...
Essen, 27.03.20..

Gerber Motorenwerke AG
Der Vorstand

h) Wer beruft die HV ein?
i) Welche Rechte hat R. Kreuter in der HV?
j) Die HV wird vom Aufsichtsratsvorsitzenden (nicht vom Vorstandsvorsitzenden) geleitet. Begründen Sie dies und gehen Sie dabei genauer auf die Aufgaben von Vorstand und Aufsichtsrat allgemein ein. Erläutern Sie in diesem Zusammenhang auch die Bedeutung der Tagesordnungspunkte 1., 3. und 4.
k) Gemäß Tagesordnungspunkt 2. beschließt die HV über die Verwendung des Bilanzgewinns. Ist damit der Jahresüberschuss gemeint? Erläutern Sie dies genauer.
l) In welchem Umfang unterliegen Jahresabschluss und Lagebericht der Prüfungs- und Offenlegungspflicht?

3. Thomas Münzer ist Einzelunternehmer. Er hat einen EDV-Handel mit vier Angestellten. Die Auftragslage ist gut. Die Angestellten bieten Münzer an, sich mit einer Einlage am Unternehmen zu beteiligen. Er überlegt nun, ob er die Rechtsform GmbH oder GmbH & Co. KG wählen soll.

a) Welche Gründe könnten Herrn Münzer veranlassen, die Rechtsformen GmbH bzw. GmbH & Co. KG der OHG bzw. der KG vorzuziehen?
b) Warum wird Herr Münzer die Rechtsformen der AG und der KGaA von vornherein ausschließen? Nehmen Sie in diesem Zusammenhang auch Stellung zu der Aussage: „Die GmbH ist die AG des kleinen Mannes."
c) Welche Rechtsform – GmbH oder GmbH & Co. KG – wird Münzer vorziehen,
   wenn er weiterhin allein entscheiden will;
   wenn er die Entscheidungsbefugnis mit seinen kompetenten Mitarbeitern teilen will?
d) Wie müsste Herr Münzer bei der Umwandlung in eine GmbH im Einzelnen vorgehen?

4. Die Computerexperten Beate Pink (Stammeinlage 180 000,00 EUR), Adam Riese (300 000,00 EUR), Albert Hahn (240 000,00 EUR) sowie die Datex AG (750 000,00 EUR) sind Gesellschafter der Riese Computer-Vertrieb GmbH. Die Stammeinlagen sind voll eingebracht. Die GmbH beschäftigt 480 Mitarbeiter. Die Bilanzsumme beträgt 5 900 000,00 EUR. Die Umsatzerlöse belaufen sich auf 52 Mio. EUR. Die Satzung bestimmt unter anderem:
Pink, Riese und Hahn sind ausschließlich Geschäftsführer der GmbH. Nachschüsse können mit einer 3/4-Mehrheit der Stimmen der Gesellschafter eingefordert werden. Die Veräußerung von Geschäftsanteilen sowie die Aufnahme neuer Gesellschafter erfordert eine 3/4-Mehrheit der Stimmen der Gesellschafter.

a) Es liegt eine verhältnismäßig großes Unternehmen vor. Stellen Sie begründete Überlegungen darüber an, welcher Anlass zur Gründung der GmbH geführt haben könnte und warum das Unternehmen nicht als AG gegründet wurde
b) Erläutern Sie die Möglichkeiten der GmbH, zusätzliches Eigenkapital zu beschaffen.
c) Kann die Datex AG als Mehrheitsgesellschafter einen Geschäftsführer abberufen oder einen neuen Geschäftsführer bestellen?
d) Wie wird ein Gewinn von 2 100 000,00 EUR auf die Gesellschafter aufgeteilt?
e) In welchem Umfang ist die GmbH publizitätspflichtig?
f) Es ist mittelfristig notwendig, 30 neue Mitarbeiter einzustellen. Die Gesellschafter sehen darin einen Anlass, die GmbH in eine GmbH & Co. KG umzuwandeln. Begründen Sie dieses Vorgehen. Machen Sie Vorschläge zum (aus der Sicht der Gesellschafter) zweckmäßigen Größenverhältnis der KG und der GmbH als ihrer Komplementärin.

Für Ihre Prüfung
Programmierte Wiederholungsaufgaben

Aufgabe 1 — Ausbildungsverhältnis, Seite 7 ff.

Prüfen Sie, ob die folgenden Fälle gegen das Berufsbildungsrecht verstoßen.

Verstoß   1
kein Verstoß   2

Fälle:
a) Peter Müller wird zum Industriekaufmann ausgebildet. Wegen Personalmangels soll er drei Monate die Toilette säubern.
b) Paul Schmitz muss in seinem Ausbildungsbetrieb während seiner Ausbildung zum Industriekaufmann für zwei Monate die Posteingangsarbeiten ausführen.
c) Der 19-jährige Rolf Schmitz muss die Berufsschulpausen (55 Minuten je Berufsschultag) im Betrieb nacharbeiten.
d) Die Auszubildende Paula Gerster wird in der Hochofen AG zur Industriekauffrau ausgebildet. Da es ihr dort nicht gefällt, kündigt sie nach einem Jahr den Ausbildungsvertrag. Anschließend beginnt sie eine neue Lehre als Industriekauffrau bei der Electronics AG.
e) Bei der Berufsabschlussprüfung stellt sich heraus, dass der Ausbilder des Auszubildenden Ernst Spät dessen Ausbildungsnachweise nicht durchgesehen hat.

Aufgabe 2 — Probezeit, Seite 13

Welche Probezeit darf im Ausbildungsvertrag maximal vereinbart werden?

a) 2 Monate
b) 4 Monate
c) 24 Monate
d) 30 Monate

Aufgabe 3 — Probezeit, Seite 13

Celal Ataer lässt sich nacheinander im selben Betrieb zum Industriekaufmann und zum Informatikkaufmann ausbilden. Die zweite Ausbildung wird um 1 Jahr verkürzt.
Welche Probezeit darf maximal für die Ausbildung zum Informatikkaufmann vereinbart werden?

a) 1 Monat
b) 2 Monate
c) 3 Monate
d) 4 Monate
e) 6 Monate

Aufgabe 4 — Berufsausbildungsvertrag, Seite 11 ff.

Ordnen Sie die folgenden Pflichten dem Ausbildenden oder dem Auszubildenden zu.

Ausbildender   1
Auszubildender   2

Pflichten:
a) Vermittlung von Kenntnissen und Fertigkeiten
b) Beachten der Betriebsordnung
c) Führen der Berichtshefte
d) Anmeldung zu den Prüfungen
e) Beantragung der Eintragung des Ausbildungsvertrages bei der IHK

Aufgabe 5 — Beendigung des Ausbildungsverhältnisses, Seite 13 f.

Mit welchem Tag ist das Ausbildungsverhältnis in den folgenden Fällen beendet? Die Ausbildungszeit endet laut Berufsausbildungsvertrag jeweils am 31.07.

a) Die Abschlussprüfung wird bestanden. Bekanntgabe der Prüfungsergebnisse am 25.07.
b) Die Abschlussprüfung wird bestanden. Bekanntgabe der Prüfungsergebnisse am 02.08.
c) Die Abschlussprüfung wird nicht bestanden. Bekanntgabe der Prüfungsergebnisse am 20.07.
d) Wie c), aber: Der Auszubildende verlangt die Verlängerung des Ausbildungsverhältnisses. Nächster Prüfungstermin 13.12. Bekanntgabe der Ergebnisse 08.01.

Aufgabe 6 — Innerbetriebliche Mitbestimmung, Seite 16 ff.

Die Wahl des Betriebsrats vollzieht sich in festgelegten Schritten. Bestimmen Sie die richtige Reihenfolge.

a) Der Wahlvorstand prüft die Kandidatenlisten und gibt sie bekannt.
b) Der Wahlvorstand veröffentlicht das Wahlausschreiben.
c) Der alte Betriebsrat bestellt einen Wahlvorstand.
d) Der Wahlvorstand beruft den neuen Betriebsrat zu seiner konstituierenden Sitzung ein.
e) Der Wahlvorstand ermittelt die gewählten Betriebsratsmitglieder.
f) Der Wahlvorstand gibt das Wahlergebnis öffentlich bekannt.
g) Der Wahlvorstand legt die Wählerliste aus.
h) Der Wahlvorstand erstellt die Stimmzettel.
i) Der Wahlvorstand erstellt die Wählerliste (das Wählerverzeichnis).
j) Die Stimmen werden öffentlich ausgezählt.
k) Die betrieblichen Interessengruppen stellen Kandidatenlisten auf.
l) Die Gewählten erklären, dass sie die Wahl annehmen.
m) Die Wahlberechtigten geben ihre Stimme ab.
n) Der Wahlvorstand erstellt das Wahlausschreiben (Mitteilung über Ort und Zeit der Wahl, Größe des Betriebsrats, Art der Einreichung von Kandidatenlisten).

Aufgabe 7 — Innerbetriebliche Mitbestimmung, Seite 16 ff.

Die Aufgaben des Betriebsrates sind vielfältig. Dazu gehören insbesondere die folgenden Aufgabenkomplexe:

1 Mitentscheidung in sozialen Angelegenheiten
2 Widerspruchsrecht in personellen Angelegenheiten (personelle Einzelmaßnahmen)
3 Beratungsrecht in wirtschaftlichen Angelegenheiten

Ordnen Sie die folgenden Fälle den Aufgabenkomplexen zu:

Fälle:

a) Versetzung eines Mitarbeiters
b) Einführung der gleitenden Arbeitszeit
c) Einführung neuer Arbeitsverfahren
d) Förderung der Berufsbildung
e) Einführung von Kurzarbeit im Betrieb
f) Neue Pausenregelung
g) Kündigung eines Mitarbeiters

Aufgabe 8 — Innerbetriebliche Mitbestimmung, Seite 16 ff.

Gemäß Betriebsverfassungsgesetz unterscheidet man verschiedene Gremien im Rahmen der innerbetrieblichen Mitbestimmung. Ordnen Sie die folgenden Gremien in das unten stehende Schema ein.

Gremien:

a) Jugend- und Auszubildendenvertretung
b) Einigungsstelle
c) Gesamtjugend- und -auszubildendenvertretung

d) Wirtschaftsausschuss
e) Gesamtbetriebsrat
f) Konzernbetriebsrat
g) Konzernjugend- und -auszubildendenvertretung

Schema:

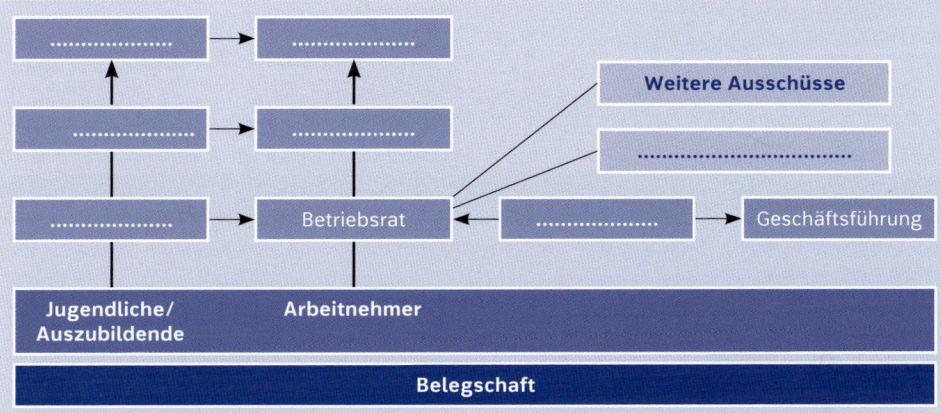

Aufgabe 9   Rechtsvorschriften zum technischen Arbeitsschutz, Seite 25 f.

Prüfen Sie, ob die folgenden Aussagen zum Produktsicherheitsgesetz richtig sind.

Richtig 1
Falsch 2

Aussagen:
a) Das Gesetz gilt für das Inverkehrbringen und Ausstellen von Fahrzeugen und Fahrzeugteilen.
b) Das Gesetz gilt für das Inverkehrbringen und Ausstellen von technischen Arbeitsmitteln.
c) Das Gesetz gilt auch für Fahrzeuge von Schwebebahnen.
d) Als Überwachungsstelle wird nur der TÜV zugelassen.
e) Eigentümer von Anlagen und Personen, die solche Anlagen herstellen oder betreiben, müssen den Beauftragten zugelassener Überwachungsstellen, denen die Prüfung der Anlagen obliegt, die Anlagen zugänglich machen.

Aufgabe 10   Jugendarbeitsschutzgesetz, Seite 28 f.

Prüfen Sie, ob die folgenden Aussagen laut Jugendarbeitsschutzgesetz richtig sind.

Richtig 1
Falsch 2

Aussagen:
a) Die Ruhepausen betragen bei 7 Arbeitsstunden am Arbeitstag 30 Minuten.
b) Die tägliche Arbeitszeit darf regelmäßig 10 Stunden betragen. Es erfolgt kein Ausgleich.
c) Für eine Fernsehproduktion darf ein Jugendlicher 12 Wochen lang am Samstag und Sonntag arbeiten.
d) Die im Jahresurlaub anfallenden Berufsschultage werden auf den Urlaub angerechnet.
e) Die Berufsschulzeit beträgt für einen jugendlichen Auszubildenden 12 Stunden je Woche. Dem Auszubildenden werden diese Stunden nicht auf die Arbeitszeit angerechnet; er muss sie nachholen.
f) Ein jugendlicher Auszubildender darf für einen Tag zu Akkordarbeiten herangezogen werden.

Aufgabe 11 — Arbeitsschutz, Seite 25 ff.

Welche der folgenden Aussagen zum Arbeitsschutz sind falsch?

Aussagen:
a) Werdende Mütter dürfen keine Akkordarbeit verrichten.
b) Schwerbehinderte haben Anspruch auf 10 Tage Zusatzurlaub im Jahr.
c) Elternzeit kann für maximal drei Jahre genommen werden.
d) Jugendliche unter 18 Jahren erhalten mindestens 27 Werktage Urlaub.
e) Die Berufsgenossenschaften sind Träger der Unfallversicherung.
f) Mutterschaftsgeld wird in Höhe des Nettoeinkommens gezahlt.

Aufgabe 12 — Personen, Seite 37 ff.

Das bürgerliche Recht unterscheidet Personenarten. Ordnen Sie die Beispiele a) bis l) den Ziffern 1 bis 4 richtig zu.

Juristische Person des privaten Rechts	1
Juristische Person des öffentlichen Rechts	2
Natürliche Person	3
Weder juristische noch natürliche Person	4

Beispiele:
a) Erbengemeinschaft Geschwister Straithan
b) Stadtsparkasse Köln
c) Fernsehanstalt ZDF
d) Berufskolleg „Ludwig Erhard" in München
e) Verein zur Förderung der Kaninchenzucht e. V.
f) Konrad Adenauer Stiftung
g) Adam Opel AG
h) Volksbank Ippendorf eG
i) Bundesrepublik Deutschland
j) Stiftung Warentest
k) Franz Augental, 17 Jahre alt
l) IHK Düsseldorf

Aufgabe 13 — Juristische Personen, Seite 39

Überprüfen Sie die folgenden Aussagen.

Richtig 1
Falsch 2

Aussagen:
a) Nur juristische Personen sind rechtsfähig.
b) Juristische Personen können keine zweiseitigen Rechtsgeschäfte eingehen.
c) Juristische Personen handeln durch ihre Organe.
d) Alle juristischen Personen sind Rechtssubjekte.
e) Juristische Personen können auch Rechtsobjekte sein.

Aufgabe 14 — Natürliche Personen, Seite 37 f.

Überprüfen Sie die folgenden Aussagen.

Richtig 1
Falsch 2

Aussagen:
a) Die volle Geschäftsfähigkeit beginnt mit der Vollendung des 14. Lebensjahres.
b) Die volle Geschäftsfähigkeit beginnt mit der Vollendung des 21. Lebensjahres.
c) Rechts- und Geschäftsfähigkeit bedeuten das Gleiche.
d) Die Rechtsfähigkeit ist die Fähigkeit, Geschäfte abzuschließen.
e) Nur juristische Personen sind rechtsfähig.
f) Die Rechtsfähigkeit natürlicher Personen beginnt mit der Geburt und endet mit dem Tode.

Aufgabe 15 — Natürliche Personen, Seite 37 f.

Beschränkt geschäftsfähige Personen können nur unter bestimmten Voraussetzungen wirksam Rechtsgeschäfte abschließen. Entscheiden Sie, ob die folgenden Rechtsgeschäfte wirksam, schwebend unwirksam oder unwirksam sind.

Das Rechtsgeschäft ist wirksam (gültig).	1
Das Rechtsgeschäft ist schwebend unwirksam.	2
Das Rechtsgeschäft ist unwirksam.	3

Rechtsgeschäfte:
a) Der 12-jährige Robert Schmitz kauft sich ohne Einwilligung der Eltern einen Fernseher zum Preis von 4 000,00 EUR.
b) Der 14-jährige Paul Meyer bekommt von seinem Onkel eine Uhr geschenkt. Da die Eltern den Onkel nicht mögen, verbieten sie ihrem Sohn die Annahme. Er nimmt die Uhr trotzdem an.
c) Die 15-jährige Yvonne Laskawy kauft sich von ihrem Taschengeld einen Lippenstift.
d) Die 16-jährige Roswitha Spies hat ohne Zustimmung der Eltern erstmalig eine Arbeitsstelle angetreten.

Aufgabe 16 — Eigentum und Besitz, Seite 41 f.

Die folgenden Personen können Eigentümer oder Besitzer des jeweils genannten Gegenstandes sein.

Kennzeichnen Sie den Eigentümer mit	1
Kennzeichnen Sie den Besitzer mit	2
Kennzeichnen Sie eine Person, die Eigentümer und Besitzer ist, mit	3
Kennzeichnen Sie eine Person, die weder Eigentümer noch Besitzer ist, mit	4

Fälle:
a) Die Firma Sixt vermietet am Flughafen München einen Pkw.
Herr Maier mietet den Pkw für die Fahrt zu einem Geschäftsessen.
b) Frau Werner verliert ihr Handy. Herr Peters findet es.
c) Silke Schneider schließt einen Kaufvertrag über einen Pkw.
Der Pkw steht lieferbereit beim Verkäufer (Erich Kohl GmbH).
d) Die Mohr GmbH hat 20 Laserdrucker unter Eigentumsvorbehalt geliefert.
Die Geräte befinden sich im Lager des Käufers (Schröder KG). Die Buchhaltung hat die Zahlung für den kommenden Montag angewiesen.

Aufgabe 17 — Eigentum und Besitz, Seite 41 f.

Welches Verhältnis zur Sache haben die fett gedruckten Personen/Unternehmen?

Verhältnis zur Sache:	
Unmittelbarer Besitz	1
Selbsthilferecht	2
Besitzdienerschaft	3
Mittelbarer Besitz	4

Aussagen:
a) **Herr Schnell**, Chauffeur des Vorstandsvorsitzenden Dr. Hagel, befindet sich mit dem Wagen des Chefs auf dem Weg zum Flughafen, um Dr. Hagel dort abzuholen.

b) **Die Hygiene GmbH** hat soeben aufgrund eines Leasingvertrags dem Leasingnehmer 30 Handtuchspender übergeben.
c) **Die Worldwide AG** besitzt ein Schulungszentrum im Sauerland. Die Schlüsselgewalt hat dort ein angestellter Verwalter, der in dem Gebäude wohnt.

Aufgabe 18 — Rechtgeschäfte, Seite 44 f.

Stellen Sie fest, welche Rechtsgeschäftsart vorliegt.

Einseitiges Rechtsgeschäft	1
Zweiseitiges Rechtsgeschäft, einseitig verpflichtend	2
Zweiseitiges Rechtsgeschäft, zweiseitig verpflichtend	3

Rechtsgeschäfte:
a) Schenkungsversprechen
b) Kündigung
c) Mietvertrag
d) Dienstvertrag
e) Kreditvertrag
f) Testament

Aufgabe 19 — Form der Willenserklärung, Seite 46

Bestimmen Sie, welche Form der Willenserklärung vorgeschrieben ist.

Keine vorgeschriebene Form	0
Schriftform mit handschriftlicher Unterschrift	1
Öffentliche Beglaubigung	2
Öffentliche Beurkundung	3

Beispiele:
a) Ein auf zwei Jahre befristeter Mietvertrag über eine Wohnung
b) Abschluss eines Verbraucherkreditvertrags
c) Eintragung einer Firma ins Handelsregister
d) Kauf eines Grundstücks. Der Kaufpreis soll durch Banküberweisung gezahlt werden.
e) Ehevertrag betreffend Gütertrennung

Aufgabe 20 — Vertragsarten, Seite 48 ff.

Füllen Sie in die Lücken der Gesetzestexte das jeweils passende Wort ein.

Wortauswahl:

Arbeitsvertrag	*Geldbetrag*	*Mieter*	*Unterschrift*
Darlehensgeber	*Genuss der Früchte*	*Mietvertrag*	*Verleiher*
Darlehensnehmer	*Gesponserte*	*Nichtigkeit*	*Vermieter*
Darlehensvertrag	*Irrtum*	*Pachtvertrag*	*Verpächter*
Dienste	*Kaufvertrag*	*Pächter*	*Werk*
Dienstvertrag	*Kreditvertrag*	*Sponsor*	*Werklieferungsvertrag*
Entleiher	*Leihvertrag*	*Sponsoringvertrag*	*Werkvertrag*

Gesetzestexte:
a) Durch den .... wird derjenige, welcher .... zusagt, zur Leistung der versprochenen Dienste, der andere Teil zur Gewährung der vereinbarten Vergütung verpflichtet.
b) Durch den .... wird der Unternehmer zur Herstellung des versprochenen ...., der Besteller zur Entrichtung der vereinbarten Vergütung verpflichtet.
c) Auf einen ...., der die Lieferung herzustellender oder zu erzeugender beweglicher Sachen zum Gegenstand hat, finden die Vorschriften über den Kauf Anwendung.
d) Durch den .... wird der .... einer Sache verpflichtet, dem .... den Gebrauch der Sache unentgeltlich zu gestatten.

e) Durch den .... wird der .... verpflichtet, dem .... den Gebrauch der Mietsache während der Mietzeit zu gewährleisten.
f) Durch den .... wird der .... verpflichtet, dem .... den Gebrauch des verpachteten Gegenstandes und den ...., soweit sie nach den Regeln der ordnungsgemäßen Wirtschaft als Ertrag anzusehen sind, während der Pachtzeit zu gewähren.
g) Durch den .... wird der .... verpflichtet, dem .... einen .... in der vereinbarten Höhe zur Verfügung zu stellen. Der .... ist verpflichtet, einen geschuldeten Zins zu zahlen und bei Fälligkeit das zur Verfügung gestellte Darlehen zurückzuerstatten.

Aufgabe 21 — Vertragsarten, Seite 48 ff.

Welche der folgenden Vertragsarten liegt den aufgeführten Sachverhalten zugrunde?

Dienstvertrag	1	**Pachtvertrag**	4
Kaufvertrag	2	**Werklieferungsvertrag**	5
Mietvertrag	3	**Werkvertrag**	6

Sachverhalte:
a) Erstellung einer Steuererklärung durch einen Steuerberater
b) Veräußerung einer Fernsehunterhaltungsidee gegen Entgelt
c) Anfertigung und Lieferung eines Karnevalsprinzenornats gegen Entgelt
d) Reparatur und Wiedereinbau eines Motors
e) Übereignung eines Grundstücks an die RWE Rheinbraun AG

Aufgabe 22 — Fernabsatzgeschäft, Seite 56 f.

Prüfen Sie, ob der Kläger im nachfolgend beschriebenen Fall Abnahme, Zahlung und Schadensersatz verlangen kann.

Ja 1
Nein 2

Fall: Der Beklagte bestellte am 08.07.20.. bei dem klagenden Anbieter per Internet ein Notebook mit der von ihm gewählten Ausstattung und als Zusatzkomponenten ein Netzteil, einen zweiten Akku, eine externe Festplatte, eine ISDN-Karte, ein Anschlussmodul für den Empfang von Fernsehprogrammen (TV-Karte) und einen DVD-Brenner. Bestellung und Bestellungsannahme enthielten keinen Hinweis auf ein Widerrufsrecht. Die Lieferung sollte am 28.07. per Nachnahme erfolgen. Der Beklagte widerrief am 24.07. seine Bestellung per Einschreiben. Der Kläger lieferte die Ware trotzdem. Der Beklagte verweigerte Annahme und Zahlung.
Der Kläger mahnte den Beklagten an und verlangte Abnahme, Zahlung und Ersatz des entstandenen Schadens. Der Beklagte verweigerte dies. Daraufhin reichte der Kläger Klage beim Amtsgericht ein.

Aufgabe 23 — Verbraucherschutz, Seite 53 ff.

Der Gesetzgeber hat zahlreiche Regelungen zum Schutz der Verbraucher geschaffen.

Stellen Sie fest, ob die folgenden Aussagen zutreffen für
die Verwendung von Allgemeinen Geschäftsbedingungen 1
die Produkthaftung 2
Fernabsatzgeschäfte 3

Aussagen:
a) Es darf keine Vertragsstrafe vereinbart werden.
b) Die gesetzlichen Mangelhaftungsansprüche des Käufers dürfen nicht völlig ausgeschlossen werden. Es ist zumindest ein Recht auf Nacherfüllung zuzugestehen.
c) Der Hersteller muss für Folgeschäden eintreten, die auf Fehlern der verkauften Ware beruhen.
d) Der Käufer ist über sein Recht zum Widerruf der Bestellung zu belehren.
e) Klauseln, die eine Preiserhöhung binnen vier Monaten nach Vertragsabschluss vorsehen, sind gesetzlich verboten.

Aufgabe 24 — Arbeitsschutz, Seite 25 ff.

In welchem der folgenden Gesetze sind die genannten Sachverhalte geregelt?

Jugendarbeitsschutzgesetz	1
Arbeitssicherheitsgesetz	2
Arbeitsstättenverordnung	3
Betriebsverfassungsgesetz	4
Arbeitsschutzgesetz	5

Sachverhalte:

a) Dieses Gesetz enthält die allgemeinen Grundsätze des Arbeitsschutzes.
b) Pausenzeiten eines Jugendlichen während seiner Ausbildung
c) Verpflichtung, Betriebsärzte zu bestellen
d) Förderung von Arbeitsschutzmaßnahmen durch den Betriebsrat

Aufgabe 25 — Organe der Rechtsprechung, Seite 36 f.

Bei welchem Gericht würden Sie in den folgenden Fällen klagen?

Arbeitsgericht	1
Finanzgericht	2
Verwaltungsgericht	3
Amtsgericht	4
Landgericht	5
Sozialgericht	6

Fälle:

a) Klage eines Arbeitnehmers wegen Nichtanerkennung der gefahrenen Kilometer zur Arbeit in der Einkommensteuererklärung.
b) Klage eines Auszubildenden gegen zwei Noten der IHK-Abschlussprüfung.
c) Klage eines Industrieunternehmens wegen einer Forderung aus einer Lieferung in Höhe von 7 499,00 EUR.
d) Klage wegen des falsch berechneten Elterngeldes.
e) Klage wegen des falsch berechneten Krankengeldes.

Aufgabe 26 — Kaufleute, Seite 68 ff.

Roswitha Kobertz, 27 Jahre alt, hat vor den Prüfungsausschüssen der Universität zu Köln die Prüfung als Diplom-Kauffrau abgelegt. Ist sie nun Kauffrau im Sinne des HGB?

Prüfen Sie, welche Aussagen zu diesem Fall richtig sind.

Richtig	1
Falsch	2

Aussagen:

a) Kaufmann/Kauffrau ist, wer ein Handelsgewerbe betreibt. Dies ist bei Frau Kobertz nicht der Fall.
b) Durch das erworbene Wissen ist Frau Kobertz automatisch Kauffrau.
c) Frau Kobertz ist lediglich Formkauffrau, keine Kauffrau im Sinne des HGB.
d) Frau Kobertz kann Kauffrau werden, indem sie den Betrieb eines Handelsgewerbes aufnimmt.
e) Frau Kobertz kann einen Prokuristen einstellen und wird dann automatisch Kauffrau.
f) Frau Kobertz eröffnet einen Supermarkt. Sie erwirbt die Eigenschaft einer Kauffrau mit der Eintragung ins Handelsregister.

Für Ihre Prüfung

Aufgabe 27 — Kaufleute, Seite 68 ff., 72 f.

Bestimmen Sie die richtige Kaufmannseigenschaft für die folgenden Sachverhalte.

Kaufmannseigenschaften:
Istkaufmann 1
Kannkaufmann 2
Formkaufmann 3

Sachverhalte:
a) Die Druckerei Jünemann & Lünemann OHG beschäftigt 30 Drucker. Sie hat sich auf digitale Drucktechnik spezialisiert.
b) Die Sauber AG produziert Reinigungsgeräte jeglicher Art.
c) Bettina Klein hat einen Zeitschriftenkiosk in der Nähe des Kölner Doms. Sie lässt sich ins Handelsregister eintragen.
d) Die Firma Heinz Falter e. K. hat Zeitschriftenkioske in 100 Bahnhöfen in Deutschland.

Aufgabe 28 — Kaufleute, Seite 68 ff., 72 f.

Prüfen Sie, welche Aussagen zur Kaufmannseigenschaft richtig sind.

Richtig 1
Falsch 2

Aussagen:
a) Das Erwerben der Kaufmannseigenschaft setzt die bestandene Abschlussprüfung für einen kaufmännischen Ausbildungsberuf voraus.
b) Kaufmann ist nur, wer ins Handelsregister eingetragen ist.
c) Aktionäre einer AG sind Kaufleute.
d) Der Vorstand einer AG ist ein Kaufmann.
e) Ein Gesellschafter einer OHG ist immer Kaufmann.

Aufgabe 29 — Handelsregister, Seite 76 ff.

Prüfen Sie, welche Aussagen zum Handelsregister richtig sind.

Richtig 1
Falsch 2

Aussagen:
a) In Abteilung B des Handelsregisters werden Personengesellschaften eingetragen.
b) Eine Eintragung ins Handelsregister hat zunächst deklaratorische, dann konstitutive Wirkung.
c) Alle Eintragungen ins Handelsregister werden im elektronischen Bundesanzeiger bekannt gemacht.
d) Das Handelsregister schützt einen gutgläubigen Dritten.
e) Nur diejenigen, die einen Grund nachweisen können, dürfen Einsicht ins Handelsregister nehmen.

Aufgabe 30 — Handelsregister, Seite 76 ff.

Welche der folgenden Eintragungen ins Handelsregister haben

rechtsbezeugende Wirkung? 1
rechtserzeugende Wirkung? 2

Eintragungen:
a) Eintragung der Prokuraerteilung an Erna Mager
b) Eintragung der neu gegründeten Singer & Co. OHG
c) Eintragung der neu gegründeten Fahrzeug AG
d) Eintragung der Verlegung des Firmensitzes von Neuss nach Düren

ERSTER ABSCHNITT

Aufgabe 31 — Arbeitsschutz, Seite 25 ff.

Prüfen Sie, welche Aussagen zum technischen Arbeitsschutz richtig sind.

Richtig 1
Falsch 2

Aussagen:
a) Gemäß § 4 ArbSchG ist die Arbeit so zu gestalten, dass eine Gefährdung des Arbeitnehmers unmöglich wird.
b) Die Berufsgenossenschaften geben Unfallverhütungsvorschriften heraus.
c) Jeder Betrieb muss einen Sicherheitsbeauftragten stellen.
d) Zu den Aufgaben des Betriebsrates gehört auch die Förderung von Arbeitsschutzmaßnahmen.
e) Jeder Betrieb muss einen Betriebsarzt einstellen.
f) Für Bildschirmarbeitsplätze gibt es neben dem ArbSchG keine speziellen Schutzvorschriften.
g) Verletzt der Arbeitgeber seine Schutzpflichten, darf der Arbeitnehmer unter Umständen die Arbeitsleistung verweigern.

Aufgabe 32 — Firma der Kaufleute, Seite 74 ff.

Ordnen Sie die folgenden Aussagen den Firmengrundsätzen zu.

Firmengrundsätze:

Firmenunterscheidungskraft 1
Firmeneinheit 2
Firmenwahrheit 3
Firmenbeständigkeit 4
Firmenöffentlichkeit 5

Aussagen:
a) Der Kaufmann muss seine Firma ins Handelsregister eintragen lassen.
b) Ein und dasselbe Unternehmen darf nur eine Firma führen.
c) Der Erwerber eines Unternehmens darf die bisherige Firma mit Genehmigung des bisherigen Inhabers fortführen.
d) Die in der Firma angegebene Rechtsform muss zutreffen.

Aufgabe 33 — Firma der Kaufleute, Seite 74 ff.

Nach dem Inhalt des Firmenkerns lassen sich folgende Firmenarten unterscheiden:

Personenfirma 1
Sachfirma 2
Fantasiefirma 3

Ordnen Sie die drei Firmenarten den folgenden Beispielen zu.

Beispiele:
a) Meier & Dittrich OHG
b) Mode Textil AG
c) Volksbank Köln eG
d) Tricktrack AG
e) Sültzen GmbH
f) Hallenbetreuung GmbH
g) evivo-dueren GmbH

Für Ihre Prüfung

Aufgabe 34 — Einzelunternehmen, Seite 76 ff.

Prüfen Sie, welche Aussagen zum Einzelunternehmen richtig sind.

Richtig 1
Falsch 2

Aussagen:
a) Rechtsgrundlage für diese Unternehmensform ist nur das HGB.
b) Eine einzelne Person trägt das unternehmerische Risiko.
c) Der Einzelunternehmer ist immer Kaufmann.
d) Das Einzelunternehmen ist die seltenste Unternehmensform in Deutschland.
e) Typische Rechtsformenzusätze in der Firma eines Handelsgewerbes sind „e. K.", „e. Kfm." und „e. Kfr."

Aufgabe 35 — Kommanditgesellschaft. Seite 86 f.

Welche der genannten Sachverhalte betreffend die KG gelten nach den gesetzlichen Bestimmungen

nur für den Komplementär? 1
nur für den Kommanditisten? 2
sowohl für den Komplementär als auch den Kommanditisten? 3
weder für den Komplementär noch für den Kommanditisten? 4

Sachverhalte:
a) Der Gesellschafter stellt eine Kapitaleinlage zur Verfügung.
b) Der Gesellschafter hat das Recht zur Geschäftsführung.
c) Der Gesellschafter haftet mit seinem privaten und betrieblichen Vermögen.
d) Der Gesellschafter muss sich am Verlust beteiligen.
e) Für den Gesellschafter besteht ein Konkurrenzverbot.
f) Der Gesellschafter hat ein Informationsrecht.
g) Der Gesellschafter hat kein Recht auf Privatentnahme.

Aufgabe 36 — Personengesellschaften und Kapitalgesellschaften, Seite 81 ff.

Im Folgenden werden Entscheidungssituationen beschrieben. Ordnen Sie jeder Situation die angemessene Rechtsform zu.

Rechtsformen:
OHG 1
KG 2
GmbH 3
OHG oder KG 4
KG oder GmbH 5

Situationen:
a) Ein 35-jähriger Industriekaufmann möchte mit seinem Freund eine Setzerei gründen. Beide wollen das Unternehmen gemeinsam leiten. Da das Privatvermögen durch einen Ehevertrag auf die Ehefrauen übertragen wurde, sehen beide kein Risiko darin, mit dem Privat- und Geschäftsvermögen zu haften. Der Gewinn soll laut Gesellschaftsvertrag auf beide Gesellschafter gleich verteilt werden.
b) Ein 35-jähriger Industriekaufmann möchte mit seinem Freund ein Unternehmen zur Herstellung von Computerspielen gründen. Beide wollen das Unternehmen gemeinsam leiten. Sie wollen nur mit dem Geschäftsvermögen haften. Der Gewinn soll auf beide Gesellschafter im Verhältnis der Geschäftsanteile verteilt werden.
c) Ein 35-jähriger Industriekaufmann möchte mit seinem Freund ein Unternehmen zur Herstellung von Präzisionsschrauben gründen. Beide wollen das Unternehmen gemeinsam leiten. Zusätzlich wollen die Väter der Unternehmensgründer jeweils noch eine hohe Einlage leisten. Sie wollen aber keine Leitungsfunktion übernehmen. Am Gewinn möchten sie beteiligt werden.

ERSTER ABSCHNITT

Aufgabe 37 — Personengesellschaften und Kapitalgesellschaften, Seite 81 ff.

Welche der folgenden Aussagen gelten

nur für die OHG?	1
nur für die KG?	2
nur für die GmbH?	3
nur für die AG?	4
sowohl für die AG als auch für die GmbH?	5
für keine der genannten Rechtsformen?	6

Ordnen Sie die jeweiligen Aussagen den Ziffern zu.

Aussagen:

a) Die Gesellschaft ist eine Kapitalgesellschaft. Das Grundkapital beträgt 200 000,00 EUR.
b) Die Gesellschaft ist eine Personengesellschaft mit Voll- und Teilhaftern. Nur die vollhaftenden Gesellschafter sind zur Geschäftsführung berechtigt.
c) Die Firma lautet „Michels GmbH & Co. KG".
d) Die Gesellschaft ist eine juristische Person.
e) Die Organe der Gesellschaft sind Vorstand, Aufsichtsrat und Hauptversammlung.
f) Die Organe der Gesellschaft sind Vorstand, Aufsichtsrat und Generalversammlung.
g) Die Gewinnverteilung richtet sich nach den Geschäftsanteilen.

Aufgabe 38 — Offene Handelsgesellschaft, Seite 83 ff.

An einer OHG sind die beiden Gesellschafter Kater und Köter beteiligt:

Kater mit	2 000 000,00 EUR
Köter mit	1 500 000,00 EUR

Im ersten Jahr wurde ein Verlust von 200 000,00 EUR erzielt.
Die Gesellschafter nehmen am Ende des zweiten Geschäftsjahres folgende Privatentnahmen vor:

Kater	100 000,00 EUR
Köter	110 000,00 EUR

Der Gewinn des zweiten Geschäftsjahres beträgt 500 000,00 EUR.
Gewinn und Verlust werden nach der gesetzlichen Regelung verteilt.

Arbeitsaufträge:

a) Ermitteln Sie das jeweilige Eigenkapital von Kater und Köter am Ende des ersten Geschäftsjahres.
b) Mit welchem Betrag „verzinst" sich die Kapitaleinlage Katers im zweiten Geschäftsjahr?
c) Mit welchem Betrag „verzinst" sich die Kapitaleinlage Köters im zweiten Geschäftsjahr?
d) Ermitteln Sie den Gewinnanteil des Gesellschafters Köter am Ende des zweiten Geschäftsjahres.
e) Ermitteln Sie den Geschäftsanteil des Gesellschafters Kater am Ende des zweiten Geschäftsjahres.

Aufgabe 39 — Aktiengesellschaft, Seite 89 ff.

Die Organe einer Aktiengesellschaft erfüllen bestimmte Pflichten und haben bestimmte Rechte. Welchem der Organe sind die folgenden Rechte und Pflichten zuzuordnen?

Der Hauptversammlung	1
Dem Aufsichtsrat	2
Dem Vorstand	3
Keinem der drei Organe	4

Rechte und Pflichten:

a) Beschlussfassung über eine Kapitalerhöhung

b) Einberufung der ordentlichen Hauptversammlung
c) Bestellung der Abschlussprüfer
d) Interessenvertretung der Belegschaft
e) Wahl des Aufsichtsrats gemäß den gesetzlichen Regelungen
f) Prüfung des Jahresabschlusses
g) Vertretung der AG
h) Beantragung des Insolvenzverfahrens
i) Erstellung des Jahresabschlusses
j) Entlastung des Vorstands

Aufgabe 40 — Aktiengesellschaft, Seite 89 ff.

Das Grundkapital einer AG beträgt 100 Mio. EUR. Die Rücklagen betragen 70 Mio. EUR, davon 10 Mio. EUR gesetzliche Rücklagen.
Der Vorstand ist ermächtigt, eine Kapitalerhöhung von 20 % vorzunehmen. Der Nennwert der Aktien beträgt 5,00 EUR je Stück, der Kurswert 54,00 EUR je Stück, der Ausgabekurs der jungen Aktien 50,00 EUR je Stück.
Jahresüberschuss 12 Mio. EUR. Davon werden 8 Mio. EUR als Rücklage einbehalten.

Geben Sie an:
a) das gezeichnete Kapital nach der Kapitalerhöhung
b) die aufgrund der Kapitalerhöhung entstandenen Kapitalrücklagen
c) den Betrag der neu zu bildenden gesetzlichen Rücklage
d) das sich nach Ergebnisverwendung und Kapitalerhöhung ergebende Eigenkapital

Aufgabe 41 — Gesellschaft bürgerlichen Rechts (GbR), Seite 81 ff.

Zwei Tiefbauunternehmen sollen gemeinsam ein neues Autobahnteilstück bauen. Um das Projekt auszuführen, wollen sich die beiden selbstständigen Unternehmen zu einer Arbeitsgemeinschaft (ARGE) zusammenschließen.

Prüfen Sie, welche Aussagen zu diesem Fall richtig sind.

Richtig   1
Falsch   2

Aussagen:
a) Die Arbeitsgemeinschaft ist eine GbR. Rechtliche Grundlage ist das BGB.
b) Die Arbeitsgemeinschaft ist eine GmbH. Rechtliche Grundlage ist das GmbH-Gesetz.
c) Die Arbeitsgemeinschaft ist eine OHG. Rechtliche Grundlage ist das HGB.

Aufgabe 42 — Kommanditgesellschaft, Seite 86 f.

Die Rudolf Bauer KG hat im letzten Jahr einen Gewinn in Höhe von 445 000,00 EUR erzielt.
Laut Gesellschaftsvertrag ist der Gewinn wie folgt zu verteilen: Jeder Gesellschafter erhält zunächst einen Anteil in Höhe von 9 % seiner Kapitaleinlage. Vom Restgewinn erhält jeder Komplementär 10 Teile, jeder Kommanditist 1 Teil. Tragen Sie die Gewinnanteile der Gesellschafter ein.

Name	Gesellschafterart	Kapitalanteil	Gewinnanteil
Rolf Hochhut	Komplementär	900 000,00 EUR	
Rainer Grass	Komplementär	800 000,00 EUR	
Lothar Lang	Kommanditist	400 000,00 EUR	
Birgit Weyermann	Kommanditist	400 000,00 EUR	

Aufgabe 43 — GmbH & Co. KG, Seite 98

Bei der Janssen GmbH & Co. KG ist Klaus Janssen einziger GmbH-Gesellschafter. Irmi Nessel und Paula Langhaar sind Kommanditistinnen. Das Unternehmen hat 1 800 Arbeitnehmer, davon 40 in der GmbH. Welche der folgenden Aussagen sind richtig?

Richtig 1
Falsch 2

Aussagen:
a) Die Janssen GmbH & Co. KG ist eine Personengesellschaft.
b) Alle Gesellschafter der Janssen GmbH & Co. KG sind Teilhafter.
c) Mindestens eine der am Unternehmen beteiligten natürlichen Personen haftet den Gläubigern des Unternehmens mit ihrem gesamten Vermögen.
d) Die GmbH muss einen Aufsichtsrat bilden.
e) Klaus Janssen ist zugleich Gesellschafter der GmbH und der KG.

Aufgabe 44 — Gesellschaft mit beschränkter Haftung, Seite 93 ff.

Ordnen Sie die folgenden Aussagen den Begriffen

Stammkapital 1
Stammeinlage 2
Geschäftsanteil 3
Eigenkapital 4

zu.

Aussagen:
a) Es handelt sich um das gezeichnete Kapital einer GmbH.
b) Es handelt sich um den Geldbetrag und/oder Sachwert, den ein GmbH-Gesellschafter einbringen muss.
c) Nach diesem Wert richtet sich der Gewinnanteil des Gesellschafters.
d) Der Wert muss mindestens 25 000,00 EUR betragen.
e) Der Wert enthält auch die in der Bilanz ausgewiesenen Rücklagen.

Aufgabe 45 — Aktiengesellschaft, Seite 89 ff.

Die folgenden Begriffe betreffen die Aktiengesellschaft:

Kapitalrücklage 1
Gezeichnetes Kapital 2
Gewinnrücklage 3
Gewinnvortrag 4
Jahresüberschuss 5

Aussagen:
Ordnen Sie die folgenden Aussagen diesen Begriffen richtig zu.
a) Es handelt sich um den erwirtschafteten Erfolg des Unternehmens.
b) Hierin wird das bei der Ausgabe von Aktien erzielte Agio eingestellt.
c) Es handelt sich um einen Gewinnrest zur Regulierung der Gewinnverwendung in späteren Jahren.
d) Dieser Betrag enthält unter anderem die gesetzlichen und die satzungsmäßigen Rücklagen.
e) Hierin werden Anteile am Jahresüberschuss eingestellt, die dazu bestimmt sind, das Eigenkapital zu mehren und Investitionen zu finanzieren.

Für Ihre Prüfung

Aufgabe 46 — Gerichtsbarkeit, Seite 36 f.

Die Rechtspflege erfolgt durch Gerichte. Diese legen die Gesetze aus und wenden sie auf den Einzelfall an. Man kann sagen: Ihnen obliegt die Rechtsprechung.

Klären Sie, welche Aussagen zur Gerichtsbarkeit richtig sind.

Richtig 1
Falsch 2

Aussagen:
a) Die europäische Gerichtsbarkeit wird nur vom Europäischen Gericht wahrgenommen.
b) Die Arbeitsgerichtsbarkeit beschäftigt sich z. B. mit Rechtsstreitigkeiten aus Tarifverträgen.
c) In Rechtsstreitigkeiten von Personen mit der Finanzverwaltung wegen Abgaben, Steuern und Zöllen entscheidet in der zweiten Instanz der Bundesfinanzhof.
d) Erste Instanz für Familiengerichtsverfahren ist das Amtsgericht.

Aufgabe 47 — Unternehmergesellschaft, Seite 96 f.

Zur Erleichterung von Existenzgründungen hat der Gesetzgeber 2008 eine Sonderform der GmbH geschaffen: die haftungsbeschränkte Unternehmergesellschaft (oft auch „Mini-GmbH" genannt).

Überprüfen Sie, ob die folgenden Aussagen zur Unternehmergesellschaft richtig sind.

Richtig 1
Falsch 2

Aussagen:
a) Die Firma des Unternehmens muss die Bezeichnung „GmbH-Gesellschaft (haftungsbeschränkt)" führen.
b) Das Stammkapital muss mindestens 10,00 EUR je Gesellschafter betragen.
c) Für die Gründung ist zwingend ein Musterprotokoll aus dem Anhang des GmbH-Gesetzes zu verwenden.
d) Der Gesellschaftsvertrag muss notariell beurkundet werden.
e) Durch die Verwendung des Musterprotokolls sind die Gründungskosten teurer als bei einer „normalen" GmbH.

Aufgabe 48 — Juristische Personen, Seite 39

Ergänzen Sie die fehlenden Teile des Schemas „Juristische Personen".

Juristische Person
- Juristische Personen des privaten Rechts
  - Körperschaften
  -
-
  - Körperschaften
  -
  -

Aufgabe 49 — Zusammensetzung des Aufsichtsrates, Seite 22

Für die Bildung von Aufsichtsräten sind drei Gesetze maßgeblich:
- das Drittelbeteiligungsgesetz,
- das Mitbestimmungsgesetz,
- das Montanmitbestimmungsgesetz.

Korrigieren Sie dazu die fehlerhafte Tabelle:

Zusammensetzung des Aufsichtsrats			
Gesetz	Zahl der Mitglieder	Vertreter der Gesellschafter	Arbeitnehmervertreter
Drittelbeteiligungsgesetz	durch 3 teilbare Zahl	1/3 der Mitglieder	2/3 der Mitglieder
Mitbestimmungsgesetz Bei Stimmengleichheit gilt: Vorsitzender hat doppeltes Stimmrecht		bis 10 000 Arbeitnehmer:	
	12	6	6 (1 leitender Angestellter) (3 Arbeitnehmer) (2 Gewerkschaftsvertreter)
		bis 10 000 Arbeitnehmer:	
	18	10	8
		bis 10 000 Arbeitnehmer:	
	20	10	10
Montanmitbestimmungsgesetz	11	4 und 1 weiteres Mitglied	4 und 1 weiteres Mitglied
			Hinzuwahl zweier weiterer neutraler Mitglieder

Aufgabe 50 — AG und GmbH, Seite 89 ff.

GmbH-Gesellschafter und Aktionäre haben unterschiedliche Rechte.

Ordnen Sie die aufgeführten Rechte

dem Aktionär zu	1
dem GmbH-Gesellschafter zu	2
beiden zu	3
keinem der beiden zu	4

Rechte:

a) Recht auf Teilnahme an der Hauptversammlung
b) Recht auf Anteil am Bilanzgewinn nach Geschäftsanteilen
c) Recht auf Auskunft durch den Aufsichtsrat
d) Recht auf Anteil am Liquidationserlös
e) Recht auf Teilnahme an der Generalversammlung

ZWEITER ABSCHNITT

Rahmenlehrplan: LERNFELD 9
Das Unternehmen im gesamt- und weltwirtschaftlichen Zusammenhang einordnen

Unternehmen in Volks- und Weltwirtschaft

1 Bedürfnisse – die Basis für Absatz

- Herr Schulz wacht auf. Er ist müde und will duschen, um munter zu werden. Bald meldet sich der Hunger. Brötchen und Kaffee stehen schon bereit. Der Blick sucht die Zeitung. Unwillkürlich bleibt er an der Großanzeige für den neuen Mini-Van Ancra hängen. Sein Wagen ist schon betagt. Bald müsste ein neuer her! Der Ancra könnte ihm gefallen: Er scheint praktisch und preisgünstig zu sein. Die Zeit drängt. Schnell ins Auto! Die Stimme im Radio verspricht weiße Strände mit FERNA-Reisen. Ja, Urlaub wär schön … Drei Wochen Sonne, Sand und Meer … Mist, ein Stau! Warum wird hier keine Umgehungsstraße gebaut? Danach besteht doch wirklich ein öffentliches Bedürfnis!
- Die Auto Union AG will ihren neuen Mini-Van Ancra gewinnbringend absetzen. Von Konstruktion und Preis her ist er für die Bedürfnisse von Familien mit schmalem Geldbeutel konzipiert. Jetzt kommt es darauf an, ihnen durch geeignete Werbemaßnahmen den Mund wässrig zu machen.

Jeder verspürt täglich Anstöße, die einen Mangel anzeigen und Bedürfnisse wecken.

Ein Bedürfnis ist der Wunsch, einen persönlich empfundenen Mangel zu beseitigen. Bedürfnisse sind Triebkräfte menschlichen Handelns. Die Befriedigung von Bedürfnissen erfolgt durch geeignete Güter. Sie verschafft einen subjektiven Nutzen. Der Nutzen ist bestimmend für den *Wert der Güter*.

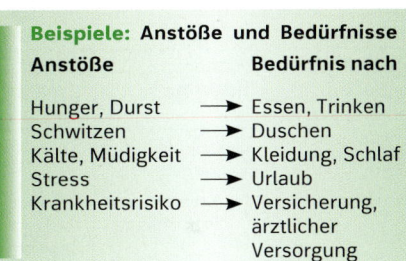

M 117

Subjektiver Nutzen = Nutzen, wie er vom Individuum persönlich empfunden wird.

Das Eingangsbeispiel von Herrn Schulz zeigt, dass immer neue Bedürfnisse nach Befriedigung drängen, wenn der augenblicklich größte Mangel beseitigt ist:

Die Zahl der Bedürfnisse scheint der Tendenz nach unbegrenzt zu sein.

Kaum jemand will das Gleiche. Jeder erstrebt in seiner persönlichen Situation etwas anderes: Frauen wollen andere Kleidung als Männer, Kinder andere Fahrzeuge als Erwachsene; der eine will klassische, der andere moderne Musik hören. Die von Person zu Person unterschiedliche Zusammensetzung und Rangfolge der Bedürfnisse heißt **Bedürfnisstruktur**. Sie ändert sich häufig, ebenso wie ihre zahlreichen Einflussgrößen.

Persönliche Einflussgrößen:
Geschlecht, Alter, Körpergröße, Gewicht, Gesundheitszustand, Begabung, Bildungsstand, Erfahrungen, Temperament u. a.

Äußere Einflussgrößen:
- *Natürliche*: Landschaft, Klima, Wetter, Jahreszeit u. a.
- *Soziale und kulturelle*: Verhalten anderer Menschen, Einkommen, technischer Fortschritt, Werbung u. a.

→ **Persönliche Bedürfnisstruktur**

Bedürfnisarten

Bedürfnisse werden unterschieden nach

ihrem Gegenstand	ihrer Dringlichkeit	der Bewusstheit	dem Träger der Bedürfnisbefriedigung

• Materielle Bedürfnisse
• Immaterielle Bedürfnisse
	• Primärbedürfnisse[1]
	• Sekundärbedürfnisse[2]
	  – Kulturbedürfnisse
	  – Luxusbedürfnisse
		• Offene (akute) Bedürfnisse
		• Schlummernde (latente) Bedürfnisse
			• Individualbedürfnisse
			• Sozial- oder Kollektivbedürfnisse

Merkmal	Art	Erläuterung
Gegenstand des Bedürfnisses	Materielle Bedürfnisse	Diese Bedürfnisse sind auf Sachgüter gerichtet. Sie werden in der Regel durch die Wirtschaft befriedigt.
	Immaterielle Bedüfnisse	Diese Bedürfnisse können sich auf Dienstleistungen oder Rechte richten (z. B. auf eine Autoreparatur, auf Haareschneiden, auf ein Benutzungsrecht). Sie werden ebenfalls durch die Wirtschaft befriedigt. Auch geistige, seelische, sittliche oder ähnliche Belange können das Ziel immaterieller Bedürfnisse sein (z. B. Zuneigung, Anerkennung, Brüderlichkeit). Derartige Bedürfnisse können allerdings nicht durch die Wirtschaft befriedigt werden.
Dringlichkeit der Bedürfnisbefriedigung	Primärbedürfnisse	Primär-(Existenz-)Bedürfnisse sind angeboren. Ihre Befriedigung ist existenznotwendig (z. B. Bedürfnis nach Nahrung, Kleidung, Unterkunft, ...)
	Sekundär-Bedürfnisse:	Sekundärbedürfnisse werden erst erworben:
	(1) Kulturbedürfnisse	Diese Bedürfnisse kennzeichnen eine gehobene Lebenshaltung (z. B. Bedürfnis nach Auto, Literatur, soliden Möbeln, angenehmer Körperpflege, sozialem Ansehen, ...)
	(2) Luxusbedürfnisse	Diese Bedürfnisse kennzeichnen einen exklusiven Lebensstil (z. B. Bedürfnis nach Luxusvilla, Weltreise, ...)
Bewusstheit des Bedürfnisses	Offene (akute) Bedürfnisse	Diese Bedürfnisse sind dem Menschen bereits bewusst und verlangen nach Befriedigung.
	Schlummernde (latente) Bedürfnisse	Diese Bedürfnisse sind dagegen zu einem bestimmten Zeitpunkt noch nicht oder nur unbewusst vorhanden. Sie werden durch den technischen und gesellschaftlichen Fortschritt und durch Informationen geweckt.
Träger der Bedürfnisbefriedigung	Individualbedürfnisse	Diese Bedürfnisse werden vom einzelnen Menschen selbst und in eigener Verantwortung befriedigt (z. B. Essen, Trinken, Reisen, ...)
	Sozial-(Kollektiv-)bedürfnisse	Diese Bedürfnisse erwachsen erst aus dem Zusammenleben der Menschen in einer gemeinsamen Kultur, Zivilisation, Gesellschafts- und Staatsordnung. Dazu gehören z. B. die Bedürfnisse nach guter Schul- und Berufsausbildung, nach Verkehrssicherheit, nach Sicherheit vor äußerer Bedrohung, nach Gesundheitsfürsorge oder Alterssicherung. Die Befriedigung derartiger Bedürfnisse übersteigt die Kräfte des Einzelnen. Sie werden deshalb von der Gemeinschaft befriedigt, z. B. vom Staat und seinen Einrichtungen.

Dabei spielt die Werbung eine gewaltige Rolle.

---

[1] (lat.) primus = erster   2 (lat.) secundus = zweiter

Für Unternehmen ist es in unserer Welt der Käufermärkte lebensnotwendig, die Bedürfnisse ihrer Kunden genau zu erforschen und latente Bedürfnisse zu wecken. Dazu betreiben sie Absatzmarktforschung und Werbung.

2 Güter – Mittel für Konsum und Produktion

Die Bedürfnisbefriedigung erfolgt durch den Konsum (Ge- und Verbrauch) von Gütern. Güter sind also die Mittel der Bedürfnisbefriedigung.

Güter werden jedoch auch für die Produktion anderer, neuer Güter benötigt.

Die Unternehmen sind die wichtigsten Produzenten und Anbieter von Gütern. Aber auch der Staat und die Haushalte erstellen Güter.

Güterarten							
Güter werden unterschieden nach							
Bedürfnisgegenstand	Verwendungszweck	Nutzungshäufigkeit	gegenseitiger Ersetzbarkeit	Gleichartigkeit	Bedürfnisdringlichkeit	Träger der Bedürfnisbefriedigung	Knappheit
materielle, immaterielle Güter	Konsum-, Produktionsgüter	Verbrauchs-, Gebrauchsgüter	Substitutions-, Komplementärgüter	homogene, heterogene Güter	Existenz-, Kultur-, Luxusgüter	Individual-, Kollektivgüter	knappe, freie Güter

Merkmal	Art	Erläuterung
Bedürfnisgegenstand	Materielle Güter (Sachgüter)	Körperliche Güter (feste, flüssige, gasförmige Körper). Sie befriedigen materielle Bedürfnisse. Sie sind lagerfähig. Vorteil: Be- und Verarbeitung, Ge- und Verbrauch können zeitlich aufgeschoben werden.
	Immaterielle Güter:	Sie befriedigen immaterielle Bedürfnisse. Soweit sie durch die Wirtschaft befriedigt werden können, sind es Dienstleistungen, Rechte und Informationen.
	(1) Dienstleistungen	Handlungen, durch die ein nicht körperlicher Wert oder Nutzen entsteht; z. B. die Dienstleistungen der Banken, Versicherungen, Verkehrsbetriebe, Ärzte, Anwälte.
		Im Gegensatz zu Sachgütern • werden sie gleichzeitig produziert und konsumiert, • können sie nicht gelagert werden, • kann man kein Eigentum daran erwerben.
	(2) Rechte	Ansprüche und Befugnisse, z. B. Eigentums-, Besitz-, Nutzungsrechte
	(3) Informationen	„Idealgüter"; beinhalten zweckbestimmtes Wissen. Wichtig für jede Entscheidungsfindung: Je schneller verlässliche Informationen vorliegen (z. B. Trends), desto schneller kann man reagieren. Folge sind z. B. Wettbewerbsvorteile. Informationen können für spätere Nutzung aufbewahrt (gespeichert) und mit anderen Informationen zu neuen Informationen verarbeitet werden.
Verwendungszweck	Konsumgüter	Sie gehen in die Hände von Haushalten über. Haushalte sind die Orte der Bedürfnisbefriedigung. In Haushalten wirtschaften mehrere Menschen (zumeist Familien) mit gemeinsamen Mitteln, um ihre Bedürfnisse zu befriedigen. Auch wer allein mit seinen Mitteln wirtschaftet, ist ein Haushalt (Single-Haushalt).

Merkmal	Art	Erläuterung	
Verwendungszweck (Fortsetzung)	Produktionsgüter	Sie gehen in die Verfügung von Unternehmen über: Maschinen, Werkzeuge, Werkstoffe. Sie werden für die Produktion neuer Güter eingesetzt. Von besonderer Bedeutung: Investitionsgüter (Anlagegegenstände für die Produktionsausrüstung, z. B. Maschinen, Transportmittel, Elektronik). Unternehmen sind wichtige Stätten der Produktion.	Ob ein Gut als Konsumgut oder als Produktionsgut zu bezeichnen ist, hängt nur von seiner Verwendung ab, nicht von seiner Art. *Ein Kfz ist im Haushalt Konsumgut, im Unternehmen Produktionsgut.*
Nutzungshäufigkeit	Verbrauchsgüter	Sie können nur einmal für Bedürfnisbefriedigung/Produktion eingesetzt werden; z. B. Nahrungs-, Reinigungsmittel; Werkstoffe, Zwischenprodukte; Brennstoffe, Energien; Dienstleistungen, bestimmte Rechte (z. B. einmalige Nutzungsrechte).	
	Gebrauchsgüter	Sie können mehrmals genutzt werden und nutzen sich allmählich ab; z. B. Möbel, Kleidung; Investitionsgüter.	
Gegenseitige Ersetzbarkeit	Substitutionsgüter (Ersatzgüter)	Sie können sich beim Konsum im Haushalt (z. B. Butter, Margarine) oder bei der Produktion im Unternehmen (z. B. Blech, Kunststoff) ersetzen. Deshalb behindert grundsätzlich die Nachfrage nach einem Substitutionsgut die Nachfrage nach dem anderen.	
	Komplementärgüter (Ergänzungsgüter)	Sie ergänzen sich gegenseitig bei Konsum/Produktion (z. B. Auto, Treibstoff; Schreibtisch, Stuhl). Deshalb fördert die Nachfrage nach einem Komplementärgut die Nachfrage nach dem anderen.	
Gleichartigkeit der Güter	Homogene Güter	Gleichartige Güter. Sie stimmen in Art, Aufmachung, Qualität vollkommen überein (z. B. gleiche Neuwagen).	
	Heterogene Güter	Ungleichartige Güter. Sie stimmen nicht überein (z. B. Gebrauchtwagen).	
Bedürfnisdringlichkeit	Existenzgüter	Sie befriedigen Existenzbedürfnisse.	
	Kulturgüter	Sie befriedigen Kulturbedürfnisse.	
	Luxusgüter	Sie befriedigen Luxusbedürfnisse.	
Träger der Bedürfnisbefriedigung	Individualgüter	Güter zur Befriedigung der Individualbedürfnisse. Sie werden von den Unternehmen produziert und bereitgestellt.	
	Kollektivgüter	Güter zur Befriedigung der Sozial- oder Kollektivbedürfnisse. Sie werden von Gesellschaft und Staat bereitgestellt.	
Knappheit	Knappe Güter (wirtschaftliche Güter)	Sie sind im Verhältnis zu den Bedürfnissen nicht unbegrenzt vorhanden. Sie müssen in der Regel erst unter Einsatz von Arbeits- und Maschinenkraft hergestellt oder konsumreif gemacht werden. Dies verursacht Kosten. Die Erzeugung und Verwendung knapper Güter erfordern deshalb wirtschaftliches Handeln. Wichtig ist auch: Der Anbieter knapper Güter kann einen Preis verlangen, weil sie dem Nachfrager einen Nutzen bringen. Die Höhe des Preises ist ein Gradmesser für den Wert – genauer: den Marktwert – der Güter. Der Marktwert/Preis richtet sich nach dem individuellen Nutzen, den ein knappes Gut bringt.	
	Freie Güter	Einige wenige Güter – man denke an die Umweltgüter Tageslicht, Luft, Grundwasser, Meer, Wind, fließende Gewässer – sind nicht teilbar. Sie sind frei: Jeder kann sie nutzen, ohne einen Preis zu zahlen. Allerdings verursachen auch Maßnahmen zum Schutz der Umweltgüter zunehmend Kosten. Wichtig: Verursacherprinzip: Der Verursacher von Umweltbelastungen soll die Kosten für die Beseitigung tragen.	

Nicht „knapp" mit „selten" verwechseln! Faule Eier sind selten, aber nicht knapp, denn es besteht kein Bedürfnis danach.

Arbeitsaufträge

1. Ein Meinungsforschungsinstitut führte eine Umfrage bei Personen unterschiedlicher Berufe, Einkommen, Wohnorte und unterschiedlichen Alters hinsichtlich ihrer individuellen Bedürfnisse durch. Außerdem sollten sie angeben, ob es sich aus ihrer Sicht um Existenz-, Kultur- oder Luxusbedürfnisse handelte.
   a) Die Aussagen der befragten Personen hinsichtlich ihrer Bedürfnisse und deren Zuordnung fielen erwartungsgemäß sehr unterschiedlich aus. Woran wird das nach Ihrer Einschätzung liegen?
   b) Stellen Sie eine individuelle Umfrage innerhalb Ihrer Klasse bezüglich eines Gutes an, das Sie sich wünschen oder besitzen, und stellen Sie fest, welche Abweichungen sich von Ihrer eigenen Meinung ergeben.
   c) Eine oft gestellte Frage: „Bedürfnisse einteilen – wozu soll das gut sein?" Welchen Sinn sehen Sie darin, Bedürfnisse zu ermitteln und nach unterschiedlichen Merkmalen einzuteilen?
   d) In einem zweiten Teil der Umfrage sollten die ausgewählten Personen folgende Frage beantworten: „Handelt es sich bei den folgenden Bedürfnissen Ihrer Meinung nach um Individual- oder Kollektivbedürfnisse?" Wie hätten Sie geantwortet?
   (1) Bedürfnis nach einer Rechtsschutzversicherung
   (2) Bedürfnis nach einer Kreditkarte
   (3) Bedürfnis nach einer Eigentumswohnung
   (4) Bedürfnis nach einem Mittagessen
   (5) Bedürfnis nach Sicherheit auf Fernstraßen
   (6) Bedürfnis nach einem Fortbildungskurs in Französisch
   (7) Bedürfnis nach einer guten Schulbildung
   (8) Bedürfnis nach einer intakten Umwelt

2. Die Bedürfnisse wandeln sich im Laufe der Zeit.

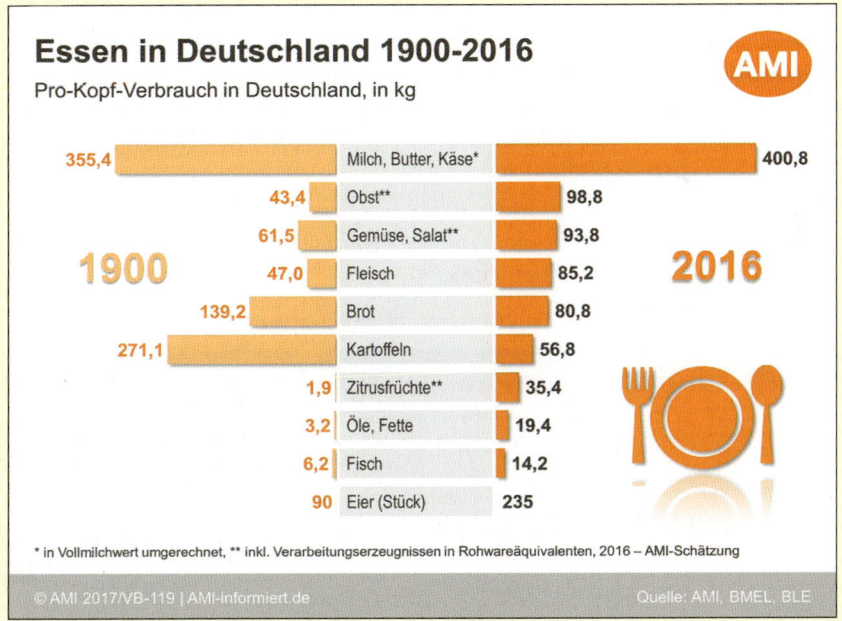

   a) Vom „Volk der Kartoffelesser" zum „Volk der Fleischesser"! Begründen Sie diese Behauptung.
   b) Erläutern Sie, wie sich die Struktur der Bedürfnisse im Nahrungsmittelbereich gewandelt hat.
   c) Nennen Sie Gründe, auf die dieser Strukturwandel zurückzuführen ist.

3. Eine grundlegende Gütereinteilung unterscheidet zwischen wirtschaftlichen und freien Gütern.
   a) Wodurch unterscheiden sich diese Güterarten?
   b) Nennen Sie wesentliche Eigenschaften wirtschaftlicher Güter.
   c) Versuchen Sie, fünf freie Güter aufzuzählen.

4. Ihr Ausbildungsbetrieb erstellt ganz bestimmte Leistungen.
   a) Berichten Sie darüber, welchen Güterarten diese Leistungen zuzuordnen sind.
   b) Unterschiedliche Güterarten bedingen auch unterschiedliches Handeln. Nennen Sie hierzu Beispiele.
   c) Stellen Sie fest, welche Arten von Gütern in Ihrem Betrieb für die Erstellung der betrieblichen Leistungen eingesetzt werden.

5. Herr Lindemann ist immer knapp bei Kasse. Ein Kollege erzählt ihm, mit Aktien könne man viel Geld verdienen. Herr Lindemann nimmt sofort 10 000,00 EUR Kredit auf und kauft 50 Aktien der Industriebau AG zum Kurs von je 200,00 EUR. Nach drei Monaten will er wegen fälliger Schulden die Aktien verkaufen, muss aber feststellen, dass er statt des erhofften fetten Gewinns einen Verlust von 3 500,00 EUR „erwirtschaftet" hat.
   a) Ohne Information ist sinnvolles Handeln nicht möglich. Erläutern Sie den verhängnisvollen Fehler, den Herr Lindemann gemacht hat.
   b) Warum lässt sich im vorliegenden Fall das Verlustrisiko keinesfalls völlig ausschließen?

6. Dienstleistungen können nicht gelagert werden.
   Welche grundlegenden Probleme entstehen hierdurch für einen Anbieter von Dienstleistungen (z. B. einen Spediteur) im Vergleich zu einem Anbieter von Sachgütern (z. B. einem Großhandelsbetrieb) bei einem vorübergehenden Nachfragerückgang?

7. Ein Unternehmen stellt Fensterrahmen aus Kunststoff her.
   a) Geben Sie Substitutionsgüter und Komplementärgüter für diese Produkte an.
   b) Welche Bedeutung hat die Kenntnis von diesen Gütern für den Fensterrahmenhersteller?

3 Volkswirtschaftliche Arbeitsteilung

Als **Volkswirtschaft** bezeichnet man die Gesamtwirtschaft eines Staates. Die Volkswirtschaftslehre untersucht die gesamtwirtschaftlichen Prozesse von Konsum und Produktion. Die **gesamtwirtschaftliche Produktion** vollzieht sich in **Arbeitsteilung zwischen den Unternehmen**: Jedes Unternehmen erstellt ganz spezielle Güter. Dabei lassen sich große Gruppen unterscheiden. So kann man alle Unternehmen einem der folgenden drei Wirtschaftsbereiche (Wirtschaftssektoren) zuordnen:

- primärer Bereich (Sachleistungsbetriebe der Urerzeugung),
- sekundärer Bereich (Sachleistungsbetriebe der Verarbeitung),
- tertiärer Bereich (Dienstleistungsbetriebe).

Jeden Wirtschaftsbereich kann man in **Branchen (Wirtschaftszweige)** gliedern:

Wirtschaftsbereiche und Wirtschaftszweige

Primärer Bereich (Urerzeugung)

Die Unternehmen der Urerzeugung besorgen den Abbau der Naturschätze und den landwirtschaftlichen Anbau:

- Landwirtschaft,
- Fischerei,
- Forstwirtschaft,
- Bergbau,
- Öl- und Gasgewinnung.

Sekundärer Bereich (Verarbeitung)
Industrie

Grundstoffindustrie	Investitionsgüterindustrie	Konsumgüterindustrie
Sie stellt wenig bearbeitete Erzeugnisse zur weiteren Be- oder Verarbeitung her; z. B. Eisen schaffende Industrie, Metallgießereien, Mineralölverarbeitung, chemische Grundstoffindustrie.	Sie stellt Güter her, die zur Produktionsausrüstung in anderen Betrieben bestimmt sind; z. B. Maschinenbau, Teile der Elektroindustrie, des Fahrzeugbaus.	Sie stellt Güter für den Ge- oder Verbrauch in Haushalten her; z. B. Schuh-, Textil-, Bekleidungs-, Glas-, Lederwaren-, Nahrungsmittel-, Genusswaren-, Möbelindustrie.

Handwerk

Kleine Bearbeitungs-, Verarbeitungs- und Reparaturbetriebe; z. B. Bäckerei, Fleischerei, Kunsthandwerk, Tischlerei, Schneiderei, Buchbinderei.

Tertiärer Bereich
(Erstellung von Dienstleistungen)

Handelsbetriebe

Sie übernehmen die Verteilung der Güter, sind also die Verbindung zwischen Produktion und Verbrauch. Ohne den Handel müsste sich jeder Produktionsbetrieb oft mit Tausenden von Verbrauchern in Verbindung setzen. Durch diese Mehrarbeit wäre es ihm oft kaum möglich, sich genügend auf seine eigentliche Aufgabe, die Produktion, einzustellen.

Großhandel
Der Großhandel kann große Bestellungen vornehmen. Erzeuger, Weiterverarbeiter und Einzelhändler können aufgrund langfristiger Vorbestellungen besser planen. Der **Aufkaufgroßhandel** kauft beim Erzeuger Rohstoffe an und verkauft sie an Weiterverarbeiter. Der **Produktionsverbindungsgroßhandel** versorgt zwei aufeinander folgende Produktionsstufen mit Fertigprodukten. Der **Absatzgroßhandel** hält die Waren für die meist kurzfristigen Bestellungen der Einzelhändler bereit.

Einzelhandel
Er kauft von verschiedenen Großhändlern und Produzenten und hält so eine unübersehbare Fülle von Bedarfsgegenständen in verschiedener Güte, Ausführung und Preislage jederzeit und in jeder Menge für den Verbraucher bereit.

andere Dienstleistungsbetriebe

Kreditinstitute
Banken und Sparkassen vermitteln den Zahlungsverkehr, nehmen Einlagen zur Verzinsung an und stellen der Wirtschaft Kapital zur Verfügung (Kreditgewährung).

Versicherungsbetriebe
Sie übernehmen gegen Prämien das Risiko und gleichen Verluste aus.

Verkehrsbetriebe
Eisenbahn, Post, Schifffahrt, Luftfahrt, Speditionsbetriebe sorgen für die Beförderung von Personen und Gütern.

Nachrichtenbetriebe
Sie übermitteln Informationen: Rundfunk, Fernsehen, Zeitungs- und Zeitschriftenverlage.

Die Grafik *Gesamtwirtschaftliche Arbeitsteilung* der Unternehmen zeigt die Arbeitsteilung M 123 zwischen den Unternehmen als Prozess.

Der Anteil der Beschäftigten in den drei Bereichen kennzeichnet die **Erwerbsstruktur** eines Landes. In den Entwicklungsländern sind beispielsweise die meisten Menschen in der Landwirtschaft beschäftigt, in entwickelten Volkswirtschaften dagegen in der Industrie und in den Dienstleistungsbereichen.

Weitere Einzelheiten finden Sie auf S. 258 ff.

Arbeitsteilung erfolgt auch international: Wenn ein Land Fertigerzeugnisse herstellen will, aber nicht die nötigen Rohstoffe oder Halberzeugnisse besitzt, muss es diese aus dem Ausland beziehen.

Darüber hinaus ist es für jedes Land günstig, sich auf die Produktion von Gütern zu konzentrieren, die es im internationalen Vergleich am kostengünstigsten herstellen kann, und diese gegen andere Güter einzutauschen. (Siehe hierzu auch Seite 322.)

Arbeitsaufträge

1. **Arbeitsteilung besteht im Betrieb, aber auch zwischen den Betrieben.**
   a) Erläutern Sie die Arbeitsteilung (Aufgabengliederung) in Ihrem Ausbildungsbetrieb.
   b) Erklären Sie die überbetriebliche Arbeitsteilung am Beispiel der Herstellung eines Buches.

2. Groß- und Einzelhandelsbetriebe übernehmen in hohem Maße die Absatztätigkeit für die Herstellerbetriebe.
   Welche Schwierigkeiten würden für Produktionsbetriebe und Verbraucher auftreten, wenn es keine Groß- und Einzelhändler gäbe?
3. Die Zunahme des tertiären Sektors (Wirtschaftsbereichs) auf Kosten der anderen Sektoren wird oft als „Marsch in die Dienstleistungsgesellschaft" umschrieben.
   Analysieren Sie Chancen und Probleme, die sich für Arbeitnehmer aus dieser Entwicklung ergeben.
4. „Es kann für jedes Land nur vorteilhaft sein, wenn die internationale Arbeitsteilung so weit wie möglich fortschreitet."
   Nehmen Sie Stellung zu dieser Aussage.

4 Volkswirtschaftliche Produktionsfaktoren

4.1 Arbeit, Boden, Kapital und volkswirtschaftliche Kapazität

Für die Güterproduktion benötigen die Unternehmen Einsatzmittel. Wer z. B. einen Industriebetrieb besucht, stellt fest, dass ganz bestimmte Arbeitskräfte an ganz bestimmten Betriebsmitteln unter Einsatz ganz bestimmter Materialien die Produkte erstellen und dass das ganze Geschehen von leitenden Arbeitskräften gesteuert wird.

Einzelheiten siehe Band „Geschäftsprozesse", Sachwort „Produktionsfaktoren".

Der Betriebswirt bezeichnet ausführende und leitende Arbeitskräfte, Betriebsmittel und Materialien als die **betriebswirtschaftlichen Produktionsfaktoren**.

Der Wert aller Güter, die in der gesamten Volkswirtschaft in einem Jahr erstellt werden, ist das **Inlandsprodukt**. Für Untersuchungen über dessen Erstellung empfiehlt sich eine gröbere Einteilung der Produktionsfaktoren als für betriebliche Untersuchungen. Der Volkswirt stellt fest, dass der Mensch Arbeit aufwendet, um die Kräfte der Erde (der Natur, des Bodens) zu nutzen, und dass er sich dabei heute vieler Produktionsgüter (Kapital genannt) bedient. Man sagt deshalb:

Das *Inlandsprodukt* entsteht durch das Zusammenwirken der drei Produktionsfaktoren Arbeit, Boden (oder Natur) und Kapital.

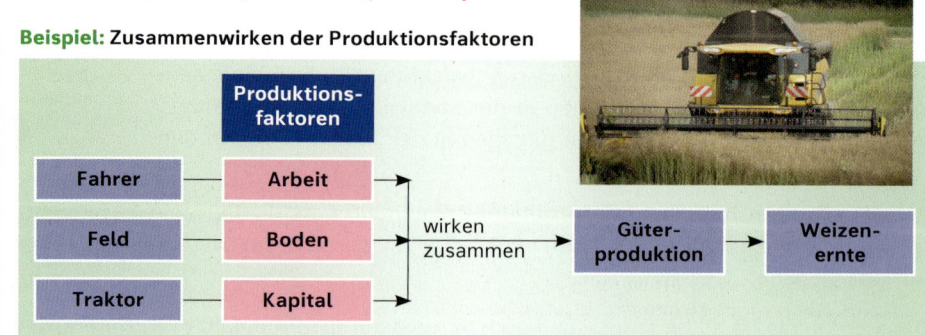

Beispiel: Zusammenwirken der Produktionsfaktoren

Die Menge und die Qualität der zur Verfügung stehenden Produktionsfaktoren Arbeit, Boden und Kapital kennzeichnen das Leistungsvermögen der Produktionsfaktoren. Sie bestimmen folglich maßgeblich die Höhe und das Wachstum des Inlandsprodukts und damit auch den materiellen Wohlstand einer Volkswirtschaft. Deshalb ist es wichtig, die Größen zu kennen, die die Menge und die Qualität der Produktionsfaktoren beeinflussen.

4 Volkswirtschaftliche Produktionsfaktoren

Einflussgrößen des Leistungsvermögens der Produktionsfaktoren		
Mengenmäßige Einflussgrößen	**Produktionsfaktoren**	**Qualitätsmäßige Einflussgrössen**
• Gesamtzahl der Arbeitskräfte • Anteil der Erwerbstätigen an der Gesamtbevölkerung • Dauer der Arbeitszeit	**Arbeit**	• Ausbildung und Wissen • Eignung und Begabung • Leistungswilligkeit • Arbeitsbedingungen
• vorhandene Fläche für Land- und Forstwirtschaft und Gewerbe • Umfang der Bodenschätze	**Boden**	• Klima, Bodenbeschaffenheit • Bodenpflege • Infrastruktur[1] • Erschließung der Bodenschätze
• vorhandene Produktionsmittel (Werkstoffe, Werkzeuge und Anlagen)	**Kapital**	• Umfang der Erfindungen • technischer Fortschritt • Zweckeignung und Betriebsfähigkeit

Das Leistungsvermögen der volkswirtschaftlichen Produktionsfaktoren Arbeit, Boden und Kapital ist die *volkswirtschaftliche Kapazität*.

Arbeitsauftrag

Erklären Sie Zusammenhänge und Überschneidungen zwischen den volkswirtschaftlichen und betriebswirtschaftlichen Produktionsfaktoren anhand der folgenden Gegenüberstellung:

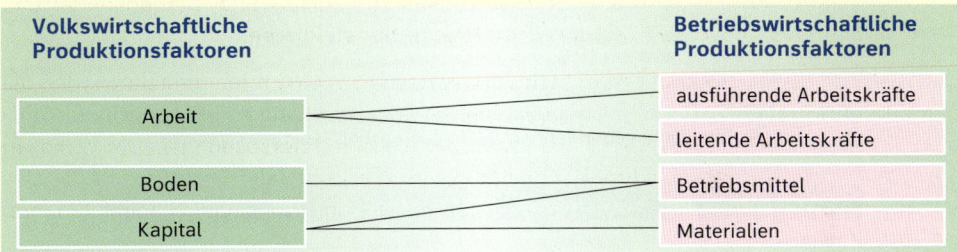

4.2 Produktionsfaktor Arbeit

- Herr Schramm ist Stahlgroßhändler. Er ist selbstständig und leitet sein Unternehmen selbst.
- Frau Greco ist Abteilungsleiterin in einem Warenhaus. Sie ist nicht selbstständig, hat aber ebenfalls eine leitende Tätigkeit.
- Herr Ökdan ist Stanzer. Er ist nicht selbstständig, hat eine ausführende Tätigkeit und verrichtet überwiegend körperliche Arbeit. Eine abgeschlossene Berufsausbildung benötigte er nicht, da seine Arbeit nur einfache, sich ständig wiederholende Vorgänge umfasst. Er ist ungelernt.
- Frau Schneider ist Designerin. Sie hat ihren Beruf in Fachschulen und in der Praxis gelernt. Sie ist nicht selbstständig, führt überwiegend geistige Verrichtungen aus und sieht sich ständig neuen Problemstellungen gegenüber.

---

[1] Als Infrastruktur bezeichnet man den wirtschaftlich-organisatorischen Unterbau eines Landes, der erst die Entfaltung der Wirtschaft ermöglicht: Versorgungseinrichtungen wie Wasser-, Gas und Stromleitungen; Straßen, Bahnlinien, Verkehrseinrichtungen, Flughäfen, Häfen; Krankenhäuser, Schulen, Sportstätten, Freizeiteinrichtungen usw.

Die Wirtschaftswissenschaften definieren den Produktionsfaktor Arbeit wie folgt:

Arbeit **ist jede Tätigkeit, die auf die Erstellung oder Bereitstellung wirtschaftlicher Güter gerichtet ist.**

Ohne Arbeit ist weder eine Nutzung der Naturkräfte noch eine Gütererstellung möglich. Da der Produktionsfaktor Arbeit von Natur aus zur Verfügung steht und nicht erst selbst produziert werden muss, nennt man ihn einen **ursprünglichen Produktionsfaktor**.

Weil der Mensch der Träger der Arbeit ist, gebührt ihr ein höherer Rang als Boden und Kapital. Die Arbeit sichert dem Menschen den Lebensunterhalt und kann ihm ein Stück Selbstverwirklichung geben. Fehlen diese Bedingungen, z. B. wegen Arbeitslosigkeit oder unbefriedigender Tätigkeit, so verliert der Mensch an Würde. Der entstehende Schaden trifft letztlich die gesamte Wirtschaft.

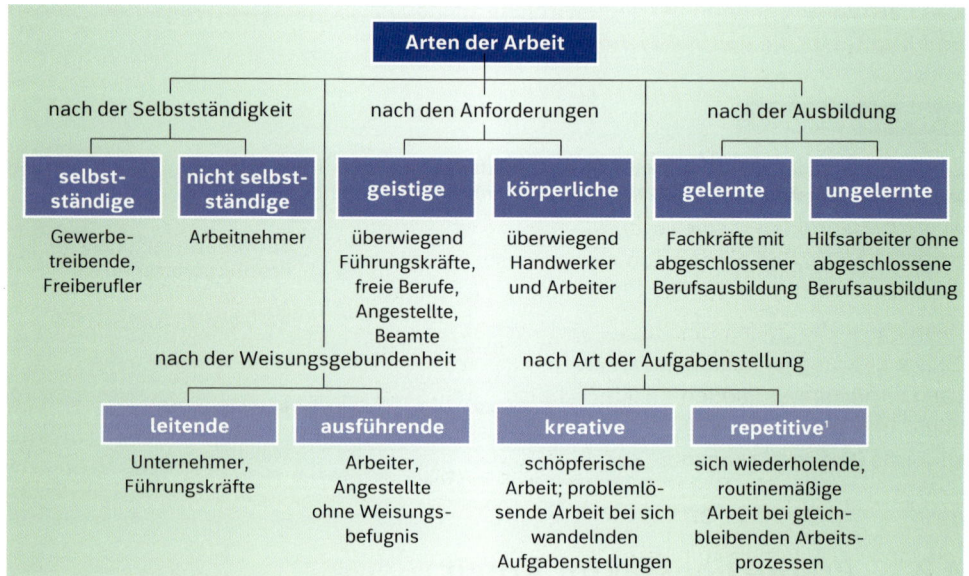

Arbeitsauftrag

Wie viele und welche Güter in einer Volkswirtschaft produziert werden können, wie also das Inlandsprodukt beschaffen ist, das hängt zum einen von der Menge, zum anderen von der Qualität des Produktionsfaktors Arbeit ab.

a) Deutschland ist ein rohstoffarmes, aber dennoch exportstarkes und auch wohlhabendes Land. Dieser Wohlstand gründet sich zu einem wesentlichen Teil auf der Leistung der Arbeitskräfte. Erläutern Sie diesen Zusammenhang.

b) Was kann (und muss) der Staat tun, um die Leistungsfähigkeit des Produktionsfaktors Arbeit zu erhalten?

c) Die folgende Tabelle zeigt, wie sich in einer Volkswirtschaft der Anteil der Selbstständigen und mithelfenden Familienangehörigen sowie der Anteil der abhängig Beschäftigten an der Gesamtzahl der Erwerbstätigen entwickelt hat. Beurteilen Sie, ob diese Entwicklung eher von Vorteil oder von Nachteil für die betreffende Volkswirtschaft ist.

---

[1] (lat.) repetere = wiederholen

Erwerbstätige nach ihrer Stellung im Beruf

	1980	1990	2000	2010	2012	2014	2016	2018
	in 1 000							
Erwerbstätige insgesamt	26 875	29 334	36 604	38 163	38 734	38 662	38 938	39 869
Selbstständige	2 316	2 850	3 643	4 160	4 143	4 215	4 259	4 405
Mithelfende Familienangehörige	924	578	322	396	349	245	221	236
Beamte	2 261	2 485	2 315	2 218	2 110	2 089	2 084	2 081
Angestellte	10 002	12 716	17 644	19 894	21 502	22 017	22 536	22 682
Arbeiter	11 372	10 975	12 679	11 495	10 630	10 097	9 839	10 465
Teilzeitbeschäftigte	.	3 934	6 478	8 841	9 008	9 076	9 196	9 512
	in %							
Selbstständige	8,6	8,8	10,0	10,9	10,7	10,9	10,9	11,0
Mithelfende Familienangehörige	3,4	2,0	0,9	1,0	0,9	0,6	0,6	0,6
Beamte	8,4	8,5	6,3	5,8	5,4	5,4	5,4	5,2
Angestellte	37,2	43,3	48,2	52,1	55,5	56,9	57,9	56,9
Arbeiter	42,3	37,4	34,6	30,1	27,4	26,1	25,3	26,2
Teilzeitbeschäftigte	14,2	15,0	19,8	26,3	26,3	20,5	26,7	27,0

4.3 Produktionsfaktor Boden

Der Produktionsfaktor Boden (Natur) wird in dreifacher Weise genutzt:
- als **Anbauboden** für die land-, forst- und weidewirtschaftliche Produktion,
- als **Abbauboden** für den Abbau von Rohstoffen,
- als **Standortboden** für die Ansiedlung von Betrieben.

Deshalb ist der Boden das zweite wichtige Einsatzmittel für die Leistungserstellung jeder Volkswirtschaft. Ebenes Land, fruchtbarer Boden, Bodenschätze, gemäßigtes Klima und andere günstige Naturbedingungen sind wesentliche Voraussetzungen für den Wohlstand.

Wie die Arbeit kann auch der Boden unmittelbar genutzt werden. Er ist ebenfalls ein ursprünglicher Produktionsfaktor.

4.3.1 Anbauboden

Der landwirtschaftlich nutzbare Boden ist die Grundlage für die Nahrungsmittelerzeugung. Das Hauptproblem besteht darin, dass der Anbauboden knapp ist und folglich auch die Nahrungsmittelproduktion nicht beliebig gesteigert werden kann. Zwar konnten durch den Einsatz von Kunstdünger und durch Züchtungserfolge die Erträge immer wieder erhöht werden. Auch die Gentechnik lässt neue Steigerungen erwarten. Trotzdem bleibt langfristig das Problem, wie die wachsende Weltbevölkerung ernährt werden kann. Hinzu kommen Fragen der ökologischen Verträglichkeit der modernen Anbauverfahren.

Anbauboden

4.3.2 Abbauboden

Mineralvorkommen, fossile Brennstoffe (Kohle, Erdöl, Erdgas) und Kernbrennstoffe können nur einmal genutzt werden. Sie sind nicht reproduzierbar und folglich absolut knapp. Die Erschöpfung der bekannten Lagerstätten ist absehbar. Deshalb ist das Prinzip des

„sustainable developments" (der **dauerhaften, nachhaltigen Entwicklung**) unbedingt zu beachten. Dieses Prinzip gebietet vor allem:
- nachhaltigen Abbau erneuerbarer Rohstoffe (z. B. Holz; nur so viel abbauen, wie nachwächst);
- nachhaltigen Abbau nicht erneuerbarer Rohstoffe (z. B. Rohöl, Erze; nur so viel abbauen, dass für nachfolgende Generationen kein Mangel entsteht);

Abbauboden

- Aufbau von Rohstoffkreisläufen durch Recyceln von Materialrückständen, Produkten und Verpackungen (Kreislaufwirtschaft);
- Erschließung regenerativer (sich erneuernder) Energiequellen (Sonne, Wind, Wasser, Gezeiten, Erdwärme, Biomasse);
- sparsame Energienutzung.

4.3.3 Standortboden

Eine günstige Standortwahl ist von entscheidender Bedeutung für das Unternehmen. Wer sich an der „richtigen" Stelle niederlässt, gewinnt Vorteile gegenüber der Konkurrenz, die letzten Endes seinen Gewinn positiv beeinflussen können. Unternehmen mit ungünstigem Standort haben entsprechende Nachteile. Darüber hinaus ist die Einrichtung eines Betriebes teuer. Ein einmal gewählter Standort kann nur mit hohen Kosten korrigiert werden. Das Unternehmen versucht, Standorte mit hohen Kosten- und Ertragsvorteilen zu wählen. Lesen Sie hierzu S. 270 ff.

Durch staatliche Beschränkungen (z. B. gültige Flächennutzungspläne, Umweltschutzbestimmungen) wird die Standortwahl heutzutage stark eingeschränkt.

Standortvorteile	
Ertragsvorteile	**Kostenvorteile**
• räumliche Nähe zum Absatzmarkt, zum Kunden • hohe Kaufkraft im Einzugsgebiet • verkehrsgünstige Lage • fehlende oder schwache Konkurrenz	• natürliche Gegebenheiten (z. B. Vorhandensein von Rohstoffen, Nähe von Wasserwegen) • Vorhandensein von billigen Arbeitskräften oder branchentypisch ausgebildeten Arbeitskräften • günstiger Betriebsraum (z. B. niedrige Grundstückspreise, niedrige Gewerbesteuer, staatliche Subventionen) • verkehrsgünstige Lage • gute Infrastruktur (z. B. Vorhandensein von Gas-, Wasser-, Stromleitungen, Straßen, Bahnlinien, Verkehrseinrichtungen, Flughäfen)

Arbeitsaufträge

1. **Der englische Nationalökonom Robert Malthus behauptete um 1800, die Bevölkerung wachse wesentlich schneller als die Nahrungsmittelerzeugung an. Dies führe unausweichlich zu Hungerkatastrophen.**
    a) Wie hat sich die Entwicklung tatsächlich einerseits in den Industrieländern und andererseits in den Entwicklungsländern vollzogen?
    b) Versuchen Sie Gründe für die unterschiedliche Entwicklung anzugeben.
2. **Sie wollen (1) ein Stahlwerk, (2) eine Näherei, (3) ein Sägewerk gründen.**
    Welche Anforderungen stellen Sie jeweils an den Standort?

Robert Malthus

4 Volkswirtschaftliche Produktionsfaktoren

3. **Jeder Betrieb orientiert sich an bestimmten Standortfaktoren.**
   Welche Standortorientierung ist bei folgenden Betrieben vorherrschend? Begründen Sie Ihre Aussage.
   Raffinerien, Mühlenbetriebe, Papierfabriken, Chemiewerke, Bergwerke, Stahlwerke, Brauereien, Nahrungsmittelbetriebe, Zulieferbetriebe, Maschinenbaubetriebe, Kaufhäuser, Verbrauchermärkte, Boutiquen.

4. **Deutsche Betriebe haben in den letzten Jahrzehnten ihre Produktionsstätten teilweise ins Ausland verlegt.**
   Welche Gründe könnten zu derartigen Verlagerungen des Standortes geführt haben?

5. **Regenerative Rohstoffe können zwar erneuert werden, sind aber trotzdem knapp. Sparsame Nutzung und Recycling sind durchaus sinnvoll.**
   Zeigen sie die weitreichende Bedeutung des Recyclings am Beispiel der Papierherstellung:
   a) Welche Rohstoffe werden für die Herstellung von Papier benötigt?
   b) Warum ist die Verwendung von bereits benutztem Papier als Rohstoff für die weitere Papierherstellung für die Umwelt besonders wichtig?

6. **Die Förderung von Rohöl aus der Nordsee ist mit besonderen Gefahren für die Umwelt verbunden (z. B. aufgrund von auslaufendem Öl). Auch sind die Förderkosten erheblich höher als bei Lagerstätten auf dem Festland.**
   a) Warum verursacht das Nordseeöl höhere Förderkosten?
   b) Nennen Sie Gründe dafür, dass die genannten Risiken eingegangen werden.
   c) Warum ist die Förderung von Nordseeöl trotz der höheren Förderkosten lohnend?

4.4 Produktionsfaktor Kapital

4.4.1 Volkswirtschaftlicher Kapitalbegriff

> Jeder kennt die Geschichte von Robinson Crusoe, der als Schiffbrüchiger auf einer menschenleeren Insel strandete. Für sein Überleben standen ihm nur seine Arbeitskraft und die Güter der Natur zur Verfügung. Er konnte zwar die notwendigen Nahrungsmittel beschaffen, lebte aber immer nur von der Hand in den Mund. Dann knüpfte er eines Tages sein erstes Fischnetz. Während der Zeit, die er hierfür aufwenden musste, konnte er nicht jagen, Fische fangen oder Früchte sammeln. Vielleicht hungerte er sogar. Aber als das Netz fertig war, fing er mit einem Mal bedeutend mehr Fische, als er sofort verzehren konnte. Dadurch hatte er Zeit, um neue Jagdgeräte und Werkzeuge anzufertigen. Diese wiederum erlaubten ihm, seinen Ertrag weiter zu steigern.

Arbeit und Boden allein reichen nicht aus, um die gewünschten Güter für die Bedürfnisbefriedigung zu erstellen. Dies galt für Robinson wie für eine moderne Volkswirtschaft. Der Mensch suchte deshalb schon früh durch den Einsatz von Hilfsmitteln seine Arbeit zu erleichtern. Er erfand z. B. das Fischnetz, den Pflug, das Rad und die Waffen. Diese Werkzeuge waren das erste **Kapital** des wirtschaftenden Menschen. Mit ihrer Hilfe konnte er die Produktion beträchtlich steigern.

Der Volkswirt sagt: „Kapital sind produzierte Produktionsgüter."

Kapital im volkswirtschaftlichen Sinn sind Sachgüter, die produziert wurden, um ihrerseits wieder ertragsteigernd in der Produktion eingesetzt zu werden.[1]

Da Kapital der Güterproduktion dient, stellt es – ebenso wie Arbeit und Boden/Naturkräfte – einen Produktionsfaktor dar. Da es aber erst durch den ursprünglichen Einsatz von Arbeit und Boden entsteht, ist es ein **abgeleiteter Produktionsfaktor**.

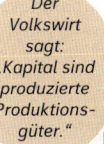

Kapital (Industrieanlage)

---

[1] Es ist zu beachten, dass der Begriff Kapital betriebswirtschaftlich anders definiert ist: In der BWL versteht man unter Kapital die Mittel, die der Finanzierung des Vermögens des Unternehmens dienen. Vgl. hierzu Band 1 „Geschäftsprozesse", Sachwort „Kapital".

Die Güterproduktion mithilfe von Kapital ist eine **Umwegproduktion**:

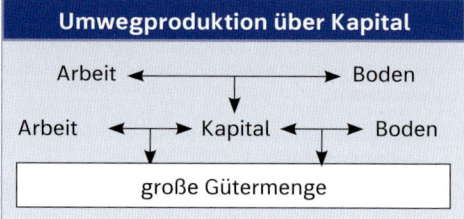

4.4.2 Kapitalbildung

Kapital in dem beschriebenen Sinne ist stets **Sachkapital** (Realkapital). In der modernen Wirtschaft handelt es sich um Maschinen, Anlagen und Vorräte an Rohstoffen und Produkten. Während dieses Sachkapital produziert wird, muss zwangsläufig auf die Produktion von Konsumgütern verzichtet werden. Dies zeigt schon das Robinson-Beispiel. Dies gilt aber auch in einer Volkswirtschaft. Hier erfolgt Konsumverzicht in Form von Sparen. Die Bildung des Sachkapitals erfolgt durch Investieren.

- *Sparen* bedeutet Konsumverzicht in dem Sinne, dass die Haushalte Teile ihres Einkommens nicht für Konsumzwecke ausgeben.
- Gesparte Mittel, die für produktive Zwecke bereitgestellt werden, heißen *Geldkapital*. Teilweise bringen die Unternehmerhaushalte dieses Geldkapital selbst auf, teilweise wird es von den privaten Haushalten über die Banken zur Verfügung gestellt.
- Durch *Investieren*[1] erfolgt die produktive Anlage des Geldkapitals in Unternehmungen, d. h. seine Umwandlung in Sachwerte (Investition im geldwirtschaftlichen Sinn).
  Geldkapital ist also lediglich eine Vorstufe zum Kapital im volkswirtschaftlichen Sinn.

> **Beispiel: Kapitalbildung**
> Der Eigentümer einer Tuchdruckerei will seinen Betrieb erweitern. Deshalb verzichtet er längere Zeit darauf, seinen gesamten Gewinn sofort wieder auszugeben. Er übt also Konsumverzicht, er spart.
> Hat er eine gewisse Summe zusammen (Geldkapital), so kauft er das Nachbargrundstück, bezahlt Baumaterial und Arbeitskräfte für den Erweiterungsbau, schafft neue Maschinen und Werkzeuge an. Man sagt: Er investiert das gesparte Geldkapital in die Erweiterung des Betriebes.
> Der Neubau mit seiner Maschinenausstattung bedeutet neues Sachkapital, neue Produktionsmittel. Jetzt können mehr Aufträge ausgeführt werden. Der Betrieb erzielt höhere Einnahmen und Gewinne.
> Ergebnis: Der Umweg über Sparen und Investieren schafft für den Unternehmer – hier für den Eigentümer der Tuchdruckerei – neue Produktionsmittel und damit höhere Gewinnmöglichkeiten.

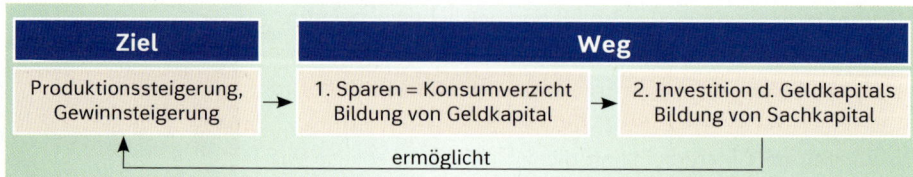

Die Sparquote und die Konsumquote geben an, wie viel Prozent des Haushaltseinkommens gespart/konsumiert werden. Nur eine hohe Sparquote ermöglicht die notwendigen Investitionen.

---

[1] (lat.) investire = einkleiden. Beachte: Im betriebswirtschaftlichen Sinn bedeutet Investition lediglich die Anlage von Finanzierungsmitteln in Vermögensteilen. Vgl. Band 1 „Geschäftsprozesse", Sachwort „Investition".

4 Volkswirtschaftliche Produktionsfaktoren

> In der Bundesrepublik Deutschland ist die Sparquote für den Durchschnitt aller Haushalte von knapp 13 % (1991) auf etwa 10 % (2014) gesunken.

$$\text{Sparquote} = \frac{\text{Sparen}}{\text{verfügbares Haushaltseinkommen}} \cdot 100$$

$$\text{Konsumquote} = \frac{\text{Konsumausgaben}}{\text{verfügbares Haushaltseinkommen}} \cdot 100$$

4.4.3 Arten des Sparens

> Ich habe ein Bruttogehalt von 2 300,00 EUR. Nach Abzug von Steuern und Sozialversicherung bleiben mir noch 1 535,10 EUR. Davon zahle ich monatlich 100,00 EUR auf einen Bausparvertrag, 92,00 EUR in eine Riester-Rentenversicherung, und 250,00 EUR gehen auf mein Sparkonto. Damit werden größere Anschaffungen und der Urlaub finanziert.

Sparen erfolgt in unterschiedlichen Formen zu unterschiedlichen Zwecken:

Arten des Sparens		
nach dem Rückfluss des Gesparten in die Wirtschaft	**nach der Sparbereitschaft**	**nach dem Zweck des Sparens**
Sparen Gesparte Gelder werden direkt oder über die Banken der Wirtschaft wieder zur Verfügung gestellt. **Horten** Gehortete Gelder werden „im Sparstrumpf" aufbewahrt und fließen nicht in die Wirtschaft zurück. Sie sind volkswirtschaftlich sinnlos, da sie nicht für Investitionen zu Verfügung stehen.	**geplantes (freiwilliges) Sparen** • auf Bankkonten, • in Wertpapieren, • bei Bausparkassen, • bei Versicherungen aufgrund freier Entscheidungen der Haushalte **ungeplantes Sparen (Zwangssparen)** Erzwungener Konsumverzicht aufgrund von • Abgaben an den Staat (z. B. Steuern, Sozialversicherung), • Güterrationierung, • Preissteigerungen	**Zwecksparen** zum Zweck späterer Konsumausgaben **Vorsorgesparen** zum Zweck der Zukunftsvorsorge („Notgroschen" bei Krankheit, Arbeitslosigkeit usw.) **Vermögensbildung** durch regelmäßiges Sparen und Zinseinkünfte.

4.4.4 Arten der Investition

Im Jahr 20.. kauft der Kleiderfabrikant Otto Gehlen Stoffe für 240 000,00 EUR ein. Davon gehen Stoffe für 230 000,00 EUR in die Produktion. Es bleibt ein Rest von 10 000,00 EUR. Es werden Kleider im Wert von 500 000,00 EUR produziert. Das sind für 50 000,00 EUR mehr, als sofort abgesetzt werden können. Aber Otto Gehlen rechnet mit einer steigenden Nachfrage zu Beginn des nächsten Jahres und produziert deshalb auf Lager.
Durch den Produktionsprozess wird ein Teil der Maschinen abgenutzt und „abgeschrieben". Herr Gehlen kauft dafür neue Maschinen im Wert von 45 000,00 EUR. Da er mit steigender Nachfrage rechnet, will er darüber hinaus den Betrieb vergrößern und kauft weitere Maschinen für 30 000,00 EUR. Die neuen Maschinen haben eine bessere Qualität als die alten. Sie bewirken eine Erhöhung der Produktionsmenge um 10 %, obwohl die Arbeitszeit von 39 Stunden auf 37,5 Stunden pro Woche verkürzt wird.

Anhand dieses Beispiels lassen sich verschiedene Arten von Investitionen in Unternehmen unterscheiden:

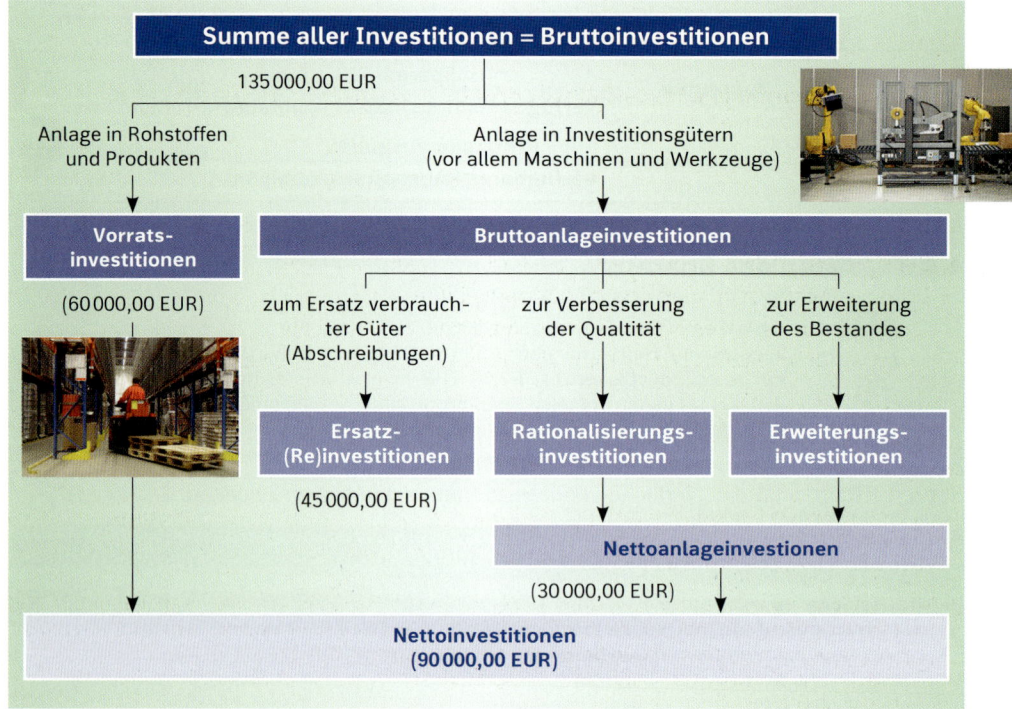

Anlageinvestitionen sind Kapitalanlagen in Investitionsgütern (vor allem in Maschinen und Werkzeugen) in einer Wirtschaftsperiode.

Der Teil der Anlageinvestitionen, der über die Ersatzinvestitionen hinausgeht, erhöht den Bestand an Investitionsgütern. Er dient einmal der **Kapitalneubildung** – **Erweiterungsinvestitionen** –, zum anderen der **Kapitalverbesserung** – **Rationalisierungsinvestitionen**. Er gestattet eine Steigerung der Konsumgüterproduktion. Eine Erhöhung der gesamtwirtschaftlichen Produktion (des Inlandsprodukts) heißt **volkswirtschaftliches Wachstum**; es begünstigt den allgemeinen Lebensstandard.

Vorratsinvestitionen sind die Bestandserhöhungen an Werkstoffen und Erzeugnissen bei den Unternehmen in einer Wirtschaftsperiode.

Vorratsinvestitionen können von den Unternehmern beabsichtigt sein – **geplante Investitionen**. Durch höhere Bestände an Werkstoffen sind die Unternehmen z. B. für eine Produktionssteigerung gerüstet, durch höhere Bestände an Fertigerzeugnissen für eine erwartete verstärkte Kundennachfrage.

Vorratsinvestitionen können auch unbeabsichtigt entstehen – **ungeplante Investitionen**. Dies ist z. B. der Fall, wenn die tatsächliche Kundennachfrage niedriger als erwartet ausfällt. Die Unternehmen „bleiben auf ihren Vorräten sitzen". Wenn sie zusätzlich in der nächsten Wirtschaftsperiode die Produktion einschränken, kann Arbeitslosigkeit die Folge sein.

Der Investitionsbegriff lässt sich nun auf zweierlei Weise festlegen:
Der **geldwirtschaftliche Investitionsbegriff** bezieht sich auf den Vorgang der Kapitalbildung:

4 Volkswirtschaftliche Produktionsfaktoren   **133**

Investition **ist die Anlage von Geldkapital zum Zweck der Umwandlung in Sachwerte (Vorräte und Investitionsgüter).**

Der **güterwirtschaftliche Investitionsbegriff** geht von diesen Sachwerten selbst aus:

Investitionen **sind die Teile des Inlandsprodukts, die** *nicht unmittelbar Konsumgüterproduktion* **für den laufenden Bedarf darstellen.**

Den Investitionen kommt größte Bedeutung für die Volkswirtschaft zu:
- Sie sind Voraussetzung für das Wachstum des Inlandsprodukts.
- Erweiterungsinvestitionen schaffen Arbeitsplätze.
- Rationalisierungsinvestitionen können Arbeitsplätze vernichten.
- Ungeplante Investitionen (Vorräte) beeinflussen die Produktionsentscheidungen.

Arbeitsaufträge

1. „Kapital bilden bedeutet: Heute auf Konsum verzichten, um morgen mehr konsumieren zu können."
   Nehmen Sie zu dieser Aussage Stellung.

2. Die örtliche Sparkasse veranstaltet anlässlich des Weltspartages eine Informations- und Werbeveranstaltung, bei der sie ihre Kunden über die Funktion des Sparens aufklären möchte. Am Ende können die Kunden bei einem Quiz Preise gewinnen.
   Testen Sie Ihr Wissen! Nehmen Sie zu den folgenden Aussagen und zu der Grafik Stellung. Vielleicht hätten auch Sie gewonnen.
   a) „Das Horten, also das Ansammeln von Geldkapital ‚unter dem Kopfkissen', ist volkswirtschaftlich schädlich, wenn es in größerem Umfang geschieht."
   b) „Sparquote und Konsumquote stehen in einer direkten Wechselwirkung zueinander."
   c) „Investoren brauchen Banken und Sparkassen – und umgekehrt."
   d) Welche Aussagen liefert die nachfolgende Grafik?

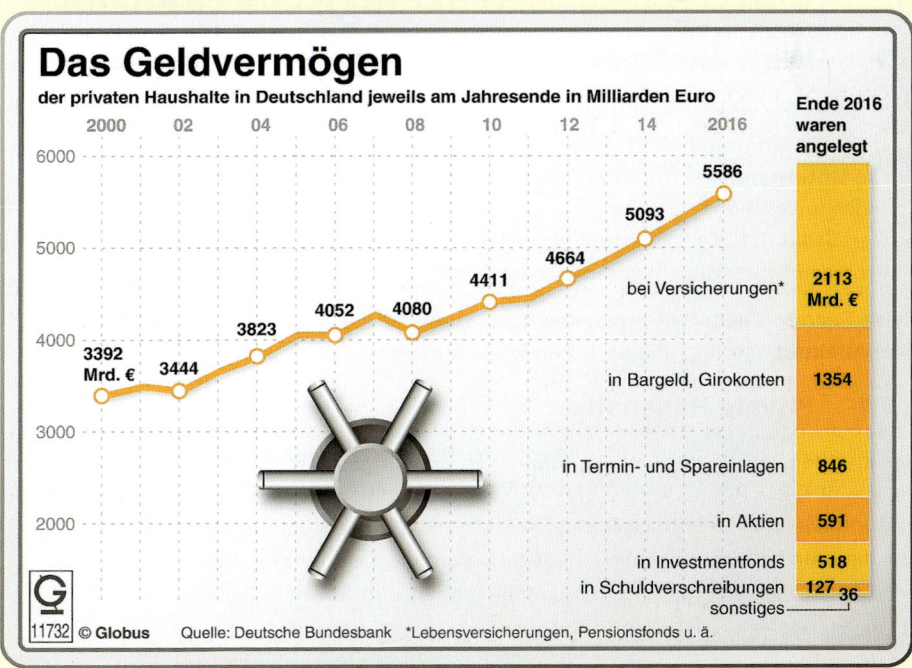

3. Der Begriff Zwangssparen bezieht sich unter anderem auf Steuern und Preissteigerungen.

   Erläutern Sie, wieso auf diese Erscheinungen der Ausdruck Sparen angewendet werden kann.

4. Die Bilanz eines Unternehmens weist folgende Bestände auf:

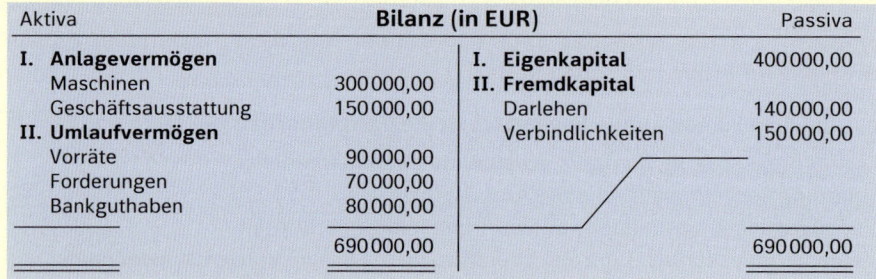

   Es vollziehen sich im Laufe des Jahres folgende Vorgänge:

   (1) Kauf von Maschinen für 80 000,00 EUR gegen Rechnung
   (2) Kauf von Geschäftsausstattung für 30 000,00 EUR gegen Rechnung
   (3) Einkauf von Vorräten für 220 000,00 EUR gegen Rechnung
   (4) Verbrauch von Vorräten für die Produktion für 215 000,00 EUR
   (5) Verkauf von erstellten Produkten für 350 000,00 EUR
   (6) Eingang von Kundenzahlungen für 330 000,00 EUR
   (7) Bezahlung von Verbindlichkeiten 210 000,00 EUR
   (8) Darlehenstilgung 10 000,00 EUR
   (9) Abschreibung von Maschinen 30 000,00 EUR
   (10) Abschreibung von Geschäftsausstattung 15 000,00 EUR

   Errechnen Sie die Vorratsinvestitionen, Anlageinvestitionen, Ersatzinvestitionen, Nettoanlageinvestitionen und Nettoinvestitionen des Unternehmens.

5 Wirtschaften und ökologische Grenzen

5.1 Wirtschaftssektoren

Innerhalb der Volkswirtschaft lassen sich drei große Gruppen (**Sektoren**) unterscheiden:

- Die **privaten Haushalte** (Verbraucher, Konsumenten) sind die Stätten des Konsums.
- Die **Unternehmen** (Unternehmungen) sind die wichtigsten Stätten der Produktion von Individualgütern.
- Der **Staat** ist die oberste Führungseinheit der Volkswirtschaft und der wichtigste Produzent von Kollektivgütern. Außerdem nimmt er bestimmte Umverteilungen vor.

Diese Sektoren unterhalten Beziehungen zu einem Sektor außerhalb der Volkswirtschaft: dem **Ausland**.

5.1.1 Private Haushalte

Die privaten Haushalte sind die Eigentümer der Produktionsfaktoren. Sie stellen diese den Unternehmen zur Verfügung und beziehen dafür Einkommen („Faktor"einkommen). Die Unternehmerhaushalte erzielen darüber hinaus Gewinne („Rest"einkommen). Das Einkommen verwenden die Haushalte für Konsumausgaben und Sparen. Dabei ist ihr **Hauptziel** die **Nutzenmaximierung**, die größtmögliche Bedürfnisbefriedigung. An diesem Ziel richten sie ihre Entscheidungen aus.

Arbeitseinkommen = Lohn,
Bodeneinkommen = Miete,
Kapitaleinkommen = Zins

Durch Bedürfnisse kommt es zu einem **Bedarf** an bestimmten Gütern (z. B. Bedürfnis nach Schlaf → Bedarf an Bett). Wie viel Bedarf ein Haushalt decken kann, hängt von seinen finanziellen Mitteln, seiner Kaufkraft, ab. Diese ist durch sein Einkommen und seine Ersparnisse bestimmt. Nur der durch Kaufkraft gedeckte Bedarf ist ökonomisch von Bedeutung.

> **ökonomischer Bedarf = Güterbedarf + Kaufkraft**

Anmerkung: Die Haushalte konsumieren nicht nur; sie produzieren auch Güter, z. B. durch Kochen, Waschen, Bügeln, Reinigen, Rasenmähen, Heimwerken ... Da diese Produktion für den Eigenbedarf erfolgt und nicht verkauft wird, lässt sich ihr Wert nur schwer erfassen. Sie wird deshalb bei der Ermittlung des Inlandsprodukts nicht berücksichtigt.

Vielerlei Gründe können den Haushalt veranlassen, mit dem Kauf abzuwarten (z. B. die Aussicht auf ein „Schnäppchen"). Bedarf ist deshalb nur latente Nachfrage. Effektive Nachfrage entsteht erst, wenn der Haushalt seinen Kaufwillen äußert.

> **effektive Nachfrage = ökonomischer Bedarf + Kaufwille**

Durch seine Konsumentscheidungen entscheidet der Haushalt zugleich über sein Sparen: Nicht für Konsumausgaben verwendete Einkommensteile sind Ersparnisse.

5.1.2 Unternehmen

Das **Hauptziel** der Unternehmen ist die (langfristige) **Gewinnmaximierung**. Sie können dieses Ziel nur erreichen, wenn sie Güter erstellen, die den Abnehmern Nutzen bringen und deshalb ausreichenden Absatz finden. Sie entscheiden über Art, Menge und Zeitpunkt der Produktion. Die Güterproduktion wird als das Sachziel der Unternehmen bezeichnet.

Für die Produktion benötigen die Unternehmen die Produktionsfaktoren Arbeit, Boden und Kapital. Die zum Bedarfszeitpunkt benötigten Mengen eines Faktors stellen den **Bedarf** an diesem Faktor dar. Auch er ist zunächst latente Nachfrage. Wenn das Unternehmen seine Kaufentscheidungen trifft, wird er zu **effektiver Nachfrage**.

5.1.3 Staat

Das Hauptziel des Staates ist die bestmögliche Versorgung der Bürger mit Kollektivgütern (**Bedarfsdeckungsprinzip**). Der Staat strebt nicht nach Gewinn.

Wirtschaftlich gesehen, besteht der Staat aus einer Vielzahl **öffentlicher Haushalte** (v. a. Bund, Länder, Gemeinden, Sozialversicherung). Diese tätigen für die Kollektivgüterbereitstellung zahlreiche **Ausgaben**. Die Mittel dafür beziehen sie aus **Einnahmen**, die Grundgesetz und Gesetze ihnen zusichern.

5.1.4 Ausland

Die inländischen Sektoren kaufen Güter aus dem Ausland (Importe) und verkaufen Güter in das Ausland (Exporte). Durch diese Beziehungen entsteht das Geflecht der **Weltwirtschaft**.

Staatsausgaben
- **Sachaufwand** (Einkauf von Gütern)
- **Faktoraufwand** (Löhne, Mieten, Zinsen)
- **Transferleistungen** (Sozialleistungen ohne vorherige Beitragszahlung; z. B. Sozialhilfe, Arbeitslosengeld II, Kindergeld, Wohngeld)
- **Subventionen** (Leistungen zur Förderung bestimmter Vorhaben, z. B. Energieeinsparung, Wohnungsbau, Aufbau Ost, Forschungs- und Sparförderung)

Staatseinnahmen
- **Steuern** (Zahlungen, die keine Gegenleistung für besondere staatliche Leistungen sind. Die Merkmale für die Leistungspflicht sind gesetzlich festgelegt.)
- **Gebühren** (Entgelte für beanspruchte Staatsleistungen; z. B. Passgebühren)
- **Beiträge** (In der Regel Beteiligung an verursachten Kosten; z. B. Erschließungsbeiträge, Beiträge zur Sozialversicherung)
- **Gewinne** staatlicher Betriebe
- **Kredite** (geliehenes und zu verzinsendes Geldkapital)

5.2 Markt

Die Haushalte bieten Faktorleistungen an, die Unternehmen und Staat nachfragen. Unternehmen und Staat bieten ihrerseits Güter an, die von Haushalten, von anderen Unternehmen und auch vom Staat nachgefragt werden.

Das Zusammentreffen von Angebot und Nachfrage nach einem Gut nennt man Markt. Auf den Märkten bilden sich die Preise der Güter. Der Preis gleicht Angebot und Nachfrage aus.

Beispiel: Wochenmarkt

Der Wochenmarkt gibt das typische Marktgeschehen anschaulich wieder: Ein Gewimmel von Nachfragern drängt sich dort zwischen einer Vielzahl von Ständen der Anbieter. Preise werden gerufen, abgelehnt, manchmal heruntergesetzt, akzeptiert. Güter und Geld wechseln den Besitzer.

Die Anbieter haben gewisse Preisvorstellungen, die Nachfrager ebenfalls. Auf dem Markt stellen sich die Marktteilnehmer dem Wettbewerb mit ihren Konkurrenten. Erscheint der Angebotspreis den Nachfragern zu hoch, werden sie kaum kaufen. Erscheint er ihnen hingegen günstig, greifen sie zu.

Wochenmarkt

Jedes Gut hat seinen eigenen Markt. So lassen sich vor allem Märkte für die Produktionsfaktoren Arbeit (Arbeitsmarkt), Boden (Grundstücksmarkt) und Kapital (Geldkapital: Finanzmarkt; Sachkapital: Rohstoff- und Investitionsgütermärkte), für Dienstleistungen sowie für Konsumgüter unterscheiden.

5.3 Wirtschaften – Ökonomisches Prinzip

Die Bedürfnisse der Haushalte sind grundsätzlich unbegrenzt. Meist gilt die Reihenfolge Existenzsicherung – Wohlstand – Luxus. Riesiges Angebot, perfektionierte Güter und allgegenwärtige Werbung fördern den Kaufreiz.

Aber meist stehen für das Ziel der Nutzenmaximierung nur begrenzte Mittel zur Verfügung. So bedeutet die Entscheidung für ein Gut oft den Verzicht auf ein anderes. Man muss mit den knappen Mitteln wirtschaften.

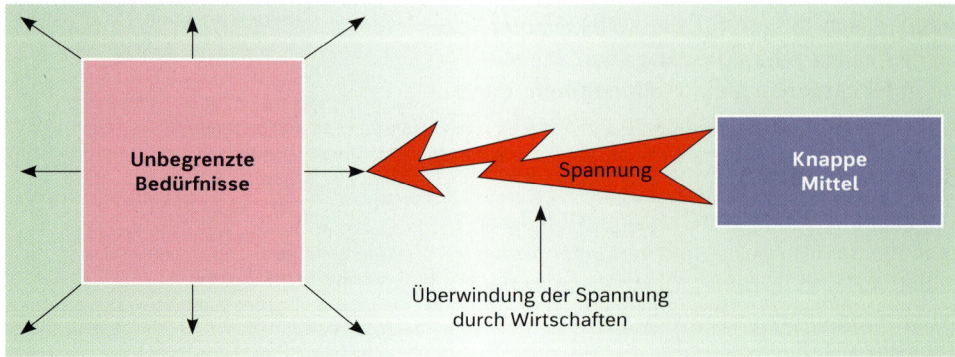

5 Wirtschaften und ökologische Grenzen

Die Unternehmen und der Staat stehen vor dem gleichen Problem. Auch sie haben Ziele und auch sie müssen wirtschaften, weil die Mittel zur Zielerreichung knapp sind.

Das Wirtschaften umfasst alle planvollen Tätigkeiten, die darauf zielen, das Spannungsverhältnis zwischen den tendenziell unbegrenzten Zielen und der relativen Knappheit der Mittel zu überwinden. Diese Knappheit erfordert Entscheidungen zugunsten der dringlichsten Ziele.

Haushalte, Unternehmen und Staat sind die Entscheidungsträger in der Wirtschaft. Man bezeichnet sie als Wirtschaftssubjekte.

Ein rationales (wohl überlegtes) Handeln, dessen Ziel ein größtmöglicher Erfolg ist, heißt Handeln nach dem **ökonomischen Prinzip** (wirtschaftlichen Prinzip). Es hat zwei Erscheinungsformen: Maximal- und Minimalprinzip.

1. *Maximalprinzip*: **Wirtschaftlich handelt, wer mit gegebenem Mitteleinsatz einen maximalen (möglichst großen) Erfolg erzielt.**

2. *Minimalprinzip (Sparprinzip)*: **Wirtschaftlich handelt, wer einen vorgegebenen Erfolg mit minimalem (möglichst geringem) Mitteleinsatz erzielt.**

Beispiele: Ökonomisches Prinzip

	Maximalprinzip	Minimalprinzip
Private Haushalte	Frau Kern verwendet ihr knappes Einkommen für den Kauf solcher Güter, von denen sie sich einen größtmöglichen Nutzen verspricht.	Frau Kern kauft auf dem Wochenmarkt ihren Salat beim günstigsten Anbieter.
Unternehmen	Die Weberei Hendricks setzt ihre knappen Mittel (Arbeitskräfte, Maschinen, Werkstoffe) so ein, dass eine möglichst große Produktionsmenge zustandekommt.	Die Weberei Hendricks versucht eine festgesetzte Produktionsmenge mit geringstmöglichen Kosten zu produzieren.
Staat	Der Staat verwendet die knappen Steuereinnahmen für den Bau einer bestimmten Fernstraße, von der er sich die größte Verkehrsentlastung verspricht.	Der Kreis will ein Krankenhaus bauen. Der Auftrag wird öffentlich ausgeschrieben, um den günstigsten Anbieter zu ermitteln.

Arbeitsaufträge

1. Ein Planungsteam erhält von der Unternehmensleitung den Auftrag, ein Konzept für die Ausstattung der Büroräume mit modernen Geräten der Bürokommunikation zu erarbeiten.
   Wie müsste die Vorgabe lauten, wenn das Team
   a) nach dem Maximalprinzip,
   b) nach dem Minimalprinzip handeln soll?

2. Durch den Ergiebigkeitsgrad lässt sich messen, wie gut das Maximalprinzip eingehalten wurde. Der Sparsamkeitsgrad zeigt das Gleiche für das Minimalprinzip an.

$$\text{Ergiebigkeitsgrad} = \frac{\text{Istergebnis}}{\text{Sollergebnis}} \qquad \text{Sparsamkeitsgrad} = \frac{\text{Solleinsatz}}{\text{Isteinsatz}}$$

Ein Wert des Bruches von 1 (100 %) bedeutet höchste Wirtschaftlichkeit, ein Wert von 0 (0 %) höchste Unwirtschaftlichkeit.
In welchem der folgenden Fälle handelt es sich um das Maximalprinzip und in welchem um das Minimalprinzip?

a) Mit einer Maschine lassen sich bei wirtschaftlicher Produktion monatlich höchstens 10 000 Plastikgefäße herstellen. Im Mai wurden 8 500 Gefäße hergestellt. (Ziel: möglichst viele Stücke herstellen!)
b) Ein Betrieb berechnet für die Erstellung von elektronischen Geräten bei wirtschaftlichem Vorgehen einen monatlichen Sollverbrauch von 20 000 Stück eines bestimmten Schaltelementes. Aufgrund von Ausschuss wurden im Mai 23 000 Stück verbraucht. (Ziel: möglichst wenig Stück verbrauchen!)
Berechnen Sie in beiden Fällen die Wirtschaftlichkeit, einmal als Ergiebigkeitsgrad, einmal als Sparsamkeitsgrad.

3.

„Also du kannst wählen: Entweder ein Baby oder ein neuer Mittelklassewagen ..."

Das ökonomische Prinzip macht keine Aussage über den Sinn der Ziele, die Wirtschaftsteilnehmer sich gesetzt haben. Es sagt nur, wie man die gesetzten Ziele ökonomisch anstrebt.
Erläutern Sie dies am Beispiel der Karikatur.

4. **Die Videoton AG benötigt ständig fremde Einbauteile, die in die eigenen Produkte (Geräte der Unterhaltungselektronik) eingebaut werden.**
Welche Probleme könnten möglicherweise auftreten, wenn ein Einkäufer für Fremdbauteile die Anweisung hat, generell nach dem Minimalprinzip zu handeln?

5. **In den Unternehmen wird weitaus seltener gegen das ökonomische Prinzip verstoßen als in den Haushalten.**
Versuchen Sie hierfür Gründe anzugeben.

6. **Die Gemeinde Rübenach unterhält ein Hallenbad (Eintritt 3,00 EUR) mit angeschlossener Sauna (Eintritt 8,50 EUR). Die Preise decken die Kosten nicht. Für jeden Besucher legt die Gemeinde etwa 1,00 EUR bzw. 2,50 EUR zu. Eine private Sauna verlangt 13,00 EUR Eintritt und arbeitet mit Gewinn.**
a) Welche unterschiedlichen Wirtschaftsprinzipien spiegeln sich in den Preisstellungen wider?
b) Warum kann die Gemeinde einen Verlust auf Dauer verkraften, der private Anbieter hingegen nicht?
c) Überlegen Sie, ob von der Gemeinde und dem Privatunternehmen gleiche Leistungen angeboten werden.

5.4 Kombination der Produktionsfaktoren

Das Handeln nach dem ökonomischen Prinzip wird z. B. bei der Kombination der Produktionsfaktoren deutlich.

5.4.1 Produktionsertrag und Kosten

> Im Neubaugebiet entsteht ein neues Haus. Die Baufirma hat 6 Arbeiter abgestellt: 1 Gehilfe schafft ständig das Material heran: Mörtel und Ziegel. 4 Maurer errichten das Mauerwerk. Der Polier dirigiert, greift ein, überwacht. Das Kellergeschoss soll binnen 4 Tagen, der gesamte Rohbau binnen 3 Wochen gemauert werden (ohne Gießen der Decken).

Für die Produktion von Gütern – hier für den Hausbau – müssen die Produktionsfaktoren Arbeit, Boden und Kapital sinnvoll miteinander kombiniert werden.

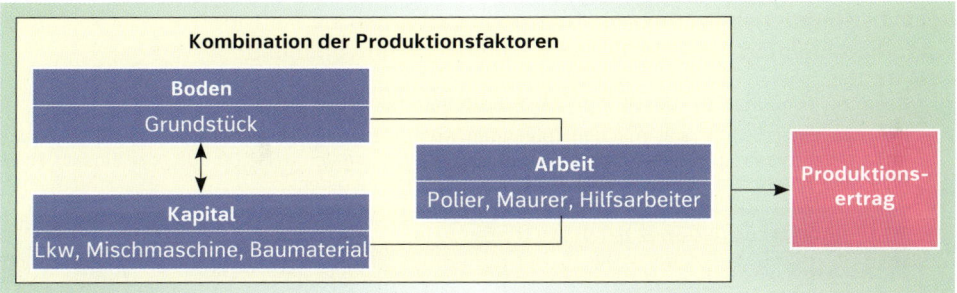

Das Ergebnis eines Produktionsprozesses ist eine Anzahl oder eine Menge von Gütern. Man nennt sie den *Produktionsertrag* (oder Ausbringungsmenge oder Output).

Bewertet man die Mengen der eingesetzten Produktionsfaktoren mit ihren Preisen, so erhält man die *Kosten der Produktion*.

> **Beispiel: Kosten der Produktion**
> Die Kosten eines Hausbaues kann man (stark vereinfacht) wie folgt errechnen:
> - **Bodenkosten**
>   Anzahl der Quadratmeter x Preis pro Quadratmeter
> - **Arbeitskosten**
>   Anzahl der Arbeitsstunden x Preis pro Arbeitsstunde
> - **Kapitalkosten**
>   Anzahl der Maschinenstunden x Preis pro Maschinenstunde
>   + Anzahl der Materialeinheiten x Preis pro Materialeinheit

Planung eines Hausbaues

Will man eine gegebene Produktionsmenge in einer bestimmten Zeit produzieren, so wird man versuchen, nach dem ökonomischen Prinzip vorzugehen und die Produktionsfaktoren so miteinander zu kombinieren, dass der Produktionsertrag mit den geringstmöglichen Kosten erzielt wird. Man sucht die sogenannte **Minimalkostenkombination**. Ob eine solche Kombination existiert, hängt von den Eigenschaften des Produktionsprozesses ab.

5.4.2 Kombination limitationaler Produktionsfaktoren

Bei der heutzutage vorherrschenden technisierten (oder sogar automatisierten) Produktion müssen die Produktionsfaktoren in der Regel in einem technisch vorgegebenen Verhältnis eingesetzt werden (sog. limitationale[1] Produktionsfaktoren).

---
[1] (lat.) limitare = begrenzen

> **Beispiel: Kombination limitationaler Produktionsfaktoren**
> Ein Taxi wird 24 Stunden täglich eingesetzt. Bei einer täglichen Arbeitszeit von 8 Stunden werden dann genau drei Fahrer benötigt. Ein Mehreinsatz von Fahrern würde nur höhere Kosten ohne bessere Auslastung des Taxis bedeuten; bei weniger Fahrern würde das Taxi nicht ausgelastet.

Bei limitationalen Produktionsfaktoren stellt sich das Problem der Minimalkostenkombination nicht, weil das günstigste Einsatzverhältnis der Produktionsfaktoren technisch bestimmt ist.

5.4.3 Kombination substitutionaler Produktionsfaktoren

Wenn in einem Produktionsprozess ein Mehreinsatz an einem Produktionsfaktor durch einen Mindereinsatz an einem anderen Produktionsfaktor ausgeglichen werden kann, spricht man von substitutionalen[1] Produktionsfaktoren.

Bei substitutionalen Produktionsfaktoren bestimmen die Faktorkosten die Wahl der Faktorkombination. Gewählt wird die Minimalkostenkombination.

> **Beispiel: Kombination substitutionaler Produktionsfaktoren**
> Der Bau einer Straße soll mit den folgenden Kombinationsmöglichkeiten an Produktionsfaktoren möglich sein. Der Einsatz eines Arbeiters kostet monatlich 3 000,00 EUR, der Einsatz einer Maschine 32 000,00 EUR. Dann entstehen folgende Gesamtkosten:
>
> | Kombination | Arbeiter | Arbeitskosten (EUR) | Maschinen | Kapitalkosten (EUR) | Gesamtkosten (EUR) |
> |---|---|---|---|---|---|
> | I | 60 | 180 000,00 | 2 | 64 000,00 | 244 000,00 |
> | II | 40 | 120 000,00 | 4 | 128 000,00 | 248 000,00 |
> | III | 20 | 60 000,00 | 6 | 192 000,00 | 252 000,00 |
>
> Die Kombination I hat die geringsten Gesamtkosten. Sie ist die Minimalkostenkombination.
>
> Wenn sich die Faktorpreise ändern, wenn beispielsweise die Kosten für den Einsatz eines Arbeiters auf 4 000,00 EUR steigen, so ändert sich auch die Minimalkostenkombination:
>
> | Kombination | Arbeiter | Arbeitskosten (EUR) | Maschinen | Kapitalkosten (EUR) | Gesamtkosten (EUR) |
> |---|---|---|---|---|---|
> | I | 60 | 240 000,00 | 2 | 64 000,00 | 304 000,00 |
> | II | 40 | 160 000,00 | 4 | 128 000,00 | 288 000,00 |
> | III | 20 | 80 000,00 | 6 | 192 000,00 | 272 000,00 |
>
> Nunmehr wird die Kombination III zur Minimalkostenkombination.

M 140 Ermitteln Sie selbst *Minimalkostenkombinationen* mithilfe einer Excel-Tabelle.

Wie das Beispiel zeigt, kennzeichnen substitutionale Produktionsfaktoren meist alternative Produktionsverfahren, zwischen denen sich das Unternehmen entscheiden kann. Die Entscheidung fällt für das kostengünstigere Verfahren.

Seit dem Bestehen der Bundesrepublik Deutschland sind die Lohnkosten schneller als die Kapitalkosten gestiegen. Dies hat einerseits zu einem höheren Lebensstandard der Bevölkerung, andererseits zu einem fortgesetzten Ersatz von Arbeit durch Kapital geführt. Erst seit Mitte der Siebzigerjahre ist dieser Vorgang jedoch mit zunehmender Arbeitslosigkeit verbunden.

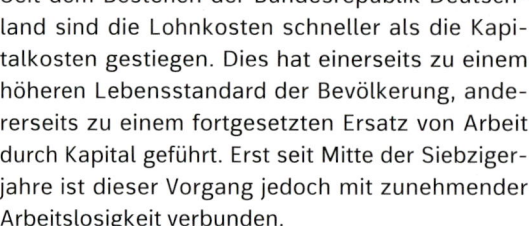

Moderner Straßenbau: kapitalintensiv

---
[1] (lat.) substituere = ersetzen

5 Wirtschaften und ökologische Grenzen

Arbeitsaufträge

1. **Für die wirtschaftliche Produktion von Gütern ist die Kenntnis folgender Begriffe wichtig:**
   - Faktorkombination,
   - Produktionsertrag,
   - Produktionskosten,
   - Minimalkostenkombination.

   a) Erläutern Sie diese Begriffe.

   b) Erklären Sie den Unterschied zwischen limitationalen und substitutionalen Produktionsfaktoren und beschreiben Sie jeweils zwei Beispiele.

   c) Warum ist das Problem der Faktorkombination zugleich ein technisches und ein wirtschaftliches Problem?

2. Eine Menge von 300 Stück eines bestimmten Produktes lässt sich durch folgende Faktorkombination erzielen:

		Arbeit	Kapital
Kombination	I	2	12
Kombination	II	4	6
Kombination	III	6	4
Kombination	IV	12	2

   Die Kosten für den Einsatz einer Einheit des Produktionsfaktors Arbeit betragen 30,00 EUR, die Kosten für den Einsatz einer Einheit des Produktionsfaktors Kapital 40,00 EUR.

   a) Handelt es sich hier um limitationale oder um substitutionale Produktionsfaktoren?

   b) Welche Kombination ist die Minimalkostenkombination?

   c) Welche Kombination wird zur Minimalkostenkombination, wenn der Preis für eine Arbeitseinheit auf 40,00 EUR steigt und der Preis für eine Kapitaleinheit auf 36,00 EUR sinkt?

3. In der modernen Industrie hat sich die Substitution von Arbeit durch Kapital immer sprunghaft vollzogen, indem im Zuge von Rationalisierungsmaßnahmen veraltete Produktionsverfahren durch neue, modernere ersetzt wurden. Zu einer Massenarbeitslosigkeit ist es aufgrund dieser Vorgänge jedoch nicht gekommen.

   a) Nennen Sie Beispiele für die sprunghafte Ersetzung von Arbeit durch Kapital.

   b) Versuchen Sie zu begründen, warum trotz dieses Substitutionsprozesses Arbeitslosigkeit bis zur Mitte der Siebzigerjahre verhindert werden konnte und warum sie erst seit dieser Zeit verstärkt auftritt.

5.5 Ökologisches Prinzip

Die Bereitstellung von Gütern und ihr Konsum vollziehen sich nicht im freien Raum, sondern in unserer natürlichen Umwelt. Dazu gehören der Boden, die Gewässer, der Luftraum sowie die Menschen und die gesamte Pflanzen- und Tierwelt. Die Erhaltung und Reinhaltung dieser Umweltelemente ist zu einem drängenden Gegenwartsproblem geworden. Entsprechende Bestrebungen sind ein besonderes Anliegen der Ökologie, der Wissenschaft von den Beziehungen der Lebewesen untereinander und zu ihrer Umwelt. Ihre Vertreter weisen eindringlich auf die Gefahren hin, die durch die zunehmende Umweltverschmutzung entstehen.

> **Beispiele:** Gefahren durch Umweltverschmutzung
> - Radioaktive Strahlungen durch Reaktorunfälle verursachen tödliche Krankheiten.
> - Verbrennungsvorgänge schädigen die Ozonschicht der Atmosphäre, welche lebensvernichtende Sonnenstrahlung absorbiert.
> - Mit Chemikalien belastete Abfälle verseuchen das Grundwasser.
> - Lärm schädigt die Nerven von Menschen und Tieren.

Man hat folgende Gefährdungsbereiche erkannt:
- die Erschöpfung der natürlichen Ressourcen (Rohstoffvorräte),
- die Verschmutzung der Umwelt,
- die Zerstörung ökologischer Kreisläufe und Systeme,
- die Belastung von Menschen, Tieren und Pflanzen durch schadstoffhaltige Produkte.

Umweltbelastungen treten in allen Phasen von Produktion und Konsum auf.[1]

Luftverschutzung

Die Industriebetriebe tragen teils direkt zu diesen Belastungen bei, indem sie Rohstoffe abbauen oder verarbeiten, Transporte zum Produktionsort und zum Kunden bewirken, Materialien, Halb- und Fertigprodukte lagern und Güter produzieren. Sie sind aber auch indirekt verantwortlich, indem sie durch die Produktion die für Gebrauch, Verbrauch und Entsorgung maßgeblichen Gütereigenschaften bestimmen.

Lösungsmittelfreie Klebstoffe machen mich nicht krank.

Und ich werfe keine wiederaufladbare Batterie weg.

Die *Ökologie* will die Belastungen der Umwelt durch wirtschaftliche Tätigkeiten minimieren oder gänzlich vermeiden.

Zunehmend setzt sich die Erkenntnis durch: Gleichberechtigt neben das ökonomische Prinzip muss das **ökologische Prinzip** treten:

Bei allen wirtschaftlichen Tätigkeiten ist so zu handeln, dass die *Umwelt* geringstmöglich belastet wird.

Alle Produzenten, Verbraucher und gewerblichen Verwender müssen das ökologische Prinzip beachten.

> **Beispiele:** Beachtung des ökologischen Prinzips
>
> **Sparsamer Umgang mit** nicht erneuerbaren **Rohstoffen** (einschließlich Wiederaufarbeitung von Abfällen: **Recycling**)
>
> Produktion **umweltfreundlicher Produkte**, die bei Gebrauch, Verbrauch und Entsorgung möglichst keine Schäden bei Mensch und Umwelt verursachen, sowie die Auswahl solcher Güter durch Verbraucher und gewerbliche Verwender (z. B. Recyclingpapier für den Schriftverkehr; solarbetriebene Taschenrechner; schadstoffarme Lacke und Wandfarben; Spraydosen ohne Fluorkohlenwasserstoffe (FCKW); Mehrwegflaschen; Produkte mit wenig aufwendiger Verpackung)
>
> Anwendung **umweltfreundlicher ("sanfter") Produktionstechniken**, die Boden, Wasser und Luft nicht belasten
>
> Weitere **Maßnahmen der Produzenten** betreffend die Reinhaltung
> - des **Bodens**: Sonderabfallbeseitigung (Altöle, Emulsionen, Lösungsmittel, sonstige Chemikalien und Konzentrate)
> - der **Luft**: Absaug-, Filter- und Entschwefelungsanlagen (gegen Staub, Dämpfe, Gase und andere Schadstoffe), Lärmschutzvorrichtungen
> - des **Wassers**: Kläranlagen (zur Entgiftung, Entschlammung) und Brauchwasserrückführungsanlagen

Umweltkonflikte **treten immer dann auf, wenn Wirtschaftsteilnehmer sich zwischen mehreren Verhaltensweisen entscheiden müssen und wenn ein ökologisch sinnvolleres Verhalten ggf. mit individuellen Nachteilen verbunden ist.**

---

[1] vgl. Band 1 „Geschäftsprozesse", Sachwort „Umweltkosten"

Solche Entscheidungen können z. B. betreffen:

- umweltverträgliche oder schädliche Rohstoffe,
- reichlich vorhandene oder knappe Rohstoffe,
- umweltfreundliche oder umweltschädliche Produktionsverfahren,
- schadstoffreiche oder schadstoffhaltige Konsumgüter.

Mit der Lösung solcher Konflikte im Sinne der Umwelt sind die privaten Wirtschaftssubjekte oft überfordert. Hier greift der Staat mit mehr oder weniger scharfen Maßnahmen ein.

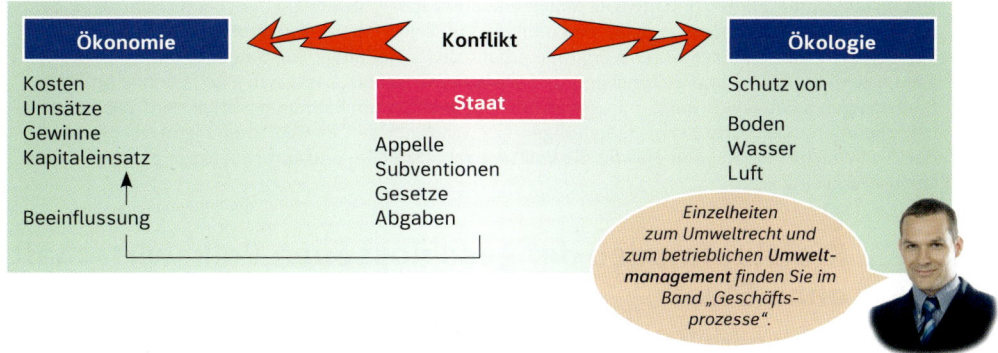

Arbeitsaufträge

1. „Ökologische Probleme lassen sich wirksam nur durch staatliche Gebote und Vorschriften lösen."

    Diskutieren Sie diese Aussage.

2. **Konflikt Ökonomie – Ökologie**

    Erläutern Sie die Aussage des Bildes und nehmen Sie kritisch Stellung dazu.

3. **Umweltschutzinvestitionen sind nicht kostenlos zu haben.**

    Nehmen Sie Stellung zu der Ansicht, dass es möglich ist, diese Kosten vollständig über die Produktpreise abzuwälzen.

Wichtiger Hinweis!
Der im folgenden Kapitel behandelte Wirtschaftskreislauf ist eine schwierige Unterrichtseinheit. Sehen Sie sich deshalb in BuchPlusWeb unbedingt die Präsentationen zu den verschiedenen Modellen des Wirtschaftskreislaufs an. Dort können Sie anschaulich und Schritt für Schritt sämtliche Transaktionen verfolgen. Sie sehen, wie die Beziehungen zwischen den Wirtschaftssektoren entstehen und die verschiedenen Arten von Inlandsprodukt und Nationaleinkommen zustande kommen.

6 Unternehmen im Kreislauf der Wirtschaft

In Deutschland gibt es etwa 40,5 Millionen Erwerbstätige, davon 4 Millionen Selbstständige. Es gibt zigtausend Unternehmen und etwa 82 Millionen Verbraucher. Sie alle planen, kaufen ein, verkaufen, nehmen und geben Kredite, erzielen Einkommen. Mit vielen Ländern treiben sie Handel. Außerdem gibt es den Staat, der Steuern und Beiträge erhebt sowie vielfältige Leistungen gewährt. So durchziehen zahllose Güter- und Geldbewegungen die Volkswirtschaft. Lässt sich eine Ordnung bei diesen Bewegungen ausmachen, kann man gar Ströme mit bestimmten Richtungen erkennen? Wie handeln Unternehmen, wenn ihre Verkaufsplanungen sich nicht mit den Einkaufsplanungen der Haushalte decken? Welche Folgen kann dies für die Volkswirtschaft haben, und kann der Staat gegebenenfalls korrigierend eingreifen?

6.1 Kreislaufmodell der geschlossenen Volkswirtschaft ohne Staat

6.1.1 Stationäre Volkswirtschaft

Das Wirtschaftsgeschehen in einer Volkswirtschaft ist sehr kompliziert. Wer erste Erkenntnisse gewinnen will, sollte dies deshalb zunächst an einem einfachen Modell versuchen.

Na klar! Wer verreisen will, nimmt ja auch eine Straßenkarte zu Hilfe.

M 144

Siehe die Präsentation *Stationäre Volkswirtschaft*.

Aufbau des Modells:
- Alle Wirtschaftsteilnehmer sind in zwei **Wirtschaftssektoren** zusammengefasst: dem Sektor **Unternehmen** (oder Unternehmungen) und dem Sektor **private Haushalte**. Es wird also vernachlässigt, dass der Staat sich am Wirtschaftsleben beteiligt und dass Wirtschaftsbeziehungen mit dem Ausland bestehen. Man spricht deshalb vom Modell einer geschlossenen Volkswirtschaft ohne Ausland und ohne Staat.
- Die beiden Sektoren stehen in einem ständigen Tauschverkehr miteinander.
- Alle in der Volkswirtschaft benötigten Sachgüter und Dienstleistungen werden im Sektor Unternehmen produziert.
- Alleinige Besitzer der Produktionsfaktoren Arbeit, Boden und Kapital sind die Haushalte.
- Die Haushalte konsumieren ihr gesamtes Einkommen. Sie sparen nicht.
- Alle im Sektor Unternehmen produzierten Güter werden an die Haushalte abgesetzt.
- Die Produktionsmittel werden nicht abgenutzt; sie sind dauerhaft.
- Gleichartige Transaktionen (Käufe und Zahlungen) werden zu Stromgrößen zusammengefasst.

Unter diesen Voraussetzungen läuft das Wirtschaftsgeschehen wie folgt ab:

Die Haushalte bieten den Unternehmen die Produktionsfaktoren Arbeit, Boden und Kapital auf den Faktormärkten an. Dafür erzielen sie Einkommen in Form von Löhnen, Mieten und Zinsen (z. B. 100 Geldeinheiten (GE)). Die Unternehmen erstellen mit den Produktionsfaktoren Güter. Sie bieten diese den Haushalten auf den Konsumgütermärkten an und erzielen dafür Erlöse (100 GE). Die Haushalte geben also ihr Einkommen zum Zweck der Bedürfnisbefriedigung wieder für Güterkäufe aus.

> **Beispiele:** Transaktionen
> Die Haushalte liefern für 100 Werteinheiten Arbeit, Boden und Kapital.
> Die Haushalte geben das erzielte Einkommen für den Kauf der erstellten Güter aus.

Als Ergebnis lässt sich ein vollständiger Wirtschaftskreislauf erkennen. Er besteht aus einem **Güterkreislauf** und einem entgegengesetzten **Geldkreislauf**. Güter- und Geldkreislauf entsprechen sich wertmäßig.

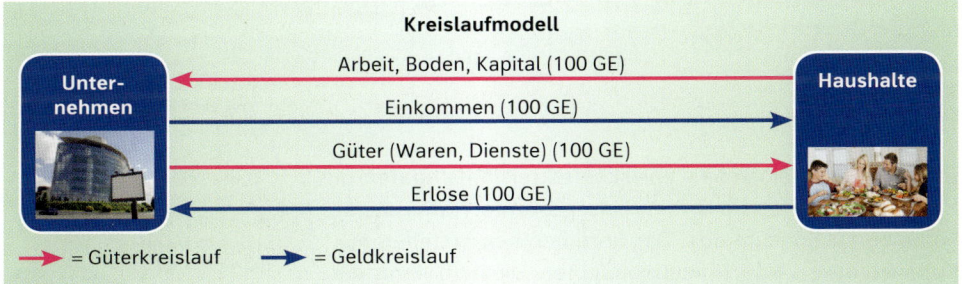

Der Wert aller Güter, die in einem Wirtschaftsjahr in der Volkswirtschaft produziert werden, ist das Inlandsprodukt (Y)[1]**.**

Die Summe aller Faktoreinkommen, die von den Haushalten zur Erstellung des Inlandsprodukts bezogen werden, ist das Nationaleinkommen (NE).

In der geschlossenen Volkswirtschaft ohne Staat sind Inlandsprodukt und Nationaleinkommen gleich: Y = NE

Vom Inlandsprodukt hängt es ab, wie viel Einkommen die Haushalte erzielen und wie viele Güter sie kaufen können. Es ist eine wichtige Messgröße für die Wirtschaftstätigkeit.

> **Beispiel:** Inlandsprodukt pro Kopf
> In den westlichen Industrieländern beträgt das Inlandsprodukt pro Kopf – d. h. das Inlandsprodukt dividiert durch die Zahl der Einwohner – etwa 18 000,00 EUR pro Jahr, in Ländern wie Äthiopien oder Indien nur etwa 200,00 EUR. Man erkennt leicht, dass man diese Zahl als ein zumindest grobes Maß für den materiellen Wohlstand einer Volkswirtschaft benutzen kann.

Wie das betriebliche Rechnungswesen die Wirtschaftstätigkeit des Unternehmens zahlenmäßig auf Konten darstellt, erfasst auch das volkswirtschaftliche Rechnungswesen die Vorgänge zwischen den Wirtschaftssektoren kontenmäßig:

- **Für den Sektor Unternehmen wird ein Produktionskonto Unternehmen geführt.** Dieses erfasst links Wertabgänge (Kosten), z. B. Löhne, Mieten, Zinsen und rechts Wertzugänge (Erlöse), z. B. Verkaufserlöse.
- **Für den Sektor Haushalte wird ein Einkommenskonto Haushalte geführt.** Dieses erfasst rechts Einnahmen (Löhne, Mieten, Zinsen) und links Ausgaben für Konsumgüterkäufe (C)[2].

> Anmerkung: Im volkswirtschaftlichen Rechnungswesen beschränkt man sich auf die Darstellung des Geldkreislaufs. Dies ist ohne Verlust an Aussagekraft möglich, weil jedem Geldstrom genau ein Güterstrom entgegenfließt.

---

[1] Y von engl. yield = Ertrag, Ausbeute
[2] C von engl. consumption = Konsum

Das Kreislaufmodell sieht nun wie folgt aus:

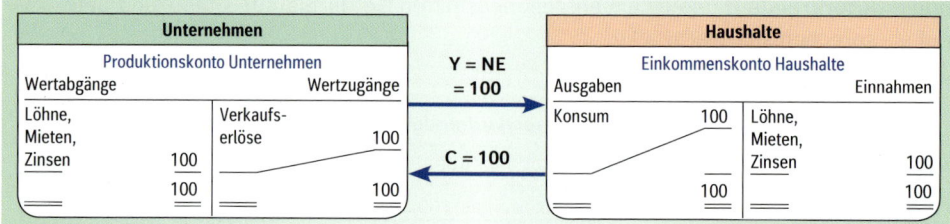

Im Modell des einfachen Wirtschaftskreislaufs sparen die Haushalte nichts; sie geben das gesamte Nationaleinkommen für Konsum aus. Die Unternehmen erstellen nur Konsumgüter, keine Investitionsgüter. Deshalb kann die Wirtschaft nicht wachsen. Es gilt die sogenannte **Verwendungsgleichung**:

*Merke: Eine Wirtschaft, die nicht wächst, heißt **stationäre** Volkswirtschaft.*

Inlandsprodukt = Konsum; kurz: Y = C

Arbeitsaufträge

1. **Der einfache Wirtschaftskreislauf ist ein extrem vereinfachendes Modell.**
   a) Warum benutzt man für die Erklärung der Wirtschaft vereinfachende Modelle?
   b) Warum ist es sinnvoll und notwendig, zur Betrachtung des Wirtschaftskreislaufs die Wirtschaftssubjekte in Wirtschaftssektoren zusammenzufassen?
   c) Welchen Wirtschaftssektoren sind die Wirtschaftsteilnehmer zuzurechnen, wenn sie folgende Tätigkeiten ausführen?
   - Ein Unternehmer kauft Lebensmittel für seinen Lebensunterhalt.
   - Ein Unternehmer zahlt Löhne aus.
   - Ein Bäcker beliefert seine Kunden mit dem Lieferwagen.
   - Ein Bäcker fährt mit seinem Lieferwagen in den Urlaub.
   - Ein Rentner vermietet als Hausbesitzer drei Wohnungen.

2. **In einer Modellvolkswirtschaft verfügen die Haushalte über 50 Werteinheiten Arbeitskraft, 15 Werteinheiten Boden und 20 Werteinheiten Kapital.**
   a) Lässt sich anhand dieser Angaben ein Modell des einfachen Wirtschaftskreislaufs erstellen? Wenn ja, zeichnen Sie den Wirtschaftskreislauf.
   b) Erläutern Sie anhand Ihres Modells die Begriffe Inlandsprodukt und Nationaleinkommen.
   c) Erläutern Sie einige Erkenntnisse bezüglich Inlandsprodukt und Nationaleinkommen, die sich aus Ihrem Modell gewinnen lassen.
   d) Nennen Sie wesentliche Mängel, die Ihr Modell aufweist und die umfassendere Erkenntnisse über die wirtschaftliche Wirklichkeit verhindern.

6.1.2 Evolutionäre[1] Volkswirtschaft

M 146

Siehe die Präsentation *Evolutionäre Volkswirtschaft.*

Das Modell des Wirtschaftskreislaufs soll wie folgt erweitert werden:
- Der Sektor Unternehmen wird aufgeteilt in Investitions- und Konsumgüterindustrie. Es werden zwei Produktionskonten geführt.
- Der Sektor Haushalte wird aufgeteilt in Arbeitnehmer- und Unternehmerhaushalte. Es werden zwei Einkommenskonten geführt.

---

[1] evolutionär = sich allmählich entwickelnd

- Die Haushalte sparen; sie geben also einen Teil ihres Einkommens nicht für Konsumgüterkäufe aus.
- Die Unternehmen investieren; sie erstellen also neben Konsumgütern andere Güter, die nicht unmittelbar Konsumgüterproduktion für den laufenden Bedarf darstellen. Dies können Anlageinvestitionen oder (geplante und ungeplante) Vorratsinvestitionen sein.

Lesen Sie hierzu noch einmal auf S. 132 nach!

Auf den Produktionskonten werden jetzt zusätzlich gebucht: Einkäufe von anderen Unternehmen und Verkäufe an andere Unternehmen, Bruttoinvestitionen, Abschreibungen, Gewinne/Verluste. Auf den Einkommenskonten wird zusätzlich die Ersparnis gebucht.

Durch das Sparen erhöht sich das Geldvermögen der Haushalte.

Durch die Bruttoinvestitionen erhöht sich das Sachvermögen der Unternehmen; durch die Abschreibungen vermindert es sich.

Die Gegenbuchungen für diese Zunahmen erfolgen auf einem besonderen **Vermögensänderungskonto**.

> **Beispiel: Transaktionen**
>
> Im Wirtschaftsjahr fanden die folgenden Vorgänge statt. (Die doppelte Buchführung erfordert, dass jeder Vorgang auf zwei Konten gebucht wird.)
> a) Die Arbeitnehmerhaushalte erzielten für Arbeitsleistungen in der Investitionsgüterindustrie 24 GE (Geldeinheiten), in der Konsumgüterindustrie 36 GE.
> b) Die Unternehmerhaushalte erzielten für den Einsatz von Boden und Kapital Mieten (Investitionsgüterunterindustrie 8 GE, Konsumgüterindustrie 9 GE) und Zinsen (Investitionsgüterindustrie 7 GE, Konsumgüterindustrie 13 GE). Außerdem erzielten sie Gewinne/Verluste, die sich als Saldo auf den Produktionskonten ergaben. Die Arbeitnehmerhaushalte erzielten 12 GE Zinsen von der Konsumgüterindustrie.
> c) Die Investitionsgüterindustrie verkaufte für 40 GE Güter an die Konsumgüterindustrie. Sie tätigte Bruttoinvestitionen für 10 GE und nahm Abschreibungen in Höhe von 6 GE vor.
> d) Die Konsumgüterindustrie verkaufte für 55 GE Konsumgüter an die Arbeitnehmerhaushalte und für 25 GE an die Unternehmerhaushalte. Sie tätigte Bruttoinvestitionen für 50 GE und nahm Abschreibungen in Höhe von 10 GE vor.
> e) Arbeitnehmer- und Unternehmerhaushalte sparten die Einkommensteile, die sie nicht für Konsumgüterkäufe ausgaben.

Produktionskonten:

Investitionsgüterindustrie				Konsumgüterindustrie			
Abgänge		Zugänge		Abgänge		Zugänge	
Abschreibungen	6	Verkaufserlöse	40	Einkäufe	40	Verkaufserlöse	80
Löhne	24	Bruttoinvestitionen	10	Abschreibungen	10	Bruttoinvestitionen	50
Mieten	8			Löhne	36		
Zinsen	7			Mieten	9		
Gewinn	5			Zinsen	25		
	50		50	Gewinn	10		
					130		130

Die Gesamtsumme eines Produktionskontos ist der Produktionswert. Um die von einem Betrieb erstellten Werte – die **Wertschöpfung** – zu ermitteln, muss man die **Vorleistungen** anderer Unternehmen (Einkäufe) abziehen.

> **Beispiel: Wertschöpfung**
>
> Wertschöpfung Investitionsgüterindustrie: $\quad 50 - 0 = 50$
> Wertschöpfung Konsumgüterindustrie: $\quad 130 - 40 = 90$

Einkommenskonten:

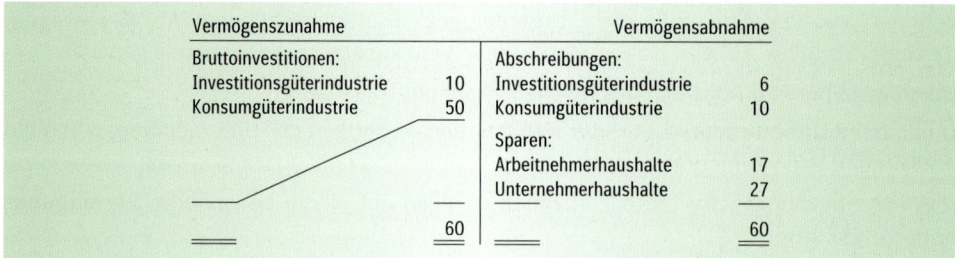

Vermögensänderungskonto:

Vermögenszunahme		Vermögensabnahme	
Bruttoinvestitionen:		Abschreibungen:	
Investitionsgüterindustrie	10	Investitionsgüterindustrie	6
Konsumgüterindustrie	50	Konsumgüterindustrie	10
		Sparen:	
		Arbeitnehmerhaushalte	17
		Unternehmerhaushalte	27
	60		60

Das volkswirtschaftliche Rechnungswesen fasst die Produktionskonten zum **Produktionskonto Unternehmen** zusammen. Die Gesamtsumme dieses Kontos ist der **Produktionswert** der Volkswirtschaft.

Zur Ermittlung der gesamtwirtschaftlichen Wertschöpfung müssen die Vorleistungen ersatzlos gestrichen werden. Diese Beträge treten auf beiden Seiten des Kontos auf. Die gesamtwirtschaftliche Wertschöpfung ist das **Bruttoinlandsprodukt (Y^b)**.

Das Bruttoinlandsprodukt stellt in der geschlossenen Volkswirtschaft ohne Staat den Gesamtzugang an Werten in einem Wirtschaftsjahr dar.

Nach Abzug der Wertminderungen des Anlagevermögens, der Abschreibungen (kurz: D^1), erhält man das **Nettoinlandsprodukt (Y^n)**.

Das Nettoinlandsprodukt ist in der geschlossenen Volkswirtschaft ohne Staat der Nettozugang an Werten in einem Wirtschaftsjahr.

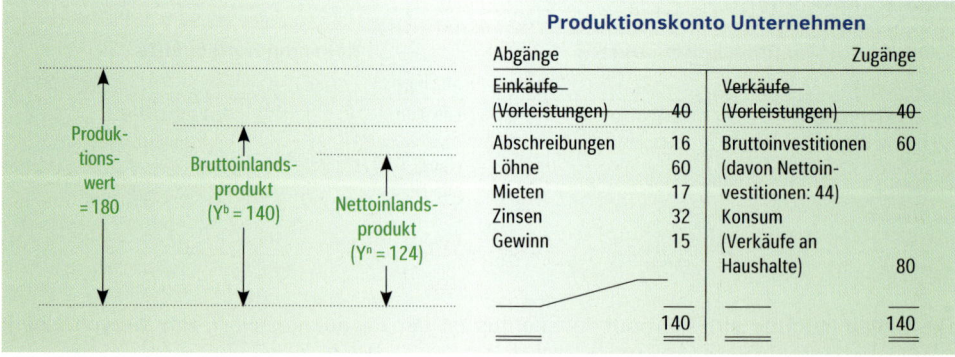

Das Bruttoinlandsprodukt entspricht zugleich dem Bruttonationaleinkommen (BNE). Dessen Wert ist die Summe aller Einkommen (Löhne, Mieten, Zinsen, Gewinne) – vor Abzug der Abschreibungen –, die die Haushalte für die Erstellung des Brutto-

---

[1] D von engl. depreciation = Herabsetzung, Abschreibung

inlandsprodukts bezogen haben. Nach Abzug der Abschreibungen ergibt sich das **Nettonationaleinkommen (NNE)**.

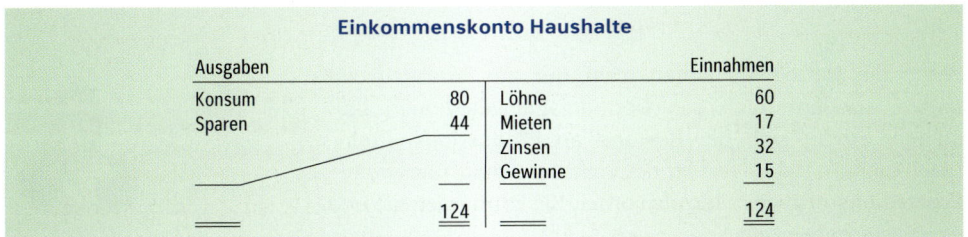

Das volkswirtschaftliche Rechnungswesen fasst auch die Einkommenskonten zusammen. Ergebnis ist das **Einkommenskonto Haushalte**. Dabei wird angenommen, dass zwischen den Haushalten keine Transaktionen stattfinden. Deshalb werden auch keine Größen gestrichen. Die Summe aller Einkommen auf dem Einkommenskonto Haushalte ergibt ebenfalls das **Nettonationaleinkommen**. Die Haushalte geben es teils für Konsumgüterkäufe aus (Konsum = C), teils sparen sie es (Sparen = S).

Einkommenskonto Haushalte

Ausgaben		Einnahmen	
Konsum	80	Löhne	60
Sparen	44	Mieten	17
		Zinsen	32
		Gewinne	15
	124		124

Der Wirtschaftskreislauf der geschlossenen Volkswirtschaft ohne Staat ergibt folgendes Bild:

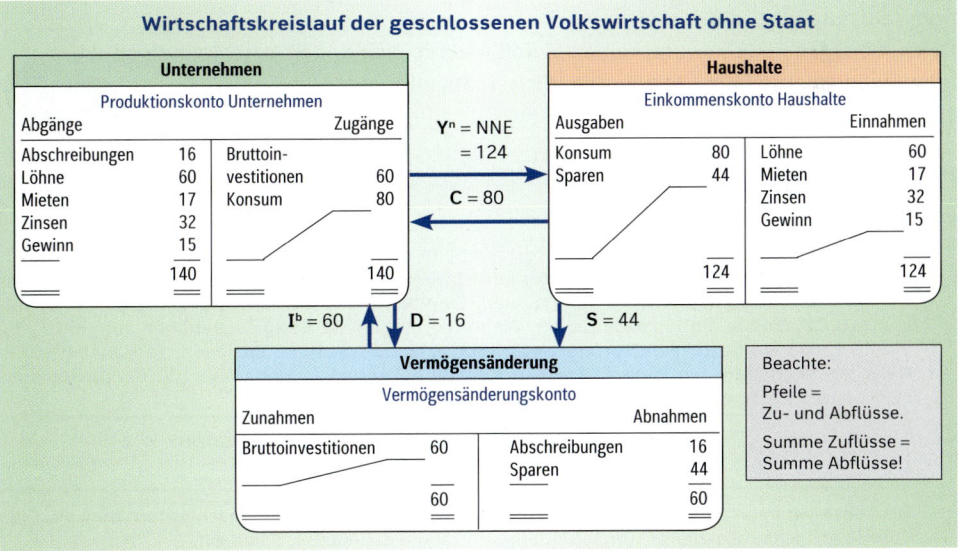

Das Kreislaufmodell zeigt keine nacheinander ablaufenden Vorgänge. Es sagt nur aus, dass die Vorgänge insgesamt im Laufe des Wirtschaftsjahres stattgefunden haben.

Der Kreislauf ist ex post (vom Ende des Wirtschaftsjahrs aus gesehen) immer ausgeglichen. Dies lässt sich leicht anhand der Zahlen des Kreislaufs nachvollziehen:

Die Produktionsfaktoren wurden für die Erstellung des Nettoinlandsprodukts in Form von Konsumgütern und Investitionsgütern verwendet. Für die Erstellung bezogen die Haushalte in Höhe des Nettoinlandsprodukts das Nettonationaleinkommen. Sie teilten es auf für Konsumgüterkäufe und Sparen. Folglich wurde zwangsläufig ein Teil der Güterproduktion in Höhe der Ersparnis nicht an die Haushalte abgesetzt, sondern blieb als Nettoinvestition (I^n) im Unternehmenssektor:

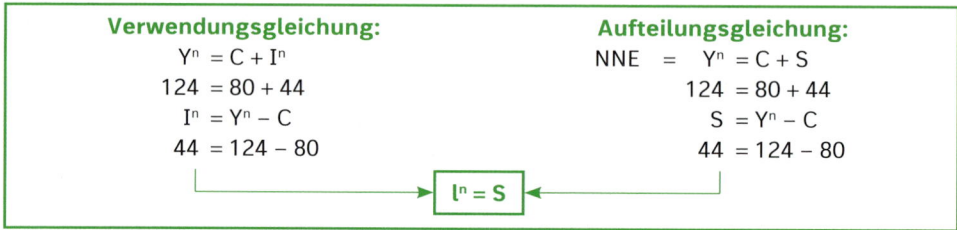

In einer geschlossenen Volkswirtschaft ohne Staat gilt damit ex post stets:
Ersparnis = Nettoinvestition; $S = I^n$

Wenn die Nettoinvestitionen nicht nur aus Vorratsinvestitionen, sondern auch aus Nettoanlageinvestitionen bestehen, erhöht sich der Bestand an Produktionsmitteln (Sachkapital). Damit verfügt die Volkswirtschaft über mehr Produktionsmöglichkeiten als vorher. Sie kann wachsen und sich weiterentwickeln.

Es liegt keine stationäre Wirtschaft mehr vor, sondern eine evolutionäre[1] Wirtschaft.

6.1.3 Ex-ante-Betrachtung mit ungeplanten Größen

Die Unternehmen planen Art und Umfang ihrer Produktion selbstständig, die Haushalte Art und Umfang ihrer Konsumausgaben. Es wäre reiner Zufall, wenn beide Planungen ex ante (vom Beginn des Wirtschaftsjahrs aus gesehen) übereinstimmten.

Merke: In der Regel gleichen sich das Güterangebot und die Güternachfrage nicht aus.

M 150 Siehe die Präsentation *Ex-ante-Betrachtung*.

Beispiel: Ungleichgewicht

Sehen Sie zu diesem Beispiel auch den Text auf Seite 132.
Nehmen wir einmal an, dass die Unternehmen am Anfang eines Wirtschaftsjahrs mit einer wachsenden Konsumgüternachfrage rechnen. Sie planen deshalb eine Konsumgüterproduktion von 150 GE, die sie am Markt anbieten. Weiterhin planen sie Nettoinvestitionen von 30 GE. Es entsteht also ein Nettoinlandsprodukt von 180 GE. In dieser Höhe beziehen die Haushalte das Nationaleinkommen. Sie wollen aber nur Konsumausgaben in Höhe von 130 GE tätigen und 50 GE sparen. Nun gilt:

geplantes Sparen	>	geplante Investitionen
50	>	30

Die Lücke wird zunächst durch ungeplante (ungewollte) Investitionen geschlossen. Dies sind die Vorräte an nicht absetzbaren Konsumgütern (Vorratsinvestitionen). Somit gilt:

geplantes Sparen	=	geplante Investitionen	+	ungeplante Investitionen
50	=	30	+	20

Ungleichgewichte in den Planungen der Wirtschaftsteilnehmer führen zu gesamtwirtschaftlichen Störungen und Anpassungsmaßnahmen.

---
[1] sich entwickelnd

6 Unternehmen im Kreislauf der Wirtschaft

Beispiel: Mögliche Folgen eines Ungleichgewichts

Es ist möglich, dass die Unternehmen aufgrund der unzureichenden Konsumgüternachfrage die Verkaufspreise senken. Dies führt zu Gewinneinbußen der Unternehmerhaushalte. Diese Haushalte können bei unverändertem Konsumverhalten ihre Sparpläne nicht verwirklichen. Die Gewinneinbuße bedeutet eine ungeplante negative Ersparnis:

geplante Investition	=	geplantes Sparen	–	ungeplantes Sparen
30	=	50	–	20

Die Gewinneinbußen können Rückwirkungen auf andere Märkte haben. Zum Beispiel können die Konsumgüterbetriebe weniger Arbeitskräfte nachfragen (Folge: Arbeitslosigkeit) und/oder weniger Investitionsgüter bestellen (Folge: Gewinnminderungen in der Investitionsgüterindustrie, Entlassung von Arbeitskräften). Beschäftigung und Nationaleinkommen sinken. Die Haushalte konsumieren wiederum weniger ...
So setzen sich die Störungen fort.

Die geplanten Investitionen können natürlich auch größer sein als die geplanten Ersparnisse. In diesem Fall wollen die Unternehmen weniger Konsumgüter produzieren, als die Haushalte nachfragen wollen. Es bestehen folgende Anpassungsmöglichkeiten:

(1) Die Unternehmen bauen Lagervorräte ab, um die größere Konsumgüternachfrage zu befriedigen (negative Vorratsinvestition):

> geplante Investition – ungeplante Investition = geplantes Sparen

(2) Reichen die Lagerbestände nicht, kommt es zu Lieferfristen. Die Haushalte müssen dann vorerst auf geplante Konsumausgaben verzichten. Sie sparen gezwungenermaßen (Zwangssparen):

> geplantes Sparen + ungeplantes Sparen = geplante Investition

(3) Die Unternehmen erhöhen die Konsumgüterpreise. Auch in diesem Fall können die Haushalte nicht die geplanten Gütermengen kaufen und müssen zwangssparen.

Ungleichgewichte in den Planungen der Wirtschaftssubjekte führen zu ungeplanten Größen. Ex post gilt deshalb stets folgende Gleichung:

geplante Investition	+	ungeplante Investitionen	=	geplantes Sparen	+	ungeplantes Sparen
Investition			=	Ersparnis		

Kann man bei Störungen durch ungeplante Größen gegensteuern?

Ja, es ist eine wichtige Aufgabe des Staates, wirtschaftspolitische Maßnahmen zur Beseitigung dieser Störungen vorzunehmen.

Arbeitsauftrag

Folgende Vorgänge sind gegeben:
Investitionsgüterindustrie:
Abschreibungen 10, Löhne 60, Mieten 15, Zinsen 20, Verkaufserlöse 90, Bruttoinvestitionen 30

Konsumgüterindustrie:
Abschreibungen 10, Löhne 60, Mieten 20, Zinsen 20, Verkaufserlöse 180, Bruttoinvestitionen 40
Unternehmerhaushalte:
Mieteinnahmen 35, Zinseinnahmen 25, Konsumausgaben 75
Arbeitnehmerhaushalte:
Alle Größen lassen sich errechnen.
(Errechnen Sie die fehlenden Größen auch bei den anderen Wirtschaftsteilnehmern).

a) Fertigen Sie anhand dieser Angaben das Kreislaufmodell einer geschlossenen Volkswirtschaft an.
b) Wie hoch sind der Produktionswert der Volkswirtschaft, das Bruttoinlandsprodukt, das Nettoinlandsprodukt und das Nationaleinkommen? Erläutern Sie diese Begriffe auch.
c) Erläutern Sie anhand des Kreislaufs folgende Gleichung: Sparen = Nettoinvestition.
d) Angenommen, die Unternehmen hätten ex ante ein Konsumgüterangebot von 200, die Haushalte Konsumausgaben von 180 geplant. Welche Folgen können sich daraus ergeben?
e) Welche Folgen können sich ergeben, wenn umgekehrt die Haushalte Konsumausgaben von 200, die Unternehmen hingegen ein Konsumgüterangebot von 180 geplant haben?
f) Inwiefern ist die Aussagekraft des dargestellten Kreislaufmodells für die Wirklichkeit noch stark eingeschränkt?

6.2 Kreislaufmodell der offenen Volkswirtschaft ohne Staat

6.2.1 Ex-post-Betrachtung

Siehe die Präsentation *Offene Volkswirtschaft*.

Das Kreislaufmodell kann der Wirklichkeit weiter angenähert werden, wenn man auch die Transaktionen mit der übrigen Welt (dem Ausland) berücksichtigt. Dann spricht man vom Modell einer offenen Volkswirtschaft.

Die für den Wirtschaftskreislauf maßgeblichen Wirtschaftsbeziehungen mit dem Ausland sind:

- Exporte und Importe von Waren und Dienstleistungen,
- Primäreinkommen (die Faktoreinkommen Löhne, Zinsen, Mieten, Gewinne) von Inländern aus dem Ausland und von Ausländern aus dem Inland. (Inländer ist, wer im Inland wohnt, unabhängig von seiner Nationalität.)

Containerschiff

Die Transaktionen werden auf dem Produktionskonto Unternehmen und dem Einkommenskonto Haushalte gebucht und auf einem **Auslandskonto** gegengebucht (links: Einnahmen aus Exporten und erhaltene Primäreinkommen; rechts: Ausgaben für Importe und gezahlte Primäreinkommen).

> **Beispiel:** Transaktionen
>
> Im Beispiel von Seite 147 soll sich bei d) Satz 1 wie folgt ändern: Die Konsumgüterindustrie verkaufte für 50 GE Konsumgüter an Arbeitnehmerhaushalte und für 20 GE Konsumgüter an Unternehmerhaushalte.
>
> Folgende Transaktionen sollen hinzutreten:
> f) Die Konsumgüterindustrie importierte Stoffe für 30 GE (Import = M).
>   Sie exportierte Erzeugnisse für 40 GE (Export = X).
> g) Die Arbeitnehmerhaushalte erzielten Primäreinkommen (PA) (Lohn) von 3 GE aus dem Ausland.
>
> Anmerkung:
> 1. Es ist zweckmäßig, auf dem Produktionskonto Unternehmen die Exporte und Importe zu saldieren (gegeneinander aufzurechnen). Dann ergibt die Gesamtsumme des Kontos wie bisher das Bruttoinlandsprodukt.
> 2. Es ist zweckmäßig, auf dem Auslandskonto die Primäreinkommen einerseits sowie Exporte und Importe andererseits getrennt zu saldieren und die Salden auf dem Vermögensänderungskonto gegenzubuchen. Dann lassen sich auf dem Vermögensänderungskonto die Quellen der Vermögensänderungen deutlich abgrenzen.

Der Wirtschaftskreislauf der offenen Volkswirtschaft ohne Staat ergibt folgendes Bild:

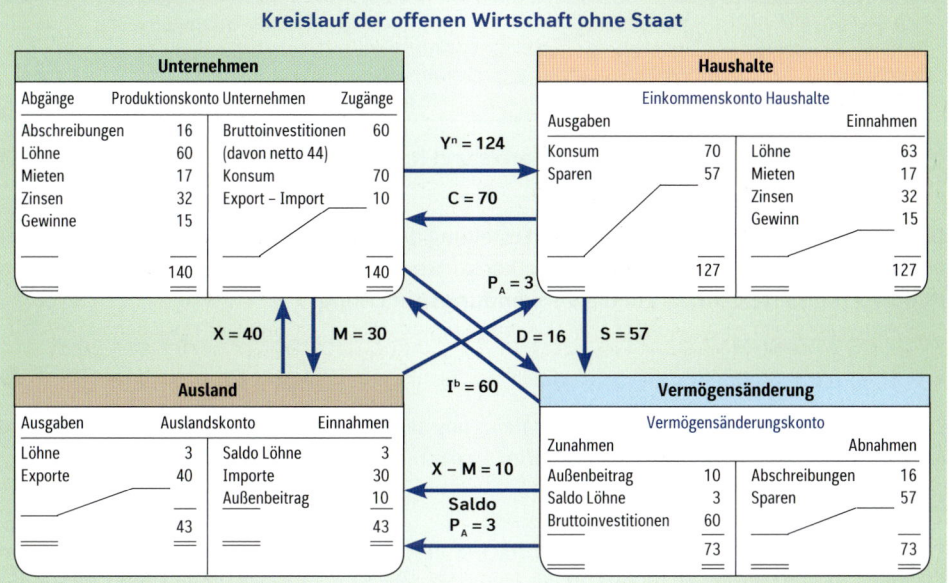

Auf dem Produktionskonto Unternehmen lässt sich das Inlandsprodukt ablesen, auf dem Einkommenskonto Haushalte das Nationaleinkommen. Die Unterscheidung von In- und Ausland einerseits sowie In- und Ausländern andererseits hat zur Folge, dass Inlandsprodukt und Nationaleinkommen in diesem Modell nicht mehr identisch sind:

Merke: Inländer ist, wer seinen Wohn-/Geschäftssitz im Inland hat!

Bruttoinlandsprodukt (Y^b)	**140**	**Bruttoinlandsprodukt (Y^b)**	**140**
		+ **Primäreinkommen von Inländern aus dem Ausland (P_A)**	**+ 3**
		− **Primäreinkommen von Ausländern aus dem Inland (P_I)**	**− 0**
		= **Bruttonationaleinkommen (BNE)**	**143**
− **Abschreibungen (D)**	**− 16**	− **Abschreibungen (D)**	**− 16**
= **Nettoinlandsprodukt (Y^n)**	**124**	= **Nettonationaleinkommen (NNE)**	**127**

Das Bruttoinlandsprodukt gibt die Bruttoleistungserstellung (durch In- und Ausländer) in den Grenzen des Inlands an. Es gilt als geeigneter Maßstab für das wirtschaftliche Wachstum, für die Entwicklung der inländischen Produktion.

Das Bruttonationaleinkommen gibt die Gesamtheit der von Inländern aus dem In- und Ausland bezogenen Einkommen (vor Abzug der Abschreibungen) an. Es gilt als geeigneter Maßstab für die Einkommens- und Wohlstandsentwicklung der inländischen Wohnbevölkerung.

Der Saldo aus Waren- und Dienstleistungsexporten (kurz: X) einerseits sowie Waren- und Dienstleistungsimporten (kurz: M) andererseits heißt Außenbeitrag zum Bruttoinlandsprodukt. Außenbeitrag zum Bruttoinlandsprodukt = X − M

Außenbeitrag = X-M	
(X-M) ist positiv, wenn im Inland weniger Güter verwendet/verbraucht als hergestellt wurden. Die Überschüsse wurden exportiert.	(X-M) ist negativ, wenn im Inland mehr Güter verwendet/verbraucht als hergestellt wurden. Der Zusatzbedarf wurde importiert.

In der offenen Volkswirtschaft sind Ersparnis und Nettoinvestition ex post nicht gleich. Dies ergibt sich aus folgenden Überlegungen:

Die Produktionsfaktoren wurden für die Erstellung des Nettoinlandsprodukts (Y^n) eingesetzt und bezahlt. Die erstellten Werte wurden konsumiert (C) oder investiert (= nicht konsumiert; I^n) oder exportiert (X-M). Es gilt die **Verwendungsgleichung**:

$Y^n \quad = C + I^n + (X-M)$ $\qquad\qquad 124 \qquad = 70 + 44 + 10$
$Y^n - C = \quad I^n + (X-M)$ $\qquad\qquad 124 - 70 = \qquad 44 + 10$

Die Haushalte bezogen das Nettonationaleinkommen (NNE) für im In- und Ausland erstellte Güter. Sie kauften dafür Konsumgüter oder sparten. **Aufteilungsgleichung:**

$NNE = C + S$ $\qquad\qquad 127 \qquad = 70 + 57$

Der Teil des Nationaleinkommens, der für die Erstellung des Nettoinlandsprodukts, also für die Gütererstellung im Inland, bezogen wurde, ergibt sich durch Abzug des Saldos der Primäreinkommen mit dem Ausland:

$NNE - (P_A - P_I) = Y^n \quad = C + S - (P_A - P_I)$ $\qquad 127 - 3 = 124 \quad = 70 + 57 - 3$
$\qquad\qquad\qquad\quad Y^n - C = \quad S - (P_A - P_I)$ $\qquad\qquad 124 - 70 = \qquad 57 - 3$

Wir setzen ① = ②:

$S - (P_A - P_I) \quad = I^n + (X-M)$ $\qquad\qquad 57 - 3 \quad = 44 + 10$
$S \qquad\qquad\quad = I^n + (X-M) + (P_A - P_I)$ $\qquad 57 \qquad = 44 + 10 + 3$

Man sieht, dass $S \neq I^n$ ist.

> In diesem Beispiel ist die Ersparnis (57) größer als die Nettoinvestition (44). Sie enthält insgesamt:
> - Einkommensbestandteile aus Inlandsproduktion, die nicht für den Kauf inländischer Güter ausgegeben wurden (I^n = 44),
> - Einkommen aus Exportüberschüssen (X-M = 10),
> - Einkommen aus der Erstellung von Gütern durch Inländer im Ausland ($P_A - P_I$ = 3).

6.2.2 Ex-ante-Betrachtung mit ungeplanten Größen

In der offenen Volkswirtschaft können Ungleichgewichte zwischen geplantem Sparen und geplanter Investition gegebenenfalls durch den Außenbeitrag ausgeglichen werden.

> **Beispiel: Ausgleich eines Ungleichgewichts durch den Außenbeitrag**
>
> Primäreinkommen von Inländern aus dem Ausland = 7 GE; Primäreinkommen von Ausländern aus dem Inland = 3 GE; geplante Nettoinvestition = 30 GE; geplante Ersparnis = 50 GE; Außenbeitrag = 0 GE.
>
> $S_{gepl} \neq I^n_{gepl} + (X-M) + (P_A - P_I)$
> $\quad 50 \neq 30 \qquad + 0 \qquad + (7 - 3)$
> $\quad 46 \neq 30$
>
> Es fehlen 16 Einheiten inländische Nachfrage für den Ausgleich mit dem inländischen Angebot. Der Ausgleich könnte durch zusätzliche ausländische Nachfrage, also durch einen positiven Außenbeitrag von 16 GE, ermöglicht werden.

In der Praxis führen aber positive wie negative Außenbeiträge zu Störungen. Sie behindern auch die Wirtschaftspolitik des Staates, die auf den Ausgleich von geplantem Sparen und geplantem Investieren zielt. Deshalb ist zumindest längerfristig ein ausgeglichener Außenbeitrag anzustreben (sog. außenwirtschaftliches Gleichgewicht).

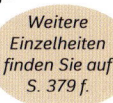
Weitere Einzelheiten finden Sie auf S. 379 f.

Arbeitsaufträge

Man unterscheidet die offene und die geschlossene Volkswirtschaft ohne Staat.

a) In welchem dieser Modelle sind Sparen und Investieren gleich?
b) Ergänzen Sie den Wirtschaftskreislauf der Aufgabe von Seite 151 um Exporte 50, Importe 40, Saldo der Primäreinkommen mit dem Ausland 2.
   • Welche anderen Größen ändern sich damit im Wirtschaftskreislauf ebenfalls?
   • Wie wirken sich die Änderungen auf die Gleichheit von Sparen und Investieren aus?

6.3 Kreislaufmodell der offenen Wirtschaft mit Staat

6.3.1 Ex-post-Betrachtung   Siehe die Präsentation *Offene Volkswirtschaft mit Staat*.   M 155

Durch die Einbeziehung des Staates erfasst der Wirtschaftskreislauf die Realität noch einmal genauer.

- Der Staat produziert Kollektivgüter. Deshalb ist ein **Produktionskonto Staat** zu führen:
  – Auf der linken Seite sind als Wertabgänge zu buchen: Einkäufe von Unternehmen, Abschreibungen, Faktoraufwand (Löhne, Mieten, Zinsen).
  – Auf der rechten Seite sind als Wertzugänge die Bruttoinvestitionen zu buchen (z. B. Zugänge an Anlagen, Gebäuden, Verkehrswegen); außerdem der Saldo des Kontos. Er heißt Eigenverbrauch oder staatlicher Konsum. Der staatliche Konsum umfasst folglich alle Einkäufe von Leistungen, die nicht Nettoinvestitionen sind. Anders als beim Produktionskonto Unternehmen ergibt sich der Konsum hier also nicht aus Verkäufen.

- Der Staat erzielt Einnahmen und hat Ausgaben. Deshalb ist ein **Einkommenskonto Staat** zu führen.
  – Auf der rechten Seite sind als Einnahmen zu buchen: alle Produktions- und Importabgaben der Unternehmen (Gütersteuern – sie fallen pro Leistungseinheit an: Mehrwertsteuer, Zölle, andere Importabgaben, Verbrauchsteuern – und sonstige Produktionsabgaben, z. B. Grundsteuer); Einkommen- und Vermögensteuern (z. B. Erbschaftsteuer) der privaten Haushalte.
  – Auf der linken Seite sind als Ausgaben zu buchen: der staatliche Konsum (Gegenbuchung), die an Unternehmen gegebenen Subventionen und die Sozial- und Transferleistungen an die privaten Haushalte; außerdem der Saldo des Kontos. Wie beim Einkommenskonto Haushalte stellt er Ersparnis dar.

Lesen Sie noch einmal auf S. 135 nach!

Anmerkung: Die Subventionen können als negative Steuern angesehen werden. Deshalb saldiert man in der Regel auf der rechten Seite die Produktions-/Importabgaben und Subventionen.

Beispiel: Transaktionen

Wir ergänzen die Transaktionen aus dem Modell der offenen Volkswirtschaft ohne Staat um weitere Transaktionen:

h) Der Staat kaufte Güter für 40 GE (Investitionsgüterindustrie 25 GE, Konsumgüterindustrie 15 GE).
i) Der Staat buchte Bruttoinvestitionen von 25 GE.
j) Der Staat tätigte Abschreibungen von 6 GE.
k) Der Staat zahlte Löhne von 16 GE, Mieten von 4 GE, Zinsen von 10 GE.
l) Der Staat erzielte Produktions- und Importabgaben von 20 GE (Investitionsgüterindustrie 8 GE, Konsumgüterindustrie 12 GE) und gab Subventionen von 8 GE (Investitionsgüterindustrie 4 GE, Konsumgüterindustrie 4 GE).
m) Die Haushalte zahlten Einkommensteuer und Sozialversicherungsbeiträge von 60 GE (Arbeitgeber 40 GE, Arbeitnehmer 20 GE).
n) Die Arbeitnehmerhaushalte erhielten staatliche Transferleistungen von 15 GE.
o) Die Sektoren buchten die Salden.

Der Wirtschaftskreislauf der offenen Volkswirtschaft mit Staat ergibt folgendes Bild:

Das Produktionskonto Unternehmen und das Einkommenskonto Haushalte sind zusammenfassende Konten.

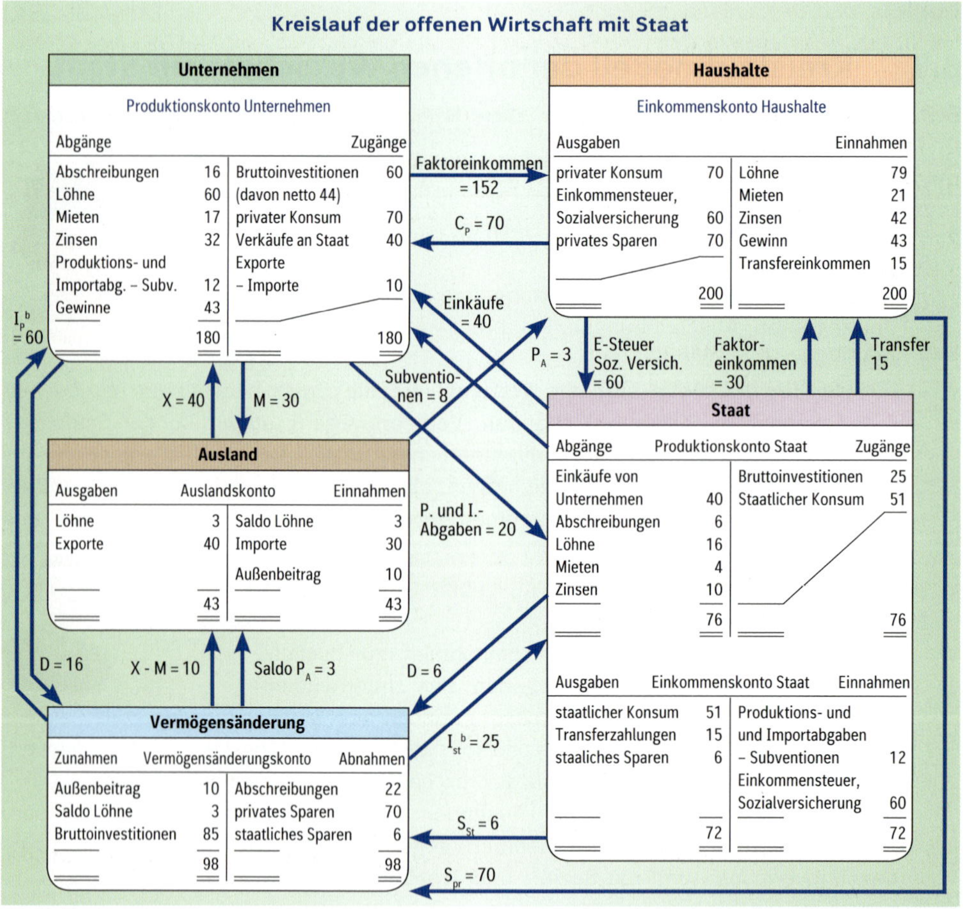

Kreislauf der offenen Wirtschaft mit Staat

Unternehmen — Produktionskonto Unternehmen

Abgänge		Zugänge	
Abschreibungen	16	Bruttoinvestitionen	60
Löhne	60	(davon netto 44)	
Mieten	17	privater Konsum	70
Zinsen	32	Verkäufe an Staat	40
Produktions- und Importabg. – Subv.	12	Exporte – Importe	10
Gewinne	43		
	180		180

$I_p^b = 60$, X = 40, M = 30

Haushalte — Einkommenskonto Haushalte

Ausgaben		Einnahmen	
privater Konsum	70	Löhne	79
Einkommensteuer, Sozialversicherung	60	Mieten	21
		Zinsen	42
privates Sparen	70	Gewinn	43
		Transfereinkommen	15
	200		200

Faktoreinkommen = 152, $C_P = 70$, Einkäufe = 40, $P_A = 3$, Subventionen = 8, E-Steuer Soz. Versich. = 60, Faktoreinkommen = 30, Transfer 15

Ausland — Auslandskonto

Ausgaben		Einnahmen	
Löhne	3	Saldo Löhne	3
Exporte	40	Importe	30
		Außenbeitrag	10
	43		43

P. und I.-Abgaben = 20

Staat — Produktionskonto Staat

Abgänge		Zugänge	
Einkäufe von Unternehmen	40	Bruttoinvestitionen	25
Abschreibungen	6	Staatlicher Konsum	51
Löhne	16		
Mieten	4		
Zinsen	10		
	76		76

Einkommenskonto Staat

Ausgaben		Einnahmen	
staatlicher Konsum	51	Produktions- und Importabgaben – Subventionen	12
Transferzahlungen	15		
staatliches Sparen	6	Einkommensteuer, Sozialversicherung	60
	72		72

D = 16, X – M = 10, Saldo $P_A = 3$, D = 6

Vermögensänderung — Vermögensänderungskonto

Zunahmen		Abnahmen	
Außenbeitrag	10	Abschreibungen	22
Saldo Löhne	3	privates Sparen	70
Bruttoinvestitionen	85	staatliches Sparen	6
	98		98

$I_{st}^b = 25$, $S_{St} = 6$, $S_{pr} = 70$

Für die Ermittlung des Bruttoinlandsprodukts muss man die Produktionskonten zum **gesamtwirtschaftlichen Produktionskonto** zusammenfassen und dabei die staatlichen Einkäufe streichen, da sie auf beiden Seiten anfallen.

6 Unternehmen im Kreislauf der Wirtschaft

Gesamtwirtschaftliches Produktionskonto			
Einkäufe des Staates	40	Verkäufe an den Staat	40
Abschreibungen	22	Bruttoinvestitionen	85
Prod.- u. Imp.-Abgaben – Subventionen	12	privater Konsum	70
Löhne, Mieten, Zinsen	139	staatl. Konsum	51
Gewinne	43	Exporte – Importe	10
	216		216

Klammern links: BIP zu Marktpreisen (Y^b); NIP zu Marktpreisen (Y^n); NIP zu Faktorkosten (Y)

Man erkennt: Die Betrachtung des gesamtwirtschaftlichen Produktionskontos in diesem Kreislauf führt wieder zu einer Abstufung des Inlandsproduktbegriffs:

Das Brutto- und das Nettoinlandsprodukt sind zunächst mit ihren Marktpreisen bewertet. Das sind die Preise, zu denen die enthaltenen Güter am Markt ge- und verkauft wurden. Nach Abzug der Produktions- und Importabgaben und Hinzurechnung der Subventionen verbleibt das Nettoinlandsprodukt, bewertet mit Faktorkosten. Es enthält die erstellten Leistungen mit dem Wert, der durch die Entgeltzahlungen an die Produktionsfaktoren entstanden ist.

Die Einkommenskonten sind zum **Gesamtwirtschaftlichen Einkommenskonto** zusammenzufassen. Dabei entfallen wiederum alle Größen, die sowohl rechts als auch links auf dem Konto auftreten. Es verbleiben:

Gesamtwirtschaftliches Einkommenskonto				
privater Konsum	70	P.- u. I.-Abgaben – Subvent.	12	
privates Sparen	70	Löhne	79	Volks-
staatlicher Konsum	51	Mieten	21	ein-
staatliches Sparen	6	Zinsen	42	kommen
		Gewinn	43	= 185
	197		197	

Die Einführung des Staates führt auch zu einer Abstufung des Einkommensbegriffs:

Bruttoinlandsprodukt zu Marktpreisen (Y^b)	216	Bruttoinlandsprodukt zu Marktpreisen	216
		+ Primäreinkommen von Inländern aus dem Ausland (P_A)	+ 3
		– Primäreinkommen von Ausländern aus dem Inland (P_I)	– 0
		= Bruttonationaleinkommen zu Marktpreisen (BNE)	219
– Abschreibungen	– 22	– Abschreibungen (D)	– 22
= Nettoinl.prod. zu Marktpr. (Y^n)	194	= Nettonationaleinkommen zu Marktpreisen (NNE)	197
– Produktions- u. Importabgaben	– 20	– Produktions- und Importabgaben	– 20
+ Subventionen	+ 8	+ Subventionen	+ 8
= Nettoinlandsprodukt zu Faktorkosten (Y)	182	= Nettonationaleinkommen zu Faktorkosten = Volkseinkommen (VE)	185
		– Einkommen-, Vermögensteuern, Sozialversicherungsbeiträge	– 60
		+ Transferleistungen	+ 15
		= verfügbares privates Einkommen (E_v^p)	140

Die Verrechnung der Produktions- und Importabgaben sowie der Subventionen führt hier zum **Volkseinkommen**. Dies ist das **Primäreinkommen** aller Inländer, das diese für den Einsatz der Produktionsfaktoren aus In- und Ausland beziehen. Seine Verteilung auf die Produktionsfaktoren heißt deshalb **primäre Einkommensverteilung**. Sie ist auf der rechten Seite des gesamtwirtschaftlichen Einkommenskontos zu erkennen. Durch den Abzug von

Einzelheiten zur Einkommensverteilung finden Sie auf S. 198 f.

Einkommen- und Vermögensteuern sowie Sozialversicherungsbeiträgen und die Gewährung von Transferleistungen nimmt der Staat eine Umverteilung der Einkommen (**sekundäre Einkommensverteilung**) vor. Deren Ergebnis ist das **verfügbare private Einkommen**.

In der offenen Volkswirtschaft ohne Staat sind Ersparnis und Nettoinvestition bekanntlich nicht gleich. In der Wirtschaft mit Staat spart neben den Haushalten und investiert neben den Unternehmen auch der Staat. Deshalb ist auch hier zu fragen: Herrscht ex post Gleichheit zwischen **privatem** Sparen und **privater** Nettoinvestition? Um die Antwort zu finden, betrachten wir wieder die Verwendungsgleichung und die Aufteilungsgleichung:

Verwendungsgleichung:

Die Produktionsfaktoren wurden für die Erstellung des Bruttoinlandsprodukts eingesetzt und bezahlt. Die erstellten Werte wurden privat und staatlich konsumiert ($C_p + C_{St}$) oder brutto investiert (= nicht konsumiert; $I_p^b + I_{St}^b$) oder exportiert (X–M):

$Y^b = C_p + I_p^b + (X-M) + C_{st} + I_{st}^b$ $\qquad$ 216 = 70 + 60 + 10 + 51 + 25

Nach Abzug der Abschreibungen (16 GE und 6 GE) ergibt sich das Nettoinlandsprodukt:

$Y^n = C_p + I_p^n + (X-M) + C_{st} + I_{st}^n$ $\qquad$ 194 = 70 + 44 + 10 + 51 + 19

Für die Bewertung des Nettoinlandsprodukts mit den Faktorkosten sind die staatlichen Subventionen hinzuzurechnen und die Produktions- und Importabgaben abzuziehen:

$Y = C_p + I_p^n + (X-M) + C_{st} + I_{st}^n + \text{Sub} - \text{PI-Abg}$ $\qquad$ 182 = 70 + 44 + 10 + 51 + 19 + 8 – 20 $\quad$ **❶**

Aufteilungsgleichung:

Die Haushalte kauften für das verfügbare private Einkommen (E_v^p) Konsumgüter und sparten den Rest (S_p):

$E_v^p = C_p + S_p$ $\qquad$ 140 = 70 + 70

Das Volkseinkommen (VE) ergibt sich, indem man die staatlichen Transferleistungen (Tr) abzieht und die Einkommen- und Vermögensteuern und Sozialversicherungsbeiträge (EVS) addiert:

$VE = C_p + S_p - Tr + EVS$ $\qquad$ 185 = 70 + 70 –15 + 60

Der Teil des Volkseinkommens, der für die Erstellung des Nettoinlandsprodukts zu Faktorkosten (Y), also für die Gütererstellung im Inland, bezogen wurde, ergibt sich nach Abzug des Saldos der Primäreinkommen mit dem Ausland:

$VE - (P_A - P_I) = Y = C_p + S_p - Tr + EVS - (P_A - P_I)$ $\qquad$ 185 – 3 = 70 + 70 –15 + 60 – 3 $\quad$ **❷**

Wir setzen **❷** = **❶**:

$C_p + S_p - Tr + EVS - (P_A - P_I) = C_p + I_p^n + (X - M) + C_{st} + I_{st}^n + \text{Sub} - \text{PI-Abg}$
70 + 70 – 15 + 60 – 3 $\qquad$ = 70 + 44 + 10 + 51 + 19 + 8 – 20

$S_p - Tr + EVS - (P_A - P_I) = I_p^n + (X-M) + C_{st} + I_{st}^n + \text{Sub} - \text{PI-Abg}$
70 – 15 + 60 – 3 $\qquad$ = 44 + 10 + 51 + 19 + 8 – 20

$S_p = I_p^n + (X-M) + (P_A - P_I) + C_{st} + I_{st}^n + \text{Sub} + Tr - \text{PI-Abg} - \text{ESV}$
70 = 44 + 10 + 3 $\qquad$ $\underbrace{+ 51 + 19 + 8 \quad + 15}_{\text{Staatsausgaben } (A_{st})} \underbrace{- 20 \quad - 60}_{\text{Staatseinn. } (E_{st})}$

$$S_p = I_p^n + (X-M) + (P_A - P_I) + (A_{st} - E_{st})$$

$$70 = 44 + 10 \quad + 3 \quad\quad + 13$$

Man sieht, dass $S_p \neq I_p^n$ ist.

Hier liegt ein Ausgabenüberschuss vor. $(A_{st} - E_{st})$ kann aber auch einen Einnahmenüberschuss darstellen.

In unserem Beispiel ist die private Ersparnis (70) größer als die private Nettoinvestition (44). Sie enthält insgesamt:
- Einkommensbestandteile aus Inlandsproduktion, die nicht für den Kauf inländischer Güter ausgegeben wurden ($I^n = 44$),
- Einkommen aus Exportüberschüssen ($X - M = 10$),
- Einkommen aus der Erstellung von Gütern durch Inländer im Ausland ($P_A - P_I = 3$),
- Einkommen aus dem Ausgabenüberschuss des Staates ($A_{st} - E_{st} = 13$).

Ist die Summe aus dem Außenbeitrag $(X-M)$, dem Saldo der Primäreinkommen mit dem Ausland $(P_A - P_I)$ und dem Saldo von Staatsausgaben und -einnahmen $(A_{st} - E_{st})$ negativ, dann ist die private Nettoinvestition größer als die private Ersparnis.

6.3.2 Ex-ante-Betrachtung mit ungeplanten Größen

Ex post ist der Kreislauf immer ausgeglichen, d. h.: Lücken zwischen geplantem privatem Sparen und geplanten privaten Investitionen werden immer durch ungeplante Größen ausgeglichen. Ex ante ist es höchst unwahrscheinlich, dass die Haushalte genau so viel sparen wollen, wie die Unternehmen investieren wollen. In der Folge finden entweder angebotene Güter keinen Absatz oder die bestehende Nachfrage kann nicht befriedigt werden. Auch der Außenbeitrag kann oft entstehende Lücken nicht füllen. Dann kann grundsätzlich der Staat seinen Ausgaben-/Einnahmenüberschuss so dosieren, dass er zum erwünschten Ausgleich zwischen Angebot und Nachfrage führt.

Beispiel: Ausgleich eines Ungleichgewichts durch einen staatlichen Ausgabenüberschuss

Primäreinkommen von Inländern aus dem Ausland = 7 GE; Primäreinkommen von Ausländern aus dem Inland = 5 GE; geplante Nettoinvestition = 35 GE; geplante Ersparnis = 50 GE; Außenbeitrag = 5 GE, staatlicher Einnahmen-/Ausgabenüberschuss = 0 GE.

$$S_{p(gepl)} \neq I_{p\,(gepl)}^n + (X - M) + (P_A - P_I) + (A_{st} - E_{st})$$

$$50 \quad \neq 35 \quad + 5 \quad\quad + 2 \quad\quad + 0$$

Es fehlen 8 GE für den Ausgleich von Angebot und Nachfrage. Der Staat könnte diesen Ausgleich durch einen Ausgabenüberschuss von 8 GE herbeiführen.

Arbeitsaufträge

1. Folgende Vorgänge sind in einem Wirtschaftsjahr gegeben:

Lohnzahlungen der Unternehmen an die Haushalte	400 GE
Transferzahlungen des Staates an die Haushalte	160 GE
Steuerzahlungen der Haushalte an den Staat	85 GE
Konsum der Haushalte	410 GE
Einkäufe des Staates von Unternehmen	75 GE
Investitionen der Unternehmen	190 GE
Investitionen des Staates	10 GE
Staatliche Subventionsleistungen	10 GE
Export der Unternehmen	170 GE
Import der Unternehmen	160 GE
Produktions- und Importabgaben	190 GE
Abschreibungen der Unternehmen	90 GE

Primäreinkommen von Ausländern aus dem Inland	15 GE
Primäreinkommen von Inländern aus dem Ausland	10 GE

Erstellen Sie ein Kreislaufmodell und ermitteln Sie die drei Arten des Inlandsprodukts, das Volkseinkommen und das verfügbare private Einkommen.

2. In der folgenden Situation liegt ein Ungleichgewicht vor:

$$S_{p(gepl)} \neq I_{p\,(gepl)}^{n} + (X - M) + (P_A - P_I) + (A_{st} - E_{st})$$
$$60 \neq 70 \quad + 4 \quad + 1 \quad + (-2)$$

a) Sind das Angebot der Unternehmen an Konsumgütern und die Nachfrage der Haushalte nach Konsumgütern ausgeglichen? Erläutern Sie das Verhältnis von Angebot und Nachfrage.

b) Welche Wirkung haben in dieser Situation der Außenbeitrag und der Saldo der Primäreinkommen mit dem Ausland?

c) Welche gesamtwirtschaftlichen Störungen und Anpassungsmaßnahmen könnten eintreten?

d) Was könnte der Staat tun, um gegenzusteuern?

6.4 Volkswirtschaftliche Gesamtrechnung (VGR)

6.4.1 Aufgabe der Volkswirtschaftlichen Gesamtrechnung

Jeder Staat verfügt über Behörden, die die Zahlungsströme der Volkswirtschaft detailliert aufzeichnen. Sie sollen ein umfassendes, übersichtliches, gegliedertes, mengenmäßiges Gesamtbild des wirtschaftlichen Geschehens der Volkswirtschaft erstellen. Man bezeichnet ein solches Gesamtbild als volkswirtschaftliche Gesamtrechnung.

M 160

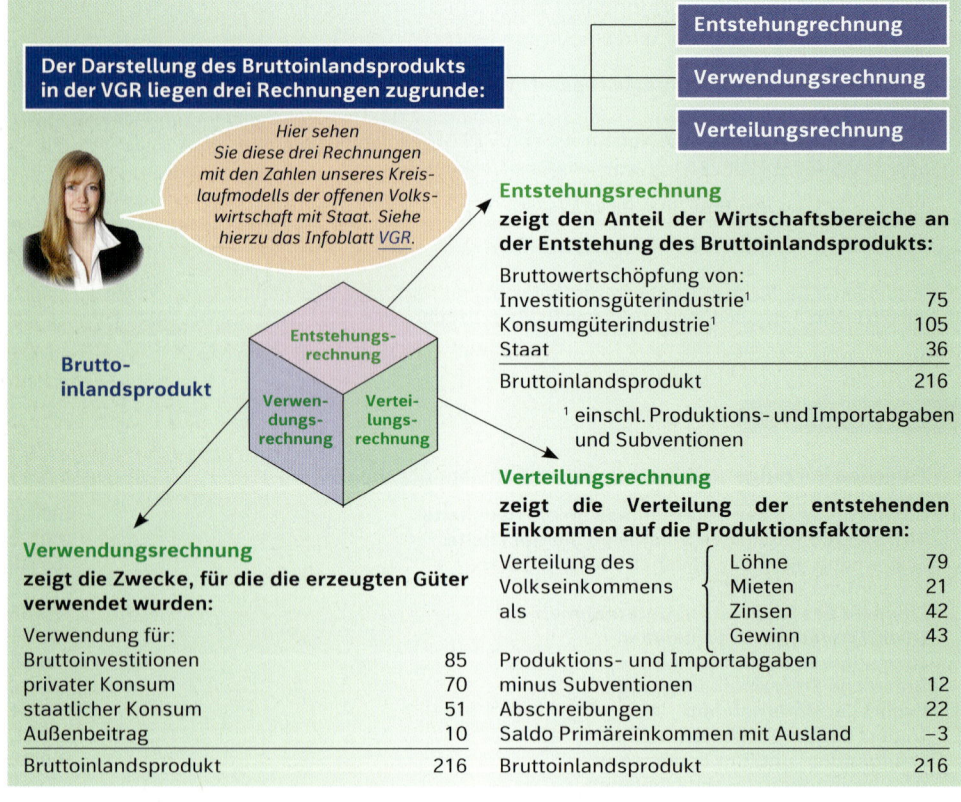

In Deutschland ist das Statistische Bundesamt in Wiesbaden die zuständige Behörde. Die Bundesländer ihrerseits verfügen für ihre Wirtschaftsgebiete über Statistische Landesämter.

Ein wichtiger Teil der VGR ist die möglichst exakte Berechnung und Darstellung des Bruttoinlandsprodukts (siehe Übersicht auf S. 160). Bei dieser Aufgabe gehen die zuständigen Behörden von den Erkenntnissen des Wirtschaftskreislaufs aus. Sie erfassen die Geldströme in der Volkswirtschaft und buchen sie – ähnlich wie in den von uns vorgestellten Modellen – auf Konten. Auf den Konten lassen sich die volkswirtschaftlichen Größen ablesen.

6.4.2 Europäisches System Volkswirtschaftlicher Gesamtrechnungen

In den Staaten der Europäischen Union wird die VGR einheitlich nach dem Europäischen System Volkswirtschaftlicher Gesamtrechnungen (ESVG) durchgeführt. Wie die folgenden Ausführungen zeigen, weicht dieses System an einigen Stellen von unserem stark vereinfachten Kreislaufmodell ab. Die grundlegenden Kreislaufzusammenhänge werden dadurch aber nicht verändert.

Wirtschaftssektoren

Das System unterscheidet sechs Sektoren:

1. **Nichtfinanzielle Kapitalgesellschaften** (Gesellschaftsunternehmen (außer 2.) sowie rechtlich unselbstständige Betriebe des Staates und der privaten Organisationen ohne Erwerbszweck, wie z. B. Krankenhäuser)
2. **Finanzielle Kapitalgesellschaften** (v. a. Banken und Versicherungen)
3. **Staat** (Bund, Länder, Gemeinden, Sozialversicherung)
4. **Private Haushalte** (einschließlich der Selbstständigen und Einzelunternehmer!)
5. **Private Organisationen ohne Erwerbszweck** (Parteien, Gewerkschaften, Kirchen, Wohlfahrtsverbände, Vereine usw.)
6. **Übrige Welt** (die Wirtschaftseinheiten, die ihren ständigen Sitz/Wohnsitz außerhalb des Wirtschaftsgebiets haben)

Der Begriff „Kapitalgesellschaft" deckt sich hier nicht mit dem Begriff aus dem Gesellschaftsrecht.

Man beachte: Es gibt hier keinen einheitlichen Sektor *Unternehmungen*. Dieser ist vielmehr auf die Sektoren *Finanzielle Kapitalgesellschaften*, *Nichtfinanzielle Kapitalgesellschaften* und *Private Haushalte* verteilt. Die Privaten Haushalte sind hier nicht ausschließlich Stätten des Konsums. Deshalb ist für sie ebenfalls ein Produktionskonto zu führen. Es wird (entsprechend dem Vorgehen in unserem Kreislaufmodell) mit den Produktionskonten der anderen Sektoren zum gesamtwirtschaftlichen Produktionskonto zusammengefasst.

Entstehungsrechnung

Für die Entstehungsrechnung unterscheidet das System die folgenden Wirtschaftsbereiche:

1. **Land- und Forstwirtschaft, Fischerei**
2. **Produzierendes Gewerbe ohne Baugewerbe**
3. **Baugewerbe**
4. **Handel, Verkehr, Gastgewerbe**
5. **Information und Kommunikation**
6. **Finanz- und Versicherungsdienstleister**
7. **Grundstücks- und Wohnungswesen**
8. **Unternehmensdienstleister**
9. **Öffentliche Dienstleister, Erziehung, Gesundheit**
10. **Sonstige Dienstleister**

Die Bruttowertschöpfungen dieser Wirtschaftsbereiche werden zu ihren Herstellungskosten ermittelt. Abgezogen werden die Gütersubventionen, addiert werden die Produktions- und Importabgaben (Gütersteuern und sonstige Produktionsabgaben). Als Resultat ergibt sich das Bruttoinlandsprodukt zu Marktpreisen.

Verwendungsrechnung

Das Bruttoinlandsprodukt wird verwendet für private Konsumausgaben (der privaten Haushalte und der privaten Organisationen ohne Erwerbszweck), Konsumausgaben des Staates, Bruttoinvestitionen und Außenbeitrag.

Die Bruttoinvestitionen gliedern sich dabei in

- Ausrüstungen: maschinelle Anlagen und Fahrzeuge
- Bauten: Hoch- und Tiefbau
- sonstige Anlagen: Software, Urheberrechte, immaterielle Anlagegüter
- Vorratsveränderungen: Bestandsveränderungen an Materialien, Handelswaren, fertigen und unfertigen Erzeugnissen

Verteilungsrechnung

Die Verteilungsrechnung erfolgt nach der Aufstellung der Entstehungs- und Verwendungsrechnung. Vom Bruttoinlandsprodukt ausgehend wird nach dem bekannten Schema das Volkseinkommen ermittelt.

```
  Bruttoinlandsprodukt zu Marktpreisen
+ Saldo der Primäreinkommen mit der
  übrigen Welt
− Abschreibungen
− Produktions- und Importabgaben
+ Subventionen
= Volkseinkommen
```

Das Volkseinkommen ist die Entlohnung der Produktionsfaktoren. Im Europäischen System Volkswirtschaftlicher Gesamtrechnungen werden die Faktoreinkommen zu lediglich zwei Gruppen zusammengefasst:

Einsatz von	Faktoreinkommen		Zusammenfassung zu
Arbeit	Lohn, Gehalt	ist Arbeitseinkommen	**Arbeitnehmerentgelt**
Boden	Grundrente (Pacht)	ist Besitzeinkommen	
Sachkapital (Anlagen)	Miete	ist Besitzeinkommen	**Unternehmens- und**
Geldkapital	Zins	ist Besitzeinkommen	**Vermögenseinkommen**
Unternehmertätigkeit	Gewinn	ist „Resteinkommen"	

Die Verteilung des Volkseinkommens auf die Produktionsfaktoren heißt **funktionelle Einkommensverteilung**.

Die VGR ermittelt auch die Prozentanteile von Arbeitnehmerentgelt und Unternehmens- und Vermögenseinkommen am Volkseinkommen. Diese Anteile werden als Lohnquote und Gewinnquote bezeichnet:

$$\text{Lohnquote} = \frac{\text{Arbeitnehmerentgelt}}{\text{Volkseinkommen}} \cdot 100$$

$$\text{Gewinnquote} = \frac{\text{Unternehmens- und Vermögenseinkommen}}{\text{Volkseinkommen}} \cdot 100$$

Entstehung, Verwendung und Verteilung des Bruttoinlandsprodukts 2016
in Mrd. Euro

Entstehung		=	Verwendung		=	Verteilung	
Bruttowertschöpfung	**2 822,2**		**Konsumausgaben**	**2 296,8**		**Volkseinkommen**	**2 339,2**
Land- und Forstwirtschaft, Fischerei	18,0		Private Konsumausgaben	1 681,5		Arbeitnehmerentgelt	1 598,4
Produzierendes Gewerbe ohne Baugewerbe	722,3		Konsumausgaben des Staates	615,3		Unternehmens- und Vermögenseinkommen	740,8
Baugewerbe	134,6						
Handel, Verkehr Gastgewerbe	443,1		+			+	
Information und Kommunikation	136,9		**Bruttoinvestitionen**	**598,5**		Produktions- und Importabgaben an den Staat abzüglich Subventionen vom Staat	307,5
Finanz- und Versicherungsdienstleister	110,8		Bruttoanlageinvestitionen	626,1			
			Vorratsveränderungen	−27,6			
Grundstücks- und Wohnungswesen	307,0					+	
Unternehmensdienstleister	316,4					Abschreibungen	552,0
			+				
Öffentliche Dienstleister, Erziehung, Gesundheit	519,0		**Außenbeitrag**	**238,8**		+	
			Exporte	1 442,2		Saldo der Primäreinkommen aus der übrigen Welt	64,6
Sonstige Dienstleister	114,1		− Importe	1 203,5			
+							
Gütersteuern abzüglich Gütersubventionen	311,9						

Bruttoinlandsprodukt 3 134,1

$$\text{Lohnquote} = \frac{1\,598,4}{2\,339,2} \cdot 100 = 68,33\,(\%)$$

$$\text{Gewinnquote} = \frac{740,8}{2\,339,2} \cdot 100 = 31,67\,(\%)$$

Quelle: Entstehung, Verwendung und Verteilung des Bruttoinlandsprodukts 2016. In: Volkswirtschaftliche Gesamtrechnungen - Wichtige Zusammenhänge im Überblick 2016. Veröff. am 23.05.2017 unter https://www.destatis.de/DE/Publikationen/Thematisch/VolkswirtschaftlicheGesamtrechnungen/ZusammenhaengePDF_0310100.pdf?__blob=publicationFile [04.08.2017]. © Statistisches Bundesamt (Destatis), 2018

6.4.3 Inlandsprodukt und Nationaleinkommen – Maßstäbe für den Wohlstand?

Schon bei der Betrachtung des einfachen Wirtschaftskreislaufs haben wir erkannt, dass das Inlandsprodukt – insbesondere das Inlandsprodukt pro Kopf – zumindest als grobes Maß für den materiellen Wohlstand einer Volkswirtschaft dienen kann (vgl. S. 145). Insofern sind z. B. folgende Fragen interessant:

- Wird in der VGR wirklich die gesamte Güterproduktion einer Volkswirtschaft berücksichtigt?
- Bedeutet Güterproduktion auf jeden Fall Schaffung von Wohlstand?
- Bedeutet ein Bruttoinlandsprodukt von 204 Mrd. EUR nach 200 Mrd. EUR im Vorjahr eine Wohlstandssteigerung?

Die VGR kann mit der Berechnung des Inlandsprodukts und des Nationaleinkommens allenfalls ein sehr grobes Wohlstandsbarometer liefern. Dies wird bei Betrachtung der folgenden Sachverhalte deutlich.

- **Die VGR erfasst nur die Güterproduktion, die im Rechnungswesen von Unternehmungen, Staat und anderen Institutionen aufgezeichnet und/oder durch Belege nachweisbar am Markt verkauft wird.**

Folglich erfasst sie nicht die unberechnete Leistungserstellung im privaten Haushalt und lässt diese bei der Berechnung des Haushaltseinkommens außer Betracht. Damit setzt sie das Inlandsprodukt zu niedrig an. Verstärkt gilt dies für die Länder, deren Haushalte einen hohen Eigenversorgungsgrad aufweisen. Erst wenn Arbeiten „outgesourct" und an Dienstleistungsbetriebe (z. B. Reinigungsbetriebe, Kantinen, Waschanlagen) übertragen werden, kommen sie in der VGR zum Ansatz.

Die Produktion im Haushalt umfasst z. B.: Nahrungszubereitung, Waschen, Putzen, Nähen, Stricken, Reparieren, Rasenmähen, vielfältige Heimwerkerarbeiten, Kindererziehung.

Ebenso werden öffentliche Güter – die innere und äußere Sicherheit des Landes, das Gesundheits-, Verkehrs- und Bildungssystem – und Elemente der Lebensqualität nicht angesetzt.

Die VGR kann auch die legale und illegale Leistungserstellung im Rahmen der Schattenwirtschaft nur unvollständig erfassen. Sie „blüht" ja im Verborgenen und erstellt keine Belege. Die statistischen Ämter der EU-Länder nehmen deshalb begründete Schätzungen vor und rechnen entsprechende Zuschläge in das Bruttoinlandsprodukt ein. Die Schattenwirtschaft betrug 1995 etwa 13 % des BIP. Bis 2003 stieg sie bis auf 17,2 % an und sank bis 2016 wieder auf etwa 10,7 % ab. Sie schafft einerseits Einkommen in dieser Höhe, andererseits verursacht sie enorme Schäden durch Ausfälle bei Steuern und Sozialversicherung.

- **Auch bei einem großen Teil der legalen und ausgewiesenen Güterproduktion ist die wohlstandssteigernde Wirkung sehr fraglich:**

So steigt in Kriegszeiten das Bruttoinlandsprodukt durch die Produktion von Rüstungsgütern stark an. Eine Wohlstandssteigerung ist nicht damit verbunden. Dies gilt umso mehr, als bei Kampfeinsätzen viele Güter wieder zerstört werden.

Milliardenbeträge werden jährlich für die Produktion von Suchtmitteln (Tabakwaren, Alkohol), für die Beseitigung von Unfallschäden und Umweltschäden ausgegeben. Sie erhöhen groteskerweise das Bruttoinlandsprodukt.

Dies ist so, weil die Art der verkauften Leistungen bei der Berechnung des Inlandsprodukts grundsätzlich keine Rolle spielt. Der individuelle oder soziale Nutzen dieser Güter kann aber sehr unterschiedlich (und auch negativ) sein.

- **Ein stetiger Anstieg des Inlandsprodukts bewirkt einen höheren Rohstoffverbrauch und eine stärkere Umweltbelastung.** Das Inlandsprodukt gibt keine Auskunft über diese negativen Folgen der materiellen Wohlstandsbildung.
- **Das Inlandsprodukt wird zunächst zu den Preisen des Berichtsjahres berechnet.** Deshalb bedeutet selbst bei Vernachlässigung der bisher aufgeführten Sachverhalte ein gewachsenes Inlandsprodukt nicht unbedingt mehr Wohlstand. Dies würde nämlich ein Mehr an Gütern voraussetzen. Das Wachstum kann aber teilweise oder sogar ausschließlich auf Preissteigerungen beruhen.

Zum Ausweis des realen Wachstums berechnen alle statistischen Ämter der EU-Staaten das Inlandsprodukt und das Nationaleinkommen in den VGRs jeweils zweifach: zu den Preisen des Berichtsjahrs und zu den Preisen des jeweiligen Vorjahres. Die Zahlen mehrerer aufeinanderfolgender Jahre verknüpfen sie dann in einem sog. Kettenindex und weisen sie in Bezug auf ein Referenzjahr (zurzeit 2010) aus. Das BIP des Referenzjahres entspricht 100 %.

Beispiel: Darstellung des realen BIP mit Kettenindizes

Annahme: In einem vereinfachten Modell einer Volkswirtschaft werden nur ein Investitionsgut und ein Konsumgut in den folgenden Mengen und zu den folgenden Preisen produziert. Referenzjahr sei das Jahr 2010.

Jahr	Investitionsgut Menge	Preis	Konsumgut Menge	Preis	BIP zu Preisen des Berichtsjahres	Wachstumsfaktor	nominaler Kettenindex
2010	500	70	2 000	40	115 000		100,000
2011	520	69	2 200	41	126 080	1,096	109,635
2012	520	72	2 200	42	129 840	1,030	112,904
2013	540	74	2 400	43	143 160	1,103	124,487
2014	550	76	2 600	45	158 800	1,109	138,087
2015	570	78	2 800	48	178 860	1,126	155,530

BIP = (Menge Invest.gut · Preis Invest.gut) + (Menge Konsumgut · Preis Konsumgut)

Wachstumsfaktor des Jahres x = BIP des Jahres x / BIP des Jahres (x – 1)

Für den Index wird das Referenzjahr = 100 % gesetzt. Die folgenden Zahlen ergeben sich durch kettenmäßige Verknüpfung: 109,635 = 100 · 1,096; 112,904 = 100 · 1,096 · 1,030; ... 155,530 = 100 · 1,096 · 1,030 · 1,103 · 1,109 · 1,126

Das nominale Wachstum des BIP legt die Vermutung nahe, das Wohlstandsniveau der Volkswirtschaft sei in fünf Jahren um 55,53 % gestiegen. Dies stimmt jedoch nicht, denn die Wachstumswerte beruhen zum Teil auf Preissteigerungen. Eine Bereinigung des nominalen Wachstums um Preissteigerungen führt zum realen Wachstum.

Dazu werden die Gütermengen mit Vorjahrespreisen multipliziert, z. B. für das Jahr 2011: 520 · 70 + 2 200 · 40 = 124 400. Diese Zahl ist gegenüber dem Vorjahr inflationsbereinigt. Wie oben werden die Wachstumsfaktoren ermittelt und zu einem Index verkettet. So ergibt sich eine Folge von Indexzahlen. Sie bilden die tatsächliche Wohlstandssteigerung realistischer ab.

Jahr	Investitionsgut Menge	Investitionsgut Preis	Konsumgut Menge	Konsumgut Preis	BIP zu Preisen des Vorjahres	Wachstumsfaktor	realer Kettenindex
2010	500	70	2 000	40	115 000		100,000
2011	520	69	2 200	41	124 400	1,082	108,174
2012	520	72	2 200	42	126 080	1,014	109,635
2013	540	74	2 400	43	139 680	1,108	121,461
2014	550	76	2 600	45	152 500	1,092	132,609
2015	570	78	2 800	48	169 320	1,110	147,235

Der Kettenindex misst das reale Wachstum des BIP in dem Sinne, dass für jeweils zwei aufeinanderfolgende Jahre eine Preisbereinigung erfolgt. Er geht nicht davon aus, dass die Preise über die gesamte Zeitspanne vom Referenzjahr bis zum letzten Jahr konstant bleiben. Unter Zugrundelegung dieser Bedingungen ist das BIP seit dem Referenzjahr real um 47,235 % gewachsen.

- **Die Höhe von Inlandsprodukt und Nationaleinkommen sagt nichts über die Verteilung des Wohlstands aus.** So könnten etwa 10 % reiche Haushalte 90 % des Nationaleinkommens beziehen. Für die restlichen 90 % der Haushalte bleiben dann nur noch 10 % des Nationaleinkommens. Sie sind vergleichsweise sehr arm.

Arbeitsaufträge

1. **Die folgende Grafik zeigt wesentliche Zusammenhänge der volkswirtschaftlichen Gesamtrechnung.**

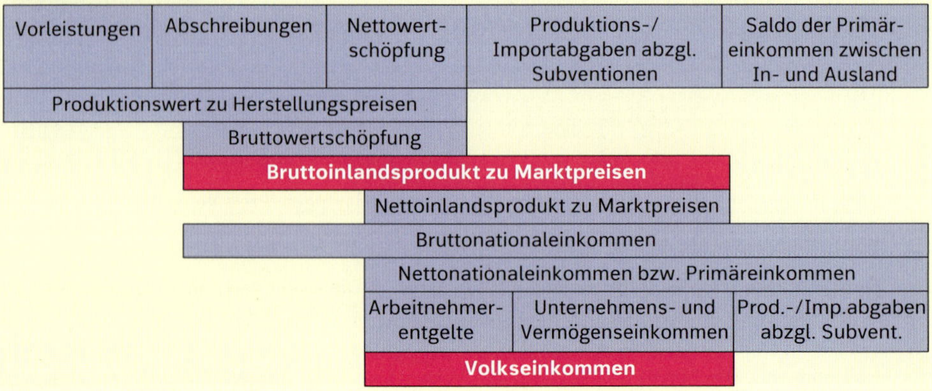

Vorleistungen	Abschreibungen	Nettowertschöpfung	Produktions-/Importabgaben abzgl. Subventionen	Saldo der Primäreinkommen zwischen In- und Ausland
	Produktionswert zu Herstellungspreisen			
		Bruttowertschöpfung		
		Bruttoinlandsprodukt zu Marktpreisen		
		Nettoinlandsprodukt zu Marktpreisen		
		Bruttonationaleinkommen		
		Nettonationaleinkommen bzw. Primäreinkommen		
	Arbeitnehmerentgelte	Unternehmens- und Vermögenseinkommen	Prod.-/Imp.abgaben abzgl. Subvent.	
		Volkseinkommen		

Erläutern Sie, was die angegebenen Größen bedeuten, wie sie sich zusammensetzen und ableiten.

2. Das Bruttoinlandsprodukt der USA wuchs in den Jahren 1942 bis 1944 real um etwa 50 Mrd. Dollar.
   a) Was bedeutet „reales" Wachstum? Wodurch unterscheidet es sich vom „nominalen" Wachstum?
   b) Begründen Sie, ob dieses Wachstum eine Wohlstandssteigerung bedeutet.
   c) Begründen Sie anhand weiterer Sachverhalte, warum das Inlandsprodukt nur sehr begrenzt als ein geeigneter Maßstab für den Wohlstand einer Volkswirtschaft gesehen werden kann.

3. Die folgende Tabelle zeigt die Entwicklung der Lohnquote über einen längeren Zeitraum hinweg.

Entwicklung der Lohnquote			
Jahr	Verteilung des Volkseinkommens		Anteil der Arbeitnehmer an der Gesamtzahl der Erwerbstätigen in %
	Bruttoeinkommen aus unselbstständiger Arbeit in % = Lohnquote	Bruttoeinkommen aus Unternehmenstätigkeit und Vermögen in % = Gewinnquote	
1960	60,1	39,9	77
1970	68,0	32,0	83
1980	73,5	26,5	87
1990	70,2	29,8	91
1998	68,2	31,8	89,1
2002	72,3	27,7	89,2
2005	67,0	33,0	88,1
2008	65,2	34,8	89,1
2012	67,1	32,9	89,2
2014	67,9	32,1	89,7
2016	68,3	31,7	90,1

Erstellt auf der Basis von Angaben des Statistischen Bundesamtes, Wiesbaden

   a) Erläutern Sie den Begriff Lohnquote.
   b) Welcher zweite Quotenbegriff ist für die Verteilungsstatistik von Bedeutung? Erläutern Sie auch diesen.
   c) Entspricht der Name dieser zweiten Quote den von ihr erfassten wirtschaftlichen Größen?
   d) Wie entwickelt sich der prozentuale Anteil der Arbeitnehmer an der Gesamtzahl der Erwerbstätigen?
   e) Zeigen dieser Anteil und die Lohnquote die gleiche Entwicklung?
   f) Das Bruttoinlandsprodukt ist in den letzten Jahren real ständig gewachsen. Entspricht die Entlohnung des Produktionsfaktors Arbeit diesem Wachstum?
   g) Trotz der Entwicklung der Lohnquote ist der Wohlstand der Arbeitnehmerhaushalte im Durchschnitt gestiegen. Wie lässt sich das begründen?

4. Die folgende Entstehungs- und Verwendungsrechnung gibt Auskunft über die Veränderung der Größen des Bruttoinlandsprodukts einer Volkswirtschaft zum Vorjahr.
   a) Welche Wirtschaftsbereiche weisen ein überdurchschnittliches Wachstum auf, welche ein unterdurchschnittliches und welche ein negatives?
   b) Der Prozentanteil der Bruttoanlageinvestitionen am Bruttoinlandsprodukt wird als Investitionsquote bezeichnet. Der Investitionsquote wird große wirtschaftliche Bedeutung beigemessen. Begründen Sie dies.
   c) Berechnen Sie die Investitionsquote für das Berichtsjahr und das Vorjahr. Ist die Entwicklung positiv zu beurteilen?

Bruttoinlandsprodukt		
Entstehung des BIP (in jeweiligen Preisen)	Mrd. EUR	Veränd. (%)
Land- und Forstwirtschaft, Fischerei	19,6	− 9,4
Produzierendes Gewerbe ohne Baugewerbe	677,1	+ 2,7
Baugewerbe	124,4	+ 6,8
Handel, Verkehr, Gastgewerbe	404,1	+ 2,7
Information und Kommunikation	122,2	+ 3,6
Finanz- und Versicherungsdienstleister	104,8	+ 1,6
Grundstücks- und Wohnungswesen	290,1	+ 3,1
Unternehmensdienstleister	284,1	+ 5,1
Öffentliche Dienstleister, Erziehung, Gesundheit	477,2	+ 4,1
Sonstige Dienstleister	107,7	+ 3,7
Bruttowertschöpfung	2 611,3	+ 3,4
BIP	2 903,8	+ 3,4
Verwendung des BIP		
Private Konsumausgaben	1 604,3	+ 2,1
+ Konsumausgaben des Staates	562,3	+ 3,9
+ Bruttoanlageinvestitionen	581,3	− 4,6
+ Vorratsveränderungen	− 30,6	+ 37,2
= inländische Verwendung	2 717,3	
+ Außenbeitrag	186,5	+ 23,3
= BIP	2 903,8	+ 3,4

5. In einer Modellvolkswirtschaft werden nur ein Investitionsgut und zwei Konsumgüter produziert. Die folgende Tabelle zeigt die Preise und Mengen.

Jahr	Investitionsgut		Konsumgut 1		Konsumgut 2	
	Menge	Preis	Menge	Preis	Menge	Preis
1	1 000	90	800	60	900	70
2	1 050	90	800	60	930	72
3	1 150	89	900	65	690	74
4	1 180	93	950	70	1 000	76
5	1 250	95	1 000	72	1 040	78

a) Berechnen Sie für jedes Jahr das nominale BIP.
b) Erstellen Sie einen Kettenindex mit dem Referenzjahr 1, der das nominale Wachstum zeigt.
c) Um wie viel Prozent ist das BIP in den 5 Jahren nominal insgesamt gewachsen?
d) Warum entspricht das nominale Wachstum nicht zugleich dem realen Wachstum?
e) Berechnen Sie das jährliche reale Wachstum anhand eines Kettenindex, wie ihn die statistischen Ämter der EU verwenden.

Vor 2005 wurde der Index für das reale BIP-Wachstum nicht als Kettenindex, sondern als Festpreisindex berechnet: Es wurde ein sog. Basisjahr gewählt. Alle Mengen der folgenden Jahre wurden fest mit den Preisen des Basisjahres bewertet. Die Indexzahl des jeweiligen Jahres berechnete sich wie folgt: Indexzahl = nominales BIP/reales BIP · 100.

f) Erstellen Sie für die obige Modellvolkswirtschaft einen Festpreisindex.
g) Vergleichen Sie den Kettenindex mit dem Festpreisindex und erläutern Sie die Unterschiede.
Sie können für Ihre Rechnungen die Excel-Datei *Wachstumsindizes* verwenden.

M 168

7 Ordnungsrahmen der Wirtschaft

7.1 Die Wirtschaftsordnung im Unternehmensumfeld

Die Welt außerhalb des Unternehmens ist das Umfeld des Unternehmens. Dabei unterscheidet man zwischen dem nahen und dem fernen Umfeld. Einzelheiten hierzu finden Sie in Band 1 Geschäftsprozesse, Erster Abschnitt.

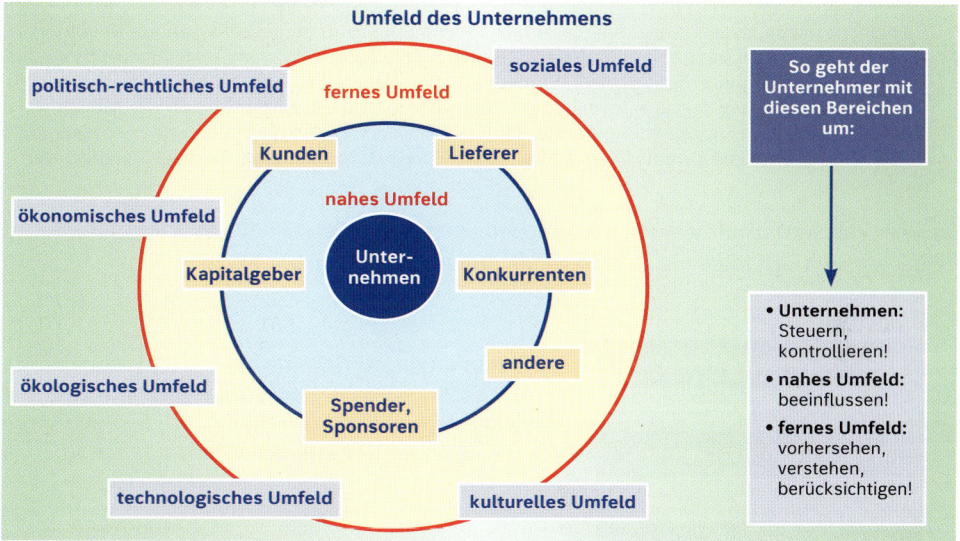

Das politisch-rechtliche Umfeld umfasst alle vom Staat als Träger der Hoheitsgewalt vorgegebenen Merkmale. Dazu gehören u. a. vier Ordnungsbereiche:

- **Die politische Ordnung.**
  Die politische Ordnung legt fest, wie sich die politische Willensbildung in einer staatlichen Gesellschaft vollzieht. Demgemäß unterscheidet man v. a. Monarchien, Diktaturen, Demokratien (im westlichen Sinne), Volksdemokratien (mit sozialistischem Hintergrund) und Gottesstaaten (mit muslimischem Hintergrund).

- **Die Rechtsordnung.**
  Die Rechtsordnung umfasst die Gesamtheit der Rechtsvorschriften und Rechtsorgane in der staatlichen Gesellschaft (vgl. S. 24 ff.).

- **Die Sozialordnung.**
  Die Sozialordnung umfasst die Institutionen und Normen, die die soziale Stellung von Einzelnen und Gruppen in der staatlichen Gesellschaft regeln sollen (z. B. die Beziehungen zwischen Arbeitgebern und Arbeitnehmern, die Probleme der Einkommens- und Vermögensverteilung, den Schutz von sozial Schwachen).

- **Die Wirtschaftsordnung.**
  Die Wirtschaftsordnung legt den Rahmen, in dem die Wirtschaftssubjekte handeln können/dürfen und die grundlegenden Regeln für ihr wirtschaftliches Handeln fest. Sie ist insbesondere bestimmend dafür, in welchem Umfang die Unternehmen ihre Produktionsentscheidungen und die Haushalte ihre Konsumentscheidungen frei treffen können.

Im Ablauf der Geschichte haben sich die vier Ordnungsbereiche immer wieder neu ausgerichtet und gegenseitig beeinflusst. Meist gingen die Änderungen von politischen Umbrüchen und neuen politischen Zielsetzungen aus.

7.2 Idealtypische Wirtschaftsordnungen

7.2.1 Ordnungselemente

1. Die Baumwollspinnerei Engels & Co. KG hat wegen steigender Nachfrage nach ihren Garnen die Absicht, einen Zweigbetrieb zu eröffnen. Hierfür sucht sie einen geeigneten Standort, plant selbstständig die Größe ihres Maschinenparks und die Zahl der notwendigen Mitarbeiter, schließt Verträge mit zukünftigen Lieferanten ab und will versuchen, am Markt ihre Artikel zu möglichst günstigen Preisen abzusetzen.
2. In einem sozialistischen Land hat die staatliche Planungsbehörde beschlossen, die Produktion von Konsumgütern zu erhöhen, unter anderem auch die Fabrikation von Textilien. Die Behörde beschließt, je 5 neue Spinnereien, Webereien und Nähereibetriebe zu gründen. Sie sucht geeignete Standorte, legt die Investitionen fest, bestimmt die Lieferanten und die Abnehmerbetriebe und schreibt jedem Betrieb die Höhe der Produktion und die Preise vor. Sie bestimmt auch darüber, welche Orte und Geschäfte letzten Endes mit den fertigen Textilien beliefert werden sollen.

In jeder Volkswirtschaft werden mit knappen Mitteln Güter erstellt, verteilt und verbraucht. Dabei ergeben sich folgende grundlegende Problemstellungen:

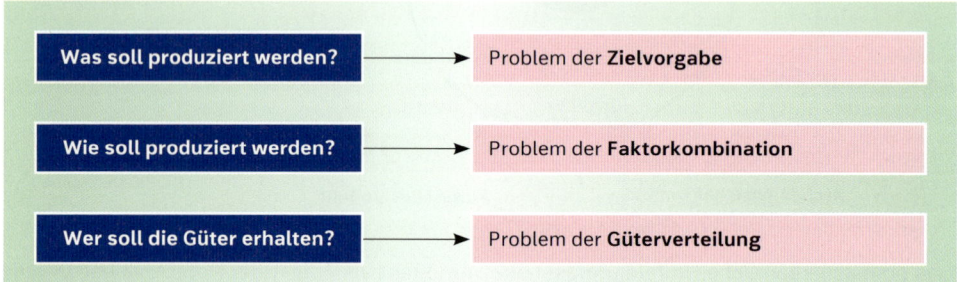

Das komplizierte moderne Wirtschaftsgeschehen erfordert eine grundlegende Ordnung. Diese legt fest, wer die notwendigen Entscheidungen treffen darf und auf welche Weise die Wirtschaftssubjekte Beziehungen zueinander aufnehmen können: Ist es der Staat, der alles lenken und leiten soll, oder sind es die einzelnen Haushalte und Unternehmen, die für sich planen und dann ihre Pläne untereinander abstimmen?

Unter Berücksichtigung der genannten volkswirtschaftlichen Problemstellungen entwickelten sich zwei gegensätzliche **Organisationsprinzipien der Wirtschaftsordnung**:

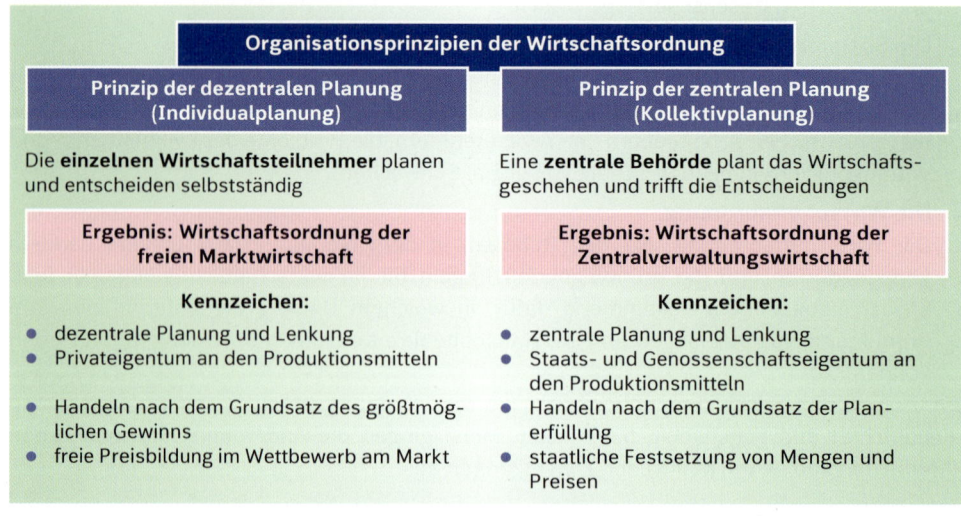

In der Realität kommt keine der beiden Wirtschaftsordnungen in Reinform vor. Es handelt sich um Modelle. Zentralverwaltungswirtschaften enthalten in Ansätzen auch marktwirtschaftliche Elemente und in Marktwirtschaften hat der Staat eine gewisse zentrale Lenkung und Kontrolle der Wirtschaft übernommen. Manche Volkswirtschaftler sind der Auffassung, dass sich die bestehenden unterschiedlichen Wirtschaftssysteme weiterentwickeln und auf ein gemeinsames System zustreben. Spätestens seit dem Zusammenbruch vieler planwirtschaftlicher Systeme zu Beginn der 1990er Jahre des vorigen Jahrhunderts scheint sich diese Theorie in der Realität nicht zu bestätigen.

Das ist die sogenannte „Konvergenztheorie"[1].

7.2.2 Freie Marktwirtschaft

Liberalismus

Der Liberalismus[2] als weltanschauliche Richtung setzte gegen Ende des 18. Jahrhunderts ein. Er betont das Individuum und sein Recht auf Freiheit.

Freiheitsstatue in New York

Grundelemente des Liberalismus		
Geistige Grundlagen	**Grundlegende Aussagen**	**Anwendung auf die Wirtschaft**
Lehre vom Naturrecht des Menschen	Alle Menschen haben bebestimmte Grundrechte.	Forderungen nach Recht auf Privateigentum (auch an Produktionsmitteln).
Gedanken der Aufklärung	Die Menschen verhalten sich grundsätzlich vernünftig.	Der Mensch richtet sein wirtschaftliches Handeln am ökonomischen Prinzip aus. Er ist ein „homo oeconomicus"[3].
Lehre vom Individualismus	Die Menschen sollen in ihrer persönlichen Entfaltung frei sein.	Forderung nach Freiheit des wirtschaftlichen Handelns: Vertragsfreiheit, Wettbewerbsfreiheit, Gewerbefreiheit.

Nach dem Ideengut des Liberalismus strebt jeder Wirtschaftsteilnehmer die **Maximierung des eigenen Nutzens** an. Dabei soll er sich bei Abgabe und Erwerb von Leistungen am Markt im Wettbewerb mit seinen Konkurrenten messen. Der Leistungsstärkere soll zum Zuge kommen. Damit wird der Egoismus des Einzelnen zur Antriebskraft der Wirtschaft schlechthin. Die klassischen Liberalisten waren der Ansicht, dass die Maximierung des individuellen Nutzens in der Summe **zugleich den höchsten Gesamtnutzen** für die Volkswirtschaft und eine soziale Harmonie bewirke.

Wirtschaftlicher Wettbewerb bedeutet:
- Es besteht ein Markt mit mindestens zwei Anbietern (oder Nachfragern).
- Die Anbieter (Nachfrager) sind Konkurrenten. Sie versuchen sich durch bessere Leistung auszustechen und den eigenen Vorteil zu maximieren.

Die ideale Wirtschaftsordnung war für die Liberalisten die *freie Marktwirtschaft*. Darin planen alle Wirtschaftssubjekte ihr Handeln in eigener Verantwortung, setzen sich Ziele und richten ihre Entscheidungen im Wettbewerb miteinander an den jeweiligen Marktverhältnissen aus (z. B. am Preis, an Angebot und Nachfrage). Oberstes Ziel ist der größte Nutzen (Haushalte) oder Gewinn (Unternehmen).

---

[1] (lat.) Konvergenz = Annäherung, Übereinstimmung
[2] (lat.) liberalis = die Freiheit betreffend
[3] (lat.) rein wirtschaftlich handelnder Mensch

Ohne Wettbewerb kann die Marktwirtschaft nicht funktionieren. Er bewirkt:

- **Sparsamkeit:** Die Anbieter müssen sich gegenseitig unterbieten und deshalb die Produktionsfaktoren möglichst kostenminimal einsetzen.
- **Fortschritt:** Der Zwang zur besten Leistung zwingt zu ständiger Innovation, zu ständigem Fortschritt bei Produkten und Verfahren.
- **Entmachtung:** Erfolg ist nicht für ewig. Die Wettbewerber ziehen nach, nehmen sich gegenseitig Marktanteile fort, erhöhen das Angebot und sorgen für Preissenkung.
- **Wohlstand:** In der Summe entsteht das bestmögliche Güterangebot zu günstigstem Preis.

Elemente der freien Marktwirtschaft

Elemente der freien Marktwirtschaft

Wettbewerbsfreiheit
Die Konkurrenz ermöglicht die Lenkung der Produktionsmittel in produktive Verwendungszwecke. Wettbewerbsfreiheit setzt voraus, dass keine Einschränkungen existieren und offene Märkte mit Zugang für jedermann vorhanden sind (Wettbewerbswirtschaft).

Vertragsfreiheit
Wenn grundsätzlich individuelle Entscheidungen getroffen werden, dann muss jeder wirtschaftlich Handelnde die Möglichkeit haben, nach eigenem Ermessen Verträge abzuschließen. Dies beinhaltet auch die freie Preisvereinbarung zwischen Verkäufer und Käufer.

Gewerbe- und Berufsfreiheit
Die Gewerbefreiheit gestattet es jedermann, ein Gewerbe auszuüben und sich an einem beliebigen Ort niederzulassen. Die Berufsfreiheit umfasst die Freiheit der Berufswahl und Berufsausübung und die freie Wahl des Arbeitsplatzes.

Konsumfreiheit
Die Konsumenten (Haushalte) entscheiden frei, was und wie viel sie konsumieren.

Privateigentum
Schnelles Handeln ist nur möglich, wenn aufgrund von privatem Eigentum (auch an den Produktionsmitteln) entsprechende Verfügungen getroffen werden können. Der Staat garantiert deshalb volle Entscheidungsfreiheit des Eigentümers über sein Privateigentum.

Neutralität des Staates
Der Staat soll möglichst nicht in das Wirtschaftsgeschehen eingreifen. Grundsatz: „Laissez faire, laissez aller, le monde va de lui-même!" (Lasst nur gewähren, die Welt läuft schon von allein!) Der Staat soll lediglich über die Rechtsordnung, die Sicherheit, die Erziehung und die marktwirtschaftlichen Grundordnungen wachen.

Kritiker sprechen hier vom „Nachtwächterstaat."

Aufgaben des Marktes

Das Marktergebnis zeigt an, ob der Wirtschaftsteilnehmer erfolgreich gewirtschaftet hat. Der Markt erfüllt folgende Aufgaben:

- **Ausgleich:** Der Markt bringt Angebot und Nachfrage zusammen; es kommt zu Abschlüssen und damit zum Ausgleich.
- **Information:** Der Markt zeigt den Marktteilnehmern das Verhältnis von Angebot und Nachfrage. Dementsprechend können sie handeln: als Nachfrager sich z. B. für ein anderes Gut entscheiden, als Anbieter z. B. die Produktion ausweiten oder ein neues Gut entwickeln.
- **Lenkung:** Der Markt zeigt an, wo die Wirtschaftskräfte am gewinnbringendsten verwendet werden können, und lenkt sie dorthin.

> **Beispiel: Marktmechanismus**
> Das Unternehmen verfolgt das Ziel der Gewinnmaximierung; es sucht deshalb nach gewinnbringenden Marktlücken und bietet bestmögliche Produkte an. Daraus zieht der Konsument den Vorteil fortschrittlicher Güterversorgung. Allerdings kann der erfinderische Unternehmer relativ hohe Preise verlangen. Dies lockt andere Unternehmer an, solche Produkte ebenfalls anzubieten oder sogar zu verbessern. Das steigende Angebot behebt schließlich die Knappheit des Produkts und lässt den Preis sinken.

Vor- und Nachteile der Marktwirtschaft

Im vollkommen freien Wettbewerb des 19. Jahrhunderts zeigten sich auch die Vor- und Nachteile dieses Systems: Die Gewinnaussichten, die Möglichkeit freier Entfaltung sowie die Konkurrenz reizten zu ständig neuen Erfindungen und wirtschaftlichen Höchstleistungen. Der technische Fortschritt vollzog sich immer rascher und mit ihm stiegen die Gewinne und Vermögen.

Andererseits blieb derjenige auf der Strecke, der sich im Konkurrenzkampf nicht behaupten konnte. Kleine Unternehmer mussten vielfach aufgeben oder sich zusammenschließen. Es entstanden Mammutunternehmen, oft Monopole. Der Wettbewerb stellte sich selbst infrage.

Benachteiligt waren aber auch die Arbeitnehmer. Sie strömten zu Hunderttausenden in die Städte. Das Überangebot an Arbeitskräften und das fortschreitende Ersetzen von Arbeit durch Maschinen ließen die Löhne in manchen Fällen sogar unter das Existenzminimum sinken. Es entstand ein ausgebeutetes Arbeiterproletariat, ohne Unterstützung durch Gewerkschaften und Staat ungeschützt gegen Unfälle, Krankheit, Arbeitslosigkeit und ohne Versorgung im Alter.

Die Nachteile des Systems liegen vor allem in folgenden Tendenzen:

Nachteile der freien Marktwirtschaft

Tendenz zur Selbstauflösung des freien Wettbewerbs

Verantwortlich hierfür ist der Prozess des Unternehmenswachstums, der Unternehmenskonzentration, der Vermögens- und Machtkonzentration und der damit verbundenen Ausschaltung kapitalschwächerer Mitbewerber.

Tendenz zur unsozialen Klassengesellschaft

Der Klasse der Kapitalisten (Eigentümer der Produktionsmittel) steht das Proletariat gegenüber, das nur seine Arbeitskraft besitzt. Da der Staat keine Mindestlöhne garantiert, ist die Entlohnung nur den Gesetzen von Angebot und Nachfrage unterworfen. Das aufgrund des Bevölkerungswachstums hohe Arbeitskräfteangebot führt zu niedrigen Löhnen am Rande des Existenzminimums, die nicht dem Wert der tatsächlichen Leistung entsprechen, sowie zu sozialer Not. Ein staatliches Sozialversicherungssystem existiert nicht.

Tendenz zu strukturellen Ungleichgewichten

Die Produktionsfaktoren werden stets in die gewinnbringendsten Verwendungszwecke gelenkt. Daher bleiben wichtige, weniger Gewinn bringende Bereiche unversorgt (z. B. Krankenpflege). Das Gleiche gilt für naturbenachteiligte Regionen.

7.2.3 Zentralverwaltungswirtschaft

Sozialismus

Während der Liberalismus sich auf die Lehre vom Individualismus stützt, betont der Sozialismus als weltanschauliche Richtung den **Kollektivismus**.

Der Kollektivismus verlangt den Vorrang der Gemeinschaft vor der Einzelpersönlichkeit und die unbedingte Unterwerfung des Individuums unter die Ziele der Gemeinschaft (Subordinations- oder Unterordnungsprinzip).

Karl Marx und Friedrich Engels - die Väter des Sozialismus und Kommunismus

Der moderne Sozialismus entstand im 19. Jahrhundert als Reaktion auf die Missstände der frühindustriellen, vom Liberalismus geprägten Gesellschaft. Er forderte eine gemeinwirtschaftliche Gesellschaftsordnung, in der die Produktionsmittel „sozialisiert", d. h. in Gemeineigentum übergegangen, sind.

Dahinter steht die Ansicht, dass die Ziele des Einzelnen sich nicht mit denen der Gemeinschaft decken.

Die **ideale Wirtschaftsordnung** für den Sozialismus ist die **Zentralverwaltungswirtschaft**, in der die Entscheidungsbefugnisse über das wirtschaftliche Handeln nicht bei den einzelnen Wirtschaftsteilnehmern, sondern bei einer zentralen Planungsbehörde liegen.

Elemente der Zentralverwaltungswirtschaft

Elemente der Zentralverwaltungswirtschaft
Zentrale Planung der Produktion
Die zentrale Planungsbehörde bestimmt die Art der zu erstellenden Güter, die Mengen und Preise (einschließlich der Löhne, Zinsen und Mieten) sowie den Arbeitseinsatz (grundsätzlich keine Freiheit der Berufs- oder Arbeitsplatzwahl).
Zentrale Planung der Verteilung
Die zentrale Planungsbehörde bestimmt die Empfänger der erstellten Leistungen. Insbesondere wird auch der Außenhandel zentral gelenkt.
Kollektiveigentum
Das Privateigentum an den Produktionsmitteln wird aufgehoben und durch Staats- bzw. Kollektiveigentum ersetzt. Dies gilt auch für Banken und Versicherungen.
Planerfüllung
Die Wirtschaftseinheiten werden auf die Erfüllung der vorgegebenen Planwerte verpflichtet. Oberstes Ziel der Wirtschaftspolitik ist die Planerfüllung.

Markt und Preise verlieren ihre Lenkungsfunktion.

Der Preis ist nur noch eine Verrechnungsgröße.

Planungsprozess

Der Planungsprozess läuft in groben Zügen wie folgt ab:

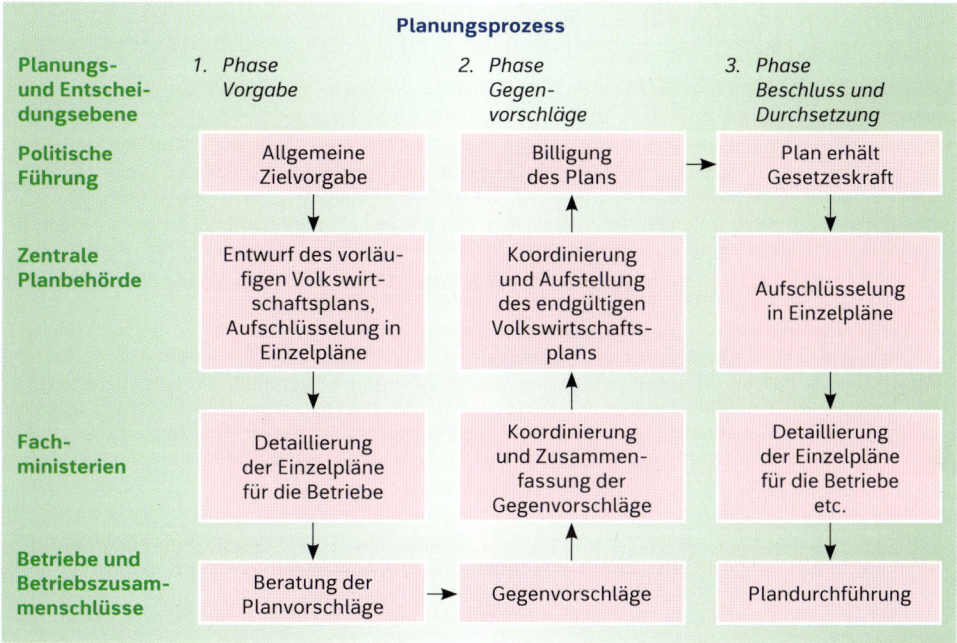

Die Pläne in einer Zentralverwaltungswirtschaft werden lang- und mittelfristig erstellt.

Pläne in einer Zentralverwaltungswirtschaft	
Langfristige Pläne (15–20 Jahre)	**Mittelfristige Pläne** (5 Jahre)
• vorausschauende Analyse (Prognose) • Festlegung der Hauptrichtung der wirtschaftlichen und sozialen Entwicklung	• Wachstumsziele • Strategien und Mittel zur Erreichung der Ziele • Richtung von Wissenschaft und Technik • Zusammensetzung des Produktionssortiments • Produktivitäts- und Wirtschaftlichkeitsziele • besondere Entwicklungs- und Produktionsziele • Zielsetzung im Außenhandel

Vor- und Nachteile der Zentralverwaltungswirtschaft

Die Zentralverwaltungswirtschaft vermeidet die sozialen Missstände der freien Marktwirtschaft: rücksichtslosen Konkurrenzkampf und Ausbeutung der wirtschaftlich Schwachen. Sie führt insofern zu einer größeren **sozialen Gerechtigkeit**.

Allerdings werden diese Vorteile durch schwerwiegende **Nachteile** erkauft:

Der Staat erteilt jedem einzelnen Betrieb fest umrissene Aufgaben. Nach seinem Plan sollen sie sich genau mit denen anderer Betriebe ergänzen. Aufgrund einer bis in die letzten Einzelheiten vorgeschriebenen Zusammenarbeit sollen die Endprodukte entstehen, ohne dass sich an irgendeiner Stelle ein Leerlauf, ein Verlust ergeben könnte.

Wie viele Beispiele zur Genüge beweisen, ist eine solche peinlich genau dirigierte Zusammenarbeit einer vielgliedrigen Wirtschaft nur unzulänglich zu verwirklichen. In einem industrialisierten Land scheitert die totale Planung letztlich an der Vielfalt der Produkte und dem nicht einzuplanenden Verhalten der Verbraucher.

Allein der Ausfall einer einzigen Position kann die ganze Planung umwerfen. Wenn beispielsweise die Schrauben zur Montage in einem Traktorenwerk nur von einer bestimmten Fabrik geliefert werden dürfen, verursacht eine Störung der Schraubenherstellung einen Produktionsausfall im Traktorenwerk. In einer freien Wirtschaftsordnung können die Schrauben schnell von einem anderen Hersteller – auch aus dem Ausland – bezogen werden. Nicht so in einer Befehlswirtschaft, denn die Schrauben aus anderen Fabriken sind für andere Produktionen ‚verplant'. Und der Kauf im Ausland würde die geringen Devisenreserven des Landes weiter vermindern.

In der totalen zentralen Verwaltungswirtschaft fehlt der persönliche Anreiz zu wirtschaftlicher Betätigung. Es gibt kein persönliches Eigentum an Produktionsmitteln. Sie gehören dem „Volk". Dem Volk aber ist kein Mitspracherecht oder eine Möglichkeit eingeräumt, die Betriebsleitungen einzusetzen. Auch darüber verfügt der Staat. Die Direktionen setzen sich aus fest besoldeten Staatsangestellten zusammen. Am wirtschaftlichen Erfolg des Betriebes sind sie nicht beteiligt. Der Betriebsleiter handelt ohne große eigene Initiative, vielmehr, wie der Staat es befiehlt. Dieser Gehorsam verringert seine Verantwortung. Er wälzt sie weitgehend auf die Anordnungen der Zentrale ab.

Die Anstrengung des Einzelnen erschöpft sich ebenso in der Ausführung der notwendigsten Arbeiten. Selbst wenn er sein „Soll" übererfüllt und mehr als andere verdient, bleibt ihm die Möglichkeit genommen, sich für einen Mehrverdienst Wünsche nach eigenem Geschmack zu erfüllen. Durch die Lenkung der Produktion entscheidet der Staat zugleich über die Wünsche des Einzelnen.

Die soziale Gerechtigkeit wird teuer erkauft und dadurch unterhöhlt. Durch fehlenden Leistungsantrieb werden phantasielose Einheitsgüter bei oft minderer Qualität angeboten; falsche Einschätzung der Bedürfnisse der Bevölkerung führt zu Planungen am Bedarf vorbei. Die Planung kann meist nicht eingehalten werden, ein Gütermangel entsteht.

Was habe ich davon, wenn ich nicht kaufen kann, was ich brauche, sondern nur das, was vorhanden ist?

7.2.4 Kritik an den idealtypischen Wirtschaftsordnungen

Die den idealtypischen Wirtschaftsordnungen zugrunde liegenden Auffassungen vom Menschen sind einseitig und verkennen das wirkliche Wesen des Menschen:

- Der **Liberalismus** glaubt an die völlige Überlegenheit des Einzelnen über die Gemeinschaft. Er baut auf den rücksichtslosen Eigennutz und die schrankenlose Freiheit. Der Einzelne braucht die Gesellschaft nur aus Zweckmäßigkeitsgründen, z. B. weil Arbeitsteilung Vorteile bringt. Das Recht des Stärkeren führt zum Chaos in der Gesellschaft.

- Der **Kollektivismus** beansprucht andererseits für die Gemeinschaft unbedingten Vorrang vor dem Einzelnen. Dieser muss seine Interessen vollständig den Gemeinschaftsinteressen unterordnen. Die kollektivistische Ordnung führt deshalb zu Zwangsausübung und Bevormundung zulasten persönlicher Freiheit und Menschenwürde.

In Wirklichkeit vereinigt das Wesen des Menschen beide Pole:

- Als **Einzelwesen** verfolgt der Mensch seine eigenen Interessen und Ziele.
- Als **soziales Wesen** kennt der Mensch eine natürliche Hinordnung zur Gemeinschaft. Ohne die Gemeinschaft verkümmern seine wesentlichen intellektuellen Anlagen, die z. B. auf die sprachliche Kommunikation, die Kultur, die Kunst gerichtet sind, und seine Gefühle, die z. B. mit Begriffen wie Zuwendung, Anerkennung, Dank verbunden sind.

Grundsätze, die die beiden Pole des Menschen in ihrer Einheit berücksichtigen und deshalb geeigneter sind, einer realen Wirtschaftsordnung zugrunde zu liegen, sind das **Solidaritätsprinzip**[1] und das **Subsidiaritätsprinzip**[2]:

Sozialprinzipien	
Solidaritätsprinzip	**Subsidiaritätsprinzip**
Der Mensch ist auf die Gemeinschaft bezogen, die Gemeinschaft umgekehrt auf ihre Glieder. Der Einzelne muss für das Wohl der Gemeinschaft sorgen, die Gemeinschaft für das Wohl der Glieder.	Der Mensch ist grundsätzlich frei und eigenverantwortlich. Der Staat darf ihm seine Aufgaben grundsätzlich nicht abnehmen. Der Staat muss aber Hilfe zur Selbsthilfe geben und einspringen, wenn eine Aufgabe die Kräfte des Einzelnen übersteigt.

Beide Prinzipien finden sich in der Sozial- und Wirtschaftsverfassung der Bundesrepublik Deutschland wieder. Für die Wirtschaft gilt grundsätzlich das Subsidiaritätsprinzip. Das Solidaritätsprinzip ist z. B. in der Sozialversicherung verwirklicht.

Arbeitsaufträge

1. Freie Marktwirtschaft und Zentralverwaltungswirtschaft weisen wesentliche Unterschiede auf.

   a) Erarbeiten Sie solche Unterschiede anhand eines Schemas nach dem folgenden Muster.

	Freie Marktwirtschaft	Zentralverwaltungswirtschaft
Funktionsweise	?	?
Elemente	?	?
Vorteile	?	?
Nachteile	?	?

   b) Für welches Wirtschaftssystem gelten jeweils die folgenden Aussagen?
   (1) Die Preise gleichen nicht Angebot und Nachfrage aus, sondern machen nur unterschiedliche Güter vergleichbar.
   (2) Jeder einzelne Unternehmer plant das Geschehen in seinem Betrieb.
   (3) Wer an den Bedürfnissen der Nachfrager vorbeiproduziert, verliert jeden Absatz und muss aus dem Markt ausscheiden.

---

[1] (lat.) solidarisch = sich gegenseitig verpflichtet fühlend
[2] (lat.) subsidiär = unterstützend

(4) Am Markt bilden sich die Preise durch das Zusammenspiel von Angebot und Nachfrage.
(5) Der Wettbewerb kann durch die Bildung privater Monopole ausgeschaltet werden.
(6) Fehlplanungen in einem Wirtschaftsbereich pflanzen sich automatisch in anderen Wirtschaftsbereichen fort.
(7) Wenn ein Lieferant ausfällt, besorgt sich der Nachfrager die gewünschten Güter bei einem anderen Lieferanten.
(8) Arbeitsplätze werden vom Staat zugewiesen.
(9) Das Privateigentum an Produktionsmitteln ist garantiert.
(10) Die Konsumenten entscheiden im Rahmen ihres verfügbaren Einkommens über die Verteilung der produzierten Güter.
(11) Alle Einfuhren und Ausfuhren müssen staatlich genehmigt werden.

2. Ferdinand Lassalle, ein deutscher Arbeiterführer im 19. Jahrhundert, bezeichnete den liberalen Staat wegen seines Verhältnisses zur Wirtschaft als „Nachtwächterstaat".
    a) Was wollte Lassalle mit dieser Bezeichnung ausdrücken?
    b) Welche Vor- und Nachteile ergeben sich aus diesem Verhältnis zur Wirtschaft?

3. Der englische Nationalökonom Adam Smith schrieb 1776 in seinem Buch „Untersuchungen über das Wesen und die Ursachen des Volkswohlstandes":
„Jeder Einzelne ist stets darauf bedacht, die vorteilhafteste Anlage für das Kapital, über das er zu gebieten hat, ausfindig zu machen. Er hat allerdings nur seinen eigenen Vorteil und nicht den des Volkes im Auge; aber gerade die Bedachtnahme auf seinen eigenen Vorteil führt ganz von selbst dazu, dass er diejenige Anlage bevorzugt, welche zugleich für die Gesellschaft die vorteilhafteste ist …

Wenn er (der Unternehmer) diesen Gewerbefleiß so lenkt, dass sein Produkt den größten Wert erhält, so bezweckt er lediglich seinen eigenen Gewinn und wird … von einer unsichtbaren Hand geleitet, einen Zweck zu fördern, der ihm keinesfalls vorschwebte. Das Volk hat davon keinen Schaden … Oft fördert er durch die Verfolgung seines eigenen Interesses das der Gesellschaft weit wirksamer, als wenn er es zu fördern wirklich beabsichtige. Ich habe niemals gesehen, dass Leute, die zum allgemeinen Besten Handel zu treiben vorgaben, viel Gutes ausgerichtet hätten."
    a) Wie verhalten sich nach Smith Egoismus und Gemeinnutz zueinander?
    b) Nach Smith führt die liberale Marktwirtschaft zum höchsten Volkswohlstand. Erläutern Sie die Gründe.
    c) Die liberale Wirtschaft ist allerdings keine soziale Wirtschaft. Erläutern Sie dies am Beispiel der Lohnbildung, wie sie im Folgenden von David Ricardo beschrieben wird:

> „Arbeit hat … ihren natürlichen und ihren Marktpreis. Der natürliche Preis ist … nötig, den Arbeiter in den Stand zu setzen, … sich zu erhalten …
> Der Marktpreis ist derjenige Preis, der wirklich für die Arbeit … bezahlt wird. Die Arbeit ist teuer, wenn sie selten ist, und billig, wenn sie reichlich ist …
> Wenn sich die Zahl der Arbeiter durch den Antrieb, welcher ein hoher Lohn für die Bevölkerungszunahme bildet, vermehrt, sinkt der Lohn wieder auf seinen natürlichen Preis und bisweilen infolge eines Rückschlages darunter.
> Steht der Marktpreis der Arbeit unter ihrem natürlichen Preis, so gestaltet sich die Lage der Arbeiter am elendsten, …
> Erst nachdem die Nachfrage nach Arbeit gestiegen ist, wird der Marktpreis der Arbeit wieder auf ihren natürlichen Preis steigen und der Arbeiter wird die bescheidenen Annehmlichkeiten haben, die ihm die natürliche Lohnrate zu gewähren pflegt."

Quelle: David Ricardo (1772–1823), Grundsätze der Volkswirtschaft und Besteuerung, London 1817.

7 Ordnungsrahmen der Wirtschaft   **179**

4. Ein sozialistisches System kann in den Bereichen hohe Wirkungen erzielen, denen die Zentrale aus politischen Gründen Vorrang einräumt und auf die sie ihre Mittel konzentriert. Diese Erfolge werden aber mit übermäßig hohen Kosten und Reibungsverlusten erkauft, weil das Lenkungssystem unbeweglich und unwirksam ist. Die Vergesellschaftung der Produktionsmittel bedeutet also keine Befreiung des Individuums, sondern vor allem Bürokratisierung und Bevormundung des Bürgers durch einen kollektiven Marktapparat.

   a) Inwiefern bewirkt die Vergesellschaftung der Produktionsmittel von der Idee her eine Befreiung des Individuums?

   b) Die Zentralverwaltungswirtschaft, wie sie z. B. in der ehemaligen Sowjetunion und der ehemaligen DDR praktiziert wurde, hat in der Praxis tatsächlich zu Bürokratisierung und Bevormundung des Bürgers geführt. Inwiefern ergibt sich eine solche Entwicklung zwangsläufig?

   c) Erläutern Sie anhand des Planungsprozesses die Ursache für die hohen Kosten und Reibungsverluste in der Zentralverwaltungswirtschaft.

7.3 Markt und Preisbildung in der Marktwirtschaft

> Der Teppichhändler in dem griechischen Gebirgsdorf und der Tourist waren handelseinig geworden: Für 80,00 EUR wechselte der Schaffell-Teppich den Besitzer. Während die übrigen Reisenden Schafskäse und Wein genossen, hatten die beiden verhandelt. 120,00 EUR wollte der Händler, 40,00 EUR bot der Tourist. Man einigte sich in der Mitte. Der Tourist war allerdings nur so lange stolz auf sein Verhandlungsgeschick, bis er den gleichen Teppich ein paar Tage später in der Athener Plaka, der geschäftigen Altstadt, für 40,00 EUR sah – zum halben Preis.

7.3.1 Märkte

Das Zusammentreffen von Angebot und Nachfrage bezüglich eines Gutes heißt Markt. Auf dem Markt bildet sich der Preis für das Gut.

Man unterscheidet zahlreiche **Marktarten**:

Marktarten nach der Art der gehandelten Güter

- **Sachgütermärkte:** Rohstoff-, Investitionsgüter-, Konsumgütermärkte
- **Dienstleistungsmärkte:** z. B. für Versicherungs-, Verkehrs-, Nachrichtenleistungen
- **Finanzmärkte:** für kurz- und langfristiges Geldkapital
- **Arbeitsmarkt:** Markt für Stellensuchende und Stellenanbieter
- **Immobilienmarkt:** Sachgütermarkt für bebaute und unbebaute Grundstücke

Sicher können Sie noch weitere Marktarten nennen.

Marktarten nach dem Marktzugang

- **offene Märkte:** bieten freien Zugang für jedermann und alle Güter
- **geschlossene Märkte:** unterliegen Zugangsbeschränkungen

Marktarten nach der Vollkommenheit (Qualität) des Marktes

- **vollkommene Märkte.** Sie erfüllen folgende Bedingungen:
  1. Die gehandelten Güter sind **homogen** (gleich in Art, Aufmachung, Qualität).
  2. Die Käufer haben keine persönlichen oder sachlichen **Präferenzen** (sie ziehen keinen Anbieter und kein bestimmtes Gut vor).

Achtung! Solche Bedingungen können nur in Marktmodellen, nicht in der Realität erfüllt sein.

3. Alle Marktteilnehmer haben gleich lange Wege (sog. **Punktmarkt**).
4. Es besteht **vollkommene Markttransparenz** (jederzeit vollständige Information aller Marktteilnehmer über die gesamte Marktlage).
5. Alle Marktteilnehmer **reagieren** sofort auf jede Marktveränderung.

- **unvollkommene Märkte:** Sie erfüllen die genannten Bedingungen nicht.

Marktarten nach dem Organisationsgrad des Marktes

- **nicht organisierte Märkte:** Die Teilnehmer treffen sich ohne Bindung an Zeit und Ort.
- **organisierte Märkte:** Sie finden zu festgesetzten Zeiten an festgesetzten Orten statt.

Beispiele: Organisierte Märkte

Einzelhändler →	Wochenmarkt	← Verbraucher
Großhändler →	Großmarkt (z. B. Blumen, Fisch)	← Einzelhändler
Hersteller →	Messe	← Handel
Hersteller →	Ausstellung	← Verbraucher, Handel
Urerzeuger →	Börse	← Handel, Weiterverarbeiter

Messen (allgemeine, Fach-, internationale Messen) richten sich an Fachleute. Sie können sich über die neuesten Produkte und den letzten Stand der Technik unterrichten und Geschäftsverbindungen knüpfen. **Ausstellungen** sprechen auch die Verbraucher an.

An **Börsen** werden Kaufverträge über Güter geschlossen, die nicht anwesend sind. Es muss sich deshalb um vertretbare (fungible) Güter handeln. Sie sind durch genaue Standardbezeichnungen festgelegt und werden nur nach Maß, Zahl oder Gewicht gehandelt. Manche Rohstoffe (Kupfer, Zink, Zinn, Kaffee, Zucker, Öl, ...) erfüllen die genannten Bedingungen. An den wichtigsten Warenbörsen – New York, Chicago und London – werden Getreide, Ölsaaten, Futtermittel, Schweine, Zucker, Kaffee, Kakao, Jute, Sisal, Kautschuk, Wolle, Häute, Baumwolle und Metalle gehandelt. Die Preise (sog. Kurse) werden von Börsenhändlern aus Angebot und Nachfrage ermittelt. Außer den Waren- oder Produktenbörsen gibt es Wertpapierbörsen für den Handel mit Aktien, Schuldverschreibungen und Pfandbriefen und Devisenbörsen für den Handel mit ausländischen Zahlungsmitteln.

Wertpapierbörse Frankfurt

Marktarten nach der Zahl der Marktteilnehmer (sog. Marktformen)

Nach der Zahl der Anbieter und Nachfrager sind neun Marktformen zu unterscheiden:

Marktformen[1]		Nachfrager		
		viele	wenige	einer
Anbieter	viele	Polypol	Nachfrageoligopol	Nachfragemonopol
	wenige	Angebotsoligopol	zweiseitiges Oligopol	beschränktes Nachfragemonopol
	einer	Angebotsmonopol	beschränktes Angebotsmonopol	zweiseitiges Monopol

[1] (griech.) monos = allein, polys = viel, oligos = wenige, polein = verkaufen

Die Zahl der Marktteilnehmer hat Bedeutung für die Macht, die der Einzelne ausüben kann. Ein Monopolist hat einen weitaus größeren Einfluss auf Mengen und Preise als der konkurrenzgeplagte Polypolist. Bestehen neben dem Monopolisten noch einige kleinere (und deshalb stark von ihm abhängige) Anbieter, so liegt ein **Teilmonopol** vor. Bestehen neben Oligopolisten noch Kleinanbieter, so liegt ein **Teiloligopol** vor.

7.3.2 Bestimmungsgrößen der Haushaltsnachfrage

> Peters macht zwei Wochen Urlaub. Eigentlich sollten es drei werden, aber der Arbeitsplatz wackelt, es wird wohl Entlassungen geben. Da muss ein billigerer Urlaub reichen.
> Peters verspätet sich und springt gerade noch auf den fahrenden Zug. Da öffnet sich der Koffer, der Inhalt rutscht auf den Bahndamm ... Am Urlaubsort kleidet Peters sich notdürftig ein. Er wird natürlich nur das kaufen, wovon er sich den größten Nutzen verspricht: 4 Hemden, 2 Pullover, 2 Sets Unterwäsche, Socken, 1 Hose, Rasierzeug, Zahnbürste, Zahnpasta. Schließlich reicht sein Einkommen knapp, um den Urlaub zu finanzieren! Mehr als 180,00 EUR will er auf keinen Fall ausgeben.
> Die Pullover kosten jeweils 30,00 EUR, also verbleiben nur 120,00 EUR für den ganzen Rest. Da werden 4 Hemden zu teuer, denn jedes kostet 18,00 EUR. Peters entscheidet sich für drei.

Das Ziel des privaten Haushalts ist die Maximierung des subjektiven Nutzens auf der Basis der persönlichen Bedürfnisstruktur. Nutzenüberlegungen bestimmen grundsätzlich die Nachfrage nach Gütern. Da aber die Geldmittel knapp sind, kommen weitere Größen hinzu. Das obige Beispiel lässt folgende wichtige Größen erkennen:

Der **objektive** Nutzen (= objektiver Gebrauchswert) ist die Tauglichkeit eines Gutes für bestimmte Zwecke.

Der **subjektive Nutzen** (= subjektiver Gebrauchswert) ist die individuelle Wertschätzung des Gutes aufgrund der Dringlichkeit der Bedürfnisse.

Die Haushaltsnachfrage wird bestimmt:
- **von der Struktur der Bedürfnisse**
- **von der Höhe des verfügbaren Einkommens**
- **vom Preis des gewünschten Gutes**
- **vom Preis anderer Güter**
- **von Erwartungen über die wirtschaftliche Entwicklung (auch Preiserwartungen)**

Bei höherem Einkommen fragt man evtl. nach:
- größere Mengen,
- bessere Qualitäten,
- Güter, die man sich bisher nicht leisten konnte.

Nimmt man an, dass alle Bestimmungsgrößen außer dem Preis festliegen, so gilt:

Bei normalem Nachfragerverhalten führen steigende Preise eines Gutes zu weniger Nachfrage, sinkende Preise zu mehr Nachfrage nach dem Gut.
Dieser Zusammenhang lässt sich durch eine „Nachfragekurve" veranschaulichen.

Beispiel: Normales Nachfragerverhalten

Erdbeerpreis pro kg	Der Haushalt kauft
10,00 EUR	0 kg
6,00 EUR	2 kg
3,00 EUR	4 kg

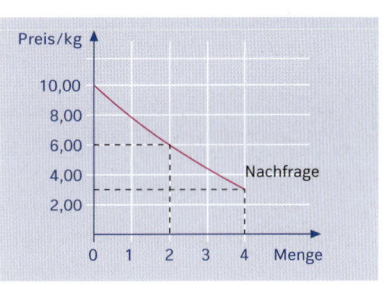

Wenn die Nachfrage stark (schwach) auf Preisänderungen reagiert, spricht man von hoher (niedriger) **Preisempfindlichkeit**. Kultur- und Luxusgüter sind preisempfindlich, Existenzgüter nur, wenn die Marktform ein Ausweichen auf günstigere Anbieter zulässt.

Bei normalem Nachfragerverhalten können steigende Preise eines Gutes auch zu weniger Nachfrage nach anderen Gütern führen.

Bei anormalem Nachfragerverhalten führen steigende Preise eines Gutes zu mehr, sinkende Preise zu weniger Nachfrage nach dem Gut (inverse Nachfrage).

> **Beispiele: Anormales Nachfragerverhalten**
> - Preiserhöhung bei einem geringwertigen Existenzgut: Man schränkt ggf. die Nachfrage nach höherwertigen Gütern ein und kauft mehr von dem Existenzgut.
> - „Snobverhalten": Man kauft bei steigendem Preis erst recht mehr, um seinen Wohlstand zur Schau zu stellen.

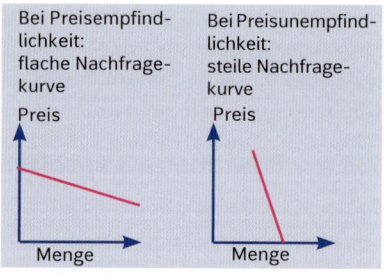

7.3.3 Nachfrageelastizität

Auch bei hoher Preisempfindlichkeit der Nachfrage beschert eine Preiserhöhung (-senkung) dem anbietenden Unternehmen nicht zwangsläufig eine(n) Umsatzrückgang (-steigerung). Maßgeblich dafür ist vielmehr die Elastizität der Nachfrage. Diese hat für jeden Punkt der Nachfragekurve einen anderen Wert.

Wenn der Liter Benzin 10,00 EUR kostet, hab ich endlich die Autobahn für mich, haha!

Bei elastischer Nachfrage ist die prozentuale Mengenänderung größer als die prozentuale Preisänderung, bei unelastischer Nachfrage ist sie kleiner.

Man misst die Nachfrageelastizität (E) durch den nebenstehenden Bruch (sog. Elastizitätskoeffizient). Bei normalem Nachfragerverhalten gilt:

E > 1 kennzeichnet eine relativ elastische Nachfrage.
E < 1 kennzeichnet eine relativ unelastische Nachfrage.

$$E = \frac{-\text{ Mengenänderung in \%}}{\text{Preisänderung in \%}}$$

M 182 Der Umsatz reagiert je nach der Größe der *Nachfrageelastizität* unterschiedlich.

> **Beispiel: Nachfrageelastizität**
> Von zwei Produkten (P) werden bei einem Preis von jeweils 100,00 EUR wöchentlich jeweils 200 Stück verkauft. Der Umsatz beträgt also 20 000,00 EUR je Produkt. Eine Preiserhöhung (PE) von 20,00 EUR (20 %) führe zu folgenden Mengenänderungen (MÄ) und Umsätzen:
>
> | P | PE | neuer Preis | MÄ | E | neue Absatzmenge | neuer Umsatz |
> |---|----|-------------|----|----|------------------|--------------|
> | 1 | 20 % | 120,00 EUR | – 20 Stück | – 10 % | 0,5 | 180 | 21 600,00 EUR |
> | 2 | 20 % | 120,00 EUR | – 60 Stück | – 30 % | 1,5 | 140 | 16 800,00 EUR |
>
> Bei Produkt 1 (unelastische Nachfrage) führt die Preiserhöhung zu einer Umsatzsteigerung, bei Produkt 2 (elastische Nachfrage) zu einem Umsatzrückgang.

- **Bei elastischer Nachfrage bewirken Preiserhöhungen grundsätzlich einen Umsatzrückgang, Preissenkungen eine Umsatzsteigerung.**
- **Bei unelastischer Nachfrage bewirken Preiserhöhungen grundsätzlich eine Umsatzsteigerung, Preissenkungen einen Umsatzrückgang.**

Beachte:
Die *Elastizitätswerte* sind in jedem Punkt der Nachfragekurve unterschiedlich (von E = ∞ bis E = 0; siehe Beispiele in der Grafik).
Nur eine Parallele zur Mengenachse ist in allen Punkten vollkommen elastisch (E = ∞), nur eine Parallele zur Preisachse in allen Punkten vollkommen unelastisch (E = 0).

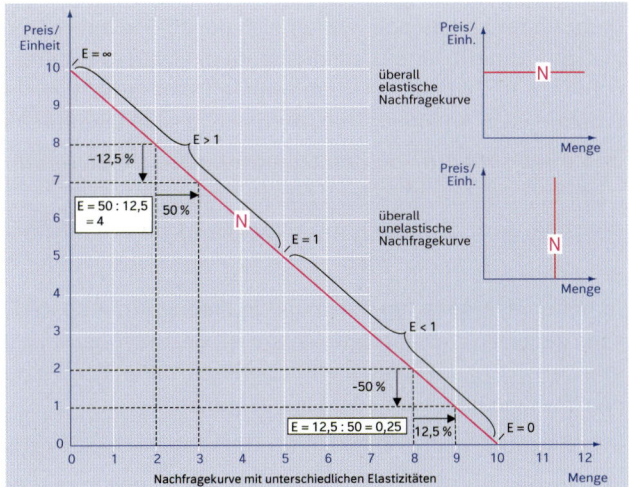

M 183_1

Jeder Anbieter sollte über die Nachfrageelastizität seiner Produkte hinreichend informiert sein, um Preismaßnahmen richtig treffen zu können.

7.3.4 Verschiebung der Nachfragekurve

Wenn sich die Zukunftserwartungen, die Bedürfnisstruktur und die Höhe des verfügbaren Einkommens ändern, so kommt es zu einer *Verschiebung der Nachfragekurve*:

M 183_2

- Zieht ein Haushalt ein Gut aus irgendwelchen Gründen einem anderen plötzlich mehr vor, so steigt seine Nachfrage nach diesem Gut.
- Erwartet ein Haushalt Preissteigerungen bei einem Gut, so kann seine Nachfrage nach diesem Gut steigen, weil er der Preissteigerung zuvorkommen will.
- Steigendes Einkommen bedeutet größere Kaufkraft. Der Haushalt kann den Einkommenszuwachs sparen, aber auch für zusätzliche Nachfrage verwenden.

In allen genannten Fällen verschiebt sich die Nachfragekurve nach rechts, weil beim gleichen Preis mehr nachgefragt wird. Die umgekehrten Fälle führen zu einer Linksverschiebung.

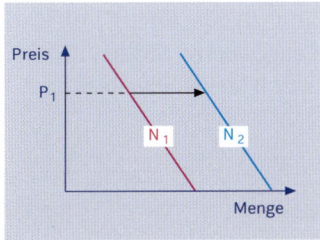 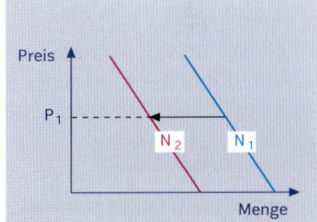

7.3.5 Bestimmungsgrößen des Angebots

> Eduard Hamrath, Schreiner, hat sich selbstständig gemacht. Er hat herausgefunden, dass beträchtliche Nachfrage nach rustikalen Tischstehlampen besteht. Er hat sich auf die Herstellung solcher Lampen spezialisiert und hofft auf guten Gewinn. Hamrath verkauft an Privatkundschaft sowie Geschäfte und Kaufhäuser der Umgebung. Inzwischen beschäftigt er einen Arbeiter.
>
> Hamrath zahlt jährlich 5 000,00 EUR Werkstattmiete, 6 000,00 EUR Zinsen für einen Betriebskredit und etwa 4 000,00 EUR für Versicherungen, Lieferwagen und Energien. An Abschreibungen muss er 10 300,00 EUR verrechnen. Das Material pro Lampe kostet 50,00 EUR, der Arbeitslohn 40,00 EUR.

Das Beispiel zeigt: Es lohnt sich nur, Güter zu produzieren, an denen Bedarf besteht. Große Unternehmen wenden erhebliche Mittel auf, um durch Marktforschung die Bedarfsstruktur der Käufer herauszufinden.

Das Angebot wird von der Bedarfsstruktur der möglichen Kunden bestimmt.

Hamrath fertigt Lampen, weil er sich davon Gewinn verspricht. Gewinn ist längerfristig das Ziel aller Unternehmen. Kurzfristig kann sich das Güterangebot auch nach anderen Zielen richten, z. B.: Erzielung eines maximalen Marktanteils zwecks Ausschaltung der Konkurrenz, Erhaltung von Arbeitsplätzen, Aufbau eines bestimmten Prestiges.

Das Angebot wird von den Unternehmenszielen bestimmt.

Hamraths Gewinn errechnet sich:
Gewinn = Erlöse − Kosten
Gewinn = Stückpreis · Menge − Stückkosten · Menge
Gewinn = (Stückpreis − Stückkosten) · Menge

Je höher einerseits der Preis und je niedriger die Kosten eines Gutes, je größer andererseits dabei die nachgefragte Menge ist, desto größer wird der Gewinn und desto mehr lohnt es sich, ein Gut anzubieten. Unternehmen, deren Kosten durch den Preis nicht gedeckt werden, müssen über kurz oder lang aufgeben.

Das Angebot wird von Preis, Kosten und nachgefragter Menge bestimmt.

Wachsende Nachfrage lässt höhere Gewinne erwarten, nachlassende Nachfrage niedrigere Gewinne. Dementsprechend wird Hamrath die Angebotsmenge vergrößern oder auf das Angebot anderer Güter ausweichen, die ggf. auch einen besseren Preis bringen. Auch der technische Fortschritt beeinflusst die Gewinnerwartungen: Modernere Maschinen gestatten oft eine kostengünstigere Produktion und führen deshalb zu Gewinnsteigerungen.

Das Angebot wird von künftigen Gewinnerwartungen bestimmt.
Das Angebot an einem Gut wird auch von den Preisen anderer Güter bestimmt.
Das Angebot wird auch vom technischen Fortschritt bestimmt.

Nimmt man wie bei der Nachfrage an, dass alle Bestimmungsgrößen außer dem Preis eines Gutes festliegen, so gilt:

Steigende Preise eines Gutes führen zu mehr Angebot, sinkende Preise zu weniger Angebot an dem Gut.

Auch hier bewirken Änderungen der anderen Größen Verschiebungen der Angebotskurve nach rechts oder links.

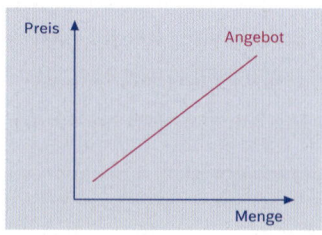

Arbeitsaufträge

1. **Güter werden auf Märkten gehandelt.**
   a) Nennen Sie Güter, die auf den folgenden Märkten gehandelt werden:
      (1) Rohstoffmärkte,
      (2) Investitionsgütermärkte,
      (3) Konsumgütermärkte,
      (4) Märkte für Versicherungsleistungen,
      (5) Märkte für Nachrichtenleistungen,
      (6) Märkte für Verkehrsleistungen,
      (7) Kreditmärkte,
      (8) Kapitalmärkte,
      (9) Arbeitsmärkte,
      (10) Immobilienmärkte.
      Nennen Sie auch die besonderen Namen der Preise auf diesen Märkten.
   b) Nennen Sie organisierte Märkte, die gleichzeitig geschlossen sind.
   c) Warum gibt es in der Wirklichkeit keine vollkommenen Märkte?
   d) Nennen Sie je ein Beispiel für ein Polypol, ein Angebotsoligopol, ein Angebotsmonopol, ein Nachfragemonopol.

2. **Den Nachfrageentscheidungen der Haushalte liegt eine Reihe von Bestimmungsgrößen zugrunde.**
   a) Inwiefern bestimmt nicht der objektive, sondern der subjektive Nutzen die Nachfrageentscheidungen der Haushalte?
   b) Erläutern Sie die wichtigen Bestimmungsgrößen der Nachfrage.
   c) (1) Was bedeutet „normales" Nachfrageverhalten?
      (2) Wie äußern sich diese Verhaltensweisen in der Nachfragekurve?
      (3) Welche Ursachen können für anormales Nachfrageverhalten bestimmend sein?

7 Ordnungsrahmen der Wirtschaft

d) Betrachten Sie die nebenstehende Nachfragekurve. Beschreiben Sie die Elastizität der Kurve in ihren einzelnen Punkten. Begründen Sie anhand eines Beispiels einen solchen Kurvenverlauf.
e) Sind Sie der Ansicht, dass die Nachfrageelastizität für die Unternehmen eher eine gegebene oder eine beeinflussbare Größe ist?
f) Wie könnte sich die Nachfragekurve eines Haushalts in Bezug auf das Gut „Wein" in folgenden Fällen verschieben?
   (1) Tarifverhandlungen erhöhen das Haushaltseinkommen.
   (2) Das Fernsehen bringt die Nachricht, dass der Wein vielfach mit unerlaubten giftigen Substanzen versetzt wird.
   (3) Es ist eine sehr reiche Weinernte zu erwarten.

3. **Dem Güterangebot liegt – ebenso wie der Güternachfrage – eine Reihe von Bestimmungsgrößen zugrunde.**
   a) Erläutern Sie in diesem Zusammenhang folgende Sätze:
      - Die Bedarfsstruktur ist eine wesentliche Bestimmungsgröße des Angebots.
      - Preis und Kosten bestimmen den Gewinn und damit das Angebot.
      - Durch den technischen Fortschritt kann sich das Güterangebot verändern.
      - Wer Güter anbietet, muss in die Zukunft schauen.
   b) Warum zeigt die Kurve des Gesamtangebotes an einem Gut in Abhängigkeit vom Preis dieses Gutes im Normalfall einen von links nach rechts steigenden Verlauf?

7.3.6 Preisbildung bei vollständiger Konkurrenz

Begriff der vollständigen Konkurrenz

Man spricht von vollständiger Konkurrenz, wenn auf einem Markt folgende Bedingungen erfüllt sind:

- Es gibt viele Anbieter und Nachfrager (Polypol).
- Es liegt ein vollkommener Markt vor.
- Die Marktteilnehmer haben nur kleine Marktanteile.
- Die Marktteilnehmer stehen im Wettbewerb.

> Diese einschneidenden Bedingungen sind in der Praxis fast nie erfüllt (am ehesten noch an der Wertpapierbörse). Es handelt sich nur um ein Modell. Dieses lässt aber trotz seiner Verengung gute Rückschlüsse auf die Realität zu.

Preismechanismus

Jeder weiß aus dem täglichen Leben, dass Preisänderungen oft schnelle Reaktionen bei Anbietern und Nachfragern hervorrufen. Um das Preisbildungsmodell möglichst einfach zu gestalten, nehmen wir deshalb an, der Preis sei die einzige Bestimmungsgröße von Angebot und Nachfrage; alle anderen Bestimmungsgrößen sollen sich nicht verändern. Unter diesen Umständen vollzieht sich die Preisbildung wie folgt:

- Die Nachfrage ist bei hohen Preisen klein: Viele Nachfrager wollen oder können nicht kaufen. Bei fallendem Preis steigt sie immer mehr an. Sie verläuft also entlang einer von links oben nach rechts unten **fallenden Nachfragekurve**. Dies entspricht einer Nachfragekurve bei normalem Nachfrageverhalten.
- Andererseits werden bei niedrigen Preisen nur wenige Verkäufer willens oder kostenmäßig in der Lage sein, anzubieten. Mit steigendem Preis wächst das Angebot. Es verläuft entlang einer von links unten nach rechts oben **ansteigenden Angebotskurve**.

Vereinigt man beide Kurven in einem Diagramm, so könnten folgende Fälle eintreten:

- Bei einem hohen Preis (P_1) wäre das Angebot groß, die Nachfrage klein. Der **Angebotsüberhang** veranlasst die konkurrierenden Anbieter, die Preise herabzusetzen. Dabei treten neue Nachfrager auf, einzelne Anbieter scheiden aus. Schließlich pendeln sich Angebot und Nachfrage beim sogenannten **„Gleichgewichtspreis"** ein, bei dem das gesamte Angebot abgesetzt wird. (Bei einem Angebotsüberhang sind die Käufer in einer stärkeren Position.)

Käufermarkt

- Bei einem niedrigen Preis (P_2) herrscht dagegen ein **Nachfrageüberhang**. Der Wettbewerb zwischen den Nachfragern führt zu einem Preisanstieg, bis ebenfalls der **Gleichgewichtspreis** erreicht wird.
  (Bei einem Nachfrageüberhang sind die Verkäufer in einer stärkeren Position.)

Verkäufermarkt

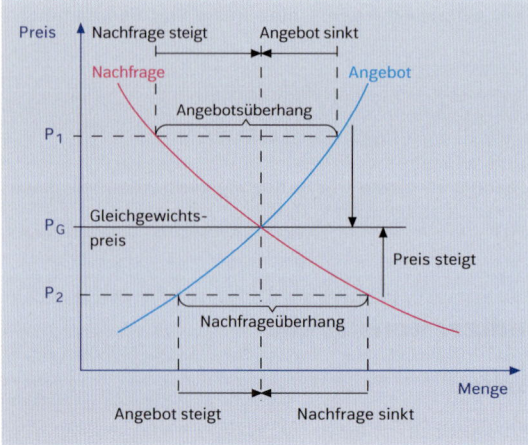

M 186

Bei *vollständiger Konkurrenz* bewegt sich der Marktpreis durch das Zusammenspiel von Angebot und Nachfrage – den sogenannten *Preismechanismus* – auf einen *Gleichgewichtspreis* zu. Zum Gleichgewichtspreis wird das gesamte bei diesem Preis vorhandene Angebot nachgefragt und abgesetzt.

Alle Anbieter, die das Gut auch unter dem Gleichgewichtspreis anbieten würden (z. B. weil ihre Kostensituation dies zulässt), erzielen eine **Produzentenrente**.

Die *Produzentenrente* ist die Differenz zwischen dem Gleichgewichtspreis und dem niedrigeren Preis, den ein Anbieter gerade noch zu akzeptieren bereit wäre.

Alle Nachfrager, die auch bereit wären, mehr als den Gleichgewichtspreis für das Gut zu zahlen, erhalten eine **Konsumentenrente**.

Die *Konsumentenrente* ist die Differenz zwischen dem Gleichgewichtspreis und dem höheren Preis, den ein Nachfrager gerade noch zu zahlen bereit wäre.

Der **Gleichgewichtspreis** hat folgende **Funktionen**:

- Der Gleichgewichtspreis erfüllt wesentliche Aufgaben, um die Planungen der Wirtschaftssubjekte miteinander in Einklang zu bringen.
  Ein hoher Marktpreis signalisiert z. B. den Unternehmen, dass die Wertschätzung des Gutes bei den Nachfragern groß ist und dass hohe Gewinnchancen bestehen.

Der Gleichgewichtspreis erfüllt in einem funktionsfähigen Wettbewerb eine *Signalfunktion*.

- Dies führt in den Unternehmen zu Produktionssteigerungen. Dazu werden neue (zusätzliche) Produktionsfaktoren benötigt. In der Regel kommen die zusätzlich benötigten Produktionsfaktoren aus den Bereichen, deren Güter weniger begehrt sind und folglich sinkende Preise aufweisen.

Der Gleichgewichtspreis erfüllt in einem funktionsfähigen Wettbewerb eine *Lenkungsfunktion*. Er lenkt die Produktionsfaktoren an den Ort ihrer wichtigsten Verwendung.

- Anbieter, die bei sinkenden Preisen aufgrund ihrer Kostensituation nicht mithalten können, scheiden aus dem Markt aus. Andererseits lockt ein niedriger Preis zusätzliche Nachfrager an, sodass beim Gleichgewichtspreis der Markt immer geräumt wird.

7 Ordnungsrahmen der Wirtschaft

Der Gleichgewichtspreis erfüllt in einem funktionsfähigen Wettbewerb eine *Ausschaltungs- und Markträumungsfunktion*.

Der Staat setzt bisweilen den Preismechanismus außer Kraft, indem er für bestimmte Güter Fest-, Mindest- oder Höchstpreise vorschreibt: Festpreise dürfen nicht unter- und überschritten, Mindestpreise nicht unter- und Höchstpreise nicht überschritten werden.

> **Beispiel:** Staatliche Preiseingriffe
> **Festpreise:** Arztgebühren, Medikamentenpreise, Kindergartengebühren
> **Mindestpreise:** In der Vergangenheit wurden z. B. Mindestpreise für Milch festgelegt, um die Existenz der Milchbauern zu sichern.
> **Höchstpreise:** Nach dem Zweiten Weltkrieg wurden wegen der Nahrungsmittelknappheit Höchstpreise festgelegt.

Mindestpreise liegen über dem Gleichgewichtspreis. Sie führen folglich zu einem Angebotsüberhang, der keinen Absatz findet. Nur durch Staatsaufkäufe – und ggf. verbilligten Export – der Überproduktion kann ein Ausgleich erfolgen.

Höchstpreise liegen unter dem Gleichgewichtspreis. Sie führen zu einem Nachfrageüberhang. Diesem kann der Staat nur durch Rationierung (Zuteilung von Mengen, z. B. durch Lebensmittelkarten) begegnen. In der Regel entstehen illegale Schwarzmärkte mit höheren Preisen.

In beiden Fällen kommt es also zu Marktungleichgewichten, zur Verschwendung von Ressourcen und zur Unzufriedenheit der Marktteilnehmer.

Änderungen der Angebots- und Nachfragestruktur

Der Gleichgewichtspreis wurde unter der Voraussetzung abgeleitet, dass alle Bestimmungsgrößen von Angebot und Nachfrage außer dem Preis konstante Größen sind und sich nicht ändern. In Wirklichkeit aber ändern sich die Einkommen, die Preise anderer Güter, die Kosten, der technische Fortschritt, die Zukunftserwartungen und alle anderen in diesem Zusammenhang aufgeführten Größen.

Diese Veränderungen drücken sich in Verschiebungen der Angebots- und Nachfragekurve aus. Es können z. B. folgende Fälle eintreten:

- Die Unternehmen rechnen mit einer Änderung der Bedürfnisstruktur der Nachfrager. Sie glauben, dass ein bestimmtes Gut stärker nachgefragt werden wird. Sie rechnen deshalb mit guten Gewinnchancen und weiten die Produktion und das Angebot dieses Gutes aus. Als Folge verschiebt sich die Angebotskurve nach rechts. Beim alten Gleichgewichtspreis entsteht nun ein Angebotsüberhang (Ü). Der bekannte Preismechanismus tritt in Aktion und führt zu einem neuen, niedrigeren Gleichgewichtspreis (P_{G2}) bei einer größeren Absatzmenge.

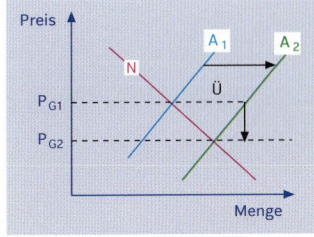

- Die Käufer erwarten, dass aus irgendwelchen Gründen die Marktpreise fallen. Sie werden deshalb ihre Nachfrage nach dem betreffenden Gut drosseln, um sich später billiger eindecken zu können. Der Nachfragerückgang bewirkt eine Linksverschiebung der Nachfragekurve und einen Angebotsüberhang. Er führt ebenfalls zu einem Absinken des Gleichgewichtspreises. Der neue Gleichgewichtspreis (P_{G2}) ergibt sich bei einer kleineren Absatzmenge.

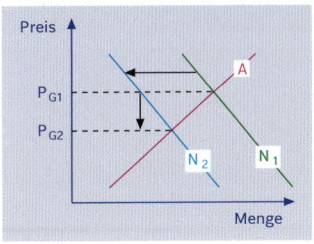

Preispolitik bei vollständiger Konkurrenz

Bei vollständiger Konkurrenz kann kein Anbieter und kein Nachfrager von sich aus den Preis beeinflussen, weil alle in scharfem Wettbewerb miteinander stehen, die Zahl der Mitbewerber groß und der eigene Marktanteil sehr gering ist. Alle müssen sich dem Gleichgewichtspreis anpassen, der durch das Zusammenspiel von Angebot und Nachfrage entsteht.

Für den einzelnen Anbieter ist es sinnlos, Preispolitik zu betreiben:

- Setzt der Anbieter einen Preis über dem Marktpreis fest, so verliert er den gesamten Absatz. Der Preis übt eine Ausschaltungsfunktion aus.
- Verkauft der Anbieter dagegen unterhalb des Marktpreises, so würde die gesamte Nachfrage auf ihn übergehen. Das würde seine Kapazität übersteigen. Die Nachfrage könnte nicht befriedigt werden.

Der Marktpreis ist für den Anbieter bei vollständiger Konkurrenz eine gegebene Größe, die er hinnehmen muss: Er ist *Preisnehmer*. Er hat nur die Möglichkeit, seine Angebotsmenge so zu wählen, dass seine Ziele bestmöglich erreicht werden (z. B. möglichst großer Gewinn): Er ist *Mengenanpasser*.

Beispiel: Situation eines Mengenanpassers

Ein Unternehmen in vollständiger Konkurrenz stellt ein Gut her, das einen Marktpreis von 4,00 EUR erzielt. Die Kapazität des Unternehmens liegt bei 80 Stück im Abrechnungszeitraum. Die fixen Kosten in diesem Zeitraum betragen 100,00 EUR. Die variablen Stückkosten belaufen sich auf 2,00 EUR. Die variablen Kosten verlaufen proportional.

Die Erlös- und Kostensituation stellt sich wie folgt dar:

Preis (P)	Menge (x)	Erlös (E)	Kosten (K)	Gewinn (G)	
4,00	0	0,00	100,00	– 100,00	
4,00	10	40,00	120,00	– 80,00	Verlust-Zone
4,00	20	80,00	140,00	– 60,00	
4,00	30	120,00	160,00	– 40,00	
4,00	40	160,00	180,00	– 20,00	
4,00	50	200,00	200,00	0,00	← Gewinnschwelle
4,00	60	240,00	220,00	+ 20,00	Gewinn-Zone
4,00	70	280,00	240,00	+ 40,00	
4,00	80	320,00	260,00	+ 60,00	← Gewinnmaximum

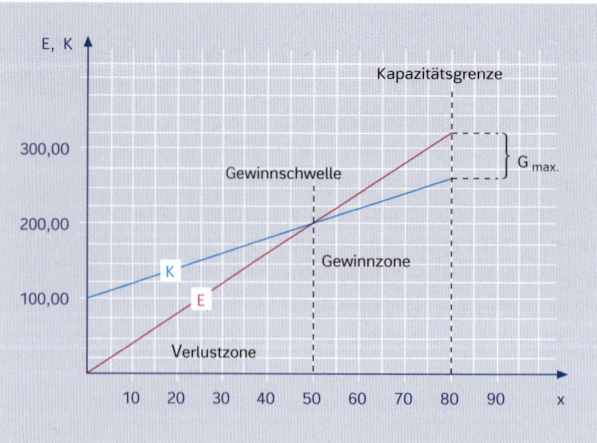

Das Gewinnmaximum wird bei einer Angebotsmenge an der Kapazitätsgrenze erreicht.

M 188

Betrachten Sie auch die Excel-Datei *Mengenanpasser*.

Arbeitsaufträge

1.
Bei einem Preis (Kurs) von	werden nachgefragt	werden angeboten
205,00	49 000 Aktien	20 000 Aktien
206,00	35 000 Aktien	45 000 Aktien
207,00	26 000 Aktien	64 000 Aktien
208,00	17 000 Aktien	83 000 Aktien

   a) Wie groß sind der Angebots- bzw. Nachfrageüberhang bei den einzelnen Kursen?
   b) Wo liegt der Gleichgewichtskurs?
   c) Zeichnen Sie die Angebots- und Nachfragekurve und ermitteln Sie den Gleichgewichtskurs aus der Zeichnung.
   d) Der Markt für Aktien ist die Wertpapierbörse. Untersuchen Sie, inwieweit hier die Voraussetzungen für vollständige Konkurrenz vorliegen.

2. **Das Modell der vollständigen Konkurrenz ist ein grundlegendes Marktmodell.**
   a) Auf einem Markt mit vollständiger Konkurrenz für ein Gut A sei der Preis P_1 gegeben. Erläutern Sie, wie der Preismechanismus funktioniert und zu welchem Ergebnis er führt.
   b) Nennen und erläutern Sie die Funktionen, die der Marktpreis bei vollständiger Konkurrenz erfüllt.
   c) Erklären Sie, warum der Einzelne den Preis eines Produktes nicht beeinflussen kann, wenn er nur einer von sehr vielen Anbietern ist.
   d) Erläutern Sie begründet die Folgen eines Angebots- bzw. eines Nachfrageüberhangs auf einem Markt bei vollständiger Konkurrenz.
   Erläutern Sie auch die Machtposition eines Anbieters auf einem solchen Markt.

3. **Betrachten Sie die folgenden Preis-Mengen-Diagramme:**

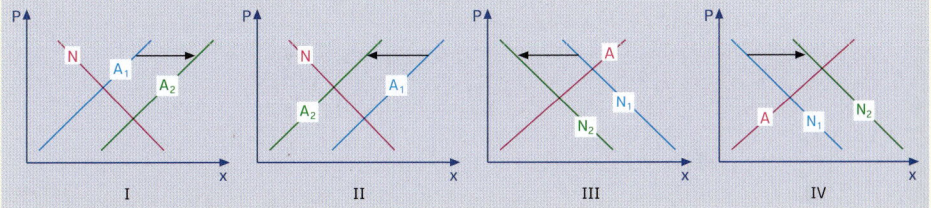

   a) Erläutern Sie die dargestellten Kurvenverschiebungen, und geben Sie Gründe für diese Verschiebungen an.
   b) Geben Sie an, wie sich jeweils der Gleichgewichtspreis ändert.
   c) Übertragen Sie folgende Tabelle auf ein gesondertes Blatt, und tragen Sie die Ergebnisse Ihrer Untersuchungen ein.

Angebot	Nachfrage	Preis
steigt	gleichbleibend	?
sinkt	gleichbleibend	?
gleichbleibend	steigt	?
gleichbleibend	sinkt	?

7.3.7 Preisbildung im Angebotsmonopol

Da der Monopolist den gesamten Markt beherrscht, kann er die Höhe des Preises oder die Verkaufsmenge frei bestimmen, und zwar so, dass er einen größtmöglichen Gewinn erzielt. Dabei muss er seine Kosten sowie die Tatsache beachten, dass sein Erlös (oder Umsatz) bei sinkenden Preisen (unter Voraussetzung einer nach rechts fallenden Nachfragekurve) zuerst steigt und dann wieder sinkt.

M 190

Beispiel: Angebotsmonopol

Preis (P)	Menge (x)	Erlös (E)	Kosten (K)	Gewinn (G)
40,00	0	0,00	100,00	– 100,00
35,00	5	175,00	125,00	+ 50,00
30,00	10	300,00	150,00	+ 150,00
25,00	15	375,00	175,00	+ 200,00
23,00	17	391,00	185,00	+ 206,00
20,00	20	400,00	200,00	+ 200,00
15,00	25	375,00	225,00	+ 150,00
10,00	30	300,00	250,00	+ 50,00
5,00	35	175,00	275,00	– 100,00
0,00	40	0,00	300,00	– 300,00

Betrachten Sie auch die Excel-Datei *Angebotsmonopol*.

← Gewinnmaximum

Der Monopolist wird als Preis 23,00 EUR wählen. Dabei verkauft er 17 Stück und erzielt 206,00 EUR Gewinn.

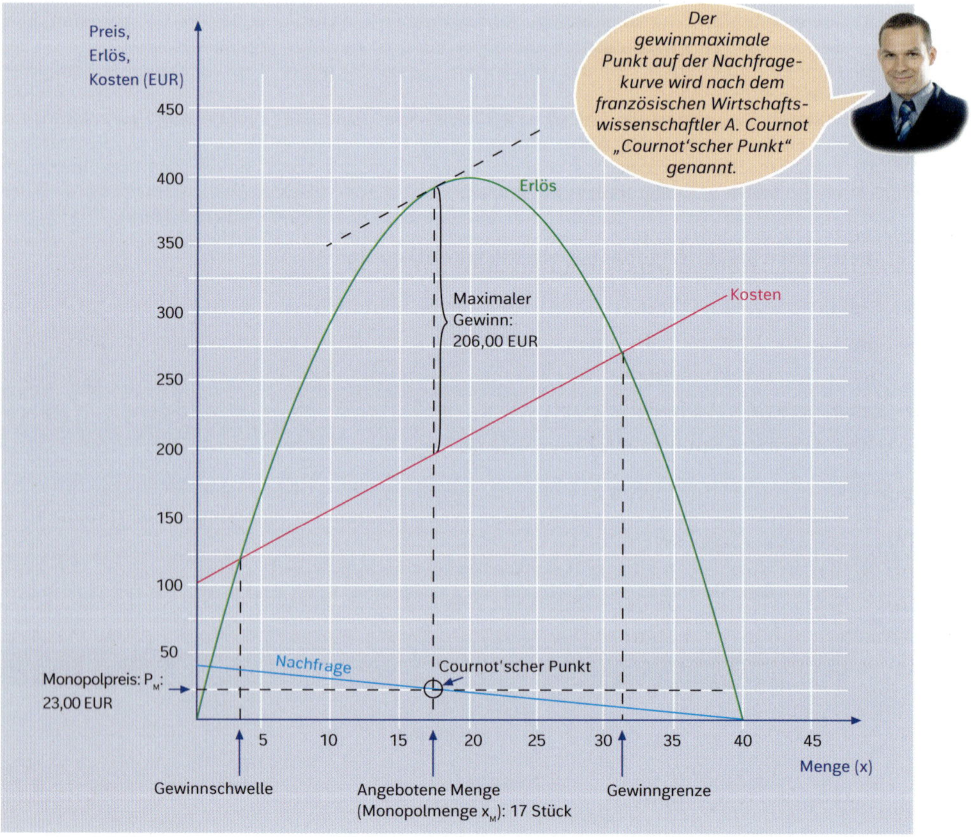

Der gewinnmaximale Punkt auf der Nachfragekurve wird nach dem französischen Wirtschaftswissenschaftler A. Cournot „Cournot'scher Punkt" genannt.

Aus den bisherigen Ausführungen werden die **Nachteile des Monopols** erkennbar:
- Der Monopolist kann seinen Preis ohne Rücksicht auf Konkurrenz festsetzen.
- Er setzt diesen Preis so, dass er einen größtmöglichen Gewinn erzielt.
- Bestünde Konkurrenz zwischen vielen Anbietern, so könnte kein Anbieter so vorgehen wie der Monopolist, sondern müsste sich nach dem Marktpreis richten.
- Es kann sich im Vergleich zum Wettbewerb eine schlechtere Versorgung der Bevölkerung mit Gütern ergeben, wenn die Kostensituation des Monopolisten zu einem hohen Monopolpreis führt.

Allerdings muss man anmerken, dass es sich um ein rein theoretisches Modell handelt, dem in der Wirklichkeit Grenzen gesetzt sind:

- In der Praxis weiß kein Anbieter genau, wie die Abnehmer auf seine Preissetzungen und Preisänderungen reagieren.
  (Dies führt dazu, dass man bei der Einführung eines Produktes entweder zuerst einen hohen Preis setzt, um zunächst die kaufkräftigste Käuferschicht zu erreichen, und anschließend den Preis senkt oder dass man von vornherein einen niedrigeren Preis setzt, um den Markt zu durchdringen. Wenn das Erzeugnis nach einer gewissen Zeit gut eingeführt ist, hebt man den Preis an.)
- Der Monopolist wird sich hüten, den Preis unnötig zu sehr zu verteuern. Dies könnte andere Unternehmen veranlassen, Ersatzgüter zu entwickeln (Ersatzkonkurrenz).

Merke: Ein Monopol besteht niemals auf ewig!

- Auch der Monopolist unterliegt dem Zwang, die Kapazität seines Betriebes möglichst voll auszunutzen. Dies verhindert eine künstliche Verknappung des Angebots.
- Das Bundeskartellamt[1] kann überhöhte Preise, die einen angemessenen Gewinnzuschlag übersteigen, verbieten (Missbrauchsaufsicht).

7.3.8 Preisbildung im Polypol auf unvollkommenem Markt

Die vollständige Konkurrenz ist ein praxisfremdes Modell. Die Wirklichkeit zeigt vielmehr die Züge eines **Polypols auf unvollkommenem Markt**:

- Die angebotenen Güter stimmen in Art, Aufmachung und Qualität nicht völlig überein.
- Die Käufer haben Präferenzen (Vorlieben) räumlicher, zeitlicher, persönlicher Art (weil die Wege unterschiedlich lang sind, weil man einem bestimmten Anbieter vertraut usw.).
- Der Markt lässt sich nicht vollständig überblicken.
- Die Marktteilnehmer reagieren auf Änderungen mit Verzögerungen.

Von der Seite der Unternehmen her wird diese Uneinheitlichkeit bewusst gefördert:

Man darf nicht vergessen, dass das oberste Ziel des Marketings das Schaffen und Erhalten eines Marktes ist. Da der Preiswettbewerb oft schmerzliche Folgen hat, verlagert man den Wettbewerb vielfach von der Preisebene weg auf die Art und Qualität der Leistungen. Vielen Anbietern gelingt es, Leistungen zu produzieren, die alle auf ihre eigene Weise Vorteile bieten, z. B. durch

- gefälliges Aussehen,
- gute Verarbeitung,
- gute Materialqualität,
- vielseitige Verwendbarkeit,
- besondere Aufmachung,
- guten Kundendienst,
- besondere Zahlungs- und Lieferungsbedingungen oder
- besondere Garantieleistungen.

Präferenzbildung durch Warenqualität und freundliche Bedienung

Der Käufer ist dadurch nicht mehr in der Lage, den gesamten Markt zu überblicken. Er kann gleichartige Erzeugnisse nicht mehr miteinander vergleichen. Er hält sich dann oft an Verkäufer, die ihm aufgrund ihres bekannten Namens vertrauenswürdig erscheinen oder mit denen er bisher gute Erfahrungen gemacht hat. Mit anderen Worten: Er entwickelt Präfe-

---

[1] vgl. S. 251

renzen (Vorlieben) für bestimmte Anbieter. Damit ist ein wesentliches Marketingziel erreicht. Dem Anbieter gelingt es bei seinen mehr oder weniger sicheren Stammkunden oft, seine Preisvorstellungen auch dann durchzusetzen, wenn sie von den Preisen ähnlicher Produkte der Konkurrenz abweichen.

Auf dem unvollkommenen Markt versuchen die Anbieter, den *einheitlichen Markt* für ein Gut durch *Leistungsdifferenzierung aufzuspalten* und sich einen *monopolistischen Teilmarkt* zu schaffen.

Die Nachfragekurve erhält einen gewissen „monopolistischen Bereich". Preisänderungen innerhalb dieses Bereichs haben keine großen Auswirkungen auf die Nachfrage: Die Nachfrage verhält sich **preisunempfindlich**.

Erhöht der Anbieter seinen Preis zu stark (P_1), so lässt die Wirkung der Präferenzen nach. Die Nachfrager reagieren preisempfindlich; die Nachfrager wandern zur Konkurrenz ab. Senkt der Anbieter den Preis sehr stark (P_2), kann es sein, dass nunmehr die Nachfrage sehr zunimmt. Wegen der begrenzten Kapazität des Anbieters kann die Nachfrage nur zu einem sehr geringen Teil befriedigt werden.

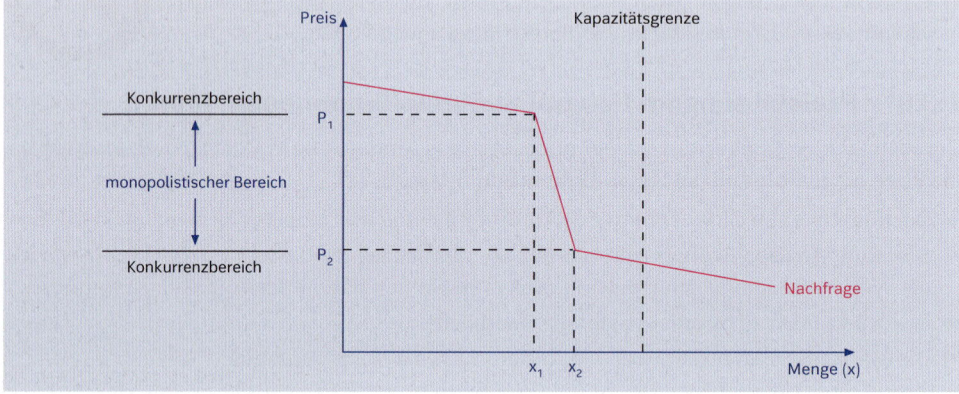

Als **Ergebnis** lässt sich festhalten:

- Der Anbieter im *Polypol auf dem unvollkommenen Markt* verfügt über einen monopolistischen Bereich, in dem er aktive Preispolitik betreiben, seinen Preis also gewinnmaximal festsetzen kann.
- Bei zu hohen Preisen muss der Anbieter damit rechnen, dass die Kunden zur Konkurrenz abwandern.
- Bei sehr niedrigen Preisen muss der Anbieter damit rechnen, dass er die Nachfrage wegen seiner begrenzten Kapazität nicht befriedigen kann.

7.3.9 Preisbildung im Oligopol

Ein Markt für Elektrokleingeräte wird von drei Unternehmen beherrscht. Auf diesem Markt können aufgrund der Nachfragesituation insgesamt 200 000 Kleingeräte abgesetzt werden. Eins der Unternehmen hat bei einem Verkaufspreis von 60,00 EUR pro Stück einen Marktanteil von 42 %.

Die Kosten pro Stück betragen 52,80 EUR.

Das Unternehmen variiert jetzt die Preise und sieht sich bei gleichen Kosten folgenden Situationen gegenüber:

Preis (EUR)	50,0	56,00	60,00	64,00
Marktanteil (%)	46,5	44	42	21

7 Ordnungsrahmen der Wirtschaft

In diesem Beispiel stehen wenigen Anbietern mit großen Marktanteilen viele Nachfrager gegenüber. Unter diesen Bedingungen liegt die Marktform eines Oligopols (genauer: eines Angebotsoligopols) vor.

Die Oligopole haben in der Realität große Bedeutung. Es handelt sich um unvollkommene Märkte: Die Käufer haben Präferenzen und die Anbieter betreiben Leistungsdifferenzierung.

Beispiele für Oligopole: Benzinmarkt, Automobilmarkt, Zigarettenmarkt.

Es gibt eine Vielzahl von Oligopoltheorien, von denen die meisten jedoch wirklichkeitsfremd sind. Deshalb soll hier eine Beschränkung auf vier Verhaltensweisen erfolgen, die in der Wirklichkeit häufig beobachtet wurden:

1. Oligopolisten müssen die Reaktionen der Nachfrager, aber auch die ihrer etwa gleich mächtigen Konkurrenten beachten. Um ihre Marktanteile nicht zu verlieren, werden sie auf Preisheraufsetzungen der Konkurrenten nicht unbedingt, auf Preissenkungen dagegen fast immer reagieren. Zumindest war dies in der Frühzeit des Kapitalismus so. Man versuchte oft, die Konkurrenten durch Preisunterbietungen vom Markt zu verdrängen. Dabei ruinierte man sich jedoch häufig selbst (sog. „ruinöse Konkurrenz"). Für den Oligopolisten gilt insofern das Gleiche wie für den Unternehmer in vollständiger Konkurrenz: Wenn durch eigene Maßnahmen oder durch Maßnahmen der Konkurrenz der Marktpreis sinkt, besteht Gefahr, dass die Kosten nicht mehr gedeckt werden. Die Absatzmenge müsste steigen, um den Nachteil auszugleichen. Das geht aber wieder auf Kosten der Marktanteile der anderen, sodass erneut Reaktionen provoziert werden. Dieses Verhalten der Oligopolisten führt zu einer **geknickten Nachfragekurve**.

Oligopolist auf dem Treibstoffmarkt

Beispiel: Geknickte Nachfragekurve

Für das Eingangsbeispiel ergeben sich folgende Zahlen:

Preis (P)	Marktanteil in %	Menge (X)	Erlös (E)	Kosten (K)	Gewinn (G)
50,00	46,5	93 000	4 650 000,00	4 910 400,00	− 260 400,00
56,00	44	88 000	4 928 000,00	4 646 400,00	+ 281 600,00
60,00	42	84 000	5 040 000,00	4 435 200,00	+ 604 800,00
64,00	21	42 000	2 688 000,00	2 217 600,00	+ 470 400,00

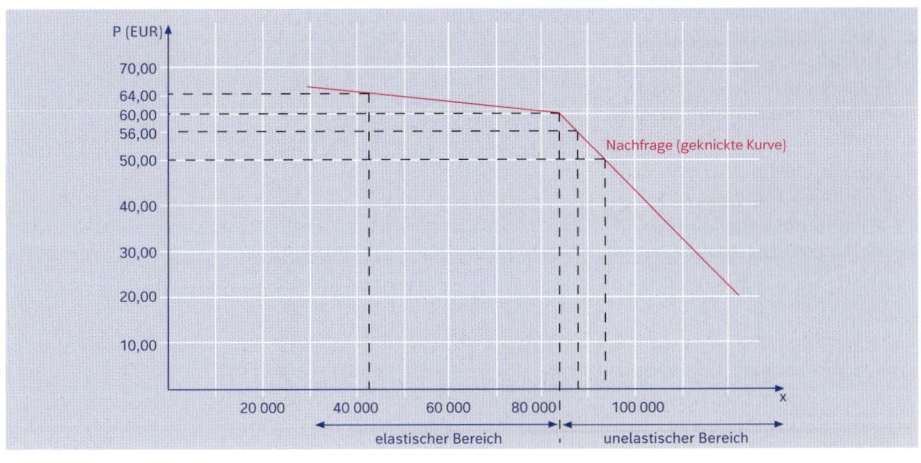

- Erhöht der Anbieter seinen Absatzpreis von 60,00 EUR auf 64,00 EUR, werden die Konkurrenten nicht mitziehen. Der Anbieter verliert viel Absatz, weil die Kunden zur Konkurrenz abwandern.
- Senkt der Anbieter seinen Preis auf 56,00 EUR oder sogar auf 50,00 EUR, werden die Konkurrenten nachziehen und ebenfalls ihre Preise senken. Der Anbieter gewinnt deshalb nicht viel Nachfrage hinzu.

2. Weil die Auswirkungen von Preissenkungen für den Oligopolisten schlecht kalkulierbar sind, wird der oligopolistische „Krieg" auf der Preisebene weitgehend durch eine **oligopolistische Zusammenarbeit** abgelöst. Man fordert den anderen preismäßig nicht heraus, sondern hält die Preise still (sogenannte **„Schlafmützenkonkurrenz"**). Ausnahmen bilden lediglich Saisonpreise und Sonderangebote.

3. Oligopolistische Zusammenarbeit zeigt sich auch in der **Preisführerschaft**: Ein Oligopolist mit besonders großem Marktanteil wird häufig von den Mitbewerbern stillschweigend als Preisführer anerkannt. Sie halten ihre Preise in der Regel still und verändern sie nur, wenn der Preisführer Preisänderungen vornimmt.

4. Auch eine aktive Zusammenarbeit ist anzutreffen, indem Oligopolunternehmen durch Absprachen ihr Verhalten untereinander abstimmen. Sie bilden in diesem Fall **Kartelle**[1].

Arbeitsaufträge

1. **Die Marktformen haben starken Einfluss auf die Preisbildung.**
   a) Welche Marktformen liegen vor
      - auf dem Neuwagenmarkt,
      - auf dem Benzinmarkt,
      - auf dem Markt für Hobby- und Heimwerkerartikel,
      - bei der Briefbeförderung?
   b) Stellen Sie fest, wie sich die Preise auf diesen Märkten bilden.

2. **Es seien folgende Anbieter gegeben:.**
   - Möbelhändler,
   - Drogeriemarkt,
   - Autohändler,
   - Großhändler für sanitäre Einrichtungen.

   Nennen Sie besondere Maßnahmen der Preis- und Wettbewerbspolitik, die diese Anbieter anwenden könnten, um Kunden von der Konkurrenz abzuziehen.

3. Herr Maier kauft sein Benzin stets bei einer Markentankstelle „um die Ecke", obwohl er es bei Einkaufszentren und freien Tankstellen bis zu 7 Cent billiger bekommen könnte.
   Welche Gründe könnten ihn hierzu veranlassen?

4. **Die nebenstehende Grafik zeigt Zusammenhänge zwischen Preis und Menge in einer bestimmten Marktform.**
   a) Welche Marktform liegt der Grafik zugrunde?
   b) Erläutern Sie die dargestellten Zusammenhänge.

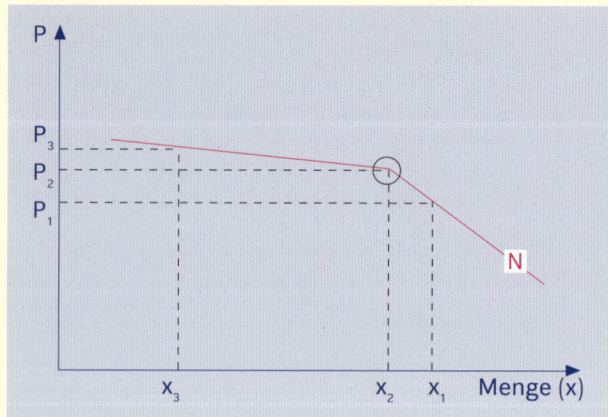

---
[1] vgl. S. 249

5. **Es gibt in der Bundesrepublik Deutschland eine Vielzahl von Ausflugslokalen.**
   Wieso kann sich der Wirt eines bestimmten Ausflugslokals (z. B. auf dem Gipfel eines Berges des Bayerischen Waldes) trotzdem in etwa wie ein Monopolist verhalten?

6. **Bestimmen Sie den Monopolpreis, die Monopolmenge und das Gewinnmaximum:**

Preis	Menge (Stück)	Kosten
50,00	0	200,00
40,00	20	400,00
30,00	40	600,00
25,00	50	700,00
20,00	60	800,00
10,00	80	1 000,00
0,00	100	1 200,00

7.4 Soziale Marktwirtschaft

Die soziale[1] Marktwirtschaft ist die Wirtschaftsordnung der Bundesrepublik Deutschland. Sie basiert auf den ordnungspolitischen Ideen des Wirtschaftsprofessors und Staatssekretärs Alfred Müller-Armack. Er definierte sie 1956 wie folgt:

„Der Begriff der sozialen Marktwirtschaft kann als eine ordnungspolitische Idee definiert werden, deren Ziel es ist, auf der Basis der Wettbewerbswirtschaft die freie Initiative mit einem gerade durch die marktwirtschaftliche Leistung gesicherten sozialen Fortschritt zu verbinden." (Quelle: Müller-Armack, Alfred: Soziale Marktwirtschaft. In: Handwörterbuch der Sozialwissenschaften. Herausgegeben von Erwin von Beckerath. Stuttgart: Vandenhoeck & Ruprecht 1956, S. 390.)

7.4.1 Ziele der sozialen Marktwirtschaft

Das Grundgesetz der Bundesrepublik Deutschland bildet den Rahmen für die Wirtschaftsordnung der sozialen Marktwirtschaft:

Art. 2 GG:	(1) Jeder hat das Recht auf die freie Entfaltung seiner Persönlichkeit.
Art. 9 GG:	(3) Das Recht, zur Wahrung und Förderung der Arbeits- und Wirtschaftsbedingungen Vereinigungen zu bilden, ist für jedermann und für alle Berufe gewährleistet.
Art. 12 GG:	(1) Alle Deutschen haben das Recht, Beruf, Arbeitsplatz und Ausbildungsstätte frei zu wählen. Die Berufsausbildung kann durch Gesetz oder aufgrund eines Gesetzes geregelt werden.
Art. 14 GG:	(1) Das Eigentum und das Erbrecht werden gewährleistet. Inhalt und Schranken werden durch Gesetze bestimmt. (2) Eigentum verpflichtet. Sein Gebrauch soll zugleich dem Wohle der Allgemeinheit dienen. (3) Eine Enteignung ist nur zum Wohle der Allgemeinheit zulässig. Sie darf nur durch Gesetz oder aufgrund eines Gesetzes erfolgen, das Art und Ausmaß der Entschädigung regelt.
Art. 20 GG:	Die Bundesrepublik Deutschland ist ein demokratischer und sozialer Bundesstaat.

---

[1] (lat.) socius = Genosse, Gefährte; sozial bedeutet: gesellschaftlich, menschlich, hilfsbereit; gesellschaftlich gesinnt, voll Gemeinsinn.

Das Grundgesetz schreibt keine bestimmte Wirtschaftsordnung vor. Es gibt nur Daten vor, die nicht angetastet werden dürfen: z. B. das Recht auf Eigentum, ebenso aber seine soziale Verpflichtung. Innerhalb dieser Rahmendaten kann jede Regierung eine ihr zweckmäßig erscheinende Wirtschaftspolitik verfolgen. Alle bisherigen Bundesregierungen haben sich am Modell der sozialen Marktwirtschaft ausgerichtet.

Die soziale Marktwirtschaft will die Kräfte des Marktes mit den Ansprüchen persönlicher Freiheit und sozialer Gerechtigkeit verbinden.

M 196 Die **obersten** *Ziele der sozialen Marktwirtschaft* sind:

- **Mehrung der persönlichen Freiheit**. Dies bedeutet in wirtschaftlicher Hinsicht bestmögliche Bedürfnisbefriedigung und Mehrung des individuellen Wohlstands. Denn mit beiden wächst die wirtschaftliche Freiheit des Einzelnen.
- **Gerechtigkeit**. Der wachsende Wohlstand soll gerecht verteilt werden.
- **Soziale Sicherheit**. Der soziale Besitzstand soll garantiert werden.

Eine Mehrung der persönlichen Freiheit ist nur in sozialer Sicherheit sinnvoll.

Die soziale Marktwirtschaft glaubt, diese Ziele am besten zu erreichen, indem sie an den Spielregeln von Angebot und Nachfrage festhält. Um die Nachteile der reinen Marktwirtschaft auszuschalten, wirkt der Staat aber in begrenztem Umfang auf die Wirtschaft ein. Er will so den Wettbewerb ordnen, damit er zum Wohle aller wirksam wird und erhalten bleibt.

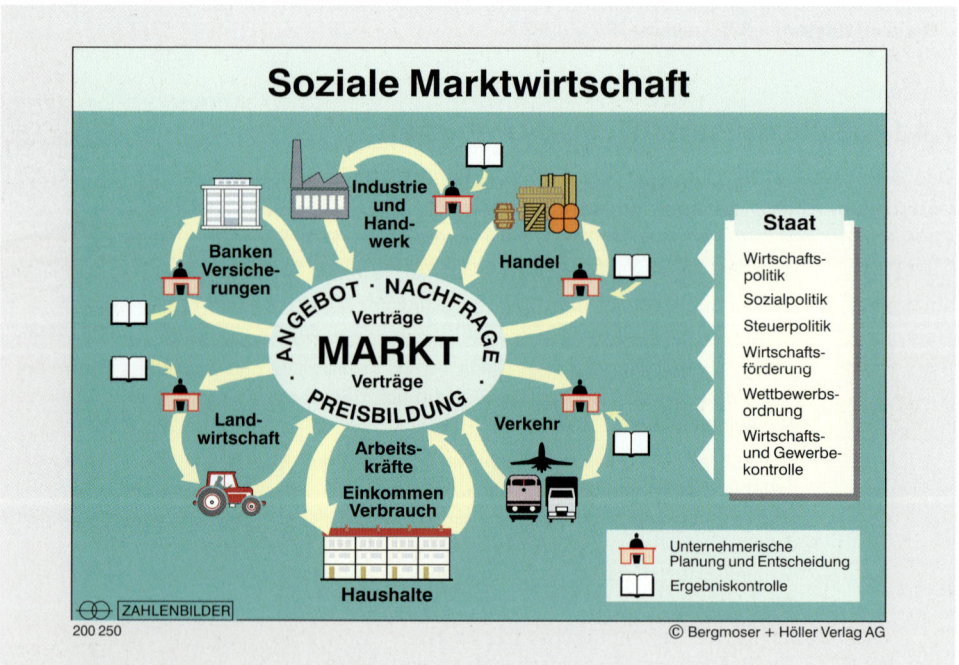

7.4.2 Elemente der sozialen Marktwirtschaft

Der Name deutet es schon an: In der sozialen Marktwirtschaft werden die Elemente der freien Marktwirtschaft um soziale Elemente mit korrigierender Wirkung ergänzt.

Elemente der sozialen Marktwirtschaft	
Marktwirtschaftliche Elemente	Soziale Elemente
Wettbewerbsfreiheit	**Wettbewerbspolitik** Der Staat greift ein, wenn Unternehmen versuchen, den Wettbewerb auszuschalten. Beispiele: grundsätzliches Verbot von Kartellen, Verbot missbräuchlichen Verhaltens marktbeherrschender Unternehmen, Kontrolle von Unternehmensfusionen, Gesetz gegen den unlauteren Wettbewerb.
Vertragsfreiheit	**Verbraucher-, Mieter- und Arbeitnehmerschutz** Durch zahlreiche Vorschriften (z. B. zu AGB, Teilzahlungs-, Haustür-, Versandgeschäften) sucht der Staat schwächere Vertragspartner, insbesondere Verbraucher und Arbeitnehmer, zu schützen. Zum Schutz der Arbeitnehmer garantiert der Staat das Recht auf Bildung von Gewerkschaften und den ungehinderten Abschluss von Tarifverträgen.
Gewerbe- und Berufsfreiheit	**Gewerbebeschränkungen** Zum Schutz der Allgemeinheit ist der Betrieb bestimmter Gewerbe (z. B. Chemiefabriken, Apotheken) an staatliche Genehmigungen und/oder an den Nachweis von Sachkunde gebunden.
Konsumfreiheit	**Verbraucherschutz** Der Staat stützt die Konsumfreiheit durch Verbraucherschutzmaßnahmen (AGB-Schutz, Vorschriften für Verbraucherverträge, Produkthaftung u. a.).
Privateigentum	**Mieter-, Arbeitnehmer-, Umweltschutz** Der Gebrauch privaten Eigentums kann zum Wohl der Allgemeinheit eingeschränkt werden. Beispiele dafür sind ein mieterfreundliches Wohnungsmietrecht, die Mitbestimmung der Arbeitnehmer in Unternehmen oder einschneidende Vorschriften zum Schutz der natürlichen Umwelt.
Neutralität des Staates	**Staatseingriffe** Zur Sicherung des im Grundgesetz verankerten Sozialstaatsprinzips greift der Staat grundsätzlich in allen Bereichen der Wirtschaftspoliti korrigierend in das Marktgeschehen ein. Diese Teilbereiche sind: Einkommens-, Sozial- und Vermögenspolitik; Ordnungs- und Wettbewerbspolitik; Wachstumspolitik; Strukturpolitik; Prozesspolitik (Ablaufpolitik). **Soziale Sicherung und soziale Gerechtigkeit** Der Staat nimmt durch Besteuerung und Transferzahlungen eine Umverteilung der Primäreinkommen vor. Durch die Sozialversicherung als Pflichtversicherung erzwingt er Vorsorge hinsichtlich der Folgen von Krankheit, Unfällen, Alter, Pflegebedürftigkeit und Arbeitslosigkeit.

In den folgenden Kapiteln zur Wirtschaftspolitik finden Sie wesentliche Aspekte der angeführten Elemente genauer beschrieben.

8 Soziale Rahmenbedingungen

8.1 Einkommens- und Sozialpolitik

Die „Sozialstaatsklausel" des Grundgesetzes fordert nicht die Einrichtung eines totalen Wohlfahrtsstaates und auch nicht eine ausschließlich staatlich gelenkte Wirtschaftsordnung. Sie erstrebt aber die annähernd gleichmäßige Förderung des Wohls aller Bürger und die annähernd gleichmäßige Verteilung der Lasten.

„Gib mir bitte auch etwas ab!"

© Jupp Wolter (Künstler), Haus der Geschichte, Bonn

8.1.1 Primäre Einkommensverteilung

Der Wirtschaftskreislauf und die volkswirtschaftliche Gesamtrechnung verdeutlichen die funktionelle Einkommensverteilung, d. h. die Verteilung des Volkseinkommens auf die Produktionsfaktoren.

Das Angebot und die Nachfrage nach den Produktionsfaktoren Arbeit, Boden und Kapital sind bestimmend für ihre Entlohnung in Form von Löhnen, Mieten und Zinsen. Vor allem die Löhne ergeben sich weitgehend aufgrund von Verhandlungen der Tarifparteien. Die Entlohnung ist damit ein Spiegelbild der **Leistung**, die die Produktionsfaktoren für die Produktion erbringen.

Die Verteilung der Einkommen nach dem Leistungsprinzip heißt Primärverteilung.

> Speziell beim Arbeitseinkommen stellt sich die Frage nach dem **gerechten Lohn**. Allgemein anerkannt ist:
> - Schwierigere Arbeit ist höher zu entlohnen als leichtere (**Anforderungsgerechtigkeit**).
>   In der Praxis werden die Anforderungen durch Arbeitswertstudien ermittelt[1].
> - Bei gleicher Schwierigkeit ist die bessere Leistung höher zu entlohnen (**Leistungsgerechtigkeit**).
>   Zeitlohn: Entlohnung nach der Arbeitszeit; Akkordlohn: Entlohnung nach der mengenmäßigen Leistung; Prämienlohn: Zahlung von Prämien für bestimmte Leistungsarten zusätzlich zum Zeitlohn[2].
> - Die sozialen Verhältnisse des Arbeitnehmers (z. B. Alter, Familienstand) sollen angemessen berücksichtigt werden (**Sozialgerechtigkeit**).
>   Dies erfolgt in der Praxis vielfach durch tarifvertragliche und freiwillige Sozialleistungen.

8.1.2 Sekundäre Einkommensverteilung

Das Leistungsprinzip benachteiligt weniger leistungsfähige Menschen (z. B. Alte, Kranke, Notleidende). Es führt in der Praxis zu einer allzu ungleichen Einkommensverteilung und entspricht nicht den Grundsätzen des Sozialstaats.

Durch eine Umverteilung von Teilen des Primäreinkommens (Sekundärverteilung) verbessert der Sozialstaat die Lebenslage einkommensschwacher Personen.

Die wichtigste Basis der Umverteilung ist die **Einkommensteuer**: Sie belastet

einerseits hohe Einkommen mit wesentlich höheren Steuersätzen als niedrige Einkommen (progressive Besteuerung) und gewährt andererseits **Steuervergünstigungen** (z. B. Steuerfreibeträge für Menschen mit Behinderungen, für Kinder).
Die **Besteuerung von Erbschaften und Schenkungen** eröffnet ebenfalls Möglichkeiten der Umverteilung.
Im Rahmen der Sekundärverteilung gewährt der Staat **Transferleistungen** (Sozialleistungen) an Einkommensschwache. Sie erhöhen das Haushaltseinkommen und tragen zur Sicherung des Grundbedarfs bei. Derartige Maßnahmen sind umso wichtiger, je wachstumsorientierter die industrialisierte Volkswirtschaft ist. Die Kluft zwischen den wohlhabenden Haushalten und den ärmeren Haushalten, die an den Wachstumserfolgen nicht direkt beteiligt sind, würde sonst zu groß.

---

[1] vgl. Band 1 Geschäftsprozesse, Sachwort „Arbeitswertstudien"
[2] vgl. Band 1 Geschäftsprozesse, Sachwörter „Zeitlohn", „Akkordlohn", „Prämienlohn"

Wichtige Transferleistungen

- **Grundsicherung** (v. a. Arbeitslosengeld II und Sozialhilfe) für Menschen ohne ausreichendes Einkommen oder Vermögen. Sie soll die Führung eines menschenwürdigen Lebens ermöglichen und ggf. die notwendige Hilfe in Notlagen (z. B. Pflegebedürftigkeit) sichern.

> Art. 1 Abs. 1 GG: Die Würde des Menschen ist unantastbar. Sie zu achten und zu schützen ist Verpflichtung aller staatlichen Gewalt.

- **Kindergeld** zum Ausgleich der finanziellen Belastung durch Kinder
- **Elterngeld** für Elternteile, die die Erwerbstätigkeit für das erste Lebensjahr des Kindes unterbrechen
- **Wohngeld** für einkommensschwache Wohnungsinhaber
- **Stipendien** nach dem Bundesausbildungsförderungsgesetz (BAFöG) für Studierende mit unzureichendem Eigen- und Elterneinkommen.
- **Leistungen der Kriegsopferfürsorge** für Kriegsopfer mit unzureichendem Einkommen und Vermögen

Entscheidend für die Haushalte ist ihr **verfügbares Einkommen**. Dieses ist die Einkommenssumme, die dem Haushalt im gegebenen Wirtschaftszeitraum zur Verfügung steht.

```
  Bruttoeinkommen (Lohn, Miete, Zins, Gewinn)
− direkte Steuern (Einkommen-, Kirchensteuer)
− Arbeitnehmeranteil zur Sozialversicherung
+ Transfereinkommen
= verfügbares Einkommen
```

Betrachten Sie auch die Präsentation *Primäre und sekundäre Einkommensverteilung*.

M 199

8.1.3 Weitere Bereiche der Sozialpolitik

Die soziale Existenzsicherung des Bürgers muss nicht zwangsläufig mit Staatsausgaben verbunden sein. Die zwangsweise Mitgliedschaft in der **Sozialversicherung** (Kranken-, Pflege-, Renten-, Unfall- und Arbeitslosenversicherung) gewährt materiellen Schutz, der durch die Mitglieder selbst finanziert wird.

Allerdings nur, soweit keine staatlichen Zuschüsse erforderlich sind!

Es bleibt schließlich der Bereich der Gesetzgebung, der den Arbeitnehmern sozialen Schutz sichern soll. Wichtige Ergebnisse dieser Gesetzgebung sind z. B.: Betriebsverfassungsgesetz, Kündigungsschutzgesetz, Jugendarbeitsschutzgesetz, Mutterschutzgesetz, Sozialgesetzbuch IX (Schwerbehindertenschutz).

8.2 Vermögenspolitik

8.2.1 Geld- und Produktivvermögen

Schwieriger Aufstieg
© Jupp Wolter (Künstler), Haus der Geschichte, Bonn

Untersuchungen in den Sechzigerjahren des vorigen Jahrhunderts ergaben, dass 1,7 % der Bevölkerung über 70 % des Produktivvermögens (Unternehmensanteile) in der Bundesrepublik Deutschland verfügten. Diese Vermögensverteilung war Anlass für heftige Kritik.

Allerdings übersah diese Kritik, dass das Produktivvermögen nur **eine** mögliche Vermögensform ist. Sie macht nur etwa 19 % des Volksvermögens aus.

Seit den Sechzigerjahren des vergangenen Jahrhunderts hat die Vermögensbildung in Arbeitnehmerhand kräftig zugenommen. Der Anteil der Arbeitnehmer an den privaten Ersparnissen liegt über dem der Selbstständigen. Die ungleiche Verteilung der Produktivvermögen zeigt nur, dass die Arbeitnehmer ihr Vermögen größtenteils in Form von Spareinlagen, Lebensversicherungen, Bausparverträgen, Investmentzertifikaten, also in Form von Geldvermögen, bilden. Gewerbliches Vermögen (z. B. Aktien, Kommanditanteile) ist bei ihnen gering vertreten. Vermögen in Form von Maschinen, Anlagen und Betrieben ist stärker risikobehaftet. Bei Verlusten verliert es rasch an Wert. Die Mehrzahl der Arbeitnehmer bevorzugt deshalb Vermögensbildung in risikoloseren Formen (siehe Grafk auf S. 133).

8.2.2 Ansätze der Vermögenspolitik

Die Vermögenspolitik fördert die Vermögensbildung. Vermögensbildung setzt Sparfähigkeit voraus. Sparfähigkeit wiederum setzt ausreichend hohes Einkommen voraus.

Vermögensbildung gelingt nur, wenn auch der Wille zum Sparen (Sparneigung) vorhanden ist!

Durch die Maßnahmen der **Einkommensumverteilung** fördert der Staat zugleich die Sparfähigkeit von Haushalten mit niedrigem Primäreinkommen.

Außerdem erhöht der Staat die Sparfähigkeit und die Sparneigung der Haushalte durch finanzielle Anreize (Sparförderung):

```
                    Sparförderung
        ┌───────────────┼───────────────┐
   Sparprämien   Arbeitnehmer-    Sonderausgabenabzug
                 sparzulagen
```

- Für Einzahlungen auf Bausparverträge bis zu 512,00 EUR (Verheiratete: 1 024,00 EUR) jährlich gewährt der Staat eine **Wohnungsbauprämie** von 8,8 %.
  Voraussetzung: Das zu versteuernde Einkommen überschreitet nicht den Betrag von 25 600,00 EUR, bei Verheirateten 51 200,00 EUR.
- Nach dem 5. Vermögensbildungsgesetz erhalten Arbeitnehmer mit einem zu versteuernden Einkommen bis zu 20 000,00 EUR, bei Verheirateten bis zu 40 000,00 EUR bei Begründung der Anlage eine staatliche **Arbeitnehmersparzulage** für Beteiligungen an Produktivvermögen: z. B. Aktien, Aktienfondsanteile, GmbH-Anteile, stille Einlagen, Mitarbeiterkapitalbeteiligung. Die Sparleistungen sind vom Arbeitgeber einzubehalten und zu überweisen. Es gilt eine Sperrfrist von 6 Jahren.
  Für Bausparleistungen gilt: zu versteuerndes Einkommen bei Begründung der Anlage von bis zu 17 900,00 EUR (Zusammenveranlagung 35 800,00 EUR); Sperrfrist 7 Jahre.
  Die beiden Sparzulagen werden nebeneinander gezahlt.

	5. Vermögensbildungsgesetz	
	Bausparen	**Beteiligung an Produktivvermögen**
Jährlicher geförderter Anlagehöchstbetrag	470,00 EUR (Verheiratete 940,00 EUR)	400,00 EUR (Verheiratete: 800,00 EUR)
Arbeitnehmersparzulage	9 %, max. 43,00 (86,00) EUR	20 %, max. 80,00 (160,00) EUR

- Bei Lebensversicherungen, die vor 2005 abgeschlossen wurden, können die Prämien (bis zu bestimmten Höchstbeträgen) als sog. Sonderausgaben vom Gesamtbetrag der Einkünfte abgezogen werden. Ab 2005 gilt dies nur noch für die Prämien von Rentenversicherungen.

Vgl. Seite 227 f.

- Zinsen sind in Höhe des Sparerpauschbetrages von 801,00 EUR (Ehegatten: 1602,00 EUR) von der Einkommensteuer freigestellt.
- Die tarifliche **Vermögenspolitik der Sozialpartner** sichert den Arbeitnehmern Zusatzleistungen und fördert somit ihre Sparfähigkeit. So sehen viele Tarifverträge vor, dass der Arbeitgeber ganz oder teilweise die vermögenswirksamen Sparleistungen für den Arbeitnehmer übernimmt. Diese werden dann Gehaltsbestandteil.

Die Förderung von Vermögensbildung hat die Verteilung des Produktivvermögens nicht wesentlich geändert. Arbeitnehmervermögen setzt sich überwiegend aus Geldvermögen zusammen. Teilweise wird nach Ablauf der Sperrfrist für Anlagevermögen das angesparte Geld konsumiert.

Arbeitsaufträge

1. **Arbeit soll gerecht entlohnt werden.**

   > Erna B. (39) und Dieter K. (34) leisten die gleiche Arbeit. Beide sind Telefonisten in einer westfälischen Firma. Erna B. bringt für ihren Beruf mehr mit als ihr männlicher Kollege: Sie spricht Englisch. Trotzdem bekommt sie nur 1 934,00 EUR im Monat. Er verdient 2 058,00 EUR, 124,00 EUR mehr.
   > Am Büfett eines Kaufhaus-Restaurants arbeiten ein Mann und eine Frau. Auch sie leisten die gleiche Arbeit, aber sie bekommt nur 1 200,00 EUR, er hat 1 385,00 EUR, also 185,00 EUR mehr.
   > Zwei Fälle, die für die Situation einer übergroßen Zahl von Frauen im Berufsleben stehen. Das statistische Landesamt in Kiel hat errechnet, dass in den 46 Industriebranchen in Schleswig-Holstein die Frauen im Durchschnitt 1/3 weniger für die gleiche Arbeit erhalten als die Männer.

   a) Sind Sie der Ansicht, dass in den beschriebenen Fällen eine gerechte Entlohnung vorliegt? Begründen Sie Ihre Ansicht.
   b) Einen objektiv gerechten Lohn kann es nicht geben. Begründen Sie dies.
   c) Welche Grundsätze sollte eine gerechte Entlohnung berücksichtigen?
   d) Es wird gemeinhin als ungerecht und darüber hinaus als unvorteilhaft empfunden, wenn jeder für seine Tätigkeit die gleiche Entlohnung erhielte. Nennen Sie hierfür Gründe.

2. **Folgender Sachverhalt sei gegeben:**

Name	Familienstand	zu versteuerndes Einkommen (EUR)	Steuer[1] (EUR)	Steuer bei einer Einkommenssteigerung von 1 000,00 EUR
Meier	ledig	3 500,00	0,00	0,00
Müller	ledig	9 000,00	25,00	179,00
Lehmann	ledig	20 000,00	2 520,00	2 789,00
Schulz	verheiratet	20 000,00	358,00	526,00
Schmidt	ledig	62 000,00	17 564,00	17 984,00
Wagner	verheiratet	62 000,00	11 468,00	11 786,00

[1] ohne Solidaritätszuschlag und Kirchensteuer

Schulz hat 2 Kinder. Er erhält hierfür Kindergeld in Höhe von 194,00 EUR je Kind monatlich. Die Ehepartner/-innen von Schulz und Wagner sind nicht berufstätig.
   a) Errechnen Sie die unterschiedlichen Grenzsteuersätze (Steuer in Prozent von der Einkommenssteigerung).
   b) Erläutern Sie, wie sich die Grenzsteuersätze mit steigendem Einkommen entwickeln.
   c) Begründen Sie eingehend die unterschiedliche Besteuerung der oben angeführten Personen. Welche Wirkungen ergeben sich für das verfügbare Einkommen?
   d) Nennen Sie weitere Transferleistungen, die Meier und Müller ggf. noch beziehen könnten.

3. **Ende 2016 besaßen die privaten Haushalte in Deutschland ein Geldvermögen von 5 586 Mrd. EUR.**
   a) Nennen Sie unterschiedliche Formen von Geldvermögen.
   b) Seit alters her gilt das Sparbuch als Basis für jede Vermögensbildung. In den letzten Jahren allerdings sind andere Sparformen stärker in den Vordergrund getreten. Welche Gründe sind hierfür maßgebend?
   c) Viele Haushalte besitzen neben dem Geldvermögen ein erhebliches Sachvermögen. Um welche Sachwerte handelt es sich dabei bei den meisten Haushalten?
   d) Aus welchen Gründen fördert der Staat die Vermögensbildung?
   e) Welche Formen der Vermögensbildung werden heute vom Staat bevorzugt gefördert?
   f) Nehmen Sie Stellung zur Aussage der Karikatur „Schwieriger Aufstieg" auf Seite 199.

8.3 Soziale Sicherung

Arbeitnehmer sind **grundsätzlich** vor den Folgen von Krankheit, Pflegebedürftigkeit, Unfall, Arbeitslosigkeit und Armut im Alter durch eine **Pflichtversicherung** geschützt: die Sozialversicherung. Der Staat verpflichtet sie, sich an der Gemeinschaft der Versicherten auf Gegenseitigkeit (**Solidargemeinschaft**) zu beteiligen. Die Zwangsversicherung ist erforderlich, weil viele Menschen sich freiwillig nicht versichern und im Notfall der Gemeinschaft zur Last fallen würden. In bestimmtem Umfang ist die Sozialversicherung weiteren Personenkreisen geöffnet.

8.3.1 Zweige und Träger der Sozialversicherung

Die gesetzliche Grundlage der Sozialversicherung ist das **Sozialgesetzbuch (SGB)**. Dieses umfasst die Teile:

SGB I	(Allgemeiner Teil),	SGB VII	(Gesetzliche Unfallversicherung),
SGB II	(Grundsicherung für Arbeitsuchende),	SGB VIII	(Kinder- und Jugendhilfe),
SGB III	(Arbeitsförderung),	SGB IX	(Rehabilitation/Teilhabe behinderter Menschen),
SGB IV	(Gemeinsame Vorschriften für die Sozialversicherung),	SGB X	(Verwaltungsverfahren),
SGB V	(Gesetzliche Krankenversicherung),	SGB XI	(Pflegeversicherung),
SGB VI	(Gesetzliche Rentenversicherung),	SGB XII	(Sozialhilfe).

Diese Einteilung nennt bereits die fünf Zweige der Sozialversicherung: Kranken-, Pflege-, Unfall-, Renten-, Arbeitslosenversicherung. Die Versicherungsträger sind selbstständige juristische Personen des öffentlichen Rechts.

8 Soziale Rahmenbedingungen

Die Versicherungsträger haben das Recht der Selbstverwaltung: In der Kranken-, Pflege-, Renten- und Unfallversicherung wählen Arbeitgeber und Arbeitnehmer für eine Amtszeit von sechs Jahren je die Hälfte der Mitglieder einer Vertreterversammlung. Diese beschließt als „Parlament" des Versicherungsträgers die Satzung, verabschiedet den Haushalt und bestellt den Vorstand. Dem Vorstand obliegen die Geschäftsführung und Vertretung der Versicherung. Bei der Bundesagentur für Arbeit werden die Organe der Selbstverwaltung nicht gewählt, sondern aufgrund von Vorschlagslisten der Gewerkschaften, der Arbeitgeber und der öffentlichen Körperschaften berufen.

8.3.2 Grundlegende Merkmale

Private Versicherungen (Individualversicherungen) arbeiten nach dem **Individualprinzip**, die Sozialversicherung arbeitet nach dem **Solidaritätsprinzip**.

> **Beispiel: Krankenversicherung**
>
> Bei der privaten Krankenversicherung werden Versicherungsleistungen und Prozentsatz der Kostenerstattung vereinbart (z. B. 40 %, 100 %). Dies sowie das Alter des Versicherten und ggf. Selbstbeteiligungen bestimmen die Prämienhöhe. Erhöhte Risiken (z. B. bei Versicherungsabschluss bestehende chronische Erkrankungen) werden von der Versicherung ausgeschlossen oder führen zu Prämienzuschlägen. Jedes Familienmitglied wird gesondert versichert.
>
> Bei der gesetzlichen Krankenversicherung sind die Versicherungsleistungen gesetzlich festgelegt. Die Beitragshöhe richtet sich bei den pflichtversicherten Arbeitnehmern nach dem Bruttolohn, unabhängig vom persönlichen Risiko. Nicht erwerbstätige Ehegatten und Kinder sind kostenlos mitversichert.

Die Sozialversicherungsbeiträge vom Bruttolohn sind für 2018 wie folgt festgelegt:

Versicherung	Beitragssatz	Beitragsanteil		mtl. Beitragsbemessungsgrenze
		Arbeitnehmer	Arbeitgeber	
Unfallversicherung	nach Gefahrenklassen		voller Beitrag	
Rentenversicherung	18,6 %	9,3 %	9,3 %	alte Bundesländer: 6 500,00 EUR neue Bundesländer: 5 800,00 EUR
Arbeitslosenversich.	3,0 %	1,5 %	1,5 %	
Krankenversicherung	14,6 % + x	7,3 % + x	7,3 %	4 425,00 EUR
Pflegeversicherung Zuschlag für Kinderlose ab dem 24. Lebensjahr	2,55 % 0,25 %	1,275 % 0,25 %	1,275 %	

Einkommensteile oberhalb der Beitragsbemessungsgrenze sind beitragsfrei.

Jede Krankenkasse kann einen einkommensabhängigen Zusatzbeitrag – nur auf den Arbeitnehmeranteil – erheben (z. B. 1 %).
Arbeitgeber mit bis zu 30 Arbeitnehmern zahlen außer den Arbeitgeberbeiträgen eine Umlage U1; alle Arbeitgeber zahlen die Umlagen U2 und U3 (Prozentsätze vom Bruttolohn):
- **U1**: Versicherungsbeitrag (0,9 %); Leistung: Ausgleich der Entgeltfortzahlung im Krankheitsfall.
- **U2**: Versicherungsbeitrag (0,24 % bis 0,49 %); Leistung: Ausgleich der Mutterschaftsgeldaufstockung (vgl. S. 30).
- **U3**: Insolvenzgeldumlage (0,06 %) für die Zahlung von Insolvenzgeld durch die BA (vgl. S. 212 f.)

Jeder Beschäftigte erhält von seinem Rentenversicherungsträger einen **Sozialversicherungsausweis**. Diesen muss er dem Arbeitgeber vorlegen. Der Arbeitgeber meldet den Beschäftigten bei dessen Krankenkasse an und führt monatlich die gesamten Sozialversicherungsbeiträge (außer Unfallversicherung) an sie ab. Die Krankenkasse ist also auch Einzugsstelle für Renten-, Pflege- und Arbeitslosenversicherung.

Arbeitsaufträge

Von der Sozialversicherung sagt man, sie arbeite nach dem Solidaritätsprinzip.
Welche der folgenden Aussagen vertragen sich nicht mit dem Solidaritätsprinzip?
a) Für sog. „schlechte Risiken" kann ein höherer Beitrag/eine höhere Prämie verlangt werden.
b) Unabhängig vom Alter werden gleiche Beiträge/Prämien gezahlt.
c) Familienangehörige sind kostenlos mit krankenversichert.
d) Der Versicherer kann entscheiden, ob er den Versicherungsvertrag abschließen will.
e) Für alle Arbeitnehmer und Studenten besteht Versicherungszwang.
f) Die Versicherungsleistungen richten sich nach den Vereinbarungen im Versicherungsvertrag.

8.3.3 Unfallversicherung

Gesetzliche Unfallversicherung

Aufgaben

- **Verhütung von Arbeitsunfällen.** Zu diesem Zweck geben die Berufsgenossenschaften und Unfallkassen Unfallverhütungsvorschriften heraus und betreiben Unfallforschung. Die Unfallverhütungsvorschriften sind im Betrieb an geeigneter Stelle auszuhängen.
- **Wiederherstellung der Erwerbsfähigkeit** nach einem versicherten Unfall
- **Ausgleich des Schadens**, der durch Körperverletzung oder durch einen versicherten Unfall mit tödlichem Ausgang verursacht wurde

Versicherte

Pflichtversicherte:
- aufgrund eines Arbeits-, Dienst- oder Ausbildungsverhältnisses Beschäftigte, Arbeitslose
- Heimarbeiter, Hausgewerbetreibende, Unternehmer in Landwirtschaft, Schifffahrt, Fischerei
- Kinder in Kindergärten, Schüler, Studenten
- Pflegepersonen, die Angehörige in häuslicher Umgebung pflegen
- arbeitende Gefangene
- Nothelfer (z. B. Lebensretter, Unfallhelfer, Blutspender und im Gesundheits-, Veterinär- und Wohlfahrtswesen Tätige), Pflegepersonen, die in einer häuslichen Umgebung Angehörige pflegen

Freiwillig Versicherte:
Unternehmer und ihre im Betrieb tätigen Ehegatten oder Lebenspartner

Finanzierung

durch Beiträge der Arbeitgeber für ihre Arbeitnehmer, weiterhin durch Beiträge des Bundes und der Länder.
Die Höhe der Beiträge richtet sich nach
- der Gefahrenklasse, in die jeder Arbeitnehmer eingestuft wird,
- der Lohnsumme, die der Arbeitgeber zahlt,
- dem Finanzbedarf der Unfallversicherung.

Pflichten der Arbeitnehmer

Beachtung der Unfallverhütungsvorschriften (z. B. Tragen von Schutzhelmen, Schutzbrillen, Sicherheitsschuhen, Sichern von Geräten, Leitern, Beachtung von Warnzeichen u. a. m.).

Pflichten der Arbeitgeber

- Meldung der Zu- und Abgänge von Arbeitnehmern an die Berufsgenossenschaft; jährliche Meldung der Arbeitsentgelte
- Abführung der Beiträge an die Berufsgenossenschaft
- Meldung von Arbeitsunfällen an die Berufsgenossenschaft binnen drei Tagen
- Unternehmen mit mehr als 20 Beschäftigten: Bestellung eines Sicherheitsbeauftragten. Dieser soll den Unternehmer bei der Durchführung des Unfallschutzes unterstützen und sich laufend von der ordnungsgemäßen Benutzung der vorgegebenen Schutzvorrichtungen überzeugen.

Leistungsvoraussetzungen

Vorliegen eines/einer
- **Arbeitsunfalls** (Unfall während der Arbeit)
- **Wegeunfalls** (Unfall auf dem grundsätzlich kürzesten Weg zur Arbeit und von der Arbeit)
- **Berufskrankheit** (Erkrankung bei bestimmten gesundheitsschädlichen Tätigkeiten; (z. B. Staublunge bei Bergleuten)

> So entschied das Bundessozialgericht: Versichert sind z. B.: der Weg zu Kantine oder Restaurant bis zur Tür (nicht das Essen selbst!), der Weg zur Bank zwecks Gehaltsabhebung, das Tapezieren eines auf Anweisung des Arbeitgebers in der Privatwohnung unterhaltenen Büroraums.

Leistungen

- **Unfallverhütung** durch Erstellung von Unfallverhütungsvorschriften, Unfallforschung und Aufklärung, Beratung der Arbeitgeber
- **Heilbehandlung** (z. B. ärztliche Behandlung, häusliche Krankenpflege, Haushaltshilfe, Heil- und Hilfsmittel) nach Arbeitsunfällen und bei Berufskrankheiten
- **Verletztengeld** (bei Arbeitsunfähigkeit oder Maßnahmen der Heilbehandlung)
- **Umschulung** auf einen anderen Beruf nach Arbeitsunfällen und bei Berufskrankheiten (Rehabilitation). Zweck: Vermeidung langjähriger Rentenzahlungen
- **Rentenzahlung:**
  - *Vollrente* bei vollständiger Erwerbsunfähigkeit
  - *Teilrente* bei mindestens 20 % Erwerbsunfähigkeit
  - *Hinterbliebenenrente*

Arbeitsaufträge

1. Auf dem Weg von der Arbeit nach Hause verursacht Herr Pech einen folgenschweren Verkehrsunfall. Aufgrund seiner Schnittverletzungen an den Augen wird er wahrscheinlich vier Monate in einer Spezialklinik verbringen müssen. Höchstwahrscheinlich kann er seinen Beruf als Mechatroniker nicht mehr ausüben. Welche Kosten entstehen ihm durch einen Unfall? Wird er eine Rente erhalten? Wer zahlt diese Rente, die Unfallversicherung oder die Rentenversicherung? Wer zahlt die Kosten für die Heilbehandlung? Wer unterstützt ihn, wenn er eventuell umgeschult werden müsste? Schließlich ist er erst 38 Jahre alt ...
   Beantworten Sie die Fragen, die sich Herrn Pech stellen.

2. Ein Familienvater von drei Kindern im Alter von 12, 14 und 18 Jahren – das letztgenannte Kind ist zurzeit Auszubildender – erleidet einen Betriebsunfall. Nach einer neunwöchigen Intensivbehandlung im Krankenhaus verstirbt er.
   Beschreiben Sie, welche Sozialversicherungsleistungen der Verunglückte, seine Ehefrau und die Kinder zu erwarten haben.

3. Ein Auszubildender hat an einer Maschine eine Sicherheitseinrichtung überbrückt. Der Meister macht ihm Vorhaltungen über die möglichen Unfallgefahren und die dadurch entstehenden Kosten der Versicherung. Daraufhin behauptet der junge Mann, dass er die Versicherungsbeiträge ja doch allein bezahlen müsse.
   a) Wer muss tatsächlich für die Beiträge zur Unfallversicherung aufkommen?
   b) Wonach richtet sich die Höhe der Beitragssätze?

4. Aus einem Brief an die Unfallversicherung:
   „... teilen wir Ihnen vorsorglich mit, dass unser Mitarbeiter H. Blum auf dem Weg zu unserer Firma schwer verunglückt ist. Der Weg zur Arbeit wurde von zu Hause angetreten."
   a) Muss die Unfallversicherung für die Kosten aufkommen?
   b) Welche Kostenarten können für die Unfallversicherung entstehen, wenn sie die Kosten tragen muss?

8.3.4 Rentenversicherung

Gesetzliche Rentenversicherung

Aufgaben
Finanzielle Absicherung gegen die Folgen von Erwerbsminderung, Alter und Tod

Versicherte

Pflichtversicherte:
- Angestellte, Arbeiter, Auszubildende, als arbeitslos Gemeldete
- Personen, die Bundesfreiwilligendienst leisten
- selbstständige Handwerker und Landwirte; andere Selbstständige unter bestimmten Voraussetzungen
- behinderte Menschen

Freiwillig Versicherte:
Jeder, der das 16. Lebensjahr vollendet hat, kann sich freiwillig versichern. Wer versicherungsfrei ist (z. B. als Beamter) oder sich von der Versicherungspflicht hat befreien lassen (z. B. als Minijobber), muss bei Beginn der freiwilligen Versicherung allerdings schon mindestens fünf Jahre Pflichtbeiträge gezahlt haben.

Finanzierung
- durch Beiträge von Arbeitgebern und Versicherten[1] sowie der Bundesagentur für Arbeit (für Arbeitslose, die Arbeitslosengeld beziehen).
- durch Zuschüsse des Bundes. Der Bund ist zur Zahlung von Zuschüssen (aus Steuermitteln) verpflichtet, wenn die Beitragseinnahmen nicht ausreichen. Außerdem zahlt der Bund einen Bundeszuschuss als Pauschale für nicht beitragsgedeckte Leistungen.

---

[1] vgl. S. 204

Pflichten der Arbeitnehmer
Sozialversicherungsausweis besorgen und dem Arbeitgeber vorlegen

Pflichten der Arbeitgeber
- Meldung von Zu- und Abgängen an die Krankenkasse; jährliche Meldung der Arbeitsentgelte
- Berechnung der Beiträge, Abführung an die Krankenkasse
- Erstellung der Versicherungsnachweise

> Merken Sie sich noch zur **Finanzierung** der RV: Bei privaten Rentenversicherungen sparen die Versicherten ihre spätere Rente gemeinsam an. Bei gesetzlichen Rentenversicherungen dagegen gilt der sog. **Generationenvertrag**: Die erwerbstätige Generation bezahlt mit ihren laufenden Beiträgen die laufenden Rentenzahlungen!

Leistungen

- **Zahlung von Altersrente**
  Regelaltersrente: Voraussetzung ist eine Versicherungszeit von mindestens fünf Jahren (allgemeine Wartezeit). Die Rente wurde bis einschließlich 2011 grundsätzlich ab Vollendung des 65. Lebensjahres (Regelaltersgrenze) gezahlt. In den Jahren 2012 bis 2029 wird die Regelaltersgrenze schrittweise von 65 auf 67 Jahre angehoben.

  > **Flexirente:**
  > 1. Wer die Regelaltersgrenze erreicht hat, kann durch Arbeit unbegrenzt und beitragsfrei hinzuverdienen. Freiwillige Beiträge führen ab dem Folgejahr zu einer Rentenerhöhung.
  > 2. Wer den Rentenbeginn über die Regelaltersgrenze hinaus verschiebt, erhält anschließend pro verschobenem Monat 0,5 % mehr Rente (Jahr: 6 %). Wer in dieser Zeit arbeitet und freiwillig Beiträge zahlt, erzielt ab dem Folgejahr eine weitere Rentenerhöhung.

  Rente für besonders langjährig Beschäftigte: Rente mit 65 Jahren ohne Abschläge kann nur beziehen, wer mindestens 45 Jahre voll versicherungspflichtig war.
  Rente für langjährig Beschäftigte: Wer mindestens 35 Jahre voll versicherungspflichtig war, kann Rente mit 63 Jahren beziehen. Er muss aber hohe Rentenabschläge in Kauf nehmen.
  Für **schwerbehinderte Menschen** steigt das Rentenalter schrittweise von 63 auf 65 Jahre. Mit Abschlägen können auch sie früher in Rente gehen.
  Einzelheiten können Sie dem Infoblatt *Anhebung der Altersgrenzen ab 2012* entnehmen.

  M 207

  > **Flexirente:**
  > 1. Zusatzbeiträge – möglich bis zum Erreichen der Regelaltersgrenze – können bei vorzeitigem Rentenbezug Abschläge ganz oder teilweise ausgleichen.
  > 2. Wer vor der Regelaltersgrenze Rente bezieht (i. d. R. mit Abschlag), kann ohne weitere Rentenkürzung bis 6 300,00 EUR pro Kalenderjahr hinzuverdienen. Ein höherer Zuverdienstanteil wird zu 40 % auf die Rente angerechnet. Liegt die Summe aus geminderter Rente und Zuverdienst über dem höchsten Einkommen der letzten 15 Jahre, wird auch der darüberliegende Betrag auf die Rente angerechnet (Hinzuverdienstdeckel).

- **Weitere Renten**
  Die Rentenversicherung zahlt auch Renten wegen teilweiser Erwerbsminderung und Erwerbsunfähigkeit sowie wegen Todes (z. B. Witwen-, Witwer-, Waisenrente).

- **Rehabilitationsmaßnahmen**
  Das sind medizinische, berufsfördernde und ergänzende Leistungen mit dem Ziel, ein Ausscheiden von Kranken und Behinderten aus dem Berufsleben zu verhindern oder sie dauerhaft wieder einzugliedern.
  Voraussetzungen: Erfüllung einer Wartezeit von 15 Jahren oder Bezug einer Rente wegen teilweiser Erwerbsminderung; alternativ dazu eine Reihe von Kriterien gemäß § 11 SGB VI.

Bestehende Renten werden jährlich zum 1. Juli durch Bundesgesetz der allgemeinen Einkommensentwicklung angepasst (sog. **Rentendynamisierung**).

Die zunehmende Überalterung der Gesellschaft führt für die gesetzliche Rentenversicherung zu großen Finanzierungsproblemen. Eine Absenkung des Rentenniveaus erscheint in Zukunft unvermeidbar. Das Rentenreformgesetz von 2001 und das Alterseinkünftegesetz von 2004 fördern deshalb die **private Altersvorsorge**.

Rentenreformgesetz: Die private Altersvorsorge von Pflichtversicherten der gesetzlichen RV wird staatlich gefördert. Anlageformen: staatlich zertifizierte Anlagen, die zu lebenslangen Rentenzahlungen führen, v. a. private Rentenversicherungen, betriebliche Altersvorsorge durch Pensionskassen, Pensionsfonds, Direktversicherungen (vom Arbeitgeber zugunsten des Arbeitnehmers abgeschlossen). Die erste Rentenzahlung darf nicht vor dem 60. Lebensjahr erfolgen (62. Lj. für Verträge ab 2012). Die geförderte Rente ist als **„Riester-Rente"** (nach dem ehemaligen Bundesarbeitsminister Riester) bekannt. Förderung: über die Einkommensteuer (Einzahlungen = steuermindernder Vorsorgeaufwand) oder duch staatliche Zulagen. Die jeweils günstigere Förderung gilt.

erforderliche Einzahlung	Grundzulage	Zulage pro Kind
4 % vom Bruttolohn (jährlich mindestens 60,00 EUR und höchstens 2 100,00 EUR)	154,00 EUR, Verheiratete: 308,00 EUR Berufseinsteiger: einmalig zusätzlich 200,00 EUR	185,00 EUR, (ab 2008 geborene Kinder: 300,00 EUR)

Riester-Anbieter müssen zum Rentenstart mindestens die Einzahlungen und Zulagen garantieren. Sie erwirtschaften aber wegen anhaltender Niedrigzinsen zurzeit kaum Überschüsse. Deshalb bieten sie oft nur noch fondsgebundene Versicherungen an. Der Kunde sollte auf niedrige Kosten und auf Geldanlage in ETF (Exchange Traded Funds) achten.

Googeln Sie: fondsgebundene Riester-Versicherung und ETF.

Alterseinkünftegesetz: Beiträge zu gesetzlichen, berufsständischen und privaten Rentenversicherungen mindern in Höchstgrenzen als Vorsorgeaufwendungen die Einkommensteuer (siehe Seite 224 f.). Diese Förderung steht jedermann (z. B. auch Selbstständigen) zu. Die so geförderte Rente ist als „Rürup-Rente" (nach dem Ökonomen Rürup) bekannt.

Arbeitsaufträge

1. **Die Rentenversicherung (RV) arbeitet nach dem sog. „Generationenvertrag".**
   Frau Schramm (Angestellte) zahlt monatlich 240,00 EUR Beitrag zur RV. Bisher dachte sie: Wenn ich diesen Betrag 37 Jahre lang bis zum Rentenbeginn zahle, macht das 106 560,00 EUR. Hinzu kommen die Zinsen. Aus dem Gesamtbetrag wird dann meine Rente gezahlt."
   Hat Frau Schramm recht? Erläutern Sie den Sachverhalt.

2. **Herr Ebert (Angestellter) ist 2014 60 Jahre alt geworden. Seit 1976 ist er rentenversichert. Er will feststellen, ab wann er Altersrente beziehen kann.**
   a) Welche Institution wird seine Rente zahlen?
   b) (1) Welche Arten der Altersrente könnten für Herrn Ebert infrage kommen?
   (2) Welche Bedingungen muss Herr Ebert für den Bezug der jeweiligen Rente erfüllen?
   (3) Ab wann kann er bei Erfüllung dieser Bedingungen die Rente beziehen?
   c) Herr Ebert hat gehört, seine künftige Rente sei „dynamisch". Erläutern Sie ihm, was dies bedeutet.

3. **Stella Croce ist Verkäuferin bei Chemical Oil. Aufgeschreckt durch Nachrichten, die auf ein sinkendes Rentenniveau hinweisen, macht sie sich Sorgen um ihre Altersrente. Im Internet liest sie, dass die Altersversorgung heute auf drei Säulen ruhen sollte: gesetzliche Rentenversicherung, betriebliche Altersvorsorge, private Altersvorsorge.**
   Insofern interessiert sie auch, dass ihre Gewerkschaft eine tarifvertraglich abgesicherte betriebliche Altersvorsorge anstrebt. Weiterhin ist sie auf die Begriffe kapitalgedeckte Lebensversicherung, Risikolebensversicherung, Riester-Versicherung, Basisrente und Entgeltumwandlung gestoßen.
   a) Informieren Sie sich – auch im Internet – über die genannten Begriffe und erläutern Sie sie kurz.
   b) Welche der genannten Versicherungen ist auf keinen Fall für die Altersvorsorge geeignet?
   c) Welche Möglichkeiten bestehen für die Einrichtung einer betrieblichen Altersvorsorge?
   d) Aus welchen Gründen könnte auch der Arbeitgeber an einer betrieblichen Altersversorgung von Stella Croce interessiert sein?

8.3.5 Krankenversicherung

Versicherte können ihre Krankenkasse frei wählen und sollten sich deshalb über die Leistungen der verschiedenen Kassen genau informieren.

Gesetzliche Krankenversicherung

Aufgaben
- Krankheitsvorsorge
- Erhaltung und Wiederherstellung der Gesundheit
- Finanzielle Absicherung im Krankheitsfall

Versicherte
- **Pflichtversicherte:**
  - Arbeiter und Angestellte mit einem Einkommen bis zur Versicherungspflichtgrenze (2018: 4 950,00 EUR)
  - Auszubildende
  - als arbeitslos Gemeldete
  - unter bestimmten Bedingungen Rentner, Selbstständige, Studenten
  - Landwirte
- **Freiwillig Versicherte:**
  - Aus der Versicherungspflicht Ausgeschiedene (wenn sie unmittelbar vorher mindestens 12 Monate oder in den letzten 5 Jahren mindestens 2 Jahre versichert waren)
  - Personen, die erstmals eine berufliche Tätigkeit aufnehmen und deren Einkommen über der Versicherungspflichtgrenze liegt
  - Personen, die aus der Familienversicherung herausfallen

> Nicht berufstätige Ehegatten, Lebenspartner nach dem Lebenspartnerschaftsgesetz und Kinder sind ohne zusätzlichen Beitrag mitversichert (Familienversicherung), Kinder bis 18 Jahre (ohne Erwerbstätigkeit bis 23 Jahre, in Ausbildung bis 25 Jahre, bei Behinderung ohne Altersgrenze), sofern das monatliche Einkommen 1/7 der monatlichen Bezugsgröße nicht übersteigt (bzw. 450,00 EUR bei Ausübung eines Minijobs). Die mtl. Bezugsgröße ist das Durchschnittsentgelt der gesetzlichen RV im vorvergangenen Jahr.

Finanzierung
- durch Beiträge der versicherten Arbeitnehmer und Arbeitgeberanteil; siehe S. 204
- durch Beiträge der Bundesagentur für Arbeit für Empfänger von Arbeitslosengeld
- durch Beiträge der freiwillig Versicherten
- durch Steuerzuschüsse
- durch Beiträge der gesetzlichen Rentenversicherung für die bei ihr versicherten Rentner

Die Beiträge fließen in einen **Gesundheitsfonds**. Die Kassen erhalten ihre Finanzmittel aus dem Fonds.

Pflichten der Arbeitnehmer
- Bei Krankheit Vorlage einer ärztlichen Arbeitsunfähigkeitsbescheinigung beim Arbeitgeber
- Vorlage der Gesundheitskarte bei Inanspruchnahme von ärztlichen Leistungen
- Zahlung der festgelegten Eigenanteile an Krankenhaus-, Kur-, Heilmittel- und Zahnersatzkosten

Pflichten der Arbeitgeber
- Meldung von Zu- und Abgängen an die Krankenkasse, jährliche Meldung der Arbeitsentgelte
- Berechnung der Beiträge, Abführung an die Krankenkasse

Gesundheitskarte
Jeder Krankenversicherte erhält eine „elektronische Gesundheitskarte" (eGK). Diese enthält einen Chip, auf dem die Versicherungsdaten, aber derzeit keine Krankheitsdaten gespeichert werden.

Leistungsvoraussetzungen
- Beitragszahlung
- Eintritt des Leistungsfalles z. B. Krankheit, Schwangerschaft, Geburt

Leistungen

§ 21 SGB I und § 11 SGB V legen die Leistungen der Krankenkassen gesetzlich fest (sog. **Regelleistungen**):

- Leistungen zur Förderung der Gesundheit, zur Verhütung und Früherkennung von Krankheiten (Vorsorgeuntersuchungen für Kinder bis 6 Jahre, Krebsvorsorgeuntersuchungen für Frauen ab 20 Jahre, Männer ab 35 Jahre)
- Bei Krankheit Krankenbehandlung, insbesondere
    a) ärztliche und zahnärztliche Behandlung (für Zahnersatz: Festzuschüsse),
    b) Versorgung mit Arznei-, Verband-, Heil- und Hilfsmitteln (mit Eigenanteilen der Versicherten)
    c) häusliche Krankenpflege (Krankenschwester/-pfleger) und Haushaltshilfe
    d) Krankenhausbehandlung (ab 18 Jahre Zuzahlung von 10,00 EUR pro Tag für maximal 28 Tage)
    e) medizinische und ergänzende Leistungen zur Rehabilitation
    f) Betriebshilfe für Landwirte
    g) Krankengeld (ab der 7. Krankheitswoche, längstens für 78 Wochen; 70 % des Bruttolohns, maximal 90 % des Nettolohns).
- Mutterschaftshilfe (notwendige Leistungen und Mutterschaftsgeld in der Schutzfrist)
- Hilfe zur Familienplanung, Leistungen bei Sterilisation/Schwangerschaftsabbruch (nur bei Vorliegen medizinischer Gründe).

Über die Regelleistungen hinaus kann die Kassensatzung **Mehrleistungen** vorsehen (z. B. Zuschüsse zu Heilkuren, zusätzliche Leistungen bei Zahnersatz oder häuslicher Krankenpflege). Der Versicherte kann bei Behandlungen grundsätzlich zwischen **Sachleistungen** und **Geldleistungen** wählen (Sachleistung: Der Arzt rechnet direkt mit der Kasse ab; Geldleistung: Der Patient erhält eine Arztrechnung, die von der Kasse in gleicher Höhe wie Sachleistungen erstattet wird.)

„Vorsicht bei Wahl von Geldleistungen: Der Erstattungsbetrag liegt i. d. R. erheblich unter dem Rechnungsbetrag."

Für alle Bürger besteht eine allgemeine Krankenversicherungspflicht bei einer gesetzlichen oder privaten Krankenversicherung. Ehemals Versicherte müssen von ihrer früheren gesetzlichen oder privaten Krankenversicherung wieder aufgenommen werden. Private Kassen müssen einen Basistarif anbieten, der die Leistungen der gesetzlichen Kassen abdeckt. Er darf nicht teurer sein als der durchschnittliche Satz der gesetzlichen Kassen (Arbeitnehmer- und Arbeitgeberanteil).

Arbeitsaufträge

1. Ein Angestellter stellt folgende Behauptungen auf:
   a) Bei Krankheit des Arbeitnehmers zahlt die Krankenkasse zunächst 6 Wochen den Lohn weiter, anschließend Krankengeld (maximal 78 Wochen).
   b) Sowohl die Rentenversicherung als auch die Unfallversicherung befassen sich mit Rehabilitationsmaßnahmen, nicht jedoch die Krankenversicherung.
   c) Die Krankenversicherung erbringt Leistungen bei Berufsunfällen und Berufskrankheiten.
   d) Bei Aufnahme einer Arbeitstätigkeit muss der Arbeitnehmer dem Arbeitgeber seinen Sozialversicherungsausweis vorlegen.
   Hat der Kollege Recht?

2. Stellen Sie sich vor, dass ein Arbeitnehmer vor acht Wochen schwer erkrankte.
   Geben Sie an, welche Leistungen er von seiner Krankenversicherung zu erwarten hat.

3. Herr Recknagel ist privat krankenversichert. Für Jahre, in denen er der Versicherung keine Rechnungen einreicht, erhält er eine Beitragserstattung. Seine Tochter Karin befindet sich im zweiten Ausbildungsjahr einer Ausbildung zur Industriekauffrau. Nachdem bei ihr eine größere kieferorthopädische Behandlung vorgenommen wurde, meint Herr Recknagel, dass er für dieses Jahr wohl keine Beitragsrückerstattung von seiner Versicherung zu erwarten habe.
   Untersuchen Sie, ob die Annahme von Herrn Recknagel zutrifft.

8 Soziale Rahmenbedingungen

8.3.6 Pflegeversicherung

Immer mehr Menschen erreichen ein hohes Alter, werden dann aber oft zu Pflegefällen. Zur Kostendeckung werden herangezogen: das Einkommen und Vermögen des Pflegebedürftigen, das Einkommen der Verwandten in gerader Linie (Großeltern, Eltern, Kinder, Enkel) oberhalb von Freigrenzen und die Sozialhilfe. Die Pflegeversicherung wurde eingerichtet, um soziale Härten zu vermeiden und den Staat von Sozialhilfe zu entlasten.

Pflegeversicherung

Aufgaben
Finanzielle Absicherung im Pflegefall

Versicherte
Arbeiter, Angestellte (Pflicht- und freiwillige Versicherung sowie Versicherungspflichtgrenze wie bei der Krankenversicherung)

Finanzierung
durch Beiträge (siehe S. 204)

Pflichten der Arbeitnehmer
Antrag auf Pflegeleistungen

Pflichten der Arbeitgeber
wie Krankenversicherung

Als Ausgleich für die Beitragsleistungen der Arbeitgeber wurde ein gesetzlicher Feiertag gestrichen. Ausnahme: Sachsen (AN-Beitrag 1,775 %, AG-Beitrag 0,775 %)

Leistungsvoraussetzungen
- Beitragszahlung
- Eintritt des Pflegefalls

Fünf Pflegegrade sollen den tatsächlichen Grad der Selbstständigkeit eines Menschen erfassen:
1 = geringe, 2 = erhebliche, 3 = schwere, 4 = schwerste Beeinträchtigung der Selbstständigkeit;
5 = schwerste Beeinträchtigung mit besonderen Anforderungen an die pflegerische Versorgung.

1. Mobilität (z. B. Fortbewegen innerhalb des Wohnbereichs, Treppensteigen)	10 %
2. Kognitive/kommunikative Fähigkeiten (z. B. örtliche/zeitliche Orientierung)	15 %
3. Verhaltensweisen, psychische Problemlagen (z. B. nächtliche Unruhe, selbstschädigendes/autoaggressives Verhalten)	15 %
4. Selbstversorgung (z. B. Körperpflege, Ernährung)	40 %
5. Bewältigung von und selbständiger Umgang mit krankheits- oder therapiebedingten Anforderungen/Belastungen (z. B. Medikation, Arztbesuche, Therapieeinhaltung)	20 %
6. Gestaltung des Alltagslebens und sozialer Kontakte (z. B. Gestaltung des Tagesablaufs)	15 %

In die Bewertung gehen sechs Bereiche mit unterschiedlicher Wertigkeit ein:

Leistungen
Die Pflegeversicherung leistet z. B. Pflegeberatung, Versorgung mit Pflegehilfsmitteln, finanzielle Zuschüsse zur Verbesserung des Wohnumfelds und Pflegekurse sowie folgende Pflegeleistungen (monatliche Beträge in EUR):

Pflegegrad →		1	2	3	4	5
Ambulante Pflege (Angehörige/Ehrenamtler)	Geldleistung		316	545	728	901
Ambulante Pflege (Pflegedienst)	Sachleistung		689	1298	1612	1995
Ambulante Pflege (Entlastungsbetrag)	Geldleistung	125	125	125	125	125
Vollstationäre Pflege (reine Pflegekosten, keine Unterbringungs-/Verpflegungskosten)	Leistungsbeitrag	125	770	1262	1775	2005

Soziale Sicherung der Pflegepersonen: Pflegende Angehörige und Ehrenamtler sind gesetzlich unfallversichert und bei Vorliegen von Mindestvoraussetzungen rentenversichert (§ 44 SGB XI) und arbeitslosenversichert (§ 26 SGB III).

Pflegezeit: In Betrieben ab 5 Beschäftigten können sich Angehörige von Pflegebedürftigen ohne Lohn bis zu sechs Monate freistellen lassen.

Qualitätssicherung: Ambulante und stationäre Pflegeanbieter werden jährlich unangemeldet überprüft. Die Ergebnisse der Heimprüfungen werden öffentlich zugänglich gemacht.

> **Arbeitsauftrag**
>
> Frau Roland (82) lebte bis vor kurzem mit im Haushalt ihres Sohnes. Mit Teilen ihrer Rente von 1 130,00 EUR unterstützte sie die Haushaltskasse. Den Rest verbrauchte sie für ihren persönlichen Bedarf. Nachdem sie schwer krank geworden war, konnte sie nicht mehr im Haus versorgt werden. Sie musste in ein Altenpflegeheim. Es entstanden Kosten von 3 700,00 EUR pro Monat.
> a) Wer trägt die Kosten für die Pflege von Frau Roland?
> b) Vielleicht sind Ihnen ähnliche Fälle aus Ihrem Verwandten- oder Freundeskreis bekannt. Versuchen Sie auch hier, die finanziellen Belastungen zu ermitteln.

8.3.7 Arbeitslosenversicherung und Bundesagentur für Arbeit

Die Bundesagentur für Arbeit in Nürnberg (BA) ist Träger der Arbeitslosenversicherung. Nachgeordnete Behörden sind die Regionaldirektionen der BA und die örtlichen Agenturen für Arbeit. SGB III weist der BA insgesamt eine umfassende aktive Arbeitsmarktpolitik zu. Sie soll dazu beitragen, Arbeitslosigkeit von vornherein zu verhindern sowie die Erhaltung und Schaffung von Arbeitsplätzen zu fördern.

Aufgaben der Bundesagentur für Arbeit

Beschäftigungspolitik	Erhaltung und Schaffung von Arbeitsplätzen	Leistungen an Arbeitslose
• Arbeitsmarktbeobachtung • Arbeitsmarkt- und Berufsforschung • Arbeitsvermittlung und Ausbildungsplatzvermittlung • Berufsberatung • Förderung der beruflichen Bildung: Zuschüsse und Darlehen für berufliche Ausbildung und Umschulung, Kostenübernahme und Unterhaltsgeld für berufliche Fortbildung	• Kurzarbeiter-, Winterausfallgeld • Förderung der ganzjährigen Beschäftigung in der Bauwirtschaft: Saison-Kurzarbeitergeld • Arbeitsbeschaffung, z. B. durch Altersteilzeit • Gründungszuschuss zur Aufnahme einer selbstständigen Tätigkeit • Einstiegsgeld zur Aufnahme einer Tätigkeit mit geringem Entgelt • berufliche Rehabilitation	• Arbeitslosengeld • Insolvenzgeld • Mobilitätshilfen • Zahlung der Beiträge für Kranken-, Pflege-, Renten- und Unfallversicherung von Arbeitslosen • Bewerbungstraining • Vermittlung schwer vermittelbarer Arbeitsloser an Personalservice-Agenturen (PSA)

Vergleichen Sie hierzu auch S. 424 f.

Arbeitslosenversicherung

Aufgaben
- Finanzielle Absicherung im Falle der Arbeitslosigkeit
- Vermittlung einer neuen Arbeitsstelle
- Förderung der Arbeitsaufnahme

Versicherte
Arbeiter, Angestellte, Auszubildende

Finanzierung
- durch Beiträge (hälftig von Arbeitnehmern und Arbeitgebern)
- durch Zuschüsse des Bundes. Der Bund ist zur Zahlung von Zuschüssen (aus Steuermitteln) verpflichtet, wenn die Beitragseinnahmen nicht ausreichen.

Pflichten der Arbeitnehmer

- Unverzügliche persönliche Meldung der Arbeitslosigkeit bei der Agentur für Arbeit nach Zugang der Kündigung
- Annahme einer von der Agentur für Arbeit angebotenen zumutbaren Arbeitsstelle

Pflichten der Arbeitgeber

- Meldung von Zu- und Abgängen an die Krankenversicherung, jährliche Meldung der Arbeitsentgelte
- Berechnung der Beiträge, Abführung an die Krankenkasse
- Anmeldung von Massenentlassungen bei der Agentur für Arbeit[1]
- Beantragung von Kurzarbeit bei der Agentur für Arbeit (Kurzarbeit setzt einen unvermeidbaren Arbeitsausfall von mehr als 10 % der Arbeitszeit innerhalb von 4 Wochen für mindestens ein Drittel der Belegschaft voraus.)

Arbeitslosigkeit	zumutbare Arbeit
bis 3 Monate	mit bis zu 20 % Lohnminderung
bis 6 Monate	mit bis zu 30 % Lohnminderung
über 6 Monate	jede Arbeit mit Nettolohn über dem Arbeitslosengeld
Für Langzeitarbeitslose (Arbeitslosigkeit länger als 1 Jahr) gilt jede angebotene Arbeit als zumutbar.	

Leistungsvoraussetzungen für Arbeitslosengeld I

- Mindestens 12 Monate beitragspflichtige Tätigkeit in den letzten 2 Jahren unmittelbar vor der Arbeitslosigkeit.
- Persönliche Antragstellung bei der Agentur für Arbeit
- Verfügbarkeit für die Arbeitsvermittlung
- Die Arbeitslosigkeit darf nicht selbst herbeigeführt worden sein, z. B. durch eigene Kündigung oder Aufhebungsvertrag. (Bei selbst herbeigeführter Arbeitslosigkeit mindert sich der Arbeitslosengeldanspruch mindestens um ein Viertel der Gesamtanspruchsdauer. Außerdem wird das Arbeitslosengeld für die ersten 12 Wochen der Arbeitslosigkeit gesperrt (Härtefälle: 6 Wochen).
- Arbeitsfähigkeit und Arbeitswilligkeit

Leistungen

- **Berufsberatung**
- **Arbeitsvermittlung**
- **bei Insolvenzverfahren des Arbeitgebers: Insolvenzgeld** (Löhne und Gehälter, die in den letzten 3 Monaten vor Insolvenzeröffnung nicht mehr gezahlt wurden)
- **bei Kurzarbeit: Kurzarbeitergeld** (zum teilweisen Ausgleich des Lohnausfalles bei Kurzarbeit) höchstens für 6 Monate; bei außergewöhnlichen Verhältnissen auf dem gesamten Arbeitsmarkt Verlängerung durch das Bundesarbeitsministerium bis auf 24 Monate möglich.
- **bei Arbeitslosigkeit:**
  - **Arbeitslosengeld I:** 60 % des Leistungsentgelts (= Bruttolohn bis zur Beitragsbemessungsgrenze abzgl. pauschal 21 % SV-Beitrag sowie LSt und SolZ). Arbeitslose mit Kindergeld-Kind: 67 %. Bezugsdauer:

Vorversicherungszeit		vollendetes Lebensalter	Bezugsdauer
12/16/20/24 Monate			6/8/10/12 Monate
30 Mon.	in den	50	15 Monate
36 Mon.	letzten	55	18 Monate
48 Mon.	5 Jahren	58	24 Monate

  - **Arbeitslosengeld II:** Volljährige Alleinstehende oder Alleinerziehende 416,00 EUR, volljährige Partner sowie sonstige Volljährige in gemeinsamem Haushalt jeweils 374,00 EUR, Kinder bis zum 6./14./18. Lebensjahr 240,00/296,00/316,00 EUR zuzüglich Kosten für Unterkunft und Heizung.
    Arbeitslosengeld II ist eine Leistung der *staatlichen Grundsicherung*. Voraussetzungen für die Zahlung sind Erwerbsfähigkeit und Bedürftigkeit. Eigenes Einkommen und – nach Abzug von Freibeträgen – auch Einkommen des Ehegatten oder Lebenspartners sowie eigenes Vermögen werden angerechnet, wenn sie festgesetzte Höchstbeträge übersteigen. Das ALG II wird zwecks Entlastung der Beitragszahler aus Steuermitteln aufgebracht.
  - **Beiträge** für die Kranken-, Pflege-, Renten- und Unfallversicherung (für die Wege zur Agentur für Arbeit, das Abholen der Geldleistungen, ärztliche Untersuchungen, Vorstellung bei Arbeitgebern u. Ä.)
- Einen **Gründungszuschuss** erhalten Bezieher von Arbeitslosengeld I, die sich selbstständig machen wollen (siehe S. 423).

M 213

---

[1] vgl. Band 1 *Geschäftsprozesse*, Sachwort „Massenentlassung"

Arbeitsaufträge

1. **Frau Gabler hat vor zwei Jahren ihr Fachhochschulstudium abgeschlossen und ist seitdem bei der Firma Rauh & Borstig beschäftigt.**
   a) Am 13. Februar wird ihr fristgerecht gekündigt. Sie findet zunächst keinen neuen Arbeitsplatz. Welche Leistung kann sie von der Agentur für Arbeit beziehen?
   b) Wie lange kann sie diese Leistung maximal beziehen?
   c) Welche Voraussetzungen müssen für den Bezug der Leistung erfüllt sein?
   d) Welche Wirkung hätte eine von Frau Gabler selbst herbeigeführte Arbeitslosigkeit (z. B. durch eigene Kündigung)?
   e) Welche Leistung kann Frau Gabler ggf. erhalten, wenn ihr Anspruch auf die oben genannte Leistung entfällt?
   f) An welche Voraussetzung ist die Leistung gebunden?
   g) Wie lange wird diese Leistung maximal gezahlt?

2. **Ein arbeitsloser Elektriker nimmt eine Stelle bei einer Montagefirma an: 1 700,00 EUR monatliches festes Gehalt, Dienstwagen und 200 Liter Freibenzin. Bei Arbeitsbeginn gefallen ihm die Bedingungen nicht mehr und er meldet sich wieder arbeitslos.**
   Untersuchen Sie, gegen welche Bestimmungen der Arbeitslosenversicherung er verstoßen hat.

3. **Ein Unternehmer stellt fest, dass der Monat Mai aufgrund von Feiertagen nur noch 15 Arbeitstage enthält. Da die Beschäftigten für die Feiertage vollen Lohnanspruch haben, meldet das Unternehmen trotz genügender Aufträge Kurzarbeit an.**
   Bewerten Sie den Fall aus der Sicht der Agentur für Arbeit.

8.3.8 Finanzierungsprobleme

Kranken- und Rentenversicherung leiden schon längere Zeit an wachsenden Finanzierungsproblemen. Die Gründe sind:

- **sinkende Beitragseinnahmen** aufgrund von Arbeitslosigkeit, Schwarzarbeit und sinkender Bevölkerungszahl
- **wachsende Ausgaben**
  - der *Rentenversicherung* aufgrund steigender Lebenserwartung und zahlreicher versicherungsfremder Leistungen,
  - der *Krankenversicherung* aufgrund zunehmender Erkrankungen, steigender Lebenserwartung, zunehmenden Einsatzes teurer Medizintechnik in Praxen und Krankenhäusern, Verteuerung des Personaleinsatzes, steigender Kosten für neuartige Medikamente.

Wichtige bisherige Entlastungsmaßnahmen:
- **Krankenversicherung**: Einführung der Pflegeversicherung, zugleich Zusatzbeiträge, höhere Eigenbeteiligung (z. B. für Krankenhaus, Medikamente).
- **Rentenversicherung**: starke Beitragserhöhungen (z. B. 1991: 17,7 %, 2018: 18,6 %); Erhöhung der Regelaltersgrenze; Rentenabschläge bei vorzeitigem Rentenbezug, Absenkung des Rentenniveaus für den sog. Eckrentner (45 Versicherungsjahre, Durchschnittseinkommen) von 55 % (1990) auf 43 % (2030) des Durchschnittseinkommens; Aufbau einer privaten Altersversorgung.

8.3.9 Meldung von Sozialdaten

Das Sozialgesetzbuch verpflichtet alle Arbeitgeber, der jeweiligen Beitragseinzugsstelle (Krankenkasse) die Sozialdaten ihrer Arbeitnehmer monatlich auf elektronischem Wege zu melden.

Sozialdaten sind das Arbeitsentgelt, die SV-Beiträge sowie bestimmte Informationen über das Beschäftigungsverhältnis.

Dazu gehören z. B.:
- die SV-Anmeldung bei Aufnahme der Beschäftigung,
- die Ummeldung bei Krankenkassenwechsel,
- die Meldung einer Unterbrechung der Beschäftigung,
- die Meldung einer Veränderung der Beschäftigung (z. B. durch Mutterschaft, Arbeitsunfähigkeit, Arbeitsunfall),
- die SV-Abmeldung, z. B. bei Kündigung des Beschäftigungsverhältnisses,
- die Jahresmeldung der Arbeitsentgelte.

Zu melden ist auch eine eventuelle Insolvenzanmeldung des Arbeitgebers.

Die Meldungen müssen elektronisch erfolgen. In der Regel erledigen die Unternehmen dies mithilfe ihrer Lohn- und Gehaltsprogramme. Unter anderem bieten die Krankenkassen die elektronische Ausfüllhilfe sv.net an. Es gibt die PC-basierte Version sv.net/comfort und die browserbasierte Version sv.net/standard für Meldungen über das Internet.[1]

8.3.10 Sozialgerichte

> Sozialversicherungsträger haben nicht immer recht, wenn sie eine beantragte Leistung ablehnen. Das beweisen zahlreiche Verfahren vor den Sozialgerichten bis hin zum Bundessozialgericht, vor dem sich Versicherte in fast jedem dritten Fall durchsetzen.

Die Sozialgerichte sind für Streitigkeiten auf den Gebieten der Sozialversicherung, der Bundesagentur für Arbeit und der Kriegsopferversorgung zuständig. Dem gerichtlichen Verfahren geht ein Vorverfahren voraus.

---

[1] Alle Informationen zu sv.net finden Sie auf folgender Webseite: www.itsg.de/oeffentliche-services/sv-net/.

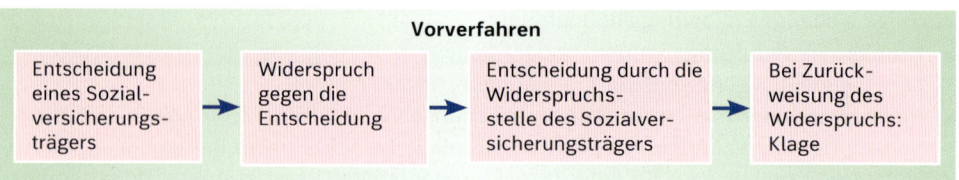

Wie bei den Arbeitsgerichten sind drei Instanzen zu unterscheiden:

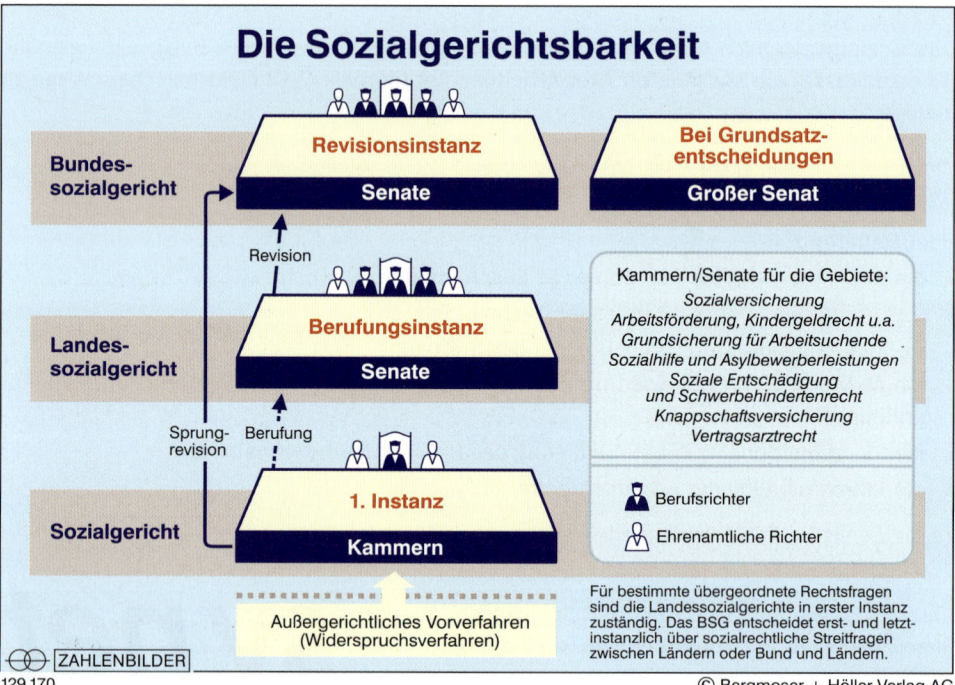

Im Gegensatz zum Urteilsverfahren beim Arbeitsgericht erforscht das Sozialgericht den Sachverhalt von Amts wegen. Es ist nicht an Beweisanträge der Parteien gebunden.

Das **Verfahren** ist für die Versicherten in allen Instanzen **kostenfrei** (auch im Fall der Niederlage). Sie sollen nicht durch Gerichtskosten oder Gebühren für Sachverständigengutachten davon abgehalten werden, die Entscheidung eines Sozialversicherungsträgers anzufechten. Nur wer einen Anwalt in Anspruch nimmt und den Prozess verliert, muss die Anwaltsgebühren selbst tragen.

Arbeitsauftrag

Die Arbeitgeber sind gesetzlich verpflichtet, die Sozialdaten ihrer Arbeitnehmer zu melden.
a) Was sind Sozialdaten?
b) An welche Stelle sind die Daten zu melden?
c) Ist die Einzugsstelle auch die Stelle, die die Daten speichert und verwendet?
d) Welche Aufgabe hat in diesem Zusammenhang das Internetportal sv.net?

9 Steuerliche Rahmenbedingungen

9.1 Steuerarten

Die Staatseinnahmen umfassen bekanntlich die Einnahmen aus Steuern, Gebühren, Beiträgen, Gewinnen staatlicher Betriebe und Kreditaufnahmen.

Vergleichen Sie noch einmal S. 135.

Die Steuern bilden den Hauptbestandteil der Staatseinnahmen. Sie stehen teils dem Bund, den Ländern, dem Gemeinden und der EU zu, teils sind sie auch gemeinschaftliche Steuern. Der Bund muss von seinen Einnahmen Teile an die EU abführen. Die folgende Grafik gibt einen Überblick.

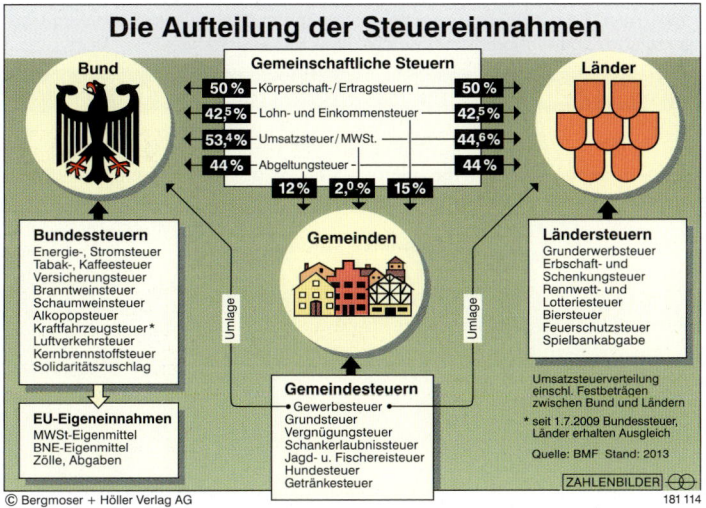

Anmerkungen:
1. MwSt-Eigenmittel = Anteil an den Mehrwertsteuer-Einnahmen der EU-Länder
2. BNE-Eigenmittel: Zahlungen der EU-Länder, die einem festgelegten Anteil am Bruttonationaleinkommen entsprechen
3. Die Aufteilung der MwSt. variiert im Zeitablauf (z. B. 2016: Bund 51,5 %, Länder 46,3 %, Gemeinden 2,2 %).

Steuerarten[1] nach dem Gegenstand der Besteuerung

Besitzsteuern

Personalsteuern: Sie erfassen den Ertrag aus dem Einkommen und dem Vermögen von Personen. Dabei wird die Leistungsfähigkeit dieser Personen anhand festgelegter Kriterien berücksichtigt.
Arten: Einkommensteuer, Körperschaftsteuer, Erbschaft- und Schenkungsteuer, Kirchensteuer, Solidaritätszuschlag

Realsteuern (Ertragsteuern): Sie umfassen die Erträge von Objekten (z. B. Unternehmen) ohne Rücksicht auf die Personen, denen die Erträge zufließen.
Arten: Gewerbesteuer, Grundsteuer

Verbrauchsteuern

Sie erfassen die steuerliche Leistungsfähigkeit nicht unmittelbar bei der Entstehung des Einkommens wie die Personalsteuern, sondern mittelbar bei seiner Verwendung (dem Verbrauch). Damit wird auch derjenige erfasst, der z. B. keine Einkommensteuer zahlt. Die Steuer ist von jedem Unternehmer – mit Ausnahmen – zu entrichten, der sie in den Verkaufspreis einkalkuliert. Folglich wird letztlich der Verbraucher mit der Steuer belastet.
Arten: Energie-, Bier-, Tabak-, Kaffee-, Schaumwein-, Branntweinsteuer, Stromsteuer, Zwischenerzeugnissteuer für Alkohol, Hundesteuer, Getränkesteuer. Eine Mittelstellung nimmt die Umsatzsteuer ein: Nach ihrer wirtschaftlichen Wirkung ist sie eine Verbrauchsteuer, nach ihrer steuerrechtlichen Gestaltung hingegen eine Verkehrsteuer.

---

[1] Aus steuerrechtlicher Sicht. Aus finanzwissenschaftlicher Sicht ergeben sich teilweise andere Zuordnungen.

Verkehrsteuern

Sie besteuern die Vorgänge des Rechtsverkehrs (Rechtsakte, die jemandem Rechte an einer Sache oder Dienstleistung einräumen). Sie knüpfen in der Regel an ein laufendes Geschäft an und nicht wie die Besitzsteuern an das Ergebnis. Sie werden deshalb auch ohne Rücksicht auf die steuerliche Leistungsfähigkeit des Steuerpflichtigen erhoben.

Arten: Umsatzsteuer (zugleich Verbrauchsteuer), Einfuhrumsatzsteuer, Grunderwerbsteuer, Kraftfahrzeugsteuer, Versicherungsteuer, Rennwett- und Lotteriesteuer, Feuerschutzsteuer, Spielbankabgabe, Schankerlaubnissteuer, Vergnügungsteuer.

Zölle

Sie erfassen den grenzüberschreitenden Warenverkehr bei der Einfuhr. (Die Europäische Union kennt keine Ausfuhr- und Transit- (= Durchfuhr-)Zölle.)

Arten: Wertzölle (nach dem Zollwert berechnet), Gewichtszölle (selten; nach dem Gewicht berechnet), gemischte Zölle (nach dem Gewicht, aber mit Mindestwert).

Steuerarten nach der Überwälzbarkeit

Direkte Steuern

Sie werden direkt von denen erhoben, die nach dem Willen des Gesetzgebers die Steuern auch tragen sollen. Alle Besitzsteuern sind direkte Steuern.

Indirekte Steuern

Sie werden von Wirtschaftseinheiten erhoben, die nach dem Willen des Gesetzgebers die Steuern nicht selbst tragen, sondern sie über den Preis offen oder verdeckt auf andere abwälzen sollen. Die Verbrauchsteuern und Verkehrsteuern (außer Kfz-Steuer) sind indirekte Steuern.

Arbeitsauftrag

Gegeben sind folgende steuerlich relevante Sachverhalte.
 (1) Der Fahrer der Unix GmbH tankt an der Tankstelle Benzin.
 (2) Die Unix GmbH überweist ihrer Angestellten Frau Lampe das Gehalt.
 (3) In der Großhandlung Franz Schneider e. K. fällt ein Gewinn von 220 000,00 EUR an.
 (4) In der Motorenbau GmbH fällt ein Gewinn von 650 000,00 EUR an.
 (5) Der Auszubildende Frank Engels erhält von Erbonkel Gustav 20 000,00 EUR als Geschenk.
 (6) Der Aktionär Egon Schuster erhält eine Dividendenzahlung von 2 500,00 EUR.
 (7) Erwin Ermert genehmigt sich zwei Bierchen in der Gastwirtschaft.
 (8) Die Unix GmbH kauft Schreibtische bei der Büromöbel GmbH.
 (9) Die Unix GmbH ist Halter von 10 Geschäfts-Pkws.
 (10) Die Unix GmbH kauft ein Grundstück für den Bau einer Lagerhalle.
 (11) Die Unix GmbH ist Eigentümer von insgesamt 30 000 m² an Grundstücken.

a) Welche Steuern fallen jeweils an?
b) Welche dieser Steuern sind Besitz-, Verbrauch-, Verkehrsteuern?
c) Welche dieser Steuern sind direkte, welche indirekte Steuern?
d) Diese Steuern werden in der Buchführung unterschiedlich behandelt. Welche sind aktivierungspflichtige Steuern, Betriebssteuern, Privatsteuern, Durchlaufsteuern?

9.2 Steuergrundsätze und Steuergerechtigkeit

> Rolf Mager, ledig, kinderlos, wurden im Vorjahr von seinem Lohn (insgesamt 22 850,00 EUR) 2 520,00 EUR Lohnsteuer abgezogen.
> Sein verheirateter Vorarbeiter (23 520,00 EUR) hatte hingegen nur 425,00 EUR Lohnsteuerabzug.

Das Steuerwesen ist ein einheitliches Rechtswesen mit umfangreichen Gesetzen, eigener Verwaltung und eigener Gerichtsbarkeit. Steuergrundsätze dienen der Vereinheitlichung des Steuerwesens. Sie sollen zugleich **Steuergerechtigkeit** schaffen.

Grundsätze der Besteuerung

Grundsatz der Steuerdeckung
Der Staat soll sich nicht mehr und nicht weniger Steuern nehmen, als er benötigt.

Grundsatz der Steuerverwaltung
Die Erhebungskosten sollen so gering wie möglich sein. Die Steuer muss einfach und jedem verständlich sein. Die Abwicklung soll ohne Reibungen erfolgen.

Grundsätze der Steuerbemessung
Leistungsfähigkeit: Der Bürger soll entsprechend seinen Einkommensverhältnissen und Vermögenswerten besteuert werden. Er soll die Steuer ohne wirtschaftliche Gefährdung tragen können.
Steuergerechtigkeit: Die Steuer soll alle Steuerzahler in gleichem Verhältnis treffen. Die Belastung der Steuerpflichtigen soll im Vergleich zueinander übereinstimmen.

Die **direkten Steuern** entsprechen diesen Grundsätze am ehesten:

- Bezieher höherer Einkommen sind leistungsfähiger als Bezieher niedriger Einkommen. Sie müssen deshalb eine höhere Einkommensteuer in Kauf nehmen.
- Wer höhere soziale Lasten trägt (Familie), zahlt bei gleichem Einkommen weniger Einkommensteuer.

Die **indirekten Steuern**, vor allem die Verbrauchsteuern und die Umsatzsteuer, sind aus sozialer Sicht relativ ungerecht: Jeden Verbraucher trifft der gleiche Steuersatz. Ärmere Verbraucher müssen den größten Teil ihres Einkommens für den Verbrauch aufwenden.

Sie werden deshalb relativ zu hoch besteuert. Allerdings erbringen nur Umsatzsteuer, Energiesteuer und Tabaksteuer ein hohes Steueraufkommen.

Die anderen Verbrauchsteuern sind dem Aufkommen nach „Bagatellsteuern".

Wenn die Steuerlast vom Steuerzahler als ungerecht (insbesondere als unzumutbar hoch) empfunden wird, kann die Besteuerung negative Auswirkungen haben:

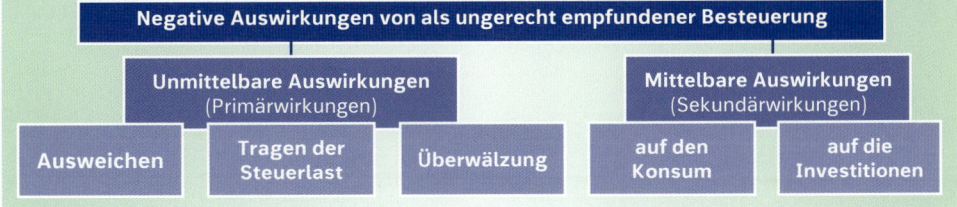

Primärwirkungen

- **Rechtmäßige Steuerausweichung:** Unternehmen verlagern z. B. ihren Geschäftssitz ins steuergünstigere Ausland.
- **Unrechtmäßige Steuerausweichung:**
  - Steuerpflichtige verkürzen z. B. ihre Steuererklärung durch unvollständige Angaben.
  - Unternehmen führen z. B. Aufträge ohne Rechnung aus.
  - Arbeitnehmer leisten z. B. verbotene Schwarzarbeit.
- **Tragen der Steuerlast** (Zahlung der Steuer): Bei Unternehmen kann z. B. durch die Besteuerung die Liquidität empfindlich leiden.
- **Überwälzung der Steuer:** Unternehmen rechnen die Steuer in die Preiskalkulation ein (wenn die Marktverhältnisse dies zulassen). Dann tragen letztlich die Abnehmer der Unternehmensleistungen die Steuer.

Sekundärwirkungen

Die mittelbaren Auswirkungen der Steuerlast zeigen sich bei den Konsum-, Spar- und Investitionsentscheidungen der Unternehmen und Haushalte. Damit sind letztlich die Beschäftigung und das Wachstum der Volkswirtschaft betroffen.

- **Auswirkungen auf die Konsumentscheidungen**
  Die unteren Einkommensbezieher können nur wenig oder gar nicht sparen. Bei Steuererhöhungen nimmt ihr verfügbares Einkommen ab. Deshalb werden sie ihre Konsumausgaben eher einschränken. Die mittleren Einkommensbezieher werden versuchen, die Konsumausgaben zulasten des Sparens beizubehalten. Arbeitnehmer werden in jedem Fall höhere Lohnforderungen stellen.

- **Auswirkungen auf die Investitionsentscheidungen**
  Ertragsabhängige Steuern beeinflussen die Investitionsentscheidungen stärker als ertragsunabhängige Steuern. Die Unternehmen werden Investitionen unterlassen, wenn durch die steuerbedingte Gewinnminderung eine gewünschte Mindestverzinsung des Kapitaleinsatzes nicht erreichbar ist. Dies gilt besonders für stark risikobehaftete Investitionen.

Arbeitsaufträge

1. **Steuergerechtigkeit ist ein wichtiger Besteuerungsgrundsatz.**
   a) Entspricht es Ihrer Auffassung von Steuergerechtigkeit, dass der Vorarbeiter im Eingangsbeispiel zu diesem Abschnitt weniger Steuern zahlen musste als der geringer verdienende Arbeiter?
   b) Diskutieren Sie darüber, ob die Umsatzsteuer eine „gerechte" Steuer ist.
   c) Welchen Besteuerungsgrundsätzen entspricht die Umsatzsteuer, wenn sie dem Grundsatz der Gerechtigkeit weniger entsprechen sollte?

2. **Die Steuer muss den Grundsatz der Leistungsfähigkeit berücksichtigen.**
   Diskutieren Sie dazu folgende Fälle:
   a) Ein Arbeitnehmer lehnt Überstunden mit der Begründung ab: „Ich mache mich doch für das Finanzamt nicht kaputt. Von jedem zusätzlich verdienten Euro muss ich 0,30 EUR Steuern zahlen."
   b) Ein bekannter deutscher Sänger sagte eine Tournee in der Bundesrepublik Deutschland ab. Die Begründung lautete: Die Steuer würde aufgrund der Progression die Hälfte der Einnahmen wegnehmen.

   Entscheiden Sie, wie viel Prozent der höchste Steuersatz betragen sollte.

3. **Aufgrund von Steueränderungen treten folgende Wirkungen ein**:
   a) Erhöhung der Lebenshaltungskosten,
   b) Verbesserung der Investitionstätigkeit,
   c) Erhöhung des Konsums.

   Welche Steueränderungen könnten die Ursache sein?

4. **Die Einkommensteuer berücksichtigt die persönlichen Verhältnisse**.
   Nennen Sie möglichst viele Tatbestände, die sie dabei beachten sollte.

9.3 Einkommensteuer

„Das deutsche Steuerrecht gilt im internationalen Vergleich als recht kompliziert. So ist es nicht verwunderlich, wenn unsere Arbeitnehmer den Mitarbeitern in der Lohnbuchhaltung häufig Fragen stellen. Vor kurzem kam ein neu eingestellter lediger Arbeiter mit einem Bruttolohn von 1 881,00 EUR: Er habe gehört, sein Steuersatz liege einschließlich Solidaritätszuschlag und Kirchensteuer bei etwa 26 %. Das bedeute Abzüge von monatlich 489,00 EUR allein für Steuern. Wir konnten ihn beruhigen: Die tatsächlichen Steuerabzüge lagen bei 205,00 EUR. Der junge Mann verwechselte sein Bruttoeinkommen mit dem zu versteuernden Einkommen und den Grenzsteuersatz mit dem Durchschnittssteuersatz. Er hatte keine Ahnung von Werbungskosten und Sonderausgaben und wusste auch nicht, dass er deren Höhe beeinflussen konnte, um Steuern zu sparen."

9.3.1 Berechnungsschema für das zu versteuernde Einkommen

Die Einkommensteuer wird vom Einkommen der natürlichen Personen berechnet. (Das Einkommen juristischer Personen unterliegt hingegen der Körperschaftsteuer.) Besteuert werden **sieben Einkunftsarten**, die in § 2 EStG aufgeführt sind.

Unbeschränkt (mit ihren gesamten Einkünften) einkommensteuerpflichtig **sind alle natürlichen Personen mit Wohnsitz oder gewöhnlichem Aufenthalt im Inland.** *Beschränkt steuerpflichtig* **sind alle anderen natürlichen Personen: Nur ihre inländischen Einkünfte unterliegen der Einkommensteuer (§ 1 EStG).**

Das zu versteuernde Einkommen ist jeweils für ein Steuerjahr zu ermitteln. Es wird nach folgendem Schema berechnet:

Berechnungsschema für das zu versteuernde Einkommen[1]

Gewinneinkünfte:
1. **Einkünfte aus Land- und Forstwirtschaft**
2. **Einkünfte aus Gewerbebetrieb**
   (Handelsgewerbe, Kleingewerbe)
3. **Einkünfte aus selbstständiger Arbeit**
   (aus freiberuflicher Tätigkeit)

+ *Überschusseinkünfte:*
4. **Einkünfte aus nichtselbstständiger Arbeit** (Tätigkeit als Arbeitnehmer)
5. **Einkünfte aus Kapitalvermögen** (Zinsen, Dividenden, ähnliche Einkünfte, Gewinne aus Wertpapierverkäufen)
6. **Einkünfte aus Vermietung und Verpachtung** (von bebauten und unbebauten Grundstücken)
7. **sonstige Einkünfte im Sinne des § 22 EStG**
   (z. B. Renten, private Gewinne aus Immobilienverkäufen, Abgeordnetenbezüge)

= **Summe der Einkünfte**
− Altersentlastungsbetrag
= **Gesamtbetrag der Einkünfte**
− Sonderausgaben
− außergewöhnliche Belastungen
= **Einkommen**
− Kinder-, Betreuungsfreibeträge
− Entlastungsbetrag (nur für Alleinerziehende)
= **zu versteuerndes Einkommen**

Nicht zu den sieben Einkunftsarten gehören z. B. und sind folglich einkommensteuerfrei: Lotterie-, Lotto-, Toto-, Rennwettgewinne; Erbschaften, Schenkungen, Schmerzensgeld; Preisverleihungen ohne den Charakter eines leistungsbezogenen Entgelts; Gewinne aus der Veräußerung privater Vermögensgegenstände (mit im EStG genannten Ausnahmen).

Übrigens: Verluste bei den Einkunftsarten 1, 2, 3, 4, 6, 7 werden untereinander mit Gewinnen verrechnet (sog. Verlustausgleich). Ausnahme: Immobilienverkäufe.

Bei Ehegatten wird mangels gegenteiliger Erkärung das Einkommen beider Partner addiert und gemeinsam versteuert (Zusammenveranlagung).

Einkünfte aus Kapitalvermögen gehen nur in besonderen Fällen in das Berechnungsschema ein. Sie werden in der Regel mit einer besonderen Erhebungsform (Kapitalertragsteuer) und mit einem eigenen Steuersatz besteuert. Einzelheiten siehe S. 231.

9.3.2 Ermittlung des Gesamtbetrags der Einkünfte

Die Einkünfte aus Land- und Forstwirtschaft, Gewerbebetrieb und selbstständiger Tätigkeit sind die Gewinne aus diesen Einkunftsarten.

Der Gewinn ist grundsätzlich anhand der Buchführung zu ermitteln.

Wer nicht gesetzlich zur Buchführung verpflichtet ist (Freiberufler; gewerblicher Unternehmer mit Jahresumsatz unter 600 000,00 EUR und Jahresgewinn unter 60 000,00 EUR), kann als Gewinn den Überschuss der Betriebseinnahmen über die Betriebsausgaben (= Aufwendungen) ansetzen. Die Vorschriften über die Absetzung für Abnutzung (Abschreibung) muss er beachten.

Die Einkünfte aus nichtselbstständiger Arbeit und Vermietung und Verpachtung sowie die sonstigen Einkünfte sind für jede Einkunftsart als Überschuss der Einnahmen über die Werbungskosten zu ermitteln.

Werbungskosten sind Aufwendungen zur Erwerbung, Sicherung und Erhaltung der Einnahmen.

Die Werbungskosten sind bei der Einkunftsart abzuziehen, bei der sie erwachsen sind. Bei Arbeitnehmern gehören alle Aufwendungen dazu, die durch die Berufstätigkeit veranlasst worden sind. Bei Einkünften aus Kapitalvermögen können keine Werbungskosten abgezogen werden.

---
[1] Schema verkürzt um mehrere hier nicht relevante Sachverhalte

Beispiele: Werbungskosten

- **Bei Einkünften aus Vermietung und Verpachtung**: Schuldzinsen, Instandhaltungskosten, Fahrtkosten, Absetzung für Abnutzung (AfA, so viel wie Abschreibung), Ausgaben für Hausverwaltung, städtische Abgaben u. a. m.

- **Bei Einkünften aus nichtselbstständiger Arbeit**: Kosten für Arbeitsmittel, Fortbildungskosten, Gewerkschaftsbeiträge, Mehraufwendungen für doppelte Haushaltsführung (wegen einer Zweitwohnung am Arbeitsort), Verpflegungsmehraufwand und Familienheimfahrten, Kosten für Fahrten zwischen Wohnung und Arbeitsstätte u. a. m. Für solche Fahrten sind als verkehrsmittelunabhängige Entfernungspauschale (sog. „Pendlerpauschale") 0,30 EUR für jeden Entfernungskilometer anzusetzen (maximal 4 500,00 EUR; darüber nur bei Kfz-Nutzung). Wenn keine höheren Kosten nachgewiesen werden, wird für die Werbungskosten pauschal von Amts wegen ein sog. **Arbeitnehmer-Pauschbetrag** von 1 000,00 EUR abgezogen. (**Pauschbeträge** sind Beträge, die in der gesetzlich vorgegebenen Höhe zum Abzug kommen, auch wenn tatsächlich keine Aufwendungen entstanden sind.)

Von den Einkünften für nichtselbstständige Arbeit bleiben steuerfrei: Zuschläge für Nachtarbeit (20:00 bis 06:00 Uhr) bis 25 % (40 % von 00:00 bis 04:00 Uhr bei Arbeitsaufnahme vor 00:00 Uhr), für Sonntagsarbeit bis 50 %, für Arbeit am 31. Dezember ab 14:00 Uhr und an gesetzlichen Feiertagen bis 125 %, am 24. Dezember ab 14:00 Uhr, an den Weihnachtstagen und am 1. Mai bis 150 % des Grundlohns von max. 50,00 EUR pro Stunde.

Eine **geringfügige Beschäftigung** bis 450,00 EUR pro Monat ist für den Arbeitnehmer steuerfrei. Der Arbeitgeber zahlt pauschal 2 % Steuer.

Steuerpflichtige, die im Steuerjahr mindestens 65 Jahre alt werden, erhalten einen Alters-Entlastungsbetrag als Freibetrag. (**Freibeträge** sind steuerfreie Einnahmen.) Der Altersentlastungsbetrag beträgt 40 % vom Arbeitslohn (abzüglich Versorgungsbezüge, z. B. Beamtenpension) und der positiven Summe aller anderen Einkünfte, höchstens aber 1 900,00 EUR, und wird seit 2006 in den ersten 15 Jahren mit jährlich 1,6 %, in den folgenden 20 Jahren mit jährlich 0,8 % abgeschmolzen. Der im Jahr der Vollendung des 65. Lebensjahrs geltende Prozentsatz und Höchstbetrag wird individuell lebenslang berücksichtigt.

Arbeitsaufträge

1. In Übereinstimmung mit der Buchführung und der Gewinn- und Verlustrechnung ergeben sich bei der Wurstfabrik Kunibert Schweindrich e.K. für das Steuerjahr folgende Zahlen:
   Eigenkapital am Jahresbeginn   820 000,00 EUR   Privateinlagen   10 000,00 EUR
   Eigenkapital am Jahresende   940 000,00 EUR   Privatentnahmen   50 000,00 EUR
   Herr Schweindrich (68 Jahre) erzielt weiterhin Einkünfte aus der Vermietung von Wohnhäusern in Höhe von 30 000,00 EUR. Seine Ehefrau Isolde (45 Jahre) erzielt ebenfalls Mieteinkünfte in Höhe von 23 000,00 EUR. Das Ehepaar wählt die Zusammenveranlagung zur Einkommensteuer.

   a) Aus welchen Einkunftsarten erzielt das Ehepaar Schweindrich Einkünfte?
   b) Handelt es sich um Gewinn- oder um Überschusseinkünfte?
   c) Ermitteln Sie den Gesamtbetrag der Einkünfte.
   d) Welche Wirkung hat die gemeinsame Veranlagung zur Einkommensteuer?

2. Marianne Meuser, 34 Jahre, unverheiratet, erzielt im Steuerjahr Einnahmen aus mehreren Quellen:

   (1) Bruttomieteinnahmen (Grundmiete und auf die Mieter umgelegte Nebenkosten) für ein Mietshaus mit 3 Wohnungen: 14 650,00 EUR.
   Werbungskosten:
   AfA: 3 000,00 EUR; Grundschuldzinsen: 7 500,00 EUR; sonstige Werbungskosten: 4 000,00 EUR.
   (2) Lottogewinn von 64 000,00 EUR am 10. Januar
   (3) Verkauf des Pkw für 4 500,00 EUR.
   (4) Gehalt aus der Tätigkeit als kaufmännische Angestellte: brutto 28 300,00 EUR.
   Für die Fahrt zur Arbeitsstätte wurde der eigene Pkw an 220 Tagen benutzt. Entfernung zur Arbeitsstätte: 30 km. Weiterhin fielen an: Kosten für einen Fortbildungslehrgang in Höhe von 200,00 EUR und für Fachliteratur in Höhe von 45,00 EUR; Gewerkschaftsbeiträge: 120,00 EUR.

   a) Welche der aufgeführten Einnahmen sind steuerfrei?
   b) Erläutern Sie anhand der obigen Angaben den Unterschied zwischen Einnahmen und Einkünften.
   c) Aus welchen Einkunftsarten bezieht Frau Meuser Einkünfte?
   d) Welche Rolle spielen Werbungskosten und Freibeträge bei der Ermittlung der Einkünfte?
   e) Ermitteln Sie den Gesamtbetrag der Einkünfte.

9.3.3 Ermittlung des Einkommens

Zur Ermittlung des Einkommens dürfen weitere Beträge vom Gesamtbetrag der Einkünfte abgezogen werden.

Sonderausgaben

Sonderausgaben sind der privaten Lebensführung zuzurechnende Aufwendungen. Der Staat gestattet trotzdem aus wirtschafts- und sozialpolitischen Gründen ihren Abzug.

Derartige Gründe sind z. B.:

- Verminderte Leistungsfähigkeit des Steuerpflichtigen durch die Aufwendungen,
- Förderung der Lebens- und Altersvorsorge durch Versicherungen,
- Förderung der Spendentätigkeit für bestimmte förderungswürdige Zwecke.

Sonderausgaben sind teils in unbeschränkter, teils in beschränkter Höhe abzugsfähig.

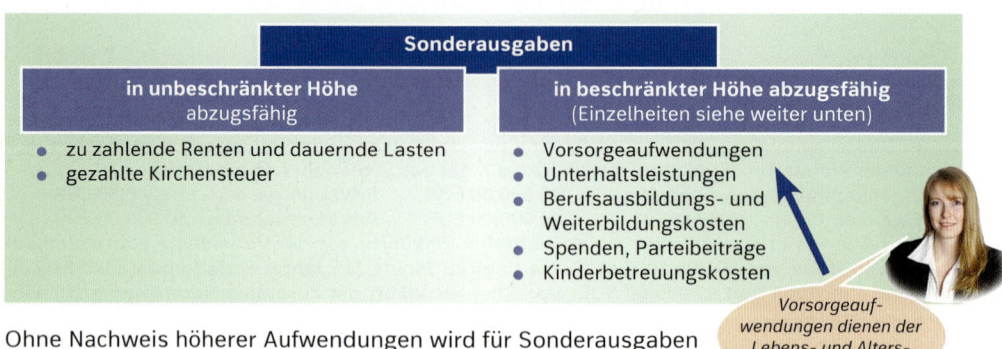

Sonderausgaben	
in unbeschränkter Höhe abzugsfähig	**in beschränkter Höhe abzugsfähig** (Einzelheiten siehe weiter unten)
• zu zahlende Renten und dauernde Lasten • gezahlte Kirchensteuer	• Vorsorgeaufwendungen • Unterhaltsleistungen • Berufsausbildungs- und Weiterbildungskosten • Spenden, Parteibeiträge • Kinderbetreuungskosten

Vorsorgeaufwendungen dienen der Lebens- und Altersvorsorge.

Ohne Nachweis höherer Aufwendungen wird für Sonderausgaben ohne Vorsorgeaufwendungen automatisch ein Pauschbetrag von 36,00 EUR (Ehegatten 72,00 EUR) abgezogen.

Vorsorgeaufwendungen

Unter dem Begriff *Vorsorgeaufwendungen* werden Beiträge zu Versicherungen zusammengefasst. Sie dienen der Alters- und Lebensvorsorge.

Altersvorsorgeaufwendungen

Zu den Altersvorsorgeaufwendungen gehören:
- Beiträge zur gesetzlichen Rentenversicherung (GRV), zu landwirtschaftlichen Alterskassen und berufsständischen Versorgungseinrichtungen,
- Beiträge zu privaten Rentenversicherungen (z. B. Riester- und Rürup-Renten).

Die private Rente darf frühestens ab dem 60. Lj. zahlbar sein, bei Verträgen ab 2012 ab dem 62. Lj. Sie darf nicht kapitalisierbar sein.

Die Altersvorsorgeaufwendungen sind grundsätzlich bis zu einem Höchstbetrag als Sonderausgaben abziehbar, der dem - jährlich neu ermittelten - Höchstbetrag zur knappschaftlichen Rentenversicherung entspricht[1]. 2018 sind dies 23 808,00 EUR (Ehepartner 47 616,00 EUR). Um sie zu ermitteln, ist den eigenen Beiträgen der steuerfreie Arbeitgeberanteil zur gesetzlichen Rentenversicherung oder ein gleichgestellter steuerfreier Zuschuss des Arbeitgebers hinzuzurechnen. Das Ergebnis ist für 2018 auf 86 % zu kürzen. Der so ermittelte Betrag ist um die steuerfreien Arbeitgeberanteile zu kürzen. Der Satz von 86 % steigt bis 2025 jedes Jahr um 2 Prozentpunkte, bis 100 % erreicht sind.

Beispiel 1: Arbeitnehmer, ledig

Ein lediger Arbeitnehmer zahlt 2018 einen Arbeitnehmeranteil zur GRV von 3 000,00 EUR. Der Arbeitgeberanteil ist gleich hoch. Zusätzlich hat der Arbeitnehmer noch Aufwendungen für eine private Rentenversicherung von 3 000,00 EUR.

Nach der Höchstbetragsrechnung können Altersvorsorgeaufwendungen von 4 740,00 EUR als Sonderausgaben abgezogen werden.

Arbeitgeberbeitrag	3 000,00 EUR
Arbeitnehmerbeitrag	3 000,00 EUR
private Rentenversicherung	3 000,00 EUR
gesamte Aufwendungen ≤ 23 808,00 EUR	9 000,00 EUR
86 % davon	7 740,00 EUR
abzgl. steuerfreier Arbeitgeberbeitrag	– 3 000,00 EUR
verbleibender Betrag	4 740,00 EUR

Beispiel 2: Unternehmer, verheiratet, Gewinn 135 000,00 EUR

Der Unternehmer zahlt für eine berufsständische Versorgungseinrichtung 28 000,00 EUR und zusätzlich für eine private Rentenversicherung 22 000,00 EUR.

Es können 40 950,00 EUR als Sonderausgaben abgezogen werden.

Beiträge Versorgungseinrichtung	28 000,00 EUR
Beiträge zur privaten Rentenversicherung	22 000,00 EUR
gesamte Aufwendungen > 47 616,00 EUR	50 000,00 EUR
Höchstbetrag	47 616,00 EUR
86 % von 47 616,00 EUR	40 950,00 EUR

---

[1] Bei Steuerpflichtigen, denen eine eigene Altersvorsorge ohne eigene Beitragsleistungen zugesagt wird, ist der Höchstbetrag um einen fiktiven Gesamtbeitrag zur gesetzlichen Rentenversicherung (AG- und AN-Anteil) zu kürzen. Dies soll eine Gleichstellung mit RV-pflichtigen Arbeitnehmern bewirken. Betroffen davon sind v. a. Beamte, Richter, Berufssoldaten, RV-freie und RV-befreite Arbeitnehmer, Abgeordnete, AG-Vorstände und GmbH-Gesellschafter, die zu Geschäftsführern bestellt sind.

Sonstige Vorsorgeaufwendungen

Zu den sonstigen Vorsorgeaufwendungen gehören Arbeitslosigkeits-, Erwerbs- und Berufsunfähigkeits-, Kranken-, Pflege-, Unfall-, Haftpflicht- und Risikolebensversicherungen sowie Kapitallebensversicherungen, die vor 2005 abgeschlossen wurden (nur mit 88% anrechenbar). 96 % der Aufwendungen für die Krankenversicherung und 100 % der Aufwendungen für die Pflegeversicherung können steuerlich unbeschränkt berücksichtigt werden, wenn sie ein der gesetzlichen Kranken- und Pflegeversicherung entsprechendes Leistungsniveau absichern (sog. Basistarif). Beiträge zu privaten Kranken- und Pflegeversicherungen sind nur für den Teil der Leistungen berücksichtigungsfähig, der dem Basistarif entspricht.

Zusätzlich können andere Versicherungsaufwendungen berücksichtigt werden, wenn für alle Versicherungen (einschließlich Kranken- und Pflegeversicherung) ein Höchstbetrag von 1 900,00 EUR (Verheiratete 3 800,00 EUR) nicht ausgeschöpft wird. Bekommt der Versicherte keinen Zuschuss zur Krankenversicherung (Selbstständige), erhöht sich der Höchstbetrag auf 2 800,00 EUR (Verheiratete 5 600,00 EUR).

Die Aufwendungen für Kranken- und Pflegeversicherung übersteigen in der Regel den Höchstbetrag. Somit finden zusätzliche Versicherungsaufwendungen praktisch kaum Berücksichtigung.

Günstigerprüfung

Vor 2005 konnten Versicherungsbeiträge in einem höheren Umfang als zurzeit abgesetzt werden. Um in der Zeit bis 2025 Schlechterstellungen zu vermeiden, werden im Wege einer Günstigerprüfung bis 2019 mindestens so viele Vorsorgeaufwendungen berücksichtigt, wie es nach dem Recht vor 2005 möglich war.

Beispiel: Günstigerprüfung

Ein lediger Arbeitnehmer mit einem Bruttoarbeitseinkommen von 30 000,00 EUR hat im Jahr 2018 folgende Vorsorgeaufwendungen: RV 2 805,00 EUR (Arbeitgeberanteil ebenfalls 2 805,00 EUR), KV 2 370,00 EUR, PV 458,00 EUR, ALV 450,00 EUR, private Rentenversicherung 3 000,00 EUR, Pkw-Haftpflichtversicherung 700,00 EUR.

Vorsorgeaufwendungen	
1. Altersvorsorgeaufwendungen	
RV-Beiträge A.geber + A.nehmer	5 610 EUR
private Rentenversicherung	3 000 EUR
gesamte Aufwendungen	8 610 EUR
davon 86 %	7 405 EUR
abzgl. AG-Beitrag	2 805 EUR
abziehbar für Altersvorsorge	4 600 EUR
2. Sonstige Vorsorgeaufwendungen	
KV (96 %)	2 275 EUR
PV	458 EUR
ALV	450 EUR
Haftpflicht	700 EUR
gesamte Aufwendungen	3 883 EUR
3. Abziehbare Sonderausgaben	
aus 1.	4 600 EUR
aus 2.	2 733 EUR
abziehbar	**7 333 EUR**

Günstigerprüfung		
1. Vorsorgeaufwendungen		
Arbeitnehmeranteil RV		2 805 EUR
Arbeitnehmeranteil KV		2 370 EUR
Arbeitnehmeranteil PV		458 EUR
Arbeitnehmeranteil ALV		450 EUR
private Rentenversicherung		3 000 EUR
Haftpflicht		700 EUR
gesamte Aufwendungen		9 783 EUR
2. Höchstbetragsrechnung		
Aufwendungen	9 783 EUR	
Vorwegabzug	−600 EUR	600 EUR
	9 183 EUR	
Grundhöchstbetrag	−1 334 EUR	1 334 EUR
	7 849 EUR	
Davon die Hälfte, max. $\frac{1}{2}$ Grundhöchstbetrag	− 667	667 EUR
abziehbar		**2 601 EUR**

Die Günstigerprüfung ergibt keine höheren abzugsfähigen Vorsorgeaufwendungen.

9 Steuerliche Rahmenbedingungen

Erläuterung der Günstigerprüfung:

Nach dem Recht vor 2005 sind von den gesamten Vorsorgeaufwendungen abzugsfähig:
1. ein sog. Vorwegabzug. Er beträgt im Jahr 2018 600,00 EUR/Verheiratete 1 200,00 EUR. Er wird jährlich um 300,00 EUR abgesenkt. Folglich beträgt er ab 2020 0,00 EUR.
2. von einem verbleibenden Rest maximal 1 334,00 EUR/Verheiratete 2 668,00 EUR (sog. Grundhöchstbetrag),
3. von einem weiteren verbleibenden Rest max. die Hälfte des Grundhöchstbetrags.

■ Andere beschränkt abzugsfähige Sonderausgaben

Art der Aufwendungen	Abzugsfähigkeit im Kalenderjahr
Unterhaltsleistungen an den geschiedenen oder dauernd getrennt lebenden Ehegatten	unter bestimmten Voraussetzungen bis 13 805,00 EUR
Aufwendungen für die Berufsausbildung oder Weiterbildung in einem nicht ausgeübten Beruf (für den Steuerpflichtigen und seinen Ehegatten)	bis zu 920,00 EUR (bei auswärtiger Unterbringung mit eigenem Hausstand bis zu 1 227,00 EUR)
Kinderbetreuungskosten für Kinder unter 14 Jahre	2/3 der Betreuungskosten bis max. 4 000,00 EUR pro Kind
Spenden zur Förderung kirchlicher, religiöser und gemeinnütziger Zwecke sowie für mildtätige, wissenschaftliche und als besonders förderungswürdig anerkannte kulturelle Zwecke	20% des Gesamtbetrags der Einkünfte oder 4 ‰ der Summe aus Umsatz, Löhnen und Gehältern
Mitgliedsbeiträge und Spenden an politische Parteien und unabhängige Wählervereinigungen	bis zu 1 650,00 EUR (Ehegatten 3 300,00 EUR): Abzug des halben Betrages von der Einkommensteuer (§ 34 EStG); bis zu weiteren 1 650,00 EUR (Ehegatten 3 300,00 EUR): Abzug als Sonderausgaben
Aufwendungen für die erstmalige eigene Berufsausbildung (kein Ausbildungsverhältnis!), z. B. Erststudium	bis zu 6 000,00 EUR
Schulgeld	30 % des Entgelts, höchstens 5 000,00 EUR je Kind

Außergewöhnliche Belastungen

Außergewöhnliche Belastungen sind zwangsläufig entstehende größere Aufwendungen, als sie die überwiegende Mehrzahl der Steuerpflichtigen gleicher Einkommens- und Vermögensverhältnisse und gleichen Familienstands hat.

Zwangsläufig bedeutet: Der Steuerpflichtige kann sich den Aufwendungen aus rechtlichen, tatsächlichen oder sittlichen Gründen nicht entziehen. Sie müssen notwendig und in der Höhe angemessen sein. Sie sind grundsätzlich unter Berücksichtigung einer zumutbaren Eigenbelastung abzugsfähig. Zu den außergewöhnlichen Belastungen gehören z. B. Scheidungskosten, nicht erstattete Krankheits- und Kurkosten, Pflegekosten für den Steuerpflichtigen, Kinderbetreuungskosten.

Zumutbare Belastung für	Einkünfte[1] (in EUR)		
	bis 15 340	bis 51 130	über 51 130
Steuerpflichtige ohne Kinder:			
Alleinstehende	5 %	6 %	7 %
Ehegatten	4 %	5 %	6 %
mit bis 2 Kindern	2 %	3 %	4 %
mit mehr Kindern	1 %	1 %	2 %
	der Einkünfte = **zumutbare Belastung**		

Für bestimmte Fälle werden Freibeträge gewährt. Hierzu gehört der **Ausbildungsfreibetrag** für Kinder in Berufsausbildung. Er beträgt 924,00 EUR für volljährige Kinder bei auswärtiger Unterbringung.

---
[1] ohne Kapitalerträge, für die Abgeltungssteuer gezahlt worden ist

Unterhaltsaufwendungen an gesetzlich Unterhaltsberechtigte können bis zur Höhe des steuerfreien Grundfreibetrags (2018: 9 000,00 EUR; vgl. folgende Seite) abgezogen werden. Eigenes Einkommen des Unterhaltsberechtigten über 624,00 EUR wird jedoch angerechnet.

9.3.4 Ermittlung des zu versteuernden Einkommens

Das zu versteuernde Einkommen ergibt sich, wenn man vom Einkommen den Kinderfreibetrag und den Entlastungsbetrag für Alleinerziehende abzieht.

Bei Steuerpflichtigen mit Kindern soll das Einkommen in Höhe des Existenzminimums der Kinder von Steuern freigestellt werden. Dies erfolgt 2018 entweder durch einen **Kinderfreibetrag** von 4 788,00 EUR je Kind und einen **Betreuungsfreibetrag (Freibetrag für den Erziehungs- und Ausbildungsbedarf)** von 2 640,00 EUR je Kind oder durch die Zahlung von Kindergeld. (Wenn es zwei Anspruchsberechtigte gibt, wird jedem die Hälfte der Freibeträge zugerechnet.). Das Kindergeld beträgt 2018 monatlich je 194,00 EUR für das erste und zweite, 200,00 EUR für das dritte und 225,00 EUR für jedes weitere Kind.

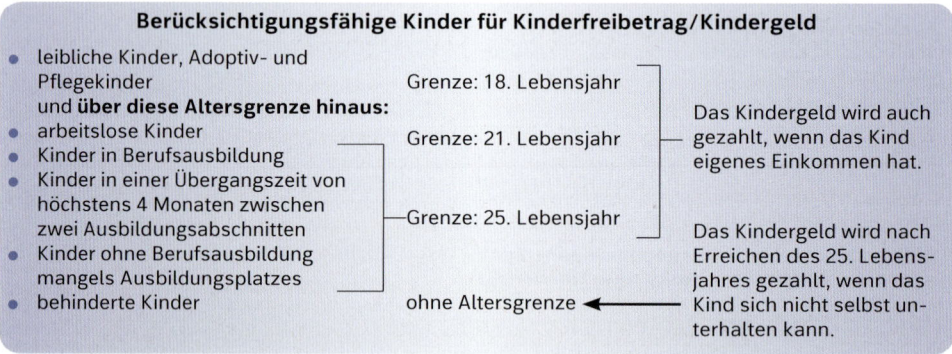

Wurde während des Jahres Kindergeld bezogen, so stellt das Finanzamt bei der Einkommensteuerveranlagung fest, ob die Kinderfreibeträge/Betreuungsfreibeträge günstiger sind. Nur dann gewährt es die Freibeträge, erhöht aber die Einkommensteuerschuld um das gezahlte Kindergeld.

Beispiel: Kindergeld und Kinderfreibeträge/Betreuungsfreibeträge 2018 (Steuer nach der Splittingtabelle¹)

	Fall 1	Fall 2
Einkommen 2018	30 000	110 000
ESt **vor** Freibeträgen	2 770 ❶	29 100 ❶
− 2 Kinder-/Betreuungsfreibeträge	− 14 856	− 14 856
= zu versteuerndes Einkommen	= 15 144	95 144
ESt **nach** Freibeträgen	0 ❷	22 310 ❷
gezahltes Kindergeld	4 656 ❸	4 656 ❸
Differenz ❶ − ❷ = ❹	2 770 ❹	6 790 ❹
	ESt-Schuld ist ❶	Einkommensteuerschuld ist 22 310 + 4 656 = 26 966 ❷

Das Beispiel zeigt auch: Kinderfreibeträge sind erst bei höheren Einkommen günstiger.

---

¹ siehe folgende Seite

Echte Alleinerziehende (Väter oder Mütter, die mit ihren minderjährigen Kindern allein in einem Haushalt leben) können von der Summe der Einkünfte für das erste Kind einen Entlastungsbetrag von 1 908,00 EUR abziehen und für jedes weitere Kind jeweils zusätzlich 240,00 EUR.

9.3.5 Ermittlung der Steuerbeträge

Das zu versteuernde Einkommen wird nach dem **Einkommensteuertarif** versteuert (§ 32a EStG). Dieser umfasst mehrere Zonen:
- **Nullzone:** Ihre Obergrenze ist der Grundfreibetrag. Dieser soll dem Existenzminimum (lebensnotweniges Mindesteinkommen) entsprechen Bis zum Grundfreibetrag ist das Einkommen steuerfrei.
- **Progressionszone:** Einkommensteile, die den Grundfreibetrag übersteigen, werden zunächst mit einem niedrigen Steuersatz besteuert. Der Steuersatz steigt für zusätzliche Einkommensteile an, bis ein Spitzensteuersatz erreicht ist.
- **Proportionalzonen:** In diesen Zonen wird das zusätzliche Einkommen stets mit dem jeweiligen Spitzensteuersatz besteuert.

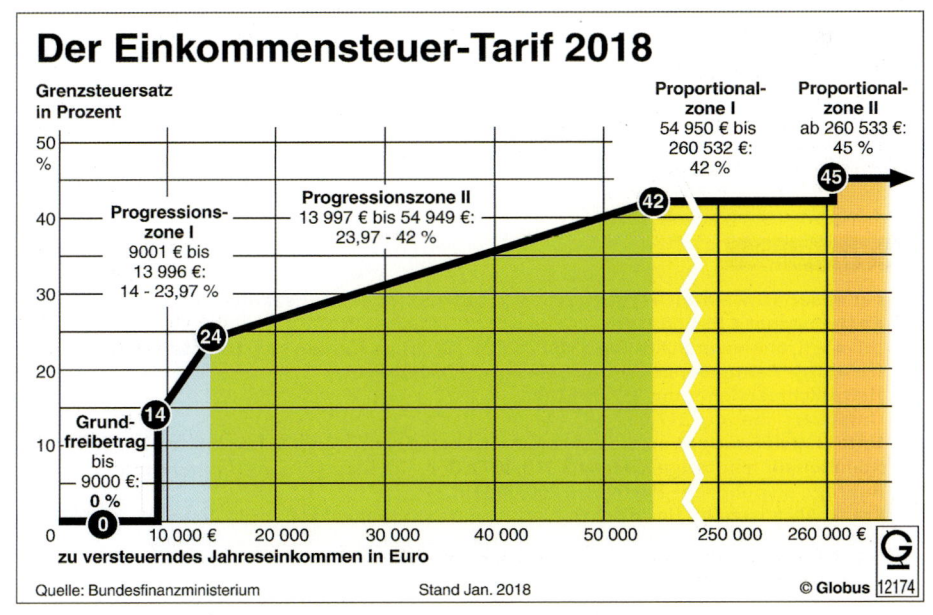

Ein Problem dieses Steuertarifs ist die sog. *kalte Steuerprogression*.

M 229

Die genannten Steuersätze sind **Grenzsteuersätze**. Sie geben an, mit welchem Prozentsatz zusätzliches Einkommen besteuert wird. Im Gegensatz dazu gibt der **Durchschnittssteuersatz** an, mit wie viel Prozent das Gesamteinkommen belastet ist.

Beispiel: Durchschnitts- und Grenzsteuersatz

	zu versteuerndes Einkommen	Einkommensteuer
a)	20 000 EUR	2 677 EUR
b)	20 100 EUR	2 701 EUR
Zuwachs	100 EUR	24 EUR

$\frac{2\,677}{20\,000} \cdot 100 = 13{,}4\,\%;$ auf das Gesamteinkommen entfallen 13,4 % Steuern.

$\frac{24}{100} \cdot 100 = 24\,\%;$ auf den Einkommenszuwachs von 100,00 EUR entfallen 24 % Steuern.

Die Einkommensteuer ist grundsätzlich anhand einer im Einkommensteuergesetz angegebenen Tarifformel zu berechnen.

Die tarifliche Einkommensteuer lässt sich auch aus **Einkommensteuertabellen** ablesen. Zu unterscheiden sind die **Grundtabelle** und die **Splittingtabelle** (für Ehegatten, die gemeinsam zur Einkommensteuer veranlagt werden). Beim Splittingverfahren wird die Steuer vom halben zu versteuernden Einkommen berechnet und verdoppelt.

Beispiel: Grundtabelle mit Splittingtabelle
Zu versteuerndes Einkommen: 40 000,00 EUR
a) Steuer nach der Grundtabelle: 8 963,00 EUR
b) Steuer nach der Splittingtabelle: 5 354,00 EUR;
oder: 40 000,00 EUR : 2 = 20 000,00 EUR;
dafür Steuer nach der Grundtabelle:
2 677,00 EUR; 2 677,00 EUR · 2 = 5 354,00 EUR

Zu versteuerndes Einkommen	ESt laut Grundtabelle	ESt laut Splittingtabelle
10 000	294	0
15 000	1 386	0
20 000	2 677	588
40 000	8 963	5 354

Die Einkünfte der Gewerbetreibenden sind nicht nur mit Einkommensteuer, sondern auch mit Gewerbesteuer belastet. Darum wird die Gewerbesteuer bei Einzelunternehmern und Gesellschaftern von Personengesellschaften in Höhe des 3,8-Fachen des Gewerbesteuermessbetrags (vgl. S. 238) auf die Einkommensteuerschuld angerechnet.

Zusätzlich zur Einkommensteuer werden **eine Zuschlagsteuer (Solidaritätszuschlag)** von 5,5 % und für Mitglieder von Religionsgemeinschaften, die Körperschaften des öffentlichen Rechts sind, die **Kirchensteuer** (Baden-Württemberg, Bayern 8 %, ansonsten 9 %) erhoben. Bemessungsgrundlage ist die Einkommensteuer, die sich nach Abzug von Kinder-/Betreuungsfreibetrag vom Einkommen, aber ohne Hinzurechnung des Kindergelds zur Einkommensteuer ergibt.

Arbeitsaufträge

1. Das Ehepaar Schweindrich (vgl. S. 223, A.1) hat im Steuerjahr gezahlt:
   - Kirchensteuer 4 696,00 EUR,
   - private Krankenversicherung 8 900,00 EUR (Beiträge für den sog. Basistarif 5 900,00 EUR),
   - freiwillige Rentenversicherungsbeiträge 23 990,00 EUR,
   - Haftpflichtversicherung 307,00 EUR,
   - Unfallversicherung 317,00 EUR,
   - Unterhaltsleistungen an die geschiedene Ehefrau von Herrn Schweindrich 33 230,00 EUR,
   - Spenden für mildtätige Zwecke 2 310,00 EUR,
   - Beiträge an politische Parteien 3 200,00 EUR,
   - Krankheitskosten für Herrn Schweindrich (von der Krankenkasse nicht erstattet) 6 140,00 EUR.
   - Das Ehepaar hat eine 17-jährige Tochter, Kindergeld wurde nicht beantragt.
   - Der Gewerbesteuermessbetrag beträgt 6 000,00 EUR.
   a) Ermitteln Sie das zu versteuernde Einkommen.
   b) Ermitteln Sie die Einkommen- und Kirchensteuerschuld (Kirchensteuersatz 9 %) sowie den Solidaritätszuschlag. (Suchen Sie die notwendige Einkommensteuertabelle im Internet.)

2. Frau Meuser (vgl. S. 224, A.2) hat im Steuerjahr gezahlt:
   - Kirchensteuer 500,00 EUR,
   - Sozialversicherungsbeiträge 5 737,83 EUR, davon zur RV 2 646,05 EUR, zur KV 2 264,00 EUR, zur PV 403,39 EUR, zur ALV 424,50 EUR,
   - Haftpflichtversicherung 291,00 EUR,
   - Unfallversicherung 56,00 EUR,
   - Berufsunfähigkeitsversicherung 368,00 EUR,
   - Spende an die Deutsche Krebshilfe 120,00 EUR,
   - nicht erstattete Kurkosten 870,00 EUR.
   a) Ermitteln Sie das zu versteuernde Einkommen.
   b) Ermitteln Sie die Einkommen- und Kirchensteuerschuld (Kirchensteuersatz 9%) sowie den Solidaritätszuschlag. (Suchen Sie die notwendige Einkommensteuertabelle im Internet.)

3. Herr Fegers, Gesellschafter einer Familien-OHG, schildert Ihnen folgende Situation: Sein zu versteuerndes Einkommen betrug im vorletzten Jahr 40 392,00 EUR, im letzten Jahr 40 903,00 EUR. Für das vorletzte Jahr musste er 10 318,00 EUR Einkommensteuer zahlen, für das letzte Jahr 10 522,00 EUR. Dies bedeutet 204,00 EUR Steuern für 511,00 EUR zusätzliches Einkommen. Herr Fegers kommt zu dem Schluss, dass unter diesen Umständen bei einem zu

9 Steuerliche Rahmenbedingungen

versteuernden Einkommen von 14 023,00 EUR gar keine Einkommensteuer anfallen dürfte. Es wundert ihn sehr, dass sein Sohn, der 13 550,00 EUR zu versteuern hat, trotzdem 1 057,00 EUR Steuern zahlen muss. Sein Bruder jedoch, der etwa das gleiche zu versteuernde Einkommen hat wie er selbst, muss lediglich 6 786,00 EUR Einkommensteuer zahlen.
a) Berechnen Sie den Grenzsteuersatz und den Durchschnittssteuersatz für Herrn Fegers.
b) Herr Fegers ist natürlich nicht so dumm, wie er sich stellt. Er kennt die Zusammenhänge ebenso gut wie Sie. Erläutern Sie den Fehler in seiner Rechnung.
c) Erläutern Sie die Ursachen für die unterschiedliche Besteuerung der Brüder.
d) Das Beispiel lässt erkennen, dass die Einkommensteuer soziale Sachverhalte berücksichtigt. Nehmen Sie hierzu Stellung.

9.3.6 Erhebungsverfahren der Einkommensteuer

Als Selbstständiger muss ich vierteljährliche Einkommensteuervorauszahlungen leisten.

Mit so was habe ich als Arbeitnehmer nichts am Hut. Ich bezahle bloß Lohnsteuer.

Weit gefehlt! Auch die Lohnsteuer ist grundsätzlich nichts anderes als eine Vorauszahlung auf die Einkommensteuer. Und sie ist nicht nur alle Vierteljahre fällig, sondern bei jeder Lohn- oder Gehaltszahlung. Auch bei Kapitalerträgen hält der Staat gleich die Hand auf: Bei der Auszahlung von Zinsen muss die Bank sofort eine Kapitalertragsteuer einbehalten.

Allgemein gilt: Zwar wird die Einkommensteuer vom Jahreseinkommen berechnet, aber der Staat verlangt in jedem Fall Vorauszahlung. Der Grund: Er will die Leistungsfähigkeit des Steuerpflichtigen möglichst nahe am Zeitpunkt der Einkommenserzielung erfassen.

Veranlagte Einkommensteuer

Grundsätzlich sind alle Einkünfte eines Jahres dem Finanzamt bis zum 31. Mai des Folgejahres durch eine Einkommensteuererklärung auf Vordruck oder online mit dem ELSTER-Verfahren anzugeben (**Deklarationsverfahren**[1]). Anhand der Erklärung wird die Steuer ermittelt (**Veranlagungsverfahren**). Für die Zukunft werden Einkommensteuervorauszahlungen für die durch das Deklarationsverfahren erfassten Einkommensteile berechnet. Sie sind vierteljährlich am 10. März, 10. Juni, 10. Sept. und 10. Dez. jedes Jahres zu leisten.

Eine Steuerveranlagung erfolgt nicht, wenn der Steuerpflichtige ausschließlich Einkünfte aus nichtselbstständiger Arbeit und andere Einkünfte von höchstens 410,00 EUR hat (§ 46 EStG). Sie erfolgt in diesem Fall aber trotzdem, wenn
- der Steuerpflichtige nebeneinander von mehreren Arbeitgebern Lohn bezog,
- beide Ehegatten Lohn bezogen und einer nach Steuerklasse V oder VI besteuert wurde oder bei Steuerklasse IV der Faktor (vgl. Seite 233) eingetragen wurde,
- steuerfreie Lohnersatzleistungen (z. B. Arbeitslosen-, Krankengeld) bezogen wurden,
- Freibeträge auf Antrag des Steuerpflichtigen eingetragen wurden (vgl. S. 233)

Kapitalertragsteuer (Abgeltungssteuer)

Einkünfte aus Kapitalvermögen (Zinsen, Dividenden und ähnliche Erträge sowie Gewinne aus Wertpapierverkäufen) unterliegen der Kapitalertragsteuer, einer besonderen Erhebungsform der Einkommensteuer. Die Steuer ist von der gutschreibenden Bank („an der Quelle") einzubehalten und an das Finanzamt abzuführen (sog. **„Quellensteuer"**).
- Der Abzug von tatsächlichen Werbungskosten ist ausgeschlossen (Bruttobesteuerung). Stattdessen wird ein **Sparerpauschbetrag** von 801,00 EUR (Ehegatten 1 602,00 EUR) abgezogen.
- Die verbleibenden Kapitaleinkünfte werden mit einem **Steuersatz von 25 %** zuzüglich Solidaritätszuschlag und ggf. Kirchensteuer belegt. Ist der Steuerpflichtige kirchensteuerpflichtig, so beträgt die Kapitalertragsteuer wegen des Sonderausgabenabzugs der Kirchensteuer nur

---
[1] (lat.) declarare = klarmachen, erklären, bekanntgeben

24,45 %. Mit dem Steuerabzug ist die Steuerschuld abgegolten (**„Abgeltungssteuer"**). Die Kapitaleinkünfte müssen nicht mehr in der Steuererklärung angegeben werden.
- Personen mit einem vermuteten Durchschnittssteuersatz unter 25 % können jedoch ihre Kapitaleinkünfte ohne Nachteil in der Steuererklärung angeben. Das Finanzamt führt dann eine **Günstigerprüfung** durch.

Der Steuerpflichtige kann dem konto- oder depotführenden Kreditinstitut einen Freistellungsauftrag bis zur Höhe von 801,00 EUR (Zusammenveranlagte Ehegatten: 1 602,00 EUR; Sparerpauschbetrag) erteilen. Dann werden ihm Kapitalerträge bis zu dieser Höhe ohne Steuerabzug ausgezahlt.

Lohnsteuer

Die Lohnsteuer ist eine besondere Erhebungsart der Einkommensteuer für Einkünfte aus nichtselbstständiger Arbeit. Sie entspricht der Einkommensteuer, die der Arbeitnehmer schuldet, wenn er nur Einkünfte aus nichtselbstständiger Arbeit erzielt. Sie bemisst sich nach dem Jahresarbeitslohn, wird aber als Vorauszahlung bei jeder Lohnzahlung im **Abzugsverfahren** durch den Arbeitgeber einbehalten und abgeführt. Dabei wird die Steuer jeweils mit dem Teilbetrag der Jahreslohnsteuer berechnet, die sich ergibt, wenn man den Arbeitslohn des Zahlungszeitraums auf einen Jahresarbeitslohn umrechnet. Mit der Lohnsteuer sind der Solidaritätszuschlag und die Kirchensteuer einzubehalten. Der Solidaritätszuschlag wird nur erhoben, wenn die Lohnsteuer in Klasse III monatlich 162,00 EUR, in den anderen Lohnsteuerklassen 81,00 EUR übersteigt.

■ Elektronische Lohnsteuermerkmale

Jede in Deutschland gemeldete Person erhält von der Finanzbehörde eine lebenslang gültige Identifikationsnummer. Arbeitnehmer müssen ihrem Arbeitgeber bei der Arbeitsaufnahme ihre Identifikationsnummer und ihr Geburtsdatum mitteilen. Sie müssen auch angeben, ob es sich um ein Haupt- oder Nebenarbeitsverhältnis handelt.

Der Arbeitgeber kann die Daten, die er für die Berechnung der Lohnsteuer des Arbeitnehmers benötigt, online aus der zentralen Datenbank ELSTAM (**E**lektronische **L**oh**nst**euer-**A**bzugs-**M**erkmale) beim Bundeszentralamt für Steuern abrufen und in das Lohnkonto übernehmen. Hierfür gibt er die Identifikationsnummer und das Geburtsdatum des Arbeitnehmers ein.

Die genannten Daten kennzeichnen persönliche Verhältnisse des Arbeitnehmers, die die Höhe des Steuerabzugs bestimmen. Dazu gehören zunächst die Lohnsteuerklasse, die Kinderfreibeträge und die Religionszugehörigkeit.

Damit der Arbeitnehmer die ELSTAM-Eintragungen überprüfen kann, werden diese in der Lohn-/Gehaltsbescheinigung ausgedruckt. Der Arbeitnehmer kann bei seinem Finanzamt Auskünfte über seine gespeicherten ELSTAM-Daten erhalten. Er kann konkrete Arbeitgeber für den Abruf der ELSTAM-Daten benennen oder ausschließen (Positivliste/Teilsperrung/Vollsperrung).

> ELSTAM verwirklicht „e-Government". Darunter versteht man die schnelle, papierlose, individuelle und elektronische Kommunikation zwischen Bürger, Unternehmen und Behörden.

Die zuständige Gemeindeverwaltung pflegt in der ELSTAM-Datenbank die persönlichen Daten des Arbeitnehmers (z. B. Heirat, Scheidung, Geburten, Sterbefälle). Steuerklassen, Steuerfreibeträge bzw. Kinderfreibeträge werden auf Antrag des Steuerpflichtigen vom Finanzamt in die Datenbank eingetragen.

Lohnsteuerklassen nach § 38 b EStG

Steuerklasse I
Arbeitnehmer, die a) ledig sind, b) verheiratet, verwitwet oder geschieden sind und bei denen die Voraussetzungen für die Steuerklasse III oder IV nicht erfüllt sind, oder c) in eingetragener Lebenspartnerschaft Lebende

Steuerklasse II
Die unter Steuerklasse I bezeichneten Arbeitnehmer, wenn ihnen der Entlastungsbetrag für echte Alleinerziehende zusteht.

Steuerklasse III
Verheiratete Arbeitnehmer auf Antrag, wenn entweder der Ehegatte keinen Arbeitslohn bezieht oder auf Antrag in die Steuerklasse V eingereiht ist. Voraussetzung: Beide Ehegatten sind unbeschränkt steuerpflichtig und leben nicht dauernd getrennt.

Steuerklasse IV
Ehegatten, die beide Arbeitslohn beziehen. Voraussetzung wie bei Steuerklasse III.

Steuerklasse V
Arbeitnehmer, deren Ehegatte auf Antrag in Steuerklasse III eingereiht ist. Voraussetzung wie bei Steuerklasse III.

Steuerklasse VI
Arbeitnehmer mit mehr als einem Arbeitsverhältnis, für den Lohnsteuerabzug aus dem zweiten und weiteren Arbeitsverhältnis. (Eintragung auf einer zweiten, ggf. weiteren Lohnsteuerkarte)

Ehegatten – beide Arbeitnehmer – können also die Kombination III–V oder IV–IV wählen. Bei der Wahl von III–V ist eine anschließende Veranlagung zur Einkommensteuer zwingend vorgeschrieben. Die Wahl von III–V ist i. d. R. günstiger, wenn ein Ehegatte erheblich mehr verdient als der andere. Jedoch ist der Einzelfall zu prüfen! Mutterschaftsgeld und Arbeitslosengeld hängen z. B. vom letzten Nettoverdienst ab. Und das ist bei IV höher als bei V.

Ehegatten (Arbeitnehmer) können auch die **Steuerklassenkombination „IV-Faktor/IV-Faktor"** wählen. Sie soll den hohen Steuerabzug für Steuerklasse V bei der Wahl von III/V vermeiden. Die Lohnsteuer der Klasse IV wird mit dem Faktor Y : X multipliziert (Y = ESt für beide Ehegatten nach dem Splittingverfahren; X = Summe der Lohnsteuer bei Anwendung jeweils der Klasse IV). Somit wird letztlich das Splittingverfahren auf die Steuerklassen IV/IV angewandt.

■ Lohnsteuerfreibeträge

Auf Antrag des Arbeitnehmers trägt das Finanzamt weitere **Freibeträge** in die ELSTAM-Datenbank ein. Möglich sind z. B. Freibeträge für Menschen mit Behinderungen, Hinterbliebene, Wohneigentumsförderung, Verluste aus anderen Einkunftsarten, erhöhte Werbungskosten, Sonderausgaben und außergewöhnliche Belastungen.

Für die Eintragung von Werbungskosten, Sonderausgaben und außergewöhnlichen Belastungen gilt:
- Die Gesamtaufwendungen müssen 600,00 EUR überschreiten.
- Werbungskosten werden nur mit dem Betrag berücksichtigt, der 1 000,00 EUR übersteigt.
- Für Vorsorgeaufwendungen ist keine Eintragung möglich. Sie sind in der Lohnsteuertabelle (siehe S. 234) bereits durch eine Vorsorgepauschale berücksichtigt. Höhere Vorsorgeaufwendungen können nur bei einer Veranlagung zur Einkommensteuer geltend gemacht werden.

Für den Fall einer Eintragung von Freibeträgen in die ELSTAM-Datenbank ist die Abgabe einer Einkommensteuererklärung und damit die Veranlagung zur Einkommensteuer zwingend vorgeschrieben.

■ Lohnsteuertabellen

Zur Vereinfachung des Lohnsteuerabzugs gibt es Monats-, Wochen- und Tageslohnsteuertabellen. Sie setzen die Steuer mit 1/12, 7/360 und 1/360 der Jahresbeträge an. Die Lohnsteuertabellen sind aus der Einkommensteuertabelle abgeleitet.

In die Lohnsteuertabelle sind folgende steuermindernde Beträge bereits eingearbeitet.

	Steuerklasse					2018 (EUR)
Grundfreibetrag	I	II		IV		9 000,00
			III			18 000,00
Arbeitnehmer-Pauschbetrag	I	II	III	IV	V	1 000,00
Sonderausgaben-Pauschbetrag	I	II		IV		36,00
			III			72,00
Vorsorgepauschale	I	II	III	IV		abhängig vom Bruttolohn
Entlastungsbetrag für Alleinerziehende für das erste Kind		II				1 908,00
für jedes weitere Kind						240,00
Kinderfreibetrag und Freibetrag für den Erziehungs- und Ausbildungsbedarf je Kind (Berücksichtigung nur für Solidaritätszuschlag und Kirchensteuer)	I	II		IV		3 714,00
			III			7 428,00

Am Beispiel des folgenden Lohnsteuertabellenauszugs lässt sich die unterschiedliche Besteuerung aufgrund der Zuordnung zu einer Lohnsteuerklasse erkennen.

Beispiel: Monatslohnsteuertabelle (Auszug)

Quelle: Stollfuß Tabellen, Gesamtabzug 2018, Monat, Allgemeine Tabelle 105. Auflage, Stollfuß Medien, Bonn 2018, S. T 37

■ Lohnsteueranmeldeverfahren

Der Arbeitgeber haftet für die korrekte Einbehaltung und Abführung der Lohnsteuer. Er muss seinem Betriebsstättenfinanzamt bis zum zehnten Tag nach Ablauf des Anmeldezeitraums die einbehaltenen Lohnsteuern, Solidaritätsbeiträge und Kirchensteuern melden und abführen.

Der Anmeldezeitraum ist ...	wenn die abzuführende Lohnsteuer im Vorjahr ...
... grundsätzlich der Kalendermonat	
... das Kalendervierteljahr	... über 1 000,00 EUR, aber höchstens 4 000,00 EUR betrug
... das Kalenderjahr	... höchstens 1 000,00 EUR betrug

Der Arbeitgeber übermittelt dem Finanzamt die Daten über das Internetportal **ELSTER** (Elektronische Steueranmeldung) der Bundesfinanzverwaltung. Grundsätzlich kann der Lohnbuchhalter ELSTER aufrufen und die Daten manuell eingeben. In der Praxis jedoch sind die Lohn- und Gehaltsabrechnungsprogramme mit dem Programm ELSTERFormular verknüpft und übermitteln die Daten automatisch.

Lohnsteuerjahresausgleich und Antragsveranlagung

Die während des Jahres einbehaltene Lohnsteuer muss nicht der Jahressteuer entsprechen. Dies ist vor allem der Fall, wenn

- die Höhe des Arbeitslohns im Laufe des Jahres schwankte,
- die Steuerklasse im Laufe des Jahres wechselte,
- im Laufe des Jahres Kinderfreibeträge eingetragen wurden.

Jeder Arbeitgeber mit mindestens 10 Arbeitnehmern ist am Jahresende verpflichtet, einen **Lohnsteuerjahresausgleich** durchzuführen: Er ermittelt den Jahresarbeitslohn und die darauf entfallende Jahreslohnsteuer und zahlt zu viel gezahlte Lohnsteuer zurück.

Soweit der Arbeitgeber den Lohnsteuerjahresausgleich nicht durchgeführt hat, führt das Finanzamt ihn im Rahmen einer Einkommensteuerveranlagung durch. Der Arbeitnehmer beantragt sie durch Abgabe einer Einkommensteuererklärung (**Antragsveranlagung**).

Die Antragsveranlagung bewirkt eine Steuerrückzahlung auch dann,

- wenn nicht das ganze Jahr ein Arbeitsverhältnis bestand,
- wenn beide Ehegatten ein Arbeitsverhältnis hatten,
- wenn zusätzliche Freibeträge, Werbungskosten, Sonderausgaben, außergewöhnliche Belastungen geltend gemacht werden können.

Beachten Sie, dass in gesetzlich festgelegten Fällen auch eine Veranlagungspflicht besteht. (Vgl. S. 231)

Arbeitsaufträge

1. **Fortsetzung von Arbeitsauftrag 1 (Seite 230)**
   Das Ehepaar Schweindrich hat im Steuerjahr vierteljährlich Steuervorauszahlungen geleistet, davon Einkommensteuer 28 332,00 EUR, Solidaritätszuschlag 1 558,26 EUR, Kirchensteuer 2 549,88 EUR.
   Berechnen Sie den Betrag der Steuernachzahlung/Steuererstattung.

2. Ein Steuerpflichtiger, Lohnsteuerklasse I (keine Kinder, keine Lohnersatzleistungen, keine eingetragenen Freibeträge), hatte im Steuerjahr folgende Einnahmen aus unselbstständiger Tätigkeit (keine weiteren Einnahmen) sowie Lohnsteuerabzüge:

Jan. bis Juni, Aug. bis Okt., Dez.			
je 1 585,00 EUR; Summe:	15 850,00 EUR	Lohnsteuer 10 x 118,58 EUR =	1 185,80 EUR
Juli	3 042,00 EUR	Lohnsteuer	477,75 EUR
Nov.	3 170,00 EUR	Lohnsteuer	513,00 EUR
	22 062,00 EUR		2 176,55 EUR

   In der Einkommensteuertabelle findet er bei einem zu versteuernden Einkommen von 22 062,00 EUR einen Einkommensteuerbetrag von 3 123,00 EUR. Er glaubt, nun sei eine saftige Steuernachzahlung fällig. Wo liegt sein Denkfehler?

3. **Die Einkommensteuer nimmt Rücksicht auf die finanzielle Belastung der Steuerpflichtigen durch Kinder.**
   a) Nennen Sie die im Text dieses Buches erwähnten Steuerentlastungen für Kinder und erläutern Sie die jeweiligen Einkommenswirkungen.
   b) Ihr Finanzamt hält Broschüren zur Information des Steuerzahlers bereit. Besorgen Sie sich Informationen über die Steuervergünstigungen durch Kinder und berichten Sie umfassend darüber.

4. Anhand folgender Daten ist für Karl Schramm (Steuerklasse 1, keine Kinderfreibeträge) eine Gehaltsabrechnung zu erstellen und eine Veranlagung zur Einkommensteuer für das Steuerjahr durchzuführen.
   Einkünfte:
   Bruttogehälter: 10 Monate je 2 225,00 EUR, 1 Monat (Juni) 3 337,00 EUR, 1 Monat (Nov.) 3 456,00 EUR
       Werbungskosten:
       Fahrten zur Arbeit, 40 km Entfernung an 225 Tagen;
       Fortbildungslehrgang: Kursgebühr 235,00 EUR, Fahrtkosten 55,00 EUR, Verpflegungsmehraufwand (Pauschale): 3 Tage à 24,00 EUR, 2 Tage à 12,00 EUR;
       Fachliteratur 70,00 EUR;
       nicht erstattete Reisekosten für eine Dienstreise 56,00 EUR;
       Kontoführungsentgelt Gehaltskonto 15,00 EUR
   Einkünfte aus Kapitalvermögen 752,00 EUR. Ein Freistellungsauftrag in Höhe des Sparerpauschbetrags wurde erteilt.
   Einkünfte aus Vermietung und Verpachtung 7 200,00 EUR

   Weiterhin kommen für die Steuererklärung ggf. in Betracht:
   Beitrag für eine private Rentenversicherung 600,00 EUR
   Kfz-Haftpflichtversicherung 370,00 EUR,
   Allgemeine Haftpflichtversicherung 51,00 EUR,
   Spende an das Rote Kreuz 100,00 EUR,
   Mitgliedsbeitrag an politische Partei 120,00 EUR,
   nicht erstattete Krankheitskosten (Zahnersatz, Sehhilfen) 2 629,00 EUR.

   Auszug aus der Lohnsteuertabelle:

Lohn/Gehalt bis	Steuerklasse	Lohnsteuer	ohne Kinderfreibeträge		
			SolZ	8 % KiSt	9 % KiSt
2 225,99	I	262,33	14,42	20,98	23,60
3 338,99	I	562,92	30,41	44,23	49,76
3 458,99	I	587,25	32,29	46,98	52,85

9 Steuerliche Rahmenbedingungen

Beiträge zur Sozialversicherung (Arbeitnehmeranteil):
RV 9,3 %; AV 1,5 %; KV 7,9 %; PV 1,525 %

Auszug aus der Einkommensteuertabelle (Grundtabelle):

Zu versteuerndes Einkommen	Tarifliche Einkommensteuer
26 821	4 642
26 881	4 653
26 941	4 664

M 237

Benutzen Sie für folgende Aufgaben die Excel-Datei *Arbeitsauftrag 4*.
a) Erstellen Sie eine Gehaltsabrechnung für den Monat Januar.
b) Ermitteln Sie die Einkünfte aus nichtselbstständiger Arbeit und die einbehaltenen Steuern.
c) Prüfen Sie, ob es sich lohnt, die Einkünfte aus Kapitalvermögen in der Steuererklärung anzugeben.
d) Ermitteln Sie das zu versteuernde Einkommen, die Einkommen- und Kirchensteuer und den Solidaritätszuschlag.
e) Ermitteln Sie den Betrag der Steuernachzahlung bzw. Steuererstattung

5. **Ein Anleger kauft im Januar 400 AT-Aktien zum Tageskurs von 58,35 EUR. Er erhält im April eine Dividendenzahlung von 1,28 EUR pro Stück. Im August verkauft er 300 Stück zum Tageskurs von 96,71 EUR. Beim An- und Verkauf fällt eine Bankprovision von jeweils 0,25 % vom Kurswert an.**
Der Anleger ist kirchensteuerpflichtig.
Berechnen Sie die von der Bank einzubehaltenden Kapitalertragsteuern. Ein Sparerpauschbetrag wurde nicht vorgemerkt.

9.4 Körperschaftsteuer

Die Körperschaftsteuer ist die Einkommensteuer juristischer Personen. Ihre Gewinne werden pauschal mit einem Steuersatz von 15 % versteuert.

9.5 Umsatzsteuer

Die Umsatzsteuer besteuert den von Unternehmen erzielten Umsatz an Waren und Dienstleistungen sowie die unentgeltlichen Wertabgaben (u. a. den Eigenverbrauch) des Unternehmens und die Wareneinfuhr (Einfuhrumsatzsteuer). Steuerfrei sind vor allem die Ausfuhr sowie die Umsätze der Banken, der Post (nur Umsätze bei Postuniversaldienstleistungen[1]), der Ärzte, der Krankenanstalten und der Sozialversicherung. Der volle Steuersatz beträgt 19 %, der ermäßigte Steuersatz (z. B. für Lebensmittel und Bücher) 7 %.

Der Unternehmer ist gegenüber dem Finanzamt steuerpflichtig. Da er aber die Steuer auf seinen Nettopreis aufschlägt, überwälzt er sie nach dem Willen des Gesetzgebers auf den Käufer.

Die Umsatzsteuer ist also eine indirekte Steuer.

Die heutige Umsatzsteuer ist technisch eine **Mehrwertsteuer**:
Sie besteuert die **Wertschöpfung (Mehrwert)**, die ein Gut auf der jeweiligen Produktions- oder Handelsstufe erfährt. Technisch wird dies dadurch ermöglicht, dass jeder Verkäufer seinem Kunden die Mehrwertsteuer auf den Gesamtpreis seiner Leistung berechnet, aber von der vereinnahmten Steuersumme die von ihm selbst bei Einkäufen gezahlte Umsatzsteuer (die sogenannte **Vorsteuer**) abziehen kann. Der Saldo (**Zahllast**) ist mit einer Umsatzsteuervoranmeldung für den laufenden Monat bis zum 10. des folgenden Monats an das Finanzamt abzuführen. Ein Vorsteuerüberhang über 512,00 EUR wird auf Antrag vom Finanzamt erstattet, ein Betrag unter 512,00 EUR wird mit dem Folgemonat verrechnet.

---

[1] Postuniversaldienstleistungen sind z. B. adressierte Briefe und Päckchen bis 2000 g, die flächendeckend zugestellt werden, sowie Pakete bis 10 kg.

M 238

Beispiel: _Umsatzsteuer_

	Verkaufs-preis	19 % USt vom Verkaufspreis	minus Vorsteuer	= Zahllast
Hersteller	1 000,00	190,00	–	190,00
Großhändler	1 500,00	285,00	190,00	95,00
Einzelhändler	2 000,00	380,00	285,00	95,00
Verbraucher				380,00

Der Unternehmer muss dem Finanzamt für jedes Kalenderjahr eine Umsatzsteuererkärung einreichen.

Verbindlichkeiten ← → Forderungen
gegenüber dem Finanzamt

→ Finanzamt

9.6 Gewerbesteuer

Die Gewerbesteuer ist eine Gemeindesteuer. Jeder Gewerbebetrieb wird unabhängig von seiner Rechtsform dazu herangezogen. Steuergegenstand ist der Gewerbeertrag.

Die Steuer ist als Gegenleistung für die Aufwendungen gedacht, die der Gemeinde durch den Gewerbebetrieb entstehen (z. B. Infrastrukturmaßnahmen). Deshalb wird der erzielte Gewinn in einen Gewerbeertrag umgerechnet, den ein „Standardbetrieb" mit eigenem Kapital und eigenen Maschinen, aber in fremden Räumen erzielen würde.

Berechnung der Gewerbesteuer (stark vereinfacht)

Gewinn laut Steuerbilanz
+ Hinzurechnungen (25 % von gezahlten Zinsen und Finanzierungsanteilen, soweit sie einen Freibetrag von 100 000,00 EUR übersteigen)
− Kürzungen (z. B. 1,2 % des Einheitswertes des Betriebsgrundstücks)

= **Gewerbeertrag**   z. B. 86 000,00 EUR
− Freibetrag (nicht bei Kapitalgesellschaften)   24 500,00 EUR

= Verbleibender Betrag   61 500,00 EUR
davon 3,5 % (Steuermesszahl)   2 152,50 EUR   (**Steuermessbetrag**)

Steuermessbetrag · Hebesatz (z. B. 400 %) = **Gewerbesteuer** = 8 610,00 EUR

Der Hebesatz wird vom Gemeinderat festgesetzt und ist deshalb von Gemeinde zu Gemeinde unterschiedlich. Er gibt an, wie viel Prozent des Steuermessbetrags die Gewerbesteuer beträgt. Unternehmen mit an sich gleicher Ertragskraft werden aufgrund unterschiedlicher Hebesätze ungleich belastet. Dies kann zu Wettbewerbsverzerrungen führen.

Arbeitsaufträge

1. Ein Waldbesitzer verkauft für 500,00 EUR + 19 % USt. Holz an ein Sägewerk. Dieses verkauft die hergestellten Bretter für 1 000,00 EUR + 19 % USt. an eine Möbelfabrik. Diese wiederum verkauft daraus hergestellte Möbel für 1 500,00 EUR + 19 % USt.

   a) Übertragen Sie das folgende Schema auf ein gesondertes Blatt und zeichnen Sie die Wirkungsweise der Mehrwertsteuer ein.

1. Stufe	?	→ Mehrwert EUR ?	→ Finanzamt EUR ?
2. Stufe	?	→ Mehrwert EUR ?	→ Finanzamt EUR ?
3. Stufe	?	→ Mehrwert EUR ?	→ Finanzamt EUR ?
			Summe EUR ?

   b) Erläutern Sie an diesem Beispiel, dass die Mehrwertsteuer für den Gewerbebetrieb eine Durchlaufsteuer ist, die ihn nicht belasten soll, dass aber der Endverbraucher die gesamte Steuerlast trägt.

   c) Eine Erhöhung der Mehrwertsteuer wird in der öffentlichen Diskussion stets als sozial ungerecht dargestellt. Begründen Sie diese Auffassung.

2. Die Wirtschaftsverbände haben in der Vergangenheit immer wieder darauf hingewiesen, die Gewerbesteuer stelle für die Unternehmen eine unangemessene Belastung dar. Außerdem könne die Gewerbesteuer künstliche Wettbewerbsverzerrungen bewirken.

   Begründen Sie die beiden genannten Kritikpunkte.

10 Rahmenbedingungen der Tarifautonomie

10.1 Tarifverträge

> **Art. 9 Abs. 3 GG**
> Das Recht, zur Wahrung und Förderung der Arbeits- und Wirtschaftsbedingungen Vereinigungen zu bilden, ist für jedermann und für alle Berufe gewährleistet.

*Dieses Recht bezeichnet man als **Koalitionsfreiheit**. Einzelheiten regelt das Tarifvertragsgesetz.*

Die Arbeitgeber gleicher Wirtschaftszweige organisieren sich in **Fachverbänden**. Ihr Dachverband ist die Bundesvereinigung der Deutschen Arbeitgeberverbände (BDA). Die Arbeitnehmer organisieren sich ihrerseits in **Gewerkschaften**.

Das Tarifvertragsgesetz gesteht entweder den Arbeitgeberverbänden oder einzelnen nicht verbandsangehörigen Arbeitgebern einerseits und den Gewerkschaften andererseits das Recht zu, **Tarifverträge** abzuschließen.

Tarifverträge sind kollektive (für alle angeschlossenen Mitglieder verbindliche) Arbeitsverträge. Sie enthalten Abmachungen über Löhne, Gehälter und andere arbeitsrechtliche Regelungen.

Der Tarifvertrag regelt neben dem Einzelarbeitsvertrag die Arbeitsverhältnisse. Er ist geltendes Recht. Solange der Tarifvertrag gilt, ist der Arbeitsfrieden gesichert. Für alle besteht eine Friedenspflicht, die es verbietet, Arbeitskämpfe zu führen. Der Tarifvertrag enthält jedoch nur Mindestbedingungen. Zugunsten der Arbeitnehmer kann der Arbeitgeber abweichende Vereinbarungen treffen.

Das Tarifvertragsgesetz gibt den Tarifvertragsparteien die **Tarifautonomie**. Darunter versteht man das Recht, Tarifverträge frei von staatlichen Eingriffen abzuschließen. Der Staat darf nicht einmal dann in Tarifverhandlungen eingreifen, wenn abzusehen ist, dass die Ergebnisse schädliche Auswirkungen auf die Wirtschaftslage haben können (z. B. auf die Geldwertstabilität). Er soll nur dafür sorgen, dass die Spielregeln für beide Parteien gleich sind. Lohnstopp, Preisstopp oder die Beseitigung des privaten Eigentums würden die Tarifautonomie zerstören.

10.2 Arten von Tarifverträgen

Häufig lassen sich die Ergebnisse von Tarifverhandlungen nur schwer in einem einzelnen Vertrag zusammenfassen So sind z. B. für bestimmte Vereinbarungen unterschiedliche Laufzeiten anzutreffen. Lohnvereinbarungen haben kürzere Laufzeiten als Urlaubsregelungen.

Wäre es dann nicht sinnvoll, unterschiedliche Probleme in unterschiedlichen Tarifverträgen zu regeln?

Genau das macht man! Deshalb gibt es Lohn- bzw. Gehaltstarifverträge und Mantel- und Rahmentarifverträge.

Die Arbeitsbedingungen werden nach sachlichen Gesichtspunkten in drei unterschiedlichen **Tarifvertragsarten** geregelt:

Manteltarifvertrag	Rahmentarifvertrag	Entgelttarifvertrag
Regelung von Arbeitsbedingungen: • Arbeitszeit/Pausen • Verfahren der Arbeitsbewertung • Erholungs-/Sonderurlaub • Mehr-, Nacht-, Schichtarbeitszuschläge; Entgeltfortzahlung • Rationalisierungsschutz • Einstellungs-, Kündigungsschutz	Regelung von Entgeltgrundlagen: • Festlegung und Ausgestaltung von Entgeltgruppen • Festlegung der Gruppenmerkmale • Ausgestaltung der Leistungsentlohnung (Akkord-, Prämienlöhne) • Vermögenswirksame Leistungen • Erfolgsbeteiligung	Regelung der Tarifentgelte: • Zeitlöhne, Gehälter, Leistungslöhne • Sonderzuschläge Darstellung in Entgelttabellen. Die unterste Entgeltgruppe kommt einem Mindestlohn gleich.
Laufzeit oft unbefristet (Anpassung bei Bedarf)	Laufzeit meist mehrere Jahre	Laufzeit i. d. R. ein Jahr

Gültigkeit der Tarifverträge

Persönlicher Geltungsbereich

Ein Tarifvertrag gilt nur für die Arbeitnehmer, die der tarifschließenden Gewerkschaft angehören und die bei einem einzelnen tarifschließenden Arbeitgeber bzw. bei einem Arbeitgeber des tarifschließenden Verbandes beschäftigt sind. Nichtorganisierte Arbeitnehmer haben demnach keinen Anspruch auf die Anwendung des Tarifvertrages! Sie können aber in ihren Arbeitsverträgen Bezug auf die Tarifverträge nehmen. So können sie auch ohne Mitgliedschaft die Vorteile wahrnehmen. Die Arbeitgeber werden dazu bereit sein, um ihre Arbeitnehmer nicht in die Gewerkschaft zu drängen. In der Praxis werden über 90 % aller Arbeitsverträge durch tarifvertragliche Regelungen gestaltet. Tarifverträge dürfen nach der geltenden Rechtsprechung keine „Außenseiterklauseln" enthalten, die eine Ungleichbehandlung von nicht organisierten Arbeitnehmern vorsehen.

Eine Allgemeinverbindlichkeitserklärung auch für nicht organisierte Betriebe und Arbeitnehmer ist durch den Bundesarbeitsminister möglich, wenn die tarifgebundenen Arbeitgeber mindestens 50 % der unter diesen Tarifabschluss fallenden Arbeitnehmer beschäftigen und wenn die Allgemeinverbindlichkeitserklärung im öffentlichen Interesse liegt.

2011 waren in Westdeutschland 54 % der Arbeitnehmer tarifgebunden, in Ostdeutschland 37 %.

Fachlicher Geltungsbereich

Tarifverträge gelten nur für einzelne Tarifbereiche (Branchen bzw. Betriebe). Gewerkschaften sind an möglichst vielen Tarifbereichen interessiert, da sich so eher Verbesserungen durchsetzen lassen.

Räumlicher Geltungsbereich

Ein Tarifvertrag kann außer der fachlichen Begrenzung auch räumlich eingeschränkt sein. Man unterscheidet Bundestarifverträge, Regionaltarifverträge oder Bezirkstarifverträge. In zeitlicher Hinsicht tendieren die Tarifparteien immer mehr zu kurzen Laufzeiten.

Tarifeinheitsgesetz

Wenn die Arbeitnehmer eines Betriebes unterschiedlichen Gewerkschaften angehören, kann es zu kollidierenden Tarifverträgen kommen. Dann ist laut Tarifeinheitsgesetz (TEG) in Deutschland in diesem Betrieb nur der Tarifvertrag derjenigen Gewerkschaft anzuwenden, die bei Abschluss des zuletzt abgeschlossenen Tarifvertrags im Betrieb die meisten Mitglieder hat.

Arbeitsaufträge

1. **Tarifverträge werden als kollektive Arbeitsverträge bezeichnet.**
   a) Was ist unter einem kollektiven Arbeitsvertrag (im Gegensatz zum Einzelarbeitsvertrag) zu verstehen?
   b) Wer kann Vertragspartner bei diesen Verträgen sein?
   c) Diese Vertragspartner werden oft als Sozialpartner, manchmal auch als Sozialparteien bezeichnet. Was soll mit diesen Bezeichnungen ausgedrückt werden, und welche würden Sie als die zutreffendere ansehen?
   d) Den Tarifvertragsparteien ist gesetzlich Tarifautonomie zugesagt. Was ist darunter zu verstehen?
   e) Der Geltungsbereich von Tarifverträgen ist auf mehrfache Weise eingeschränkt. Erläutern Sie dies.

2. **Bernd Klein ist als Zerspanungsmechaniker bei Rosteisen & Co. beschäftigt. Er ist nicht gewerkschaftlich organisiert. Nach dem Inkrafttreten eines neuen Tarifvertrags vermisst er bei der nächsten Lohnzahlung die tarifvertraglich festgesetzte Lohnerhöhung von 2,6 %. Bei seiner Nachfrage in der Lohnbuchhaltung wird ihm gesagt, der Betrieb müsse sparen, und die Erhöhung werde nur bezahlt, wenn eine vertragliche Verpflichtung für den Betrieb bestehe.**
   a) Besteht tatsächlich keine Verpflichtung des Betriebes zur Zahlung der Lohnerhöhung?
   b) Ist auch der Fall möglich, dass ein Betrieb keine Lohnerhöhung zahlen muss, obwohl die Beschäftigten Gewerkschaftsmitglieder sind?
   c) Ist es andererseits möglich, dass ein nicht im Arbeitgeberverband organisierter Betrieb die Bestimmungen eines Tarifvertrages auf alle seine Arbeitnehmer anwenden muss?
   d) In der Regel gelangen auch die Nicht-Gewerkschaftsmitglieder in den Genuss von Tariferhöhungen. Wie ist diese Erfahrungstatsache zu begründen?

3. „Flächentarifverträge" werden von einem Arbeitgeberverband für einen Tarifbezirk ausgehandelt und gelten dann für alle dem Verband angehörenden Unternehmen dieses Bezirks. Sie werden heutzutage vielfach als nicht mehr zeitgemäß angegriffen. Begründung: Die ausgehandelten Mehrbelastungen – z. B. Lohnerhöhungen – treffen alle beteiligten Unternehmen gleichmäßig, unabhängig davon, ob ihre Auftragslage gut oder schlecht ist, ob sie zusätzliche Kosten verkraften können oder nicht. In Zeiten zunehmenden Wettbewerbs und wachsender Billigkonkurrenz müssen dann benachteiligte Betriebe Arbeitnehmer entlassen, ihre Produktion ins Ausland verlagern oder auch aufgeben. Steigende Arbeitslosigkeit, Unzufriedenheit der betroffenen Arbeitnehmer und Gewerkschaftsaustritte sind unerfreuliche Folgen.

Diskutieren Sie die Möglichkeiten, in Tarifverträgen die spezielle Situation des einzelnen Unternehmens besser zu berücksichtigen.

10.3 Tarifverhandlungen

Ist ein Tarifvertrag ausgelaufen oder gekündigt, werden Tarifverhandlungen nötig. In der Regel kündigt die Gewerkschaft und stellt Maximalforderungen. Die Arbeitgeberseite macht ein Minimalangebot. Die Parteien begründen ihre Standpunkte und treten in Verhandlungsrunden ein. Auch Arbeitgeber können Tarifverträge kündigen und Forderungen stellen.

Erfolgt keine Einigung, werden die Verhandlungen für gescheitert erklärt. Die Gewerkschaft versucht, durch Information der Öffentlichkeit und über die Belegschaften Druck auszuüben (Demonstrationen, Betriebsversammlungen, Streikdrohungen, Warnstreiks).

Die Parteien können noch ein **Schlichtungsverfahren** durchführen. Dazu bilden sie eine gemeinsame Schlichtungskommission mit einem unparteiischen Schlichter, der beidseitiges Vertrauen genießt (meist eine Persönlichkeit des öffentlichen Lebens). Der Schlichter soll einen tragfähigen Kompromiss suchen. Ein Schlichtungsabkommen bietet die letzte Möglichkeit, einen teuren Arbeitskampf zu vermeiden.

10.4 Streik

Ein *Streik* liegt vor, wenn eine größere Zahl von Arbeitnehmern absichtlich und vorübergehend zusammen die Arbeit niederlegt, um wirtschaftliche Kampfziele durchzusetzen.

Der Streik ist ein durch Art. 9 Abs. 3 Grundgesetz erlaubtes **Mittel des Arbeitskampfes**. Jedoch mit einer Einschränkung: Ein Streik darf nur um Forderungen geführt werden, die nicht bereits in einem Tarifvertrag geregelt sind.

Die Satzungen der Gewerkschaften bestimmen, dass ihre Mitglieder in einer geheimen Abstimmung (Urabstimmung) zu befragen sind, ob sie zu einem Arbeitskampf für ihre Forderungen bereit sind.

Der Gewerkschaftsvorstand genehmigt die Urabstimmung. Nach den meisten Gewerkschaftssatzungen wird der Streik genehmigt, wenn 75 % der Mitglieder zustimmen, die unter den persönlichen, fachlichen und räumlichen Geltungsbereich des Tarifvertrages fallen.

Die Gewerkschaftsführung bestimmt eine Streikleitung, die die Streikposten ernennt. Sie sollen die Streikbrecher beeinflussen und Streikende von strafbaren Handlungen abhalten. In Streiklokalen werden nur Mitglieder registriert. Dort werden die Streikunterstützungen ausbezahlt, um die Mitglieder finanziell für den Lohnausfall zu entschädigen.

Der Vorstand kann den Streik beenden. Dies ist insbesondere bei einer Einigung der Tarifvertragsparteien der Fall. Die meisten Gewerkschaftssatzungen sehen vor, dass die Einigung gebilligt ist, wenn in einer neuen Urabstimmung mindestens 25 % der abgegebenen Stimmen für die Einigung sind. Jedoch muss der Vorstand auch bei einer Ablehnung den Streik nicht wieder aufnehmen.

Der Streik löst das Arbeitsverhältnis nicht. Es ruht ebenso wie die Pflicht zur Lohnzahlung. Streiken kann jeder, auch wer nicht zur Gewerkschaft gehört. Jedoch zahlt die Gewerkschaft eine Unterstützung nur an Mitglieder.

Das Versicherungsverhältnis in der Sozialversicherung besteht bei legitimen Streiks bis zu drei Wochen nach der letzten Entgeltzahlung ohne Beitragszahlung fort.

Streikarten

Organisierter Streik	Warnstreik	Wilder Streik
Von der Gewerkschaft nach Urabstimmung beschlossen. Gewerkschaft zahlt Streikgeld und organisiert Streikposten. Formen: • **Flächenstreik** Die Arbeitnehmer aller Betriebe eines Landes sind zum Streik aufgerufen. • **Schwerpunktstreik** zielt auf die Bestreikung von Schlüsselbetrieben. • **Teilstreik** Ein Betriebsteil wird planmäßig bestreikt.	Kurzfristige Arbeitsunterbrechung als Ausdruck der Kampfbereitschaft. Hierzu Grundsatzurteil des Bundesarbeitsgerichts vom 1. August 1988: • Die Friedenspflicht muss abgelaufen sein. • Der Streik muss von der Gewerkschaft offen getragen sein. (Er drückt, ohne dass die Tarifverhandlung ausdrücklich als gescheitert erklärt wurden, aus, dass die Möglichkeiten der friedlichen Verständigung erschöpft sind und der Arbeitskampf eröffnet ist.) • Er erlaubt der Gegenseite alle geeigneten Abwehrmaßnahmen zu ergreifen. • Da keine Urabstimmung vorausging, besteht keine Pflicht zur Zahlung von Streikgeld.	Von der Gewerkschaft nicht gebilligter Streik. *Generalstreiks und wilde Streiks sind in Deutschland rechtswidrig.*

10.5 Aussperrung

Ebenso wie die Arbeitnehmer hat auch der Arbeitgeber ein Kampfmittel: die Aussperrung.

Unter *Aussperrung* versteht man die Ausschließung der Arbeitnehmer von der Arbeit.

Wie beim Streik, so ruhen auch bei der Aussperrung das Arbeitsverhältnis und die Pflicht zur Lohnzahlung. Der Arbeitgeber schließt den Betrieb. Dadurch sind auch die Arbeitswilligen ausgesperrt und ohne Vergütung.

Arten von Aussperrung
Angriffsaussperrung
Um einem Streik zuvorzukommen, sperren die Unternehmer alle Arbeitnehmer aus.
Abwehraussperrung
Dies ist das Mittel, einen Streik zu verkürzen und damit abzuwehren. Je mehr Arbeitnehmer ausgesperrt sind, desto stärker wird die Streikkasse der Gewerkschaft beansprucht.

Das Bundesarbeitsgericht hat entschieden: Nur Abwehraussperrungen sind erlaubte Kampfmittel, wenn sie ein Übergewicht der Gewerkschaften verhindern. Sie dürfen sich nicht auf die Gewerkschaftsmitglieder beschränken. Auch dürfen bei Punktstreiks die Arbeitnehmer nicht bundesweit unbefristet ausgesperrt werden.

Ein Arbeitskampf bringt beiden Seiten erhebliche Nachteile: Lohnausfall für die Beschäftigten, Produktionsausfall für das bestreikte Unternehmen, Betriebsunterbrechung, Störung von Kundenbeziehungen, evtl. Verlust von Marktanteilen und Gefährdung von Arbeitsplätzen. Daher kann ein Streik nur das allerletzte Mittel in einem Arbeitskampf sein.

Arbeitsaufträge

1. **Bei Arbeitskämpfen müssen bestimmte Regeln eingehalten werden.**
   Welche der folgenden Behauptungen entsprechen diesen Regeln, welche nicht?
   a) Nach dem Scheitern von Tarifverhandlungen kann der Vorstand der Gewerkschaft IG Metall den Streik ausrufen.
   b) In Schlichtungsverfahren ist der Spruch des unparteiischen Schlichters für die Tarifvertragsparteien verbindlich.
   c) Führt ein Schlichtungsverfahren nicht zur Einigung, so beginnt am nächsten Tag der Streik.
   d) Bei wilden und organisierten Streiks zahlt die Gewerkschaft Streikgeld.
   e) Bei der Urabstimmung gilt der Streik als genehmigt, wenn mindestens 75 % der unter den Geltungsbereich des Tarifvertrags fallenden Gewerkschaftsmitglieder zustimmen.
   f) Der Streik löst das Arbeitsverhältnis für die Dauer des Streiks nicht auf.
   g) Wer nicht Gewerkschaftsmitglied ist, hat auch kein Streikrecht.
   h) Wenn der Streik ausgerufen ist, haben die Unternehmer das Recht zur Aussperrung.
   i) Bei der Aussperrung haben nur die arbeitswilligen Streikbrecher das Recht, den Betrieb zu betreten.
   j) Während der Laufzeit eines Tarifvertrags sind Arbeitskämpfe nicht erlaubt.

2. **Ein Chemieunternehmen bezifferte die Verluste im Falle eines Streiks auf mindestens 5 Mio. EUR pro Tag. Eine Lohnerhöhung um 1 % würde lediglich 8,5 Mio. EUR pro Jahr betragen. Für die Arbeitnehmer sieht die Rechnung so aus: Bei einem Bruttogehalt von 2 000,00 EUR pro Monat bedeutet ein Streik um 1 % Gehaltserhöhung folgende Verluste: 14-tägiger Streik, Gehaltsverlust 1 000,00 EUR. Streikgelder der Gewerkschaft ca. 312,00 EUR.**
   a) Errechnen Sie, wie lange der Arbeitnehmer arbeiten muss, um die Verluste durch den Streik durch die Gehaltserhöhung auszugleichen.
   b) Berücksichtigen Sie bei Ihrer Rechnung zusätzlich, dass monatlich ein Gewerkschaftsbeitrag von z. B. 14,00 EUR abzuziehen ist.

3. **Ein Streik steht bevor.**

> Der Bundesrepublik steht in dieser Woche u. U. ein Arbeitskampf bevor, in dem beide Seiten kaum um materielle Ziele, sondern um Prinzipien streiten: Der Hauptvorstand der IG Bergbau, Chemie, Energie in Hannover hat die Streikgenehmigung für die chemische Industrie in Rheinland-Pfalz erteilt. Zeitpunkt und Umfang der Kampfmaßnahmen sind noch nicht zu erfahren. In einer Urabstimmung hatten sich nach Angaben der IG Bergbau, Chemie, Energie die stimmberechtigten Arbeitnehmer von 20 Chemieunternehmen, darunter BASF, zu 82 % kampfbereit erklärt.
> Ein materielles Kampfziel hatte die Gewerkschaft bei der Urabstimmung gar nicht angegeben. Auf dem Stimmzettel war als Streikgrund nur pauschal die „Brechung des Lohndiktats" der Arbeitgeber vorgestellt worden.
> Die Arbeitgeber dieses Tarifbezirks waren mit einem Angebot von 2,4 % in die Verhandlungen eingetreten, das sie dann auf 3 % erhöht hatten, bevor sie jede weitere Konzession verweigerten. Die Gewerkschaft fordert 4,5 %. Zuvor war schon in den Chemiebezirken von Hessen und Nordrhein – d. h. auch für Aventis und Bayer mit 3 % abgeschlossen worden.
> Diese kritische Schwelle glauben die Arbeitgeber in Rheinland-Pfalz auch aus grundsätzlichen Erwägungen nicht überschreiten zu dürfen.

   a) Berichten Sie zusammenfassend über die Streiklage.
   b) Prüfen Sie, ob es um rein wirtschaftliche Gründe oder um Machtfragen geht.
   c) Berechnen Sie anhand der Zahlen aus Aufgabe 2, ob sich der Streik wirtschaftlich lohnt.

4. **Streiks können zu enormen Schäden für die Wirtschaft führen.**
   a) Erläutern Sie diese Schäden genauer.
   b) Warum greift der Staat trotzdem nicht zur Abwendung solcher Schäden in Arbeitskämpfe ein?

5. **Die Gewerkschaften fordern ein Aussperrungsverbot. Begründung: Die Aussperrung bedrohe das demokratische Grundrecht des Streiks und höhle damit die Tarifautonomie aus. Die Arbeitgeber kontern: Erst durch das Recht auf Aussperrung werde ein Gleichgewicht der Kräfte hergestellt.**
   Diskutieren Sie die entgegengesetzten Standpunkte.

11 Ordnungs- und wettbewerbspolitische Rahmenbedingungen

11.1 Aufgaben und Ziele der Ordnungspolitik

Als Ordnungspolitik bezeichnet man alle längerfristigen staatlichen Maßnahmen, die

- die Rahmenbedingungen der bestehenden Wirtschaftsordnung festlegen und
- die Elemente der Wirtschaftsordnung in ihrem Bestand sichern sollen.

Für Deutschland bedeutet dies: Die Ordnungspolitik muss die Bedingungen für das Funktionieren von Markt und Wettbewerb schaffen und zugleich dafür sorgen, dass soziale Sicherung und Gerechtigkeit Bestand haben.

> **Beispiele:** Ordnungspolitische Maßnahmen in der sozialen Marktwirtschaft
>
> - **Konsumfreiheit**
>   Das Energiesicherungsgesetz gibt die Möglichkeit, den Verbrauch an Energien zu beschränken und die Art der Verwendung festzulegen.
>
> - **Wettbewerbsfreiheit**
>   Das Gesetz gegen Wettbewerbsbeschränkungen (Kartellgesetz) gibt dem Staat Eingriffsmöglichkeiten, wenn Unternehmen wettbewerbsbehindernde Absprachen treffen oder solche Verträge schließen.
>
> - **Gewerbefreiheit**
>   Die Gewerbeordnung verlangt für zahlreiche Gewerbe behördliche Genehmigungen (z. B. für Munitionsfabriken, chemische Werke, Spielhallen, private Krankenanstalten) oder den

Nachweis von Sachkunde (z. B. für Apotheken, Lebensmittelgeschäfte). Die Niederlassungsfreiheit wird durch Umweltschutzgesetze eingeschränkt.

- **Freiheit der Berufswahl**
  Die Agenturen für Arbeit helfen durch Maßnahmen der Arbeitsmarktförderung bei der Arbeitsplatzsuche und -sicherung.
- **Freiheit der Eigentumsnutzung**
  Die Mitbestimmungsgesetze schränken die alleinige Entscheidungsbefugnis der Eigentümer von Produktivkapital ein.

Die Ordnungspolitik umfasst insbesondere die **Wettbewerbspolitik**. Ihre Aufgabe ist die Sicherung eines gesunden wirtschaftlichen Wettbewerbs.

Der Wettbewerb

- sichert die individuelle wirtschaftliche Freiheit,
- garantiert das Funktionieren des Marktmechanismus,
- sichert die optimale Versorgung der Konsumenten,
- ermöglicht den optimalen Einsatz der Produktionsfaktoren.

Lesen Sie hierzu noch einmal S. 171 f. nach!

Der Wettbewerb kann vor allem durch den Zusammenschluss von Unternehmen und durch wettbewerbswidriges Verhalten marktbeherrschender Unternehmen in seiner Funktionsfähigkeit beeinträchtigt werden.

11.2 Ziele von Unternehmenszusammenschlüssen

Energiewirtschaft plant Kernbrennstoff-Kartell

Sechs der größten deutschen Energieversorgungsunternehmen wollen sich vertraglich zusammenschließen. Sie planen ein Rationalisierungskartell zur Kernbrennstoffversorgung.

In einer sieben Punkte umfassenden Präambel werden die Ziele des angestrebten Konsortialvertrages wie folgt umrissen: Eine sichere und preiswerte Stromversorgung der Allgemeinheit hänge zukünftig in steigendem Maß von der Sicherung des Kernbrennstoffkreislaufs ab. Angesichts der **übermächtigen Marktstellung** der Anbieter auf diesem Markt halte man die **Anlage von Vorräten für unerlässlich**, wobei gemeinsame Lagervorräte zu erheblichen Rationalisierungsvorteilen führen würden. Darüber hinaus ermöglichten die Vorräte den Ankauf billiger Spotmengen und erlaubten gleichzeitig einen Ausgleich der benötigten Brennstoffmengen in Fällen von Über- oder Unterbedarf einzelner Partner.

Außerdem schaffe die **Zusammenfassung der finanziellen Beteiligungen** der Partner an Prospektionsgesellschaften wesentlich günstigere Voraussetzungen für die Erschließung neuer Uranvorkommen und werde daher auch von der öffentlichen Hand begrüßt. Schließlich erhofft man sich durch eine Standardisierung der Brennelemente und Anreicherungsgrade bei der Vorratshaltung **erhebliche Kosteneinsparungen** sowie durch eine Zusammenfassung der Aufträge für den Einkauf, die Konversion, die Anreicherung und Wiederaufbereitung der Brennstoffe eine preiswertere Stromversorgung.
Zusammenfassend wird erklärt, dass der außerordentlich **hohe Personal- und Verwaltungsaufwand**, der in diesem Geschäft jetzt noch nötig sei, in hohem Maß reduziert werden könne, wenn alle Aufgaben zusammengefasst und einer einzigen Verwaltungseinheit, nämlich der GKB, übertragen werden könnten.

größere Marktmacht

Risikominderung

Stärkung der Kapitalkraft

Senkung der Kosten

Verwaltungsvereinfachung, Kostensenkung

Gemeinsam ist man stärker. Das gilt natürlich auch für Unternehmen.

Wenn Unternehmen sich zusammenschließen, so wollen sie damit ihre Situation verbessern. Sie wollen im Wettbewerb besser bestehen und letzten Endes einen höheren Gewinn erzielen.

Der Weg dahin kann führen über
- einen **Ausbau der Machtstellung** gegenüber Lieferanten und/oder Kunden,
- **Kostensenkungen** bei Beschaffung, Lagerung, Produktion, Absatz, Verwaltung.

> **Beispiele:** Zusammenschlüsse von Unternehmen
> - Bildung einer Einkaufsgemeinschaft, um durch Großaufträge günstigere Einkaufskonditionen zu erzielen;
> - Benutzung eines gemeinsamen Großlagers;
> - vertraglich vereinbarte Aufteilung der Produktion von Einzelteilen auf verschiedene Unternehmen;
> - Absatz durch ein gemeinsames Verkaufskontor;
> - Verstärkung der Kapitalkraft durch Zusammenschluss: höheres Eigenkapital, damit auch höhere Kreditwürdigkeit.

- eine **Verminderung des Risikos**. Eine Verbindung mit den Hauptabnehmern kann z. B. das Absatzrisiko verringern, eine Verbindung mit den Lieferanten die Beschaffung sichern.

11.3 Formen von Unternehmenszusammenschlüssen

Unternehmen können sich zusammenschließen
- auf der gleichen Produktionsstufe (horizontaler Zusammenschluss),
- auf nachgelagerten Produktionsstufen (vertikaler Zusammenschluss),
- über unterschiedliche, nicht zusammenhängende Branchen (auf den gleichen Produktionsstufen oder nachgelagert) hinweg (diagonaler oder anorganischer Zusammenschluss).

Je nachdem, ob die Unternehmen ihre Selbstständigkeit behalten oder verlieren, spricht man von **Kooperation** und **Konzentration**.

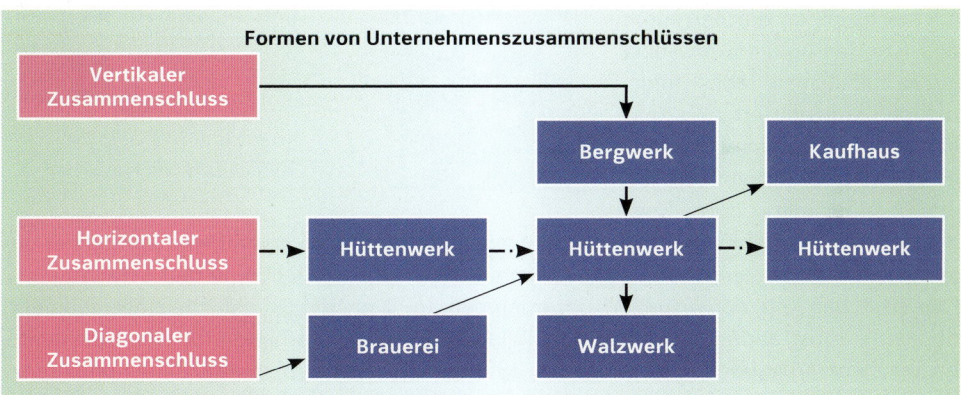

11.3.1 Formen der Kooperation

Unter Kooperation versteht man jede vertraglich geregelte Zusammenarbeit von Unternehmen auf freiwilliger Basis. Dabei behalten die Unternehmen weitgehend ihre wirtschaftliche und rechtliche Selbstständigkeit.

Wichtige Formen der Kooperation sind: Interessengemeinschaft, Arbeitsgemeinschaft, virtuelles Unternehmensnetzwerk, Kartell.

Interessengemeinschaft (Pool)

Unternehmen verfolgen einen gemeinsamen Zweck. Sie vereinbaren, den Gewinn zusammenzulegen (Gewinnpooling) und nach einem vereinbarten Schlüssel zu verteilen. Der Zusammenschluss hat oft die Rechtsform einer GbR oder eines eingetragenen Vereins.

Gemeinsame Zwecke können z. B. sein:

- gemeinsame Forschungs- und Entwicklungsaufgaben,
- Nutzung von Datenverarbeitungsanlagen,
- Durchführung von Marktuntersuchungen,
- Ausbeutung von Rohstoffvorkommen.

> Die drei Elektronikkonzerne Siemens, IBM und Toshiba beschlossen vor einigen Jahren eine intensive Zusammenarbeit im Bereich der Halbleiterentwicklung.
> Die Unternehmen einigten sich darauf, gemeinsam Speicherchips zu entwickeln, um so Kosten zu sparen. Sprecher der drei Unternehmen betonten, dass Kosteneinsparungen in diesem technischen Umfeld nur durch weltweite Kooperationen möglich seien.

Arbeitsgemeinschaft (ARGE)

Unternehmen, die rechtlich selbstständig bleiben, schließen sich zur gemeinsamen Durchführung eines Auftrags zusammen (z. B. Bau einer Brücke, eines Kraftwerks), i. d. R. in Form einer GbR. Mit der vollendeten Durchführung des Auftrags endet die Arbeitsgemeinschaft.

Virtuelles Unternehmensnetzwerk (virtuelles Unternehmen)

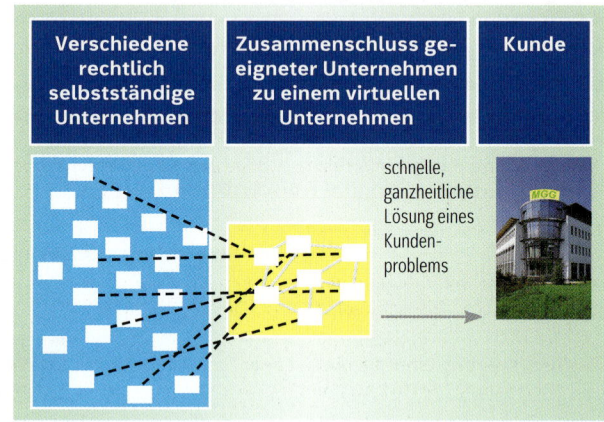

Der Markt verlangt heutzutage zunehmend schnelle, ganzheitliche Problemlösungen. Kaum ein Unternehmen kann heutzutage die Anforderungen allein abdecken, die auf den Stufen der Wertschöpfungskette anfallen. Oft reicht schon die Zeit nicht aus, um das nötige Know-how intern aufzubauen. Jedes Unternehmen konzentriert sich deshalb auf die Segmente, in denen es seine Kernkompetenzen hat, und überlässt die anderen Segmente anderen, dort kompetenten Unternehmen. In der Praxis kommt es aufgrund der unterschiedlichen, unzureichend abgestimmten Systeme zu Brüchen an den Schnittstellen. Hier setzt das Konzept virtueller[1] Unternehmen an. Das sind „künstliche Unternehmen", denen die Integration gelingt. Die beteiligten Unternehmen arbeiten für eine bestimmte, gemeinsame Aufgabenbewältigung (z. B. ein Projekt) zusammen. Ergänzende Kompetenzgebiete werden zusammengelegt; es wird ein gegenseitiger Zugang zum Markt ermöglicht. Zusammenschluss und Zusammenarbeit erfolgen „virtuell" über moderne Informations- und Kommunikationstechnologie, z. B. über Intranet. Gegenüber Kunden tritt das Netzwerk als ein Anbieter auf. Die Zusammenarbeit kann ohne starre Organisationsstrukturen erfolgen. Projektgruppen arbeiten überbetrieblich an verschiedenen Orten und ggf. Zeitzonen. Der wesentliche Vorteil liegt in der Flexibilität, der Reaktionsschnelligkeit und der Möglichkeit des weltweiten, betriebs- und bereichsübergreifenden Zusammenbringens von Know-how.

> Man denke z. B. an ein Übersetzungsbüro, das mit anderen selbstständigen Übersetzungsbüros weltweit vernetzt ist. Jedes Büro bringt seine Kernkompetenzen ein. Es werden Übersetzungen in fast allen Sprachen und fast allen Fachgebieten möglich. Die entsprechende Organisation bildet sich auftragsbezogen und löst sich nach Erledigung auf. Gegenüber dem Kunden tritt das System als umfassend kompetenter Anbieter auf.

---

[1] (frz.) virtuell = nicht real, aber potenziell vorhanden

Beispiel: Virtuelles Unternehmen

Der bekannte Sportartikelhersteller PUMA hat seine Aktivitäten auf die Kernkompetenzen Produktentwicklung, Marketing und Qualitätskontrolle fokussiert (konzentriert). Die gesamte Fertigung und Logistik erfolgt durch asiatische, osteuropäische und britische Partnerunternehmen. Das Unternehmen erzielt so einen Umsatz von etwa 4 Mrd. EUR. Diese Organisationsform ist eine Ausprägungsform virtueller Unternehmen, die nur durch die internationale Vernetzung der beteiligten Partner ermöglicht wird.

Kartell

Kartelle sind vertragliche Zusammenschlüsse von Unternehmen des gleichen Wirtschaftszweiges, die in der Regel den Wettbewerb beschränken oder ausschließen sollen.

Es bleibt also bei unserer Preisabsprache. – Übrigens, haben wir auch die Strafe vom Kartellamt mit einkalkuliert?

Wichtige Kartellarten

Preiskartell	Konditionenkartell
Beinhaltet Preisabsprachen der Mitglieder	Vereinbarung über die einheitliche Anwendung von Allgemeinen Geschäftsbedingungen

Rabattkartell	Kalkulationskartell
Vereinbarung über einheitliche Rabattgewährung	Vereinbarung über eine einheitliche Art der Preisberechnung

Rationalisierungskartell
soll die Leistungsfähigkeit wirtschaftlicher Abläufe in technischer, betriebswirtschaftlicher oder organisatorischer Hinsicht verbessern. Dazu gehören:

- **Normen- und Typenkartell**
  Vereinbarung über die einheitliche Anwendung von Normen und Typen
- **Spezialisierungskartell**
  Vereinbarung über die Spezialisierung auf bestimmte Bauteile, Baugruppen oder Produkte

Gebietskartell	Produktionskartell (Quotenkartell)
Vereinbarung über die Aufteilung des Absatzgebietes unter den Mitgliedern	Vereinbarung über festgelegte Produktionsmengen (Quoten) für die einzelnen Mitglieder

Ausfuhrkartell (Exportkartell)	Einfuhrkartell (Importkartell)
Vereinbarung exportierender Unternehmen über einheitliche Preise oder Konditionen auf Auslandsmärkten	Vereinbarung unter Importeuren über Preise oder Konditionen für den Import

Strukturkrisenkartell	Syndikat
Vereinbarung über die Absatzmengen bei einem nachhaltigen Nachfragerückgang. Zweck: Planmäßige Anpassung an die Nachfrage unter Berücksichtigung von Gesamtwirtschaft und Gesamtwohl	Gründung einer gemeinsamen Verkaufsgesellschaft. Diese nimmt die Kundenaufträge entgegen und leitet sie nach einem festgelegten Schlüssel weiter. Auch die Zahlungen erfolgen an das Syndikat.

11.3.2 Formen der Konzentration

Man spricht von Konzentration, wenn Unternehmen bei einem Zusammenschluss
- nur ihre wirtschaftliche Selbstständigkeit verlieren (Konzernbildung);
- ihre wirtschaftliche und rechtliche Selbstständigkeit verlieren (Trustbildung).

Konzern

Ein Konzern liegt vor, wenn rechtlich selbstständige Unternehmen unter einer einheitlichen Leitung stehen.

Durch eine Kapitalbeteiligung von 51 % erlangt man den entscheidenden Einfluss auf eine AG oder GmbH.

Die einheitliche Leitung ermöglicht es, die wirtschaftlichen Interessen und Aufgaben der Konzernunternehmen aufeinander abzustimmen.

■ Unterordnungskonzern

Ein Unterordnungskonzern kann auf zwei Arten entstehen:

- Ein Unternehmen kauft die Kapitalmehrheit an einem oder mehreren anderen Unternehmen auf. Es genügt schon eine Beteiligung von 51 %. Sie gestattet es, die Unternehmensführung und deren Ziele zu bestimmen. Durch die Kapitalverflechtung entsteht ein sogenanntes **Mutter-Tochter-Verhältnis**, das oft mit einem **Beherrschungsvertrag** (Leitung des Tochterunternehmens wird dem Mutterunternehmen unterstellt) oder **Gewinnabführungsvertrag** (Gewinn der Tochter wird an die Mutter abgeführt) verbunden ist.
- Die Konzernunternehmen übertragen alle oder nur einen Teil der Kapitalanteile auf eine Dachgesellschaft, die nur Kapitalanteile „hält" (**Holding-Gesellschaft**). Dafür erhalten die Konzernunternehmen Anteile an der Holding. Die Dachgesellschaft verwaltet ihre Gesellschaftsanteile und lenkt den Konzern.

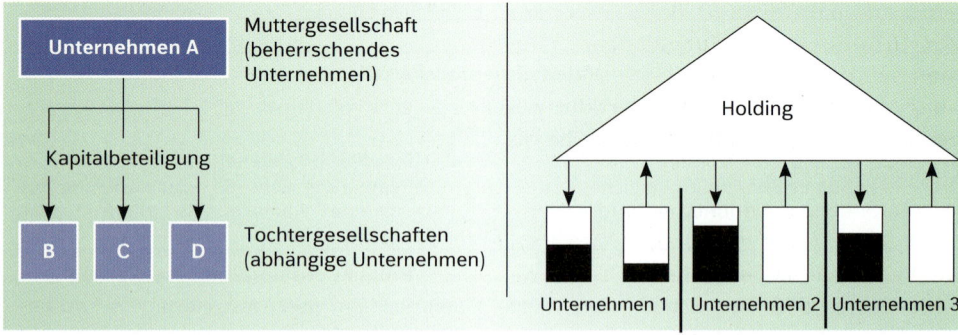

■ Gleichordnungskonzern

Die Konzernunternehmen tauschen ihre Kapitalbeteiligungen gleichmäßig aus. Dazu müssen die Unternehmen kein neues Kapital aufbringen. Aufgrund der Ausgewogenheit der Beteiligung besteht ein gleichgewichtiger, gegenseitiger Einfluss. Man spricht dann von **Schwestergesellschaften**. Die einheitliche Leitung entsteht hier durch gegenseitige Abstimmung.

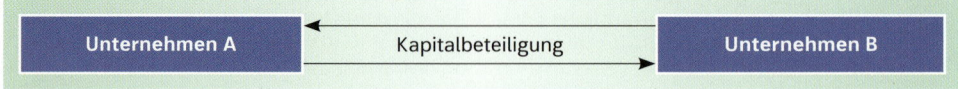

Trust

Ein Trust entsteht, wenn eine kleinere Firma mit ihrem gesamten Vermögen in einer größeren aufgeht. Ihre Firma erlischt (Fusion durch Aufnahme, Fusion = Verschmelzung). Es ist auch möglich, dass alle fusionierenden Firmen gelöscht werden. Sie übertragen dann ihr gesamtes Vermögen auf eine gemeinsam von ihnen gegründete neue Gesellschaft (Fusion durch Neugründung).

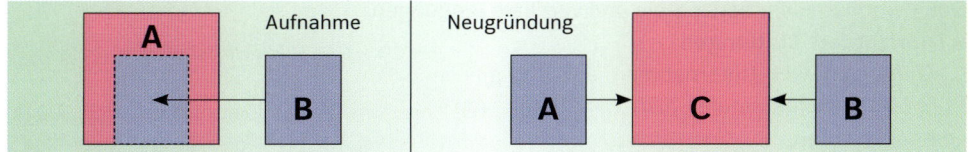

11.4 Wettbewerbspolitische Maßnahmen

Kartelle, wirtschaftliche Macht, Konzerne oder Trusts mit marktbeherrschenden Anteilen können den Wettbewerb beeinträchtigen. Um dies zu verhindern, wurde 1958 **das Gesetz gegen Wettbewerbsbeschränkungen (Kartellgesetz)** (kurz: GWB) erlassen. Das **Bundeskartellamt** in Bonn nimmt als Bundesoberbehörde die Verwaltungsaufgaben und Befugnisse aus dem Gesetz wahr. Für Sachverhalte, die sich nur auf ein Bundesland auswirken, ist dessen zuständige oberste Landesbehörde – meist ein Landeskartellamt – betraut.

§ 44 GWB sieht eine Beratungsinstitution zur Beurteilung wettbewerbspolitischer Fragen vor (**Monopolkommission**, 5 unabhängige Wissenschaftler, auf Vorschlag der Bundesregierung berufen). Sie legt alle zwei Jahre ein Gutachten über Stand und Entwicklung der Unternehmenskonzentration vor.

Für Sachverhalte, die geeignet sind, den zwischenstaatlichen Handel zu beeinträchtigen, gilt EU-Recht. Grundlegend sind die Artikel 81 ff. des **Vertrags zur Gründung der Europäischen Gemeinschaft** (EGV) und die EG-Verordnung Nr. 1/2003 (**Kartellverfahrensverordnung**). Zuständige Behörde ist die EU-Kommission.

EU-Wettbewerbsstrafen
Verhängte Strafzahlungen (Auswahl), Millionen Euro

Unternehmen	Jahr	Strafe
Google (Wettbewerbsverzerrung)	2017	2.420
Intel (unerlaubte Rabatte)	2009	1.060
Daimler (Lkw-Kartell)	2016	1.000
Microsoft (zu hohe Lizenzgebühren)	2008	899
Microsoft (Browserzwang)	2013	561
Deutsche Bank (Libor-Kartell)	2013	466
Siemens (Schaltanlagen-Kartell)	2007	397
Thyssen-Krupp (Aufzugs-Kartell)	2007	320

Grafik: © APA, Quelle: APA/EU/SZ

Der Europäische Gerichtshof und die EU-Kommission legen die Zwischenstaatlichkeitsklausel sehr weit aus. Deshalb fallen fast alle wettbewerbsbeschränkenden Verhaltensweisen von einigem Gewicht in den Anwendungsbereich des Gemeinschaftsrechts. Nur für einseitige Handlungen von Unternehmen hat das deutsche Recht noch eigenständige Bedeutung.

11.4.1 Kartellverbot

§ 1 GWB und Art. 81 EGV verbieten:
- **Vereinbarungen zwischen Unternehmen,**
- **Beschlüsse von Unternehmensvereinigungen,**
- **aufeinander abgestimmte Verhaltensweisen,**

die eine Verhinderung, Einschränkung oder Verfälschung des Wettbewerbs bezwecken oder bewirken.

„Alles war so schön bequem geregelt, und nun sollen wir wieder auf die grässliche Aschenbahn und laufen und kämpfen und Wettbewerbe bestehen!"

© Jupp Wolter (Künstler), Haus der Geschichte, Bonn

Nach Art. 81 EGV sind entsprechende Vereinbarungen und Beschlüsse nichtig. Wer zuwider handelt, kann auf Unterlassung und Schadensersatz in Anspruch genommen werden. Das Kartellamt kann einen weitergehenden Vorteil abschöpfen. Die EU-Kommission kann hohe *Geldbußen für Kartelle* festsetzen.

M 251

Das Verbot umfasst horizontale und vertikale Bindungen.

- **Horizontale Bindungen**:
  Bindungen von Unternehmen auf der gleichen Wirtschaftsstufe, also Bindungen von Konkurrenten.
  Horizontale Bindungen sind Kartelle.

→ Kartelle sind grundsätzlich verboten.

- **vertikale Bindungen**:
  Bindungen von Unternehmen verschiedener Wirtschaftsstufen, also Bindungen von Lieferanten und Abnehmern.
  Vertikale Bindungen betreffen z. B. Preisbindungsverträge, Ausschließlichkeitsverträge und Lizenzverträge.

→ VO (EG) Nr. 2790/1999 („Freistellungsverordnung") präzisiert Verbote und Ausnahmen. Verboten sind z. B.:
- die **Preisbindung der zweiten Hand**: Verkäufer dürfen ihren Weiterverkäufern nicht den Weiterverkaufspreis vorschreiben. Ausnahmen: Rezeptpflichtige Arzneimittel, Verlagserzeugnisse, Tabakwaren, Taxifahrten.
- Weiterverkaufsbeschränkungen hinsichtlich Gebiet oder Kundenkreis (mit Ausnahmen)

Bestimmte Vereinbarungen, Beschlüsse und Verhaltensweisen sind vom Kartellverbot freigestellt (§ 2 GWB; Art. 1 (3) EGV):

Vom Kartellverbot freigestellt sind Vereinbarungen, Beschlüsse und Verhaltensweisen, die ...

| ... Verbesserungen der Warenerzeugung oder -verteilung bewirken | oder | technische oder wirtschaftliche Verbesserungen bewirken | und | die Verbraucher an dem entstehenden Gewinn angemessen beteiligen |

Dabei dürfen den beteiligten Unternehmen
- keine unerlässlichen Beschränkungen auferlegt werden,
- keine Möglichkeiten eröffnet werden, für einen wesentlichen Teil der betreffenden Waren den Wettbewerb auszuschalten.

Die Freistellung kann z. B. für Rationalisierungs-, Normen-, Typen- und Spezialisierungskartelle zutreffen. Der Nachweis, dass die Bedingungen für eine Freistellung vorliegen, obliegt den Kartellunternehmen.

Das GWB stellt vom Kartellverbot auch sog. **Mittelstandskartelle** frei. Dies sind Rationalisierungsabsprachen ohne wesentliche Wettbewerbsbeeinträchtigung, die die Wettbewerbsfähigkeit kleiner oder mittlerer Unternehmen verbessern sollen (§ 3 GWB).

11.4.2 Verbot des Missbrauchs von Marktmacht

§ 19 GWB verbietet die missbräuchliche Ausnutzung einer marktbeherrschenden Stellung durch ein oder mehrere Unternehmen.

Marktbeherrschende Unternehmen nach GWB

Ein Unternehmen gilt als marktbeherrschend, wenn es auf dem relevanten Markt	In folgenden Fällen wird vermutet, dass Marktbeherrschung vorliegt:	
• keinem oder keinem wesentlichen Wettbewerb ausgesetzt ist oder • eine überragende Marktstellung hat (z. B. Marktanteil, Finanzkraft, Marktzugang, Verflechtungen). Unter den gleichen Voraussetzungen gelten auch mehrere Unternehmen ohne wesentlichen Wettbewerb untereinander als marktbeherrschend.	**Zahl der Unternehmen**	**Marktanteil**
	1	mind. 33 1/3 %
	bis zu 3	mind. 50 %
	bis zu 5	mind. 66 2/3 %
	Betroffene Unternehmen können jedoch den Nachweis versuchen, dass sie nicht marktbeherrschend sind.	

§ 19 GWB definiert den Missbrauch nicht, nennt aber fünf Regelbeispiele:

- **Behinderungsmissbrauch**: erhebliche Beeinträchtigung der Wettbewerbsmöglichkeiten anderer Unternehmen ohne sachlichen Grund;
- **Ausbeutungsmissbrauch**: Forderung von Entgelten oder Geschäftsbedingungen, die bei wirksamem Wettbewerb wahrscheinlich nicht gefordert werden können;
- **Strukturmissbrauch**: Forderung ungünstigerer Entgelte oder Geschäftsbedingungen als auf vergleichbaren Märkten und von vergleichbaren Abnehmern, wenn der Unterschied nicht sachlich gerechtfertigt ist;
- **Zugangsmissbrauch**: Verwehrung des entgeltlichen Zugangs zu den eigenen Netzen oder anderen Infrastruktureinrichtungen, den andere Unternehmen brauchen, um als Mitbewerber auftreten zu können.
- **Anzapfungsmissbrauch**: Ausnutzung der Marktstellung, indem das Unternehmen andere Unternehmen auffordert oder veranlasst, ihm ohne sachlich gerechtfertigten Grund Vorteile zu gewähren.

§ 20 GWB verbietet weiterhin:

- **unbillige Behinderung** (z. B. ständigen Verkauf unter Einstandspreis),
- **Diskriminierung** (z. B. Nichtbelieferung von Händlern wegen deren Preisgestaltung),
- **Ungleichbehandlung** ohne sachliche Rechtfertigung (z. B. Gewährung von Treuerabatten, um Händler vom Kauf bei der Konkurrenz abzuhalten).

Dieses Verbot gilt nicht nur für marktbeherrschende Unternehmen, sondern auch für marktstarke Unternehmen gegenüber abhängigen Unternehmen und Konkurrenten.

§ 21 GWB: Ohne Rücksicht auf Marktmacht dürfen Unternehmen andere Unternehmen nicht:

- **boykottieren** (z. B. dritte Unternehmen ihnen gegenüber zu Liefer- oder Bezugssperren auffordern);
- **benachteiligen oder bevorteilen**, um sie zu einem vom Kartellgesetz verbotenen Verhalten zu veranlassen;
- **zur Bildung von Kartellen und abgestimmtem Verhalten zwingen**.

Nach EU-Recht (§ 82 EGV) ist der Missbrauch einer marktbeherrschenden Stellung verboten, wenn er dazu führen kann, den Handel zwischen den Mitgliedsstaaten zu beeinträchtigen.

Übrigens: Betroffene können ihre Anzeige auch anonym beim Kartellamt einreichen, um Geschäftsnachteile zu vermeiden.

11.4.3 Zusammenschlusskontrolle

§ 37 GWB: In folgenden Fällen liegt ein Zusammenschluss vor:	§ 35 GWB: Die Vorschriften über die Zusammenschlusskontrolle finden Anwendung,
• Ein Unternehmen erwirbt das Vermögen eines anderen Unternehmens ganz oder zu einem wesentlichen Teil; • es erwirbt durch Rechte, Verträge oder andere Mittel die Kontrolle über ein anderes Unternehmen; • es erwirbt a) 25 % oder b) 50 % der Kapitalanteile oder Stimmrechte eines anderen Unternehmens.	• wenn im vorausgehenden Geschäftsjahr alle beteiligten Unternehmen zusammen weltweit Umsätze von mehr als 500 Mio. EUR erzielen und • wenn in Deutschland mindestens ein beteiligtes Unternehmen Umsätze von über 25 Mio. EUR und ein anderes beteiligtes Unternehmen Umsätze von über 5 Mio. EUR erzielte.

Ein Zusammenschluss ist vor dem Vollzug beim Kartellamt anzumelden (§ 39 GWB).

Ist zu erwarten, dass der Zusammenschluss eine marktbeherrschende Stellung begründet oder verstärkt, so ist er vom Bundeskartellamt zu untersagen.

Ausnahme: Die betreffenden Unternehmen weisen nach, dass der Zusammenschluss den Wettbewerb verbessert und dass diese Verbesserungen die Nachteile der Marktbeherrschung überwiegen.

Das Kartellamt kann auch Auflagen für einen Zusammenschluss machen.

> **Beispiel:** Auflagen für einen Unternehmenszusammenschluss
>
> Als ein großes Versandhandelsunternehmen zahlungsunfähig wurde, erklärte sich ein Warenhauskonzern bereit, sich zu beteiligen. Obwohl eine marktbeherrschende Stellung entstand, genehmigte das Kartellamt den Zusammenschluss im Interesse der Erhaltung der Arbeitsplätze. Es machte aber die Auflage, einen bisher zum Versandhandelsunternehmen gehörenden Reiseveranstalter auszugliedern.

Ministererlaubnis (§ 42 GWB): Der Bundeswirtschaftsminister kann auf Antrag einen vom Bundeskartellamt untersagten Zusammenschluss genehmigen, wenn
- die gesamtwirtschaftlichen Vorteile die Wettbewerbsbeschränkung aufwiegen,
- ein überragendes Interesse der Allgemeinheit am Zusammenschluss vorliegt.

Zusammenschlüsse von europaweiter Bedeutung werden von der EU-Kommission als Aufsichtsbehörde kontrolliert (Verordnung (EG) Nr. 139/2004: sog. EU-Fusionskontrollverordnung). Darunter fallen Fusionen, Beteiligungen und Gemeinschaftsgründungen.

Jedes Vorhaben eines solchen Zusammenschlusses ist bei der Kommission – Generaldirektion Wettbewerb – anzumelden. Es darf ohne ihre Genehmigung nicht durchgeführt werden.

Die Genehmigung wird versagt, wenn eine beherrschende Stellung entsteht oder verstärkt wird.

> **Europaweite Bedeutung ist gegeben**, wenn
> - der weltweite Gesamtumsatz aller beteiligten Unternehmen zusammen mehr als 5 Mrd. EUR beträgt und
> - mindestens zwei der beteiligten Unternehmen einen gemeinschaftsweiten Gesamtumsatz von jeweils mehr als 250 Mio. EUR erzielen.
>
> Ausnahme:
> Die beteiligten Unternehmen erzielen jeweils mehr als zwei Drittel ihres gemeinschaftsweiten Gesamtumsatzes in ein und demselben Mitgliedsstaat (diese Fälle werden dem nationalen Kartellrecht überlassen).

11.4.4 Weitere wettbewerbsrechtliche Maßnahmen

Verbot unlauteren Wettbewerbs

Das **Gesetz gegen den unlauteren Wettbewerb** (UWG) will Handlungen verhindern, die gegen die guten Sitten im Wettbewerb verstoßen. Es verbietet u. a. irreführendes und sittenwidriges Verhalten.

Einzelheiten hierzu finden Sie im Band „Geschäftsprozesse", Sachwort „Wettbewerb, unlauterer"

Verbraucherschutz

Gesetzliche Vorschriften zum Verbraucherschutz (siehe S. 53 ff.) sollen die Anbieter an einem wettbewerbswidrigen Verhalten hindern und die Stellung der Verbraucher auf dem Markt verbessern.

Dem Verbraucherschutz dienen auch **Verbraucherinformation und -beratung**. Diese Aufgaben leisten u. a. die Verbraucherzentralen und die Stiftung Warentest.

11 Ordnungs- und wettbewerbspolitische Rahmenbedingungen

■ Verbraucherzentralen

Verbraucherzentralen sind eingetragene Vereine, die sich in den Bundesländern um Verbraucherschutz und Verbraucherinformation bemühen.

> **Beispiel:** Verbraucherzentrale NRW
> Verbraucherzentrale Nordrhein-Westfalen e. V., Mintropstraße 27, 40215 Düsseldorf, Tel.: 0211 38090; E-Mail: kontakt@vz-nrw.de

Mitglieder sind Verbände und Vereine ohne erwerbswirtschaftliche Ziele, aber auch einzelne Verbraucher. Die Verbraucherzentralen sind in der Arbeitsgemeinschaft der Verbraucherverbände (AGV), Bonn, zusammengeschlossen.

Die Verbraucherzentralen bemühen sich um eine verbraucherorientierte Gesetzgebung und klären den Verbraucher durch Informationsveranstaltungen, Broschüren, Testzeitschriften, Beratungen auf. Sie unterhalten in vielen Städten Beratungsstellen, beraten aber auch telefonisch und geben Tipps (z. B. telefonischer Ansagedienst, Tel. 0900 1897969. Sie sammeln Material, z. B. Reklamationen, von ihren Mitgliedern, schreiben die betreffenden Firmen an und gewähren Rechtsschutz.

■ Stiftung Warentest

Die Stiftung Warentest (Sitz: Berlin) wurde 1964 auf Beschluss des Bundestages gegründet. Sie soll Verbrauchern durch vergleichende Tests von Waren und Dienstleistungen eine unabhängige und objektive Unterstützung bieten.

Sie kauft – anonym im Handel, nimmt Dienstleistungen verdeckt in Anspruch.
Sie testet – mit wissenschaftlichen Methoden in unabhängigen Instituten nach ihren Vorgaben.
Sie bewertet – von „sehr gut" bis „mangelhaft" ausschließlich auf Basis der objektivierten Testergebnisse.
Sie veröffentlicht – anzeigenfrei in ihren Zeitschriften test und Finanztest sowie im Internet unter www.test.de.

M 255

Zeitungen drucken Test-Kurzfassungen ab. Rundfunk und Fernsehen berichten über Testergebnisse.

Arbeitsaufträge

1.
> **Handelspost GmbH übernimmt den Verlag Deutscher Markt**
>
> Der Verlag Handelspost GmbH übernimmt zum 01.04.20.. den Verlag Deutscher Markt.
> Deutscher Markt Verleger Erich Meier, der auch nach dem Verkauf Geschäftsführer sowie Chefredakteur der Zeitschrift bleibt, will mit diesem Schritt die Basis für das monatlich erscheinende Objekt wesentlich vorbereiten. Sitz des Verlages und der Redaktion bleibt Frankfurt/Main. Eine Zusammenarbeit im Bereich des Marketing soll dem Magazin Deutscher Markt zusätzliche Ausbaumöglichkeiten geben.
> Für die Handelspost GmbH bedeutet die Übernahme des Verbrauchermagazins Deutscher Markt eine Abrundung ihres Programms an Wirtschaftspublikationen sowie eine Stärkung ihres zweiten Verlagssitzes Frankfurt.

a) Welche Art von Zusammenschluss liegt hier vor?
b) Geben Sie Gründe für den Zusammenschluss an.

2. **Auf Seite 246 wird über ein Kernbrennstoff-Kartell berichtet.**
   a) Was versteht man unter einem Kartell?
   b) Welche Kartellart liegt hier vor?
   c) Welche Ziele sollen mit dem Kartell verfolgt werden?
   d) Wie wird durch den Kartellvertrag die rechtliche und wirtschaftliche Selbstständigkeit der beteiligten Unternehmen berührt?
   e) Ist der beabsichtigte Kartellvertrag rechtlich gültig?
   f) Welche Rolle spielen das Bundeskartellamt und die Europäische Kommission bei diesem Kartellvertrag?

3. **Vier Pharmaunternehmen stellen als einzige ein bestimmtes Medikament her. Sie verabreden, dieses Medikament zu einem einheitlichen Preis von 26,50 EUR anzubieten.**
   Erläutern Sie die rechtliche Problematik dieser Absprache.

4.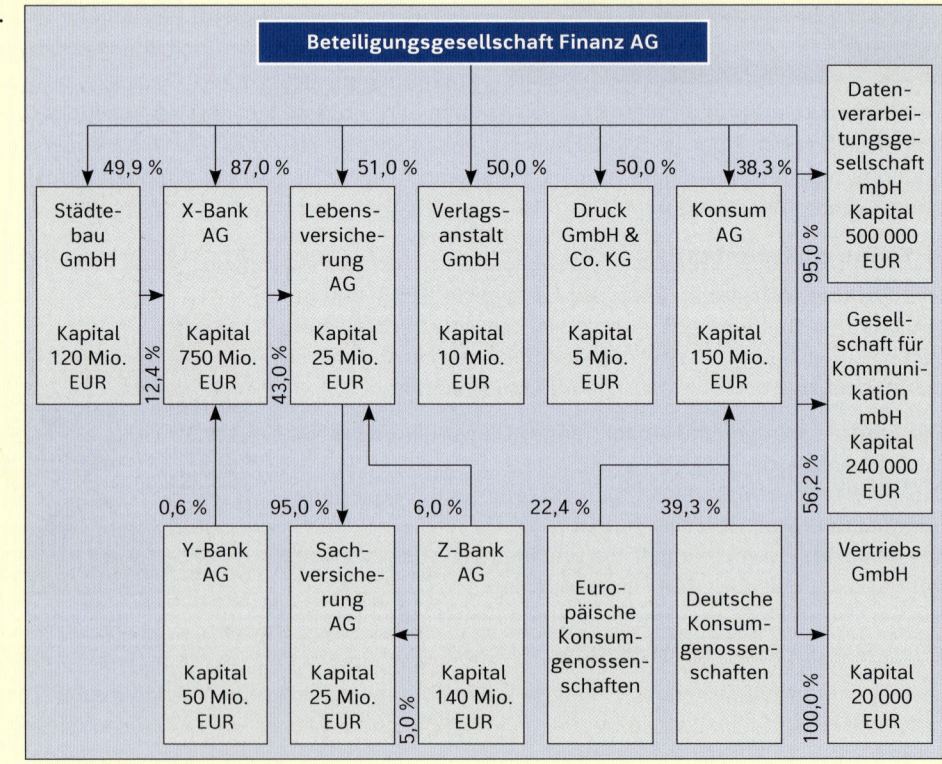
   a) Nennen Sie die Dachgesellschaft.
   b) Beschreiben Sie die Art des Konzerns und die Kapitalverflechtungen.
   c) Diskutieren Sie mögliche Gründe für diesen Zusammenschluss so unterschiedlicher Unternehmen.
   d) Errechnen Sie die Höhe der Kapitalbeteiligung der Finanz AG an der Lebensversicherung AG.

5. **Zwei Hersteller von speziellen elektronischen Geräten, die einzigen Anbieter, schließen sich durch Fusion zusammen.**
   a) Was versteht man unter einer Fusion und wodurch unterscheidet sie sich von einem Kartell?
   b) Wie wird die Kartellbehörde im vorliegenden Fall reagieren?
   c) Wie ist die Reaktion der Kartellbehörde zu begründen?

6. **Konzernbildung und Fusion können sich auf den Wettbewerb positiv oder negativ auswirken.**
   a) Versuchen Sie anzugeben, wann sich positive, wann negative Auswirkungen ergeben.
   b) Der Bundeswirtschaftsminister kann einen wettbewerbsschädlichen Zusammenschluss dennoch gestatten, wenn die gesamtwirtschaftlichen Vorteile überwiegen oder ein überragendes Interesse der Allgemeinheit vorliegt. Wann könnten derartige Vorteile oder ein solches Interesse vorliegen?
   c) Es gibt keine gesetzlichen Möglichkeiten, einmal bestehende marktbeherrschende Unternehmen zu „entflechten". Unter welchen Umständen lassen sich überhaupt Maßnahmen gegen solche Unternehmen ergreifen?

7. **Brief (Auszug) an eine Verbraucherzentrale:**

   Sehr geehrte Damen und Herren,

   ich hätte gerne einen Rat von Ihnen. Heute Morgen wurde ich auf der Straße von zwei jungen Herren angesprochen. Sie erklärten mir, dass in der Stadt ein neues Geschäft eröffnet wurde, in dem man 40 % Preisnachlass auf Bücher und DVDs bekommen könnte. Sie zeigten mir anhand eines Bogens alle Vorzüge und füllten diesen Bogen während unserer Unterhaltung aus. Dann verlangten Sie von mir eine Unterschrift, mit der ich mir alle angebotenen Vorteile sichern könnte. Auf die Frage, ob die Unterschrift mich zu etwas verpflichte, antwortete einer der Männer:

   „Mitglied im Club werden Sie erst, wenn Sie innerhalb von 3 Monaten etwas aus dem Katalog bestellen, den wir Ihnen zusenden. Wenn Sie in diesem Zeitraum nichts bestellen, werden Sie auch nicht Mitglied".

   Als ich später jedoch den unterschriebenen Bogen durchlas, stellte ich fest, dass ich mich zu einer zweijährigen Mitgliedschaft verpflichtet hatte.

   Nun möchte ich von Ihnen wissen, ob dieser Vertrag gültig ist oder ob ich ihn annullieren kann. Bitte geben Sie mir bald Bescheid.

   Mit freundlichen Grüßen

   Erika Blau

   Frau Blau ist auf die Praktiken unseriöser Werber hereingefallen, die wissen, dass die meisten Verbraucher lieber zahlen, um keine Schwierigkeiten zu bekommen.
   a) Ist die Art, wie die Werber den Kontakt mit Frau Blau aufgenommen haben, rechtlich zu beanstanden? Falls ja, ist der geschlossene Vertrag deshalb bereits ungültig?
   b) Kann Frau Blau den Vertrag gegebenenfalls anfechten?
   c) Frau Blau möchte den Vertrag „annullieren", wie sie sich – etwas unfachmännisch – ausdrückt. Besteht eine solche Möglichkeit?
   d) Frau Blau ist offenbar rechtsunkundig. Beschreitet sie einen vernünftigen Weg zur Lösung ihres Problems? Erläutern Sie hierzu Ihre Meinung.

12 Strukturpolitische Rahmenbedingungen

12.1 Wandel der Wirtschaftsstruktur

Neues Leben in alten Mauern – Strukturwandel im Ruhrgebiet auf einem guten Weg
Der Strukturwandel im Ruhrgebiet hat das Bild der Region tief greifend verändert. Kohlezechen wurden geschlossen, Kapazitäten der Eisen- und Stahlindustrie abgebaut. Die alten Industriebrachen wurden flächensaniert bis zum Kahlschlag, um neuen Industrie- und Gewerbegebieten, Einkaufszentren, Verkehrsflächen oder Wohnsiedlungen Platz zu machen.
So wichtig und unabwendbar die Umstrukturierung auch ist, so vielfältig sind die Wege, die beschritten werden. Die Städte des Ruhrgebietes haben für die Neugestaltung ganz unterschiedliche Richtungen eingeschlagen. Zwei Beispiele: Mülheim an der Ruhr hat sich mit der Ansiedlung der Zentralen von Aldi und Tengelmann erfolgreich als Handels- und Dienstleistungszentrum positioniert. Die Nachbarstadt Duisburg setzt mit Freihafen und Logport Logistik-Zentrum auf ihre Stärke als Logistikstandort. Außerdem hat die Stadt sich zum Technologiezentrum mit den Schwerpunkten Mikroelektronik, Mikrosystemtechnik und Informationstechnologie entwickelt.

12.1.1 Strukturelemente der Wirtschaft

Das Ruhrgebiet ist ein typisches Beispiel für den Strukturwandel in der deutschen Wirtschaft. Anderen Regionen geht es ähnlich. Ein solcher Wandel ist ganz normal. Jede Volkswirtschaft ändert mittel- bis langfristig ihre Wirtschaftsstruktur. Warum? Weil die Marktbedingungen sich ändern und die Wirtschaft sich anpasst.

Von einem **Strukturwandel** spricht man erst, wenn die Veränderungen nachhaltig (von Dauer) und nicht mehr umkehrbar sind. Wenn folglich eine Rückentwicklung zum alten Zustand auszuschließen ist. In diesem Punkt unterscheiden sich **Struktur**veränderungen von **Konjunktur**schwankungen.

Was bedeutet Struktur?
Allgemein sagt man: **Struktur ist ein Netz geordneter Beziehungen zwischen den Elementen eines Ganzen**.
Beispiel: die Volkswirtschaft. Wichtige Strukturelemente sind die großen Wirtschaftsbereiche (primärer, sekundärer, tertiärer Sektor). Ihr wirtschaftliches Gewicht ist von Land zu Land verschieden. In Äthiopien z. B. leben nur ca. 10 % der Bevölkerung von Industrie und Dienstleistung, etwa 90 % hingegen von der Landwirtschaft. Diese 90 % erwirtschaften etwa 50 % des Bruttoinlandsprodukts.
Deutschland hat eine völlig andere Wirtschaftsstruktur: Nur ca. 1,4 % der Bevölkerung sind in der Landwirtschaft beschäftigt, mit einem Anteil von 0,8 % am Bruttoinlandsprodukt. Zum Vergleich: Industrie: 30,7 %, Dienstleistungen: 68,6 %.

Strukturelemente der Wirtschaft

Wirtschaftssektoren
- Erwerbsstruktur
- Zugehörigkeit der Betriebe zu Wirtschaftssektoren

Wirtschaftsregionen
- Infrastruktur-Ausstattung
- Bevölkerungsdichte
- Kaufkraft und Bedarf
- Standortverteilung der Betriebe

übergreifende Strukturelemente
- Bildungs- und Ausbildungsstand der Bevölkerung
- Stand des technischen Wissens
- Wirtschafts- und Rechtsordnung, Steuersystem
- Staatlicher Anteil am Bruttoinlandsprodukt

Beispiele: Strukturwandel

- Deutschland um das Jahr 1960: In der Eisen- und Stahlindustrie arbeiten Tausende Industriearbeiter. Am Hochofen sind Stahlwerker mit schweren Asbestanzügen im Einsatz, damit das 1 500 Grad heiße flüssige Roheisen nicht in der Abstichrinne erkaltet.
  Zeitungen werden Wort für Wort, Buchstabe für Buchstabe durch Setzer von Hand gesetzt.
- Deutschland um das Jahr 2018: In dem Stahlwerk arbeiten im Vergleich zu 1960 nur noch wenige Mitarbeiter. Die Fertigung wird durch Computer gesteuert; beim Stahlabstich wird die Fließgeschwindigkeit des Roheisens elektronisch geregelt.
  An einem modernen Computerarbeitsplatz eines Zeitungsverlages erstellt ein „Layouter" das Bild der morgigen Zeitung. Von Hand wird hier nichts mehr gesetzt.

Die Beispiele machen deutlich: Die Arbeitsinhalte haben sich in den letzten Jahrzehnten verändert. Einige Berufe sind ganz weggefallen, andere Berufe haben sich total gewandelt. Neue Berufe sind entstanden. Die Wirtschaftsstruktur hat sich gewandelt.

12.1.2 Sektorale Wirtschaftsstruktur

Für Untersuchungen der Wirtschaftsstruktur betrachtet man nicht den Einzelbetrieb, sondern den gesamten **Wirtschaftssektor** (Wirtschaftsbereich). Nur so lassen sich grundsätzliche Rahmenbedingungen erkennen.

Beispiel:
Im Jahr 2006 beantragte die BenQ Mobile GmbH & Co. OHG, einer der größten Handyhersteller Deutschlands, das Insolvenzverfahren. Daraus lässt sich aber nicht schließen, dass die Mobiltelefonbranche insgesamt in einer Krise steckte.

Man unterscheidet drei Sektoren.

Lesen Sie noch einmal nach auf Seite 122 f.

- **Primärer Sektor**: Bereich der Urerzeugung (Landwirtschaft, Forstwirtschaft, Fischerei, Abbau von Bodenschätzen).

Beispiele:
Landwirt Josef Pinnekemper, Münster; Fischbach und Westhofen OHG Forstbetrieb, Solingen; Fischereibetrieb Ehsemann, Bremerhaven; RAG Aktiengesellschaft, Herne

- **Sekundärer Sektor**: Verarbeitung (Industrie und Handwerk).

Beispiele:
ThyssenKrupp AG, Düsseldorf, Essen; Produkta Klebetechnik GmbH, Bielefeld; Nolte Küchen GmbH & Co. KG, Löhne; weko Büromöbelfabrik Wessel GmbH, Köln

Man beachte:
Bei der Zuordnung der Erwerbstätigen zu den drei Wirtschaftssektoren nimmt die amtliche Statistik eine **Vereinfachung** vor: Jeder Mitarbeiter wird dem Sektor zugerechnet, in dem der Betrieb tätig ist. Im Klartext: Das gesamte Personal eines Produktionsbetriebes wird dem sekundären Sektor zugerechnet, auch wenn der Betrieb neben der Herstellung von Produkten umfangreiche Serviceleistungen erbringt.

- **Tertiärer Sektor**: Dienstleistungsbereich.

Beispiel:
GALERIA Kaufhof GmbH, Köln; Sparkasse Bielefeld; RheinLand Versicherungs AG, Neuss; Duisburger Verkehrsgesellschaft AG

Der **sektorale Strukturwandel** führt immer zu Verschiebungen in der **Erwerbsstruktur**. Die Anteile der Beschäftigten in den Sektoren ändern sich. Typisch ist: Mit steigendem Entwicklungsniveau einer Volkswirtschaft nimmt der Beschäftigungsanteil im primären und sekundären Sektor allmählich ab, der Anteil im tertiären Sektor steigt. Dies bedeutet keineswegs, dass die absolute Wirtschaftsleistung des primären und sekundären Sektors sinkt, nur weil weniger Menschen dort arbeiten. Lediglich der Anteil an der gesamten Wirtschaftsleistung, am Bruttoinlandsprodukt, sinkt.

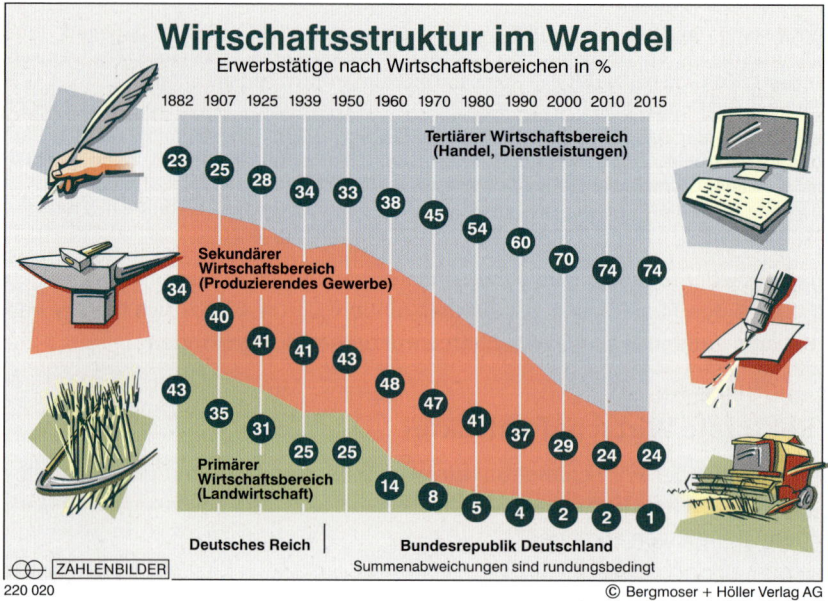

Die Bedeutungszunahme des Dienstleistungssektors wird übrigens durch die Entwicklung der Informations- und Telekommunikationstechnik noch verstärkt. Ihr Einsatz gestattet zunehmend abgestimmtes Handeln zwischen den Betrieben. So lohnt es sich, durch die Vernetzung für Industriebetriebe, Serviceleistungen von spezialisierten Betrieben erbringen zu lassen (Outsourcing). Bieten diese Betriebe ausschließlich Dienstleistungen an, werden sie dem tertiären Sektor zugerechnet.

12.1.3 Regionale Wirtschaftsstruktur

Die Bundesländer und Regionen Deutschlands weisen erhebliche Unterschiede in der wirtschaftlichen Leistungsfähigkeit auf. Diese betreffen z. B. die Bevölkerungsdichte, die Verteilung der Kaufkraft und die Standortverteilung der Betriebe. Vor allem Hamburg, die Region Frankfurt/Wiesbaden, der Norden Baden-Württembergs und der Südosten Bayerns gelten als Regionen mit hoch entwickelter Wirtschaftskraft. Dagegen sind Westfalen, Nord-Niedersachsen, Ost-Bayern und die neuen Bundesländer eher Problemregionen.

Oft sind es dünn besiedelte, ländliche oder altindustrielle Regionen, denen es an Kaufkraft und zukunftsfähigen Betrieben fehlt. Hinzu kommt vielfach eine schwache **Infrastruktur**. Die Folge: schlechte Beschäftigungsaussichten für die Bewohner. Denn solche Regionen sind für Betriebe nicht attraktiv. Erst wenn ein vorteilhafter Strukturwandel einsetzt, kann eine strukturschwache Region für die Ansiedlung von Betrieben wieder interessant werden.

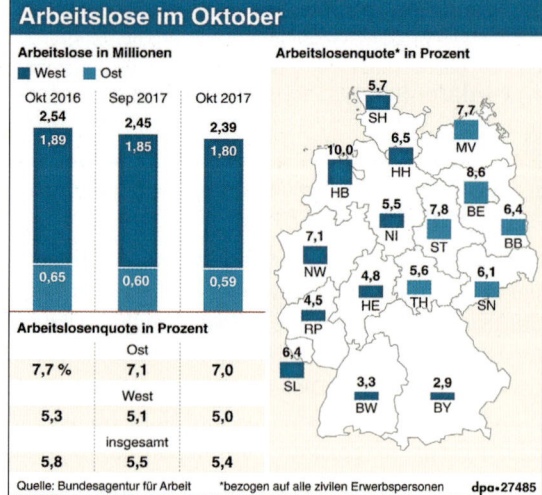

Infrastruktur

Als Infrastruktur bezeichnet man den wirtschaftlich-organisatorischen Unterbau eines Landes.
Erst eine gute Infrastruktur ermöglicht die Entfaltung der Wirtschaft. Denn nur durch eine angemessene Ausstattung mit Versorgungseinrichtungen – vor allem Wasser-, Gas- und Stromnetz, Straßen, Bahnlinien, Verkehrseinrichtungen, Krankenhäuser und Schulen – kann eine positive wirtschaftliche Entwicklung und eine hohe Lebensqualität für die Bevölkerung entstehen.
Für Infrastrukturgüter besteht in der Regel ein öffentlicher Bedarf. Sie erfordern einen hohen Kapitalaufwand und können deshalb nicht von Unternehmen oder Bürgern, sondern nur von öffentlichen Haushalten finanziert werden.

Teilstrukturen:
- **Institutionelle Infrastruktur**
  Alle geltenden Gesetze, Verordnungen und Regeln, die den Rahmen für eine einzelwirtschaftliche Betätigung setzen. Außerdem die Institutionen, die mit der Durchsetzung betraut sind (z. B. Gerichte, Behörden, Polizei).
- **Personelle Infrastruktur**
  Betrifft die Qualifikationen der Menschen (Können, Wissen) für ihre Erwerbstätigkeit.
- **Materielle Infrastruktur**
  Das gesamte Verkehrssystem (Verkehrswege, Häfen, Bahnhöfe, Flughäfen, Verkehrsmittel usw.), das Ver- und Entsorgungssystem (Energieversorgung, Wasserversorgung, Abfallwirtschaft, Umweltschutzeinrichtungen usw.), das Nachrichtenwesen sowie soziale Einrichtungen (Kindergärten, Schulen, Universitäten, Krankenhäuser, Kulturstätten usw.)

Vgl. Kapitel 13: Standortfaktoren.

Die Infrastruktur ist für jede Region ein wesentlicher Standortfaktor.

Ein regionaler Strukturwandel betrifft immer eine oder mehrere zusammenhängende Regionen. Man darf ihn aber nicht mit dem regionalen Ergebnis eines sektoralen Strukturwandels verwechseln. Ein Strukturwandel ist nur dann als regional zu bezeichnen, wenn auch eigenständige regionale Ursachen vorliegen.

Beispiele: Regionaler Strukturwandel
- **Ruhrgebiet**: Ursache für den Strukturwandel ist die Krise in der Eisen- und Stahlindustrie. Diese betraf die gesamte Bundesrepublik Deutschland (und weitere Länder). Es handelt sich also um einen sektoral bedingten Strukturwandel, der sich auch auf das Ruhrgebiet ausgewirkt hat.
- **Dresden**: Hier erlebt man einen regional bedingten Strukturwandel. Nach der „Wende 1990" waren Dresdner Betriebe auf dem deutschen und internationalen Markt schlecht positioniert, so wie Betriebe in den anderen neuen Bundesländern auch. Heute wird, entgegen dem Trend in Land und Bund, ein jährliches Wachstum von 5 % prognostiziert. Dresdner Traditionsunternehmen wie die Zentrum Mikroelektronik Dresden AG haben sich wieder fest etabliert. Kultur und Tourismus boomen. Zusätzlich haben sich neue Betriebe angesiedelt: Der Volkswagen-Konzern hat die „Gläserne Automobilmanufaktur" errichtet. Infineon Technologies, AMD Advanced Micro Devices Saxony, ABB, HeidelbergCement, Gruner+Jahr oder die European Aeronautic, Defence and Space Company produzieren hier. Der Strukturwandel basiert aber nicht nur auf Produktionsbetrieben. Drei Viertel aller Beschäftigten in Dresden verdienen ihr Brot im Dienstleistungssektor – seit 1990 sind über 10 000 Dienstleistungsbetriebe neu entstanden.

12.2 Strukturpolitik

12.2.1 Ziele der Strukturpolitik

Die Strukturpolitik soll strukturelle Anpassungsprozesse fördern und mitgestalten. Sie verfolgt dabei folgende Ziele:
- Ausgleich unterschiedlicher Strukturentwicklungen in den Regionen,
- Unterstützung des Strukturwandels, besonders in schwach entwickelten und ländlichen Regionen,
- langfristige Sicherung des Wirtschaftswachstums,
- Angleichung und Verbesserung der Lebensverhältnisse für die Bevölkerung.

Die Strukturpolitik ist mit anderen Bereichen der Wirtschaftspolitik eng verzahnt. Sie setzt teilweise die gleichen Instrumente ein. In jedem Fall ist sie so anzulegen, dass sie langfristig, also als Ordnungspolitik, wirkt.

12.2.2 Instrumente der Strukturpolitik

Subventionspolitik

Subventionen bezeichnen staatliche Finanzhilfen und Steuervergünstigungen an Betriebe ohne Gegenleistung. Sie sollen Anreiz zu einem bestimmten Verhalten geben.

Subventionen stellen **immer Eingriffe in den Marktmechanismus** dar. Sie müssen besonders legitimiert werden, damit ihnen nicht der Vorwurf der Willkür anhaftet. Für Deutschland gilt deshalb: Subventionen müssen
- zeitlich befristet,
- degressiv abgestuft und
- subsidiär

sein. „Subsidiär" meint, dass Subventionen lediglich Hilfe zur Selbsthilfe sein dürfen.

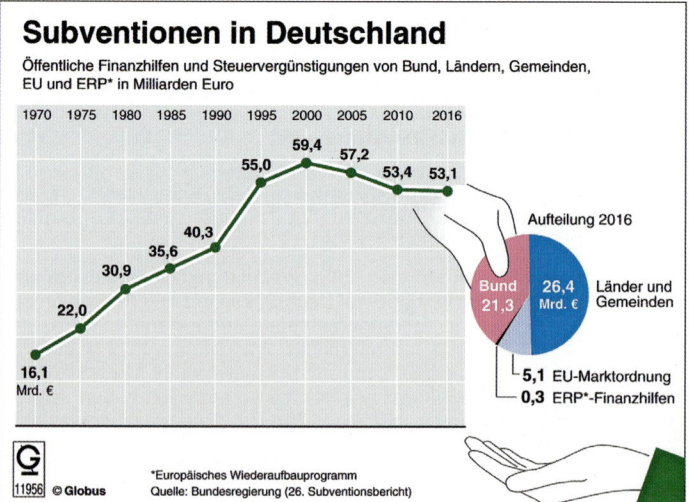

Subventionen sollen helfen, den Strukturwandel so zu gestalten, dass er für Wirtschaft und Bevölkerung verträglich abläuft. Zu diesem Zweck werden Tempo und Richtung des Strukturwandels beeinflusst. Die Auswirkungen des Strukturwandels sollen abgemildert werden.

Zugleich soll verhindert werden, dass die Wirtschaft in alten, überkommenen Strukturen verharrt. Anpassungsprozesse und die Hinwendung zu zukunftsfähigen Produkten und Verfahren sollen unterstützt werden.

Mit **aktiver Industriepolitik** versucht der Staat, eine strukturelle Anpassung herbeizuführen oder zu beschleunigen. Er unterstellt damit, dass er den Überblick über die „richtige" Richtung des Strukturwandels hat, und entscheidet, welche Strukturen eine Förderung wert sind.

> **Beispiel:** Industriepolitische Subvention
>
> Die Hochgeschwindigkeits-Magnetschwebebahn „Transrapid" wurde von der Regierung lange Zeit als Zukunftstechnologie eingeschätzt. Die Forschungs- und Entwicklungskosten wurden subventioniert. 2004 wurde die einzige Transrapidstrecke in Shanghai eröffnet. In der Bundesrepublik wurde das Transrapid-Projekt 2011 eingestellt.

■ Anpassungssubventionen

Im Sinne der Subventionsgrundsätze von Bund und Ländern sind vorrangig Anpassungssubventionen zulässig. Sie werden für eine begrenzte Zeit gewährt mit dem Ziel, dass Betriebe ihre Strukturen (z. B. Fertigungsverfahren, Produkte) geänderten Marktbedingungen ohne negative soziale Folgen anpassen können. Sie sind konkret an Anpassungsmaßnahmen geknüpft. Nach Auslaufen der Beihilfen muss der Betrieb in der Lage sein, die Strukturanpassung aus eigener Kraft zu bewältigen.

> **Beispiel:** Anpassungssubvention
>
> Die Deutsche Bahn AG erhält Beihilfen vom Bund und von der EU, um die Verlagerung des Güterverkehrs auf die Schiene zu fördern. Damit kann sie in Container-Terminals investieren. So wird ein schneller Umstieg von der Straße auf die Schiene und wieder auf die Straße ermöglicht. Dieser intermodale, kombinierte Verkehr verbindet beim Transport von Gütern die Umweltvorteile der Bahn mit der Flexibilität des Lkws.

■ Erhaltungssubventionen

Erhaltungssubventionen entsprechen nicht den Subventionsgrundsätzen. Sie verhindern oder verzögern notwendige Anpassungen an veränderte Rahmenbedingungen und konservieren überholte Produktionsweisen. Oft sollen sie die autonome Versorgung des Staates – z. B. mit Kohle und landwirtschaftlichen Produkten – sichern. Sie werden nicht von vornherein zeitlich begrenzt. Deshalb trifft eine Abschaffung nicht selten auf massiven Widerstand.

> **Beispiel:** Kohlesubvention
>
> Seit vielen Jahren wird die Förderung der deutschen Steinkohle subventioniert. Dies sollte die Unabhängigkeit der deutschen Energieversorgung von Importen sicherstellen. Steinkohlesubventionen wurden zunächst zeitlich unbegrenzt und ohne Forderung nach schrittweiser Kapazitätsreduzierung gewährt. So wurden 2001, umgerechnet auf die Zahl der Erwerbstätigen, für jeden Arbeitsplatz rund 82 000,00 EUR Subventionen gezahlt. Erst in den letzten Jahren wurden die Steinkohlesubventionen reduziert und wurde das Ende der Subventionierung auf Druck der EU-Kommission für 2018 festgelegt.

Alle Subventionen sind Eingriffe des Staates in den Marktmechanismus. Sie widersprechen damit grundsätzlich den marktwirtschaftlichen Regeln.

Negative Auswirkungen von Subventionen

Wettbewerbsbehinderung

- Subventionen setzen den Wettbewerb zwischen Betrieben – zumindest teilweise – außer Kraft.
- Betriebe, die ohne Finanzhilfen nicht konkurrenzfähig wären, bleiben trotzdem am Markt. Die Auslesefunktion des Marktes wirkt nicht mehr.
- Wirtschaftlich arbeitende Betriebe werden geschwächt, wenn sie mit Betrieben konkurrieren müssen, die aufgrund von Subventionen geringere Belastungen zu tragen haben. Die Gefahr: Das marktwirtschaftliche Prinzip, dass Unternehmer grundsätzlich das Risiko ihrer Entscheidungen tragen (hieraus aber auch ihren Anspruch auf den Gewinn ableiten), wird verletzt. Der Unternehmer beansprucht in guten Zeiten nach wie vor den Gewinn, erwartet in schlechten Zeiten aber Finanzhilfen vom Staat. Dadurch wird das unternehmerische Risiko auf die Allgemeinheit übertragen.

Mitnahmeeffekte

- Auch Betriebe, die ohne öffentliche Hilfen investiert hätten, beantragen und erhalten Subventionen. Informationslücken des Staates ermöglichen diesen Mitnahmeeffekt.
- Natürlich wird jeder Betrieb ohne Rücksicht auf Wettbewerbsregeln versuchen, seine Kosten zu senken und sich so einen Wettbewerbsvorteil zu verschaffen. Deshalb ist es sinnvoll, bei ohnehin anstehenden Investitionen zu prüfen, ob eine Fördermöglichkeit durch Subventionen besteht.

Infrastrukturpolitik

Die Infrastruktur schafft die Verbindung des Betriebes zu seinem Umfeld. Ein Betrieb wird sich folglich nur an einem Ort ansiedeln, der über eine gute Infrastruktur verfügt.

Vgl. S. 272: Anbindung an das Verkehrsnetz als Standortfaktor.

Investitionen des Staates in die Infrastruktur sind somit notwendig, um die Attraktivität der geförderten Regionen zu stärken. Dies gilt besonders für strukturschwache Regionen. Die Finanzierung erfolgt überwiegend aus den Etats der Gebietskörperschaften (Bund, Länder, Gemeinden).

Grundsätzlich besteht Einigkeit darüber, dass die Infrastrukturpolitik die Standortqualität verbessert.

Aber in welche Infrastruktureinrichtung soll vorrangig investiert werden? Die richtige Antwort hierauf ist nicht leicht. Soll man zuerst die Verkehrswege ausbauen oder die Wasser- und Energieversorgung verbessern? Sind Kommunikationswege wie z. B. das Internet wichtiger oder sollte man Investitionen in das Schulwesen den Vorrang geben? Die Rentabilität einer einzelnen Infrastrukturinvestition ist nicht messbar – anders als bei privaten Investitionen. Deshalb wird oft um den Vorrang unterschiedlicher Infrastrukturinvestitionen politisch gestritten.

12.2.3 Sektorale Strukturpolitik

Im Rahmen der sektoralen Strukturpolitik werden wirtschaftlich bedrohte Wirtschaftszweige oder Wirtschaftssektoren unterstützt.

Es gelten die allgemeinen Ziele der Strukturpolitik. Deshalb fördert die sektorale Strukturpolitik eine sozialverträgliche Anpassung der Wirtschaftszweige an veränderte Marktbedingungen. Sie darf aber nicht die dauerhafte Erhaltung von überkommenen Strukturen unterstützen.

Beispiele: Sektorale Strukturpolitik

Wirtschaftszweige	Maßnahmen
Schiffbau (vorwiegend in Norddeutschland)	• (Anpassungs-)Subventionen • Staatsaufträge • Landesbürgschaften bzw. Bundesbürgschaften zur Sicherung neuer Kredite
Steinkohle-Bergbau (in Nordrhein-Westfalen und dem Saarland)	• (Anpassungs-)Subventionen • Festsetzung eines Mindestpreises zum Schutz der Anbieter
Speditions- und Transportgewerbe	• Einführung einer Straßennutzungsabgabe („Lkw-Maut") für Lkws (auch für ausländische Transportunternehmen) und zugleich • Steuerentlastung deutscher Transportunternehmen
Landwirtschaft	• Gewährung staatlicher Beihilfen, z. B. bei Umstellung eines Hofes auf ökologischen Landbau • Steuerrechtliche Vereinfachungen • Beihilfen (Subventionen) in Jahren mit besonders schlechten Erträgen (Bedingung: Ernteeinbruch von mehr als 30 %)

Die sektorale Strukturpolitik ist mit der regionalen Strukturpolitik eng verknüpft. Denn vielfach sind von Krisen betroffene Wirtschaftssektoren auf bestimmte Regionen konzentriert. Die Folge: Es drohen hohe Arbeitslosigkeit und Abwanderung der Bevölkerung.

12.2.4 Regionale Strukturpolitik

Die regionale Strukturpolitik hat die Aufgabe, wirtschaftlich schwach entwickelte und monostrukturierte Gebiete zu fördern.

Verschiedene Ursachen können dazu führen, dass eine Region strukturell schlecht dasteht:

- Die **Infrastruktur** ist unzureichend. Die Folge: Es siedeln sich nur wenige Unternehmen an.
- Die **geografische Lage** (z. B. eine Lage am Rande des Bundesgebietes) ist ungünstig. Die Folge: erhebliche Entfernung zu Lieferanten oder Abnehmern, hohe Transportkosten.
- Eine Branche dominiert die Region (**Monostruktur**). Die Gefahr: Die Region hat erhebliche **Imageprobleme**.

Monostruktur heißt: Die Region hängt einseitig von einer Branche ab.

Beispiel: Regionale Strukturpolitik

Der Bayerische Wald gilt als strukturschwache Region. Die Grenzlage zur Tschechischen Republik war jahrzehntelang ein Standortnachteil, da mit dem osteuropäischen Ausland kaum Handelsbeziehungen bestanden. Die Infrastrukturausstattung – insbesondere mit Autobahnen – ist schlecht. Im Bayerischen Wald finden sich deshalb nur sehr wenige Industriebetriebe; die Arbeitslosigkeit ist relativ hoch.
Durch die EU-Osterweiterung und die Nähe zu den neuen Märkten wird die Region Bayerischer Wald für Unternehmensansiedlungen attraktiver.

Maßnahmen der regionalen Strukturpolitik setzen an den Ursachen der regionalen Probleme an. Sie umfassen:

- alle Maßnahmen der Infrastrukturpolitik, z. B. Bau von Autobahnen, Anbindung an moderne Informationsnetze, Erschließung neuer Industriegebiete,

- die Durchführung von Ausbildungs-, Weiterbildungs- und Umschulungsprogrammen.

Erhebliche Teile der regionalen Strukturpolitik dienen der Standortförderung. Siehe hierzu Kapitel 13.

12.3 Träger der Strukturpolitik

12.3.1 Strukturpolitik der Europäischen Union

Obwohl die Europäische Union (EU) zu den wohlhabendsten Gebieten der Welt zählt, bestehen zwischen den Mitgliedstaaten und von Region zu Region erhebliche Unterschiede in der wirtschaftlichen Entwicklung und in den Lebensverhältnissen. So ist das Bruttoinlandsprodukt pro Kopf in Luxemburg dreieinhalbmal so hoch wie in Griechenland. Dies liegt an der unterschiedlichen Verteilung natürlicher Ressourcen und an sozioökonomischen Besonderheiten.

Eine der wichtigsten Aufgaben der Europäischen Union ist der Ausgleich von Standortnachteilen und regionalen Entwicklungsunterschieden sowie die Stärkung strukturschwacher Regionen. So sollen dauerhaft wettbewerbsfähige Arbeitsplätze geschaffen werden.

M 266 Zur Förderung der *Strukturpolitik* in ihren Mitgliedsländern hat die EU für den Zeitraum 2010 bis 2020 das folgende Programm beschlossen:

Die EU-Mitgliedstaaten erhalten auf Antrag aus den Strukturfonds Mittel, wenn sie diese Ziele fördern wollen.

Ziele der Europäischen Strukturpolitik EU 2020

Prioritäten des Wachstums

intelligentes Wachstum: Entwicklung einer auf Wissen und Innovation gestützten Wirtschaft
nachhaltiges Wachstum: Förderung einer ressourcenschonenden, ökologischen und wettbewerbsfähigen Wirtschaft
integratives Wachstum: Förderung einer Wirtschaft mit hoher Beschäftigung und ausgeprägtem sozialen und territorialen Zusammenhalt

↓

Ableitung von fünf Kernzielen für die Wachstumsstrategie

Beschäftigung: Erhöhung der Beschäftigungsquote der 20–64-Jährigen von derzeit 69 % auf mindestens 75 %.
Innovation: Investitionen in Forschung und Entwicklung in Höhe von 3 % des Bruttoinlandsproduktes, insbesondere durch verbesserte Bedingungen für Investitionen des Privatsektors.
Klimaschutzziele: Verringerung der Treibhausgasemissionen um mindestens 20 % gegenüber 1990 bzw. um 30 %, wenn die Rahmenbedingungen dies zulassen; Erhöhung des Anteils erneuerbarer Energien auf 20 % sowie Steigerung der Energieeffizienz um 20 % (20-20-20 Klimaschutzziele).
Bessere Bildung: Verringerung der Schulabbrecherquoten von aktuell 15 % auf 10 % sowie Erhöhung des Anteils der 20 bis 34-Jährigen mit Hochschulabschluss von aktuell 31 % auf mindestens 40 %.
Armutsbekämpfung/soziale Integration: Verringerung der Zahl der unter den nationalen Armutsgrenzen lebenden EU-Bürger um 25 %. Dadurch könnten etwa 20 Mio. Menschen aus der Armutsfalle befreit werden.

↓

Umsetzung der Kernziele durch sieben Leitinitiativen

- **Innovationsunion:** Verbesserung der Bedingungen und finanzielle Förderung für Forschung und Entwicklungsvorhaben im Privatsektor
- **Jugend in Bewegung:** Verbesserung der Bildungssysteme und Förderung der internationalen Attraktivität der höheren Bildung in Europa
- **Digitale Agenda:** Ausbau des Breitband-Internets und Förderung eines gemeinsamen Marktes für internetbezogene Dienstleistungen, sowie allgemeiner Zugang zu schnelleren Netzen
- **Ressourceneffizientes Europa:** Entkoppelung von Wirtschaftswachstum und Verbrauch natürlicher Ressourcen durch Förderung erneuerbarer Energien
- **Industriepolitik im Zeitalter der Globalisierung:** Ausbau eines weltweit wettbewerbsfähigen und nachhaltigen Industriesektors in Europa durch Förderung der kleinen und mittleren Unternehmen
- **Neue Kompetenzen und Beschäftigungsmöglichkeiten:** Modernisierung des Arbeitsmarkts durch Förderung von Arbeitsmobilität und lebenslangem Lernen
- **Europäische Plattform zur Bekämpfung der Armut:** Sicherstellung sozialer und territorialer Kohäsion, damit Menschen aktiv an der Gesellschaft teilhaben können

Für die Förderung von Regionen stehen der Europäischen Union im Rahmen der Strukturpolitik drei Strukturfonds zur Verfügung.

Die Strukturfonds der EU

Europäischer Fonds für regionale Entwicklung (EFRE)
Der EFRE fördert a) die Stärkung von Forschung, technologischer Entwicklung und Innovation, b) Stärkung der Wettbewerbsfähigkeit kleinerer und mittlerer Unternehmen und c) Förderung der Bestrebungen zur Verringerung der CO_2-Emissionen in allen Branchen der Wirtschaft.

Europäischer Sozialfonds (ESF)
Der ESF hat folgende Ziele: a) Förderung der Beschäftigung und Mobilität der Arbeitskräfte, b) Förderung von Investitionen in Bildung, Kompetenzen und lebenslanges Lernen, c) Förderung der sozialen Eingliederung und Bekämpfung der Armut, d) Verbesserung der institutionellen Kapazitäten und Gestaltung einer effizienteren öffentlichen Verwaltung.

Kohäsionsfonds
Der Kohäsionsfonds beteiligt sich an Investitionen in den Bereichen „Umwelt" und „transeuropäische Netze". Er betrifft Mitgliedsstaaten mit einem Bruttoinlandsprodukt von weniger als 90 % des EU-Durchschnitts. Förderungsfähig sind mehrjährige, dezentral verwaltete Investitionsprogramme. Vorhaben werden nur gefördert, wenn das öffentliche Defizit des betreffenden Mitgliedstaates bei max. 3 % des Bruttoinlandsprodukts liegt.

Kohäsion bedeutet: wirtschaftlicher und sozialer Zusammenhalt.

In der Vergangenheit bestanden aufgrund unterschiedlicher nationaler Vorschriften, Verfahren und Zuständigkeiten große Schwierigkeiten bei der Durchführung und Förderung grenzüberschreitender Projekte.

> **Beispiel:** Grenzüberschreitendes Projekt
> Das deutsch-polnische Grenzstädtchen Guben/Gubin musste für den Bau einer gemeinsamen Kläranlage einen jahrelangen Kampf mit der deutschen und polnischen Bürokratie ausfechten.

Um derartige Schwierigkeiten zu vermeiden, hat die EU die **Institution eines Europäischen Verbunds für territoriale Zusammenarbeit (EVTZ)** geschaffen. Diese soll die grenzüberschreitende, transnationale und interregionale Zusammenarbeit erleichtern. Ein EVTZ ist ein grenzüberschreitender, kooperativer Zweckverband mit eigener Rechtspersönlichkeit, ähnlich den kommunalen Zweckverbänden hierzulande. Er hat eine Geschäftsstelle und eine Mitgliederversammlung sowie eigene Angestellte. Er kann dezentral Entwicklungsstrategien erarbeiten, die dann in gemeinsamen Projekten umgesetzt werden. Diese Projekte können über nationale Grenzen hinweg unkompliziert mit den Mitteln der Strukturfonds gefördert werden. Über die Verwendung der Mittel verfügt der EVTZ. Es ist eine Behörde zu ernennen, die die Verwendung überwacht.

12.3.2 Nationale Strukturpolitik am Beispiel Deutschland

Nach Artikel 91 a Grundgesetz ist die Verbesserung der regionalen Wirtschaftsstruktur und der Agrarstruktur eine gemeinsame Aufgabe von Bund und Ländern. Ihre Ziele sind der Abbau von Ungleichgewichten und die Verbesserung der Lebensverhältnisse.

Der Bund und die Länder können zur Entlastung der Unternehmen unterschiedliche strukturpolitische Mittel einsetzen:

- **Einnahmenpolitik**
  - Gewährung von Vergünstigungen bei Steuern und Abgaben
  - Gestaltung von Abschreibungsmöglichkeiten

- **Ausgabenpolitik**
  - Gewährung von Subventionen
  - Vergabe öffentlicher Aufträge

- **Deregulierung**
  - Privatisierung staatlicher Unternehmen
  - Verkauf von Staatsbeteiligungen an Betrieben
  - Abbau von Regelungen und Eingriffen, die betriebliche Entscheidungsfreiräume einengen

> **Art. 91a GG**
>
> Mitwirkung des Bundes bei der Erfüllung von Länderaufgaben
>
> (1) Der Bund wirkt auf folgenden Gebieten bei der Erfüllung von Aufgaben der Länder mit, wenn diese Aufgaben für die Gesamtheit bedeutsam sind und die Mitwirkung des Bundes zur Verbesserung der Lebensverhältnisse erforderlich ist (**Gemeinschaftsaufgaben**):
>
> 1. Verbesserung der regionalen Wirtschaftsstruktur,
> 2. Verbesserung der Agrarstruktur und des Küstenschutzes.
>
> (2) Durch Bundesgesetz mit Zustimmung des Bundesrates werden die Gemeinschaftsaufgaben sowie Einzelheiten der Koordinierung näher bestimmt.
>
> (3) **Der Bund trägt** in den Fällen des Absatzes 1 Nr. 1 und 2 **die Hälfte der Ausgaben in jedem Land**. In den Fällen des Absatzes 1 Nr. 2 trägt der Bund mindestens die Hälfte; die Beteiligung ist für alle Länder einheitlich festzusetzen. Das Nähere regelt das Gesetz. Die Bereitstellung der Mittel bleibt der Feststellung in den Haushaltsplänen des Bundes und der Länder vorbehalten.

Deregulierung heißt: Der Staat reduziert durch unterschiedliche Maßnahmen seinen Einfluss auf Wirtschaft und Unternehmen.

Bund und Länder stimmen sich bei der Planung von konkreten Programmen der Strukturpolitik ab.
Außerdem müssen sie Vorgaben der EU berücksichtigen. Andernfalls kann eine nationale Subvention durch die EU verboten werden.

> **Beispiel:** Verbot einer nationalen Subvention durch die EU
>
> Der Automobilhersteller Volkswagen AG hat in Dresden die „Gläserne Automobilmanufaktur" gebaut. Ihr Kennzeichen ist eine zum großen Teil gläserne Außenfassade. Sie ermöglicht Kunden und Besuchern, die Produktionsabläufe von außen einzusehen. Diese Investition der Volkswagen AG wurde von der Bundesrepublik Deutschland und dem Land Sachsen mit insgesamt etwa 170 Mio. EUR gefördert. Die EU-Kommission hat nach der Fertigstellung der Fabrik diese Subvention als unzulässig verboten. Ihre Begründung lautete: Die staatlichen Beihilfen waren für die Errichtung des Werkes nicht notwendig. Die Investition war für den Volkswagen-Konzern auch ohne Beihilfe wirtschaftlich. Sie wäre in jedem Fall erfolgt, also auch ohne Subvention.

Arbeitsaufträge

1. Anhand verschiedener Strukturelemente kann man den wirtschaftlichen Entwicklungsstand eines Landes, einer Region oder eines Sektors beschreiben.
   a) Was versteht man in diesem Zusammenhang unter dem Element „Erwerbsstruktur"?
   b) Erläutern Sie die Strukturelemente, die zur Beschreibung einer Wirtschaftsregion herangezogen werden. Welche Bedeutung haben diese Strukturelemente für einen Betrieb, der sich in der Region ansiedeln will?

2. Ihr Ausbildungsbetrieb ist in Ihre Region eingebunden. Er nutzt die vorhandene Infrastruktur für seine Geschäfte. Er hat in Ihrer Region qualifizierte Mitarbeiter gefunden.
   a) Recherchieren Sie im Internet Informationen über die Region Ihres Ausbildungsbetriebes. Welche Stärken hat die Region, welche Schwächen hat sie?
   b) Erstellen Sie mithilfe eines Präsentationsprogramms eine Präsentation zu diesem Thema und stellen Sie Ihrer Klasse die Struktur der Region vor.
   c) Führen Sie eine Gruppendiskussion durch, in der Sie nach Wegen suchen, die Attraktivität Ihrer Region weiter zu verbessern.

3. „Deutschland steckt in einem Strukturwandel. Da kann man kein großes Wirtschaftswachstum erwarten." So äußerten sich zu Beginn dieses Jahrzehnts viele Politiker, Journalisten und Wirtschaftsvertreter.
   a) Erläutern Sie anhand zweier zentraler Kriterien den Begriff Strukturwandel.
   b) Grenzen Sie regionalen und sektoralen Strukturwandel voneinander ab.
   c) Nehmen Sie zu der oben stehenden Aussage Stellung, dass Wachstum im Strukturwandel nicht möglich sei.

4. In einzelnen Branchen gibt es strukturelle Probleme. Überkapazitäten und dauerhaft rückläufige Auftragszahlen belasten die Betriebe. So z. B. im Schiffbau: Aufträge bleiben aus. Viele Großwerften mussten in den letzten Jahren Mitarbeiter entlassen.
   a) Zu welchem Wirtschaftssektor gehört der Schiffbau? Nennen Sie die drei Wirtschaftssektoren und erläutern Sie anhand weiterer Beispiele, welche Unternehmen zu den Sektoren gehören.
   b) Beschreiben Sie die typische Entwicklung der Erwerbsstruktur in einer Volkswirtschaft.
   c) Wie kann der Staat dazu beitragen, die Strukturkrise im Schiffbau abzumildern und sozialverträglich zu gestalten?

5. Im Rahmen der Strukturpolitik werden unter anderem Maßnahmen zur Verbesserung der Infrastruktur ergriffen.
   a) Erläutern Sie den Begriff Infrastruktur.
   b) Welche Bedeutung hat die Infrastruktur für eine Region?
   c) Durch welche Maßnahmen kann die Infrastruktur eines Standortes verbessert werden?

6. Die Europäische Union versucht, durch ihre Wachstumsstrategie EU 2020 Strukturpolitik in ihren Mitgliedsländern zu betreiben.
   Erläutern Sie die Möglichkeiten der EU, mit dem Programm 2020 Strukturpolitik zu betreiben.

7. Zwischen den alten und den neuen Bundesländern bestehen auch nach der Wiedervereinigung noch erhebliche strukturelle Unterschiede.
   a) Beschreiben Sie anhand einiger Strukturelemente die Wirtschaftsstruktur in Ost und West.
   b) Erläutern Sie die Bedeutung der regionalen Strukturpolitik in Bezug auf diese Strukturunterschiede.

13 Standortwahl des Industriebetriebes

Der Werkzeugmaschinenhersteller Produkta GmbH mit Sitz in Köln stellte in den Jahren 2014 und 2015 fest, dass verstärkt Fertigungsaufträge aus Polen, der Tschechischen Republik, der Slowakei und den baltischen Staaten Estland, Lettland und Litauen eingingen. Wegen der Osterweiterung der Europäischen Union ging die Unternehmensleitung davon aus, dass dieser Trend sich in Zukunft noch verstärken werde.

Da die Auslastung der bestehenden Fertigungsstätten der Produkta GmbH ohnehin im Durchschnitt bereits 85 % betrug, dachte die Unternehmensleitung über die Gründung einer neuen Produktionsstätte nach.

13.1 Strategische Bedeutung der Standortwahl

Die Produkta GmbH sucht einen neuen **Standort**. Darunter versteht man den geografischen Ort, an dem sich das Unternehmen, eine Niederlassung, eine Produktionsstätte befindet. Für die Produkta GmbH handelt es sich um einen Nebenstandort, da der Firmensitz weiterhin Köln ist. Dort ist sie im Handelsregister eingetragen. Dort ist auch der Gerichtsstand für vertragsrechtliche Auseinandersetzungen.

Die Wahl eines günstigen Standortes hat für das Unternehmen entscheidende Bedeutung. Durch den „richtigen" Standort kann sie Vorteile gegenüber Mitbewerbern erzielen: Kostenvorteile oder Ertragsvorteile. Bei ungünstiger Standortwahl ergeben sich entsprechend Wettbewerbsnachteile.

Standortvorteile

Ertragsvorteile
- räumliche Nähe zum Kunden
- hohe Kaufkraft im Einzugsgebiet
- gute Erreichbarkeit durch verkehrsgünstige Lage
- fehlende oder schwache Konkurrenz

Kostenvorteile
- natürliche Gegebenheiten (z. B. Verfügbarkeit von Rohstoffen, Zugang zu Wasserstraßen)
- Verfügbarkeit von hinreichend qualifizierten Arbeitskräften
- Verfügbarkeit von kostengünstigem Betriebsraum (z. B. niedrige Grundstückspreise, niedrige Gewerbesteuer, staatliche Subventionen)
- einfache Anlieferung durch verkehrsgünstige Lage
- gute Infrastruktur (z. B. Zugang zu Gas-, Wasser-, Stromleitungen, Kommunikationsanschlüssen, Straßen, Bahnlinien, Flughäfen)

Der Standort beeinflusst Kosten und Erträge.

Die Errichtung eines neuen Standortes ist mit hohen **Anfangsinvestitionen** verbunden. In der Regel erfordert sie die Anschaffung oder Anmietung eines geeigneten Grundstücks, den Bau oder die Anmietung von Geschäftsräumen, Produktions- und Lagerhallen, die Einrichtung mit Betriebsmitteln und die Beschaffung von Personal. Ein einmal gewählter Standort kann nur mit hohen Kosten korrigiert werden, sodass eine Standortentscheidung in der Regel langfristig wirkt. Es handelt sich deshalb um eine strategische Entscheidung.

M 270

Die Unternehmensleitung ist folglich gut beraten, im Vorfeld der Standortentscheidung eine eingehende _Nutzwertanalyse_ zu erstellen. Eine solche Analyse soll Aufschlüsse über den möglichen wirtschaftlichen Erfolg geben. Sie verringert damit die Gefahr einer Fehlentscheidung. Auf die Wahl eines optimalen Standortes wirken im Rahmen dieser Nutzwertanalyse verschiedene Einflussfaktoren, sogenannte Standortfaktoren, ein.

13.2 Standortfaktoren

13.2.1 Standortfaktoren – Grundlage optimaler Standortwahl

Standortfaktoren sind maßgebliche Einflussgrößen für die Wahl eines Standortes. Sie ergeben sich aus den Verhältnissen und Bedingungen am möglichen Standort.

Industriestandorte weltweit

Ranking der besten Industriestandorte nach dem Institut der deutschen Wirtschaft. Für den Index werden 58 Indikatoren ausgewertet (u.a. Arbeitsbeziehungen, Erwerbsbevölkerung, Infrastruktur, Investitionen)

	Durchschnitt aller Länder = 100	Rang 1995	Rang 2010
USA	136	1	1
Schweden	132	4	2
Dänemark	131	5	3
Schweiz	129	7	4
Deutschland	128	14	5
Australien	128	10	6
Niederlande	127	2	7
Kanada	127	3	8
Norwegen	126	8	9
Japan	126	12	10
Finnland	122	13	11
Österreich	122	15	12
Großbritannien	121	6	13
Irland	120	9	14
Neuseeland	118	11	15

dpa 17629   Quelle: IW

Standortfaktoren dienen der Beurteilung von Standortalternativen. Welche Faktoren für eine konkrete Standortwahl wichtig sind, hängt vom Zielsystem des Unternehmens sowie teilweise von den Zielen der Entscheidungsträger ab. Man unterscheidet harte Standortfaktoren, weiche unternehmensbezogene Standortfaktoren und weiche personenbezogene Standortfaktoren. Im Wesentlichen handelt es sich um folgende Faktoren:

Standortfaktoren

Harte Standortfaktoren

- Verfügbarkeit und Kosten von Betriebsflächen
- Anbindung an das Verkehrsnetz
- Nähe zum Kunden und Vorliegen eines regionalen Absatzmarktes
- Nähe zu Zulieferern

- Verfügbarkeit und Kosten von Arbeitskräften
- Belastung durch Steuern und Abgaben, Entlastung durch Subventionen
- Nähe zu Forschungseinrichtungen

Weiche Standortfaktoren

unternehmensbezogene
- Image als Wirtschaftsstandort
- Arbeitseinstellung, Mentalität der Bevölkerung
- soziales Klima
- Unternehmensfreundlichkeit der öffentlichen Verwaltung

personenbezogene
- Lebensqualität des Standortumfelds
- Qualität von Schulen und Bildungseinrichtungen

Harte Standortfaktoren sind leicht quantifizierbar und haben unmittelbaren Einfluss auf den Betrieb des Unternehmens. Die Bedingungen an verschiedenen Standorten in Bezug auf einen harten Standortfaktor lassen sich meist objektiv bestimmen. Sie sind deshalb für die Entscheidungsfindung besonders geeignet.

Weiche unternehmensbezogene Standortfaktoren unterliegen einer eher subjektiven Bewertung. Sie sind schwer messbar. Sie haben aber unmittelbar Einfluss auf den Betrieb und den Erfolg des Unternehmens.

Die personenbezogenen Faktoren werden zum Schluss berücksichtigt. Sie geben oft den Ausschlag, wenn die übrigen Faktoren gleichwertig sind.

Weiche personenbezogene Standortfaktoren üben keinen unmittelbaren Einfluss auf die Betriebstätigkeit aus. Sie beschreiben vielmehr das allgemeine Umfeld des Standortes in seiner Bedeutung für Entscheidungsträger und Belegschaft. Sie tragen dazu bei, dass sich die Mitarbeiter am Standort wohl fühlen, sich in ihrer Freizeit gut erholen und somit auch motiviert an die Arbeit gehen.

13.2.2 Harte Standortfaktoren

Verfügbarkeit und Kosten von Betriebsflächen

Selbstverständlich ist: Ein Standort kann für Industriebetriebe nur in Betracht kommen, wenn

- dort freie Gewerbeflächen verfügbar sind,
- diese Flächen für Produktionszwecke zugelassen sind,
- die umweltrechtliche Ausweisung der Flächen passt. Hierüber gibt der **Flächennutzungsplan** der Gemeinde Auskunft.

Merke: Harte Standortfaktoren sind messbar.

Sind geeignete Flächen für den Betriebszweck verfügbar, so ist der Blick auf die **Kosten für Kauf oder Pacht** des Grundstückes zu richten. Außer dem reinen Kaufpreis ist die Qualität des Grundstücks von Bedeutung. Wichtige Frage: Sind die Anschlüsse an Gas-, Wasser-, Strom- und Kommunikationsnetze vorhanden oder muss das Grundstück noch aufwendig erschlossen werden?

Mittelfristig ist von Bedeutung, ob die Betriebsfläche erweitert werden kann.

> **Beispiel:** Verfügbarkeit und Kosten von Industrieflächen als Standortfaktor
>
> Die Produkta GmbH hat ihren Hauptsitz im Industriepark Köln-Nord. Hier waren keine freien Industrieflächen verfügbar. Gewerbeflächen, die nicht für Produktionsstätten zugelassen waren, kosteten 87,00 EUR je m^2. Diese waren aber für die Produkta GmbH nicht geeignet. Der Produktionsstandort konnte deshalb nicht erweitert werden.
>
> Am Airport Business Park Hannover waren über 28 Hektar voll erschlossene Industrieflächen verfügbar. Der Kaufpreis inklusive Erschließung war allerdings mit 120,00 EUR je m^2 relativ hoch. Pachtverträge waren nicht möglich.

Anbindung an das Verkehrsnetz

Für den Industriebetrieb ist es sehr wichtig, dass die Anlieferung von Materialien und der Versand von Erzeugnissen kostengünstig, bequem und reibungslos erfolgen. Vielfach werden Transportkosten und Termineinhaltung entscheidend durch die günstige Anbindung an das Verkehrsnetz bestimmt.

Für materialintensive Industriebetriebe ist nicht nur die Anbindung an das Straßen- und Autobahnnetz, sondern auch ein Zugang zu Wasserstraßen oder ein Gleisanschluss von erheblicher Bedeutung.

Verkehrswege machen ein Unternehmen erreichbar – für Kunden und Lieferanten!

> **Beispiele:** Anbindung an das Verkehrsnetz als Standortfaktor
>
> - Am Hauptstandort Industriepark Köln-Nord verfügt die Produkta GmbH über einen eigenen Gleisanschluss. Teile und Baugruppen werden überwiegend über die Schiene angeliefert. Darüber hinaus ist der Industriepark an Autobahnen in alle Richtungen angebunden.
> - Auch die Ford-Werke GmbH und die Esso-Chemie GmbH sind im Industriepark Köln-Nord ansässig. Für sie ist auch wichtig, dass der Industriepark Köln-Nord über einen Zugang zum Rheinhafen Köln-Niehl verfügt.

Nähe zum Kunden; regionaler Absatzmarkt

Für Industriebetriebe kann auch die **Nähe zum Kunden** als Standortfaktor relevant sein. Dies gilt insbesondere, wenn der Vertrieb direkt vom Produktionsstandort aus erfolgt. Dann bietet sich für den Industriebetrieb eine Analyse des regionalen Absatzmarktes an.

Ein regionaler Absatzmarkt ist gekennzeichnet durch Bedarf und Kaufkraft möglicher Abnehmer in einem begrenzten Umkreis um den Standort sowie die Konkurrenzsituation in diesem Umkreis. Ein Betrieb in unmittelbarer Nachbarschaft zu einem möglichen Kunden hat einen Wettbewerbsvorteil gegenüber Mitbewerbern, weil er auf Aufträge schneller reagieren kann. Zudem bewirkt die kürzere Entfernung bei der Auslieferung niedrigere Transportkosten. Der Kunde profitiert von einem günstigeren Einstandspreis.

Beispiele: Kundennähe als Standortfaktor
- Der Industriepark Köln-Nord ist durch die Ansiedlung von Betrieben der Chemischen Industrie und der Automobilindustrie geprägt. So haben sich um die Ford-Werke GmbH herum verschiedene Automobil-Zulieferer angesiedelt, für die Ford ein Hauptabnehmer ist, z. B. Yazaki Europe Ltd., RLE International GmbH, Edag GmbH & Co KG und M-Plan GmbH.
- Die Produkta GmbH stellt im Industriepark Köln-Nord Drehautomaten und Schleifmaschinen zum Schärfen von Werkzeugen sowie Ersatzteile und Zubehör her. Vor allem Ersatzteile werden regelmäßig von Automobil-Zulieferern abgerufen. Auch die Produkta GmbH hat sich also in der Nachbarschaft ihrer Stammkunden niedergelassen.

Nähe zu Zulieferern

Für **materialintensive Industriebetriebe** ist die Nähe zu Zulieferern wichtiger als die Nähe zu Kunden. Für sie wiegen niedrige Frachtkosten für die Materialanlieferung schwerer als niedrige Versandkosten. Die Nähe eines Betriebes zu Zulieferbetrieben trägt außerdem zu einer einfacheren und sichereren Materialbeschaffung bei, weil das Risiko von Lieferverzögerungen geringer ist.

Je mehr Material eingesetzt wird, desto kürzer sollten die Lieferwege sein.

In der Praxis kann man zwei Strategien beobachten:
1. Produktionsbetriebe siedeln sich in diekter Nachbarschaft zu wichtigen Zulieferern an.
2. Industrielle Großabnehmer schaffen für Zulieferer Anreize, sich in ihrer Nähe niederzulassen. Langfristige Rahmenverträge machen eine solche Standortentscheidung des Lieferers wirtschaftlich attraktiv.

Beispiele: Nähe zu Zulieferern als Standortfaktor
- Die Produkta GmbH verwendet bei der Konstruktion ihrer Produkte vielfach Keramik-Bauteile, die sie von der ETEC Gesellschaft für Technische Keramik, Lohmar (bei Bonn), fertigen lässt. Die Entfernung zwischen der Produkta GmbH und ihrem Zulieferer beträgt lediglich 25 km.
- Die Konzentration von Unternehmen der Eisen- und Stahlindustrie im Ruhrgebiet ist durch die Nähe zu natürlichen Kohlevorkommen im Ruhrgebiet begründet. So wurden die Vorgänger der ThyssenKrupp AG bereits 1891 in Duisburg-Hamborn (Thyssen) bzw. 1811 in Essen (Krupp) in der Nähe von Kohlezechen angesiedelt.

Verfügbarkeit und Kosten von Arbeitskräften

Für den Betrieb einer Produktionsstätte ist Personal unerlässlich. Es liegt deshalb auf der Hand, dass die **Anzahl** und die Ausbildung der in der Region verfügbaren Arbeitskräfte ein bedeutender Standortfaktor sind. Dies gilt insbesondere für arbeitsintensive Betriebe. Sowohl die **Qualifikation** der Arbeitskräfte als auch die **Arbeitskosten** sind von zentraler Bedeutung.

Im internationalen Vergleich werden die hohen Lohnkosten häufig als Argument gegen den Standort Deutschland angeführt. Verantwortlich dafür sind hierzulande insbesondere die hohen Personalzusatzkosten.

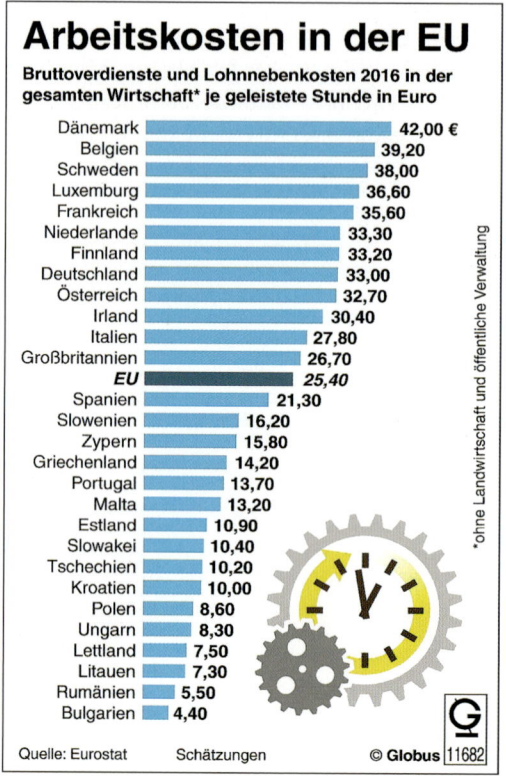

Beispiel: Fachkräfteengpass bei MINT-Berufen

Das Institut der Deutschen Wirtschaft hat für den Bereich MINT (Mathematik, Informatik, Naturwissenschaften, Technik) einen deutlichen Fachkräftemangel festgestellt. Es fehlen vor allem Ingenieure, Techniker und Meister in den Metall- und Elektroberufen. Bis 2020 wird sich der Bedarf an MINT-Fachkräften noch deutlich erhöhen, da mehr Ingenieure altersbedingt ausscheiden, als Berufsanfänger auf den Arbeitsmarkt kommen.

Merke:
Zusätzlich zur reinen Kostenbetrachtung sollte stets auch die Produktivität bei der Beurteilung der Arbeitskosten berücksichtigt werden. Es bietet sich z. B. ein Vergleich der Lohnstückkosten, also der Lohnkosten pro Produkteinheit, an.

Belastung durch Steuern und Abgaben, Entlastung durch Subventionen

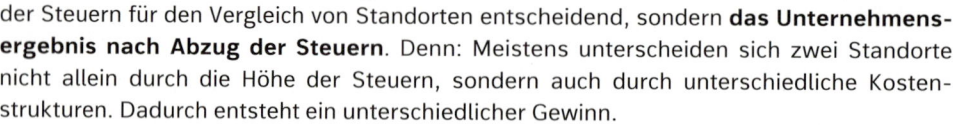

Vergleichen Sie die Beschreibung der steuerlichen Rahmenbedingungen auf Seite 217 ff.

Die Höhe der Belastungen – Steuern und Abgaben, reduziert um empfangene Subventionen – wiegt ebenfalls bei der Standortwahl. Allerdings ist nicht die absolute Höhe der Steuern für den Vergleich von Standorten entscheidend, sondern **das Unternehmensergebnis nach Abzug der Steuern**. Denn: Meistens unterscheiden sich zwei Standorte nicht allein durch die Höhe der Steuern, sondern auch durch unterschiedliche Kostenstrukturen. Dadurch entsteht ein unterschiedlicher Gewinn.

Innerhalb Deutschlands ergeben sich vor allem durch die **Gewerbesteuer** und die **Grundsteuer** unterschiedliche Steuerbelastungen für Betriebe. Deren Höhe wird von den Gemeinden festgesetzt. Ein Vergleich zweier Standorte muss verschiedene Faktoren einbeziehen.

Beispiel: Standortvergleich anhand von Personalkosten, Grundstückswert und Gewerbesteuer
(Angaben in EUR)

Die Produkta GmbH hat für ihre Betriebserweiterung zwei geeignete Grundstücke in Peine (Niedersachsen) und Chemnitz (Sachsen) gefunden. Aufgrund unterschiedlicher Flächentarifverträge würden die Personalkosten in Chemnitz etwa 15 % niedriger als in Peine sein. Der Gewerbesteuerhebesatz beträgt in Peine 405 %, in Chemnitz 450 %. Der Einheitswert des Grundstückes beträgt in Peine 4 200 000,00 EUR, in Chemnitz 3 000 000,00 EUR.

	Ausgangsbasis: Standort Peine	Vergleich mit Standort Chemnitz anhand der Gewerbesteuer (Annahme: gleicher Gewerbeertrag)	Vergleich mit Standort Chemnitz anhand von – Personalkosten – Grundstückswert – Gewerbesteuer
Aufwendungen (verkürzt): Personalkosten	2 500 000		2 125 000
+ sonstige Aufwendungen	9 000 000		9 000 000
= gesamte Aufwendungen	11 500 000		11 125 000
Erträge	13 000 000		13 000 000
– gesamte Aufwendungen	11 500 000		11 125 000
Gewinn aus dem Gewerbebetrieb	**1 500 000**		**1 875 000**
+ Hinzurechnungen	10 000		10 000
– Kürzungen (1,2 % des Einheitswertes des Betriebsgrundstücks)	50 400		36 000
Gewerbeertrag	**1 459 600**	**1 459 600**	**1 849 000**
davon Steuermessbetrag (3,5 %)	51 086	51 086	64 715
Hebesatz für die Gewerbesteuer	405 %	450 %	450 %
Gewerbesteuer (= Steuermessbetrag x Hebesatz)	**206 898**	**229 887**	**291 217**
Ermittlung des Gewinns nach Abzug der Gewerbesteuer: Gewinn aus dem Gewerbebetrieb	1 500 000	1 500 000	1 875 000
– Gewerbesteuer	206 898	229 887	291 217
= **Gewinn nach Gewerbesteuer**	**1 293 102**	**1 270 113**	**1 583 783**

Ergebnis:
1. Der Standort Peine bietet bei ausschließlicher Betrachtung der Gewerbesteuer Standortvorteile gegenüber Chemnitz. Ursache: der niedrigere Hebesatz.
2. Der Standort Chemnitz bietet bei ausschließlicher Betrachtung der Personalkosten Standortvorteile gegenüber Peine. Ursache: niedrigere Personalkosten, z. B. aufgrund eines kostengünstigeren Tarifvertrags.
3. Der Standort Chemnitz bietet bei Berücksichtigung von Personalkosten, Grundstückswert und Gewerbesteuer Standortvorteile gegenüber Peine.

Zusätzlich ist zu beachten, dass der Belastung durch Steuern und Abgaben möglicherweise eine Entlastung durch Subventionen, insbesondere für die Ansiedlung, gegenübersteht. Dies schafft einen Anreiz, den geförderten Standort zu wählen.

Allerdings stellen Subventionen eine zeitlich befristete Entlastung für den Betrieb dar. Sie fallen nach einer gewissen Zeit weg. Der Betrieb sollte sich folglich durch Subventionsanreize nicht blenden lassen, sondern die strategische Standortentscheidung immer auch über die Dauer der Beihilfen hinaus kalkulieren.

Im internationalen Vergleich bestehen hinsichtlich der Unternehmensbesteuerung erhebliche Unterschiede. Deutschland ist ein Land mit relativ hoher Steuerlast für Unternehmen. Für deutsche Betriebe kann es daher interessant sein, den Standort in ein Land mit geringer Unternehmenssteuerbelastung zu verlegen, z. B. in die Schweiz oder nach Irland.

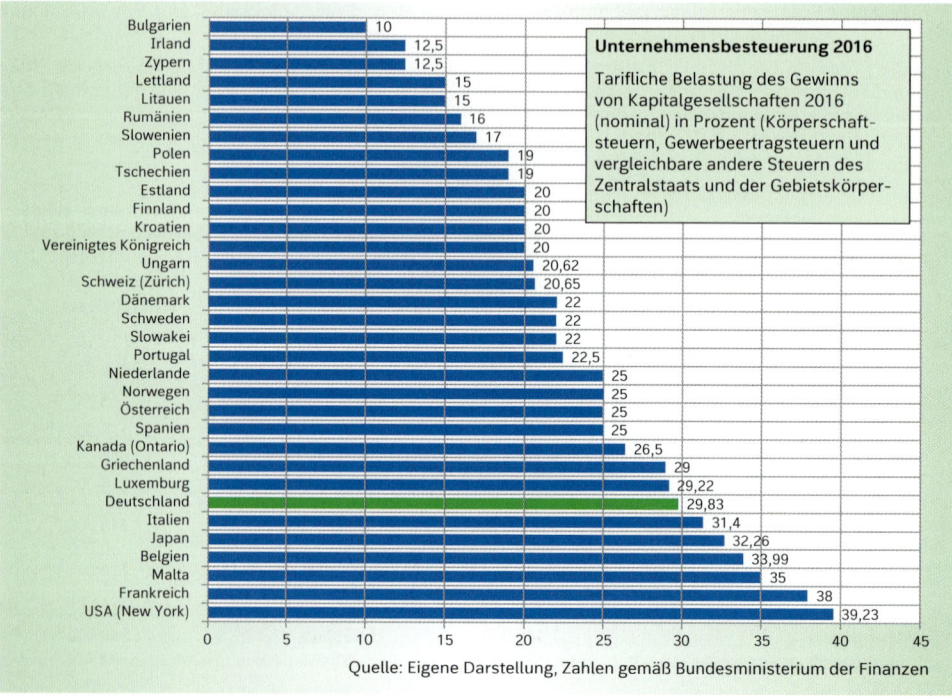

Nähe zu Forschungseinrichtungen

Industriebetriebe müssen ständig neue Produktideen entwickeln. Dabei spielen Forschungseinrichtungen als externe Partner eine wichtige Rolle. Deswegen ist es von Vorteil, wenn solche Forschungseinrichtungen sich in der Nähe befinden. Ohne sie lassen sich langfristige Erfolgspotenziale oft nur schwer erschließen.

> **Beispiel: Nähe zu Forschungsinstituten als Standortfaktor**
>
> Die Produkta GmbH kooperiert seit einiger Zeit erfolgreich mit dem Max-Planck-Institut für Eisenforschung, Düsseldorf. So konnte das Unternehmen von Erkenntnissen der Oberflächentechnik profitieren und die Verschleißeigenschaften seiner Produkte deutlich verbessern.

13.2.3 Weiche unternehmensbezogene Standortfaktoren

Standortimage

„Made in Germany". Diese Kennzeichnung wird im Maschinenbau seit jeher mit hoher Qualität und Langlebigkeit gleichgesetzt – für Maschinenbauer durchaus ein Anreiz, einen Standort in Deutschland zu suchen. So können sie von dem guten nationalen Image profitieren.

Auch Regionen besitzen ein Standortimage. Ist es gut, zieht es Betriebe an. Wenn nicht, bleiben sie fern oder wandern ab.

> **Beispiele: Standortimage als Standortfaktor**
>
> - Anfang der Neunzigerjahre des letzten Jahrhunderts stand der Chemiestandort Bitterfeld in der breiten Öffentlichkeit als Synonym für eine verseuchte und ökologisch unattraktive Region. Durch die chemische Industrie waren die Böden belastet und die Seen verschmutzt. Mulde und Saale, zwei Flüsse in der Region, waren tot. Fische konnten darin nicht mehr leben. Trotzdem gründete der Bayer-Konzern bereits im Jahr 1992 dort die Bayer Bitterfeld GmbH – trotz des Images, und mit Erfolg! Denn obwohl auch heute noch nicht alle Umweltprobleme beseitigt sind, ist Bitterfeld inzwischen Symbol für die Erneuerung der Region geworden.

- Einen traditionell guten Ruf im Werkzeugmaschinenbau hat die Stadt Chemnitz. Sie ist **der** Standort der Branche in den neuen Bundesländern. Werkzeugmaschinen aus Chemnitz erfüllen internationale Standards, mit ihnen verbindet man hervorragende Qualität. Durch die Nähe zur Westsächsischen Hochschule Zwickau und zur Technischen Universität Chemnitz ist das Know-how in der Region sehr hoch. Das positive Image macht den Standort Chemnitz auch für die Produkta GmbH interessant.

Arbeitseinstellung und Mentalität der Bevölkerung

Die **Arbeitseinstellung** bestimmt die Leistungsbereitschaft der Mitarbeiter. Ausbringungsmenge und Qualität der Fertigung hängen davon ab, ob sie sorgfältig, nachlässig oder gleichgültig arbeiten. Damit wird die Arbeitseinstellung der Mitarbeiter zu einem bedeutenden Einflussfaktor für die Standortentscheidung. In der Praxis ist es allerdings sehr schwierig, die Arbeitseinstellung möglicher Mitarbeiter an einem bestimmten Standort zu beurteilen.

> Ein möglicher Indikator für die Arbeitseinstellung ist der Krankenstand in einer Branche. Zu recht? Immerhin beeinflussen auch Arbeitsunfälle, Angst um den Arbeitsplatz und Grippewellen den Krankenstand. Dies macht die Gültigkeit dieses Indikators recht zweifelhaft.

Unter **Mentalität** versteht man die Denk- und Verhaltensweise von Menschen oder Gruppen. Für einen Industriebetrieb kann es z. B. wichtig sein, ob die Bevölkerung einer Industrieansiedlung gegenüber grundsätzlich offen oder skeptisch eingestellt ist. Bei Skepsis sind vielleicht Klagen gegen Genehmigungsverfahren zu erwarten – mit dem Effekt, dass die Ansiedlung verzögert oder sogar verhindert wird.

Sind solche Schwierigkeiten im Vorfeld einer Standortentscheidung bereits absehbar, sollte der ansiedlungswillige Betrieb Bedenken in der Bevölkerung durch Information entgegenwirken oder – wenn die Bedenken sich nicht ausräumen lassen – einen anderen Standort auswählen.

Beispiel: Arbeitseinstellung als Standortfaktor
Der Volksmund schreibt den Schwaben eine besonders positive Einstellung zur Arbeit zu. „Schaffe, schaffe, Häusle baue ..." heißt es in schwäbischer Mundart. Schwaben gelten als zuverlässig, zielbewusst und positiv motiviert. Sie engagieren sich für ihre Arbeit und bauen sich so eine Existenz auf. Bei der Ansiedlung in dieser Region kann ein Betrieb auf diese Einstellung bauen.

Soziales Klima

Ein ausgewogenes soziales Klima ist nicht nur wichtig für das Zusammenleben von Menschen, es ist auch Voraussetzung für den reibungslosen Ablauf des Betriebsgeschehens. Soziale Spannungen wirken sich hingegen meist negativ aus.

Wenn z. B. Mitarbeiter unterschiedlicher Religionen oder Volksgruppen nicht zusammen arbeiten wollen, belastet dies zwangsläufig das Betriebsklima – und damit auch die Arbeitsergebnisse.

Oder: Wenn es Arbeitgebern und Arbeitnehmern nicht gelingt, in Tarifauseinandersetzungen einen Interessenausgleich zu finden, entstehen einseitig Unzufriedenheiten. Häufige Folge: Stellenabbau,

> Das soziale Klima in einer Gesellschaft ist gekennzeichnet durch die Art, wie Individuen und Gruppen mit unterschiedlichen Vorstellungen, Zielsetzungen und Interessen miteinander umgehen. Begegnen sie sich mit Wertschätzung, Toleranz und Rücksicht – auch gegenüber Randgruppen –, so herrscht ein ausgewogenes soziales Klima.
> Dominieren hingegen Konkurrenzkampf, Aggressivität und Misstrauen, wird aus einem friedlichen Miteinander ein feindseliges Gegeneinander. Die sozialen Spannungen verhindern dann, dass die Menschen kreativ und offen gegenüber neuen Ideen sind.

"innere Kündigung" von Mitarbeitern. Im letzteren Fall zeigt der Mitarbeiter nur noch wenig Initiative, er distanziert sich von den Zielen des Betriebes. Auch häufige Streiks können die Folge unzureichenden Interessenausgleichs sein und das soziale Klima belasten.

> **Beispiel: Soziales Klima als Standortfaktor**
> - In Nordirland wird das Zusammenleben durch die Gegnerschaft militanter Protestanten und Katholiken gestört. Nur wenn die Betriebe ihre Belegschaft sorgfältig zusammenstellen, können sie verhindern, dass Konflikte im Betrieb ausgetragen werden.
> - In Deutschland gingen in den Jahren 2004 bis 2010 im Jahresdurchschnitt lediglich 4 Arbeitstage je 1000 Arbeitnehmer durch Streiks verloren, in Spanien hingegen 111 Tage. Der volkswirtschaftliche Schaden aufgrund von Streiks ist enorm; er entsteht nicht nur durch Produktionsausfälle, sondern zeigt sich auch in Imageverlusten und Auftragseinbußen.

Unternehmensfreundlichkeit der öffentlichen Verwaltung

Ein Betrieb wird bei der Standortwahl prüfen, ob er von der öffentlichen Verwaltung Unterstützung erfährt. Er ist z. B. interessiert an Informationen über den Standort, über Umweltschutzauflagen und über die durchschnittliche Bearbeitungsdauer von Genehmigungsverfahren (etwa für den Bau von Betriebsgebäuden oder die Abnahme von technischen Anlagen).

> **Beispiel: Wirtschaftsförderung als Standortfaktor**
> Die Verwaltung der Stadt Chemnitz stellte der Produkta GmbH ein Dossier mit einer Vielzahl an Daten über den Standort und die Region Chemnitz zusammen. Darin waren alle Standortbedingungen ausgewiesen, die für die Produkta GmbH als Standortfaktoren von Bedeutung sind. Drei Gewerbegebiete wurden detailliert vorgestellt.
>
> Die Informationsmappe der Chemnitzer Stadtverwaltung enthielt auch Angaben zur durchschnittlichen Bearbeitungsdauer von Baugenehmigungen für Gewerbeimmobilien: 2 Monate. Zum Vergleich: Andere Städte gaben 5 Monate an.

13.2.4 Weiche personenbezogene Standortfaktoren

Lebensqualität im Standortumfeld

Oft suchen Entscheidungsträger nicht nur einfach von einer Firmenzentrale aus nach einem neuen Standort für einen Betrieb. Sie arbeiten selbst an diesem Standort und müssen deshalb umziehen. Damit wird die Lebensqualität im Standortumfeld bedeutsam: Die Entscheidungsträger sind ja selbst davon betroffen.

Die Lebensqualität wird durch den Wohnwert und den Freizeitwert bestimmt. Der **Wohnwert** umfasst Wohnangebot, Lebenshaltungskosten, Sicherheit und das soziale Gefüge am Ort. Günstig ist, wenn

- angemessener Wohnraum in unterschiedlichen Preislagen verfügbar ist,
- die Kriminalitätsrate niedrig ist,
- keine extremen Bevölkerungsstrukturen, wie z. B. eine hohe Arbeitslosigkeit oder ein hoher Anteil rechtsradikaler Einwohner, am Ort bestehen.

Der **Freizeitwert** setzt sich aus kulturellem Angebot, Sportmöglichkeiten, Gastronomie und Einkaufslandschaft zusammen.

Auch eine **intakte Umwelt** am Ort trägt zu einer deutlich höheren Lebensqualität bei.

> **Beispiel: Lebensqualität als Standortfaktor**
> Die Stadt Köln, Standort der Produkta GmbH, rangierte bei mehreren Vergleichsuntersuchungen zur Lebensqualität in 20 deutschen Großstädten immer auf den Plätzen 1 bis 5. In denselben Untersuchungen landeten die Städte Dortmund und Dresden meistens auf den hinteren Rängen.

Qualität von Schulen und Bildungseinrichtungen

Auch die Qualität von Schulen, Universitäten und anderen Bildungseinrichtungen ist bedeutsam für die Standortentscheidung. Denn: Die Familien ziehen mit. Ein Standort mit einem guten Schulsystem findet deshalb sicher eher das Vertrauen der Entscheidungsträger als ein ansonsten gleichwertiger Standort mit einem schlechten Schulsystem.

> **Beispiel: Bildungsangebot als Standortfaktor**
> In der belgischen Hauptstadt Brüssel gibt es eine deutsche Schule. Diese vermittelt Deutschen in Brüssel „ein Stück kulturelle Heimat". Die Schule umfasst die Zweige Kindergarten/Vorschule, Grundschule, Realschule, Gymnasium und Fachoberschule. Der Unterricht orientiert sich an deutschen Lehrplänen, sodass eine Rückkehr nach Deutschland reibungslos möglich ist. Das Fach Französisch ist ab der ersten Klasse fester Bestandteil des Stundenplans.

Welche Standortfaktoren letztlich für einen Betrieb ausschlaggebend sind, hängt von der konkreten Entscheidungssituation ab. In einer Befragung von Wirtschaftsförderungsgesellschaften, die ihre Standortpolitik auf die Bedürfnisse von Betrieben ausrichten, ergaben sich folgende Einschätzungen:

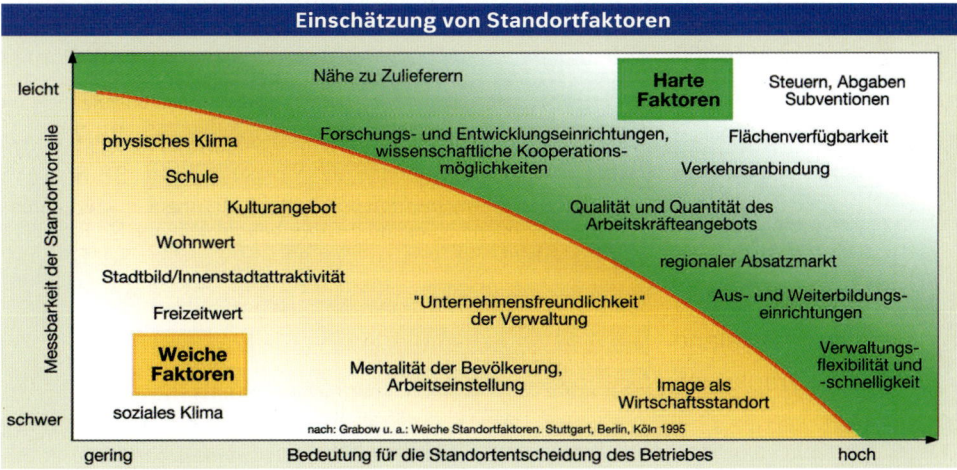

13.3 Standortalternativen

Wegen der großen Bedeutung der Standortentscheidung sollte ein Unternehmen stets eine Vielzahl von möglichen Standorten in die Auswahl einbeziehen. Je nach geografischer Lage unterscheidet man zwischen **internationaler Standortwahl, nationaler Standortwahl** und **lokaler Standortwahl**.

13.3.1 Internationale Standortwahl

Die Unternehmensleitung muss entscheiden, **in welchem Land** die neue Betriebsstätte angesiedelt werden soll. Einerseits erweitert dies die Zahl der möglichen Standorte und macht die Standortentscheidung komplexer. Andererseits bietet sich im Zuge der Intensivierung internationaler Wirtschaftsbeziehungen häufig die Gründung von Vertriebsniederlassungen oder Fertigungsstätten an. So kann die Nähe zu neuen Märkten gesucht werden; es können aber auch spezifische Vorteile eines solchen Standortes genutzt werden.

Bei der Festlegung des Landes kann man für viele Standortfaktoren vereinfachend davon ausgehen, dass sie für das gesamte Land homogen sind.

Beispiel: Wöchentliche Arbeitszeit von Vollzeitarbeitnehmenden im Jahr 2016 (in Stunden)

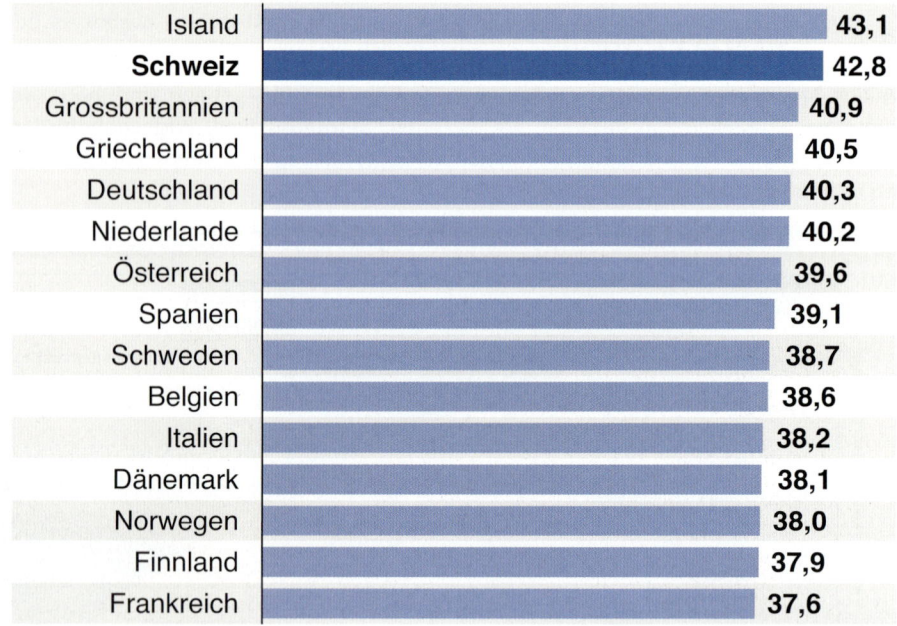

Zu bedenken ist auch: Niederlassungen im Ausland unterliegen einer anderen Rechtsordnung. Dies hat z. B. Auswirkungen auf Verträge und Rechnungslegung und erfordert ganz neue Kompetenzen. Zu prüfen ist, ob das Unternehmen über diese Kompetenzen verfügt.

13.3.2 Nationale Standortwahl

Die nationale Standortwahl beschränkt sich auf mögliche **Standorte in einem Land**. Hier gilt es, eine Stadt oder Gemeinde zu bestimmen, in der eine Betriebsstätte errichtet werden soll.

Hier finden nahezu alle beschriebenen Standortfaktoren in ihrer regionalen Ausprägung Beachtung. Wichtig sind hier insbesondere die Anbindung an alle regionalen Märkte (Beschaffungsmarkt, Absatzmarkt, Arbeitsmarkt), die verkehrstechnische Ausstattung, sowie regionale Einflüsse auf die Kostenstruktur durch Grundstückskosten, Gewerbesteuer, Grundsteuer.

13.3.3 Lokale Standortwahl

Die lokale Standortwahl bezieht sich auf die Festlegung des konkreten Grundstückes, auf dem die Betriebsstätte errichtet werden soll. Hier sind wiederum Faktoren wie der Kaufpreis, die Pacht oder die Leasingrate, die Erweiterbarkeit, aber auch der Erschließungsgrad der Parzellen von zentraler Bedeutung für die Auswahl.

Übrigens: Wie man eine Standortwahl sinnvoll plant und durchführt, finden Sie ab S. 350. Dort wird ein **vollständiges Projekt „Standortwahl"** detailliert beschrieben.

13.4 Standortpolitik

Die Standortpolitik ist Teil der Strukturpolitik.

Als Standortpolitik bezeichnet man alle öffentlichen Maßnahmen, die die Attraktivität einer Region oder einer Gemeinde für eine Unternehmensansiedlung verbessern.

Zur Standortpolitik gehören insbesondere Wirtschaftsförderung und Standortmarketing.

Beispiel: Standortpolitik der Stadt Dortmund

Standortpolitik	
Wirtschaftsförderung	**Standortmarketing**
• Bestandssicherung und Wachstumsförderung für die Unternehmen der Region, • Hilfen bei Neugründungen, • Hilfen bei Neuansiedlungen, • Nachweis geeigneter Büro- und Gewerbeflächen, • Hilfe bei der Beschaffung von qualifizierten Arbeitskräften, • Hilfen bei Anträgen an Behörden	• Bereitstellung von Informationen über die Stadt als Wirtschaftsstandort, • Erstellung eines Netzwerkes zur Förderung von Wirtschaft und Beschäftigung, • Hilfen bei Wirtschaftskooperationen mit in- und ausländischen Partnern, • Vermarktung des Wirtschaftsstandortes auf Messen und Ausstellungen

Durch die **Wirtschaftsförderung** werden Rahmenbedingungen geschaffen, die die Standortentscheidung eines Betriebes für die geförderte Region oder Gemeinde begünstigen. Man hofft, dass mit der Ansiedlung neuer Betriebe auch neue Arbeitsplätze entstehen. Die neuen Betriebe verhindern zudem, dass alte Betriebe abwandern. So sichern sie Arbeitsplätze.

Ansatzpunkte für die Wirtschaftsförderung sind die Standortfaktoren: Es werden Gewerbeflächen erschlossen, Infrastruktureinrichtungen ausgebaut, Arbeitskräfte ausgebildet, Steuerlasten reduziert, Kulturangebote geschaffen usw.

Diese Maßnahmen verbessern schon das Image der Region oder der Gemeinde als Wirtschaftsstandort. Zusätzlich werden durch **Standortmarketing** Informationen über die Rahmenbedingungen bereitgestellt.

Beispiel: Standortmarketing
Verschiedene Bundesländer und Regionen (Bayern, Baden-Württemberg, Niedersachsen, Sachsen-Anhalt usw.) stellen Standortinformationssysteme im Internet zur Verfügung, sodass Betriebe gezielt nach möglichen Standorten suchen können, die ihre Anforderungen erfüllen.

Die Ansiedlung neuer Betriebe führt mittel- und langfristig zu mehr Steuereinnahmen und damit auch zu einem Mehr an finanzieller Stabilität und Flexibilität der öffentlichen Haushalte.

Arbeitsaufträge

1. **Ihr Ausbildungsbetrieb ist an einem oder mehreren Standorten tätig. Vielleicht ist in jüngster Vergangenheit ein neuer Standort hinzugekommen.**
   a) Erkundigen Sie sich,
      - welche Anforderungen die Geschäftsleitung an den Standort stellte,
      - welche Standortfaktoren die möglichen Standortalternativen aufwiesen und
      - welche dieser Faktoren für die Standortwahl den Ausschlag gaben.
   b) Erstellen Sie mit einer Präsentationssoftware eine Präsentation, in der Sie den Entscheidungsprozess vorstellen.

2. **In den Zeitungen finden sich Meldungen wie „Stemp AG verlegt Produktion nach Singapur" oder „American Pancake schließt Deutschland als Standort für ihr neues Werk aus". Deutschland ist offensichtlich als Standort nicht mehr besonders gefragt.**
   a) Führen Sie eine Internetrecherche zum Thema „Standort Deutschland" durch. Bilden Sie hierfür zwei Gruppen. Eine Gruppe sammelt Informationen über Standortvorteile; die andere über Standortnachteile.
   b) Diskutieren Sie in ihrer Klasse das Thema „Ist Deutschland als Standort am Ende?". Bestimmen Sie hierfür einen Diskussionsleiter und aus jeder Gruppe drei Diskussionsteilnehmer.
   c) Organisieren Sie eine Brainstormingsitzung, in der Sie Möglichkeiten zur Verbesserung der Standortqualität suchen.
   d) Bewerten Sie die Ideen der Brainstormingsitzung und stellen Sie eine Liste mit Vorschlägen an die Politik zusammen.

3. **Man unterscheidet internationale, nationale und regionale Standortwahl.**
   Erläutern Sie Standortfaktoren, die ein Land im Rahmen einer internationalen Standortwahl unattraktiv machen, und nennen Sie jeweils ein Beispiel.

4. **Im Rahmen der Standortpolitik werden unter anderem Maßnahmen zur Verbesserung der Infrastruktur ergriffen.**
   a) Aus welchen Teilstrukturen besteht die Infrastruktur? Erläutern Sie diese Teilstrukturen.
   b) Welche Bedeutung hat die Infrastruktur für eine Region?
   c) Diskutieren Sie, welche Maßnahmen zur Verbesserung der Infrastruktur in Ihrer Region denkbar wären.

5. **Verschiedene Bundesländer stellen Standortinformationssysteme im Internet zur Verfügung. Diese Systeme bieten Betrieben die Möglichkeit, gezielt nach Standorten zu suchen, die ihre Standortanforderungen erfüllen.**
   a) Finden Sie heraus, ob Ihr Bundesland oder Ihre Region ebenfalls solche Informationen bereitstellt. Wenn ja: Welche Informationen sind dies?
   b) Informieren Sie sich anhand des Informationssystems über einen konkreten Standort. Erstellen Sie eine Präsentation, mit der Sie Ihre Klasse über die Bedingungen an diesem Standort informieren.
   Hinweis: Beachten Sie nach Möglichkeit die Standortfaktoren, die bei der Standortentscheidung Ihres Ausbildungsbetriebes wichtig waren (vgl. Arbeitsauftrag 1).

6. **Auf Seite 279 befindet sich die Grafik „Einschätzung von Standortfaktoren".**
   a) Erläutern Sie die Aussagen dieser Grafik.
   b) Wie lassen sich die harten Standortfaktoren *Steuern, Flächenverfügbarkeit* und *Qualität des Arbeitskräfteangebots* messen?
   c) Die Grafik behauptet, das soziale Klima sei „schwer" zu messen.
      - Geben Sie Gründe für diese Behauptung an.
      - Gibt es Maßgrößen, die zumindest indirekte Aussagen über das soziale Klima an einem Standort ermöglichen?
   d) Welche der genannten Standortfaktoren sind für Ihren Ausbildungsbetrieb wichtig, welche unwichtig? Begründen Sie Ihre Aussagen.

Für Ihre Prüfung
Programmierte Wiederholungsaufgaben

Aufgabe 1 — Bedürfnisarten, Seite 118

Die Einteilung der Bedürfnisse kann u. a. nach folgenden Kriterien erfolgen:

Nach dem Kriterium Dringlichkeit *unterscheidet man*
- Existenzbedürfnisse,
- Wahlbedürfnisse (Kulturbedürfnisse, Luxusbedürfnisse).

Nach dem Kriterium Gegenstand des Bedürfnisses *unterscheidet man*
- materielle Bedürfnisse,
- immaterielle Bedürfnisse.

Nach dem Kriterium Träger der Bedürfnisbefriedigung *unterscheidet man*
- Individualbedürfnisse,
- Kollektivbedürfnisse.

Ordnen Sie die folgenden Güter den zutreffenden Bedürfnisarten zu.
(Für das Gut „saubere Umwelt" ist die Zuordnung schon angegeben.)

Gut	Kriterium Dringlichkeit	Kriterium Gegenstand des Bedürfnisses	Kriterium Träger der Bedürfnisbefriedigung
Saubere Umwelt	Existenzbedürfnis	immaterielles Bedürfnis	Kollektivbedürfnis
Wintermantel			
Bildung			
Milch			
Swimmingpool zu Hause			
Privatflugzeug			
Personalcomputer			
Wasserwerk			

Aufgabe 2 — Güter, Seite 119 f.

Wirtschaftsgüter lassen sich in folgende Güterarten einteilen:

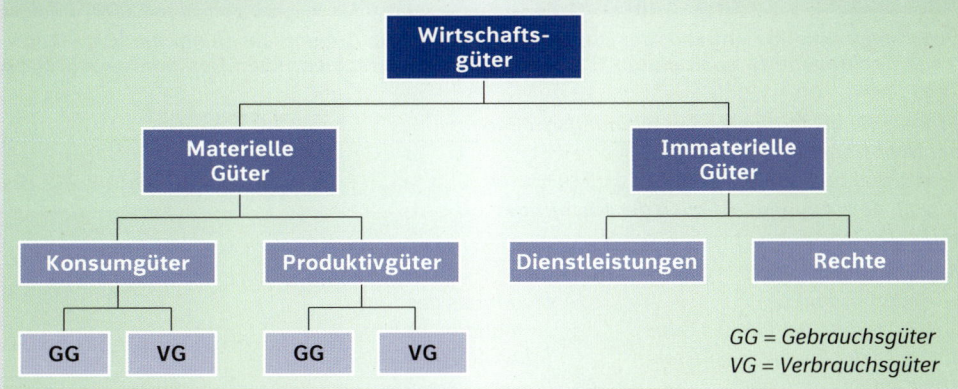

GG = Gebrauchsgüter
VG = Verbrauchsgüter

Ordnen Sie die folgenden Beispiele der zutreffenden Güterart zu.

Beispiele:
a) Freizeitkleidung
b) Anlageberatung eines Kunden durch eine Bank
c) Braunkohle
d) Baumwolle
e) Stanzmaschine
f) Kuchen
g) Beratung eines Unternehmens durch einen Steuerberater
h) Patent an der Erfindung eines Kombi-Wasch-Bügelautomaten

Aufgabe 3 — Güter, Seite 119 ff.

Ordnen Sie die folgenden Begriffspaare richtig zu.

Komplementärgüter   1
Substitutionsgüter   2

Begriffspaare:
a) Kaffee und Tee
b) Öl und Gas
c) DVD-Gerät und Fernsehgerät
d) Auto und Benzin
e) Hose und Jacke

Aufgabe 4 — Güter, Seite 119 ff.

Ordnen Sie die folgenden Güter entweder als Gebrauchsgut oder als Verbrauchsgut ein.

Gebrauchsgut   1
Verbrauchsgut   2

Güter:
a) Heizöl
b) Schulbuch
c) Glasbecher
d) Porotonsteine
e) Hose
f) Kohle

Aufgabe 5 — Markt und Preisbildung, Seite 181 ff.

Das mengenmäßige Angebot der Unternehmen an einem Gut und die mengenmäßige Nachfrage der Haushalte nach einem Gut werden von unterschiedlichen Bestimmungsgrößen beeinflusst.

Ordnen Sie die folgenden Bestimmungsgrößen
der Nachfrage   1
dem Angebot   2
sowohl dem Angebot als auch der Nachfrage   3
zu.

Bestimmungsgrößen:
a) Bedürfnisstruktur
b) Marktpreis des Gutes
c) Marktpreise der übrigen Güter
d) verfügbares Einkommen
e) Preise der Produktionsfaktoren
f) Stand des technischen Wissens
g) Gewinnerwartungen
h) Erwartungen über zukünftige wirtschaftliche Entwicklungen

Aufgabe 6 — Einkommensteuer, Seite 221 ff.

Das Einkommensteuergesetz unterscheidet Aufwendungen, die als Werbungskosten, als Sonderausgaben oder als außergewöhnliche Belastung abzugsfähig sind.

Ordnen Sie die unten aufgeführten Aufwendungen richtig zu.

Werbungskosten	1
Beschränkt abzugsfähige Sonderausgaben	2
Unbeschränkt abzugsfähige Sonderausgaben	3
Außergewöhnliche Belastungen	4
Kein abzugsfähiger Aufwand	5

Aufwendungen:
a) Spende für gemeinnützige Zwecke
b) Anwaltskosten für Ehescheidung
c) Kosten eines Industriekaufmanns für die Weiterbildung zum Staatlich geprüften Betriebswirt
d) Prämie für die Privathaftpflichtversicherung
e) Kosten für Arbeitskleidung (Sicherheitsschuhe)
f) Grillkurs bei der Volkshochschule

Aufgabe 7 — Nachfrageelastizität, Seite 182

Der Preis eines Gutes wurde von 5,50 EUR je kg auf 5,00 EUR je kg gesenkt. Dies führte zu einer Nachfragesteigerung von 18 000 kg auf 20 000 kg.

a) Berechnen Sie den Elastizitätskoeffizienten für die Nachfrageelastizität.

b) Welche Nachfrage liegt vor?

Relativ elastische Nachfrage	1
Relativ unelastische Nachfrage	2
Vollkommen unelastische Nachfrage	3
Vollkommen elastische Nachfrage	4

Aufgabe 8 — Vollständige Konkurrenz, Seite 185 ff.

Die folgende Grafik zeigt das Modell der Preisbildung bei vollständiger Konkurrenz.

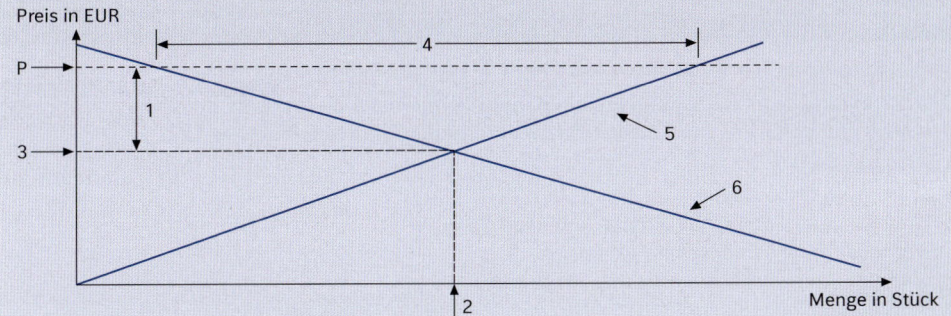

Ordnen Sie die folgenden Begriffe den Ziffern in der Grafik zu. Wenn keine Zuordnung möglich ist, ordnen Sie dem Begriff die Ziffer 9 zu.

Begriffe:
a) Konsumentenrente der Nachfrager, die Preis p akzeptieren
b) Angebotskurve
c) Nachfragekurve
d) Verkäufermarkt
e) Gleichgewichtsmenge
f) Angebotsüberhang beim Preis p
g) Gleichgewichtspreis
h) Mindestpreis
i) Höchstpreis

Aufgabe 9 — Vollständige Konkurrenz, Seite 185 ff.

Für ein Gut werden bei den aufgeführten Preisen folgende Mengen nachgefragt und angeboten:

Preis pro Stück (EUR)	Nachfrage (Stück)	Angebot (Stück)
5,00	2 600	1 500
5,20	2 300	1 700
5,30	2 100	1 800
5,60	2 000	2 000

Kennzeichnen Sie richtige und falsche Aussagen.

Richtig 1
Falsch 2

Aussagen:
a) Bei einem Preis von 5,60 EUR besteht ein Angebotsüberschuss von 2 000 Einheiten.
b) Der Gleichgewichtspreis liegt bei 5,30 EUR.
c) Bei einem Preis von 5,30 EUR besteht ein Nachfrageüberhang von 300 Einheiten.
d) Bei einem Preis von 5,00 EUR besteht ein Angebotsüberhang von 900 Einheiten.

Aufgabe 10 — Haushaltsnachfrage, Seite 181 ff.

Der Preis eines Gutes steigt. Das Haushaltseinkommen bleibt gleich. Wie verändert sich daraufhin die Nachfrage nach Substitutionsgütern und Komplementärgütern?

Richtig 1
Falsch 2

Aussagen:
a) Die Nachfrage nach Substitutionsgütern steigt.
b) Die Nachfrage nach Substitutionsgütern fällt.
c) Die Nachfrage nach Substitutionsgütern bleibt unverändert.
d) Die Nachfrage nach Komplementärgütern steigt.
e) Die Nachfrage nach Komplementärgütern fällt.
f) Die Nachfrage nach Komplementärgütern bleibt unverändert.

Aufgabe 11 — Vollkommener Markt, Seite 179

Ein vollkommener Markt ist durch bestimmte Merkmale gekennzeichnet.

Das Merkmal gehört zu den Kennzeichen eines vollkommenen Marktes   1
Das Merkmal gehört nicht zu Kennzeichen eines vollkommenen Marktes   2

Merkmale:
a) Unterschiedliche Qualität der Produkte
b) Gleichheit der Güter in Art, Aufmachung und Qualität
c) Vorhandensein persönlicher Präferenzen
d) Alle Marktteilnehmer haben gleich lange Wege.
e) Alle Marktteilnehmer sind stets vollständig über die Marktlage informiert.
f) Sofortige Reaktion der Marktteilnehmer auf jegliche Veränderung

Aufgabe 12 — Marktformen, Seite 180

Nach der Zahl der Anbieter und Nachfrager unterscheidet man im Allgemeinen neun Marktformen. Tragen Sie die richtigen Bezeichnungen in die jeweiligen Zellen ein.

	viele Nachfrager	wenige Nachfrager	ein Nachfrager
viele Anbieter	a)	b)	c)
wenige Anbieter	d)	e)	f)
ein Anbieter	g)	h)	i)

Aufgabe 13   Tarifverträge, Seite 239 ff.

Man unterscheidet folgende Arten von Tarifverträgen:

Manteltarifvertrag   1
Rahmentarifvertrag   2
Entgelttarifvertrag   3

Für welche Tarifvertragsart treffen die folgenden Aussagen jeweils zu? Sollten sie für keine Art zutreffen, geben Sie in der Lösung 0 an.

Aussagen:
a) Die Laufzeit des Tarifvertrags beträgt in der Regel ein Jahr.
b) Die Laufzeit des Tarifvertrags ist oft unbefristet; Anpassungen erfolgen bei Bedarf.
c) Der Tarifvertrag enthält Vereinbarungen über die maximale Zahl der jährlichen Krankheitstage.
d) Der Tarifvertrag enthält Vereinbarungen über die Dauer des jährlichen Erholungsurlaubs.
e) Der persönliche Geltungsbereich des Tarifvertrags erstreckt sich auf Mitglieder und Nichtmitglieder der tarifschließenden Gewerkschaft.
f) Der Tarifvertrag enthält Vereinbarungen über die Höhe der Löhne und Gehälter.
g) Der Tarifvertrag enthält Vereinbarungen über die Art und Ausgestaltung der Entgeltgruppen.

Aufgabe 14   Angebotsmonopol, Seite 287 f.

Ein Unternehmen ist seit kurzer Zeit Alleinanbieter eines Gutes.

Bestimmen Sie anhand der folgenden Angaben, welchen Angebotspreis der Anbieter wählen wird.

Preis pro Stück (EUR)	Absatzmenge (Stück)	Gesamtkosten (EUR)
20,00	500	10 000,00
19,00	1 000	12 000,00
18,00	2 000	20 000,00
17,00	3 000	22 000,00
16,00	4 000	30 000,00
15,00	5 000	45 000,00
14,00	6 000	68 000,00
13,00	7 000	82 000,00
12,00	8 000	90 000,00
11,00	10 000	95 000,00

Aufgabe 15   Oligopol, Seite 192

Anbieter können sich auf einem oligopolistischen Markt unterschiedlich verhalten. Welche Aussagen über die Verhaltensweisen sind richtig?

Richtig   1
Falsch   2

Aussagen:
a) Der oligopolistische Anbieter ist Mengenanpasser.
b) Die Anbieter setzen die Preise, die Nachfrager sind Mengenanpasser.
c) Der Oligopolist ist von der Nachfrage und vom Konkurrenzverhalten abhängig.
d) Ein Oligopolist ist immer auch Preisführer.
e) Der Preis kann nur in Absprache zwischen den Anbietern festgelegt werden.

Aufgabe 16 — Preisbildung, Seite 185 ff.

Welcher Marktteilnehmer kann nur als Mengenanpasser handeln?

a) der Angebotsmonopolist
b) der Nachfragemonopolist
c) der Angebotsoligopolist
d) der Nachfrager im Polypol auf vollkommenem Markt

Aufgabe 17 — Mindestpreis, Seite 187

Stellen Sie sich vor, dass der Marktpreis eines Gutes im Laufe der Zeit ständig sinkt und dass dadurch für eine ganze Branche die Gefahr besteht, nicht mehr konkurrenzfähig zu sein. Zum Schutz der Branche setzt der Staat einen Mindestpreis fest.

Überprüfen Sie folgende Aussagen zur Festsetzung des Mindestpreises auf ihre Richtigkeit.

Richtig 1
Falsch   2

Aussagen:
a) Der Mindestpreis liegt über dem Gleichgewichtspreis.
b) Durch die Festlegung des Mindestpreises entsteht ein Nachfrageüberhang.
c) Der Mindestpreis unterstützt die Lenkungsfunktion des Gleichgewichtspreises.
d) Die Mindestpreisfestsetzung führt zu einer besseren Güterversorgung der Nachfrager.
e) Die Mindestpreisfestsetzung fördert die Kartellbildung.

Aufgabe 18 — Polypol, Seite 191 f.

Die folgende Grafik zeigt eine Nachfragekurve.

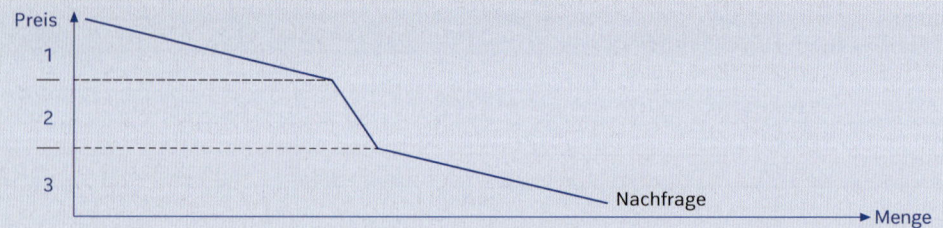

a) Für welche Marktform ist diese Nachfragekurve kennzeichnend?
b) In welchen der Bereiche 1, 2 und 3 kann der Anbieter eine gewinnmaximierende Preissetzung vornehmen?
c) In welchen der Bereiche 1, 2 und 3 reagiert die Nachfrage auf Preisänderungen preisempfindlich?
d) In welchen der Bereiche 1, 2 und 3 muss der Anbieter mit starkem Nachfragerückgang rechnen, wenn er seinen Preis geringfügig erhöht?

Aufgabe 19 — Produktionskonto, Seite 147

Das Produktionskonto eines Unternehmens enthält folgende Werte:

Rohstoffeinkäufe	2 000 000,00 EUR
Abschreibungen	400 000,00 EUR
Löhne und Gehälter	600 000,00 EUR
Zinsen	400 000,00 EUR
Gewinn	600 000,00 EUR
Verkaufserlöse	4 000 000,00 EUR

Für Ihre Prüfung

Berechnen Sie aufgrund der Daten

a) den Produktionswert,
b) die Vorleistungen,
c) die Bruttowertschöpfung,
d) die Nettowertschöpfung.

Aufgabe 20 — Unternehmenszusammenschlüsse, Seite 246 ff.

Man unterscheidet folgende Arten von Unternehmenszusammenschlüssen:

den vertikalen Zusammenschluss   1
den horizontalen Zusammenschluss   2
den anorganischen/diagonalen Zusammenschluss   3

In den folgenden Beispielen schließen sich Unternehmen zusammen. Welche Art Zusammenschluss liegt vor?

Beispiele:

a) Sparkasse Aachen – Sparkasse Euskirchen
b) Walzwerk – Pkw-Hersteller
c) Sägewerk – Möbelwerk
d) Hosenfabrik – Hemdenfabrik
e) Spinnerei – Färberei – Weberei
f) Stahlhersteller – Textilhersteller

Aufgabe 21 — Unternehmenszusammenschlüsse, Seite 246 ff.

Man unterscheidet mehrere Kartellarten.

Rabattkartell   1   Konditionenkartell   2
Rationalisierungskartell   3   Strukturkrisenkartell   4
Ausfuhrkartell   5   Quotenkartell   6

Ordnen Sie die folgenden Aussagen den genannten Kartellarten zu.

Aussagen:

a) Mehrere Unternehmen vereinbaren, welche Menge eines bestimmten Produktes jedes Unternehmen fertigen soll.
b) Zwei Unternehmen vereinbaren einheitliche Lieferungs- und Zahlungsbedingungen.
c) Um die vorhandenen Kapazitäten der gesunkenen Gesamtnachfrage anzupassen, werden die vorhandenen Kapazitäten der Kartellmitglieder um 20 % reduziert.
d) Die Beschlüsse der Kartellmitglieder sollen die Absatzchancen auf dem asiatischen Markt verbessern.
e) Die Leistungsfähigkeit der Kartellmitglieder soll durch die Nutzung gemeinsamer Absatzwege verbessert werden.

Aufgabe 22 — Preisbildung, Seite 187

In welchen der folgenden Fälle erfolgt eine

Rechtsverschiebung der Angebotskurve?   1
Linksverschiebung der Angebotskurve?   2
Rechtsverschiebung der Nachfragekurve?   3
Linksverschiebung der Nachfragekurve?   4
Verschiebung beider Kurven?   5

a) Das Einkommen der Haushalte steigt um 10 %.
b) Durch Rationalisierungsmaßnahmen ist die Fertigungszeit erheblich reduziert worden.
c) Durch den Einsatz neuer Techniken konnte die Entwicklungszeit neuer Pkws erheblich gesenkt werden.
d) Die Gewinnerwartungen der Fahrradhersteller sinken um 20 %.
e) Die Preise anderer Güter sind enorm gestiegen.
f) Man erwartet im kommenden Jahr einen Anstieg des Volkseinkommens um 3 %.

Aufgabe 23 — Unternehmen im Kreislauf, Seite 155 ff.

Das folgende Kreislaufmodell einer offenen Volkswirtschaft mit Staat zeigt Geldströme zwischen den Wirtschaftssektoren.

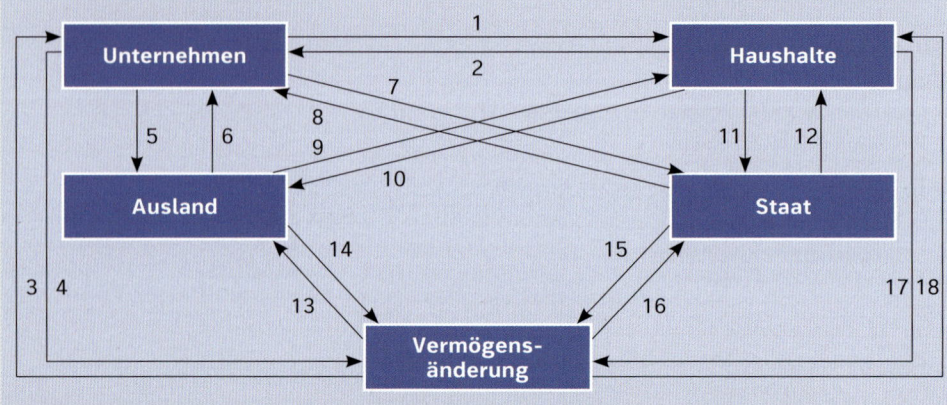

Ordnen Sie die folgenden Geldströme den Ziffern im Kreislaufmodell zu.
a) Der Staat tätigt Bruttoinvestitionen.
b) Die Unternehmen importieren Rohstoffe.
c) Die Unternehmen zahlen Löhne.
d) Der Staat zahlt Gehälter.
e) Der Staat zahlt Subventionen an Unternehmen.
f) Die Unternehmen zahlen Gewinne aus.
g) Die Haushalte tätigen Güterkäufe bei den Unternehmen.
h) Die Unternehmen buchen Abschreibungen.
i) Die Haushalte erzielen Einkommen aus dem Ausland.
j) Die Haushalte zahlen Steuern.
k) Der Staat zahlt Kindergeld.
l) Die Unternehmen tätigen Bruttoinvestitionen.

Aufgabe 24 — Streik, Seite 242 f.

Ordnen Sie die folgenden Streikformen den unten stehenden Definitionen zu.

Organisierter Streik	1
Wilder Streik	2
Generalstreik	3
Schwerpunktstreik	4
Warnstreik	5
Sympathiestreik	6
Teilstreik	7

Definitionen:
a) Der Streik wird von den Gewerkschaften beschlossen und organisiert.
b) Der Streik umfasst nur Betriebsteile.
c) Der Streik wurde von der Gewerkschaft nicht gebilligt.
d) Es werden nur Schlüsselbetriebe bestreikt.
e) Es erfolgen kurze Arbeitsniederlegungen zum Ausdruck der Kampfbereitschaft.
g) Der Streik erfolgt zur Unterstützung eines Streiks in einer anderen Branche.

Aufgabe 25 — Volkswirtschaftliche Gesamtrechnung, Seite 160 ff.

Welche Aussagen zur Bruttoinlandsproduktberechung sind richtig?

Richtig 1
Falsch 2

Aussagen:
a) Das Bruttoinlandsprodukt kann nur auf zwei Arten berechnet werden.
b) Bei der Entstehungsrechnung wird das Bruttoinlandsprodukt als das Ergebnis der wirtschaftlichen Tätigkeit in den verschiedenen Wirtschaftsbereichen berechnet.
c) Im Europäischen System Volkswirtschaftlicher Gesamtrechnungen wird das Bruttoinlandsprodukt auf der Grundlage der Wertschöpfung folgender Wirtschaftsbereiche berechnet:
   - Nichtfinanzielle Kapitalgesellschaften
   - Finanzielle Kapitalgesellschaften
   - Staat
   - Private Haushalte
   - Private Organisationen ohne Erwerbszweck
   - Übrige Welt
d) In der Verwendungsrechnung zur Bestimmung des Bruttoinlandsproduktes sind die Bruttoinvestitionen, die Konsumausgaben und der Außenbeitrag zu erfassen.
e) Das Bruttoinlandsprodukt erfasst von Inländern im Inland und Ausland erwirtschaftete Leistungen.
f) Das Bruttoinlandsprodukt umfasst Leistungen, die im Inland von Inländern und Ausländern erwirtschaftet wurden.
g) Das Bruttonationaleinkommen umfasst die wirtschaftlichen Leistungen aller Inländer.
h) Die Differenz aus Bruttonationaleinkommen und Abschreibungen ist das Nettonationaleinkommen.
i) Werden die produzierten Güter ausschließlich mit den Kosten der zu ihrer Entstehung eingesetzten Produktionsfaktoren bewertet, so erhält man das Volkseinkommen.
j) Das Bruttonationaleinkommen und das Bruttoinlandsprodukt sind identisch.
k) Das Bruttonationaleinkommen und das Volkseinkommen sind identisch.

Aufgabe 26 — Steuern, Seite 217 ff.

Ergänzen Sie die unten stehenden Sätze. Tragen Sie den richtigen Steuerbegriff ein.

Lohnsteuer
Körperschaftsteuer
Grunderwerbsteuer
Verbrauchsteuer

Einkommensteuer
Grundsteuer
Umsatzsteuer
Schenkungsteuer

a) Beim Kauf eines Grundstücks ist .... zu bezahlen.
b) Im Kaufpreis einer Flasche Cognac sind .... und .... enthalten.
c) Die Einkünfte aus selbstständiger Arbeit unterliegen der ....
d) Der Gewinn einer AG wird mit .... belegt.

Aufgabe 27 — Produktionsfaktor Boden, Seite 127 f.

Über die Weizenproduktion eines Landes in zwei Jahren liegen folgende Daten vor

	1960	2016
Beschäftigte in Mio.	4,0	1,0
Genutzte Fläche in Mio. Hektar	11,0	8,5
Weizen in Mio. Doppelzentner	40,0	70,0

Bestimmen Sie
a) die 1960 durchschnittlich von einem Beschäftigten bearbeitete Fläche in Hektar,
b) die Arbeitsproduktivität 1960 und 2016 für die Produktion von Weizen,
c) die Erhöhung der Arbeitsproduktivität von 1960 bis 2016 in Prozent.

Aufgabe 28 — Wirtschaftskreislauf, Seite 155 ff.

Vervollständigen Sie das folgende Schema zur Ermittlung des Volkseinkommens. Ordnen Sie die Elemente 1 bis 7 dem folgenden Schema zu.

Elemente:

Einkommen- und Vermögensteuern	1
Abschreibungen	2
Nettonationaleinkommen zu Marktpreisen	3
Primäreinkommen der Inländer aus der übrigen Welt	4
Transferzahlungen	5
Primäreinkommen der Ausländer aus dem Inland	6
Subventionen an Unternehmen	7

Schema zur Ermittlung des verfügbaren Einkommens

```
   Bruttoinlandsprodukt
 + a)
 − b)
 = Bruttonationaleinkommen
 − c)
 = d)
 − Produktions- und Importabgaben
 + e)
 = Volkseinkommen
 − f)
 − Sozialversicherungsbeiträge
 + g)
 = Verfügbares privates Einkommen
```

Aufgabe 29 — Haushaltsnachfrage, Seite 181

Welches der folgenden Schaubilder kennzeichnet die Marktsituation

von Komplementärgütern? 1
von Substitutionsgütern? 2

a) Schaubild I

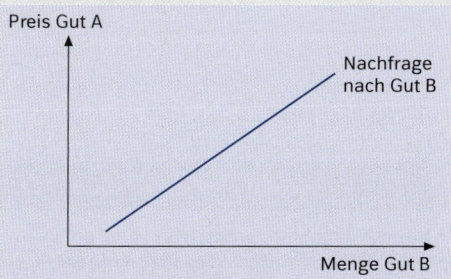

b) Schaubild II

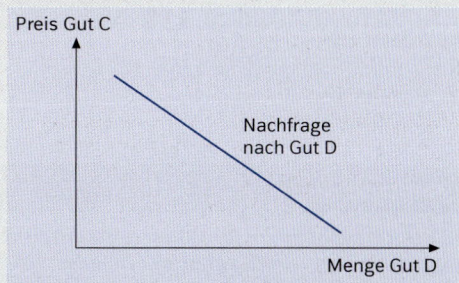

Aufgabe 30 — Haushaltsnachfrage, Seite 181 ff.

Folgende Schaubilder enthalten Nachfragekurven. Ordnen Sie die Schaubilder den nachstehenden Sachverhalten richtig zu.

Schaubild A

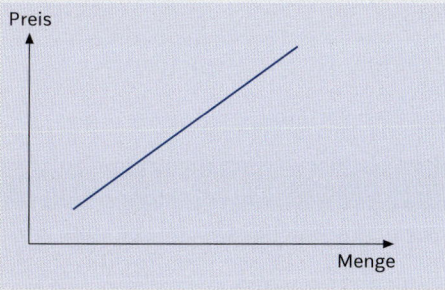

Schaubild B

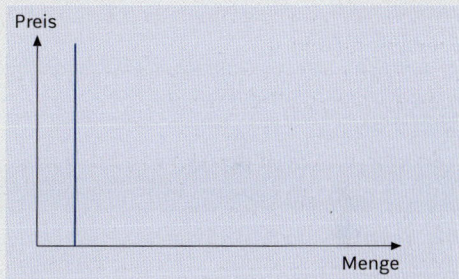

Schaubild C

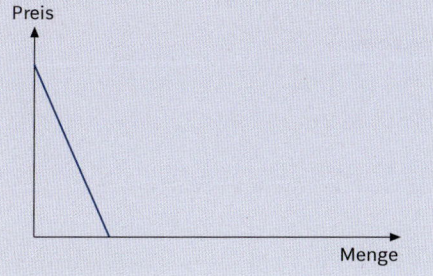

Schaubild D

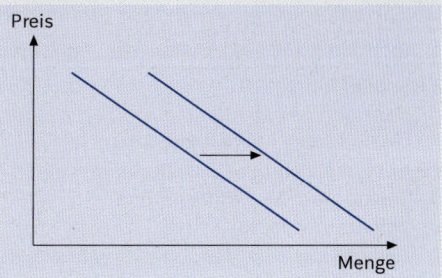

Sachverhalte:
a) Das Schaubild beschreibt die Nachfrage beim sog. „Snobverhalten" der Nachfrager.
b) Das Schaubild beschreibt die Nachfrage nach einem wenig preisempfindlichen Gut.
c) Das Schaubild beschreibt die Nachfrage nach einem überlebenswichtigen Gut, das nirgends preisgünstiger bezogen werden kann.
d) Das Schaubild beschreibt die Veränderung der Nachfrage nach einem Gut aufgrund einer Einkommenserhöhung.

Aufgabe 31 — Wirtschaftskreislauf, Seite 157

Folgende statistische Daten sind bekannt:

Bruttoinlandsprodukt	2033 Mrd. EUR
Primäreinkommen der Inländer aus der übrigen Welt	233 Mrd. EUR
Abschreibungen	300 Mrd. EUR
Saldo aus Produktions- und Importabgaben und Subventionen	– 200 Mrd. EUR

Bestimmen Sie
a) das Bruttonationaleinkommen,
b) Nettonationaleinkommen,
c) Volkseinkommen.

Aufgabe 32 — Wirtschaftssektoren, Seite 122 f.

Für Untersuchungen der Wirtschaftsstruktur einer Volkswirtschaft betrachtet man unter anderem die Wirtschaftssektoren. In jeder Volkswirtschaft unterscheidet man drei Sektoren:

Primärer Sektor	1
Sekundärer Sektor	2
Tertiärer Sektor	3

Ordnen Sie die folgenden deutschen Unternehmen dem richtigen Sektor zu.

Betriebe:
a) Neusser Landwirtschaftliche Absatzgenossenschaft eG
b) ThyssenKrupp AG
c) Saturn AG
d) Siemens AG
e) Mitteldeutsche Braunkohlengesellschaft mbH (MIBRAG)
f) Stadtsparkasse Köln
g) Metro AG

Aufgabe 33 — Standortwahl, Seite 270 ff.

Der Beurteilung von Standortalternativen dienen unter anderem die Standortfaktoren. Man unterscheidet

harte Standortfaktoren	1
weiche personenbezogene Standortfaktoren	2
weiche unternehmensbezogene Standortfaktoren	3

Ordnen Sie diese Faktorarten den folgenden Beispielen zu.

Beispiele:
a) Verfügbarkeit und Kosten von Betriebsflächen
b) Anbindung an das Verkehrsnetz
c) Lebensqualität des Standortumfelds
d) Image als Wirtschaftsstandort
e) Nähe zum Kunden
f) Qualität der Bildungseinrichtungen am Standort
g) Mentalität der Bevölkerung
h) Nähe zum Zulieferer
i) Verfügbarkeit und Kosten von Arbeitskräften
j) soziales Klima
k) Belastung durch Steuern und Abgaben
l) Unternehmensfreundlichkeit der öffentlichen Verwaltung
m) Nähe zu Forschungseinrichtungen

Aufgabe 34 — Standortwahl, Seite 270 ff.

Das Unternehmen CD-Pack brennt und verpackt CDs und DVDs für die Firma Macrosoft GmbH. Für das Absatzgebiet Westdeutschland, Niederlande, Belgien und Luxemburg sucht CD-Pack einen geeigneten Standort für eine Zweigniederlassung.

Die Standortalternative A-Dorf liegt im Sauerland. Sie weist die nachfolgend genannten Merkmale auf. Welche davon sind geeignet, die Entscheidung für diesen Standort positiv zu beeinflussen?

Merkmal beeinflusst die Entscheidung positiv   1
Merkmal beeinflusst die Entscheidung negativ   2
Merkmal ist für die Entscheidung ohne Bedeutung 3

Merkmale:
a) Vorhandener Autobahnanschluss in Nord-Süd-Ost-Richtung
b) Zahlreich vorhandene Facharbeiter
c) Großes Grundstück
d) Niedrige Grundsteuer
e) Hoher Hebesatz der Gewerbesteuer
f) Kein Anschluss an Flughafennetz
g) Hohe Zahl ungelernter Arbeitskräfte verfügbar
h) Angebot eines zinsgünstigen Darlehens
i) Niedrige Energiekosten

Aufgabe 35 — Sozialversicherung, Seite 202 ff.

Welche Aussagen zur Sozialversicherung (SV) sind richtig?

Richtig   1
Falsch   2

Aussagen:
a) Die Zweige der SV sind die gesetzliche Renten-, Kranken-, Pflege- und Arbeitslosenversicherung.
b) Alle SV-Beiträge werden hälftig vom Arbeitgeber und vom Arbeitnehmer getragen.
c) Der Arbeitnehmer muss die Aufnahme eines neuen Arbeitsverhältnisses seiner Krankenkasse melden, damit diese die SV-Beiträge einziehen kann.
d) Die Krankenkasse ist auch die Einzugsstelle für die Renten-, Pflege- und Arbeitslosenversicherung.
e) Für die gewerbliche Wirtschaft sind die Berufsgenossenschaften die Träger der gesetzlichen Unfallversicherung.
f) Die gesetzliche Unfallversicherung versichert Arbeitnehmer u. a. gegen die Folgen von Unfällen auf dem Weg zur Arbeit.
g) Im Rahmen der SV werden Renten nur von der gesetzlichen Rentenversicherung gezahlt.
h) Die Regelaltersrente wird seit 2012 ab der Vollendung des 67. Lebensjahres gezahlt.
i) Die Rentendynamisierung bedeutet, dass die Altersrenten jährlich automatisch der allgemeinen Einkommensentwicklung angepasst werden.
j) Eine Altersrente kann nur beziehen, wer eine allgemeine Wartezeit von 60 Monaten erfüllt.
k) Eine Riester-Rentenversicherung wird staatlich durch Zulagen gefördert, wenn der Arbeitnehmer 4 % seines Bruttolohns in die Versicherung einzahlt.
l) Kinder eines Arbeitnehmers, die einen Minijob ausüben, sind bis zum 21. Lebensjahr in der gesetzlichen Krankenversicherung beitragsfrei mitversichert.
m) Ab dem 24. Lebensjahr zahlen kinderlose Arbeitnehmer einen Beitragszuschlag von 25 % zur gesetzlichen Pflegeversicherung.
n) Für arbeitslos Gemeldete übernimmt die Bundesagentur für Arbeit die Beiträge für die Renten-, Kranken- und Pflegeversicherung.
o) Arbeitslosengeld I erhält jeder, der sich bei der Agentur für Arbeit arbeitslos meldet.
p) Für Klagen gegen die SV-Träger sind die Arbeitsgerichte zuständig.

Aufgabe 36 — Standortwahl, Seite 270 ff.

Die Auswahl von Standorten kann nach dem Scoringverfahren erfolgen. Dabei werden die gewichteten Werte der Standortfaktoren von Standortalternativen miteinander verglichen.

Beispiel:
Ein Industriebetrieb möchte entweder in Eisenheim, Mündorf oder Hambergen ein neues Werk errichten.

Standortfaktor	Gewichtungsfaktor	Eisenheim	Mündorf	Hambergen
Anbindung an die Autobahn	7	30 km	15 km	3 km
Größe der Betriebsfläche	2	5 000 qm	5 500 qm	4 800 qm
Vorhandensein geschulter Arbeitskräfte	8	Facharbeiter	geringe Anzahl Facharbeiter	keine Facharbeiter
Infrastruktur	5	umfassend ausgebaut	ausbaufähig	großenteils erneuert
Image des Standorts	3	gut	sehr gut	gut
soziales Klima	2	spannungsfrei	spannungsfrei	sehr unterschiedliche Volksgruppen
Nähe zu Lieferanten	9	nah	entfernt	sehr nah
Nähe zu Forschungseinrichtungen	8	nah	sehr nah	entfernt

Bewertung	Werte
sehr gut	5
gut	4
befriedigend	3
ausreichend	2
nicht ausreichend	1

Bewerten Sie die Standorte und bestimmen Sie den Standort mit der höchsten Bewertungszahl.

Aufgabe 37 — Ökonomisches Prinzip, Seite 136 f.

Die Metallsysteme Walter GmbH handelt bei ihren Entscheidungen nach dem ökonomischen Prinzip. Die Erscheinungsformen dieses Prinzips sind das Maximal- und das Minimalprinzip.

Prüfen Sie, welche der folgenden Aussagen dem Minimalprinzip entspricht.

Aussagen:

a) Der Abteilungsleiter Materialwirtschaft weist den Einkaufsdisponenten an, 10 000 Chips AXL so preiswert wie möglich einzukaufen.
b) Der Abteilungsleiter Materialwirtschaft weist den Einkaufsdisponenten an, für 20 000,00 EUR genügend Material einzukaufen.
c) Der Abteilungsleiter weist den Einkaufsdisponenten an, so viele Chips AXL wie möglich zu geringsten Kosten einzukaufen.
d) Der Abteilungsleiter weist den Einkaufsdisponenten an, für 10 000,00 EUR möglichst viele Chips AXL einzukaufen.

Aufgabe 38 — Kombination der Produktionsfaktoren, Seite 139 f.

Welche der folgenden Fälle beschreiben die Substitution der Produktionsfaktoren?

a) Die Arbeit dreier Mitarbeiter wird durch einen Roboter ersetzt.
b) Die Personalabrechnung wird durch ein neues Software-Programm ausgeführt; es werden einige Mitarbeiter nicht mehr benötigt.
c) Durch eine neue Fräsmaschine wird die Fertigungsmenge um 30 % gesteigert.
d) Der Prozess der Erstellung von Packungen wird in vier Subprozesse untergliedert.

Aufgabe 39 — Kreislaufmodell der offenen Wirtschaft mit Staat, Seite 155 ff.

Für eine Volkswirtschaft liegt das folgende gesamtwirtschaftliche Produktionskonto vor:

Gesamtwirtschaftliches Produktionskonto (Beträge in Mrd. Geldeinheiten)			
Einkäufe des Staates	53	Verkäufe an den Staat	53
Abschreibungen	22	Bruttoinvestitionen	85
Produktions- und Importabgaben abzüglich Subventionen	12	privater Konsum	81
		staatlicher Konsum	61
Löhne	85	Exporte abzüglich Importe	13
Mieten und Zinsen	56		
Gewinne	65		
	293		**293**

Außerdem: Der Saldo der Primäreinkommen von Inländern aus dem Ausland und von Ausländern aus dem Inland beträgt −2 Mrd. Geldeinheiten.

Berechnen Sie

a) das Bruttoinlandsprodukt zu Marktpreisen.
b) das Nettoinlandsprodukt zu Marktpreisen.
c) das Nettoinlandsprodukt zu Faktorkosten.
d) das Volkseinkommen.

Aufgabe 40 — Bruttoinlandsprodukt, Seite 155 ff.

Das Bruttoinlandsprodukt (BIP) eines Jahres ergibt sich aus zahllosen Transaktionen der Wirtschaftssubjekte und des Auslands. Wie wirken sich die folgenden Transaktionen auf die Höhe des BIP aus?

Sie führen zu einem höheren BIP.	1
Sie führen zu einem niedrigeren BIP.	2
Sie wirken sich nicht auf die Höhe des BIP aus.	3

Transaktionen:

a) Die Gemeinde X kauft eine Straßenreinigungsmaschine beim Hersteller.
b) Der Konsument Peter Pan überweist 500,00 EUR auf sein Sparkonto.
c) Die Braun OHG bucht 10 % Abschreibungen auf ihren Maschinenpark.
d) Die Braun OHG exportiert eine CNC-Maschine für 330 000,00 EUR in die USA.

Aufgabe 41 — Volkswirtschaftliche Arbeitsteilung, Seite 122 f.

Die gesamtwirtschaftliche Produktion erfolgt arbeitsteilig in Unternehmen. In welchen der folgenden Fälle liegt volkswirtschaftliche Arbeitsteilung vor?

Fälle:

a) Ein Land produziert Rohstoffe, ein anderes Fertigprodukte. Sie beliefern sich gegenseitig.
b) Die Küstenregion eines Landes produziert Fisch, das Binnenland Fleisch. Sie beliefern sich gegenseitig.
c) Werk 2 der Motoren AG verarbeitet Halbfabrikate, die von Werk 1 geliefert werden.
d) Die Motoren AG überträgt alle Logistikaufgaben auf die Spedition Schnell GmbH.
e) Das Bruttoinlandsprodukt wird von primären, sekundären und tertiären Wirtschaftsbereichen erstellt.

Aufgabe 42 — Volkswirtschaftliche Gesamtrechnung, Seite 160 ff.

Für das Jahr 20.. sind folgende Daten des Statistischen Bundesamtes bekannt:

Bruttoinlandsprodukt	2 497,6 Mrd. EUR
Saldo der Primäreinkommen mit der übrigen Welt	29,4 Mrd. EUR
Abschreibungen	353,2 Mrd. EUR
Produktions- und Importabgaben	380,3 Mrd. EUR
Subventionen	105,0 Mrd. EUR
Arbeitnehmerentgelte	1 257,09 Mrd. EUR

Berechnen Sie

a) das Bruttonationaleinkommen.
b) das Volkseinkommen.
c) die Unternehmens- und Vermögenseinkommen (Gewinne, Mieten, Zinsen).

Aufgabe 43 — Soziale Sicherung, Seite 202 ff.

Tragen Sie die Sozialversicherungszweige ein, die die folgenden Leistungen erbringen. (Mehrfachnennungen sind möglich.)

Leistung	Sozialversicherungszweig
Rehabilitationsmaßnahmen	
Mutterschaftsgeld	
Sachleistungen	
Kurzarbeitergeld	
Rentenzahlung	

Aufgabe 44 — Arten des Sparens, Seite 131

Man unterscheidet folgende Arten des Sparens:

freiwilliges Sparen	1
Zwangssparen	2
Zwecksparen	3
Vorsorgesparen	4
Vermögensbildung	5
Horten	6

Ordnen Sie diese Arten des Sparens den folgenden Vorgängen zu. (Mehrfachzuordnungen sind möglich.)

a) Frau Krebs misstraut den Banken und bewahrt ihr Geld im Safe auf.
b) Aufgrund von Preissteigerungen verschiebt Herr Meiner seinen geplanten Autokauf.
c) Frau Meier schließt einen Riester-Sparvertrag ab.
d) Herr Könobiz überweist monatlich 100,00 EUR auf seinen Bausparvertrag.
e) Von Herrn Müllers Gehalt werden 210,00 EUR Rentenversicherungsbeitrag einbehalten.

Aufgabe 45 — Steuerarten, Seite 217 f.

Ordnen Sie die folgenden Steuerarten den unten aufgeführten steuerbaren Vorgängen zu. (Mehrfachzuordnungen sind möglich.)

Besitzsteuern	1
Verbrauchssteuern	2
Verkehrsteuern	3
Zölle	4
direkte Steuern	5
indirekte Steuern	6
Personalsteuern	7
Ertragsteuern	8

Vorgänge:

a) Import von Software aus Indien
b) Kauf eines bebauten Grundstücks (Lagerhalle)
c) Der Einzelkaufmann Hubert Schmitz e. K. zahlt die fällige Gebäudeversicherungsprämie.
d) Die Motoren AG überweist die Steuern für ihren Jahresgewinn.
e) Die Motoren AG verkauft ein gebrauchtes Kraftfahrzeug.

Aufgabe 46 — Einkommensteuer, Seite 221 ff.

Ordnen Sie den folgenden Aussagen die einkommensteuerrechtlichen Begriffe zu.

Begriffe:

Werbungskosten	1
Sonderausgaben	2
Pauschbeträge	3
Freibeträge	4
außergewöhnliche Belastungen	5
Überschusseinkünfte	6
Gewinneinkünfte	7
Einkommen	8

Aussagen:

a) Dazu gehören z. B. die Einkünfte aus Gewerbebetrieb und selbstständiger Arbeit.
b) Sie sind der privaten Lebensführung zuzurechnen. Der Staat gestattet trotzdem aus wirtschafts- und sozialpolitischen Gründen ihren Ansatz.
c) Es handelt sich um Aufwendungen zur Erwerbung, Sicherung und Erhaltung der Einnahmen.
d) Diese Größe ergibt sich nach dem Abzug von Sonderausgaben und außergewöhnlichen Belastungen vom Gesamtbetrag der Einkünfte.
e) Dazu gehören z. B. die Einkünfte aus nichtselbstständiger Arbeit und aus Vermietung und Verpachtung.
f) Es handelt sich um zwangsläufig entstehende größere Aufwendungen, als sie die überwiegende Mehrzahl der Steuerpflichtigen gleicher Einkommens- und Vermögensverhältnisse und gleichen Familienstands hat.
g) Es handelt sich um Einnahmen, die nicht versteuert werden müssen.
h) Sie kommen in der gesetzlich vorgegebenen Höhe zum Abzug, auch wenn tatsächlich keine Aufwendungen entstanden sind.

Aufgabe 47 — Einkommensteuer, Seite 221 ff.

Eine unbeschränkt einkommensteuerpflichtige ledige Person, 35 Jahre, ohne Kinder, evangelisch, wohnhaft in Nordrhein-Westfalen, hat Jahreseinnahmen aus nichtselbständiger Arbeit in Höhe von 42 000,00 EUR. Darin enthalten sind 800,00 EUR Zuschläge für Sonntagsarbeit.

Der Arbeitnehmer-Pauschbetrag beträgt 1 000,00 EUR.
Der Person sind abzugsfähige Werbungskosten von 2 000,00 EUR und abzugsfähige Sonderausgaben von 2 500,00 EUR entstanden.
Sie will 1 600,00 EUR Kurkosten als außergewöhnliche Belastung absetzen.
Sie hat 200,00 EUR an politische Parteien gespendet.
Die tarifliche Einkommensteuer beträgt laut Grundtabelle 7 800,00 EUR und laut Splittingtabelle 4 500,00 EUR.

Geben Sie an:

a) die Summe der Einkünfte,
b) den Gesamtbetrag der Einkünfte,
c) das Einkommen,
d) das zu versteuernde Einkommen,
e) den tatsächlichen Einkommensteuerbetrag,
f) den Solidaritätszuschlag,
g) die Kirchensteuer.

Aufgabe 48 — Strukturpolitik, Seite 258 ff.

Welche Aussagen zur Wirtschaftsstruktur und Strukturpolitik sind richtig?
Richtig 1
Falsch 2

Aussagen:

a) Konjunkturelle Schwankungen der Wirtschaftstätigkeit bedeuten einen Strukturwandel der Wirtschaft.
b) Seit dem 19. Jahrhundert ist der Dienstleistungsbereich enorm gewachsen, während die Urerzeugung ebenso stark zurückgegangen ist. Dies kennzeichnet einen Wandel der sektoralen Wirtschaftsstruktur.
c) Die Infrastruktur ist von größter Bedeutung für die regionale Wirtschaftsstruktur.
d) Staatliche Subventionen als Mittel der Strukturpolitik haben keinen Einfluss auf das Funktionieren des Marktmechanismus.
e) Anpassungssubventionen sollen immer nur für eine angemessene begrenzte Zeit gewährt werden.
f) Ziel der EU ist es, einen Strukturwandel in den EU-Ländern auf jeden Fall zu verhindern.
g) Die Vergabe öffentlicher Aufträge kann ein wichtiges Mittel der Strukturpolitik sein.

DRITTER ABSCHNITT
Strategien, Projekte, Wirtschaftssteuerung

> Rahmenlehrplan: **LERNFELD 12**
> Unternehmensstategien, Projekte umsetzen

1 Gesamtwirtschaftliche Prozesse

1.1 Gleichgewicht und Ungleichgewicht

Wenn die Unternehmen mit wachsender Nachfrage rechnen, erhoffen sie sich höhere Gewinne und steigern Produktion und Angebot. Bleibt aber die Nachfrage hinter dem Angebot zurück, senken sie die Produktion wieder und entlassen ggf. Arbeitskräfte. Das Einkommen der Arbeitnehmer sinkt. Diese fragen noch weniger nach. Neue Produktionseinschränkungen folgen … Wenn andererseits mehr nachgefragt als angeboten wird, erhöhen die Unternehmen das Angebot – und oft auch die Preise. Dann verlangen die Arbeitnehmer Lohnerhöhungen, um die Preissteigerungen auszugleichen und um ihren Anteil am höheren Wohlstand zu sichern. Höhere Löhne bedeuten für die Unternehmen höhere Kosten. Sie führen zu neuen Preiserhöhungen. Eine Preis-Lohn-Spirale setzt sich in Gang. Gefährlich wird es, wenn irgendwann die Kosten nicht mehr aufgefangen werden können oder die Nachfrage zurückgeht. Dann kommt es zwangsläufig wieder zu Produktionseinschränkungen.

In der Marktwirtschaft planen die Wirtschaftssubjekte bekanntlich ihr Handeln selbstständig und eigenverantwortlich:

- Die **Unternehmen** planen Art und Umfang von Produktion und Güterangebot. Sie legen fest, wie viele Werteinheiten Investitions- und Konsumgüter sie erstellen wollen. (Der Gesamtwert dieser Güter ist das Bruttoinlandsprodukt.)

- Die **Haushalte** planen Art und Umfang ihrer Nachfrage nach Konsumgütern und ihres Sparens.

> **Gleichgewicht**
> In den Wirtschaftswissenschaften nennt man **Gleichgewicht den Zustand eines Systems, das ohne Störung von außen keine Tendenz zu Änderungen zeigt.** Grund: Die Planungen der Wirtschaftssubjekte stimmen mit den realisierten Ergebnissen überein. Deshalb sieht man keine Veranlassung, sein Verhalten zu ändern. Man unterscheidet **einzelwirtschaftliche Gleichgewichte** (für einzelne Wirtschaftssubjekte), **partielle Gleichgewichte** (für Teilzusammenhänge) und das **gesamtwirtschaftliche Gleichgewicht** (für die Volkswirtschaft). Letzteres setzt voraus, dass Angebot und Nachfrage auf allen wesentlichen Märkten (Gütermärkte, Geld- und Kapitalmärkte, Arbeitsmarkt, …) sich ausgleichen.

Nur wenn Angebot und Nachfrage übereinstimmen, herrscht ein Gleichgewicht. Die betroffenen Wirtschaftssubjekte sehen ihre Planungen bestätigt. In der Realität mag dies in Einzelfällen durchaus zutreffen. Ein **gesamtwirtschaftliches Gleichgewicht** jedoch wäre reiner Zufall, weil die Vielzahl an Planungen der Wirtschaftsteilnehmer sich niemals wirklich überblicken, richtig einschätzen und zum Ausgleich bringen lässt.

Ein Ungleichgewicht ruft stets Anpassungsmaßnahmen der Betroffenen hervor.

Anpassungsmaßnahmen sind z. B. Produktionseinschränkungen oder Produktionsausweitungen, Entlassung oder Einstellung von Arbeitskräften, Preiserhöhungen oder Preissenkungen, Nachfrageausweitungen oder Nachfrageeinschränkungen.

Diese Zusammenhänge wurden schon bei der Ex-ante-Betrachtung des Wirtschaftskreislaufs angesprochen. Lesen Sie noch einmal auf S. 150 f. nach!

1.2 Konjunkturprozesse

1.2.1 Konjunktur, Trend, Saisonschwankungen

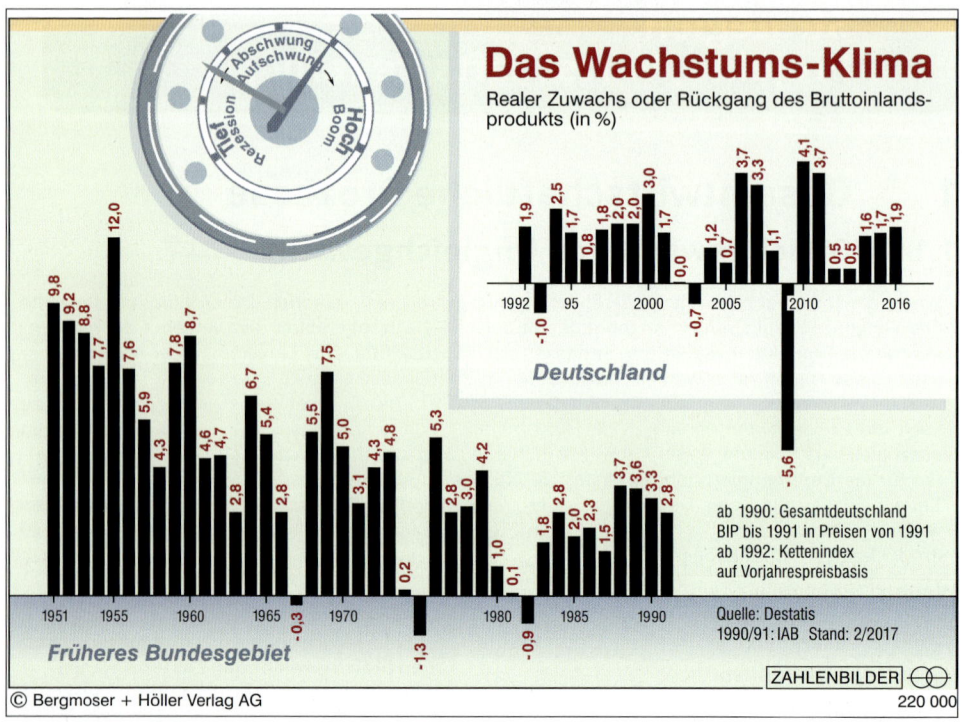

Gesamtwirtschaftliche Ungleichgewichte bewirken, dass sich das Inlandsprodukt von Jahr zu Jahr ändert, aber niemals gleichmäßig wächst. Vielmehr vollzieht sich das Wachstum in periodischen Auf- und Abschwüngen, die im Ablauf mehrerer Jahre (etwa 4 bis 8 Jahre) aufeinander folgen. Man bezeichnet solche Schwankungen als Konjunktur.

> Vom ersten historisch bekannten Konjunkturgeschehen (etwa 1650 v. Chr.) berichtet die Bibel: Joseph, Sohn Jakobs, sagt dem Pharao sieben fette und darauf folgend sieben magere Jahre voraus. Er liefert auch gleich die Konjunkturpolitik mit: Durch den Bau von Kornspeichern werden die mageren Jahre überbrückt.

Die gesamtwirtschaftlichen Größen beeinflussen einander dabei etwa wie folgt:

- **Die gesamtwirtschaftliche Nachfrage beeinflusst die Gewinnaussichten sowie die Produktions- und Investitionsentscheidungen der Unternehmen und damit die Höhe des Inlandsprodukts.**

- **Produktions- und Investitionsentscheidungen bestimmen die Beschäftigung der Produktionsfaktoren Arbeit, Boden und Kapital.**

- **Die Beschäftigung der Produktionsfaktoren ist bestimmend für das Einkommen der Haushalte – und damit für das Volkseinkommen.**

- **Die Höhe des Einkommens beeinflusst maßgeblich die Kaufentscheidungen der Haushalte und damit die gesamtwirtschaftliche Nachfrage.**

1 Gesamtwirtschaftliche Prozesse

> **Beispiel: Konjunkturanstoß**
>
> Steigt etwa in einer schlechten Wirtschaftslage aufgrund irgendwelcher Anstöße (z. B. sinkender Ölpreise oder einer staatlichen „Abwrackprämie" für das Stillegen alter Autos) die Nachfrage nach Kraftfahrzeugen, erhält die Automobilbranche Auftrieb und zieht andere Branchen mit. Die Wirtschaft wächst. Aufgrund steigender Preise lässt eventuell irgendwann die Nachfrage nach. Dies führt wahrscheinlich zu Produktionseinschränkungen und zu einer Abschwächung der Wirtschaftstätigkeit.

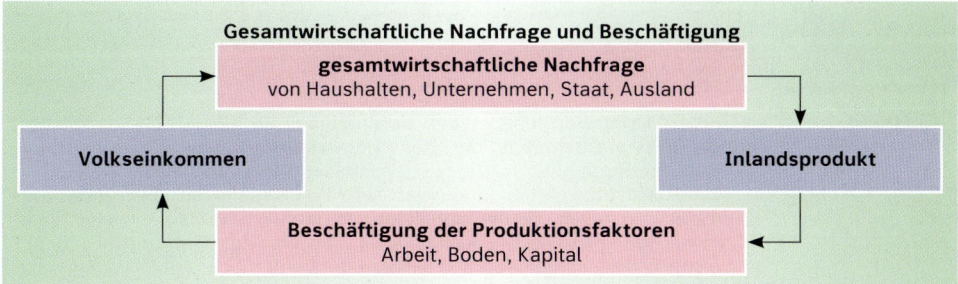

Ein Konjunkturzyklus umfasst die Zeit von einem Tiefstand bis zum folgenden Tiefstand. Er verläuft in den Phasen Tiefstand (Depression) → Aufschwung (Expansion) → Hochkonjunktur (Prosperität) → Abschwung (Rezession).

Das Auf und Ab der Konjunktur schlängelt sich langfristig um einen **Trend**. Dieser steigt und fällt ebenfalls. Das langfristige Wachstum hat folglich die Form von sogenannten **„langen Wellen"** (Phasenlänge etwa 40 bis 50 Jahre). Man vermutet, dass diese durch große strukturelle Änderungen der Wirtschaft bestimmt werden:

- ab 1800: Industrielle Revolution
- ab 1850: Eisenbahnbau
- ab 1890: Elektrizität, Chemie, Motor
- ab 1950: Atomkraft
- ab 1985: Telematik, dann Multimedia, Internet
- ab 2015: digitale Vernetzung der Wirtschaft („Industrie 4.0")

> Kunstwort aus **Tele**kommunikation und Infor**matik**. Bezeichnet alle modernen computergestützten Informationstechnologien.

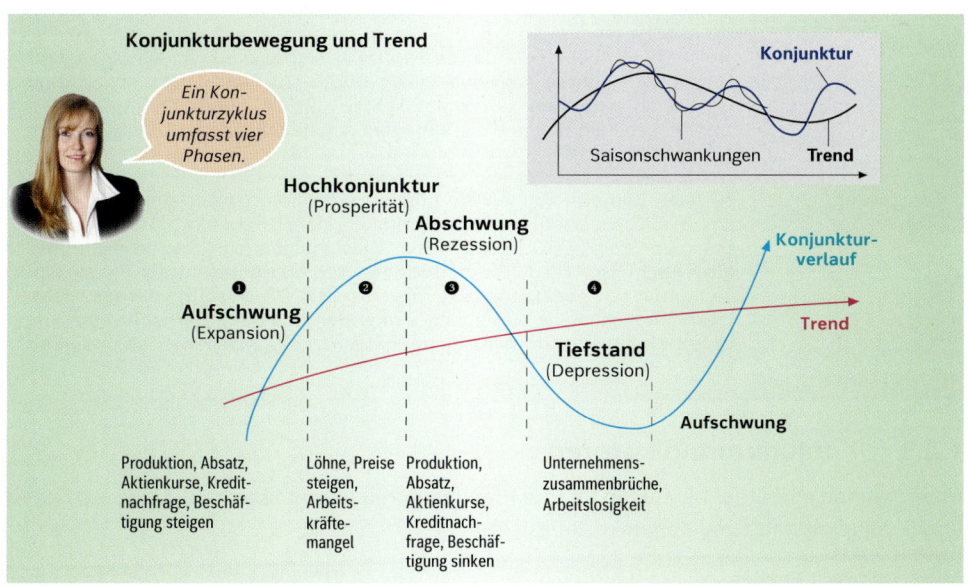

Neben den Konjunkturbewegungen und den langen Wellen gibt es noch **Saisonschwankungen**. Sie sind z. B. begründet in Witterungsbedingungen (Bauwirtschaft), Jahreszeiten (Erntezeiten, Modewechsel, Reisezeit u. a.) oder Käufergewohnheiten (Weihnachtsgeschäft). Saisonschwankungen sind vorhersehbar und damit kalkulierbar.

1.2.2 Beschreibung der Konkunjunkturphasen

Konjunkturphasen	
Phasen	**Beschreibung**
Tiefstand (Depression)	In der Depression fehlt es den Unternehmen an ausreichendem Absatz und Gewinn. Deshalb ist der Stand der **Arbeitslosigkeit** verhältnismäßig hoch. Früher sanken in Depressionsphasen die Löhne und Preise. Aufgrund tarifvertraglicher Bindungen sind Lohnsenkungen heutzutage nur begrenzt möglich, dementsprechend **steigen** die **Preise** – wenn auch schwächer – weiter. Die **Aktienkurse** sind **niedrig**. **Kreditmittel** stehen **reichlich** und zinsgünstig zur Verfügung, werden aber wegen der geringen Absatzchancen von den Unternehmen kaum in Anspruch genommen. **Unternehmenszusammenbrüche** sind häufig.
Aufschwung (Expansion)	Ein Aufschwung wird ausgelöst, wenn in einzelnen Branchen die Nachfrage wieder ansteigt. Dies kann durch eine **verstärkte Auslandsnachfrage** bedingt sein, durch **zusätzliche Investitionen** des Staates (Straßen-, Schul-, Krankenhausbau usw.) oder durch eine steigende Nachfrage der Verbraucher. Arbeitskräfte werden vermehrt eingestellt. Die betroffenen Wirtschaftszweige – oft sind es **Schlüsselindustrien** wie die Bauwirtschaft – haben **vermehrten Bedarf** an Rohstoffen und Maschinen, sodass auch Grundstoff- und Investitionsgüterindustrie wieder mehr produzieren und gegebenenfalls Arbeitskräfte einstellen können. Kredite werden wieder stärker beansprucht. Die **Erträge steigen**, die Kosten (Einkaufspreise, Löhne, Zinsen) ziehen allmählich nach. Gewinnt der Aufschwung an **Eigendynamik**, kommt es zur **Auslastung der Kapazitäten** und verstärkten Investitionen. Einkommen und Nachfrage steigen auf breiter Basis, Arbeitskräfte werden allmählich knapp. Die **Aktienkurse steigen**.
Hochkonjunktur (Prosperität)	Die Produktionssteigerung führt zu **Vollbeschäftigung**, sogar zu Arbeitskräftemangel – **Überbeschäftigung** –. Aufgrund **steigender Kosten** wird immer stärker rationalisiert, die Kosten werden auf die Preise abgewälzt, die **Kredite** werden **knapp**, die **Zinsen steigen**, ebenso die Grundstückspreise (man flüchtet „in die Sachwerte"). Sind diese Erscheinungen sehr ausgeprägt, spricht man von einem **Boom**. Zu dem Zeitpunkt, an dem die Kosten nicht mehr überwälzt werden können, überhöhte Preise nicht mehr gezahlt werden und die Aktienkurse fallen, findet der **Übergang zum Abschwung** statt.
Abschwung (Rezession)	Einzelne Betriebe können die Kosten nicht mehr tragen. Sie beantragen das Insolvenzverfahren. Die betroffenen Lieferanten bzw. Zulieferer verzeichnen Auftragsrückgänge und Gewinneinbußen. Die **Investitionsgüternachfrage** sinkt. Die betroffenen Betriebe drosseln die Produktion und entlassen gegebenenfalls Arbeitskräfte. Die **Kreditnachfrage sinkt**. Einkommensausfälle führen zu **sinkender Konsumgüternachfrage**. Die **Unternehmenszusammenbrüche** häufen sich. **Massenarbeitslosigkeit** kann die Folge sein.

1.2.3 Konjunkturindikatoren

Unternehmen und Staat benötigen für ihre Planung Konjunkturindikatoren[1]. Das sind Daten über Konjunkurstand und Konjunkturaussichten.

---

[1] (lat.) indicator = Anzeiger

1 Gesamtwirtschaftliche Prozesse

Wichtige Konjunkturindikatoren

Statistisches Bundesamt und EUROSTAT entwickeln aus solchen Daten ein Gesamtbild der Konjunkturentwicklung.

Daten zur Entwicklung des Bruttoinlandsprodukts

Auftragseingang	Zahlen über die Auftragseingänge bei der deutschen Industrie; sie lassen auf die zukünftige Entwicklung der Produktion schließen.
Geschäftsklima	Angaben zu den Geschäftserwartungen aufgrund von Befragungen lassen ebenfalls auf die künftige Produktionsentwicklung schließen.
Industrieproduktion	Zahlen über die Produktionsmengen; sie lassen Rückschlüsse auf die Kapazitätsauslastung zu.
Einzelhandelsumsatz	Er gibt Aufschluss über die Konsumentwicklung der privaten Haushalte.
Lagerhaltung	Sie gibt Aufschluss über die Entwicklung der Nachfrage.
Investitionsneigung	Sie lässt Schlüsse zu, ob mit einer Zu- oder Abnahme der Beschäftigung gerechnet werden kann.

Daten über die Beschäftigung

Arbeitslosenquote	Sie gibt Aufschluss über die Entwicklung der Beschäftigung.
Kurzarbeiterquote	Sie erlaubt Rückschlüsse, wie sich die Auftragslage auf die Beschäftigung auswirkt.
Offene Stellen	Sie zeigen, ob die Nachfrage nach Arbeitskräften steigt oder abnimmt.
Insolvenzen[1]	Sie zeigen, wie sich die Zahlungsunfähigkeit der Unternehmen und die Bedrohung von Arbeitsplätzen entwickelt.

Daten über Preise

Das Preisniveau ist die durchschnittliche Höhe der Preise.

Preisentwicklung auf bestimmten Märkten	Sie lässt auf Tendenzen und Ursachen der Entwicklung des Preisniveaus schließen. (Steigen z. B. die Erzeugerpreise für landwirtschaftliche Produkte, ist auch mit höheren Lebensmittelpreisen zu rechnen.)
Importpreise	Die Zahlenentwicklung lässt auf Tendenzen hinsichtlich der künftigen Entwicklung der Binnenmarktpreise schließen.

Weitere Konjunkturindikatoren

Außenbeitrag	Er lässt Tendenzen des Außenhandels erkennen.
Staatsausgaben Staatseinnahmen	Sie lassen Tendenzen der Staatsverschuldung erkennen. Sie zeigen auch, wie finanzstark der Staat für die Bewältigung seiner Aufgaben ist.
Aktienkurse	Stimmungsbarometer; die Aktienkurse laufen der Entwicklung in der Regel voraus.

- **Frühindikatoren** (z. B. Auftragseingang, Geschäftsklima, Investitionsneigung, Aktienkurse, Rohstoffpreise) sind für Voraussagen zur Konjunkturentwicklung geeignet.
- **Gegenwartsindikatoren** (z. B. Industrieproduktion, Lagerhaltung, Einzelhandelsumsatz, Staatseinnahmen/-ausgaben) geben Hinweise zur aktuellen Lage.
- **Spätindikatoren** (z. B. Arbeitslosen-/Kurzarbeiterquote, Insolvenzen) geben Hinweise auf verzögert eintretende Folgen.

---

[1] Zahlungsunfähigkeit

IW-Konjunkturprognose

Beschäftigung erreicht neuen Rekord

[…] Brexit? Trump? Schulden- und Finanzkrise? Noch vor wenigen Monaten sind die meisten Konjunkturforscher davon ausgegangen, dass sich die zunehmenden politischen Unsicherheiten deutlich in der globalen Wirtschaftslage niederschlagen würden. Doch nichts da: Der weltweite Handel floriert wieder – und das hält die deutsche Volkswirtschaft auf Kurs […]:

Laut IW-Prognose wird das deutsche Bruttoinlandsprodukt in diesem Jahr um 1 ½ Prozent und im Jahr 2018 um 1 ¾ Prozent steigen.

Das sind zwar etwas schwächere Werte als im vergangenen Jahr, als die Wirtschaft noch um 1,9 Prozent zulegte, doch das ist leicht zu erklären: Zum einen schwächt sich der Konsum aufgrund der anziehenden Inflation etwas ab, zum anderen gibt es im Jahr 2017 drei Arbeitstage weniger als im vergangenen Jahr. Ohne diese Effekte würde das Wachstum 2017 im Durchschnitt der vergangenen Jahre liegen.

Diese Prognose wird von den Ergebnissen der IW-Unternehmensbefragung bestätigt (Grafik):

Fast die Hälfte der rund 2.800 befragten Unternehmen erwartet für 2017 einen Anstieg der Produktion, nur jedes zehnte rechnet mit einem Rückgang.

Außenhandel. Zwar werden die deutschen Exporte 2017 und 2018 einen Tick weniger zulegen als der Welthandel, der in beiden Jahren jeweils um 3 ¼ Prozent wachsen dürfte. Das deutsche Ausfuhrplus von je 3 Prozent ist gegenüber 2016 dennoch eine Verbesserung.

Weil die deutschen Importe in diesem und im kommenden Jahr um jeweils 4 Prozent steigen, bremst der Außenbeitrag das Wachstum leicht ab – und der Leistungsbilanzüberschuss verringert sich entsprechend.

Das erneute Plus bei den Exporten spiegelt sich auch in der IW-Konjunkturumfrage wider:

Fast ein Drittel der Unternehmen in Deutschland erwartet für das Jahr 2017 höhere Ausfuhren – nur knapp 11 Prozent rechnen mit sinkenden Exporten.

Allerdings gibt es dabei einen recht großen Unterschied: Während in Westdeutschland auf drei Optimisten nur ein Pessimist kommt, halten sich die beiden Lager in Ostdeutschland fast die Waage.

IW-Prognose für Deutschland 2017 und 2018

Veränderung gegenüber dem Vorjahr in Prozent

	2016	2017	2018
Entstehung des realen Bruttoinlandsprodukts			
Erwerbstätige	1	1 ¼	1
Arbeitslosenquote	6,1	5 ¾	5 ½
Arbeitsvolumen	–	½	¾
Produktivität	–	1	1
Bruttoinlandsprodukt	1,9	1 ½	1 ¾
Verwendung des realen Bruttoinlandsprodukts			
Private Konsumausgaben	2	1 ¼	1 ½
Konsumausgaben des Staates	4	2 ½	2 ½
Anlageinvestitionen	2,3	1 ¾	2 ½
– Ausrüstungen	1,1	1	3
– Sonstige Anlagen	2,6	2	2 ½
– Bauten	3	2	2
Inlandsnachfrage	2,3	1 ¾	2
Export	2,6	3	3
Import	3,7	4	4
Bruttoinlandsprodukt	1,9	1 ½	1 ¾
Preisentwicklung			
Verbraucherpreise	0,5	1 ½	1 ½
Staatshaushalt			
Finanzierungssaldo	0,8	½	½

Arbeitslosenquote: registrierte Arbeitslose in Prozent der Erwerbspersonen;
Arbeitsvolumen und Produktivität 2016: keine Angabe wegen ausstehender Korrektur;
Produktivität: reales Bruttoinlandsprodukt je Erwerbstätigenstunde;
Finanzierungssaldo: in Prozent des nominalen Bruttoinlandsprodukts

Quellen: Statistisches Bundesamt,
Institut der deutschen Wirtschaft Köln
© 2017 IW Medien / iwd

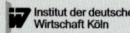

1 Gesamtwirtschaftliche Prozesse

Konjunktur: Unternehmen weiterhin zuversichtlich
So viel Prozent der Unternehmen erwarten für das Jahr 2017 eine ■ Abnahme der ... □ Zunahme der ...

	Westdeutschland		Ostdeutschland		Insgesamt	
Produktion	9,9	46,9	10,5	43,7	9,9	46,4
Exporte	10,1	33,1	14,5	15,5	10,7	30,7
Erträge	18,0	38,1	21,4	34,4	18,5	37,6
Investitionen	13,4	43,9	19,0	35,6	14,2	42,8
Beschäftigung	11,2	40,4	13,5	35,9	11,5	39,8

Rest zu 100: gleichbleibend; Quelle: IW-Befragung von 2 225 Unternehmen in Westdeutschland und 548 Unternehmen in Ostdeutschland im März/April 2017
© 2017 IW Medien / iwd — Institut der deutschen Wirtschaft Köln

Investitionen. Auch die Investitionsperspektiven haben sich wieder merklich verbessert. Hielten sich die Unternehmen in Deutschland wegen des unsicheren globalen Umfelds im vergangenen Jahr noch zurück, planen in diesem Jahr fast 43 Prozent der Betriebe höhere und nur 14 Prozent niedrigere Investitionen als 2016. Das gilt sowohl für die Industrie als auch für die Dienstleistungsunternehmen. Besonders erfreulich ist die Entwicklung bei den Ausrüstungsinvestitionen. Nachdem sie im vergangenen Jahr nur um gut 1 Prozent zulegen konnten und 2017 sogar noch einen Hauch schwächer ausfallen, werden sie im nächsten Jahr um 3 Prozent steigen – ein Indiz, dass die Unternehmen zuversichtlicher werden und deshalb mehr in neue Maschinen und Anlagen investieren.

Konsum. In den vergangenen beiden Jahren sind die privaten Konsumausgaben in Deutschland um je 2 Prozent gestiegen und haben damit einen Großteil des Wirtschaftswachstums ausgelöst.
Verantwortlich dafür waren vor allem die gute Entwicklung der Beschäftigung, der Rückgang der Ölpreise sowie die niedrigen Zinsen, die es den Verbrauchern leichter machen, zum Beispiel die Anschaffung eines Autos über Kredite zu finanzieren.
In diesem und im kommenden Jahr werden die Konsumausgaben der Bundesbürger zwar nicht ganz so stark zulegen wie in den Vorjahren, Grund zur Klage gibt es allerdings nicht. Denn zusammen mit den staatlichen Ausgaben sorgt der private Konsum weiterhin für einen Großteil des Wachstums.

Arbeitsmarkt. Die IW-Konjunkturumfrage lässt darauf schließen, dass der seit Jahren anhaltende Aufbau von Arbeitsplätzen in Deutschland auch dieses Jahr weitergeht.
Fast 40 Prozent der befragten Unternehmen wollen neue Mitarbeiter einstellen, nur knapp 12 Prozent erwarten einen Stellenabbau. Nur im Frühjahr 2007 und 2011 war der Saldo aus positiven und negativen Erwartungen noch besser.
Im Jahresdurchschnitt 2017 wird die Zahl der Erwerbstätigen in Deutschland um 580.000 oder 1,3 Prozent steigen.
Damit werden in diesem Jahr erstmals mehr als 44 Millionen Erwerbstätige gezählt – und dieser Rekord sollte schon im kommenden Jahr gebrochen werden.
Ein kleiner Wermutstropfen: Die Arbeitslosigkeit wird nicht annähernd so stark sinken, wie die Beschäftigung zunimmt. Während 2017 und 2018 insgesamt rund eine Million neue Arbeitsplätze entstehen, wird die Zahl der registrierten Arbeitslosen nur um knapp 200.000 zurückgehen.
Wegen des Beschäftigungsaufbaus wird die Arbeitslosenquote dennoch sinken – von 6,1 Prozent im vergangenen Jahr auf 5¾ Prozent in diesem und 5½ Prozent im nächsten Jahr.
Weil sich die meisten Flüchtlinge noch in integrations- oder arbeitsmarktpolitischen Maßnahmen befinden, wird sich ihr Einfluss auf den Arbeitsmarkt erst nach und nach im kommenden Jahr bemerkbar machen.

Quelle: Institut der deutschen Wirtschaft Köln (Hrsg.): Beschäftigung erreicht neuen Rekord. In: Pressemitteilung Nr. 28. Veröff. am 08.05.2017 unter www.iwkoeln.de/fileadmin/publikationen/2017/339368/IW-Pressemitteilung_2017_28_Konjunkturumfrage.pdf [07.05.2018].

1.2.4 Konjunkturbeeinflussende Institutionen

Die Volkswirtschaftslehre sucht die Ursachen für Konjunkturschwankungen nicht nur bei einer Einflussgröße. Es kann davon ausgegangen werden, dass die Wellenbewegungen vor allem aus den **Fehlplanungen der Wirtschaftssubjekte** entstehen. Wirtschaftliche Entscheidungen werden in dezentral geplanten Wirtschaftsordnungen von einer Vielzahl von Einzelperson oder Personenvereinigungen getroffen. Somit sind die konjunkturellen Schwankungen dem **marktwirtschaftlichen System immanent**.

Die wirtschaftlichen Aktivitäten folgender Wirtschaftssubjekte als **Träger des Konjunkturgeschehens** werden kurz beschrieben.

Träger des Konjunkturgeschehens

Private Haushalte

Die privaten Haushalte entscheiden in marktwirtschaftlichen Systemen über ihren Konsum. Sie beeinflussen damit die Produktion, weil Unternehmen nur das absetzen können, was die Haushalte nachfragen. Das Konsumverhalten der privaten Haushalte wird jedoch in der heutigen Zeit mehr und mehr von den Unternehmen durch moderne Marketingmaßnahmen beeinflusst. Der private Konsum hat entscheidenden Einfluss auf die Konjunktur, da mit sinkendem Konsum eine sinkende Produktion und damit sinkende Beschäftigung im Konsumgüterbereich einhergehen. In einer rückläufigen Konsumgüterindustrie bleiben die Investitionen aus. Die Folge ist ein Beschäftigungsrückgang in der Investitionsgüterindustrie.

Unternehmen

Die Unternehmen entscheiden als Wirtschaftssubjekte über die Produktion von Konsum- und Investitionsgütern. In einer voll beschäftigten Wirtschaft fragen Unternehmen verstärkt Investitionen nach. Dieses Investitionsverhalten wird durch hohe Gewinnerwartungen und positive Zukunftsaussichten noch verstärkt.

Staat

Der Staat versucht mit geeigneten wirtschaftspolitischen Maßnahmen konjunkturelle Wellenbewegungen zu dämpfen. Der Staat kann durch seine Ausgaben- und Einnahmenpolitik die Gesamtnachfrage nach Konsumgütern je nach Wirtschaftslage beeinflussen. Ist die Wirtschaft unterbeschäftigt, kann der Staat durch zusätzliche Investitionen versuchen, die Beschäftigung zu erhöhen.

Ausland

Für ein exportorientiertes Land wie die Bundesrepublik Deutschland hat das Ausland mit seinem Nachfrageverhalten nach Exportgütern erheblichen Einfluss auf die Konjunktur. Ein steigender Export belebt; ein sinkender Export kann zu einem Abflachen des Wirtschaftswachstums führen.

Europäische Zentralbank[1]

Die Europäische Zentralbank trägt durch ihre Geldmengenpolitik zur Finanzierung der gesamtwirtschaftlichen Nachfrage nach Konsum- und Investitionsgütern bei.

Tarifparteien

Gewerkschaften und Arbeitgeberverbände beeinflussen durch ihre Tarifpolitik die Gewinnsituation der Unternehmen und die Einkommenssituation der privaten Haushalte. Lohnerhöhungen, die über den Produktivitätszuwächsen liegen, führen in den Unternehmen zu sinkenden Gewinnen und möglicherweise zu negativen Investitionsneigungen. Lohnerhöhungen unterhalb der Preissteigerungen führen in den privaten Haushalten zu geringerem Konsum. In beiden Fällen sinkt die gesamtwirtschaftliche Nachfrage. Eine Lohnpolitik, die an den Produktionszuwächsen ausgerichtet ist, kann die Konjunktur positiv beeinflussen.

---

[1] vgl. S. 383 ff.

1 Gesamtwirtschaftliche Prozesse

Arbeitsaufträge

1. Das Schaubild auf Seite 302 zeigt, dass das Wirtschaftswachstum seit den Sechzigerjahren des vergangenen Jahrhunderts tendenziell abnimmt: Die Aufschwünge werden schwächer.
   Geben Sie Gründe für diese Entwicklung an.

2. Unternehmer und Staat sind an Daten interessiert, die es ihnen erlauben, die Konjunkturaussichten einzuschätzen. Derartige Daten heißen Konjunkturindikatoren. Wichtige Indikatoren sind Daten zur Entwicklung des Inlandsprodukts (z. B. der Kapazitätsauslastungsgrad der Industrie und die Wachstumsrate des Inlandsprodukts), Daten über die Beschäftigung (z. B. die Arbeitslosenqote) und Daten über die Preisentwicklung (z. B. die Preissteigerungsrate).
   Entscheiden Sie anhand der folgenden Zahlen, in welcher Konjunkturphase die Volkswirtschaft sich befindet.

   a) für das Jahr 2   c) für das Jahr 6
   b) für das Jahr 3   d) für das Jahr 10

Konjunkturindikatoren

Indikator \ Jahre	1	2	3	4	5	6	7	8	9	10	11	12
Kapazitätsauslastungsgrad (%)	96,4	94,8	91,5	95	98,6	100	98,8	98,1	99,1	96,7	92,5	94,9
Arbeitslosenquote (%)	0,7	0,8	2,1	1,5	0,9	0,7	0,8	1,1	1,2	2,6	4,7	4,6
Preissteigerungsrate[1] (%)	+3,3	+3,5	+1,7	+1,7	+1,9	−3,4	+5,3	+5,5	+6,9	+7,0	+6,0	+4,5
Wachstumsquote[2] (%)	+5,5	+2,5	−0,1	+6,5	+7,9	+5,9	+3,3	+3,6	+4,9	+0,4	−1,3	+5,1

1.3 Negative Auswirkungen von Konjunkturschwankungen

Die bisherigen Ausführungen lassen schon erkennen: Gesamtwirtschaftliche Ungleichgewichte und Konjunkturschwankungen haben immer negative Auswirkungen auf

- die **Beschäftigung**: Sie führen zu Über- oder Unterbeschäftigung.
- das **Preisniveau**: Sie begünstigen Inflation oder Deflation.

1.3.1 Unter- und Überbeschäftigung

Bestimmungsfaktoren der Beschäftigung

Das Leistungsvermögen der Produktionsfaktoren Arbeit, Boden und Kapital bezeichnet man als volkswirtschaftliche Kapazität[3] und den Grad der Auslastung der vorhandenen Kapazität als volkswirtschaftliche Beschäftigung. Die Messung beider Größen bereitet Schwierigkeiten, weil das Leistungsvermögen der einzelnen Produktionsfaktoren – es interessieren vor allem die Faktoren Arbeit und Kapital – unterschiedlich groß sein kann. Das Gleiche gilt für ihre Auslastung.

---

[1] Veränderung der Verbraucherpreise gegenüber dem Vorjahr (Jahresdurchschnitt).
[2] Veränderung des Bruttoinlandsprodukts zu konstanten Preisen gegenüber dem Vorjahr.
[3] vgl. S. 125

Der in geringerem Umfang vorhandene Produktionsfaktor begrenzt die Kapazität nach oben. Selbst wenn dieser Faktor vollbeschäftigt (voll ausgelastet) ist, ist der in größerem Umfang vorhandene Faktor unterbeschäftigt.

> **Beispiele: Unterbeschäftigung**
> - In einer Volkswirtschaft gibt es 1 000 Maschinen. Bei voller Auslastung werden 4 000 Arbeitskräfte benötigt. Die Volkswirtschaft verfügt jedoch über 5 000 Arbeitskräfte. Damit ist der Faktor Arbeit unterbeschäftigt.
> - Eine Volkswirtschaft verfügt über 6 000 Arbeitskräfte, die an 1 500 Maschinen voll beschäftigt werden. Die Volkswirtschaft verfügt jedoch über 2 000 Maschinen. Damit ist der Faktor Kapital unterbeschäftigt.

Um diesen Schwierigkeiten zu begegnen, bezieht man die Messung der Kapazität und der Beschäftigung einer Volkswirtschaft im Allgemeinen auf den Produktionsfaktor Arbeit.

Unterbeschäftigung des Produktionsfaktors Arbeit (Arbeitslosigkeit)

Eine Person gilt als *arbeitslos*, wenn sie zwar *arbeitsfähig* und *arbeitswillig* ist, aber trotzdem keine Arbeit findet.

Arbeitslosigkeit entsteht, wenn die Anzahl der bereit stehenden Arbeitsplätze geringer ist als die Anzahl der Personen, die bereit sind, eine Beschäftigung auszuüben.

Die Arbeitslosigkeit kann auf verschiedene Ursachen zurückgeführt werden:

	Arbeitslosigkeit	
verdeckte Arbeitslosigkeit	**offene Arbeitslosigkeit**	
• nicht registrierte • qualitativ verdeckte	• friktionelle[1] • saisonale	• konjunkturelle • strukturelle

Verdeckte Arbeitslosigkeit liegt vor, wenn ein Arbeitsloser von der amtlichen Arbeitsmarktstatistik nicht erfasst wird.

> **Beispiele: Verdeckte Arbeitslosigkeit**
> - Erwerbstätige scheiden vorzeitig aus dem Erwerbsprozess aus und melden sich nicht arbeitslos, weil der Lebensunterhalt durch eine Rente oder Pension gesichert ist.
> - Arbeitswillige Jugendliche finden keine Arbeitsstelle und besuchen deshalb weiter die Schule oder einen Berufsförderungslehrgang.

Die Arbeitslosenstatistik der Bundesagentur für Arbeit gibt keine Auskunft über das Ausmaß der verdeckten Arbeitslosigkeit.

Qualitativ verdeckte Arbeitslosigkeit liegt dann vor, wenn ein Beschäftigter eine Tätigkeit ausübt, die unter seinen beruflichen Fähigkeiten liegt.

Offene Arbeitslosigkeit (Arbeitslosigkeit im Sinne der amtlichen deutschen Arbeitsmarktstatistik) liegt vor, wenn der Arbeitssuchende arbeitsfähig und arbeitswillig ist, sich persönlich bei der Agentur für Arbeit als arbeitslos gemeldet hat und der Arbeitsvermittlung zur Verfügung steht.

- **Friktionelle Arbeitslosigkeit** entsteht, wenn bei einem Arbeitsplatzwechsel zwischen der Aufgabe des bisherigen und der Annahme des neuen Arbeitsplatzes ein Zeitraum verstreicht, der eine kurze Dauer (laut Bundesagentur für Arbeit 1 Monat) nicht über-

---

[1] (lat.) frictio = Reibung; friktionell = reibungsbedingt

schreitet. Diese Form der Arbeitslosigkeit nennt man auch Fluktuationsarbeitslosigkeit. Sie ist gesamtwirtschaftlich ohne Bedeutung.
- **Saisonale Arbeitslosigkeit** entsteht unabhängig von der jeweiligen konjunkturellen Lage durch Saisoneinflüsse, die jahreszeitlich bedingt sind, z. B. schlechte Witterungsbedingungen (Bauindustrie, Landwirtschaft, Tourismus).
- **Konjunkturelle Arbeitslosigkeit** hat ihre Ursachen in der allgemeinen Abschwächung der Wirtschaftstätigkeit. In der Phase des Konjunkturabschwungs werden die Produktionsmöglichkeiten in der Wirtschaft aufgrund mangelnder Nachfrage nicht ausgenutzt. Dies führt zur Unterbeschäftigung bei den Produktionskapazitäten und der menschlichen Arbeitskraft.
- **Strukturelle Arbeitslosigkeit** ist letztlich in Strukturveränderungen der Wirtschaft begründet. Die **regionale Arbeitslosigkeit** ist in wirtschaftlich schwächer entwickelten Gebieten zu finden, wie etwa in den neuen Bundesländern oder im Bayerischen Wald. Die **altersbedingte Arbeitslosigkeit** entsteht durch die verringerte Arbeitskraft älterer Menschen, die durch größere Erfahrung nur teilweise ausgeglichen werden kann. **Branchenbedingte Arbeitslosigkeit** entsteht, wenn sich ganze Wirtschaftszweige in einer Krise befinden. Man denke etwa an die Schwierigkeiten der Stahl-, Werft- und Textilindustrie. **Ausbildungsbedingte Arbeitslosigkeit** bedeutet, dass ungelernte Arbeitskräfte als Erste gekündigt werden, wenn die Auftragslage sich abschwächt. Sie sind bei einem Anziehen der Konjunktur am leichtesten wieder einzustellen. Qualifizierte Fachkräfte dagegen sind knapp. Man versucht sie deshalb so lange wie möglich zu halten. **Technologische Arbeitslosigkeit** wird durch die unternehmerischen Bemühungen um Rationalisierung und Automation ausgelöst, die die menschliche Arbeitskraft in steigendem Maße durch Maschinen ersetzen.

Messung des Beschäftigungsstandes

Der Beschäftigungsstand einer Volkswirtschaft wird gewöhnlich mithilfe der sogenannten Arbeitslosenquote gemessen:

$$\text{Arbeitslosenquote} = \frac{\text{Zahl der registrierten Arbeitslosen}}{\text{Zahl der Erwerbspersonen}} \cdot 100$$

Die Arbeitslosenquote zeigt an, wie viel Prozent der Erwerbspersonen arbeitslos sind. Dabei umfasst die Zahl der Erwerbspersonen alle beschäftigten Arbeiter, Angestellten, Beamten und Selbstständigen sowie die bei den Arbeitsämtern als arbeitslos Gemeldeten.

Absolute **Vollbeschäftigung** liegt vor, wenn niemand arbeitslos ist. Für die Bundesrepublik Deutschland gilt jedoch aufgrund einer Untersuchung der Bundesagentur für Arbeit in Nürnberg als gesichert, dass die Arbeitslosenquote nicht unter etwa 0,7 % gesenkt werden kann. Die Bundesregierung spricht deshalb von Vollbeschäftigung, wenn die Arbeitslosenquote nicht größer als 0,8 % ist. International sieht man den Produktionsfaktor Arbeit sogar als vollbeschäftigt an, wenn die Arbeitslosenquote nicht größer als 2 % ist.

Auch die Zahl der offenen Stellen wird gern zur Bestimmung der Vollbeschäftigung herangezogen. Man kann auf Vollbeschäftigung schließen, wenn die Zahl der offenen Stellen etwa gleich der Zahl der Arbeitslosen ist.

Auslastung des Produktionsfaktors Arbeit			
	Unterbeschäftigung	Vollbeschäftigung	Überbeschäftigung
Arbeitslosenquote	größer als 2 %	0,8 – 2 %	kleiner als 0,8 %
Verhältnis Arbeitslose und offene Stellen	Mehr Arbeitslose als offene Stellen	Zahl der Arbeitslosen = Zahl der offenen Stellen	Weniger Arbeitslose als offene Stellen

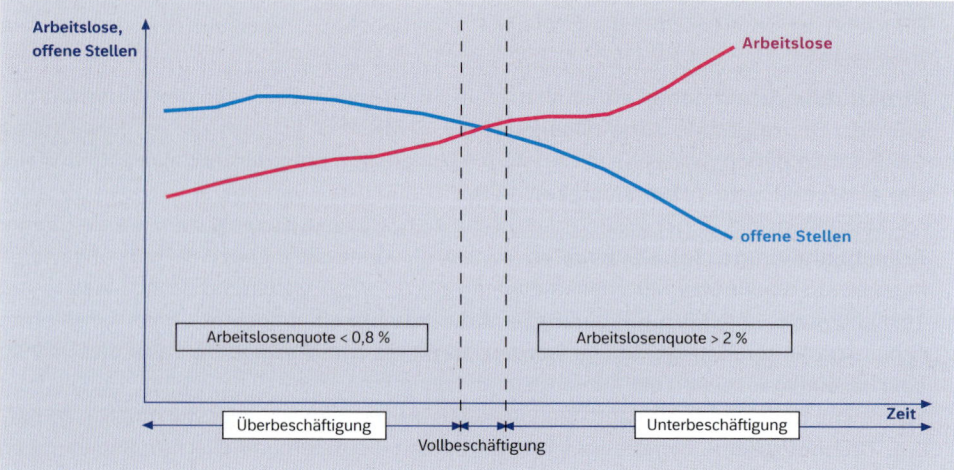

Kennzeichen, Ursachen und Wirkungen von Über- und Unterbeschäftigung

Sowohl Über- als auch Unterbeschäftigung sind volkswirtschaftlich problematisch:
- Bei Überbeschäftigung hemmt der Arbeitskräftemangel die Produktion.
- Die Unterbeschäftigung bringt finanzielle und soziale Probleme für die von der Arbeitslosigkeit Betroffenen.

Die folgende Übersicht zeigt die **unterschiedlichen Beschäftigungssituationen** und deren **Ursachen und Wirkungen**:

	Beschäftigungssituationen	
	Überbeschäftigung Die Wirtschaft fragt auf dem Arbeitsmarkt mehr Arbeitskräfte nach, als vorhanden sind.	**Unterbeschäftigung** Die Wirtschaft fragt auf dem Arbeitsmarkt weniger Arbeitskräfte nach, als vorhanden sind.
Kennzeichen	• Die Zahl der offenen Stellen ist größer als die der unbesetzten Stellen. • Die tatsächlich gezahlten Löhne sind höher als die zwischen Gewerkschaften und Arbeitgeberverbänden ausgehandelten Tariflöhne. • Ausländische Arbeitnehmer werden angeworben. • Die Zahl der geleisteten Überstunden nimmt zu.	• Die Zahl der offenen Stellen ist kleiner als die Zahl der Arbeitslosen. • Die Unternehmer sind nur bereit, die Tariflöhne zu zahlen. • Einige Unternehmen führen Kurzarbeit ein, indem sie ihre Arbeitskräfte weniger als die tarifliche Wochenstundenzahl beschäftigen. • Überstunden werden abgebaut oder nicht zugelassen.

1 Gesamtwirtschaftliche Prozesse

Beschäftigungssituationen		
	Überbeschäftigung	**Unterbeschäftigung**
Ursachen	• Die Nachfrage nach Gütern ist größer als das Angebot. • Die Exporte sind gestiegen, weil die inländischen Produkte billiger als die ausländischen Produkte sind.	• Die Nachfrage nach Gütern ist kleiner als das Angebot. • Die Importe haben gegenüber den Exporten zugenommen.
Wirkungen	• Da die Löhne wegen gestiegener Nachfrage nach Arbeitskräften steigen, steigt auch die Nachfrage nach Konsumgütern. Es kommt zu weiteren Preissteigerungen. • Die vorhandenen Produktionskapazitäten sind ausgelastet. Die Unternehmen tätigen Investitionen, was wiederum die Nachfrage erhöht.	• Die Arbeitslosen und die zunehmende Kurzarbeiterzahl führen zu einem Nachfrageausfall. Die Rezession tritt ein oder wird noch verstärkt. • Die vorhandenen Kapazitäten sind nicht ausgelastet. Die Wirtschaft tätigt nur noch Ersatzinvestitionen und keine Erweiterungsinvestitionen.

1.3.2 Stabilitätsprobleme von Geldwert und Preisniveau

Geld

> Stellen Sie sich vor, jemand bereist im 17. Jahrhundert Afrika und braucht ein Boot. Er findet einen Mann, der ein Boot gegen Elfenbein anbietet. Der Reisende hat kein Elfenbein, findet aber jemand, der Elfenbein hat und gegen Tuch tauschen würde. Er hat auch kein Tuch, sondern nur Draht. Endlich findet er jemand, der ihm Tuch für Draht gibt. Er tauscht das Tuch gegen Elfenbein, das Elfenbein gegen das Boot. So kompliziert ist Tauschwirtschaft!
>
> Geld vereinfacht den Tausch: Es ist ein Zwischentauschmittel, das allgemein anerkannt ist und von jedermann angenommen wird. Deshalb kann man dafür alle nötigen Dinge kaufen. Der Reisende z. B. gibt dem Bootsbesitzer Geld für sein Boot. Der Bootsbesitzer nimmt es, nicht etwa, weil er es selbst benötigt, sondern weil er dafür Elfenbein erwerben kann.

Geld ist ein allgemein anerkanntes **Zwischentauschmittel**. Weiterhin ist es:

- **Wertaufbewahrungsmittel**: Man kann Geld sparen, so seinen Wert – seine Kaufkraft – aufbewahren und gewünschte Güter später kaufen.
- **Wertübertragungsmittel**: Wer Geld weitergibt (z. B. schenkt), überträgt seinen Wert.
- **Wertmesser**: In Geld wird der Wert der Güter ausgedrückt und gemessen.
- **gesetzliches Zahlungsmittel**: Der Staat beansprucht das alleinige Recht, durch eine staatliche Bank (die Zentralbank) Geldzeichen herauszugeben, die von jedem zur Bezahlung von Schulden angenommen werden müssen. Das gesetzliche Zahlungsmittel eines Landes heißt **Währung**.

Für mehr Einzelheiten siehe: _Geschichte des Geldes_ und _Währung_.

M 313_1
M 313_2

Geld existiert heute in zwei Formen:

- als **Bargeld**: Banknoten und Münzen (nur Banknoten sind in unbeschränkter Höhe gesetzliches Zahlungsmittel). Dieses Währungsgeld darf nur von einer staatlichen und eigens dazu autorisierten Bank, der Zentralbank, herausgegeben werden.
- als **Buchgeld** (oder **Giralgeld**): Sichtguthaben auf einem Bankkonto (Guthaben, über die der Kontoinhaber jederzeit verfügen kann).

Geldschöpfung

Die **Zentralbank** schöpft Geld, indem sie Werte (Gold, Devisen, Wertpapiere) kauft oder als Pfand beleiht und dafür Bargeld herausgibt oder ein Sichtguthaben bei sich selbst bucht (Giralgeld).

Die **Banken** schöpfen ebenfalls Giralgeld, indem sie große Teile ihrer Kundeneinlagen wieder ausleihen.

> **Beispiel:**
> Ein Sparer leistet 1 200,00 EUR Einlage bei Bank A. Diese vergibt davon einen Kredit von 1 000,00 EUR. Der Kunde bezahlt damit eine Rechnung auf ein Konto bei Bank B. Diese vergibt wieder 800,00 EUR als Kredit. Der Kreditnehmer bezahlt damit auf ein Konto bei Bank C. Bank C vergibt 600,00 EUR als Kredit. Die drei Banken haben zusammen 2 400,00 EUR Giralgeld geschaffen, ein Mehrfaches der ursprünglichen Einlage. So verwundert es nicht, dass in der Praxis das weitaus meiste Geld von den Banken geschaffenes Giralgeld ist.

M 314_1   Für mehr Einzelheiten siehe: *Geldschöpfung*.

Geldwert

Je niedriger das **Preisniveau** ist, desto mehr Güter kann man für sein Geld kaufen, desto mehr **Kaufkraft** hat das Geld. In der Kaufkraft drückt sich der Wert des Geldes in der Volkswirtschaft (sog. Binnenwert des Geldes) aus. Es gilt:

Merke: Als *Preisniveau* bezeichnet man den Durchschnitt aller wichtigen Preise in einer Volkswirtschaft.

$$\text{Geldwert (Kaufkraft)} = \frac{1}{\text{Preisniveau}}$$

Die Kaufkraft ist die Gütermenge, die man für eine bestimmte Menge Geld kaufen kann.

Die statistischen Ämter (Deutschland: Statistisches Bundesamt, Wiesbaden; EU: Statistisches Amt der EU – EUROSTAT –, Luxemburg) messen das Preisniveau durch **Indexzahlen**. Sie erfassen dazu den Durchschnittswert eines „Warenkorbs" (einer repräsentativen Auswahl von Waren und Dienstleistungen – in Deutschland etwa 750 Güter) für ein bestimmtes Basisjahr und setzen ihn gleich 100 % (Index). Jedes Jahr ermitteln sie den Wert neu. Beträgt er z. B. in den folgenden Jahren 104 % und 107 %, so ist das Preisniveau gegenüber dem Basisjahr um 4 % bzw. 7 % gestiegen. Der Warenkorb wird gewöhlich alle 5 Jahre an die veränderten Kaufgewohnheiten angepasst. Die bisher letzte Änderung erfolgte 2013 und legt das Jahr 2010 als Basisjahr fest.

M 314_2
M 314_3   Siehe auch *Geldwert und Preisniveveau*, *Geldwert und Preisniveau – Lösung* und *Wägungsschema*
M 314_4   *Verbraucherpreisindex*.

Das Statistische Bundesamt veröffentlicht den Preisindex für die Lebenshaltung aller privaten Haushalte in Deutschland mit der Bezeichnung **„Verbraucherpreisindex für Deutschland"**. Indizes für spezielle Haushaltstypen (z. B. 4-Personen-Arbeiter- und Angestelltenhaushalte) stehen seit 2003 nicht mehr zur Verfügung.

Wegen unterschiedlicher Ermittlungsgrundlagen (Warenkorb, Gewichtung der Güter im Korb, Indexformel) waren früher keine unverzerrten Preisniveauvergleiche in der EU möglich. Seit 1997 veröffentlicht EUROSTAT den **HVPI (Harmonisierter Verbraucherpreis-**

1 Gesamtwirtschaftliche Prozesse

index). Dies ist ein auf einheitlicher Ermittlungsgrundlage berechneter Index der Lebenshaltungskosten für die Staaten der EU, Norwegen und Island.

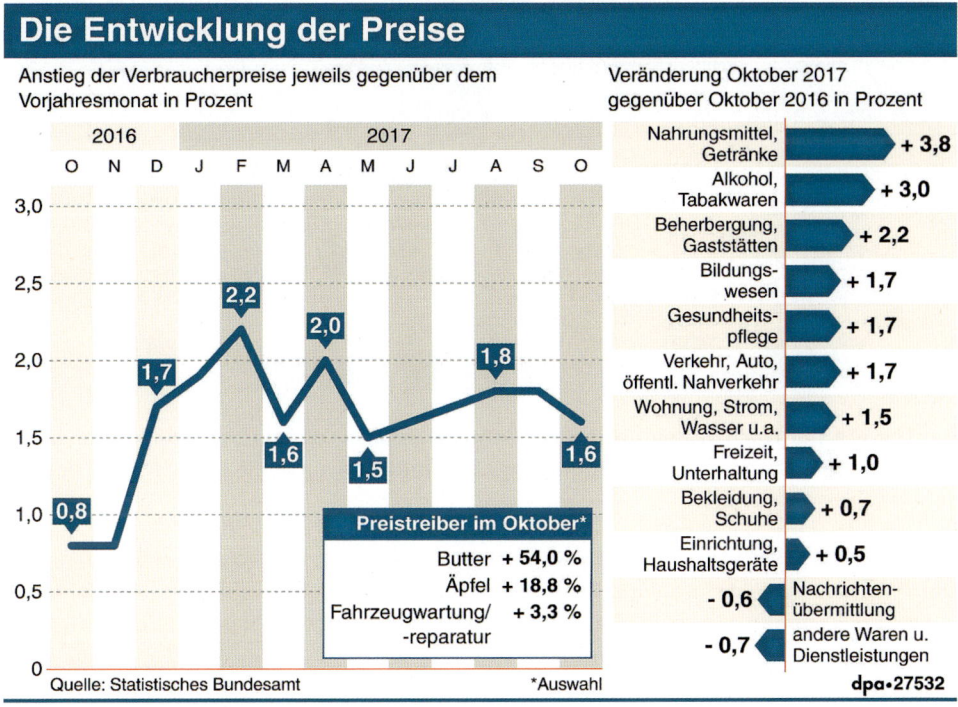

Inflation (Teuerung)

Die Inflation[1] ist ein nachhaltiger Anstieg des Preisniveaus. Der Geldwert sinkt.

Man erhält somit für die gleiche Menge Geld weniger Güter als vorher.

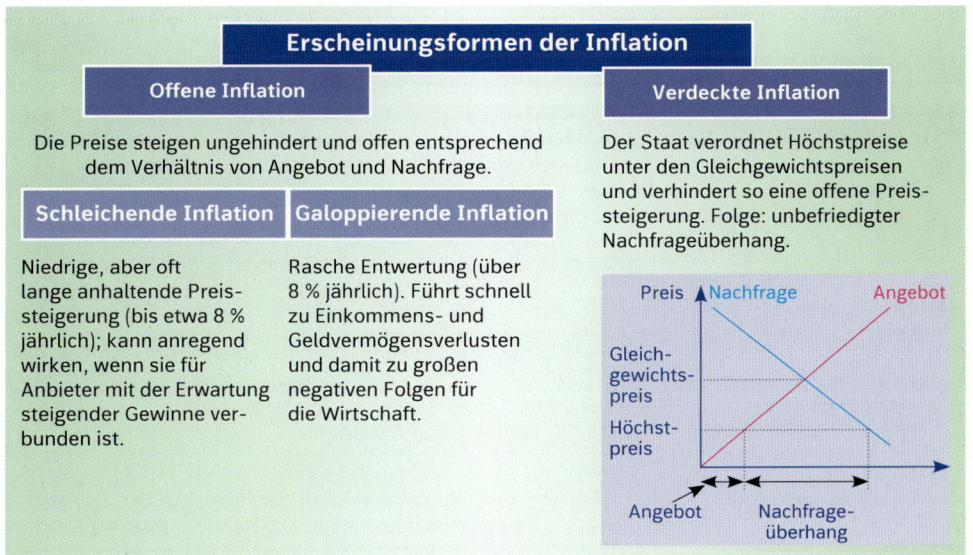

---

[1] (lat.) inflatio = Aufblähung

Während der großen Inflation nach dem Ersten Weltkrieg kostete ein Brot 20 Milliarden Mark. Geldscheine mit Milliarden- und Billionenbeträgen waren für den täglichen Einkauf notwendig.

Die **Theorie der Nachfrageinflation** versucht die Inflation durch Ursachen auf der Nachfrageseite zu erklären. Die **Theorie der Angebotsinflation** sucht die Ursachen auf der Angebotsseite.

■ Nachfrageinflation

Die *Theorie der Nachfrageinflation* behauptet, dass Erhöhungen des Preisniveaus zustande kommen, wenn die am Markt wirksame Nachfrage schneller steigt als das Güterangebot. Die Preiserhöhungen schaffen dann einen Ausgleich zwischen Angebot und Nachfrage.

Die aus dem Wirtschaftskreislauf bekannte Verwendungsgleichung zeigt: Die Inflation verursachende Nachfrage kann aus vier Quellen stammen:

Y^b = C + I^b + X − M

	Konsumgüter-nachfrage		Investitionsgüter-nachfrage		saldierte Nachfrage
❶ der Haushalte		❷ des Staates		❸ der Unternehmen	❹ des Auslands

Vergleichen Sie hierzu S. 158

Quellen der Nachfrageinflation	
❶ Erhöhung der Haushaltnachfrage	1. Einkommenssteigerungen vergrößern die verfügbare Geldmenge. Wenn die Haushalte nicht zusätzlich sparen, steigt die Konsumgüternachfrage. 2. Die Haushalte rechnen mit steigenden Preisen und ziehen deshalb ihre Einkäufe vor. Die Nachfrage steigt.
❷ Erhöhung der Staatsnachfrage	Der Staat tätigt höhere Ausgaben für Konsum (z. B. Erhöhung der Gehälter der Staatsbediensteten) oder Investitionen. Hierdurch steigt die verfügbare Geldmenge in privaten Haushalten und Unternehmen.
❸ Erhöhung der Unternehmensnachfrage	Die Unternehmen erwarten einen besseren Absatz. Sie erhöhen die Nachfrage nach Investitionsgütern.
❹ Erhöhung der Auslandsnachfrage	Steigen die Preise im Ausland schneller als im Inland, werden vom Ausland mehr inländische Güter nachgefragt. Der Devisenzufluss erhöht die Geldmenge. Folge: Die Inflation wird vom Ausland ins Inland „importiert".

Bei allgemeiner volkswirtschaftlicher **Unterbeschäftigung** wird eine höhere Nachfrage allerdings nicht zur Inflation führen: Die Produktion kann dann gesteigert werden. Das höhere Güterangebot erlaubt die Befriedigung der Nachfrage ohne Preissteigerung. Das Inlandsprodukt steigt real.

Je mehr zunächst einzelne Wirtschaftszweige, dann die gesamte Volkswirtschaft in den Zustand der **Vollbeschäftigung** kommen, desto weniger ist eine Produktions- und Angebotserhöhung möglich: Die Kapazitäten sind ausgelastet. Eine Nachfragesteigerung führt zur Erhöhung des Preisniveaus. Das Inlandsprodukt steigt am Ende nur noch nominal.

Einzelheiten hierzu finden Sie im Infomaterial *Nachfrageinflation*.

M 317

■ **Angebotsinflation**

Die *Theorie der Angebotsinflation* behauptet, dass Erhöhungen des Preisniveaus durch Kostensteigerungen bei der Produktion zustande kommen.

Geht man davon aus, dass die Kostensteigerungen in die Kalkulation eingehen, so werden die Absatzprodukte zu einem höheren Preis angeboten.

Ursachen der Kostensteigerung sind:

- **steigende Löhne:** Werden Löhne auf die Preise überwälzt, fordern Gewerkschaften in der Regel neue Lohnerhöhungen. Die **Lohn-Preis-Spirale** setzt sich in Gang. Sie besagt, dass Löhne und Preise sich gegenseitig immer schneller in die Höhe treiben.
- **steigende Zinsen:** Zinsen sind Finanzierungskosten des Unternehmens. Man versucht sie ebenfalls zu überwälzen.
- **steigende Rohstoffpreise:** Güter, zu deren Herstellung große Rohstoffmengen benötigt werden, sind besonders preisempfindlich.

Werden die Rohstoffe aus dem Ausland bezogen, so kann auch die Angebotsinflation importiert werden.

Eine **Angebotsinflation** entsteht in der Regel, wenn:

- die Kostensteigerungen nicht durch Rationalisierungen aufgefangen werden können,
- die erhöhten Preisforderungen am Markt tatsächlich durchgesetzt werden können. Ist dies nicht der Fall, so wird häufig auf einen Teil des Gewinns oder auch auf Deckung eines Teils der fixen Kosten verzichtet.

In der Praxis lässt sich häufig nicht nachvollziehen, ob eine Inflation durch Nachfrage- oder Kostenwirkungen verursacht wird. Meist spielen beide Komponenten eine Rolle.

■ Stagflation

Die Angebotsinflation kann auch in einer Situation auftreten, in der die Wirtschaft nicht wächst (sog. Stillstand oder Stagnation), in der eventuell sogar Unterbeschäftigung herrscht. Grund: Die Unternehmen machen keine oder kaum Gewinne, die Umsätze sind niedrig. Durch Preiserhöhungen sucht man die Kosten aufzufangen, die Umsätze und den Gewinn zu erhöhen.

Aus der Verbindung von Inflation und Stagnation wurde das Kunstwort **Stagflation** gebildet.

Als Stagflation bezeichnet man eine stagnierende Wirtschaft bei gleichzeitig steigendem Preisniveau.

Die Bekämpfung der Stagflation ist sehr schwierig, weil die Zielkonflikte[1], die bei der Bekämpfung wirtschaftlicher Ungleichgewichte auftreten, hier doppelt zum Tragen kommen.

■ Auswirkungen der Inflation

Die Wirtschaftspolitik bekämpft die Inflation, weil sie zu einschneidenden **Folgen** führt:

- Geldvermögen werden entwertet.
- Gläubiger erhalten entwertetes Geld zurück, Schuldner werden ungerecht entlastet.
- Die Spareignung geht zurück: Die Wirtschaft erhält nicht genügend Geld zu Investitionszwecken.
- Man legt sein Geld in wertbeständigem Sachvermögen an.
- Kapitalknappheit, Nachfrage nach Sachwerten, steigender Konsum, steigende Kosten heizen die Inflation weiter an.
- Zu Beginn der Inflation führen die Preissteigerungen häufig zu Gewinnsteigerungen bei den Unternehmen, da die Löhne, Energiepreise und Transporttarife oft erst mit zeitlicher Verzögerung angepasst werden. Dies führt zu Investitionserhöhungen mit weiteren Preissteigerungen. Können die Kosten schließlich nicht mehr überwälzt und am Markt durchgesetzt werden, so folgen Produktionseinschränkungen, die zu Arbeitslosigkeit, Nachfrageausfällen und Depression führen.

Das ist die berühmte „Flucht in die Sachwerte."

Deflation (Preisverfall)

Eine *Deflation*[2] liegt vor, wenn der Geldwert anhaltend steigt bzw. wenn das Preisniveau anhaltend absinkt.

Wie die Weltwirtschaftskrise der 1930er-Jahre des vorigen Jahrhunderts (über sechs Mio. Arbeitslose allein in Deutschland) zeigt, sind die Auswirkungen der Deflation noch gravierender als die der Inflation: Die Erwartung stetig sinkender Absatzpreise (und damit sinkender Gewinne bzw. steigender Verluste) veranlasst die Unternehmen zu Investitionseinschränkungen und Entlassungen. Die Folge sind Einkommens- und Steuerverluste.

Crash der New Yorker Börse 1929: Auslöser der Weltwirtschaftskrise

---

[1] vgl. S. 381
[2] (lat.) deflatio = Abschwellung

Diese führen zu Nachfrageeinschränkungen, diese wiederum zu Investitionseinschränkungen usw.

Die Deflation wird einerseits von der Nachfrageseite, andererseits von der Angebotsseite her erklärt.

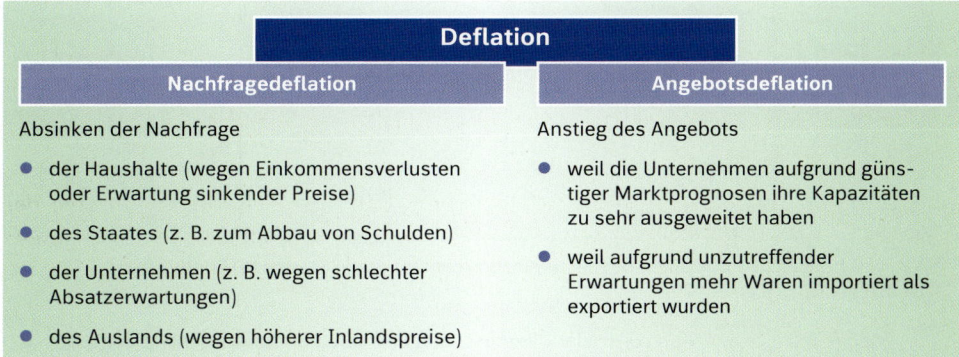

Eine **Deflation** mit realen Preissenkungen tritt heute aus folgenden Gründen kaum auf:
- Der Staat kann den Ausfall privater Nachfrage durch zusätzliche Staatsnachfrage auffangen (notfalls durch Kreditaufnahme); auch kann die Notenbank, wenn die Geldmenge langsamer als das Güterangebot steigt, die Geldmenge erhöhen.
- Die Preise tendieren heute eher nach oben: Die untere Preisgrenze für Produktionsfaktoren liegt weitgehend fest (z. B. durch Tarifverträge oder langfristige Lieferverträge). Bei rückläufiger Nachfrage steigen die Stückkosten. Zur Sicherung des Gewinns werden gestiegene Produktionskosten durch höhere Preise ausgeglichen.

Ansätze für eine **deflatorische Entwicklung** liegen heutzutage vor, wenn bei inflatorischer Wirtschaftslage zunehmend Nachfragerückgänge erfolgen und die wirtschaftspolitischen Maßnahmen des Staates gegebenenfalls auch auf eine Zurückdrängung des Geldstroms ausgerichtet sind.

Arbeitsaufträge

1. Das folgende Schema zeigt wesentliche gesamtwirtschaftliche Beziehungen.

   a) Erläutern Sie diese Beziehungen.
   b) Formulieren Sie anhand des Schemas drei Beispiele für das Entstehen von Ungleichgewichten, die zu Unterbeschäftigung führen.

2. **Arbeitslosigkeit, offene Stellen (alte Bundesländer bis 1990, Gesamtdeutschland ab 1991)**

Jahr	Arbeitslose in 1 000	Arbeitslosenquote in %	offene Stellen in 1 000
1970	148,8	0,7	794,8
1980	888,9	3,8	308,3
1983	2 258,2	9,1	75,8
1989	2 037,8	7,9	251,4
1991	1 689,0	6,3	331,4
1995	3 612,0	10,4	183,1
1998	4 279,0	12,3	186,1
2002	4 060,0	10,8	76,0
2004	4 381,0	11,7	225,4
2008	3 268,0	8,7	220,1
2012	2 897,0	6,8	477,5
2014	2 898,0	6,7	490,3
2016	2 691,0	6,1	655,5

Vgl. www.deutschlandinzahlen.de/fileadmin/diz/content_data/Startseite/Printversion/Deutschland_in_Zahlen_2017.pdf

a) Welche Jahre zeigen Situationen der Überbeschäftigung bzw. der Unterbeschäftigung?
b) Beschaffen Sie sich die aktuellsten Zahlen und vervollständigen Sie das Schema.
c) Zeichnen Sie die Zahl der offenen Stellen und die Zahl der Arbeitslosen in ein Koordinatensystem und beschreiben Sie die Entwicklung.

3. a) Erläutern Sie die Aussage der Karikatur.
b) Beschreibt die Karikatur einen für unsere Gegenwart typischen Sachverhalt?
c) Roboter werden teils als „Jobkiller", teils als „Jobknüller" beschrieben. Nehmen Sie zu diesem gegensätzlichen Standpunkt Stellung.
d) Nennen Sie andere Ursachen der Arbeitslosigkeit als die in der Karikatur angedeutete Ursache.
e) Eine gute Ausbildung wird heute als beste Vorsorge gegen Arbeitslosigkeit angesehen. Nehmen Sie hierzu Stellung.

4. Die folgende Grafik zeigt die Preis- und Kaufkraftentwicklung in Deutschland zur Zeit der Deutschen Mark.

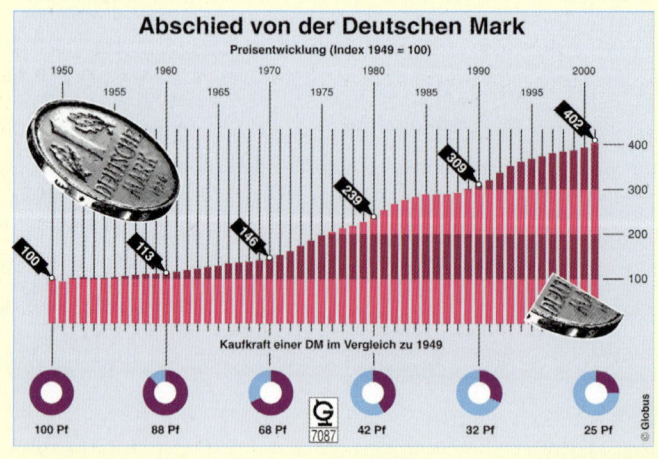

1. Januar 2002
Der Euro wird Zahlungsmittel.

1. März 2002
Die D-Mark verliert ihre Gültigkeit.

a) Die Preisentwicklung ist in Form von Indexziffern angegeben. Erläutern Sie dies.
b) Die angegebenen Indexziffern basieren auf dem Jahr 1949. Man sagt aber, dass der Preisindex von Zeit zu Zeit auf eine neue Grundlage gestellt werden muss. Begründen Sie diese Notwendigkeit und beurteilen Sie, ob die dargestellten Indexziffern tatsächlich die Kaufkraftentwicklung völlig richtig darstellen können.
c) Warum hat sich trotz sinkender Kaufkraft der Lebensstandard beträchtlich erhöht?

5. **Inflation und Deflation sind gefährliche Störungen des gesamtwirtschaftlichen Gleichgewichts.**

   Geben Sie einen Überblick über diese Störungen, indem Sie ein Schema nach folgendem Muster erstellen.

	Inflation	Deflation
Erscheinungsformen	?	?
Ursachen	?	?
Wirkungen	?	?
Möglichkeiten der Bekämpfung	?	?

6. **Die Inflation kann in unterschiedlichen Erscheinungsformen auftreten.**

   Entscheiden Sie, zu welchen Erscheinungsformen der Inflation es in den folgenden Beispielen kommt.

   a) Der Staat gibt Lebensmittelmarken und Bezugsscheine für langlebige Wirtschaftsgüter aus. Die Preise aller Produkte sind staatlich festgesetzt.
   b) In einem Land herrschen Preissteigerungsraten von 40% gegenüber den Vorjahrespreisen.
   c) Die Konsumenten besitzen große Geldvermögen. Es besteht aber ein zu geringes Angebot, um die Nachfrage zu befriedigen.

7. **Das Jahreseinkommen eines Arbeitnehmers betrug im laufenden Jahr 30 000,00 EUR brutto. Damit war es 8 % höher als im Vorjahr. Der Preisindex für die Lebenshaltung stieg im gleichen Zeitraum um 20 Prozentpunkte auf 170 %.**

   a) Ermitteln Sie das Bruttogehalt im Vorjahr.
   b) Wie hoch hätte das Bruttogehalt steigen müssen, damit der Arbeitnehmer nicht von der Inflation betroffen worden wäre?

2 Europäische und weltweite Märkte

Freier Waren- und Dienstleistungsaustausch – für die Weltmärkte ist das eine Illusion. Gleichgültig, ob es sich um Äpfel oder Pflanzenschutzmittel, Zement oder Benzinmotoren handelt, schützen viele Staaten ihre Märkte und Arbeitsplätze durch Zölle und andere komplizierte Regelungen: Umweltschutzvorschriften, Normen, Sicherheitsvorschriften, Verbraucherschutzmaßnahmen u. a. m. Der Import eines T-Shirts in die EU wird mit 12,5 % Zoll belastet, eine DVD aus den USA mit 3,5 %.

Die EU hat einen gemeinsamen Zolltarif. Die Zolleinnahmen der EU machten 2012 13 % des EU-Haushaltes aus. In Indien betrugen die Zölle 2011 23 % der gesamten Steuereinnahmen. Solche Zahlen lassen ahnen, warum man sich mit dem Abbau von Zöllen weltweit schwer tut. Und das, obwohl die Abschaffung von Zöllen und anderen Handelshemmnissen die Weltwirtschaft beleben würde.

Das Umfeld des Unternehmens – das politisch-rechtliche, ökonomische, ökologische, technologische, kulturelle und soziale Umfeld (vgl. S. 169) – ist einem ständigen Wandel unterworfen. Damit ändert sich auch der Bedingungsrahmen, den das Umfeld des Unternehmens setzt. Eine herausragende Rolle spielen dabei die vergrößerten Märkte, die sich durch die Integration Europas, die Tätigkeit internationaler Organisationen (Welthandelsorganisation, Internationaler Währungsfonds) und die fortschreitende Globalisierung ergeben. Der Wettbewerb wird intensiver. Unternehmen, die unter diesen Bedingungen überleben wollen, müssen ihre Ziele und Strategien anpassen.

Einzelheiten über das Umfeld finden Sie in Band 1 „Geschäftsprozesse".

2.1 Freihandel und Protektionismus

2.1.1 Freihandel

Der Außenhandel verbindet die einheimische Volkswirtschaft mit anderen Volkswirtschaften.

Freihandel **liegt vor, wenn grundsätzlich alle Güter ohne Handelsbeschränkungen importiert und exportiert werden können.**

Wer handelt, also eigene Güter gegen fremde Güter tauscht, erhofft sich davon eine Mehrung seines Nutzens. Das Gleiche gilt auch für die gesamte Volkswirtschaft: Der Handel mit dem Ausland soll den Nutzen, den Wohlstand der eigenen Volkswirtschaft steigern. Eine Volkswirtschaft exportiert in der Regel die Güter, die nicht zur Bedürfnisbefriedigung im Inland benötigt werden. Fehlende Güter werden importiert.

Die **Gründe** für den **Import** sind:

- mangelnde Rohstoffvorkommen für die eigene Güterproduktion,
- Bedarf an Fertigprodukten aufgrund fehlender Produktionsausstattung und fehlenden Know-hows.

Darüber hinaus ist es günstig, im Inland solche Güter zu produzieren, die kostengünstiger als im Ausland erstellt werden können. Das Ausland verfährt entsprechend. Auf diese Weise wird insgesamt mehr produziert. Die Überschüsse werden getauscht und erhöhen den Wohlstand (vgl. Infomaterial *Wohlstand durch Freihandel*).

Merke: Grundsätzlich bewirkt Freihandel in **allen** Teilnehmerländern eine Wohlstandsmehrung.

M 322

Ein **totaler Freihandel** kann auch **Nachteile** für das einzelne Land bewirken:

- Arbeitsplätze können gefährdet werden, weil Industrie ins kostengünstigere Ausland abwandert,
- die Exportindustrie kann in große Abhängigkeit von der Auslandsnachfrage geraten,
- einseitige Produktionsstrukturen und Monokulturen können entstehen,
- in Krisenzeiten sind Erpressungen durch das Ausland möglich.

2.1.2 Protektionismus

Kein Land verzichtet auf Maßnahmen zum Schutz der eigenen Wirtschaft. Derartige Maßnahmen stellen **Handelshemmnisse** dar (siehe Übersicht auf Seite 323). Man fasst sie unter dem Begriff Protektionismus[1] zusammen.

Nachteile protektionistischer Maßnahmen

- Im Inland werden Waren produziert, die billiger aus dem Ausland bezogen werden können;
- der Verbraucher muss Stützungsmaßnahmen für Exportgüter über die Steuern finanzieren;
- das Ausland kann zu „Vergeltungsmaßnahmen" herausgefordert werden;

---

[1] (lat.) protegere = schützen

- bei Freihandel werden die Exporteinnahmen des Auslands oft wieder für Importe ausgegeben. Dies entfällt bei Protektionismus (zumindest, wenn dessen Maßnahmen breit angelegt sind).

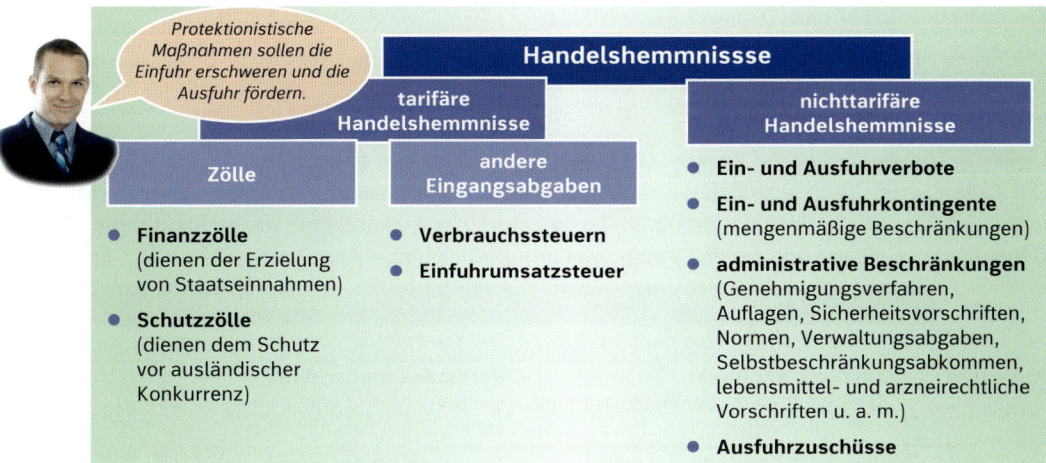

2.1.3 Konvertibilität und Wechselkurs

Die Exporthandelsfirma Renz & Co. KG, Bremen, hat in Dacca (Bangladesch) einen Kaufinteressenten für Zellulosepapier gefunden. Der Interessent bittet um eine Festofferte und eine Proforma-Rechnung. Diese „Als-ob-Rechnung" wird u. a. für die Beantragung der Einfuhrgenehmigung erbeten, die in Bangladesch für alle Importe vorgeschrieben ist. Der Grund: Für das Geschäft benötigt der Käufer Euro. Die Devisenreserven des Landes – eines der ärmsten der Erde – sind nämlich sehr knapp. Die Inlandswährung (Taka) darf deshalb nicht frei gegen Devisen getauscht werden.

Von größter Bedeutung für freien internationalen Handel ist die Konvertibilität der Währung. Als Währung bezeichnet man das gesetzliche Zahlungsmittel einer Volkswirtschaft oder einer Währungsunion.

In der EU bilden 19 Volkswirtschaften eine Währungsunion. Die gemeinsame Währung ist der Euro.

Eine Währung ist konvertibel (tauschbar), wenn sie für die laufenden Geschäfte frei ein- und ausgeführt und gegen Devisen (ausländische Zahlungsmittel) getauscht werden darf.

Devisen werden für den Einkauf ausländischer Rohstoffe, Waren und Dienstleistungen benötigt. Bei konvertibler Inlandswährung kann man sie über die Banken kaufen. Ihr Preis wird durch den **Wechselkurs** (Devisenkurs) angegeben. Im Wechselkurs drückt sich folglich der **Außenwert des Geldes** (d. h. der Wert des inländischen Geldes gegenüber ausländischem Geld) aus. Man unterscheidet dabei die Preisnotierung und die Mengennotierung.

- **Preisnotierung:** Der Wechselkurs bezeichnet den Ankaufs- bzw. Verkaufspreis der Bank für eine ausländische Währungseinheit in inländischer Währung.

  Beispiel: Preisnotierung für den US-Dollar (USD)
  1,00 USD = 0,9090 EUR   Die Bank kauft/verkauft 1,00 USD für den Preis von 0,9090 EUR.

In Deutschland war bis 1998 die Preisnotierung üblich. Mit der Einführung des Euro legte die Europäische Zentralbank für Devisenkurse europaweit die Mengennotierung fest.

Mengennotierung: Der Wechselkurs bezeichnet die Menge ausländischer Währungseinheiten, die die Bank für eine inländische Währungseinheit kauft/verkauft.

> **Beispiel:** Mengennotierung für den US-Dollar (USD)
> 1,00 EUR = 1,1001 USD   Die Bank kauft/verkauft für 1,00 EUR die Menge von 1,1001 USD.
>
> Falsch ist die Lesart „Die Bank kauft/verkauft 1,00 EUR zum Preis von 1,1001 USD". Grund: In Euroland sind Devisen kein Geld, sondern Waren! Ihr Preis wird in Geld (EUR) ausgedrückt.
> Die Mengennotierung ist der Kehrwert der Preisnotierung: 1,1001 = 1/0,9090.

In der Praxis verkaufen die Banken ihren Kunden die Devisen teurer, als sie sie kaufen. Die Differenz ist ihre Gewinnspanne. Es gibt deshalb zwei Kurse. Sie heißen Briefkurs und Geldkurs. Bei der Preisnotierung ist der Briefkurs der Verkaufskurs der Bank und der Geldkurs der Ankaufskurs. Bei der Mengennotierung ist es umgekehrt.

	Preisnotierung	Mengennotierung
	Der Kurs gibt an, was die Bank **hergibt**.	Der Kurs gibt an, was die Bank **nimmt**.
Geldkurs	Ankaufskurs der Bank: Die Bank kauft vom Kunden Devisen und **gibt** ihm dafür **Geld**.	Verkaufskurs der Bank: Die Bank **nimmt** vom Kunden **Geld** und verkauft ihm dafür Devisen.
Briefkurs	Verkaufskurs der Bank: Die Bank nimmt Geld und **gibt Devisen**.	Ankaufskurs der Bank: Die Bank **nimmt Devisen** und gibt Geld.
Es gilt immer:	Briefkurs > Geldkurs: Die Bank verkauft eine Deviseneinheit (z. B. 1 USD) teurer, als sie sie kauft.	Briefkurs > Geldkurs: Die Bank nimmt für 1,00 EUR mehr Devisen, als sie dafür hergibt.

M 324

Devisenkurse (Mengennotierung) vom 27.02.2018						
	Geld	Brief		Geld	Brief
AUD (Austr.)	1,5459	1,5959	DKK (Dän.)	7,4258	7,4658
CAD (Kan.)	1,5576	1,5696	GBP (GB)	0,8810	0,8850
CHF (Schw.)	1,1524	1,1564	USD (USA)	1,2288	1,2348

Die Kurse werden in Schulbüchern oft falsch definiert. Siehe deshalb das Infomaterial *Hinweise zur Begriffsbildung beim Wechselkurs.*

Die Devisenkurse richten sich nach Angebot und Nachfrage; sie können steigen und fallen. Man spricht insofern von **flexiblen Wechselkursen**.

> **Beispiel:** Wirkmechanismus flexibler Wechselkurse
> Wenn z. B. die Güterpreise in „Euroland" stärker steigen als in den USA, wird man in Europa mehr US-Güter und folglich auch mehr Dollar nachfragen. Der Dollar-Kurs (als Mengennotierung) wird sinken. Vorher: 1,00 EUR = 1,1 USD; nachher: 1,00 EUR = 1,05 USD. Der Euro verliert also gegenüber dem Dollar an Wert, der Dollar steigt im Wert.
> Der sinkende Dollar-Kurs bewirkt eine Verteuerung der US-Güter. Die Nachfrage nach diesen Gütern geht wieder zurück. Damit wird auch der Dollar-Kurs (als Mengennotierung) wieder steigen.

Starke Kursausschläge können die Kalkulation bei Export- und Importgeschäften sehr risikoreich machen. Dies würde den Außenhandel behindern. Deshalb greift die Zentralbank oft in die Kursbildung ein. Durch diese Eingriffe entstehen relativ **feste Wechselkurse**.

> **Beispiel:** Kursstabilisierung durch feste Wechselkurse
> Angenommen, die Dollarnachfrage steigt, das Dollarangebot bleibt aber gleich. Dann wird der Dollar knapper; die inländischen Banken werden für 1,00 EUR weniger USD geben (z. B. statt 1,20 USD nur noch 1,10 USD). Dies bedeutet: Der Dollarkurs in der Form der Mengennotierung sinkt. Die EZB kann dies verhindern, indem sie aus ihren eigenen Beständen Dollar anbietet. Da der zunehmenden Dollarnachfrage jetzt auch ein zunehmendes Dollarangebot gegenübersteht, bleibt der Kurs stabil.

Auch feste Wechselkurse haben Nachteile. Man erkennt es leicht an unserem Beispiel: Da die Dollar-Nachfrage nicht gebremst wird, steigen in den USA die Güterpreise (importierte Inflation).

„Euroland" seinerseits verliert immer mehr Devisenvorräte. Devisenmangel kann letztlich verhindern, dass man dringend benötigte Güter im Ausland kaufen kann. In dieser misslichen Lage befinden sich vor allem die armen Länder der Dritten Welt.

Relativ feste Wechselkurse entstehen zwingend, wenn eine Währung durch eine **Parität** (einen Leitkurs) an eine andere Währung angebunden wird. Die Parität legt ein Wertverhältnis der Währungen fest. Der Wechselkurs darf nur innerhalb bestimmter Grenzen (Bandbreiten) von der Parität abweichen. So ist für die dänische Krone eine Parität zum Euro festgelegt: 1,00 EUR = 7,46038 DKK. Davon darf die Krone um maximal 2,25 % nach oben oder unten abweichen.

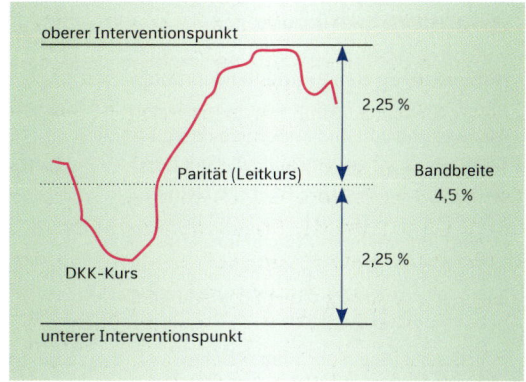

Steigt der Kurs um 2,5 % nach oben auf 7,650395 DKK, verliert die Krone zu sehr an Wert. Die Zentralbank muss intervenieren: Sie muss mit ihren Euro-Beständen an der Devisenbörse Kronen kaufen, um den Kurs wieder zu drücken. Umgekehrt muss sie bei einer entsprechenden Abweichung nach unten Euro kaufen, damit der Kurs wieder steigt.

Eine andauernde Abweichung vom Leitkurs erfordert eine Änderung der Parität. Eine Neufestsetzung oberhalb der alten Parität bedeutet eine **Abwertung** der Krone, eine solche unterhalb entspricht einer **Aufwertung**.

2.1.4 Zahlungsbilanz

Die Zahlungsbilanz zeichnet alle Werttransaktionen zwischen In- und Ausländern in einer Wirtschaftsperiode auf. Sie besteht aus mehreren Teilbilanzen (siehe Seite 326).

Beachte: Die Zahlungsbilanz zeichnet Wertbewegungen auf. Sie ist folglich keine Bestände-, sondern eine Bewegungsbilanz, vergleichbar der Bewegungsbilanz (Finanzierungsrechnung) des Unternehmens (vgl. Band 1 „Geschäftsprozesse", Sachwort „Bewegungsbilanz", und Band 3 „Steuerung und Kontrolle", Sachwort „Bewegungsbilanz").

Die Zahlen der Zahlungsbilanz ergeben sich aufgrund einer doppelten Buchführung mit Buchung in einer Teilbilanz und Gegenbuchung in einer anderen. Deshalb ist die Zahlungsbilanz insgesamt immer ausgeglichen. Überschüsse und Defizite entstehen nur in den Teilbilanzen (z. B. ein Exportüberschuss in der Handelsbilanz). Die Deutsche Bundesbank spricht trotzdem von einem **Zahlungsbilanzungleichgewicht**. Sie meint damit ein **Ungleichgewicht ihrer Auslandsposition**. Dieses entsteht wie folgt aus einem fehlenden Ausgleich von Devisenangebot und Devisennachfrage:

Die Banken erhalten von ihren Kunden Devisen aus Transaktionen und sie liefern ihnen Devisen für Transaktionen. Solange Devisenangebot und -nachfrage sich ausgleichen, können die Banken die Devisen aus ihren Beständen liefern. Übersteigt die Nachfrage das Angebot (z. B. bei Importüberschüssen, Erwerb ausländischer Wertpapiere und Beteiligungen), muss die Deutsche Bundesbank Devisen aus ihren Reserven liefern. Diese Reserven (zuzüglich Goldreserven und Einlagen beim IWF[1]) sind die Auslandsposition der Deutschen Bundesbank. Bei einer Übernachfrage nach Devisen sinken sie; bei einem Überangebot kauft die Bundesbank Devisen, die Reserven steigen. In beiden Fällen sagt man: Die Zahlungsbilanz gerät ins Ungleichgewicht.

---

[1] Siehe Kapitel 2.2

Deutsche Zahlungsbilanz 2016 (Salden der Teilbilanzen in Mrd. EUR)

Die Deutsche Bundesbank[1] veröffentlicht monatlich die deutsche Zahlungsbilanz.

	Leistungsbilanz	
Warenexporte und -importe →	Handelsbilanz	+ 271,7
Exporte und Importe an Dienstleistungen →	Dienstleistungsbilanz	– 22,4
Außenbeitrag zum Bruttoinlandsprodukt		**249,3**
Primäreinkommen von Inländern aus dem Ausland und von Ausländern aus dem Inland →	Erwerbs- und Vermögenseinkommen	+ 52,1
Übertragungen ohne Gegenleistung (z. B. Heimatüberweisungen, Beiträge zu internationalen Organisationen, laufende Entwicklungshilfe, Rentenzahlungen) →	Laufende Übertragungen	– 40,0
	Saldo der Leistungsbilanz	**+ 261,4**
Einmalige Übertragungen ohne Gegenleistung (z. B. Erbschaften, Schenkungen, Schuldenerlasse) →	Einmalige Vermögensübertragungen	**+ 1,1**
	Kapitalbilanz	
z. B. Beteiligungen an Unternehmen →	Direktinvestitionen	– 22,6
z. B. Aktienerwerb ohne Beteiligungscharakter, Obligationen, Geldmarktpapiere →	Wertpapiere	– 207,9
abgeleitete Finanzprodukte, deren Wert vom Wert anderer Wertpapiere (z. B. Aktien, Obligationen) abhängt. Bsp.: Futures[2], Optionen[3] →	Finanzderivate	– 32,8
z. B. kurz- und langfristige Finanzbeziehungen, laufende Entwicklungshilfekredite →	Übriger Kapitalverkehr	+ 33,8
Veränderung der „Auslandsposition" der Deutschen Bundesbank, d. h. ihrer Devisenreserven (+ bedeutet Abnahme, – bedeutet Zunahme der Reserven). →	Veränderung der Währungs-Reserven (auch „Devisenbilanz" genannt)	– 1,3
	Saldo der Kapitalbilanz	**– 231,2**
Restposten als statistische Differenz zwischen den gesamten Deviseneinnahmen und -ausgaben (z. B. illegale Geldeinfuhren, statistische Fehler) →	**Saldo der statistisch nicht aufgliederbaren Transaktionen**	**+ 31,2**

Hinweis:
In der dargestellten Kapitalbilanz stellen Zahlen mit negativen (positiven) Vorzeichen Nettokapitalexporte (-importe) dar. Abweichend davon gibt die Deutsche Bundesbank diese Zahlen seit 2015 mit den entgegengesetzten Vorzeichen an. Die Logik ist folgende: Ein Nettokapitalexport (-import) wird jetzt als eine Zunahme (Abnahme) der Auslandsforderungen verstanden und erhält folglich ein Pluszeichen (Minuszeichen). + bei der Auslandsposition bedeutet dann Zunahme der Devisenreserven, – bedeutet Abnahme.
Die Summe der Teilbilanzen ergibt jetzt nicht mehr den Wert Null.

Wenn Sie wissen wollen, wie die Zahlen in der Zahlungsbilanz zustande kommen, schauen Sie sich das Infomaterial *Buchungen in der Zahlungsbilanz* an.

M 326

Zahlungsbilanzgleichgewicht und -ungleichgewicht

Devisenangebot = Devisennachfrage →	Zahlungsbilanzgleichgewicht	Keine Veränderung der Auslandsposition
Devisenangebot > Devisennachfrage →	Ungleichgewicht: Aktive Zahlungsbilanz	Verbesserung der Auslandsposition; Devisengewinn
Devisenangebot < Devisennachfrage →	Ungleichgewicht: Passive Zahlungsbilanz	Verschlechterung der Auslandsposition; Devisenverlust

---

[1] Zentralbank der Bundesrepublik Deutschland. Einzelheiten siehe S. 383, S. 385.
[2] Termingeschäfte an der Börse. Der Käufer (Verkäufer) verpflichtet sich, zu einem vereinbarten späteren Zeitpunkt den Vertragsgegenstand zum vorher festgelegten Preis abzunehmen (zu liefern). Vertragsgegenstände können z. B. Devisen, Aktien, Anleihen sein.
[3] Recht, eine bestimmte Anzahl von Aktien oder anderen Werten innerhalb eines Zeitraums oder zu einem bestimmten Zeitpunkt zu einem festgelegten Preis zu liefern (zu beziehen). Kann z. B. durch einen sog. Optionsschein verbrieft sein.

2 Europäische und weltweite Märkte

Eine **ständig passive Zahlungsbilanz** ist „fundamental gestört". Sie kennzeichnet eine ungünstige Wirtschaftslage. Das betreffende Land ist auf dem Weltmarkt nicht konkurrenzfähig (z. B. wegen schlechter Produkte oder hoher Preise). Kann die Wirtschaftspolitik nicht abhelfen, verliert das Land seine Devisenvorräte und kann keine Importe mehr tätigen. Dies ist bei vielen Entwicklungsländern, die nur Rohstoffe exportieren und Fertigprodukte importieren müssen, auch aufgrund ungünstiger **Terms of Trade** der Fall:

> **Terms of Trade**
>
> $$\text{Terms of Trade} = \frac{\text{Exportpreise}}{\text{Importpreise}}$$
>
> Die Terms of Trade lassen erkennen, in welchem Umfang ein Land seine Importe mit dem Erlös aus Exporten finanzieren kann. Steigende Terms of Trade bedeuten daher tendenziell einen Wohlstandsgewinn.

Die Terms of Trade sind das Verhältnis von Export- zu Importpreisen. Die Produktpreise steigen stärker als die Rohstoffpreise; die Länder geraten in die Klemme. Um ihre „internationale Liquidität" zu erhalten, bekommen sie oft _Devisenkredite_ (vor allem vom IWF). _M 327_
Dies bewirkt aber nur den formalen Ausgleich einer grundsätzlich ungleichgewichtigen Zahlungsbilanz durch internationale Verschuldung.

Auch eine **ständig aktive Zahlungsbilanz** ist unvorteilhaft: Das Land produziert große Teile seines Inlandsprodukts für das Ausland, ohne materielle Gegenwerte zu erhalten.

2.1.5 Liberalisierung des Welthandels

Nach langen Phasen des Protektionismus begann nach dem Zweiten Weltkrieg eine Phase der Liberalisierung des Welthandels. Die Beseitigung von Handelshemmnissen – entweder weltweit oder zwischen bestimmten Staaten – wird u. a. angestrebt durch
- den Internationalen Währungsfonds (IWF),
- die Welthandelsorganisation (World Trade Organization, WTO),
- die Bildung von Freihandelszonen sowie Zoll-, Wirtschafts- und Währungsunionen.

2.2 Internationaler Währungsfonds (IWF)

2.2.1 Bretton-Woods-System

Zur Förderung des freien Welthandels wurde 1944 in Bretton Woods (USA) ein **internationales Währungsabkommen** unterzeichnet. Es sollte auch devisenarmen Ländern die Teilnahme am Welthandel und damit Wohlstandssteigerung erleichtern.

IWF in Washington, USA

Bis dahin galt nur Gold als anerkanntes internationales Zahlungsmittel. Das bedeutet: Die Zentralbanken mussten ihre Schulden untereinander durch Goldtransfers begleichen. Gold war ihre Währungsreserve.
Dies funktionierte so lange, wie die Goldproduktion mit dem wachsenden Welthandel Schritt hielt. Als der Welthandel schneller wuchs, drohten die Weltmarktpreise zu sinken. Es war eine internationale Deflation zu befürchten, verbunden mit rückläufigem Welthandel. Man suchte deshalb ein neues internationales Zahlungsmittel. Dafür bot sich eine starke Währung an, die jedes Land als Zahlungsmittel zu akzeptieren und statt Gold als Reserve zu halten bereit war. Diese **Reservewährung** (oder **Leitwährung**) wurde der US-Dollar. Sein Wert war in Gold festgelegt (1 Unze Gold = 35,00 Dollar).

> **Wichtige Regelungen des Bretton-Woods-Systems**
> - Alle Währungen sind für die laufenden Geschäfte konvertibel.
> - Die Wechselkurse sind relativ fest: Sie halten eine festgelegte Parität zum Dollar ein. Die Mitgliedstaaten verhindern Kursschwankungen über 1 % nach oben und unten durch Interventionen ihrer Zentralbanken.
> - Nur bei fundamentalen Störungen des Zahlungsbilanzgleichgewichts darf durch eine Auf- oder Abwertung die Parität neu festgesetzt werden.
> - Die USA verpflichten sich, Dollarreserven der anderen Notenbanken jederzeit in Gold umzutauschen.

Durch eine gemeinsame Kasse, den **Internationalen Währungsfonds (IWF)** mit Sitz in Washington, wurde das System funktionsfähig:
Die Mitgliedsländer mussten eine aufgrund ihrer Wirtschaftskraft berechnete Quote einzahlen: ¼ in Gold, ¾ in eigener Währung. Aus der so entstandenen Kasse konnten devisenarme Mitglieder sog. „Ziehungen" vornehmen: Sie konnten gegen Hingabe eigener Währung Kredite in fremder Währung anfordern. Dies war so lange möglich, bis sie das Doppelte ihrer Quote eingezahlt hatten. Binnen 5 Jahren waren die Kredite zurückzuzahlen Die Kredite des IWF ermöglichten es den Mitgliedsländern folglich, Zahlungsbilanzungleichgewichte eine Zeit lang zu finanzieren.

> **Beispiel:** Kreditziehungen
>
> In Land A steigen die Preise stärker als in B. A importiert deshalb verstärkt Güter aus B. Folge: Der Wert der B-Währung steigt, der Wert der A-Währung sinkt. Bei A entsteht ein Zahlungsbilanzdefizit. Die Notenbank von A muss durch Devisenverkäufe den Kurs stützen. Besitzt sie keine ausreichenden Devisenbestände, so kann sie welche durch Ziehungen beim IWF beschaffen.
> Einerseits kann A durch die Ziehungen weiter Güter von B kaufen. Andererseits muss es nach 5 Jahren den Währungskredit zurückzahlen. Die dafür nötigen Devisen erhält es nur, wenn es durch konjunkturdämpfende Maßnahmen die Preissteigerungen im Inland bekämpft und gegenüber B billiger wird.

Das System funktionierte 20 Jahre lang und führte zu einer beispiellosen Entwicklung des Welthandels. Dann stiegen die Importe der USA immer mehr an (durch Vietnamkrieg, Militärhilfe, Entwicklungshilfe und hohe Direktinvestitionen im Ausland) und störten ihr außenwirtschaftliches Gleichgewicht fundamental: Es wurden zunehmend Dollar zur Einlösung in Gold vorgelegt. Die Goldbestände der USA schmolzen. 1971 wurde die Goldeinlösungspflicht der USA aufgehoben, bis 1973 wurde der Dollar zweimal abgewertet. Dann gaben die Notenbanken der wichtigsten Industrieländer ihre Wechselkursinterventionen auf und gingen zu flexiblen Wechselkursen über. Die einheitliche Währungsordnung hatte ihr Ende gefunden.

Der IWF hat jedoch weiterhin wichtige Aufgaben behalten: Er hilft bei fundamentalen Zahlungsbilanzungleichgewichten und hoher Staatsverschuldung, die zur Zahlungsunfähigkeit eines Staates führen können.

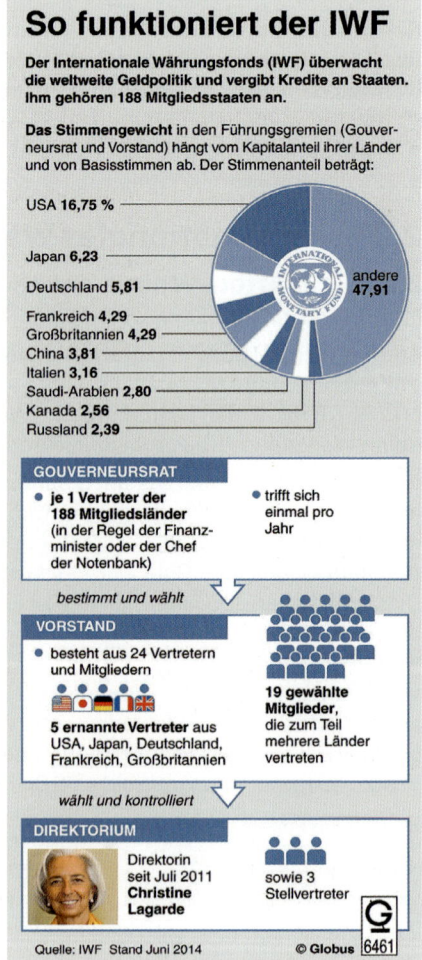

2.2.2 Sonderziehungsrechte

Der Welthandel war bis zum Ende der 1960er Jahre des letzten Jahrhunderts enorm gewachsen und erforderte zusätzliche Finanzmittel. Man befürchtete, dass viele Länder wegen Devisenmangel ihre Verpflichtungen nicht mehr würden erfüllen können. Deshalb schuf der IWF schon 1970 zusätzlich zu den ursprünglichen Ziehungsrechten sog. Sonderziehungsrechte (SZR). Sonderziehungen sind Gutschriften, die allen Mitgliedern des Fonds entsprechend ihren Quoten ohne Gegenleistung zugeteilt werden: Geld, das „aus dem Nichts kommt". Sie berechtigen die Notenbanken zum Bezug fremder Währungen. Alle Mitgliedsländer müssen Sonderziehungsrechte als Zahlungsmittel annehmen.

> **Die Bedeutung der Quote**
>
> Die Quote eines Mitgliedslandes wird berechnet anhand der wichtigsten Wirtschaftsdaten (v. a. Bruttoinlandsprodukt, Leistungsbilanz, Währungsreserven).
>
> Die Quote bestimmt
> - die Höhe der Einzahlungspflicht,
> - das Stimmrecht,
> - den Umfang des Zugangs zu Fondskrediten,
> - das individuelle Volumen der Zuteilung von SZR.

Sonderziehungsrechte sind ebenso wie Devisenreserven eine Art Währungsreserve und Zahlungsmittel (Buchgeld) zwischen den Notenbanken. Seit 1978 sind die Quoten der Mitgliedsländer nicht mehr zu ¼ in Gold, sondern in SZR oder USD, EUR, JPY oder GBP einzuzahlen. Die restlichen ¾ werden in nationaler Währung eingezahlt. Großteils handelt es sich um „schwache" Währungen, die aufgrund von nationalen Wohlfahrts-, Entwicklungs- und Rüstungsprogrammen der Inflation unterliegen. Dies gilt insbesondere für die meisten Entwicklungsländer.

2009 erfolgte im Zuge der Weltfinanzkrise eine neue Zuteilung von SZR im Gegenwert von 248 Mrd. USD, um ausreichende Mittel für Rettungsmaßnahmen zur Verfügung zu stellen. Nach der Zuteilung betrugen die Kreditmittel 750 Mrd. USD.

2.2.3 Finanzhilfen des IWF

Der IWF vergibt Fremdwährungskredite als finanzielle Überbrückungskredite an Mitglieder, die überschuldet sind oder Zahlungsbilanzschwierigkeiten haben. Die Mitgliedsländer können diese Finanzmittel im Rahmen ihrer Ziehungsrechte und Sonderziehungsrechte beim IWF abrufen, wenn die Mehrheit des Exekutivdirektoriums zustimmt.

Diese Kreditgewährung ist allerdings seit jeher mit harten Stabilitätsauflagen verknüpft:
- Abbau des Staatshaushaltsdefizits (vor allem durch Subventionskürzungen),
- Abwertung der Währung zur Förderung der Exporte und Senkung der Importe,
- Zinserhöhung, Steuererhöhungen, Krediteinschränkungen zur Bekämpfung der Inflation,
- Privatisierung öffentlicher Einrichtungen zum Abbau des Staatsanteils, zur Schuldentilgung und zur Förderung der Wettbewerbsfähigkeit des Landes.

Die Kontrolleure des IWF erarbeiten die Auflagen gemeinsam mit dem betroffenen Land und überwachen ihre Einhaltung. Außerdem setzt der IWF einen engen Zeitrahmen, in dem die Auflagen zu erfüllen sind.

Mit diesen harten Auflagen greift der IWF tief in das wirtschaftliche und soziale Gefüge der hoch verschuldeten Länder ein. Kritiker werfen dem IWF vor, dass die auferlegte Sparpolitik (z. B. Streichung von Subventionen für Grundnahrungsmittel, Erhöhung der Verbrauchssteuern) insbesondere das Elend der Menschen in den Entwicklungsländern vergrößere.

Lediglich die Exporte würden gefördert, nicht aber die Binnenwirtschaft. Die Arbeitslosigkeit steige. Als Reaktion auf diese Kritik hat der Fonds 1999 erstmals einen Schuldenerlass von 70 Mrd. US-Dollar für die ärmsten Entwicklungsländer beschlossen. Außerdem wurden die Auflagen bei der Kreditvergabe flexibilisiert (siehe Infokasten). Seit 2009 handhabt der Fonds seine Auflagenpolitik flexibler.

Trotzdem hat sich an der Praxis der Hilfeleistungen durch den IWF relativ wenig geändert, wie das Beispiel der Griechenlandkrise zeigt.

M 330 Siehe auch den Infotext *IWF-Kredite*.

Neue Kreditpolitik des IWF ab 2009
- Die Stabilitätsauflagen können bei Bedarf flexibel gehandhabt werden.
- Der Kreditbetrag kann die Quote bzw. die zugeteilten SZR überschreiten.
- Ein beantragter Kredit muss nicht abgerufen, sondern kann auch als Kreditlinie lediglich reserviert werden. Private Investoren vertrauen dann i. d. R. auf die Zahlungsfähigkeit des betreffenden Landes und sind bereit, weiterhin seine Anleihen zu kaufen. Das Land bleibt kreditwürdig.

Beispiel: Griechische Staatsschuldenkrise 2010

Aus verschiedenen Gründen (z. B. Wahlversprechen, hohe Ausgaben für Staatsbedienstete, Pensionen und Renten, hohe Importüberschüsse, Steuerhinterziehung) wuchsen die Staatsschulden Griechenlands bis 2010 extrem an. 2010 meldete der griechische Staat ein Haushaltsdefizit von über 12 % und eine Staatsverschuldung von über 140 % des BIP. Fällige Staatsanleihen konnten nur mit neuen Anleihen getilgt werden.

Erlaubt sind nur 3 %/60 %. Vgl. S. 334: Konvergenzkriterien.

Eine enorme Spekulation gegen Griechenland setzte ein. Die Zinsen für neue Staatsanleihen stiegen bis April 2010 auf über 8,5 % (zum Vergleich: deutsche Anleihen 2 bis 3 %). Griechenland musste die EU um Hilfe anrufen, um die Zahlungsunfähigkeit des Staates abzuwenden. Die EU beteiligte den IWF an den Hilfsmaßnahmen. Griechenland erhielt eine Kreditzusage von 110 Mrd. EUR (davon 80 Mrd. von den Euro-Ländern und 30 Mrd. vom IWF).

Die Kreditzusage wurde jedoch mit harten Auflagen verbunden, die auf den Abbau des Haushaltsdefizits und der Staatsverschuldung zielten.
- Erhöhung der Steuern (MwSt. von 19 % auf 23 %; Steuern auf Tabak, Alkohol, Benzin, Luxusimmobilien, Luxusautos, Glücksspielgewinne),
- Erhöhung des Renteneintrittsalters von 55 auf 63 Jahre; Einfrieren der Rentenhöhe,
- Einstellungsstopp für den öffentlichen Dienst, Kürzung der Gehälter, Erhöhung der Wochenarbeitszeit von 37,5 auf 40 Wochenstunden,
- Privatisierung von Staatsvermögen wie Häfen, Eisenbahnen, Flughäfen, Fluglinien.

Ökonomische Folgen: Anstieg der Arbeitslosigkeit, Schrumpfen des Bruttoinlandsprodukts um mehr als 4 % pro Jahr; infolgedessen weitere Zunahme der Staatsschulden.
Soziale Folgen: Erhebliche soziale Unruhen, gewalttätige Demonstrationen, Generalstreiks. Es herrscht die Ansicht vor, dass die Reichen geschont und die Lasten der ärmeren Bevölkerung aufgebürdet werden.

Generalstreik in Griechenland

Trotz eines zweiten Rettungspakets von EU und IWF über zusätzliche 139,3 Mrd. EUR und trotz eines Teilerlasses privater Schulden verschlechterte sich die Wirtschafts- und Schuldenlage immer mehr. Schuld daran trugen die Unfähig- und Unwilligkeit der griechischen Regierungen, notwendige Strukturreformen umzusetzen, die verbreitete Korruption, die Schonung der Superreichen, aber auch ausbleibende Investitionen in die Wirtschaft. 2015 wurde ein drittes Hilfspaket gewährt. Seine Wirksamkeit wird aufgrund der bisherigen Erfahrungen von vielen Fachleuten angezweifelt, weil es nur in geringem Umfang Investitionshilfen vorsieht.

Die Sparauflagen des IWF erzielen also durchaus nicht nur in den Entwicklungsländern negative Wirkungen. Viele Wirtschaftswissenschaftler sind der Ansicht, dass sie – zumindest bei isolierter Anwendung – die Wirtschaft nur in die Rezession treiben. Sie befürworten begleitende Investitionsprogramme, um die Wirtschaft anzukurbeln und wettbewerbsfähig zu machen.

2.3 Welthandelsorganisation (WTO)

Ein Umsichgreifen protektionistischer Verhaltensweisen wurde Mitte der 1970er Jahre dafür verantwortlich gemacht, dass der Welthandel seine Schwungkraft verlor. In den 1980er Jahren setzte ein Umdenken ein. Viele Staaten orientierten sich wieder stärker an den Grundsätzen der Marktwirtschaft, um die heimischen Probleme Arbeitslosigkeit, geringes Wachstum und Inflation zu lösen. 1995 wurde zur Förderung des Welthandels die neue Welthandelsorganisation WTO (World Trade Organization) gegründet. Sie hat 164 Mitgliedsländer (Stand 2018).

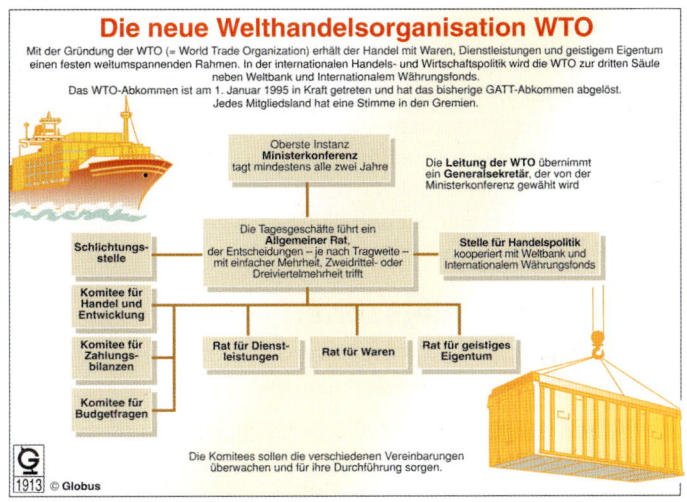

Die WTO basiert auf folgenden Prinzipien:

- **Prinzip der Meistbegünstigung**
  Handelsvorteile, die ein Land einem anderen Land einräumt, sollen allen WTO-Mitgliedern zugute kommen, um jede Handelsdiskriminierung auszuschließen.

  > **Beispiel: Meistbegünstigung**
  > Die Schweiz als WTO-Mitglied gestattet Kanada die zollfreie Einfuhr von Rapshonig. Dann muss die Schweiz jedem anderen WTO-Mitglied das gleiche Recht einräumen. Ausnahmen davon sind nur für Zoll- und Wirtschaftsunionen wie die EU zugelassen.

- **Prinzip der Gleichbehandlung**
  Importierte Produkte dürfen nach Überschreiten der Grenze nicht unvorteilhafter als inländische Produkte behandelt werden, z. B. nicht mit zusätzlichen Steuern oder abweichenden Produktanforderungen belastet werden.

- **Prinzip der Wechselseitigkeit**
  Wenn ein Land einem anderen handelspolitische Vergünstigungen einräumt, soll auch der Vertragspartner umgekehrt gleichwertige Leistungen erbringen.

  > **Beispiel: Wechselseitigkeit**
  > Die Schweiz erlaubt Kanada die zollfreie Einfuhr. Dann muss Kanada dies umgekehrt auch der Schweiz erlauben.

Ausnahmen von diesen drei Prinzipien sind für schwache Volkswirtschaften (Entwicklungsländer) zugelassen.

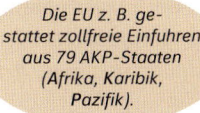

Die EU z. B. gestattet zollfreie Einfuhren aus 79 AKP-Staaten (Afrika, Karibik, Pazifik).

Wichtige Aufgaben der WTO:
- Unterstützung der internationalen Arbeitsteilung zur Förderung von Wachstum und Wohlstand. Entsprechende Fortschritte sollen z. B. durch die Veranstaltung internationaler Handelsrunden erzielt werden.

- Die WTO ist auch für die Liberalisierung des Dienstleistungsverkehrs und den Schutz geistigen Eigentums zuständig.
- Die WTO ist befugt, nationale Handelspolitiken zu überwachen.
- Die WTO verfügt über ein Schiedsgericht zur Beilegung von Handelskonflikten.
- Die WTO hat durchgesetzt, dass wichtige Abkommen (z. B. über Dumping, Subventionen und technische Handelshemmnisse) nun ausnahmslos für alle Mitglieder gelten.
- Zu lösen sind noch Probleme des Verhältnisses von Umwelt und Handel und die Formulierung einer internationalen Wettbewerbspolitik.

Seit 2001 läuft eine in Doha (Katar) begonnene Runde („Entwicklungsrunde", Hauptthema: Agrarfragen). Sie sollte schon Ende 2004 beendet sein, bringt aber bisher kaum Fortschritte (vgl. S. 336, Arbeitsauftrag 4).

Probleme der WTO

Dass die Ziele der WTO bisher trotz vieler Konferenzen nicht erreicht wurden, hat viele Ursachen:
- Weltweit wächst die Angst vor der Globalisierung – vor allem vor der starken Konkurrenz aus China.
- Die WTO muss die Interessen von zurzeit 164 Mitgliedern (2018) zum Ausgleich bringen.
- Die Entwicklungsländer wehren sich dagegen, auf bestehende Zollprivilegien zu verzichten.
- Die EU und die USA wollen am Schutz ihrer Landwirtschaft festhalten.
- Brasilien und Indien wollen ihre Industriezölle nicht abbauen und ihre Dienstleistungsmärkte nicht öffnen.

2.4 Freihandelszonen

Freihandelszonen sind *Zusammenschlüsse mit Zollfreiheit und Abbau der Einfuhrbeschränkungen* **zwischen den Mitgliedsländern, wobei jedes Mitgliedsland seine individuellen Zölle gegenüber Drittländern beibehält.**

Beispiele:
EFTA (European Free Trade Association): Island, Liechtenstein, Norwegen, Schweiz; EWR (s. S. 333); **NAFTA** (North American Free Trade Agreement): Kanada, USA, Mexiko; **Mercosur** (Mercado Común del Sur): Argentinien, Brasilien, Paraguay, Uruguay. Suspendiert: Venezuela. Assoziiert: Bolivien, Chile, Peru, Kolumbien, Ecuador; **AFTA** (ASEAN Free Trade Area): Brunei, Kambodscha, Indonesien, Laos, Malaysia, Myanmar, Philippinen, Singapur, Thailand, Vietnam; **CETA** (Comprehensive Economic and Trade Agreement): Kanada und EU; seit Sept. 2017 nur vorläufig in Kraft, weil noch nicht von allen EU-Staaten ratifiziert.

2.5 Europäische Union (EU)

2.5.1 Entwicklung der EU

Die EU – bis 1993 Europäische Gemeinschaft (EG) – wurde 1965 aus den drei Gemeinschaften EGKS (Europäische Gemeinschaft für Kohle und Stahl; Montanunion), EWG (Europäische Wirtschaftsgemeinschaft) und EURATOM (Europäische Atomgemeinschaft) gebildet. Außer den Gründungsmitgliedern Belgien, Bundesrepublik Deutschland, Frankreich, Italien, Luxemburg, Niederlande gehören der EU heute Bulgarien, Dänemark, Finnland, Griechenland, Großbritannien, Irland, Österreich, Portugal, Schweden, Spanien, Estland, Kroatien, Lettland, Litauen, Malta, Polen, Rumänien, Slowakei, Slowenien, Tschechien, Ungarn, Zypern an. Großbritannien wird die EU voraussichtlich im März 2019 verlassen (Stand März 2018).

Das Endziel der EU ist eine politische Union in Form eines Staatenbundes oder vielleicht sogar eines Bundesstaates. Vorstufen dazu sind die Schaffung einer Zollunion, einer Wirtschaftsunion und einer Währungsunion.

M 332 Siehe auch *Entwicklung der EU*.

2.5.2 Erste Stufe: Zollunion

Im Gegensatz zur EFTA bilden die EU-Länder seit 1968 eine **Zollunion**:

Beim Warenverkehr zwischen *EU-Ländern* werden *keine Zölle* erhoben. Nach außen erheben die Mitgliedsländer keine individuellen Zölle, sondern es besteht ein gemeinsamer Zolltarif mit etwa 5 000 Positionen.

Der gemeinsame Zolltarif findet Anwendung gegenüber Drittländern, mit denen die EU keine Präferenzabkommen geschlossen hat. Zollfrei sind auch die Einfuhren aus den AKP-Staaten sowie der Warenverkehr zwischen EU und EFTA. Die Herkunft der Waren wird durch Ursprungsnachweise bezeugt.

2.5.3 Zweite Stufe: Wirtschaftsunion (gemeinsamer Markt)

Seit 1993 ist die EU auch eine Wirtschaftsunion.

Die *Wirtschaftsunion* ist ein gemeinsamer Markt, in dem Personen, Waren, Dienstleistungen und Kapital ohne Beschränkung verkehren können.

Die Schaffung der Wirtschaftsunion wurde erst durch eine weitgehende Anpassung aller Steuer- und Wirtschaftsgesetze der Mitgliedstaaten ermöglicht.

Eine Harmonisierung der Mehrwertsteuersätze ist jedoch bisher noch nicht gelungen. Sie betragen in den einzelnen EU-Ländern zwischen 15 und 25 %. Deswegen gilt folgende Übergangsregelung:

- Bei **Lieferungen von Unternehmen an Unternehmen** wird – wie bisher – im Lieferland keine Umsatzsteuer erhoben. Dafür erhebt das Käuferland die Erwerbsteuer (früher: Einfuhrumsatzsteuer).
- Bei **Lieferungen von Unternehmen an Endverbraucher** eines anderen EU-Landes erhebt das Lieferland seine Umsatzsteuer.

EU und EFTA (mit Ausnahme der Schweiz) bilden darüber hinaus seit 1993 den **Europäischen Wirtschaftsraum (EWR)**. Er hat den unbeschränkten Personen-, Waren-, Dienstleistungs- und Kapitalverkehr (mit Ausnahmen) in allen EU- und EFTA-Ländern zum Ziel. Allerdings sind – anders als in der EU – eine Harmonisierung der indirekten Steuern, ein Abbau der Grenzkontrollen und eine gemeinsame Außenwirtschaftspolitik nicht vorgesehen.

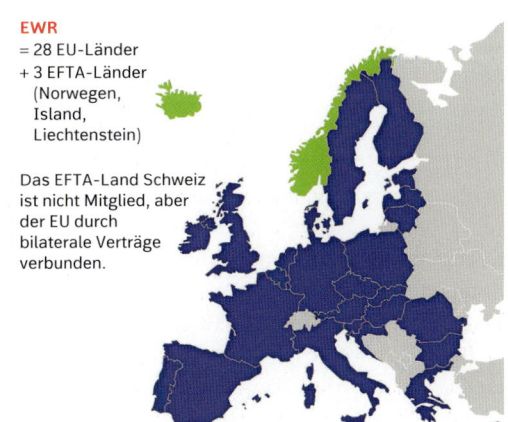

EWR
= 28 EU-Länder
+ 3 EFTA-Länder
(Norwegen, Island, Liechtenstein)

Das EFTA-Land Schweiz ist nicht Mitglied, aber der EU durch bilaterale Verträge verbunden.

2.5.4 Dritte Stufe: Europäische Währungsunion

Die EU verfolgt das Ziel einer Währungsunion **aller** Mitgliedsländer. Rechtliche Grundlage ist der Vertrag über die Europäische Union (EUV; **„Vertrag von Maastricht"**, 1992).

Eine Währungsunion entsteht, indem die Wechselkurse zwischen den Währungen mehrerer Länder unwiderruflich fixiert werden. Dies geschah in der EU zum 1. Januar 1999. Gemeinschaftswährung wurde der Euro. Zum 1. Januar 2002 wurden gemeinsame Euro-Banknoten und -Münzen ausgegeben.

Laut dem Vertrag von Maastricht sind alle EU-Mitgliedsstaaten – mit Ausnahme von Dänemark und Großbritannien – zur Euroeinführung verpflichtet, sobald sie die vertraglich festgelegten **Konvergenzkriterien** erfüllen. Diese Kriterien sollen garantieren, dass nur Länder mit einer auf Wirtschafts- und Geldwertstabilität ausgerichteten Politik dem Euro beitreten.

> **Konvergenzkriterien**[1]
> **Preisniveaustabilität:** Die durchschnittliche Inflationsrate (gemessen mit dem Harmonisierten Verbraucherpreisindex) darf höchstens 1,5 % über dem Durchschnitt der 3 Länder mit der niedrigsten Rate liegen.
> **Zinsstabilität:** Die durchschnittliche Rendite langfristiger Staatsanleihen darf höchstens 2 % über dem Durchschnitt dieser Länder liegen.
> **Haushaltsstabilität:** Die jährliche öffentliche Neuverschuldung darf höchstens 3 %, die öffentliche Gesamtverschuldung höchstens 60 % des Bruttoinlandsprodukts betragen.
> **Wechselkursstabilität:** Vor dem Beitritt müssen die Länder zwei Jahre am sog. WKM II (Wechselkursmechanismus II) teilnehmen: Sie sind durch eine feste Parität (Leitkurs) mit dem Euro verbunden und dürfen davon nicht mehr als 15 % abweichen.

Euro-Mitglieder sind Belgien, Deutschland, Estland, Finnland, Frankreich, Griechenland, Irland, Italien, Lettland, Litauen, Luxemburg, Malta, die Niederlande, Österreich, Portugal, die Slowakei, Slowenien, Spanien, Zypern (Stand 2018).

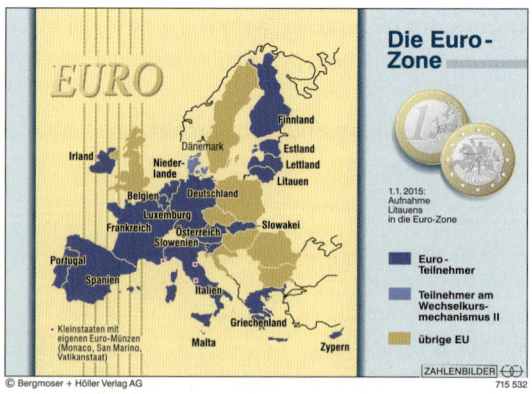

Großbritannien, Dänemark und Schweden wollen aus innenpolitischen Gründen keine Euro-Mitglieder werden, obwohl sie die Konvergenzkriterien erfüllen. Großbritannien scheidet wahrscheinlich im März 2019 ganz aus der EU aus.

Dänemark nimmt am WKM II teil. Es hat seine maximale Abweichung vom Euro selbst auf 2,25 % begrenzt. Bei Schweden duldet die Europäische Kommission bislang, dass es nicht dem WKM II beitritt, um den Eurobeitritt zu vermeiden. Die Kurse des britischen Pfunds und der schwedischen Krone schwanken ohne feste Parität und Bandbreite zum Euro.

Erst durch die Währungsunion wird die Wirtschaftsunion wirklich vollendet. Ohne sie wäre der freie Verkehr von Personen, Waren, Dienstleistungen und Kapital mit hohen und unnötigen Kosten verbunden: Die (bis 2004) 15 Euro-Länder handelten z. B. bis 1998 unter-

---

[1] Konvergenz = (u. a.) Übereinstimmung von Zielen

einander pro Jahr mit Gütern und Dienstleistungen im Wert von 1,5 Billionen DM (ca. 767 Mrd. EUR). Wenn man 3 % Kosten für Währungsumtausch, Absichern des Kursrisikos und Devisenmanagement ansetzt, ergaben sich unnötige Kosten von jährlich 45 Mrd. DM (ca. 23 Mrd. EUR)!

> **Eurozone und erweiterte Eurozone**
>
> Unmittelbar zur Eurozone gehören auch die französischen Überseedepartements Französisch-Guayana (Südamerika), Martinique, Gouadeloupe, St. Martin (Karibik), Mayotte, Réunion (Indischer Ozean), die atlantischen Inselgruppen der Kanaren (Spanien), der Azoren sowie Madeira (beide Portugal).
>
> Mehrere Staaten, die nicht EU-Mitglieder sind, verwenden den Euro als Währung: die Kleinstaaten Andorra, Monaco, San Marino und Vatikan sowie Montenegro und Kosovo.
>
> Außerdem haben in Europa Bosnien-Herzegowina und Bulgarien, einige französische pazifische Überseeterritorien und eine Reihe afrikanischer Länder, die früher französische Kolonien waren, ihre Währungen durch einen festen Wechselkurs eng an den Euro gebunden.

Beispiel: Kursrisiko

Ein deutscher Importeur bestellt in den USA Waren für 100 000,00 USD zur Lieferung und Zahlung in drei Monaten. Bei Vertragsabschluss beträgt der Dollarkurs 1,00 EUR = 1,19 USD. Dies bedeutet einen Kaufpreis von 84 033,00 EUR. Sollte binnen drei Monaten der Kurs auf 1,00 EUR = 1,02 USD sinken, ist eine Summe von 98 039,00 EUR für die Zahlung nötig! Nur durch ein zusätzliches Kurssicherungsgeschäft kann der Importeur sich gegen dieses Wechselkursrisiko absichern. Bestünde eine Währungsunion mit den USA, würde kein Kursrisiko entstehen.

Das Beispiel verdeutlicht einen weiteren Grund, der für die Europäische Währungsunion spricht: Bisher wird ein erheblicher Teil des Welthandels auf Dollar-Basis abgewickelt. Für europäische Unternehmen bringt diese Dollarabhängigkeit erhebliche Risiken: Schwankt der Dollarkurs, schwanken auch die kalkulierten Gewinne. Nur eine einheitliche europäische Währung kann in den kommenden Jahrzehnten eine ähnliche Bedeutung wie der Dollar auf den Weltmärkten gewinnen. Denn hinter dem Euro steht eine starke Wirtschaftskraft: Das Bruttoinlandsprodukt der EU-Staaten ist größer als das der USA.

Arbeitsaufträge

1. **Es wird behauptet, dass Freihandel den Wohlstand der beteiligten Länder erhöht. Dabei spielen insbesondere Kostenvorteile eine wesentliche Rolle.**

   a) Erläutern Sie die Wohlstandsmehrung anhand des folgenden Modells mit 2 Ländern: 2 Länder können an einem 10-Stunden-Tag entweder Gut 1 oder Gut 2 in den angegebenen Mengen produzieren oder aber eine geringere Kombination von beiden Gütern.

   Die Kosten pro Einheit sind in Arbeitsstunden ausgedrückt.

	Land A		Land B	
	Menge/Tag	Kosten/Einh.	Menge/Tag	Kosten/Einh.
Gut 1	10 Einheiten	1,0 Stunden	20 Einheiten	0,5 Stunden
Gut 2	20 Einheiten	0,5 Stunden	8 Einheiten	1,0 Stunden

   Jedes Land soll so viel wie möglich von dem jeweils kostengünstigsten Gut produzieren und Tauschhandel betreiben.

   b) In der Wirklichkeit praktizieren fast alle Länder protektionistische Maßnahmen in Form von tarifären und nichttarifären Handelshemmnissen.
   - Erläutern Sie, was man unter diesen Handelshemmnissen versteht und welche Vor- und Nachteile man sich davon verspricht.
   - In vielen Entwicklungsländern ist jegliche Einfuhr genehmigungspflichtig. Begründen Sie dies.
   - Entwicklungsländer exportieren häufig Rohstoffe und landwirtschaftliche Produkte zu niedrigen Preisen. Andererseits müssen sie teure Fertigprodukte einführen. Inwiefern sind diese Länder im Welthandel von vornherein benachteiligt?

2. **Der Außenwert einer Währung wird durch den Wechselkurs bestimmt.**
   a) Erläutern Sie den Begriff des Wechselkurses.
   b) In einem Land A steigt das Preisniveau doppelt so schnell wie in einem Land B. Ergeben sich Auswirkungen auf die Wechselkurse? Wenn ja, welcher Art?
   c) Wie kann die Zentralbank von Land A den Wechselkurs ihrer Währung stabilisieren?
   d) Woran kann eine solche Stabilisierung auf längere Sicht scheitern?

3. **Die Zahlungsbilanz enthält alle Werttransaktionen zwischen In- und Ausländern.**
   a) Aus welchen Teilbilanzen besteht die Zahlungsbilanz?
   b) Ist es richtig, dass ein weder positiver noch negativer Außenbeitrag gleichbedeutend mit einer Zahlungsbilanz im Gleichgewicht ist? (Begründung)
   c) Erläutern Sie, was ein fundamentales Zahlungsbilanzungleichgewicht ist und welche negativen Folgen es für die Wirtschaft hat.

4. **Die WTO versucht auf sog. Welthandelsrunden, weltweite Übereinkommen zum Abbau von Handelshemmnissen zu erreichen. Handelsrunden sind Abfolgen von Konferenzen, die unterschiedliche Themen parallel verhandeln und mit einem Abkommen abschließen. Zurzeit läuft die sog. Doha-Runde, die 2001 in Doha (Katar) am Persischen Golf begann.**

   > **Doha-Runde 2001. Thema: Entwicklung des Welthandels**
   >
   > Ziel: Die Märkte weiter öffnen, die Entwicklungsländer in das System des Welthandels besser einbinden und so die Chancen zur Armutsbekämpfung erhöhen; Steigerung des Welthandelsvolumen um ca. 160 Mrd. USD pro Jahr.
   > Mittel: Allgemeine Zollsenkung; Abbau der Agrarexportsubventionen der Industrieländer.
   > Vertagung der Doha-Konferenz 2001 mangels befriedigender Ergebnisse.
   >
   > **Konferenz von Cancún 2003. Thema: Agrarexportsubventionen**
   >
   > Hauptstreitpunkt: Die hohen Agrarexportsubventionen von USA, Kanada und EU. Klage der Entwicklungsländer, ihre eigenen Produkte hätten wegen dieser Subventionen weder auf den heimischen Märkten noch auf dem Weltmarkt Absatzchancen. Ablehnung der Schwellenländer, die Einfuhrzölle auf Industriegüter zu senken. Konferenz ohne substanzielles Ergebnis.
   >
   > **Konferenz von Hongkong 2005. Thema: Agrarexportsubventionen**
   >
   > Minimalkompromiss: Die Agrarexporthilfen von EU und USA sollten bis 2013 abgeschafft werden, die Industriestaaten sollten ihre Märkte weitgehend für die ärmsten Länder öffnen. Keine konkreten Ergebnisse bei der Liberalisierung des Handels von Industrieprodukten und Dienstleistungen, auf die besonders Deutschland gedrängt hatte. Ankündigung einer handelsbezogenen Entwicklungszusammenarbeit mit Hilfen im Umfang von 3 Mrd. USD durch die Industrieländer.
   >
   > **Konferenz von Genf 2008. Thema: Schutzmechanismus für Entwicklungsländer**
   >
   > Auch hier keine Einigung: Die Entwicklungsländer wollten für eine Übergangszeit Zollerhöhungen zum Schutz vor den Agrarexporten der Industrieländer. Brasilien und andere Länder weigerten sich, ihre Importzölle für Industriegüter und Dienstleistungen zu senken.
   >
   > Bis 2018 ist der Abschluss eines neuen Handelsabkommens nicht gelungen. Dabei zeigt eine Studie der Weltbank („Conclude Doha – It matters"), dass ein Handelsabkommen auf der Basis der bisherigen Verhandlungsergebnisse den Wohlstand in der Welt deutlich steigern würde.

   a) Welche Behinderungen des Welthandels werden in dem Bericht deutlich?
   b) Der Bericht zeigt zwei gegensätzliche Interessenlagen auf. Erläutern und begründen Sie sie.
   c) Warum sollten alle Gruppen an einer einvernehmlichen, möglichst umfassenden und langfristigen Lösung interessiert sein?
   d) WTO-Abkommen kommen nur zustande, wenn alle WTO-Mitgliedsländer ihnen zustimmen (Prinzip der Einstimmigkeit). Dies erschwert die Beschlussbildung enorm. Welche Gründe sprechen nach Ihrer Ansicht trotzdem gegen Mehrheitsbeschlüsse?

5. **Der Internationale Währungsfonds war ursprünglich mit dem Ziel gegründet worden, Staaten bei kurzfristigen Devisenschwierigkeiten zu helfen.**
   Mit welchen Mitteln suchte man dieses Ziel zu erreichen?

6. **Heute ist der IWF zur wichtigsten internationalen Organisation zur Bekämpfung der Schuldenkrise der Entwicklungsländer geworden.**
   a) Wie ist es zu erklären, dass die Entwicklungsländer hoch verschuldet sind?
   b) Welche Schwierigkeiten entstehen aufgrund der Verschuldung beim internationalen Handel?
   c) Wie verhilft der IWF Ländern mit Devisenmangel zu internationaler Liquidität?
   d) Unter welchen Auflagen werden solche Hilfen vergeben?
   e) Die Auflagen des IWF bei der Kreditvergabe sind seit jeher äußerst umstritten. Hierzu einige Texte:

---

❶ Medizinmann IWF

Julius Nyerere, ehemaliger Präsident von Tansania, verglich schon 1985 den IWF mit einem traditionellen afrikanischen Medizinmann, der alle Patienten zur Ader lässt, ob er nun an Fettleibigkeit oder an Unterernährung leidet. Der IWF empfehle allen Ländern mit Zahlungsproblemen eine deflatorische Politik: Abwertung der Währung, Erhöhung der Exporte, Senkung und Liberalisierung der Importe, Kürzung der Staatsausgaben, Erhöhung der Staatseinnahmen, Heraufsetzung der Zinssätze, Senkung der Löhne, Abbau der Subventionen. Dass wegen solcher Maßnahmen kleine Gewerbetreibende auf der Strecke blieben und die ohnehin arme Bevölkerung noch mehr verarme, interessiere den IWF nicht.

Wenn die Entwicklungsländer die bittere Medizin akzeptieren, reichen die Kreditmittel des IWF laut Nyerere bestenfalls zur Bedienung der vorhandenen Schulden. Deshalb bräuchten diese Länder keinen Aderlass, sondern eine „Aufbauspritze" in Form von Investitionen und Ressourcen. Nyerere meint, die IWF-Bedingungen seien wohl eher für die Krankheiten von Ländern in Nordamerika und Europa geeignet. Wenn man allerdings die Griechenland-Krise betrachtet, die mit einer ganz ähnlichen „Medizin" behandelt wird, können dem Betrachter durchaus Zweifel daran kommen.

Text auf Grundlage eigener Recherchen erstellt.

---

❷ Kritik am IWF

Die IWF-Auflagen zwangen zur massiven Kürzung der Staatsausgaben, zur Streichung von Subventionen für Grundnahrungsmittel, zum Abbau von öffentlichen Sozialleistungen, zur Einschränkung von öffentlichen Investitionen und zum Rückzug des Staates aus Tätigkeitsbereichen, die Privatunternehmer übernehmen können. Die erzwungene Kürzung der Staatsausgaben führte zu Entlassungen im öffentlichen Dienst und verschärfte die Arbeitslosigkeit. Was später die Großschuldner in der Euro-Zone durchstehen mussten, hatten viele Entwicklungsländer schon in den 1980er Jahren durchlitten.

Quelle: Nuscheler, Franz: Lern- und Arbeitsbuch Entwicklungspolitik. Bonn: Dietz Verlag 2012.

---

❸ Ägypten verzichtet auf IWF-Kredit

Nach dem Sturz des ägyptischen Diktators Husni Mubarak im Jahr 2011 geriet das Land in eine Krise: Wochenlange Proteste schreckten Investoren und Touristen ab, das Staatsdefizit weitete sich aus. Die ägyptische Übergangsregierung beantragte beim IWF einen Überbrückungskredit in Höhe von 2 Mrd. EUR (Laufzeit 1 Jahr, 1,5 % Zins). Der IWF begründete seine Kreditgewährung damit, dass die neue Regierung die richtigen Maßnahmen zur Wiederbelebung der Wirtschaft eingeleitet habe. Mit dem IWF-Kredit sollten fällige Staatsschulden zurückgezahlt werden.

Als die Bevölkerung von dem IWF-Kredit erfuhr, gab es jedoch massive Proteste gegen die Übergangsregierung. Diese sollte unbedingt auf das Darlehen verzichten. Die Bevölkerung wollte ihren Staat auf keinen Fall in Abhängigkeit vom IWF sehen. Die Regierung sah sich gezwungen, auf den Druck der öffentlichen Meinung zu reagieren und auf das Darlehen zu verzichten.

Stattdessen setzte die Regierung auf die arabischen Nachbarn. Katar investierte 10 Mrd. USD in Ägypten. Saudi Arabien gewährte 4 Mrd. USD als langfristigen Kredit.

Text auf Grundlage eigener Recherchen erstellt.

---

(1) Erläutern Sie die „alte" Politik des IWF. Warum hatte sie verheerende Folgen für die betroffenen Entwicklungsländer? (Entnehmen Sie Text 1 und Text 2 die erforderlichen Informationen.)

(2) Auf Seite 330 wird die Griechenlandkrise von 2010 beschrieben. Im Zusammenhang damit wird behauptet, an der Praxis der Hilfeleistungen durch den IWF habe sich relativ wenig geändert. Nehmen Sie zu dieser Behauptung Stellung.

(3) Wie Griechenland mussten auch Irland (2010) und Portugal (2011) aufgrund einer Schuldenkrise die Hilfe des IWF in Anspruch nehmen. Sie rangen sich erst nach langem Zögern zu diesem Schritt durch. In Ägypten (siehe Text ❸) verzichtete die Regierung auf den Druck der Bevölkerung hin sogar auf einen IWF-Kredit.
Warum stehen die Betroffenen der IWF-Hilfe derartig zurückhaltend bzw. ablehnend gegenüber?

7. **Die EU in ihrer Gesamtheit ist eine Zoll- und Wirtschaftsunion.**
   a) • Wodurch unterscheidet sich eine Zollunion (z. B. die EU) von einer Freihandelszone (z. B. der EFTA)?
      • Welcher dieser Zusammenschlüsse ist weitergehend?
   b) • Welche zusätzlichen Bedingungen müssen erfüllt sein, damit aus einer Zollunion eine Wirtschaftsunion wird?
      • Welche Vorteile bringt die Wirtschaftsunion gegenüber der Zollunion?

8. **Man sagt, dass die Wirtschaftsunion der EU nur durch die Vollendung der Währungsunion voll zur Geltung kommen kann.**
   a) Vor dem Beginn der Europäischen Währungsunion war der Umtausch in eine andere Währung mit Kosten verbunden. Die EU-Kommission schätzt die Kosten auf etwa 22 bis 23 Mrd. EUR. Versuchen Sie Kosten aufzuzeigen, von denen vor allem Unternehmen betroffen sind.
   b) Erläutern Sie Gründe dafür, dass die Wirtschaftsunion erst durch die Währungsunion vollendet wird. Versuchen Sie, neben den im Buchtext aufgeführten Gründen weitere anzugeben.

2.6 Globalisierung der Wirtschaft

Schon 2002 stellte das Institut der deutschen Wirtschaft (Köln) fest: Unternehmen, die „die „Globalisierungskarte spielen", sehen ihre Wettbewerbsstärke positiver als Unternehmen, die lediglich national aufgestellt sind. Sie pflegen nicht nur einen intensiven Waren- und Dienstleistungsaustausch mit ausländischen Partnern, sondern haben auch im Ausland Produktions- oder Vertriebsstätten. So kombinieren sie heimische Stärken mit Vorteilen im Ausland, z. B. niedrige Lohnkosten und niedrige Steuern. Sie werden stärker gegenüber ausländischen Konkurrenten und gewinnen neue Kunden auf Auslandsmärkten.

Ein typisches Beispiel ist der Automobilhersteller Volkswagen. Er hat Produktionsstätten in Deutschland, Tschechien, Spanien, China, Brasilien, Mexiko und anderen Ländern. Die Komponenten werden von Systemlieferanten bezogen, die ebenfalls international tätig sind und überall auf der Welt produzieren.

Die Global Player gehen dorthin, wo sie Beschaffungs-, Absatz-, Kosten- und Finanzierungsvorteile erzielen. So setzen sie sich erfolgreich gegen ihre in- und ausländischen Konkurrenten durch.

2.6.1 Kennzeichnung des aktuellen Globalisierungsprozesses

Globalisierung – ein Wort, das polarisiert. Die Kritiker assoziieren damit Ungerechtigkeit und Bedrohung, die Befürworter Hoffnung und neue Chancen.

Die Globalisierung hat einen gesamtwirtschaftlichen und einen einzelwirtschaftlichen Aspekt. Beide sind miteinander verknüpft.

Globalisierung kennzeichnet gesamtwirtschaftlich die Tendenz zu zunehmenden weltweiten Verflechtungen von Wirtschaft, Politik und Kultur, verbunden mit weitreichenden Änderungen der traditionellen Rahmenbedingungen.

Globale (weltweite) Aktivität ist doch nichts Neues. Schon die Phönizier und Römer trieben internationalen Handel großen Stils, im Spanierreich Karls V. „ging die Sonne niemals unter", und noch bis in die zweite Hälfte des 20. Jahrhunderts besaßen europäische Staaten Kolonien auf mehreren Kontinenten.

Richtig! Aber die Qualität globalen Handelns ist heutzutage doch eine völlig andere.

2 Europäische und weltweite Märkte

Neu an dem aktuellen Prozess der Globalisierung und kennzeichnend für ihn sind folgende Merkmale:

Merkmale der Globalisierung

Weltweiter Abbau von Handelshemmnissen

Durch die Tätigkeit von **IWF, GATT und WTO** wurde der Welthandel wie nie zuvor gefördert, wurden Zölle und Handelshemmnisse wie nie zuvor weltweit abgebaut.

Moderne Kommunikationssysteme

Nie zuvor existierten so **effiziente und weltweit einsetzbare Kommunikationstechniken** (v. a. Satellitenübertragung, Internet, Computernetzwerke). Nie zuvor waren solche Techniken quasi jedermann zugänglich. Jeder Interessierte – und natürlich auch jedes Unternehmen – kann weltweit Informationen aufnehmen und versenden, mit Partnern zusammenarbeiten und umgehend reagieren.

Moderne Transportsysteme

Nie zuvor gab es **so schnelle, große und preisgünstige Transportsysteme** für Personen und Güter und für jeden Zweck (v. a. Flugzeuge, aber auch Großcontainerschiffe, Schnellbahnen, …).

Einzelwirtschaftlich stellt Globalisierung eine Unternehmensstrategie dar. Diese lässt sich durch folgende Zusammenhänge kennzeichnen:

Was ist eine Unternehmensstrategie? Dies erfahren Sie im nächsten Abschnitt dieses Buches.

Globalisierungsstrategie

Strategische Ausrichtung von international tätigen Unternehmen. Sie nimmt an, dass die Märkte sich weltweit ausdehen und dadurch weltweit standardisierte Produkte entstehen. Indem die Unternehmen diese Produkte anbieten, eröffnen sich ihnen globale Absatzchancen.

Globalisierung

Strategieform eines international tätigen Unternehmens (**globales Unternehmen** „Global Player"), das weitgehend nur in **globalen Branchen** vertreten ist und sich einem **globalen Wettbewerb** stellen muss.

Globales Unternehmen

Unternehmen, das alle weltweit relevanten Märkte bedient und bearbeitet. Durch Großangebot standardisierter Güter und weltweite Ausnutzung von Standortvorteilen erzielt das Unternehmen Wettbewerbsvorteile.

Globale Branchen

Gesamtheit von Märkten, die alle Grenzen überschreiten und auf denen Unternehmen weltweit im Wettbewerb stehen.

Beispiele: die Märkte für Computer, Kopierer, Halbleiter, Flugzeuge.

Globaler Wettbewerb

Alle Grenzen überschreitender Wettbewerb international tätiger Unternehmen unter Ausnutzung globaler Kommunikationstechniken, globaler Transportsysteme und globaler Standortvorteile.

Globalen Unternehmen reicht es heutzutage nicht, in alle Welt zu exportieren. Vielmehr sind sie selbst weltweit vertreten: durch eigene Produktions-, Handels-, Dienstleistungs- und Finanzstandorte und/oder durch Vernetzung mit Sub- und Partnerunternehmen.

> **Beispiel:** Siemens AG als Global Player
>
> Die Siemens AG, eines der größten deutschen Unternehmen, war 2017 in etwa 190 Ländern vertreten. Sie hat weltweit 290 Produktionsstätten und beschäftigt 350 000 Mitarbeiter aus 140 Nationen. Im Ausland verdient sie mehr Geld als in Deutschland. In ihrem Leitbild steht: „Unsere Aktivitäten richten wir konsequent auf innovationsgetriebene Märkte aus – auf Märkte mit langfristigem Wachstumspotenzial. An ihnen wollen wir eine führende Rolle einnehmen."

Die Standorte globaler Unternehmen werden so gewählt, dass sie den Unternehmen genau die **Standortvorteile** verschaffen, die für die eingeschlagenen Unternehmensstrategien die größte Bedeutung haben. Dazu gehören z. B.:

- die optimale räumliche Nähe zum Kunden,
- die gewünschte Verfügbarkeit von Rohstoffen,
- das passende Arbeitskräftepotenzial,
- die niedrigsten Kosten (Löhne, Steuern, Sozialkosten, Umweltkosten),
- die niedrigsten staatlichen Auflagen (z. B. Auflagen zum Arbeits- oder Umweltschutz),
- die gewünschte Nähe zu Forschungseinrichtungen.

Die Globalisierung wirkt sich nicht nur auf die Gütermärkte, sondern auch auf die Arbeits- und Finanzmärkte aus.

- Die **Arbeitsmärkte** werden weltweit ausgeweitet:
  - Die Produktion wandert in Billiglohnländer. (Von dieser Möglichkeit machen zunehmend auch mittelständische Unternehmen Gebrauch.)
  - Die modernen Kommunikationssysteme ermöglichen es, dass die Arbeitsplätze an verschiedensten Stellen der Erde unmittelbar miteinander kommunizieren können. Sie lassen sich von der Produktion räumlich trennen. Dies gilt auch für Planungs-, Entwicklungs-, Kontroll-, Verwaltungs- und Engineering-Arbeiten. Viele dieser Arbeiten können ausgegliedert und als Aufträge an die preisgünstigsten Anbieter auf der Welt vergeben werden.

- Die **Finanzmärkte** zeigen den Fortschritt der Globalisierung am stärksten:
  - Währungen werden schrankenlos und online in beliebige andere Währungen getauscht. Dabei dienen nur etwa 2 % dieses Verkehrs der Abwicklung des Import- und Exporthandels. Vielmehr sind etwa 60 % durch spekulative Geschäfte bedingt: Man versucht, Fremdwährungen zu niedrigen Kursen zu kaufen und zu hohen Kursen zu verkaufen. 1,5 Billionen US-Dollar wandern täglich um den Globus!
  - Ebenso werden Aktien, Investmentanteile und Obligationen rund um die Uhr an den Börsen der Welt erworben und wieder abgestoßen.
  - Hinzu kommt die Fremd- und Eigenkapitalbeschaffung der Unternehmen, sei es durch Kreditbeschaffung oder Aktienemission auf den internationalen Märkten.

2 Europäische und weltweite Märkte

Zusammenfassend ist Globalisierung gekennzeichnet durch
- **weltweit ausgedehnte und vernetzte Märkte (Güter-, Kapital-, Arbeitsmärkte),**
- **weltweiten Wettbewerb globaler Unternehmen ("Global Players"),**
- **weltweite Arbeitsteilung zwischen eigenen Standorten und Auftragsunternehmen,**
- **weltweit wirksame Kommunikationstechniken und Transportsysteme.**

Vergleichen Sie zu den beiden letztgenannten Punkten das Beispiel „Puma" auf Seite 249.

2.6.2 Auswirkungen der Globalisierung

Unzweifelhaft hat die Globalisierung positive Auswirkungen:

- Die Globalisierung verwirklicht weltweit die Grundsätze des Freihandels und der internationalen Arbeitsteilung. Dementsprechend wandert die Produktion an die kostengünstigsten Orte. Die **Kostenvorteile** können über niedrige Warenpreise an die Käufer weitergegeben werden. Folglich können mehr Güter gekauft werden. Dies bedeutet eine Steigerung des materiellen Wohlstands.
- Der intensive Wettbewerb zwischen den Global Players führt zu **Qualitätsverbesserungen** und **Innovationen**.

Globalisierung ohne Probleme?

- Die offenen weltweiten Finanzmärkte lenken Geld und Kapital dorthin, wo diese den größten Ertrag bringen.
- Die globalen Unternehmen schaffen durch ihre Ansiedlung an vorteilhaften Standorten Arbeitsplätze in den Entwicklungsländern. Dabei handelt es sich durchaus nicht nur um Billigjobs für ungelernte und angelernte Arbeitskräfte. Vielmehr sind die Investitionen in den Entwicklungsländern heute in der Regel genauso wissens- und kapitalintensiv wie die in den Industrieländern.

Globalisierungskritiker behaupten indessen eine Reihe negativer Auswirkungen.

Allerdings werden diese Auswirkungen größenteils kontrovers diskutiert.

- **Argument: Umweltschäden**
 Die Zunahme von Transporttätigkeit und Produktionsbetrieben bewirkt auch **eine Zunahme von Energieverbrauch und Umweltverschmutzung**. Es ist bereits eine Veränderung des Weltklimas mit Temperaturanstieg, Abschmelzen von Polkappen und Gletschern, Stürmen, Wüstenbildung, Bodenerosion, Umwelt- und Erntekatastrophen festzustellen.

 Gegenargument:
 Immer mehr Staaten erkennen an, dass der Schutz der natürlichen Lebensgrundlagen notwendig ist. Die Zahl der internationalen Umweltabkommen nimmt zu.

- **Argument: Spekulationsfolgen**
Die Finanzmärkte entgleiten der Kontrolle. Die Masse der spekulativen Kapitalströme kann starke **Wechselkursschwankungen** verursachen, die die Kalkulation von Exporteuren und Importeuren gefährden. Dabei sollen die Wechselkurse sich eigentlich an den realwirtschaftlichen Verhältnissen orientieren; d. h., sie sollen die unterschiedliche Entwicklung von Kauf-kraft und Preisniveau im Inland und Ausland widerspiegeln.

Die Globalisierungskritiker fordern deshalb eine weltweite „Tobin-Steuer".

> **Tobin-Steuer**
> Der US-Wirtschaftswissenschaftler James Tobin hat den Vorschlag einer internationalen Devisenumsatzsteuer („Tobin-Steuer") gemacht, um die kurzfristige Devisenspekulation einzudämmen. Die Wirkung ist umstritten:
> - Die Steuer würde auch die nichtspekulativen Umsätze treffen und den seriösen Investoren die nötige Risikoabsicherung gegen Wechselkursschwankungen erschweren.
> - Es würde ggf. weniger Geld in die ärmeren Regionen der Erde fließen.
> - Bei regelrechten Spekulationsattacken und Krisen, die große Gewinne erwarten lassen, würde die Steuer nichts nützen.
> - Sämtliche Länder zur Erhebung der Steuer zu bringen, dürfte unmöglich sein.

Gegenargumente:
siehe Kasten.

- **Argument: Arbeitslosigkeit**
Durch Produktionsverlagerungen in Billiglohnländer wird die in den Industrieländern schon bestehende hohe **Arbeitslosigkeit** noch verstärkt.

Gegenargumente:
Lohnkostenvorteile sind für die Entwicklungsländer eine Chance, einen Fuß in die Tür der weltweiten Arbeitsteilung zu setzen. Dies muss akzeptiert werden. Auch beruht die Arbeitslosigkeit zu einem Teil auf einer weltweiten Konjunkturschwäche, zu einem anderen – wie das Beispiel Deutschland zu Beginn des Jahrtausends zeigt – auf einer überholten Finanzierung der Sozialsysteme: Zunehmende Überalterung und steigende Gesundheitskosten treiben die Sozialversicherungsbeiträge in die Höhe, damit auch den Arbeitgeberanteil und die Arbeitskosten. Arbeit war in Deutschland zu teuer geworden. Eine Neustrukturierung erfolgte seit 2003 durch die Agenda 2010 der Bundesregierung.

- **Argument: Macht**
Die globalen Unternehmen erreichen eine kaum noch vorstellbare **finanzielle Stärke** und damit entsprechende Marktmacht.

> **Beispiele: Finanzmacht globaler Unternehmen**
> Daimler AG: Umsatz 1993:   52,1 Mrd. EUR;   2016: 153,3 Mrd. EUR
> Siemens AG: 42,3 Mrd. EUR;   79,6 Mrd. EUR
> Zum Vergleich: Das Bruttoinlandsprodukt Südafrikas betrug im Jahr 2012 295,4 Mrd. EUR.

Durch ihre finanzielle Stärke und Allgegenwärtigkeit können diese Unternehmen die Wirksamkeit der nationalen Politik unterlaufen: Sie können z. B. **Steuern und Umweltauflagen ausweichen**.

Gegenargumente:
Die Marktmacht der Global Player ist zumindest in den Industrieländern gering, verglichen mit der Marktmacht des Staates. So beträgt der Staatsanteil am Bruttoinlandsprodukt in nahezu allen westeuropäischen Ländern mehr als 40 %. Solche Werte kann ein Unter-

nehmen bei Weitem nicht erreichen. Außerdem achten die nationalen und internationalen Wettbewerbs- und Finanzaufsichtsbehörden darauf, dass sich die global aufgestellten Unternehmen an die Spielregeln halten und nicht gegen weltweite Standards für Umweltschutz und Finanzmarktstabilität verstoßen. Auch die Presse sorgt dafür, dass Verstöße gegen die Spielregeln weltweit bekannt gemacht werden.

- **Argument: Globale Ungleichgewichte**
  Von Globalisierungskritikern wird auch behauptet, **nur die Industrieländer profitierten** von der Globalisierung. Nur sie verfügten über Know-how, um auf dem Weltmarkt Spitzenprodukte anzubieten. Die Entwicklungsländer hingegen könnten nur Agrarprodukte und Rohstoffe anbieten. Ihre Terms of Trade – das Verhältnis von Export- und Importgüterpreisniveau – verschlechterten sich immer mehr. Denn viele entwickelte Produkte würden zunehmend teurer, während die Agrarprodukte und Rohstoffe sich eher verbilligten. Die Entwicklungsländer seien immer weniger in der Lage, benötigte Güter einzuführen. Unter anderem deshalb komme es zu einer wachsenden Verelendung.

  Gegenargumente:
  Die reichsten 50 Länder der Erde erzielten 2005 (2015) in der Tat ein 15 (14)-mal höheres Pro-Kopf-Einkommen als die ärmsten 60 Länder (in Kaufkraft gemessen). Seit 1985 ist das Pro-Kopf-Einkommen in vielen der ärmsten Länder jedoch stetig gestiegen – eine Folge der Globalisierung!

  Die ungleiche Wohlstandsverteilung zwischen Industrie- und Entwicklungsländern hat nur zum Teil mit Globalisierung zu tun. Häufig liegen die Ursachen in den Strukturen der Entwicklungsländer: ineffiziente Regierungen und Verwaltungen, Monostrukturen der Wirtschaft, schlechte klimatische Verhältnisse, schlechte Gesundheitsversorgung und Bildungssysteme.

- **Argument: Menschenrechte**
  Die Nichtregierungsorganisation *Attac* (frz.: *Association pour une taxation des transactions financières pour l'aide aux citoyens;* dt.: Vereinigung für eine Besteuerung von Finanztransaktionen zum Nutzen der Bürger) kritisiert, dass mit der zunehmenden Globalisierung auch eine zunehmende Verletzung der Menschenrechte einhergeht.

  Gegenargument:
  Die Globalisierung eröffnet auch die Möglichkeit, auf Verstöße gegen die Menschenrechte aufmerksam zu machen. Mit dem Wachstum der globalen Wirtschaft entsteht ein weltweiter Demokratisierungsprozess, der zu einer schrittweisen Durchsetzung der Menschenrechte beitragen wird.

Um Wachstum zu erzielen, müssen die Entwicklungsländer auch günstige Rahmenbedingungen schaffen: Rechtsstaatlichkeit, niedrige Steuerlast, stabilen Geldwert, Bekämpfung der Korruption. Nur dann sind Investoren bereit, sich zu engagieren. Die zehn korruptesten Länder der Welt 1916 sind Somalia, Südsudan, Nordkorea, Syrien, Jemen, Sudan, Libyen, Afghanistan, Guinea-Bissau und Venezuela.

Arbeitsaufträge

1. Der Einführungstext auf Seite 338 spricht davon, dass Unternehmen, die „die Globalisierungskarte" spielen, ihre Wettbewerbsstärke wesentlich positiver sehen als andere Betriebe. Interessant ist in diesem Zusammenhang auch die folgende Statistik.

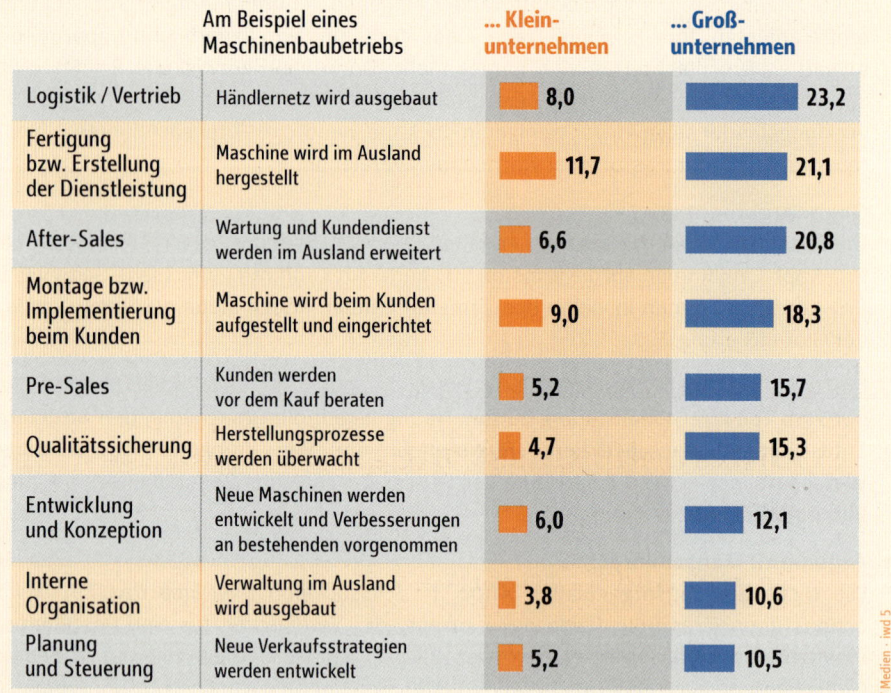

a) Was meint der Text mit „die Globalisierungskarte spielen"?
b) Erläutern Sie den Inhalt und die Aussagen der Statistik.
c) Welche Schlussfolgerungen ziehen Sie aus den Informationen der Statistik?
d) Recherchieren Sie, ob und auf welche Weise Ihr Ausbildungsbetrieb sich in den Globalisierungsprozess eingebunden hat. Berichten Sie darüber, evtl. mithilfe einer Präsentationssoftware.

e) Nicht jedes Unternehmen, das aktiv am Globalisierungsprozess teilnimmt, ist deswegen auch ein „Global Player".
- Erläutern Sie, wodurch ein Global Player gekennzeichnet ist.
- Diskutieren Sie in zwei Gruppen darüber, welche positiven und negativen Wirkungen von einem solchen Unternehmen ausgehen können.

f) „Jedermann erlebt heutzutage – bewusst oder unbewusst – die Ergebnisse der Globalisierung. Niemand kann sich ihnen entziehen, aber jedermann kann aktiv am Globalisierungsprozess teilnehmen." Erläutern Sie diese Behauptung.

2. **Zurzeit stellt die internationale Bewegung Attac den weltweit größten Zusammenschluss von Globalisierungskritikern dar.**

a) Recherchieren Sie im Internet über die Ziele und Aktivitäten von Attac und berichten Sie darüber.

b) Notieren Sie wesentliche Behauptungen und Forderungen von Attac. Sammeln Sie auch Gegenargumente und führen Sie eine Diskussion über Argumente und Gegenargumente.

3 Unternehmensstrategien im globalisierten Umfeld

3.1 Begriff und Kennzeichen

Produkta GmbH nimmt Strategiewechsel vor

(Interview in der Zeitschrift „Business" mit Geschäftsführer Heinrich Schwarze)

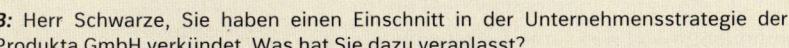

B: Herr Schwarze, Sie haben einen Einschnitt in der Unternehmensstrategie der Produkta GmbH verkündet. Was hat Sie dazu veranlasst?

Schwarze: Wir haben in den vergangenen Wochen die Ergebnisse einer Marktanalyse des Werkzeugmaschinenmarktes erhalten. Demnach hat die Produkta in Deutschland einen Marktanteil von 25 %. Damit sind wir national das zweitgrößte Unternehmen der Branche. Allerdings mussten wir auch zur Kenntnis nehmen, dass der Markt in Deutschland in den letzten Jahren kontinuierlich geschrumpft ist, zuletzt um 2,2 %. Darauf müssen wir einfach reagieren.

B: Wie sind Sie mit den Ergebnissen der Marktanalyse umgegangen?

Schwarze: Wir haben die Ergebnisse zunächst zum Anlass genommen, unsere Unternehmensziele zu überdenken. Unsere Grundziele – langfristige Sicherung von Gewinn und Arbeitsplätzen – haben wir beibehalten. Diese Ziele haben sich seit der Gründung des Unternehmens nicht geändert. Unsere Grundsatzstrategie heißt auch weiterhin Wachstum.

Das scheint uns mehr denn je ein geeigneter Weg, um unsere Grundziele zu erreichen. Auf der nächsten Zielebene, bei den langfristigen Zielen, haben wir aber Korrekturen vorgenommen. Früher haben wir uns stark auf den deutschen Markt konzentriert, um einen möglichst hohen Marktanteil zu erreichen. In einem schrumpfenden Markt hat das aber keinen Sinn mehr.

B: Welche Richtung wollen Sie stattdessen einschlagen?

Schwarze: Wir müssen uns noch stärker als bisher schon dem internationalen Wettbewerb stellen. Und das nicht nur auf dem deutschen Markt, sondern vor allem im Ausland. Wir sind ja bereits durch Vertriebsniederlassungen auf allen fünf Kontinenten präsent. Und eine ganze Reihe von Einzelteilen lassen wir durch Partner und Subunternehmen in Indien, Großbritannien, Südafrika und Malaysia fertigen. Jetzt wollen wir prüfen, ob es sinnvoll ist, Teile unserer eigenen Produktion ins Ausland zu verlagern. In den wachsenden Märkten Osteuropas liegen nach meiner Überzeugung wesentliche zukünftige Marktchancen. Wenn wir dort zeigen, dass wir konkurrenzfähig sind, können wir mit dem Markt weiter wachsen. Immerhin betrug das Wachstum des Maschinenbaus in den östlichen EU-Ländern durchschnittlich über 4 %. Unser Ziel lautet also: Marktführerschaft in Osteuropa, wir haben es kurz „MIO" genannt. Auf dem osteuropäischen Markt wollen wir in den nächsten fünf Jahren 15 %. Marktanteil erreichen. Damit hätten wir gute Chancen, für die gesamte EU auf 10 % zu kommen.

B: Welche Schritte sind hierfür notwendig?

Schwarze: Zunächst müssen wir unsere Fertigungskapazitäten ausbauen. Unsere Auslastung ist auch jetzt schon so hoch, dass wir nicht mehr flexibel genug auf Kundenwünsche reagieren können. Wenn wir da auf einem neuen Markt Fuß fassen wollen, brauchen wir höhere Kapazitäten. Wir werden ein Team zusammenstellen, das hier alle Möglichkeiten prüfen und ein vernünftiges Konzept entwickeln wird. Der Arbeit dieses Projektteams will ich aber nicht vorgreifen. Mehr kann ich hierzu deshalb im Moment nicht sagen. Sobald sich unser Vorgehen konkretisiert, werde ich Ihnen gern darüber berichten.

B: Herr Schwarze, wir kommen gerne auf Ihre Ankündigung zurück. Vielen Dank für das Gespräch.

Jedes Unternehmen muss sich langfristige Ziele setzen. Es muss auch grundlegend planen, wie es vorgehen will, um diese Ziele zu erreichen. Grundsätzliche und ausgearbeitete Entwürfe über das eigene Vorgehen nennt man Strategien.

Strategien sind durch die Eigenschaften **Langfristigkeit, Aktivität und Offenheit** gekennzeichnet:

- **Langfristigkeit**: Strategien sind immer langfristige Entwürfe. Deshalb werden auch langfristige Ziele als strategische Ziele und langfristig wirksame Entscheidungen als strategische Entscheidungen bezeichnet. Strategien haben eine zeitliche Perspektive von fünf bis zehn Jahren. Die Umsetzung muss jedoch umgehend beginnen.

Sie wissen: Man unterscheidet Grundziele, strategische, strukturelle und operative Ziele. Vgl. Band 1 „Geschäftsprozesse", Sachwort „Initiativaufgabe".

> **Beispiel:** Strategieeigenschaft *Langfristigkeit*
> Die Erschließung des osteuropäischen Marktes soll der Produkta GmbH in den nächsten fünf Jahren zu einem Marktanteil von 10 % in der EU verhelfen.

- **Aktivität**: Strategien bedeuten einen aktiven Umgang eines Unternehmens mit einem Problem. Das Unternehmen verhält sich nicht abwartend gegenüber Veränderungen seines Umfelds, sondern nutzt sie, um die Position des Unternehmens auf dem Markt zu verbessern.

> **Beispiel:** Strategieeigenschaft *Aktivität*
> Die Produkta GmbH wartet nicht ab, bis der deutsche Markt so klein geworden ist, dass sie ihre Kapazitäten reduzieren muss. Stattdessen drängt sie aktiv auf einen neuen, sich öffnenden Markt.

- **Offenheit**: Eine Strategie beschreibt das Verhalten eines Unternehmens zur Erreichung seiner Ziele lediglich grob. Sie eröffnet damit innerhalb der Strategie Handlungsspielräume für die Mitarbeiter, steckt gleichzeitig aber Grenzen für diese Spielräume ab.

> **Beispiel: Strategieeigenschaft *Offenheit***
>
> Das langfristige Ziel der Produkta GmbH lautet: Sicherung von Gewinnen und Arbeitsplätzen. Die Grundsatzentscheidung über die Strategie gibt eine grobe Richtung an: Erschließung des osteuropäischen Marktes. Über die Art und Weise, wie der osteuropäische Markt erschlossen werden soll (z. B. durch Kauf von dort ansässigen Unternehmen, Gründung eigener Niederlassungen, eine Niedrigpreis-Offensive oder Werbung für die Qualität der eigenen Erzeugnisse), trifft die Strategie keine Festlegungen.

3.2 Entwicklung von Strategien

Zur Entwicklung von Strategien ist es wichtig, Analysen, Prognosen und Frühwarninformationen zu erstellen und zu berücksichtigen: einerseits in Bezug auf das Unternehmen selbst (Stärken und Schwächen), andererseits in Bezug auf das Umfeld (Chancen und Risiken). Neben diesen Informationen spielen vor allem die Ziele des Unternehmens eine Rolle. Aus diesen Zielen wird die Strategie abgeleitet.

Strategieentwicklung ist hierbei die **Suche nach Verhaltensweisen, von denen günstige Folgen für das Unternehmen angenommen werden.** Es werden in der Regel viele mögliche Alternativen geprüft und bewertet, um eine Erfolg versprechende Strategie zu erhalten.

> **Beispiel: Prüfung von Alternativen**
>
> Die Produkta GmbH hat neben der Erschließung des osteuropäischen Marktes auch die Übernahme anderer Unternehmen der Branche (Wachstum durch Fusion), die Erschließung des asiatischen Marktes und die Entwicklung von neuen Produkten außerhalb des Werkzeugmaschinen-Sektors erwogen. Diese Strategiealternativen wurden aber als weniger Erfolg versprechend beurteilt:
> - Für die Akquisition eines anderen Unternehmens reichen die finanziellen Mittel nicht.
> - Der asiatische Markt ist durch andere Unternehmen bereits wesentlich besser besetzt, sodass enorm hohe Investitionen in den Aufbau eines Vertriebssystems und in das Marketing erforderlich wären. Das Risiko eines Scheiterns wird dagegen als sehr hoch eingeschätzt.
> - Das Know-how außerhalb des Werkzeugmaschinenbaus ist innerhalb der Produkta GmbH gering. Die Produkta GmbH müsste auf externe Kooperationspartner setzen, was eine Abhängigkeit von diesen Partnern zur Folge hätte. Die Geschäftsführung spricht sich deshalb gegen diese Alternative aus.

Die Entwicklung von Strategien vollzieht sich in mehreren Schritten (siehe Strategieentwicklungsprozess, Seite 348).

Die erfolgreiche Umsetzung von Unternehmensstrategien hängt vor allem von der Analyse der Rahmenbedingungen ab. Insbesondere sind zu beachten:
- eigene Stärken und Schwächen,
- die Möglichkeit, die Umsetzung der Strategie zu finanzieren,
- externe Rahmenbedingungen wie Gesetze und Verordnungen, aber auch Erwartungen der Kunden.

Zudem kann die Ableitung von **Projekten** aus der Unternehmensstrategie die Erreichung der angestrebten Ziele günstig beeinflussen. Welche Bedeutung Projekte für die Umsetzung der Unternehmensstrategie haben, lesen Sie in Kapitel 4.

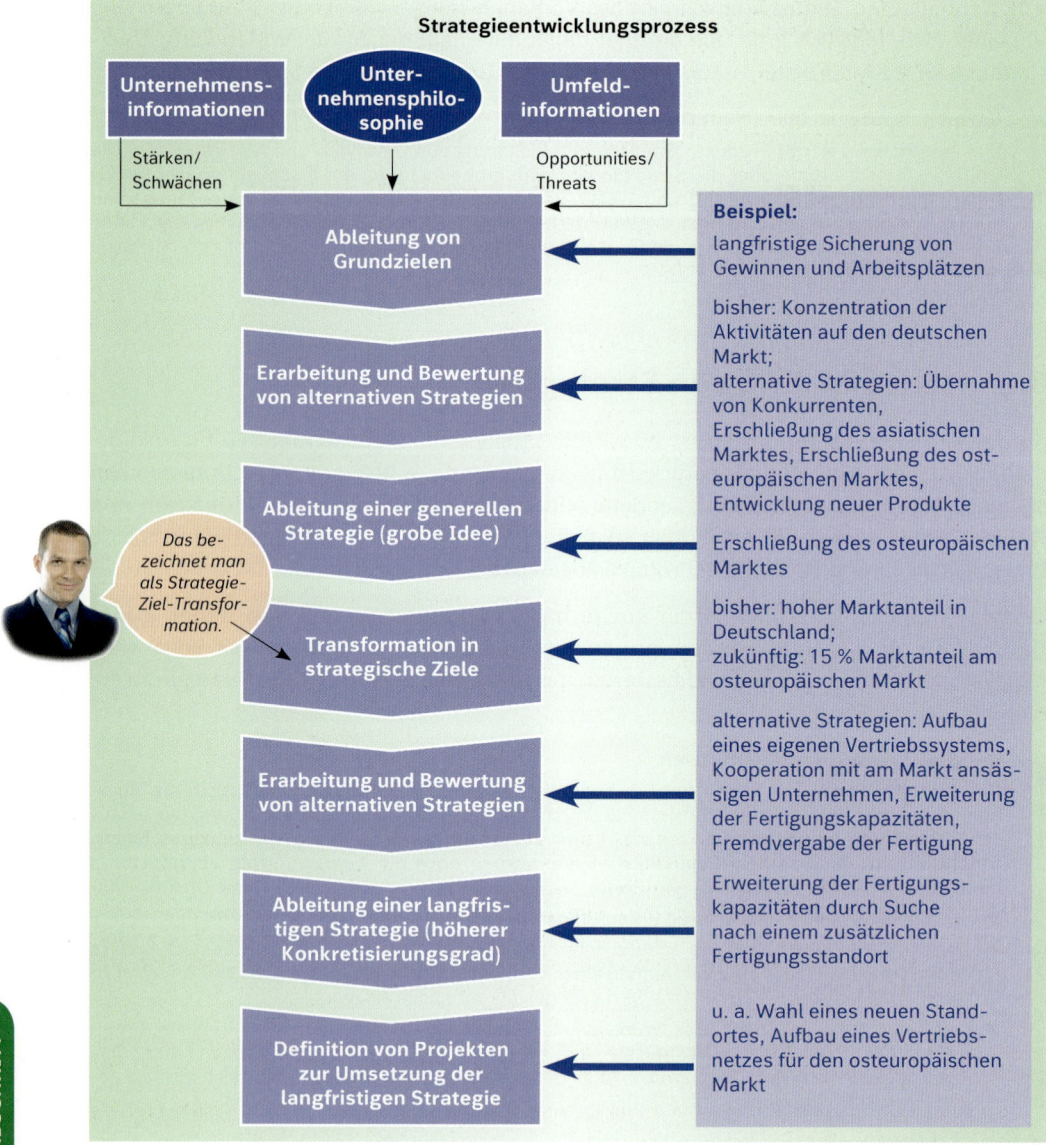

3.3 Arten von Strategien

In der Regel sind Unternehmensziele nicht auf direktem Wege erreichbar. Stattdessen ist eine Abfolge mehrerer zielgerichteter Handlungen erforderlich. Sie müssen aufeinander abgestimmt sein. Strategien nehmen diese Abstimmung vor.

Strategien lassen sich für die unterschiedlichsten Unternehmensbereiche formulieren. Man unterscheidet funktionsübergreifende und funktionsbezogene Strategien.

Funktionsübergreifende Unternehmensstrategien

Sie betreffen das Gesamtunternahmen, also alle Funktionsbereiche des Unternehmens.

Beispiele:
Wahl der Geschäftsfelder, Standortstrategie, Kostensenkungsstrategie

Funktionsbezogene Unternehmensstrategien, z. B.

Marketingstrategien

Sie beschreiben das Verhalten des Unternehmens am Absatzmarkt.

Beispiele:
die sog. Wachstumsstrategien Marktdurchdringung, Marktentwicklung, Produktentwicklung, Diversifikation

Beschaffungsstrategien

Sie beschreiben das Verhalten des Unternehmens bezogen auf die Beschaffung von Gütern.

Beispiele:
Single Sourcing, Global Sourcing, Just-in-Time-Beschaffung

Personalstrategien

Sie beschreiben das Verhalten des Unternehmens bezogen auf das eigene Personal.

Beispiele:
Personalentwicklungsstrategien, Personalfreisetzungsstrategien

> Vgl. Band 1 „Geschäftsprozesse", Sachwort „Strategie".

Arbeitsaufträge

1. Die Entwicklung von Strategien vollzieht sich auf mehreren Zielebenen. Auf oberster Ebene hängt die Strategie von den Grundzielen des Unternehmens ab. Aus ihnen wird nach Prüfung verschiedener Alternativen eine generelle Strategie abgeleitet. Diese generelle Strategie ist nicht ein vollständig ausgearbeiteter Handlungsplan, sondern eher eine grobe Idee, die in den folgenden Planungsstufen erst ausgearbeitet werden muss. Sie wird deshalb in strategische Ziele umgewandelt (Strategie-Ziel-Transformation). Aus diesen strategischen Zielen wird wiederum eine Strategie abgeleitet, die einen höheren Konkretisierungsgrad aufweist als die generelle Strategie.

    In einem konkreten Fall hat ein Unternehmen das Ziel, hoch qualifiziertes Personal zu beschaffen und langfristig an das Unternehmen zu binden.

    a) Entwickeln Sie eine Strategie-Ziel-Transformation, indem Sie aus diesem Ziel eine Strategie ableiten und die Strategie in eine Zielsetzung auf der nächsten Zielebene transformieren. Entwickeln Sie aus dem Ziel der nächsten Ebene wiederum eine Strategie.

    b) Diskutieren Sie in Ihrer Klasse die konkretisierten Strategiekonzepte und bewerten Sie diese hinsichtlich ihrer Schlüssigkeit.

2. Auch in Ihrem Ausbildungsbetrieb werden Strategien angewandt, um die langfristigen Unternehmensziele zu erreichen.

    a) Erfragen Sie ein langfristiges Ziel, das Ihr Ausbildungsbetrieb verfolgt.

    b) Welche Strategie verfolgt Ihr Ausbildungsbetrieb zur Erreichung dieses Zieles? Machen Sie durch Ihre Beschreibung deutlich, dass die Strategie durch die Eigenschaften Langfristigkeit, Aktivität und Offenheit gekennzeichnet ist.

    c) Suchen Sie nach weiteren Strategien, die eine Alternative zu der in Aufgabenteil b) beschriebenen Strategie darstellen.

4 Projektmanagement

4.1 Wesen eines Projektes

Die Produkta GmbH strebt eine führende Stellung auf dem osteuropäischen Markt an (= strategisches Ziel). Hierfür will sie ihre Kapazitäten ausbauen (= Strategie). Sie sucht nach einem neuen Produktionsstandort.

Zu diesem Zweck wird ein Projekt initiiert, das die Suche und Erschließung dieses Standortes zum Gegenstand hat, und ein Projektteam wird eingesetzt. Im **Projektauftrag** der Geschäftsführung an das Projektteam heißt es unter anderem:

1. Ziel
Durch das Projekt „POET" (**P**roduktionsstandort für den **o**st**e**uropäischen **T**eilmarkt) soll ein **Produktionsstandort** für den neuen Zielmarkt Osteuropa ausgewählt werden. Projektziel ist der Abschluss eines Kauf- oder Pachtvertrages für das neue Betriebsgelände.

M 350

2. Termin
Das Projekt wird auf eine Dauer von 6 Monaten terminiert.

> Siehe hierzu auch die Präsentation *Projektziele*. Diese betrifft auch die Seiten 352, 358, 359 f., 362 f.

3. Budget
Die Produkta GmbH stellt ein Projektbudget (ohne Personalkosten für das Projektteam) in Höhe von 200 000,00 EUR (Zweihunderttausend Euro) bereit. Über die Mittel für Kauf oder Pacht eines Betriebsgeländes wird durch eine gesonderte Mittelfreigabe entschieden.

4. Projektteam
Das Projektteam ist unmittelbar der Geschäftsleitung unterstellt. Projektleiter ist Herr Wolfgang Fischer. Er übernimmt das Projektmanagement und erhält für die Projektdauer Weisungsbefugnis gegenüber dem Projektteam.

Aus den Abteilungen werden für die Dauer des Projektes folgende Mitarbeiter in das Projektteam abgeordnet:

Assistentin der Geschäftsführung:	Frau Sabine Tillner
Einkauf:	Frau Monika Terstegen, Herr Klaus Lange
Lager:	Herr Michael Kurz
Produktion:	Frau Tanja Zimmermann, Herr Bernd Barhoff
Forschung/Entwicklung:	Herr Kai Engmann

...

Ein Projekt ist ein umfangreiches Vorhaben zur Lösung eines neuartigen und komplexen Problems. Das Vorhaben ist stets sachlich und zeitlich begrenzt und muss aufgrund seines Umfangs funktionsübergreifend gelöst werden.

Das Deutsche Institut für Normung nennt in DIN 69 901 folgende **Merkmale** für Projekte:

- Einmaligkeit der Bedingungen in ihrer Gesamtheit
- Komplexität der Aufgabenstellung
- definierte Zielvorgabe
- zeitliche Begrenzung
- Begrenzungen finanzieller, personeller oder anderer Art
- Abgrenzung gegenüber anderen Vorhaben
- projektspezifische Organisation

Anhand dieser Kriterien können betriebliche Vorhaben dahingehend geprüft werden, ob es sich um Projekte handelt oder nicht.

4 Projektmanagement

> **Beispiele:** Projektmerkmale
> - Für die Produkta GmbH ist die Fertigung einer Werkzeugmaschine kein Projekt, weil die Produktion standardisierte und im Vorfeld bekannte Produktionsschritte durchläuft.
> - Die Wahl eines neuen Standortes ist für die Produkta GmbH ein Projekt, weil dieses Vorhaben alle typischen Projekteigenschaften aufweist. So sind die Bedingungen (Erschließung eines neuen Marktes, Kooperation mit neuen externen Partnern, z. B. der Deutsch-Tschechischen Industrie- und Handelskammer, Prag) einmalig. Die Suche nach einem neuen Standort ist zudem äußerst komplex (vgl. die weitere Darstellung des Projektablaufes). Das (Sach-)Ziel ist durch die Geschäftsführung vorgegeben, ebenso der zeitliche und finanzielle Rahmen. Die Standortwahl ist ein in sich geschlossenes Vorhaben mit einem eigenen Projektergebnis, sodass eine Abgrenzung zu anderen Projekten gegeben ist. Es wird ein eigenes Projektteam gebildet; die Mitglieder des Projektteams werden für die Dauer des Projektes von ihren ursprünglichen Linienaufgaben frei gestellt.

4.2 Projektarten

Projekte lassen sich unterscheiden nach:

- ihren **Zielsetzungen**: z. B. Rationalisierungsprojekte, soziale Projekte, Umweltschutzprojekte
- ihrem **Umfang**: Großprojekte, Projekte von begrenztem Umfang (Großprojekte müssen besonders sorgfältig geplant werden.)

Merke: Großprojekte werden immer durch die Unternehmensleitung genehmigt, kleinere Projekte auch durch untere Hierarchieebenen.

- ihrem **Zeitrahmen**: langfristige, mittelfristige und kurzfristige Projekte
- dem **Auftragsverhältnis**: interne Projekte, externe Projekte
  (Interne Projekte werden durch den Betrieb selbst durchgeführt. Bei externen Projekten werden Fremdunternehmen mit der Durchführung beauftragt.

> **Beispiel:**
> Entwicklung einer Marketingstrategie durch eine Werbeagentur

Je komplexer ein Projekt ist, umso schwerer ist es steuerbar und umso höher ist das Risiko seines Scheiterns. Es ist deshalb häufig sinnvoll, ein Gesamtprojekt in verschiedene selbstständige Teilprojekte zu gliedern, die in sich besser beherrschbar sind.

> **Beispiel:** Teilprojekte
> Die Standortwahl der Produkta GmbH ist ein Teilprojekt im Rahmen der Erschließung des osteuropäischen Marktes. Weitere Teilprojekte sind die Planung des hierfür benötigten Produktionsapparates, der Bau der entsprechenden Produktionsstätte und der Aufbau eines Vertriebssystems in den osteuropäischen EU-Ländern. Das **Gesamtprojekt „MIO" (Marktführerschaft in Osteuropa)** soll die Erzielung eines Marktanteils von 10 % in der gesamten EU erbringen. Das Ziel soll in fünf Jahren erreicht sein.
>
> Die Standortwahl wird durch ein Projektteam vorbereitet, das sich aus Mitarbeitern verschiedener Unternehmensbereiche zusammensetzt. Für das Teilprojekt ist sowohl ein zeitlicher Rahmen gesetzt (sechs Monate) als auch ein konkretes Ergebnis als Projektziel definiert (Kauf bzw. Pacht eines Betriebsgeländes). Es handelt sich um ein internes Projekt, da der Projektleiter und die Mitglieder des Projektteams Mitarbeiter der Produkta GmbH sind.

4.3 Aufgaben des Projektmanagements

Projekte zeichnen sich durch Komplexität aus. Außerdem sind sie durch drei **Zielvorgaben** bestimmt:

- Ein Projekt ist an Termine gebunden. → Terminziel
- Für das Projekt werden finanzielle Mittel bereitgestellt. Diese Mittel dürfen nicht überschritten werden. → Budgetziel/Kostenziel
- Das Projektergebnis soll bestimmte Ergebnisse erbringen. An diese Ergebnisse werden konkrete Qualitätsanforderungen gerichtet. → Sachziel/Qualitätsziel

M 352

> Siehe hierzu noch einmal die Präsentation *Projektziele*.

Oft entstehen bei der Planung dieser Vorgaben **Zielkonflikte**.

> **Beispiel: Zielkonflikt**
> Für das Projekt POET hatte die Geschäftsführung zunächst drei Monate veranschlagt (mögliches Terminziel). Projektleiter Fischer konnte die Geschäftsführung aber davon überzeugen, dass in dieser kurzen Zeit eine sorgfältige Prüfung alternativer Standorte nicht möglich sei (Gefährdung des Qualitätsziels). Man einigte sich schließlich auf eine Projektdauer von sechs Monaten.

Die erfolgreiche Durchführung eines Projektes setzt ein effizientes Projektmanagement voraus.

Unter Projektmanagement versteht man die Gesamtheit von Führungsaufgaben, Führungstechniken, Führungsmitteln und Führungsorganisation, die der Abwicklung eines Projektes dienen.

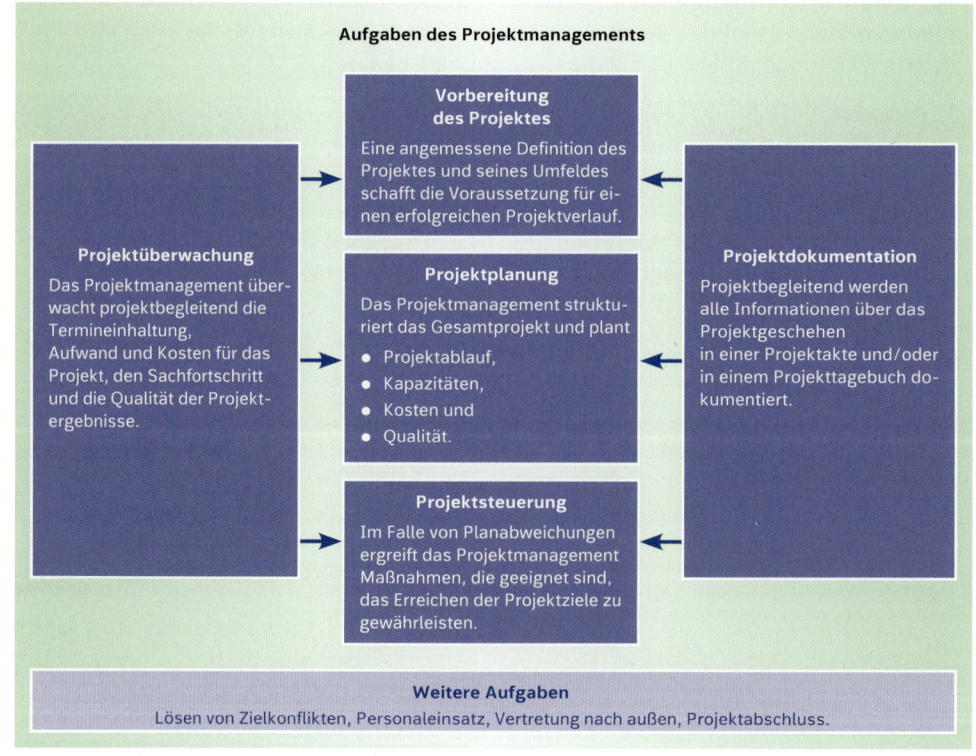

4.4 Stellung des Projektmanagements

Anhand der organisatorischen Einbindung des Projektmanagements und des Projektteams in das Unternehmen kann man die Bedeutung des Projektes im Unternehmen erkennen. Es sind im Wesentlichen drei Organisationsformen denkbar: reine Projektorganisation, Matrix-Projektorganisation und Stab-Projektorganisation.

4.4.1 Reine Projektorganisation

Hier wird zeitlich begrenzt eine eigenständige Organisationseinheit, das Projektteam, gebildet. Die Teammitglieder werden für die Projektdauer von ihren Linienfunktionen freigestellt und arbeiten ausschließlich am Projekt. Der Projektleiter hat, bezogen auf das Projekt, umfassende Handlungskompetenzen und Befugnisse gegenüber den Teammitgliedern. Er trägt die volle Verantwortung für den Projekterfolg.

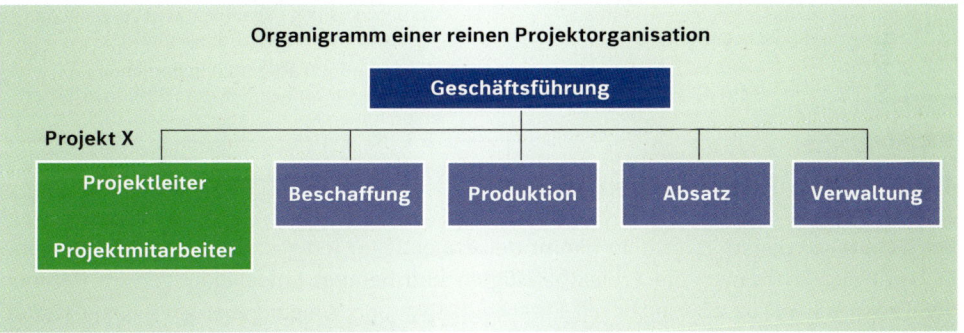

Vorteile	Nachteile
• Alle Teammitglieder konzentrieren sich ausschließlich auf das Projekt. • Führungskonflikte werden durch die einheitliche Führung des Projektleiters vermieden. • Projektleiter und Teammitglieder identifizieren sich mit dem Projekt.	• Durch die Freistellung der Projektmitglieder werden die Linienfunktionen mit Mehrarbeit belastet. • Die Bildung des Projektteams erfordert eine Umstellung der Organisationsstruktur. • Projektteam und Linienfunktionen konkurrieren miteinander.

4.4.2 Matrix-Projektorganisation

Hier sind die Mitglieder des Projektteams zwei vorgesetzten Instanzen unterstellt.
- Zum einen bleibt die formale Leitungsfunktion der jeweiligen Linienvorgesetzten bestehen. Hiermit ist verbunden, dass die Teammitglieder auch ihre „normalen" Linienaufgaben formal beibehalten.
- Zum anderen werden die Mitglieder für die Laufzeit des Projektes in das Projektteam entsandt und dem Projektleiter unterstellt. Wegen der zweifachen Unterstellung der Mitarbeiter sind hier besondere Führungskompetenzen bei Projektleiter und Linienvorgesetzten erforderlich.

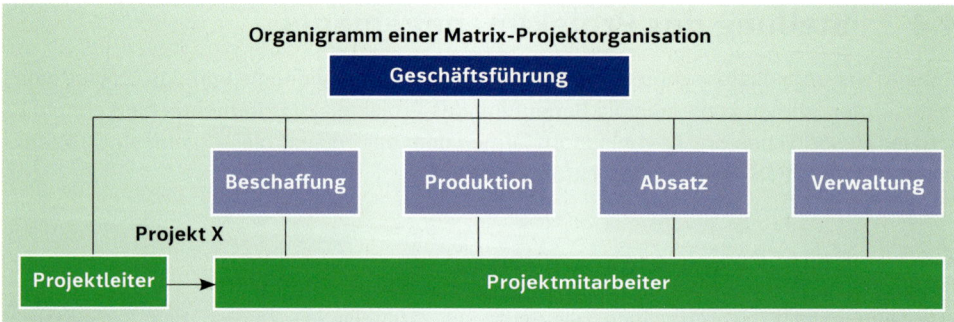

Vorteile	Nachteile
• Die Umstellung der Organisationsstruktur erfordert wegen der Beibehaltung der Linienfunktionen nur geringen Aufwand. • Der Personaleinsatz der Projektmitglieder kann flexibel der jeweiligen Arbeitsauslastung angepasst werden.	• Werden die Linienaufgaben unvermindert wahrgenommen, entsteht eine Doppelbelastung der Projektmitglieder. • Die Projektmitglieder können durch die Unterstellung gegenüber zwei Vorgesetzten verunsichert werden („Rollenkonflikt"). • Die Kompetenzabgrenzung zwischen Projektleiter und Linienvorgesetzten erfordert einen hohen Koordinationsaufwand.

4.4.3 Stab-Projektorganisation

Bei der Stab-Projektorganisation nimmt der Projektleiter lediglich Stabsfunktionen wahr. Er berät und koordiniert die Projektbeteiligten und bereitet Entscheidungen im Rahmen des Projektes vor, ist aber nicht mit Entscheidungs- und Weisungsbefugnis ausgestattet. Dadurch kommt ihm eher die Rolle eines Koordinators zu. Die formale Hierarchie des Unternehmens bleibt hingegen unverändert.

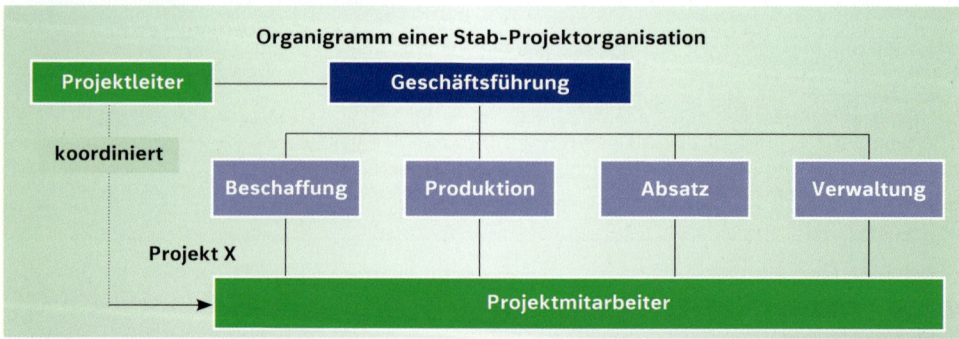

Vorteile	Nachteile
• Durch die Beibehaltung der Organisationsstruktur entsteht kein Umstellungsaufwand. • Der laufende Geschäftsbetrieb kann ohne wesentliche Beeinträchtigungen fortgesetzt werden. • Die Linienvorgesetzten sind gut informiert, da sie jeweils an Entscheidungen beteiligt werden.	• Die Projektbeteiligten identifizieren sich kaum mit der Projektaufgabe, weil sie ihre normalen Linienaufgaben in vollem Umfang beibehalten. • Wegen des Verbleibs in der Linienfunktion besteht nur eine geringe Neigung zu funktionsübergreifender Zusammenarbeit. • Die Entscheidungsfindung ist sehr aufwendig, weil die betroffenen Linienvorgesetzten beteiligt werden müssen.

Welche Organisationsform für ein Projekt geeignet ist, hängt von verschiedenen Faktoren ab. Hier spielt neben dem Unternehmensziel das Know-how des Unternehmens in Sachen Projektmanagement eine Rolle, aber auch die Komplexität des Projektes und die Organisationsstruktur des Unternehmens.

Beispiel: Projektorganisation

Die Geschäftsführung der Produkta GmbH misst der Standortwahl für die neue Fertigung offenbar eine hohe Bedeutung zu. Es wird ein Projektteam gebildet, dessen Mitglieder von ihren Linienaufgaben befreit werden. Es liegt also eine reine Projektorganisation vor. Somit kann das Projektteam sich vollständig auf die Projektaufgaben konzentrieren. Durch die Zusammensetzung des Teams werden alle wichtigen Unternehmensbereiche an dem Projekt beteiligt.

Die Zusammensetzung des Projektteams können Sie auf Seite 350 nachlesen.

4.5 Projektphasen

Projekte werden üblicherweise in folgenden Phasen abgewickelt:

Siehe hierzu auch die Präsentation *Projektphasen*.

M 355

4.5.1 Vorstudie

Bei größeren Projekten ist es üblich, vor der Erteilung des Projektauftrages in einer Vorstudie zu prüfen, ob das Projekt überhaupt durchgeführt werden soll, und wenn ja, unter welchen Bedingungen. Bei kleineren Projekten kann eine Vorstudie entfallen.

Die Entscheidung über die Durchführung eines Projektes hängt von **drei Aspekten** ab: der technischen und wirtschaftlichen Machbarkeit, der Wirtschaftlichkeit und der Risikoeinschätzung.

Technische und wirtschaftliche Machbarkeit

Durch eine Machbarkeitsanalyse soll sichergestellt werden, dass das geplante Projekt umsetzbar ist: Es darf nicht an technischen oder wirtschaftlichen Unzulänglichkeiten scheitern. Selbstverständlich ist: Das angestrebte Projektziel muss überhaupt möglich sein. Zusätzlich aber muss das Unternehmen auch über das Know-how und die nötigen finanziellen Mittel verfügen, um das Ergebnis erreichen zu können.

Beispiele: Machbarkeit

- Im Projekt POET soll das Projektteam eine Entscheidung über einen neuen Fertigungsstandort treffen. Das Projektteam ist so zusammengestellt, dass die Teammitglieder über die erforderliche Sachkompetenz verfügen und dass alle wichtigen Unternehmensbereiche im Team vertreten sind. Das Team wird auch mit der nötigen Entscheidungsbefugnis ausgestattet.

  Die Ermittlung von Informationen über ausländische Standorte erfordert verhandlungssichere Sprachkenntnisse. Hier sollen Dienste von Übersetzern in Anspruch genommen werden.

- Finanzielle Engpässe könnten sich im Rahmen des Gesamtprojektes MIO ergeben. Für die Produkta GmbH ist es nicht möglich, in einem Schritt den gesamten EU-Markt flächendeckend zu erschließen. Deshalb hat man sich zu einer Konzentration auf den osteuropäischen Markt entschlossen. Für das Teilprojekt POET sind keine wirtschaftlichen Engpässe zu erwarten.

Insgesamt wird das Projektvorhaben als technisch und wirtschaftlich machbar eingestuft.

Wirtschaftlichkeit

Wirtschaftlichkeitsbetrachtungen beruhen auf **Prognosen** sowohl für das Projektergebnis als auch für die wirtschaftlichen Rahmenbedingungen. Das Projekt muss für das Unternehmen nicht nur finanzierbar sein; Aufwand und Nutzen des Projektes müssen auch in einem ausgewogenen Verhältnis zueinander stehen. Nur wenn der erwartete Nutzen deutlich höher ist als der Aufwand, lohnt sich ein Projekt.

Die Frage nach der Wirtschaftlichkeit des Projektes wird beim Projektabschluss nochmals gestellt. Vgl. Seite 370.

Beispiel: Wirtschaftlichkeit des Projekts

Eine Bewertung der Wirtschaftlichkeit kann nur für das Gesamtprojekt MIO vorgenommen werden, da sich der Nutzen erst nach Inbetriebnahme des neuen Werkes einstellt. Einerseits bedeutet ein neuer Standort eine hohe Investition; zudem entstehen am neuen Fertigungsstandort zusätzliche hohe Fixkosten. Andererseits liegt der Nutzen auf der Hand: Ohne MIO würden Umsätze und Gewinne mittelfristig zurückgehen. Durch den Aufbau eines engmaschigen Vertriebsnetzes in Osteuropa hingegen erhofft man sich steigende Umsätze. Die bestehenden Kapazitäten reichen aber nicht aus, um die nötigen Mengen zu produzieren. Eine Kapazitätserweiterung ist unerlässlich.

Risikoeinschätzung

Für jedes Projekt muss das Risiko eines Scheiterns überschaubar sein, und die Folgen im Falle eines Scheiterns müssen für das Unternehmen tragbar sein. Bedroht das Scheitern eines Projektes sogar die Existenz des Unternehmens, so sollte das Risiko unbedingt verringert werden. Hierfür kann man z. B. einen externen Spezialisten mit der Projektabwicklung beauftragen.

Beispiele: Risikoeinschätzung

- Für das Projekt MIO wird das Risiko eines Scheiterns gering eingeschätzt, weil der osteuropäische Markt noch nicht so stark besetzt ist wie andere Märkte. Viele Unternehmen sind hier bislang nicht vertreten. Die Konkurrenz ist überschaubar.
- Eine Konzentration auf den wesentlich besser besetzten asiatischen Markt wurde hingegen wegen des hohen Risikos eines Scheiterns verworfen.

Das Ergebnis der Vorstudie ist entweder die Bewilligung oder die Ablehnung des Projektes. Außerdem hat die Vorstudie – im Falle einer Projektbewilligung – Auswirkungen auf das weitere Projekt. Sie beeinflusst insbesondere die Projektziele, den Projektumfang und die Ressourcen, die für das Projekt bereitzustellen sind.

4.5.2 Projektdefinition

In der Projektdefinitionsphase werden alle wesentlichen Bedingungen im Zusammenhang mit dem Projekt fixiert. Insbesondere werden die Ziele, Termine, Verantwortlichkeiten und die Organisationsstruktur für das Projekt festgelegt.

Die Phase umfasst mehrere Stufen:

Ist-Analyse durchführen

Die Ist-Analyse soll die Ausgangsdaten für die Planung ermitteln und bestehende Schwachstellen aufdecken. Sie ist die Grundlage für das gesamte weitere Vorgehen.

Die Ist-Analyse ist nicht nur eine Erfassung und Beschreibung des Ist-Zustandes. Vielmehr untersucht sie auch die Problemlage genau und identifiziert kritische Erfolgsfaktoren. Dazu verwendet sie z. B. Methoden wie Benchmarking oder Schwachstellenanalysen.

Beispiel: Ist-Analyse

Verschiedene Aspekte des **Ist-Zustandes** sind aus der bisherigen Beschreibung bereits bekannt:

	2015	2016	2017	2018 (Prognose)
Marktwachstum (im Vergleich zum Vorjahr)				
Deutschland	– 1,5 %	– 1,2 %	– 2,2 %	– 1,5 %
Europäische Union	+ 0,8 %	+ 1,3 %	+ 0,6 %	+ 1,0 %
osteuropäische EU-Länder	+ 2,4 %	+ 4,0 %	+ 4,6 %	+ 5,5 %
Marktanteil Produkta				
Deutschland	24 %	25 %	25 %	25 %
Europäische Union	6 %	7 %	7 %	7 %
osteuropäische EU-Länder	–	4 %	6 %	9 %
Kapazitätsauslastung Produkta				
	83 %	84 %	85 %	88 %

Die **Problemanalyse** ergibt:
Die Produktionskapazität von Produkta ist 2017 durchschnittlich zu 85 % ausgelastet. Bereits jetzt gibt es einzelne Monate, in denen die Produkta Aufträge verliert, weil sie nicht schnell genug fertigen kann. In den nächsten 12 Monaten wird eine Auslastung von fast 90 % erreicht. Die Situation wird sich dadurch noch verschärfen. Die Lieferzeit ist eine **Schwachstelle**. Der **kritische Erfolgsfaktor** Lieferflexibilität muss deshalb verbessert werden.

Anforderungskatalog zusammenstellen

Aus den Erkenntnissen über Ist-Zustand und Schwachstellen leitet man Anforderungen an das Projektergebnis ab: Man definiert Qualitäten, die das Projektergebnis aufweisen soll. Alle Anforderungen werden in einem Anforderungskatalog zusammengefasst.

Der Anforderungskatalog listet alle Ansprüche des Auftraggebers auf, die erfüllt werden müssen, um das gewünschte Projektergebnis zu erreichen. Er geht in das Lastenheft ein (siehe S. 359 f.)

> **Beispiel:** Ausschnitt aus dem Anforderungskatalog zum Projekt POET
>
> …
>
> Das neue Betriebsgelände hat eine Größe von mindestens 120 000 m². (Anforderung des Projektteams, das die neue Produktionsstätte konzipiert.)
>
> Das neue Betriebsgelände ist durch eigenen Gleisanschluss und Zugang zu einer Autobahn im Nahbereich (maximale Entfernung 20 km) verkehrstechnisch erschlossen. Es verfügt über ausreichend dimensionierte Stromversorgung, Wasser-, Abwasser-, Gas- und Telekommunikationsanschlüsse.
>
> Die Logistikkosten für den neuen Schwerpunktmarkt Osteuropa sind am neuen Standort um mindestens 15 % niedriger als am Standort Köln.
>
> …
>
> (Siehe hierzu und zum folgenden Teilkapitel noch einmal die Präsentation *Projektziele*.)

Projektziele ableiten

Aus dem Anforderungskatalog leitet man die bekannten Projektziele ab: Sachziel, Terminziel, Bugetziel.

Gemäß DIN 69901 ist das Sachziel das nachzuweisende Ergebnis des Projektes.

Wichtige Teilergebnisse (Teilziele) des Projekts müssen auch terminmäßig festgelegt werden. Ein Teilziel mit Termin heißt **Meilenstein**. Dieser kennzeichnet den Abschluss einer Projektphase. Ist er erreicht, so ist das Ergebnis der Phase gesichert und das Projekt geht in die nächste Phase.

> **Das Projektziel …**
> - muss eindeutig, klar und widerspruchsfrei formuliert sein,
> - muss realistisch und unter den vorgegebenen Rahmenbedingungen erreichbar sein,
> - darf den Lösungsweg nicht vorschreiben,
> - muss schriftlich festgelegt sein.
>
> Die Zielerreichung muss überprüfbar und messbar sein.

Die detaillierte Beschreibung der Projektziele dient

- als Orientierung und Ansporn für die Projektmitarbeiter,
- als Kontrollinstrument für Projektleiter und Auftraggeber.

Die Vereinbarung von Projektzielen dient der Orientierung, der Motivation und der Kontrolle.

> **Beispiel:** Projektziele
>
> Für das Projekt POET werden unter anderem folgende **Projektziele** definiert:
>
> Die Festlegung der entscheidungsrelevanten Standortfaktoren wird binnen zwei Wochen nach Projektstart abgeschlossen und in der Projektakte dokumentiert (Meilenstein „Standortfaktoren").
>
> Die Gesamtkosten des Projekts POET einschließlich der Personalkosten der Projektmitarbeiter betragen maximal 200 000,00 EUR.
>
> Die Logistikkosten für den neuen Schwerpunkt-Markt Osteuropa sind am neuen Standort um mindestens 15 % niedriger als am Standort Köln.
>
> …

Projektauftrag und Lastenheft erstellen

Das Ergebnis der Projektdefinition ist der Projektauftrag. Die Auftragserteilung ist folglich der Meilenstein zwischen Projektdefinition und Projektplanung.

Von den Forderungen der Entscheidungsträger hängt es ab, wie ausführlich der Projektauftrag formuliert wird. In der Praxis umfasst der Projektauftrag meist folgende Inhalte:

Inhalte des Projektauftrags (siehe auch S. 375 und 428)

Projektbezeichnung
Jedes Projekt erhält eine Bezeichnung, durch die es von anderen Aktivitäten im Unternehmen abgegrenzt werden kann.

Beispiele:
„MIO" (Marktführerschaft in Osteuropa) bezeichnet das Gesamtprojekt der Produkta, „POET" (Produktionsstandort für den osteuropäischen Teilmarkt) ist das Teilprojekt zur Auswahl des neuen Standortes.

Auftraggeber und Auftragnehmer
Auftraggeber und Auftragnehmer gehen durch den Projektauftrag gegenseitige Verpflichtungen ein. Der Auftraggeber muss das vereinbarte Budget bereitstellen und ggf. die Mitglieder des Projektteams von ihren Linienaufgaben freistellen. Der Auftragnehmer ist für das gesamte Projekt verantwortlich, also auch für das Erreichen des gewünschten Projektergebnisses. Auftragnehmer kann der Projektleiter sein oder ein Unternehmen, welches das Projekt durchführt.

Beispiel:
Das interne Projekt POET wird durch die Geschäftsführung der Produkta in Auftrag gegeben; Leiter von POET ist Wolfgang Fischer.

Problemstellung
Die Problemstellung ergibt sich aus der Ist-Analyse und begründet die Projektdurchführung.

Beispiel:
Das absehbare Erreichen der Kapazitätsgrenze macht den Aufbau zusätzlicher Kapazitäten notwendig.

Projektziel
Die Präzisierung des Projektziels wird oft in einem **Lastenheft** vorgenommen (siehe Kasten auf Seite 360; siehe auch noch einmal die Präsentation _Projektziele_).

M 359

Beispiel:
Für POET wird im Projektauftrag selbst ein Projektziel formuliert: der Abschluss eines Kauf- oder Pachtvertrages für das neue Betriebsgelände. Dieses Ziel wird in einem Lastenheft präzisiert: Dort werden Teilziele und Eigenschaften des Betriebsgeländes definiert.

Einen Auszug aus dem Projektauftrag zu POET mit Projektziel, Termin, Budget und Projektteam finden Sie auf Seite 350.

Termin
Für jedes Projekt ist selbstverständlich auch der Abschlusstermin festzulegen. Darüber hinaus werden oft Zwischentermine für Teilziele (Meilensteine) vereinbart.

Beispiel:
Im Fall von POET ist die Einhaltung des Zeitrahmens (sechs Monate) besonders wichtig, weil sich andere Projekte anschließen, die vom Ergebnis der Standortauswahl abhängen.

Budget
Die Finanzmittel für das Projekt sind festzulegen. Bei internen Projekten werden Sachmittelkosten und Personalkosten oft nicht dem Projektbudget belastet, sondern den Abteilungen, die die Sachmittel und das Personal zur Verfügung stellen. Für diese Vorgehensweise bedarf es aber einer Festlegung im Projektauftrag.

Beispiel:
POET verfügt über 200 000,00 EUR.

Projektteam

Projektleiter und Projektteam sowie deren Einordnung in die Unternehmensorganisation müssen vereinbart werden. Die möglichen Optionen wurden bereits auf Seite 353 f. beschrieben.

Beispiele:
Leiter des Projektes ist W. Fischer, zum Team gehören Tillner, Terstegen, Lange, Kurz, Zimmermann, Barhoff und Engmann.

Unterzeichnung

Auftraggeber und Projektleiter (als Auftragnehmer) unterzeichnen den Projektauftrag. Dadurch erhält dieser Vertragscharakter. Der Projektauftrag verpflichtet beide Vertragsparteien zur Einhaltung der Vereinbarungen und zur Unterstützung des Projekts.

Beispiele:
Frau Meimers und Herr Münch unterschreiben den Projektauftrag zu „POET" für die Geschäftsführung von Produkta und Herr Fischer unterschreibt als Projektleiter.

Durch den Projektauftrag werden die Voraussetzungen für einen Projekterfolg geschaffen. Denn er enthält alle Festlegungen, die für das Projekt getroffen werden. Diese garantieren zwar keineswegs einen positiven Projektverlauf. Aber ohne angemessene Festlegungen (z. B. mit zu wenig Personal oder in einer zu kurzen Zeit) kann ein zufriedenstellendes Projektergebnis sicher nicht erreicht werden.

> **Lastenheft und Pflichtenheft**
>
> Das **Lastenheft** wird vom Auftraggeber formuliert. Es beschreibt ergebnisorientiert alle Anforderungen an die Lieferungen und Leistungen des Auftragnehmers. Das Lastenheft ist Grundlage für die Einholung von Angeboten, wird aber später auch Vertragsbestandteil. Es wird immer vor Projektbeginn erstellt; eine nachträgliche Ergänzung würde eine Ausweitung des Projektauftrages darstellen.
>
> Der Auftragnehmer setzt die Anforderungen (Lasten) in erforderliche Tätigkeiten (Pflichten) um und erstellt das Pflichtenheft. Im **Pflichtenheft** sind die vom Auftragnehmer erarbeiteten Realisierungsvorgaben niedergelegt. Sie beschreiben die Umsetzung des Lastenhefts. Oft wird das Pflichtenheft in einen rechtlich-organisatorischen und einen technisch-fachlichen Teil gegliedert. Das Pflichtenheft wird meist im Laufe des Projektes erstellt.

4.5.3 Projektplanung

Die Projektplanung baut auf der Projektdefinition auf und stellt den Einstieg in das Projekt dar. Eine erste Grobplanung des Projekts liegt aus der Definitionsphase bereits vor, weil man hier beispielsweise ein angemessenes Projektbudget oder einen realistischen Termin festlegen musste. Diese Grobplanung wird in der Projektplanungsphase erheblich präzisiert. Ergebnis der Planungsphase ist ein Projektplan.

Der Projektplan legt Sollvorgaben fest. An ihnen orientieren sich später die Projektdurchführung und -steuerung. Basierend auf der Planung werden Arbeiten initiiert, Soll-Ist-Vergleiche durchgeführt, Abweichungen erkannt und Korrekturmaßnahmen eingeleitet.

Die Planung ist bei unterschiedlichen Projekten auch von unterschiedlicher Bedeutung. Je nach Projektart und Branche legt sie das Projektergebnis und den Erstellungsprozess mehr oder weniger detailliert fest. So wird bei einem Bauprojekt das Produkt (das Gebäude) durch die Planung nahezu vollständig festgelegt; Planung ist hier allgemein anerkannter und honorierter Bestandteil des Projektes. Bei einem Forschungs- und Entwicklungsprojekt hingegen ist die Planung meist als Vorleistung zu

Projektspezialisten sagen: „Wer beim Planen versagt, plant sein Versagen."

erbringen und wird Bestandteil der Projektbegründung. Dementsprechend akzeptiert man im Projektablauf erhebliche Abweichungen von der Planung oft problemlos.

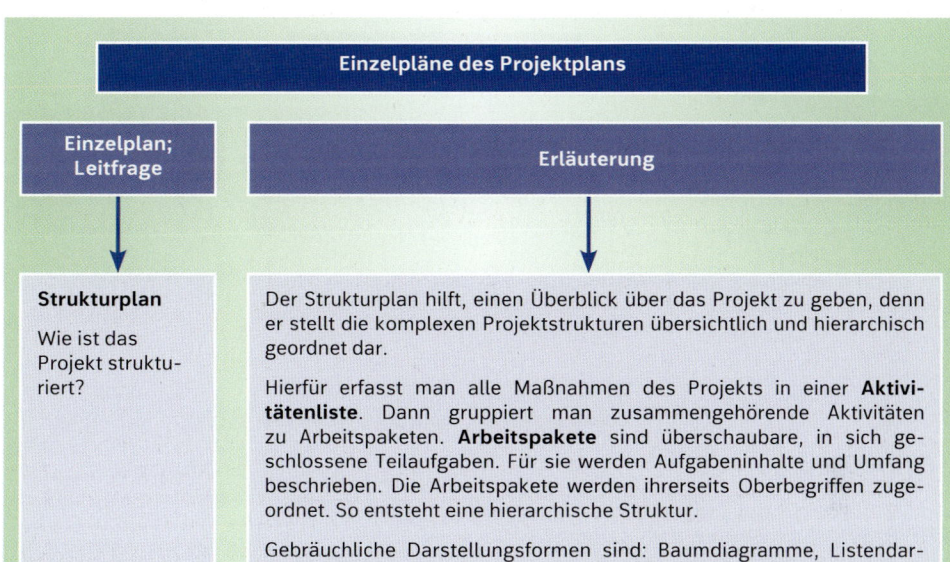

Einzelpläne des Projektplans

Einzelplan; Leitfrage	Erläuterung
Strukturplan Wie ist das Projekt strukturiert?	Der Strukturplan hilft, einen Überblick über das Projekt zu geben, denn er stellt die komplexen Projektstrukturen übersichtlich und hierarchisch geordnet dar. Hierfür erfasst man alle Maßnahmen des Projekts in einer **Aktivitätenliste**. Dann gruppiert man zusammengehörende Aktivitäten zu Arbeitspaketen. **Arbeitspakete** sind überschaubare, in sich geschlossene Teilaufgaben. Für sie werden Aufgabeninhalte und Umfang beschrieben. Die Arbeitspakete werden ihrerseits Oberbegriffen zugeordnet. So entsteht eine hierarchische Struktur. Gebräuchliche Darstellungsformen sind: Baumdiagramme, Listendarstellung mit Nummerierung und Einrückungen, Mind-Maps.
Ablaufplan, Terminplan Wie soll das Projekt ablaufen? Welche Termine gelten?	Die Arbeitspakete sind zeitlich zu ordnen; Projektphasen, Arbeitspakete und Meilensteine sind mit Start- und Endterminen zu versehen. Für Ablauf- und Terminplan sind Balkendiagramme oder Netzpläne zweckmäßig. Sie werden meist in Einheit mit der Kapazitätsplanung erstellt.
Kapazitätsplan Welche Ressourcen sind erforderlich?	Um die Arbeitspakete termingerecht bearbeiten zu können, sind die erforderlichen Ressourcen zur Verfügung zu stellen. Im Kapazitätsplan werden Personal- und Sachmitteleinsatz festgelegt. Bei der Planung ist zu beachten: Die Projektmitarbeiter müssen über die notwendigen Qualifikationen verfügen. Oder sie müssen rechtzeitig geschult werden.
Kostenplan Welche Kosten erfordert das Projekt?	Der Kostenplan • ordnet den einzelnen Projektphasen Kosten zu, sodass der Kostenanfall sachlich und zeitlich strukturiert wird. Hierdurch können Projektmittel rechtzeitig abgerufen werden; • dient der Kontrolle während der Projektdurchführung; • trägt dazu bei, dass das Projektbudget nicht überschritten wird. Insgesamt gilt: Je genauer Struktur-, Ablauf-, Zeit- und Kapazitätsplan sind, desto einfacher ist die Aufstellung des Kostenplans.

Beispiel: Einzelpläne des Projekts POET

(1) Strukturplan:

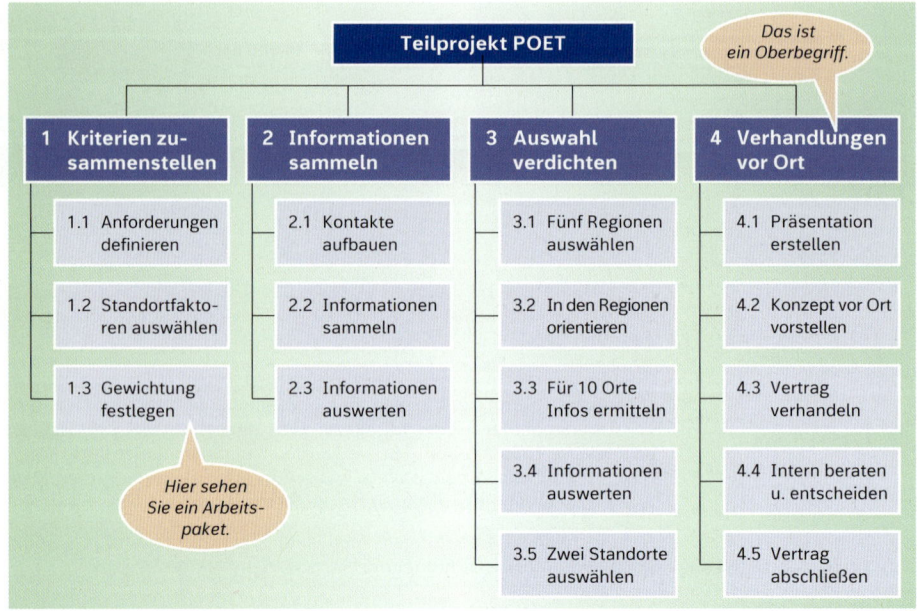

M 362

Siehe zu (1) und (2) noch einmal die Präsentation *Projektziele*.

(2) Ablauf- und Terminplan

Das Team wählt die Darstellung durch ein Balkendiagramm.

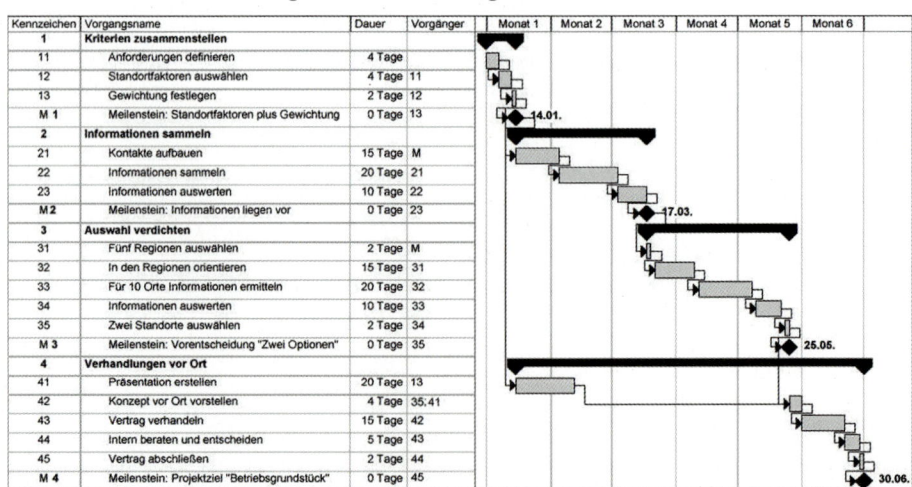

Im Anschluss an die Durchführungsphase folgt eine fünftägige Abschlussphase, die vor allem der Erfahrungssicherung dient. Sie muss laut Rücksprache mit der Geschäftsführung der Produkta nicht innerhalb der sechsmonatigen Projektdauer durchgeführt werden.

(3) Kapazitätsplan (Ausschnitt)

Er ergänzt den Ablauf- und Terminplan und gestaltet ihn aus. Der folgende Ausschnitt zeigt die Zuordnung der Projektmitarbeiter Fischer (Projektleiter), Tillner, Terstegen und Lange für die ersten vier Wochen des Projektes. Für die weiteren Projektmitarbeiter, externen Übersetzer sowie Sachmittel wird der Projekteinsatz entsprechend geplant.

Nr.	Ressourcenname	Einzelheiten	Monat 1			
			1	2	3	4
1	Fischer, Wolfgang	Arbeit	16h	40h	40h	40h	40h
	Anforderungen definieren	Arbeit	16h	16h			
	Standortfaktoren auswählen	Arbeit		24h	8h		
	Gewichtung festlegen	Arbeit			16h		
	Kontakte aufbauen	Arbeit			8h	20h	20h
	Präsentation erstellen	Arbeit			8h	20h	20h
2	Tillner, Sabine	Arbeit	16h	40h	40h	40h	40h
	Anforderungen definieren	Arbeit	16h	16h			
	Standortfaktoren auswählen	Arbeit		24h	8h		
	Gewichtung festlegen	Arbeit			16h		
	Kontakte aufbauen	Arbeit			16h	40h	40h
3	Terstegen, Monika	Arbeit	16h	40h	40h	40h	40h
	Anforderungen definieren	Arbeit	16h	16h			
	Standortfaktoren auswählen	Arbeit		24h	8h		
	Gewichtung festlegen	Arbeit			16h		
	Präsentation erstellen	Arbeit			16h	40h	40h
4	Lange, Klaus	Arbeit	16h	40h	40h	40h	40h
	Anforderungen definieren	Arbeit	16h	16h			
	Standortfaktoren auswählen	Arbeit		24h	8h		
	Gewichtung festlegen	Arbeit			16h		
	Präsentation erstellen	Arbeit			16h	40h	40h

Ressourcenzuordnung Projekt "POET"

(4) Kostenplan (wesentliche Positionen, gekürzt und zusammengefasst):

Kostenplan Projekt „POET" (zusammengefasst nach Hauptpositionen)

Internat. IHKs:	Informationsbeschaffung	5 000,00 EUR
Werbeagentur:	Präsentation Geschäftskonzept	25 000,00 EUR
Übersetzer:	Honorare	20 000,00 EUR
Projektteam:	interne Teambesprechungen	10 000,00 EUR
Projektteam:	projektbezogene Arbeitsmittel (Investitionen)	30 000,00 EUR
Projektteam:	Reisekosten und Spesen	40 000,00 EUR
Rechtsanwälte:	Rechtsberatung Vertragsgestaltung	50 000,00 EUR
Geschäftsführung:	Reisekosten und Spesen anlässlich Vertragsschluss	20 000,00 EUR
Auswertung und Erfahrungssicherung:		5 000,00 EUR
Puffer		5 000,00 EUR
Summe		200 000,00 EUR

(Siehe hierzu noch einmal die Präsentation *Projektziele*.)

M 363

Anmerkungen:

- Die Kosten für eine **Werbeagentur** wurden eingeplant, weil das Projektteam die Vorstellung des Geschäftskonzeptes vor Ort (am möglichen Standort) für besonders wichtig hält. Die Präsentation soll von Werbeprofis erstellt werden. Das Team hofft, dass so eventuell vorhandene Bedenken gegen eine Ansiedlung von Produkta verhindert werden.

- **Personalkosten** für das Projektteam werden nicht dem Projektbudget von POET angelastet, sondern sie werden von den Abteilungen getragen, die die Mitarbeiter in das Team entsenden. Es entstehen aber Ausgaben für Teambesprechungen und projektbezogene Arbeitsmittel sowie Reisekosten und Spesen, die dem Projektbudget zu entnehmen sind. Bei der Anschaffung projektbezogener Arbeitsmittel handelt es sich um Investitionen, da die Arbeitsmittel nach Abschluss des Projektes weiter verwendet werden können.

- Die Mittel für Kauf oder Pacht des Betriebsgeländes gehören nicht zum Projektbudget. Die Geschäftsführung muss sie noch gesondert freigeben. Das gilt auch für gegebenenfalls anfallende Anschaffungsnebenkosten, z. B. Notarkosten.

4.5.4 Projektdurchführung und -steuerung

In der Durchführungsphase setzt das Projektteam die geplante Problemlösung um.

Der Projektleiter steuert die Projektdurchführung. Zum einen hat er durch seine Planung bereits erheblichen Einfluss auf den Projektverlauf genommen. Zum anderen initiiert er Projektaktivitäten, überwacht regelmäßig die Projektentwicklung und korrigiert gegebenenfalls den eingeschlagenen Kurs.

Unter Projektsteuerung versteht man also die Initiierung, Kontrolle und Lenkung von Projektaktivitäten auf das Projektziel hin. Die Projektsteuerung ist vorrangig die Aufgabe des Projektleiters.

Initiierung von Aktivitäten

Zu den Aktivitäten des Projektleiters gehören

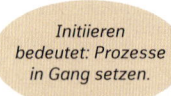
Initiieren bedeutet: Prozesse in Gang setzen.

- die Zuordnung von Arbeitspaketen und Aktivitäten zu Mitgliedern des Projektteams (einschließlich der Verantwortung für Arbeitsergebnisse),
- die Koordinierung der Projektbeteiligten (insbesondere Auftraggeber und Teammitglieder, ggf. aber auch deren Linienvorgesetzte, Unternehmensleitung, Subunternehmen),
- das rechtzeitige Herbeiführen der im Projekt notwendigen Entscheidungen.

Kontrolle des Projektverlaufs

Feste Anlässe für eine Projektkontrolle sind die definierten Meilensteine. Hier werden die Zwischenergebnisse im Projektteam vorgestellt und abgestimmt. Ist das Zwischenergebnis für die nachfolgenden Projektphasen unzureichend, muss nachgebessert werden; anderenfalls gilt es als genehmigt.

Um den Überblick über die Entwicklung des Projekts zu behalten, führt der Projektleiter regelmäßig weitere Besprechungen mit den Teammitgliedern durch. Er fragt den Projektstatus (siehe Kasten) ab und erhält so Anhaltspunkte, ob Fehlentwicklungen drohen und Maßnahmen zu ergreifen sind.

Folgende Aktivitäten gehören im Rahmen der Kontrollfunktion zu den Aufgaben des Projektleiters:

- Feststellen des aktuellen Projektstatus,
- Kontrollieren des Leistungsfortschritts und der Termineinhaltung,
- Kontrollieren der Kostenentwicklung und der Budgeteinhaltung,
- Vergleichen von Soll- und Ist-Werten und Analysieren von Abweichungen,
- Bemerken von Konflikten im Projektteam.

> **Projektstatus anzeigen mit der „Ampelfunktion"**
>
> Der Projektstatus kann sich auf die Termineinhaltung, die Budgeteinhaltung oder die Qualität der Projektergebnisse beziehen.
> Zur einfachen Darstellung des Status von Arbeitspaketen und Projektphasen verwendet man vielfach die „Ampelfunktion". Dabei zeigen die drei Ampelfarben an, wie der Zustand des Projektteils beurteilt wird:
>
> - **Rot:** Es bestehen ernsthafte Probleme, der Projekterfolg ist gefährdet. Der Auftraggeber sollte über einschneidende Maßnahmen zur Rettung des Projekts entscheiden oder aber das Scheitern des Projekts feststellen und es auflösen.
> - **Gelb:** Es bestehen Probleme, die aber durch geeignete Maßnahmen innerhalb der betroffenen Organisationseinheit gelöst werden können.
> - **Grün:** Alle Probleme können ohne besondere Maßnahmen innerhalb der normalen Arbeitsabläufe gelöst werden.

Steuerung der Projektentwicklung

Es gibt wahrscheinlich kein Projekt, bei dem die Durchführung nicht von der Planung abweicht. Dies ergibt sich schon aus der Komplexität von Projekten. Aber erst wenn die Abweichung erheblich ist, muss der Projektleiter eingreifen. Ihm stehen dann verschiedene Instrumente zur Steuerung der Projektentwicklung zur Verfügung.

Welches Instrument der Projektleiter auswählt, hängt letztlich von den Ursachen der Abweichung ab. Man ermittelt sie durch eine **Abweichungsanalyse**.

Ergebnisse und Konsequenzen der Abweichungsanalyse

Ursache der Abweichung	Steuerinstrumente
In der Planungsphase wurden wichtige Rahmenbedingungen nicht erkannt. Die Soll-Vorgaben sind unrealistisch.	• Verbesserung der Planungstechniken • Anpassung der Planung an die realen Bedingungen • Informieren des Auftraggebers • ggf. erneute Projektbewilligung • in extremen Fällen: Feststellen des Scheiterns und Beendigung des Projektes
In der Planungsphase wurden bewusst fehlerhafte Soll-Vorgaben festgelegt.	• Verbesserung der Kontrollverfahren • Sanktionen gegen den/die Verantwortlichen • Anpassung der Planung wie oben beschrieben
Während der Durchführungsphase werden vereinbarte Kapazitäten nicht bereitgestellt. (Beispiel: Mitarbeiter werden nicht für das Projekt freigestellt.)	• Intervention bei Auftraggeber und ggf. Linienvorgesetzten • Hinweis an den Auftraggeber, dass durch fehlende Ressourcen das Projektergebnis gefährdet ist • ggf. Einsatz von zusätzlichem Personal, das aus dem Projektbudget bezahlt wird
Durch unvorhergesehene Verzögerungen während der Durchführungsphase können Meilensteine nicht rechtzeitig erreicht werden. (Status der Arbeitspakete: **gelb**)	• Stärkung der Motivation durch Gespräche mit den Projektmitarbeitern • Intensivierung des Arbeitseinsatzes durch Überstunden und Sonderschichten bzw. durch zusätzliches Personal • Anpassung der Planung für die weiteren Projektphasen mit dem Ziel, die Verzögerung zu kompensieren
Verzögerung der Meilensteine, Projektergebnis/-termin gefährdet. (Status der Arbeitspakete: **rot**)	Zusätzlich zu den Maßnahmen bei Status „gelb": • Informieren des Auftraggebers, dass das Projektergebnis bzw. der Projekttermin gefährdet ist • Planrevision und ggf. erneute Projektbewilligung
Ist-Werte werden in der Durchführungsphase falsch ermittelt.	• Einsatz anderer Messmethoden mit höherer Genauigkeit • Sensibilisierung der Projektmitarbeiter • Einführung von Kontrollinstrumenten zur Überprüfung der ermittelten Werte
Die Projektkosten übersteigen das für den erreichten Projektstand vorgesehene Budget. Eine Trendanalyse zeigt auch das Gesamtbudget als gefährdet an.	• Anpassung des Kostenplans • Einsparungen in nachfolgenden Projektphasen • ggf. Antrag auf Bewilligung zusätzlicher Finanzmittel

Daneben können andere, schwer messbare Fehlentwicklungen innerhalb eines Projektes auftreten. So können beispielsweise **Konflikte zwischen Projektmitarbeitern** den Ablauf erheblich stören. Auch hier ist der Projektleiter gefordert. Er initiiert Teamsitzungen, in denen ein Austausch über Probleme stattfinden kann. Dabei sorgt er für eine ausgleichende Atmosphäre und motiviert die Teammitglieder zu einer konstruktiven und sachbezogenen Zusammenarbeit.

Insgesamt zielt die Projektsteuerung auf
- die Verbesserung der zukünftigen Projektplanung, indem aus Fehlern gelernt wird,
- die Fortführung des Projektes (mit bestätigten Plänen oder mit geänderten, realistischeren Plänen),
- die frühzeitige Einstellung des Projektes, weil das Projektergebnis unter den gegebenen Voraussetzungen (Zeitvorgabe, Budget, sonstige Rahmenbedingungen) nicht mehr erreicht werden kann.

Beispiel: Standortfaktoren

Die folgenden Standortfaktoren sollen laut Beschluss des Projektteams bei der Entscheidung berücksichtigt werden. Jedem Standortfaktor wurde mit Verabschiedung dieses Katalogs auch eine Gewichtung zugeordnet (siehe S. 368). Mit dieser Gewichtung geht der Faktor in die Entscheidung ein.

Katalog der für POET entscheidungsrelevanten Standortfaktoren

- **MUSS-Standortfaktoren**

national	lokal
Rechtssicherheit ist gegeben.	Es bestehen keine Umweltauflagen gegen die Produktion. Mindestgröße des Betriebsgeländes 120 000 m²
	Das Betriebgelände verfügt über eigenen Gleisanschluss, Zugang zu einer Autobahn im Nahbereich (maximale Entfernung 20 km), ausreichend dimensionierte Stromversorgung, Wasser-, Abwasser-, Gas- und Telekommunikationsanschlüsse
	Die Logistikkosten sinken im Vergleich zum Standort Köln um mindestens 15 %

Beschluss des Projektteams: Wenn ein MUSS-Standortfaktor an einer Standortalternative nicht erfüllt ist, kommt diese nicht als Standort infrage. Diese Entscheidung kann im Extremfall auch ein ganzes Land betreffen. MUSS-Standortfaktoren sind also „K.o.-Kriterien". Eine Gewichtung erfolgt deshalb für sie nicht.

- **SOLL-Standortfaktoren**

national	lokal
Belastung mit Steuern vom Gewinn	Personalkosten Logistikkosten im Vergleich zum Standort Köln (siehe auch gesonderten Beschluss) Anschaffungskosten für das Grundstück
Rechtliche und politische Rahmenbedingungen für eine Ansiedlung	Qualifizierte Mitarbeiter sind in ausreichender Zahl verfügbar Infrastrukturausstattung Nähe zu Kooperationspartnern und Zulieferern Erschließungsgrad des Grundstücks

Beschluss des Projektteams: Für die Ermittlung der Logistikkosten-Entwicklung wird davon ausgegangen, dass die zukünftigen Kunden flächenmäßig gleichmäßig auf das Absatzgebiet verteilt sind.

Für die Folgephase bedeutet dies, dass für jeden im Entscheidungsprozess befindlichen Standort Informationen bezüglich der Standortfaktoren zu ermitteln sind.

Im Anschluss an die Verabschiedung des „Katalogs der für POET entscheidungsrelevanten Standortfaktoren" wurden verschiedene internationale Industrie- und Handelskammern kontaktiert, z. B. die Deutsch-Tschechische IHK in Prag und die Deutsch-Polnische IHK in Warschau. Diese stellten gegen Gebühr umfangreiche Informationen über Regionen und Standorte zur Verfügung. Später halfen Gemeindeverwaltungen und Wirtschaftsförderungsorgane der möglichen Standorte bei der Ergänzung der Informationen. Teilweise wurden hierfür im Projekt Übersetzer eingesetzt.

Wegen ihrer Lage im Zentrum der osteuropäischen EU-Länder (siehe Karte) wurden zunächst folgende fünf Regionen betrachtet (Ergebnis des Arbeitspaketes 3.1):

❶ Polen: Region Mazowieckie. In dieser Region liegt Warschau.
❷ Polen: Region Krakowskie. In diesem Gebiet liegt Krakau.
❸ Tschechien: Region Mähren. Hier liegen Ostrau und Brünn.
❹ Slowakei: Region Košice. Größere Städte sind hier Košice und Prešov.
❺ Ungarn: Region Budapest.

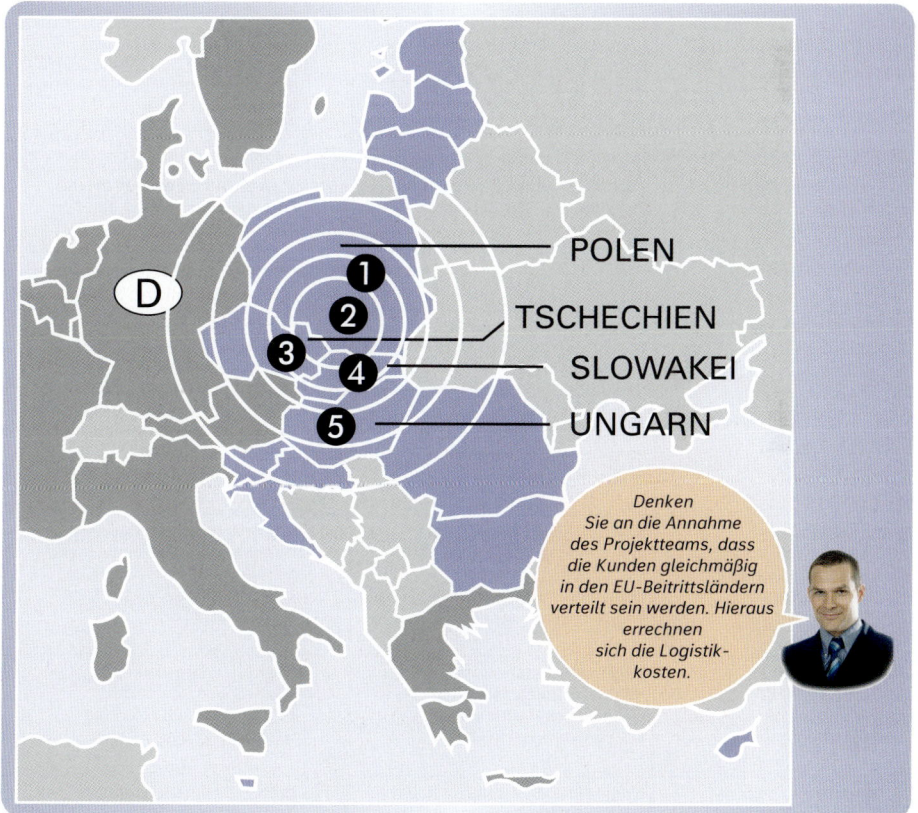

In diesen Regionen wurden die Standorte Warschau (Polen), Lodz (Polen), Krakau (Polen), Kattowitz (Polen), Ostrau (Tschechien), Brünn (Tschechien), Košice (Slowakei), Prešov (Slowakei), Budapest (Ungarn) und Tatabánya (Ungarn) geprüft (Arbeitspaket 3.3).

Nach Auswertung aller verfügbaren Informationen über diese Orte wurde die Auswahl auf zwei mögliche Standorte verdichtet: Sonderwirtschaftszone Lodz (Polen) und Ostrau (Tschechien).

Zwischen diesen beiden Alternativen sollte folgende Entscheidungstabelle den Ausschlag geben:

Entscheidungstabelle (Nutzwertanalyse) zur Ermittlung des zukünftigen Produktionsstandortes:

Standortfaktor Gewichtung	Situation in der Sonderwirtschaftszone Lodz (Polen)	Note	Wert	Situation im Gewerbepark Ostrau (Tschechien)	Note	Wert
Steuerbelastung vom Gewinn 5	Körperschaftssteuer: 19 % Steuerentlastung: Für die Sonderwirtschaftszone Lodz gilt eine auf 12 Jahre befristete Steuerbefreiung auf Gewinne.	8	40	Körperschaftssteuer: 19 % Steuerentlastung: Für Erstinvestitionen gilt für einen Zeitraum von 10 Jahren eine vollständige Steuerbefreiung auf Gewinne.	8	40
Rechtliche und politische Rahmenbedingungen einer Ansiedlung 3	Alle Verträge müssen zwingend in polnischer Sprache abgefasst sein. Genehmigung des Grunderwerbs durch das Innenministerium Polens gilt als sicher.	5	15	Erwerb des Grundstücks von der Investitionsagentur Czechinvest ist möglich. Bürokratische Hürden gelten als „der schlimmste Albtraum der meisten ausländischen Investoren" (Handelsblatt).	7	21
Personalkosten 10	Durchschnittlicher Monatslohn: 1 055,00 EUR (Stand: 2015) Lohnzusatzkosten: ca. 30 % Jahresarbeitszeit: 1 800 Stunden	7	70	Durchschnittlicher Monatslohn: 1 085,00 EUR (Stand: 2015) Lohnzusatzkosten: ca. 35 % Jahresarbeitszeit: 1 920 Stunden	8	80
Logistikkosten im Vergleich zum Standort Köln (siehe auch gesonderten Beschluss) 7	Logistikkosten werden ca. 30 % geringer sein als am Standort Köln.	9	63	Logistikkosten werden ca. 26 % geringer sein als am Standort Köln.	8	56
Anschaffungskosten für das Grundstück 3	Grundstückspreis einschl. Anschaffungsnebenkosten: 2 200 000,00 EUR; Gesamtförderung durch EU und Polen: maximal 40 % des Investitionsvolumens, Bedingungen für eine Förderung sind erfüllt.	6	18	Grundstückspreis einschl. Anschaffungsnebenkosten: 1 800 000,00 EUR; Gesamtförderung durch EU und Tschechien: maximal 46 % des Investitionsvolumens; Chancen auf Erhalt sind noch unklar.	7	21
Qualifizierte Mitarbeiter sind in ausreichender Zahl verfügbar 7	Arbeitsergebnisse erfüllen internationale Standards. Facharbeiter sind in der Region in ausreichender Zahl verfügbar.	9	63	Regional und in Tschechien insgesamt besteht ein Mangel an qualifizierten Mitarbeitern, z. B. Fräsern, Schlossern und Werkzeugmachern.	3	21
Infrastrukturausstattung 10	Region ist infrastrukturell relativ gut ausgebaut, eine weitere Verbesserung mit EU-Förderung ist in Arbeit.	6	60	Region ist infrastrukturell relativ gut ausgebaut, Straßennetz soll zukünftig weiter ausgebaut werden.	6	60
Nähe zu Kooperationspartnern und Lieferanten 3	Einige Lieferanten sind in Polen ansässig. Eine Kooperation mit dem Max-Planck-Institut Warschau ist möglich.	7	21	Wenige Lieferanten sind in Tschechien ansässig. Zurzeit bestehen keine Kooperationen.	4	12
Erschließungsgrad 5	Das Grundstück ist voll erschlossen.	10	50	Das Grundstück ist voll erschlossen.	10	50
Wertsumme			400			361

4 Projektmanagement

Die Bewertung wird bei der Nutzwertanalyse nach folgendem Verfahren vorgenommen:

- Das Team legt für jeden Standortfaktor eine Gewichtungsziffer fest. Sie richtet sich nach der Bedeutung, die dem Faktor beigemessen wird.
- Jeder Standort erhält für jeden Standortfaktor eine Note.
- Die Note wird mit der Gewichtungsziffer multipliziert. Das Ergebnis stellt die Bewertung des Standorts dar, bezogen auf diesen Standortfaktor.
- Die Summe der Werte eines Standortes ergibt seine Gesamtbewertung. Je höher sie ist, desto günstiger werden die Bedingungen dieses Standorts eingeschätzt. Es ist folgerichtig, den Standort mit der höchsten Wertsumme auszuwählen.

Auf die gleiche Weise geht man bei vielen Entscheidungsproblemen vor, z. B. beim Angebotsvergleich (siehe Band 1 „Geschäftsprozesse", Sachwort „Angebotsvergleich".

Auf dieser Basis fällt die Standortentscheidung durch Beschluss des Projektteams zugunsten von Lodz. In der Empfehlung an die Geschäftsleitung heißt es: „Das Projektteam empfiehlt eine Ansiedlung in der Sonderwirtschaftszone Lodz (Polen). Die Standortbedingungen entnehmen Sie bitte dem beiliegenden Dossier."

4.5.5 Projektabschluss

Der Projektabschluss ist die letzte Projektphase. In dieser Phase wird das Projektergebnis vom Auftraggeber abgenommen, Erfahrungen werden gesichert und das Projekt wird aufgelöst.

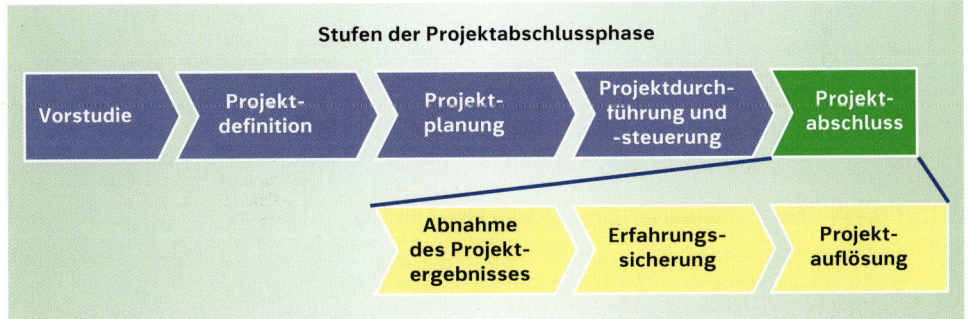

Abnahme des Projektergebnisses

Grundlage für die Abnahme des Projektergebnisses ist die Übergabe des Produktes oder eines Abschlussberichtes an den Auftraggeber. Meistens wird das Projektergebnis in einer Abschlusspräsentation vorgestellt, oft wird zudem ein Abnahmetest durchgeführt. Je nach Projektergebnis kann auch eine Einweisung des Auftraggebers in die Handhabung notwendig sein. Verweigert der Auftraggeber die Abnahme, muss nachgebessert werden; anschließend wird das Projektergebnis erneut vorgestellt.

Erfahrungssicherung

Systematische Erfahrungssicherung ist wesentlicher Teil des Projektabschlusses: Die gewonnenen Erkenntnisse dürfen nicht nur in den Köpfen des Projektteams „abgespeichert" bleiben. Das erworbene Fachwissen fließt stattdessen in den allgemeinen Wissenspool des Unternehmens ein. Dafür werden Datenbanken, sogenannte **wissensbasierte Systeme**, genutzt. Nach dem Abschluss eines Projekts werden die gesammelten Erfahrungen – nach Kategorien geordnet – darin abgelegt. So kann man diese bei späteren Projekten abrufen und von Projekt zu Projekt eine Verbesserung erreichen.

Die Qualität einer Wissens-Datenbank hängt davon ab, wie sie von den Mitarbeitern angenommen wird. Und von der Datenpflege. Gerade daran scheitert der Aufbau in der Praxis oft.

Für die Sicherung der Erfahrungen ist eine Projektauswertung nötig. Sie umfasst

- die Nachkalkulation der Projektkosten,
- eine Abweichungsanalyse bezüglich der Ablauf-, Termin-, Kapazitäts- und Kostenpläne.

Stellt man Abweichungen fest, sind ihre Ursachen aufzudecken und Maßnahmen zu planen, die Fehlentwicklungen in Zukunft verhindern.

> **Beispiel:** Erfahrungssicherung
>
> Nach Abschluss des Projekts POET gibt das Projektteam folgende Erfahrungen an das Gesamtprojekt weiter (Auszug):
>
> **Inhaltliche Hinweise an die Folgeprojekte**
>
> - Für die weitere Vorgehensweise empfiehlt das POET-Team die Einschaltung eines Juristen/einer Juristin, der/die die polnische und die deutsche Sprache verhandlungssicher beherrscht und sich im polnischen Rechtssystem auskennt. Er/Sie sollte das Projekt vor Ort begleiten.
> - Am Standort sind mehrere Logistikunternehmen/Speditionen ansässig, mit denen Vertragsverhandlungen sinnvoll sind. Durch einen Vertragsabschluss werden regionale Interessen gestärkt und Arbeitsplätze gesichert. Dadurch wird die Akzeptanz der Produkta-Ansiedlung in der Bevölkerung steigen.
> - (…)
>
> **Organisatorische Hinweise/Hinweise zum Projektablauf**
>
> - In den Zeitplan zu POET wurden Pufferzeiten zwar eingeplant; sie wurden aber nicht explizit ausgewiesen. Dies hat an verschiedenen Stellen die Ursachenanalyse für eine Unterschreitung der Soll-Zeit erschwert. Das Projektcontrolling basiert somit auf pessimistisch-falschen Angaben, die nachträglich nicht prüfbar sind.
>   In Zukunft sollten zur Erhöhung der Transparenz Pufferzeiten in der Projektplanung von Arbeitspaketen getrennt ausgewiesen werden.
> - Im Zeitplan zu POET fehlt die Projektabschlussphase. Um dennoch eine Erfahrungssicherung durchführen zu können, musste das Projektteam zwei weitere Wochen über die geplante Dauer hinaus für das Projekt freigestellt werden.
>   In Zukunft sollten von vornherein Zeiten für den Projektabschluss vorgesehen werden.
> - Abweichungen im Kostenplan zu POET ergeben sich vor allem bei Einschaltung externer Berater. Um die Kosten präziser vorausplanen zu können, sollten in Zukunft Rahmenverträge abgeschlossen werden.
> - (…)

Projektauflösung

Mit der Auflösung des Projektes ist das Amt des Projektleiters beendet. Das Projektteam wird aufgelöst. Die Projektmitarbeiter kehren in ihre ursprünglichen Arbeitsbereiche zurück oder werden neuen Projekten zugewiesen. Sobald alle Abschlussrechnungen beglichen sind, wird die Kostenstelle des Projekts geschlossen.

Der Projektabschluss ist somit auch der Zeitpunkt, zu dem alle Tätigkeiten beendet werden, die mit dem Projekt in Zusammenhang stehen: das formale Ende des Projekts.

4.5.6 Projektdokumentation

Begleitend zu allen Projektphasen muss das Projekt dokumentiert werden. Die Projektdokumentation dient als Nachweis für getroffene Entscheidungen, für Aktivitäten und für Zwischenergebnisse.

Eine geordnete Projektdokumentation beginnt bereits in der Definitionsphase und endet mit dem Projektabschluss. Sie umfasst eine vollständige und strukturierte Sammlung der Projektdokumente.

Besonders wichtig ist neben der rechtzeitigen, d. h. projektbegleitenden Erstellung der Dokumentation die Strukturierung der Dokumente. Wird dies nicht beachtet, entsteht ein nutzloser „Datenfriedhof", weil man Dokumente nicht in angemessener Zeit wiederfindet.

Bestandteile der Projektdokumentation
- **Projektauftrag**
- **Lastenheft**
- **Projektpläne:** Struktur-, Ablauf- und Termin-, Kapazitäts-, Kostenplan und ein chronologisches Protokoll aller Planänderungen
- **Pflichtenheft**
- **Projektberichte**, insbesondere bei Erreichen eines Meilensteins
- **Abschlussbericht** und **-präsentation**
- umfassende **Beschreibung des Projektergebnisses** (z. B. als technische Zeichnung, Grundriss, Entscheidungstabelle oder Handbuch)

Sie haben die Projektarbeit an dem detaillierten Beispiel Standortwahl kennen gelernt. Damit Sie Ihr Wissen anwenden können, finden Sie auf S. 374 und 427 zwei Projekte zur selbstständigen Bearbeitung.

Arbeitsaufträge

1. Unter einem Projekt versteht man ein komplexes Vorhaben zur Lösung eines neuartigen Problems. Es ist sachlich und zeitlich begrenzt und erfordert eine funktionsübergreifende Lösung.
   Prüfen Sie, ob es sich bei den folgenden Vorhaben um Projekte handelt oder nicht. Begründen Sie Ihre Einschätzung.
   a) Ein Industriebetrieb plant die Anschaffung einer neuen CNC-Maschine für die Produktion.
   b) Ein großes Stahlunternehmen plant in Kooperation mit einem Energieversorger den Bau eines Kohlekraftwerks auf dem eigenen Betriebsgelände, um das Stahlwerk mit Energie zu versorgen.
   c) Die Personalabteilung eines Industriebetriebs plant, drei Jugendliche einzustellen und zu Industriekaufleuten auszubilden.
   d) Ein Industriebetrieb plant den sozialverträglichen Abbau von 4 500 Arbeitsplätzen über eine Vorruhestandsregelung.

e) Die Abteilung Öffentlichkeitsarbeit eines Industriebetriebs plant, aus Anlass des 10-jährigen Firmenjubiläums einen Tag der offenen Tür durchzuführen. Sie kooperiert hierzu mit verschiedenen Fachabteilungen.

f) Ein Industriebetrieb plant die Einführung einer Unternehmensplanungssoftware (ERP-Software, z. B. von SAP, Sage, Mircosoft Dynamics NAV).

g) Ein Industriebetrieb kauft die Software "PC-Wächter". Diese verhindert, dass die PC-Einstellungen durch die Mitarbeiter verändert werden können.

2. **Für Projekte werden immer Sachziele, Terminziele und Budgetziele gesetzt. Zwischen diesen Zielen ergeben sich oft Zielkonflikte.**

   a) Welche Konflikte bestehen zwischen den Zielaspekten Projektergebnis, Termin und Budget? Beschreiben Sie anhand eines selbst gewählten Beispiels einen solchen Zielkonflikt.

   b) Erläutern Sie anhand Ihres selbst gewählten Beispiels die Aufgaben des Projektleiters in Bezug auf Zielkonflikte.

   c) Welche Rolle spielt der Auftraggeber des Projektes bei Zielkonflikten? In welcher Projektphase kommt sein Einfluss zum Tragen?

3. **Ihre Klasse plant einen Wandertag entlang des Rotwein-Wanderweges an der Ahr zum Innovationspark Rheinland. Die im Folgenden angesprochenen Elemente des Projekts sollen in einem Projekthandbuch dokumentiert werden.**

   a) Entwickeln Sie ein *Lastenheft*, in dem Sie Ihre Anforderungen an den Wandertag formulieren. Definieren Sie das Ziel des Projektes „Wandertag".

   b) Erstellen Sie eine Projektplanung mit *Strukturplan, Ablauf- und Terminplan.*
   Beachten Sie, dass die Planung sich auf zwei Aspekte bezieht: auf den Wandertag selbst (z. B. Hin- und Rückfahrt, Wanderweg, Einkehr in ein Restaurant, in dem Plätze zu reservieren sind), und auf die Vorbereitung und nachträgliche Auswertung des Wandertages (z. B: Zeitplanung für den organisatorischen Vorlauf, Überprüfung der Zielerreichung, Abweichungsanalyse).

   c) Legen Sie einen oder mehrere Meilensteine fest.

   d) Ordnen Sie in einem *Kapazitätsplan* den Arbeitspaketen personelle und sachliche Kapazitäten zu.

   e) Erstellen Sie einen *Kostenplan* für das Projekt.

4. **Das sogenannte „KISS-Prinzip" („Keep It Small and Simple") empfiehlt, bei der Projektplanung nach einfachen und überschaubaren Wegen zu suchen.**
   In Kapitel 4 *Projektmanagement* wurde ausführlich das Projekt POET dargestellt. In einer Brainstorming-Sitzung zum Projekt POET wurden unter anderem die folgenden beiden Vorschläge bezüglich der Informationsbeschaffung über mögliche Standorte geäußert:

   (1) „Kann nicht das Kanzleramt oder das Wirtschaftsministerium eine Reise der Kanzlerin oder des Wirtschaftsministers in die osteuropäischen EU-Länder organisieren? Wir könnten in der Delegation mitfahren und so verschiedene Standorte sehen und beurteilen. Ich finde, wir sollten diesbezüglich offiziell anfragen."

   (2) „Wir bemühen uns darum, dass die Messe Köln eine Osterweiterungs-Messe organisiert. Da können sich verschiedene Standorte und Regionen vorstellen. So erhalten wir und andere interessierte Unternehmen einen Überblick. Ich vermute, dass bei Städten und Gemeinden in den osteuropäischen EU-Ländern ein breites Interesse besteht, den eigenen Standort vorzustellen und für sich zu werben."

   a) Wie beurteilen Sie die beiden Vorschläge vor dem Hintergrund des „KISS-Prinzips"? Welche Nachteile können durch eine zu komplexe Planung entstehen?

   b) Wie bewerten Sie die tatsächliche Projektplanung für POET? Suchen Sie nach Verbesserungsmöglichkeiten und stellen Sie diese in der Klasse vor.

   c) Erstellen Sie den Ablauf- und Terminplan für POET als Netzplan. Welche Vor- und Nachteile hat diese Darstellungsform im konkreten Fall gegenüber dem Balkendiagramm?

4 Projektmanagement

5. **Bei der Durchführung eines Projekts sind innerhalb des Projektteams Koordination und Kommunikation erforderlich. Diese Aufgaben werden einerseits zwar vom Projektleiter wahrgenommen. Andererseits sind aber gerade bei der Kommunikation alle Projektmitarbeiter gefordert. Vereinbarungen über die Zusammenarbeit sind hilfreich.**

    Verständigen Sie sich in Gruppen über Regeln für eine Zusammenarbeit im Rahmen eines Projekts. Überlegen Sie für jede Regel, welchen konkreten Nutzen (Vorteil) sie bietet.

6. **Für den Projektleiter sind im Rahmen seiner Steuerungsfunktion die Ermittlung des Projektstatus und die Analyse ermittelter Abweichungen zentrale Aktivitäten.**

    a) Stellen Sie den Projektstatus Ihres Projektes *Wandertag* (siehe Aufgabe 3) mithilfe der Ampelfunktion dar.

    b) Welche Ursachen haben die von Ihnen festgestellten Planabweichungen? Welche Maßnahmen können Sie ergreifen, um die Abweichungen bis zum Projektabschluss zu kompensieren?

    c) Was können Sie unternehmen, um diese Abweichungen bei zukünftigen Projekten zu vermeiden?

7. **Ziele der Phase „Projektabschluss" sind die Abnahme des Projektergebnisses durch den Auftraggeber, die Auswertung der Projekterfahrungen und die Auflösung des Projektteams.**
    Im Zusammenhang mit der Abnahme des Ergebnisses kommt es mitunter zu Schwierigkeiten. Deshalb wurde aus dem „KISS-Prinzip" das „KIVV-Prinzip" abgeleitet. Die Forderung: Für die Abnahme des Projektes muss die Abschlusspräsentation so gestaltet sein, dass auch „Kinder, Idioten und Vorstandsvorsitzende" das Projektergebnis verstehen.

    a) Was ist mit der Forderung des „KIVV-Prinzips" gemeint? Wie bewerten Sie diese Forderung? Bedenken Sie bei Ihrer Beurteilung auch, welche Bedeutung die Projektabnahme für das gesamte Projekt hat.

    b) Welche Folgen hat es, wenn die Abnahme eines Projektes verweigert wird?

    c) Erarbeiten Sie in Gruppen einen Anforderungskatalog, mit dem Sie Kriterien für eine „gute" Präsentation beschreiben.

8. **Ein Industriebetrieb führt ein Projekt durch, um seine Lagerorganisation auf ein Freiplatzsystem (chaotische Lagerhaltung) umzustellen. Beim Projektabschluss stellt sich heraus, dass die Projektdokumentation lückenhaft ist. Wesentliche Funktionen und technische Eigenschaften des entwickelten Systems sind nicht beschrieben. Ein Benutzerhandbuch, aus dem die Mitarbeiter z. B. entnehmen könnten, wie ein Lagerzugang erfasst wird, fehlt völlig.**
    Der Auftraggeber beanstandet das Projektergebnis und verlangt eine vollständige Dokumentation des neuen Ordnungssystems.

    a) Wie beurteilen Sie die Reaktion des Auftraggebers?

    b) Welche Bedeutung hat die Dokumentation für dieses Projekt?

    c) Der Projektleiter brennt alle projektbezogenen Dokumente auf vier CDs und reicht diese als nunmehr vollständige Projektdokumentation beim Auftraggeber nach. „Damit müsste der Fall ja wohl erledigt sein", sagt er.
    Was halten Sie von dieser Lösung? Begründen Sie Ihre Meinung.

Übungsprojekt 1: Einführung einer betrieblichen Altersversorgung

Das Problem

Die Overbeck Chemie GmbH ist ein mittelständisches Industrieunternehmen mit 250 Mitarbeitern. Sie ist auf die Herstellung von Metallsalzen (z. B. Cyanide, Kupferoxide, Kupfersulfate und Chromsäuren) spezialisiert, die im Bereich der Oberflächenveredelung und Galvanik eingesetzt werden.

In den vergangenen Monaten haben verschiedene Mitarbeiter bei Personalabteilung und Betriebsrat angefragt, welche Möglichkeiten Overbeck Chemie zum Aufbau einer betrieblichen Altersversorgung biete. Vereinzelt wurde auch auf den bestehenden Rechtsanspruch auf Entgeltumwandlung hingewiesen.

Bislang bietet Overbeck Chemie seinen Mitarbeitern bis auf den gesetzlichen Anspruch auf Entgeltumwandlung keine weitere Form der betrieblichen Altersversorgung an. Inzwischen hat die Geschäftsführung aber angekündigt, in Kürze allen Mitarbeitern ein entsprechendes Angebot zu machen. Hierdurch will sie zum einen die Einzelanfragen beenden, zum anderen erhofft sie sich eine stärkere Identifikation der Mitarbeiter mit dem Unternehmen und damit eine erhöhte Motivation. Denn den meisten Mitarbeitern ist aus der öffentlichen Berichterstattung längst klar, dass die gesetzliche Rentenversicherung allein zur Sicherung des Lebensstandards im Alter nicht ausreichen wird.

Um ein für Unternehmen und Mitarbeiter günstiges Konzept auszuwählen und dessen Einführung vorzubereiten, sind die Geschäftsführung, die Personalleitung und der Betriebsrat der Overbeck Chemie GmbH übereingekommen, gemeinsam ein Projektteam aufzustellen. Der Projektauftrag trägt den Titel: „Vorsorge für das Alter – in gemeinsamer Verantwortung":

Projektauftrag (Entwurf)	
Projektbezeichnung	Vorsorge für das Alter – in gemeinsamer Verantwortung
Auftraggeber und Auftragnehmer	■ Geschäftsführung, Personalleitung und Betriebsrat der Overbeck Chemie GmbH ■ Das Projekt wird intern vergeben (Auftragnehmer: siehe Projektteam)
Problemstellung	Die Overbeck Chemie GmbH will ihren Mitarbeitern den Aufbau einer betrieblichen Altersversorgung anbieten. Den Entscheidungsträgern ist diesbezüglich bekannt, dass es verschiedene Gestaltungsformen betrieblicher Altersversorgung gibt. Viele entscheidungsrelevante Informationen fehlen aber.
Projektziel	■ Ziel des Projektes ist es, die Einführung einer betrieblichen Altersversorgung vorzubereiten. ■ Zu diesem Zweck werden die möglichen Formen der betrieblichen Altersversorgung miteinander verglichen. Es werden insbesondere Kosten für das Unternehmen, Leistungsansprüche und Ausfallsicherheit für die Belegschaft in den Vergleich einbezogen. ■ Basierend auf dem Vergleich wird eine Entscheidung für ein Konzept getroffen, nach dem die betriebliche Altersversorgung der Belegschaft aufgebaut werden soll. ■ Das Projektziel wird durch ein Lastenheft ergänzt und präzisiert.
Termin	■ Das Projektziel wird innerhalb von vier Wochen erreicht. ■ Für die gesamte Abwicklung des Projekts (einschließlich Abschlusspräsentation und Erfahrungssicherung) stehen dem Projektteam fünf Wochen zur Verfügung.
Budget	Alle Personal- und Sachkosten für das Projekt „Vorsorge für das Alter – in gemeinsamer Verantwortung" werden aus den Budgets der Abteilungen getragen, die Mitarbeiter und/oder Sachmittel zur Verfügung stellen.
Projektteam	Projektleiter/-in: N.N. Projektteam: N.N.
Unterzeichnung	Düsseldorf, 20.09.20.. *Micheal Kraus* *Ute Schneider* **Axel Cerny** (Geschäftsführung) (Personalleitung) (Betriebsrat) (Projektleiter)

Als Ergänzung wird folgendes Lastenheft in den Projektauftrag aufgenommen:

Lastenheft zu Projekt „Vorsorge für das Alter – in gemeinsamer Verantwortung"	
Anforderungen an das Projektergebnis	■ Es werden für die möglichen Formen der betrieblichen Altersversorgung – also Direktzusage, Direktversicherung, Pensionskasse, Unterstützungskasse und Pensionsfonds – Rahmenbedingungen, Vor- und Nachteile ermittelt und gegenüber gestellt.
	■ In die Entscheidung bezüglich der für Overbeck Chemie günstigsten Form gehen insbesondere folgende Entscheidungskriterien ein: monatliche Kosten für das Unternehmen, monatliche Kosten für die Mitarbeiter, Vorteile für die Mitarbeiter, Risiken für die Mitarbeiter.
	■ Es wird festgelegt, auf welcher vertraglichen Basis die betriebliche Altersversorgung eingeführt wird: kollektivvertraglich als Betriebsvereinbarung oder einzelvertraglich als beitragsfinanzierte oder durch Entgeltumwandlung finanzierte Anwartschaft. Gegebenenfalls wird festgelegt, welche Beiträge aufgebracht werden – und von wem.
	■ Es wird definiert, unter welchen Bedingungen ein Mitarbeiter in das neue Versorgungssystem aufgenommen wird.
	■ Es wird ein Anschreiben an die Belegschaft formuliert, das über die von Overbeck Chemie angebotene Form der betrieblichen Altersvorsorge aufklärt.
	■ Die Projektergebnisse und der Projektablauf werden dokumentiert. Außerdem wird das Projektergebnis der Geschäftsführung, der Personalleitung und dem Betriebsrat von Overbeck Chemie präsentiert.

Arbeitsaufträge

1. Bilden Sie ein Projektteam und organisieren Sie Ihre Arbeit, indem Sie für die anstehenden Aufgaben (Projektleitung, Dokumentation usw.) Zuständigkeiten vereinbaren.
2. Ergänzen Sie bei Bedarf das Lastenheft zum Projekt „Vorsorge für das Alter – in gemeinsamer Verantwortung".
3. Legen Sie Arbeitspakete fest und erstellen Sie einen Strukturplan. Leiten Sie hieraus einen Ablauf- und Zeitplan für das Projekt ab. Ordnen Sie den terminierten Arbeitspaketen Kapazitäten zu.
4. Führen Sie das Projekt im Team durch. Stellen Sie den Projektstatus fest, indem Sie für jedes Arbeitspaket den Erledigungsstand mithilfe der Ampelfunktion signalisieren.
5. Dokumentieren Sie begleitend den Projektverlauf und die erreichten Ergebnisse.
   Hinweis: Oft ist es hilfreich, wenn Sie für die Beschreibung von Arbeitspaketen, die Protokolle von Arbeitssitzungen und die Berichte über den Projektstatus Formulare verwenden. Diese können Sie entweder selbst entwerfen oder aus Ihren Ausbildungsbetrieben – ggf. mit sinnvollen Änderungen – übernehmen.
6. Erstellen Sie mit einer Präsentationssoftware eine Abschlusspräsentation, mit der Sie das Projektergebnis vorstellen. Führen Sie darüber hinaus eine Erfahrungssicherung durch, indem Sie Abweichungen von der Projektplanung analysieren und erkannte Ursachen für Abweichungen protokollieren.

5 Wirtschaftssteuerung durch Prozesspolitik

5.1 Ziele der Prozesspolitik

5.1.1 Stabilitätsgesetz

„Wie nett, ihr weisen Professoren – Blumen, nichts als Blumen!"

© Jupp Wolter (Künstler), Haus der Geschichte, Bonn

Siehe Material *Die fünf Weisen*. M 377_1

Mehrung der persönlichen Freiheit und des Wohlstands, gerechte Verteilung des wachsenden Wohlstands und soziale Sicherheit sind die Hauptziele der sozialen Marktwirtschaft.

Sollen diese Ziele erreicht werden, erfordert dies einen möglichst störungsfreien Ablauf der gesamtwirtschaftlichen Prozesse. Nur bei gleichgewichtigem, stetigem und ausreichendem Wirtschaftswachstum kann der gesamtwirtschaftliche Wohlstand steigen und gerecht verteilt und kann die soziale Sicherheit finanziert werden. Wachstumsschwankungen, die in den Konjunkturzyklen ihren Ausdruck finden, sind unerwünscht, da sie sich negativ auf Geldwert, Produktion, Beschäftigung und Volkseinkommen auswirken. Die Erfahrung zeigt, dass die Selbststeuerung der Wirtschaft durch den Markt keine optimale Entwicklung sichern kann. Deshalb greift der Staat ein.

- **Der Staat strebt mit wirtschafts- und finanzpolitischen Maßnahmen einen störungsfreien Ablauf der Wirtschaftsprozesse an. Man spricht von Globalsteuerung, weil sich die Maßnahmen auf die Wirtschaft als Ganzes und nicht – wie die Strukturpolitik – auf Teilbereiche beziehen.**
- **Die Europäische Zentralbank sichert mit Maßnahmen der Geldpolitik speziell die Stabilität des Geldwertes.**

M 377_2

Grundlage der *Globalsteuerung* ist das Gesetz zur Förderung der Stabilität und des Wachstums der Wirtschaft (**Stabilitätsgesetz**) von 1967:

> **§ 1 Stabilitätsgesetz**
>
> Bund und Länder haben bei ihren wirtschafts- und finanzpolitischen Maßnahmen die Erfordernisse des **gesamtwirtschaftlichen Gleichgewichts** zu beachten. Die Maßnahmen sind so zu treffen, dass sie im Rahmen der **marktwirtschaftlichen Ordnung** gleichzeitig zu **Stabilität des Preisniveaus**, zu einem **hohen Beschäftigungsstand** und **außenwirtschaftlichem Gleichgewicht** bei **stetigem und angemessenem Wirtschaftswachstum** beitragen.

Das Gesetz betont den **marktwirtschaftlichen Ordnungsrahmen**. Die politischen Maßnahmen dürfen diesen Rahmen nicht verletzen. Sie sollen z. B. die freie Preisbildung nicht einschränken und den Wettbewerb schützen.

Die Politik muss die Erfordernisse des **gesamtwirtschaftlichen Gleichgewichts** beachten. Sie soll die Wirtschaft nicht aus dem Gleichgewicht bringen, sondern zum Gleichgewicht hinführen.

Beachte:
Das Stabilitätsgesetz verweist nicht besonders auf die Hauptziele der sozialen Marktwirtschaft. Diese sind aber bereits durch das Grundgesetz vorgeschrieben.

Unter diesen Rahmenbedingungen soll die Wirtschafts- und Finanzpolitik folgende Ziele anstreben:

- Preisniveaustabilität,
- hohen Beschäftigungsstand,
- außenwirtschaftliches Gleichgewicht,
- stetiges und angemessenes Wachstum.

Das Stabilitätsgesetz ist im Einklang mit EU-Recht. In Art. 2 des **Vertrages über die Europäische Union** (EUV) von 1992 heißt es:

> Aufgabe der Gemeinschaft ist es, ... eine harmonische und ausgewogene Entwicklung des Wirtschaftslebens innerhalb der Gemeinschaft, ein beständiges, nichtinflationäres und umweltverträgliches Wachstum, einen hohen Grad an Konvergenz der Wirtschaftsleistungen, ein hohes Beschäftigungsniveau, ein hohes Maß an sozialem Schutz, die Hebung der Lebenshaltung und der Lebensqualität, den wirtschaftlichen und sozialen Zusammenhalt und die Solidarität zwischen den Mitgliedsstaaten zu fördern.

5.1.2 Stabilität des Preisniveaus

Bei stabilem Preisniveau bleibt der Durchschnitt der Preise für Sachgüter und Dienstleistungen gleich. Einzelne Preise können durchaus steigen oder fallen. Wird z. B. das Benzin teurer, aber das Dieselöl billiger, bleibt trotzdem das Preisniveau insgesamt stabil – und mit ihm der Geldwert. Anders ausgedrückt: Das Geld behält seine Kaufkraft.

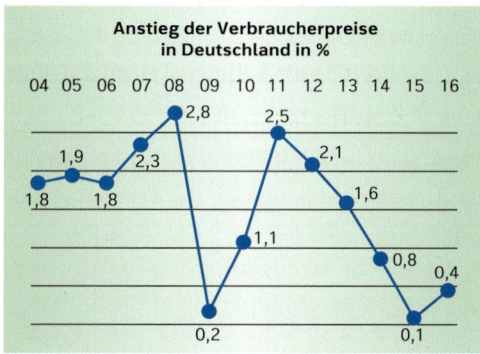

Nun haben die Preise in einer wachsenden Wirtschaft immer eine gewisse Tendenz zur Inflation. Da die Wirtschaftspolitik auch das Wachstum fördern soll, muss sie bei der Preisstabilität einen gewissen Kompromiss eingehen und begnügt sich mit einer relativen Stabilität. Diese gilt als erreicht, wenn das Preisniveau im Jahr um höchstens 2 % steigt.

5.1.3 Hoher Beschäftigungsstand

Überbeschäftigung ist unerwünscht, weil der Arbeitskräftemangel die Löhne hochtreibt. Es besteht die Gefahr einer Kosteninflation. Außerdem hemmt der Mangel an Arbeitskräften die Produktion.

Auch **Unterbeschäftigung** ist unerwünscht. Sie bedeutet finanzielle und soziale Probleme für die Arbeitslosen. Außerdem besteht die Gefahr von Nachfrageausfällen und Rezession.

Deshalb gibt das Stabilitätsgesetz als Ziel nur einen „hohen" Beschäftigungsstand vor. Allerdings verzichtet die Bundesregierung seit 1980 darauf, einen festen Prozentsatz als Zielgröße zu nennen.

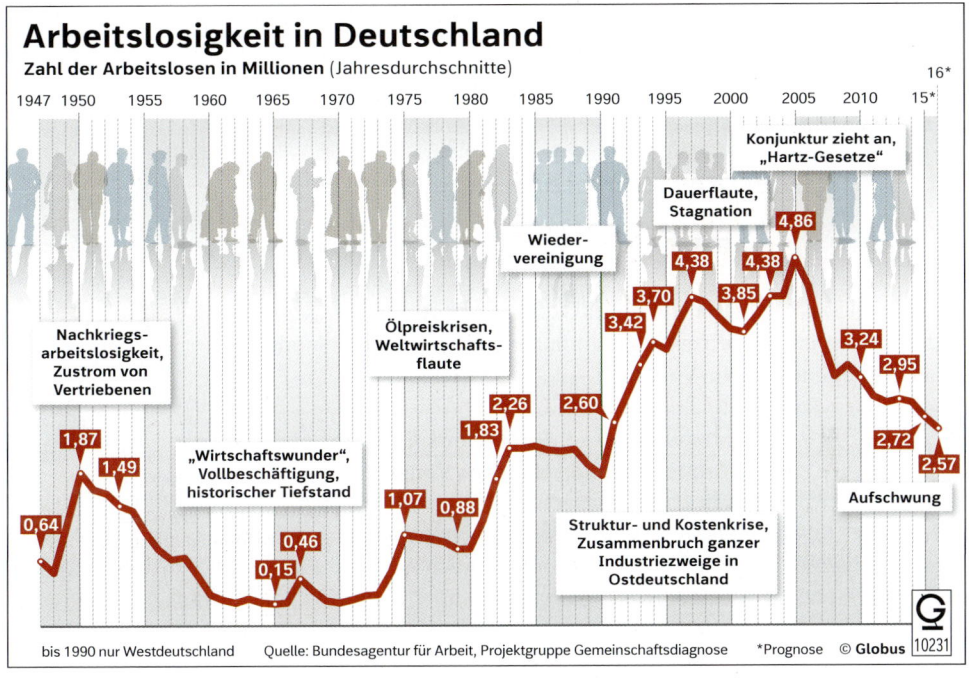

5.1.4 Außenwirtschaftliches Gleichgewicht

Jede Volkswirtschaft treibt Außenhandel. Sie exportiert und importiert Waren, Dienstleistungen und Kapital. (Kapitalbewegungen entstehen z. B. durch Devisentausch und Kreditvergabe.) Der Saldo von Waren- und Dienstleistungsimporten und -exporten ist bekanntlich der Außenbeitrag (vgl. S. 153 f.).

Außenwirtschaftliches Gleichgewicht bedeutet: Der Außenbeitrag ist weder positiv noch negativ; Exporte und Importe gleichen sich aus.

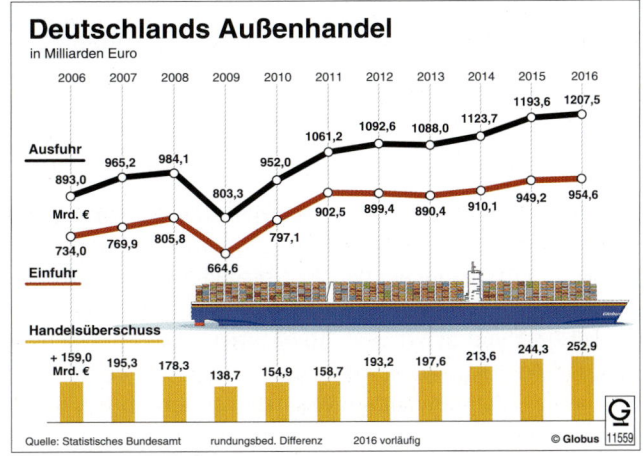

Die Notwendigkeit außenwirtschaftlichen Gleichgewichts ergibt sich unter anderem aus folgenden Gründen:

- **Exportüberschüsse** können z. B. entstehen, wenn die Güterpreise im Ausland stärker als im Inland steigen. Dann steigt die Auslandsnachfrage nach den billigeren inländischen Gütern. Die höhere Nachfrage aus dem Ausland führt ggf. auch im Inland zu Preissteigerungen: der typische Fall der **importierten Inflation**.
- Umgekehrt können **Importüberschüsse** z. B. entstehen, wenn das Ausland billiger als das Inland anbietet. Die Nachfrage nach inländischen Gütern sinkt, die inländischen Anbieter finden ggf. nicht genügend Absatz. Folge: Die Beschäftigung geht zurück, die **Arbeitslosigkeit** steigt.

5.1.5 Angemessenes Wirtschaftswachstum

Wirtschaftswachstum ist als Steigen des Bruttoinlandsprodukts (Y^b) definiert.

Die Stärke des Wachstums wird durch die **Wachstumsrate** ausgedrückt. Sie ist die prozentuale Veränderung des Bruttoinlandsprodukts gegenüber dem Vorjahr.

Sie erinnern sich: Y^b ist die Bruttoleistungserstellung eines Jahres – vor Abschreibungen – in den Grenzen des Inlands.

$$\text{Wachstumsrate} = \frac{\text{Veränderung des Bruttoinlandsprodukts}}{\text{Bruttoinlandsprodukt des Vorjahres}} \cdot 100$$

Lesen Sie hierzu noch einmal auf Seite 165 f. nach.

Bekanntlich unterscheidet man zwischen nominalem und realem Wachstum, je nachdem, ob man der Berechnung die Preise von Berichtsjahr und Vorjahr (nominales Wachstum) oder die Preise eines Basisjahres zugrunde legt (reales Wachstum). Nur reales Wachstum bedeutet mehr produzierte Güter. Nominales Wachstum hingegen spiegelt teilweise oder vollständig Preissteigerungen wider.

Ziel der Wirtschaftspolitik ist ein angemessenes und stetiges reales Wachstum des Bruttoinlandsprodukts.

Die erfolgreiche Umsetzung dieses Zieles bewirkt:
- **Mehrung des materiellen Wohlstands.**
  Eine höhere Güterproduktion bedeutet eine bessere Versorgung mit Gütern zur Bedürfnisbefriedigung und damit steigenden materiellen Wohlstand.
- **Erhöhung der volkswirtschaftlichen Beschäftigung.**
  Die Erfahrung zeigt, dass die Beschäftigung immer dann zunimmt, wenn die Wirtschaft angemessen wächst – wenn auch oft mit zeitlicher Verzögerung. Wachstum schafft Arbeitsplätze. Bei unzureichendem Wachstum, „Nullwachstum" oder „negativem Wachstum" hingegen werden Arbeitsplätze abgebaut.

Was als „angemessen" anzusehen ist, muss letztlich politisch entschieden werden. Erfahrungsgemäß sind etwa 2 % Wachstum nötig, wenn neue Arbeitsplätze entstehen sollen. In Deutschland wurden bisher mindestens 3 % angestrebt. Allerdings wurde dieses Ziel seit 1998 nur viermal erreicht, nämlich 2006 (real 3,7 %), 2007 (real 3,3 %), 2010 (real 4,2 %) und 2011 (real 3,0 %). Dem starken Wachstum 2010 ging jedoch 2009 ein Absturz um real 4,7 % voraus. Weltweit zeigen sich schrumpfende Wachstumsraten. Deshalb werden heutzutage Wachstumsraten ab 2 % schon als positiv betrachtet. Es gilt als relativ gesicherte Erkenntnis, dass bei geringerem Wachstum kaum ein Beschäftigungsaufbau möglich ist.

Das Wachstum soll auch möglichst stetig erfolgen. Starke Konjunkturausschläge mit ihren Gefahren für Geldwert und Beschäftigung sollen möglichst verhindert werden.

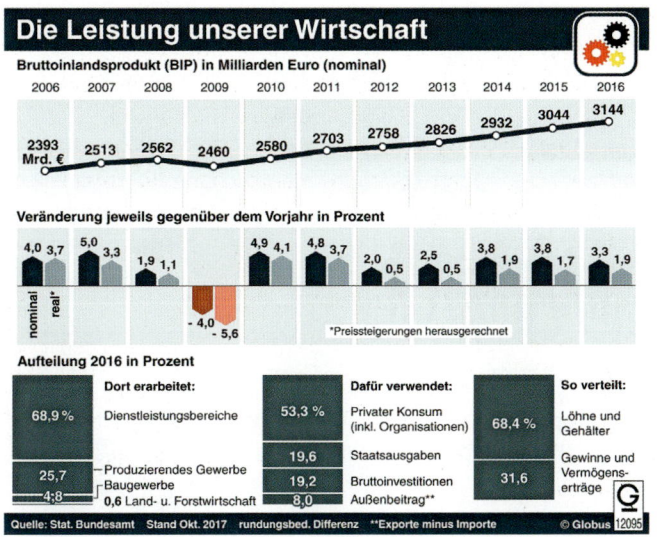

5.1.6 Zielharmonien und Zielkonflikte

Die Verfolgung eines Zieles kann die Erreichung eines anderen Zieles unterstützen (Zielharmonie) oder gefährden (Zielkonflikt).

Zielharmonie

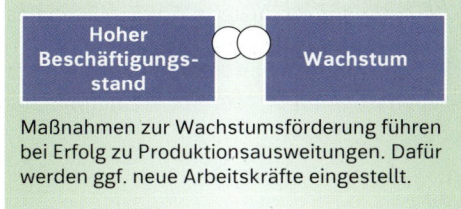

Maßnahmen zur Wachstumsförderung führen bei Erfolg zu Produktionsausweitungen. Dafür werden ggf. neue Arbeitskräfte eingestellt.

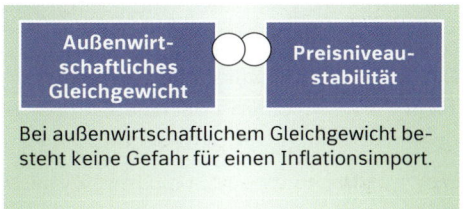

Bei außenwirtschaftlichem Gleichgewicht besteht keine Gefahr für einen Inflationsimport.

Zielkonflikte bestehen in allen anderen Fällen: Strebt man eines der wirtschaftspolitischen Ziele an, so wirkt sich dies auf mindestens ein anderes Ziel ungünstig aus. Um alle vier Ziele gleichzeitig zu erreichen, bedürfte es schon magischer Fähigkeiten. Deshalb spricht man vom „*magischen Viereck*".

M 381

Beispiele: Zielkonflikte

1. **Unterbeschäftigung bei Zielerreichung der drei übrigen Ziele**
   Bei Unterbeschäftigung könnte man versuchen, die Beschäftigungssituation durch exportfördernde Maßnahmen zu verbessern. Es entstehen Exportüberschüsse und die inländische Geldmenge vergrößert sich bei knapperem Güterangebot. Es kommt zu Preissteigerungen. Die Vollbeschäftigung wird zulasten der Ziele Preisstabilität und außenwirtschaftliches Gleichgewicht erreicht.

2. **Inflation bei Zielerreichung der drei übrigen Ziele**
   Zur Inflationsbekämpfung kann der Staat versuchen, durch Kürzung seiner eigenen Ausgaben und Steuererhöhungen die Nachfrage nach Gütern zu verringern. Der Nachfragerückgang veranlasst jedoch die Unternehmen, die Produktion einzuschränken. Dies führt zu Unterbeschäftigung.

3. **Exportüberschüsse bei Zielerreichung der drei übrigen Ziele**
   Exportüberschüsse bewirken Preissteigerungen im Inland. Durch Exportbesteuerung oder Importförderung kann man ggf. die Überschüsse abbauen. Diese Maßnahmen gefährden aber die Vollbeschäftigung im Inland.

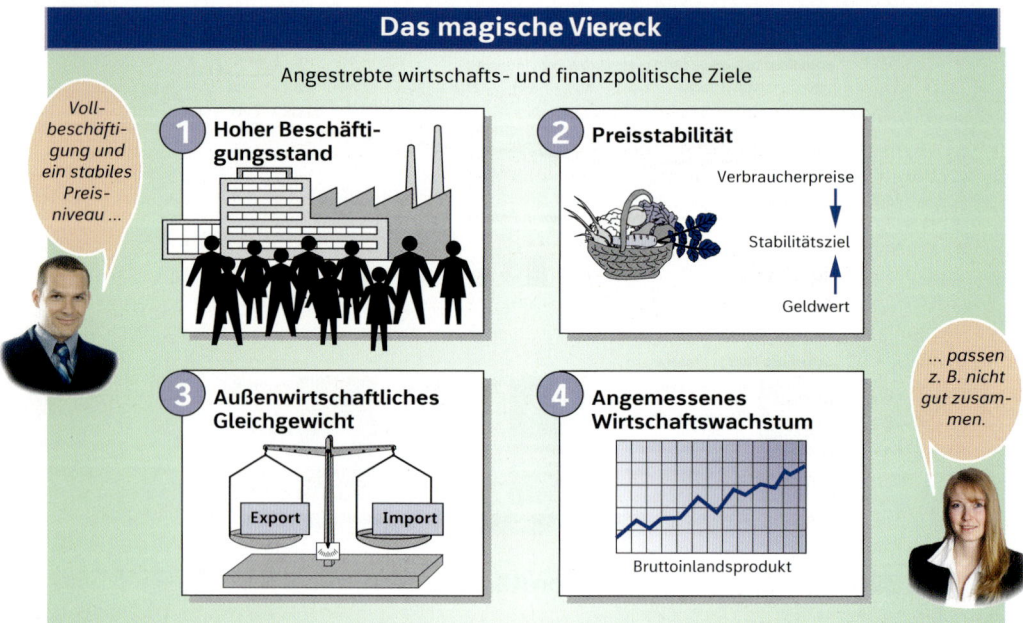

Die *Wirtschaftspolitik* setzt deshalb ihre *Instrumente* zugunsten der Ziele ein, die am stärksten gefährdet sind. Dabei sind Maßnahmen vorzuziehen, die die anderen Ziele möglichst wenig gefährden.

Die politischen Institutionen – Regierungen der EU-Länder, Parlamente, Europäische Zentralbank – sollten zweckmäßigerweise zusammenarbeiten, um eine Übereinstimmung über die vorrangig anzustrebenden Ziele zu finden.

Arbeitsaufträge

1. Das Stabilitätsgesetz sagt aus:
   „§ 1: Bund und Länder haben bei ihren wirtschafts- und finanzpolitischen Maßnahmen die Erfordernisse des gesamtwirtschaftlichen Gleichgewichts zu beachten. Die Maßnahmen sind so zu treffen, dass sie … zur Stabilität des Preisniveaus, zu einem hohen Beschäftigungsstand und außenwirtschaftlichem Gleichgewicht bei stetigem und angemessenem Wirtschaftswachstum beitragen.
   § 2: (1) Die Bundesregierung legt im Januar eines jeden Jahres dem Bundestag und dem Bundesrat einen Jahreswirtschaftsbericht vor. Der Jahreswirtschaftsbericht enthält:
   (1) die Stellungnahme zu dem Jahresgutachten des Sachverständigenrates … zur Begutachtung der gesamtwirtschaftlichen Entwicklung …
   (2) eine Darlegung der für das laufende Jahr von der Bundesregierung angestrebten wirtschafts- und finanzpolitischen Ziele …
   (3) eine Darlegung der für das laufende Jahr geplanten Wirtschafts- und Finanzpolitik."
   a) Was ist unter „gesamtwirtschaftlichem Gleichgewicht" zu verstehen?
   b) Beschreiben Sie Situationen, in denen kein gesamtwirtschaftliches Gleichgewicht vorliegt.
   c) Wie beurteilen Sie die zurzeit gegebene gesamtwirtschaftliche Lage?
   d) Erläutern Sie in jeweils einem bis zwei Sätzen die vier im Gesetz genannten wirtschaftspolitischen Ziele.
   - Sind die vier Ziele Selbstzweck oder sollen sie übergeordneten Zielen dienen?
   - Nennen Sie gegebenenfalls diese Oberziele und erläutern Sie, inwiefern die Unterziele ihnen dienen können.

e) Das Gesetz schreibt keine exakten Zahlen vor, die für die vier Ziele zu erreichen sind. Welche Gründe könnten dafür vorliegen?

f) Das Gesetz gestattet es der Bundesregierung nicht, ihre Wirtschaftspolitik zu „improvisieren". Sie muss vielmehr geplant und in mehreren Schritten vorgehen. Erläutern Sie diese Schritte und begründen Sie die strengen Vorschriften.

2. Es werden alternativ folgende wirtschaftspolitische Maßnahmen getroffen:
   (1) Vergabe von Aufträgen zum Bau neuer Autobahnen
   (2) Senkung der Einkommensteuer
   (3) Erhöhung der Einkommensteuer
   (4) Erhöhung der wichtigsten Einfuhrzölle
   (5) Erhöhung der Zinsen
   Wie wirken diese Maßnahmen auf die vier Ziele des magischen Vierecks
   a) bei Unterbeschäftigung,
   b) bei Vollbeschäftigung?

3. Dem „quantitativen Wachstum" wird als Alternative zunehmend das „qualitative Wachstum" gegenübergestellt.
   a) Erläutern Sie beide Begriffe.
   b) Geben Sie Gefahren an, die ein ungezügeltes quantitatives Wachstum mit sich bringt.
   c) Nennen Sie geeignete Maßnahmen zur Verhinderung eines schädlichen quantitativen Wachstums.

4. Die Grafiken auf den Seiten 378 bis 381 machen Aussagen über die Entwicklung des Preisniveaus, der Beschäftigung, des Außenhandels und des Wachstums in Deutschland.
   Beurteilen Sie, ob die Ziele des Stabilitätsgesetzes in den betrachteten Zeiträumen in zufriedenstellendem Ausmaß erreicht wurden.

5.2 Geldpolitik

5.2.1 Europäisches System der Zentralbanken

Alle Staaten besitzen eine staatliche Bank, die allein zur Ausgabe von Banknoten befugt ist: die **Zentralbank**. In Deutschland war dies bis Ende 1998 die **Deutsche Bundesbank** mit Sitz in Frankfurt/M. Zu ihren gesetzlich festgelegten Aufgaben gehörte auch die Sicherung des Geldwertes. Die dazu nötigen geldpolitischen Maßnahmen traf sie autonom. Das bedeutet: Sie war an keinerlei Weisungen der Bundesregierung gebunden.

Die EZB in Frankfurt/Main

Mit Inkrafttreten der Europäischen Währungsunion 1999 wurden die Zentralbanken aller EU-Staaten im **Europäischen System der Zentralbanken (ESZB)** zusammengeführt. Dabei sind die Zentralbanken der Euro-Mitgliedsstaaten der **Europäischen Zentralbank (EZB)** mit Sitz in Frankfurt/M. unterstellt.

Laut EU-Vertrag Art. 107 ist die EZB autonom (unabhängig):

- **institutionell**: Sie ist nicht an Weisungen von Regierungen und EU-Organen gebunden.
- **personell**: Die Mitglieder des Rates können nur bei schweren Verfehlungen auf Antrag des Rates oder des Direktoriums durch den Europäischen Gerichtshof des Amtes enthoben werden.
- **funktionell**: Die EZB ist nur der Stabilität des Geldwertes verpflichtet.
- **finanziell**: Die EZB verfügt uneingeschränkt über ihr Kapital und ihre Fremdwährungsreserven.

Die Unabhängigkeit der EZB ist von größter Bedeutung: Bestünde sie nicht, könnten nationale Regierungen mithilfe der EZB beliebige Haushaltsvorhaben finanzieren und die Geldwertstabilität gefährden.

Europäisches System der Zentralbanken (ESZB)

Europäische Zentralbank (EZB) | **Nationale Zentralbanken**

↓

Kapital: 10,8 Mrd. EUR gezeichnetes Kapital; außerdem bis 65 Mrd. EUR Fremdwährungsreserven bei den nationalen Zentralbanken

↓

Organe:

- **Direktorium (ausführendes Organ)**
  – Präsident und Vizepräsident der EZB
  – 4 weitere Mitglieder
  (ausgewählt von den Staats- und Regierungschefs der Währungsunion auf Empfehlung des ECOFIN-Rats [Wirtschafts- und Finanzminister]; ernannt für 8 Jahre)
  Aufgaben: Leitung und Verwaltung der EZB; Durchführung der Beschlüsse des Rates der EZB

- **Rat der EZB (entscheidendes Organ)**
  – Direktorium
  – Präsidenten der nationalen Zentralbanken
  Aufgaben: Festlegung der Geldpolitik der Teilnehmerländer; Festlegung der Leitlinien für die Aufgabenerfüllung des ESZB

- **Erweiterter Rat**
  – Präsident und Vizepräsident der EZB
  – Präsidenten der Zentralbanken aller EU-Länder
  Aufgaben: Prüfung der Annäherung von Beitrittskandidaten anhand festgelegter Konvergenzkriterien; Verbindung zu den Zentralbanken der nicht an der Währungsunion teilnehmenden EU-Länder

5.2.2 Aufgaben und Ziele von EZB und Zentralbanken

Die EZB tätigt wie ein Kreditinstitut Bankgeschäfte mit Banken und Nichtbanken. Sie erfüllt hoheitsrechtliche Aufgaben aufgrund ihrer Rolle als Notenbank und sie ist für die Geldpolitik der EU zuständig.

Aufgaben der Europäischen Zentralbank (Art. 105 Abs. 1 EGV)

Festlegung und Ausführung der Geldpolitik der Währungsunion	Verwaltung der Währungsreserven der Mitgliedsländer	Organisation des Zahlungsverkehrs innerhalb der Währungsunion

↓

Ziel: Sicherung der Preisstabilität in der Währungsunion

Die Erfüllung dieser Aufgaben erfolgt aufgrund besonderer währungspolitischer Befugnisse.

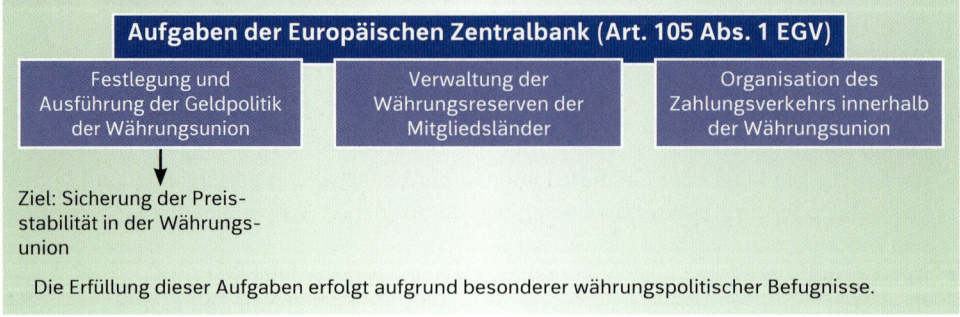

5 Wirtschaftssteuerung durch Prozesspolitik

- **Oberstes Ziel der EZB ist die Sicherung der Preisstabilität (genauer: Preisniveaustabilität).**
- **Nur soweit dieses Ziel nicht verletzt wird, unterstützt die EZB die Wirtschaftspolitik der EU-Länder.**

> **Art. 105 Abs. 1 EGV**
> Das vorrangige Ziel des ESZB ist es, die Preisstabilität zu gewährleisten. Soweit dies ohne Beeinträchtigung des Zieles Preisstabilität möglich ist, unterstützt das ESZB die allgemeine Wirtschaftspolitik in der Gemeinschaft, um zur Verwirklichung der in Artikel 2 festgelegten Ziele der Gemeinschaft beizutragen.

Um die Stabilität des Geldwerts nicht zu gefährden, darf die EZB keine Kredite an Institutionen der EU geben und keine Staatshaushalte von EU-Ländern finanzieren.

Die EZB hat in ihrem Monatsbericht vom Januar 1999 selbst definiert, was sie unter Preisstabilität versteht, nämlich: einen jährlichen Anstieg des Harmonisierten Verbraucherpreisindex (HVPI) unter 2 %.

Die nationalen Zentralbanken haben die Aufgabe, die Entscheidungen der EZB in den jeweiligen Ländern der Währungsunion umzusetzen.

Dies gilt auch für die Deutsche Bundesbank.

- Jede nationale Zentralbank ist **an die Weisungen der EZB gebunden**.
- Sie ist ebenfalls **von Weisungen der EU und der Regierungen unabhängig**.
- Sie ist weiterhin **Notenbank**, d. h., sie gibt Banknoten aus. Dabei ist sie jedoch an die Vorgaben der EZB gebunden.
- Sie ist die **Bank des Staates**. Die Deutsche Bundesbank z. B. führt die Konten der öffentlichen Haushalte und unterstützt Bund und Länder bei ihrer Kreditaufnahme am Kapitalmarkt.
- Sie ist die **Bank der Banken**. Als solche versorgt sie die Banken mit Zentralbankgeld und übernimmt die bankmäßige Abwicklung des Zahlungsverkehrs im Inland und mit dem Ausland.
- Sie führt die **Bankenaufsicht** durch (in Deutschland in Zusammenarbeit mit der Bundesanstalt für Finanzdienstleistungsaufsicht (BaFin)).
- Sie erstellt die **Statistiken** für das Geldwesen.

5.2.3 Grundlegende Ansätze der Geldpolitik

> Ob die Leute viel oder wenig kaufen, hängt wesentlich davon ab, wie viel Geld sie haben. Ist doch klar: Wer wenig Geld hat, kann keine großen Sprünge machen. Eine Luxuslimousine ist da leider nicht drin. Aber wenn jemand 100 000,00 EUR erbt, könnte er schon in Versuchung kommen. Wenn aber just dann Vater Staat die Erbschaftsteuer auf 70 % erhöht, überlegt er sich sicher genau, ob er den spärlichen Rest für einen Luxusschlitten opfern soll. Immerhin lockt der Hersteller mit einer tollen Finanzierung: 60 Monatsraten, zinslos. Da könnte der Mann doch sein Geld anlegen und die Zinsen fürs Abstottern nutzen. Und schon wieder hat er Pech: Als er sich nach einem Monat endlich zum Kauf entschließt, ist das Finanzierungsangebot schon ausgelaufen. Jetzt gibt er auf und fährt seinen alten Golf noch ein paar Jährchen.

Bekanntlich wird die Höhe des Preises für ein Gut grundlegend durch das Verhältnis von Angebot und Nachfrage bestimmt:

Sicher merken Sie's schon: Für die Nachfrage sind die Geldmenge und die Zinshöhe zwei entscheidende Größen.

- Eine Ausweitung des Angebots bei gleicher Nachfrage führt zu sinkendem Preis.
- Eine Ausweitung der Nachfrage bei gleichem Angebot führt zu steigendem Preis.

Das Gleiche gilt grundsätzlich auch für das gesamtwirtschaftliche Güterangebot (sog. Handelsvolumen). Man setzt es häufig dem Bruttoinlandsprodukt (Y^b) gleich. Diesem

Gesamtangebot steht die Gesamtnachfrage gegenüber. Sie wird durch den in dieser Wirtschaftsperiode vorhandenen nachfragewirksamen Geldstrom verkörpert. Ein großer Geldstrom bedeutet viel Nachfrage, ein kleiner Geldstrom wenig Nachfrage.

> Die Gleichsetzung von Handelsvolumen und Bruttoinlandsprodukt ist eine Vereinfachung. Denn das Handelsvolumen umfasst Güter, die im laufenden Jahr und ggf. in den Vorjahren produziert wurden. Es ist also größer als das Bruttoinlandsprodukt.

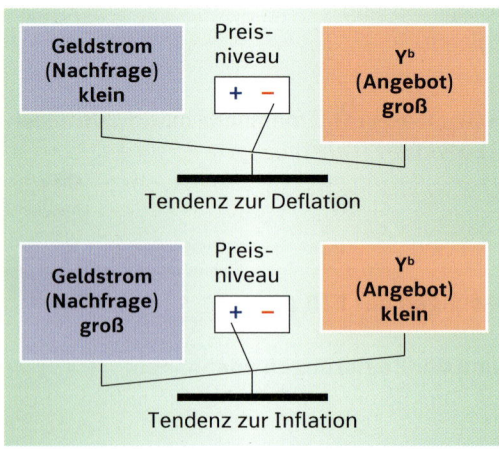

- Ist der Geldstrom zu klein und wird das Bruttoinlandsprodukt nicht vollständig nachgefragt, werden die Anbieter ihre Waren nicht los. Das Preisniveau tendiert nach unten.

- Ist der Geldstrom groß und die Nachfrage hoch, sodass die Produktion nicht nachkommen kann, besteht aufgrund der Güterknappheit die Tendenz zu einem Anstieg des Preisniveaus.

Wie groß der Geldstrom ist, hängt wesentlich ab von

- der **verfügbaren Geldmenge**
  Eine große Geldmenge ermöglicht viel Nachfrage, eine kleine Geldmenge wenig. Nachfrage ohne Geld ist nicht möglich!

- der **Umlaufgeschwindigkeit des Geldes**
  Eine gegebene Geldmenge kann in einer Wirtschaftsperiode mehrmals nachfragewirksam werden. Die Häufigkeit, mit der dies geschieht, ist die Umlaufgeschwindigkeit des Geldes. Eine höhere Umlaufgeschwindigkeit erzielt die gleiche Wirkung wie eine größere Geldmenge. Die Umlaufgeschwindigkeit kann z. B. steigen, wenn man mit steigenden Preisen rechnet. Eventuell zieht man dann Käufe vor, um den Preissteigerungen zuvorzukommen.

> **Beispiel zur Umlaufgeschwindigkeit**
> - Sie kaufen für 10,00 EUR Brot.
> - Der Bäcker kauft für das Geld Blumen.
> - Der Florist kauft dafür eine Krawatte.
>
> Binnen Kurzem wurden dieselben 10,00 EUR dreimal für Zahlungen ausgegeben. Das ist das Gleiche, wie wenn eine Geldmenge von 30,00 EUR nur einmal ausgegeben wird.

Auch die Höhe der Zinsen hat Einfluss auf die Nachfrage: Sind die Zinsen niedrig, so nimmt man gern Kredite auf. Der Kredit vergrößert die Geldmenge und die Nachfrage. Hohe Zinsen führen zu einem Rückgang der Kreditaufnahme. Geldmenge und Nachfrage nehmen ab.

Jetzt lassen sich deutlich **zwei Ansatzmöglichkeiten für die Geldpolitik** erkennen:

Zur Stabilisierung des Geldwertes kann die EZB

- **direkt die Geldmenge vergrößern oder verkleinern, um Gesamtangebot und Gesamtnachfrage anzugleichen,**

> sog. **Liquiditätspolitik**
> Sie verändert unmittelbar die flüssigen Mittel, die Liquidität.

- ihre Zinsen herauf- oder herabsetzen, um die Kreditnachfrage anzuregen oder zu bremsen, und so indirekt die Geldmenge ändern.

> sog. **Zinspolitik**
> Sie wirkt über die Zinshöhe mittelbar auf die Geldmenge ein.

5.2.4 Geldmengenarten

Vergrößerung und Verkleinerung der Geldmenge – das hört sich einfach an. Die Wirklichkeit ist komplizierter. Je nachdem, welche Geldmittel man hinzurechnet, ergeben sich mehrere Geldmengenarten:

Nachfragewirksames Geld kann bekanntlich Bargeld (Banknoten und Münzen) oder Giralgeld (Sichtguthaben) sein. Es ist sofort ausgabebereit. Die Geldmenge wird erweitert, wenn man auch Gelder hinzurechnet, die durch Vertrag festgelegt sind und erst später für den Erwerb von Gütern zur Verfügung stehen. Aufgrund solcher Hinzurechnungen unterscheidet die EZB die die Geldmengenarten M1, M2 und M3.

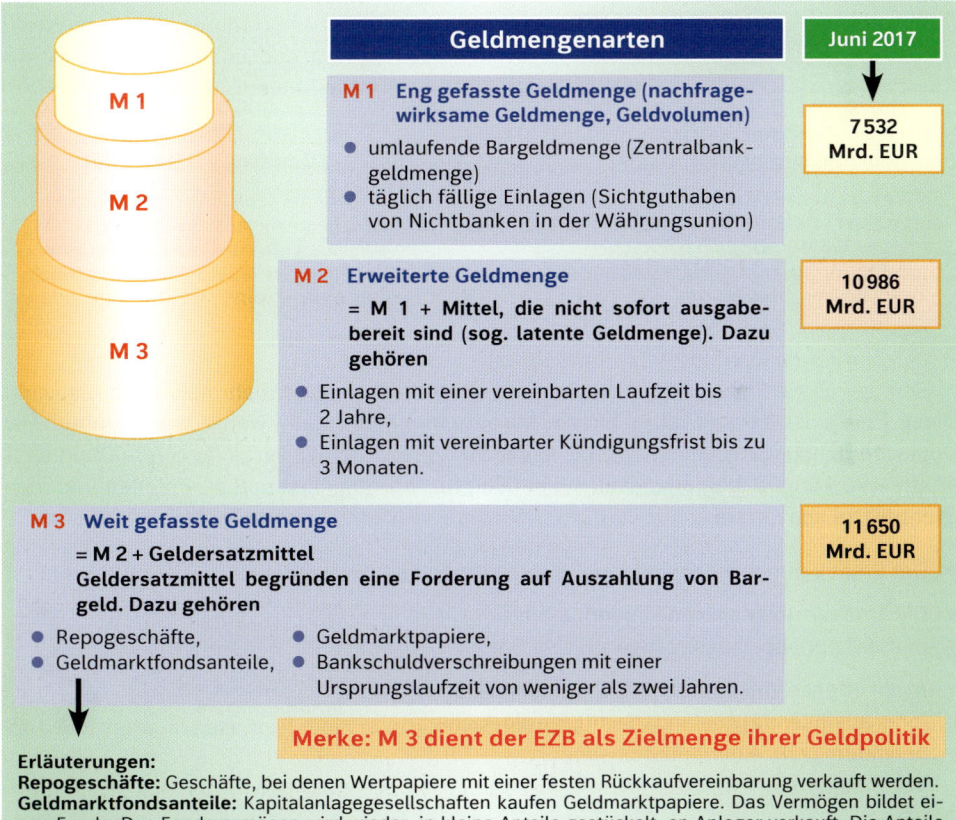

Erläuterungen:
Repogeschäfte: Geschäfte, bei denen Wertpapiere mit einer festen Rückkaufvereinbarung verkauft werden.
Geldmarktfondsanteile: Kapitalanlagegesellschaften kaufen Geldmarktpapiere. Das Vermögen bildet einen Fonds. Das Fondsvermögen wird wieder, in kleine Anteile gestückelt, an Anleger verkauft. Die Anteile können täglich zur Rückzahlung gekündigt werden.
Geldmarktpapiere: Anleihen, die vom öffentlichen Haushalt, Unternehmen und Banken zur Finanzierung eines kurzfristigen Geldbedarfs herausgegeben werden (Laufzeit meist bis 1 Jahr).
Bankschuldverschreibungen: Anleihen von Banken in Form von Wertpapieren. Das Wertpapier verbrieft u. a. das Recht auf eine festgelegte Zinszahlung und Rückzahlung zu einem festgelegten Termin.

5.2.5 Grundlegende Strategien der Geldpolitik

Diskretionäres (regelungebundenes) und regelgebundenes Vorgehen sind zwei unterschiedliche Strategien für den Einsatz von Liquiditäts- und Zinspolitik.

Diskretionäre Geldpolitik

Diskretionäre Geldpolitik ist durch Entscheidungen von Fall zu Fall gekennzeichnet. Sie ist antizyklisch. Das bedeutet: Sie strebt Geldwertstabilität durch situationsabhängiges Gegensteuern gegen den zyklischen (periodischen) Konjunkturverlauf an.

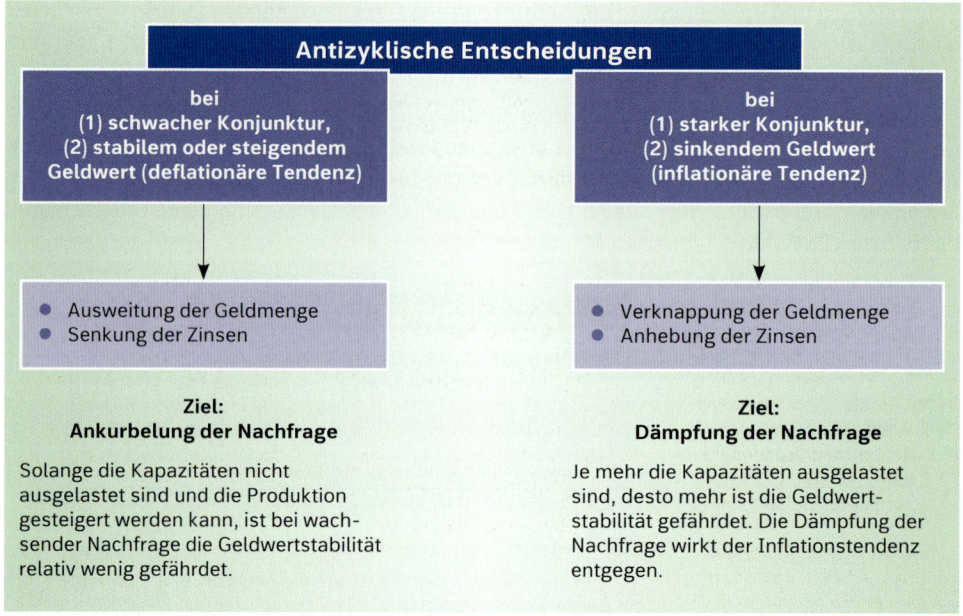

Diese Politik ist flexibel, aber für die Marktteilnehmer relativ wenig berechenbar. Die Deutsche Bundesbank wandte sie bis in die Siebzigerjahre des vergangenen Jahrhunderts an. Ihre Wirkung ist begrenzt, weil sie anfällig für Störungen ist und weil die Maßnahmen eventuell zu spät greifen:

- Der Staat kann eine gegenläufige Wirtschaftspolitik verfolgen.
- Die Tarifvertragsparteien können unangepasste Lohnabschlüsse tätigen.
- In der offenen Volkswirtschaft kann zusätzliche (oder ausfallende) Auslandsnachfrage die Politik behindern (z. B. einen Inflationsimport begünstigen).
- Zeitliche Verzögerungen (Time-Lags) können dazu führen, dass die Wirkungen der Geldpolitik zu spät eintreten. Dann wird die bekämpfte Situation sogar verstärkt.

Hier erkennt man, dass es wichtig ist, außenwirtschaftliches Gleichgewicht anzustreben, damit die Geldpolitik nicht behindert wird.

Regelgebundene Geldpolitik

Bei der regelgebundenen Geldpolitik hält die Zentralbank eine bestimmte Handlungsregel ohne Rücksicht auf die besondere Situation ein.

Arten regelgebundener Geldpolitik

Geldmengensteuerung	Inflationssteuerung	Leitwährungssteuerung
Für die Zielgeldmenge wird jährlich eine Wachstumsrate festgelegt (sog. Geldmengenziel). Diese entspricht der angenommenen mittelfristigen Wachstumsrate des Produktionspotenzials. (**Regel: Erhöhe die Zielgeldmenge jährlich um die Wachstumsrate x!**)	Eine zulässige Inflationsrate wird festgelegt (**Regel: Halte die Inflationsrate x ein!**) Andere Indikatoren werden von Fall zu Fall und mit wechselndem Gewicht herangezogen. Die Maßnahmen werden so getroffen, dass die Inflationsrate möglichst eingehalten wird.	Man versucht, die eigene Währung in einem festen Wertverhältnis zu einer als besonders stabil empfundenen Währung (Leitwährung) zu halten. (**Regel: Halte den festgelegten Wechselkurs[1] x ein.**)
Ziele: Verstetigung der Geldpolitik. Ausschaltung der Anfälligkeit für die oben genannten Störungen. Annahme: Der Geldwert bleibt am ehesten stabil, wenn sich die Gesamtnachfrage gleichmäßig mit dem Produktionspotenzial entwickelt. Erfolgreiche Anwendung gegen Inflation von der Deutschen Bundesbank in den Siebziger- und Achtzigerjahren.	Zahlreiche Finanzinnovationen der Banken seit den Achtzigerjahren führten zu Problemen bei der Geldmengensteuerung. Deshalb gingen viele Zentralbanken ab den Neunzigerjahren zur Inflationssteuerung über: z. B. USA, Großbritannien, Kanada, Neuseeland.	Ziel: „Import" der Stabilität der Leitwährung. Eine Reihe EU-Staaten verfolgte vor der Entstehung der Europäischen Währungsunion diese Politik, z. B. mit Blick auf die DM als Leitwährung.

5.2.6 Strategie der EZB

Die EZB verfolgt eine Mischstrategie
- aus Geldmengensteuerung und Inflationssteuerung,
- aus diskretionärer Steuerung und regelgebundener Steuerung.

Sie wird als „Zwei-Säulen-Strategie" bezeichnet, umfasst aber drei Hauptelemente:

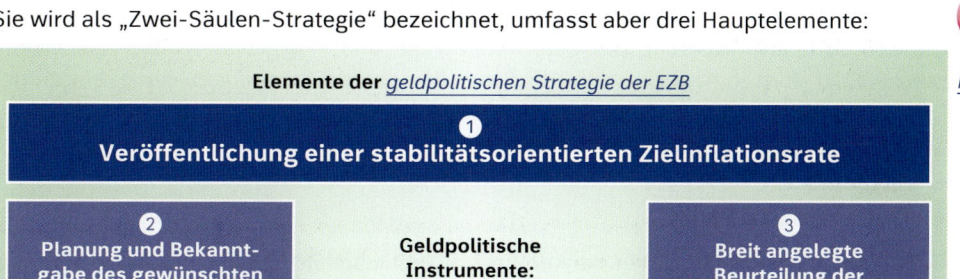

M 389

---
[1] vgl. S. 323 f.

❶ Veröffentlichung einer stabilitätsorientierten Zielinflationsrate

Die Zielinflationsrate wird zahlenmäßig anhand des Harmonisierten Verbraucherpreisindex (HVIP) festgelegt und für jedes Jahr im Voraus veröffentlicht.

Bei (drohender) Überschreitung des Inflationsziels erfolgt ein restriktiver (bremsender) Einsatz der geldpolitischen Instrumente; bei Unterschreitung wird tendenziell expansiv (ankurbelnd) gesteuert. Grundsätzlich liegt eine Regelbindung vor, aber je nach Situation kann die EZB auch von Fall zu Fall eingreifen.

Zurzeit: „Nahe 2 % gegenüber dem Vorjahr"

❷ Planung und Bekanntgabe des gewünschten Wachstums der Geldmenge M3

Die Wachstumsrate wird längerfristig als „Referenzwert" festgesetzt. (Dieser Wert ist weniger verpflichtend als das Geldmengenziel bei reiner Geldmengensteuerung.) Die Rate bezieht sich auf die Geldmenge M3 (mit jährlich zu bestimmenden Erweiterungen). Der Referenzwert orientiert sich am Stabilitätsziel und am erwarteten Wirtschaftswachstum. Er setzt sich wie folgt zusammen (Beispiel):

• mittelfristig erwarteter Anstieg des Produktionspotenzials	3 %
• Zielinflationsrate (gewünschter Preisniveauanstieg)	2 %
• mittelfristige Trendschätzung der Umlaufgeschwindigkeitsänderung	– 0,5 %
Referenzwert des Geldmengenwachstums	4,5 %

❸ Breit angelegte Beurteilung der Aussichten und Risiken für die künftige Preisniveauentwicklung

Die Beurteilung stützt sich auf eine fundierte Auswertung von monetären Daten und Konjunkturindikatoren (u. a. Löhne, Wechselkurse, Zinsentwicklungen, Zinsstrukturen, Inlandsprodukt, Kostenindizes, Branchen- und Verbraucherumfragen).

Zweck:
- frühzeitiges Erkennen inflationärer Tendenzen
- Beurteilung, ob die eingeschlagene Geldpolitik angemessen ist

5.2.7 Geldpolitische Instrumente der EZB

Die EZB setzt zur Sicherung der Geldwertstabilität und – gegebenenfalls – zur Unterstützung der Wirtschaftspolitik der EU-Länder drei *geldpolitische Instrumente*[1] ein. In der Reihenfolge ihrer Bedeutung geordnet, handelt es sich um:

- **Offenmarktpolitik,**
- **Zinspolitik,**
- **Mindestreservepolitik.**

Dabei erlegt sie einerseits den Banken kraft hoheitlicher Befugnisse Pflichten auf (Mindestreserve) und tätigt andererseits Geschäfte auf dem Interbankenmarkt (siehe Kasten). Ihre Geschäftspartner sind alle mindestreservepflichtigen Kreditinstitute in der Währungsunion.

---

[1] Der EZB-Rat kann mit 2/3-Mehrheit neue Instrumente schaffen. So kann die EZB auf globalisierten, innovationsdynamischen Märkten ihre Fähigkeit zur Steuerung erhalten.

5 Wirtschaftssteuerung durch Prozesspolitik

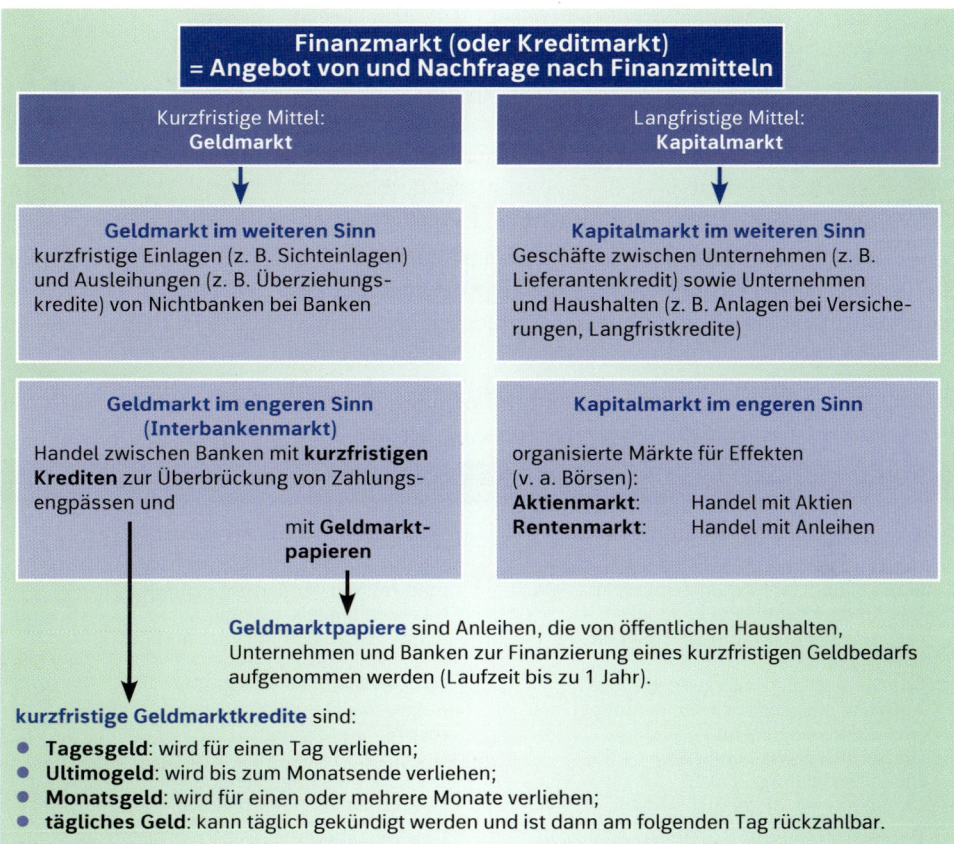

Alle Instrumente der EZB beruhen auf der Notwendigkeit der **Refinanzierung**: Banken leihen Geld aus. Dafür müssen sie sich refinanzieren (sich dieses Geld beschaffen). Das tun sie gundsätzlich auf zweierlei Art: Sie nehmen Einlagen von Kunden an oder sie beschaffen sich Geld auf dem Geld- und Kapitalmarkt. Ihr häufigster Partner für die Refinanzierung auf dem Geldmarkt ist die Zentralbank. Von dieser erhalten sie gegen Stellung von Sicherheiten (nur notenbankfähige Wertpapiere mit besonderer Bonität) kurzfristige Kredite oder sie verkaufen ihre Wertpapiere. Durch die Zahlungen der Zentralbank an die Banken wird die Geldmenge in der Währungsunion vergrößert, durch Rückzahlungen und Wertpapierkäufe der Banken wird sie verkleinert.

Die EZB betreibt Geldpolitik, indem sie die Refinanzierungsmöglichkeiten der Banken erweitert oder einschränkt und die Preise (Zinsen) für die Refinanzierung anhebt oder senkt.

Mindestreservepolitik

Die Banken (Kreditinstitute) dürfen nicht alle Gelder wieder ausleihen, die ihre Kunden eingezahlt haben. Von bestimmten Einlagen müssen sie einen festgelegten Prozentsatz (Mindestreservesatz) auf Konten bei ihrer nationalen Zentralbank verzinslich festlegen: die sog. **Mindestreserve**. Diese dient letztlich der Zahlungsfähigkeit der Bank bei Abhebungen durch die Kunden.

Der Zinssatz für die Mindestreserve entspricht i. d. R. dem Zinssatz, zu dem durchschnittlich Geld im Hauptrefinanzierungsgeschäft zugeteilt wird.

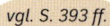 vgl. S. 393 ff.

Mindestreservepflichtig sind Einlagen von Nichtbanken, und zwar täglich fällige Einlagen, Geldmarktpapiere, Einlagen aus Schuldverschreibungen mit Laufzeit oder Kündigungsfrist bis zu zwei Jahren.

Die EZB betreibt Geldpolitik, indem sie den Mindestreservesatz anhebt oder senkt.

Jede Änderung der Mindestreserve wirkt unmittelbar auf die Liquiditätslage der Banken ein: Sie schränkt die Möglichkeit der Kreditvergabe ein oder weitet sie aus. Weniger Kredite sind gleichbedeutend mit einem Abnehmen der Geldmenge, mehr Kredite mit einem Zunehmen der Geldmenge.

Außerdem beeinflusst die Verknappung bzw. Ausweitung des Kreditangebots auch die Höhe des Zinsniveaus (des Niveaus der Preise für Kredite).

Mögliche Wirkungen der Mindestreservepolitik	
Erhöhung der Mindestreserve	**Senkung der Mindestreserve**
Die Reserveüberschüsse (die frei verfügbaren Mittel) der Banken nehmen ab. Das Kreditangebot wird knapper. Aufgrund der Verknappung steigt das Zinsniveau. Das Geldvolumen wird kleiner. Aufgrund steigender Zinsen nimmt ggf. die Investitionsneigung ab. Die Beschäftigung nimmt ab. Die Güternachfrage sinkt. Es entsteht ein Angebotsüberhang. **Geldwertstabilität**: Das Preisniveau sinkt. **Konjunktur**: flacht ab.	Die Reserveüberschüsse (die frei verfügbaren Mittel) der Banken nehmen zu. Das Kreditangebot steigt. Aufgrund des größeren Kreditangebots sinkt das Zinsniveau. Das Geldvolumen wird größer. Aufgrund sinkender Zinsen nimmt ggf. die Investitionsneigung zu. Die Beschäftigung steigt. Die Güternachfrage steigt. Es entsteht ein Nachfrageüberhang. **Geldwertstabilität**: Das Preisniveau steigt. **Konjunktur**: nimmt Aufschwung.

Seit ihrem Bestehen, also seit Anfang 1999, hat die EZB den Mindestreservesatz auf 2 % festgesetzt. Angesichts der Finanzkrise 2011 hat die EZB erstmalig den Mindestreservesatz ab 18.01.2012 auf 1 % gesenkt. Sie begründet die Senkung damit, dass das Mindestreservesystem angesichts der Finanzkrise nicht in dem Maße zur Steuerung der Bedingungen am Geldmarkt erforderlich ist wie unter normalen Umständen. Die EZB benutzt daher für ihre geldpolitischen Maßnahmen vor allem die beiden anderen Instrumente.

Offenmarktpolitik

■ **Grundlagen**

Die EZB tätigt Offenmarktgeschäfte. Darunter versteht man den An- und Verkauf von Wertpapieren.

Woher kommt eigentlich der Begriff Offenmarktgeschäft?

Offenmarktpolitik ist die Vornahme von Offenmarktgeschäften durch die EZB zum Zweck der Geldmengensteuerung.

Ergänzend zu den Wertpapiergeschäften treten Devisengeschäfte und die Hereinnahme von Termineinlagen hinzu.

Wenn die EZB von den Banken Wertpapiere kauft, fließt Geld in den Bankensektor (und von dort wieder in die Wirtschaft).

Der Begriff ist historisch zu erklären. Er kommt aus England. Dort stand der Markt für Geschäfte, bei denen langfristige Staatspapiere gehandelt wurden, jedem Interessenten „offen". Zum Geldmarkt hingegen hatten nur festgelegte Geschäftspartner Zugang. An den Offenmarktgeschäften der EZB nehmen nur Banken teil.

Die Geldmenge erhöht sich also. Damit entsteht auch eine Tendenz zu Zinssenkungen. Es können mehr Geschäfte getätigt werden. Die Folge ist eine konjunkturanregende Wirkung. Die EZB wird diese Politik nur durchführen, wenn dadurch die Stabilität des Geldwerts nicht gefährdet wird.

Verkauft die EZB Wertpapiere an die Banken, so vermindert sich entsprechend die Geldmenge. Damit entsteht auch eine Tendenz zu Zinssteigerungen. Beides hat eine konjunkturhemmende und geldwertstabilisierende Wirkung.

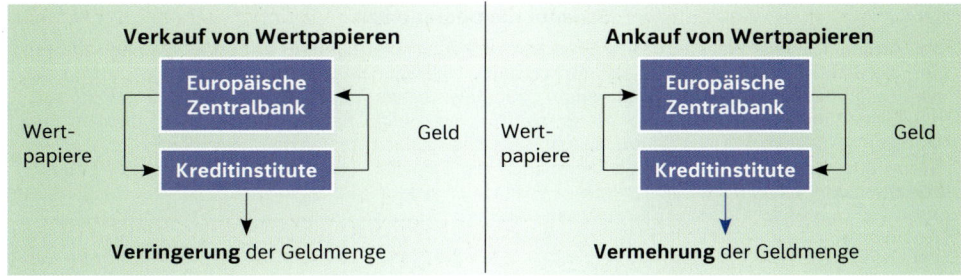

■ Geschäftsarten

Die Offenmarktgeschäfte der EZB sind teils befristete Transaktionen, teils definitive Transaktionen. Die Initiative zum Abschluss geht immer von der EZB aus: Diese bietet den Banken das Geschäft an. Bei den befristeten Transaktionen geschieht dies in Form eines Tenders (einer Ausschreibung, eines Bietverfahrens).

- Die **befristeten Transaktionen** sind zum Teil sog. **Wertpapierpensionsgeschäfte** (nur Ankaufsgeschäfte!): Der Ankauf der Wertpapiere durch die EZB ist für die Banken mit der Verpflichtung zum Rückkauf bei Ablauf einer festgelegten kurzen Laufzeit verbunden. Für die Geldüberlassung zahlen sie einen Zins.

Die Papiere gehen sozusagen für die Laufzeit bei der EZB „in Pension".

- Die **definitiven Transaktionen** sind endgültige Käufe oder Verkäufe.

Arten von Offenmarktgeschäften
Hauptrefinanzierungsgeschäfte
Diese befristeten Ankäufe (keine Verkäufe!) werden regelmäßig wöchentlich ausgeschrieben und stehen allen Banken offen. Sie haben eine Laufzeit von 7 Tagen (Ausnahmen möglich) und verschaffen den Banken für diese Zeitspanne liquide Mittel, mit denen sie arbeiten können. Da die Banken regelmäßig auf sie zurückgreifen können, sind sie eine wichtige Refinanzierungsquelle. Die Abwicklung (Angebot, Zuteilung, Übergabe der Wertpapiere, Auszahlung) erfolgt binnen 24 Stunden (sog. Standardtender).
Längerfristige Refinanzierungsgeschäfte
Diese befristeten Ankäufe (keine Verkäufe!) werden regelmäßig monatlich ausgeschrieben. Sie stehen ebenfalls allen Banken offen. Sie haben eine Laufzeit von ca. drei Monaten. (Wegen der Finanzkrise 2011 wurden die Laufzeiten dieser Geschäfte vorläufig auf 36 Monate verlängert, mit der Option einer vorzeitigen Rückzahlung nach einem Jahr). Sie wirken wie die Hauptfinanzierungsgeschäfte. Die Abwicklung erfolgt ebenfalls als Standardtender.
Feinsteuerungsoperationen
Diese befristeten Geschäfte – neben Ankäufen auch Verkäufe – werden unregelmäßig (selten, nur bei Bedarf) ausgeschrieben: nur dann, wenn unvorhersehbare Veränderungen des Geldvolumens vorliegen. Die EZB muss dann schnell reagieren, um das Geldvolumen gezielt zu beeinflussen. Wegen der erforderlichen Eile werden nur bestimmte Banken an den Geschäften beteiligt. Die Abwicklung erfolgt innerhalb einer Stunde (sog. Schnelltender). Die Laufzeit ist sehr kurz (1 Tag bis wenige Tage).

Devisenswapgeschäfte

Die EZB setzt diese befristeten Geschäfte fallweise zur ergänzenden Feinsteuerung der Liquidität und der Zinssätze am Markt ein.
Dabei kauft (verkauft) sie von (an) Banken Devisen zum Börsenpreis (Kassakurs) und vereinbart gleichzeitig einen Rückverkauf(-kauf) zu festem Termin und Rückgabepreis (Terminkurs). Der Terminkurs enthält als Preis für das Geschäft den Swapsatz (Differenz zwischen Termin- und Kassakurs). Devisenkäufe verschaffen den Banken vorübergehend liquide Mittel, Verkäufe entziehen ihnen solche Mittel.

(engl.) to swap = tauschen

Strukturelle Operationen

Bei diesen Geschäften kauft oder verkauft die EZB Wertpapiere von (an) Banken entweder befristet oder endgültig. Als strukturelle Operationen bezeichnet sie Geschäfte, die die Zusammensetzung der Geldmenge grundlegend verändern sollen. Will die EZB z. B. die Geldmenge M2 vergrößern, bietet sie für die Geschäfte Laufzeiten von maximal drei Monaten an. Will sie M3 vergrößern, so wählt sie eine Laufzeit von maximal zwei Jahren.
Der Verkleinerung der Geldmenge dient auch die Emission (Herausgabe) kurzfristiger Schuldverschreibungen durch die EZB.

■ Hauptrefinanzierungsgeschäfte

Die Hauptrefinanzierungsgeschäfte bilden seit dem Bestehen des ESZB den Schwerpunkt der geldpolitischen Instrumente. Die wöchentlichen Zuteilungen liegen zwischen 50 Mrd. und 150 Mrd. EUR (längerfristige Finanzierungsgeschäfte: 15 bis 20 Mrd. EUR). Das Tenderverfahren läuft wie folgt ab:

M 394_1
M 394_2

Die EZB macht den Banken jede Woche in der Form einer öffentlichen Bekanntmachung das Angebot, dass sie zu bestimmten Bedingungen Wertpapiere ankauft. Die Banken unterbreiten ihre Gebote. Darauf entscheidet die EZB, welche Gebote zum Zuge kommen. Die Zuteilung kann über *Mengentender* oder *Zinstender* erfolgen.

Mengentender	Zinstender
Tender mit festem Zinssatz (Festsatz). Die EZB legt den Festsatz vorher fest. Den gesamten Zuteilungsbetrag gibt sie nicht bekannt.	Tender mit variablem Zinssatz. Die EZB legt den Gesamtzuteilungsbetrag und einen Mindestbietungssatz vorher fest.
Die Teilnehmer geben Gebote über den Betrag ab, den sie zum Festsatz kaufen wollen.	Die Teilnehmer geben Gebote über die Beträge ab, die sie kaufen wollen, und über die Zinssätze, zu denen sie kaufen wollen.

Die Zuteilung erfolgt mit einer einheitlichen Zuteilungsquote.	Die Zuteilung erfolgt nach der Höhe des Zinsgebots: Die höchsten Bieter werden vorrangig berücksichtigt. Der niedrigste Zinssatz, zu dem noch eine Zuteilung erfolgt, ist der marginale Zuteilungssatz. Die Gebote zu diesem Satz werden quotiert, die höheren Gebote werden voll zugeteilt. Für die Preisermittlung sind möglich:
	● Holländisches Verfahren:
	  Alle Gebote werden einheitlich zum marginalen Zuteilungssatz abgerechnet.
	● Amerikanisches Verfahren:
	  Jedes Gebot wird zu seinem Bietungssatz abgerechnet.

5 Wirtschaftssteuerung durch Prozesspolitik

Mengentender			Zinstender				
Beispiel: (Beträge in Mio. EUR) Festsatz 2,7 % Gesamter Zuteilungsbetrag 1 200			**Beispiel:** (Beträge in Mio. EUR) Gesamter Zuteilungsbetrag 1 000 Mindestbietungssatz 2,7 %				
Bank	Gebot	Zuteilung	Zins	Bank A	Bank B	Summe	kumuliert
A	400	300	2,8	100	100	200	200
B	500	375	2,77	150	200	350	550
C	700	525	2,75	400	300	700	1 250
Summe	1 600	1 200	2,72	400	400	800	2 050
Berechnung des Zuteilungssatzes beim Mengentender: 1 600 ≙ 100 % 1 200 ≙ x % x = 75 %		beim Zinstender: 700 ≙ 100 % 450 ≙ x % x = 64,29 %	Gebote	1 050	1 000	2 050	
			Zuteilung 1	250	300	550	
			Zuteilung 2	257	193		
			Gesamtzuteilung	507	493		

Die Gebote **400** (Bank A) und **300** (Bank B) werden quotiert, da nur noch 450 zur Verfügung stehen. Jede Bank erhält 64,29 % ihres Gebotes: 257 (Bank A) bzw. 193 (Bank B).

Nach dem holländischen Verfahren würde z. B. Bank A insgesamt 507 Mio. EUR zu 2,75 % Zins erhalten. Nach dem amerikanischen Verfahren erhält sie 100 Mio. EUR zu 2,8 %, 150 Mio. EUR zu 2,77 % und 257 Mio. EUR zu 2,75 %.

Die EZB wechselt die Tender in Abhängigkeit von ihren geldpolitischen Zielsetzungen. Im Jahr 2010 z. B. wendete sie für Hauptrefinanzierungsgeschäfte den Mengentender an. Längerfristige Finanzierungsgeschäfte bot sie als Zinstender an. Zur Bewältigung der Finankrise bot die EZB 2012 längerfristige Refinanzierungsgeschäfte als Mengentender mit Vollzuteilung und einer Laufzeit von bis zu drei Jahren an. Sie förderte damit die Kreditvergabe der Banken und deren Geldmarktaktivität.

Zinspolitik – ständige Fazilitäten

■ **Spitzenrefinanzierungsfazilität**

Zu bestimmten Stoßzeiten heben die Bankkunden große Mengen Geld von den Bankkonten ab (z. B. an Lohn- und Gehaltszahlungsterminen). Dann geraten die Banken leicht in einen Liquiditätsengpass. Um alle Auszahlungswünsche/Überweisungswünsche befriedigen zu können, müssen sie sich dann ganz kurzfristig, sozusagen „über Nacht", die fehlenden Beträge am Geldmarkt ausleihen.

(engl.) facility= Möglichkeit, Leichtigkeit. In der Tat können Banken die Fazilitäten mit größter Leichtigkeit in Anspruch nehmen.

Hierfür bietet die EZB eine bequeme Möglichkeit: die sog. **Spitzenrefinanzierungsfazilität**. Die Banken können diese – im Gegensatz zu den Offenmarktgeschäften – auf eigene Initiative hin in Anspruch nehmen, und zwar ohne jede Formalität: Hat eine Bank am Abend ihr Zentralbankkonto überzogen, gilt dies als Antrag auf einen Kredit über Nacht. Die Laufzeit beträgt einen Geschäftstag. Als Sicherheit dient ein Pool mit Wertpapieren, den die Bank zweckmäßigerweise ständig bei der Zentralbank hinterlegt.

■ **Einlagenfazilität**

Umgekehrt können die Banken auch für einen Geschäftstag nicht benötigtes Geld bei der Zentralbank verzinslich hinterlegen.

Spitzenrefinanzierungsfazilität und Einlagenfazilität sind ständige Fazilitäten. Sie stehen jederzeit zur Verfügung.

■ Leitzins

Wegen der großen Bedeutung des Hauptrefinanzierungsgeschäfts wird der Hauptrefinanzierungszinssatz (früher: der Festsatz; jetzt: der Mindestbietungssatz) als Leitzins für andere Zinsen angesehen. Im Gleichklang mit ihm verändert die EZB auch ihre Zinssätze für die Spitzenrefinanzierungsfazilität und die Einlagenfazilität. Seit dem 9.4.2000 lag der Spitzenrefinanzierungszinssatz in der Regel 1 % über, der Einlagenzinssatz 1 % unter dem Hauptrefinanzierungszinssatz (jedoch Abweichung seit Mai 2009).

Spitzenrefinanzierungssatz	0,25 %
Mindestbietungssatz	0,00 %
Einlagensatz	−0,40 %

Zinskorridor (oben und unten)

seit 16. März 2016

Die Banken müssen seit dem 04.09.2014 für Einlagen bei der EZB sogar Zinsen zahlen! Damit will die EZB sie veranlassen, freies Geld lieber an die Wirtschaft auszuleihen. (Stand: März 2018)

Die Spitzenrefinanzierungsfazilität ist teuer. Die Banken werden sie nur in Anspruch nehmen, wenn sie sich auf dem Interbankenmarkt nicht günstiger refinanzieren können.

Umgekehrt ist die Einlagenfazilität nur gering verzinst. Die Banken werden sie nur in Anspruch nehmen, wenn sie anderweitig keine günstig oder risikolose Anlage finden.

Spitzenrefinanzierungssatz und Einlagensatz bilden folglich einen **Zinskorridor**, der die Unter- und Obergrenze des Zinsviveaus am Geldmarkt markiert.

Die mit einer Leitzinsänderung angestrebten Wirkungen kann man sich wie unten beschrieben vorstellen (siehe unten: Erhöhung/Senkung des Leitzinses).

Direkt vom Mindestbietungssatz abhängig ist auch der sog. **Basiszins**. Dieser ist seinerseits wieder maßgebend für viele Verzugszinsen und Kreditzinsen:

- In Vertragsbedingungen steht oft, dass die Verzugszinsen dem Basiszins folgen sollen (z. B.: „Verzugszinsen 3 % über Basiszinssatz").
- Bei langfristigen Krediten bestehen häufig vertragliche Zinsgleitklauseln, z. B.: „Es gilt ein Zinssatz von 5 %. Wenn sich der Basiszins ändert, ist der Zinssatz entsprechend zu verändern."

§ 247 BGB: Basiszinssatz. Der Basiszinssatz beträgt 3,62 %. Er verändert sich zum 1. Januar und 1. Juli jedes Jahres um die Prozentpunkte, um welche die Bezugsgröße seit der letzten Veränderung des Basiszinssatzes gestiegen oder gefallen ist. Bezugsgröße ist der Zinssatz für die jüngste Hauptfinanzierungsoperation der Europäischen Zentralbank vor dem ersten Kalendertag des betreffenden Halbjahrs. Seit Januar 2018 beträgt der Basiszins − 0,88 % (Stand: März 2018).

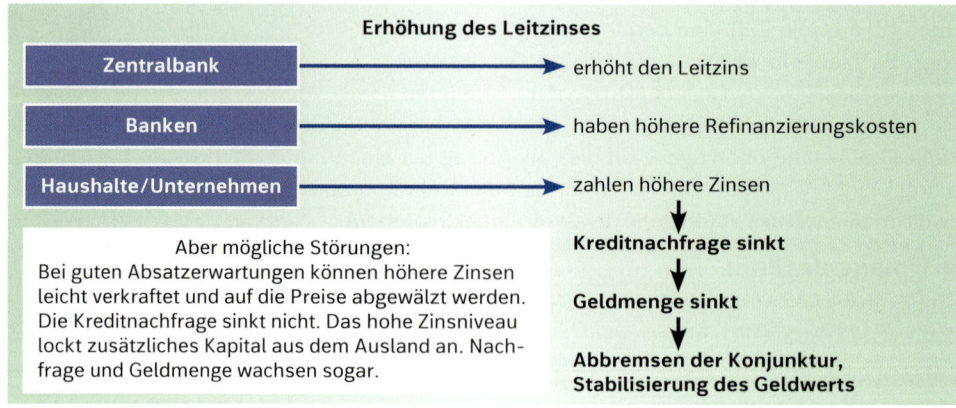

Erhöhung des Leitzinses

Zentralbank → erhöht den Leitzins
Banken → haben höhere Refinanzierungskosten
Haushalte/Unternehmen → zahlen höhere Zinsen
→ Kreditnachfrage sinkt
→ Geldmenge sinkt
→ Abbremsen der Konjunktur, Stabilisierung des Geldwerts

Aber mögliche Störungen:
Bei guten Absatzerwartungen können höhere Zinsen leicht verkraftet und auf die Preise abgewälzt werden. Die Kreditnachfrage sinkt nicht. Das hohe Zinsniveau lockt zusätzliches Kapital aus dem Ausland an. Nachfrage und Geldmenge wachsen sogar.

5 Wirtschaftssteuerung durch Prozesspolitik

Arbeitsaufträge

1. Die EZB ist die Zentralbank der Europäischen Währungsunion. Ihr oberstes Ziel ist die Sicherung der Preisstabilität. Laut EU-Vertrag Art. 107 ist sie in vierfacher Hinsicht autonom (unabhängig): institutionell, personell, funktionell und finanziell.
   a) Erläutern Sie die genannten vier Aspekte der EZB-Autonomie.
   b) Diskutieren Sie das Für und Wider der Unabhängigkeit der EZB.
   c) Angenommen, die Regierung eines Euro-Landes ergreife konjunkturfördernde Maßnahmen. Sie fordert die EZB auf, dies ebenfalls zu tun. Die EZB sieht darin jedoch eine Gefährdung der Preisstabilität. Wie wird sie sich verhalten?
   d) Wenn man auf die Geschichte des 20. Jahrhunderts zurückblickt, lässt sich deutlich ein Zusammenhang zwischen dem Zentralbankautonomiegrad und der Geldwertstabilität erkennen. Erläutern Sie diesen Zusammenhang anhand der folgenden Grafik.

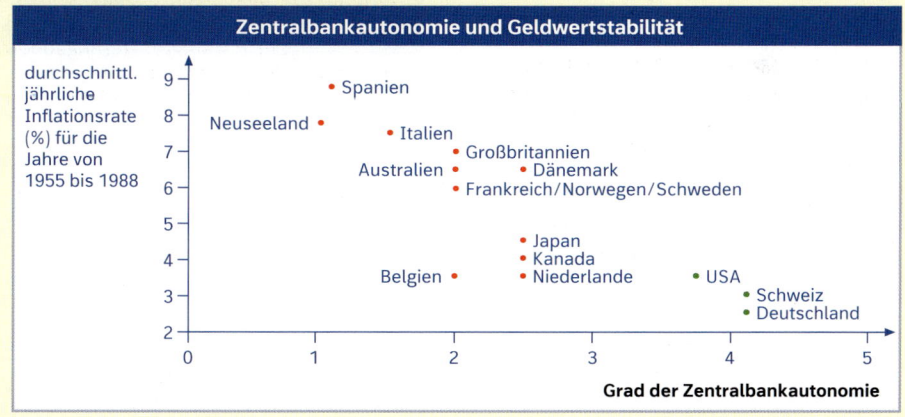

Vgl. Alesina/Summers, 1993

2. In der Europäischen Währungsunion darf nur das ESZB Banknoten herausgeben. Trotzdem ist das von den Zentralbanken geschaffene Geld nur ein kleiner Teil der gesamten Geldmenge.
   a) • Erläutern Sie die Zusammensetzung der Geldmenge. Gehen Sie dabei insbesondere auf die „Geldmengenaggregate" M1, M2 und M3 ein.
     • Beschaffen Sie sich (z. B. im Internet) Informationen über den Umfang der Geldmengenaggregate und berichten Sie darüber.
   b) Wer außer dem ESZB ist noch in der Lage, Geld zu schöpfen? Erläutern Sie diesen Geldschöpfungsvorgang anhand eines selbst gewählten Beispiels.

3. „Wenn die Geldmenge zu groß oder zu klein ist, ist das gesamtwirtschaftliche Gleichgewicht gestört. Dies kann schlimme Folgen für die Wirtschaft haben."
   a) Was ist unter „gesamtwirtschaftlichem Gleichgewicht" zu verstehen?
   b) • Wann ist die Geldmenge „zu groß" oder „zu klein"?
      • Nennen Sie mögliche „schlimme Folgen" und erläutern Sie, wie diese zustande kommen können.
   c) Welche Rolle spielt in diesem Zusammenhang die Umlaufgeschwindigkeit des Geldes?

4. Die Banken verdienen ihr Geld unter anderem durch die Vergabe lang- und kurzfristiger Kredite an Privatkunden und gewerbliche Kunden. Natürlich müssen sie sich dafür refinanzieren.
   a) Nennen Sie Beispiele für lang- und kurzfristige Kredite.
   b) • Was ist unter Refinanzierung zu verstehen?
      • Welche Refinanzierungsmöglichkeiten haben die Banken einerseits bei langfristiger, andererseits bei kurzfristiger Kreditgewährung?
      • Können die Banken sich in beiden Fällen bei der EZB refinanzieren?
      • Erläutern Sie die unterschiedlichen Refinanzierungsmöglichkeiten bei der EZB.
   c) • Welcher Zusammenhang besteht zwischen der Refinanzierung der Banken und der Geldmenge?
      • Welche Möglichkeiten besitzt die EZB, die Refinanzierung der Banken auszuweiten und einzuschränken?
      • In welchen Situationen und mit welchen Zielen nimmt sie diese Möglichkeiten in Anspruch?
      • Erläutern Sie in diesem Zusammenhang auch die Problematik diskretionärer und regelgebundener Strategien sowie die Strategie der EZB.

5. Die Konjunktur in der Währungsunion stelle sich wie folgt dar:
   Inflationsrate 4,1 %; offene Stellen 1 450 000, Arbeitslose 1 100 000.
   a) Erläutern Sie die Konjunkturlage und die Gefahren, die von ihr ausgehen.
   b) Welche geldpolitischen Instrumente können eingesetzt werden, um gegenzusteuern?
   c) Welche Störungen können auftreten, die den gewünschten Erfolg verhindern?

6. Die nebenstehende Tabelle zeigt Wirtschaftsdaten für das Jahr 2012 (Veränderungen gegenüber dem Vorjahr).
   a) Charakterisieren Sie die wirtschaftliche Situation Deutschlands in 2012.
   b) Welche geldpolitischen Instrumente hätte die EZB einsetzen können, um die Lage Deutschlands zu verbessern?
   c) Überlegen Sie, warum der Einsatz dieser Instrumente unter den gegebenen Umständen sehr problematisch war und auf welche Schwierigkeiten er traf.

Land	Wirtschaftswachstum (%)	Preisanstieg (%)
Luxemburg	0,1	2,9
Griechenland	6,0	1,0
Irland	0,3	1,9
Spanien	1,5	2,4
Finnland	0,2	3,2
Frankreich	0,1	2,2
Niederlande	− 0,5	2,8
Belgien	0,1	2,6
Portugal	− 3,0	2,8
Österreich	1,0	2,6
Italien	2,3	3,3
Deutschland	1,0	2,1

7. Die EZB beschließt folgende geldpolitische Maßnahmen:
   • **Senkung des Mindestreservesatzes von 2 % auf 1 %,**
   • Senkung des Mindestbietungssatzes für Hauptrefinanzierungsgeschäfte von 3 % auf 2 %,
   • gleichzeitig Senkung des Spitzenrefinanzierungssatzes von 4 % auf 3 % und des Einlagensatzes von 2 % auf 1 %.
   a) Auf welche der Geldmengen M1, M2 und M3 wirken sich diese Maßnahmen aus? Erläutern Sie die Auswirkungen.
   b) Beschreiben Sie die konjunkturpolitischen Wirkungen dieser Maßnahmen.
   c) In welcher Konjunkturphase sollten diese Maßnahmen auf keinen Fall durchgeführt werden?

8. An einem Termin im Frühjahr 20.. beschloss die EZB, dem Markt Liquidität in Höhe von 540 Mio. EUR durch eine befristete strukturelle Operation mit einer Laufzeit von 22 Monaten über einen Mengentender zuzuführen. Festsatz: 4 %. Vier Banken gaben folgende Gebote ab:
Bank A 60 Mio. EUR, Bank B 100 Mio. EUR, Bank C 180 Mio. EUR, Bank D 260 Mio. EUR.
   a) Welche Geldmenge soll durch die Operation verändert werden?
   b) Errechnen Sie die Zuteilung an die Banken sowie die jeweils zu zahlenden Zinsen.

9. Die EZB beschließt, dem Markt Liquidität in Höhe von 200 Mio. EUR durch ein Hauptrefinanzierungsgeschäft mittels Zinstender mit amerikanischem Verfahren zuzuführen. Mindestbietungssatz 2 %. Gebote:

Zinssatz	Bank A	Bank B	Bank C
2,20 %		20 Mio. EUR	20 Mio. EUR
2,15 %	20 Mio. EUR	40 Mio. EUR	30 Mio. EUR
2,10 %	40 Mio. EUR	60 Mio. EUR	40 Mio. EUR
2,05 %	60 Mio. EUR	80 Mio. EUR	70 Mio. EUR

   a) Welche Geldmenge wird beeinflusst und wie lange?
   b) Was müsste die EZB tun, um nach Ablauf der Frist eine Bremswirkung zu verhindern?
   c) Berechnen Sie die Zuteilungen sowie die jeweils zu zahlenden Zinsen.

5.3 Fiskalpolitik

5.3.1 Fiskalpolitik als Teil der Finanzpolitik

Der Staat betreibt **Finanzpolitik**. Das bedeutet: Er verändert die Höhe und Zusammensetzung seiner Einnahmen und Ausgaben, um bestimmte Ziele zu erreichen, z. B.:

- Änderung der Einkommens- und Vermögensverteilung (Einkommens-, Sozial-, Vermögenspolitik),
- regionale und branchenmäßige Wirtschaftsförderung (Strukturpolitik),
- Beeinflusung und Stabilisierung von Inlandsprodukt, Preisen und Beschäftigung (Fiskalpolitik).

Die **Fiskalpolitik** ist also zum Teil staatliche Konjunktur- und/oder Stabilisierungspolitik mit den Mitteln des Staatshaushalts. Sie sollte eng mit der Geldpolitik abgestimmt werden, damit sich fiskal- und geldpolitische Maßnahmen nicht gegenseitig behindern.

Fiskus, Staatshaushalt
Der Begriff Fiskus steht für den Staat (Bund, Länder, Gemeinden) als Eigentümer des Staatsvermögens. Als solcher erzielt er jährliche Einnahmen (Steuern, Gebühren, Beiträge, Kredite) und tätigt Ausgaben (Sachaufwand, Faktoraufwand, Transferleistungen, Subventionen) (vgl. S. 135). Diese stellen den Staatshaushalt dar. Der Staatshaushalt ist zu planen und für das folgende Jahr durch Gesetz zu verabschieden.

Bundeshaushalt 2018 (Mio. EUR)
Ausgaben 337 500,000
Steuereinnahmen 308 800,000
Sonstige Einnahmen 28 700,000
Nettokreditaufnahme 0,0

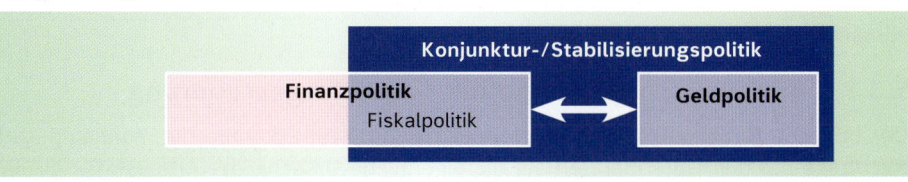

Schon die Ex-ante-Betrachtung des Wirtschaftskreislaufs hat gezeigt, dass der Staat grundsätzlich seinen Ausgaben- bzw. Einnahmenüberschuss so dosieren kann, dass dieser zum erwünschten Ausgleich von Angebot und Nachfrage führt. Der Staat kann

> Lesen Sie noch einmal auf Seite 159 nach.

- Steuern erhöhen oder senken,
- Subventionen und Transferleistungen verändern,
- seine Konsum- und Investitionsnachfrage einschränken oder ausweiten.

Reichen die Steuern für die notwendigen konjunkturlenkenden Maßnahmen nicht aus, kann der Staat am Kapitalmarkt Kredite aufnehmen (Schuldenpolitik oder **Deficit-Spending**).

> Deficit-Spending sind Ausgaben, die zu einem Fehlbetrag im Haushalt führen.

5.3.2 Parallelpolitik (prozyklische Fiskalpolitik)

Bis zur Weltwirtschaftskrise 1929 – der bisher größten weltweiten Depression – war die Wirtschaftswissenschaft der Ansicht, wirtschaftspolitische Maßnahmen zur Steuerung des Wirtschaftsablaufs seien nicht nötig. Man glaubte, der Marktmechanismus bewirke ein Gleichgewicht auf allen Märkten, den Arbeitsmarkt eingeschlossen.

Unter dieser Annahme soll der Staat keine aktive Politik zur Steuerung der Wirtschaft betreiben. Er hat nur darauf zu achten, dass sein Haushalt ausgeglichen ist. Wenn die Steuereinnahmen bei guter Konjunktur steigen, kann er mehr ausgeben – wenn sie sinken, entsprechend weniger. Einnahmen und Ausgaben verlaufen gewissermaßen parallel zum Konjunkturgeschehen. In der Praxis wirkt diese Parallelpolitik prozyklisch, d. h., sie verstärkt die Konjunkturausschläge noch.

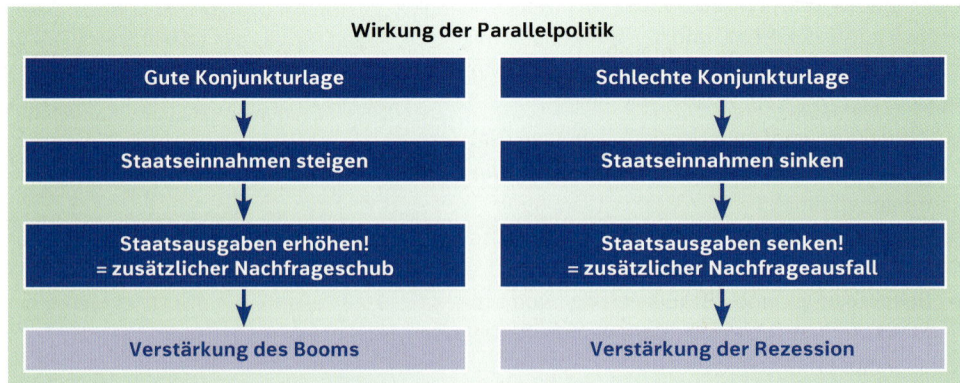

Die Parallelpolitik wurde in der Weltwirtschaftskrise von 1929 angewandt: Bei ohnehin steigender Arbeitslosigkeit, sinkendem Inlandsprodukt und sinkenden Steuereinnahmen senkten die Regierungen weltweit die Staatsausgaben – mit verheerenden Folgen für die Wirtschaft, die in Deflation und Depression versank. Allein in Deutschland waren 5,6 Millionen Menschen arbeitslos. Erst als im September 1931 Großbritannien zu einer aktiven Konjunkturpolitik überging und andere Länder folgten, besserte sich die Konjunkturlage allmählich wieder.

5.3.3 Antizyklische Fiskalpolitik – Nachfragesteuerung

Der britische Nationalökonom J.M. Keynes (1883–1946) erkannte die mangelnde private Nachfrage auf den Gütermärkten als die eigentliche Ursache der Arbeitslosigkeit. Er folgerte, der Staat müsse in den Wirtschaftsablauf eingreifen und zusätzliche Nachfrage zur Belebung der Wirtschaft schaffen. Später wurde diese Theorie zum Konzept der antizyklischen Fiskalpolitik ausgebaut. Dieses Konzept fordert auch in der Hochkonjunktur nachfragewirksame Staatseingriffe.

Die antizyklische Fiskalpolitik ist eine diskretionäre Wirtschaftspolitik. Sie trifft also Entscheidungen von Fall zu Fall, steuert situationsabhängig gegen den zyklischen (periodischen) Konjunkturverlauf an:

Denken Sie an die diskretionäre Geldpolitik: exakt der gleiche Sachverhalt.

Die antizyklische Fiskalpolitik versucht, die Konjunkturausschläge durch eine dem Konjunkturverlauf entgegengesetzte Ausgaben- und Einnahmenpolitik zu glätten.

- Im Konjunkturaufschwung wird der Staat nachfragedämpfende Maßnahmen ergreifen, um einem Überschäumen der Konjunktur vorzubeugen.
- Bei einem sich abzeichnenden Abschwung wird der Staat Maßnahmen ergreifen, die die Nachfrage erhöhen. So soll ein Abgleiten in die Depression verhindert werden.

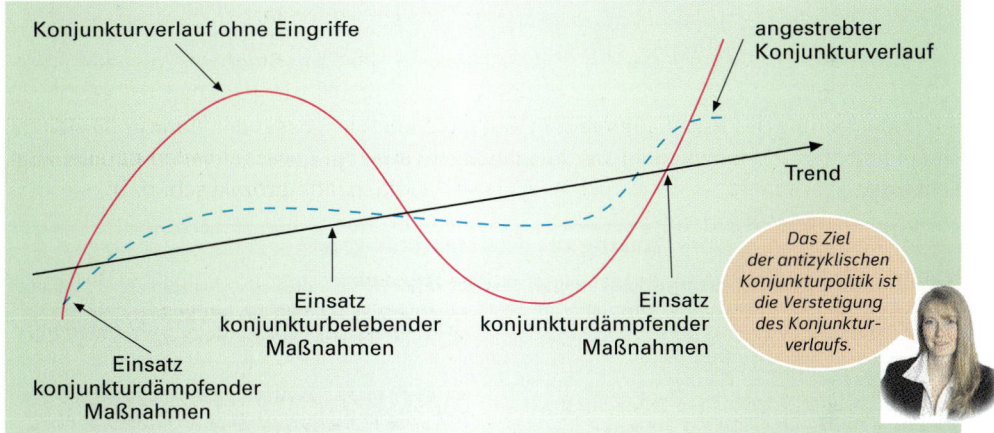

In Deutschland verpflichtet das Gesetz zur Förderung der Stabilität und des Wachstums der Wirtschaft von 1967 (kurz: Stabilitätsgesetz; StWG) den Staat, seine wirtschafts- und finanzpolitischen Mittel im Sinne des gesamtwirtschaftlichen Gleichgewichts einzusetzen (§ 1 StWG).

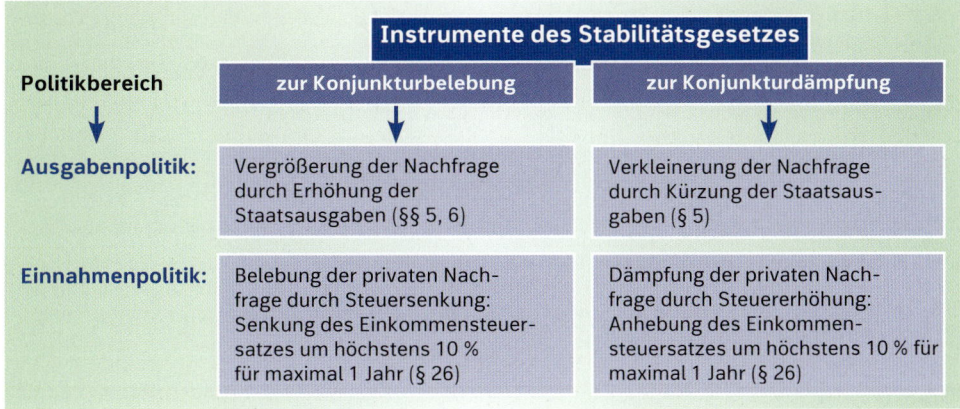

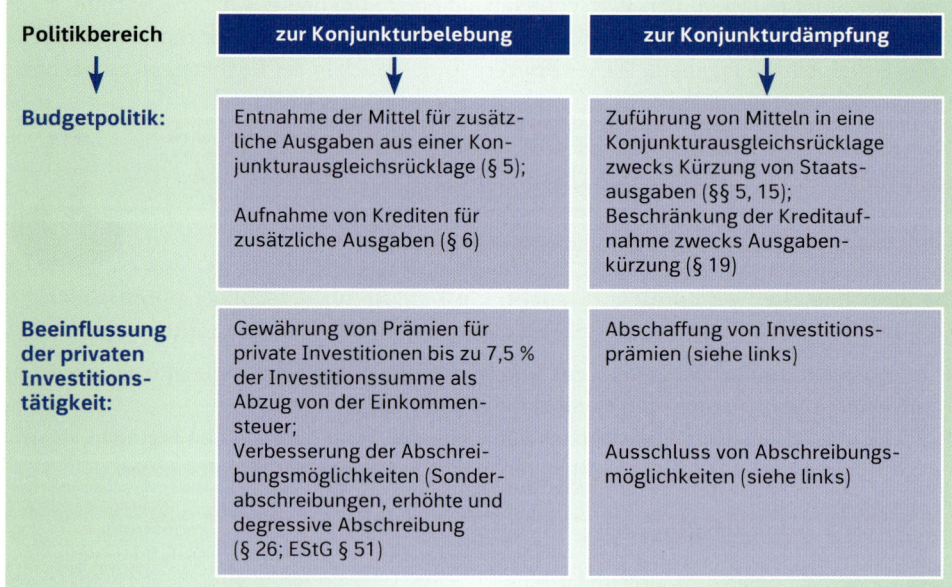

Zur Stabilisierung des Haushaltes verpflichtet das Stabilitätsgesetz den Bund außerdem zu einer fünfjährigen Finanzplanung der Ausgaben und ihrer voraussichtlichen Deckungsmöglichkeiten.

Auszug aus dem Stabilitätsgesetz

§ 5 Bundeshaushalt; Konjunkturausgleichsrücklage. (1) Im Bundeshaushaltsplan sind Umfang und Zusammensetzung der Ausgaben und der Ermächtigungen zum Eingehen von Verpflichtungen zulasten künftiger Rechnungsjahre so zu bemessen, wie es zur Erreichung der Ziele des § 1 erforderlich ist. (2) Bei einer die volkswirtschaftliche Leistungsfähigkeit übersteigenden Nachfrageausweitung sollen Mittel zur zusätzlichen Tilgung von Schulden bei der Deutschen Bundesbank oder zur Zuführung an eine Konjunkturausgleichsrücklage veranschlagt werden.
(3) Bei einer die Ziele des § 1 gefährdenden Abschwächung der allgemeinen Wirtschaftstätigkeit sollen zusätzlich erforderliche Deckungsmittel zunächst der Konjunkturausgleichsrücklage entnommen werden.

§ 6 ... zusätzliche Ausgaben bei Abschwächung. ... (2) Die Bundesregierung kann bestimmen, dass bei einer die Ziele des § 1 gefährdenden Abschwächung der allgemeinen Wirtschaftstätigkeit zusätzliche Ausgaben geleistet werden ...
(3) Der Bundesminister für Finanzen wird ermächtigt, ... Kredite über die im Haushaltsgesetz erteilten Ermächtigungen hinaus bis zur Höhe von fünf Milliarden Deutsche Mark[1] ... aufzunehmen ...

§ 9 Fünfjähriger Finanzplan: (1) Der Haushaltswirtschaft des Bundes ist eine fünfjährige Finanzplanung zugrunde zu legen. In ihr sind Umfang und Zusammensetzung der voraussichtlichen Ausgaben und die Deckungsmöglichkeiten in ihren Wechselbeziehungen zu der mutmaßlichen Entwicklung des gesamtwirtschaftlichen Leistungsvermögens darzustellen.
(3) Der Finanzplan ist jährlich der Entwicklung anzupassen und fortzuführen ...

§ 15 Mittelzuführung an Konjunkturausgleichsrücklage. (1) Zur Abwehr einer Störung des gesamtwirtschaftlichen Gleichgewichts kann die Bundesregierung durch Rechtsverordnung mit Zustimmung des Bundesrates anordnen, dass der Bund und die Länder ihren Konjunkturausgleichsrücklagen Mittel zuzuführen haben.

§ 19 Beschränkung der Kreditbeschaffung. Zur Abwehr einer Störung des gesamtwirtschaftlichen Gleichgewichts kann die Bundesregierung mit Zustimmung des Bundesrates anordnen, dass die Beschaffung von Geldmitteln im Wege des Kredits ... durch den Bund, die Länder, die Gemeinden und Gemeindeverbände beschränkt wird ...

---

[1] ca. 2,56 Mrd. EUR

> § 26 Änderung des Einkommensteuergesetzes. Anmerkung: Durch § 26 wird § 51 des Einkommensteuergesetzes wie folgt geändert:
>
> § 51 EStG Ermächtigung. (1) Die Bundesregierung wird ermächtigt, mit Zustimmung des Bundesrates ...
> 2. Vorschriften durch Rechtsverordnung zu erlassen ...
> s) nach denen bei Anschaffung oder Herstellung von ... Wirtschaftsgütern des Anlagevermögens auf Antrag ein Abzug von der Einkommensteuer ... bis zur Höhe von 7,5 vom Hundert der Anschaffungs- oder Herstellungskosten ... vorgenommen werden kann ...
> (2) Die Bundesregierung wird ermächtigt, durch Rechtsverordnung Vorschriften zu erlassen, nach denen die Inanspruchnahme von Sonderabschreibungen und erhöhten Absetzungen sowie die Bemessung der Absetzung für Abnutzung in fallenden Jahresbeträgen ganz oder teilweise ausgeschlossen werden können ...
> (3) Die Bundesregierung wird ermächtigt, durch Rechtsverordnung mit Zustimmung des Bundesrates Vorschriften zu erlassen, nach denen die Einkommensteuer ...
> 1. um höchstens 10 vom Hundert herabgesetzt werden kann. Der Zeitraum, für den die Herabsetzung gilt, darf ein Jahr nicht übersteigen ...
> 2. um höchstens 10 vom Hundert erhöht werden kann. Der Zeitraum, für den die Erhöhung gilt, darf ein Jahr nicht übersteigen.

Die antizyklische Fiskalpolitik erzielte nach dem Zweiten Weltkrieg große Erfolge. In Deutschland gelang mit ihr die Überwindung der Rezession von 1966/67. Ab den Siebzigerjahren des vergangenen Jahrhunderts zeigten sich hingegen ihre Schwächen.

Schwächen der antizyklischen Fiskalpolitik

- Das **Diagnose- und Prognoseproblem** erschwerte den ziel- und zeitpunktgerichteten Einsatz der Instrumente: Die wirtschaftliche Entwicklung hängt von zu vielen Einzelfaktoren ab, sodass man keine zuverlässige Zukunftserwartung aussprechen kann. Die Einschätzung der Forschungsinstitute stimmte zu oft nicht mit der tatsächlichen Entwicklung überein.
- Es traten **Entscheidungs- und Dosierungsprobleme** auf: Zur Bekämpfung der Rezession 1967 wurden z. B. zu hohe Ausgaben getätigt, die rasch zur Konjunkturüberhitzung führten. Der optimale Einsatzzeitpunkt für fiskalpolitische Maßnahmen wurde wegen umständlicher Entscheidungsfindung verpasst. Zeitliche Verzögerungen (Time-Lags) können folglich dazu führen, dass fiskalpolitische Maßnahmen zu spät greifen.
- Die Ausgabenpolitik führt zu hoher **Staatsverschuldung**, die im Aufschwung nicht mehr abgebaut werden kann (unzureichende Steuermehreinnahmen). Beim nächsten Abschwung reichen dann die Mittel nicht mehr für ein Deficit-Spending. In Deutschland sind inzwischen Bund, Länder und Gemeinden alle an der Grenze ihrer Belastbarkeit angelangt. Außerdem bewirkte die staatliche Kreditaufnahme unerwünschte Zinserhöhungen.
- Die Maßnahmen erfordern eine genaue **Abstimmung mit der EZB**. Diese richtet ihre Geldpolitik jedoch in erster Linie am Ziel der Geldwertstabilität aus.
- Die Tarifvertragsparteien tätigten **kostentreibende und inflationäre Lohnabschlüsse**.
- Die antizyklische Politik ist zwar flexibel, aber gerade dadurch wird sie für die Marktteilnehmer **schlecht berechenbar**. Letztere reagieren deshalb eventuell anders, als die Politik es wünscht.
- In der offenen Volkswirtschaft kann zusätzliche (oder ausfallende) **Auslandsnachfrage** die Politik behindern (z. B. einen Inflationsimport begünstigen).

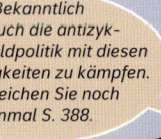

Bekanntlich hat auch die antizyklische Geldpolitik mit diesen Schwierigkeiten zu kämpfen. Vergleichen Sie noch einmal S. 388.

Erst in der Finanz- und Wirtschaftskrise 2008/09 wurden die Instrumente der antizyklischen Fiskalpolitik wieder angewendet.

Konjunkturprogramm der Bundesregierung zur Abmilderung der Wirtschaftskrise 2009: 50 Mrd. EUR bis 2010, ca. 2 % des BIP

Senkung der Einkommensteuer
- Anhebung des Grundfreibetrages auf 8 004,00 EUR
- Senkung des Eingangssteuersatzes von 15 % auf 14 %

Investitionsförderung
- Verbesserung der Infrastruktur von Straßen, Städten, Breitbandnetzen, Schulen
- Förderung von Bildung (Kitas, Hochschulen)
- Forschungsförderung für Elektromobillität

Förderung der Familien
- 100,00 EUR pro Kind einmalig zusätzlich zum Kindergeld
- Anhebung des Regelsatzes für Kinder von Hartz IV-Empfängern

Bürgschaftsprogramm
Sicherung der Kreditversorgung von Unternehmen durch Übernahme von Bürgschaften durch die Kreditanstalt für Wiederaufbau

Förderung der privaten Nachfrage
Beitragssenkung der Krankenversicherung von 15,5 % auf 14,9 % seit 1. Juli 2009

Förderung der Beschäftigung
- Verlängerung des Kurzarbeitergeldes
- Förderung von Qualifizierungsmaßnahmen

Erhöhung der Pkw-Nachfrage, Stärkung der Beschäftigung in der Automobilindustrie
Private Autohalter erhalten eine Umweltprämie von 2500,00 EUR; Bedingung: Der Halter verschrottet einen mind. 9 Jahre alten Pkw und kauft bis Ende 2009 einen umweltfreundlichen Neuwagen.

Wirkung des Konjunkturpaketes:
Das BIP war 2009 stark gesunken (nominal − 3,4 %, real − 4,7 %). 2010 stieg es wieder an (nominal 4,2 %, real 3,6 %). Dies beruht teils auf einer allgemeinen Erholung der Weltkonjunktur, teils auf der Wirkung des Konjunkturprogramms. Die genauen Anteile lassen sich nicht feststellen.

M 404 Das *Konjunkturprogramm* 2009 führte zu einer erheblichen Neuverschuldung des Bundes. Die Schulden sollten mit den Steuermehreinnahmen getilgt werden, die aufgrund der Konjunkturerholung erwartet wurden. Dies geschah ab 2011.

5.3.4 Geldmengen- und Angebotssteuerung

Wie der Fiskalismus als Lehre von der Nachfragesteuerung durch den Staat mit dem Namen von J. M. Keynes verbunden ist, so ist seine Gegenbewegung, der Monetarismus, als Lehre von der Geldmengensteuerung undenkbar ohne den amerikanischen Nationalökonomen und Nobelpreisträger Milton Friedman (1912–2006). Der Monetarismus gewann in den Siebzigerjahren des vorigen Jahrhunderts an Bedeutung. Er knüpft wieder an die klassische Lehre der Selbststeuerung der privaten Wirtschaft an und behauptet:

- Der Marktmechanismus bewirkt mittelfristig (nicht kurzfristig!) ein stabiles Gleichgewicht auf allen Märkten.
- Konjunkturschwankungen kommen nicht durch Nachfrageschwankungen in der Privatwirtschaft zustande, sondern durch „Schocks". Diese werden durch den Einsatz der diskretionären Geld- und Fiskalpolitik noch verstärkt.

> **Beispiele: Schocks**
> - Monetärer Schock: Eine Zentralbank erhöht unvermutet das Geldangebot. Dadurch erzeugt sie Inflationserwartungen. Folge: Nachfragesteigerung.
> - Preisschock: Aufgrund einer Reduzierung der Ölförderung der OPEC (Organization of the Petroleum Exporting Countries; Organisation Erdöl exportierender Länder) steigt der Rohölpreis plötzlich um 70 %. Folge: Kosten- und Preisexplosion, Nachfragerückgang.
> - Technologischer Schock: Durch eine neue Generation nicht ortsgebundener Roboter entstehen enorme Rationalisierungsmöglichkeiten. Folge: Massenentlassungen, Nachfrageausfall.

Folgerungen:
- Diskretionäre Interventionen der Geld- und Fiskalpolitik sollen unterbleiben.
- Sie sollen durch eine **regelgebundene Wirtschaftspolitik** in Form der Geldmengensteuerung ersetzt werden. Diese soll wie folgt funktionieren:

Die Funktionsweise der Geldmengensteuerung ist Ihnen schon aus der Geldpolitik bekannt. Lesen Sie auf S. 389 nach.

Die Geldpolitik soll so verstetigt werden, dass die Geldmenge mit einer konstanten Wachstumsrate (der angenommenen mittelfristigen Wachstumsrate des Produktionspotenzials) zunimmt. Deshalb ist ein Geldmengenziel festzulegen. Ist die Wachstumsrate richtig bemessen, kann Preisstabilität erreicht werden. Zugleich werden die Zukunftserwartungen von Unternehmen und Haushalten stabilisiert. Konjunkturschwankungen treten nicht oder nur in geringem Umfang ein.

Die antizyklische Fiskalpolitik will Wachstum und Stabilität von der Nachfrage her steuern. Der Monetarismus will das Gleiche von der Angebotsseite her:

- Das Geldmengenziel soll den Unternehmen Planungssicherheit für ihre Investitions- und Produktionsentscheidungen verschaffen.
- Der Staat soll nicht durch Fiskalpolitik störend in die Wirtschaft eingreifen. Vor allem soll er eine hohe Staatsverschuldung vermeiden und einen ausgeglichenen Staatshaushalt anstreben.

Das optimale Rezept für die Wirtschaftssteuerung scheint es nicht zu geben, da sich die Wirtschaftslage immer wieder anders präsentiert. Sie ist z. B. in den Industrieländern seit den Achtzigerjahren des vergangenen Jahrhunderts gekennzeichnet durch sinkende Wachstumsraten und zunehmende Arbeitslosigkeit unter den Bedingungen weltweiten Wettbewerbs (Globalisierung) und hoher Staatsverschuldung. Weder der Fiskalismus noch der Monetarismus bieten unter diesen Umständen befriedigende Lösungen. Bekanntlich verfolgt ja die EZB eine Mischstrategie.

Der Monetarismus ist inzwischen in Richtung auf eine **umfassendere Angebotssteuerung** weiterentwickelt worden.

Angebotssteuerung bedeutet, durch vielfältige Maßnahmen die Wirtschaftskraft der Unternehmen, also der Angebotsseite, zu stärken. Sie umfasst nicht nur finanzpolitische, sondern auch wachstums-, sozial-, und wettbewerbspolitische Maßnahmen.

Maßnahmen der Angebotssteuerung			
Finanzpolitik	Wachstumspolitik	Sozialpolitik	Wettbewerbspolitik
Haushaltsausgleich, Schuldenabbau, Steuersenkungen (ggf. Steuerreformen), verbesserte Abschreibungen	Ausbildungsförderung, Forschungssubventionen, Sparförderung, Investitionsförderung, Privatisierung von Staatsunternehmen	Entlastung von Sozialabgaben, Verbesserung der Arbeitsvermittlung, Arbeitsanreize für Arbeitslose	Subventionsabbau, Dereglementierung, Abbau von Handelshemmnissen

5.3.5 Stabilitätspakt der EU

Der Vertrag von Maastricht (vgl. S. 333) belässt die Wirtschafts- und Finanzpolitik bei den nationalen Regierungen. Er verpflichtet aber alle EU-Länder, ihre Wirtschaftspolitik so auszurichten, dass die Stabilitätsziele Preisstabilität, Haushaltsstabilität (niedrige Neu- und Gesamtverschuldung der öffentlichen Haushalte) und niedriges Zinsniveau erreicht und auf Dauer gehalten werden. Der Rat der Wirtschafts- und Finanzminister (ECOFIN) ist mit der Koordination beauftragt.

Für Teilnehmer an der Währungsunion gelten bekanntlich die Konvergenzkriterien (siehe S. 334).

Die Grundsatzbeschlüsse des EU-Gipfels von Dublin im Dezember 1996 („Stabilitäts- und Wachstumspakt"; SWP) legen **besonders strenge Maßnahmen für die Haushaltsstabilität der Mitgliedsländer der Währungsunion** fest:

- Die jährliche **Neuverschuldung** eines Mitgliedsstaates darf 3 % des Bruttoinlandsprodukts nicht übersteigen.
- Die **Summe seiner Staatsschulden** darf maximal 60 % des Bruttoinlandsproduktes betragen.

Ausnahmen von diesen Grenzen sind nur bei außergewöhnlichen und unvorhersehbaren Ereignissen zugelassen. Dazu gehören vor allem Katastrophen und eine Rezession mit einer Abnahme des BIP um mehr als 2 %.

Die EU-Verträge sehen bei Verstößen Geldbußen vor. Sie können je nach Höhe des Defizits bis zu 0,5 % des BIP betragen, müssen jedoch im Rat der Europäischen Union mit qualifizierter Mehrheit beschlossen werden. Obwohl fast alle Staaten die Grenzen verletzt haben, konnte die nötige Mehrheit bisher nicht erreicht werden. Die ausbleibenden Sanktionen trugen eine Mitschuld daran, dass viele Regierungen den Staatshaushalt nicht sanierten, sondern die Schulden sogar noch vermehrten. In Verbindung mit der Weltfinanzkrise 2008/2009 führte dies dazu, dass den Staaten Griechenland (2010), Irland (2010) und Portugal (2011) Zahlungsunfähigkeit drohte. Sie mussten die Hilfe des Euro-Rettungsschirms in Anspruch nehmen (vgl. S. 411).

Nur Luxemburg hat durchgehend beide Schuldengrenzen eingehalten.

5 Wirtschaftssteuerung durch Prozesspolitik

Zur Stärkung des Stabilitäts- und Wachstumspaktes (SWP) wurden 2011 folgende Instrumente eingebaut:

Verstärkter Stabilitäts- und Wachstumspakt

Die EU-Kommission koordiniert ...

die Haushaltspolitik der EU-Mitgliedsländer

- Vorlage des Haushaltsplanes für das Folgejahr
- Vorlage einer mittelfristigen Finanzplanung
- Vorlage eines Regelwerks für den Zuwachs/Abbau der Staatsausgaben
- Einhaltung der Defizitregeln (3 %/60 %)
- Abbau einer Schuldensumme von über 60 % des BIP um jährlich 1/20

die Wirtschaftspolitik der EU-Mitgliedsländer

Einhaltung von Indikatoren, die die EU-Kommission entwickelt; vor allem:
- Leistungsbilanzsaldo
- Lohnentwicklung
- Preisniveauentwicklung
- Beschäftigung
- Produktivität
- Rentensystem

Präventive Komponente:
Die Mitgliedsstaaten der Euro-Zone arbeiten jährliche Stabilitätsprogramme, die übrigen Mitgliedstaaten Konvergenzprogramme aus.

Korrektive Komponente:
Bei Auffälligkeiten gibt die Kommission Empfehlungen; bei Missachtung erfolgen Sanktionen.

Sanktionskatalog

- Hinterlegung einer verzinslichen Einlage bis zu 0,2 % des BIP oder
- Hinterlegung einer unverzinslichen Einlage bis zu 0,2 % des BIP oder
- Strafgebühr von bis zu 0,2 % des BIP

Den Beschluss über Sanktionen trifft die Kommission. Er kann nur binnen 10 Tagen durch eine qualifizierte Mehrheit aufgehoben werden. Dieses Prinzip wird als „umgekehrte Mehrheit" bezeichnet.

Mithilfe des SWP sollen nicht nur eine Kontrolle und Rückführung der Staatsschulden eingeleitet werden. Der Pakt versteht sich auch als Motor für ein koordiniertes Wachstum der Bruttoinlandsprodukte der EU und der Beschäftigung. Er könnte somit als Vorstufe einer künftigen gemeinsamen „Wirtschaftsregierung und Fiskalunion" gesehen werden.

Arbeitsaufträge

1. **Geldpolitik und Fiskalpolitik sollen sich ergänzen.**

    a) Nennen Sie in die gleiche Richtung zielende Maßnahmen der Geld- und Fiskalpolitik, die in einer Boomphase zur Anwendung kommen könnten.

    b) Erläutern Sie die gewünschte Wirkungsweise dieser Maßnahmen.

    c) Von Globalisierungskritikern wird unter anderem geäußert, globale Unternehmen könnten die Maßnahmen der staatlichen Wirtschaftspolitik unterlaufen und unwirksam machen. Diskutieren Sie dies auf der Basis der Ergebnisse von Aufgabe a) und b).

2. **Es sei angenommen, dass die Volkswirtschaft sich in einer Rezession befindet.**
   a) Erläutern Sie wesentliche Merkmale einer Rezession.
   b) Welche grundsätzlichen Instrumente stehen der Bundesregierung und der Europäischen Zentralbank zur Bekämpfung der Rezession zur Verfügung?
   c) Beschreiben Sie anhand des Auszugs aus dem Stabilitätsgesetz auf Seite 402 f. die fiskalpolitischen Instrumente genauer, die für die Rezessionsbekämpfung vorgesehen sind.

3. **Im Jahr 2010 befand sich die deutsche Wirtschaft in einem Aufschwung.**
   a) Besorgen Sie sich das notwendige Zahlenmaterial über das Wirtschaftswachstum, die Arbeitslosenzahlen, die Produktion und das Preisniveau und beschreiben Sie die Lage der deutschen Wirtschaft anhand dieser Zahlen.
   b) Recherchieren und erläutern Sie die wirtschaftspolitischen Maßnahmen von EZB und Bundesregierung im Jahr 2010.
   c) Beurteilen Sie insbesondere, ob die Maßnahmen der Bundesregierung die fiskalpolitischen Möglichkeiten des Stabilitätsgesetzes ausschöpften. Wenn nein, analysieren Sie möglichst umfassend die Gründe.
   d) Stand die Politik der Bundesregierung im Einklang mit den Anforderungen von EU-Vertrag, Stabilitätspakt der EU und Europäischer Währungsunion?
   e) War nach Ihrer Ansicht in der Konjunkturlage des Jahres 2010 eher eine fiskalistische oder eine monetaristische Wirtschaftspolitik angebracht? Welche Mittel sollten dementsprechend zum Einsatz kommen (im Einklang mit den vorhandenen Möglichkeiten)?
   f) Wenn Sie diese Aufgabe lösen, ist die Zeit schon um Jahre fortgeschritten. Beurteilen Sie dann auch die aktuelle Wirtschaftslage und die in dieser Lage sinnvollerweise einzusetzenden wirtschaftspolitischen Instrumente.

4. **Die Mitglieder der Europäischen Währungsunion sind zur Einhaltung strenger Stabilitätskriterien verpflichtet.**
   a) Um welche Kriterien handelt es sich?
   b) Welche Stabilitätsziele sollen durch die Einhaltung dieser Kriterien angestrebt werden?
   c) Warum ist die Einhaltung der Kriterien von größter Bedeutung für das Funktionieren der Währungsunion?
   d) Die Kriterien wurden von den Mitgliedsländern nicht eingehalten. Nennen Sie Gründe für dieses Verhalten.

   Die EU hat 2011 neue Instrumente zur Stärkung des Stabilitäts- und Wachstumspaktes beschlossen. Diese sind auf die Haushaltspolitik und die Wirtschaftspolitik der Mitgliedsländer ausgerichtet.
   e) Untersuchen Sie die einzelnen Instrumente daraufhin, ob sie tatsächlich geeignet sind, zu einer besseren Einhaltung der Stabilitätskriterien beizutragen.

5.4 Finanz- und Wirtschaftskrisen
5.4.1 Weltfinanzkrise und Weltwirtschaftskrise 2008

Am 15. September 2008 meldete die US-Investmentbank *Lehmann Brothers Inc.* Insolvenz an. Sie hatte sich in der Immobilienkrise maßlos verspekuliert und riesige Verluste angehäuft.

Die Kapitaleigner und andere Investoren lehnten wegen angeblich zu hoher Risiken frische Kapitaleinlagen ab. Auch die US-Regierung lehnte eine Rettung durch Kredite und Staatsbeteiligung auf Kosten der Steuerzahler ab. Sie hatte schon mehrere Banken mit Milliarden US-Dollar gerettet. Der öffentliche Widerstand gegen eine weitere Bankenrettung war nun zu groß geworden.

Die Folgen dieses Unterlassens waren jedoch katastrophal: Die Lehmann-Insolvenz riss weltweit andere Banken in den Abgrund. Lehmann war über die Finanzmärkte global mit anderen Banken verbunden. Die Finanzmärkte verloren ihre Funktionsfähigkeit. Damit war eine Weltfinanzkrise geboren. Und eine weltweite Krise der Realwirtschaft folgte ihr auf dem Fuß.

Wie kann es zu solchen Krisen kommen?

Finanzkrise

Im Jahr 2008 kam es zu einer weltweiten Krise. Banken und Versicherungen wurden insolvent, die Geld- und Finanzmärkte funktionierten nicht mehr. Diese Weltfinanzkrise war die Folge wirtschaftspolitischer Fehlsteuerungen.

- 2000 platzte die „Internet-Blase": Viele – oft neue – Unternehmen, deren Geschäftsfeld auf Internettechnologien ausgerichtet war, erfüllten nicht die spekulativen Umsatz- und Gewinnerwartungen der Kapitalgeber. Als die ersten Unternehmen insolvent wurden, stürzten die Aktienkurse ab. Viele Anleger verloren ihr Geld. Die Unternehmen wurden vielfach unverkäuflich.
- Die US-Notenbank verfolgte daraufhin eine „Politik des billigen Geldes", um in den USA eine Depression zu verhindern. Sie senkte ihre Zinssätze auf unter 1 %.
- Um das billige Geld anzulegen, vergaben die US-Banken Hypothekenkredite zum Häuserkauf. Die Häusernachfrage stieg und damit stiegen auch die Häuserpreise. Entgegen allen Vorschriften lockten die Banken mit niedrigen Zinsen auch massenhaft Kreditnehmer mit niedriger Bonität. Diese gerieten in Zahlungsnot, als die Zinsen wieder anstiegen. Ihre Erwartung, die Häuser zu steigenden Preisen wieder verkaufen zu können, wurde getäuscht, weil die „Immobilienblase" platzte: Die Grundstückspreise sanken, die Hauseigentümer wurden zahlungsunfähig.
- Um sich für neue Kreditvergaben zu refinanzieren, hatten die Banken ihre Hypothekenforderungen in Wertpapieren verbrieft. In einer zweiten Stufe wurden diese wiederum zu Zertifikaten gebündelt, deren Struktur und Bonität kaum noch zu durchschauen war, und an Investoren verkauft. Mit der Zahlungsunfähigkeit der Hypothekenschuldner wurden diese Papiere wertlos. Weltweit mussten Banken,

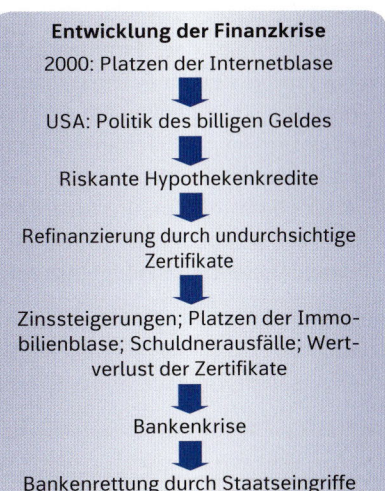

Entwicklung der Finanzkrise

2000: Platzen der Internetblase
↓
USA: Politik des billigen Geldes
↓
Riskante Hypothekenkredite
↓
Refinanzierung durch undurchsichtige Zertifikate
↓
Zinssteigerungen; Platzen der Immobilienblase; Schuldnerausfälle; Wertverlust der Zertifikate
↓
Bankenkrise
↓
Bankenrettung durch Staatseingriffe

die sie gekauft hatten, sie abschreiben. Diese Banken erlitten hohe Verluste und wurden vereinzelt zahlungsunfähig.
- Die Folge war ein globaler Vertrauensschwund der Banken untereinander. Aus gegenseitiger Angst vor Zahlungsunfähigkeit liehen sie ab August 2008 untereinander kaum noch Geld aus.

  Aus der Bankenkrise wurde eine Geldmarktkrise. Als dann in den USA Banken mit Staatsgeld gerettet werden mussten und Lehmann Brothers, eine der weltgrößten Investmentbanken, zusammenbrach, gerieten weltweit die Volkswirtschaften in Gefahr. Die Regierungen sahen sich gezwungen, Staatsgarantien für die Bankschulden abzugeben, Banken mit Staatskrediten zu retten und sogar einzelne Banken zu übernehmen. Die Bankschulden wurden zu Staatsschulden.

Die Krise hätte verhindert werden können, wenn Regierungen und Finanzaufsichten rechtzeitig gegen die Bankenpraktiken eingeschritten wären. Dies unterblieb, denn man glaubte, die Effizienz liberaler Finanzmärkte werde durch Markteingriffe beschädigt. Inzwischen ist bei vielen Staaten folgende Erkenntnis gereift:

Liberale Märkte können nur funktionieren, wenn sie einer wirksamen Kontrolle unterliegen.

Wirtschaftskrise

Die Weltfinanzkrise mündete in eine Weltwirtschaftskrise.
- Die Banken zögerten nicht nur mit der Kreditvergabe untereinander, sondern auch an Unternehmen. Die Zinsaufschläge bei Unternehmenskrediten waren sehr hoch. 2009 sank die Industrieproduktion weltweit, weil die Nachfrage nach Investitionen rapide abnahm. In Japan betrug der Rückgang ca. 31 %, in der Eurozone über 20 %.
- Die Nachfrage nach Konsumgütern sank ebenfalls. Viele Haushalte waren überschuldet und konnten ihre Kredite nicht mehr zurückzahlen. Weltweit wurden Arbeitsplätze abgebaut; die Arbeitslosigkeit stieg.
- Wie in der Weltwirtschaftskrise 1929 sanken viele Preise. Es drohte die Gefahr einer Deflation.

Zur Bewältigung der Krise einigte sich die Gruppe der **G 20** u. a. auf folgende Sofortmaßnahmen:
- **Regulierung der Finanzmärkte** zur Verbesserung der Finanzmarktstabilität: Banken mussten ihr Eigenkapital erhöhen, damit sie Finanzkrisen überstehen konnten. Bestimmte risikoreiche Geschäfte wurden untersagt.
- **Abgestimmte Konjunkturprogramme** wurden zur Belebung der Weltwirtschaft und zur Bannung der Deflationsgefahr verabschiedet.

> **Die G 20**
> sind die 19 wichtigsten Industrie- und Schwellenländer (Entwicklungsländer an der „Schwelle" zum Industrieland) und die EU. Sie stimmen ihre Politik ab und einigen sich auf Maßnahmen zur Steuerung des Weltfinanz- und Wirtschaftssystems.
> Mitglieder: USA, Japan, Deutschland, China, Großbritannien, Frankreich, Italien, Kanada, Brasilien, Russland, Indien, Südkorea, Australien, Mexiko, Türkei, Indonesien, Saudi-Arabien, Südafrika, Argentinien, EU.

Aufgrund dieser Konjunkturprogramme kam es tatsächlich zu einem schnellen Wachstum der Weltwirtschaft. Deutschland z. B. erreichte schon 2010 wieder das BIP von 2008.

Konjunkturprogramme erzielen in einer globalisierten Wirtschaft offensichtlich Wirkung, wenn sie international abgestimmt sind.

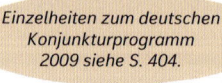
Einzelheiten zum deutschen Konjunkturprogramm 2009 siehe S. 404.

5.4.2 Schuldenkrise der Europäischen Währungsunion

2010 und 2011 gerieten Griechenland, Irland und Portugal nacheinander in eine Schuldenkrise. Sie konnten ihre Staatsanleihen nicht mehr fristgerecht zurückzahlen und sich nicht mit neuen Anleihen finanzieren. Sie waren zahlungsunfähig. Belgien, Spanien und Italien gerieten ebenfalls in den Verdacht einer Überschuldung.

Diese Krisen führten dazu, dass die Stabilität der Finanzmärkte im Euro-Raum gefährdet wurde und das störungsfreie Funktionieren der Wirtschafts- und Währungsunion zu versagen drohte.

Aus der Staatsschuldenkrise einzelner Euro-Länder wurde eine schwere Krise des gesamten Euro-Systems.

Euro-Kurse zum USD zwischen dem 25. März und dem 15. Juli 2010

Die Euro-Stabilitätskriterien wurden in der Praxis von keinem Euro-Mitgliedsland – außer Luxemburg – durchgehend eingehalten. Sanktionen wurden angedroht, aber kein einziges Mal angewendet. Unter anderem deshalb geriet das Euro-System 2010 in eine existenzbedrohende Krise. Ein weiterer Grund ergibt sich aus der Weltfinanzkrise 2008.

Ursachen der Euro-Schuldenkrise

Staatsverschuldung durch Bankenrettung

Die Weltfinanzkrise hat zu erheblichen Verlusten bei wichtigen Banken geführt. Die Euro-Länder mussten diese Banken retten, um die Finanzmärkte zu stabilisieren. Dadurch stiegen die Staatsschulden insbesondere von Griechenland, Irland, Portugal und Spanien so stark, dass diese Länder auf den Finanzmärkten nicht mehr als ausreichend kreditwürdig angesehen wurden.

Verletzung der Euro-Stabilitätskriterien

Einige Euro-Staaten verstießen laufend und eklatant gegen die Stabilitätskriterien des Eurosystems. Insbesondere Griechenland und Portugal finanzierten ihre Sozialsysteme über Kredite. Ihre Staatsschulden stiegen auf weit über 100 % des BIP, ihre jährliche Neuverschuldung auf weit über 10 %.

Auswirkungen

- Die überschuldeten Länder standen vor der Zahlungsunfähigkeit. Sie konnten fällige Schulden nicht mehr bezahlen.
- Den Gläubigern (v. a. Banken und Versicherungen) drohten Milliardenverluste; es drohte die Gefahr einer neuen Bankenkrise.
- Die Schuldnerländer erhielten neue Kredite nur zu extrem hohen Zinsen und nur, weil die Gläubiger auf ihre Rettung durch die anderen Euro-Länder spekulierten.
- Der Wechselkurs des Euro geriet unter Druck, weil weltweit das Vertrauen in die Währung schwand.

Diese Länder glaubten vermutlich, dass sie trotz fortgesetzten Schuldenmachens letztlich keine EU-Strafen riskierten. Sie rechneten aber nicht mit der unerbittlichen Reaktion der Finanzmärkte.

Die Euro-Länder waren gezwungen, den gefährdeten Staaten zu helfen, um den Zusam-menhalt der Währungsunion zu sichern. Zur Lösung der Schuldenkrise wurde zunächst – befristet bis 2013 – ein provisorischer Rettungsfonds **[Europäische Finanz-Stabilisierungsfazilität (EFSF)]** mit einem Volumen von 750 Mrd. EUR geschaffen (60 Mrd. EUR Barmittel von der EU-Kommission, 440 Mrd. EUR Kreditgarantien der Euro-Länder und 250 Mrd. EUR Kreditzusagen und Garantien des IWF). Aus dem Fonds erhielten, verknüpft mit strengen Sparauflagen:

- Griechenland (2010): 110 Mrd. EUR (vgl. S. 330),
- Irland (2010): 85 Mrd. EUR,
- Portugal (2011): 78 Mrd. EUR,
- Spanien (2012): 100 Mrd. EUR.

2011 wurde beschlossen, neben der provisorischen EFSF ab 2012 den dauerhaften **Europäischen Stabilitätsmechanismus (ESM)** einzurichten. Er funktioniert ähnlich wie der IWF, ist aber auf die Unterstützung von Euro-Ländern beschränkt.

ESM-Fonds

750 Mrd. EUR,
davon
- 80 Mrd. EUR Bareinlage
- 420 Mrd. EUR als Garantien der Euro-Länder
- 250 Mrd. EUR Kredite vom IWF

Ausleihbar sind 500 Mrd. EUR als Kredite oder Garantien.

Die Überdeckung bewirkt eine erstklassige Bewertung der Fondsanleihen.

Europäischer Stabilitätsmechanismus (ESM)

Funktionsweise
- Der Fonds kann vorsorglich Mittel für gefährdete Euro-Länder bereitstellen, um eine Krise schon im Vorfeld abzuwenden.
- Die langfristige Schuldentragfähigkeit solcher Länder muss vom IWF, von der EZB und von der EU-Kommission festgestellt sein. (Sie wird angenommen, wenn langfristig gilt: Staatseinnahmen > Staatsausgaben.)
- Die Unterstützung wird nur mit Auflagen gewährt (Umsetzung eines wirtschaftlichen Reform- und Anpassungsprogramms).
- Die Mittel können vom Krisenland auch zur Rettung von Banken eingesetzt werden.
- Der Fonds darf mit Zustimmung von EZB und Euro-Staaten Anleihen eines Krisenstaates an der Börse oder von privaten Gläubigern kaufen. Dies soll die Spekulation gegen diese Anleihen verhindern.
- Der Fonds darf Garantien bei Umschuldungen übernehmen. Bei einer Umschuldung tauscht ein Gläubiger seine Anleihe in eine neue Anleihe mit längerer Laufzeit und niedrigerem Zins (= Gläubigernachteil). Der ESM garantiert Zins und Tilgung der neuen Anleihe (= längerfristige Gläubigersicherheit).

Finanzierung des Fonds: Der Fonds nimmt seine Kreditmittel in Form von Anleihen am Kapitalmarkt auf.

Kritiker führen an, dass der ESM gegen die Ziele der Europäischen Währungsunion verstößt. Seine Befürworter streiten dies ab.

Kritik am ESM	Argumente für den ESM
Die EU-Verträge sehen keine Haftungsgemeinschaft und keine Transferunion vor. Vielmehr soll jedes Land selbst für seine Schulden einstehen. Mit dem ESM jedoch wird eine solche Haftungsgemeinschaft und Transferunion geschaffen.	Die EU-Kommission und die Regierungen der Euro-Länder argumentieren: Der ESM ist eine selbstständige Rechtspersönlichkeit der Euro-Länder, die lediglich befristete Kredite gegen harte Auflagen vergibt. Sie sind keine Transfers, weil sie zurückzuzahlen sind.
Für den ESM stehen die Euro-Länder anteilsmäßig ein. Folglich werden indirekt die Steuerzahler dieser Länder in Haftung genommen. Es ist nicht akzeptabel, dass Steuerzahler eines EU-Landes für das Fehlverhalten eines anderen EU-Landes haften.	Der ESM ist so konstruiert, dass mit seinen Krediten die Zahlungsfähigkeit des unterstützten Euro-Landes gesichert wird. Die Insolvenz eines Euro-Landes würde den Steuerzahler viel mehr kosten. Die Auswirkungen einer solchen Insolvenz lassen sich nicht abschätzen.

Die Europäische Währungsunion verfolgt ihr Stabilitätsziel mithilfe
- **des verstärkten Stabilitäts- und Wachstumspaktes. Dieser beinhaltet**
  - **automatische Sanktionen bei Verstößen gegen die Stabilitätskriterien,**
  - **eine abgestimmte Finanz- und Wirtschaftspolitik in der Eurozone.**
- **des ESM. Dieser verfügt über die erforderlichen finanziellen Mittel und Instrumente zur Bewältigung kurzfristiger Krisen.**

Arbeitsaufträge

1. **Die Weltfinanzkrise von 2008 weitete sich in der Folge zu einer Weltwirtschaftskrise aus.**
   a) Warum zog die Krise der Finanzen auch eine Krise der realen Wirtschaft nach sich?
   b) Wie ist es nach Ihrer Ansicht zu erklären, dass die US-Finanzkrise sich weltweit ausbreitete, als die große amerikanische Bank Lehmann Brothers Inc. zusammenbrach?
   c) Welche Maßnahmen wurden gegen die Weltfinanzkrise ergriffen?
   d) Mit welchen Mitteln gelang es, die Weltwirtschaftskrise in der relativ kurzen Zeit eines Jahres zu überwinden?
   e) Im Jahr 2008 sahen Experten die Gefahr einer Deflation heraufziehen. Welche Anzeichen lagen dafür vor?
   f) „Die Ursache der Krise ist in der US-Wirtschaftspolitik zu suchen, die auf eine größtmögliche Liberalisierung der Märkte ausgerichtet war." Wie lässt diese Behauptung sich begründen?

2. **Die 2010 einsetzende Schuldenkrise einiger Euro-Länder wird auch als Euro-Krise bezeichnet.**
   a) Bedeutet die Schuldenkrise einzelner Länder tatsächlich, dass auch die Euro-Währung gefährdet ist? Begründen Sie Ihre Antwort.
   b) Die Euro-Schuldenkrise offenbarte, dass das Europäische Währungssystem eine Reihe von Konstruktionsmängeln hatte. Nennen Sie diese.
   c) Erläutern Sie, wie sich die Schuldenkrisen, in die nacheinander mehrere Euro-Länder gerieten, auf das Funktionieren des Europäischen Währungssystems auswirkten.
   d) Welche Maßnahmen wurden ergriffen, um den negativen Folgen entgegenzuwirken?

   Die Gläubiger der Schuldnerländer waren v. a. große europäische Banken. Die Rettung der Schuldnerländer bezweckte auch, diese Banken vor hohen Verlusten und ggf. sogar Insolvenz zu bewahren.

   e) Welche Gefahren entstehen für eine Volkswirtschaft, wenn große Banken zahlungsunfähig werden?

3. **2010 beantragte Griechenland zur Bewältigung seiner Schuldenkrise Finanzhilfen beim IWF und bei der EU. Man glaubte zunächst, dass Griechenland bis 2013 seine Zahlungsfähigkeit wiederherstellen könnte. Um die Finanzhilfen zu erhalten, musste Griechenland sich u. a. zu folgenden Reformen und Sparmaßnahmen verpflichten:**

   (1) Erhöhung des Rentenalters von 55 auf 63 Jahre,
   (2) Kürzung der Beamtengehälter und Streichung der 13. und 14. Monatsgehälter,
   (3) Kürzung der Pensionen und Renten,
   (4) Erhöhung der Umsatzsteuer von 19 % auf 23 %,
   (5) Effizienzsteigerung des Steuersystems (z. B. Verhinderung von Steuerhinterziehung),
   (6) Senkung der Staatsausgaben, u. a. durch Kürzung des Verteidigungsetats,
   (7) Privatisierung von Staatsbetrieben u. a.

   a) Gegen welche Regeln des Euro-Systems hat Griechenland verstoßen?
   b) Warum waren Finanzinvestoren nicht mehr bereit, griechische Staatsanleihen zu kaufen?
   c) Aus welchem Grund wurden die Finanzhilfen des IWF und der EU für Griechenland mit strengen Auflagen verknüpft?
   d) Nennen Sie die geplanten finanziellen Auswirkungen dieser Auflagen für den Staat.

   Die geplanten Auswirkungen wurden nicht erreicht. Die Wirtschaft glitt vielmehr in eine Depression und die Staatsverschuldung stieg noch weiter an.

   e) Erläutern Sie die Ursachen dieser negativen Entwicklung.

   Gemäß dem Vertrag von Maastricht haftet kein EU-Land für die Schulden eines anderen. Die EU ist folglich nicht als „Transferunion" konzipiert.

   f) Welche ökonomischen Auswirkungen hätte die Entwicklung der EU zu einer Transferunion?
   g) Stellen Sie sich vor, Deutschland wäre in einer ähnlichen Situation wie Griechenland und es würden zur Haushaltssanierung ähnliche Sparmaßnahmen beschlossen. Welche Reaktionen der Öffentlichkeit wären nach Ihrer Ansicht zu erwarten?

5.5 Arbeitsmarktsteuerung
5.5.1 Arbeitsmarktzahlen

2011 zeichnete sich eine bemerkenswerte Verbesserung am Arbeitsmarkt ab. Die Zahl der Arbeitslosen sank erstmals unter drei Millionen (Arbeitslosenquote = 7,1 %). Die Ökonomen begründeten dies mit stärkerem Wachstum, u. a. aufgrund des Konjunkturprogramms von 2009. Allerdings bestehen zwischen alten und neuen Bundesländern weiterhin große Unterschiede.

Arbeitslose

Jahr[1]		Insgesamt	Männer	Frauen	Ausländer	Insgesamt	Männer	Frauen	Ausländer[2]
		in 1.000				in Prozent[3]			
West[4]	1980	889	426	462	107	3,8	3,0	5,2	5,0
	1985	2.304	1.289	1.015	253	9,3	8,6	10,4	13,9
	1990	1.883	968	915	203	7,2	6,3	8,4	10,9
	1995	2.427	1.384	1.044	393	9,1	9,1	9,0	–
	2000	2.381	1.312	1.069	402	8,4	8,5	8,3	15,8
	2005	3.247	1.747	1.500	583	11,0	11,3	10,8	23,5
	2010	2.227	1.205	1.022	429	6,6	6,7	6,5	14,8
	2011	2.027	1.071	956	398	6,0	6,0	6,0	13,7
	2012	2.000	1.061	939	404	5,9	5,9	5,9	13,5
	2013	2.080	1.118	963	433	6,0	6,1	5,9	13,7
	2014	2.075	1.113	961	455	5,9	6,0	5,9	13,6
	2015	2.021	1.092	928	484	5,7	5,8	5,6	13,9
	2016	1.979	1.086	892	537	5,6	5,8	5,3	14,5
Ost[4]	1992	1.279	493	787	39	14,4	10,6	18,5	–
	1994	1.272	477	795	41	15,7	11,3	20,4	–
	1996	1.319	582	736	49	16,6	14,1	19,2	–
	1998	1.529	720	809	60	19,2	17,5	21,0	33,1
	2000	1.509	741	767	64	18,5	17,8	19,3	33,9
	2005	1.614	856	758	90	20,6	21,3	19,7	45,0
	2010	1.011	555	457	72	12,0	12,5	11,4	24,3
	2011	950	516	434	72	11,3	11,6	10,9	23,8
	2012	897	490	407	70	10,7	11,0	10,2	22,2
	2013	870	479	391	72	10,3	10,8	9,8	21,2
	2014	824	452	372	74	9,8	10,1	9,3	20,3
	2015	774	425	349	80	9,2	9,6	8,7	21,2
	2016	712	396	316	93	8,5	9,0	7,9	22,4
D	1992	2.979	1.412	1.567	270	8,5	7,1	10,2	–
	1994	3.698	1.863	1.835	421	10,6	9,5	12,0	–
	1996	3.965	2.112	1.854	496	11,5	11,0	12,1	–
	1998	4.281	2.273	2.007	530	12,3	11,9	12,8	20,1
	2000	3.890	2.053	1.836	466	10,7	10,5	10,9	17,1
	2005	4.861	2.603	2.258	673	13,0	13,3	12,7	25,1
	2010	3.239	1.760	1.479	501	7,7	7,9	7,5	15,7
	2011	2.976	1.568	1.390	470	7,1	7,1	7,0	14,6
	2012	2.897	1.550	1.347	474	6,8	6,9	6,8	14,3
	2013	2.950	1.597	1.353	504	6,9	7,0	6,7	14,4
	2014	2.898	1.565	1.333	530	6,7	6,8	6,6	14,3
	2015	2.795	1.517	1.277	563	6,4	6,6	6,2	14,6
	2016	2.691	1.483	1.208	629	6,1	6,4	5,8	15,3

[1] Jahresdurchschnitt; [2] in Prozent der abhängigen ausländischen Erwerbspersonen;
[3] bis 2008 in Prozent der abhängigen zivilen Erwerbspersonen, ab 2009 in Prozent aller zivilen Erwerbspersonen;
[4] ab 1992 West ohne Berlin, Ost einschl. Berlin

Quelle: Deutschland in Zahlen – Ausgabe 2017. Herausgegeben vom Institut der deutschen Wirtschaft Köln. Köln 2017, Seite 15.

Arbeitslose nach ausgewählten Merkmalen[1]

	West					Ost[2]		
	1980	1990	2000	2010	2016	1993	2010	2016
	in Prozent							
Deutsche	87,9	89,2	83,1	80,8	72,9	96,7	92,9	87,0
Ausländer	12,1	10,8	16,9	19,2	27,1	3,3	7,1	13,0
Mit abgeschl. Berufsausbildung	46,0	53,2	53,7	42,8	37,5	76,8	65,0	55,4
Ohne angeschl. Berufsausbild.	54,0	46,8	46,3	47,9	51,6	23,2	26,4	33,9
Alter: bis 19	9,9	3,0	2,1	1,8	1,9	2,0	1,4	1,7
20 bis 54	74,6	78,7	85,2	82,3	78,5	90,4	81,0	75,5
55 u. älter	15,5	18,3	12,7	15,9	19,6	7,6	17,6	22,8
Schwerbehinderte	7,6	6,4	5,8	5,8	6,6	2,4	4,6	5,5
Länger als ein Jahr arbeitslos	12,9	29,7	37,1	35,2	36,7	30,7	35,3	37,4

[1] Jeweils September, ab 2005 Jahresdurchschnitt;
[2] ab 2003 einschl. Berlin

Bewegungen auf dem Arbeitsmarkt

	West				Ost[3]			
	2013	2014	2015	2016	2013	2014	2015	2016
	in 1.000							
Abgänge an Arbeitslosen	5.486	5.570	5.517	5.753	2.258	2.190	2.081	2.064
Zugänge an Arbeitslosen	5.547	5.517	5.481	5,705	2.231	2.132	2.036	1.999
davon:								
Erwerbstätigkeit	2.206	2.170	2.115	2.082	872	823	770	703
Ausbildung	1.242	1.241	1.266	1.404	510	497	474	485
Nichterwerbstätigkeit	1.851	1.859	1.832	1.868	767	746	718	716
Zugänge an offenen Stellen	1.553	1.612	1.730	1.857	388	405	428	447
	in Wochen							
Durchschnittliche Dauer der Arbeitslosigkeit	36,6	37,3	37,3	37,6	39,4	40,0	40,0	40,3

[3] Einschl. Berlin;

Quelle: Deutschland in Zahlen – Ausgabe 2017. Herausgegeben vom Institut der deutschen Wirtschaft Köln. Köln 2017, Seite 16.

Die Arbeitslosenstatistiken zeigen u. a. folgende Entwicklungen und Strukturen:
- Die Zahl der Arbeitslosen steigt seit 1985 tendenziell an. Seit 1996 bewegt sie sich um etwa 4 Millionen; 2005 Anstieg auf über 4,8 Millionen. Ab 2010 geht sie wieder stark zurück und liegt ab 2011 jährlich unter 3 Millionen.
- In Prozent der abhängigen zivilen Erwerbspersonen war die Arbeitslosigkeit in Ostdeutschland lange doppelt so hoch wie im Westen. Der Abstand sinkt nur langsam. Auch 2016 ist die Arbeitslosigkeit noch um mehr als 54 % höher.
- Ausländer sind mehr als doppelt so stark wie Deutsche von Arbeitslosigkeit betroffen.
- Eine Reihe von Arbeitslosen hat gesundheitliche Einschränkungen.
- Mehr als ein Drittel der Arbeitslosen ist konstant langzeitarbeitslos.

- Der Arbeitsmarkt verzeichnet sehr starke Bewegungen: Im Jahr 2016 z. B. verloren 7,7 Mio. Menschen ihren Job, mehr als 7,8 Mio. fanden eine neue Stelle.

Dauerhaft hohe Arbeitslosigkeit gefährdet die Stabilität der Wirtschaft.

> **Beispiel:** Folgen von Arbeitslosigkeit
> - Im Jahre 2004 verursachte die Arbeitslosigkeit in Deutschland Kosten von 86 Mrd. EUR,
> - die Steuereinnahmen drohten wegzubrechen,
> - die staatliche Neuverschuldung überstieg die vom Stabilitätspakt der EU zugelassene Grenze von 3%,
> - die Beitragseinnahmen der Sozialversicherung sanken,
> - die Ausgaben der Arbeitslosenversicherung, aber auch die der anderen Sozialversicherungszweige, drohten unfinanzierbar zu werden.
>
> Erst 2006 schwand diese Gefahr aufgrund eines Konjunkturaufschwungs und aufgrund der bis 2004 eingeleiteten Arbeitsmarktreform (siehe S. 421).

Arbeitslosigkeit darf in unserer sozialen Marktwirtschaft sozialpolitisch nicht akzeptiert werden. Es ist die Aufgabe aller gesellschaftlichen Kräfte, z. B. der Arbeitgeber, der Gewerkschaften, des Staates, der Politik und der Betroffenen selbst, alles Mögliche für den Abbau und die Vermeidung von Arbeitslosigkeit zu unternehmen und jedem Arbeitswilligen eine berufliche Perspektive anzubieten.

Arbeitsauftrag

Die folgende Tabelle zeigt die Bewegungen auf dem Arbeitsmarkt in zwei verschiedenen Jahren:

Bewegungen auf dem Arbeitsmarkt Zu- und Abgänge in die/aus der Arbeitslosigkeit in 1 000				
	Zugänge Jahr x	Zugänge Jahr y	Abgänge Jahr x	Abgänge Jahr y
insgesamt	6 153	7 773	5 772	7 716
aus der Selbstständigkeit	178	152		
in die Selbstständigkeit			152	245
aus abhängiger Beschäftigung	3 451	3 136		
in abhängige Beschäftigung			2 879	3 402
aus der stillen Reserve	1 161	343		
in der stillen Reserve			1 489	
aus Ausbildung	409	1 654		
in Ausbildung			203	2 104
aus Nichterwerbstätigkeit	954	2 488		
in Nichterwerbstätigkeit			864	1 102
in den Ruhestand			185	863

Anmerkung: Die „Stille Reserve" bezeichnet verdeckte Arbeitslosigkeit (vgl. Seite 310) und sonstige Personen, die nicht als arbeitslos gemeldet sind, aber arbeiten würden, wenn Stellenangebote vorlägen.

a) Erläutern Sie die Bewegungen auf dem Arbeitsmarkt in den Jahren x und y stellen Sie Gemeinsamkeiten und Unterschiede heraus.
b) Erläutern Sie, ob sich die Lage am Arbeitsmarkt im Jahr y im Vergleich zum Jahr x verbessert oder verschlechtert hat.

5.5.2 Leitlinien der europäischen Beschäftigungspolitik

Die EU hat Leitlinien aufgestellt, die die Mitgliedstaaten ihrer Beschäftigungspolitik zugrunde legen sollen. Sie bestehen aus vier „Pfeilern" (Zielgruppen) sowie Querschnittszielen, die diese Pfeiler verbinden:

Ziele:
Hoher Beschäftigungsstand; Abbau der Arbeitslosigkeit durch …

Pfeiler I – Förderung der Beschäftigungsfähigkeit
- präventive Maßnahmen zur Reduzierung der Jugend- und Langzeitarbeitslosigkeit
- aktive Förderung von Arbeitslosen
- Verstärkung von Anreizen für eine Erwerbstätigkeit
- Erhaltung der Arbeitskraft durch lebenslanges Lernen
- Einführung von flexiblen Arbeitszeitmodellen für ältere Beschäftigte

Pfeiler II – Förderung des Unternehmergeistes
- Förderung insbesondere kleiner und mittlerer Unternehmen (KMU)
- Förderung der wirtschaftlichen Selbstständigkeit (v. a. bei Dienstleistungen im Rahmen der neuen Technologien)
- Entlastung der Unternehmen bei Verwaltungsaufwand und Gemeinkosten
- Beschäftigungsfreundliche Ausgestaltung der Steuersysteme

Pfeiler III – Förderung der Anpassungsfähigkeit
- Förderung der Anpassungsfähigkeit der Beschäftigten durch lebenslange Weiterbildung innerhalb und außerhalb von Unternehmen
- Modernisierung der Arbeitsorganisation

Pfeiler IV – Förderung der Chancengleichheit
- Förderung der Chancengleichheit für Frauen, damit deren Beschäftigungsquote steigen kann
- Stärkere Vertretung von Frauen in allen Wirtschaftsbereichen und Berufen
- Sicherung gleicher Bezahlung von Männern und Frauen
- Sicherung der Wiedereingliederung ins Arbeitsleben nach beruflichen Auszeiten (z. B. Elternzeit)

Querschnittsziele
- Präventives Vorgehen! Frühzeitiges Eingreifen, wenn Arbeitslosigkeit droht!
- Verbesserung der Arbeitsplatzqualität durch verbesserte Qualität der Berufsbildung!
- Langfristige Erhöhung der Gesamtbeschäftigungsquote auf 70 %.

5.5.3 Aufgabe von Regierung und Bundesagentur für Arbeit

Abgesehen von Saisoneinflüssen ist die Arbeitslosigkeit im Wesentlichen konjunkturell und strukturell bedingt. Insofern ist es die Aufgabe der Regierung, mit konjunkturpolitischen Maßnahmen sowie Fördermaßnahmen der regionalen und sektoralen Strukturpolitik beschäftigungsfördernd zu wirken. Darüber hinaus ist der Bundesagentur für Arbeit in Sozialgesetzbuch III ständig eine Reihe von Aufgaben übertragen, die Einfluss auf die Prozesse am Arbeitsmarkt nehmen sollen. Sie werden als Arbeitsförderung bezeichnet.

Die Ursachen der Arbeitslosigkeit wurden auf S. 310 f. beschrieben.

Regierung und Bundesagentur für Arbeit sollen gezielt Instrumente einsetzen, die zur Verbesserung der Verhältnisse auf dem Arbeitsmarkt führen. Die entsprechenden Maßnahmen sind letztlich darauf gerichtet, das Stellenangebot der Unternehmen und die Stellennachfrage durch die Haushalte so zu lenken, dass ein hoher Beschäftigungsstand erreicht wird. Man spricht in diesem Sinn von **Arbeitsmarktsteuerung**.

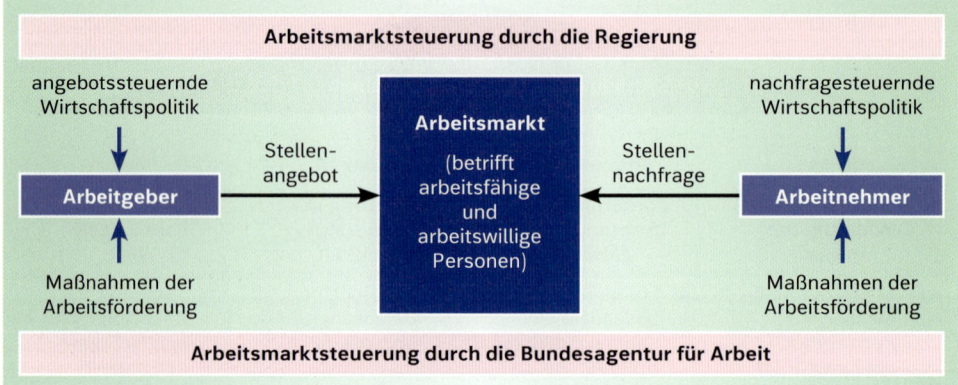

M 418 Die *Ziele der Arbeitsförderung* sind in § 1 SGB III genannt:

> **§ 1 SGB III:**
> „Die Leistungen der Arbeitsförderung sollen dazu beitragen, dass ein hoher Beschäftigungsstand erreicht und die Beschäftigungsstruktur ständig verbessert wird. Sie sind insbesondere darauf auszurichten, das Entstehen von Arbeitslosigkeit zu vermeiden oder die Dauer der Arbeitslosigkeit zu verkürzen. Dabei ist die Gleichstellung von Frauen und Männern als durchgängiges Prinzip zu verfolgen. Die Leistungen sind so einzusetzen, dass sie der beschäftigungspolitischen Zielsetzung der Sozial-, Wirtschafts- und Finanzpolitik der Bundesregierung entsprechen.
>
> Die Leistungen der Arbeitsförderung sollen insbesondere
> 1. den Ausgleich von Angebot und Nachfrage auf dem Ausbildungs- und Arbeitsmarkt unterstützen,
> 2. die zügige Besetzung offener Stellen ermöglichen,
> 3. die individuelle Beschäftigungsfähigkeit durch Erhalt und Ausbau von Kenntnissen, Fertigkeiten sowie Fähigkeiten fördern,
> 4. unterwertiger Beschäftigung entgegenwirken und
> 5. zu einer Weiterentwicklung der regionalen Beschäftigungs- und Infrastruktur beitragen."

Zur Durchsetzung dieser Ziele sollen Arbeitgeber, Arbeitnehmer und die Arbeitsverwaltung zusammenwirken.

5.5.4 Forderungen an die Regierungspolitik

Bekanntlich kann der Staat eine Politik der Nachfragesteuerung oder der Angebotssteuerung betreiben. Beide Möglichkeiten finden zurzeit ihre Befürworter.

Nachfragesteuernde Wirtschaftspolitik

Die Befürworter der nachfragesteuernden Wirtschaftspolitik – sie sind vor allem bei den Gewerkschaften zu finden – behaupten, die Arbeitslosigkeit könne durch Verbesserungen für die Konsumenten (Nachfrageseite der Wirtschaft) verringert werden. Es komme darauf an, die Nachfragekraft der Konsumenten zu stärken. Steigende Nachfrage werde die Unternehmen zu Investitionen und Produktionssteigerungen veranlassen. Dies werde zu einem erhöhten Stellenangebot führen.

5 Wirtschaftssteuerung durch Prozesspolitik

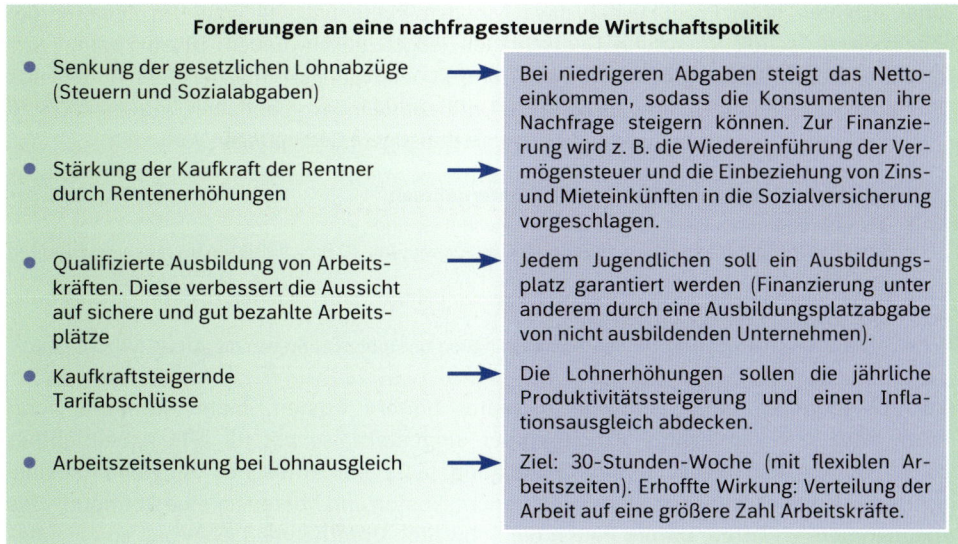

Gefordert wird auch eine Erhöhung der staatlichen Investitionen (z. B. Straßenbau, Schulbau). Sie brächten Aufträge an die private Wirtschaft, die zur Schaffung von Arbeitsplätzen, zusätzlichen Einkommen und steigender Verbrauchernachfrage führten.

Angebotssteuernde Wirtschaftspolitik

Vergleiche mit anderen Ländern zeigen, dass die Arbeitskosten in Deutschland mit an der Spitze liegen. Insbesondere die hohen Lohnnebenkosten[1] (Personalzusatzkosten; siehe Grafik) belasten die Unternehmen. Allein die Beitragssätze zur Sozialversicherung haben sich seit 1950 mehr als verdoppelt.

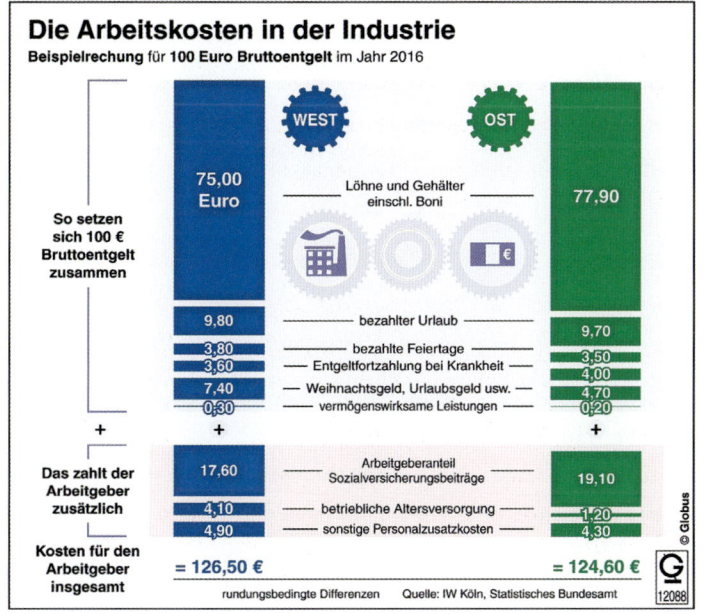

[1] vgl. Band 1 „Geschäftsprozesse", Sachwort „Personalkosten"

Früher machten hohe Produktivitätszuwächse den Kostennachteil wett. Im Zeitalter der Globalisierung ist der Vorsprung Deutschlands jedoch geschwunden. Hinzu kommt eine Vielzahl einschränkender arbeits-, umwelt- und genehmigungsrechtlicher Vorschriften und bürokratischer Regelungen. All dies kann die Unternehmen davon abhalten, Arbeitsplätze zu schaffen. Einige wandern ins Ausland aus, wo sie günstigere Bedingungen vorfinden.

> **Beispiele:** Wichtige Schwellenwerte für Unternehmen
> - Ab 5 Beschäftigten kann ein Betriebsrat gewählt werden.
> - Ab 6 Beschäftigten gilt das Kündigungsschutzgesetz (ab 10 Beschäftigten für Neueinstellungen ab 2004)
> - Ab 20 Beschäftigten sind 6 % der Arbeitsplätze mit Schwerbehinderten zu besetzen oder es ist eine Ausgleichsabgabe zu zahlen.
> - Ab 200 Beschäftigten ist ein Betriebsratsmitglied bei vollem Lohn von der Arbeit freizustellen.

Das Überschreiten einer Schwelle bedeutet höhere Kosten, mehr Bürokratie und Risiko. Wird z. B. der zehnte Arbeitnehmer eingestellt, so gilt für **alle** Arbeitnehmer das Kündigungsschutzgesetz. Eine Kündigung lässt bürokratischen Aufwand (soziale Rechtfertigung der Kündigung), eventuell Gerichtskosten und Kosten für eine Abfindung des Arbeitnehmers erwarten. Darum halten die Schwellen Unternehmen eventuell von zusätzlichen Einstellungen ab.

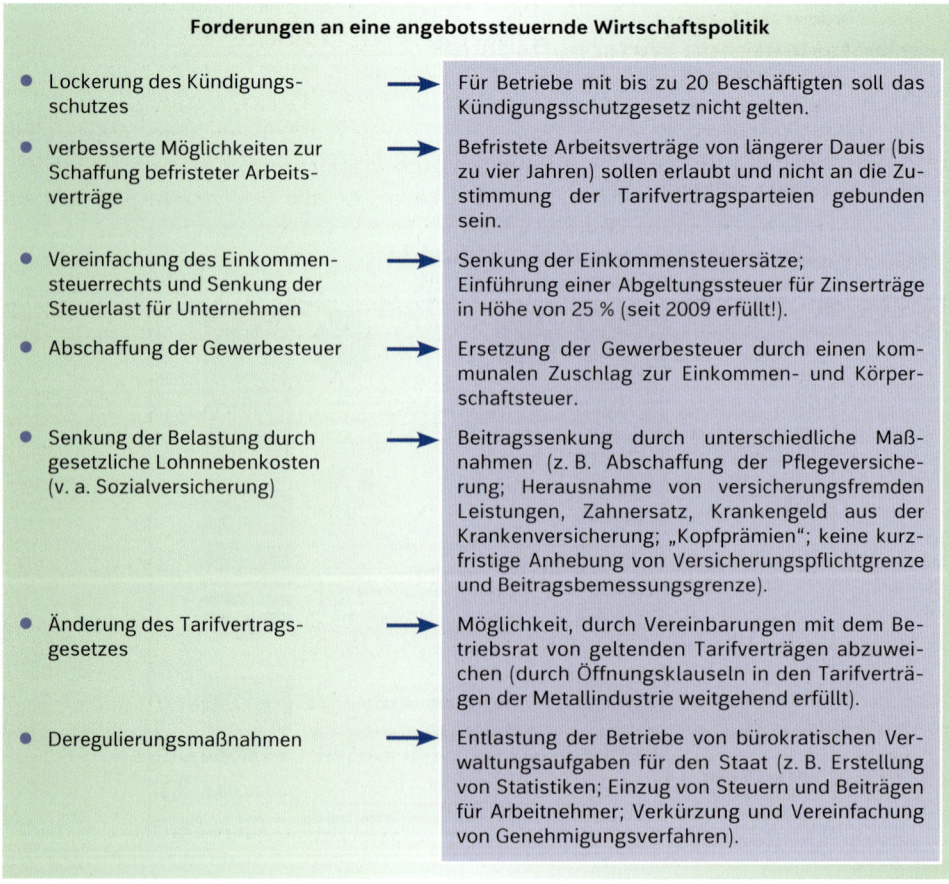

Forderungen an eine angebotssteuernde Wirtschaftspolitik

Forderung	Maßnahme
Lockerung des Kündigungsschutzes	Für Betriebe mit bis zu 20 Beschäftigten soll das Kündigungsschutzgesetz nicht gelten.
verbesserte Möglichkeiten zur Schaffung befristeter Arbeitsverträge	Befristete Arbeitsverträge von längerer Dauer (bis zu vier Jahren) sollen erlaubt und nicht an die Zustimmung der Tarifvertragsparteien gebunden sein.
Vereinfachung des Einkommensteuerrechts und Senkung der Steuerlast für Unternehmen	Senkung der Einkommensteuersätze; Einführung einer Abgeltungssteuer für Zinserträge in Höhe von 25 % (seit 2009 erfüllt!).
Abschaffung der Gewerbesteuer	Ersetzung der Gewerbesteuer durch einen kommunalen Zuschlag zur Einkommen- und Körperschaftsteuer.
Senkung der Belastung durch gesetzliche Lohnnebenkosten (v. a. Sozialversicherung)	Beitragssenkung durch unterschiedliche Maßnahmen (z. B. Abschaffung der Pflegeversicherung; Herausnahme von versicherungsfremden Leistungen, Zahnersatz, Krankengeld aus der Krankenversicherung; „Kopfprämien"; keine kurzfristige Anhebung von Versicherungspflichtgrenze und Beitragsbemessungsgrenze).
Änderung des Tarifvertragsgesetzes	Möglichkeit, durch Vereinbarungen mit dem Betriebsrat von geltenden Tarifverträgen abzuweichen (durch Öffnungsklauseln in den Tarifverträgen der Metallindustrie weitgehend erfüllt).
Deregulierungsmaßnahmen	Entlastung der Betriebe von bürokratischen Verwaltungsaufgaben für den Staat (z. B. Erstellung von Statistiken; Einzug von Steuern und Beiträgen für Arbeitnehmer; Verkürzung und Vereinfachung von Genehmigungsverfahren).

Die meisten Wirtschaftsexperten meinen, eine Verbesserung auf dem Arbeitsmarkt könne nur durch Angebotssteuerung erreicht werden. Der Staat könne nur durch Verbesserung der rechtlichen und wirtschaftlichen Bedingungen für die Unternehmen (Angebotsseite der Wirtschaft) Anreize für mehr Investitionen und Produktionssteigerungen schaffen. Dies werde zu einer Erhöhung des Stellenangebotes führen. Dabei könne die Wirtschaftspolitik sich nicht auf die – wegen leerer Staatskassen kaum noch vorhandenen – Mittel der Konjunkturpolitik beschränken; sie müsse auch die Struktur- und Wachstumspolitik und vor allem die Ordnungspolitik umfassen. Der Arbeitsmarkt und das gesamte System der sozialen Sicherheit müssten reformiert und umgebaut werden.

5.5.5 Vorschläge der Hartz-Kommission zur Arbeitsmarktreform

Im Jahr 2002 setzte die Bundesregierung die Kommission „Moderne Dienstleistungen am Arbeitsmarkt" unter dem Vorsitz des damaligen VW-Personalvorstands Peter Hartz ein. Ihr gehörten 15 Mitglieder aus Wirtschaft, Gewerkschaften und Politik an. Die Kommission sollte richtungweisende Vorschläge für eine Reform des Arbeitsmarktes erarbeiten. Diese betrafen

- eine Neuorganisation der Bundesanstalt (jetzt: Bundesagentur) für Arbeit,
- Strategien bezüglich neuer Vermittlungs- und Beschäftigungsmöglichkeiten.

Leitideen des Hartz-Konzepts
Fordern und Fördern!
Nicht Arbeitslosigkeit fördern, sondern Arbeit!
Keine Leistung ohne Gegenleistung!
Eigenaktivität auslösen – Sicherheit einlösen!

Das von der Kommission als Ergebnis vorgestellte „Hartz-Konzept" geht davon aus, dass finanzielle Mittel vorrangig einzusetzen sind, um Menschen in Arbeit zu bringen. Dabei ist deren Eigeninitiative gefordert. Nur wenn sie selbst Leistungen zur Behebung ihrer Arbeitslosigkeit erbringen, erhalten sie ihrerseits Leistungen aus der Arbeitslosenversicherung. Die Sicherheit, die das System gibt, besteht aus einem Paket von Beratung, Betreuung und Geldleistungen (z. B. Arbeitslosengeld, Umzugskostenerstattung).

Wichtige Inhalte des Hartz-Konzepts

Job-Floater
Aufnahme einer Anleihe („Job-Floater") am Kapitalmarkt durch den Staat, um damit Betriebe zu fördern, die Arbeitslose einstellen (Kapital für Arbeit) (Das Instrument wurde umgesetzt, aber 2008 wieder abgeschafft, weil es kaum nachgefragt wurde.)

Existenzgründung
Förderung der Selbstständigkeit durch Zuschüsse zur Existenzgründung

Minijobs
Verbesserung der geringfügigen Beschäftigung

Personal-Service-Agenturen (PSA)
Ansiedlung von PSAs als Zeitarbeitsfirmen bei der Agentur für Arbeit zwecks Beschäftigung Arbeitsloser in Zeitarbeit (umgesetzt, aber 2008 wieder abgeschafft)

Zumutbarkeitsregeln
Verschärfung der Regelungen bezüglich der Arbeiten, die Arbeitslosen zugemutet werden können

Jobcenter
Einrichtung von Jobcentern für die Gewährung von Arbeitslosengeld II sowie für Maßnahmen des Forderns und Förderns bei Empfängern von Arbeitslosengeld II

Arbeitslosengeld II
Umwandlung der Arbeitslosenhilfe in Arbeitslosengeld II durch Zusammenführung mit der Sozialhilfe

Diese Vorschläge haben Bewegung in den Arbeitsmark gebracht. Einige Regelungen bewährten sich jedoch nicht und wurden wieder abgeschafft.

Die gesetzlichen Grundlagen für diese Maßnahmen wurden 2003 durch das **Erste**, **Zweite**, **Dritte** und **Vierte Gesetz für moderne Dienstleistungen am Arbeitsmarkt** geschaffen. Das vierte Gesetz wird – nicht amtlich – auch „Hartz IV" genannt; es enthält die Regelungen für das Arbeitslosengeld I und II.

M 422

5.5.6 Minijobs

Ein *Minijob* bezeichnet entweder eine geringfügige oder eine kurzfristige Beschäftigung. Er unterliegt hinsichtlich Sozialversicherung und Lohnsteuer Sonderregelungen.

Geringfügige Beschäftigung

Geringfügig ist eine Beschäftigung mit einem regelmäßigen monatlichen Arbeitsentgelt bis 450,00 EUR. Für die Lohnsteuer darf das Entgelt pro Stunde höchstens 12,00 EUR betragen.

Der Arbeitnehmer	Der Arbeitgeber
• muss seine Steueridentifikationsnummer nicht angeben. Er zahlt keine Lohnsteuer. • ist nur in der RV versicherungspflichtig. Beitrag: in Höhe der Differenz „voller Beitragssatz – 15 %" (2018: 3,6 %). Damit hat er Anspruch auf volle Rentenversicherungsleistungen. Er kann sich jedoch bei Verzicht auf Rentenansprüche von der Versicherungspflicht befreien lassen. • hat keinen Anspruch auf Kranken- und Pflegeversicherungsleistungen	zahlt pauschal an die Deutsche Rentenversicherung Knappschaft – Bahn – See: • 15,00 % Rentenversicherung • 13,00 % Krankenversicherung • 1,20 % Umlagen (Versicherung gegen Lohnfortzahlung im Krankheitsfall, Mutterschaftsgeld und Insolvenzgeld) (im Jahr 2018; vgl. S. 204) • 2,00 % Lohnsteuer ────────── 31,20 %

Der Arbeitnehmer darf auch einen Minijob neben seinem Hauptberuf ausüben.

Anmerkung:
Ab 450,01 EUR und bis 850,00 EUR liegen sog. **Midijobs (Gleitzonenfälle)** vor.
Der Arbeitgeber zahlt den vollen Arbeitgeberanteil zur Sozialversicherung.
Der Arbeitnehmer zahlt die tarifliche Lohnsteuer. Seine SV-Beiträge werden von einem niedrigeren „Gleitzonenentgelt" berechnet. Dieses entspricht erst bei 850,00 EUR dem Bruttoentgelt.
Wirkung: Die Belastung mit SV-Beiträgen beginnt bei etwa 10,9 % und steigt bis 850,00 EUR linear auf die volle Beitragshöhe.

Kurzfristige Beschäftigung

Kurzfristig ist eine Beschäftigung
- für die Sozialversicherung, wenn sie pro Jahr höchstens 2 Monate oder 50 Arbeitstage beträgt (Ausnahme von 2015 bis 2018: 3 Monate oder 70 Arbeitstage),
- für die Lohnsteuer, wenn sie höchstens 18 zusammenhängende Tage dauert und das durchschnittliche Entgelt pro Tag 62,00 EUR nicht übersteigt. (In nicht vorhersehbaren Fällen darf es 62,00 EUR pro Tag, nicht aber 12,00 EUR pro Stunde übersteigen.)

Der Arbeitnehmer	Der Arbeitgeber
• muss dem Arbeitgeber keine Steueridentifikationsnummer mitteilen • erhält den Lohn ohne Abzüge ausgezahlt • hat keinen Anspruch auf Versicherungsleistungen	zahlt pauschal an das Finanzamt • 25 % Lohnsteuer • davon 5,5 % Solidaritätszuschlag und 7 % Kirchensteuer

Anmerkung:
Die Steuer kann auch gemäß den elektronischen Lohnsteuermerkmalen gezahlt werden.
(Sofern das Einkommen den Grundfreibetrag nicht übersteigt, fällt dabei keine Steuer an.)

5.5.7 Gründungszuschuss und Einstiegsgeld

Existenzgründungen werden von der Bundesagentur für Arbeit in der Form eines **Gründungszuschusses** gefördert. Den Zuschuss kann erhalten,

- wer mindestens einen Tag arbeitslos gemeldet ist und einen Restanspruch auf Arbeitslosengeld I von mindestens 150 Tagen hat,
- wer sich mit einer hauptberuflichen Tätigkeit selbstständig machen will,
- wer hierfür seinem Fallmanager seine persönliche und fachliche Eignung darlegen kann und bei Zweifeln zur Teilnahme an Vorbereitungsmaßnahmen bereit ist,
- wem eine fachkundige Stelle nach Vorlage eines Geschäftsplans die Tragfähigkeit des Geschäftskonzepts bescheinigt.

Förderphasen

Phase 1 (6 Monate):
Der Gründer erhält sein individuelles Arbeitslosengeld und eine Pauschale von 300,00 EUR pro Monat.

Phase 2 (9 Monate):
Monatliche Pauschale von 300,00 EUR. Arbeitslosengeld entfällt.

Die Förderung ist eine Kannleistung ohne Rechtsanspruch. Sie muss gesondert beantragt werden.

Chancen und Risiken einer Existenzgründung

Chancen	Risiken
• Arbeitslose verfügen oft über Spezialkenntnisse und breite Erfahrungen aus ihrem Berufsleben.	• Oft fehlt Eigenkapital. Banken lehnen selbst bei überzeugendem Geschäftsmodell und ausreichenden Kreditsicherheiten Kredite oft ab.
• Sie haben ggf. gute Kontakte zu früheren Kunden ihres Arbeitgebers, denen sie ihr Können als Selbstständige anbieten können.	• Hohe Fixkosten führen zu hohen Schulden, wenn sich die geplanten Erlöse nicht erzielen lassen. Die Fördergelder der Agentur für Arbeit sind nicht als Anschubfinanzierung geeignet.
• Sie verfügen ggf. über Kenntnisse von Marktlücken, die sie abdecken können.	• Wer aus der Arbeitslosigkeit in die Selbstständigkeit geht, muss eine bezahlbare Krankenversicherung finden. Scheitert die Existenzgründung, übernimmt das JobCenter höchstens die Kosten des Basistarifs.
• Ältere Arbeitslose finden schwer eine neue Anstellung. Als Selbstständige bekommen sie eine neue Chance.	

Empfänger von Arbeitslosengeld II haben keinen Anspruch auf einen Gründungszuschuss. Sie können zur Förderung einer Existenzgründung oder zur Aufnahme einer sozialversicherungspflichtigen Tätigkeit mit geringem Entgelt (unter 1 200,00 EUR/Monat brutto) ein **Einstiegsgeld** beantragen (Kannleistung ohne Rechtsanspruch; Förderdauer maximal 24 Monate; örtlich unterschiedlich gehandhabt). Die Bundesagentur empfiehlt einen Zuschlag von 50 % zum Arbeitslosengeld II sowie weitere 10 % für jedes Mitglied der Bedarfsgemeinschaft.

5.5.8 Jobcenter

Jobcenter werden entweder gemeinsam von der Bundesagentur für Arbeit und einem kommunalen Träger, von einem Landkreis oder von einer kreisfreien Stadt eingerichtet. Sie betreuen und beraten die arbeitsuchenden Arbeitslosengeld-II-Bezieher als zentrale Anlaufstelle, die sich ganzheitlich mit ihrer Problematik befasst.

- **Passive Leistungen:** Gewährung von Arbeitslosengeld II
- **Aktive Leistungen:** Diese dienen der Vermittlung in Arbeit. Der Vermittler erstellt ein angepasstes Profil des Arbeitsuchenden und macht persönlich zugeschnittene Angebote. Dies soll die Vermittlungsgeschwindigkeit erhöhen. Zu den aktiven Leistungen zählen auch alle Eingliederungsleistungen (Arbeitsgelegenheiten, Weiterbildungen, Eingliederungszuschüsse), kommunale Leistungen wie Suchtberatung oder Schuldnerberatung und die Begleitung benachteiligter Menschen bei Besuchen von Ämtern.

Die Jobcenter sollen engen Kontakt zu Arbeitgebern halten und auch selbst nach offenen Stellen suchen.

5.5.9 Aktive und passive Arbeitsmarktsteuerungsmittel der Bundesagentur für Arbeit

„**Fordern und Fördern!**" Diese Strategie hat die Bundesagentur für Arbeit (BA) von der Hartz-Kommission übernommen.

- **Gefordert** wird die Eigenaktivität des Arbeitslosen bei der Suche nach Arbeit („aktivierende Arbeitsmarktpolitik"). Der Arbeitslose soll sich zunächst selbst um Arbeit bemühen.
- Dabei wird der Arbeitslose durch die Dienstleistungs- und **Förder**angebote der Arbeitsverwaltung gestützt und durch die Zahlung von Arbeitslosengeld abgesichert. Die angebotenen Dienstleistungen (z. B. die Vermittlung einer Zeitarbeit, das Angebot einer Maßnahme zur Weiterqualifizierung, die Vermittlung einer neuen Arbeitsstelle) sollen Arbeitslose in die Lage versetzen, eine Beschäftigung zu finden.

Man unterscheidet aktive und passive Maßnahmen der Arbeitsmarktsteuerung:

- Die aktive Arbeitsmarktsteuerung lässt sich auf die Formel bringen: Nicht Arbeitslosigkeit, sondern Arbeit fördern! Die Maßnahmen richten sich an Arbeitgeber und Arbeitnehmer.
- Die passive Arbeitsmarktsteuerung umfasst Regelungen und Maßnahmen zur Unterstützung von Arbeitslosen.

Merke:
Die Vermittlung eines Arbeitslosen in eine neue Beschäftigung hat immer Vorrang vor allen anderen Maßnahmen (z. B. Umschulung, Qualifizierungsmaßnahmen, Zahlung von Arbeitslosengeld).

Aktive Arbeitsmarktsteuerung

Arbeitnehmerbezogene Maßnahmen

- Beratung zur Berufswahl, beruflichen Weiterbildung oder zum Berufswechsel bzw. zur Ausbildungs- und Arbeitsplatzsuche über Internet (www.arbeitsagentur.de) oder in Einzelgesprächen,
- Maßnahmen zur Eignungsfeststellung und Trainingsmaßnahmen zur Verbesserung der Eingliederungsvoraussetzungen in den Arbeitsmarkt,
- Mobilitätshilfen und Arbeitnehmerhilfe zur Aufnahme einer Beschäftigung an einem anderen Ort als dem Wohnort,
- Gründungszuschuss zur Aufnahme einer selbstständigen Tätigkeit (Gründung eines eigenen Unternehmens),
- Berufsausbildungsbeihilfe während einer beruflichen Erstausbildung, wenn die Ausbildungsvergütung den Lebensunterhalt nicht sicherstellen kann,
- Übernahme der Weiterbildungskosten und Unterhaltsgeld während der Teilnahme an einer beruflichen Weiterbildung,
- besondere Leistungen für Menschen mit Behinderungen, damit sie zur Teilhabe am Arbeitsleben befähigt werden,
- Kurzarbeitergeld bei Arbeitsausfall wegen Auftragsmangels mit der Bedingung, dass der Beschäftigte während der Dauer des Arbeitsausfalls nicht gekündigt wird,

- Saison-Kurzarbeitsgeld in der Bauwirtschaft, damit trotz schlechter Witterung die Beschäftigten nicht entlassen werden müssen.
- Inanspruchnahme eines privaten Arbeitsvermittlers gegen einen Aktivierungs- und Vermittlungsgutschein der Arbeitsagentur im Wert von bis zu 2 000,00 EUR inkl. Umsatzsteuer,
- Entgeltsicherung für ältere Arbeitnehmer ab 50: Sie erhalten einen Zuschuss zum Entgelt, wenn sie bei Aufnahme einer Beschäftigung finanzielle Nachteile im Vergleich zu ihrem früheren Einkommen haben,
- Insolvenzgeld: Wird ein Arbeitgeber zahlungsunfähig, übernimmt die Arbeitsagentur die Zahlung von Löhnen, die ggf. bis zu drei Monate vor Insolvenzanmeldung nicht mehr gezahlt wurden.

Arbeitgeberbezogene Maßnahmen

- Arbeitsmarktberatung sowie kostenlose Vermittlung von Auszubildenden und Arbeitnehmern,
- Zuschüsse zu den Arbeitsentgelten bei Neugründungen und beruflicher Weiterbildung,
- Zuschüsse zu den Ausbildungsvergütungen bei Durchführung von Maßnahmen während der betrieblichen Ausbildungszeit sowie weitere Zuschüsse für die Beschäftigung von leistungsgeminderten Benachteiligten

Passive Arbeitsmarktsteuerung

Arbeitslosengeld I

Arbeitslosengeld I wird seit 2004 nur noch für maximal 12 Monate gezahlt. Die relativ kurze Bezugsdauer soll verhindern, dass der Arbeitslose sich aufgrund der finanziellen Absicherung der Arbeitsvermittlung entzieht. Er soll umgehend nach einer neuen Beschäftigung suchen. Seit 2008 gelten verlängerte Zeiten für ältere Arbeitslose (siehe S. 213).

Das Arbeitslosengeld I ist abhängig vom vorher erreichten Nettolohn. Der Arbeitslose steht der Arbeitsagentur zur Vermittlung zur Verfügung. Er muss Eigeninitiative bei der Jobsuche zeigen.

Arbeitslosengeld II

Das Arbeitslosengeld II ist eine Kombination der bis 2003 gezahlten Arbeitslosenhilfe und der Sozialhilfe. Sein Niveau orientiert sich an der Sozialhilfe. Mit der Zusammenlegung soll der Dauerbezug von Arbeitslosenhilfe oder Sozialhilfe durch Arbeitsfähige verhindert werden.

Die Bezieher stehen dem örtlichen Jobcenter zur Verfügung und werden von diesem unmittelbar in eine Beschäftigung auf Zeit oder auf Dauer vermittelt. Mögliche Vermittlungshindernisse gesundheitlicher, familienbezogener oder anderer Art sollen vom Jobcenter in Absprache mit dem Arbeitslosen behoben werden. Zu diesem Zweck soll der Arbeitslose ganzheitlich beraten und nicht von Amt zu Amt geschickt werden.

Erhält ein Arbeitslosengeld-II-Bezieher ein Job-Angebot und nimmt es nicht an, so wird die Leistung für die Dauer von drei Monaten um 20 % gekürzt, bei weiteren Verweigerungen um zusätzliche 30 %. Jugendlichen unter 25 Jahren, die eine Arbeitsstelle verweigern, wird die Leistung für 6 Wochen ganz gestrichen.

Zumutbarkeitsregelung

Als zumutbar gilt die Annahme einer jeglichen Beschäftigung, die von der Arbeit suchenden Person erwartet werden darf.

Ledige müssen bundesweit nach einer Arbeit suchen und bei kurzer Arbeitslosigkeit auch Arbeiten mit einer Lohneinbuße bis 20 % hinnehmen. Verheiratete müssen im Tagespendelbereich eine Arbeit suchen und ebenfalls Einbußen bis zu 20 % hinnehmen. Arbeitslose mit Kindern müssen nur innerhalb der Region eine Arbeit suchen.

Wird ein zumutbares Beschäftigungsangebot abgelehnt, so wird das Arbeitslosengeld I für drei Wochen gesperrt, beim 2. Verstoß 6 Wochen, beim dritten Verstoß 12 Wochen. Bei mehr als 21 Wochen Sperrzeiten wird der Anspruch auf Arbeitslosengeld ganz gestrichen.

Die Sperre von Arbeitslosengeld soll bewirken, dass der Arbeitsuchende sich an die Regeln der Arbeitsverwaltung hält und bereitwillig eine Beschäftigung aufnimmt.

Die Beweislast für den Nachweis der Zumutbarkeit einer Beschäftigung wird umgekehrt. Früher mussten die Agentur für Arbeit nachweisen, dass eine Beschäftigung zumutbar war. Jetzt muss der Stellensuchende selbst darlegen, warum er eine Stelle nicht antreten kann.

Arbeitsaufträge

1. **Ein namhaftes Meinungsforschungsinstitut befragt regelmäßig Arbeitslose. Unter anderem wird die Frage gestellt: „Was haben Sie im letzten Jahr unternommen, um eine neue Stelle zu bekommen?"**
   In den Jahren 1986 und 2017 wurden z. B. folgende Angaben gemacht (in Prozent der Befragten):

	1986	2017
Stellenanzeigen in der Zeitung angeschaut	69	86
Zum Arbeitsamt (heute: Agentur für Arbeit) gegangen	77	84
Auf eine Stellenanzeige geantwortet, mich beworben	54	76
Bekannte und Verwandte gefragt, ob sie was Passendes wissen	46	71
Stellenanzeigen im Internet angeschaut		50
Unaufgefordert bei Betrieben nachgefragt	29	45
Selbst eine Stellenanzeige aufgegeben	13	19
Bei der Gewerkschaft nachgefragt	2	5
Anderes		4
Nichts davon	6	6

   Untersuchen Sie, wie sich das Verhalten der Arbeitslosen geändert hat, und erläutern Sie die Verhaltensänderung.

2. **Der Staat kann versuchen, den Arbeitsmarkt mit den Mitteln einer angebotsorientierten oder einer nachfrageorientierten Wirtschaftspolitik günstig zu beeinflussen.**
   Handelt es sich im Folgenden um Maßnahmen einer angebotsorientierten oder nachfrageorientierten Wirtschaftspolitik?
   a) Der Staat senkt die Einkommensteuersätze.
   b) Der Körperschaftsteuersatz wird von 25 % auf 15 % gesenkt.
   c) Unternehmensneugründungen werden für die ersten drei Jahre von jeglicher Gewinnbesteuerung ausgenommen.
   d) Die Zahlung von Krankengeld wird aus der gesetzlichen Krankenversicherung herausgenommen. Der Arbeitnehmer muss diese Leistung selbst versichern. Im Gegenzug werden die Beitragssätze der gesetzlichen Krankenversicherung um 0,5 Prozentpunkte gesenkt.
   e) Nach § 4 Stabilitätsgesetz muss der Staat bei einer Abschwächung der allgemeinen Wirtschaftstätigkeit, die die wirtschaftspolitischen Ziele gefährdet, die Planung geeigneter Investitionsvorhaben so beschleunigen, dass mit ihrer Durchführung kurzfristig begonnen werden kann.

3. **Die Bundesagentur für Arbeit verfügt über Mittel zur Steuerung des Arbeitsmarktes.**
   a) Nennen Sie zu folgenden Situationen das jeweils geeignete Mittel.
      (1) Ein Arbeitnehmer mit sechsmonatiger Kündigungsfrist erhält eine betriebsbedingte Kündigung.
      (2) Ein Schüler der Klasse 10 sucht eine Ausbildungsstelle.
      (3) In einem Betrieb entsteht Auftragsmangel, weil ein Großauftrag storniert wurde. Es besteht die Gefahr, dass 40 Arbeitskräften gekündigt werden muss.
      (4) Ein junger Mann bekommt 500 km von seinem Wohnort entfernt eine Ausbildungsstelle angeboten. Seine Ausbildungsvergütung reicht jedoch nicht zur Finanzierung seines Lebensunterhalts am auswärtigen Ort.
   b) Stellen Sie fest, ob es sich bei den genannten Mitteln um Mittel der aktiven oder der passiven Arbeitsmarktsteuerung handelt.

4. **Durch die Gesetze für moderne Dienstleistungen am Arbeitsmarkt wurde die Zumutbarkeitsregel bezüglich der Annahme von Stellenangeboten erheblich verschärft.**
   a) Wie lautet die Bestimmung für ledige Arbeitslose?
   b) Begründen Sie, warum für Arbeitslose mit Kindern die Regel nicht so scharf gefasst ist.
   c) Erläutern Sie, ob die Verschärfung der Regelung zu dem Grundprinzip „Fordern und Fördern!" passt.

5. **Die Arbeitsmarktreform verfolgt das Ziel, die Dauer der Arbeitslosigkeit zu verkürzen und das Risiko neuen „Nachschubs" von Arbeitslosen für die Bundesagentur zu verringern.**
   Die Reform sieht unter anderem folgende Maßnahmen vor:
   (1) Ausbau von Zeitarbeit
   (2) Gründungszuschüsse
   (3) Einrichtung von JobCentern für arbeitsfähige Sozialhilfeempfänger
   a) Was sollen diese Maßnahmen hinsichtlich der Dauer der Arbeitslosigkeit bewirken?
   b) Was sollen sie hinsichtlich des „Nachschubs" von Arbeitslosen bewirken?

Übungsprojekt 2:
Schaffung von Minijobs

Das Problem

Die Funke Medica AG ist ein deutsches Industrieunternehmen mit 1850 Mitarbeitern. Sie produziert medizinische Geräte, unter anderem Röntgengeräte, Ultraschallgeräte und Kernspintomografen.

Das Unternehmen will heute, in Zeiten hoher Langzeitarbeitslosigkeit, seiner gesellschaftlichen Verantwortung gerecht werden. Der Vorstand denkt deshalb darüber nach, 100 Mitarbeiter nach dem Modell der geringfügigen Beschäftigung (Minijobs) zusätzlich einzustellen. Die damit verbundene Investition ist allerdings nur möglich, wenn die Mitarbeiter kostengünstig sind und sinnvoll beschäftigt werden können.

Der Personalvorstand des Unternehmens hat diesbezüglich eine Idee entwickelt: Durch die Einstellung der zusätzlichen Mitarbeiter sollen die Servicetechniker der Funke Medica entlastet werden. Dadurch könnte die produktive Einsatzzeit der Techniker steigen.

Allerdings wurden im Unternehmen bisher nur Vollzeitkräfte beschäftigt. Deshalb sind die Rahmenbedingungen der Minijobs nur in groben Zügen bekannt: maximal 450,00 EUR Monatslohn, pauschale Renten- und Krankenversicherung sowie Lohnsteuer.

Das sind Schlagworte, die aus der Presse bekannt sind. Sie reichen aber in der Praxis nicht aus, um tatsächlich einen Arbeitsplatz für einen Minijob einzurichten. Ganz zu schweigen davon, 100 neue Minijob-Arbeitsplätze zu besetzen. Zu viele Verwaltungszusammenhänge sind noch unklar. Und auch die tatsächlichen Kosten können noch nicht abgeschätzt werden.

Der Vorstand beschließt darum, ein Projektteam mit der Aufklärung der Rahmenbedingungen zu beauftragen. Er gründet das Projekt „100 Plus" und erstellt folgenden Projektauftrag:

Projektauftrag (Entwurf)	
Projektbezeichnung	100 Plus
Auftraggeber und Auftragnehmer	■ Geschäftsführung der Funke Medica AG ■ Das Projekt wird intern vergeben (Auftragnehmer: siehe Projektteam)
Problemstellung	■ Die Funke Medica AG unterhält an allen Standorten in Deutschland dezentrale Ersatzteillager. ■ Jeder Medizintechniker füllt einmal wöchentlich den Wagenbestand an Ersatzteilen, die er bei Wartungs- und Reparatureinsätzen verbraucht hat, wieder auf. Hierfür verbringt er durchschnittlich 3 Stunden pro Woche in der Niederlassung. ■ Der Einsatz eines Technikers wird Kunden mit 95,00 EUR netto in Rechnung gestellt. Dem Unternehmen entgehen durch die Organisation der Wagenbestände folglich wöchentlich Umsätze in Höhe von 285,00 EUR pro Techniker. ■ In Zukunft soll deshalb der Wagenbestand durch einen Minijobber aufgefüllt werden, während der Techniker sich im Kundeneinsatz befindet. Die Ersatzteile werden zu diesem Zweck im Lager kommissioniert und dem Techniker am momentanen Einsatzort zugeführt. Es wird davon ausgegangen, dass jeder Minijobber wöchentlich zwei Techniker versorgt und dafür einschließlich Fahrzeit ca. 10 Stunden pro Woche benötigt.
Projektziel	■ Ziel des Projektes ist es, die Einstellung von 100 geringfügig beschäftigten Mitarbeitern vorzubereiten. ■ Zu diesem Zweck werden alle rechtlichen Rahmenbedingungen bezüglich der unternehmensseitigen Behandlung von Minijobs aufgeklärt, z. B. das Beitrags- und Meldeverfahren zur Sozialversicherung. ■ Die einmalig anfallenden Kosten für die Personalauswahl und Einstellung werden kalkuliert, ebenso die monatlichen Personalkosten. ■ Durch das Projektteam wird ein Musterarbeitsvertrag ausgearbeitet. ■ Im Übrigen wird das Projektziel durch ein Lastenheft ergänzt und präzisiert.
Termin	■ Das Projektziel wird innerhalb von drei Wochen erreicht. ■ Für die gesamte Abwicklung des Projekts (einschließlich Abschlusspräsentation und Erfahrungssicherung) stehen dem Projektteam vier Wochen zur Verfügung.
Budget	Alle Personal- und Sachkosten für das Projekt „100 Plus" werden aus den Budgets der Abteilungen getragen, die Mitarbeiter und/oder Sachmittel zur Verfügung stellen.
Projektteam	Projektleiter/-in: N.N. Projektteam: N.N.
Unterzeichnung	Bielefeld, 12.01.20.. *Hans-Hermann Funke* (Personalvorstand)　　　　　　　　　　　(Projektleiter)

Übungsprojekt 2

Als Ergänzung wird folgendes Lastenheft in den Projektauftrag aufgenommen:

Lastenheft zu Projekt „100 Plus"	
Anforderungen an das Projektergebnis	■ Die Höhe folgender Abgaben und Sozialversicherungsbeiträge wird ermittelt: Lohnsteuer, Rentenversicherung, Kranken- und Pflegeversicherung, Arbeitslosenversicherung, Unfallversicherung. ■ Das Beitrags- und Meldeverfahren wird detailliert beschrieben. Der zuständige Sozialversicherungsträger wird ermittelt, ebenso Termine für die Beitrags- und Steuerzahlungen. ■ Weitere gesetzliche Rahmenbedingungen werden aufgeklärt: Regelungen über eine Befristung von Minijobs und über einen Anspruch auf Lohnfortzahlung. ■ Es wird eine Stellenbeschreibung für die zu erfüllenden Aufgaben erstellt und eine geeignete Stellenbezeichnung gefunden. ■ Ein Musterarbeitsvertrag wird ausgearbeitet. ■ Die Qualifizierung und Einarbeitung der neuen Mitarbeiter wird geplant. ■ Das Projektergebnis und der Projektablauf werden dokumentiert. Außerdem wird das Projektergebnis dem Vorstand und der Personalleitung der Funke Medica präsentiert.

Arbeitsaufträge

1. Bilden Sie ein Projektteam und organisieren Sie Ihre Arbeit, indem Sie für die anstehenden Aufgaben (Projektleitung, Dokumentation usw.) Zuständigkeiten vereinbaren.
2. Ergänzen Sie bei Bedarf das Lastenheft zu Projekt „100 Plus".
3. Legen Sie Arbeitspakete fest und erstellen Sie einen Strukturplan. Leiten Sie hieraus einen Ablauf- und Zeitplan für das Projekt ab. Ordnen Sie den terminierten Arbeitspaketen Kapazitäten zu.
4. Führen Sie das Projekt im Team durch. Stellen Sie den Projektstatus fest, indem Sie für jedes Arbeitspaket den Erledigungsstand mithilfe der Ampelfunktion signalisieren.
5. Dokumentieren Sie begleitend den Projektverlauf und die erreichten Ergebnisse.
   Hinweis: Oft ist es hilfreich, wenn Sie für die Beschreibung von Arbeitspaketen die Protokolle von Arbeitssitzungen und die Berichte über den Projektstatus Formulare verwenden. Diese können Sie entweder selbst entwerfen oder aus Ihren Ausbildungsbetrieben – ggf. mit sinnvollen Änderungen – übernehmen.
6. Erstellen Sie mit einer Präsentationssoftware eine Abschlusspräsentation, mit der Sie das Projektergebnis vorstellen. Führen Sie darüber hinaus eine Erfahrungssicherung durch, indem Sie Abweichungen von der Projektplanung analysieren und erkannte Ursachen für Abweichungen protokollieren.

5.6 Wachstumspolitik

5.6.1 Wachstumsvoraussetzungen

Voraussetzungen für ein angemessenes Wirtschaftswachstum sind v. a. ein hohes Leistungsvermögen der Produktionsfaktoren Arbeit, Boden und Kapital sowie eine gute Infra- und Wirtschaftsstruktur.

Merke: Konjunkturpolitik = kurzfristige Verstetigung; **Wachstumspolitik** = Verbesserung des Wachstumstrends des Produktionspotenzials

In Deutschland gehen vom Faktor Boden kaum Wachstumsimpulse aus. Wir verfügen – abgesehen von Kohle – kaum über Rohstoffe, und der Boden ist eher knapp. Umso wichtiger sind Arbeit und Kapital.

Wachstumspolitik entsteht durch das zielgerichtete Zusammenwirken verschiedenartiger Politikbereiche.

- Der **Faktor Arbeit** ist wachstumsfördernd, wenn die Erwerbspersonen der Volkswirtschaft hohe Fähigkeiten besitzen.
- Der **Faktor Boden** ist wachstumsfördernd, wenn in der Volkswirtschaft Überfluss an fruchtbarem Boden und an Bodenschätzen besteht.
- Der **Faktor Kapital** ist wachstumsfördernd, wenn die Produktionsmittel in der Volkswirtschaft ein hohes technisches Niveau haben und wenn die Sparquote ausreicht, um die notwendigen Investitionen zu ermöglichen.

5.6.2 Bildungspolitik

Nur ein attraktives und ausreichendes Bildungsangebot an allgemein- und berufsbildenden Schulen und an Hochschulen sichert die Fähigkeiten, die an modernen Arbeitsplätzen benötigt werden. Ausgaben für Wissen und Können sind immaterielle Investitionen in die Volkswirtschaft. Das Wissen muss wegen des raschen technischen Fortschritts in immer kürzeren Zeitabständen erneuert werden.

In Deutschland betrugen 2013 die öffentlichen Bildungsausgaben 4,3 % des BIP. OECD-Durchschnitt waren 5,2 %. Bis 2016 war keine Besserung erkennbar (4,1 %).

5.6.3 Subventionspolitik

Subventionen sind staatliche Zuschüsse. Sie werden z. B. an Unternehmen gezahlt, die im internationalen Wettbewerb stehen und aufgrund ihrer Kostensituation nicht zu konkurrenzfähigen Preisen anbieten können. Subventionen erhöhen die Finanzkraft dieser Unternehmen. Sie dürfen aber nicht dauerhaft gewährt werden, weil sie den Wettbewerb verfälschen. Tendenziell ist in den Industrieländern mit einem Rückgang der Subventionen zu rechnen. In Deutschland werden z. B. die Luftfahrtindustrie (Airbus), die Landwirtschaft und Investitionen in erneuerbare Energien gefördert. Die Kohlesubventionen laufen 2018 aus.

Vergleichen Sie hierzu S. 131 ff. und S. 199 f.

5.6.4 Vermögenspolitik

Unabdingbare Voraussetzung für Wachstum sind ausreichende Investitionen.
Nur sie ermöglichen die nötige Bestandserweiterung an Produktionsmitteln. Für ihre Investitionstätigkeit benötigen die Unternehmen die Spargelder der Haushalte. Der Staat kann die Sparfähigkeit und Sparneigung der Haushalte durch finanzielle Anreize erhöhen. In Deutschland umfassen diese Anreize Sparprämien, Arbeitnehmersparzulagen und die steuerliche Abzugsfähigkeit als Sonderausgaben.

5.6.5 Innovations- und Wettbewerbspolitik

Deutsche Technologie gehört zur Weltspitze. Um diese Position zu halten, muss Deutschland federführend bei der Verwirklichung von Produkt- und Verfahrensinnovationen bleiben. Dazu fördert der Staat Erfolg versprechende Forschungsvorhaben durch finanzielle Zuschüsse. Außerdem erhalten junge, innovative Unternehmer in sog. Gründungszentren eine zeitlich begrenzte Möglichkeit (meist 5 Jahre), zu günstigen Bedingungen (z. B. niedrigen Mieten) ihr Unternehmen und ihre Produkte am Markt einzuführen.

Damit die Unternehmen Anreiz und Druck verspüren, Investitionen zu tätigen und Innovationen vorzunehmen, muss die Wettbewerbspolitik konsequent die ordnungspolitischen Grundlagen für einen funktionierenden Wettbewerb schaffen.

5.6.6 Strukturpolitik

Durch Maßnahmen zur Verbesserung der Infrastruktur (Verkehrs- und Kommunikationsnetz, Bildungs-, Versorgungs-, Sport-, Freizeit-, Gesundheitseinrichtungen) schafft der Staat Wachstumsvoraussetzungen. Außerdem kann er Betrieben durch Subventionen und Arbeitnehmern durch Umschulungsbeihilfen die Anpassung an veränderte Wirtschaftsstrukturen erleichtern.

5.6.7 Globalsteuerung

Eine geschickte Dosierung der staatlichen Einnahmen- und Ausgaben (Fiskalpolitik) sowie die angemessene Versorgung der Wirtschaft mit Geld (Geldpolitik) sollen dafür sorgen, dass das Wachstum verstetigt wird und der Geldwert stabil bleibt.

5.7 Grenzen des Wachstums
5.7.1 Probleme des Wirtschaftswachstums

> *Überlegen Sie doch einmal:* Für wen ist nicht der eigene Wagen, vielleicht auch ein Zweitwagen, ein erstrebenswertes Ziel?
> Wer freut sich nicht über die Annehmlichkeiten aus der Steckdose, von der Küche mit Kühl- und Gefrierschrank, Spülmaschine, Dunstabzugshaube, Kaffeemaschine, Küchenmaschine bis zum Staubsauger, zur elektrischen Bohrmaschine und zur Elektrozahnbürste? Wer träumt nicht von der eigenen Kellerbar mit Stereoanlage und elektronisch gesteuerten Lichteffekten? Für die Herstellung und für den Betrieb all dieser Annehmlichkeiten sind immer größere Mengen an Energie erforderlich. Dies bedeutet z. B. den Bau neuer Kraftwerke, die das Landschaftsbild verunstalten, die Wolkenbildung mit ihren Kühltürmen vergrößern, die Luftverschmutzung erhöhen und das Wasser der Flüsse aufheizen, die Bildung immer größerer Mengen an Wohlstandsabfällen, die mit hohen Kosten beseitigt werden müssen, größere Verkehrsdichte, mehr Straßen, die die Landschaft zerschneiden.
>
> Unter diesen Umständen rückt heute gegenüber der rein materiellen Wohlstandssteigerung die Erhöhung der **Lebensqualität** mehr in den Vordergrund. Sie umfasst unter anderem die Bereitstellung einer möglichst guten öffentlichen sozialen Infrastruktur, soziales Verhalten des Einzelnen und eine intakte Umwelt.
>
> Aber lassen sich diese Ziele ohne höheren Energieeinsatz erreichen? Wenig zu produzieren, bedeutet brachliegende Kapazitäten, ausbleibende Gewinne und Arbeitslosigkeit. Lebensqualität lässt sich nur durch wachsende Aufwendungen für die Reinerhaltung der Luft und des Wassers, für die Lärmbekämpfung und die Verwertung von Abfall- und Reststoffen erreichen.

Wachstum fördert den Wohlstand und schafft Arbeitsplätze. In zunehmendem Maße hat sich aber gezeigt, dass ein rein quantitatives, auf die mengenmäßige Steigerung der Güterproduktion gerichtetes Wachstum problematisch ist.

Die Erde ist ein begrenzter Raum mit beschränkten Ressourcen. Weiteres Ausbeuten von Rohstoffen und fortschreitende Naturzerstörung führen zum Zusammenbruch des ökologischen Systems.

Die *Grenzen des Wachstums* liegen in den Realitäten der Ökologie. Das *Wachstum* muss *qualitativ* ausgerichtet werden.

Auch auf anderen Gebieten führt das fortschreitende Wachstum zu Problemen: Da Wachstumsprozesse nicht gleichmäßig erfolgen, kommt es zu Änderungen in der Wirtschaftsstruktur. Zudem müssen Fragen der Einkommens- und Vermögensverteilung gelöst werden.

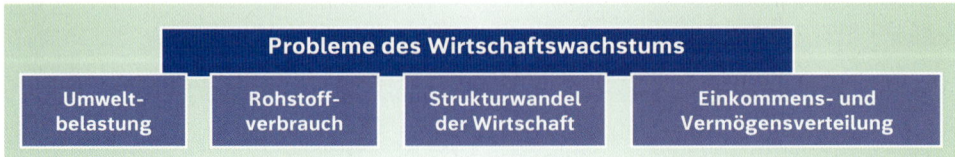

5.7.2 Ökologische Wachstumstheorie

Einen Gegenpol zur traditionellen ökonomischen Wachstumstheorie bildet die **ökologische Wachstumstheorie**. Sie bezieht die Auswirkungen von Produktion und Konsum auf die natürliche Umwelt mit ein. Ihr Ausgangspunkt waren die Untersuchungen und Veröffentlichungen des **Club of Rome**.

Dem **Club of Rome** gehören Wissenschaftler, Industrielle und hohe Beamte aus 30 Ländern an. Sie beauftragten schon 1970 den amerikanischen Professor Dennis Meadows, die künftige Entwicklung von Bevölkerungs- und Wirtschaftswachstum, Nahrungsmittel- und Industrieproduktion, Rohstoffvorräten und Umweltverschmutzung zu untersuchen. Der Club of Rome legte die Ergebnisse der Untersuchungen in seinem ersten Buch **„Die Grenzen des Wachstums"** (1972) nieder. Darin wurden folgende Prognosen aufgestellt:

- Die Weltbevölkerung wird sich bis zum Jahre 2000 auf etwa 7 Milliarden Menschen vermehren.
- Etwa vom Jahre 2050 an kann die Weltbevölkerung nicht mehr ausreichend ernährt werden.
- Die steigende Industrieproduktion führt dazu, dass zwischen den Jahren 2000 und 2150 die wichtigsten Rohstoffe erschöpft sind.
- Die ständig wachsende industrielle Produktion beschleunigt das Tempo der Umweltverschmutzung übermäßig stark. Die Grenze der Belastbarkeit der Erde wird überschritten.

Der Club of Rome leitete daraus folgende **Forderungen** ab:

- Forderung nach Kontrolle des Bevölkerungswachstums
- Forderung nach gleichgewichtiger Verteilung der Industrieproduktion unter den Ländern
- Forderung nach Kontrolle der Umweltbelastung und konsequentem Umweltschutz
- Forderung nach sparsamem und kontrolliertem Abbau der Rohstoffe

Veränderte Entwicklungen haben das Meadows-Modell in einigen Bereichen widerlegt. So konnten z. B. alternative Energie- und Rohstoffquellen erschlossen werden. Es ist jedoch das Verdienst von Meadows, auf die Probleme einseitigen wirtschaftlichen Wachstums aufmerksam gemacht zu haben. Er konnte das Bewusstsein dafür wecken, dass ein sparsamer Umgang mit Rohstoffen notwendig ist und dass die Umwelt nicht mit Abfall jeder Art belastet werden darf.

Heute versucht man quantitativen Wachstumskonzepten Konzepte eines **qualitativen Wachstums** an die Seite zu stellen. Wachstum soll nicht nur den materiellen Wohlstand, sondern die Lebensqualität insgesamt steigern.

Das Bruttoinlandsprodukt ist für die Messung des quantitativen Wachstums geeignet. Allerdings erfasst es eine Reihe wichtiger Wohlstandsgrößen nicht. Deshalb ist es ungeeignet für die Messung des qualitativen Wachstums.

im BIP nicht erfasst	im BIP erfasst, aber nicht wohlstandssteigernd
• Schwarzarbeit • unbezahlte Tätigkeiten (z. B. Ehrenamt, Hausarbeit, Kindererziehung, Nachbarschaftshilfe) • Selbstversorgung von Haushalten (z. B. selbst hergestellte Lebensmittel und Heimwerkerarbeit) • Umweltzerstörung durch die Güterproduktion • Wert von Freizeit	• Versicherungsleistungen (z. B. für Unfallschäden) • Reparaturkosten für Einbruchschäden • Kosten für Rüstungsgüter • Ausgaben für die Sicherheit (z. B. Polizei) • Kosten für die Beseitigung von Katastrophenschäden • Schadensersatzleistungen

Für die Messung des qualitativen Wachstums benutzt man den sog. **„Net Economic Welfare"**, den **„Wirtschaftlichen Nettowohlstand"**.

Für die Berechnung des Net Economic Welfare geht man vom herkömmlichen Inlandsprodukt aus. Alle sogenannten „sozialen Kosten" (z. B. die Kosten für den Umweltschutz) sowie Kosten für die staatliche Verteidigung, Polizei und Verwaltung werden abgezogen, weil in diesen Positionen keine Wohlstandssteigerung gesehen wird.

Umgekehrt werden zum Inlandsprodukt die Leistungen hinzuaddiert, die die Lebensqualität erhöhen, aber bisher nicht im Bruttoinlandsprodukt erfasst wurden (z. B. die Arbeit im Haushalt).

Net Economic Welfare		
vom/zum → Bruttoinlandsprodukt	(–) abziehen	(+) hinzurechnen
	Soziale Kosten, z. B. Umweltschutzmaßnahmen, Ausgaben für die staatliche Verschuldung	Private Dienste, für die kein Marktpreis ermittelt wird, z. B. Haushaltsarbeit, immaterielle Werte, z. B. Freizeit

Die Nettonutzenrechnung stößt ebenfalls auf große praktische Probleme, weil soziale Kosten, die Werte der Produktion in den Haushalten und die Werte für Freizeit sehr schlecht erfasst und gemessen werden können. Die erforderlichen Indikatoren müssen noch entwickelt werden.

Um ansatzweise Aussagen über den Wohlstand einer Volkswirtschaft machen zu können, wurden z. B. folgende Wohlstandsindizes entwickelt:

Wohlstandsindizes

Human Development Index (HDI) der Vereinten Nationen

Dieser Index wird jährlich von der UNO veröffentlicht und erfasst Kriterien wie Lebenserwartung, Bildung und Lebensstandard.
(http://hdr.undp.org/en/statistics/)

Zum richtigen Verständnis dieser Indizes sollten Sie unbedingt die angegebenen Webseiten ansehen.

Happy Planet Index der New Economics Foundation

Dieser Index erfasst die ökologische Effizienz, mit der Länder ihren Wohlstand produzieren. Der Index für ein Land berechnet sich wie folgt:

$$\frac{\text{Lebenserwartung} \cdot \text{Lebenszufriedenheit}}{\text{„ökologischer Fußabdruck" } (CO_2\text{-Verbrauch}) \text{ des Landes}}$$

(www.happyplanetindex.org/)

OECD Better-Life-Index

Dieser Index misst elf Lebensbereiche im jeweiligen Land: Arbeitsmarkt, Einkommen, Bildung, Umwelt, Gesundheit, Sicherheit, Wohnen, Lebenszufriedenheit, Work-Life-Balance, Gemeinwesen und Regierungsführung. Der Benutzer des Index kann die Lebensbereiche nach eigenem Belieben gewichten, um so seine subjektive Wahrnehmung einzubringen.
(www.oecdbetterlifeindex.org/)

Arbeitsaufträge

1. In einer Volkswirtschaft liegen folgende Zahlen vor:

	Jahr 1	Jahr 2
Bruttoinlandsprodukt	200 Mrd. EUR	218 Mrd. EUR
Preisniveau	100 %	105 %
Bevölkerungszahl	20 Mio.	20,4 Mio.
Volkseinkommen (real)	162,5 Mrd. EUR	169 Mrd. EUR

a) Berechnen Sie das nominale Wachstum des Bruttoinlandsprodukts.
b) Berechnen Sie das reale Wachstum des Bruttoinlandsprodukts.
c) Welche der berechneten Zahlen drückt die veränderte Güterversorgung in der Volkswirtschaft aus?
d) Quantitatives Wachstum an sich stellt keinen Wert dar. Welche übergeordneten Ziele sollen durch quantitatives Wachstum erreicht werden?

e) Um wie viel Prozent ist der Wohlstand der Volkswirtschaft rein rechnerisch im Durchschnitt gestiegen/gefallen?
f) Lässt sich das quantitative Wachstum in diesem Beispiel nach allgemeinen Maßstäben als angemessen bezeichnen?
g) Angenommen, 20 % der Haushalte der Volkswirtschaft seien Unternehmerhaushalte. Sie beziehen in Jahr 1 50 % des Volkseinkommens. Die Arbeitnehmerhaushalte beziehen die restlichen 50 %. In Jahr 2 beziehen die Arbeitgeberhaushalte 49 %. Die Zahl der Unternehmerhaushalte ist um 10 000 gewachsen.
Kann man unter diesen Umständen von einer Wohlstandssteigerung des gesamten Volkes sprechen?

2. **Deutschland ist arm an Rohstoffen. Es gehört trotzdem zu den wohlhabendsten Volkswirtschaften der Erde.**
    a) Auf welchen Produktionsfaktoren beruht dieser Wohlstand?
    b) Nennen Sie politische Möglichkeiten, die geeignet sind, Voraussetzungen für ein angemessenes Wirtschaftswachstum zu schaffen.

3. **Technischer Fortschritt und Innovationen werden als treibende Kräfte für Wirtschaftswachstum bezeichnet.**
    a) Arbeitsplätze wurden durch den technischen Fortschritt verändert. Nennen Sie Beispiele.
    b) Arbeitsplätze wurden durch den technischen Fortschritt vernichtet. Nennen Sie Beispiele.
    c) Erläutern Sie, warum Innovationen das Wirtschaftswachstum und die Beschäftigung fördern können.
    d) Erklären Sie, inwieweit Innovationen unter Umständen Arbeitslosigkeit verursachen.
    e) Worin sehen Sie die Hauptaufgaben von Forschung und Entwicklung?
    f) Betrachten Sie die nebenstehende Karikatur. Welche Gefahr sieht der Karikaturist?

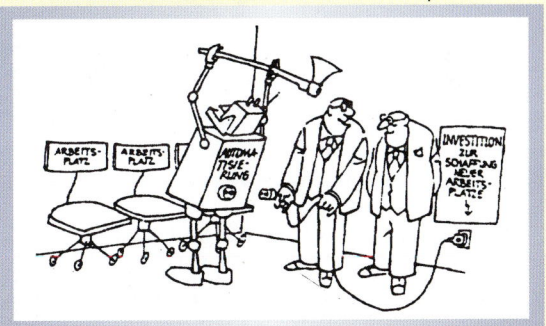

„Und nun passen Sie mal auf, was passiert, wenn ich das Ding hier einstecke!" © Jupp Wolter (Künstler), Haus der Geschichte, Bonn

4. **Wirtschaftswachstum vollzieht sich nicht in allen Branchen im gleichen Schritt.**
    a) Erläutern Sie diese Aussage anhand der folgenden Grafik.

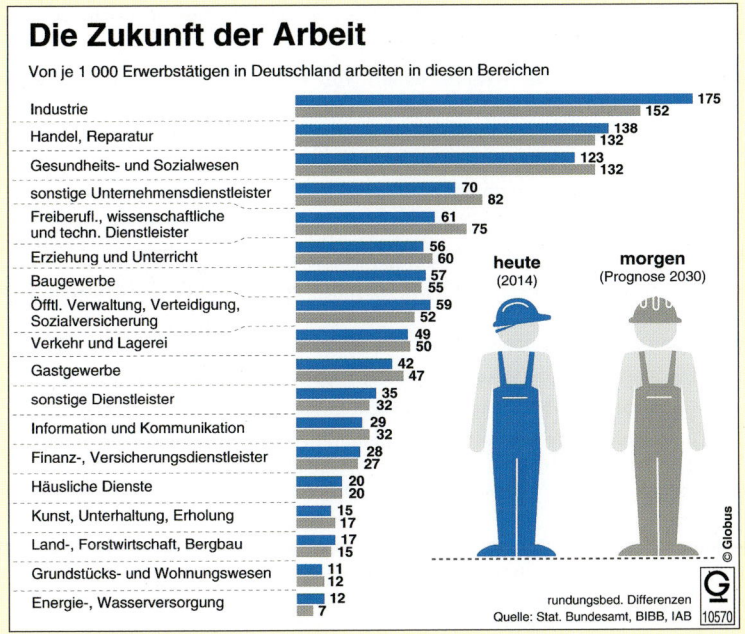

b) Welche Möglichkeiten hat der Staat, einerseits Krisenbranchen, andererseits starke Wachstumsbranchen zu fördern?

5. „...wir sorgen doch nur für mehr Arbeitsplätze!"
   Diskutieren Sie anhand der Karikatur den Sinn und Unsinn quantitativen Wachstums.

6. „Wir haben die Erde nicht von unseren Vorfahren geerbt, sondern von unseren Kindern geliehen."
   Diskutieren Sie diese alte Indianerweisheit unter Berücksichtigung qualitativer und quantitativer Wachstumsforderungen der heutigen Gesellschaft.

7. **Die Grenzen des quantitativen Wachstums sind absehbar**.
   a) Welche Merkmale bestimmen aufgrund der Untersuchungen des Club of Rome die Grenzen des Wachstums?
   b) Dem quantitativen Wachstum wird das qualitative Wachstum gegenübergestellt. Nennen Sie wesentliche Merkmale eines qualitativen Wachstums.
   c) Welche Bedeutung hat der „Net Economic Welfare" hinsichtlich des qualitativen Wachstums?
   d) Welche Konsequenzen ergeben sich für die Wirtschaftspolitik einer hochentwickelten Volkswirtschaft aus den Erkenntnissen des Net Economic Welfare?

8. **Auf Seite 434 befinden sich die Webadressen von drei Wohlstandsindizes. Ein vierter Wohlstandsindex ist unter www.footprint-deutschland.de zu finden.**
   Die folgenden Aufgaben sollen in Gruppenarbeit erledigt werden. Geschätzter Zeitaufwand ca. 160 Min.
   a) Bilden Sie vier gleich große Arbeitsgruppen.
   b) Der Lehrer teilt per Los jeder Arbeitsgruppe einen Wohlstandsindex zur Bearbeitung zu.
   c) Jede Arbeitsgruppe informiert sich im Internet über ihren Index (Zeit: 10 Min.).
   d) Jeder Index soll anhand bestimmter Merkmale analysiert werden. Legen Sie geeignete Merkmale selbst im Plenum fest.
   e) Jede Arbeitsgruppe führt eine Analyse ihres Index durch (Zeit: 30 Min.).
   f) Jede Arbeitsgruppe erstellt eine Präsentation ihrer Arbeitergebnisse (30 Min.).
   g) Jede Arbeitsgruppe stellt ihre Präsentation im Plenum vor (Zeit je Gruppe: 15 Min.).
   h) Wählen Sie einen Moderator und einen Protokollführer. Der Moderator leitet die anschließende Diskussion mit dem Thema: „Können Wohlstandsindizes das Bruttoinlandsprodukt als Wohlstandsmaßstab ersetzen?". Bestimmen Sie vorher im Plenum den Zeitrahmen für diese Diskussion.
   i) Der Protokollführer stellt der Gesamtgruppe die Präsentationen und das Ergebnisprotokoll zur Verfügung (z. B. per E-Mail oder in einem webbasierten sozialen Netzwerk).

Für Ihre Prüfung
Programmierte Wiederholungsaufgaben

Aufgabe 1 — Zahlungsbilanz, Seite 325 f.

In welcher Teilbilanz der Zahlungsbilanz werden folgende Transaktionen gebucht?

Handelsbilanz	1
Dienstleistungsbilanz	2
Bilanz der Erwerbs- und Vermögenseinkommen	3
Bilanz der laufenden Übertragungen	4

Transaktionen:
a) Die Beiträge zur UNICEF werden von der Bundesregierung überwiesen.
b) Deutsche buchen Hotelzimmer auf Mallorca.
c) Deutsche Spediteure erbringen Transportleistungen für österreichische Auftraggeber.
d) Deutsche Waren werden in die USA verkauft.
e) Deutsche beziehen von ihren Geld- und Wertpapieranlagen in der Schweiz Zinsen und Dividenden.
f) Ein Importeur bezieht aus Korea Pkws.
g) Türkische Arbeitnehmer überweisen Geld an ihre Angehörigen in die Türkei.

Aufgabe 2 — Konvertibilität und Wechselkurs, Seite 323 f.

Welche Auswirkungen haben die folgenden Sachverhalte auf den Binnenwert bzw. Außenwert des Euro?

Auswirkungen:

Der Binnenwert des Euro sinkt	1
Der Binnenwert des Euro steigt	2
Der Außenwert des Euro sinkt	3
Der Außenwert des Euro steigt	4

Sachverhalte:
a) Das Güterangebot in Euroland sinkt bei steigender Geldmenge.
b) In Euroland steigt die Geldumlaufgeschwindigkeit bei gleich bleibendem Güterangebot.
c) Der Kurs des US-Dollars in Bezug zum Euro steigt von 1,12 auf 1,22 (Mengennotierung).

Aufgabe 3 — Konjunkturphasen, Seite 304

Ordnen Sie die Konjunkturphasen den folgenden Situationen zu.

Prosperität	1
Rezession	2
Depression	3
Expansion	4

Situationen:
a) Löhne und Preise stehen bei niedriger Kapazitätsauslastung unter Druck.
b) Die Lohnpolitik ist expansiv. Es existiert Vollbeschäftigung.
c) Löhne und Preise steigen nicht mehr, die Arbeitslosenzahlen steigen.
d) Die Beschäftigung nimmt zu, Preissteigerungen finden nicht statt.
e) Die Nachfrage ist höher als das Angebot. Die Inflationsrate steigt.
f) Die Arbeitslosigkeit steigt an. Die Nachfrage nach Konsumgütern sinkt.
g) Die Investitionsneigung geht zurück. Die Aktienkurse fallen.

Aufgabe 4 — Inflation und Deflation, Seite 315 ff.

Die folgenden Aussagen betreffen
nur die Inflation 1
nur die Deflation 2
sowohl die Inflation als auch die Deflation 3
weder die Inflation noch die Deflation 4

Aussagen:

a) Die Kaufkraft des Geldes sinkt.
b) Das Geldvermögen gewinnt an Wert.
c) Das Geldvolumen steigt, das Güterangebot steigt in gleichem Umfang.
d) Das Geldvolumen steigt, das Güterangebot sinkt.
e) Wer Sachvermögen besitzt, ist gegenüber dem Besitzer von Geldwerten im Vorteil.

Aufgabe 5 — Zahlungsbilanz, Seite 325 ff.

Welche der folgenden Aussagen ist richtig?

Richtig 1
Falsch 2

Aussagen:

a) Eine aktive Handelsbilanz sichert Arbeitsplätze im Ausland.
b) Eine aktive Handelsbilanz wirkt sich positiv auf die inländische Beschäftigung aus.
c) Eine aktive Handelsbilanz fördert die Preisstabilität im Inland.
d) Eine aktive Handelsbilanz erhöht den Devisenzufluss.
e) Eine aktive Handelsbilanz erhöht das Bruttoinlandsprodukt.

Aufgabe 6 — Fiskalpolitik, Seite 399 ff.

Wie sollen folgende wirtschaftspolitische Maßnamen wirken?

Wirkungen:

Förderung der Beschäftigung 1
Gefährdung der Preisstabilität 2
Negative Wirkung auf die Beschäftigung 3
Förderung der Preisstabilität 4

Maßnahmen:

a) Erhöhung der Mindestreservesätze
b) Erhöhung der Einfuhrzölle
c) Senken des Umsatzsteuersatzes
d) Verkauf von Wertpapieren durch die EZB
e) Erhöhen der Abschreibungssätze

Aufgabe 7 — Fiskalpolitik, Seite 399 ff.

Welche Wirkungen sind mit folgenden geld- und fiskalpolitischen Maßnahmen beabsichtigt?

Wirkungen:

Die Konjunktur wird gedämpft. 1
Die Konjunktur wird belebt. 2
Die Konjunktur wird nicht beeinflusst. 3
Eine Antwort ist nicht möglich, weil die Maßnahme
weder geld- noch fiskalpolitischer Art ist 4

Für Ihre Prüfung

Maßnahmen:
a) Erhöhung der Mindestreservesätze
b) Verschärfung des Kartellrechts
c) Gewährung von Investitionszulagen
d) Abbau von staatlichen Subventionen um 8 %
e) Auflegung eines Konjunkturprogramms zur Förderung der Bauwirtschaft
f) Kauf von Wertpapieren durch die EZB
g) Verkauf von Wertpapieren durch Kreditinstitute an ihre Kunden
h) Senkung der Abschreibungssätze
i) Senkung des Körperschaftsteuersatzes
j) Verschiebung öffentlicher Ausgaben
k) Erhöhung des Spitzenrefinanzierungssatzes

Aufgabe 8 — Arbeitslosigkeit, Seite 310 f.

Dem statistischen Jahrbuch werden folgende Daten (in Tsd.) entnommen:

	Bevölkerung	Erwerbsfähige	Erwerbstätige
Jahr 1	65 000	30 000	28 500
Jahr 2	62 000	27 500	26 300

Bestimmen Sie
a) die Quote der Erwerbstätigen für Jahr 1 und Jahr 2
b) die Arbeitslosenquote für Jahr 1 und Jahr 2.
c) die Veränderung der Arbeitslosenquote in Prozent.

Aufgabe 9 — Inflation, Seite 315 ff.

Die folgenden Sachverhalte fördern in einer Situation der Vollbeschäftigung

das Entstehen einer Nachfrageinflation   1
das Entstehen einer Angebotsinflation   2
nicht das Entstehen einer Inflation   3

Sachverhalte:
a) Lohnerhöhungen oberhalb des Produktivitätszuwachses
b) Aktive Dienstleistungsbilanz
c) Investitionsmaßnahmen des Staates finanziert durch öffentliche Kredite
d) Eine erhebliche Reduzierung der Sparquote
e) Rückläufige Exporte aufgrund einer Euroaufwertung

Aufgabe 10 — Geldmenge und Geldpolitik, Seite 387 ff.

Die umlaufende Geldmenge wird durch folgende Maßnahmen

verringert   1
erhöht   2
nicht beeinflusst   3

Maßnahmen:
a) Verkauf von Wertpapieren durch die EZB
b) Herabsetzen der Mindestreservesätze
c) Verkauf von Devisen an Importeure durch die EZB
d) Erhöhung der Umlage der Gewerbesteuer für die Bundesländer
e) Aufwertung des Euro gegenüber dem Dollar

Aufgabe 11 — Finanzpolitik, Seite 400 ff.

Stellen Sie die richtigen Aussagen fest.
Richtig   1
Falsch   2

Eine antizyklische Fiskalpolitik der öffentlichen Hand
a) zielt auf eine Dämpfung der Konjunkturschwankungen.
b) zielt insbesondere in Zeiten der Hochkonjunktur auf eine Förderung der Beschäftigung.
c) steigert in Zeiten der Hochkonjunktur die Nachfrage, indem sie verstärkt Aufträge vergibt.
d) legt in Zeiten der Überbeschäftigung Geld still und stellt öffentliche Aufträge zurück.

Aufgabe 12 — Stabilitätsgesetz, Seite 377 ff.

Das Gesetz zur Förderung der Stabilität und des Wachstums der Wirtschaft definiert die Ziele, die die staatliche Globalsteuerung erreichen soll. Ordnen Sie den Aussagen folgende Ziffern zu.

Richtig 1
Falsch 2

Aussagen:
a) Das Hauptziel des Gesetzes ist die Erreichung eines gesamtwirtschaftlichen Gleichgewichts.
b) Vollbeschäftigung, Stabilität des Preisniveaus, eine aktive Zahlungsbilanz und ein angemessenes Wirtschaftswachstum sind Ziele des Gesetzes.
c) Die Bekämpfung der Preisstabilität hat immer Vorrang vor den anderen Zielen.
d) Hoher Beschäftigungsstand, Stabilität des Preisniveaus, außenwirtschaftliches Gleichgewicht und ein angemessenes Wirtschaftswachstum sind Ziele des Gesetzes.
e) Das Gesetz verlangt, dass alle Ziele immer gleich zu gewichten sind.

Aufgabe 13 — Ziele der Prozesspolitik, Seite 377 ff.

Folgende Daten einer Volkswirtschaft liegen vor:

Inflationsrate:	1,1 %
Arbeitslosenquote:	10,5 %
Wachstum des Bruttoinlandsprodukts:	0,1 %

Wie werden die Regierung und die EZB reagieren?

Richtig 1
Falsch 2

Reaktionen:
a) Die Regierung wird versuchen, die Arbeitslosigkeit zu bekämpfen.
b) Die EZB wird versuchen, das Bruttoinlandsprodukt zu steigern.
c) Die Regierung wird nicht reagieren, weil die Daten gesamtwirtschaftlich günstig sind.
d) Die EZB wird versuchen, die Preisstabilität zu verbessern.

Aufgabe 14 — Geldwert und Preisniveau, Seite 314 f.

Die statistischen Ämter (z. B. das Statistische Bundesamt; EUROSTAT) messen das Preisniveau anhand von Indexziffern. Welche Aussagen sind in diesem Zusammenhang richtig?

Richtig 1
Falsch 2

Aussagen:
a) Für die Erstellung eines Preisindexes wird ein Warenkorb mit einer repräsentativen Auswahl an Waren und Dienstleistungen gebildet.
b) Die Preise der im Warenkorb zusammengefassten Güter werden in beliebigen Zeitabständen festgestellt.
c) Eine Veränderung des Preisindexes von 104 im Vorjahr auf 106 im Berichtsjahr bedeutet, dass das Preisniveau gegenüber dem Vorjahr um 2 % gestiegen ist.
d) Aus dem Verbraucherpreisindex für Deutschland lässt sich auf die Entwicklung der Kaufkraft schließen.
e) Der Harmonisierte Verbraucherpreisindex (HVPI) zeigt seit seinem Bestehen (1997) ein beständiges Sinken des Preisniveaus an.

Für Ihre Prüfung

Aufgabe 15 — Kaufkraft und Preisniveau, Seite 314 f.

Welche Aussagen zu Kaufkraft und Preisniveau sind richtig?

Richtig 1
Falsch 2

Aussagen:
a) Der Wert des Geldes lässt sich anhand der Kaufkraft feststellen, d. h. an der Gütermenge, die für eine bestimmte Geldmenge erworben werden kann.
b) Steigt das Preisniveau, so können bei gleichbleibender Geldmenge mehr Güter gekauft werden.
c) Sinkt das Preisniveau, so können bei gleichbleibendem Einkommen weniger Güter gekauft werden.
d) Preisniveau und Kaufkraft stehen in einem direkten Verhältnis. Steigt das Preisniveau, so steigt auch die Kaufkraft.
e) Das Preisniveau bezeichnet die Höhe des Preises eines bestimmten Gutes zu einem bestimmten Zeitpunkt.

Aufgabe 16 — Inflation, Seite 315 ff.

Eine Inflation kann verschiedene Ursachen haben. Beurteilen Sie, ob die folgenden Prozesse Ursache einer Inflation im Inland sein können.

Ja 1
Nein 2

Prozesse:
a) Die Güternachfrage steigt stärker als das Güterangebot.
b) Die Importe steigen stark an.
c) In der Industrie steigen die Kosten stärker als die Produktivität.
d) Die Grundstückspreise steigen im Laufe eines Jahres um ein Drittel.
e) Die Unternehmen fragen weniger Investitionsgüter nach.
f) Die Volkswirtschaft erzielt hohe Exportüberschüsse.

Aufgabe 17 — Inflation, Seite 315 ff.

Eine Inflation ist mit bestimmten Folgen für die Volkswirtschaft verbunden. Beurteilen Sie, ob die folgenden Sachverhalte Folgen einer Inflation sein können.

Ja 1
Nein 2

Sachverhalte:
a) Rückgang der Kaufkraft
b) Benachteilung der Bezieher fester Einkommen
c) Reduzierung des Wertes der Sparvermögen
d) Tendenz zur Auflösung von Geldanlagen und Anlage von Geld in Immobilien
e) Vorteile für Gläubiger, Nachteile für Schuldner
f) Nachlassen der Spartätigkeit

Aufgabe 18 — Konjunkturindikatoren, Seite 305

Konjunkturindikatoren dienen der Beurteilung und Voraussage des Konjunkturverlaufs. Beurteilen Sie, ob die angegebenen Größen als Konjunkturindikatoren benutzt werden können.

Ja 1
Nein 2

Größen:
a) Auftragseingang
b) Industrieproduktion
c) Einzelhandelsumsatz

d) Zahlungsbilanz
e) Arbeitslosenzahl
f) Geldmenge
g) Pro-Kopf-Einkommen
h) Bauanträge
i) Außenbeitrag
j) Arbeitsproduktivität

Aufgabe 19 — Arten der Arbeitslosigkeit, Seite 310 f.

Nach den Ursachen der Arbeitslosigkeit unterscheidet man

saisonale Arbeitslosigkeit	1
strukturelle Arbeitslosigkeit	2
friktionelle Arbeitslosigkeit	3
konjunkturelle Arbeitslosigkeit	4

Ordnen Sie die folgenden Aussagen diesen Arten der Arbeitslosigkeit zu.

Aussagen:
a) Die Arbeitslosigkeit ist jahreszeitlich bedingt.
b) Durch Insolvenzen in allen Branchen entsteht im Jahr 20.. eine hohe Arbeitslosigkeit.
c) Durch den Einsatz neuer Maschinensysteme wurden 12 000 Arbeitskräfte eingespart.
d) Ein Angestellter findet nach seiner Entlassung erst einen Monat später eine neue Arbeitsstelle.
e) Rationalisierungen aufgrund neuer Erfindungen führen zu Enlassungen.

Aufgabe 20 — Ziele der Wirtschaftspolitik, Seite 377 ff., 384

Welches Ziel der Wirtschaftspolitik wird durch eine Reduzierung der Geldmenge angestrebt?

Ziele:
a) Wirtschaftswachstum
b) Außenwirtschaftliches Gleichgewicht
c) Preisniveaustabilität
d) Hoher Beschäftigungsstand
e) Optimaler Umweltschutz

Aufgabe 21 — Europäisches System der Zentralbanken, Seite 383 f.

Wer hat einen Sitz im EZB-Rat?

... hat/haben einen Sitz	1
... hat/haben keinen Sitz	2

Funktionsträger:
a) der EZB-Präsident
b) die Wirtschaftsminister der einzelnen EU-Länder
c) der EZB-Vizepräsident
d) die zuständigen Kommissare der EU
e) die Präsidenten der nationalen Zentralbanken
f) jedes der Mitglieder des EZB-Direktoriums
g) der Präsident des Europäischen Parlaments
h) der Präsident des Europäischen Rates

Aufgabe 22 — Mindestreservepolitik, Seite 391 f.

Folgende Daten liegen vor. Ein Unternehmen zahlt 100 000,00 EUR auf ein Girokonto ein. Der Mindestreservesatz beträgt 2 %. Außerdem hält die Bank 10 % der Einlagen als Kassenreserve.

Welche Kreditsumme kann die Bank unter diesen Bedingungen maximal ausleihen?

Aufgabe 23 — Geldmengenarten, Seite 387

Die EZB unterscheidet drei Geldmengenarten. Prüfen Sie, zu welcher Geldmengenart die folgenden Teilmengen gehören.

zur Geldmenge M1	1
zur Geldmenge M2	2
zur Geldmenge M3	3
zu keinem der Geldmengenaggregate	4

Teilmengen:
a) täglich fällige Einlagen
b) Einlagen mit vereinbarter Laufzeit bis zu zwei Jahren
c) Bargeldumlauf
d) Repogeschäfte
e) Geldmarktfondsanteile
f) Einlagen mit vereinbarter Laufzeit bis zu drei Jahren

Aufgabe 24 — Zinspolitik der EZB, Seite 390 ff.

Worauf treffen die folgenden Aussagen zu?

auf die Spitzenrefinanzierungsfazilität	1
auf die Einlagenfazilität	2
auf Einlagen- und Spitzenrefinanzierungsfazilität	3
auf keines dieser beiden Instrumente	4

Aussagen:
a) Mit diesem Instrument kann eine Bank sich über Nacht Geld beschaffen.
b) Mit diesem Instrument kann eine Bank überschüssige Liquidität bei der nationalen Zentralbank anlegen.
c) Diese Fazilität steht allen Banken zur Verfügung.
d) Der zugehörige Zinssatz bildet die Obergrenze auf dem Markt für Tagesgeld.
e) Der zugehörige Zinssatz bildet die Untergrenze auf dem Markt für Tagesgeld.
f) Der zugehörige Zinssatz ist der sog. Mindestbietungssatz.
g) Der Zinssatz dieses Instruments ist bestimmend für den sog. Basiszinssatz.

Aufgabe 25 — Geldpolitische Instrumente der EZB, Seite 390 ff.

Ordnen Sie die folgenden Instrumente der EZB richtig zu.

Das Instrument dient der Geldmengenexpansion	1
Das Instrument dient der Geldmengenkontraktion	2

Instrumente:
a) Senkung der Zinsen im Offenmarktgeschäft
b) Senkung der Zinsen für die Einlagenfazilität
c) Erhöhen der Zinsen in der Spitzenrefinanzierungsfazilität
d) Erhöhung der Mindestreservesätze
e) Emission eigener Schuldverschreibungen
f) Erhöhung des Refinanzierungsvolumens im Tenderverfahren

Aufgabe 26 — Inflation, Seite 315 f.

Welche der folgenden Maßnahmen und Entwicklungen sind nicht inflationsfördernd?

a) Reduktion der Staatsausgaben um 20 %
b) Senkung der Einkommensteuer am Übergang zur Hochkonjunktur
c) Anhebung der Körperschaftsteuer bei teilweiser Vollbeschäftigung
d) Auflegen eines Konjunkturpaketes in Höhe von 500 Mrd. EUR durch den Staat in einer Depressionsphase

e) Starker Anstieg des Imports von Waren und Dienstleistungen in der Hochkonjunktur
f) Ausweitung der Geldmenge M3 in einer Boomphase.

Aufgabe 27 — Geldpolitik, Seite 387 ff.

Die EZB will eine kontraktive Geldpolitik betreiben. Dazu ergreift sie eine geeignete Maßnahme, die einen Prozess von Reaktionen bewirken soll. Hier sind die Schritte dieses Prozesses genannt. Bringen Sie sie in die richtige Reihenfolge.

Prozessschritte:
a) Reduzierung der Liquidität der Banken
b) Stabilisierung des Preisniveaus
c) Dämpfung der gesamtwirtschaftlichen Nachfrage
d) Anhebung des Mindestbietungssatzes
e) Erhöhung der Kreditzinsen der Banken
f) Sinken der Kreditnachfrage

Aufgabe 28 — Mindestreservepolitik, Seite 391 f.

Im Folgenden sind Wirkungen genannt, die die EZB durch Änderung des Mindestreservesatzes anstrebt. Liegt diesen Wirkungen eine Senkung oder eine Erhöhung des Mindestreservesatzes zugrunde?

Senkung   1
Erhöhung   2

Wirkungen:
a) Das Kreditangebot wird knapper.
b) Das Zinsniveau sinkt.
c) Das Geldvolumen steigt.
d) Die Investitionsneigung nimmt ab.
e) Die Beschäftigung nimmt zu.
f) Die Güternachfrage steigt.

Aufgabe 29 — Offenmarktpolitik, Seite 392 ff.

Im Rahmen der Offenmarktpolitik der EZB werden folgende Transaktionen unterschieden:

Hauptrefinanzierungsgeschäfte	1
Längerfristige Refinanzierungsgeschäfte	2
Feinsteuerungsoperationen	3
Devisenswapgeschäfte	4
Strukturelle Operationen	5

Ordnen Sie die folgenden Aussagen den Transaktionen zu.

Aussagen:
a) Diese befristeten Ankäufe (keine Verkäufe!) werden regelmäßig monatlich ausgeschrieben. Sie stehen allen Banken offen. Sie haben eine Laufzeit von ca. drei Monaten.
b) Diese befristeten Geschäfte – neben Ankäufen auch Verkäufe – werden unregelmäßig (selten, nur bei Bedarf) ausgeschrieben: nur dann, wenn unvorhersehbare Veränderungen des Geldvolumens vorliegen. Die EZB muss dann schnell reagieren, um das Geldvolumen gezielt zu beeinflussen.
c) Die EZB setzt diese befristeten Geschäfte fallweise zur ergänzenden Feinsteuerung der Liquidität und der Zinssätze am Markt ein. Dabei kauft (verkauft) sie von (an) Banken Devisen zum Börsenpreis (Kassakurs) und vereinbart gleichzeitig einen Rückverkauf (-kauf) zu festem Termin und Rückgabepreis (Terminkurs).
d) Diese befristeten Ankäufe (keine Verkäufe!) werden regelmäßig wöchentlich ausgeschrieben und stehen allen Banken offen. Sie haben eine Laufzeit von 7 Tagen und verschaffen den Banken für diese Zeitspanne liquide Mittel.
e) Mit dieser Operation werden Geschäfte bezeichnet, die die Zusammensetzung der Geldmenge grundlegend verändern sollen. Will die EZB z. B. die Geldmenge M2 vergrößern, bietet sie für die Geschäfte Laufzeiten von maximal drei Monaten an.

Aufgabe 30 — Währung, Seite 313, 323

Setzen Sie die richtigen Begriffe in die Aussagen ein.

Währung Geldvolumen
Wechselkurs Kaufkraft
Konvertibilität Devisenbilanz
Geldmenge Parität
Swapsatz Freihandel

Aussagen:
a) .... ist das hoheitlich geordnete Geldwesen eines Landes.
b) Der Außenwert des Geldes wird durch .... ausgedrückt.
c) .... bedeutet, dass ein freier Umtausch der Währung gewährleistet ist.

Aufgabe 31 — Konvertibilität und Wechselkurs, Seite 323 ff.

Der Dollarkurs (Mengennotierung) ändert sich wie folgt: Alter Kurs: 1,00 EUR = 1,10 USD; neuer Kurs: 1,00 EUR = 1,20 USD. Solche Wechselkursänderungen haben Auswirkungen auf die Wirtschaft. Beurteilen Sie, ob die in den folgenden Sätzen genannten Auswirkungen sich aus der angeführten Kursänderung ergeben.

Ja 1
Nein 2

Auswirkungen:
a) Die Importe aus den USA verteuern sich.
b) Deutsche Exportgüter werden in den USA billiger.
c) Die Wechselkursänderung hat eine belebende Wirkung auf die Konjunktur in Deutschland.
d) Es entsteht ein Druck auf das europäische Preisniveau.
e) Für europäische Unternehmen entstehen eventuell Absatzschwierigkeiten.

Aufgabe 32 — Stabilitäts- und Wachstumspakt, Seite 406 f.

1996 wurde auf dem EU-Gipfel von Dublin ein „Stabilitäts- und Wachstumspakt" beschlossen. Überprüfen Sie, ob die folgenden Aussagen hierzu richtig oder falsch sind.

Richtig 1
Falsch 2

Aussagen:
a) Durch den Pakt soll die Verschuldung der Euroländer gefördert und die Inflationsrate gesenkt werden.
b) Der Pakt legt u. a. fest, dass die jährliche öffentliche Neuverschuldung höchstens 3 % des Bruttoinlandsprodukts (BIP) betragen darf. Eine Überschreitung dieses Wertes ist ausnahmsweise aufgrund eines außergewöhnlichen Ereignisses oder aufgrund eines schweren Wirtschaftsabschwungs erlaubt.
c) Der Pakt soll u. a. die politische Unabhängigkeit der EZB untermauern und die Stabilität des Euro fördern.
d) Überschreitet ein Mitgliedsland bei der Neuverschuldung die Marke von 4 %, sendet die Kommission ihm im Rahmen eines Frühwarnsystems einen „blauen Brief".
e) Der Pakt erlaubt es, Geldstrafen bis zur Höhe von 5 % des Bruttoinlandsprodukts aller EU-Staaten zu verhängen.
f) Als Deutschland und Frankreich die Defizitgrenzen 2003 überschritten, wurden sie mit einer Buße von 0,3 % des Bruttoinlandsprodukts aller EU-Staaten belegt.

Aufgabe 33 — IWF, WTO, Seite 327 ff.

IWF und WTO sind Organisationen, die wichtige Aufgaben zur Förderung des Welthandels übernehmen. Ordnen Sie die folgenden Aussagen diesen Organisationen richtig zu.

IWF 1
WTO 2
Weder IWF noch WTO 3

Aussagen:
a) Aufgabe der Organisation ist die Überwachung des internationalen Währungs- und Finanzsystems.
b) Die Organisation als Nachfolgerin des GATT fördert das Wirtschaftswachstum und den Wohlstand.
c) Die Organisation berät ehemals durch Planwirtschaft gekennzeichnete Volkswirtschaften.
d) Bei Zahlungsschwierigkeiten hilft die Organisation mit Krediten. Die Kredite werden aus den Kapitaleinlagen der Mitgliedstaaten finanziert.
e) Die Organisation bietet Foren für internationale Handelsrunden, beobachtet die nationale Handelspolitik der Staaten und unterstützt Entwicklungsländer beim internationalen Handel.
f) Diese Organisation führte die PISA-Studie durch, die den Lernstand von Schülern international erfassen sollte.
g) Die Arbeit der Organisation vollzieht sich nach folgenden Prinzipien:
  1. Liberalisierung des Welthandels
  2. Wechselseitigkeit der gegenseitigen Abkommen
  3. Keine Diskriminierung von Drittländern
  4. Transparenz des Welthandels

Aufgabe 34 — Arbeitsmarktsteuerung, Seite 424 f.

Die Arbeitsmarktsteuerungsmittel der Bundesagentur für Arbeit umfassen Mittel der aktiven und der passiven Arbeitsmarktsteuerung. Ordnen Sie die folgenden Maßnahmen richtig zu.

- Mittel der aktiven Arbeitsmarktsteuerung   1
- Mittel der passiven Arbeitsmarktsteuerung 2
- Kein Mittel der Arbeitsmarktsteuerung   3

Maßnahmen:
a) Zahlung von Zuschüssen an Betriebe für die Beschäftigung von Menschen mit Behinderungen
b) Förderung von Forschung und Entwicklung
c) Zahlung von Arbeitslosengeld I
d) Zahlung von Saison-Kurzarbeitsgeld
e) Zahlung von Arbeitslosengeld II
f) Anhebung der degressiven AfA für bewegliche Wirtschaftsgüter von 20 % auf 30 %
g) Vermittlung von Arbeitslosen an Betriebe
h) Kürzung des Arbeitslosengeldes bei Ablehnung einer angebotenen Beschäftigung
i) Zahlung von Gründungszuschüssen zur Aufnahme einer selbstständigen Tätigkeit

Aufgabe 35 — Stabilitätsgesetz, Seite 377 ff.

Das Stabilitätsgesetz nennt vier wirtschaftliche Ziele, die als „Magisches Viereck" bekannt geworden sind. Welche der folgenden Ziele gehören dazu bzw. nicht dazu?

Das Ziel gehört zum Magischen Viereck.   1
Das Ziel gehört nicht zum Magischen Viereck. 2

Ziele:
a) Hoher Beschäftigungsstand
b) Stabiles Preisniveau
c) Umfassender Schutz der Umwelt
d) Angemessenes Wirtschaftswachstum
e) Außenwirtschaftliches Gleichgewicht
f) Gleiche Einkommensverteilung

Aufgabe 36 — Globalisierung, Seite 338 ff.

Wir leben heutzutage in einer globalisierten Wirtschaftswelt. Durch welche der folgenden Aussagen wird die Globalisierung richtig gekennzeichnet?

Aussagen:
a) In der globalisierten Welt werden die Unternehmen zunehmend mit einem weltweiten Wettbewerb konfrontiert.

Für Ihre Prüfung

b) Internationale Organisationen wie IWF und WTO bemühen sich, den weltweiten Wettbewerb einzuschränken, um die Gefahren durch Globalisierung einzudämmen.
c) Global tätige Unternehmen („Global Players") exportieren in alle Welt, meiden aber aus Konkurrenzgründen die Einrichtung von Standorten im Ausland.
d) Die modernen Kommunikations- und Transportsysteme behindern die Globalisierung mehr, als dass sie sie fördern.
e) In der globalisierten Welt beruht die Mehrzahl der weltweiten Finanztransaktionen nicht auf Import- und Exportgeschäften, sondern auf spekulativen Geschäften.

Aufgabe 37 — Unternehmensstrategien, Seite 345 ff.

Um im Wettbewerb bestehen zu können, müssen Unternehmen Erfolg versprechende Strategien entwickeln. Welche der folgenden Aussagen zu Unternehmensstrategien sind falsch?

Aussagen:
a) Strategien sind Ergebnisse der operativen Zielplanung des Unternehmens.
b) Strategien sind immer grundsätzliche und langfristige Entwürfe über das Vorgehen des Unternehmens.
c) Strategien sind immer auf das Unternehmen als Ganzes bezogen, niemals auf einzelne Funktionen wie Absatz oder Beschaffung.
d) Die strategischen Unternehmensziele leiten sich aus den Unternehmensstrategien ab.
e) Eine Strategie kann Handlungsspielräume immer nur grob abstecken. Diese Spielräume zu schließen, ist die Aufgabe der abgestuften Unternehmensplanung.

Aufgabe 38 — Unternehmensstrategien, Seite 345 ff.

Der Strategieentwicklungsprozess umfasst die folgenden – nicht geordneten – Prozessschritte. Bringen Sie sie in die richtige Reihenfolge, indem Sie Nummern von 1 bis 8 verteilen. Beachten Sie: Einer der Schritte kommt an zwei verschiedenen Stellen vor. Er erhält also zwei Nummern.

Prozessschritte:
a) Ableitung einer generellen Strategie (grobe Idee)
b) Definition von Projekten zur Umsetzung der langfristigen Strategie
c) Formulierung einer Unternehmensphilosophie
d) Ableitung einer konkreteren langfristigen Strategie
e) Erarbeitung und Bewertung von alternativen Strategien
f) Ableitung von Grundzielen
g) Transformation in strategische Ziele

Aufgabe 39 — Projektmanagement, Seite 350 ff.

Im Folgenden werden Aussagen zu Projekten und zum Projektmanagement gemacht. Prüfen Sie, ob diese Aussagen richtig sind.

Richtig 1
Falsch   2

Aussagen:
a) Ein Projekt ist ein sachlich und zeitlich unbegrenztes Vorhaben zur fortgesetzten Problemlösung.
b) Projekte werden von einem Auftraggeber (z. B. Geschäftsführung) an einen Auftragnehmer (Projektteam) vergeben.
c) Der Projektauftrag sollte unbedingt Angaben über die Höhe des zur Verfügung gestellten Projektbudgets enthalten.
d) Für die Projektsteuerung ist der Auftraggeber des Projekts zuständig.
e) Die wesentlichen Aufgaben des Projektmanagements sind die Projektvorbereitung, Projektplanung, Projektsteuerung, Projektüberwachung und Projektdokumentation.
f) Projekte sollten zwar ergebnisoffen durchgeführt werden, jedoch sollten Meilensteine gesetzt werden.
g) Der Projektleiter formuliert das Pflichtenheft (u. a. das Projektziel), welches auch als Lastenheft bezeichnet wird.
h) Der Projektplan enthält den Strukturplan, den Ablauf- und Terminplan, den Kapazitätsplan und den Kostenplan.

Aufgabe 40 — Stabilitätspolitik der EU, Seite 406 f.

Ab 2010 gerieten mehrere Euro-Länder in Staatsschuldenkrisen, die die Funktionsfähigkeit der Wirtschafts- und Währungsunion gefährdeten. Zur Stabilisierung wurde der Stabilitäts- und Wachstumspakt von Dublin (1996) verstärkt und der Europäische Stabilitätsmechanismus (ESM) geschaffen.

Welche Obergrenzen setzt der Stabilitäts- und Wachstumspakt den Mitgliedsländern

a) für die jährliche Neuverschuldung? ____ % des BIP
b) für die Summe der Staatsschulden? ____ % des BIP

Prüfen Sie, ob die folgenden Aussagen richtig sind.

Richtig 1
Falsch 2

Aussagen:

c) Die EU-Kommission koordiniert die Haushalts- und Wirtschaftspolitik der EU-Länder.
d) Alle EU-Länder müssen jährliche Stabilitätsprogramme ausarbeiten.
e) Die EU-Kommission kann bei Missachtung des Stabilitäts- und Wachstumspakts die entsprechenden Länder mit finanziellen Sanktionen belasten.
f) Der ESM ist ein Unterstützungsfonds für alle EU-Länder, die in eine Schuldenkrise geraten.
g) Der ESM darf Garantien für Euro-Länder übernehmen, die aufgrund von Zahlungsschwierigkeiten ihre Anleihen in neue Anleihen mit längerer Laufzeit und niedrigerem Zins umschulden müssen.

Aufgabe 41 — Minijobs, Seite 422

Welche Aussagen zu Minijobs sind richtig?

Richtig 1
Falsch 2

Aussagen:

a) Als geringfügig gilt eine Beschäftigung mit einem regelmäßigen monatlichen Arbeitsentgelt bis 450,00 EUR.
b) Der Arbeitnehmer muss dem Arbeitgeber seine Steueridentifikationsnummer angeben.
c) Der Arbeitgeber zahlt pauschale Abgaben an die Rentenversicherung Knappschaft-Bahn-See.
d) Für Minijobs fallen keine Lohnsteuerzahlungen an.
e) Bei einem regelmäßigen monatlichen Arbeitsentgelt bis 850,00 EUR werden die Sozialversicherungsbeiträge des Arbeitnehmers von einem sog. Gleitzonenentgelt entrichtet.
f) Bei kurzfristigen Beschäftigungen kann die Lohnsteuer gemäß den elektronischen Lohnsteuermerkmalen oder aber pauschal vom Arbeitgeber in Höhe von 25 % gezahlt werden.

Aufgabe 42 — Wachstumspolitik und Wachstumsgrenzen, Seite 430 ff.

Welche der folgenden Aussagen zu Wachstumspolitik und Wachstumsgrenzen sind richtig?

Richtig 1
Falsch 2

Aussagen:

a) Die Wachstumspolitik ist darauf ausgerichtet, den Wachstumstrend des Produktionspotenzials der Volkswirtschaft zu verbessern.
b) In der Bundesrepublik Deutschland ist der Produktionsfaktor Boden besonders wachstumsfördernd.
c) Im Rahmen der Wachstumspolitik sind hohe Staatsausgaben zum Ausbau des Bildungssystems sowie die Förderung von Forschungsprojekten sinnvoll.
d) Durch ungebremstes quantitatives Wachstum besteht die Gefahr des Zusammenbruchs des ökologischen Systems.
e) Das Bruttoinlandsprodukt (BIP) ist das ideale Instrument zur Messung des qualitativen Wachstums.
f) Um den Net Economic Welfare (den wirtschaftlichen Nettowohlstand) zu messen, addiert man zum BIP die sog. sozialen Kosten und subtrahiert nicht im BIP erfasste Leistungen, die die Lebensqualität erhöhen.

Abschlussprüfung 1

Wirtschafts- und Sozialkunde

28 Aufgaben
60 Minuten Prüfungszeit
100 Punkte

Als Hilfsmittel ist nur ein nicht programmierbarer Taschenrechner erlaubt.

Sie sind Mitarbeiter/-in der nebenstehend angegebenen Motorenbau GmbH, kurz: Mobau.

Auf dieses Unternehmen bezieht sich ein Teil der nachfolgenden Aufgaben.

Firmenbezeichnung: Motorenbau GmbH
Logo: *Mobau*   **Firmensitz:** Essen
Gegenstand des Unternehmens: Bau von Motoren für Maschinen und elektromechanische Geräte
Gesellschafter und Geschäftsführer:
Erika Evertz, Kauffrau; Werner Altmann, Kaufmann
Handelsregister: Amtsgericht I, Essen, HRB 4345
Mitarbeiterzahl: etwa 2 050
Absatzmärkte: weltweit
Kommunikationsdaten:
Niersstr. 12–18
45128 Essen
Tel: 0201 7392-0
Fax: 0201 7392-10
E-Mail: motoren@mobau.de
Internet: www.mobau.de
Bankverbindung: Deutsche Bank, Essen
Abhängiges Unternehmen: Getriebe GmbH, Köln (Kapitalbeteiligung 100 %)

1. Aufgabe
Bei der Aus- und Fortbildung ihrer Mitarbeiter legt die Motorenbau GmbH größten Wert auf die Erlangung von Handlungskompetenz. Diese umfasst vier Teilkompetenzen. Nennen Sie die Teilkompetenzen.

(1) _____   (2) _____
(3) _____   (4) _____

2. Aufgabe (2 Lösungen)
Die Motorenbau GmbH (Mobau) muss hinsichtlich der von ihr geschlossenen Berufsausbildungsverträge die Vorschriften des Berufsbildungsgesetzes beachten. Welche der folgenden Sätze geben entsprechende Vorschriften richtig wieder?

(1) Mobau wäre zur Berufsausbildung nicht geeignet, wenn sie die erforderlichen Kenntnisse und Fertigkeiten nicht in vollem Umfang in ihrem Betrieb vermitteln könnte.
(2) Mobau kann die Berufsausbildung bis zu einem Drittel der Ausbildungsdauer auch im Ausland durchführen.
(3) Mobau darf eine Berufsausbildung nur in staatlich anerkannten Ausbildungsberufen durchführen.
(4) Mobau muss für jeden Auszubildenden schriftliche Ausbildungsnachweise führen.
(5) Mobau muss Überstunden besonders vergüten oder durch Freizeit ausgleichen.

3. Aufgabe
Eric Schlau, Auszubildender bei Mobau, erhält fünf Monate nach Ausbildungsbeginn einen Studienplatz. Er kündigt sofort seinen Ausbildungsvertrag schriftlich mit einer Frist von 4 Wochen.
Welche Aussage ist in diesem Zusammenhang richtig?

(1) Mobau kann auf Vertragserfüllung bestehen, denn eine Kündigung ist nur in der Probezeit möglich.
(2) Die gesetzliche Kündigungsfrist beträgt für diesen Fall sechs Wochen zum Quartalsende.
(3) Die Kündigung erfolgt vorschriftsmäßig und ist gültig.
(4) Da hier ein wichtiger Grund vorliegt, kann die Kündigung nur fristlos erfolgen.
(5) Die Kündigung ist ungültig, weil das Ausbildungsverhältnis nur durch einen Aufhebungsvertrag beendet werden kann.

4. Aufgabe
Erika Schmidt, Angestellte bei Mobau, ist im 7. Monat schwanger. Ihr Nettomonatseinkommen beträgt 3 000,00 EUR. Nach der Geburt ihres Kindes wird sie die Zahlung von Elterngeld beantragen.
Welche der folgenden Aussagen ist richtig?

(1) Das Elterngeld beträgt 67 % von Schmidts Nettoeinkommen.
(2) Das Elterngeld beträgt 1 800,00 EUR.
(3) Das Elterngeld ist ein Jahr lang von Mobau zu zahlen.
(4) Anstelle des Elterngeldes kann Schmidt Mutterschaftshilfe beantragen.

5. Aufgabe (2 Lösungen)
Mobau muss die Vorschriften des Jugendarbeitsschutzgesetzes beachten.
In welchen der folgenden Fälle tut sie dies nicht?

(1) Sie beschäftigt Jugendliche täglich 8 Stunden an 5 Tagen pro Woche.
(2) Die Mittagspause beträgt dabei 60 Minuten.
(3) Auf Wunsch werden die Jugendlichen auch regelmäßig am Samstag beschäftigt.
(4) Jugendliche, die am Beginn des Kalenderjahres 17 Jahre alt sind, erhalten 24 Tage Urlaub.
(5) Jugendliche werden an Berufsschultagen nicht beschäftigt.

6. Aufgabe
Mobau legt großen Wert auf die Verhütung von Arbeitsunfällen. Sie hängt z. B. die Unfallverhütungsvorschriften im Betrieb aus.
Wer gibt die Unfallverhütungsvorschriften heraus?

(1) die Gewerbeaufsichtsbehörde des Landes
(2) die zuständige Berufsgenossenschaft
(3) der Technische Überwachungsverein
(4) die Bundesanstalt für Arbeitsschutz und Arbeitsmedizin
(5) das Bundesarbeitsministerium

7. Aufgabe
Der Angestellte Ernst Schulz klagt beim Arbeitsgericht wegen einer nach seiner Ansicht sozial ungerechtfertigten Kündigung durch Mobau.
Geben Sie an, wie das gerichtliche Verfahren in diesem Fall abläuft.

(1) Anträge der Streitparteien → Güteverhandlung → streitige Verhandlung → Urteil oder Vergleich
(2) Klage → Güteverhandlung → streitige Verhandlung → Urteil oder Vergleich
(3) Anträge der Streitparteien → Aufklärung des Sachverhalts durch das Gericht → Beschluss
(4) Anträge der Streitparteien → Aufklärung des Sachverhalts durch das Gericht → Urteil oder Vergleich

8. Aufgabe (3 Lösungen)
Mobau ist eine Gesellschaft mit beschränkter Haftung.
Welche der folgenden Aussagen treffen somit für Mobau zu?

(1) Mobau ist eine juristische Person öffentlichen Rechts.
(2) Die Metall AG ist Gläubigerin von Mobau. Wegen ausstehender Forderungen muss sie einen der Gesellschafter Evertz und Altmann oder auch beide verklagen.
(3) Bei einer solchen Klage wird die GmbH durch ihre Gesellschafter vor Gericht vertreten.
(4) Bei genauer Betrachtung ist Mobau keine Gesellschaft, sondern eine besondere Form des Vereins.
(5) Von den Begriffen Personal-GmbH und Kapital-GmbH trifft auf Mobau die Bezeichnung Personal-GmbH zu.
(6) Wären die Gesellschafter Evertz und Altmann nicht zugleich auch Geschäftsführer, könnten sie Mobau nicht bei Geschäften mit Dritten vertreten.

9. Aufgabe (2 Lösungen)
Mobau ist beim Amtsgericht I, Essen, unter der Nummer HRB 4345 ins Handelsregister eingetragen.
Welche Aussagen sind in Bezug auf Handelsregistereintragungen richtig?

(1) Unter „HRB" werden Einzelunternehmen, Personen- und Kapitalgesellschaften sowie Genossenschaften eingetragen.
(2) Jedermann kann die Eintragungen von Mobau im Internet unter www.handelsregister.de einsehen.
(3) Unter der Nummer HRB 4345 finden Sie unter anderem folgende Eintragung:
   4. Prokura: Erwin Grande, Einzelprokura
   Diese Eintragung gilt als gelöscht.
(4) Mobau meldet eine Änderung ihres Stammkapitals mit einem Einschreiben zur Eintragung an.
(5) Das eingetragene Stammkapital von Mobau beträgt 200 000,00 EUR. Folglich haftet Mobau ihren Gläubigern nur in Höhe dieses Betrages für ihre Schulden.

10. Aufgabe (2 Lösungen)
Kapitalgesellschaften sind unter festgelegten Umständen verpflichtet, einen Aufsichtsrat zu bilden.
Was gilt diesbezüglich für Mobau?

(1) Der Aufsichtsrat besteht aus 12 Mitgliedern.
(2) Mobau ist nicht zur Bildung eines Aufsichtsrats verpflichtet.
(3) Vier Aufsichtsratsmitglieder sind Arbeitnehmervertreter.
(4) Der Aufsichtsratsvorsitzende hat bei Stimmengleichheit im 2. Wahlgang ein doppeltes Stimmrecht.
(5) Der Aufsichtsrat wird nach den Vorschriften des Montanmitbestimmungsgesetzes gebildet.

11. Aufgabe
Mobau besitzt ein Tochterunternehmen, die Getriebe GmbH. Die Kapitalbeteiligung beträgt 100 %.
Welcher Begriff trifft für diesen Unternehmenszusammenschluss zu?

Es handelt sich um
(1) eine ARGE
(2) ein virtuelles Unternehmen
(3) ein Syndikat
(4) ein Kartell
(5) einen Unterordnungskonzern
(6) einen Gleichordnungskonzern
(7) einen Trust

12. Aufgabe
Als GmbH ist Mobau gewerbesteuerpflichtig. Im Jahr 20.. beläuft sich ihr Gewerbeertrag auf 320 Mio. EUR. Die Steuermesszahl beträgt 3,5 %, der Hebesatz 420 %.
Berechnen Sie die Gewerbesteuer.

13. Aufgabe (2 Lösungen)
Evertz und Altmann, die Gesellschafter von Mobau, sind mit ihren Einkünften einkommensteuerpflichtig.
Welche der folgenden Aussagen treffen auf sie zu?

(1) Evertz und Altmann beziehen keine Gewinneinkünfte, sondern Überschusseinkünfte.
(2) Von ihren Gewinneinkünften können sie Werbungskosten abziehen.
(3) Vom sog. Gesamtbetrag der Einkünfte können sie Sonderausgaben abziehen.
(4) Vorsorgeaufwendungen können sie in beschränkter Höhe als außergewöhnliche Belastungen abziehen.
(5) Altmann ist verheiratet. Seine Einkommensteuer wird nach dem Splittingtarif berechnet.

Zusammenhängende Aufgaben

Situation zur 14. bis 17. Aufgabe
Als Unternehmen mit weltweiten Absatzmärkten ist Mobau auf Freihandel und konvertible Währungen angewiesen. Sie hat soeben eine Lieferung von 1 000 Motoren zum Preis von 150 000,00 AUD an die Melbourne Machines Ltd. in Australien durchgeführt.

14. Aufgabe (3 Lösungen)
Welche der folgenden Aussagen zum Freihandel und zur Währungskonvertibilität sind richtig?

(1) Bei Freihandel ist es günstig, Güter zu importieren, die im Inland kostengünstiger als im Ausland produziert werden können.
(2) Protektionismus führt zu Handelshemmnissen. Dazu gehören tarifäre (z. B. Zölle, Verbrauchsteuern, Einfuhrumsatzsteuer) und nichttarifäre Hemmnisse (z. B. Ein- und Ausfuhrverbote und -kontingente, spezielle Genehmigungsverfahren und Auflagen, Ausfuhrzuschüsse).

(3) Ausfuhrzuschüsse werden letztlich vom Steuerzahler des Importlandes finanziert.
(4) Eine Währung ist konvertibel, wenn sie für laufende Geschäfte frei ein- und ausgeführt und gegen Devisen getauscht werden darf.
(5) Der Euro ist eine konvertible Währung. Deshalb kann Mobau als Exporteur Devisen über die Banken verkaufen. Der Wechselkurs wird dabei in der Eurozone als Mengennotierung angegeben.
(6) Die Mengennotierung für den Australischen Dollar (AUD) betrage zu einem bestimmten Zeitpunkt 1,3482. Das bedeutet, dass Mobau für 1,00 AUD 1,3482 EUR von ihrer Bank erhält.

15. Aufgabe
Bei der Kalkulation von Mobau für das oben genannte Geschäft liegt der Briefkurs bei 1,3078, der Geldkurs bei 1,3073.
Mit welchem Euro-Verkaufserlös rechnet Mobau?

16. Aufgabe
Zum Zahlungstermin liegt der Briefkurs bei 1,3140, der Geldkurs bei 1,3134.
Welche der folgenden Aussagen ist richtig?

(1) Der Euro hat eine Abwertung erfahren.
(2) Mobau erzielt aufgrund der Kursänderung eine Erlößeinbuße von 541,19 EUR.
(3) Mobau erzielt aufgrund der Kursänderung einen Erlös von 114 207,40 EUR.

17. Aufgabe (2 Lösungen)
Welche der folgenden Aussagen geben Sachverhalte richtig wieder, die Mobau bei ihren Auslandsgeschäften beachten muss?

(1) Bei Geschäften mit EU-Ländern kann es niemals zu Änderungen des Devisenkurses kommen.
(2) Australien und die EU-Staaten sind Mitglieder des IWF. Deshalb stehen ihre Währungen in einer festen Parität zum US-Dollar.
(3) Bei der oben genannten Lieferung von Mobau an die Melbourne Machines Ltd. fallen 19 % Umsatzsteuer an.
(4) Bei der Ausfuhr ihrer Produkte (Motoren, Getriebe) nach Australien muss Mobau weder mit Ausfuhrverboten noch mit Ausfuhrkontingentierungen rechnen.
(5) Bei Materialeinkäufen in EU-Ländern fallen für Mobau keine Zölle, aber deutsche Erwerbsteuer an.

Situation zur 18. bis 20. Aufgabe
Mobau ist dem Arbeitgeberverband der Metall- und Elektroindustrie (AGB), Köln, angeschlossen. Dieser hat mit der IG-Metall Entgelt-, Rahmen- und Manteltarifverträge geschlossen. Der zurzeit gültige Entgelttarifvertrag hat eine Laufzeit von einem Jahr. Diese endet am 30.04. des laufenden Jahres. Die einsetzenden Tarifverhandlungen verlaufen zunächst ergebnislos. Kurz darauf kommt es zum Streik. Mobau reagiert mit Aussperrungen.

18. Aufgabe

Ordnen Sie die folgenden Verträge/Sachverhalte mithilfe der angegebenen Ziffer

dem Entgelttarifvertrag zu	1
dem Rahmentarifvertrag zu	2
dem Manteltarifvertrag zu	3
keinem der Tarifvertragsarten zu	4

Sachverhalte:

(1) Der Vertrag regelt u. a. die Mitbestimmung der Arbeitnehmer im Aufsichtsrat des Unternehmens.
(2) Der Vertrag legt u. a. die Zahlung von Zuschüssen zu vermögenswirksamen Leistungen fest.
(3) Der Vertrag legt u. a. die Höhe von Sonderzuschlägen fest.
(4) Während der Laufzeit des Vertrags gilt die Friedenspflicht.
(5) Der Vertrag darf die Gleichbehandlung von nichtorganisierten Arbeitnehmern verbieten.

19. Aufgabe (2 Lösungen)

Stellen Sie fest, welche der folgenden Maßnahmen nach dem Ablauf des Tarifvertrags rechtens sind.

(1) Vor dem Streikaufruf der Gewerkschaft führt die Belegschaft einen halbtägigen Warnstreik durch.
(2) Die IG Metall ruft einen Solidaritätsstreik mit den Beschäftigten des öffentlichen Dienstes aus.
(3) Während des nachfolgend ausgerufenen Streiks zahlt Mobau an Streikende kein Arbeitsentgelt.
(4) Während dieses Streiks lässt Mobau es zu, dass Streikbrecher im Betrieb weiterarbeiten.
(5) Mobau stellt bei diesem Streik Streikenden, die nicht Gewerkschaftsmitglieder sind, eine außerordentliche Kündigung wegen Verletzung der Arbeitspflicht zu.

20. Aufgabe (2 Lösungen)

In welchen der folgenden Fälle verstößt Mobau gegen gültiges Recht?

(1) Um dem Streik zuvorzukommen, sperrt sie schon vor dem Streikaufruf der Gewerkschaft die Gewerkschaftsmitglieder von der Arbeit aus.
(2) Nach dem Streikaufruf schließt sie den Betrieb und sperrt somit auch alle Arbeitswilligen aus.
(3) Nach einer Woche Arbeitskampf hebt sie einseitig die Aussperrung wieder auf.
(4) Nach dem Ende des Streiks weigert sie sich, auch den nichtorganisierten Arbeitnehmern die vereinbarte Entgelterhöhung zu zahlen.
(5) Nach dem Ende des Streiks weigert sie sich, Arbeitnehmer, die als Streikposten tätig waren, weiterzubeschäftigen.

Situation zur 21. bis 23. Aufgabe

Die Europäische Zentralbank (EZB) ist der Stabilität des Preisniveaus verpflichtet. Diese wird in der EU mithilfe des Harmonisierten Verbraucherpreisindex gemessen. Die EZB sieht das Preisniveau als stabil an, wenn die jährliche Preissteigerungsrate 2 % nicht übersteigt. Im Jahr 20.. betrage die Preissteigerungsrate jedoch fast 3 %.

21. Aufgabe

Der Warenkorb für die Ermittlung des Preisniveaus besteht aus vielen Gütern. Zur Vereinfachung wählen wir ein Modell, in dem der Warenkorb auf fünf Güter beschränkt ist.
Bestimmen Sie die prozentuale Veränderung des Preisniveaus gegenüber dem Vorjahr.

Gut	Preis je kg in EUR im		Wägungs-anteile	Wert des Warenkorbs im	
	Vorjahr	Berichtsjahr		Vorjahr	Berichtsjahr
A	3,75	3,82	4		
B	0,90	0,91	3		
C	2,07	2,13	7		
D	13,80	14,05	2		
E	22,50	23,73	1		
Summe					

22. Aufgabe (2 Lösungen)
Welche der folgenden Maßnahmen der EZB sind bei der Inflationsrate von 3 % geeignet, die Stabilität des Preisniveaus zu fördern?

(1) Die EZB kauft im Rahmen von Offenmarktgeschäften verstärkt Wertpapiere von den Banken.
(2) Die EZB setzt den Mindestbietungssatz von 2,5 % auf 3,5 % herauf und erhöht zugleich den Spitzenrefinanzierungssatz und den Einlagensatz.
(3) Die EZB trifft kombinierte Maßnahmen zur Vergrößerung der Geldmenge M3.
(4) Die EZB erhöht den Mindestreservesatz.
(5) Die EZB kauft im Rahmen von Swapgeschäften in erhöhtem Umfang Devisen von den Banken.

23. Aufgabe (2 Lösungen)
Welche der folgenden Aussagen sind hinsichtlich der Geldpolitik der EZB richtig?

(1) Die EZB unterstützt die Wirtschaftspolitik der EU-Länder auch, wenn dabei das Ziel der Geldwertstabilität verletzt werden muss.
(2) Die nationalen Zentralbanken der Euro-Länder sind an die Weisungen der EZB gebunden.
(3) Die EZB benötigt bei geldpolitischen Maßnahmen die Zustimmung der EU-Kommission.
(4) Die EZB veröffentlicht die von ihr angestrebte stabilitätsorientierte Zielinflationsrate nicht.
(5) Die EZB plant das von ihr gewünschte Wachstum der Geldmenge M3.

Situation zur 24. und 25. Aufgabe
Heike Dittrich, 30 Jahre, ist nach bestandener Berufsabschlussprüfung vier Monate arbeitslos und findet dann eine Stelle in der Arbeitsvorbereitung von Mobau. Sie weiß, dass sie sozialversicherungspflichtig ist und legt dem Arbeitgeber bei der Arbeitsaufnahme ihren Sozialversicherungsausweis vor. Ihre Krankenkasse ist die Techniker Krankenkasse.

24. Aufgabe (2 Lösungen)
Welche Aussagen treffen bezüglich der Beiträge und der Meldung von Sozialdaten zu?

(1) Die Techniker Krankenkasse ist die Beitragseinzugsstelle für Dittrichs Kranken-, Pflege-, Renten-, Arbeitslosen- und Unfallversicherung.
(2) Dittrich hat der Krankenkasse ihre Sozialdaten unverzüglich nach Arbeitsaufnahme auf elektronischem Weg über das Internetportal sv.net zu melden.
(3) Zu den Meldepflichten von Mobau gehört u. a. die Meldung von Dittrichs Jahresentgelt.
(4) Mobau muss der Krankenkasse ggf. auch die Mutterschaft, die Arbeitsunfähigkeit, die Arbeitsunfälle und die Urlaubstage von Dittrich melden.
(5) Dittrichs Sozialversicherungsbeiträge sind monatlich von Mobau an die Einzugsstelle abzuführen.

25. Aufgabe (2 Lösungen)
Welche Rechte und Pflichten hat Dittrich bezüglich ihrer Arbeitslosigkeit gegenüber der Agentur für Arbeit?

(1) Ihr steht Arbeitslosengeld I für maximal 15 Monate zu.
(2) Sie muss der Arbeitsvermittlung zur Verfügung stehen, muss sich aber nicht selbst um Arbeit bemühen.
(3) Sie muss jede zumutbare Arbeit annehmen; wenn nicht, wird ihr Arbeitslosengeld für zunächst drei Wochen gesperrt.
(4) Allerdings muss die Arbeitsagentur nachweisen, dass eine angebotene Beschäftigung zumutbar ist.
(5) Da sie ledig ist, ist sie auf Verlangen der Arbeitsagentur verpflichtet, bundesweit nach einer Arbeitsstelle zu suchen.

Nicht zusammenhängende Aufgaben

26. Aufgabe
Das Volkseinkommen eines Landes steigt im Jahr 20.. von 260 Mrd. EUR auf 266,76 Mrd. EUR. Im selben Jahr steigt der Verbraucherpreisindex von 108 % auf 110,16 %.
Berechnen Sie

(1) das nominale Wohlstandswachstum,
(2) das reale Wohlstandswachstum.

27. Aufgabe
Für das Jahr 20.. weist die volkswirtschaftliche Gesamtrechnung eines Landes folgende Zahlen aus:
Bruttoinlandsprodukt zu Marktpreisen 400 Mrd. EUR,
Saldo der Primäreinkommen aus der übrigen Welt 5 Mrd. EUR,
Subventionen vom Staat 12 Mrd. EUR,
Produktions- und Importabgaben 25 Mrd. EUR,
Abschreibungen 36 Mrd. EUR,
Arbeitnehmerentgelt 242,08 Mrd. EUR.
Berechnen Sie

(1) das Nettoinlandsprodukt zu Marktpreisen,
(2) das Nettoinlandsprodukt zu Faktorkosten,

(3) das Bruttonationaleinkommen zu Marktpreisen,
(4) das Volkseinkommen,
(5) die Lohnquote,
(6) die Gewinnquote.

28. Aufgabe (4 Lösungen)
Inflation und Deflation sind gefährliche Stabilitätsprobleme des Geldwerts.
Geben Sie an, welche der folgenden Aussagen diese Probleme richtig beschreiben.

(1) Eine Inflation liegt vor, wenn einzelne Güterpreise nachhaltig ansteigen.
(2) Zu einer verdeckten Inflation kann es kommen, wenn der Staat Höchstpreise verordnet, die unter den Gleichgewichtspreisen liegen.
(3) Die Deflation hat oft eine „Flucht in die Sachwerte" zur Folge.
(4) Die Stagflation bezeichnet eine stagnierende Wirtschaft bei gleichzeitig sinkendem Preisniveau.
(5) Zur Inflation kann es kommen, wenn die gesamtwirtschaftliche Nachfrage langsamer steigt als das gesamtwirtschaftliche Güterangebot.
(6) Eine Angebotsinflation entsteht, wenn Kostensteigerungen nicht durch Rationalisierungen aufgefangen werden können und die Preisforderungen tatsächlich durchgesetzt werden können.
(7) Der Staat kann eine Deflation ggf. verhindern, indem er fehlende Privatnachfrage durch erhöhte Staatsnachfrage ersetzt.
(8) Wenn steigende Preise nicht mehr durchgesetzt werden können, kann die Inflation in eine Depression führen.

Abschlussprüfung 2

Wirtschafts- und Sozialkunde

28 Aufgaben
60 Minuten Prüfungszeit
100 Punkte

Als Hilfsmittel ist nur ein nicht programmierbarer Taschenrechner erlaubt.

Sie sind Mitarbeiter/-in der nebenstehend angegebenen Metallsysteme Walter GmbH, kurz MWG.

Auf dieses Unternehmen bezieht sich ein Teil der nachfolgenden Aufgaben.

Firmenbezeichnung: Metallsysteme Walter GmbH
Logo: MWG **Firmensitz:** Köln
Gegenstand des Unternehmens: Herstellung und Vertrieb von hochwertigen Metallgeweben
Gesellschafter und Geschäftsführer:
Dr. Paul Walter, Ingenieur, und Peter Müller, Kaufmann
Handelsregister: Amtsgericht I, Köln, HRB 4469
Mitarbeiterzahl: ca. 480, davon 21 Auszubildende
Absatzmärkte: europaweit
Kommunikationsdaten:
Neusser Straße 12
50677 Köln
Tel: 0221 721665-0
Fax: 0221 721665-10
E-Mail: metallsysteme@mwg.de
Bankverbindung: Kölner Bank e. G., Köln

1. Aufgabe
Die Jugend- und Auszubildendenvertretung (JAV) der MWG wird vor Ablauf der Wahlperiode neu gewählt.
Welcher der folgenden Mitarbeiter kann für die JAV kandidieren?

(1) Horst Kalz, 19 Jahre, Auszubildender
(2) Peter Meyer, 22 Jahre, kaufmännischer Angestellter
(3) Gaby Pohl, 17 Jahre, Praktikantin
(4) Paul Lammer, 28 Jahre, Auszubildender
(5) Hermann Hinkel, 24 Jahre, Assistent des Produktionsleiters und Betriebsratsmitglied

2. Aufgabe
Die Personalabteilung der MWG ist u. a. verpflichtet, die Regelungen des Jugendarbeitsschutzgesetzes korrekt anzuwenden.
Prüfen Sie, in welchem Fall das Jugendarbeitsschutzgesetz korrekt angewendet wird.

(1) Die 16-jährigen Beschäftigten der MWG bekommen 27 Werktage Urlaub.
(2) Die 16-jährigen Beschäftigten der MWG erhalten bei mehr als 6 Arbeitsstunden je Tag maximal 45 Minuten Ruhepausen.
(3) Die 17-jährigen Auszubildenden für den Ausbildungsberuf Industriekaufmann/-kauffrau müssen eine Woche lang zu einer außerbetrieblichen Ausbildungsmaßnahme, die auf den Urlaub angerechnet wird.
(4) Die 17-jährigen Auszubildenden sollen eine Woche lang nachts Schicht arbeiten, damit sie sich für eine spätere mögliche Einstellung an die Arbeitszeiten gewöhnen.

3. Aufgabe
Der Betriebsrat der MWG lädt nach Abstimmung mit der Geschäftsleitung die Beschäftigten zu einer Betriebsversammlung ein.
In welchem Gesetz ist die Durchführung von Betriebsversammlungen geregelt?

(1) HGB
(2) BGB
(3) GmbH-Gesetz
(4) Betriebsverfassungsgesetz
(5) Mitbestimmungsgesetz

4. Aufgabe
Die MWG muss einen neuen Sicherheitsbeauftragten bestellen, da der Stelleninhaber gekündigt hat.
Wer ernennt den Sicherheitsbeauftragten?

(1) Der Betriebsrat der MWG
(2) Die örtliche Industrie- und Handelskammer
(3) Der Aufsichtsrat der MWG
(4) Die Geschäftsführer
(5) Die Berufsgenossenschaft

5. Aufgabe
Die MWG muss bei Geschäften mit Endverbrauchern einschlägige Gesetze beachten, damit der Verbraucherschutz gewahrt ist.
Welches der folgenden Gesetze ist bei Geschäften mit Endverbrauchern zu beachten?

(1) Das Gesetz über Fernabsatzgeschäfte
(2) Das Produkthaftungsgesetz
(3) Das AGB-Gesetz
(4) Das Gesetz über Teilzahlungsgeschäfte
(5) Das Gesetz über die Preisangaben

6. Aufgabe
Die MWG muss bei ihr gespeicherte personenbezogene Daten vor Missbrauch und unberechtigtem Zugriff schützen.
Welche der folgenden Handlungen ist nach der Europäischen Datenschutz-Grundverordnung (EU-DSGVO) und nach dem Bundesdatenschutzgesetz (BDSG) zulässig?

(1) Die MWG verkauft einen Teil ihrer Kundendaten ohne Zustimmung der Betroffenen an die Internet Online-Shop GmbH.
(2) Die MWG will einen Teil ihrer Kundendaten an die Internet Online-Shop GmbH verkaufen und benachrichtigt ihre Kunden vor der Weitergabe der Daten.
(3) Die Geschäftsführung der MWG hat aus Kostengründen entschieden, dass sie auf die Bestellung eines Datenschutzbeauftragten verzichten will.
(4) Die MWG verwendet Adressen aus dem Telefonbuch für eine Mailing-Aktion.
(5) Die MWG speichert alle Daten, die sie über die Gewerkschaftszugehörigkeit und Parteimitgliedschaft ihrer Beschäftigten in Erfahrung bringen kann, in ihrem Personalinformationssystem.

7. Aufgabe
Die MWG hat bisher keinen Aufsichtsrat. Zur Förderung der Public Relations beschließen die Geschäftsführer einen Aufsichtsrat zu bilden.
Welche der folgenden Feststellungen trifft zu?

(1) Die MWG kann keinen Aufsichtsrat bilden, da sie weniger als 500 Mitarbeiter hat.
(2) Der Aufsichtsrat wird nach dem Drittelbeteiligungsgesetz gebildet: 2/3 Kapitalvertreter und 1/3 Arbeitnehmervertreter.
(3) Der Aufsichtsrat kann nur mit Zustimmung der im Unternehmen tätigen Gewerkschaft gebildet werden.
(4) Die beiden Gesellschafter bestellen die Aufsichtsratsmitglieder.
(5) Die MWG muss auf jeden Fall einen Gewerkschaftsvertreter in den Aufsichtsrat wählen.

8. Aufgabe
Die MWG will mit einem Konkurrenzunternehmen Absprachen mit dem Ziel treffen, die Marktposition beider Unternehmen zu verbessern. Die Geschäftsleitung will jedoch auf keinen Fall das Risiko einer Kartellstrafe eingehen.
Welche der folgenden Vereinbarungen ist nach dem Kartellrecht erlaubt?

(1) Die MWG vereinbart mit dem Wettbewerber eine einheitliche Preisliste.
(2) Die MWG stimmt sich mit dem Wettbewerber ab, um für die im Verkaufsprogramm enthaltenen Metallfilter technische Verbesserungen zu entwickeln. Die Kunden der beiden Unternehmen werden von dieser Verbesserung erheblich profitieren, da die Metallfilter dann günstiger angeboten werden können.
(3) Die MWG und ihr Wettbewerber wollen ihr Verhalten am Markt durch eine einheitliche Rabattgewährung abstimmen.
(4) Die MWG will mit ihrem Wettbewerber den deutschen Markt aufteilen. Die MWG soll nur Kunden in Süddeutschland, der Wettbewerber nur Kunden in Norddeutschland beliefern.
(5) Die beiden Unternehmen vereinbaren einheitliche Allgemeine Geschäftsbedingungen für ihre Kunden.

9. Aufgabe (2 Lösungen)
Die soziale Marktwirtschaft ist die Wirtschaftsordnung der Bundesrepublik Deutschland.
Mit welchen der folgenden Maßnahmen stärkt der Staat als Ordnungsmacht das System der sozialen Marktwirtschaft?

(1) Der Staat erhöht das Elterngeld.
(2) Der Staat streicht die Kohlesubventionen für den Bergbau.
(3) Der Staat gibt Hauseigentümern Subventionen zur Verbesserung der Wärmedämmung.
(4) Der Eingangssteuersatz wird von 14 % auf 16 % erhöht.
(5) Der Staat schafft zur Förderung der Vertragsfreiheit und zur Entbürokratisierung Regelungen für den Verbraucherschutz ab.

10. Aufgabe
Die Konsumausgaben der privaten Haushalte und des Staates sind ein wichtiger Faktor für die Konjunktur. Das Bruttoinlandsprodukt der Bundesrepublik Deutschland betrug im Jahr 20.. 2 497,6 Mrd. EUR.
Berechnen Sie anhand der folgenden Angaben die Konsumausgaben des Staates.

Private Konsumausgaben	1 444,46 Mrd. EUR
Konsumausgaben des Staates	
Bruttoinvestitionen	440,64 Mrd. EUR
Außenbeitrag (Export minus Import)	126,19 Mrd. EUR

11. Aufgabe (2 Lösungen)
Wie bei jedem Unternehmen erfolgt auch bei der MWG die Produktion durch Kombination von Produktionsfaktoren. Die Produktarten werden teils mit limitationalen, teils mit substitutionalen Faktoren erstellt.

Welche Aussagen treffen auf die jeweiligen Faktorkombinationen zu?

(1) Bei substitutionalen Produktionsfaktoren gilt: Die Faktoren können sich in bestimmtem Ausmaß gegenseitig ersetzen.
(2) Bei limitationalen Produktionsfaktoren bestimmen die Kosten der Produktionsfaktoren ihre Einsatzmengen.
(3) Bei substitutionalen Produktionsfaktoren bestimmen die Faktorkosten die Wahl der Faktorkombination. Gewählt wird die Maximalkostenkombination.
(4) Bei limitationalen Produktionsfaktoren bestimmt sich das Verhältnis der einzusetzenden Faktorkombination nach der Minimalkostenkombination.
(5) Bei limitationalen Produktionsfaktoren müssen die Produktionsfaktoren in einem technisch vorgegebenen Verhältnis eingesetzt werden.

12. Aufgabe

Die MWG beabsichtigt, eine neue Lagerhalle zu bauen. Die Lagerhalle kann mithilfe der substitutionalen Produktionsfaktoren Arbeit und Kapital (Maschinen) erstellt werden.

Kosten je Arbeiter   2 000,00 EUR
Kosten je Maschine   3 000,00 EUR

Bestimmen Sie die Minimalkostenkombination.

Kombination	Arbeiter	Arbeitskosten (EUR)	Maschinen	Kapitalkosten (EUR)	Gesamtkosten (EUR)
1	60		3		
2	40		4		
3	20		5		
4	30		6		

13. Aufgabe (2 Lösungen)

Die MWG beabsichtigt, in Zukunft Metallgewebe nach Japan zu liefern.
Welche der im Folgenden genannten Probleme sind protektionistische, nichttarifäre Handelshemmnisse?

(1) In Japan werden Einfuhrkontingente für Metallprodukte eingeführt, um die heimische Wirtschaft vor internationaler Konkurrenz zu schützen.
(2) In Japan gilt im Vergleich zu Deutschland ein anderes Rechtssystem.
(3) Das Geschäft der MWG unterliegt einem Wechselkursrisiko, wenn sie das Geschäft in japanischen Yen abwickelt.
(4) Die Waren unterliegen auf dem Weg von Deutschland nach Japan einem Transportrisiko.
(5) Japan verwendet für Industrieprodukte eigene Normen.

14. Aufgabe (3 Lösungen)

Die in USD fakturierten Exporte aus der EU in die USA steigen in einem Wirtschaftsjahr stark an. Die Importe bleiben jedoch gleich.
Welche der folgenden Situationen tritt aufgrund dieser Annahmen ein?

(1) Es kommt in der EU zu einer Erhöhung des US-Dollarangebots.
(2) Es kommt in den USA zu einer Senkung des US-Dollarangebots.

(3) Das zunehmende USD-Devisenangebot führt in der EU zu einem Anstieg des USD-Kurses in Form der Mengennotierung.
(4) Die abnehmende USD-Nachfrage führt in der EU zu einem Sinken des Euro-Kurses in Form der Mengennotierung.
(5) Importe aus den USA werden billiger. Dies kann zu einer Erhöhung der Importe führen.
(6) Importe aus den USA werden billiger. Dies kann zu einer Abnahme der Exporte in die USA führen.

15. Aufgabe (3 Lösungen)
Der IWF vergibt an Staaten, die ein großes Zahlungsbilanzungleichgewicht haben oder vor der Zahlungsunfähigkeit stehen, Fremdwährungskredite gegen Auflagen. Welche Auflagen sind nach den Vorstellungen des IWF zur Stabilisierung gefährdeter Staaten geeignet?

(1) Abbau des Staatsdefizits
(2) Erhöhung des Staatsdefizits zur Ankurbelung der Wirtschaft des gefährdeten Staates
(3) Kürzung der staatlichen Subventionen
(4) Senkung des Zinsniveaus
(5) Senkung der Steuern
(6) Privatisierung öffentlicher Einrichtungen

16. Aufgabe (2 Lösungen)
**Die EU hat ihre wirtschaftspolitischen Ziele im Stabilitäts- und Wachstumspakt von Dublin formuliert.
Welche der folgenden Regelungen sind in diesem Pakt enthalten?**

(1) Die Bruttokreditaufnahme eines Euro-Staates darf nicht die Steuereinnahmen übersteigen.
(2) Die Nettokreditaufnahme von Euro-Staaten darf nicht mehr als 3 % des BIP betragen.
(3) Die gesamte Staatsverschuldung je Euro-Staat darf maximal 60 % des BIP betragen.
(4) Diese Obergrenzen dürfen bei außergewöhnlichen Ereignissen oder einer ernsten Rezession nicht überschritten werden.
(5) Bei Verstößen gegen eine Regelung wird der betreffende Staat automatisch mit einer Sanktion belegt.

17. Aufgabe (2 Lösungen)
**Die Arbeitslosenquote gibt Auskunft über die Beschäftigung.
Welche Aussagen zur Arbeitslosenquote sind zutreffend?**

(1) Eine Arbeitslosenquote von 2,5 % gilt als Vollbeschäftigung.
(2) Die Arbeitslosenquote zeigt an, wie viel Prozent der Erwerbspersonen arbeitslos gemeldet sind.
(3) Die Zahl der Erwerbspersonen umfasst alle beschäftigten und arbeitslos gemeldeten Arbeitnehmer und Selbstständigen.
(4) Vollbeschäftigung liegt vor, wenn die Zahl der offenen Stellen doppelt so hoch wie die Zahl der Arbeitslosen ist.
(5) Die monatliche Arbeitslosenquote wird vom Bundeswirtschaftsministerium ermittelt.

Zusammenhängende Aufgaben

Situation zur 18. bis 23. Aufgabe
Die MWG beabsichtigt, ihre Vertriebstätigkeiten zu intensivieren. In bestimmten Regionen Deutschlands sollen entweder Vertriebsunternehmen errichtet werden oder Kooperationen mit anderen Unternehmen gesucht werden.

18. Aufgabe (2 Lösungen)
Die Gesellschafter (zugleich Geschäftsführer) der MWG planen, in Süddeutschland ein Tochterunternehmen zu gründen, das für diese Region den Vertrieb übernehmen soll. Gundula Sause soll einer der Gesellschafter des Tochterunternehmens werden und die Leitung übernehmen.
Welche der folgenden Aussagen treffen auf das neu zu gründende Unternehmen zu?

(1) Die MWG selbst kann nicht Gesellschafter des zu gründenden Unternehmens werden.
(2) Wenn Sause Gesellschafterin wird, muss ihr Name in der Firma erscheinen.
(3) Die MWG kann ihr Tochterunternehmen z. B. unter der Firma Metallsysteme Walter GmbH & Sause KG gründen. Die MWG wird Vollhafter und Sause wird Teilhafterin mit Prokura.
(4) Wenn die Gesellschafter Sause, Dr. Walter und Müller Vollhafter werden, kann das Tochterunternehmen auch unter der Firma Walter OHG gegründet werden.
(5) Es ist auch möglich, dass die Tochter als Gesellschaft bürgerlichen Rechts gegründet wird.

19. Aufgabe
Die Gesellschafter der MWG beschließen letztlich, die in Aufgabe 18 genannte Vertriebstochter in Stuttgart als GmbH zu gründen. Bei der Wahl des Firmennamens ist der Grundsatz der Firmenwahrheit zu beachten.
Was ist darunter zu verstehen?

(1) Die Firma darf keine Angaben enthalten, die über die geschäftlichen Verhältnisse irreführen können.
(2) Die Firma muss sich von allen an demselben Ort bereits eingetragenen Firmen deutlich unterscheiden.
(3) Ein und dasselbe Unternehmen darf nur unter der einen im Handelsregister eingetragenen Firma geführt werden.
(4) Die Firma darf nach der Eintragung nicht geändert werden.
(5) Die Firma muss in ein öffentliches Register eingetragen werden.

20. Aufgabe
In welches Register muss die neu zu gründende GmbH (siehe Aufgabe 19) eingetragen werden?

(1) Ins Handelsregister, Abteilung A, beim Amtsgericht Stuttgart
(2) Ins Handelsregister, Abteilung B, beim Amtsgericht Stuttgart
(3) Ins Finanzregister, Abteilung B, beim Finanzamt Stuttgart
(4) Ins Gewerberegister, Abteilung A, der Stadt Stuttgart
(5) Ins elektronische Handelsregister, Abteilung B, des Landes Baden-Württemberg

21. Aufgabe
Bei der Standortentscheidung für das Tochterunternehmen der MWG in Stuttgart (siehe Aufgabe 19) haben die anfallenden Steuern eine große Rolle gespielt.

Welche der folgenden Erläuterungen erklärt den Begriff Steuern?

(1) Steuern sind alle Abgaben, die ein Unternehmen an den Staat entrichten muss.
(2) Steuern sind Abgaben an den Staat ohne besondere staatliche Gegenleistung.
(3) Steuern sind u. a. die Abgaben für Abwasserentsorgung.
(4) Steuern sind alle Abgaben an den Staat. Dazu gehören auch Gebühren.
(5) Die Beiträge zur Sozialversicherung gehören zu den Steuern.

22. Aufgabe (2 Lösungen)
Die MWG hat sich u. a. aus steuerlichen Gründen für den Standort Stuttgart entschieden.
Welche der folgenden Steuern sind in die Standortentscheidung einbezogen worden?

(1) Die Körperschaftsteuer
(2) Die Grundsteuer der Stadt Stuttgart
(3) Die Einkommensteuer
(4) Die Gewerbesteuer
(5) Die Umsatzsteuer

23. Aufgabe (2 Lösungen)
Die Standortentscheidung der MWG wird u. a. durch die Strukturpolitik beeinflusst.
Welche der folgenden strukturpolitischen Maßnahmen sind geeignet, eine Gewerbeansiedlung zu fördern?

(1) Verbilligte Überlassung von Grundstücksflächen für eine Gewerbeansiedlung
(2) Erhöhung der Gewerbesteuer
(3) Auflagen zur Finanzierung von Naturschutzmaßnahmen in der Nachbarschaft des Unternehmens
(4) Installation eines schnellen Netzes für die Datenübertragung in der Region

Situation zur 24. bis 28. Aufgabe
Die wirtschaftliche Entwicklung der MWG ist u. a. von der Konjunkturentwicklung abhängig. Daher beobachtet die Geschäftsleitung die wichtigen Konjunkturdaten und berücksichtigt diese bei der Absatzplanung.

24. Aufgabe (3 Lösungen)
Welche der folgenden Sätze kennzeichnen Konjunkturindikatoren, die auf einen bevorstehenden Konjunkturaufschwung schließen lassen?

(1) Die Zahl der Insolvenzen steigt.
(2) Die Importpreise für Rohstoffe sinken.
(3) Die Industrieproduktion des Monats Mai hat im Vergleich zum Monat April zugenommen.
(4) Die Aktienkurse zeigen eine steigende Tendenz.
(5) Die Arbeitslosenquote nimmt ab.
(6) Die Kurzarbeiterquote steigt tendenziell.

25. Aufgabe
Die Geschäftsleitung der MWG liest in der Wirtschaftszeitung, dass die EZB den inzwischen fortgeschrittenen Konjunkturaufschwung (siehe Aufgabe 24) dämpfen will, weil eine Inflation droht.
Welche Maßnahme ergreift die EZB?

(1) Der Mindestreservesatz wird nicht verändert.
(2) Die Zinsen für die Einlagefazilität werden gesenkt.

(3) Die EZB teilt mit, dass sie alle Gebote beim Mengentender zuteilen wird.
(4) Der Mindestbietungssatz wird gesenkt.
(5) Die Zinsen für Offenmarktgeschäfte werden erhöht.

26. Aufgabe
Die folgende Grafik gibt Auskunft über einige Wirtschaftsdaten Deutschlands.

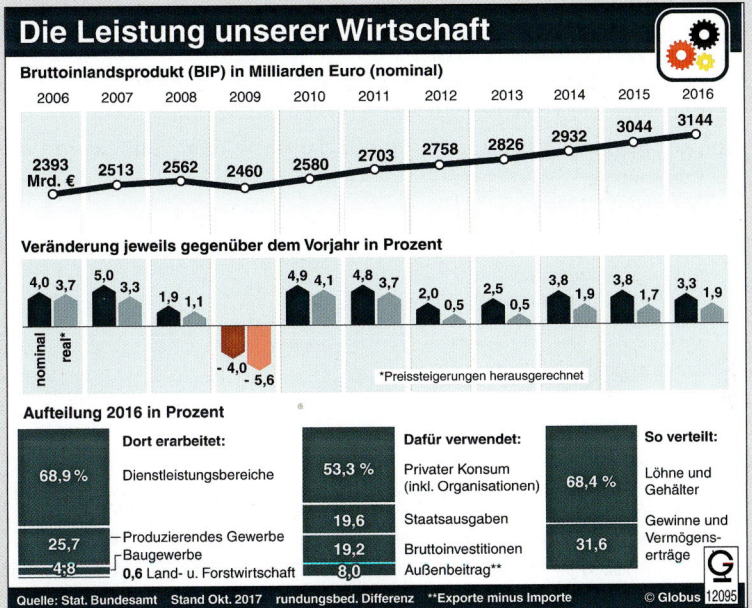

Berechnen Sie die reale Steigerung des Bruttoinlandsproduktes in Euro für das Jahr 2016 gegenüber dem Vorjahr.

27. Aufgabe
In der Grafik von Aufgabe 26 ist abzulesen, dass die deutsche Wirtschaft 2009 in eine schwere Depressionsphase geglitten ist.
Welche Folge hatte diese Depression?

(1) Das Bruttoinlandsprodukt nahm 2009 im Vergleich zum Vorjahr nominal um ca. 117 Mrd. EUR ab.
(2) Die Steuereinnahmen blieben im Vergleich zum Vorjahr unverändert.
(3) Das Bruttoinlandsprodukt nahm 2009 im Vergleich zum Vorjahr nominal um 102 Mrd. EUR ab.
(4) Die Inflationsrate nahm 2009 im Vergleich zum Vorjahr zu.

28. Aufgabe (2 Lösungen)
Welche der folgenden Maßnahmen sind dazu geeignet, in einer Depressionsphase ein neues Wirtschaftswachstum zu stimulieren?

(1) Die Regierung senkt die Kreditzinsen.
(2) Die Abschreibungssätze für Investitionen werden befristet gesenkt.
(3) Pkw-Käufer erhalten eine Umweltprämie für den Kauf eines Neuwagens, wenn ein alter Pkw verschrottet wird.
(4) Die Regierung beschließt Beitragserhöhungen für die Sozialversicherung.
(5) Die Regierung senkt den Einkommensteuersatz.

Verzeichnis der verwendeten Abkürzungen

&	et, und
A	Angebot
Abb.	Abbildung
Abs.	Absatz
AfA	Absetzung für Abnutzung
AG	Aktiengesellschaft, Arbeitgeber
AGB	Allgemeine Geschäftsbedingungen
AGV	Arbeitsgemeinschaft der Verbraucherverbände
AktG	Aktiengesetz
ALV	Arbeitslosenversicherung
AN	Arbeitnehmer
AO	Abgabenordnung
AR	Aufsichtsrat
ArbGG	Arbeitsgerichtsgesetz
ArbSchG	Arbeitsschutzgesetz
ArbStättV	Arbeitsstättenverordnung
ARGE	Arbeitsgemeinschaft
Art.	Artikel
ASiG	Arbeitssicherheitsgesetz
A_{st}	Staatsausgaben
AZ	Aktenzeichen
BA	Bundesagentur für Arbeit
BAföG	Berufsausbildungsförderungsgesetz; Stipendium aufgrund dieses Gesetzes
BBiG	Berufsbildungsgesetz
BDA	Bundesvereinigung der Deutschen Arbeitgeberverbände
BDSG	Bundesdatenschutzgesetz
BEEG	Bundeselterngeld- und Elternzeitgesetz
BetrVG	Betriebsverfassungsgesetz
BGB	Bürgerliches Gesetzbuch
BGBEG	BGB-Einführungsgesetz
BIC	Bank Identifier Code
Bl.	Blatt
BNE	Bruttonationaleinkommen
BVerfG	Bundesverfassungsgericht
BVerfGE	Bundesverfassungsgerichtsentscheidung
bzw.	beziehungsweise
C, C_p, C_{st}	Konsum, privater Konsum, staatlicher Konsum
Co.	Kompanie
D	Abschreibung (von [engl.] depreciation)
d. h.	das heißt
DDR	Deutsche Demokratische Republik
DIHT	Deutscher Industrie- und Handelskammertag
DIN	Deutsches Institut für Normung; Norm des DIN
DKK	dänische Kronen
DM	Deutsche Mark
DrittelbG	Drittelbeteiligungsgesetz
E	Erlös
EBRG	Gesetz über europäische Betriebsräte
ECOFIN	Rat der Wirtschafts- und Finanzminister der EU
e. K.	eingetragene(r) Kaufmann/Kauffrau
e. Kfm.	eingetragener Kaufmann
e. Kfr.	eingetragene Kauffrau
e. V.	eingetragener Verein
EDV	elektronische Datenverarbeitung
EFRE	Europäischer Fonds für regionale Entwicklung

EFSF	Europäische Finanz-Stabilisierungsfazilität
EFTA	Europäische Freihandelszone (European Free Trade Association)
eG	eingetragene Genossenschaft
EGV	Vertrag zur Gründung der Europäischen Gemeinschaft
ELSTAM	Elektronische Lohnsteuer-Abzugs-Merkmale
ELSTER	Elektronische Steueranmeldung
E-Mail	elektronische Post
engl.	englisch
ERP	European Recovery Program (Europäisches Wiederaufbauprogramm)
ESM	Europäischer Stabilitätsmechanismus
ESt	Einkommensteuer
Est	Staatseinnahmen
EStG	Einkommensteuergesetz
ESVG	Europäisches System Volkswirtschaftlicher Gesamtrechnungen
ESZB	Europäisches System der Zentralbanken
EU	Europäische Union
EU-DSGVO	Europäische Datenschutz-Grundverordnung
EUR	Euro
EUROSTAT	Statistisches Amt der EU
EUV	Vertrag über die Europäische Union
Evp	verfügbares privates Einkommen
EVS	Einkommen- und Vermögensteuern
EVTZ	Europäischer Verbund für territoriale Zusammenarbeit
EWR	Europäischer Wirtschaftsraum
EZB	Europäische Zentralbank
f.	und die folgende Seite; und der folgende Paragraf
ff.	und die folgenden Seiten; und die folgenden Paragrafen
frz.	französisch
G	Gewinn
GATT	Allgemeines Zoll- und Handelsabkommen (General Agreement on Tariffs and Trade)
GbR	Gesellschaft bürgerlichen Rechts
GBP	Britisches Pfund
GE	Geldeinheit(en)
geb.	geboren
GenG	Genossenschaftsgesetz
GewO	Gewerbeordnung
GewSt.	Gewerbesteuer
GG	Grundgesetz
ggf.	gegebenenfalls
GmbH	Gesellschaft mit beschränkter Haftung
GmbHG	GmbH-Gesetz
griech.	griechisch
GRV	Gesetzliche Rentenversicherung
GWB	Gesetz gegen Wettbewerbsbeschränkungen (Kartellgesetz)
HGB	Handelsgesetzbuch
HR	Handelsregister
hrsg.	herausgegeben
Hrsg.	Herausgeber
HV	Hauptversammlung
HVPi	Harmonisierter Verbraucherpreisindex
HwO	Handwerksordnung
I, I^b, I_p^b, I_{st}^b	Investition; Bruttoinvestition; private, staatliche Bruttoinvestition
IBAN	International Bank Account Number
i. d. R.	in der Regel
IHK	Industrie- und Handelskammer
I^n, I_p^n, I_{st}^n	Nettoinvestition; private, staatliche Nettoinvestition
$I_{gepl}^n, I_{p\,(gepl)}^n$	geplante Nettoinvestition; geplante private Nettoinvestition
Inh.	Inhaber
ISIN	International Securities Identification Number

IWF	Internationaler Währungsfonds
JarbSchG	Jugendarbeitsschutzgesetz
JAV	Jugend- und Auszubildendenvertretung
JPY	japanische Yen
K	Kosten
KfW	Kreditanstalt für Wiederaufbau
Kfz, KFZ	Kraftfahrzeug
kg	Kilogramm
KG	Kommanditgesellschaft
KGaA	Kommanditgesellschaft auf Aktien
km	Kilometer
KV	Krankenversicherung
l	Liter
lat.	lateinisch
Lkw	Lastkraftwagen
Ltd.	Limited Company (britische Rechtsform)
M	Import
m	Meter
MINT	Mathematik, Informatik, Naturwissenschaften
Mio.	Million(en)
MitbestG	Mitbestimmungsgesetz
Montan-MitbestG	Montan-Mitbestimmungsgesetz
Mrd.	Milliarde(n)
MuSchG	Mutterschutzgesetz
MwSt	Mehrwertsteuer
N	Nachfrage
NE	Nationaleinkommen
N. N.	nomen nescio (den Namen weiß ich nicht); oder: nomen nominandum (zu nennender Name)
NNE	Nettonationaleinkommen
Nr.	Nummer
OHG	Offene Handelsgesellschaft
P, P_G	Preis, Gleichgewichtspreis
P_A	Primäreinkommen von Inländern aus dem Ausland
PAngV	Preisangabenverordnung
PC	Personal Computer
PI	Primäreinkommen von Ausländern aus dem Inland
PI-Abg	Produktions- und Importabgaben
Pkw	Personenkraftwagen
ProdSG	Produktsicherheitsgesetz
PSA	Personal-Service-Agentur
PV	Pflegeversicherung
RV	Rentenversicherung
S, Sp, Sst,	Sparen, privates Sparen, staatliches Sparen
S.	Seite
SE	Societas Europaea
SGB	Sozialgesetzbuch
S_{gepl}, $S_{p(gepl)}$	geplantes Sparen, privates geplantes Sparen
sog.	sogenannt
Sub	Subventionen
SWP	Stabilitäts- und Wachstumspakt
SZR	Sonderziehungsrecht(e)
Tel.	Telefon
Tr	Transfereinkommen
TÜV	Technischer Überwachungsverein

u. a. m.	und andere(s) mehr
u. Ä.	und Ähnliches
u. a.	unter anderem; und andere
UG	Unternehmergesellschaft
USA	Vereinigte Staaten von Amerika
USD	US-Dollar
usw.	und so weiter
UWG	Gesetz gegen den unlauteren Wettbewerb
v. a.	vor allem
v. Chr.	vor Christus
VE	Volkseinkommen
vgl.	vergleiche
VGR	volkswirtschaftliche Gesamtrechnung
VVAG	Versicherungsverein auf Gegenseitigkeit
WTO	Welthandelsorganisation (World Trade Organization)
www	world wide web
X	Export
x	Menge
Y	Inlandsprodukt, Inlandsprodukt zu Faktorkosten
Y^b, Y^n	Brutto-, Nettoinlandsprodukt
z. B.	zum Beispiel

Sachwortverzeichnis

Hinweise:
1. Adjektive sind nachgestellt (z. B. Abrede, individuelle). Ausnahmen sind feststehende Begriffe (z. B. Offene Handelsgesellschaft).
2. Bei mehreren Fundstellen ist die eventuelle Hauptfundstelle durch Fettdruck hervorgehoben.

A

Abandonrecht 95
Abbauboden 127
Abgeltungssteuer 231 f.
Ablaufplan (Projekt) 361
Abschlussprüfung 13
Abschreibungen 147 ff., 153, 157
Abschwung 303 f.
Abweichungsanalyse (Projekt) 370
Abwertung 325
AG 71 f., **89 ff.**
AG & Co. KG 71
AG & Co. OHG 71
AGB 54 f.
Agio 91
Agrarstruktur 268
Aktie (AG) 89 f., (KGaA) 97
Aktiengesellschaft 71, **89 ff.**
 – Europäische 93
Aktienkurs **88**, 304
Aktienmarkt 391
Aktionär 89
Altersrente 207
Altersversorgung (betriebliche) 374
Altersvorsorge 207, (betriebliche) 374
Altersvorsorgeaufwendungen 225
Anbauboden 127
Anfechtbarkeit 47
Anforderungskatalog (Projekt) 357 f.
Angebot 136, 183 f.
Angebotsdeflation 319
Angebotsinflation 317
Angebotskurve 184, **185 f.**
Angebotsmonopol 180, **189 ff.**
Angebotsoligopol 180, **193**
Angebotssteuerung **406**, 418 f.
Angebotsüberhang **185**, 187
Angestellter 16
 – leitender 20
Anlageinvestition 132
Annahme (eines Antrags) 48 f.
Anpassungssubvention 263
Anstalt 39
Antrag (zum Vertrag) 48 f.
Antragsveranlagung (ESt.) 235
Arbeit 124, **125 f.**, 430
Arbeitgeberverbände 239
Arbeitnehmer 16
Arbeitnehmerschutz 197

Arbeitnehmersparzulage 200
Arbeitsdirektor 22
Arbeitseinkommen 134
Arbeitsförderung (BA) 418
Arbeitsgemeinschaft 82, **248**
Arbeitsgericht 32
Arbeitsgerichtsbarkeit 36
Arbeitslosengeld I 213, 425
Arbeitslosengeld II 213, 425
Arbeitslosenquote 311
Arbeitslosenversicherung, gesetzliche 203, **212 ff.**
Arbeitslosigkeit **304**, 342, 379 f., 415 f.
Arbeitslosigkeit 310 f.
Arbeitsmarkt 136, 179, (globaler) 340
Arbeitsmarktpolitik (BA) 212
Arbeitsmarktsteuerung 414, 417 f.
 – aktive 424
 – passive 424, **425**
Arbeitsschutz 25 ff.
 – sozialer 27
 – technischer 25
Arbeitsteilung 122
Arbeitsunfall 204 f.
Arbeitsvertrag 49
Arbeitszeit (Jugendliche) 28
ARGE 248
Attac 343
Auflösung der Gesellschaft (GbR) 82, (OHG) 84, (KG) 86, (stille Ges.) 87, (AG) 91, (GmbH) 95
Aufschwung 303 f,
Aufsichtsrat (AG) 90 f., (GmbH) 93 f.
Aufwertung 325
Ausbildender 9
Ausbilder 9
Ausbildung 7 ff.
 – duale 7
Ausbildungsberuf 10
Ausbildungsberufsbild 10
Ausbildungsbetrieb 8
Ausbildungsdauer 12
Ausbildungsfreibetrag 227
Ausbildungsnachweis 12
Ausbildungsordnung 10
Ausbildungsrahmenplan 10
Ausbildungsverhältnis 7
Ausbildungszeugnis 14
Ausbringungsmenge 139
Ausgabenpolitik 268, 401
Ausland 134, **135, 152**, 308

Auslandskonto 152 f.
Auslandsposition 325 f.
Außenbeitrag **153 f.**, 379
Außenseiterklausel 241
Außenwert des Geldes 323
Aussperrung 244
Ausstellung 180
Auszubildender 9, 16

B

Bagatellsteuern 219
Banknote 313
Bankschuldverschreibungen 387
Bargeld 313
Basiszins 396
Bausparvertrag 200
Bedarf 135
Bedarfsdeckungsprinzip 135
Bedürfnisarten 118
Bedürfnisse 117 ff.
Bedürfnisstruktur 117
Beglaubigung, öffentliche 46
Beherrschungsvertrag 250
Beiträge 135
Beitragsbemessungsgrenze 204
Belastungen, außergewöhnliche 227
Berufsausbildung 10
Berufsausbildungsvertrag 11 f.
Berufsbildung 10
Berufsbildungsgesetz 9
Berufsfreiheit 172
Berufsgenossenschaft **26**, 204
Berufskrankheit 205
Berufsschule 8, (Jugendliche) 28
Berufsschulpflicht 8
Berufung (Arbeitsgericht) 33
Beschaffungsstrategie 349
Beschäftigung 309
 – geringfügige 223, **422**
 – gesamt-/volkswirtschaftliche 302 f., **309**, 380
 – kurzfristige 422
Beschäftigungspolitik (BA) 212
 – europäische 417
Beschäftigungsstand **311**, 378
Beschäftigungsverbot (Jugendliche) 28 f., (Schwangere) 29, (Schwerbehinderte) 30
Besitz 41 f.
Besitzdiener 42
Besitzsteuern 217

Sachwortverzeichnis

Besteuerung 66,
  (Einzelunternehmen) 67, (GbR) 82, (OHG) 84, (KG) 86, (AG) 91, (GmbH) 95
Betreuer 38
Betreuungsfreibetrag 228
Betriebsarzt 26
Betriebsausschuss 16
Betriebsrat 16 ff., (Arbeitsschutz) 26
  – Europäischer 20 f.
Betriebsvereinbarung 17
Betriebsverfassung 16
Betriebsversammlung 17
Beurkundung, öffentliche 46
Bildungspolitik 430
Boden 124, **127 f.**, 430
Bodeneinkommen 134
Boom 304
Börse 180
Branche 122
  – globale 339
Bretton-Woods-System 327
Briefkurs 324
Bruttoanlageinvestition 132
Bruttoinlandsprodukt 148 f., 153, **157**, 160 ff., 433
Bruttoinvestition 132
Bruttonationaleinkommen 148 f., 153, 157
Buchführung 69
Buchgeld 313
Budgetpolitik 402
Bundesagentur für Arbeit 212
Bundesanstalt für Arbeitsschutz und Arbeitsmedizin 26
Bundesanzeiger, elektronischer 79
Bundeskartellamt 251
Businessplan 64

C

Club of Rome 432 f.
Cournot'scher Punkt 190

D

Dachgesellschaft 250
Daten, personenbezogene 60 f.
Datenschutz 60 ff.
Datenschutzbeauftragter 62
Deficit-Spending 400
Deflation 318 f.
Depression 303 f.
Deregulierung 268
Deutsche Bundesbank 383
Devisenangebot 325
Devisenbilanz 326
Devisenbörse 180
Devisenkredit 327
Devisennachfrage 325

Devisenumsatzsteuer 342
Dienstleistungen 119
Dienstleistungsbilanz 326
Dienstvertrag 49
Drohung, widerrechtliche 47
Durchgriffshaftung (GmbH) 96
Durchschnittssteuersatz 229

E

E-Commerce-Geschäft 57
Effekten 391
EFTA 332
Eigenkapital (Einzelunternehmen) 67, (GbR) 82, (OHG) 84, (KG) 86, (AG) 91, (GmbH) 95, (UG) 97
Eigentum 41 f.
Eignung (zur Berufsausbildung) 9
Einigungsstelle 18
Einkommen 134, (ESt.) 224
  – verfügbares privates 157 f.
  – zu versteuerndes 221, **228**
Einkommenskonto 145 ff.
  – gesamtwirtschaftliches 157
Einkommenskonto Haushalte 145, 149, 153
Einkommenskonto Staat 155 f.
Einkommenspolitik 197
Einkommensteuer 198, **221 ff.**
  – veranlagte 231
Einkommensteuererklärung 233
Einkommensteuertabelle 230
Einkommensteuertarif 229
Einkommensteuerveranlagung 235
Einkommensverteilung 158
  – funktionelle 162
  – primäre 158, **198**
  – sekundäre 159, **198**
Einkünfte 221 f.
Einkunftsarten 222
Einlagenfazilität 395 f.
Einnahmenpolitik 268
Einnahmenpolitik 401
Einstiegsgeld 423
Einzelgeschäftsführungsbefugnis 84
Einzelhandel 123
Einzelunternehmen 66 f.
Einzelvertretungsbefugnis 84
Elastizität der Nachfrage 182 f.
Elastizitätskoeffizient 182
ELSTAM 232
ELSTER 235
Elternförderung 29
Elterngeld **30**, 199
ElterngeldPlus 30
Elternzeit 30
Entgelttarifvertrag 240
Entstehungsrechnung 160, **161**, 163

Erfüllungsgeschäft 44
Ergänzungsprüfung 14
Ergiebigkeitsgrad 137
Erhaltungssubvention 263
Ersatzinvestition 132
Ersatzkonkurrenz 191
Ersparnis siehe Sparen
Ertragsteuern 217
Erweiterungsinvestition 132
Erwerbsstruktur 123
Erwerbsstruktur 259
Erwerbsteuer 333
ESM 412
EU 266 f., **332 ff.**
EU-Richtlinie 35
Euro 333
Europäische Finanz-Stabilisierungsfazilität 411
Europäische Union 266 f., **332 ff.**
Europäische Zentralbank 308, 377, **383 ff.**
Europäischer Stabilitätsmechanismus 412
Europäischer Wirtschaftsraum 333
Europäisches System der Zentralbanken 383
Europäisches System volkswirtschaftlicher Gesamtrechnungen 161
Euro-Schuldenkrise 411
EUROSTAT 314
Eurozone 335
EU-Verordnung 35
EWR 333
Existenzgründung 423
Existenzgüter 120
Expansion 303 f.
Export 135, 152
Exportüberschuss 380

F

Fachkompetenz 7
Faktoreinkommen 134
Faktoreinkommen 134, **145**
Faktorkombination 139
Familienversicherung (KV) 209
Fantasiefirma 75
Feinsteuerungsoption (EZB) 393
Fernabsatzvertrag 56
Festpreis 187
Finanz-/Wirtschaftskrise (2008/9) 403
Finanzderivate 326
Finanzgerichtsbarkeit 37
Finanzmarkt 136, 179, (globaler) 340, **391**
Finanzplanung, fünfjährige 402
Finanzpolitik 399
Firma 69, **74 f.**, (OHG) 84, (KG) 86, (AG) 91, (GmbH) 95

Firmenbeständigkeit 75
Firmeneinheit 75
Firmenöffentlichkeit 75
Firmenwahrheit 75
Fiskalpolitik 399 ff.
– antizyklische 400 f.
– prozyklische 400
Fiskus 399
Formfreiheit 46
Formkaufmann 73
Formzwang 46
Fortbildung 10
Freibetrag 223
Freihandel 322
Freihandelszone 332
Freistellungsauftrag 231
Freizeit (Jugendliche) 28
Friedmann, Milton 404
Fruchtgenuss 52
Frühindikator 305
Fusion 250
Futures 326

G

GATT 331
GbR 71, **81 f.**
Gebrauchsgüter 120
Gebühren 135
Gefährdungshaftung 58
Gegenwartsindikator 305
Geld 313
– tägliches 391
Geldersatzmittel 387
Geldkapital 130
Geldkredit 52
Geldkreislauf 145
Geldkurs 324
Geldmarkt 391
Geldmarktfonds 387
Geldmarktkredit 391
Geldmarktpapiere 387, 391
Geldmenge 386 f.
Geldmengenarten 387
Geldmengensteuerung **389**, 405
Geldmengenziel 389
Geldpolitik 377, **383 ff.**, 405,
(Strategien) 387
– diskretionäre 388
– regelgebundene **388 f.**, 405
Geldschöpfung 314
Geldstrom 386
Geldvermögen 200
Geldvolumen 387
Geldwert **314 f.**, 318, 383
Geldwertstabilität 377
Gemeinschaftsrecht, europäisches 35
Generationenvertrag 207
Genossenschaft 71
Genossenschaftsregister 77
Gericht 36

Gerichtsbarkeit 36
– europäische 36
– freiwillige 36
– ordentliche 36
– streitige 36
Gerichtsbrauch 34
Gesamtbetrag der Einkünfte 222
Gesamtbetriebsrat 20 f.
Gesamtgeschäftsführungsbefugnis (AG) 91, (GmbH) 95
Gesamtrechnung, volkswirtschaftliche 160 ff.
Geschäftsbedingungen, allgemeine 54 f.
Geschäftsfähigkeit 37 f.
Geschäftsführer (GmbH) 94
Geschäftsführung 66, 72, (GbR) 82, (OHG) 84, (KG) 86, (stille Ges.) 87, (AG) 91, (GmbH) 95, (GmbH & Co. KG) 98
Geschäftsführungsbefugnis siehe Geschäftsführung
Geschäftsidee 63
Gesellschaft 71 f.
– unvollkommene 88
Gesellschaft bürgerlichen Rechts 71 f., **81 f.**
Gesellschaft mit beschränkter Haftung 71, **93 ff.**
Gesellschaftsunternehmen 66, **70 ff.**
Gesellschaftsvertrag **73**, 83
Gesetz 34
Gestaltungsrecht 41
Gesundheitsfonds 209
Gesundheitskarte, elektronische 209
Gewerbe 68
Gewerbeaufsichtsbehörde 26
Gewerbebeschränkungen 197
Gewerbeertrag 238
Gewerbefreiheit 68, **172**, 197
Gewerbesteuer 67, 68, 230, **238**, 275
Gewerkschaften 239
Gewinn 134
Gewinnabführungsvertrag 250
Gewinneinkünfte 222
Gewinnmaximierung 135
Gewinnmaximum (vollständige Konkurrenz) 188, (Angebotsmonopol) 190, (Polypol) 191 f., (Oligopol) 192 f.
Gewinnquote 162 f.
Gewinnrücklage (AG) 91, (GmbH) 95
Gewinnverteilung 66, (GbR) 82, (OHG) 84, (KG) 86, (stille Ges.) 87, (AG) 91, (GmbH) 95
Gewinnvortrag (AG) 91, (GmbH) 95
Gewohnheitsrecht 34

Giralgeld 313
Gleichgewicht 301
– außenwirtschaftliches 155, 379
– gesamtwirtschaftliches **301**, 378, 401
– partielles 301
Gleichgewichtspreis 186 f.
Gleichordnungskonzern 250
Global Player 339
Globalisierung 338 ff.
Globalisierungsstrategie 339
Globalsteuerung **377**, 431
GmbH 71 f., **93 ff.**
GmbH & Co. KG 71, **98 f.**
GmbH & Co. OHG 71
GmbH-Gesellschafter 94
Grenzsteuersatz 229
Griechenlandkrise 330
Größenklassen (Kapitalgesellschaften) 92
Großhandel 123
Grund, wichtiger 13
Grundfreibetrag 229
Grundkapital (AG) **89 f.**, 91, (KGaA) 97
Grundpreis 56
Grundsatzurteil 37
Grundsicherung 199
Grundstoffindustrie 122
Grundtabelle (ESt.) 230
Gründung 63 ff., (GbR) 82, (OHG) 84, (KG) 86, (AG) 91, (GmbH) 95, (UG) 97
Gründungsprüfung 91
Gründungszuschuss 213, **423**
Güter 119 f.
– freie 120
– fungible 180
– heterogene 120
– homogene **120**, 179
– knappe 120
– vertretbare 180
Güterarten 119
Güterkreislauf 145
Gütersteuern 155
Güteverhandlung (Arbeitsgericht) 32

H

Haftung 66, (Einzelunternehmer) 67, (GbR) 82, (OHG) 84, (KG) 86, (AG) 89, 91, (GmbH) 93, 95
– gesamtschuldnerische (GbR) 82, (OHG) 85, (KG) 86
– unbeschränkte (GbR) 82, (OHG) 85, (KG) 86
– unmittelbare (GbR) 82, (OHG) 85, (KG) 86
Handeln, schlüssiges (konkludentes) 46

Handelsbetriebe 123
Handelsbilanz 326
Handelsbrauch 34
Handelsgeschäft 45
– einseitiges 45
– zweiseitiges 45
Handelsgesellschaft 71
Handelsgewerbe 69
Handelshemmnisse 322 f.
Handelsrecht 35
Handelsregister 76 ff.
Handelsvolumen 385 f.
Handlungsbefugnis 66 f,, 72
Handlungskompetenz 7
Handwerk 123
Handwerksgewerbe 69
Handwerkskammer 11
Harmonisierter
 Verbraucherpreisindex 314
Hartz-Konzept 421
Hauptrefinanzierungsgeschäft
 (EZB) 393 ff.
Hauptversammlung 90 f.
Haushalt 134
– privater **134**, 137, 144, 308
– öffentlicher 135
Haushaltsnachfrage 181
Hochkonjunktur 303 f.
Höchstpreis 187
Holding-Gesellschaft 250
homo oeconomicus 171
Horten 131
HV 90
HVPI 314

I

Idealverein 71 f.
Immobilie 41
Import 135, 152
Importüberschuss 380
Individualismus 171
Individualplanung 170
Individualprinzip 203
Industrie 122
Industrie- und Handelskammer 11
Industriepolitik 263
Inflation **315 ff.**, 378
– galoppierende 315
– importierte 324, 380
– schleichende 315
– verdeckte 315
Inflationssteuerung 389
Information 119
Infrastruktur 125, **260 f.**
Infrastrukturpolitik 264
Inlandsprodukt 124, **145, 153**, 302 f.
Innengesellschaft 87
Innovationspolitik 431
Insolvenzgeld 213
Insolvenzgeldumlage 204

Integrationsamt 30
Interbankenmarkt 390 f.
Interessengemeinschaft 82, **247**
Internationaler Währungsfonds
 327 ff.
Investition 130, 133, (Arten)
 131 f.,
– geplante 132, 150 f., 154
– ungeplante 132, 150 f.
Investitionsgüterindustrie 122
Investitionsprämie 402
Irrtum 47
Istkaufmann 69
IWF 327 ff.

J

Jahresfehlbetrag (AG) 91,
 (GmbH) 95
Jahresüberschuss (AG) 91, (
 GmbH) 95
JAV 19
Jobcenter 423
Jugend- und
 Auszubildendenversammlung
 19
Jugend- und
 Auszubildendenvertretung 19
Jugendarbeitsschutz 28

K

Kaffeefahrt 56
Kannkaufmann 69 f.,
Kapazität, volkswirtschaftliche
 125, 309
Kapazitätsplan (Projekt) 361
Kapital 124, **129 f.**, 430
Kapitalbilanz 326
Kapitalbildung 130
Kapitaleinkommen 134
Kapitalerhöhung (AG) 93, (GmbH)
 95
Kapitalertragsteuer 231
Kapitalgesellschaft 71 f.
Kapital-GmbH 94
Kapitalmarkt 391
Kapitalrücklage (AG) 91, (GmbH)
 95
Kapitalverein 71 f.
Kartell 194, **249**
Kartellverbot 251
Kaufkraft 135, **314**
Kaufmann 45, **69 f.**,
 (Gesellschaftsunternehmen)
 72
Kaufvertrag 49
Kaufwille 135
Kettenindex 165
Keynes, John Maynard 400
KG 71 f., **86 f.**

KGaA 71 f., **97 f.**
Kinderfreibetrag 228
Kindergeld 199, 228
Kirchensteuer 230
KISS-Prinzip 372
KIVV-Prinzip 373
Klassengesellschaft 173
Kleingewerbetreibender 60
Klima, soziales 277
Koalitionsfreiheit **239**, 241
Kollektiveigentum 174
Kollektivismus **174**, 176
Kollektivplanung 170
Kommanditaktionär 97
Kommanditeinlage 86
Kommanditgesellschaft 71, **86 f.**
Kommanditgesellschaft auf Aktien
 71, **97 f.**
Kommanditist 86
Kompetenz 7
– personale 7
– soziale 7
Komplementär (KG) 86, (KGaA)
 97
Komplementärgüter 120
Konjunktur 302
Konjunkturindikator 304 f.
Konjunkturphasen 303 f.
Konjunkturpolitik 399, 401
Konjunkturprogramm 404, 410
Konjunkturzyklus 303
Konkurrenz
– ruinöse 193
– vollständige 185 ff.,
Konkurrenzverbot (OHG) 84, (KG)
 86, (AG) 91, (GmbH) 95
Konsum **119**, 134, 146, 149
– privater 156
– staatlicher 155 f.
Konsumentenrente 186
Konsumfreiheit **172**, 197
Konsumgüter 120
Konsumgüterindustrie 122
Konsumquote 130 f.
Konsumverzicht 130
Konvergenzkriterien 334
Konvertibilität 323
Konzentration
 (Zusammenschlussart) 247,
 249
Konzern 250
Konzernbetriebsrat 20 f.
Kooperation
 (Zusammenschlussart) 247
Körperschaft 39
Körperschaftsteuer (AG) 92,
 (GmbH) 95
Körperschaftsteuer 237
Kosten 120, **130**
Kostenplan (Projekt) 361
Kostenvoranschlag 50
Krankengeld 210

Krankenversicherung, gesetzliche 203, **209 f.**
Kredit 135
Kredit 52
Kreditinstitute 123
Kreditmarkt 391
Kreditvertrag 52
Kreislauf der Wirtschaft 144 ff
Kreislaufmodell (stationäre Wirtschaft) 144 f., (evolutionäre Wirtschaft) 146 f., 149, (offene Wirtschaft) 153
Kreislaufwirtschaft 128
Kulturgüter 120
Kündigung (Auszubildende) 13, (Betriebsrat) 19, (JAV) 19, (bei Elternzeit) 30, (bei Mutterschutz) 29, (Werkvertrag) 51
Kurs (Aktien) 90
Kursstabilisierung 324
Kurzarbeit 213
Kurzarbeitergeld 213

L

Landeskartellamt 251
Lassale, Ferdinand 178
Lastenheft (Projekt) **360**, 376, 429
Leasingvertrag 52
Lebensqualität 432, (Standortfaktor) 278
Leihvertrag 51
Leistungsbilanz 326
Leistungsdifferenzierung 192
Leitkurs 325
Leitwährung 327
Leitwährungssteuerung 389
Leitzins 396
Lernfeld 8 f.
Liberalisierung des Welthandels 327
Liberalismus **171**, 176
Limited Company 71
Liquidität 386
Liquiditätspolitik 386
Lohn 134
Lohnnebenkosten 419
Lohn-Preis-Spirale 317
Lohnquote 162 f.
Lohnsteuer 232
Lohnsteueranmeldeverfahren 235
Lohnsteuerfreibetrag 233
Lohnsteuerjahresausgleich 235
Lohnsteuerklasse 232 f.
Lohnsteuermerkmale, elektronische 232
Lohnsteuertabelle 234
Luxusgüter 120

M

Machbarkeitsanalyse (Projekt) 355
Malthus, Robert 128
Manteltarifvertrag 240
Marketingstrategie 349
Markt **136**, 171 f., (Arten) 179 f.
– gemeinsamer 333
– geschlossener 179
– offener 179
– organisierter 180
– unvollkommener 180
– vollkommener 179
Marktbeherrschung 252
Marktformen 180
Marktmechanismus **173**, 262 f.
Marktpreis 186, 188
Markttransparenz 180
Marktwirtschaft 170
– freie 171 ff.
– soziale 195 ff., (Ziele) 196, 377
Maximalprinzip 137
Mehrwert (USt.) 237
Mehrwertsteuer 237
Meistbegünstigung 331
Mengenanpasser 188
Mengennotierung 324
Mengentender 394 f.
Messe 180
Methodenkompetenz 7
Midijob 422
Miete 134
Mietvertrag 51
Mindestbietungssatz 394, 396
Mindestpreis 187
Mindestreserve 390, **391**
Mindestreservepolitik (EZB) 390, **391 f.**
Mindestreservesatz 391 f.
Minijob **422**, 427
Minimalkostenkombination 139 f.
Minimalprinzip 137
Ministererlaubnis 254
Missbrauch von Marktmacht 252 f.
Missbrauchsaufsicht 191
Mitbestimmung **16**, (im Aufsichtsrat) 21 f., (AG) 91, (GmbH) 95, (GmbH & Co. KG) 98
– innerbetriebliche 16
Mitnahmeeffekt 264
Mittelstandskartell 252
Mobilie 41
Monatsgeld 391
Monetarismus 404 f.
Monopol 180
Monopolkommission 251
Monopolpreis 190
Monostruktur 265
Münze 313

Musterprotokoll (GmbH) 95, UG (97)
Mutterschaftshilfe 29
Mutterschutz 29
Mutterschutzfrist 29
Mutterunternehmen 250

N

Nachfrage **135**, 136, 181
– effektive 135
– elastische 182
– gesamtwirtschaftliche 302 f.
– inverse 182
– latente 135
– unelastische 182
Nachfragedeflation 319
Nachfrageelastizität 182 f.
Nachfrageinflation 316
Nachfragekurve **181 ff.**, 185 f.
– geknickte 193
Nachfragemonopol 180
Nachfrageoligopol 180
Nachfragerverhalten 181
– anormales 182
– normales 182
Nachfragesteuerung 400
Nachfrageüberhang **186**, 187
Nachhaltigkeit 128
Nachkalkulation (Projektkosten) 370
Nachrichtenbetriebe 123
Nachschusspflicht (GmbH) 95
Nachtruhe (Jugendliche) 28
Nachtwächterstaat 172
Nationaleinkommen 145, 153
Net Economic Welfare 433 f.
Nettoanlageinvestition **132**, 150
Nettoinlandsprodukt 148, 153, (zu Marktpreisen) 157, (zu Faktorkosten) 157
Nettoinvestition **132**, 150
– private 158 f.
Nettonationaleinkommen 149, 153, (zu Faktorkosten) 157
Nettowohlstand, wirtschaftlicher 433
Nichtigkeit 47
Norm 34
Nutzen 117
– objektiver 181
– subjektiver 181
Nutzenmaximierung **134**, 136, 171
Nutzwertanalyse 270, 368

O

Offene Handelsgesellschaft 71, **83 ff.**
Offenmarktgeschäft (EZB) 392
Offenmarktpolitik (EZB) 390, **392 ff.**

öffentlicher Glaube
  (Handelsregister) 80
OHG 71 f., **83 ff.**
Ökologie 142
ökologisches Prinzip 141 f.
ökonomisches Prinzip 137
Oligopol 180, **192 f.**
Option 326
Ordnungspolitik 245
Organe 72, (AG) 90 f., (GmbH) 93 f.
Output 139
Outsourcing 260

P

Pachtvertrag 52
Parallelpolitik 400
Parität 325
Partenreederei 71
Partnerschaft 71
Partnerschaftsregister 77
Patentrecht 35
Person 37 ff.
  – juristische **39**, 72, (AG) 89, (GmbH) 93
  – natürliche 37
Personal-GmbH 94
Personalsteuern 217
Personalstrategie 349
Personalverein 71
Personalzusatzkosten 419
Personenfirma 75
Personengesellschaft 71 f.
Pflegegrad 211
Pflegeversicherung, gesetzliche 203, **211**
Pflichtenheft (Projekt) 360
Planerfüllung 174
Planung 170 ff.
  – dezentrale 170
  – zentrale 170, 174 f.
Polypol 180, **191 f.**
Präferenzen 179, **191**
Preis 120, 181 ff.
Preisangaben 56
Preisbildung (vollständige Konkurrenz) 185 ff., (Angebotsmonopol) 189 f.
Preisbindung der zweiten Hand 252
Preiseingriff, staatlicher 187
Preisempfindlichkeit 181 f.
Preisführer 194
Preisindex 314
Preismechanismus 185 f.
Preisnehmer 188
Preisniveau **314 f.**, 318, 378
Preisniveaustabilität 378, 385
Preisnotierung 323
Preisstabilität 385
Preisverfall 318

Primäreinkommen 152 f., **157**
Primärverteilung 198
Privateigentum **172**, 197
Privatentnahme (OHG) 84, (KG) 86
Privatrecht 34 f.
Probezeit (Berufsausbildung) 13
Produktenbörse 180
Produktfehler 58
Produkthaftung 58
Produktion 135
Produktions- und Importabgaben 155 f., 157
Produktionsertrag 139
Produktionsfaktoren **124 ff.**, 134, (Kombination) 139
  – abgeleitete 129
  – limitationale 140
  – substitutionale 140
  – ursprüngliche 126 f.
Produktionsgüter 120
Produktionskonto 145 ff.,
  – gesamtwirtschaftliches 156 f.
Produktionskonto Staat 155 f.
Produktionskonto Unternehmen 145, 148, 153
Produktionswert 148
Produktivvermögen 199
Produzentenrente 186
Projekt 347, **350 ff.**
Projektabnahme 369
Projektabschluss 369
Projektarten 351 f.
Projektauflösung 371
Projektauftrag 350, **359**, 375, 428
Projektbericht 371
Projektbezeichnung 359
Projektbudget 350
Projektdefinition 356 f.
Projektdokumentation 371
Projektdurchführung 364
Projektkapazitätsplan 361 f.
Projektkostenplan 361 f.,.363
Projektmanagement 350 ff.
Projektorganisation 353
Projektphasen 355
Projektplan 361
Projektplanung 360 f.
Projektstatus 364
Projektsteuerung **352**, 364, 366
Projektziel 350 f., 352, **356**, 358 f., 364
Prokura 69
Proletariat 173
Prosperität 303 f.
Protektionismus 322
Prozesspolitik 377
Prüfungs- und Offenlegungspflicht 66, (Einzelunternehmen) 67, (GbR) 82, (OHG) 84, (KG) 86, (AG) 92, (GmbH) 95, (GmbH & Co. KG) 98

Publizität (Handelsregister) 80
Publizitätspflicht 92, 95
Punktmarkt 180

Q

Qualifikation 7
Quellensteuer 231

R

Rahmenlehrplan 8
Rahmentarifvertrag 240
Rate 56
Ratenlieferungsvertrag 56
Rationalisierungsinvestition 132
Rationierung 187
Realkapital 130
Realsteuern 217
Recht **34 ff.**, 119
  – absolutes 41
  – bürgerliches 35
  – europäisches 35
  – gesetztes 34
  – nachgiebiges 35
  – objektives 34
  – öffentliches 34
  – privates 35
  – relatives 41
  – subjektives 41
  – zwingendes 34
Rechtsfähigkeit 37 f.
Rechtsform 65 ff.
Rechtsformenzusatz (Firma) 75
Rechtsgeschäft 43 ff., (Nichtigkeit) 47
  – bürgerliches 45
  – einseitiges 44
  – mehrseitiges 44
Rechtsnorm 34
Rechtsobjekt 41
Rechtsordnung 34 f.,**169**
Rechtssubjekt 37
Rechtsverordnung 34
Rechtsvorschrift 34
Recyceln 128
Refinanzierung 391
Refinanzierungsgeschäft (EZB) 393
Regelaltersgrenze 207
Regelleistungen (KV) 210
Rehabilitation (UV) 205, (RV) 207
Reinvestition 132
Rente (UV) 205, (RV) 207
Rentenalter 207
Rentendynamisierung 207
Rentenmarkt 391
Rentenversicherung, gesetzliche 203, **206 f.**
Repogeschäfte 387
Reservewährung 327
Resteinkommen 134

Revision (Arbeitsgericht) 33
Rezession 303 f.
Riester-Rente 208
Risikoeinschätzung (Projekt) 356
Rohstoffkreislauf 128
Rücklage 91
  – gesetzliche (AG) 91, (UG) 97
Ruhepausen (Jugendliche) 28
Rürup-Rente 208

S

Sache 41
  – bewegliche 41
  – unbewegliche 41
  – vertretbare 41
Sachenrecht **41**, 44
Sachfirma 75
Sachgüter 119
Sachkapital 130
Sachkredit 52
Saisonschwankungen 304
Satzung 34, 73, (AG) 91, (GmbH) 93, 95
Schattenwirtschaft 164
Schichtzeit (Jugendliche) 28
Schlafmützenkonkurrenz 194
Schlichtungsverfahren 242
Schriftform 46
Schuldenpolitik 400
Schuldrecht 41
Schuldverhältnis 44
Schwarzmarkt 187
Schwerbehindertenschutz 30
Schwestergesellschaft 250
SE 93
Sekundärverteilung 198
Selbsthilferecht 42
Sicherheitsbeauftragter 26
Sichtguthaben 313
Signatur, qualitative digitale 46
Smith, Adam 178
Snobverhalten 182
Societas Europaea 93
Solidaritätsprinzip 177, 203
Solidaritätszuschlag 230
Sonderausgaben 200 f., **224**
Sonderziehungsrecht 329
Sozialdaten 215
Sozialgericht 215 f.
Sozialgerichtsbarkeit 37, **216**
Sozialismus 174
Sozialordnung 169
Sozialpolitik 197
Sozialprinzipien 177
Sozialversicherung 199, **202 f.**, (Zweige) 203
Sozialversicherungsausweis 204
Sozialversicherungsbeiträge 204
Sparen **130**, 134 f., (Arten) 131, 149 f.
  – geplantes 131, 150 f., 154
  – privates 156, 158 f.
  – staatliches 156, 158
  – ungeplantes 131, 151
Sparerpauschbetrag 201, 231
Sparförderung 200
Sparpolitik 329
Sparprämie 200
Sparprinzip 137
Sparquote 130 f.
Sparsamkeitsgrad 137
Spätindikator 305
Sperrminorität (AG) 90
Spitzenrefinanzierungsfazilität 395 f.
Splittingtabelle (ESt.) 230
Sprecherausschuss der leitenden Angestellten 20
Staat 134, **135**, 137, 308
Staatsausgaben 135
Staatseingriffe 197
Staatseinnahmen 135
Staatshaushalt 399
Staatsneutralität **172**, 197
Staatsverschuldung 403
Stabilisierungspolitik 399
Stabilitätsgesetz 377, 401 f.
Stabilitätspakt (EU) 406 f.
Stagflation 318
Stammeinlage 93, 95
Stammkapital 93, 95
Standort 128, **270**, 350 ff.
Standortboden 127 f.
Standortboden 128
Standortfaktoren **271 ff.**, 366 ff.
Standortimage 276
Standortmarketing 281
Standortpolitik 281
Standortvergleich 275
Standortvorteile 128, **270**, (globale) 340
Standortwahl 128, **270 ff.**
  – internationale 279
  – lokale 281
  – nationale 280
Statistisches Bundesamt 314
Steuergerechtigkeit 219
Steuergrundsätze 219
Steuern 135, 157, **217 ff.**, (Arten) 217 f., (Standortfaktor) 274 f.
  – direkte 218 f.
  – indirekte 218 f.
Steuerprogression 229
Steuerveranlagung (ESt.) 231
Stiftung 39
Stiftung Warentest 255
stille Gesellschaft 71 f., **87**
Strategie 346 ff., (Arten) 349 f.
Strategieentwicklungsprozess 348
Strategie-Ziel-Transformation 348
Streik 242 f.
Struktur 258
Strukturfonds (EU) 267
Strukturplan (Projekt) 361

Strukturpolitik **262 ff.**, 431
  – europäische 266
  – nationale 268
  – regionale 265
  – sektorale 264
Strukturwandel 258 f.
  – regionaler 261
  – sektoraler 259
Subsidiaritätsprinzip 177
Substitutionsgüter 120
Subvention 135, 155 f., 157, **262 ff.**, (Standortfaktor) 274 f.
Subventionspolitik **262**, 430
Swapsatz 394
Syndikat 249

T

Tagesgeld 391
Tarifautonomie 239 f.
Tarifparteien 308
Tarifpluralität 241
Tarifverhandlung 242
Tarifvertrag 239 ff.
Taschengeld 38
Täuschung, arglistige 47
Technischer Überwachungsverein 26
Teilhafter 72, (KG) 86
Teilmarkt, monopolistischer 182
Teilmonopol 181
Teiloligopol 180
Teilrente 207
Telematik 303
Tender 393
Tenderverfahren 394
Termingeschäft 326
Terminplan (Projekt) 361
Terms of Trade **327**, 343
Teuerung 315
Textform 46
Tobin-Steuer 342
Tochterunternehmen 250
Transferleistungen 135, 155 ff., **198 f.**
Trend 303
Treu und Glauben 54
Trust 250

U

Überbeschäftigung **309**, 312, 317, 378
Überschuldung 91
Überschusseinkünfte 222
UG 71 f.
Ultimogeld 391
Umlage U1 204
Umlage U2 204
Umlaufgeschwindigkeit des Geldes 386
Umsatzsteuer **237 f.**, 333
Umschulung 205
Umverteilung 198

Sachwortverzeichnis **477**

Umwegproduktion 130
Umwelt 141 f.
Umweltbelastung 142
Umweltgüter 120
Umweltkonflikt 142
Umweltverschmutzung 141
Unfallverhütungsvorschriften **26**, 204
Unfallversicherung 26
Unfallversicherung, gesetzliche 203, **204 f.**
Ungleichgewicht **150**, 154, 156, 161, **301**
   globales 343
   – strukturelles 173
Unterbeschäftigung **309 ff.**, 312, 317, 378
Unternehmen 134, **135**, 137, 144, 308
   – globales 339
   – virtuelles 248
Unternehmensgründung 63
Unternehmensnetzwerk, virtuelles 248
Unternehmensregister, elektronisches 79
Unternehmensstrategie 345, 349
Unternehmensumfeld 169
Unternehmenszusammenschluss 246 ff.
Unternehmergesellschaft 71, **96 f.**
Unternehmung 134
Unterordnungskonzern 250
Urabstimmung 243
Urerzeugung 122
Urheberrecht 35
Urlaub (Jugendliche) 28

V

Verbraucher 53
Verbraucherdarlehensvertrag 56
Verbraucherschutz **53**, 197, **254 f.**
Verbrauchervertrag 53 ff.
Verbraucherzentrale 255
Verbrauchsgüter 120
Verbrauchsteuern 217
Verein 71 f.
   – wirtschaftlicher 71 f.
Verfassungsgerichtsbarkeit 37
Verkehrsbetriebe 123
Verkehrssitte 34
Verkehrsteuern 218
Verletztengeld 205
Verlustverteilung 67, (GbR) 82, (OHG) 84, (KG) 86, (stille Ges.) 87, (AG) 91, (GmbH) 95
Verlustvortrag (AG) 91, (GmbH) 95
Vermögen zur gesamten Hand 84
Vermögensänderungskonto 147, 153
Vermögensbildung 200

Vermögenspolitik **199 ff.**, 431
Verpflichtungsgeschäft 44
Versicherungsbetriebe 123
Versicherungspflichtgrenze (KV) 209
Versicherungsverein auf Gegenseitigkeit 71
Verteilungsrechnung 160, **162 f.**
Vertrag 44, **48 ff.**
   – außerhalb von Geschäftsräumen geschlossener 56
Vertrag über die Europäische Union 378
Vertrag von Maastricht 333
Vertragsfreiheit **172**, 197
Vertragsfreiheit 44
Vertretung 66, 72, (GbR) 82, (OHG) 84, (KG) 86, (stille Ges.) 87, (AG) 91, (GmbH) 95
Vertretungsbefugnis siehe Vertretung
Verursacherprinzip 120
Verwaltungsgerichtsbarkeit 37
Verwendungsrechnung 160, **162 f.**
Verzugszinsen 396
Viereck, magisches 381 f.
Volkseinkommen **157**, 162, 302 f.
Volkswirtschaft 122, 144
   – evolutionäre 146, **150**
   – geschlossene 144
   – offene 152
   – offene mit Staat 155
   – stationäre 144, **146**
Vollbeschäftigung 304
Vollbeschäftigung **311 f.**, 317
Vollhafter 72, (KG) 86
Vorleistungen 147
Vorratsinvestition 132
Vorsorgeaufwendungen 225 f.
Vorstand (AG) 91
Vorsteuer 237
Vorsteuerüberhang 237
Vorstudie (Projekt) 355

W

Wachstum 132, **266**, 378. 380, 432
   – nominales **165**, 380
   – qualitatives 432 f.
   – quantitatives 432 f.
   – reales **165 f.**, 380
Wachstumsfaktor 165
Wachstumsgrenzen 432
Wachstumspolitik 430
Wachstumsrate 380
Wachstumsstrategie 266
Wachstumstheorie, ökologische 432
Währung 313
Währungsunion (EU) 333

Warenbörse 180
Warenkorb 314
Wechselkurs **323 f.**, 342
   – flexibler 324
   – fester 324
Wegeunfall 205
Weiterbeschäftigung (Auszubildende) 14
Weiterverkaufsbeschränkungen 252
Wellen, lange 303
Weltfinanzkrise (2008) 409
Welthandelsorganisation 331
Weltwirtschaftskrise (1929) 400, (2008) 410
Werbungskosten 222 f.
Werklieferungsvertrag 51
Werkvertrag 49
Wert **117**, 120
Wertpapier 90, 393
Wertpapierbörse 90, 180
Wertpapierpensionsgeschäft (EZB) 393
Wertschöpfung 147, (USt.) 237
Wettbewerb 171 f.
   – globaler 339
Wettbewerb, unlauterer 254
Wettbewerbsfreiheit **172**, 197
Wettbewerbspolitik 197, **246**, 431
Wettbewerbsverbot (OHG) 84, (KG) 86, (AG) 91, (GmbH) 95
Widerrufsrecht (Verbraucher) 57
Widerspruchsrecht (Kommanditist) 86
Willenserklärung **43**, 48 f., (Form) 46
   – empfangsbedürftige 43
Wirtschaften 136 f.
Wirtschaftlichkeit 137, (Projekt) 355 f.
Wirtschaftsausschuss 17
Wirtschaftsbereich 122, 259
Wirtschaftsförderung 278, **281**
Wirtschaftskreislauf 144 ff.
Wirtschaftsordnung 169, **170 ff.**
Wirtschaftspolitik 196, 318, 380, 382, 388
   – angebotssteuernde **406**, 418 f.
   – nachfragesteuernde **400**, 418 f.
   – regelgebundene 405
Wirtschaftspolitik,
Wirtschaftssektor **122**, **134**, 144, **161**, **259**
   – primärer 259
   – sekundärer 259
   – tertiärer 259
Wirtschaftsstruktur 258 ff.
   – regionale 260
   – sektorale 259
Wirtschaftssubjekt **137**, 308
Wirtschaftsunion (EU) 333

Wirtschaftswachstum 132, **266**, 378, 380, 432
Wirtschaftszweig 122
Wissens-Datenbank 370
Wohlstand 164, 322, 380
Wohlstandsindex 434
Wohlstandsverteilung 166
Wohngeld 199
Wohnungsbauprämie 200
WTO 331

Z

Zahllast (USt.) 237
Zahlungsbilanz 325 f.
– aktive 326 f.
– passive 326 f.
Zahlungsbilanzgleichgewicht 326
Zahlungsbilanzungleichgewicht **325 f.**, 328
Zentralbank 313, **383**
Zentralbankgeldmenge 387
Zentralverwaltungswirtschaft 170, **174**
Zielharmonie 381
Zielinflationsrate (EZB) 389 f.
Zielkonflikt 381, (Projekt) 352
Zins 134, 386
Zinsgleitklausel 396
Zinskorridor (Geldpolitik) 396
Zinspolitik (EZB) 390, **395**
Zinspolitik 387
Zinstender 394 f.
Zivilrecht 35
Zoll 218
Zollunion (EU) 332
Zusammenschluss 253 f.
Zusammenschlusskontrolle 253
zuständige Stelle 11
Zwangssparen **131**, 151
Zwischenprüfung 13

Bildquellenverzeichnis

Innenteil

Agrarmarkt Informations-Gesellschaft mbH, Bonn: S. 121

akg-images GmbH, Berlin: S. 195.1

AOK-Bundesverband, Berlin: S. 209.1-209.2

APA-Grafik/picturedesk.com: S. 251

Bergmoser und Höller Verlag, Aachen: S. 196, 216, 217, 260.1, 302, 334

Bitkom e.V., Berlin: S. 27

Bundesministerium der Finanzen, Berlin: S. 276

Deutsche Börse AG, Frankfurt/Main: S. 180.2

dpa-infografik GmbH, Hamburg: S. 133, 229, 242, 260.2, 262, 271, 274, 320.2, 328, 331, 379.1-379.2, 381, 411.1, 419, 435.2, 465

dpa Picture-Alliance GmbH, Frankfurt: S. 32, 128.2 (maxxpp@Leemage), 174 (ZB), 178.1 (imagestate/ HIP), 178.2 (maxppp), 243 (Federico Gambarini), 255.1 (ZB), 280 (KEYSTONE), 315, 316, 318, 327, 330 (Orestis Panagiotou)

Dreamstime.com: S. 268 (Maksim Budnikov)

Elisabeth Galas, Bad Breisig/Bildungsverlag EINS GmbH, Köln: S. 25, 50.2, 51.1, 54, 143, 317, 338, 436

Erik Liebermann, Steingaden: S. 320.1

fotolia.com, New York: alle Köpfe mit Sprechblase, S. 43 (iofoto), 49.1 (fred goldstein), 49.2 (Lisa F. Young), 51.3 (laurent saccomano), 64 (tinlinx), 65 (Kurt Holer), 66 (Yuri Arcurs), 69.2 (Bernard BAILLY), 70.1 (Monkey Business), 70.2 (contrastwerkstatt), 117 (Dmitry Ersler), 120 (Klaus Gilg), 122.1 (rr041), 122.2 (CROSS DESIGN), 123 (Matty Symons), 124 (BabylonDesignz), 132.1 (Baloncici), 132.2 (endostock), 145.1 (Paco Ayala), 145.2 (Monkey Business), 152 (Christian Jakimowitsch), 155 (Grum_I), 193 (LudwigChrist), 248 (Udo Kroener), 321 (Pixel), 409 (Varina Patel), 411.2 (askaja)

Gerhard Mester, Wiesbaden: S. 341

Institut der deutschen Wirtschaft, Köln: S. 306, 307, 344

ITSG GmbH, Heusenstamm: S. 215

Jupp Wolter (Künstler), Haus der Geschichte der Bundesrepublik Deutschland, Bonn: S. 24, 197, 199, 251, 377, 435.1

Koelnmesse GmbH, Köln: S. 180.1

MEV Verlag GmbH, Augsburg: S. 17, 36, 42, 50.1, 51.2, 69.1, 87, 125, 127, 128.1, 129, 136, 139, 140, 142, 171, 191, 277

Ministerium für Schule und Weiterbildung des Landes Nordrhein-Westfalen, Düsseldorf: S. 46

Peter Baldus, Riede: S. 223

Peter Leger (Künstler), Haus der Geschichte der Bundesrepublik Deutschland, Bonn: S. 239

Reinhold Löffler, Dinkelsbühl: S. 214

Rolf-Günther Nolden, Grevenbroich: S. 59, 89, 198

Siemens AG, München: S. 90

Stiftung Warentest, Berlin: S. 39, 255.2

Stollfuß Medien GmbH & Co. KG, Bonn: S. 234

Volksbank Erft eG, Grevenbroich: S. 52

Walter Hanel, Bergisch Gladbach: S. 138

Umschlag

MEV Verlag GmbH, Augsburg